诚信创新永恒
中国铁建大桥局集团有限公司技术管理标准化丛书
精品人品同在

土建工程施工安全技术交底范本汇编

Compilation of Safety Technical Clarification Templates for Civil Engineering Construction

罗生宏　周冠南　主 编

人民交通出版社
北 京

内 容 提 要

针对土建工程施工中危险性较大、易发频发事故的分部分项工程或工序，本书汇编了 110 个安全技术交底范本，其中桥梁工程 46 个、隧道工程 21 个、路基工程 5 个、地铁工程 16 个、机电安装工程 5 个、建筑工程 4 个、通用工程 13 个。每个安全技术交底范本包括施工任务、工艺流程、作业要点、安全风险及危害、安全风险防控措施、质量标准、验收要求、应急预案及附件九部分内容。

本书内容全面系统、逻辑严谨，在交底相应工程的作业要点、质量标准的同时，重点从防范生产安全事故的规律出发，对风险识别、防控措施制定、验收把控、应急处置等进行了针对性交底，指导性较强，可作为土建工程施工项目一线管理人员进行安全技术交底的参考用书。

图书在版编目（CIP）数据

土建工程施工安全技术交底范本汇编 / 罗生宏等主编. — 北京：人民交通出版社股份有限公司, 2024. 11. — ISBN 978-7-114-19763-5

Ⅰ. TU714

中国国家版本馆 CIP 数据核字第 2024NR0345 号

中国铁建大桥局集团有限公司技术管理标准化丛书

Tujian Gongcheng Shigong Anquan Jishu Jiaodi Fanben Huibian

书　　名：**土建工程施工安全技术交底范本汇编**
著 作 者：罗生宏　周冠南
责任编辑：谢海龙　刘国坤
责任校对：赵媛媛　魏佳宁　刘　璇
责任印制：刘高彤
出版发行：人民交通出版社
地　　址：（100011）北京市朝阳区安定门外外馆斜街 3 号
网　　址：http://www.ccpcl.com.cn
销售电话：（010）85285857
总 经 销：人民交通出版社发行部
经　　销：各地新华书店
印　　刷：北京建宏印刷有限公司
开　　本：787×1092　1/16
印　　张：50.5
字　　数：1325 千
版　　次：2024 年 11 月　第 1 版
印　　次：2024 年 11 月　第 1 次印刷
书　　号：ISBN 978-7-114-19763-5
定　　价：300.00 元

（有印刷、装订质量问题的图书，由本社负责调换）

编审委员会

在国内经济蓬勃发展的浪潮中，土建工程作为国民经济的重要支柱之一，不断推动着城市化进程。溯源建筑发展史，从古老的桥梁横跨江河，到现代的大楼直插云霄；从深邃的隧道穿越山腹，到便捷的地铁遍布都市，一个个标志性地标如同巍峨的丰碑，见证着人类智慧与勇气的辉煌篇章，一座座特种桥梁都是土建人对未知领域的探索，对工艺极限的挑战。在这份壮丽与辉煌中，安全技术如同一个卫兵，护佑着行业发展的每一步前行。

近年来，尽管国家不断完善安全生产法律法规、加大监管力度，但安全生产形势依然严峻，施工安全事故仍时有发生，不仅给人民群众生命财产安全带来严重威胁，也暴露出安全技术管理工作仍存在诸多不足。如近年来发生的"11·24"丰城电厂施工平台倒塌事故、"2·22"内蒙古阿拉善煤矿坍塌事故等，伤亡巨大、损失惨重、代价高昂，给行业健康发展一次又一次敲响警钟，安全技术已然成为提升本质安全的核心要素。

面对这一严峻形势，我们不得不深刻反思：为何在科技进步、法规完善、监管加强的背景下，安全事故仍时有发生？或许，我们真的忽视了安全技术交底这一预防事故最为有效的防线。

安全技术交底，作为连接安全与技术、管理者与操作者、施工作业与风险防范的纽带，其重要性不言而喻，它不仅是施工前的一道必要程序，更是告知风险、预防事故、保障安全的关键环节。然而长期以来，在土建工程施工安全技术交底管理中存在的问题较多，突出体现在以下三个方面：一是交底内容不全面，或仅交底施工作业内容、或仅交底安全防控内容，没有将二者有机结合；二是交底针对性不强，没有从施工作业安全管理识别风险、防范风险的基本逻辑出发编制交底；三是交底格式不规范、不统一，没有兼顾法律规章要求。以上问题，使交底效果大打折扣，不仅削弱了安全技术管理的效能，更为施工生产埋下了安全隐患，难以有效起到防范事故的作用，制约着土建工程施工项目安全发展的步伐。

在此背景下，中国铁建大桥工程局集团有限公司（简称"中国铁建大桥局"）紧跟国家安全生产治本攻坚三年行动的战略步伐，紧贴行业精细化管理、穿透式管理的实际需求，聚集一批技术、安全、管理专家和骨干，精心编纂了《土建工程施工安全技术交底范本汇编》。本汇编立足安全技术管理标准化，以全局视野审视安全技术交底工作，系统选取了桥梁、隧道、路基、地铁、机电安装、建筑工程和通用工程等领域的核心施工场景，结合国家安全技术标准和规范，精心编制了全面、系统、操作性强的安全技术交底范本。范本章节清晰、内容丰富，不仅涵盖了施工过程中的关键环节、控制要点以及潜在风险，更融入了最新的科研成果和"四新"技术，为施工管理人员提供了科学、实用的支撑，不失为一本土建工程施工的标准化工具书，对现场安全生产具体极强的指导和参考意义。

本施工安全技术交底汇编融集了群体各专业人员的智慧，是铁建大桥人一代中坚力量的结晶，值得我们好好学习，我认为从三个方面值得作为行业典范推广：

一是汇编内容的系统性和层次性。交底内容从桥梁、隧道、路基、地铁、机电、建筑及通用 7 个篇章出发，从土建施工到机电安装，系统全面地结合各个专业工程，范本内容专业适配度较高，运用场景丰富；交底内容从桩基工程到上部结构，制定了标准化样板，每项交底均分成施工任务、工艺流程、作业要点、安全风险及危害、质量标准、验收要求、应急处置 8 块内容进行逐项描述，逐层深入，层次性强，窥一篇足以知全文框架，览一文足以晓汇编概要，是难得的标准化安全技术交底工具书。

二是汇编内容的广度和深度。交底的内容切合工程实际，从施工角度出发，交底内容涉及人员、技术、设备、物资、工装等多个方面，汇编范本内容注重图文并茂、数据全面的呈现方式，含有大量生动的图表，并以详实的数据将安全要点直观、清晰地展现给施工人员，进一步增强交底内容的可读性和吸引力，通过全面、深入、针对性的安全技术交底内容，为施工人员提供科学、规范、实用的安全指导，以期从根本上提升本质安全水平，筑牢安全生产防线。

三是汇编从施工单位的使用者角度出发，没有空话、套话以及口号性话语，去冗存精，以实用性为主旨，以为生产服务为目的，不仅有传统的技术交底和风险防控，还对作业中可能出现的各种情形对应设置了应急处置措施，使得施工人员在套用范本时有更强的实践操作性，更为科学实用。

中国铁建大桥局作为中国铁建特种桥梁施工"链长"企业，顺利建成了"平潭海峡公铁两用大桥""三门峡黄河公铁两用桥"湖北沪蓉西高速支井河特大桥""广州明珠湾大桥""合阳至铜川高速公路王家河特大桥""重庆白居寺长江大桥""石首长江公路大桥""重庆轨道环线鹅公岩大桥"等世界级大型特种桥梁，目前在建的有"色曲特大桥""李埠长江公铁大桥""观音寺长江大桥""双屿门大桥""青龙门大桥""桃夭门大桥""富翅门大桥""沱江大桥""万龙大桥"等一大批大型特种桥梁。中国铁建大桥局在特桥领域昂首阔步走出了独树一帜的风采，安全技术管理工作功不可没。本汇编从一个全新的角度揭示了中国铁建大桥局之所以能不断承接世界级桥梁的安全文化底蕴，也让我们看到了土木工程行业发展到今天的安全技术管理的发展方向，给予我们更多土建管理精细化、标准化方面的思考。

展望未来，我们坚信，《土建工程施工安全技术交底范本汇编》作为新形势下安全技术管理工作的有益尝试，它将助力我们筑牢安全防线，守护施工人员的生命安全；它将推动我们提升工程质量，打造更多的精品工程；在未来的道路上，让我们共筑安全长城，开创新时代的辉煌。

2024 年 11 月

安全生产事关人民福祉，事关经济社会发展大局。自 2013 年习近平总书记作出"人命关天，发展决不能以牺牲人的生命为代价"重要指示后，2014 年、2021 年全国人大委员会两次修订《安全生产法》，2016 年中共中央国务院发布《关于推进安全生产领域改革发展的意见》并启动生产安全事故联网直报系统，2018 年开始实施安全生产领域失信行为联合惩戒，2020—2022 年开展全国安全生产专项整治三年行动，2020 年起各行业陆续发布《淘汰危及生产安全施工工艺、设备和材料目录》，2022 年发布《企业安全生产费用提取和使用管理办法》提高各行业安全生产费用的提取标准，今年又启动了《安全生产治本攻坚三年行动方案（2024—2026 年）》，以上举措无不表明国家安全生产体系建设在逐步健全、安全生产投入力度在逐步加大、对发生事故企业和个人的惩戒机制更趋严厉。近年来全国安全事故发生起数、伤亡人数总体呈逐步下降趋势，重特大事故频发的态势得到了有效遏制。

根据应急管理部近期数据统计，建筑施工事故总量已超过道路运输事故量，成为国内第二大安全事故集中多发的领域，这说明建筑施工领域安全管理体系建设及精细化水平需持续健全和提升。自 2018 年 3 月，住建部陆续发布了《危险性较大分部分项工程安全管理规定》（住建部令第 37 号）《住房和城乡建设部办公厅关于实施〈危险性较大的分部分项工程安全管理规定〉有关问题的通知》（建办质〔2018〕31 号）《危险性较大的分部分项工程专项施工方案编制指南》（建办质〔2021〕48 号），交通运输部也于 2024 年 4 月发布了《公路水运危险性较大工程专项施工方案编制审查规程》（JT/T 1495—2024）。以上文件对土建工程施工领域容易导致人员群死群伤或造成重大经济损失工程的管理程序、管理内容进行了规定和明确，重点和核心是专项施工方案的管理。

安全技术交底是某项工程开工前，为保证作业安全，由项目管理人员向作业人员进行的关于工程作业内容、安全风险防范的书面交底。《危险性较大分部分项工程安全管理规定》（住建部令第 37 号）规定"专项施工方案实施前，施工现场管理人员应当向作业人员进行安全技术交底，并由双方和项目专职安全生产管理人员共同签字确认。"除此外，《建设工程安全生产管理条例》（国务院令第 393 号）《建筑施工安全检查标准》（JGJ 59—2011）也均提出了进行书面安全技术交底的要求。与相关文件对专项施工方案编制格式及内容的规定已较为详细相比，国家各部委对安全技术交底的编制格式及内容均尚未做出明确规定。

为深入贯彻国家坚持"人民至上、生命至上"的要求，中国铁建大桥工程局集团有限公司在安全生产相关法律法规、标准规定框架内，结合企业管理制度要求，依托工程实例，按照"作业内容→风险识别→风险告知→措施制定→风险防控→应急处置"的交底思路，编制形成了《土建工程施工安全技术交底范本汇编》。为强化重点管控，本书所列安全技术交底范本共110个，均为筛选出的危险性较大、易发频发事故的分部分项工程或工序，其中桥梁工程46个、隧道工程21个、路基工程5个、地铁工程16个、机电安装工程5个、建筑工程4个、通用工程13个。

书中所列验收标准多为铁路、公路工程及安全管理相关现行标准，因行业、地域不同及标准更新等原因，数据仅供参考。同样的分部分项工程，其安全风险会随着时间、空间、外部条件变化而变化，本书所列安全风险及防控措施应结合工程当时当地的实际情况进行调整或补充。书中各交底附件仅提示应附相应文件的名称，不另附具体文件内容。

由于编者水平所限，书中纰漏和错误之处在所难免，希望广大读者批评指正。

作　者
2024 年 6 月

CONTENTS 目 录

- 桥 梁 篇 -

- 路 基 篇 -

桥 梁 篇

1 冲击钻桩基（陆地）施工安全技术交底

交底等级	三级交底	交底编号	III-001
单位工程	×××大桥	分部工程	桩基础
交底名称	冲击钻桩基（陆地）施工	交底日期	年　月　日
交底人	分部分项工程主管工程师（签字）	审核人	工程部长（签字）
批准人	总工程师（签字）	确认人	专职安全管理人员（签字）
		被交底人	班组长及全部作业人员（签字，可附签字表）

1）施工任务

×××大桥全桥共 26 个墩台、220 根钻孔灌注桩基础，墩台均位于陆地上，桩径 1.5m，桩长 27~48m，施工材料为 C35 混凝土，采用冲击钻施工。桩基设计及地质情况详见附件《×××大桥桩基设计图》。

2）工艺流程

施工准备→桩位放样→埋设钢护筒→开挖泥浆池→钻机就位→冲击钻进→成孔检验（首次清孔）→吊装钢筋笼→安装导管→二次清孔→灌注水下混凝土→桩基检测

3）作业要点

（1）施工准备

熟悉设计图纸及交底，踏勘施工现场。平整场地，并结合材料机具存放、泥浆池、成孔、钢筋笼下放、灌注等合理规划场地布置。冲击钻机、钢护筒、导管、钢筋等进场后，配合项目物资设备及技术管理人员进行进场验收，验收合格方可使用材料机具。现场材料机具分类、整齐、稳定码放。

（2）桩位放样

配合项目测量人员对桩基位置进行测量放样，放样后按照桩中心位置引出护桩，护桩顶应略高于护筒顶。护桩采用 4 根长 1.2m 的 ϕ20mm 钢筋，垂直打入地下约 70cm。施工过程中，注意保护护桩不被扰动。

（3）埋设钢护筒

钢护筒内径 180cm，壁厚 12mm，各墩台钻孔桩钢护筒埋设长度见表 1。钢护筒埋设位置要准确，钢护筒的底部和四周应采用黏性土回填并分层夯实，保证底部不漏失泥浆。埋设完成后，钢护筒顶面应高出施工地面 50cm，并高出桩顶设计高程 1.0m 以上，钢护筒中心与桩位中心偏差不得大于 50mm，倾斜度不大于 1%。

各墩台钢护筒埋设参数（示例）						表1
墩台号	0	1	2	3	……	25
护筒顶面高程（m）						
护筒长度（m）						

（4）开挖泥浆池

钢护筒埋设好后，按照规划好的位置开挖泥浆池，并在泥浆池四周安装防护栏。泥浆池与护筒溢浆孔连接好以后，安装泥浆循环装置。

（5）钻机就位

每个墩位配置一台冲击钻机，按照隔桩跳打的原则安排钻孔顺序。钻机吊装就位以后，再微调进行调平和对中，保证钢丝绳中心与桩位中心偏差不大于10mm。钻机应安放在枕木之上，确保平整稳定，不得移动和倾斜。

（6）冲击钻进

开孔前，护筒内加入足够的黏性土和水，然后边冲击边加入黏土进行造浆，保证泥浆的浓度能够满足泥浆护壁的效果。刚开孔时，应采取低锤密击，锤高0.4～0.6m，并及时加黏土造浆护壁，使孔壁挤压密实，直至钻至护筒底3～4m以后，方可加快施工速度，加大锤头冲程，将锤提高至1.5～2.0m以上，转入正常连续冲击。泥浆采用优质黏土，必要时采用膨润土造浆，冲击钻开孔时泥浆相对密度控制在1.1～1.3，黏度控制在16～22s，含砂率控制在4%以内。

在钻进中，对泥浆相对密度、含砂率和黏度进行检测，保证泥浆的状态最优；每钻进1～2m用护桩对桩位进行复核，如果发现偏斜，应立即停止冲击进行纠偏；对于变层处和易发生偏斜的部位，应采取低锤轻击、间断冲击的方法穿过。钻孔过程中，土层每钻进2m、入岩后每钻进30cm，或在岩层变化处须捞取渣样，冲洗干净，装入渣样盒中，同时将其中的一部分装入渣样袋中，并做好标签，写明取样深度、取样时间、取样人等。因故停止冲击时，应将锤头提出泥浆面，并保持孔内泥浆循环，封盖孔口并安设防护栏。

（7）成孔检验（首次清孔）

钻进达到设计孔深后，进行首次清孔，使泥浆相对密度不大于1.1、含砂率不大于2%、黏度17～20s。经项目技术人员、监理工程师检查孔深、孔径、垂直度等满足要求后，钻机移至下一孔位作业。钻机移动后，孔口设置防护栏杆，并安设警示标志。

（8）吊装钢筋笼

钢筋笼在项目钢筋加工厂分节段加工，每节长12m，由专用运输车运至现场吊装。钢筋笼尽量在成孔后按照安装顺序运往现场，特殊情况需在现场进行临时存放时，应在指定区域存放，并避免影响现场通行，存放高度不得超过两层，底部及层间进行支垫，侧边设置可靠支挡。

钢筋笼使用汽车起重机起吊下放，为了保证钢筋笼吊起时不变形，利用起重机的主钩和副钩以两点吊法施工。吊起时，先提第一吊点，使钢筋笼稍提起，再与第二吊点同时吊起。待钢筋笼离开地面一定高度后，第二吊点停止起吊，继续起吊提升第一吊点，随着第一吊点的不断上升，慢慢放松第二吊点，直到钢筋笼同地面垂直，停止起吊。解除第二吊点，检查钢筋笼是否顺直，如有弯曲需调直。当钢筋笼进入孔口后，将其扶正徐徐下落，严禁摆动碰撞孔壁。在钢筋笼下放至孔口位置时，割除临时支撑。当钢筋笼下降到第一吊点附近的吊环孔口时，把吊点支架固定到支撑上，将钢筋笼临时支撑于孔口。然后起吊第二节钢筋笼，使上下两节骨架在同一竖直线上，进行接长。

钢筋笼主筋接长采用直螺纹套筒连接，安装时可采用管钳扳手施拧紧固，被连接钢筋的端头应在套筒中心位置相互顶紧，安装后单侧外露螺纹不宜超过 2 倍螺距。安装完成后，采用扭力扳手校核其拧紧扭矩。声测管连接采用液压钳挤压方式进行连接，连接处应光滑过渡，不漏水。

接头完成后，稍提钢筋笼，抽去原来的吊点支架，将骨架徐徐下降，如此循环，使全部骨架下降到设计高程为止。吊放受阻时，要提升一定距离重新吊放，不得加压强行下放，防止造成坍孔、钢筋笼变形等。最后一节钢筋笼，应根据钢筋骨架顶面设计高程与灌注混凝土平台高程计算高度，制作接长吊环焊接在钢筋笼主筋上，钢筋笼下放完毕后，将吊环焊接固定在护筒上。

（9）安装导管

灌注混凝土所用导管采用螺纹接口导管，内径 30cm，要求内壁光滑、圆顺、内径一致，使用前应组装编号并进行水密性承压试验，试压压力为孔底净水压力的 1.5 倍。导管下放要居中、竖直，安装接口严密，避免挂碰钢筋笼，防止钢筋骨架卡挂导管。下放导管底端距孔底的距离宜为 30～50cm。

（10）二次清孔

导管下放完成后再次检查孔底沉渣厚度及泥浆的各项指标，孔底沉渣厚度应小于 5cm，泥浆相对密度为 1.03～1.10，黏度为 17～20s，含砂率小于 2%，如有指标不满足要求应进行二次清孔。二次清孔沉渣及泥浆指标检查合格后，立即灌注混凝土。

（11）灌注混凝土

使用首灌料斗及隔水球灌注首批混凝土，利用车载式混凝土泵（简称汽车泵）将混凝土输送进料斗内，待混凝土储满后，拔球灌注混凝土，同时启动混凝土泵连续地向料斗内加入混凝土，严禁中途停工，首次灌注后导管在混凝土中埋深不小于1m。在灌注过程中，随时观察导管内混凝土下降和孔内水位升降情况，及时测量孔内混凝土面高度，计算导管埋置深度，正确指挥导管的提升和拆除，使导管的埋置深度控制在 2～6m 以内。拆下的导管要立即清洗干净，堆放整齐。当混凝土浇筑面接近设计高程时，用取样盒等容器取样确定混凝土顶面位置，保证混凝土浇筑面高出设计高程 0.5～1m。

（12）桩基检测

灌桩 28d 后，配合项目技术人员及检测单位进行桩基检测，检测质量不低于II类桩。

（13）环境风险防控

根据设计提供资料，钻孔作业区域无地下管线，平整场地或钻进过程中如发现各类管线，及时报告项目部处置。

11 号墩右侧、12 号墩左侧有 110kV 高压线尚未迁改，安全距离 5m。架体作业前，按照地方电力部门工作人员要求，设置警戒区。施工过程中，服从电力部门工作人员指挥，严禁起重机、泵车在警戒区内支立，严禁起重机大臂、泵车泵管侵入高压线安全距离内。

4）安全风险及危害

冲击钻桩基（陆地）施工存在的安全风险见表 2。

冲击钻桩基（陆地）施工安全风险识别					表 2
序号	安全风险	施工过程	致险因子	风险等级	产生危害
1	孔口塌陷	护筒埋设	（1）未根据桩孔地质情况合理确定护筒埋设深度； （2）护筒埋设地面相对高度低，排水效果差，地面水流易汇至护筒口； （3）护筒埋设未达预定深度； （4）埋设前孔位处土体未夯填密实，埋设完毕后周边土体未夯填密实	II	护筒周边人员随塌口陷落，导致死亡或重伤
		钻进过程	（1）泥浆相对密度小，护壁效果差； （2）作业不连续，停钻时间过长； （3）砂层等不良地层中钻进速度过快； （4）罐车、起重机等重载车辆在孔口周边扰动		
		成孔后灌注前	成孔后，尤其清孔完成后，未及时灌注混凝土		
2	淹溺	桩孔施工全过程	（1）非钻孔状态下孔未封盖； （2）泥浆池防护栏缺失、破损； （3）夜间施工，现场照明不足	II	坠入桩孔或泥浆池人员死亡或重伤
3	起重伤害	钢筋笼吊装	（1）起重机司机、司索工、指挥人员技能差，无资格证； （2）钢丝绳、吊带、卡扣、吊钩等破损或性能不佳； （3）未严格执行"十不吊"； （4）吊装指令传递不佳，存在未配置对讲机、多人指挥等情况； （5）钢筋笼吊行区域未设置警戒区	II	起重作业人员及受其影响人员死亡或重伤
4	触电	桩孔施工全过程	（1）非电工进行接拆电线作业； （2）电缆线未隐蔽敷设，遭车辆碾压或重物撞击后破损； （3）配电箱、电缆线破损，未及时更换或修复	III	作业人员死亡或受伤
5	机械伤害	桩孔施工全过程	（1）冲击钻机等设备操作不熟练或违章操作； （2）灌桩等作业中，车辆设备密度较高时，未设专人指挥	IV	作业人员死亡或受伤
6	邻近高压线	起重吊装、泵送混凝土	（1）未掌握高压线电压及作业安全距离； （2）未设置高压线警戒区，钻机、起重机或泵车支立位置不当； （3）起重机大臂或泵车泵管侵入高压线安全区	II	司机触电死亡或重伤

5）安全风险防控措施

（1）防控措施

为防范以上安全风险，需严格落实各项风险防控措施，详见表 3。

冲击钻桩基（陆地）施工安全风险防控措施   表 3

序号	安全风险	措施类型	防控措施	备注
1	孔口塌陷	管理措施	（1）桩孔施工前，根据地质情况合理确定护筒埋设长度，一般应将护筒底部埋置在较坚硬密实的土层中至少 0.5m； （2）合理组织施工，保证钻孔施工连续进行，成孔后及时灌注混凝土； （3）加强现场车辆指挥，严禁重载车辆在孔口附近行驶或停驻	
		质量控制	（1）孔位地面夯填整平，并做好周边排水，保证孔位附近不积水； （2）保证护筒埋设深度，埋设时在护筒周围回填黏土并分层夯实； （3）钻孔过程中合理控制泥浆相对密度，保证护壁效果； （4）砂层等不良地层中合理控制钻进速度，避免钻进过快	

序号	安全风险	措施类型	防控措施	备注
2	淹溺	安全防护	（1）制作专用井盖，钢护筒埋设完毕后及时封盖； （2）钢护筒埋设完毕，桩孔未施工前，设置警戒区，防止人员进入	
		管理措施	加强夜间作业照明，保证光照强度	
3	起重伤害	安全防护	钢筋笼吊行区域设置警戒区，严禁人员进入	
		管理措施	（1）做好起重设备及特种作业人员的进场验收管理，保证设备性能、人员技能满足要求，设备及人员证件齐全有效； （2）做好钢丝绳、吊带、卡扣、吊钩、对讲机等的日常检查维护，确保其使用性能满足要求； （3）吊装作业专人指挥，严格执行"十不吊"	
4	触电	管理措施	（1）配置专业电工进行接拆线作业，严禁非电工作业； （2）对电力线路进行总体规划，保证电缆线隐蔽敷设，使用过程中严禁私拉乱接； （3）加强配电箱、电缆线等电力设施的检查维护，遇有破损及时更换或修复	
5	机械伤害	管理措施	（1）对设备操作人员开展专业培训，持证上岗； （2）各类设备在醒目位置张挂安全操作规程； （3）各类设备由专职人员操作，非作业人员不得违规使用； （4）在使用之前做好机械设备班前检查，并加强日常维护保养	
6	邻近高压线	安全防护	高压线底部设置警戒区，警戒区内严禁支立起重机、泵车等长臂设备	
		管理措施	（1）对钻机、起重机、泵车司机进行专项交底，告知作业风险、安全距离及适宜的作业位置等； （2）作业过程中加强现场指挥，并服从电力部门工作人员指挥	

（2）工作纪律

除落实以上安全风险防控措施外，还应严格遵守以下工作纪律。

①防护用品：作业人员正确佩戴安全帽，穿戴绝缘手套、防滑鞋及紧口工作服等。

②班前讲话：每日上工前，由班组长开展班前讲话，将当日作业内容、存在的安全风险及危害、防范措施、作业要点等告知全部作业人员。

③工前检查：每日班前讲话后，对工人身体状态、防护用品穿戴、现场作业环境等进行例行检查，发现问题及时处理。

④维护保养：做好安全防护设施、安全防护用品、起重设备机具等的日常维护保养，发现损害或缺失，及时修复或更换。

6）质量标准

钻孔桩钻孔的质量标准及检验方法见表4。

钻孔施工质量检查验收表　　　　　　表4

序号	检查项目		质量要求/允许偏差	检验方法	检验数量
1	护筒	顶面中心位置	50mm	测量检查	全部检查
		倾斜度	1%		
2	孔位中心		50mm		全部检查
3	成孔孔深、孔径、孔形		不小于设计值	测量、观察	全部检查
4	桩底地质情况		符合设计要求	检查施工记录、观察	全部检查，设计单位对代表性桩进行现场确认

续上表

序号	检查项目		质量要求/允许偏差	检验方法	检验数量
5	沉渣厚度	摩擦桩	≤ 200mm	测量	全部检查
		柱桩	≤ 50mm		
6	倾斜度		1%	测量或超声波检查	全部检查

桩基钢筋应达到的质量标准及检验方法见表5。

桩基钢筋质量检查验收表 表 5

序号	检查项目	允许偏差	检验方法	检验数量
1	钢筋骨架在承台底以下长度	±100mm	尺量	全部检查
2	钢筋骨架直径	±20mm		全部检查
3	主钢筋间距	±0.5d（d为钢筋直径）	尺量	
4	加强筋间距	±20mm		不少于5处
5	箍筋或螺旋筋间距	±20mm		
6	钢筋骨架垂直度	1%	测斜仪或吊线尺量	全部检查
7	保护层厚度	不小于设计值	检查垫块	全部检查

钻孔桩成桩质量标准及检验方法见表6。

混凝土灌注桩质量检查验收表 表 6

序号	检查项目	质量要求	检验方法	检验数量
1	桩身混凝土强度	符合设计要求，标样试件强度≥1.15倍设计强度	强度试验	全部检查
2	桩顶超灌部分切除	顶面平整、粗集料分布均匀，不损坏桩基钢筋，切除时混凝土强度≥10MPa	检测混凝土强度、观察	全部检查
3	桩身混凝土	匀质、完整	具备资质的检测机构进行无损检测	全部检查
4	桩顶高程	−3～0cm	测量	全部检查
5	主筋深入承台高度	不小于设计值	尺量	全部检查

7）验收要求

钻孔灌注桩各阶段的验收要求见表7。

桩基施工各阶段验收要求 表 7

序号	验收项目	验收时点	验收内容	验收人员
1	材料及构配件	钢筋、混凝土原材料进场后、使用前	材质、规格尺寸、外观质量、力学性能	项目物资、技术、试验人员，班组长及材料员
2	钢护筒	进场后	内径、壁厚、材质、接头坡口、长度	项目物资、技术、试验人员，班组长及材料员
		插打之前	钢护筒打设位置、倾斜度	项目技术、测量人员，班组长及作业人员

序号	验收项目	验收时点	验收内容	验收人员
3	泥浆	钻孔过程、清孔、灌注混凝土前	泥浆相对密度、含砂率、稠度、pH 值等	项目技术、试验人员，班组长及作业人员
4	钢筋笼	加工过程、安装前	钢筋间距、直径、数量、接头、焊缝、螺纹及套筒	项目技术、试验人员，班组长及作业人员
5	导管	导管进场后、使用前	导管的密闭性、抗拉性	项目物资、技术、试验人员，班组长及作业人员
6	桩孔	钻进过程、成孔后	孔深、孔径、孔形	项目技术人员，班组长及作业人员
7	混凝土	混凝土浇筑前	坍落度、和易性	项目试验、技术人员，作业人员
		混凝土龄期满足后	强度	项目试验、技术人员，作业人员
8	成桩质量	桩头凿除后	桩身完整性、桩顶高程、主筋深入承台高度	具备检测资质的检测单位，项目技术员，班组长及作业人员

8）应急预案

（1）处置原则

施工过程中一旦发生险情或事故，应停止作业，切勿慌乱，切忌盲目施救，在保证自身安全的情况下按照处置措施要求科学开展施救，并及时向项目管理人员×××报告相关情况。

（2）处置措施

①孔口塌陷：当孔口出现塌陷情况时，附近人员应立即撤出塌陷区，并及时报告项目部进行后期处置。

②触电事故：当人员发生触电事故时，应立即切断电源。若无法及时断开电源，可用干木棒、皮带、橡胶制品等绝缘物品挑开触电者接触的带电物，之后解开妨碍触电者呼吸的紧身衣服，检查口腔，清理口腔黏液，并立即就地抢救。如触电者呼吸停止，应采用人工呼吸法抢救；如心脏停止跳动，应采用胸外心脏按压法抢救。

③其他事故：当发生高处坠落、起重伤害、机械伤害等事故时，应立即采取措施切断或隔断危险源，疏散现场无关人员，对伤者进行包扎等急救，向项目部报告后原地等待救援。

附件：《×××大桥桩基设计图》（略）。

2 冲击钻桩基（水上）施工安全技术交底

交底等级	三级交底	交底编号	III-002
单位工程	××河特大桥	分部工程	桩基础
交底名称	冲击钻桩基（水上）施工	交底日期	年　月　日
交底人	分部分项工程主管工程师（签字）	审核人	工程部长（签字）
批准人	总工程师（签字）	确认人	专职安全管理人员（签字）
		被交底人	班组长及全部作业人员（签字，可附签字表）

1）施工任务

××河特大桥主桥跨越河流，主墩 6、7 号墩位于水中，墩位处平均水深约 7.5m，钻孔桩在已搭设完成的钢栈桥及钢平台上进行水上作业，采用冲击钻进施工，每墩 20 根桩，桩径 2.0m，桩长分别为 36m、39m，采用 C40 混凝土。桩基设计及地质情况详见附件 1《××河特大桥 6、7 号墩桩基设计图》。

2）工艺流程

施工准备→插打钢护筒→确定钻孔施工顺序→钻机就位→冲击成孔→成孔检验（首次清孔）→吊装钢筋笼→安装导管→二次清孔→灌注水下混凝土→桩基检测。

3）作业要点

（1）施工准备

熟悉设计图纸及交底，踏勘施工现场。配合项目部进行钻孔平台结构验收，验收合格方可使用。结合材料机具存放、泥浆池、成孔、钢筋笼下放、灌注等合理进行场地布置。冲击钻机、钢护筒、导管、钢筋等进场后，配合项目物资设备及技术管理人员进行进场验收，验收合格方可使用。现场材料机具分类、整齐、稳定码放。

（2）插打钢护筒

钻孔施工前，先将墩位处所有桩基钢护筒插打完毕。插打前，配合测量班进行桩位放样，放样后安装导向架，采用起重机及振动锤插打钢护筒。钢护筒内径 2.3m、壁厚 18mm，护筒接长采用坡口焊接，各墩位钻孔桩钢护筒顶面高程及计划插打长度见表 1。插打前及插打过程中，配合测量班进行定位、测量和纠偏；如出现钢护筒快速下沉或沉不下去的情况，应停止插打，及时联系项目技术人员分析原因并进行处理。插打完毕，钢护筒顶面应高出钢平台 0.5m，底部应埋置于较坚硬密实的土层中；每根护筒插打完成后，及时用钢板或钢筋网片井盖将护筒口封闭。

钢护筒插打参数（示例）			表1
墩号	6		7
护筒顶面高程（m）			
护筒长度（m）			

（3）确定钻孔施工顺序

每个墩位配置两台冲击钻机同步开始施工，按照隔桩跳打的原则进行钻孔，各钻机的施工顺序见附件2《××河特大桥6、7号墩桩基钻孔施工顺序图》。

（4）冲击钻进

护筒打设完毕后，根据钻孔顺序图安装冲击钻机及配套泥浆箱、泥浆泵等；调试检查设备，确保使用性能完好；复核护筒平面位置及护筒顶高程；检查钻头对中情况，确保开钻前钻头对中误差小于10mm。

开孔时，应采取低锤密击，锤高0.4~0.6m，并及时加黏土造浆护壁，使孔壁挤压密实，直至钻至护筒底3~4m以后，方可加快施工速度，加大锤头冲程，将锤提高至1.5~2.0m以上，转入正常连续冲击。泥浆采用优质黏土，必要时采用膨润土造浆，冲击钻开孔时泥浆相对密度控制在1.1~1.3，黏度控制在16~22s，含砂率控制在4%以内。

在钻进中，对泥浆相对密度、含砂率和黏度进行检测，保证泥浆的状态最优；每钻进1~2m用护桩对桩位进行复核，如果发现偏斜，应立即停止冲击进行纠偏；对于变层处和易于发生偏斜的部位，应采取低锤轻击、间断冲击的方法穿过。钻孔过程中，土层每钻进2m、入岩后每钻进30cm，或岩层变化处须捞取渣样，冲洗干净，装入渣样盒中，同时将其中的一部分装入渣样袋中，并做好标签，写明取样深度、取样时间、取样人等。因故停止冲击时，应将锤头提出泥浆面，并保持孔内泥浆循环，封盖孔口并安设防护栏。

（5）成孔检验（首次清孔）

钻进达到设计孔深后，进行首次清孔，使泥浆相对密度不大于1.1、含砂率小于2%、黏度达17~20s。经项目技术人员、监理工程师检查孔深、孔径、垂直度等满足要求后，钻机移至下一孔位作业。钻机移动后，孔口设置防护栏杆，并安设警示标志。

（6）吊装钢筋笼

钢筋笼在项目钢筋加工厂分节段加工，每节长12m，由专用运输车运至现场吊装。钢筋笼尽量在成孔后按照安装顺序运往现场，特殊情况需在现场进行临时存放时，应在指定区域存放，并避免影响现场通行，存放高度不得超过两层，底部及层间进行支垫，侧边设置可靠支挡。

钢筋笼使用门式起重机起吊下放，为了保证钢筋笼吊起时不变形，利用起重机的主钩和副钩以两点吊法施工。吊起时，先提第一吊点，使钢筋笼稍提起，再与第二吊点同时吊起。待钢筋笼离开地面一定高度后，第二吊点停止起吊，继续起提升第一吊点，随着第一吊点的不断上升，慢慢放松第二吊点，直到钢筋笼同地面垂直，停止起吊。解除第二吊点，检查钢筋笼是否顺直，如有弯曲需调直。当钢筋笼进入孔口后，将其扶正徐徐下落，严禁摆动碰撞孔壁。在钢筋笼下放至孔口位置时割除临时支撑。当钢筋笼下降到第一吊点附近的吊环孔口时，把吊点支架固定到支撑上，将钢筋笼临时支撑于孔口。然后起吊第二节钢筋笼，使上下两节骨架在同一竖直线上，进行接长。

钢筋笼主筋接长采用直螺纹套筒连接，安装时可采用管钳扳手施拧紧固，被连接钢筋的端头应在套筒中心位置相互顶紧，安装后单侧外露螺纹以不超过 2 个螺距为准。安装完成后，采用扭力扳手校核其拧紧扭矩。声测管连接采用液压钳挤压方式进行连接，连接处应光滑过渡，不漏水。

接头完成后，稍提钢筋笼，抽去原来的吊点支架，将骨架徐徐下降，如此循环，使全部骨架降到设计高程为止。吊放受阻时，要提升一定距离重新吊放，不得加压强行下放，防止造成坍孔、钢筋笼变形等。最后一节钢筋笼，应根据钢筋骨架顶面设计高程与灌注混凝土平台高程计算高度，制作接长吊环焊接在钢筋笼主筋上，钢筋下放完毕后，将吊环焊接固定在护筒上。

（7）安装导管

灌注混凝土所用导管采用螺纹接口导管，内径 30cm，要求内壁光滑、圆顺、内径一致，使用前应组装编号并进行水密性承压试验，试压压力为孔底净水压力的 1.5 倍。导管下放要居中、竖直，安装接口严密，避免挂碰钢筋笼，防止钢筋骨架卡挂导管。下放导管底端距孔底的距离宜为 30～50cm。

（8）二次清孔

导管下放完成后再次检查孔底沉渣厚度及泥浆的各项指标，孔底沉渣厚度小于 5cm，泥浆相对密度为 1.03～1.10，黏度为 17～20s，含砂率小于 2%，如有指标不满足要求则进行二次清孔。二次清孔沉渣及泥浆指标检查合格后，立即灌注水下混凝土。

（9）灌注水下混凝土

使用首灌料斗及隔水球灌注首批混凝土，利用混凝土汽车泵将混凝土输送进料斗内，待混凝土储满后，拔球灌注混凝土，同时启动混凝土泵连续地向料斗内加入混凝土，严禁中途停工，首次灌注后导管在混凝土中埋深不小于1m。在灌注过程中，随时观察导管内混凝土下降和孔内水位升降情况，及时测量孔内混凝土面高度，计算导管埋置深度，正确指挥导管的提升和拆除，使导管的埋置深度控制在2～6m以内。拆下的导管要立即清洗干净，堆放整齐。当混凝土浇筑面接近设计高程时，用取样盒等容器取样确定混凝土顶面位置，保证混凝土浇筑面高出设计高程 0.5～1m。

（10）桩基检测

灌桩 28d 后，配合项目技术人员及检测单位进行桩基检测，检测质量不低于Ⅱ类桩。

4）安全风险及危害

冲击钻桩基（水上）施工过程中存在的安全风险见表2。

冲击钻桩基（水上）施工安全风险识别　　　　　　　表2

序号	安全风险	施工过程	致险因子	风险等级	产生危害
1	高处坠落淹溺	桩孔施工全过程	（1）钢护筒及平台上孔洞未封盖； （2）平台及栈桥防护栏缺失、破损； （3）夜间施工，现场照明不足	Ⅱ	高坠人员死亡或重伤
2	失稳坍塌	桩孔施工全过程	（1）混凝土运输车等重载车辆在栈桥、平台承载薄弱区域行驶或停靠； （2）栈桥、平台设计承载能力不足； （3）栈桥、平台安装质量不合格，未进行验收； （4）栈桥、平台日常检查维修不到位	Ⅱ	司机或邻近人员死亡或受伤

序号	安全风险	施工过程	致险因子	风险等级	产生危害
3	起重伤害	钢筋笼吊装	（1）起重机司机、司索工、指挥人员技能差，无资格证； （2）钢丝绳、吊带、卡扣、吊钩等破损或性能不佳； （3）未严格执行"十不吊"； （4）吊装指令传递不佳，存在未配置对讲机、多人指挥等情况； （5）钢筋笼吊行区域未设置警戒区	II	起重作业人员及受其影响人员死亡或重伤
4	触电	桩孔施工全过程	（1）非电工进行接拆电线作业； （2）电缆线未隐蔽敷设，遭车辆碾压或重物撞击后破损； （3）配电箱、电缆线破损，未及时更换或修复	III	作业人员死亡或受伤
5	机械伤害	桩孔施工全过程	（1）龙门式起重机吊行区及回转范围内未设置警戒或防护； （2）钻机等设备操作不熟练或违章操作； （3）灌桩作业等车辆设备密度较高时，未设专人指挥	IV	作业人员死亡或受伤

5）安全风险防控措施

（1）防控措施

为防范以上安全风险，需严格落实各项风险防控措施，见表3。

冲击钻桩基（水上）施工安全风险防控措施　　　　　　　　表3

序号	安全风险	措施类型	防控措施	备注
1	高处坠落淹溺	安全防护	（1）制作专用井盖，钢护筒打设完毕后及时封盖； （2）钢护筒周边孔洞及其他区域孔洞及时焊接钢板等进行封闭； （3）钢护筒打设完毕，桩孔未施工前，设置警戒区，防止人员进入； （4）工人穿戴救生衣作业	
		管理措施	（1）对平台及栈桥防护栏等设施进行定期检查维护，保证其使用状态良好； （2）平台及栈桥配置救生衣、救生圈、救生绳等应急设施； （3）加强夜间作业照明，确保足够的光照强度	
2	失稳坍塌	管理措施	（1）根据现场地质及施工荷载情况，对平台及栈桥进行专项设计及检算，保证平台及栈桥承载能力满足要求； （2）对平台、栈桥进行变形情况进行定期检查及监测，发现问题及时处理； （3）在平台、栈桥面对重载车辆走行区及承载力不足区域进行标识和分隔，避免重载车辆进入承载力不足区域	
		质量控制	加强平台、栈桥原材料及安装过程的检查及验收，保证平台、栈桥施工质量符合要求	
3	起重伤害	安全防护	钢筋笼吊行区域设置警戒区，严禁人员进入	
		管理措施	（1）做好起重设备及特种作业人员的进场验收管理，保证设备性能、人员技能满足要求，设备及人员证件齐全有效； （2）做好钢丝绳、吊带、卡扣、吊钩、对讲机等的日常检查维护，确保其使用性能满足要求； （3）吊装作业专人指挥，严格执行"十不吊"	
4	触电	管理措施	（1）配置专业电工进行接拆线作业，严禁非电工作业； （2）对栈桥及平台电力线路进行总体规划，保证电缆线隐蔽敷设，使用过程中严禁私拉乱接； （3）加强配电箱、电缆线等电力设施的检查维护，遇有破损及时更换或修复	

续上表

序号	安全风险	措施类型	防控措施	备注
5	机械伤害	安全防护	龙龙门式起重机吊行区及回转范围内设置警戒设施或防护	
		管理措施	（1）对设备操作人员开展专业培训，持证上岗； （2）各类设备醒目位置张挂安全操作规程； （3）各类设备由专职人员操作，非作业人员不得违规使用； （4）在使用之前做好机械设备班前检查，并加强日常维护保养	

（2）工作纪律

除落实以上安全风险防控措施外，还应严格遵守以下工作纪律。

①防护用品：作业人员正确佩戴安全帽、安全带，正确穿戴救生衣、防滑鞋及紧口工作服。

②班前讲话：每日上工前，由班组长开展班前讲话，将当日作业内容、存在的安全风险及危害、防范措施、作业要点等告知全部作业人员。

③工前检查：每日班前讲话后，对工人身体状态、防护用品穿戴、现场作业环境等进行例行检查，发现问题及时处理。

④维护保养：做好安全防护设施、安全防护用品、起重设备机具等的日常维护保养，发现损害或缺失，及时修复或更换。

6）质量标准

钻孔桩钻孔的质量标准及检验方法见表4。

钻孔施工质量检查表 表4

序号	检查项目		质量要求/允许偏差	检查方法	检验数量
1	护筒	顶面中心位置	50mm	测量检查	全部检查
		倾斜度	1%		
2	孔位中心		50mm		全部检查
3	成孔孔深、孔径、孔形		不小于设计值	测量、观察	全部检查
4	桩底地质情况		符合设计要求	检查施工记录、观察	全部检查，设计单位对代表性桩进行现场确认
5	沉渣厚度	摩擦桩	≤200mm	测量	全部检查
		柱桩	≤50mm		
6	倾斜度		1%	测量或超声波检查	全部检查

桩基钢筋应达到的质量标准及检验方法见表5。

桩基钢筋质量检查验收表 表5

序号	检查项目	允许偏差	检查方法	检验数量
1	钢筋骨架在承台底以下长度	±100mm	尺量	全部检查
2	钢筋骨架直径	±20mm		全部检查
3	主钢筋间距	±0.5d（d为钢筋直径）	尺量	不少于5处

序号	检查项目	允许偏差	检查方法	检验数量
4	加强筋间距	±20mm	尺量	不少于5处
5	箍筋或螺旋筋间距	±20mm		
6	钢筋骨架垂直度	1%	测斜仪或吊线尺量	全部检查
7	保护层厚度	不小于设计值	检查垫块	全部检查

钻孔桩成桩质量标准及检验方法见表6。

混凝土灌注桩质量检查验收表 表6

序号	检查项目	质量要求	检验方法	检验数量
1	桩身混凝土强度	符合设计要求，标样试件强度≥1.15倍设计强度	强度试验	全部检查
2	桩顶超灌部分切除	顶面平整、粗集料分布均匀，不损坏基桩钢筋，切除时混凝土强度≥10MPa	检测混凝土强度、观察	全部检查
3	桩身混凝土	匀质、完整	具备资质的检测机构进行无损检测	全部检查
4	桩顶高程	−3～0cm	测量	全部检查
5	主筋深入承台高度	不小于设计值	尺量	全部检查

7）验收要求

桩基施工各阶段的验收要求见表7。

冲击钻桩基（水上）施工各阶段验收要求 表7

序号	验收项目	验收时点	验收内容	验收人员
1	材料及构配件	钢筋、混凝土原材料进场后、使用前	材质、规格尺寸、外观质量、力学性能	项目物资、技术、试验人员，班组长及材料员
2	钢护筒	进场后	内径、壁厚、材质、接头坡口、长度	项目物资、技术、试验人员，班组长及材料员
		插打之前	钢护筒打设位置、倾斜度	项目技术、测量人员，班组长及作业人员
3	泥浆	钻孔过程、清孔、灌注混凝土前	泥浆相对密度、含砂率、稠度、pH值等	项目技术、试验人员，班组长及作业人员
4	钢筋笼	加工过程、安装前	钢筋间距、直径、数量、接头、焊缝、螺纹及套筒	项目技术、试验人员，班组长及作业人员
5	导管	导管进场后、使用前	导管的密闭性、抗拉性	项目物资、技术、试验人员，班组长及作业人员
6	桩孔	钻进过程、成孔后	孔深、孔径、孔形	项目技术人员，班组长及作业人员
7	混凝土	混凝土浇筑前	坍落度、和易性	项目试验、技术人员，作业人员
		混凝土龄期满足后	强度	项目试验、技术人员，作业人员
8	成桩质量	桩头凿除后	桩身完整性、桩顶高程、主筋深入承台高度	具备检测资质的检测单位，项目技术员、班组长及作业人员

8）应急处置

（1）处置原则

施工过程中一旦发生险情或事故，应停止作业，切勿慌乱，切忌盲目施救，在保证自身安全的情况下按照处置措施要求科学开展施救，并及时向项目管理人员×××报告相关情况。

（2）处置措施

①落水淹溺：当发现有人员落水时，立即就近摘下栈桥或平台上的救生圈、救生绳，并向落水者准确抛掷，应急船只快速就位救起落水者。

②触电事故：当发现有人员触电时，立即切断电源。若无法及时断开电源，可用干木棒、皮带、橡胶制品等绝缘物品挑开触电者接触的带电物，之后解开妨碍触电者呼吸的紧身衣服，检查口腔，清理口腔黏液并立即就地抢救。如触电者呼吸停止，应采用人工呼吸法抢救；如心脏停止跳动，应采用胸外心脏按压法抢救。

③栈桥或平台塌陷：当栈桥或平台出现塌陷等情况时，附近人员应立即撤出塌陷区，并及时报告项目部进行后期处置。

④其他事故：当发生高处坠落、起重伤害、机械伤害等事故后，应立即采取措施切断或隔断危险源，疏散现场无关人员，后对伤者进行包扎等急救，向项目部报告后原地等待救援。

附件1：《××河特大桥6、7号墩桩基设计图》（略）。
附件2：《××河特大桥6、7号墩桩基钻孔施工顺序图》（略）。

3 旋挖钻桩基（陆地）施工安全技术交底

交底等级	三级交底	交底编号	III-003
单位工程	×××大桥	分部工程	桩基础
交底名称	旋挖钻桩基（陆地）施工	交底日期	年　月　日
交底人	分部分项工程主管工程师（签字）	审核人	工程部长（签字）
批准人	总工程师（签字）	确认人	专职安全管理人员（签字）
		被交底人	班组长及全部作业人员（签字，可附签字表）

1）施工任务

×××大桥全桥共 20 个墩台、180 根钻孔灌注桩基础，墩台均位于陆地上，桩径均为 1.0m，桩长 40～56m，采用 C35 混凝土，旋挖钻施工。桩基设计及地质情况详见附件《×××大桥桩基设计图》。

2）工艺流程

施工准备→桩位放样→埋设钢护筒→开挖泥浆池→钻机就位→旋挖钻进→成孔检验（首次清孔）→吊装钢筋笼→安装导管→二次清孔→灌注水下混凝土→桩基检测。

3）作业要点

（1）施工准备

熟悉设计图纸及交底，踏勘施工现场。整平夯实作业场地，保证地面最大倾角不超过 2°，承载力大于 250kPa，满足旋挖机作业及行进需要。结合材料机具存放、泥浆池、成孔、钢筋笼下放、灌注等合理进行场地布置。旋挖钻机、钢护筒、导管、钢筋等进场后，配合项目物资设备及技术管理人员进行进场验收，验收合格后方可使用。现场材料机具分类、整齐、稳定码放。

（2）桩位放样

配合项目测量人员对桩基位置进行测量放样，放样后按照桩中心位置引出护桩，护桩顶应略高于护筒顶。护桩采用 4 根长 1.2m 的 $\phi20mm$ 钢筋，垂直打入地下约 70cm。施工过程中，注意保护护桩不被扰动。

（3）埋设钢护筒

护筒内径 130cm，壁厚 12mm，各墩台钻孔桩护筒埋设长度见表 1。护筒埋设位置要准确，护筒的底部和四周应采用黏性土回填并分层夯实，保证底部不漏失泥浆。埋设完成后，护筒顶面应高出施工地面 50cm，并高出桩顶设计高程 1.0m 以上，护筒中心与桩位中心偏差不得大于 50mm，倾斜度不大于 1%。

各墩台钢护筒埋设参数（示例）						表1
墩台号	0	1	2	3	……	19
护筒顶面高程（m）						
护筒长度（m）						

（4）开挖泥浆池

护筒埋设好后，按照规划好的位置开挖泥浆池，并在泥浆池四周安装防护栏。泥浆池与护筒溢浆孔连接好以后，安装泥浆循环装置。

（5）钻机就位

钻孔作业前，将钻机行驶至孔位，拔出固定上车转台和底盘车架的销轴，并将履带的带距伸至最大。调整钻杆角度，使钻头中心与钻孔中心对准，并放入孔内，调整钻机垂直度参数，使钻杆垂直，就位后钻头中心和桩中心应对正准确，误差控制在1cm内。钻机回转区域设置警戒区，严禁人员进入。

（6）旋挖钻进

每3个墩位配置一台旋挖钻机，以方便施工，以钻孔、下放钢筋笼、灌注混凝土不发生相互干扰为原则安排钻孔顺序。开始钻孔时，应慢速钻进，在钻头进入土层后，再加快钻进。根据设计地质情况，按不同的地层选用适当的钻进速度，当钻斗穿过软硬土层交界处时，应慢速钻进。作业中发生浮机现象应立即停止作业，查明原因并正确处理后再继续作业。提钻时，钻头不得转动。

在钻进中，对泥浆相对密度、含砂率和黏度进行检测，保证泥浆的状态最优。钻孔过程中随土层变化捞取渣样，冲洗干净，装入渣样盒中，同时将其中的一部分装入渣样袋中，并做好标签，写明取样深度、取样时间、取样人等。因故停止钻进时，应将钻头提出泥浆面，并保持孔内泥浆循环，封盖孔口并安设防护栏。

（7）成孔检验（首次清孔）

钻进达到设计孔深后，进行首次清孔，使泥浆相对密度不大于1.1、含砂率小于2%、黏度达17～20s。经项目技术人员、监理工程师检查孔深、孔径、垂直度等满足要求后，钻机移至下一孔位作业。钻机移动后，孔口设置防护栏杆，并安设警示标志。

（8）吊装钢筋笼

钢筋笼在项目钢筋加工厂分节段加工，每节长12m，由专用运输车运至现场吊装。钢筋笼尽量在成孔后按照安装顺序运往现场，特殊情况需在现场进行临时存放时，应在指定区域存放，并避免影响现场通行，存放高度不得超过两层，底部及层间进行支垫，侧边设置可靠支挡。

钢筋笼使用汽车起重机起吊下放，为了保证钢筋笼吊起时不变形，利用起重机的主钩和副钩以两点吊法施工。吊起时，先提第一吊点，使钢筋笼稍提起，再与第二吊点同时吊起。待钢筋笼离开地面一定高度后，第二吊点停止起吊，继续起吊提升第一吊点，随着第一吊点的不断上升，慢慢放松第二吊点，直到钢筋笼同地面垂直，停止起吊。解除第二吊点检查钢筋笼是否顺直，如有弯曲需调直。当钢筋笼进入孔口后，将其扶正徐徐下落，严禁摆动碰撞孔壁。在钢筋笼下放至孔口位置时割除临时支撑。当钢筋笼下降到第一吊点附近的吊环孔口时，把吊点支架固定到支撑上，将钢筋笼临时支撑于孔口。后吊来第二节钢筋笼，使上下两节骨架在同一竖直线上，进行接长。

钢筋笼主筋接长采用直螺纹套筒连接，安装时可采用管钳扳手施拧紧固，被连接钢筋的端头应在套筒中心位置相互顶紧，安装后单侧外露螺纹以不超过 2 倍螺距为宜。安装完成后，采用扭力扳手校核其拧紧扭矩。声测管连接采用液压钳挤压方式进行连接，连接处应光滑过渡，不漏水。

接头完成后，稍提钢筋笼，抽去原来的吊点支架，将骨架徐徐下降，如此循环，使全部骨架下降到设计高程为止。吊放受阻时，要提升一定距离重新吊放，不得加压强行下放，防止造成坍孔、钢筋笼变形等。最后一节钢筋笼，应根据钢筋骨架顶面设计高程与灌注混凝土平台高程计算高度，制作接长吊环焊接在钢筋笼主筋上，钢筋下放完毕后，将吊环焊接固定在护筒上。

（9）安装导管

灌注混凝土所用导管采用螺纹接口导管，内径 30cm，要求内壁光滑、圆顺、内径一致，使用前应组装编号并进行水密性承压试验，试压压力为孔底净水压力的 1.5 倍。导管下放要居中、竖直，安装接口严密，避免挂碰钢筋笼，防止钢筋骨架卡挂导管。下放导管底端距孔底的距离宜为 30～50cm。

（10）二次清孔

导管下放完成后再次检查孔底沉渣厚度及泥浆的各项指标，孔底沉渣厚度小于 5cm，泥浆相对密度 1.03～1.10，黏度为 17～20s，含砂率小于 2%，如有指标不满足要求则进行二次清孔。二次清孔沉渣及泥浆指标检查合格后，立即灌注水下混凝土。

（11）灌注混凝土

使用首灌料斗及隔水球灌注首批混凝土，利用汽车泵将混凝土输送进料斗内，待混凝土储满后，拔球灌注混凝土，同时启动混凝土泵连续地向料斗内加入混凝土，严禁中途停工，首次灌注后导管在混凝土中埋深不小于1m。在灌注过程中，随时观察导管内混凝土下降和孔内水位升降情况，及时测量孔内混凝土面高度，计算导管埋置深度，正确指挥导管的提升和拆除，使导管的埋置深度控制在 2～6m 以内。拆下的导管要立即清洗干净，堆放整齐。当混凝土浇筑面接近设计高程时，用取样盒等容器确定混凝土顶面位置，保证混凝土浇筑面高出设计高程 0.5～1m。

（12）桩基检测

灌桩 28d 后，配合配项目技术人员及检测单位进行桩基检测，检测质量不低于II类桩。

（13）环境风险防控

根据设计提供资料，钻孔作业区域无地下管线。平整场地或钻进过程中，如发现各类管线，及时报告项目部处置。

7 号墩左侧、8 号墩右侧有 110kV 高压线尚未迁改，安全距离 5m。架体作业前，按照地方电力部门工作人员要求，设置警戒区。施工过程中，服从电力部门工作人员指挥，严禁钻机、起重机、泵车在警戒区内支立，严禁钻机钻杆、起重机大臂、泵车泵管侵入高压线安全距离内。

4）安全风险及危害

旋挖钻桩基（陆地）施工过程中存在的安全风险见表2。

旋挖钻桩基（陆地）施工安全风险识别					表2
序号	安全风险	施工过程	致险因子	风险等级	产生危害
1	孔口塌陷	护筒埋设	（1）未根据桩孔地质情况合理确定护筒埋设深度； （2）护筒埋设地面相对高度低，排水效果差，地面水流易汇至护筒口； （3）护筒埋设未达预定深度； （4）埋设前孔位处土体未夯填密实，埋设完毕后周边土体未夯填密实	II	护筒周边人员随塌口陷落，导致死亡或重伤
		钻进过程	（1）泥浆相对密度小，护壁效果差； （2）作业不连续，停钻时间过长； （3）砂层等不良地层中钻进速度过快； （4）罐车、起重机等重载车辆在孔口周边扰动		
		成孔后灌注前	成孔后，尤其清孔完成后，未及时灌注混凝土		
2	淹溺	桩孔施工全过程	（1）非钻孔状态下孔口未封盖； （2）泥浆池防护栏缺失、破损； （3）夜间施工，现场照明不足	II	坠入桩孔或泥浆池人员死亡或重伤
3	起重伤害	钢筋笼吊装	（1）起重机司机、司索工、指挥人员技能差，无资格证； （2）钢丝绳、吊带、卡扣、吊钩等破损或性能不佳； （3）未严格执行"十不吊"； （4）吊装指令传递不佳，存在未配置对讲机、多人指挥等情况； （5）钢筋笼吊行区域未设置警戒区	II	起重作业人员及受其影响人员死亡或重伤
4	触电	桩孔施工全过程	（1）非电工进行接拆电线作业； （2）电缆线未隐蔽敷设，遭车辆碾压或重物撞击后破损； （3）配电箱、电缆线破损，未及时更换或修复	III	作业人员死亡或受伤
5	设备倾覆	钻孔或行进过程	（1）钻孔场地、便道整体或局部平整度、承载力不足； （2）作业时，钻机履带带距未伸至最大； （3）起重机立支方式不当	III	司机或受倾覆影响人员死亡或重伤
6	机械伤害	桩孔施工全过程	（1）旋挖钻机等设备操作不熟练或违章操作； （2）灌桩作业等车辆设备密度较高时，未设专人指挥	IV	作业人员死亡或受伤
7	邻近高压线	旋挖钻进、起重吊装、泵送混凝土	（1）未掌握高压线电压及作业安全距离； （2）未设置高压线警戒区，钻机、起重机或泵车支立位置不当； （3）起重机大臂或泵车泵管侵入高压线安全区	II	司机触电死亡或重伤

5）安全风险防控措施

（1）防控措施

为防范以上安全风险，需严格落实各项风险防控措施，详见表3。

旋挖钻桩基（陆地）施工安全风险防控措施				表3
序号	安全风险	措施类型	防控措施	备注
1	孔口塌陷	管理措施	（1）桩孔施工前，根据地质情况合理确定护筒埋设长度，一般应将护筒底部埋置在较坚硬密实土层中至少0.5m； （2）合理组织施工，保证钻孔施工连续进行，成孔后及时灌注混凝土；	

序号	安全风险	措施类型	防控措施	备注
1	孔口塌陷	管理措施	（3）加强现场车辆指挥，严禁重载车辆在孔口附近行驶或停驻	
		质量控制	（1）孔位地面夯填整平，并做好周边排水，保证孔位附近不积水； （2）保证护筒埋设深度，埋设时在护筒周围回填黏土并分层夯实； （3）钻孔过程中合理控制泥浆相对密度，保证护壁效果； （4）砂层等不良地层中合理孔子钻进速度，避免钻进过快	
2	淹溺	安全防护	（1）制作专用井盖，钢护筒埋设完毕后及时封盖； （2）钢护筒埋设完毕，桩孔未施工前，设置警戒区，防止人员进入	
		管理措施	加强夜间作业照明，保证光照强度	
3	起重伤害	安全防护	钢筋笼吊行区域设置警戒区，严禁人员进入	
		管理措施	（1）做好起重设备及特种作业人员的进场验收管理，保证设备性能、人员技能满足要求，设备及人员证件齐全有效； （2）做好钢丝绳、吊带、卡扣、吊钩、对讲机等的日常检查维护，确保使用性能满足要求； （3）吊装作业专人指挥，严格执行"十不吊"	
4	触电	管理措施	（1）配置专业电工进行接拆线作业，严禁非电工作业； （2）对电力线路进行总体规划，保证电缆线隐蔽敷设，使用过程中严禁私拉乱接； （3）加强配电箱、电缆线等电力设施的检查维护，遇有破损及时更换或修复	
5	设备倾覆	质量控制	（1）场地及便道整平、碾压、夯实，保证平整度、承载力符合作业要求； （2）作业时，钻机履带带距伸展至最大； （3）作业前，规范进行起重机支立，四个支腿充分展开并保持水平，下垫钢板或垫木	
6	机械伤害	管理措施	（1）对设备操作人员开展专业培训，持证上岗； （2）各类设备醒目位置张挂安全操作规程； （3）各类设备由专职人员操作，非作业人员不得违规使用； （4）在使用之前做好机械设备班前检查，并加强日常维护保养	
7	临近高压线	安全防护	高压线底部设置警戒区，警戒区内严禁支离起重机、泵车等长臂设备	
		管理措施	（1）对钻机、起重机、泵车司机进行专项交底，告知作业风险、安全距离及适宜的作业位置等； （2）作业过程中加强现场指挥，并服从电力部门工作人员指挥	

（2）工作纪律

除落实以上安全风险防控措施外，还应严格遵守以下工作纪律。

①防护用品：作业人员正确佩戴安全帽、安全带，正确穿戴救生衣、防滑鞋及紧口工作服。

②班前讲话：每日上工前，由班组长开展班前讲话，将当日作业内容、存在的安全风险及危害、防范措施、作业要点等告知全部作业人员。

③工前检查：每日班前讲话后，对工人身体状态、防护用品穿戴、现场作业环境等进行例行检查，发现问题及时处理。

④维护保养：做好安全防护设施、安全防护用品、起重设备机具等的日常维护保养，发现损害或缺失，及时修复或更换。

6）质量标准

钻孔桩钻孔的质量标准及检验方法见表4。

钻孔施工质量检查验收表

表4

序号	检查项目		质量要求/允许偏差	检验方法	检验数量
1	护筒	顶面中心位置	50mm	测量检查	全部检查
		倾斜度	1%		
2	孔位中心		50mm		全部检查
3	成孔孔深、孔径、孔形		不小于设计值	测量、观察	全部检查
4	桩底地质情况		符合设计要求	检查施工记录、观察	全部检查,设计单位对代表性桩进行现场确认
5	沉渣厚度	摩擦桩	≤200mm	测量	全部检查
		柱桩	≤50mm		
6	倾斜度		1%	测量或超声波检查	全部检查

桩基钢筋应达到的质量标准及检验方法见表5。

桩基钢筋质量检查验收表

表5

序号	检查项目	允许偏差	检验方法	检验数量
1	钢筋骨架在承台底以下长度	±100mm	尺量	全部检查
2	钢筋骨架直径	±20mm		全部检查
3	主钢筋间距	±0.5d(d为钢筋直径)		
4	加强筋间距	±20mm	尺量	不少于5处
5	箍筋或螺旋筋间距	±20mm		
6	钢筋骨架垂直度	1%	测斜仪或吊线尺量	全部检查
7	保护层厚度	不小于设计值	检查垫块	全部检查

钻孔桩成桩质量标准及检验方法见表6。

混凝土灌注桩质量检查验收表

表6

序号	检查项目	质量要求	检验方法	检验数量
1	桩身混凝土强度	符合设计要求,标样试件强度≥1.15倍设计强度	强度试验	全部检查
2	桩顶超灌部分切除	顶面平整、粗集料分布均匀,不损坏基桩钢筋,切除时混凝土强度≥10MPa	检测混凝土强度、观察	全部检查
3	桩身混凝土	匀质、完整	具备资质的检测机构进行无损检测	全部检查
4	桩顶高程	−3～0cm	测量	全部检查
5	主筋深入承台高度	不小于设计值	尺量	全部检查

7)验收要求

桩基施工各阶段的验收要求见表7。

旋挖钻机陆地桩基施工各阶段验收要求				表7
序号	验收项目	验收时点	验收内容	验收人员
1	材料及构配件	钢筋、混凝土原材料进场后、使用前	材质、规格尺寸、外观质量、力学性能	项目物资、技术、试验人员,班组长及材料员
2	钢护筒	进场后	内径、壁厚、材质、接头坡口、长度	项目物资、技术、试验人员、班组长及材料员
		插打之前	钢护筒打设位置、倾斜度	项目技术、测量人员,班组长及作业人员
3	泥浆	钻孔过程、清孔、灌注混凝土前	泥浆相对密度、含砂率、稠度、pH值等	项目技术、试验人员,班组长及作业人员
4	钢筋笼	加工过程、安装前	钢筋间距、直径、数量、接头、焊缝、螺纹及套筒	项目技术、试验人员,班组长及作业人员
5	导管	导管进场后、使用前	导管的密闭性、抗拉性	项目物资、技术、试验人员,班组长及作业人员
6	桩孔	钻进过程、成孔后	孔深、孔径、孔形	项目技术人员,班组长及作业人员
7	混凝土	混凝土浇筑前	坍落度、和易性	项目试验、技术人员,作业人员
		混凝土龄期满足后	强度	项目试验、技术人员,作业人员
8	成桩质量	桩头凿除后	桩身完整性、桩顶高程、主筋深入承台高度	具备检测资质的检测单位,项目技术员,班组长及作业人员

8)应急处置

(1)处置原则

施工过程中一旦发生险情或事故,应停止作业,切勿慌乱,切忌盲目施救,在保证自身安全的情况下按照处置措施要求科学开展施救,并及时向项目管理人员×××报告相关情况。

(2)处置措施

①孔口塌陷:当孔口出现塌陷情况时,附近人员应立即撤出塌陷区,并及时报告项目部进行后期处置。

②触电事故:当发现有人员触电时,立即切断电源;若无法及时断开电源,可用干木棒、皮带、橡胶制品等绝缘物品挑开触电者接触的带电物,之后解开妨碍触电者呼吸的紧身衣服,检查口腔,清理口腔黏液并立即就地抢救;如触电者呼吸停止,应采用人工呼吸法抢救;如心脏停止跳动,应采用胸外心脏按压法抢救。

③其他事故:当发生高处坠落、起重伤害、机械伤害、设备倾覆等事故后,应立即采取措施切断或隔断危险源,疏散现场无关人员;然后对伤者进行包扎等急救,向项目部报告后原地等待救援。

附件:《×××大桥桩基设计图》(略)。

4 旋挖钻桩基（水上）施工安全技术交底

交底等级	三级交底	交底编号	III-004
单位工程	××河特大桥	分部工程	桩基础
交底名称	旋挖钻桩基（水上）施工	交底日期	年　月　日
交底人	分部分项工程主管工程师（签字）	审核人	工程部长（签字）
批准人	总工程师（签字）	确认人	专职安全管理人员（签字）
		被交底人	班组长及全部作业人员（签字，可附签字表）

1）施工任务

××河特大桥主桥跨越河流，主墩 8、9 号墩位于水中，墩位处平均水深约 10m，钻孔桩在已搭设完成的钢栈桥及钢平台上进行水上作业，采用旋挖钻进施工，每墩 16 根桩，桩径 2.2m，桩长分别为 45m、47m，采用 C40 混凝土。桩基设计及地质情况详见附件 1《××河特大桥 8、9 号墩桩基设计图》。

2）工艺流程

施工准备→插打钢护筒→确定钻孔施工顺序→钻机就位→旋挖钻进→成孔检验（首次清孔）→吊装钢筋笼→安装导管→二次清孔→灌注混凝土→桩基检测。

3）作业要点

（1）施工准备

熟悉设计图纸及交底，踏勘施工现场。配合项目部进行钻孔平台结构验收，验收合格方可使用。结合材料机具存放、泥浆池、成孔、钢筋笼下放、灌注等合理进行场地布置。旋挖钻机、钢护筒、导管、钢筋等进场后，配合项目物资设备及技术管理人员进行进场验收，验收合格方可使用。现场材料机具分类、整齐、稳定码放。

（2）插打钢护筒

钻孔施工前，先将墩位处所有桩基钢护筒插打完毕。插打前，配合测量班进行桩位放样，放样后安装导向架，采用起重机及振动锤插打钢护筒。钢护筒内径 2.5m、壁厚 18mm，护筒接长采用坡口焊接，各墩位钻孔桩钢护筒顶面高程及计划插打长度见表 1。插打前及插打过程中，配合测量班进行定位、测量和纠偏；如出现钢护筒快速下沉或沉不下去的情况，应停止插打，及时联系项目技术人员分析原因进行处理。插打完毕，钢护筒顶面应高出钢平台 0.5m，底部应埋置于较坚硬密实的土层中；每根护筒插打完成后，及时用钢板或钢筋网片井盖将护筒口封闭。

钢护筒插打参数（示例）		表1
墩号	8	9
护筒顶面高程（m）		
护筒长度（m）		

（3）确定钻孔施工顺序

每个墩位配置两台旋挖钻机同步开始施工，按照隔桩跳打的原则进行钻孔，各钻机的施工顺序见附件2《××河特大桥8、9号墩桩基钻孔施工顺序图》。

（4）钻机就位

护筒打设完毕后，根据钻孔顺序图配置钻机、泥浆箱、泥浆泵等；调试检查设备，确保使用性能完好；复核护筒平面位置及护筒顶高程。钻孔作业前，将钻机行驶至孔位，拔出固定上车转台和底盘车架的销轴，并将履带的带距伸至最大。调整钻杆角度，使钻头中心与钻孔中心对准，并放入孔内，调整钻机垂直度参数，使钻杆垂直，就位后钻头中心和桩中心应对正准确，误差控制在1cm内。钻机回转区域设置警戒区，严禁人员进入。

（5）旋挖钻进

开始钻孔时，应慢速钻进，在钻头进入土层后，再加快钻进。根据设计地质情况，按不同的地层选用适当的钻进速度，当钻斗穿过软硬土层交界处时，应慢速钻进。作业中发生浮机现象应立即停止作业，查明原因并正确处理后再继续作业。提钻时，钻头不得转动。

在钻进中，对泥浆相对密度、含砂率和黏度进行检测，保证泥浆的状态最优。钻孔过程中随土层变化捞取渣样，冲洗干净，装入渣样盒中，同时将其中的一部分装入渣样袋中，并做好标签，写明取样深度、取样时间、取样人等。因故停止钻进时，应将钻头提出泥浆面，并保持孔内泥浆循环，封盖孔口并安设防护栏。

（6）成孔检验（首次清孔）

钻进达到设计孔深后，进行首次清孔，使泥浆相对密度不大于1.1、含砂率小于2%、黏度达17~20s。经项目技术人员、监理工程师检查孔深、孔径、垂直度等满足要求后，钻机移至下一孔位作业。钻机移动后，孔口设置防护栏杆，并安设警示标志。

（7）吊装钢筋笼

钢筋笼在项目钢筋加工厂分节段加工，每节长12m，由专用运输车运至现场吊装。钢筋笼尽量在成孔后按照安装顺序运往现场，特殊情况需在现场进行临时存放时，应在指定区域存放，并避免影响现场通行，存放高度不得超过两层，底部及层间进行支垫，侧边设置可靠支挡。

钢筋笼使用龙门式起重机起吊下放，为了保证钢筋笼吊起时不变形，利用起重机的主钩和副钩以两点吊法施工。吊起时，先提第一吊点，使钢筋笼稍提起，再与第二吊点同时吊起。待钢筋笼离开地面一定高度后，第二吊点停止起吊，继续起吊提升第一吊点，随着第一吊点的不断上升，慢慢放松第二吊点，直到钢筋笼同地面垂直，停止起吊。解除第二吊点检查钢筋笼是否顺直，如有弯曲需调直。当钢筋笼进入孔口后，将其扶正徐徐下落，严禁摆动碰撞孔壁。在钢筋笼下至孔口位置时割除临时支撑。当钢筋笼下降到第一吊点附近的吊环孔口时，把吊点支架固定到支撑上，将钢筋笼临时支撑于孔口。然后吊来第二节钢筋笼，使上下两节骨架在同一竖直线上，进行接长。

钢筋笼主筋接长采用直螺纹套筒连接，安装时可采用管钳扳手施拧紧固，被连接钢筋的端头应在套筒中心位置相互顶紧，安装后单侧外露螺纹宜不超过 2 倍螺距。安装完成后，采用扭力扳手校核其拧紧扭矩。声测管连接采用液压钳挤压方式进行连接，连接处应光滑过渡，不漏水。

接头完成后，稍提钢筋笼，抽去原来的吊点支架，将骨架徐徐下降，如此循环，使全部骨架降到设计高程为止。吊放受阻时，要提升一定距离重新吊放，不得加压强行下放，防止造成坍孔、钢筋笼变形等。最后一节钢筋笼，应根据钢筋骨架顶面设计高程与灌注混凝土平台高程计算高度，制作接长吊环焊接在钢筋笼主筋上，钢筋下放完毕后，将吊环焊接固定在护筒上。

（8）安装导管

灌注混凝土所用导管采用螺纹接口导管，内径 30cm，要求内壁光滑、圆顺、内径一致，使用前应组装编号并进行水密性承压试验，试压压力为孔底净水压力的 1.5 倍。导管下放要居中、竖直，安装接口严密，避免挂碰钢筋笼，防止钢筋骨架卡挂导管。下放导管底端距孔底的距离宜为 30～50cm。

（9）二次清孔

导管下放完成后再次检查孔底沉渣厚度及泥浆的各项指标，孔底沉渣厚度小于 5cm，泥浆相对密度 1.03～1.10，黏度为 17～20s，含砂率 小于 2%，如有指标不满足要求则进行二次清孔。二次清孔沉渣及泥浆指标检查合格后，立即灌注混凝土。

（10）灌注混凝土

使用首灌料斗及隔水球灌注首批混凝土，利用混凝土汽车泵将混凝土输送进料斗内，待混凝土储满后，拔球灌注混凝土，同时启动混凝土泵连续地向料斗内加入混凝土，严禁中途停工，首次灌注后导管在混凝土中埋深不小于 1m。在灌注过程中，随时观察导管内混凝土下降和孔内水位升降情况，及时测量孔内混凝土面高度，计算导管埋置深度，正确指挥导管的提升和拆除，使导管的埋置深度控制在 2～6m 以内。拆下的导管要立即清洗干净，堆放整齐。当混凝土浇筑面接近设计高程时，用取样盒等容器取样确定混凝土顶面位置，保证混凝土浇筑面高出设计高程 0.5～1m。

（11）桩基检测

灌桩 28d 后，配合配项目技术人员及检测单位进行桩基检测，检测质量不低于Ⅱ类桩。

4）安全风险及危害

旋挖钻桩基（水上）施工过程中存在的安全风险见表2。

旋挖钻桩基（水上）施工安全风险识别   表2

序号	安全风险	施工过程	致险因子	风险等级	产生危害
1	高处坠落淹溺	桩孔施工全过程	（1）钢护筒及平台上孔洞未封盖； （2）平台及栈桥防护栏缺失、破损； （3）夜间施工，现场照明不足	Ⅱ	高坠人员死亡或重伤
2	失稳坍塌	桩孔施工全过程	（1）混凝土运输车等重载车辆在栈桥、平台承载薄弱区域行驶或停靠； （2）栈桥、平台设计承载能力不足； （3）栈桥、平台安装质量不合格，未进行验收； （4）栈桥、平台日常检查维修不到位	Ⅱ	司机或邻近人员死亡或受伤

序号	安全风险	施工过程	致险因子	风险等级	产生危害
3	起重伤害	钢筋笼吊装	（1）起重机司机、司索工、指挥人员技能差，无资格证； （2）钢丝绳或吊带、卡扣、吊钩等破损、性能不佳； （3）未严格执行"十不吊"； （4）吊装指令传递不佳，存在未配置对讲机、多人指挥等情况； （5）钢筋笼吊行区域未设置警戒区	II	起重作业人员及受其影响人员死亡或重伤
4	触电	桩孔施工全过程	（1）非电工进行接拆电线作业； （2）电缆线未隐蔽敷设，遭车辆碾压或重物撞击后导致破损； （3）配电箱、电缆线破损，未及时更换或修复	III	作业人员死亡或受伤
5	机械伤害	桩孔施工全过程	（1）门式起重机走行区未设置警戒或防护； （2）旋挖钻机等设备操作不熟练或违章操作； （3）灌桩作业等车辆设备密度较高时，未设专人指挥	IV	作业人员死亡或受伤

5）安全风险防控措施

（1）防控措施

为防范以上安全风险，需严格落实各项风险防控措施，详见表3。

旋挖钻桩基（水上）施工安全风险防控措施　　　　表3

序号	安全风险	措施类型	防控措施	备注
1	高处坠落淹溺	安全防护	（1）制作专用井盖，钢护筒打设完毕后及时封盖； （2）钢护筒周边孔洞及其他区域孔洞及时焊接钢板等进行封闭； （3）钢护筒打设完毕，桩孔未施工前，设置警戒区，防止人员进入； （4）工人穿戴救生衣作业	
		管理措施	（1）对平台及栈桥防护栏等设施定期检查维护，保证良好使用状态； （2）平台及栈桥配置救生衣、救生圈、救生绳等应急设施； （3）加强夜间作业照明，保证光照强度	
2	失稳坍塌	管理措施	（1）根据现场地质及施工荷载情况，对平台及栈桥进行专项设计及核算，保证平台及栈桥承载能力满足要求； （2）对平台、栈桥进行变形情况进行定期检查及监测，发现问题及时处理； （3）在平台、栈桥面对重载车辆走行区及承载力不足区域进行标识和分隔，避免重载车辆进入承载力不足区域	
		质量控制	加强平台、栈桥原材料及安装过程的检查及验收，保证平台、栈桥施工质量符合要求	
3	起重伤害	安全防护	钢筋笼吊行区域设置警戒区，严禁人员进入	
		管理措施	（1）做好起重设备及特种作业人员的进场验收管理，保证设备性能、人员技能满足要求，设备及人员证件齐全有效； （2）做好钢丝绳或吊带、卡扣、吊钩、对讲机等日常检查维护，确保使用性能满足要求； （3）吊装作业专人指挥，严格执行"十不吊"	
4	触电	管理措施	（1）配置专业电工进行接拆线作业，严禁非电工作业； （2）对栈桥及平台电力线路进行总体规划，保证电缆线隐蔽敷设，使用过程中严禁私拉乱接； （3）加强配电箱、电缆线等电力设施的检查维护，遇有破损及时更换或修复	

序号	安全风险	措施类型	防控措施	备注
5	机械伤害	安全防护	门式起重机走行区设置警戒设施或防护	
		管理措施	（1）对设备操作人员开展专业培训，持证上岗； （2）各类设备醒目位置张挂安全操作规程； （3）各类设备由专职人员操作，非作业人员不得违规使用； （4）在使用之前做好机械设备班前检查，并加强日常维护保养	

（2）工作纪律

除落实以上安全风险防控措施外，还应严格遵守以下工作纪律。

①防护用品：作业人员正确佩戴安全帽、安全带，正确穿戴救生衣、防滑鞋及紧口工作服。

②班前讲话：每日上工前，由班组长开展班前讲话，将当日作业内容、存在的安全风险及危害、防范措施、作业要点等告知全部作业人员。

③工前检查：每日班前讲话后，对工人身体状态、防护用品穿戴、现场作业环境等进行例行检查，发现问题及时处理。

④维护保养：做好安全防护设施、安全防护用品、起重设备机具等的日常维护保养，发现损害或缺失，及时修复或更换。

6）质量标准

钻孔桩钻孔的质量标准及检验方法见表4。

钻孔施工质量检查验收表　　　　表4

序号	检查项目		质量要求/允许偏差	检验方法	检验数量
1	护筒	顶面中心位置	50mm	测量检查	全部检查
		倾斜度	1%		
2	孔位中心		50mm		全部检查
3	成孔孔深、孔径、孔形		不小于设计值	测量、观察	全部检查
4	桩底地质情况		符合设计要求	检查施工记录、观察	全部检查，设计单位对代表性桩进行现场确认
5	沉渣厚度	摩擦桩	≤200mm	测量	全部检查
		柱桩	≤50mm		
6	倾斜度		1%	测量或超声波检查	全部检查

桩基钢筋应达到的质量标准及检验方法见表5。

桩基钢筋质量检查验收表　　　　表5

序号	检查项目	允许偏差	检验方法	检验数量
1	钢筋骨架在承台底以下长度	±100mm	尺量	全部检查
2	钢筋骨架直径	±20mm		全部检查
3	主钢筋间距	±0.5d	尺量	不少于5处

序号	检查项目	允许偏差	检验方法	检验数量
4	加强筋间距	±20mm	尺量	不少于5处
5	箍筋或螺旋筋间距	±20mm		
6	钢筋骨架垂直度	1%	测斜仪或吊线尺量	全部检查
7	保护层厚度	不小于设计值	检查垫块	全部检查

钻孔桩成桩质量标准及检验方法见表6。

混凝土灌注桩质量检查验收表　　　　表6

序号	检查项目	质量要求	检验方法	检验数量
1	桩身混凝土强度	符合设计要求，标样试件强度≥1.15倍设计强度	强度试验	全部检查
2	桩顶超灌部分切除	顶面平整、粗集料分布均匀，不损坏基桩钢筋，切除时混凝土强度≥10MPa	检测混凝土强度、观察	全部检查
3	桩身混凝土	匀质、完整	具备资质的检测机构进行无损检测	全部检查
4	桩顶高程	−3～0cm	测量	全部检查
5	主筋深入承台高度	不小于设计值	尺量	全部检查

7）验收要求

桩基施工各阶段的验收要求见表7。

桩基施工各阶段验收要求　　　　表7

序号	验收项目	验收时点	验收内容	验收人员
1	材料及构配件	钢筋、混凝土原材料进场后、使用前	材质、规格尺寸、外观质量、力学性能	项目物资、技术、试验人员，班组长及材料员
2	钢护筒	进场后	内径、壁厚、材质、接头坡口、长度	项目物资、技术、试验人员、班组长及材料员
		插打之前	钢护筒打设位置、倾斜度	项目技术、测量人员，班组长及作业人员
3	泥浆	钻孔过程、清孔、灌注混凝土前	泥浆相对密度、含砂率、稠度、pH值等	项目技术、试验人员，班组长及作业人员
4	钢筋笼	加工过程、安装前	钢筋间距、直径、数量、接头、焊缝、螺纹及套筒	项目技术、试验人员，班组长及作业人员
5	导管	导管进场后、使用前	导管的密闭性、抗拉性	项目物资、技术、试验人员，班组长及作业人员
6	桩孔	钻进过程、成孔后	孔深、孔径、孔形	项目技术人员，班组长及作业人员
7	混凝土	混凝土浇筑前	坍落度、和易性	项目试验、技术人员，作业人员
		混凝土龄期满足后	强度	项目试验、技术人员，作业人员
8	成桩质量	桩头凿除后	桩身完整性、桩顶高程、主筋深入承台高度	具备检测资质的检测单位，项目技术员及作业人员

8）应急处置

（1）处置原则

施工过程中一旦发生险情或事故，应停止作业，切勿慌乱，切忌盲目施救，在保证自身安全的情况下按照处置措施要求科学开展施救，并及时向项目管理人员×××报告相关情况。

（2）处置措施

①落水淹溺：当发现有人员落水时，立即就近摘下栈桥或平台上的救生圈、救生绳，并向落水者准确抛掷，应急船只快速就位救起落水者。

②触电事故：当发现有人员触电时，立即切断电源。若无法及时断开电源，可用干木棒、皮带、橡胶制品等绝缘物品挑开触电者接触的带电物。之后解开妨碍触电者呼吸的紧身衣服，检查口腔，清理口腔黏液并立即就地抢救。如触电者呼吸停止，应采用人工呼吸法抢救；如心脏停止跳动，应采用胸外心脏按压法抢救。

③栈桥或平台塌陷：当栈桥或平台出现塌陷等情况时，附近人员应立即撤出塌陷区，并及时报告项目部进行后期处置。

④其他事故：当发生高处坠落、起重伤害、机械伤害等事故后，应立即采取措施切断或隔断危险源，疏散现场无关人员，然后对伤者进行包扎等急救，向项目部报告后原地等待救援。

附件1：《××特河大桥8、9号墩桩基设计图》（略）。

附件2：《××特河大桥8、9号墩钻孔施工顺序图》（略）。

5 气举反循环桩基（水上）施工安全技术交底

交底等级	三级交底	交底编号	III-005
单位工程	××江大桥	分部工程	桩基础
交底名称	气举反循环桩基（水上）施工	交底日期	年 月 日
交底人	分部分项工程主管工程师（签字）	审核人	工程部长（签字）
批准人	总工程师（签字）	确认人	专职安全管理人员（签字）
		被交底人	班组长及全部作业人员（签字，可附签字表）

1）施工任务

××江大桥主桥跨江，主墩 5、6 号墩位于水中，墩位处平均水深约 8m，钻孔桩在已搭设完成的钢栈桥及钢平台上进行水上作业，采用气举反循环钻机钻进施工，每墩 29 根桩，桩径 3.0m，桩长分别为 60m、70m，采用 C40 混凝土。桩基设计及地质情况详见附件 1《××江大桥 5、6 号墩桩基设计图》。

2）工艺流程

施工准备→插打钢护筒→确定钻孔施工顺序→钻机就位→钻进施工→成孔检验→吊装钢筋笼→安装导管→二次清孔→灌注混凝土→桩基检测。

3）作业要点

（1）施工准备

熟悉设计图纸及交底，踏勘施工现场。配合项目部进行钻孔平台结构验收，验收合格方可使用。气举反循环钻机及配套设施、门式起重机、钢护筒、钢筋等进场后，配合项目物资设备及技术管理人员进行进场验收，验收合格方可使用。材料验收合格后按品种、规格分类码放，并挂设规格、数量铭牌。整理场地，确保场地内设备材料整齐摆放、通行有序。

（2）插打钢护筒

钻孔施工前，先将墩位处所有桩基钢护筒插打完毕。插打前，配合测量班进行桩位放样，放样后安装导向架，采用门式起重机及振动锤插打钢护筒。钢护筒内径 3.4m，壁厚 18mm，护筒接长采用坡口焊接。各墩位钻孔桩钢护筒顶面高程及计划插打长度见表 1。插打前及插打过程中，配合测量班进行定位、测量和纠偏；如出现钢护筒快速下沉或沉不下去的情况，应停止插打，及时联系项目技术人员分析原因进行处理。插打完毕，钢护筒顶面应高出钢平台 0.5m，底部应埋置于较坚硬密实的土层中；每根护筒插打完成后，及时用钢板或钢筋网片井盖将护筒口封闭。

钢护筒插打参数（示例）		表1
墩号	5	6
护筒顶面高程（m）		
护筒长度（m）		

（3）确定钻孔施工顺序

每个墩位配置三台气举反循环钻机同步施工，按照隔桩跳打的原则进行钻孔，各钻机的施工顺序见附件2《××江大桥5、6号墩桩基钻孔施工顺序图》。

（4）钻机就位

护筒打设完毕后，根据钻孔顺序图安装气举反循环钻机及配套泥浆箱、泥浆泵等；调试检查设备，确保使用性能完好；复核护筒平面位置及护筒顶高程；检查钻头对中情况，确保钻机开钻前，钻头对中误差小于2mm。

（5）钻进施工

开孔采用正循环钻进，利用泥浆净化器降低泥浆中的含砂率，根据除砂量补充新鲜泥浆维持护筒内液面的高度，比水位高2～3m。钻头低于护筒内水头15m后，改用气举反循环钻进，采用提钻、减压、慢转，补充泥浆进行钻进，待护筒内泥浆指标满足要求后可向下钻进成孔，在护筒底口上下5m范围内时采用减压、慢钻，控制进尺速度。钻头超出护筒底口5m以上时，按正常速度钻进成孔，钻进过程中对变层部位要注意控制进尺，并且每钻进一根钻杆要注意扫孔，以保证钻孔直径满足要求；要随时检测和控制泥浆性能指标，确保孔壁的安全。钻进、清孔过程中，采用泥浆分离器除砂，分离出的砂、石及时清理、装车运至弃渣地点。钻孔过程中如遇特殊情况需停钻时，应提出钻头，并增加泥浆相对密度和黏度，保持孔壁稳定。

（6）成孔检验

钻进达到设计孔深后，进行首次清孔，使泥浆相对密度不大于1.1、含砂率小于2%、黏度达17～20s。经项目技术人员、监理工程师检查孔深、孔径、垂直度等满足要求后，钻机移至下一孔位作业。钻机移动后，孔口设置防护栏杆，并安设警示标志。

（7）钢筋笼安装

成孔验收通过后，提升钻头距孔底20cm，利用气举反循环系统循环泥浆降低泥浆相对密度及砂率，并补充优质泥浆使孔内泥浆指标逐步达到验收标准要求。泥浆指标满足要求后，拆除钻杆、钻头，移除钻机至下一孔位作业。钻机移动后，孔口设置防护栏杆，并安设警示标志。

钢筋笼在项目钢筋加工厂分节段加工，每节长12m，由专用运输车运至现场吊装。钢筋笼尽量在成孔后按照安装顺序运往现场，特殊情况需在现场进行临时存放时，应在指定区域存放，并避免影响现场通行，存放高度不得超过两层，底部及层间进行支垫，侧边设置可靠支挡。

钢筋笼使用龙门式起重机起吊下放，为了保证钢筋笼吊起时不变形，利用起重机的主钩和副钩以两点吊法施工。吊起时，先提第一吊点，使钢筋笼稍提起，再与第二吊点同时吊起。待钢筋笼离开地面一定高度后，第二吊点停止起吊，继续起吊提升第一吊点，随着第一吊点的不断上升，慢慢放松第二吊点，直到钢筋笼同地面垂直，停止起吊。解除第二吊点检查钢筋笼是否顺直，如有弯曲需调直。当钢筋笼进入孔口后，将其扶正徐徐下落，严禁摆动碰撞孔壁。在钢筋笼下放至孔口位置时割除临时支撑。当钢筋笼下降到第一吊点附近的吊环孔口时，把吊点支架固定到支撑上，将钢筋笼临时支撑于孔口。后吊来第二节钢筋笼，使上下两节骨架在同一竖直线上，进行接长。

钢筋笼主筋接长采用直螺纹套筒连接，安装时可采用管钳扳手施拧紧固，被连接钢筋的端头应在套筒中心位置相互顶紧，安装后单侧外露螺纹以不超过 2 倍螺距为宜。安装完成后，采用扭力扳手校核其拧紧扭矩。声测管连接采用液压钳挤压方式进行连接，连接处应光滑过渡，不漏水。

接头完成后，稍提钢筋笼，抽去原来的吊点支架，将骨架徐徐下降，如此循环，使全部骨架降到设计高程为止。吊放受阻时，要提升一定距离重新吊放，不得加压强行下放，防止造成坍孔、钢筋笼变形等。最后一节钢筋笼，应根据钢筋骨架顶面设计高程与灌注混凝土平台高程计算高度，制作接长吊环焊接在钢筋笼主筋上，钢筋下放完毕后，将吊环焊接固定在护筒上。

（8）安装导管

灌注混凝土所用导管采用螺纹接口导管，内径 30cm，要求内壁光滑、圆顺、内径一致，使用前应组装编号并进行水密性承压试验，试压压力为孔底净水压力的 1.5 倍。导管下放要居中、竖直，安装接口严密，避免挂碰钢筋笼，防止钢筋骨架卡挂导管。下放导管底端距孔底的距离宜为 30～50cm。

（9）二次清孔

导管下放完成后再次检查孔底沉渣厚度及泥浆的各项指标，孔底沉渣厚度小于 5cm，泥浆相对密度为 1.03～1.10，黏度为 17～20s，含砂率小于 2%，胶体率大于 98%，如有指标不满足要求则进行二次清孔。二次清孔沉渣及泥浆指标检查合格后，立即灌注水下混凝土。

（10）灌注混凝土

使用首灌料斗及隔水球灌注首批混凝土，利用汽车泵将混凝土输送进料斗内，待混凝土储满后，拔球灌注混凝土，同时启动混凝土泵连续地向料斗内加入混凝土，首次灌注后导管在混凝土中埋深不小于 1m。在灌注过程中，随时观察导管内混凝土下降和孔内水位升降情况，及时测量孔内混凝土面高度，计算导管埋置深度，正确指挥导管的提升和拆除，使导管的埋置深度控制在 2～6m 以内。拆下的导管要立即清洗干净，堆放整齐。当混凝土浇筑面接近设计高程时，用取样盒等容器取样确定混凝土顶面位置，保证混凝土浇筑面高出设计高程 0.5～1m。

（11）桩基检测

灌桩 28d 后，配合项目技术人员及检测单位进行桩基检测，检测质量不低于II类桩。

4）安全风险及危害

气举反循环桩基（水上）施工过程中存在的安全风险见表2。

气举反循环桩基（水上）施工安全风险识别　　　　　　　表2

序号	安全风险	施工过程	致险因子	风险等级	产生危害
1	高处坠落淹溺	桩孔施工全过程	（1）钢护筒及平台上孔洞未封盖； （2）平台及栈桥防护栏缺失、破损； （3）夜间施工，现场照明不足	II	高坠人员死亡或重伤
2	失稳坍塌	桩孔施工全过程	（1）混凝土运输车等重载车辆在栈桥、平台承载薄弱区域行驶或停靠； （2）栈桥、平台设计承载能力不足； （3）栈桥、平台安装质量不合格，未进行验收； （4）栈桥、平台日常检查维修不到位	II	司机或邻近人员死亡或受伤

序号	安全风险	施工过程	致险因子	风险等级	产生危害
3	起重伤害	钢筋笼吊装	（1）起重机司机、司索工、指挥人员技能差，无资格证； （2）钢丝绳或吊带、卡扣、吊钩等破损、性能不佳； （3）未严格执行"十不吊"； （4）吊装指令传递不佳，存在未配置对讲机、多人指挥等情况； （5）钢筋笼吊行区域未设置警戒区	II	起重作业人员及受其影响人员死亡或重伤
4	触电	桩孔施工全过程	（1）非电工进行接拆电线作业； （2）电缆线未隐蔽敷设，遭车辆碾压或重物撞击后导致破损； （3）配电箱、电缆线破损，未及时更换或修复	III	作业人员死亡或受伤
5	机械伤害	桩孔施工全过程	（1）龙门式起重机走行区未设置警戒或防护； （2）气举反循环钻机等设备操作不熟练或违章操作； （3）灌桩作业等车辆设备密度较高时，未设专人指挥	IV	作业人员死亡或受伤

5）安全风险防控措施

（1）防控措施

为防范以上安全风险，需严格落实各项风险防控措施，详见表3。

气举反循环钻机水上施工安全风险防控措施　　　　表3

序号	安全风险	措施类型	防控措施	备注
1	高处坠落淹溺	安全防护	（1）制作专用井盖，钢护筒打设完毕后及时封盖； （2）钢护筒周边孔洞及其他区域孔洞及时焊接钢板等封闭； （3）钢护筒打设完毕，桩孔未施工前，设置警戒区，防止人员进入； （4）工人穿戴救生衣作业	
		管理措施	（1）对平台及栈桥防护栏等设施定期检查维护，保证良好使用状态； （2）平台及栈桥配置救生衣、救生圈、救生绳等应急设施； （3）加强夜间作业照明，保证光照强度	
2	失稳坍塌	管理措施	（1）根据现场地质及施工荷载情况，对平台及栈桥进行专项设计及检算，保证平台及栈桥承载能力满足要求； （2）对平台、栈桥进行变形情况进行定期检查及监测，发现问题及时处理； （3）在平台、栈桥面对重载车辆走行区及承载力不足区域进行标识和分隔，避免重载车辆进入承载力不足区域	
		质量控制	加强平台、栈桥原材料及安装过程的检查及验收，保证平台、栈桥施工质量符合要求	
3	起重伤害	安全防护	钢筋笼吊行区域设置警戒区，严禁人员进入	
		管理措施	（1）做好起重设备及特种作业人员的进场验收管理，保证设备性能、人员技能满足要求，设备及人员证件齐全有效； （2）做好钢丝绳或吊带、卡扣、吊钩、对讲机等日常检查维护，确保使用性能满足要求； （3）吊装作业专人指挥，严格执行"十不吊"	
4	触电	管理措施	（1）配置专业电工进行接拆线作业，严禁非电工作业； （2）对栈桥及平台电力线路进行总体规划，保证电缆线隐蔽敷设，使用过程中严禁私拉乱接； （3）加强配电箱、电缆线等电力设施的检查维护，遇有破损及时更换或修复	

序号	安全风险	措施类型	防控措施	备注
5	机械伤害	安全防护	门式起重机走行区设置警戒设施或防护	
		管理措施	（1）对设备操作人员开展专业培训，持证上岗； （2）各类设备醒目位置张挂安全操作规程； （3）各类设备由专职人员操作，非作业人员不得违规使用； （4）在使用之前做好机械设备班前检查，并加强日常维护保养	

（2）工作纪律

除落实以上安全风险防控措施外，还应严格遵守以下工作纪律。

①防护用品：作业人员正确佩戴安全帽、安全带，正确穿戴救生衣、防滑鞋及紧口工作服。

②班前讲话：每日上工前，由班组长开展班前讲话，将当日作业内容、存在的安全风险及危害、防范措施、作业要点等告知全部作业人员。

③工前检查：每日班前讲话后，对工人身体状态、防护用品穿戴、现场作业环境等进行例行检查，发现问题及时处理。

④维护保养：做好安全防护设施、安全防护用品、起重设备机具等的日常维护保养，发现损害或缺失，及时修复或更换。

6）质量标准

钻孔桩钻孔的质量标准及检验方法见表4。

钻孔施工质量检查表 表4

序号	检查项目		质量要求/允许偏差	检验方法	检验数量
1	护筒	顶面中心位置	50mm	测量检查	全部检查
		倾斜度	1%		
2	孔位中心		50mm		全部检查
3	成孔孔深、孔径、孔形		不小于设计值	测量、观察	全部检查
4	桩底地质情况		符合设计要求	检查施工记录、观察	全部检查，设计单位对代表性桩进行现场确认
5	沉渣厚度	摩擦桩	≤200mm	测量	全部检查
		柱桩	≤50mm		
6	倾斜度		1%	测量或超声波检查	全部检查

桩基钢筋应达到的质量标准及检验方法见表5。

桩基钢筋质量检查验收表 表5

序号	检查项目	允许偏差	检验方法	检验数量
1	钢筋骨架在承台底以下长度	±100mm	尺量	全部检查
2	钢筋骨架直径	±20mm		全部检查
3	主钢筋间距	±0.5d（d为钢筋直径）	尺量	不少于5处
4	加强筋间距	±20mm		

序号	检查项目	允许偏差	检验方法	检验数量
5	箍筋或螺旋筋间距	±20mm	尺量	不少于5处
6	钢筋骨架垂直度	1%	测斜仪或吊线尺量	全部检查
7	保护层厚度	不小于设计值	检查垫块	全部检查

钻孔桩成桩质量标准及检验方法见表6。

混凝土灌注桩质量检查验收表 表6

序号	检查项目	质量要求	检查方法	检验数量
1	桩身混凝土强度	符合设计要求，标样试件强度≥1.15倍设计强度	强度试验	全部检查
2	桩顶超灌部分切除	顶面平整、粗集料分布均匀，不损坏基桩钢筋，切除时混凝土强度≥10MPa	检测混凝土强度、观察	全部检查
3	桩身混凝土	匀质、完整	具备资质的检测机构进行无损检测	全部检查
4	桩顶高程	−3～0cm	测量	全部检查
5	主筋深入承台高度	不小于设计值	尺量	全部检查

7）验收要求

桩基施工各阶段的验收要求见表7。

桩基施工各阶段验收要求 表7

序号	验收项目	验收时点	验收内容	验收人员
1	材料及构配件	钢筋、混凝土原材料进场后、使用前	材质、规格尺寸、外观质量、力学性能	项目物资、技术、试验人员，班组长及材料员
2	钢护筒	进场后	内径、壁厚、材质、接头坡口、长度	项目物资、技术、试验人员，班组长及材料员
		插打之前	钢护筒打设位置、倾斜度	项目技术、测量人员，班组长及作业人员
3	泥浆	钻孔过程、清孔、灌注混凝土前	泥浆相对密度、含砂率、稠度、pH值等	项目技术、试验人员，班组长及作业人员
4	钢筋笼	加工过程、安装前	钢筋间距、直径、数量、接头、焊缝、螺纹及套筒	项目技术、试验人员，班组长及作业人员
5	导管	导管进场后、使用前	导管的密闭性、抗拉性	项目物资、技术、试验人员，班组长及作业人员
6	桩孔	钻进过程、成孔后	孔深、孔径、孔形	项目技术人员，班组长及作业人员
7	混凝土	混凝土浇筑前	坍落度、和易性	项目试验、技术人员，作业人员
		混凝土龄期满足后	强度	项目试验、技术人员，作业人员
8	成桩质量	桩头凿除后	桩身完整性、桩顶高程、主筋深入承台高度	具备检测资质的检测单位，项目技术员，班组长及作业人员

8）应急处置

（1）处置原则

施工过程中一旦发生险情或事故，应停止作业，切勿慌乱，切忌盲目施救，在保证自身安全的情况下按照处置措施要求科学开展施救，并及时向项目管理人员×××报告相关情况。

（2）处置措施

①落水淹溺：当发现有人落水时，立即就近摘下栈桥或平台上的救生圈、救生绳，并向落水者准确抛掷，应急船只快速就位救起落水者。

②触电事故：当发现有人触电时，立即切断电源。若无法及时断开电源，可用干木棒、皮带、橡胶制品等绝缘物品挑开触电者接触的带电物，之后解开妨碍触电者呼吸的紧身衣服，检查口腔，清理口腔黏液并立即就地抢救。如触电者呼吸停止，应采用人工呼吸法抢救；如心脏停止跳动，应采用胸外心脏按压法抢救。

③栈桥或平台塌陷：当栈桥或平台出现塌陷等情况时，附近人员应立即撤出塌陷区，并及时报告项目部进行后期处置。

④其他事故：当发生高处坠落、起重伤害、机械伤害等事故后，应立即采取措施切断或隔断危险源，疏散现场无关人员，然后对伤者进行包扎等急救，向项目部报告后原地等待救援。

附件1：《××江大桥5、6号墩桩基设计图》（略）。

附件2：《××江大桥5、6号墩钻孔施工顺序图》（略）。

6 人工挖孔桩施工安全技术交底

交底等级	三级交底	交底编号	III-006
单位工程	×××特大桥	分部工程	桩基工程
交底名称	人工挖孔桩施工	交底日期	年　月　日
交底人	分部分项工程主管工程师（签字）	审核人	工程部长（签字）
批准人	总工程师（签字）	确认人	专职安全管理人员（签字）
		被交底人	班组长及全部作业人员（签字，可附签字表）

1）施工任务

×××特大桥桥梁×号墩桩基×根，桩长×m、桩径×m，采用人工挖孔施工。桩基设计详见附件《×××特大桥桩基设计图》。

2）工艺流程

施工准备→测量放线→孔口施工→提升设备安装→开挖作业→护壁施工→验扩→吊装钢筋笼→灌注混凝土→验桩。

3）作业要点

（1）施工准备

熟悉设计图纸及交底，踏勘施工现场。

①设备机具：开始挖孔作业前，需进行如下设备机具配置，配置齐全并检查合格后方可开始挖孔作业。配置的设备机具需进行经常性的检查维护，保证性能满足使用要求。

a.开挖机具：铁锹、铁镐、风镐、水泵、护壁模板、水磨钻、空压机、钢楔、铁锤等。

b.提升设备：提升架、提升卷扬、绞绳、吊桶。提升架设备的形式、规格及安装应满足最大提升质量要求；提升卷扬设备应安装防脱钩及上限位装置。

c.通风检测设备：鼓风机、高压风管、气体浓度检测仪。

d.人员上下设备：防坠器、爬梯、应急绳。

e.照明设备：低压照明灯具。

f.通信设备：对讲机。

g.抽排水设备：水泵、水管。

②作业人员：孔内作业人员需正确穿戴安全帽、长筒绝缘防滑鞋，上下时必须配挂防坠器；孔口作业人员需正确穿戴安全帽、防滑鞋及防坠安全绳。

③开挖顺序：因桩净距小于2.5m，采用间隔开挖。间隔开挖最小施工净距应大于4.5m。

（2）测量放线

项目测量班对桩位进行测量放样，放样后以桩位中心为圆心，以桩的设计半径画出桩的开挖轮廓线撒白灰标示，并设置护桩。

（3）孔口施工

沿开挖轮廓线进行孔口施工，孔口壁厚大于50cm，顶面高出施工地面30cm以上。孔口混凝土内设置ϕ12mm钢筋、间距20cm，并预埋好挂梯钢筋。

（4）提升设备安装

安装提升设备时，使吊篮的粗绳中心与桩孔中心线一致，作为挖土时粗略控制中心线。提升设备配重应稳固可靠，片石等不规则材料不应松散码砌作为配重，安装完成后，进行试吊，满足最大吊重提升要求后方可使用。

（5）开挖作业

挖土时应分段进行，每段最大挖深不超过1m。每循环开挖应观察地质情况且留样，地质情况若与设计资料不符，应及时通知管理人员现场查看。每日开工前，应检测孔内有毒、有害气体种类及含量，孔内气体二氧化碳含量超过0.1%或其他有毒有害气体浓度超过允许值、开挖孔深超过10m，必须采用鼓风机向孔内送风，供风量不小于3m³/min。土层较松且有地下水时，增加径向锚杆增强护壁与围岩之间的摩擦力，径向锚杆采用直径不小于16mm的螺纹钢，长度不小于1m，层间距不大于30cm，竖向间距不大于40cm，孔内积水应及时抽排。

地层进入岩层后，采用水磨钻施工。首先钻取四周岩石，沿桩基孔壁布置取芯点，取芯直径为150mm，取芯圆与护壁相切，取芯圆之间的距离不大于150mm；依次钻取外周的每个岩芯，取出的岩芯高约700mm，将外围岩芯取完后，桩芯体岩外围便形成一个环形临空面；取芯时向井孔外侧倾斜3°左右，预留出钻具的尺寸，保证循环施工时桩径不变。四周取芯完毕后，钻取中间岩石，然后使用空压机打眼分割，用钢楔子、大锤等配合破石，使单份岩体小于出渣桶桶径。由于水钻钻芯后桩基孔壁成锯齿状，为保证有效桩径与设计桩径一致，要用铁锤敲掉侵占桩基空间的岩石锯齿。

挖孔过程中要经常检查桩孔的平面位置、净空尺寸和高程。孔的中线采用吊锤球的方法测量，先通过护桩挂十字线，定出桩孔中心，然后从桩孔中心向下吊锤球定出开挖节的桩孔中心点，然后依次丈量检查桩孔四周的半径。

提升弃渣时，吊桶内不能装满，达到桶容的80%即可，严禁超负荷吊装，严禁捆绑大石块提升。挖出的渣土应及时运离孔口，不得堆放在孔口周边。孔口四周应设置防护围栏，高度不低于1.2m。孔口周边机动车辆的通行不得影响井壁稳定。

孔内未施工时，应及时将围栏封闭、孔口封盖。

（6）护壁施工

护壁施工采取一节组合式钢模板拼装而成，拆上节，支下节，循环周转使用，模板间用U形卡连接，或用螺栓连接，设支撑加固，以便浇筑混凝土。每完成一循环开挖，检查断面尺寸是否符合设计要求，报监理工程师验收合格后，立即进行定型护壁模板支撑安装。在立模前，先清除岩壁上的浮土和松动石块，使护壁混凝土紧贴围岩。上口与下口的角度做成一定的倾角，上口孔径与设计相同，护壁上口20cm，下口15cm，上下节护壁搭接长度不小于5cm，下端可扩大开挖为喇叭形式，使土壤支托护壁混凝土，使孔壁成锯齿形。每节模板以十字线对中，吊线锤控制中心点位置，保证同一水平面任意直径的偏差不大于50mm。地质不良时，在护壁中加入适当钢筋，上下节钢筋连接牢靠。

灌注混凝土前，应及时抽排孔内积水，不得在桩孔水淹没模板的情况下灌注护壁混凝土。灌注护壁混凝土时，可用敲击模板或用木棒反复插捣。护壁模板宜在混凝土强度达到 1.2MPa 且浇筑完 24h 后拆除。拆模后，如有蜂窝、漏水、漏泥、露筋，及时用早强混凝土修补。拆模后，进行下一段开挖，直至挖到设计孔深。

（7）验孔

挖孔至设计深度后，通知项目技术人员进行验孔，验收项目包括孔深、孔径、桩底岩性等。验收合格后，进入下道工序。

（8）吊装钢筋笼

钢筋在钢筋加工厂集中加工成半成品，由钢筋托运车运输至现场，人工配合起重机进行接长、吊装入孔。吊装时采用扁担梁吊具进行吊装，接长时下节钢筋笼稳定支垫于孔口上，上层钢筋笼处于吊装状态，并保证位置稳定准确。

（9）灌注混凝土

桩身混凝土由 2 号拌和站集中拌和，混凝土搅拌运输车运至现场。为避免混凝土离析，在孔口搭设井架，采用车载泵加串筒方式浇筑，串筒距孔底不超过 2m。混凝土浇筑前，将孔底积水抽排干净。当孔内水位较深或渗流速度较高时，也可采用水下混凝土灌注。

（10）验桩

桩基混凝土达到规定龄期后，按设计及规范要求，采用超声波无损检测技术，检验桩身质量。

4）安全风险及危害

人工挖孔桩施工过程中存在的安全风险见表1。

人工挖孔桩施工安全风险识别　　　　　　　　　　　表1

序号	安全风险	施工过程	致险因子	风险等级	产生危害
1	物体打击	吊斗升降	（1）提升设备失稳、钢丝绳断裂或滑落、吊钩损坏； （2）吊斗装载过满； （3）提升过程中吊斗晃动、碰撞孔壁； （4）井内人员未正确佩戴安全帽	I	孔内作业人员死亡或重伤
		孔口堆积	（1）孔口高度不足； （2）渣土或其他杂物在孔口堆积； （3）孔口作业人员擅自离岗，孔口无人看护	I	
2	高处坠落	人员上下行	（1）爬梯安装不牢固； （2）未正确佩戴防坠器、穿戴防滑鞋； （3）孔内作业人员违章通过吊桶提升或脚踩护壁边缘上下	I	孔内作业人员死亡或重伤
		非施工状态	（1）孔口防护及封盖不到位； （2）夜间未设置警示灯	II	坠入孔内人员死亡或重伤
3	坍塌、淹溺	施工方案编制阶段	地质条件及孔深不适宜挖孔施工的桩，违规采用挖孔施工		孔内作业人员死亡或重伤
		人工挖孔、护壁施工	（1）不良地质，孔内突泥突水； （2）护壁施作不及时或强度不足； （3）开挖顺序未采取间隔开挖； （4）雨天施工，雨水灌入孔内； （5）在邻桩积水过或灌注混凝土时，进行开挖作业	II	

序号	安全风险	施工过程	致险因子	风险等级	产生危害
4	窒息中毒	人工挖孔	（1）未对孔内气体进行检测； （2）未对孔内进行通风换气或通风效果不佳	II	孔内作业人员死亡或重伤
5	起重伤害	吊装钢筋笼	（1）起重机司机、司索工、指挥人员技能差，无资格证； （2）钢丝绳或吊带、卡扣、吊钩等破损、性能不佳； （3）未严格执行"十不吊"； （4）吊装指令传递不佳，存在未配置对讲机、多人指挥等情况； （5）起重机回转范围外侧未设置警戒区	III	起重作业人员及受其影响人员死亡或重伤
6	触电	抽排水、临电接装	（1）孔内积水未及时抽排； （2）电线破损漏电，孔内人员人员未穿戴绝缘鞋； （3）孔内照明未采用低压照明灯具； （4）临电线路安装不规范，非电工接装电力线路	IV	孔内或接电作业人员伤亡

5）安全风险防控措施

（1）防控措施

为防范以上安全风险，需严格落实各项风险防控措施，详见表2。

人工挖孔桩施工安全风险防控措施　　　　表2

序号	安全风险	措施类型	防控措施	备注
1	物体打击	安全防护	孔内作业人员井下作业必须正确佩戴安全帽	
		质量控制	（1）加强孔口质量控制，顶面高于地面30cm以上； （2）提升设备配重应稳固可靠，片石等不规则材料不应松散码砌作为配重，安装完成后，进行试吊，满足最大吊重提升要求后方可使用； （3）提升设备安装时保证吊绳位于桩孔中心，施工过程中如有偏位及时校正； （4）提升弃渣时，吊桶内不能装满，达到桶容的80%即可，严禁超负荷吊装，严禁捆绑大石块提升； （5）提升前稳定吊桶，并保证吊绳垂直，提升速度不宜过快	
		管理措施	（1）采用带锁止装置的提升吊钩，严禁采用开口吊钩； （2）提升架、绞绳、吊桶、卷扬机、吊钩等进行经常性检查，发现损坏及时更换； （3）弃渣严禁堆放在孔口附近，保证孔口周边整洁无杂物，孔口高于地面30cm； （4）孔内作业时，孔口作业人员不得擅离岗位	
2	高处坠落	安全防护	（1）孔口四周设置护栏，高度不低于1.2m； （2）非开挖状态下，孔口及时用井盖封盖； （3）孔内作业人员使用爬梯上下，正确佩戴使用防坠器、穿戴防滑鞋，严禁脚踩护壁边缘上下； （4）孔口作业人员穿戴防滑鞋，系好安全绳； （5）挖孔作业区夜间设置警示灯，严防无关人员进入	
		质量控制	桩孔口悬挂软爬梯并及时接长，软爬梯用必须采用质量合格材料，并保证锚定或挂设质量	
		管理措施	（1）爬梯、防坠器、安全绳等进行经常性检查，发现损坏及时更换； （2）孔内作业时，孔口作业人员不得擅离岗位	

续上表

序号	安全风险	措施类型	防控措施	备注
3	坍塌、淹溺	安全防护	（1）挖孔作业区周边设置有效排水措施，防止雨水灌入孔内； （2）开挖作业全过程保证孔口高于地面30cm以上； （3）及时抽排孔内积水； （4）孔下作业人员随时注意孔内情况，如发生地下水、流砂、流泥、塌方、护壁变形等不可控因素时，应及时撤离并向项目报告有关情况	
		质量控制	（1）一节段开挖完毕及时施作护壁，并保证施工质量； （2）护壁模板宜在混凝土强度达到1.2MPa且浇筑完24h后方可拆除	
		管理措施	（1）下列情况之一者，不得使用人工挖孔桩： ①开挖深度范围内分布有厚度超过2m的流塑状或厚度超过4m的软塑状土； ②开挖深度范围内分布有层厚超过2m的砂层； ③有涌水的地质断裂带； ④地下水丰富，采取措施后仍无法避免边抽水边作业； ⑤高压缩性人工杂填土厚度超过5m； ⑥孔深大于30m。 （2）邻桩积水过深或灌注混凝土时，严禁挖孔作业； （3）确定挖孔顺序时，采用间隔开挖方式	
4	窒息中毒	管理措施	（1）开挖面3m以下土层中分布有腐殖质有机物、煤层等可能存在有毒气体的土层不得采用挖孔施工； （2）每日开工前，向孔内送风并检测孔内有毒有害气体浓度，达标后方可下孔作业； （3）桩孔开挖过程中，不断向孔内输送足够的新鲜空气，并应经常检测井孔内有无毒害气体	
5	起重伤害	安全防护	起重机回转范围外侧设置警戒区	
		管理措施	（1）做好起重设备及特种作业人员的进场验收管理，保证设备性能、人员技能满足要求，设备及人员证件齐全有效； （2）做好钢丝绳、吊带、卡扣、吊钩、对讲机等的日常检查维护，确保使用性能满足要求； （3）吊装作业专人指挥，严格执行"十不吊"	
6	触电	安全措施	（1）孔内作业人员必须穿戴长筒绝缘胶鞋，孔内积水及时抽排； （2）孔内照明采用安全行灯，电压不得高于36V，供电给井下的用电设备的线路必须装漏电保护装置	
		管理措施	（1）电器必须严格接地、接零和使用漏电保护器，各桩孔用电必须分闸，严禁一闸多孔和一闸多用； （2）临时用电安装和拆除必须由持特种作业证和上岗证的专业电工操作； （3）孔底抽水时，在挖孔作业人员上到地面后再合闸抽水； （4）孔内抽水用电缆应采用潜水电机防水橡皮护套电缆，不得有接头； （5）经常性检查临电线路、设备，发现破损或故障及时修理或更换	

（2）工作纪律

除落实以上安全风险防控措施外，还应严格遵守以下工作纪律。

①防护用品：作业人员正确佩戴安全帽、安全带，正确穿防滑绝缘胶鞋及紧口工作服。

②班前讲话：每日上工前，由班组长开展班前讲话，将当日作业内容、存在的安全风险及危害、防范措施、作业要点等告知全部作业人员。

③工前检查：每日班前讲话后，对工人身体状态、防护用品穿戴、现场作业环境等进行例行检查，发现问题及时处理。

④维护保养：做好安全防护设施、安全防护用品、起重设备机具等的日常维护保养，发现损害或缺失，及时修复或更换。

6）质量标准

人工挖孔桩应达到的质量标准及检验方法见表3。

人工挖孔桩质量检查验收表
表3

序号	检查项目	质量要求/允许偏差	检验方法	检验数量
1	孔口高度	≥30cm	尺量	全部
2	孔口防护栏高度	≥1.2m	尺量	全部
3	挖孔达到设计深度，必须核实地质情况	孔底应平整、无松渣、淤泥、沉淀、或扰动过的软层	观察	全部
4	孔径、孔深、孔形	孔径、孔深不得小于设计值，孔形应符合设计要求	成孔检测仪器检查	全部
5	挖孔桩的开挖顺序和防护措施	符合设计要求	观察	全部
6	孔位中心	50mm	测量检查	全部
7	孔位倾斜度	1%	测量	全部
8	钢筋原材料质量	符合相应行业验收标准规定	试验	全部
9	钢筋加工、连接和安装	符合相应行业验收标准规定	尺量	按钢筋编号各抽检10%，且各不少于20件
10	混凝土原材料、配合比设计和拌和质量	符合相应行业验收标准规定	试验	全部
11	混凝土浇筑	符合相应行业验收标准规定	观察	全部
12	混凝土强度等级	符合设计要求	试验	全部

人工挖孔桩钢筋骨架具体质量标准及检验方法见表4。

人工挖孔桩钢筋骨架的允许偏差和检验方法
表4

序号	检查项目	允许偏差	检验方法	检验数量
1	钢筋骨架在承台底以下长度	±100mm	尺量检查	全部
2	钢筋骨架直径	±20mm	尺量检查	全部
3	主钢筋间距	±0.5d（d为钢筋直径）	尺量检查不少于5处	全部
4	加强筋间距	±20mm		全部
5	箍筋间距或螺旋筋间距	±20mm		全部
6	钢筋骨架垂直度	1%	测斜仪或吊线尺量检查	全部
7	钢筋保护层厚度	不小于设计值	检查垫块	全部

7）验收要求

人工挖孔桩各阶段的验收要求见表5。

			人工挖孔桩施工各阶段检查要求	表 5
序号	验收项目	验收时点	验收内容	验收人员
1	设备机具配置	挖孔开工前	开挖、提升、通风、照明、通信、抽排水、人员上下等设备机具配置数量及性能	项目物资设备、技术管理、安全管理人员，班组长及安全员、材料员
2	孔口、提升设备安装、防护设施配置	孔口施工完成后	孔口高度、孔位中心偏差、地面排水、提升架安装质量、防护栏及井盖配置等	项目技术管理、安全管理、测量人员，班组长
3	挖孔、护壁	挖孔过程中	孔深、孔径、孔形、护壁质量、间隔开挖等，挖孔人员防护用品穿戴、孔内照明、排水、通风、防护设施维护等情况	项目技术管理、安全管理人员，班组长、挖孔人员
4	成孔质量	成孔后	孔深、孔径、孔形、孔位中心、孔位倾斜度等	项目技术管理人员、班组长、挖孔人员
5	钢筋笼	钢筋笼安装前、过程中及完成后	钢筋骨架尺寸、间距、长度、型号、根数、焊接质量、安装位置等	项目技术管理人员，钢筋安装人员
6	混凝土	混凝土浇筑过程	混凝土坍落度、和易性、强度、振捣、试块制作	项目技术管理人员、试验人员，钢筋安装人员
7		到龄期后	混凝土强度	项目技术管理人员、试验人员

8）应急处置

挖孔过程中，一旦出现护壁开裂变形、突水突泥、地表水灌入等不可控情况时，应立即停止挖孔作业并迅速撤离至地面，并及时向项目管理人员报告相关情况。

附件：《×××特大桥桩基设计图》（略）。

7 承台放坡开挖施工安全技术交底

交底等级	三级交底	交底编号	III-007
单位工程	×××特大桥	分部工程	承台
交底名称	承台（放坡开挖）施工	交底日期	年　月　日
交底人	分部分项工程主管工程师（签字）	审核人	工程部长（签字）
批准人	总工程师（签字）	确认人	专职安全管理人员（签字）
		被交底人	班组长及全部作业人员（签字，可附签字表）

1）施工任务

×××特大桥 1～7 号墩承台长宽高尺寸均为 8m×4m×2m，承台埋深 0.5～1m，土层为自稳性较好的黏质土，采用放坡开挖施工，坡比 1:0.5，承台外围加宽 0.8m 作为工作面，C40钢筋混凝土。承台设计及地质情况详见附件《×××特大桥 1～7 号墩承台设计图》。

2）工艺流程

施工准备→基坑放样→基坑开挖→桩头凿除→垫层施工→承台放样→钢筋绑扎→支立模板→浇筑混凝土→养护→拆除模板→基坑回填。

3）作业要点

（1）施工准备

熟悉设计图纸及交底，踏勘施工现场，合理规划基坑开挖、弃土、排水、模板及材料机具摆放等现场布置。挖掘机、自卸车、起重机等设备进场后，配合项目物资设备及技术管理人员进行进场验收，验收合格方可使用。模板进场后，配合项目人员进行模板验收，检验模板及其构配件的型号、数量、尺寸、平整度等是否符合要求。验收合格后进行拼装验收，检验模板错台、拼缝、总体尺寸偏差等是否符合要求，发现问题及时处理。周转旧模板及连接件等出现边肋开孔过多、整体锈蚀及变形严重等问题时严禁使用。现场材料机具分类、整齐、稳定码放。

（2）基坑放样

配合测量班对承台原地面高程及基坑放坡开挖范围进行测量放样，用白灰线撒出基坑开挖范围。

（3）基坑开挖

根据开挖范围及现场地形情况，在基坑边缘四周设排水坡，避免降雨等地表水流入基坑。采用挖掘机配合人工进行开挖，坡比不小于 1:0.5，开挖土方宜随挖随运走，基坑边缘 1m 范围内严禁堆置土方。为避免超挖，机械开挖至基底前预留一定厚度，由人工开挖至设计底高程。开挖至基底后，视基坑渗流水情况，在基坑的角部设置集水坑，集中抽排。在开挖及后续施工中随时观察坑缘顶地面有无裂缝、坑壁有无松散塌落情况，如有发现及时进行加强支护；开挖过程中，随时观察开挖地质情况是否与设计相符，根据设计提供资料，基坑开挖范围内无各类管线，开挖过程中，如发现管线或地质情况与设计不符，及时报告项目部。

基坑开挖完成后基坑四周必须设置防护栏杆。栏杆高度为1.2m，栏杆横撑设置2层，两横撑距地面高度分别为0.4m和1.0m，每2m设置一根立柱，立柱采用φ50mm钢管，立柱长度1.5m，埋入地面0.3m，外围浸塑网封闭，并挂设安全警示标志及夜间警示灯。为便于人员上下，在基坑适宜位置设置斜梯，斜梯安装应稳固牢靠。

（4）桩头凿除

基坑开挖完毕后，配合测量班对桩顶高程以上10cm进行放样划线。采用环切法凿除桩头，先用风镐凿除桩顶线以上外层混凝土，使钢筋、声测管外露，将桩顶钢筋微向外弯；在桩顶位置环向水平打孔，并在桩头中部环向对称打设四个孔以备吊装，深度均大于1/3桩径；在孔内打入膨胀钢钎，使桩顶与桩身形成断裂面；在桩头中部四个孔内插入钢筋，将桩头从基坑内吊出。

吊出后，逐个清理桩顶面，配合项目技术人员进行基桩检测。

（5）垫层施工

承台底桩头凿除并检桩完毕后，整平地面后进行垫层施工。垫层厚0.1m，平面较承台边缘每侧各加宽0.1m，C20素混凝土。如基坑渗水量较大，应加强抽排水，确保垫层及后续施工中处于无水状态。

（6）承台放样

配合测量班对承台十字轴线进行放样。放样后，通过轴线将承台边线用墨线弹在垫层上。

（7）钢筋绑扎

钢筋半成品在钢筋加工厂集中制作，运至现场后进行绑扎。按照弹出的边线，先铺下层钢筋，摆放底部保护层垫块，垫块厚度等于保护层厚度，按每1m左右距离梅花形摆放。其后绑扎四周及顶板钢筋，绑扎完成后，在四周外侧钢筋上绑扎保护层垫块。最后进行测量定位，绑扎墩身预埋筋，并做好固定措施，防止倾倒、变位。

（8）支立模板

模板安装前均匀涂刷脱模剂，脱模剂涂刷完毕后应尽早安装，避免长时间暴晒。测量班放样后，根据测量结果弹出墩柱边线，再根据边线定位模板，保证模板位置准确。安装底节模板前，检查垫层顶高程，不符合要求时凿除或用砂浆找平处理。

模板吊装组拼时，吊点布置要合理，起吊过程中不得发生碰撞，由专人指挥，按模板编号逐块起吊拼接。拼装过程中，随时检查模板拉杆及连接螺栓安装情况，保证位置、数量准确，安装牢固。组拼完成后，进行校模，保证位置准确、稳固牢靠、接缝严密。拼装及调校完毕后，模板根部用水泥砂浆封堵，防止漏浆。

（9）浇筑混凝土

混凝土由拌和站供应，混凝土运输车运输到承台位置，泵车泵送或采用溜槽入模。混凝土浇筑时要布料均匀，水平分层浇筑，每层厚度不超过30cm；自由倾落高度不得大于2m，当大于2m时，应通过串筒下落。严禁在混凝土浇筑和运输过程中向混凝土中加水。采用插入式振捣器振捣，振捣应及时、适度，每振点的振捣延续时间宜为20～30s，以混凝土表面不再下沉、不出现气泡、表面不呈现明显浮浆为准。浇筑期间，由专人检查拉杆、连接螺栓的稳固情况及底部、板缝的漏浆情况，对松动、变形、移位、漏浆等情况要及时维护。

浇筑过程中，根据混凝土和易性状态、气温、模板状态等合理控制浇筑速度，当气温较低、混凝土初凝时间长、模板变形较大时需减慢浇筑速度，必要时暂停浇筑，以避免爆模。

（10）养护

混凝土浇筑完后，承台顶面及时进行覆盖洒水养护，养护时间不少于7d。

（11）拆除模板

当混凝土强度达到2.5MPa以上时方可拆除模板。大块钢模板采用整体拆除，并设专人指挥。拆除时，先在待拆模板上安装卡扣并使起重机钢丝绳处于悬垂状态，起吊点应合理，再依次拆下拉杆及连接螺栓。全部拆除后，提升钢丝绳至悬吊状态，用钢钎轻轻撬动钢模板，使之脱离承台及周边模板，缓慢提升吊出，起吊过程保持模板稳定，避免碰撞承台混凝土。拆除的模板应集中整齐堆放，并及时打磨维护处理，以备周转使用。

（12）基坑回填

模板拆除后，及时对基坑进行回填。回填前拆除防护栏杆，回填过程中要保证分层对称夯实。

4）安全风险及危害

承台放坡开挖施工存在的安全风险见表1。

承台放坡开挖施工安全风险识别表 表1

序号	安全风险	施工过程	致险因子	风险等级	产生危害
1	基坑坍塌	开挖后至回填前	（1）基坑地质条件差，放坡坡度过陡； （2）坑顶边缘堆载或停放重型机械； （3）邻近便道侧边坡受来往车辆振动影响； （4）基坑顶未设置排水坡、基坑内积水未及时抽排	Ⅱ	基坑内作业人员死亡或受伤
2	起重伤害	吊装桩头、模板安拆、吊运物料	（1）起重机司机、司索工、指挥技能差，无资格证； （2）钢丝绳或吊带、卡扣、吊钩等破损、性能不佳； （3）未严格执行"十不吊"； （4）吊装指令传递不佳，存在未配置对讲机、多人指挥等情况； （5）起重机回转范围外侧未设置警戒区	Ⅲ	起重作业人员及受其影响人员死亡或重伤
3	触电	钢筋绑扎、抽排水等	（1）非电工进行接拆电线作业； （2）电缆线遭车辆碾压或重物撞击后导致破损； （3）配电箱、电缆线破损，未及时更换或修复	Ⅲ	作业人员死亡或受伤
4	爆模	模板验收	（1）新制模板未经专项设计及检算； （2）周转模板及其配套拉杆、螺栓等变形、锈蚀、老化； （3）未进行模板进场验收或验收不严格	Ⅲ	承台上作业人员死亡或受伤
		模板安装	（1）模板及其连接、拉杆、支撑构件安装不符合设计要求； （2）未执行模板安装验收或验收不严格		
		混凝土浇筑	（1）混凝土浇筑速度过快； （2）混凝土初凝时间长、气温较低等情况下，未降低浇筑速度； （3）混凝土浇筑过程中，未安排专人对模板状态进行监测或检查		

序号	安全风险	施工过程	致险因子	风险等级	产生危害
5	高处坠落	开挖后至回填前	（1）基坑周边未设置防护栏； （2）基坑顶至坑底未设置梯道	IV	坠入基坑内人员受伤

5）安全风险防控措施

（1）防控措施

为防范以上安全风险，需严格落实各项风险防控措施，详见表2。

承台放坡开挖施工安全风险防控措施   表2

序号	安全风险	措施类型	防控措施	备注
1	基坑坍塌	管理措施	（1）坑顶边缘严禁堆载或停放重型机械； （2）邻近便道侧边坡加设钢板桩加强支护； （3）基坑顶设置排水坡，基坑底部积水及时抽排	
		质量控制	严格控制放坡坡度，开挖中若遇不良地质，酌情降低坡度	
2	起重伤害	安全防护	起重机回转范围外侧设置警戒区	
		管理措施	（1）做好起重设备及特种作业人员的进场验收管理，保证设备性能、人员技能满足要求，设备及人员证件齐全有效； （2）做好钢丝绳或吊带、卡扣、吊钩、对讲机等日常检查维护，确保使用性能满足要求； （3）吊装作业专人指挥，严格执行"十不吊"	
3	触电	管理措施	（1）配置专业电工进行接拆线作业，严禁非电工作业，严禁私拉乱接； （2）加强配电箱、电缆线等电力设施的检查维护，遇有破损及时更换或修复	
4	爆模	管理措施	（1）新制模板必须经专项设计并检算合格后，方可加工制造； （2）严格执行模板进场验收，淘汰验收中发现的严重变形、锈蚀、老化的周转模板及其构配件； （3）模板安装完成后，严格执行模板安装验收； （4）混凝土浇筑过程中，安排专人对模板状态进行监测或检查	
		质量控制	（1）严格按照设计及规范要求进行模板安装； （2）浇筑过程中，根据混凝土和易性状态、气温、模板状态等合理控制浇筑速度； （3）当混凝土和易性状态差、初凝时间较长、温度较低、监测或检查发现模板变形较大时，降低浇筑速度，必要时暂停浇筑	
5	高处坠落	安全防护	（1）基坑周边规范设置防护栏； （2）基坑顶至坑底规范设置梯道	

（2）工作纪律

除落实以上安全风险防控措施外，还应严格遵守以下工作纪律。

①防护用品：作业人员正确佩戴安全帽、安全带，正确穿戴防滑鞋及紧口工作服。

②班前讲话：每日上工前，由班组长开展班前讲话，将当日作业内容、存在的安全风险及危害、防范措施、作业要点等告知全部作业人员。

③工前检查：每日班前讲话后，对工人身体状态、防护用品穿戴、现场作业环境等进行例行检查，发现问题及时处理。

④维护保养：做好安全防护设施、安全防护用品、起重设备机具等的日常维护保养，发现损害或缺失，及时修复或更换。

6）质量标准

承台（放坡开挖）施工质量标准及检验方法见表3。

承台放坡开挖施工质量标准及检验方法 表3

序号	检查项目	质量要求	检验方法	检验数量
1	地基承载力	符合设计要求	触探等	每100m²不少于3个点
2	承台平面位置	不小于设计值	尺量	量取长、宽
3	承台基坑底面尺寸	比承台底尺寸大160cm	尺量	量取长、宽
4	基底高程偏差	50mm	水准仪	五个断面，单个断面三个点
5	边坡坡度	符合交底要求	坡度尺	测量长边、短边
6	桩顶高程	−3～0mm	测量	每桩
7	承台结构尺寸	±30mm	尺量	长宽高各2点
8	承台顶面高程	±20mm	水准仪	每10m²测量一点且不少于5点
9	承台轴线偏位	15mm	测量	纵横各2点

7）验收要求

承台放坡开挖施工各阶段的验收要求见表4。

承台放坡开挖各阶段验收要求 表4

序号	验收项目	验收时点	验收内容	验收人员
1	开挖线复核	基坑开挖线放样后，开挖施工前	开挖轮廓线位置，尺寸	项目测量、技术管理人员，班组长及技术员
2	开挖后验收	基坑按照方案及交底开挖至基底高程后	基底地质；基坑坡度；开挖尺寸、高程；排水沟槽情况	设计、勘察、建设单位、监理单位；项目测量、技术管理人员，班组长及技术员
3	基底处理后	基坑如需基底处理，完成后	原状地基土；地基承载力；地基处理压实度、厚度	监理单位；项目试验、技术管理人员，班组长及技术员
4	模板及构配件	模板进场后、使用前	模板及构配件数量、尺寸、壁厚、平整度、锈蚀及破损状态、拼装误差等	项目物资、技术管理人员，班组长及材料员
5	钢筋	钢筋绑扎完成后	钢筋绑扎尺寸、数量、间距、型号、垫块布置、预埋件布置等	项目技术人员，班组长及技术员
6	模板	模板安装完成后	模板安装尺寸、位置、连接、拉杆布置等	项目技术、测量人员，班组长及技术员
7	混凝土	混凝土浇筑过程	混凝土和易性、浇筑速度控制、模板变形情况、串筒布置等	项目技术、试验人员，班组长及技术员
8	承台	拆模后	承台混凝土强度、尺寸、位置、平整度、错台等	项目技术、试验、测量人员，班组长及技术员

8）应急处置

（1）处置原则

施工过程中一旦发生险情或事故，应停止作业，切勿慌乱，切忌盲目施救，在保证自身

安全的情况下按照处置措施要求科学开展施救，并及时向项目管理人员×××报告相关情况。

（2）处置措施

①基坑坍塌：当孔口出现塌陷情况时，坑内人员应立即撤出，并及时报告项目部进行后期处置。

②触电事故：当发现有人员触电时，立即切断电源。若无法及时断开电源，可用干木棒、皮带、橡胶制品等绝缘物品挑开触电者接触的带电物，之后解开妨碍触电者呼吸的紧身衣服，检查口腔，清理口腔黏液并立即就地抢救。如触电者呼吸停止，应采用人工呼吸法抢救；如心脏停止跳动，应采用胸外心脏按压法抢救。

③其他事故：当发生高处坠落、起重伤害等事故后，应立即采取措施切断或隔断危险源，疏散现场无关人员，后对伤者进行包扎等急救，向项目部报告后原地等待救援。

附件：《×××特大桥 1～7 号墩承台设计图》(略)。

8 钢板桩围堰施工安全技术交底

交底等级	三级交底	交底编号	III-007
单位工程	×××大桥	分部工程	承台
交底名称	钢板桩围堰施工	交底日期	年　月　日
交底人	分部分项工程主管工程师（签字）	审核人	工程部长（签字）
批准人	总工程师（签字）	确认人	专职安全管理人员（签字）
		被交底人	班组长及全部作业人员（签字，可附签字表）

1）施工任务

×××大桥主桥位于白水江河道内，河道宽度约 168.4m，水深 6.5～14.9m，3 号主墩设计 32 根ϕ2.2m 群桩基础，桩长 22.5m；主墩承台设计为低桩承台，承台尺寸为 35.1m×17.1m×4.5m，采用钢板桩围堰施工，围堰设计情况详见附件《×××大桥 3 号主墩钢板桩围堰设计图》。

2）工艺流程

施工准备→桩施工放样与定位桩插打→打设钢板桩→围堰抽水、支撑、堵漏→基坑开挖→封底混凝土→拆除支撑→拔桩。

3）作业要点

（1）施工准备

材料验收合格后按品种、规格分类码放，并设挂规格、数量铭牌。90 型振动锤、100t 履带式起重机、20t 汽车起重机、长臂挖掘机、电焊机、吸浆泵、抽水设备、装载机等设备性能检查，检查合格后方可投入施工。

（2）桩施工放样与定位桩插打

将施工区域控制点标明并经过复核无误后加以有效保护。先打入一根钢管桩，严格控制竖直度，利用钢管桩进行定位，在钢管桩上焊接工字钢，用工字钢来保证打出的钢板桩在一条直线上。在钢管桩露出水面部分刷上警告标志，并焊上槽钢加固，在打桩时作为导向位置及高程控制标志。

（3）打设钢板桩

钢板桩打设采用 100t 履带式起重机配合 90 振动锤插打。打设顺序自围堰上游中心开始，逐片向两侧插打，在下游围堰边角用角桩合拢。打设时为便于测量人员观察，履带式起重机支立适宜位置，侧向施工。

单根钢板桩打设全过程为：挂上振动锤，升高，理顺输油管及电缆，锤下降，开液压口，吊一根桩至打桩锤下，锁口抹上润滑油，起锤，锤下降，使桩至夹口中，开动液压机，夹紧桩，上升锤与桩至打桩地点，对准桩与定位桩的锁口，锤下降，靠锤与桩自重压桩至淤泥以下一定深度不能下降为止，试开打桩锤 30s 后停止振动，利用锤的惯性打桩至坚实土层，开动振动打桩下降，控制打桩锤下降的速度，保持桩体竖直，以便锁口能顺利咬合，为提高止水能力，板桩至设计高度前 40cm 时，停止振动，松开液压夹口，锤上升。依次将每一根桩打入土层，打设中注意将锁口对正、对好。一排桩打设完毕再二次打设到设计深度。

（4）围堰抽水、支撑、堵漏

钢板桩围堰封闭后进行抽水，抽水过程中应严格控制抽水速度和抽水高度，并在围堰顶端设置一道安全支撑。当抽水达到预定深度后，及时加支撑防护，与钢板桩全部焊接牢固。支撑体系的节点均采用平接方式进行焊接。所有节点内角处还应加设水平长度为 300mm 的连接钢板。构件连接处采用接触边满焊，焊缝高度不小于 8mm。在围檩与支撑连接处的腹板上加焊尺寸为 8cm × 8cm × 0.8cm 的加劲肋，以增强腹板的稳定性及抗扭刚度。

考虑到本工程施工场地很小，水下地质情况较差，为确保施工安全和方便后期承台钢筋模板施工，因此决定在围堰内部采用双拼 I45 工字钢围檩和 I45 工字钢斜撑骨架进行内支撑，内部支撑共分上下两层。

钢板桩打入之前一般应在锁口内涂以黄油、锯末等混合物。当锁口不紧密漏水时，用棉絮等在内侧嵌塞，外侧包裹一层防水彩条布，起到防水和减小水压力的双重效果，抽水的同时在外侧水中漏缝处撒大量木屑或谷糠以及炉渣的混合物，使其由水夹带至漏水处自行堵塞，在桩脚漏水处，采用局部混凝土封底等措施。若漏水严重，堵漏困难时，在钢板桩外侧补打木桩围堰，木桩围堰内侧铺设彩条布，在彩条布与钢板桩围堰间填筑黏土进行封堵。

（5）基坑开挖

钢板桩施工完毕后，方可进行基坑开挖施工，基坑开挖遵循"先撑后挖、分层开挖、严禁超挖"的原则。基坑深度范围内基本为泥岩、碎石堆积地层，可能产生涌水及涌泥现象，造成基坑坍塌失稳，因此要求基坑开挖应竖向分层、对称平衡开挖。基坑开挖过程中，应采取措施防止碰撞围护结构和扰动基底原状土；为避免对坑底地层有较大扰动，应在基坑底及围护结构内侧壁预留 30～50cm 地层采用人工或其他方法挖除，避免基坑超挖。

开挖施工过程中，随着开挖深度的加大，要随时对支护钢板桩的位移变化进行观察，若发现钢板桩露土部分的下端，有明显位移出现，应增设支撑，以保证基坑支护的整体稳定性。开挖过程中，开挖出的土方要随挖随运，基坑周围 5m 以内严禁堆土。

在基坑四周，距承台 1m 外，修上宽 1.3m、下宽 0.6m、深 0.6m 临时排水沟，四角修长、宽、深各 1m 集水井，对渗水进行集中抽排。

（6）封底混凝土

开挖至承台底高程后，及时施工水下混凝土封底，封底混凝土强度等级采用 C20，厚度约为 10cm（设计为 10cm，现场根据实际地质、渗水情况可适当加厚）。封底混凝土采用 2 台 48m 天泵浇筑，封底施工完成后即可以按照陆地干处进行承台施工。

（7）拆除支撑

承台施工完毕后，需将承台与支护之间的空间进行回填土方，土方回填完毕后，方可拆除支撑系统。

（8）拔桩

在钢板桩插打前，对插入土层内部的钢板桩内外两侧涂刷沥青，减少拔桩的摩擦力。钢板桩拔桩前，先将围堰内的支撑，从下到上陆续拆除，并陆续灌水至高出围堰外地下水位 1～1.5m，使内外水压平衡，板桩挤压力消失，并与部分混凝土脱离（指有水下混凝土封底～部分）。再在下游选择一组或一块较易拔除的钢板桩，先略锤击振动，钢板桩拔高 1～2m，然后依次将所有钢板桩均拔高 1～2m，使其松动后，再从下游开始分两侧向上游依次拔除，对桩尖打卷及锁口变形的桩，可加大拔桩设备的能力，将相邻的桩一齐拔出，必要时进行水下切割。

钢板桩堆放在右侧硬化场地，按型号、规格、长度分别堆放，并设置标牌说明；钢板桩应分层堆放，每层堆放数量一般不超过 5 根，各层间要垫枕木，垫木间距一般为 3～4m，且上、下层垫木应在同一垂直线上，堆放的总高度不宜超过 2m。

拔桩时，需有专人监护，以保障对承台的成品保护和施工人员的安全。拔出的钢板桩要及时运出施工现场

4）安全风险及危害

钢板桩施工过程中存在的安全风险见表1。

钢板桩施工安全风险识别表   表1

序号	安全风险	施工过程	致险因子	风险等级	产生危害
1	基坑坍塌	基坑开挖、承台施工	（1）钢板桩插打深度不足，未及时施作支撑； （2）基坑边堆载或停靠、通行重型机械； （3）大型基坑未按要求开展沉降及位移观测	II	基坑内作业人员群死群伤
2	涌水、管涌	基坑开挖、承台施工	（1）开挖过程中对围护结构桩间等薄弱部位监控不到位，未及时处理少量渗漏； （2）遇薄弱环节错位裂开，出现渗水通道时，未及时加密支撑	III	场内作业人员伤亡
3	高处坠落	基坑开挖、内支撑施工	（1）基坑周边未设置防护栏、上下行未设置爬梯； （2）支撑安装作业，未配置带防护挂篮，人员未系安全带	III	高处作业人员伤亡
4	起重伤害	内支撑安装	（1）起重机司机、司索工、指挥技能差，无资格证； （2）钢丝绳或吊带、卡扣、吊钩等破损、性能不佳； （3）未严格执行"十不吊"； （4）吊装指令传递不佳，存在未配置对讲机、多人指挥等情况； （5）内支撑吊行区域未设置警戒区	III	起重作业人员及受其影响人员死亡或重伤
5	机械伤害	钢板桩插打	（1）打桩作业区域未设置警戒区； （2）插打作业无人指挥	IV	进入作业区域作业人员伤亡

5）安全风险防控措施

（1）防控措施

为防范以上安全风险，需严格落实各项风险防控措施，详见表2。

钢板桩安全风险防控措施   表2

序号	安全风险	措施类型	防控措施	备注
1	基坑坍塌	质量控制	严格控制钢板桩插打深度，及时施作内支撑	
		管理措施	（1）基坑边堆载或停靠、通行重型机械； （2）严格按方案要求开展沉降及位移观测	

续上表

序号	安全风险	措施类型	防控措施	备注
2	涌水、管涌	安全措施	严格控制钢板桩插打深度	
		管理措施	（1）开挖过程中对围护结构桩间等薄弱部位设专人监视。 （2）若发现出现少量渗漏，应及时处理，先堵漏后开挖，防止渗漏点扩大； （3）加强量控监测、对量测数据进行审查对比，密切关注围桩的变形情况； （4）监测信息围护结构变形超过允许范围时，必须立即加密支撑，防止变形进一步扩大，遇薄弱环节错位开裂，出现渗水通道时，及时处理	
3	高处坠落	安全措施	（1）基坑周边规范设置防护栏及上下行爬梯； （2）支撑安装作业配置带防护挂篮，作业人员系挂安全带	
4	起重伤害	安全防护	内支撑吊装区域设置警戒区，严禁人员进入	
		管理措施	（1）做好起重设备及特种作业人员的进场验收管理，保证设备性能、人员技能满足要求，设备及人员证件齐全有效； （2）做好钢丝绳或吊带、卡扣、吊钩、对讲机等日常检查维护，确保使用性能满足要求； （3）吊装作业专人指挥，严格执行"十不吊"	
5	机械伤害	安全措施	插打作业区域设置警戒区，严禁无关人员进入	
		管理措施	插打作业时必须有专人指挥	

（2）工作纪律

除落实以上安全风险防控措施外，还应严格遵守以下工作纪律。

①防护用品：作业人员正确佩戴安全帽、安全带，正确穿着防滑绝缘胶鞋及紧口工作服。

②班前讲话：每日上工前，由班组长开展班前讲话，将当日作业内容、存在的安全风险及危害、防范措施、作业要点等告知全部作业人员。

③工前检查：每日班前讲话后，对工人身体状态、防护用品穿戴、现场作业环境等进行例行检查，发现问题及时处理。

④维护保养：做好安全防护设施、安全防护用品、起重设备机具等的日常维护保养，发现损害或缺失，及时修复或更换。

6）质量标准

钢板桩制作应达到的质量标准及检验方法见表3。

钢板桩制作质量检查验收表 表3

序号	检查项目	质量要求	检查方法	检验数量
1	长度	±100mm	用钢卷尺测量	全部
2	宽度	±10mm	用钢卷尺测量两端及中间	全部
3	正向弯曲矢高	3L/1000	拉线测量	全部
4	侧向弯曲矢高	2L/1000	拉线测量	全部
5	接头错台	δ/10	用钢尺测量	全部

注：L为钢板桩长度，单位mm；δ为钢板桩厚度，单位mm。

重复使用的钢板桩应达到的质量标准及检验方法见表4。

重复使用的钢板桩质量检查验收表　　　表4

序号	检查项目	质量要求	检查方法	检验数量
1	桩垂直度	2%L	用钢卷尺测量	全部
2	桩身弯曲度	2%L	用钢尺量	全部
3	齿槽平直度及光滑度	无电焊渣或毛刺	用1m长的桩段做通过试验	全部
4	桩长度	不少于设计长度	用钢尺量	全部

注：L为桩长，单位mm。

沉桩应达到的质量标准及检验方法见表5。

沉桩质量检查验收表　　　表5

序号	检查项目		质量要求	检查方法	检验数量
1	桩顶在设计高程处的平面位置	垂直于墙轴线方向	±50mm	用经纬仪和钢尺测量，取大值	全部
		主桩间距	±20mm	用经纬仪和钢尺测量，取大值	全部
2	垂直度	垂直墙轴线方向	1.0%/10mm	吊线测量或用测斜仪检查	每隔10根查1根
		沿墙轴线方向	0.8%/8mm	吊线测量或用测斜仪检查	每隔10根查1根
3	桩尖高程		±100mm	全站仪	每隔10根查1根

钢支撑系统应达到的质量标准及检验方法见表6。

钢支撑系统质量检查验收表　　　表6

序号	检查项目		质量要求	检查方法	检验数量
1	支撑位置	高程	30mm	水准仪	全部
		平面	100mm	用钢尺量	全部
2	预加顶力		±50kN	油泵读数或传感器	全部

7）验收要求

钢板桩各阶段的验收要求见表7。

钢板桩施工各阶段验收要求　　　表7

序号	验收项目	验收时点	验收内容	验收人员
1	班前安全讲话	施工全过程	向班组作业人员强调安全操作要领和注意事项	项目现场管理人员，安全员、技术员、班组长
2	劳动防护用品配备和使用	施工全过程	施工现场应设置必要的安全防护设备、设施和安全警示标志，并按规定配备、使用劳动防护用品。安全防护设备、设施应经验收合格后方可投入使用	项目现场管理人员，安全员、技术员、班组长
3	机械设备验收	施工前	施工前，进场的机械设备应进行检查验收，大型非标设备应按规定进行载荷试验，特种设备应先检验合格再使用	项目现场管理人员，安全员、技术员、班组长
4	围堰内外水压平衡	施工全过程	保持围堰（沉井）的内外水压平衡，防止翻砂冒泥	项目现场管理人员，安全员、技术员、班组长

序号	验收项目	验收时点	验收内容	验收人员
5	围堰监测	施工全过程	围堰施工过程中，应加强其变形、渗水和冲刷情况的监测，发现异常应及时处理	项目现场管理人员，安全员、技术员、班组长
6	水中插打钢板桩	施工全过程	水中插打钢板桩应在安全可靠的打桩船或工作平台上进行，周边设置安全防护	项目现场管理人员，安全员、技术员、班组长
7	吊桩吊点位置	施工全过程	吊桩时，吊点位置不得低于桩顶以下1/3桩长处	项目现场管理人员，安全员、技术员、班组长
8	钢板桩组拼插打	施工全过程	钢板桩组拼插打应沿桩长设置横向夹板，确保组拼钢板桩刚度，夹板间距视具体情况确定；严禁将吊具拴在钢板桩夹板上或捆在钢板桩上进行吊装	项目现场管理人员，安全员、技术员、班组长
9	钢板桩吊环	施工全过程	钢板桩吊环钢筋的型号规格和焊接长度，应通过计算确定并确保焊接质量。起吊前应先试吊	项目现场管理人员，安全员、技术员、班组长
10	钢板桩起吊	施工全过程	起吊时，应在安全位置处摆拉防溜绳配合钢板桩就位，就位前桩位附近不得站人	项目现场管理人员，安全员、技术员、班组长
11	桩帽（垫）	施工全过程	桩帽（垫）与钢板桩应连接牢固，初始阶段应轻打贯入。桩帽（垫）变形应及时更换	项目现场管理人员，安全员、技术员、班组长
12	桩锤压插钢板桩	施工全过程	钢板桩插进锁口后，因锁口阻力不能插放到位而需桩锤压插时，应控制桩锤下落行程，防止桩锤随钢板桩突然下滑。钢板桩高程到位后，锁扣错位或失连的，应补焊加固	项目现场管理人员，安全员、技术员、班组长
13	拔桩	施工全过程	拔桩前应向围堰内灌水，使围堰内外水位基本相等；拔桩前应拴好溜绳，拔桩机械作业范围及桩位附近不得站人；拔桩设备应设置超载和限位等安全装置，不得超载硬拔。钢板桩顶层围檩应拆除一组拔一组，不得一次性预先拆除。拔桩应从下游开始，向上游依次进行	项目现场管理人员，安全员、技术员、班组长

8）应急处置

（1）处置原则

施工过程中一旦发生险情或事故，应停止作业，切勿慌乱，切忌盲目施救，在保证自身安全的情况下按照处置措施要求科学开展施救，并及时向项目管理人员×××报告相关情况。

（2）处置措施

①基坑塌陷：当出现基坑塌陷情况或征兆时，附近人员应立即撤出塌陷区，并及时报告项目部进行后期处置。

②涌水、管涌：当出现涌水等情况时，基坑内人员应立即从基坑内撤出，并及时报告项目部进行后期处置。

③其他事故：当高处坠落、起重伤害、机械伤害等事故后，应立即采取措施切断或隔断危险源，疏散现场无关人员，后对伤者进行包扎等急救，向项目部报告后原地等待救援。

附件：《×××大桥3号主墩钢板桩围堰设计图》（略）。

9 锁扣钢管桩围堰施工安全技术交底

交底等级	三级交底	交底编号	III-009
单位工程	×××特大桥	分部工程	承台
交底名称	锁扣钢管桩围堰施工	交底日期	年　月　日
交底人	分部分项工程主管工程师（签字）	审核人	工程部长（签字）
批准人	总工程师（签字）	确认人	专职安全管理人员（签字）
		被交底人	班组长及全部作业人员（签字，可附签字表）

1）施工任务

××江特大桥全长 1258.8m，主桥采用 128m + 224m + 128m 矮塔斜拉桥，17 号主墩采用锁扣钢管桩围堰，桥位处水深 8m，围堰尺寸 31.08m × 25.69m，钢管采用定制螺旋钢管，截面尺寸为 φ820mm × 12mm，单根标准长度 13m，围堰内设 3 道支撑，支撑采用 φ630mm × 10mm 钢管，支撑自上往下高程分别为 24.5m、20.5m、17m。围檩采用 2HN700mm × 300mm 的 H 型钢。设计图纸详见附件《××江特大桥 17 号墩锁扣钢管桩围堰设计图》。

2）工艺流程

钢管桩围堰施工工艺流程如图 1 所示。

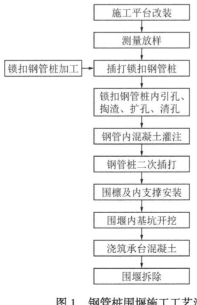

图 1　钢管桩围堰施工工艺流程图

17 号墩围堰施工步骤见表 1。

17 号墩围堰施工步骤　　　　　　　　　　　　　表 1

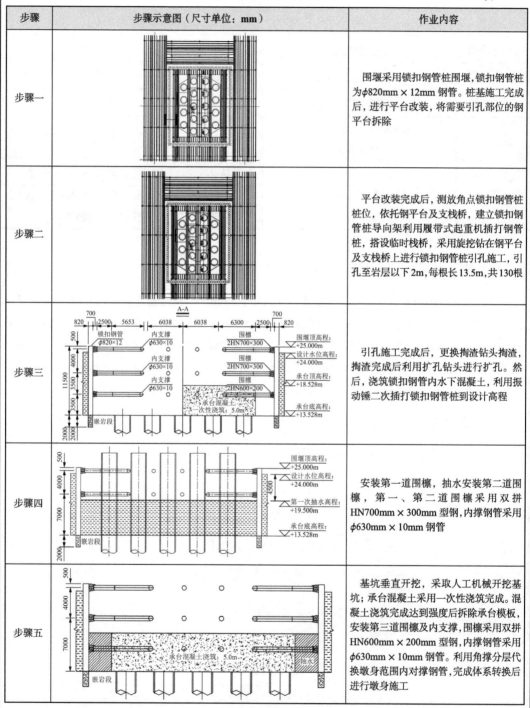

步骤	步骤示意图（尺寸单位：mm）	作业内容
步骤一		围堰采用锁扣钢管桩围堰，锁扣钢管桩为φ820mm×12mm钢管。桩基施工完成后，进行平台改装，将需要引孔部位的钢平台拆除
步骤二		平台改装完成后，测放角点锁扣钢管桩桩位，依托钢平台及支栈桥，建立锁扣钢管桩导向架利用履带式起重机插打钢管桩，搭设临时栈桥，采用旋挖钻在钢平台及支栈桥上进行锁扣钢管桩引孔施工，引孔至岩层以下2m，每根长13.5m，共130根
步骤三		引孔施工完成后，更换掏渣钻头掏渣，掏渣完成后利用扩孔钻头进行扩孔。然后，浇筑锁扣钢管内水下混凝土，利用振动锤二次插打锁扣钢管桩到设计高程
步骤四		安装第一道围檩，抽水安装第二道围檩，第一、第二道围檩采用双拼HN700mm×300mm型钢，内撑钢管采用φ630mm×10mm钢管
步骤五		基坑垂直开挖，采取人工机械开挖基坑；承台混凝土采用一次性浇筑完成。混凝土浇筑完成达到强度后拆除承台模板，安装第三道围檩及内支撑，围檩采用双拼HN600mm×200mm型钢，内撑钢管采用φ630mm×10mm钢管。利用角撑分层代换墩身范围内对撑钢管，完成体系转换后进行墩身施工

3）作业要点

（1）施工准备

熟悉设计图纸及交底，踏勘施工现场钢平台、栈桥。履带式起重机、振动锤、旋挖机、钢管桩及配套设施材料等进场后，配合项目物资设备及技术管理人员进行进场验收，验收合格方可使用。材料验收合格后按品种、规格分类码放，并设挂规格、数量铭牌。整理场地，确保场地内设备材料整齐摆放、通行有序。

（2）施工平台改装

桩基施工完成后，进行钻孔平台改装，根据钢管桩围堰所在区域，将钢平台拆除，先切割平台表面钢板及工字钢，然后分节拆除大桥杆件。

（3）锁扣钢管加工

采用直径820mm壁厚12mm的螺旋管及锁扣现场加工，锁扣顺直，锁扣先连续点焊再满焊，焊缝厚度不小于5mm，焊接过程无夹渣、气泡，焊缝外观质量标准为三级，两边锁扣在同一截面（图2），管底1m部分不设置锁扣，防止入岩过程中造成锁扣变形损坏，焊缝采用磁粉探伤检测合格后进行编号再投入使用。钢管插打过程中需要接长时，先对焊，再焊接加固板，并在桩端制作吊桩孔。桩身内外侧及锁口阴阳头，均涂以黄油混合物，油膏质量配合比为：黄油∶沥青∶干锯末＝1∶1∶1，以减少插打时的摩阻力，并加强防渗性能。

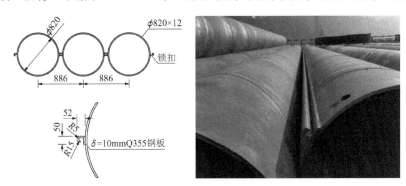

图2　锁扣钢管焊接（尺寸单位：mm）

（4）导向架安装及锁扣钢管插打

钢管桩插打顺序为先施工上游侧，然后在两侧同时跟进，在下游角桩处合龙。导向架采用工32工字钢，在打桩过程中，为保证钢管桩的垂直度，用一台全站仪在无导向框限位两个方向加以控制。为防止锁扣中心线平面位移，在打桩进行方向的钢管桩锁口处设卡板，阻止钢管位移。同时在导向框上预先算出每根钢管桩的位置，以便随时检查校正。开始打设的一、二根钢管桩的位置和方向要确保精确，以便起到样管导向作用，每打入1m应测量一次，打至预定深度后应立即用钢板与导向框临时焊接固定。利用振动锤将钢管打入岩层与覆盖层交界处。

（5）锁扣钢管桩合龙

围堰选择在下游角桩处合龙，通过现场实际量测合龙距离，采用异形锁扣钢管桩合龙，异形锁扣钢管桩通过改变钢管直径及锁口焊接位置，实现围堰快速精确合龙。

（6）旋挖钻引孔、掏渣、扩孔、清孔

引孔：360旋挖钻对已插打完成的钢管桩引孔，引孔至岩层以下至少2m，引孔数量130根；钻头直径70cm（图3），首次引孔深度严格按照设计图纸进行控制，引孔过程中1m捞取一次钻渣，引孔至设计高程后增加取样频次。通过对渣样分析，确认设计钢管底高程是否入岩，并绘制出锁扣钢管中心轴线位置地质剖面图。对于未进入岩层的钢管继续引孔，直至全部锁扣钢管引孔至岩面以下2m。

掏渣:引孔完成后,通过计算控制锁扣钢管桩顶高程,利用100t履带式起重机配合DJZ120

振动锤复打钢管至基岩面以下 20cm，防止掏渣过程中孔壁坍塌，然后更换掏渣钻头进行掏渣。

扩孔：采用单独定制的扩孔钻头（图 4），扩孔钻头受力后钻头中间部分形成扩大头，扩大部分直径 1m，锁扣钢管桩直径 820mm，锁扣宽度 52mm，扩孔完成后能够使锁扣钢管位置基岩连通，保证复打时锁扣顺利进入扩大部分且不损伤锁扣。利用扩孔钻头继续钻孔 1.5m，确保桩孔扩大部分有效高度达到 1.5m。随着扩孔进行，同步振沉钢管，避免扩孔钻头提升过程中造成卡钻。

| 图 3　旋挖钻引孔 | 图 4　扩孔钻头 |

清孔：扩孔完成后，再次更换掏渣钻头，捞取孔内沉渣，同时利用气举反循环设备配合清除孔内沉渣。

（7）封底混凝土灌注

清孔完成后，先利用料斗及 30cm 导管灌注锁扣钢管嵌岩段水下混凝土（图 5），再用振动锤插打锁扣钢管桩到桩底高程（图 6），确保锁扣埋入混凝土深度不小于 0.5m。为方便施工控制，实际混凝土顶高程为承台底高程以上 2m。

| 图 5　灌注锁扣管嵌岩段水下混凝土 | 图 6　插打锁扣钢管桩 |

（8）围堰漏水处理

通过锁扣间咬合以及引孔二次插打基本可实现围堰内无水状态。锁扣漏水可采取填塞黏土、锯末等材料预防处理。基坑开挖过程中如遇围堰局部锁扣钢管桩入岩深度不足，造成锁扣位置漏水，应快速标记漏水位置，采用不透水材料快速回填封堵，潜水员由围堰外侧到达渗漏处检查，并对围堰附近覆盖层进行清理，露出坚实岩面，在周围码砌沙袋，浇筑水下混凝土，确保混凝土与锁扣钢管形成整体，封堵渗漏通道。待混凝土强度满足要求后，挖除基坑内填料，继续进行基坑开挖。

（9）基坑开挖及内支撑体系安装

基坑锁扣钢管内混凝土灌注完成后，安装第一道支撑（图7），安装高程+24.5m，抽水至+20.5m 时安装第二道围檩及内支撑，继续抽水至+17m 时安装第三道围檩及内支撑，钢围檩采用双拼 HN700mm×300mm 型钢（图8），对撑和角撑采用φ630mm×10mm 钢管。为保证钢管受力均匀，与围檩相接触钢管四周需加焊加劲板及在围檩处加焊横向加劲肋，在支撑点加劲肋间距 0.3m，其他处间距 1m，加劲板采用 2cm 钢板，围檩与钢管桩之间的连接采用牛腿形式，牛腿采用 □10 槽钢焊接。支撑安装完成后，用长臂挖掘机与围堰内履带式挖机配合的方式开挖基坑；基坑开挖分层对称开挖，防止一侧开挖过深，导致围堰变形过大。

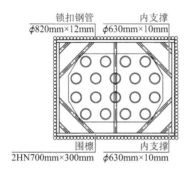

图 7　安装第一道支撑示意图　　图 8　HN700mm×300mm 型钢支撑牛腿立面示意图

4）安全风险及危害

锁扣钢管桩围堰安拆及使用过程中存在的安全风险见表2。

锁扣钢管桩围堰施工安全风险识别　　　　　　表2

序号	安全风险	施工过程	致险因子	风险等级	产生危害
1	涌水	承台施工	（1）引孔深度不足，钢管桩打设深度不足； （2）封底混凝土浇筑厚度不足； （3）围堰漏水处理措施不到位	Ⅱ	基坑内作业人员死亡
2	物体打击	钢管桩吊装	（1）高处作业人员未配备工具袋； （2）高处作业所用物料堆放集中不平稳； （3）施工现场未封闭有闲杂人员，在吊物下停留； （4）吊装时，零部件随钢箱梁同时起吊； （5）设备运转中违章操作，器具部件飞出对人体造成的伤害； （6）人为乱扔废物、杂物伤人	Ⅲ	掉落物品致人员死亡或重伤
3	起重伤害	钢管桩吊装、围檩安装	（1）设备设施缺陷（起重机械强度、刚度不够，失稳，吊钩、钢丝绳、制动器等关键零部件失修）； （2）安全防护装置失效（电气联锁装置、各限位装置、音响信号及其他安全防护装置损坏）； （3）吊索具缺陷（吊具，钢丝绳，索具破损）； （4）违章作业，起重吊装司机无资格证上岗，作业过程中无专人指挥或指挥信号不明； （5）疲劳驾驶、注意力不集中，捆绑不牢靠等操作失误； （6）吊装作业生产组织混乱（指挥错误，配合不当，未进行试吊）； （7）作业场地拥挤，夜间照明不足	Ⅲ	设备伤害人员死亡或重伤

续上表

序号	安全风险	施工过程	致险因子	风险等级	产生危害
4	溺水	平台上施工全过程	（1）临江区域未设置警示标志及防护栏杆； （2）水上作业，未按照要求穿戴救生衣； （3）工人在江边嬉戏打闹，不慎落水； （4）施工船舶倾覆，人员落水	Ⅲ	坠落人员死亡或重伤
5	船舶碰撞	平台上施工全过程	（1）施工前未向海事航道部门备案； （2）船舶未按拟定线路行驶，随意穿行； （3）施工区域未设置明显的警示标志，过往船舶闯入施工区域； （4）夜间视线较差，施工区域无充足照明	Ⅲ	平台变形或坍塌人员死亡或重伤
6	机械伤害	平台上施工全过程	（1）误触开关或违章开机。操作者操作时注意力不集中或过度紧张而发生误操作或操作者业务技术素质低，操作不熟练，缺乏正规的专业培训以及监督检查不够； （2）起重设备不符合安全规定，可能导致的砸、挤、绞、机械伤害、人身伤害； （3）操作失误，疲劳驾驶，注意力不集中，酒后上班等； （4）安全防护设施不健全或形同虚设； （5）机械未定期进行保养，长期搁置后未作检查便重新投入使用； （6）场地狭窄、布局不合理，夜间施工照明不足	Ⅳ	设备伤害人员死亡或重伤

5）安全风险防控措施

（1）防控措施

为防范以上安全风险，需严格落实各项风险防控措施，详见表3。

锁扣钢管桩围堰安全风险防控措施　　　　　　　　表3

序号	安全风险	措施类型	防控措施	备注
1	涌水	管理措施	方案制定阶段，详细摸排基底地质情况，准确确定打入深度、封底厚度等	
		质量控制	（1）严格控制钢管桩打入深度、混凝土封底厚度； （2）严格进行渗漏水检查及封堵处理，确保封底质量	
2	物体打击	安全防护	高处作业点的下方必须设置安全警戒线，严禁在作业区下方逗留，以防物料坠落伤人	
		管理措施	（1）严禁将零部件放置在起吊物上与起吊物同时起吊。 （2）生产作业人员按生产作业安全要求在规定的安全通道内上下出入通行，不准在非规定的通道位置处通行走动	
3	起重伤害	安全防护	起重机回转范围外侧设置警戒区	
		管理措施	（1）做好起重设备及特种作业人员的进场验收管理，保证设备性能、人员技能满足要求，设备及人员证件齐全有效； （2）做好钢丝绳或吊带、卡扣、吊钩、对讲机等日常检查维护，确保使用性能满足要求； （3）吊装作业专人指挥，严格执行"十不吊"	
4	溺水	安全防护	告知现场危险源点和安全要求及注意事项	
		管理措施	（1）水上施工区域部位及周边环境设置安全警示牌、警示灯和警示红旗，设置在醒目部位； （2）水上施工作业区域周边设置防护栏杆，并配备一定数量的固定式防水灯，保证夜间足够的照明，防止施工作业人员落水发生事故；	

序号	安全风险	措施类型	防控措施	备注
4	溺水	管理措施	（3）施工作业时，禁止一人施工作业，施工作业必须两人及以上方可进行作业； （4）人员上下通道必须设安全网，跳板要固定。作业平台应满铺脚手板，周边必须有栏杆和安全网等可靠的临边维护，并设置多条安全通道，以防不测时人员迅速疏散	
5	船舶碰撞	安全防护	（1）施工完成后，部分管柱位于水中，在上游应设明确的警示标志，以防过往船只误入施工区域，碰撞围堰； （2）在正在施工的围堰四周安装红色旋转警示灯、雾灯、安全警示牌，夜间按规定显示警戒灯标或采用灯光照明，避免航行船舶碰撞	
		管理措施	基础施工前，将相关施工方案报送航道、海事及水利部门审批备案，按照相关要求实施	
6	机械伤害	安全防护	（1）消除产生危险的原因，减少或消除接触机器的危险部位的次数，采取安全防护装置避免接近危险部位，注意个人防护，实现安全机械的本质安全； （2）施工现场，机械设备按照相关要求合理进行布局	
		管理措施	加强操作人员的安全管理，抓好三级安全教育和业务技术培训、考核。提高安全意识和安全防护技能	

（2）工作纪律

除落实以上安全风险防控措施外，还应严格遵守以下工作纪律。

①防护用品：作业人员正确佩戴安全帽、安全带，正确穿戴防滑绝缘胶鞋及紧口工作服。

②班前讲话：每日上工前，由班组长开展班前讲话，将当日作业内容、存在的安全风险及危害、防范措施、作业要点等告知全部作业人员。

③工前检查：每日班前讲话后，对工人身体状态、防护用品穿戴、现场作业环境等进行例行检查，发现问题及时处理。

④维护保养：做好安全防护设施、安全防护用品、起重设备机具等的日常维护保养，发现损害或缺失，及时修复或更换。

6）质量标准

钢板桩制作及施工质量标准及检验方法见表4。

钢管桩施工质量标准   表4

序号	项目		允许偏差	检验方法
1	外径	管端部	±0.5%（外周长）	尺量
2		管身部	±1%（外周长）	尺量
3	管壁厚＜16mm	外径＜500mm	+无规定，−0.6mm	尺量
4		500mm＜外径＜800mm	+无规定，−0.7mm	尺量
5		外径＞800mm	+无规定，−0.8mm	尺量
6	单管长度		0～150mm	尺量
7	矢高		≤0.1%单管长度	尺量
8	单端垂直度		＜0.5%外径，但最大为4mm	尺量

序号	项目		允许偏差	检验方法
9	管端平整度		≤2mm	尺量
10	焊接要求	桩接口间隙	2～4mm	尺量
11		桩接口错口	<2mm	尺量
12		咬深度	≤0.5mm	尺量
13		焊缝堆高	2～4mm	尺量
14		焊缝搭边	≤3mm	尺量
15		漏焊	不允许	尺量
16	桩插打垂直度		小于1/100L（L为桩长）	尺量

7）验收要求

锁扣钢管桩围堰施工各阶段的验收要求见表5。

锁扣钢管桩围堰施工质量检查验收表　　　　表5

序号	验收项目	具体内容	检查要求	验收人员
1	材料质量	混凝土	原材料经检验性能和质量符合设计及规范要求	项目技术员、试验人员，班组长及技术员
		型钢	各部位型钢尺寸及型号是否符合方案要求	
		钢板	钢板尺寸及厚度是否符合方案要求	
2	施工质量	钢管桩	桩径、桩长、垂直度、孔位中心偏差、沉渣厚度是否满足要求	项目技术员、测量人员，班组长及技术员
			咬合桩咬合长度是否符合设计要求	
		混凝土	混凝土的强度、试件取样和留置满足规范要求	项目技术员、试验人员，班组长及技术员
			混凝土养护及时，养护方法符合规范要求	
			现浇混凝土结构的外观质量、尺寸偏差符合设计及规范要求	
		钢围堰	首节桩身垂直度小于0.5%L	项目技术员、测量人员，班组长及技术员
			钢管桩桩位±15mm	
			桩顶高程不低于设计要求	
			齿槽平整、光滑，无电焊渣或毛刺	
			桩长度不小于设计要求	
		钢支撑	所用材料是否符合设计要求	项目技术员、测量人员，班组长及技术员
			是否按照设计要求高程安装，并固定牢固	
			数量是否满足方案要求	

8）应急处置

（1）处置原则

施工过程中一旦发生险情或事故，应停止作业，切勿慌乱，切忌盲目施救，在保证自身

安全的情况下按照处置措施要求科学开展施救，并及时向项目管理人员×××报告相关情况。

（2）处置措施

①落水淹溺：当发现有人员落水时，立即就近摘下栈桥或平台上的救生圈、救生绳，并向落水者准确抛掷，应急船只快速就位救起落水者。

②触电事故：当发现有人员触电时，立即切断电源。若无法及时断开电源，可用干木棒、皮带、橡胶制品等绝缘物品挑开触电者接触的带电物，之后解开妨碍触电者呼吸的紧身衣服，检查口腔，清理口腔黏液并立即就地抢救。如触电者呼吸停止，应采用人工呼吸法抢救；如心脏停止跳动，应采用胸外心脏按压法抢救。

③栈桥或平台塌陷：当栈桥或平台出现塌陷等情况时，附近人员应立即撤出塌陷区，并及时报告项目部进行后期处置。

④其他事故：当发生高处坠落、起重伤害、机械伤害等事故后，应立即采取措施切断或隔断危险源，疏散现场无关人员，后对伤者进行包扎等急救，向项目部报告后原地等待救援。

附件：《××江特大桥17号墩锁扣钢管桩围堰设计图》（略）。

10 双壁钢围堰施工安全技术交底

交底等级	**三级交底**	交底编号	III-010
单位工程	×××特大桥	分部工程	主桥承台钢围堰
交底名称	**双壁钢围堰施工**	交底日期	年 月 日
交底人	分部分项工程主管工程师 （签字）	审核人	工程部长（签字）
批准人	总工程师（签字）	确认人	专职安全管理人员（签字）
		被交底人	班组长及全部作业人员 （签字，可附签字表）

1）施工任务

××江特大桥全长 1158.6m，9 号主墩位于江内，采用双壁钢围堰施工承台，围堰平面尺寸为 46.5m×28.8m，壁厚 2m，围堰内壁距离承台边缘 10cm。围堰整体由侧板、内支撑和封底混凝土组成；侧板总高度 23.4m，分为底节（13.6m）、中间（5.8m）和顶节（4.0m）；围堰设 2 道内支撑。9 号墩围堰结构详见附件《×××大桥主桥双壁钢围堰设计图》。

2）工艺流程

施工工艺流程如图 1 所示。

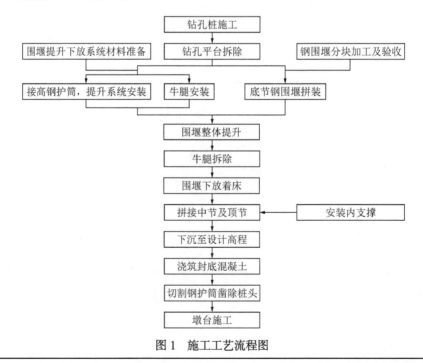

图 1　施工工艺流程图

66

3）作业要点

（1）施工准备

熟悉设计图纸及交底，踏勘施工现场钢平台、栈桥。履带式起重机等设备及配套设施、材料进场后，配合项目物资设备及技术管理人员进行进场验收，验收合格方可使用。材料验收合格后按品种、规格分类码放，并设挂规格、数量铭牌。整理场地，确保场地内设备材料整齐摆放、通行有序。

（2）钢围堰加工及运输

在钢结构加工厂地内根据需要布置胎模。胎模底座设计成水平，结合围堰分块和倒角圆弧半径，在场地硬化时预埋地脚螺栓，螺栓采用ϕ20mm的U形钢筋，顶部以钢围堰外直径加工成弧度，纵向采用角钢焊接成整体。焊缝等级满足二级焊缝要求，焊缝不得有裂纹、焊瘤、烧穿、弧坑等缺陷。钢围堰加工精度、焊接强度应满足要求。整体拼装前应对钢围堰块件进行验收，按设计图纸要求对结构焊缝进行检查，内、外壁板对焊接缝通过煤油渗透试验，如有渗漏必须补焊。焊接成型经逐层检查焊接质量并做水密性试验通过后，方可下水。钢围堰运输采用12m板车通过施工便道运输至墩位，每次只能运送一节钢围堰。

（3）围堰精确定位

围堰下放前，在钻孔桩和围堰内壁间安装水平导向装置，水平导向装置竖向布置2层，每层10个，横桥向每侧4个，顺桥向每侧2个，通过水平导向装置在围堰下放、注水及吸泥过程中控制并调整围堰的平面位置。

（4）围堰拼装下放

钻孔桩施工完成后，撤走钻机、清理施工现场，将与承台施工无关的设备、材料全部撤出平台；拆除围堰范围内钻孔平台，接高支承钢护筒并焊接牛腿，在护筒顶安装围堰提升下放系统，如图2所示。

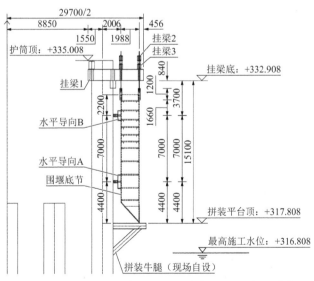

图2　围堰底节提升下放示意图（尺寸单位：mm；高程单位：m）

在钢护筒牛腿上拼装围堰底节侧板，并安装水平导向装置，利用提升下放系统将围堰底节提升30cm，拆除钢护筒牛腿，将围堰底节下放入水至自浮状态，并注水下沉1.5m，拆除提升下放系统。依次对称拼装围堰中间、顶节和内支撑，在壁内注水，使围堰着床，然后吸泥下沉。围堰现场拼装采用门式起重机和履带式起重机配合。

围堰按 0.1m/min 保持匀速下放，同时保证两侧高差不得超过 5cm。为保证钢围堰均匀正位下沉，围堰在下沉过程中需加强偏位观测，一般每下沉 0.5m 观测一次平面位置及垂直度，如发现倾斜或偏位时，及时采取措施进行纠偏。纠偏方式主要有偏侧取土法和偏载压重法，当下沉过程中出现偏位或倾斜时应采取偏侧取土的方法，即在刃脚较高的一侧吸泥，逐步达到纠偏纠斜；当采用偏侧取土法不能达到纠偏目的时，采用偏载压重法，即潜水员清理刃脚下孤石或其他障碍物，之后在围堰较高处隔仓内注水偏载压重；两种方法可配合多次运用，直至纠偏。

（5）围堰着床

①着床时机

钢围堰落河床工作应尽量安排在水位低、流速小时进行。围堰落河床前对墩位处河床进行一次全面的测量，若与预计不相符，不能满足围堰落床后使围堰进入稳定深度及围堰露出水面的高度时，则应根据实际情况，调整围堰落河床时高度，以满足围堰落河床的各项要求。

②围堰着床

双壁钢围堰就位后自浮于水中，可在钢围堰刃脚段浇筑一定高度的水下混凝土，以增加刃脚部分的刚度，由于刃脚混凝土客观上增加了钢围堰自重，又可加大钢围堰入土后的下沉速度。钢围堰受到的水流力在围堰刃脚接近河床顶面时达到最大值，此时应在严格控制钢围堰定位精度的情况下及时着床。钢围堰刃脚着床后，利用深水抓斗或吸泥机辅以高压射水管吸泥取土，同时向钢围堰壁仓内注水，增加围堰的下沉重力。吸泥取土时从围堰中间逐步向刃脚处对称分层进行，以保证钢围堰平稳、竖直下沉。围堰着床时，先控制灌水下沉，在刃脚尖距河床较高处约 0.5m 时停止。用吸泥机吸泥调平河床，同时及时对称灌水下沉，保持围堰处于悬浮状态。直至将围堰刃脚下河床面高差调至小于 1m 时，立即同时启动几台水泵均匀对称地向井壁内灌水，尽快使刃脚落在河床上。此时应随时测量围堰倾斜，控制围堰中心点位置，防止围堰倾斜和偏位。着床过程中，应及时吸泥调平河床，直至将刃脚全部落在河床面上为止。

为保证钢围堰顺利下沉，可事先在刃脚内部埋设高压水枪喷嘴，当钢围堰下沉困难时利用高压射水冲击刃脚底部的土体，以减少围堰刃脚处的端阻力，同时采取在隔仓壁体内浇筑混凝土或灌砂、围堰顶部配重以及空气幕等方法达到助沉目的。

③孤石处理

根据钢围堰的下沉速度，及时判断围堰下沉是否遇到孤石等阻碍物。通过潜水员判断，根据孤石的大小，选择针对性的处理方案。小型石块由潜水人员抱出或清理至围堰范围之内。中型孤石且孤石的大部分在围堰外部，通过围堰外侧吸泥的方法将孤石移落至承台外侧；对于大部分在承台内侧的中型孤石，通过潜水员携带布带对孤石进行捆绑，然后使用门式起重机配合定滑轮将孤石移动到围堰内侧，然后吊出基坑。遇到大型及超大型孤石时，直接对孤石下侧进行吸泥，让钢围堰跟随孤石一同下沉。吸泥位置设置在钢围堰内侧，以保证孤石逐步脱落至钢围堰内侧，脱离影响钢围堰下沉范围。

（6）围堰吸泥下沉

钢围堰下沉穿过底层主要为粉土、粉质黏土、粉细砂，采用至少两台直径 273mm 空气吸泥机射水吸泥。空气吸泥机头部设置高压射水嘴进行射水破土。

（7）封底混凝土施工

封底混凝土厚度 2.5～3.5m，封底平台在护筒上临时搭设。封底平台主梁采用双肢 H700mm×300mm 型钢，次梁采用 H500mm×300mm 型钢，面板采用钢板或者脚手板铺设。导管采用外径 325mm 的无缝钢管，导管使用前作水压、水密性试验，合格后使用。试验的水压按导管超压力的 1.5 倍取值。按照计算公式导管承压能力不小于 0.89MPa。料斗直接置于夹具梁上，导管采用手拉葫芦吊挂于夹具梁或平台梁上。封底布料点按封底布料设置如图 3 所示。

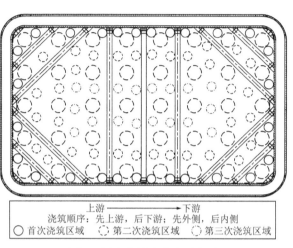

上游 ────► 下游
浇筑顺序：先上游，后下游；先外侧，后内侧
○ 首次浇筑区域　○ 第二次浇筑区域　○ 第三次浇筑区域

图 3　封底布料点分布示意图

封底混凝土先上游后下游，先外侧后内侧进行封底混凝土浇筑。现场按照导管布置图进行布置，导管封底时按照图纸中所标记序号进行浇筑。

4）安全风险及危害

双壁钢围堰施工过程中存在的安全风险见表 1。

双壁钢围堰施工安全风险识别　表1

序号	安全风险	施工过程	致险因子	风险等级	产生危害
1	失稳倾覆	围堰施工	（1）材料存在缺陷不符合国家规范； （2）未及时安装内支撑； （3）未按设计要求深度进行下沉着床； （4）现场焊接时未按要求进行焊接	I	围堰上方作业人员群死群伤
2	涌水	承台施工	（1）围堰落底深度不足； （2）封底混凝土浇筑厚度不足； （3）围堰焊接质量差，未严格进行渗漏水检查	II	围堰内作业人员群死群伤
3	高处坠落	围堰安装	（1）作业人员未穿戴防滑鞋、未系挂安全带； （2）未挂设安全平网； （3）未穿救生衣；水上作业平台无水上救生器材； （4）工作点的工具材料滑落；抛掷工具	II	围堰上方作业人员死亡或重伤
4	起重伤害	吊运物料	（1）起重机司机、司索工、指挥技能差，无资格证； （2）钢丝绳或吊带、卡扣、吊钩等破损、性能不佳；	II	起重作业人员及受其影响人员死亡或重伤

续上表

序号	安全风险	施工过程	致险因子	风险等级	产生危害
4	起重伤害	吊运物料	（3）未严格执行"十不吊"； （4）吊装指令传递不佳，存在未配置对讲机、多人指挥等情况； （5）起重机回转范围外侧未设置警戒区	II	起重作业人员及受其影响人员死亡或重伤
5	火灾爆炸	电气焊作业	（1）焊接或切割点与气瓶或其他易燃易爆品安全距离不够； （2）电气焊设备、线路、管路老化； （3）氧气乙炔等气体瓶存放不规范	III	电气焊作业人员及邻近人员死亡或重伤
6	物体打击	现场运输	（1）运输时材料未进行固定； （2）装运材料超载超高； （3）驾驶人员违规驾驶	IV	机械伤害，物体打击至人员死亡或重伤
		钢结构加工	（1）设备故障违规操作； （2）未按要求使用安全防护用品		

5）安全风险防控措施

（1）防控措施

为防范以上安全风险，需严格落实各项风险防控措施，详见表2。

双壁钢围堰施工安全风险防控措施　　　　　　表2

序号	安全风险	措施类型	防控措施	备注
1	失稳倾覆	质量控制	（1）严格按设计、规程及验收标准（简称验标）要求进行围堰制作与现场施工； （2）严格按规程要求进行围堰施工作业，保证围檩、斜撑、内支撑等按照要求布置	
		管理措施	（1）各构件严格按照设计要求安装，必要时必须增加构件的临时性稳定措施，在气割作业时不得损坏构件的截面； （2）使用的材料必须符合国家标准，存在明显缺陷的材料禁止使用； （3）基坑开挖过程中及时施工围堰内钢支撑，防止倾覆，承台施工过程中按要求及时进行换撑	
2	涌水	质量控制	（1）严格控制围堰落底深度及封底混凝土浇筑厚度； （2）强化围堰焊接质量控制，严格进行渗漏水检查	
		管理措施	方案制定阶段，详细摸排基底地质情况，准确确定围堰埋入深度、封底厚度等	
3	高处坠落	安全防护	（1）施工过程中，及时挂设安全平网； （2）工人作业时穿戴防滑鞋，正确使用安全带； （3）高处焊接工人配置带防护设施的挂篮并确保系挂牢固； （4）作业平台封闭围护，规范设置防护栏及密目网	
		管理措施	（1）为工人配发合格的安全带、安全帽等劳保用品，培训正确穿戴使用； （2）做好安全防护设施的日常检查维护，发现损坏及时修复	
4	起重伤害	安全防护	起重机回转范围外侧设置警戒区	
		管理措施	（1）做好起重设备及特种作业人员的进场验收管理，保证设备性能、人员技能满足要求，设备及人员证件齐全有效； （2）做好钢丝绳或吊带、卡扣、吊钩、对讲机等日常检查维护，确保使用性能满足要求； （3）吊装作业专人指挥，严格执行"十不吊"	

序号	安全风险	措施类型	防控措施	备注
5	火灾爆炸	安全防护	（1）在施工现场入口和现场临时设施处设立固定的安全、防火警示牌、宣传牌； （2）配备必要的消防器械和物资，确保现场配备的灭火器材在有效期内，注意日常维护，使其处于完好状态	
		管理措施	（1）焊、割作业点与氧气瓶、乙炔气瓶等危险物品的距离不得少于5m，与易燃易爆物品的距离不得少于30m； （2）加强对易燃、易爆及危险品的管理。机械设备使用的柴油、重油、汽油等易燃品，其采购、运输、贮存及使用各环节均严格按照有关安全操作规程执行，储料现场配备充足的消防灭火器材	
6	物体打击	安全防护	（1）作业平台规范设置踢脚板； （2）围堰底部设置警戒区	
		管理措施	（1）作业平台顶部严禁堆置杂物及小型材料； （2）安装及拆除作业时，专人指挥，严禁随意抛掷杆件及构配件	

（2）工作纪律

除落实以上安全风险防控措施外，还应严格遵守以下工作纪律。

①防护用品：作业人员正确佩戴安全帽、安全带，正确穿戴防滑鞋及紧口工作服。

②班前讲话：每日上工前，由班组长开展班前讲话，将当日作业内容、存在的安全风险及危害、防范措施、作业要点等告知全部作业人员。

③工前检查：每日班前讲话后，对工人身体状态、防护用品穿戴使用、现场作业环境等进行例行检查，发现问题及时处理。

④维护保养：做好安全防护设施、安全防护用品、起重设备机具等的日常维护保养，发现损害或缺失，及时修复或更换。

6）质量标准

每节钢围堰拼装完成后进行外形外观验收、焊缝质量验收及煤油渗透试验对水密性进行验收，形成验收记录，应达到的质量标准及检验方法见表3。

双壁钢围堰拼装允许误差和检验方法　　　　　　表3

序号	检查项目		允许偏差	检验方法
1	顶平面相对高差	围堰相邻点高差	10mm	尺量检查
		全节围堰最大高差	20mm	
2	围堰倾斜度		1/50	测斜管、测量检查
3	围堰顶、底面中心位置		$h/50 + 250mm$（h为围堰高度）	
4	平面扭角		2°	
5	焊缝质量		符合设计要求	目测、焊缝尺、超声波等
6	水密试验		不允许渗水	水密性试验

7）验收要求

双壁钢围堰施工各阶段验收要求见表4。

双壁钢围堰施工各阶段验收要求 表4

序号	验收项目	验收时点	验收内容	验收人员
1	材料及构配件	盘扣架材料进场后、使用前	材质、规格尺寸、焊缝质量、外观质量	项目物资、技术管理人员，班组长及材料员
2	围堰节段制作	围堰节段运输出厂前	材料下料尺寸、数量；拼装台座尺寸、地基；围堰节段尺寸、焊缝质量等	项目技术员，试验人员，班组技术员
3	围堰运输	围堰节段拼装完成后，运输出厂前	运输车辆性能、现场道路、围堰阶段运输车上固定情况、运输车上支垫等。	项目技术员，设备人员，班组技术员
4	围堰节段现场组拼	围堰节段现场组拼完成后，下沉之前	焊缝质量、整体拼装尺寸、水密性试验、下沉前平面位置、四角高差等	项目技术员，测量人员，班组技术员
5	围堰下沉	围堰开始下沉后，封底完成之前	下沉过程围堰下沉速度、轴线及四角偏位、四角高差、是否存在变形情况、下沉深度等	项目技术员，测量人员，班组技术员
6	围堰封底	围堰下沉到位后	封底前检查围堰底部平整状态、内壁及护筒是否沾泥、封底混凝土流动性、扩散半径、封底厚度、混凝土强度	项目技术员，试验人员，测量人员，班组技术员

8）应急处置

（1）处置原则

施工过程中一旦发生险情或事故，应停止作业，切勿慌乱，切忌盲目施救，在保证自身安全的情况下按照处置措施要求科学开展施救，并及时向项目管理人员×××报告相关情况。

（2）处置措施

①落水淹溺：当发现有人员落水时，立即就近摘下栈桥或平台上的救生圈、救生绳，向落水者准确抛掷，应急船只快速就位救起落水者。

②触电事故：当发现有人员触电时，立即切断电源。若无法及时断开电源，可用干木棒、皮带、橡胶制品等绝缘物品挑开触电者接触的带电物，之后解开妨碍触电者呼吸的紧身衣服，检查口腔，清理口腔黏液并立即就地抢救。如触电者呼吸停止，应采用人工呼吸法抢救；如心脏停止跳动，应采用胸外心脏按压法抢救。

③栈桥或平台塌陷：当栈桥或平台出现塌陷等情况时，附近人员应立即撤出塌陷区，并及时报告项目部进行后期处置。

④其他事故：当发生高处坠落、起重伤害、机械伤害等事故后，应立即采取措施切断或隔断危险源，疏散现场无关人员，后对伤者进行包扎等急救，向项目部报告后原地等待救援。

附件：《×××大桥主桥双壁钢围堰设计图》（略）。

11 钢吊箱围堰安全技术交底

交底等级	三级交底	交底编号	III-011
单位工程	×××大桥	分部工程	承台
交底名称	钢吊箱围堰施工	交底日期	年　月　日
交底人	分部分项工程工程师（签字）	审核人	工程部长（签字）
批准人	总工程师（签字）	确认人	专职安全管理人员（签字）
		被交底人	班组长及全部作业人员（签字，可附签字表）

1）施工任务

××跨海大桥全长 1158.6m，其承台施工围护结构采用钢吊箱围堰，钢吊箱围堰结构设计详见附件《××跨海大桥钢吊箱围堰结构设计图》。

2）工艺流程

施工准备→加工制作→水上运输→吊装下放→钢吊箱加固→浇筑封底混凝土→拆除围堰。

3）作业要点

（1）施工准备

熟悉设计图纸及交底，踏勘施工现场拼装场地、钢平台、栈桥。履带式起重机、船用起重机、运输船等设备及配套设施材料进场后，配合项目物资设备及技术管理人员进行进场验收，验收合格方可使用。材料验收合格后按品种、规格分类码放，并设挂规格、数量铭牌。整理场地，确保场地内设备材料整齐摆放、通行有序。

（2）加工制作

钢吊箱围堰加工制作总体按照材料准备→单元制作→分块下料→单元组拼→运输至总装平台→涂装→整体拼装→运输的顺序进行。单元制作及组拼在加工基地进行，整体拼装场地设置在 QE10 墩平台，各钢吊箱围堰加工拼装完成后，在 QE10 墩平台处逐个运往 QE07—QE09 号、QE11—QE20 号墩进行整体下放安装。

①底板制作

a. 台座设置

底板制作在加工场地内进行。先对加工场地进行处理，根据底板大小，对钢吊箱底板加工场地进行精确抄平，使钢吊箱底板边角的相对高差控制在 2mm 以内，平整度控制在 2mm 以内，以确保钢吊箱的制作精度。

b. 底板焊接

在钢平台上放出主梁的安装线及底板的轮廓线，依次按照主梁→次梁→连接槽钢的安装顺序在轮廓线上安装梁系。梁系安装好后，派专人到现场进行梁系核对，同时进行必要的现场临时固定。确认梁系安装无误后，按照主梁→次梁→连接槽钢的顺序进行焊接。焊接过程中，采用多点分散焊接，避免过焊引起底板变形。

c. 底板开孔

QE11—QE20 号承台钢吊箱安装时，需要穿过 18 根φ2m 的钢管桩，QE07—QE09 号承台钢吊箱安装时，需穿过 18 根φ1.8m 的钢护筒，底板上开孔位置的准确与否，是直接影响钢吊箱平稳下沉、精确定位的关键因素。因此必须准确测量钢护筒的坐标、椭圆度、竖直度，底板在钢护筒位置处预留孔洞，开孔半径比斜桩半径大 200mm，在预制加工厂进行开孔，保证开孔准确性。

②侧板制作

侧板分片制作，其中直线段侧板划分为 6 个单元块，圆弧端侧板划分为 6 个单元块。分块如图 1 所示。

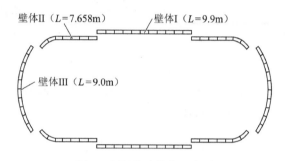

图 1　侧板分片分布示意图

a. 制作方法

钢吊箱侧壁制作分成 9.9m 长的直线标准段以及 7.658m、9.0m 的弧线标准段，根据不同的承台尺寸将以上几种规格的钢吊箱侧壁进行拼接组合。侧壁制作的难点在于节段的线形、端口尺寸及吊点精度控制，重点在于焊接的质量控制。分块的平焊及立焊焊完后用履带式起重机进行空中翻身后再焊未焊完的焊缝，以减少仰焊，保证焊接质量。每个节段按照侧壁分块示意图编号，并用油漆标记。

b. 放样及划线下料

通过 CAD 软件放样确定各构件的实际形状尺寸及相互间的相关关系，根据放样绘制施工草图及划线、制作加工、胎架等各类样板。按工艺文件规定留出加工余量和焊接收缩量。下料时使轧制方向与主要受力方向一致，根据施工图和工艺文件的要求标明零件的名称、规格尺寸，对于需要火焰切坡口的零件精确划出坡口的尺寸并标明方向。

c. 焊接工艺

采取合理的焊接顺序施焊，控制焊接变形。焊接时采取对称施焊，防止立体段变形。焊接时不得随意在母材的非焊接部位引弧。多层焊的每一道焊完后必须将药皮、熔渣和飞溅打磨干净，焊接下一道前必须将前一道的焊接缺陷清除后再补焊、并修磨匀顺。焊缝完成后，应将药皮、熔渣和飞溅打磨干净，将板面磨平。

③底板与侧板的拼装

a. 钢吊箱构件散件船运至 QE10 墩平台后，进行整体拼装，吊箱运输及起吊过程中应由专人指挥，注意避免构件变形。拼装时底板置于拼装平台上，底板支撑在钢平台分配梁上每拼一块壁板都需要将壁体与平台临时相连,保证侧壁与底板垂直,侧壁与侧壁间无错缝。采用侧包底形式,通过 M22 高强度螺栓将壁体与底板连接起来,在底板与侧壁、侧壁与侧壁之间的连接缝处粘贴膨胀止水条。

b.拧紧螺栓。开孔时要注意孔径不得超标,开孔后还要利用砂轮机磨平,以确保高强度螺栓的受力均匀。吊箱拼装好检查尺寸、连接螺栓,满足要求后,在侧壁连接处用型钢加固,检查接缝,对密封不够的地方用防水材料进行密封。

④起吊吊耳的加工制作

共设置四个起吊吊耳,吊耳设置如图 2 所示。吊耳与挑梁通过穿孔塞焊连接,结构形式如图 2 所示,结构上包括耳板、垫板和贴板。耳板厚度 20mm,贴板 20mm,开孔直径 82mm;垫板尺寸 39cm × 32cm,厚 20mm;贴板直径为 230mm,厚 20mm,开孔直径 82mm。加工后必须进行探伤检查,合格后方可使用。耳板、贴板和销轴材料上是均采用 Q345B 钢材。

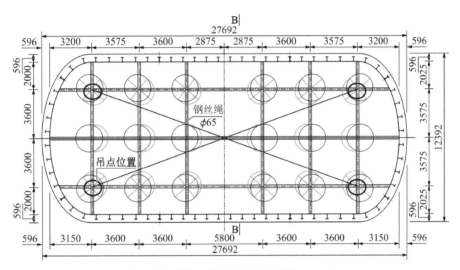

图 2　吊耳设置示意图(尺寸单位:mm)

⑤气密性检测

钢吊箱拼装好后应对所有接缝处进行检查,对密封不够的地方用防水材料进行密封。采用煤油浸透试验对焊缝及接缝处的密封性进行检验。用水将白石灰调成石灰浆,均匀涂刷在焊缝及接缝处一侧,等石灰浆变干后用煤油涂刷焊缝及接缝处另一侧,通过看石灰浆是否被浸透变色来检查其密封性。

(3)水上运输

装船过程中,随时调整压载水,使船舶保持正浮状态。沿海运输,海面渔船、渔网及航行船舶较多,应注意避开;对于堆放构件后驾驶台视线可能受阻,航行过程中必须有值班人员在船艏瞭望,发现任何疑问及时报告驾驶台,保持与驾驶台联系畅通。运输船在到达承台位系泊时,确保在系泊期间前后缆绳受力均匀,防止断缆的危险,大副应及时调整吃水,使船舶始终保持正浮状态。

(4)吊装下放

钢吊箱下放前,用钢板和型钢制作导向装置,焊安在桩头上,便于钢吊箱安装就位,并将所有妨碍钢吊箱下放的夹桩围檩拆除。低潮位时,起重船先行到达施工现场进行抛锚定位,定位好后,运输船靠起重船附近抛锚。通过铰锚移动起重船对准运输船上钢吊箱。起吊钢吊箱，运输船开走，起重船铰锚至墩位处。当钢吊箱的纵、横轴线与理论设计值大体重合时，起重船落钩，直至钢吊箱底板距桩顶 1m 左右，此时，指挥人员根据预先焊好的限位块对钢吊箱进行精确对位，对位完毕，起重船缓慢下放钢吊箱，使钢吊箱在自身限位及钢管桩顶口焊接的临时导向装置的作用下，缓慢进入预定位置，并通过缆风绳进行微调，使钢吊箱完全套进钢管桩内。

钢吊箱下放时，应实时观察钢管桩与底板开洞的相对位置关系，并及时反馈给唯一的起重指挥人员来调整钢吊箱位置，确保顺利下放到位。下放过程中应做好临边防护。钢吊箱下放至理论位置还剩 50cm 时，测量人员测量钢吊箱的四角高差，并根据测量结果进行高差调整，以后，每下降 10cm 测量一次，直至吊箱距理论位置还剩 3~5cm 时，停止下放，进行钢吊箱平面位置的调整。当钢吊箱的平面偏位在 15mm 以内时，将钢吊箱下放到位。钢吊箱下放到位后测量校核，满足要求后，立即将挑梁与钢管桩顶焊接固定，之后方可脱钩。

（5）钢吊箱加固

钢吊箱安装就位后先是通过挑梁支撑于桩顶，须及时将挑梁与桩头焊接牢固，然后才可脱钩。随后安装封孔板，将底板和封孔板的焊接，并用型钢撑杆将封孔板与底板钢梁焊接，以形成整体受力结构，保证钢吊箱和桩基的整体稳定性。考虑海水浮托力的影响，应特别注意底板拉压杆的焊接。

封孔板为带裙边的钢制抱箍，由于底板与桩基不得有电连接，钢制抱箍内设置 1cm 厚绝缘橡胶板，用强力胶水固定。封孔板制作考虑桩基斜率及扭角的影响，设置长短裙边，安装时需注意长短裙边要与斜桩平面扭角相对应，以保证止水效果。为减小海水对钢吊箱的浮托力，在钢吊箱底板设置减压孔。待封底混凝土强度达到要求后再将预留孔封堵严密。

（6）浇筑封底混凝土

钢吊箱采用干封底方法，在退潮时进行，待露出底板时，采用 200m³ 混凝土搅拌船开始浇筑，混凝土通过布料杆直接输送至吊箱内，施工约需 2h，安排应紧凑，一个潮位内必须浇筑完成。封底混凝土浇筑前用红色油漆在钢吊箱内壁上标记出封底浇筑顶面，标记沿钢吊箱内壁一周间隔布置，从而控制封底浇筑高程以及浇筑平整度。混凝土浇筑到位后，用抹子和刮尺对顶面进行整平处理，以便后续承台钢筋绑扎。

混凝土通过布料杆直接输送至钢吊箱内，混凝土浇筑按照从一个方向（中间）向另外一个方向（两端）推进，并严格控制分层厚度，加强结合面出混凝土振捣，保证振捣充分。浇筑封底时应注意保护连通器，连通器与封底混凝土齐平，底部开口，顶口采用螺栓和密封橡胶圈封闭。封底采用海水自然养护，养护期间连通器打开保持内外海水连通，确保内外水压平衡。待封底混凝土强度达到设计强度 90% 后，拆除挑梁、吊杆、承重架及挑梁垫块，之后趁潮水退出封底时封闭连通器，以形成干施工环境，方便后续施工。

（7）拆除围堰

拆除顺序为：下游短边侧围堰→长边侧围堰→上游短边侧围堰。

拆除前需解除临时结构连接系，为保证切割环境，切割在低潮期进行，切割采用气割方式。考虑到围堰拆除过程中整体结构的受力情况及吊装情况，与主墩承台密贴处的钢板采用内外壁逐层切割拆除方式，内侧钢板人工撬松动后进行拆除，夹壁混凝土不进行拆除。上层钢围堰由于高度较高，无操作平台，切割人员操作不方便，所以在切割接缝处旁搭设双层钢跳板绑扎丝进行拆除，作业人员必配安全绳与防坠器。

在围堰上下层解体分离后，按照上述顺序，依次对围堰进行逐块解体吊装。拆除时先将主竖肋拆除，然后竖向依次拆除水平环板，内外壁板即可。拆除时尽量切一块吊除一块，若不能保证依次拆除需对壁板便于切割处留取足够的未切割部分以保证围堰的整体稳定性，待吊除时逐段快速完成切割吊除。钢围堰解体后由吊装设备吊装至材料堆场，再从施工便道或栈桥转运出场。当起吊时出现超过常规起质量仍未将围堰块段吊起现象，不可强行起吊，应查明原因，妥善处理后再起吊，处理过程中，不得松勾，避免围堰块段突然移动、倾覆，酿成事故。

4）安全风险及危害

钢吊箱围堰施工过程中存在的安全风险见表1。

钢吊箱围堰施工安全风险识别　　　　　　　　　　　　表1

序号	安全风险	施工过程	致险因子	风险等级	产生危害
1	失稳倾覆	围堰拼装、吊装、运输、下放	（1）场地上钢凳及型钢摆放不规范，临时固定不牢； （2）围堰吊装支撑措施不到位、吊点选择不当； （3）船运过程中速度快、风浪大、遭受撞击等； （4）围堰施工水域未设置警示及警戒措施，遭受撞击	I	围堰上方作业人员群死群伤
2	涌水	承台施工	（1）封底混凝土浇筑厚度不足； （2）围堰焊接质量差，未严格进行渗漏水检查； （3）经台风等恶劣天气后围堰变形，未进行安全检查	II	围堰内作业人员群死群伤
3	高处坠落	围堰拼装	（1）作业人员未穿戴防滑鞋、未挂安全带； （2）未配置高处作业挂篮； （3）未严格执行工前检查、工前教育	II	围堰上方作业人员死亡或重伤
4	起重伤害	吊运物料	（1）起重机司机、司索工、指挥技能差，无资格证； （2）钢丝绳或吊带、卡扣、吊钩等破损、性能不佳； （3）未严格执行"十不吊"； （4）吊装指令传递不佳，存在未配置对讲机、多人指挥等情况； （5）起重机回转范围外侧未设置警戒区	II	起重作业人员及受其影响人员死亡或重伤
5	火灾爆炸	电气焊作业	（1）焊接或切割点与气瓶或其他易燃易爆品安全距离不够； （2）电气焊设备、线路、管路老化； （3）对氧气乙炔等气体瓶存放不规范	III	爆炸伤害
6	机械伤害	围堰拼装	（1）夜间施工光线不足，违章、疲劳、酒后操作或驾驶，超速行驶或超重行驶； （2）多台机械在同一作业面作业时，机身之间安全距离不足，作业人员未按规定施工，进入机械运转半径	IV	机械伤害死亡或重伤
7	淹溺	水上作业	（1）平台及栈桥防护栏缺失、破损； （2）平台、栈桥、围堰内未配置救生圈、救生绳，工人作业未穿戴救生衣； （3）夜间施工，现场照明不足	IV	落水伤害死亡或重伤
8	物体打击	围堰拼装	（1）作业平台未设置踢脚板； （2）作业平台堆置杂物或小型材料； （3）围堰四周未有效设置警戒区	IV	围堰下方人员死亡或重伤

5）安全风险防控措施

（1）防控措施

为防范以上安全风险，需严格落实各项风险防控措施，详见表2。

双壁钢吊箱围堰施工安全风险防控措施表 表2

序号	安全风险	措施类型	防控措施	备注
1	失稳倾覆	质量控制	拼装阶段严格执行各项支垫及临时固定措施	
		安全防护	围堰施工水域设置航标等警示及警戒措施	
		管理措施	（1）围堰吊装支撑措施及吊点布置经专项设计及检算，强化施工控制； （2）围堰船运过程中严格控制航速，严禁在大风大浪时段运输，避免船舶撞击	
2	涌水	质量控制	（1）严格控制封底混凝土浇筑厚度； （2）强化围堰焊接质量控制，严格进行渗漏水检查	
		管理措施	大风等恶劣天气后，进行风险排查，发现问题及时修复	
3	高处坠落	安全防护	高处作业人员穿戴防滑鞋、系挂安全带，配置高处作业挂篮	
		管理措施	加强工前检查、工前教育，确保安全防护设施佩戴、有效	
4	起重伤害	安全防护	起重机回转范围外侧设置警戒区	
		管理措施	（1）做好起重设备及特种作业人员的进场验收管理，保证设备性能、人员技能满足要求，设备及人员证件齐全有效； （2）做好钢丝绳或吊带、卡扣、吊钩、对讲机等日常检查维护，确保使用性能满足要求； （3）吊装作业专人指挥，严格执行"十不吊"	
5	火灾爆炸	安全防护	（1）在施工现场入口和现场临时设施处设立固定的安全、防火警示牌、宣传牌； （2）配备必要的消防器械和物资，确保现场配备的灭火器材在有效期内，注意日常维护，使其处于完好状态	
		管理措施	（1）焊、割作业点与氧气瓶、乙炔气瓶等危险物品的距离不得少于5m，与易燃易爆物品的距离不得少于30m； （2）加强对易燃、易爆及危险品的管理。机械设备使用的柴油、重油、汽油等易燃品，其采购、运输、贮存及使用各环节均严格按照有关安全操作规程执行，储料现场配备充足的消防灭火器材	
6	机械伤害	安全防护	加强作业排查管控	
		管理措施	（1）加强作业人员的安全意识，并张贴标识标牌，严禁违章、疲劳、酒后操作或驾驶； （2）作业过程中加强现场指挥，并服从航道管理规定	
7	淹溺	安全防护	栈桥、平台、围堰内配置救生圈、救生绳，工人穿戴救生衣作业	
		管理措施	（1）夜间施工保证照明充足； （2）加强工前检查、工前教育，做好邻水防护设施的检查维护	
8	物体打击	安全防护	（1）作业平台规范设置踢脚板； （2）围堰底部设置警戒区	
		管理措施	（1）作业平台顶部严禁堆置杂物及小型材料； （2）安装及拆除作业时，专人指挥，严禁随意抛掷杆件及构配件	

（2）工作纪律

除落实以上安全风险防控措施外，还应严格遵守以下工作纪律。

①防护用品：作业人员正确佩戴安全帽、安全带，救生衣，正确穿戴防滑鞋及紧口工作服。

②班前讲话：每日上工前，由班组长开展班前讲话，将当日作业内容、存在的安全风险及危害、防范措施、作业要点等告知全部作业人员。

③工前检查：每日班前讲话后，对工人身体状态、防护用品穿戴使用、现场作业环境等进行例行检查，发现问题及时处理。

④维护保养：做好安全防护设施、安全防护用品、起重设备机具等的日常维护保养，发现损害或缺失，及时修复或更换。

6）质量标准

钢吊箱围堰应达到的质量标准及检验方法见表3。

双壁钢吊箱围堰质量检查验收表　　　　　表3

序号	项目	允许偏差（mm）	检验方法	适用范围
1	钢围堰内壁长度尺寸	+20，0	尺量，不小于5处	单元块、各节段、总节段
2	钢围堰内壁宽度尺寸	+20，0	尺量，不小于5处	单元块、各节段、总节段
3	钢围堰壁厚	±5	尺量，不小于5处	单元块、各节段、总节段
4	垂直度	$H/1000$（H为节高）	尺量	单元块、各节段、总节段
5	全节围堰最大高差	20	尺量	总节段
6	单元块顶平面相邻点高差	10	尺量	单元块、各节段
7	相邻单元块之间的拼接缝隙	2	尺量	各节段
8	壁板对接错台	≤1	尺量	单元块、各节段、总节段
9	平面扭角允许偏差	20	尺量	单元块
10	壁板侧向平整度	≤3	水平尺	单元块、各节段、总节段
11	水平加劲角钢间距误差	≤10	尺量	单元块
12	隔舱板平面位置误差	≤5	尺量	单元块、各节段、总节段
13	对角线误差	3	尺量	单元块
14	导环的圆环椭圆度	≤5	尺量	每个导环
15	导环圆心位置误差	≤10	全站仪	每个导环
16	焊缝质量	符合设计要求	超声	抽检水平、垂直焊缝各50%
17	水密试验	不允许渗水	加水检查	每节

7）验收要求

钢吊箱围堰施工各阶段的验收要求见表4。

钢吊箱围堰施工各阶段验收要求　　　　表 4

序号	验收项目	验收时点	验收内容	验收人员
1	材料及构配件	钢吊箱材料进场后、使用前	材质，规格尺寸，外观质量，试板尺寸，焊缝质量等	项目物资、技术人员，班组长、材料员
2	钢吊箱制作	下料、加工、装配、连接、涂装过程	几何、坡口尺寸超差，垂直度偏差，定位偏差，焊缝质量，涂装质量、成品检测等	项目技术、试验、测量、安全人员，班组长及技术员
3	钢吊箱运输	钢吊箱装船、运输、吊卸	工桩变形，吊装中临时构件的加强措施	项目技术、测量、安全人员，班组长及技术员、安全员
4	钢吊箱下放	起重机选型、下放前准备、下放、固定、封底	吊具绳索安全验算，定位校核、连接工艺质量，安全作业防护，封底混凝土质量控制	项目生产经理及技术、测量、安全人员，班组长及技术员、安全员

8）应急处置

（1）处置原则

施工过程中一旦发生险情或事故，应停止作业，切勿慌乱，切忌盲目施救，在保证自身安全的情况下按照处置措施要求科学开展施救，并及时向项目管理人员×××报告相关情况。

（2）处置措施

①失稳倾覆：当围堰出现失稳倾覆征兆时，发现者应立即通知围堰作业区域人员撤离现场，并及时报告项目部进行后期处置。

②落水淹溺：当发现有人员落水时，立即就近摘下栈桥或平台上的救生圈、救生绳，并向落水者准确抛掷，应急船只快速就位捞起落水者。

③触电事故：当发现有人员落水时，立即切断电源。若无法及时断开电源，可用干木棒、皮带、橡胶制品等绝缘物品挑开触电者接触的带电物，之后解开妨碍触电者呼吸的紧身衣服，检查口腔，清理口腔黏液并立即就地抢救。如触电者呼吸停止，应采用人工呼吸法抢救；如心脏停止跳动，应采用胸外心脏按压法抢救。

④栈桥或平台塌陷：当栈桥或平台出现塌陷等情况时，附近人员应立即撤出塌陷区，并及时报告项目部进行后期处置。

⑤其他事故：当发生高处坠落、起重伤害、机械伤害等事故后，应立即采取措施切断或隔断危险源，疏散现场无关人员，后对伤者进行包扎等急救，向项目部报告后原地等待救援。

附件：《××跨海大桥钢吊箱围堰结构设计图》（略）。

12 钢吊箱围堰浮运施工安全技术交底

交底等级	三级交底	交底编号	III-012
单位工程	×××大桥	分部工程	基础及下部结构
交底名称	钢吊箱围堰浮运施工	交底日期	年　月　日
交底人	分部分项工程主管工程师（签字）	审核人	工程部长（签字）
批准人	总工程师（签字）	确认人	专职安全管理人员（签字）
		被交底人	班组长及全部作业人员（签字，可附签字表）

1）施工任务

×××工程主桥主墩承台长××m，宽××m，高××m，每个墩布设××根直径××m的嵌岩桩，桩基采用围堰兼作钻孔平台的施工方案。围堰选用圆端型钢吊箱围堰，主体结构包括侧板、底隔舱、底板底龙骨、内支架、吊杆、导环六部分。围堰外轮廓尺寸为××m（宽）×××m（长）×××m（高），其中侧板高度××m、底板厚度××m，围堰壁厚××m。围堰内部设置××道隔舱，隔舱高度××m，壁厚××m。围堰结构设计图详见附件《×××大桥双壁钢吊箱围堰结构设计图》。

2）工艺流程

施工准备→下水场地处理及布置→围堰组拼及验收→后锚收紧→气囊布置及充气→抽取钢凳、清理滑道→围堰断揽、下水→托板回收→围堰浮运前缺陷修补→围堰浮运及定位。

3）作业要点

（1）施工准备

双壁钢吊箱围堰选择在位于×××岸边的临时码头加工制造，围堰制作场及附近场地均为滩地，地基承载力较低，无现成的下水坡道，考虑结构本身的安全性，下水场地整体进行硬化，并采用气囊支承、滚动前移整体纵向下水，气囊上方铺设20mm厚的钢板来作为钢围堰与气囊间的衬垫，即利用气囊托起钢吊箱，后地锚断缆后钢吊箱依靠自重分力开始下滑，再经过长达××m坡度为××∶××的加速滑道加速下滑冲入水中，整体自浮的方法使钢吊箱得以下水，然后用拖轮浮运至桥墩附近，通过锚墩和锚碇进行定位。

（2）下水场地处理及布置

①围堰组拼及下水滑道施工

围堰组拼场地处河堤至岸边距离约××m。为了满足围堰组拼及下水要求，向围堰下水滑道区岸边水中抛填片石，增加××m距离。使围堰组拼场地及下水滑道总距离达××m。围堰拼装时长度方向垂直于河岸方向，在河堤内距围堰后端××m处布置重力式混凝土后锚。为了确保围堰入水时的初速度，围堰组拼场地下滑区坡度按××∶××整修，长度为××m，加速区坡度按××∶××整修，长度为××m。

为满足围堰组拼场及下水滑道承载力要求，防止围堰拼装时以及气囊法下水时地基变形，从而导致围堰入水前的速度过低，在整个场地直接在原地面上填充不小于××cm厚的片石，然后再做××cm厚的水稳面层。检测后的地基满足承载力不小于×××kPa的要求；对围堰下水处的河床进行清理，使满足围堰下水时对水深的要求。

②钢凳布置

钢凳布置考虑到围堰组拼、结构受力及后期气囊的布置。围堰组拼前在组拼区沿围堰长度方向每××m布置1条长××m的H588mm×300mm型钢分配梁，共×××条；在型钢分配梁中间按围堰宽度方向每××m布1个高××mm、截面直径××mm×××mm钢管加工的钢凳，共计××个。

③托板安装

托板厚××mm，长××m，宽××m的钢板，摆放在钢凳上方，托板前端为船型，在钢吊箱下滑过程中保证气囊工作平整及传力。

托板作为围堰底龙骨与气囊间的衬垫，起到辅助排水作用，在围堰下水过程中，防止围堰底板桩基预留孔处进水。托板之间焊缝采用单面间断焊，托板下水前端做成船形。托板通过钢丝绳与围堰连成整体，在围堰内侧底板每个桩位预留孔中心的托板上焊接吊耳，外侧长度方向与桩位预留孔对应的位置焊接吊耳，通过 ϕ16mm 的钢丝绳和花篮螺栓与内支撑连接，并调整花篮螺栓，使托板与围堰底板紧密接触。

（3）围堰组拼及验收

为加快施工进度，先对加工区进行整修，在加工区加工成块单元，同时做好围堰下水的施工准备，围堰单元块加工完成后吊装至下水场地上进行组拼。围堰安装步骤：底龙骨→底板→底隔舱→侧板→下导环→内支架→吊杆→上导环→附属结构；下水前进行围堰整体验收，验收合格后才可进行下一道工序。

（4）后锚收紧

后锚是围堰下水前的安全保障措施，由地垒、卷扬机、钢丝绳、滑轮组及脱钩器组成，地垒采用重力式混凝土锚，布置在围堰后方××m处。

（5）气囊布置及充气

气囊选用了直径1.2m、长度8.5m的气囊，双排布置。气囊在围堰长度方向间距为2.5m，宽度方向气囊端受力部分与托板边缘对齐为宜。布置气囊前必须逐个检查是否漏气。

后缆收紧后再对气囊充气，充气时不能一次充至设计压强，分0.08MPa、0.11MPa、0.14MPa三级依次进行。断缆前需再次检查每个气囊的充气压力，并调整让压力值保持一致。

（6）抽取钢凳、清理滑道

在后缆收紧、气囊充气后，使围堰高出钢凳50mm，这时人工进入围堰底取出钢管制作的钢凳，再用卷扬机抽取H588mm×300mm型钢钢凳。最后对滑道全面进行检查清理。

（7）围堰断揽、下水

在潮位到达设计水位时，打开脱钩器断缆，围堰在重力分力作用下开始下滑，再经过长

╳m、坡度为╳╳∶╳╳的加速滑道，冲入水中，直到自浮稳定。围堰断缆前，上、下游╳╳m范围内不能有大型船舶运行，否则波浪将会影响围堰下水后的速度。

钢吊箱若不能下滑，可通过调节气囊压力来调整气囊的工作高度，从而改变钢吊箱的下倾坡度。必要时，可使用拖轮拖拽，后地垄同步溜放的方式辅助启动，直至钢吊箱开始下滑。

为了保证围堰下水后不随着水流漂远，在围堰下水前先将围堰前拖船上的 200m 拖缆固定到围堰上，并且拖缆处于松弛状态，围堰下水后顺着水流方向飘流一段距离后，靠前拖船缆绳拖拽稳定后，其他拖轮依次在围堰边上靠拢，用缆绳与围堰固定后开始进行围堰浮运。

（8）托板回收

在围堰入水自浮平稳后，浮运托轮立即就位，先与围堰进行简单打梢，将围堰托运至安全区域，然后一边进行连接加固，一边拆除托板。托板拆除顺序是：先将锚固在围堰内支撑上的托板钢丝绳解除；托板沉入水中，等围堰浮运以后，采用打捞船进行打捞，上岸解体后回收。

（9）围堰浮运前缺陷修补

浮运前，应急作业人员立即检查围堰是否有破损及漏水现象，且为了更好地掌握围堰的入水后的状态，围堰入水前在侧板外壁上标记刻度表。若发现破损和漏水，立即使用围堰备用水泵及时抽水，并对漏水处进行补焊或用专用堵漏材料进行堵水修补，直至不再漏水。

（10）围堰浮运

通过实地调查，围堰有两条浮运路线可以到达桥位处，分别是╳╳╳水道及╳╳╳水道。根据对两条水道的航道深度、大桥通航孔高度、宽度、过往船只数量、浮运距离等综合对比，╳╳╳大桥围堰浮运路线为╳╳╳水道—╳╳╳大桥—╳╳╳桥—╳╳╳大桥主墩处。

由于围堰规模庞大，其平面尺寸、吃水深度及阻水面积均很大，围堰阻水正截面为圆弧形，加上围堰浮运是在╳╳╳水道主航道，江水流速大，因此围堰浮运时的水流阻力很大。据此，通过计算拟定围堰浮运拖带采用"一主拖一顶推两傍拖"，顶推为主，帮拖辅助的方式进行。围堰浮运中设置一艘海事警戒船在围堰编组前进行护航。

（11）围堰定位

围堰在拖轮组的牵引下，沿着制定的航行路线到达桥位处。拖轮船队拖带围堰前行至距离锚墩定位平台约 10m 处，拖轮组减速慢慢将围堰向前锚墩平台靠近，并将围堰稳住；保持在 3～5m 的距离，不能冲撞锚墩平台。围堰停稳以后，利用停靠在锚墩平台边的起重船依次将已安装在围堰上的定位钢绞线牵引到锚墩平台及锚桩上，并通过卷扬机先对钢绞线进行初步预拉，然后再转换至千斤顶上，对围堰进行定位。

拉揽及兜揽安装时，先安装锚墩平台上的拉缆及兜揽，再安装锚桩上的拉缆及兜揽；先连接下层的兜揽，再连接上层的拉揽。在拉缆及兜缆连接好后，拖轮脱离围堰，将拉揽及兜揽拉紧初步定位。

4）安全风险及危害

双壁钢吊箱围堰下水浮运过程中存在的安全风险见表1。

			双壁钢吊箱围堰施工安全风险识别		表1
序号	安全风险	施工过程	致险因子	风险等级	产生危害
1	失稳坍塌	围堰拼装	（1）地基处理不到位、场地上钢凳及型钢摆放不规范； （2）地基承载力不足，拼装前未进行地基验收； （3）地基受雨水浸泡、冲刷，围堰受大风影响； （4）地基维护不及时、不到位； （5）未有效实施监测预警	II	围堰上方作业人员群死群伤
		围堰下水	（1）地基处理不到位、场地上钢凳及型钢摆放安装不规范； （2）加速滑道未按要求清理； （3）未有效实施预压监测预警	I	围堰上方作业人员群死群伤
2	高处坠落	围堰拼装	（1）作业人员未穿戴防滑鞋、未系挂安全带； （2）未挂设安全平网； （3）钢丝绳在机械运动中与其他物体发生摩擦，穿过滑轮的钢丝绳有接头，钢丝绳变形	II	围堰上方作业人员死亡或重伤
		围堰浮运	（1）围堰四周未设置栏杆、安全网，作业平台未清理，有油污、细砂等易滑物，平台铺板未固定； （2）高处作业人员坐在平台、孔洞边缘、骑坐栏杆； （3）遇六级及以上大风仍未停止浮运、围堰顶高处露天等作业	III	
3	物体打击	围堰拼装	（1）作业平台未设置踢脚板； （2）作业平台堆置杂物或小型材料； （3）围堰四周未有效设置警戒区	IV	围堰下方人员死亡或重伤
		围堰下水	（1）围堰下水区未设置警戒区； （2）钢丝绳较短，断缆时释放应力造成伤害，作业人员未撤离钢丝绳长度半径以外	II	
4	起重伤害	吊运物料	（1）起重机司机、司索工、指挥技能差，无资格证； （2）钢丝绳或吊带、卡扣、吊钩等破损、性能不佳； （3）未严格执行"十不吊"； （4）吊装指令传递不佳，存在未配置对讲机、多人指挥等情况； （5）起重机回转范围外侧未设置警戒区	III	起重作业人员及受其影响人员死亡或重伤
5	机械伤害	围堰拼装	（1）夜间施工光线不足；违章、疲劳、酒后操作或驾驶；超速行驶或超重行驶； （2）多台机械在同一作业面作业时，机身之间安全距离不足，作业人员未按规定施工，进入机械运转半径	IV	机械伤害死亡或重伤
		围堰浮运	水上作业时，未遵守航道管理规定，导致船舶碰撞等航行事故，围堰倾覆，渗漏水	IV	
6	淹溺	围堰浮运	（1）风浪过大，上下游未按要求设立巡逻示警； （2）围堰漏水，浮力不均匀倾覆，浮运前检查验收不规范	IV	落水伤害死亡或重伤
7	撞船	围堰下水、浮运	围堰浮运时没有进行封航或航道管制	II	船（围堰）毁人亡

5）安全风险防控措施

（1）防控措施

为防范以上安全风险，需严格落实各项风险防控措施，详见表2。

序号	安全风险	措施类型	防控措施	备注
1	失稳坍塌	质量控制	严格执行设计、规程及验标要求，进行地基处理及围堰拼装	
		管理措施	（1）严格执行地基处理及围堰验收程序； （2）严格执行地基检测及沉降变形观测； （3）地基受雨水浸泡、冲刷，围堰受大风影响后，及时进行二次验收	
2	高处坠落	安全防护	（1）围堰拼装过程中，及时挂设安全平网； （2）工人作业时穿戴防滑鞋，正确使用安全带； （3）作业平台跳板满铺且固定牢固，杜绝探头板； （4）作业平台封闭围护，规范设置防护栏及密目网	
		管理措施	（1）为工人配发合格的安全带、安全帽等劳保用品，培训正确穿戴使用； （2）做好安全防护设施的日常检查维护，发现损坏及时修复	
3	物体打击	安全防护	（1）作业平台规范设置踢脚板； （2）围堰底部设置警戒区	
		管理措施	（1）作业平台顶部严禁堆置杂物及小型材料； （2）专人指挥，严禁随意抛掷杆件及构配件	
4	起重伤害	安全防护	起重机回转范围外侧设置警戒区。	
		管理措施	（1）做好起重设备及特种作业人员的进场验收管理，保证设备性能、人员技能满足要求，设备及人员证件齐全有效； （2）做好钢丝绳或吊带、卡扣、吊钩、对讲机等日常检查维护，确保使用性能满足要求； （3）吊装作业专人指挥，严格执行"十不吊"	
5	机械伤害	安全防护	加强作业排查管控	
		管理措施	（1）加强作业人员的安全意识，并张贴标识标牌，严禁违章、疲劳、酒后操作或驾驶； （2）作业过程中加强现场指挥，并服从航道管理规定	
6	淹溺	质量控制	严格按要求组织施工，施工前专人进行巡查，减少危险源	
		管理措施	（1）做好围堰下水前的检查验收，在围堰上方配备发电机及水泵及时抽水，并请专人及时采用堵漏材料进行堵漏，防止围堰漏水过多发生倾覆； （2）做好下水前的准备工作，遇大风、大雾等天气暂停下水浮运	
7	撞船	管理措施	提前报请海事部门批准，并服从航道管理规定，配合海事部门做好航道管制	

双壁钢吊箱围堰施工安全风险防控措施 表2

（2）工作纪律

除落实以上安全风险防控措施外，还应严格遵守以下工作纪律。

①防护用品：作业人员正确佩戴安全帽、正确穿戴防滑鞋及紧口工作服。

②班前讲话：每日上工前，由班组长开展班前讲话，将当日作业内容、存在的安全风险及危害、防范措施、作业要点等告知全部作业人员。

③工前检查：每日班前讲话后，对工人身体状态、防护用品穿戴使用、现场作业环境等进行例行检查，发现问题及时处理。

④维护保养：做好安全防护设施、安全防护用品、起重设备机具等的日常维护保养，发现损害或缺失，及时修复或更换。

6）质量标准

组拼场地地基基础应达到的质量标准及检验方法见表3。

组批场地地基基础质量检查验收表　　　　　　　　表3

序号	检查项目	质量要求	检验方法	检验数量
1	地基承载力	符合设计要求	触探等	每 100m² 不少于 3 个点
2	水稳面层平面尺寸	不小于设计值	尺量	—
3	水稳面层厚度	不小于设计值	尺量	每 100m² 不少于 3 个点
4	水稳面层顶面平整度	20mm	2m 直尺测量	每 100m² 不少于 3 个点
5	水稳面层强度或密实度	符合设计要求	试验	—
6	排水设施	完善	查看	全部
7	施工记录、试验资料	完整	查看资料	全部

双壁钢吊箱围堰应达到的质量标准及检验方法见表4。

双壁钢吊箱围堰质量检查验收表　　　　　　　　表4

序号	项目	允许偏差（mm）	检验方法	适用范围
1	钢围堰内壁长度尺寸A	+20，0	尺量，不小于 5 处	单元块、各节段、总节段
2	钢围堰内壁宽度尺寸B	+20，0	尺量，不小于 5 处	单元块、各节段、总节段
3	钢围堰壁厚D	±5	尺量，不小于 5 处	单元块、各节段、总节段
4	垂直度	$H/1000$（H为节高）	尺量	单元块、各节段、总节段
5	全节围堰最大高差	20	尺量	总节段
6	单元块顶平面相邻点高差	10	尺量	单元块、各节段
7	相邻单元块之间的拼接缝隙	2	尺量	各节段
8	壁板对接错台	≤1	尺量	单元块、各节段、总节段
9	平面扭角允许偏差	20	尺量	单元块
10	壁板侧向平整度	≤3	水平尺	单元块、各节段、总节段
11	水平加劲角钢间距误差	≤10	尺量	单元块
12	隔舱板平面位置误差	≤5	尺量	单元块、各节段、总节段
13	对角线误差	3	尺量	单元块
14	导环的圆环椭圆度	≤5	尺量	每个导环
15	导环圆心位置误差	≤10	全站仪	每个导环
16	焊缝质量	符合设计要求	超声	抽检水平、垂直焊缝各 50%
17	水密试验	不允许渗水	加水检查	每节

7）验收要求

双壁钢吊箱围堰施工各阶段的验收要求见表5。

双壁钢吊箱围堰浮运施工各阶段验收要求				表5
序号	验收项目	验收时点	验收内容	验收人员
1	材料及构配件	材料进场后、使用前	材质、规格尺寸、外观质量	项目物资、技术管理人员，班组长及材料员
2	基础 基底	水稳面层施工前	地基承载力	项目试验人员、技术员，班组技术员
	基础 水稳面层	双壁钢吊箱围堰拼装前	详见"地基基础质量检查验收表"	项目测量试验人员、技术员，班组长及技术员
3	围堰拼装 拼装前	场地布置验收合格后	围堰底部型钢及钢凳材质、规格尺寸，场地尺寸、坡度	项目技术员、测量人员，班组长及技术员
	围堰拼装 拼装后	双壁钢吊箱围堰下水前	详见"双壁钢吊箱围堰主要尺寸质量检查验收表"	项目技术员、测量人员，班组长及技术员
4	围堰浮运 下水前	双壁钢吊箱围堰拼装完成后	滑道是否平整、气囊压强是否满足要求	项目试验人员、技术员，班组技术员
	围堰浮运 浮运前	双壁钢吊箱围堰下水自浮稳定后	围堰渗水量、围堰倾斜度	项目试验人员、技术员，班组技术员
	围堰浮运 浮运中	双壁钢吊箱围堰浮运过程中	围堰渗水	项目试验人员、技术员，班组技术员

8）应急处置

（1）处置原则

施工过程中一旦发生险情或事故，应停止作业，切勿慌乱，切忌盲目施救，在保证自身安全的情况下按照处置措施要求科学开展施救，并及时向项目管理人员×××报告相关情况。

（2）处置措施

①失稳倾覆：当围堰出现失稳倾覆征兆时，发现者应立即通知围堰作业区域人员撤离现场，并及时报告项目部进行后期处置。

②落水淹溺：当发现有人员落水时，立即就近摘下栈桥或平台上的救生圈、救生绳，并向落水者准确抛掷，应急船只快速就位救起落水者。

③触电事故：当发现有人员触电时，立即切断电源。若无法及时断开电源，可用干木棒、皮带、橡胶制品等绝缘物品挑开触电者接触的带电物，之后解开妨碍触电者呼吸的紧身衣服，检查口腔，清理口腔黏液并立即就地抢救。如触电者呼吸停止，应采用人工呼吸法抢救；如心脏停止跳动，应采用胸外心脏按压法抢救。

④平台塌陷：当平台出现塌陷等情况时，附近人员应立即撤出塌陷区，并及时报告项目部进行后期处置。

⑤其他事故：当发生高处坠落、起重伤害、机械伤害等事故后，应立即采取措施切断或隔断危险源，疏散现场无关人员，后对伤者进行包扎等急救，向项目部报告后原地等待救援。

附件：《×××大桥双壁钢吊箱围堰结构设计图》（略）。

整体模板一次浇筑成形墩柱（高度≤15m）施工安全交底

交底等级	**三级交底**	交底编号	III-013
单位工程	×××大桥	分部工程	墩柱
交底名称	**整体模板一次浇筑成形墩柱（高度≤15m）施工**	交底日期	年　月　日
交底人	分部分项工程主管工程师（签字）	审核人	工程部长（签字）
批准人	总工程师（签字）	确认人	专职安全管理人员（签字）
		被交底人	班组长及全部作业人员（签字，可附签字表）

1）施工任务

×××大桥第1～25号墩，墩高3.5～12m，共25座，采用定制钢模板一模到顶施工工艺。桥墩及钢模板设计详见附件1《×××大桥1～25号墩设计图》及附件2《×××大桥1～25号墩模板设计图》。

2）工艺流程

墩柱一模到顶施工工艺流程如图1所示。

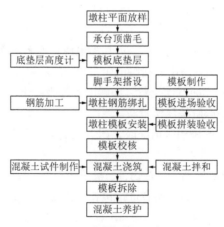

图1　墩柱一模到顶施工工艺流程图

3）作业要点

（1）模板验收

模板进场后，配合项目人员进行模板验收，检验模板及其构配件的型号、数量、尺寸、平整度等是否符合要求。验收合格后进行拼装验收，检验模板错台、拼缝、总体尺寸偏差等是否符合要求，发现问题及时处理，按照拼装顺序对模板进行编号，并进行打磨除锈处理。周转旧模板及连接件等出现边肋开孔过多、整体锈蚀及变形严重等问题时严禁使用。

（2）承台顶凿毛

墩柱施工前对墩底范围承台顶混凝土进行凿毛。凿毛前由测量班放样，根据放样结果在基础表面用墨线弹出墩柱轮廓线，凿毛时在墩柱混凝土轮廓线边缘向内预留1.5cm；采用机械凿毛时混凝土强度不得低于10MPa，人工凿毛时混凝土强度不得低于2.5MPa，凿毛深度2～3cm，并全部露出新鲜混凝土面。

（3）钢筋加工

按照施工安排，在墩柱钢筋绑扎前将钢筋全部下料加工成型，加工后的半成品钢筋按不同种类、型号、规格分类分层堆放，不得混放，并设立识别标志。堆置时，必须下垫方木与地面隔离开，露天堆放需用篷布遮盖。

（4）脚手架搭设

采用盘扣式双排外脚手架搭设。搭设前平整、夯实场地，立杆底部采用木板或钢板支垫。脚手架首层立杆采用不同长度的立杆交错布置。相邻水平杆步距小于1.5m。脚手架外侧设置竖向斜杆，转角处斜杆由底到顶连续设置，每间隔4跨至少设一道竖向斜杆。架体高宽比大于3时，设置抛撑或缆风绳等抗倾覆措施。操作平台及爬梯满铺钢脚板，顶层操作平台防护栏杆设置三道水平杆，高度不低于1.5m；防护栏杆外侧张挂密目网，底部布设踢脚板，高度不低于20cm。

（5）钢筋安装

墩柱主筋采用滚轧套筒连接，其他钢筋采用焊接连接或绑扎搭接连接，焊接搭接长度不小于图纸要求的搭接长度。同一断面的钢筋搭接数量不大于50%，错开布置。钢筋交叉处应先按一定距离用电焊点焊固定，后用扎丝绑扎，绑扎点相间布置，钢筋间距较大的应逐点绑扎，扎丝头向内弯折不得伸入保护层内。

（6）混凝土垫块

墩柱侧模钢筋保护层厚度为40～45mm，采用同强度的混凝土垫块支撑，数量不应少于4个/m²。垫块交错布置于钢筋交叉点上并绑扎牢固，扎丝头向内弯折不得进入混凝土保护层内。混凝土浇筑前，应对垫块的位置、数量和紧固程度进行检查，发现问题及时处理。

（7）模板安装

模板安装前均匀涂刷脱模剂，脱模剂涂刷完毕后应尽早安装，避免长时间暴晒。测量班放样后，根据测量结果弹出墩柱边线，再根据边线定位模板，保证模板位置准确。安装底节模板前，检查承台顶高程，不符合要求时凿除或用砂浆找平处理。

模板吊装组拼时，吊点布置要合理，起吊过程中不得发生碰撞，由专人指挥，按模板编号逐块起吊拼接。拼装过程中，随时检查模板拉杆及连接螺栓安装情况，保证位置、数量准确，安装牢固。组拼完成后，进行校模，保证位置准确、稳固牢靠、接缝严密。拼装及调校完毕后，模板根部用水泥砂浆封堵，防止漏浆。

（8）混凝土浇筑

混凝土由拌和站供应，混凝土运输车运输到墩位，混凝土泵车泵送入模。混凝土浇筑时要布料均匀，水平分层浇筑，每层厚度不超过30cm；自由倾落高度不得大于2m，当大于2m时，应通过串筒下落。严禁在混凝土浇筑和运输过程中向混凝土中加水。采用插入式振捣器振捣，振捣应及时、适度，每振点的振捣延续时间宜为20～30s，以混凝土表面不再下沉、不出现气泡、表面不呈现明显浮浆为准。浇筑期间，由专人检查拉杆、连接螺栓的稳固情况及底部、板缝的漏浆情况，对松动、变形、移位、漏浆等情况，发现问题及时维护。

浇筑过程中，根据混凝土和易性状态、气温、模板状态等合理控制浇筑速度，当气温较低、混凝土初凝时间长、模板变形较大时需减慢浇筑速度，必要时暂停浇筑，以避免爆模。

（9）模板及脚手架拆除

模板及脚手架拆除前，应划出安全区，设立警戒线及警示标志。当混凝土强度达到 2.5MPa 以上时方可拆除模板。拆除过程设专人指挥，按照先上后下的顺序进行拆除。拆除时，工人在脚手架上作业，先在待拆模板上安装卡扣并使起重机钢丝绳处于悬垂状态，起吊点应合理，再依次拆下拉杆及连接螺栓。全部拆除后，提升钢丝绳至悬吊状态，用钢钎轻轻撬动钢模板，使之脱离墩柱及周边模板，缓慢提升吊出，起吊过程保持模板稳定，避免碰撞混凝土及脚手架。一层模板拆除后，立即捆扎塑料薄膜养生，随后拆除同层脚手架。如此循环，直至拆除完毕。拆除的模板及脚手架，应集中整齐堆放，并及时打磨维护处理，以备周转使用。

（10）混凝土养护

拆模后，从墩柱顶进行洒水养生，保持塑料薄膜内柱体处于湿润状态，养护时间不少于 7d。

4）安全风险及危害

墩柱在施工过程中存在的安全风险见表1。

墩柱（一模到顶）施工安全风险识别 　　　　　　　　　　表 1

序号	安全风险	施工过程	致险因子	风险等级	产生危害
1	爆模坍塌	方案制定	墩高超过15m时，违规采用一次浇筑成形工艺	I	墩柱上作业人员群死群伤
		模板验收	（1）新制模板未经专项设计及检算； （2）周转模板及其配套拉杆、螺栓等变形、锈蚀、老化； （3）未进行模板进场验收或验收不严格		
		模板安装	（1）模板及其连接、拉杆、支撑构件安装不符合设计要求； （2）未执行模板安装验收或验收不严格		
		混凝土浇筑	（1）混凝土浇筑速度过快； （2）混凝土初凝时间长、气温较低等情况下，未降低浇筑速度； （3）混凝土浇筑过程中，未安排专人对模板状态进行监测或检查		
2	脚手架失稳坍塌	架体安装	（1）地基处理不到位、架体安装不规范； （2）未有效实施预压监测预警	II	架体上作业人员群死群伤
		架体使用	（1）大风期施工，未设置缆风绳； （2）架体受施工机械碰撞		
		模板拆除	模板拆除吊装中碰撞架体		
3	高处坠落	模板、脚手架安拆	（1）作业人员未穿戴防滑鞋、未系挂安全带； （2）未挂设安全平网	III	墩柱上方作业人员死亡或重伤
		墩柱施工	（1）作业平台未规范设置防护栏、密目网； （2）作业平台跳板搭设未固定、未满铺，存在探头板	III	
		人员上下行	未规范设置爬梯	III	

序号	安全风险	施工过程	致险因子	风险等级	产生危害
4	物体打击	墩柱施工	（1）作业平台未设置踢脚板； （2）作业平台堆置杂物或小型材料； （3）架体底部及四周未有效设置警戒区	IV	架体下方人员死亡或重伤
		模板、脚手架拆除	（1）随意抛掷杆件、构配件； （2）拆卸区域底部未有效设置警戒区	IV	
5	起重伤害	模板拆除、吊运物料	（1）起重机司机、司索工、指挥技能差，无资格证； （2）钢丝绳或吊带、卡扣、吊钩等破损、性能不佳； （3）未严格执行"十不吊"； （4）吊装指令传递不佳，存在未配置对讲机、多人指挥等情况； （5）起重机回转范围外侧未设置警戒区	III	起重作业人员及受其影响人员死亡或重伤

5）安全风险防控措施

（1）防控措施

为防范以上安全风险，需严格落实各项风险防控措施，详见表2。

墩柱（一模到顶）施工安全风险防控措施　　　　表2

序号	安全风险	措施类型	防控措施	备注
1	爆模坍塌	管理措施	（1）墩高超过15m时，严禁采用一次浇筑成形工艺； （2）新制模板必须经专项设计并检算合格后，方可加工制造； （3）严格执行模板进场验收，淘汰验收中发现的严重变形、锈蚀、老化的周转模板及其构配件； （4）模板安装完成后，严格执行模板安装验收； （5）混凝土浇筑过程中，安排专人对模板状态进行监测或检查	
		质量控制	（1）严格按照设计及规范要求进行模板安装； （2）浇筑过程中，根据混凝土和易性状态、气温、模板状态等合理控制浇筑速度； （3）当混凝土和易性状态差、初凝时间较长、温度较低、监测或检查发现模板变形较大时，降低浇筑速度，必要时暂停浇筑	
2	高处坠落	安全防护	（1）墩柱架体搭设过程中，及时挂设安全平网； （2）工人作业时穿戴防滑鞋，正确使用安全带； （3）作业平台跳板满铺且固定牢固，杜绝探头板； （4）作业平台封闭围护，规范设置防护栏及密目网	
		管理措施	（1）为工人配发合格的安全带、安全帽等劳保用品，培训正确穿戴使用； （2）做好安全防护设施的日常检查维护，发现损坏及时修复	
3	物体打击	安全防护	（1）作业平台规范设置踢脚板； （2）架体底部周边设置警戒区	
		管理措施	（1）作业平台顶部严禁堆置杂物及小型材料； （2）拆除作业时，专人指挥，严禁随意抛掷杆件及构配件	
4	起重伤害	安全防护	起重机回转范围外侧设置警戒区	
		管理措施	（1）做好起重设备及特种作业人员的进场验收管理，保证设备性能、人员技能满足要求，设备及人员证件齐全有效； （2）做好钢丝绳或吊带、卡扣、吊钩、对讲机等日常检查维护，确保使用性能满足要求； （3）吊装作业专人指挥，严格执行"十不吊"	

（2）工作纪律

除落实以上安全风险防控措施外，还应严格遵守以下工作纪律。

①防护用品：作业人员正确佩戴安全帽、安全带，正确穿戴防滑鞋及紧口工作服。

②班前讲话：每日上工前，由班组长开展班前讲话，将当日作业内容、存在的安全风险及危害、防范措施、作业要点等告知全部作业人员。

③工前检查：每日班前讲话后，对工人身体状态、防护用品穿戴使用、现场作业环境等进行例行检查，发现问题及时处理。

④维护保养：做好安全防护设施、安全防护用品、起重设备机具等的日常维护保养，发现损害或缺失，及时修复或更换。

6）质量标准

盘扣式双排作业脚手架搭设质量标准及检验方法见表3。

盘扣式双排作业架搭设质量检查　　　　　　　　表3

序号	检查项目		质量要求	检验方法	检验数量
1	底座与基础接触面/基础与垫板、垫板与基础接触面		无松动或脱空	查看	全部
2	可调底座	插入立杆长度	≥150mm	尺量	全部
		丝杆外露长度	≤300mm		
3	扫地杆	杆中心与基础距离	≤550mm	尺量	全部
4	立杆	间距	符合设计	查看	全部
5	水平杆	步距	符合设计	查看	全部
6	斜杆	安装位置、数量、型号	符合设计	查看	全部
7	插销	销紧度	锤击下沉量≤3mm	≥0.5kg锤子敲击	全部
8	支架全高垂直度		架体总高的1/500且≤50mm	测量	四周每面不少于4根杆
9	防护栏	栏杆高度	高出作业层≥1500mm	查看	全部
		水平杆	立杆0.5m及1.0m处布设两道	查看	
		密目网	栏杆外侧满挂	查看	
10	工作平台	钢脚手板	挂扣稳固、处锁住状态	查看	全部
		木质或竹制脚手板	满铺、绑扎牢固、无探头板	查看	
		踢脚板	高度≥200mm	尺量	
11	爬梯		稳定、牢固	查看	全部

钢筋加工及安装允许偏差及检验方法见表4。

钢筋加工及安装质量检查表　　　　　　　　表4

序号	检查项目		允许偏差（mm）	检验方法
1	钢筋加工	受力钢筋全长	±10	尺量
2		箍筋内净尺寸	±3	尺量

序号	检查项目		允许偏差（mm）	检验方法
3	钢筋安装	同一排受力钢筋间距	±20	尺量
4		两排以上受力钢筋排距	±5	尺量
5		箍筋、横向水平钢筋间距	±10	尺量
6		长	±10	尺量
7		宽、高	±5	尺量
8		保护层厚度	±10	尺量

模板安装允许偏差及检验方法见表5。

模板安装质量检查表　　　　表5

序号	检查项目	允许偏差（mm）	检验方法
1	轴线偏位	5	尺量
2	模板相邻两板表面高差	2	尺量
3	模板表面平整	5	尺量

墩柱施工允许偏差及检验方法见表6。

墩柱施工质量检查表　　　　表6

序号	检查项目		规定值或允许偏差	检查方法和频率
1	混凝土强度（MPa）		在合格标准内	试压
2	断面尺寸（mm）		±20	尺量：每施工节段测一个断面，不分段施工的测两个断面
3	顶面高程（mm）		±10	水准仪：测3处
4	轴线偏位（mm）		10，且相对前一节段≤8	全站仪：每施工节段测顶面边线与两轴线交点
5	全高竖直度（mm）	$H \leqslant 5m$	≤5	无损检测：不少于10点
		$5m < H \leqslant 15m$	≤H/1000，且≤20	
6	节段间错台（mm）		≤5	尺量：测每节每侧面
7	平整度（mm）		≤8	2m直尺：每侧面每20m²测一处，每处测竖直、水平两个方向
8	预埋件位置（mm）		满足设计要求，设计未要求时≤5	尺量：每件测

7）验收要求

整体模板一次浇筑成形墩柱各阶段的验收要求见表7。

整体模板一次浇筑成形墩柱各阶段验收要求　　　　表7

序号	验收项目	验收时点	验收内容	验收人员
1	模板及构配件	模板进场后、使用前	模板及构配件数量、尺寸、壁厚、平整度、锈蚀及破损状态、拼装误差等	项目物资、技术管理人员，班组长及材料员
2	脚手架	搭设完成后	脚手架搭设尺寸、爬梯及防护设施布置等	项目技术、安全管理人员，班组长及技术员、安全员

序号	验收项目	验收时点	验收内容	验收人员
3	钢筋	钢筋绑扎完成后	钢筋绑扎尺寸、数量、间距、型号、垫块布置、预埋件布置等	项目技术人员，班组长及技术员
4	模板	模板安装完成后	模板安装尺寸、位置、连接、拉杆布置等	项目技术、测量人员，班组长及技术员
5	混凝土	混凝土浇筑过程	混凝土和易性、浇筑速度控制、模板变形情况、串筒布置等	项目技术、试验人员，班组长及技术员
6	墩柱	拆模后	墩柱混凝土强度、尺寸、位置、平整度、错台等	项目技术、试验、测量人员，班组长及技术员

8) 应急处置

(1) 处置原则

施工过程中一旦发生险情或事故，应停止作业，切勿慌乱，切忌盲目施救，在保证自身安全的情况下按照处置措施要求科学开展施救，并及时向项目管理人员×××报告相关情况。

(2) 处置措施

①爆模坍塌：当出现爆模坍塌征兆时，发现者应立即通知墩柱上下作业区域人员撤离现场，并及时报告项目部进行后期处置。

②触电事故：当发现有人员触电时，立即切断电源。若无法及时断开电源，可用干木棒、皮带、橡胶制品等绝缘物品挑开触电者接触的带电物，之后解开妨碍触电者呼吸的紧身衣服，检查口腔，清理口腔黏液并立即就地抢救。如呼吸停止，应采用人工呼吸法抢救；如心脏停止跳动，应采用胸外心脏按压法抢救。

③其他事故：当发生高处坠落、起重伤害、机械伤害等事故后，应立即采取措施切断或隔断危险源，疏散现场无关人员，后对伤者进行包扎等急救，向项目部报告后原地等待救援。

附件1：《×××大桥1~25号墩设计图》（略）。

附件2：《×××大桥1~25号墩模板设计图》（略）。

附注：

①铁路桥梁桥墩15m高度为整体模板一次浇筑成形墩柱施工的最高限值，依据《铁路工程施工技术》《高速铁路施工技术》的相关规定。

②公路桥梁桥墩10m高度为整体模板一次浇筑成形墩柱施工的最高限值，依据《公路桥涵施工技术规范》（JTG/T 3650—2020）"15.2.2 桥墩高度小于等于10m时可整体浇筑施工，高度超过10m时，可分节段施工，节段的高度宜根据施工环境条件及钢筋定尺长度等因素确定"。

14 墩柱翻模施工安全技术交底

交底等级	三级交底	交底编号	III-014
单位工程	×××特大桥	分部工程	墩柱
交底名称	墩柱翻模施工	交底日期	年　月　日
交底人	分部分项工程主管工程师（签字）	审核人	工程部长（签字）
批准人	总工程师（签字）	确认人	专职安全管理人员（签字）
		被交底人	班组长及全部作业人员（签字，可附签字表）

1）施工任务

×××特大桥墩高范围 30～60m 的圆端型空心墩采用翻模法施工。根据空心墩墩顶顶口尺寸，翻模模板共配置四种规格：双线 30m＜墩高≤40m 的翻模、双线 40m＜墩高≤50m 翻模、双线 50m＜墩高≤60m 翻模、单线 30m＜墩高≤40m 的翻模。翻模模板设计详见附件《×××特大桥墩柱翻模模板设计图》。

2）工艺流程

墩柱翻模施工工艺流程如图 1 所示。

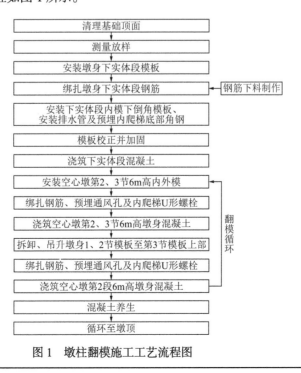

图 1　墩柱翻模施工工艺流程图

3）作业要点

（1）施工准备

本次施工墩柱翻模模板采用大块定型钢模并配置走行平台及防护栏杆，模板经受力计算，由专业厂家在工厂内进行加工。模板出厂前需在场内进行试拼检验，并进行模板编号，合格后方可出厂。模板到场后再次进行现场拼装检验，经监理验收合格后方可投入使用。模板配套使用的精轧螺纹钢拉杆、螺母、垫片，模板螺栓螺母等材料配置齐全。空心墩使用的排水管、通风管、预埋角钢、预埋U形螺栓、内爬梯配置齐全。墩柱施工所需的钢筋已按照图纸进行下料、弯制、加工，并按图纸钢筋编号分类存放。塔式起重机基础、爬梯基础或电梯基础在承台施工中同步完成，塔式起重机设备、爬梯或电梯已配置到位。

（2）首段墩身下实体施工

在承台顶面放样墩身四个角点，并用墨线弹出印记，找平墩身模板底部，清除墩身钢筋内杂物。安装墩身实心段模板，在墩身四侧面搭设脚手架施工平台，绑扎墩身钢筋，加固校正模板。模板安装前，通过全桥控制网测放墩身中心点和墩身四个角点，并进行换手测量，确保无误后，在承台面用墨线弹出墩身截面轮廓线和立模控制线十字轴线。沿墩身轮廓线施作3cm厚砂浆找平层，以调整基顶水平，达到各点相对高程不大于2mm。第3节墩身施工完成，可凿除砂浆找平层，以利底节模板的拆出。首节墩身下实体施工内模下倒角采用定制钢模，考虑墩内排水，在墩身下倒角底部横桥向两侧预埋ϕ100mm聚氯乙烯（PVC）管，同时在上实体顶部预理内爬梯角钢。外模安装后再次进行抄平、校正，达到模板顶相对高差小于2mm，对角线误差小于5mm后，上紧所有螺栓和拉杆、支撑。自检合格后并报请监理工程师检查后，浇筑墩身混凝土。混凝土浇筑完毕及时进行顶面覆盖和洒水养护，准备下步墩身施工。

（3）第2、3节段墩身施工

墩身实心段混凝土浇筑后，模板暂不拆卸，在第1节模板顶上安装支立好第2、3节共6m高内、外模板。第2、3节外模板采用塔式起重机分块吊装，支撑就位于第1节外模顶上，同时安装内模。利用拉杆对拉加固墩身模板。搭设内模施工平台，采用塔式起重机提升墩身钢筋，主筋接头采用机械直螺纹套筒连接，以减少现场焊接时间，保证施工质量，同时预埋空心墩ϕ200mmPVC通风孔管及内爬梯U形螺栓。采用混凝土泵车浇筑第2、3节段墩身6m高混凝土。

（4）模板翻升

每当上两节段墩身混凝土浇筑完成后，即可进行下节段模板翻升，其作业工序包括底部节段模板解体、模板提升修整、下节段模板安装。

①底部节段模板解体

在安装上节段钢筋的同时，进行最下面一节模板拆除施工。拆模前将要拆的一块模板用手拉葫芦与上面一节模板上下挂紧，同时用汽车起重机或塔式起重机将该块模板吊住，然后拆除该块模板拉杆、左右及上部的连接螺栓，再通过简易脱模器使下节模板脱落。脱模后放松葫芦，将模板下放20~30cm，汽车起重机或塔式起重机吊紧模板，拆除手拉葫芦，按照该方法将其他模板逐个拆卸，并依次安装在顶部。

外模先拆两侧圆弧模，再拆中间平模。拆除过程中，作业人员要在外模平台上进行，同时必须挂好安全带，保证作业安全。因内模模板拆除较困难，内模首块拆除模板加工成斜边（图2），拆除时先拆首块模板，再依次拆除其余模板。

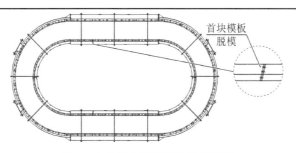

图2 空心墩内模模板拆除示意图

②模板提升、修整

利用塔式起重机将模板提升至待安装节段后，对模板表面进行去污、涂油、清洁。提升过程中应有专人监视，防止模板与周边固定物碰撞。

③模板安装

将上层墩身混凝土面凿毛、清理后，用塔式起重机吊装提升，人工辅助对位，将模板安装到对应位置上，安装底口横向螺栓与下层模板联结，并以倒链拉紧固定。内模板同步安装就位后，及时与已安装好内外模板拉杆连接。模板整体安装完成后，检查安装质量，调整中线水平，安装螺栓固定。

（5）其余节段墩身施工

第2、3节段墩身施工后，待第2、3节模板内的墩身混凝土达到一定强度后，先后拆除第1、2节模板，利用塔式起重机提升模板，提升达到要求的高度后悬挂于吊架上，将第1、2节模板依次安装支立于第3节模板顶上，绑扎墩身钢筋，浇筑墩身混凝土，循环交替翻升模板、绑扎钢筋、浇筑混凝土，每次翻升2节共6m高模板，浇筑6m高墩身，直至墩顶实心段。

（6）内爬梯及平台安装

空心墩在施工上实体前，应先将内爬梯及平台全部安装完成。内爬梯及平台安装采用吊篮进行施工，先将平台三角架固定在预理U形螺栓上，然后安装平台其余部件并安装平台步板。平台安装完成后，安装各平台之间的爬梯，爬梯在现场组装好，直接吊入空心墩内，作业人员将爬梯固定在两层平台上，爬梯与平台之间采用焊接连接，依次将内爬梯安装至顶部。

（7）空心段顶部盖板施工

墩柱施工墩帽底部即空心段上倒角位置后，先将空心墩内爬梯全部安装完成并对内侧混凝土缺陷进行处理，然后采用预制盖板进行铺盖封堵，并作为上实体施工的底模。

预制盖板在墩柱直板段加工成1.1m宽，长度根据墩柱空心段上倒角顺桥向长度确定，并考虑7cm的搭接长度；预制盖板在墩柱圆弧段加工成与上倒角圆弧段同心的半圆，同样考虑7cm的搭接长度，如图3所示。盖板预制采用定制模板，保证预制精度，盖板厚度统一为25cm，采用ϕ25mm（顺桥向）与ϕ12mm（横桥向）钢筋进行配筋，双层钢筋网，钢筋间距10cm×10cm，每块盖板在顶面预理两个吊环，以便于安装。预制盖板采用墩柱同标号混凝土浇筑，浇筑过程中保证混凝土振捣充分，收面平整。盖板预制完成后应做好养护，且需待盖板到达设计强度后方可安装。盖板采用汽车起重机或塔式起重机进行安装，将每块盖板从一端开始安装，盖板安装前先将墩顶倒角钢筋掰直，吊装过程中应设置缆风绳，以防盖板磕碰，同时便于盖板准确定位，依次将盖板全部安装完成。安装完成后对盖板之间、盖板与墩柱上倒角面之间缝隙采用水泥砂浆封堵密实，最后将倒角钢筋掰直将盖板卡在倒角钢筋之间固定好。简支梁空心墩进人洞设置在墩顶，采用预制盖板时需在盖板上预留进人洞。

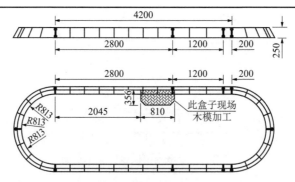

图 3　上实体底部预制盖板设计示意图（尺寸单位：mm）

（8）墩帽施工

在预制盖板底模上绑扎上实体段钢筋，先浇筑顶部实体段 0.9m 高混凝土，待混凝土强度养护至设计强度时，即可凿毛，绑扎剩余上实体段钢筋及垫石钢筋，安装墩顶吊篮及墩顶预埋件，最后浇筑剩余部分混凝土。

4）安全风险及危害

墩柱翻模施工过程中存在的安全风险见表 1。

墩柱翻模施工安全风险识别　　　　　　　　　　　表 1

序号	安全风险	施工过程	致险因子	风险等级	产生危害
1	爆模坍塌	模板验收	（1）新制模板未经专项设计及检算； （2）周转模板及其配套拉杆、螺栓等变形、锈蚀、老化； （3）未进行模板进场验收或验收不严格	Ⅰ	墩柱上作业人员群死群伤
		模板安装	（1）模板及其连接、拉杆、支撑构件安装不符合设计要求； （2）未执行模板安装验收或验收不严格		
		混凝土浇筑	（1）混凝土浇筑速度过快； （2）混凝土初凝时间长、气温较低等情况下，未降低浇筑速度； （3）混凝土浇筑过程中，未安排专人对模板状态进行监测或检查		
2	高处坠落	模板安装、拆除	（1）作业人员未穿戴防滑鞋、未系挂安全带； （2）未挂设安全平网	Ⅱ	高处坠落人员死亡或重伤
		钢筋及混凝土施工	（1）作业平台未规范设置防护栏、密目网； （2）作业平台跳板搭设未固定、未满铺，存在探头板		
		人员上下行	未规范设置爬梯		
3	物体打击	钢筋安装	（1）作业平台未设置踢脚板； （2）作业平台堆置杂物或小型材料； （3）模板底部及四周未有效设置警戒区	Ⅲ	架体下方人员死亡或重伤
		模板安拆	（1）随意抛掷杆件、构配件； （2）拆卸区域底部未有效设置警戒区		
4	起重伤害	吊运物料	（1）起重机司机、司索工、指挥技能差，无资格证； （2）钢丝绳或吊带、卡扣、吊钩等破损、性能不佳； （3）未严格执行"十不吊"； （4）吊装指令传递不佳，存在未配置对讲机、多人指挥等情况； （5）起重机回转范围外侧未设置警戒区	Ⅲ	起重作业人员及受其影响人员死亡或重伤

序号	安全风险	施工过程	致险因子	风险等级	产生危害
5	触电伤害	模板安装、钢筋、混凝土施工	（1）机械设备漏电； （2）雨天后配电箱内进水导致漏电； （3）电气设备接线不正确； （4）安全检查不到位	IV	作业人员触电死亡或重伤

5）安全风险防控措施

（1）防控措施

为防范以上安全风险，需严格落实各项风险防控措施，详见表2。

墩柱翻模施工安全风险防控措施　　　　　　　　　　表2

序号	安全风险	措施类型	防控措施	备注
1	爆模坍塌	管理措施	（1）墩高超过15m时，严禁采用一次浇筑成形工艺； （2）新制模板必须经专项设计并检算合格后，方可加工制造； （3）严格执行模板进场验收，淘汰验收中发现的严重变形、锈蚀、老化的周转模板及其构配件； （4）模板安装完成后，严格执行模板安装验收； （5）混凝土浇筑过程中，安排专人对模板状态进行监测或检查	
		质量控制	（1）严格按照设计及规范要求进行模板安装； （2）浇筑过程中，根据混凝土和易性状态、气温、模板状态等合理控制浇筑速度； （3）当混凝土和易性状态差、初凝时间较长、温度较低、监测或检查发现模板变形较大时，降低浇筑速度，必要时暂停浇筑	
2	高处坠落	安全防护	（1）模板安拆过程中，及时挂设安全网； （2）工人作业时穿戴防滑鞋，正确使用安全带； （3）作业平台跳板满铺且固定牢固，杜绝探头板； （4）作业平台封闭围护，规范设置防护栏及密目网	
		管理措施	（1）为工人配发合格的安全带、安全帽等劳保用品，培训正确穿戴使用； （2）做好安全防护设施的日常检查维护，发现损坏及时修复	
3	物体打击	安全防护	（1）作业平台规范设置踢脚板； （2）架体底部设置警戒区	
		管理措施	（1）作业平台顶部严禁堆置杂物及小型材料； （2）拆除作业时，专人指挥，严禁随意抛掷杆件及构配件	
4	起重伤害	安全防护	起重机回转范围外侧设置警戒区	
		管理措施	（1）做好起重设备及特种作业人员的进场验收管理，保证设备性能、人员技能满足要求，设备及人员证件齐全有效； （2）做好钢丝绳或吊带、卡扣、吊钩、对讲机等日常检查维护，确保使用性能满足要求； （3）吊装作业专人指挥，严格执行"十不吊"	
5	触电伤害	安全防护	配备专职电工，电工必须经过培训持证上岗，施工现场所有的电气设备的安装、维修和拆卸作业必须由电工完成	
		管理措施	（1）电缆线路采用电缆线布置方式，电气设备和电气线路必须绝缘良好，不得采用老化脱皮旧电缆； （2）各种型号的电动设备按使用说明书的规定接地或接零； （3）现场的配电要坚固，有门、有锁、有防雨装置，设备实行一机一闸一漏一箱； （4）施工现场临时用电定期进行检查	

（2）工作纪律

除落实以上安全风险防控措施外，还应严格遵守以下工作纪律。

①防护用品：作业人员正确佩戴安全帽、安全带，正确穿戴防滑鞋及紧口工作服。

②班前讲话：每日上工前，由班组长开展班前讲话，将当日作业内容、存在的安全风险及危害、防范措施、作业要点等告知全部作业人员。

③工前检查：每日班前讲话后，对工人身体状态、防护用品穿戴、现场作业环境等进行例行检查，发现问题及时处理。

④维护保养：做好安全防护设施、安全防护用品、起重设备机具等的日常维护保养，发现损害或缺失，及时修复或更换。

6）质量标准

钢筋加工及安装允许偏差及检验方法见表3。

钢筋加工及安装质量检查表　　　　　　　　表3

序号	检查项目		允许偏差（mm）	检验方法
1	钢筋加工	受力钢筋全长	±10	尺量
2		箍筋内净尺寸	±3	尺量
3	钢筋安装	同一排受力钢筋间距	±20	尺量
4		两排以上受力钢筋排距	±5	尺量
5		箍筋、横向水平钢筋间距	±10	尺量
6		长	±10	尺量
7		宽、高	±5	尺量
8		保护层厚度	±10	尺量

模板安装允许偏差及检验方法见表4。

模板安装质量检查表　　　　　　　　表4

序号	检查项目	允许偏差（mm）	检验方法
1	轴线偏位	5	尺量
2	模板相邻两板表面高差	2	尺量
3	模板表面平整	5	尺量

墩柱施工允许偏差及检验方法见表5。

墩柱施工质量检查表　　　　　　　　表5

序号	检查项目	规定值或允许偏差	检查方法和频率
1	混凝土强度（MPa）	在合格标准内	试压
2	断面尺寸（mm）	±20	尺量：每施工节段测一个断面，不分段施工的测两个断面
3	顶面高程（mm）	±10	水准仪：测3处

序号	检查项目		规定值或允许偏差	检查方法和频率
4	轴线偏位（mm）		10，且相对前一节段≤8	全站仪：每施工节段测顶面边线与两轴线交点
5	全高竖直度（mm）	$H \leqslant 5m$	≤5	无损检测：不少于10点
		$5m < H \leqslant 15m$	$\leqslant H/1000$，且≤20	
6	节段间错台（mm）	≤5	尺量：测每节每侧面	
7	平整度（mm）		≤8	2m直尺：每侧面每$20m^2$测一处，每处测竖直、水平两个方向
8	预埋件位置（mm）		满足设计要求，设计未要求时≤5	尺量：每件测

7）验收要求

墩柱翻模各阶段的验收要求见表6。

墩柱翻模各阶段验收要求　　　　　　　　　　表6

序号	验收项目		验收时点	验收内容	验收人员
1	模板验收		模板进场前、使用前，在模板加工场内	材质、规格尺寸、焊缝质量、外观质量	项目物资、技术管理人员，模板厂家
2	模板试拼		模板进场后、使用前，在施工现场	表面平整度、垂直度、顶帽弧度、相邻模板错台、模板内部结构尺寸、模板拼装的高度、拼缝的严密程度、对拉杆眼的位置、模板的刚度（是否备肋）等	项目技术管理人员，安全管理人员，班组长及技术员
3	模板安装		墩柱翻模施工中	高程及位置偏差、拼缝严密度、对拉杆安装质量、螺栓连接质量、作业平台及防护质量	项目技术管理人员，安全管理人员，班组长及技术员
4	钢筋验收	使用前	钢筋进场前、使用前，在钢筋加工场内	材质、型号、外观；弯钩质量、车丝质量等	项目物资、技术、试验人员、班组长及技术员
		使用过程	钢筋进场后、现场安装过程中	型号、数量、间距、焊接质量、丝接质量、绑扎质量、保护层等	项目技术管理人员、班组长及技术员
5	预埋件验收		墩柱翻模施工中	预埋件类型、位置、数量，加固质量	项目技术管理人员、班组长及技术员
6	混凝土验收		墩柱翻模施工中	浇筑过程中混凝土标号及性能；浇筑完成后外观质量、强度等	项目技术管理人员、试验人员

8）应急处置

（1）处置原则

施工过程中一旦发生险情或事故，应停止作业，切勿慌乱，切忌盲目施救，在保证自身安全的情况下按照处置措施要求科学开展施救，并及时向项目管理人员×××报告相关情况。

（2）处置措施

①爆模坍塌：当出现爆模坍塌征兆时，发现者应立即通知墩柱上下作业区域人员撤离现场，并及时报告项目部进行后期处置。

②触电事故：当发现有人员触电时，立即切断电源。若无法及时断开电源，可用干木棒、

皮带、橡胶制品等绝缘物品挑开触电者接触的带电物，之后解开妨碍触电者呼吸的紧身衣服，检查口腔，清理口腔黏液并立即就地抢救。如触电者呼吸停止，应采用人工呼吸法抢救；如心脏停止跳动，应采用胸外心脏按压法抢救。

③其他事故：当发生高处坠落、起重伤害、机械伤害等事故后，应立即采取措施切断或隔断危险源，疏散现场无关人员；然后对伤者进行包扎等急救，向项目部报告后原地等待救援。

附件：《×××特大桥墩柱翻模模板设计图》（略）。

15 墩柱爬模施工安全技术交底

交底等级	三级交底	交底编号	III-015
单位工程	×××特大桥	分部工程	墩柱
交底名称	墩柱爬模施工	交底日期	年　月　日
交底人	分部分项工程主管工程师（签字）	审核人	工程部长（签字）
批准人	总工程师（签字）	确认人	专职安全管理人员（签字）
		被交底人	班组长及全部作业人员（签字，可附签字表）

1）施工任务

×××特大桥 3 号、4 号墩墩柱使用液压自爬模架体体系施工。墩身截面尺寸均为 12.4m×8.0m，3 号墩墩柱高 70.5m、4 号墩墩柱高 82.0m。模板配置高度为 4.65m，上挑 50mm，下包 100mm，标准段浇筑高度 4.5m，3 号墩墩身按 16 个节段进行施工，4 号墩墩身按 18 个节段进行施工，墩顶特殊段现场采用钢模拼装进行施工。液压爬模设计详见附件《×××特大桥 3 号、4 号墩液压爬模设计图》。

2）工艺流程

施工准备→爬模进场验收→墩身首节施工→爬架架体第一部分安装→墩身第二节段施工→爬架架体第二部分安装→爬架架体爬升→爬架安装完毕→爬架循环爬升、完成墩身正常节段施工→墩顶实心段施工→爬模系统拆除。

3）作业要点

（1）施工准备

墩身首节为实心段，施工高度 4.6m。采用脚手架搭设操作平台，吊装定型钢模合模浇筑，完成后在此基础上进行爬模爬架系统的安装。在承台混凝土浇筑完并且强度达到 10MPa 后利用风镐凿除已浇筑混凝土表面的水泥砂浆和松弱层，凿毛后露出的新鲜混凝土面积不低于总面积的 75%。凿毛后的混凝土面应用水清理干净，保证新旧混凝土的接触。为便于首段墩身钢筋绑扎和模板支拆，用 φ48mm×3mm 脚手架沿墩身外围四周搭设两排支架，支架搭设立杆间距 1.2m，排距 1m，步高 1.5m，并搭设斜撑。支架高度为 9m。脚手架顶端搭设墩身钢筋定位架，保证墩身钢筋间距不超过 10mm。

（2）爬模系统

液压爬模模板体系采用工字木梁 wisa 板。外模采用液压爬模顶升系统，内模采用翻模工艺施工。外模面板采用 wisa 板，规格为 2440mm×1220mm×21mm，竖楞为 H20 木工字梁（木梁高度为 200mm，翼缘宽度为 80mm，翼缘厚度为 40mm，间距为 300mm），横楞为双[14

槽钢,最大间距为 1300mm,拉杆采用 D20 高强度螺杆,纵向间距 1200mm,横向间距 1300mm。上平台宽度 1.30m,模板平台宽度 1.30m,主平台宽度 2.90m,液压操作平台宽度 2.70m,吊装平台宽度 1.80m。平台上铺设 40mm 厚抗滑木板,平台四周架设标准化防护栏杆。液压爬模系统组成如图 1 所示。

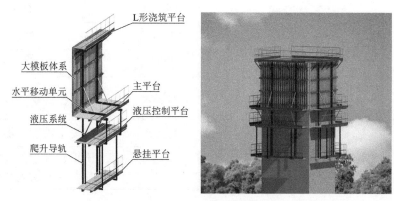

图 1　液压爬模系统组成

①外模板

模板体系由 wisa 板、木工字梁、横向背楞和专用连接件组成。wisa 板与竖肋(木工字梁)采用自攻螺钉连接,竖肋与横肋(双槽钢背楞)采用连接爪连接,在竖肋上两侧对称设置两个吊钩。两块模板之间采用芯带连接,用芯带销固定,以保证模板的整体性,使模板受力更加合理、可靠。

为确保同侧模板拼接质量,需注意以下两方面:一是面板之间的连接细节,保证各组模板拼缝平顺、错台小;二是横向背楞之间的连接质量,提高模板整体刚度、保证塔柱外围尺寸总体平顺度。不同侧模板拼接通过芯带插芯带销的方式将两侧模板连接,倒角处的背楞采取斜拉座配合高强度螺杆收紧的加强措施。

模板固定采用对拉方法固定内模和外模,用 ϕ32mm 规格的聚氯乙烯(PVC)套管对穿于两侧模板间,套管内穿对拉螺杆,拉杆可周转使用,墩柱底部和顶部实心段采用拉杆与墩柱钢筋焊接做永久固定,拆模时再切断。

②内模板体系

a. 井筒平台组成

井筒平台由承重预埋件、井筒平台梁、木工字梁、连接爪、平台板组成,由埋件系统承重,埋入混凝土的螺杆端部焊接 D20 预埋板,如图 2 所示。平台梁长度可随墩柱箱室尺寸进行调整,按横向间距 1.5～2m 布置,木工字梁间距 20cm 纵向布置,与平台梁通过连接爪固定,顶面满铺 2cm 厚木板,木板与木工字梁使用自攻螺钉连接。

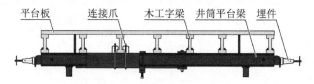

图 2　井筒平台组成示意图

b. 模板支架

该空心墩液压爬模使用的 4 个平台分别为钢筋绑扎平台、模板操作平台、主平台和吊平台。钢筋绑扎平台位于上架体顶面，可以为下一节段混凝土的浇筑提供绑扎钢筋的作业空间。模板操作平台位于内模支架中部，用于连接模板件和安装对拉螺杆。主平台用于堆放材料和工具，并且承载主要质量。吊平台主要用于修饰工作，包括对预埋爬锥进行拆除、修补爬锥孔洞和浇筑完的混凝土表面。

③架体支撑系统

液压爬模架体主要由上架体及下架体两部分组成。上架体主要用来为施工中的钢筋作业及模板作业提供作业面，通过相应机构与下架体相连。下架体作为爬模系统中的承重结构，是爬模的主要受力部件，施工过程中的上架体上的所有施工荷载以及下架体自重和相关施工荷载均由下架体承担。

④爬升系统

液压自爬模板体系的爬升系统主要由锚定总成、导轨、液压爬升系统和操作平台组成。液压自爬模体系的锚定总成包括埋件板、高强度螺杆、爬锥、受力螺栓和埋件支座等。其中由埋件板、高强度螺杆及爬锥组成的预埋件总成在墩柱施工时按照爬轨位置进行埋设。液压爬升系统包括液压泵、液压缸、上换向盒、下换向盒四部分。

⑤安全防护系统

架体安装护栏、密目网组成安全防护体系。脚手板铺满平台并且加固好，不能留有空隙，防止人员坠落。平台护栏安装牢固，设置踢脚板。密目网安装后要能保证将架体四周完全封闭。平台内摆放工具箱、灭火器、垃圾箱等设施，保证小工具和施工废料及时收容安置，防止坠落危害作业面下方人员。

（3）爬模施工

①墩身首节施工

a. 钢筋绑扎

首段墩身钢筋施工前，测量工先在承台上放出墩身轮廓线及墩身 4.6m 处高程，钢筋工根据点位和水平搭设钢筋控制架和钢筋网片的埋设。墩身竖向钢筋主筋采用定尺钢筋，上、下主筋竖向采用镦粗直螺纹进行连接，同一断面钢筋接头数量为钢筋总数量的 50%。上、下接头断面错开 1.2m。钢筋绑扎时先接长内、外层主筋，接长时内、外层按同一方向同时进行。接长的钢筋上端固定在定位架上。主筋接长完毕后，进行环向水平钢筋绑扎，形成整体钢筋骨架。

b. 爬锥预埋

爬锥为高强度钢制锥形螺帽，内接锚筋，外接高强度螺栓锚固，构成自爬模系统的最终承力结构。墩身爬模施工过程的所有荷载最终由预埋爬锥承担，所以要严格控制爬锥、锚筋及其周边混凝土的施工质量。在首节混凝土中预埋爬模爬升装置中的爬锥及锚筋。爬锥通过堵头螺栓固定在外组合模板上，在关模后浇筑混凝土时将其埋入混凝土中。脱模时拆下对拉螺杆及堵头螺栓。

c. 合模

模板安装前要测量放线，放线点位为 4 个角点。木工通过 4 个角点弹墨线控制模板底口位置，并通过在承台混凝土表面预埋的铁件进行固定，底口水平由砂浆找平层控制，并设置止浆带或者软泡沫带，模板底口内、外侧均用水泥砂浆堵缝，防止漏浆。模板拼缝用双面胶带止浆，合模后用对拉杆拉固，用橡皮泥堵住丝杆周围。首节段对拉螺杆为一次性使用。模板顶部应设置缆风绳或顶升螺杆等可调固定设施。在合模完成之后，测量工应对垂直度和模板位置进行复核并加以调整。模板上需测量并标注混凝土面高程。

d. 混凝土浇筑

模板配置高度 4.65m，上挑 50mm，下包 100mm，标准节段浇筑高度 4.5m，墩身混凝土施工共分 18 节段完成。混凝土运输采用泵送入仓，泵管最前一节采用塑料软管便于布料，并加串筒至底部，防止混凝土因高度过大产生离析。混凝土浇筑采用分层浇筑，每层控制厚度为 30cm。振捣时严格按照混凝土操作规程进行操作。振捣棒不能与模板相接触，不能用振捣棒驱赶混凝土长距离流动或运送混凝土以至混凝土离析。混凝土振捣密实，至混凝土停止下沉，不冒气泡，不泛浆，表面平坦。混凝土捣实后 1.5h 到初凝前不得受到振动。墩身混凝土强度达到 10MPa 后可以进行脱模，脱模后应洒水养护。

② 爬架架体第一部分安装

在混凝土脱模强度达到 20MPa 后，用高强度螺栓将锚板安装在预埋的爬锥上，见图 3，分别吊装单片架体拼装单元或整体拼装架体，通过爬架挂钩悬挂于锚板承重销上，并安装好下撑脚。在架体上安装工作平台，上、下走道安装护栏。安装内、外模板系统并调整到位。

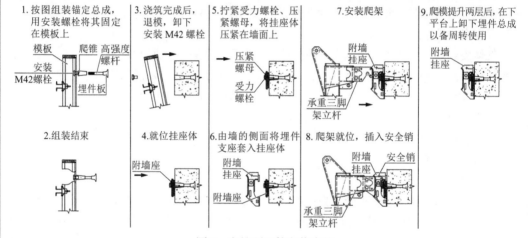

图 3　爬锥预埋件安装步骤

③ 墩身第二节段施工

在第二节段模板合拢之前，按规范对节段间施工接缝进行凿毛处理。通过爬架上的可移动装置将模板调整到位后，合模前在模板底口采取封闭防止漏浆的措施，即在内外侧壁上贴憎水海绵条后再合模夹紧。在墩身混凝土浇筑时，混凝土应从四边均衡下料，以防止混凝土出现偏压，造成模板倾斜。在第二节段混凝土达到脱模强度后，拆除对拉螺栓及爬锥堵头螺栓，调节外模板调节螺杆和内模手拉葫芦，拉开内、外模后进行模板清理。在第二节段混凝土强度达到 20MPa 以上后，在预埋的爬锥上安挂锚板。然后用塔式起重机吊装爬升装置和轨道，最后进行液压控制系统的安装及调试。

④ 爬架爬升

爬架爬升按以下步骤进行：调整步进装置棘块一致向下→打开液压缸进油阀门→启动液压控制柜→爬升爬架→拔去承重销→爬升爬架→插上承重销→关闭液压缸进油阀门，关闭液压控制柜，切断电源→安装下支撑。

⑤ 爬架第二次安装

主要完善爬架的下吊架，该吊架的作用是提供爬锥拆除平台，进行墩身混凝土表面修补及设置电梯入口的工作平台。整个下吊架均为拼装构件，采用螺栓和销轴连接。操作人员通过搭设的支架进行拼装。内爬架也可在这段进行安装，内爬架由三层或四层操作平台组成，底层为全封闭，型钢构成骨架，由附墙螺栓承重，通过塔式起重机提升，内模板可挂附于内架上。至此，完成整个自爬架的安装，墩身施工进入正常的自爬模施工工序，爬架组拼步骤流程见图4。

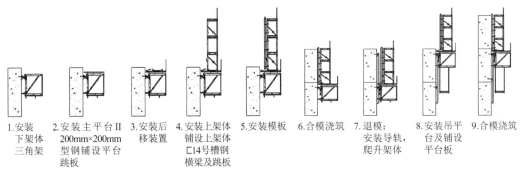

| 1.安装下架体三角架 | 2.安装主平台Ⅱ200mm×200mm型钢铺设平台跳板 | 3.安装后移装置 | 4.安装上架体铺设上架体[14号槽钢横梁及跳板 | 5.安装模板 | 6.合模浇筑 | 7.退模：安装导轨，爬升架体 | 8.安装吊平台及铺设平台板 | 9.合模浇筑 |

图4 架体组拼步骤示意图

⑥墩身正常节段的循环施工

墩身在进入正常节段施工后，均采用4.5m标准节段，可进行重复循环作业，每个节段主要工序包括：轨道爬升→爬架爬升→接长墩身钢筋并进行绑扎→合模并校核→浇筑混凝土→混凝土脱模、养护。

爬架在自爬升前，须先行进行轨道的爬升。轨道爬升流程如下：确定混凝土强度达到20MPa→安装上部锚板→调整步进装置，使其棘块一致向上→打开液压缸进油阀门→启动液压控制柜→拆除轨道销→爬升轨道→插入轨道销→关闭液压缸进油阀门，关闭液压控制柜，切断电源→拆除下部锚板→安装下支撑。

爬架爬升和钢筋混凝土施工均按前述要求进行。

⑦混凝土养护

墩柱施工过程中，随着高度增加，墩身的养护变得困难，因此，需采用环墩身的喷淋养护设备，在操作平台放置蓄水桶，送水管由地面延伸至作业面为蓄水桶补充养护用水。单个蓄水桶充满水的情况下质量不超过400kg，且不得集中摆放。通过安装在爬模架体结构上的环形喷水养护管，间断地向墩身喷水，在养护墩身的同时起到降低阴阳面温差的作用，从而使日照温差引起的墩身轴线偏位降低到最小。

4）安全风险及危害

液压爬模安拆及使用过程中存在的安全风险见表1。

液压爬模施工安全风险识别 表1

序号	安全风险	施工过程	致险因子	风险等级	产生危害
1	爬模倾覆	爬模组装、墩柱施工	（1）螺栓未按要求加固； （2）模板吊装安装、拆除未设专人指挥； （3）拉筋未按设计布设； （4）模板安装完毕未及时验收； （5）爬模附墙装置连接不稳； （6）爬模防倾、防坠装置不灵敏	Ⅰ	爬模上方作业人员群死、群伤
		混凝土浇筑	（1）模板组装完毕未经验收浇筑混凝土； （2）混凝土浇筑速度过快	Ⅱ	

序号	安全风险	施工过程	致险因子	风险等级	产生危害
2	高处坠落	爬模安装、拆除	（1）作业人员未穿戴防滑鞋、未系挂安全带； （2）未挂设安全平网	III	爬模上方作业人员死亡或重伤
		梁体施工	（1）作业平台未规范设置防护栏、密目网； （2）作业平台跳板搭设未固定、未满铺，存在探头板； （3）模板上无可靠的操作平台； （4）操作平台未安装临边立网； （5）操作平台底部防坠网设置不规范； （6）爬模脚手板及安全防护措施缺失		
		人员上下行	未规范设置爬梯		
		混凝土浇筑	（1）地泵泵管固定位置不当； （2）混凝土浇筑时无有效的临边防护		
3	物体打击	墩柱施工	（1）作业平台未设置踢脚板； （2）作业平台堆置杂物或小型材料； （3）架体底部及四周未有效设置警戒区	IV	爬模下方人员死亡或重伤
		爬模拆除	（1）随意抛掷杆件、构配件； （2）拆卸区域底部未有效设置警戒区		
4	起重伤害	吊运物料	（1）起重机司机、司索工、指挥技能差，无资格证； （2）钢丝绳或吊带、卡扣、吊钩等有破损、性能不佳； （3）未严格执行"十不吊"； （4）吊装指令传递不佳，存在未配置对讲机、多人指挥等情况； （5）起重机回转范围外侧未设置警戒区	III	起重作业人员及受其影响人员死亡或重伤

5）安全风险防控措施

（1）防控措施

为防范以上安全风险，需严格落实各项风险防控措施，详见表2。

液压爬模安全风险防控措施 表2

序号	安全风险	措施类型	防控措施	备注
1	爬模倾覆	质量控制	（1）严格按设计、规程及验标要求进行爬模安装； （2）严格按规程要求进行爬模拆除作业	
		管理措施	（1）严格执行爬模安装验收程序； （2）严格执行爬模施工过程中的观测	
2	高处坠落	安全防护	（1）爬模施工平台安装过程中，及时挂设安全平网； （2）工人作业时穿戴防滑鞋，正确使用安全带； （3）作业平台跳板满铺且固定牢固，杜绝探头板； （4）作业平台封闭围护，规范设置防护栏及密目网	
		管理措施	（1）为工人配发合格的安全带、安全帽等劳保用品，并培训工人正确穿戴使用； （2）做好安全防护设施的日常检查维护，发现损坏及时修复	
3	物体打击	安全防护	（1）作业平台规范设置踢脚板； （2）爬模底部设置警戒区	
		管理措施	（1）作业平台顶部严禁堆置杂物及小型材料； （2）拆除作业时，专人指挥，严禁随意抛掷杆件及构配件	

序号	安全风险	措施类型	防控措施	备注
4	起重伤害	安全防护	起重机回转范围外侧设置警戒区	
		管理措施	（1）做好起重设备及特种作业人员的进场验收管理，保证设备性能、人员技能满足要求，设备及人员证件齐全有效； （2）做好钢丝绳或吊带、卡扣、吊钩、对讲机等日常检查维护，确保使用性能满足要求； （3）吊装作业专人指挥，严格执行"十不吊"	

（2）工作纪律

除落实以上安全风险防控措施外，还应严格遵守以下工作纪律。

①防护用品：作业人员正确佩戴安全帽、安全带，正确穿戴防滑鞋及紧口工作服。

②班前讲话：每日上工前，由班组长开展班前讲话，将当日作业内容、存在的安全风险及危害、防范措施、作业要点等告知全部作业人员。

③工前检查：每日班前讲话后，对工人身体状态、防护用品穿戴、现场作业环境等进行例行检查，发现问题及时处理。

④维护保养：做好安全防护设施、安全防护用品、起重设备机具等的日常维护保养，发现损害或缺失，及时修复或更换。

6）质量标准

液压爬模安装应达到的质量标准及检验方法见表3。

液压爬模安装质量检查验收表　　　　　　　　表3

序号	检查项目	质量要求	检验方法	检验数量
1	附墙装置	附墙装置的安装位置	钢卷尺	水平偏差±5mm
		拉接螺栓与附墙座和固定套的安装情况	目测和扭力扳手检测	螺杆应露出螺母3扣以上，并用力拧紧
		附墙装置与导轨和主框架的安装情况	目测和检查	应插上锁定板，导轨挂勾在附墙装置的承力板上
2	爬模后移装置	后移装置底座与架体连接牢固	目测和扭力扳手检测	所有的连接螺栓应露出螺母3扣以上，并用力拧紧
		后移架体灵活性	目测或手感	后移模板架体用扳手拧动灵活
3	爬升机构	导轨和换向盒的安装情况	目测或手感	上换向盒内的承力块下爪部位应支撑在导轨的方形梯档上平面
			目测和用手搬动	上、下爬升箱内的定位销、限位器、导向板、承力块等组件应转动灵活，定位正确可靠
4	防倾、防坠装置	导轨的垂直度和挠度	吊线和钢卷尺	导轨的垂直度为5/1000或30mm，工作状态中的最大挠度应小于1/500或6.6mm
		上下换向盒与导轨的间隙	目测和钢卷尺	防倾装置的导向间隙应小于5mm
		防坠钢丝绳是否有效	模拟试验和钢卷尺	防坠装置必须灵敏、可靠，其下坠制动距离不得大于50mm

序号	检查项目	质量要求	检验方法	检验数量
5	电气控制和液压升降系统	电气控制操作情况	操作试验	电控系统工作正常、灵敏可靠
		电气系统接线情况	目测和检测	电气接线应牢固、电缆接头绝缘可靠,电路应有漏电和接地保护
		液压系统工作情况	目测和钢卷尺	液压系统工作正常可靠。升降平稳、二缸同步误差不超过2%或12mm
		液压系统的超载和安全保护	目测和试验	超载时溢流阀保护,液压缸油管破裂时液压锁保护
		液压缸不同步时的调节功能	目测和试验	当液压缸不同步时可以单独升降某个液压缸
6	架体系统	主框架	目测和扳手	采用销轴连接要插上弹簧销,螺栓螺母连接要采用平垫圈弹簧垫圈并用力拧紧
		竖向挂架	经纬仪或吊线和钢卷尺	竖向主框架的安装垂直度为1/500或11mm
		附墙调节机构	扳手	螺杆螺母转动应灵活
		架体支承跨度	钢卷尺	直线布置不应大于6m
		架体的悬挑长度	钢卷尺	整体式架体不得大于1/3水平支承跨度或3m
		架体的悬臂高度	钢卷尺	在爬升和使用工况下,悬臂高度均不应大于7.2m
		局部采用钢管扣件连接的脚手架	钢卷尺	其连接长度不能大于2.5m,并且必须采取加强措施
7	脚手板及安全防护措施	脚手板的铺设	目测和试验	脚手板要满铺、铺平、铺稳、不得有探头板
		架体外侧的防护	目测和试验	架体外侧必须用钢板网围挡,钢板网必须可靠固定在架体上
		架体底层的防护	目测	架体底层的脚手板必须铺设严密,且应用平网及密目安全网兜底。应设置架体升降时底层脚手板可折起的翻板构造,保持架体底层脚手板与外墙表面在升降和正常使用中的间隙,防止物料坠落
		架体作业层的防护	目测	架体作业层的外侧必须设置上、下两道防护栏杆和挡脚板
		架体开口处的防护	目测和检查	架体开口处必须有可靠的防止人员及物料坠落的措施
		架体防火	目测和检查	每片独立架体的每一层必须配备2具灭火器材并在每次动火的下方设置金属防火接盘

爬模施工安装应达到的质量标准及检验方法见表4。

模板施工安装质量检查验收表　　　　　　　　　　表4

序号	检查项目	允许偏差（mm）	检验方法	检验数量
1	模板轴线与相应结构轴线位置	3	吊线、钢卷尺检查	每边不少于2处
2	截面尺寸	±2	钢卷尺检查	测量
3	组拼成大模板的边长偏差	±3	钢卷尺检查	测量
4	组拼成大模板的对角线偏差	5	钢卷尺检查	测量
5	相邻模板拼缝高低差	1	平尺、塞尺检查	不少于5处

序号	检查项目		允许偏差（mm）	检验方法	检验数量
6	模板平整度		3	2m靠尺、塞尺检查	不小于3处
7	模板上口高程		±5	水准仪、拉线、钢卷尺检查	测量
8	模板垂直度	≤5m	3	吊线、钢卷尺检查	测量
9		>5m	5	吊线、钢卷尺检查	测量
10	背楞位置偏差	水平方向	3	吊线、钢卷尺检查	测量
11		垂直方向	3	吊线、钢卷尺检查	测量
12	架体垂直偏差	平面内	5	吊线、钢卷尺检查	测量
13		平面外	5	吊线、钢卷尺检查	测量
14	架体横梁相对高程差		±5	水准仪检查	尺量
15	液压缸安装偏差	架体平面内	3	吊线、钢卷尺检查	尺量
16		架体平面外	5	吊线、钢卷尺检查	尺量
17	锥形承载接头（承载螺栓）中心偏差		5	吊线、钢卷尺检查	全部
18	导轨垂直偏差		3	吊线、钢卷尺检查	全部

7）验收要求

液压爬模施工各阶段的验收要求见表5。

液压爬模施工各阶段验收要求　　　　　　　　　　　表5

序号	验收项目	验收时点	验收内容	验收人员
1	材料及构配件	液压爬模材料进场后、使用前	材质、规格尺寸、焊缝质量、外观质量	项目物资、技术人员，班组长及材料员
2	架体系统	液压爬模组装完成	架体各部位连接正常、牢固；架体是否有变形现象	项目技术员、项目安全员，班组长及技术员
3	模板后移装置		后移可调齿条装置与架体连接是否牢固；后移装置是否进退自如	
4	受力螺栓与爬锥		受力螺栓及爬锥有无裂纹及螺纹破坏	
5	附墙挂座		附墙装置与导轨和主三角架的位置有无偏差	
6	导轨		导轨承重舌及梯挡是否可靠	
7	换向盒		换向盒内的棘爪有无裂纹；换向盒组装件是否转动灵活、定位正确可靠	
8	电气控制及液压控制系统		电控系统是否工作正常、灵敏可靠；接线、电缆接头是否绝缘可靠；液压系统是否工作正常可靠、升降平稳、二缸同步误差不超过12mm；超载时溢流阀保护，液压缸油管是否有漏油现象，系统压力是否正常；液压油是否需要更换	
9	防坠装置		防坠装置是否每个机位设置一套；防坠装置是否灵敏、可靠、有效	
10	液压爬模爬升	爬升前	（1）爬模操作人员及通信设备是否已到； （2）爬升前混凝土强度是否≥20MPa； （3）埋件位置是否与设计位置一致；	项目技术、试验、测量、安全人员，班组长及技术员

序号	验收项目	验收时点	验收内容	验收人员
10	液压爬模爬升	爬升前	（4）受力螺栓及挂座是否安装牢固； （5）爬升过程中是否清除所有障碍物； （6）清除爬模上不必要的荷载及非操作人员撤离； （7）后移拉杆及齿轮插销是否固定牢固； （8）爬升导轨前上下换向盒是否调整到爬升导轨位置； （9）架体爬升前导轨尾撑撑到混凝土面，缩回承重三角架附墙撑； （10）是否拔掉安全销； （11）爬升架体前上下换向盒是否调整到爬升架体位置； （12）电控系统及液压系统是否工作正常	项目技术、试验、测量、安全人员，班组长及技术员
11		爬升过程	（1）导轨提升后埋件系统是否拆除及混凝土面修补是否合格； （2）导轨提升到位后是否与附墙挂座连接牢固； （3）架体提升一个行程后是否拔掉承重销； （4）液压缸不同步、架体遇到障碍等阻碍爬升状况时应及时停止； （5）爬升到位后是否插入承重销	项目技术员、项目安全员，班组长及技术员
12		爬升后	（1）爬升完毕上下换向盒是否调整到爬升导轨位置； （2）是否关闭所有阀门及电气设备； （3）承重三角架附墙撑是否就位； （4）爬模架体各构件连接是否牢固； （5）爬模架体各个平台及护栏是否连接成整体； （6）各个平台的防护网是否安装	项目技术员、项目安全员，班组长及技术员

8）应急处置

（1）处置原则

施工过程中一旦发生险情或事故，应停止作业，切勿慌乱，切忌盲目施救，在保证自身安全的情况下按照处置措施要求科学开展施救，并及时向项目管理人员报告相关情况。

（2）处置措施

①爬模倾覆：当出现爆模坍塌征兆时，发现者应立即通知墩柱上下作业区域人员撤离现场，并及时报告项目部进行后期处置。

②其他事故：当发生高处坠落、起重伤害、机械伤害等事故后，应立即采取措施切断或隔断危险源，疏散现场无关人员；然后对伤者进行包扎等急救，向项目部报告后原地等待救援。

附件：《×××特大桥3号、4号墩液压爬模设计图》（略）。

16 墩身横梁支架施工安全技术交底

交底等级	三级交底	交底编号	III-016
单位工程	×××大桥	分部工程	墩柱
交底名称	墩身横梁支架施工	交底日期	年　月　日
交底人	分部分项工程主管工程师（签字）	审核人	工程部长（签字）
批准人	总工程师（签字）	确认人	专职安全管理人员（签字）
		被交底人	班组长及全部作业人员（签字，可附签字表）

1）施工任务

×××长江大桥 2～5 号墩身均为双柱式，采用空心截面，其墩柱截面顺桥向长度 4.5m、横桥向宽度 5.5m、四角设 80cm×80cm 切角，壁厚 80cm，墩身顶部设置一道横向系梁，高 3.5m，宽 2.9m，系梁采用钢管＋贝雷梁＋钢模板支架系统施工，钢管支撑在两侧承台预埋钢板上，系梁与墩顶节段同步浇筑，支架结构设计详见附件《×××长江大桥 2～5 号墩身墩柱横梁支架结构设计图》。

2）工艺流程

施工准备→承台预埋件上安装钢管桩→安装卸架砂箱→安装横向分配梁→安装贝雷架→铺设分配梁及底模→测量墩系梁边线→绑扎墩系梁钢筋→墩系梁立模→浇筑混凝土→混凝土养护。

3）作业要点

（1）施工准备

支架构配件、型钢等材料进场后，配合项目物资及技术管理人员进行进场验收，验收合格方可使用。整理材料存放场地，确保平整坚实、排水畅通、无积水。材料验收合格后按品种、规格分类码放，并挂规格、数量铭牌。

（2）支架施工

①钢管桩立柱安装

钢管立柱采用 ϕ630mm×10mm 钢管，由测量队对钢管桩立柱中心放样，承台范围内立柱与承台顶面预埋钢板焊接。采用起重机吊装钢管柱，每根钢管柱底角采用 200mm×300mm×16mm 角板与承台预埋板焊接，角板之间夹角为 45°。

②连接系安装

平联和斜撑采用 ϕ325mm×8mm 钢管；连接系与 ϕ630mm 钢管连接处需要对连接系型材的端头进行仿形切割，剪切面粗糙或者带有毛刺时，必须修磨光洁；连接系钢管与 ϕ630mm 钢管采用角焊缝连接，直角焊缝脚尺寸不得小于较薄钢管壁厚。

③砂箱安装

砂箱采用圆管制作，下管采用ϕ720mm螺旋管，上管采用ϕ630mm螺旋管，上下贴角满焊尺寸1m×1m的δ10mm钢板，里面灌满细砂。在钢管立柱与平联及斜撑焊接完毕后，将加工好的砂箱与钢管桩顶焊接固定，施工时需保证二者同心。

④承重梁、横向分配梁安装

砂箱安装完毕后，在砂箱上安装横向承重梁（双拼H500mm×200mm型钢）。承重梁安装完毕，在其上铺设贝雷片，然后在贝雷片上铺设横向分配梁，横向分配梁采用I25b工字钢，分配梁与贝雷片采用限位卡进行固定。

⑤支架四周防护

支架四周利用脚手架钢管制作防护围栏，设置踢脚板。

（3）模板安装

在I25b分配梁上铺设底模，在底模上绑扎钢筋，安装侧模。模板采用组合定型钢模，在施工前进行详细的模板设计，以保证模板有足够的强度、刚度和稳定性，可承受施工过程中产生的各项荷载。模板安装后由测量工作人员进行结构复测工作，必须确保墩系梁结构各部形状、尺寸准确无误。模板要求平整，接缝严密，拆装容易，操作方便。模板安装前，涂刷模板漆，以保证混凝土外观质量并方便拆模。

（4）支架预压

支架搭设及底模铺设完毕并验收合格后，进行支架预压。预压荷载为梁体自重及未铺设模板支架质量和的1.1倍，按60%、100%、110%三级加载进行预压。采用混凝土块预压，单块质量2.5t。

加载顺序纵向由跨中向支点对称布载，横向由结构中心线向两侧对称布载。加载过程中，配合项目测量监测人员做好观测点布设及沉降观测。预压合格后，按照对称、均衡的原则进行一次性卸载。

（5）钢筋安装

钢筋安装次序为先主筋，后其他构造筋。钢筋安装完成后，在侧面紧贴主筋铺设一层10cm×10cm的D6防裂钢筋网，为确保保护层厚度满足要求，在主筋上布置C40垫块，垫块内预留ϕ12mm钢筋。安装时垫块与主筋焊接固定，布设数量不少于4个/m²，倒角位置适当加密，合模前需进行全面检查，确保各点位置准确。

直径小于20mm的钢筋连接采用焊接方式。钢筋接长采用搭接焊时，钢筋接头应错开，任意截面的钢筋接头应小于该截面纵筋总量的50%，钢筋焊接前，搭接端部应预先折向一侧，使两结合钢筋轴线一致，焊接时双面焊焊缝长度5d（d为钢筋直径），单面焊焊缝长度10d，钢筋的接头交错排列，相互错开35d，且不宜位于构件的最大弯矩处，焊条应妥善保管防止受潮。焊缝的宽度不小于主筋直径的0.7倍，焊缝的厚度不小于主筋直径的0.3倍，焊缝饱满平整，无焊渣、空洞、咬边现象。焊渣清理干净，焊缝、焊接质量符合规范要求。

直径大于20mm的钢筋连接采用机械连接方式。连接前先回收丝头上的塑料保护帽和套筒端头的塑料密封盖，并检查钢筋规格是否和套筒一致，检验螺扣是否完好无损、清洁，如发现杂物或生锈要清理干净。连接时，把装好连接套筒的一端钢筋拧到被连接钢筋上，然后用扭矩扳手拧紧钢筋（拧紧力矩值见表1），使两根钢筋对顶紧，套筒两端外露的螺扣不超过2个完整扣，连接完成后立即画上标记以便检查。相邻接头错开至少35d，严禁超过50%的主筋接头在同一截面上。

机械连接接头拧紧力矩值　　　　　　表 1

钢筋直径（mm）	12~16	18~20	22~25	28~32	36~40	50
拧紧扭矩（N·m）	100	200	260	320	360	460

（6）混凝土施工

墩横梁混凝土采用拌和站集中拌制，12m³ 混凝土运输车运输至墩位，52m³ 汽车泵泵送入模。浇筑混凝土前，应对模板、钢筋和预埋件进行检查，并做好记录，符合设计要求后方可浇筑。模板内的杂物、积水和钢筋上的污垢应清理干净。模板如有缝隙，应填塞严密，模板内面应涂刷脱模剂。

浇筑混凝土前，应检查混凝土的均匀性和坍落度，符合要求方可开始泵送浇筑。浇筑混凝土时，自由倾落高度不宜超过 2m，当倾落高度超过 2m 时通过串筒下落以防混凝土离析。在串筒出料口下面混凝土堆积高度不宜超过 1m。混凝土采用自跨中向两侧分层浇筑，分层厚度不宜超过 30cm，应在下层混凝土初凝或能重塑前浇筑完成上层混凝土。

采用插入式振动棒振捣，振捣时，移动间距不应超过振动棒作用半径的 1.5 倍；与侧模应保持 50~100mm 的距离，插入下层混凝土 50~100mm，每一处振动完毕后应边振动边徐徐提出振动棒；应避免振动棒碰撞模板、钢筋及其他预埋件；每一振捣部位，必须振动到混凝土停止下沉，不再冒出气泡，表面呈现平坦、泛浆为止。混凝土的浇筑应连续进行，如因故必须间断时，其间断时间应小于前层混凝土的初凝时间或能重塑的时间。

混凝土浇筑过程中由专人检查模板的受力情况，如有问题立即停止浇筑，及时处理好再浇筑。

（7）拆模及养护

混凝土初凝后，顶面采用土工布覆盖并洒水养护，侧面前期采用带模养护（需保持湿润），后期喷洒养护剂或洒水养护，并用薄膜覆盖，养护天数不少于 7d。

在混凝土浇筑完毕达到一定强度后，方可拆除模板。施工期间要严格控制拆模时间，模板在混凝土强度达到要求后方可进行拆除，混凝土内部温度开始下降前不得拆模。侧模处已浇筑混凝土强度达到 2.5MPa 以上，方可拆除拉杆及模板。模板拆除时将下层要拆除的模板用手拉葫芦与上层模板临时拉紧，同时另在模板吊环上设两条钢丝绳栓接在上层固定模板上。施工人员站在墩柱模板四周脚手架上进行拆除作业，通过两个设在模板上的脱模螺栓使下层模板脱落。脱模后放松手拉葫芦，使拆下的模板悬挂于上层模板上，然后用起重机吊装。吊装模板时，注意模板的整体性，保持平稳吊装。严禁用大锤和撬棍硬砸硬撬。

（8）支架拆除

墩横梁支架的拆除流程为砂箱卸压→分配梁拆除→贝雷片拆除→承重梁拆除→砂箱拆除→平联拆除→钢管桩立柱拆除。

砂箱卸压是待解除所有临时约束后，将砂箱底部四周螺栓同时拧出，确保四个砂箱内的砂同时外流，待砂箱内砂流出后，砂箱顶部降低，此时砂箱上部支架结构整体下降。待砂箱停止下降后，首先解除分配梁所有约束，将分配梁拆解，逐根拆除分配梁。将分配梁与贝雷架之间的限位卡解除，通过起重机的拖拽，完成分配梁及贝雷架的拆除。将砂箱与桩帽之间焊缝切割后吊除砂箱。采用两台起重机分别吊挂平联及钢管桩立柱，切割平联与钢管桩之间的焊缝，拆除平联。平联拆除后，将钢管桩底部切断后直接拆除钢管桩。拆除完的各种构件采用板车运至后场储存。

4）安全风险及危害

钢管支架安拆及使用过程中存在的安全风险见表2。

墩横梁支架施工安全风险识别   表2

序号	安全风险	施工过程	致险因子	风险等级	产生危害
1	失稳坍塌	混凝土浇筑	（1）支架安装不规范； （2）未进行地基及架体验收； （3）未实施预压； （4）架体受大风或冻融影响； （5）架体维护不及时、不到位； （6）未有效实施监测预警	I	支架上方作业人员死亡或重伤
		架体预压	（1）地基处理不到位、支架安装不规范； （2）未有效实施预压监测预警	II	
		架体拆除	支架总体拆除顺序不当	II	
2	高处坠落	架体安装、拆除	（1）作业人员未穿戴防滑鞋、未系挂安全带； （2）未挂设安全平网	III	支架上方作业人员死亡或重伤
		梁体施工	（1）作业平台未规范设置防护栏、密目网； （2）作业平台跳板搭设未固定、未满铺，存在探头板	III	
		人员上下行	未规范设置爬梯	III	
3	物体打击	梁体施工	（1）作业平台未设置踢脚板； （2）作业平台堆置杂物或小型材料； （3）架体底部及四周未有效设置警戒区	IV	支架下方人员死亡或重伤
		架体拆除	（1）随意抛掷杆件、构配件； （2）拆卸区域底部未有效设置警戒区	IV	
4	起重伤害	吊运物料	（1）起重机司机、司索工、指挥技能差，无资格证； （2）钢丝绳或吊带、卡扣、吊钩等破损、性能不佳； （3）未严格执行"十不吊"； （4）吊装指令传递不佳，存在未配置对讲机、多人指挥等情况； （5）起重机回转范围外侧未设置警戒区	III	起重作业人员及受其影响人员死亡或重伤

5）安全风险防控措施

（1）防控措施

为防范以上安全风险，需严格落实各项风险防控措施，详见表3。

墩横梁支架安全风险防控措施   表3

序号	安全风险	措施类型	防控措施	备注
1	失稳坍塌	质量控制	（1）严格按照设计、规程及验标要求进行支架搭设； （2）严格按照规程要求进行支架拆除作业	
		管理措施	（1）严格执行支架搭设验收程序； （2）严格执行支架预压及沉降变形观测； （3）架体受大风、碰撞等影响后，及时进行二次验收	

序号	安全风险	措施类型	防控措施	备注
2	高处坠落	安全防护	（1）架体搭设过程中，及时挂设安全平网； （2）工人作业时穿戴防滑鞋，正确使用安全带； （3）作业平台跳板满铺且固定牢固，杜绝探头板； （4）作业平台封闭围护，规范设置防护栏及密目网	
		管理措施	（1）为工人配发合格的安全带、安全帽等劳保用品，并培训工人正确穿戴使用； （2）做好安全防护设施的日常检查维护，发现损坏及时修复	
3	物体打击	安全防护	（1）作业平台规范设置踢脚板； （2）架体底部设置警戒区	
		管理措施	（1）作业平台顶部严禁堆置杂物及小型材料； （2）拆除作业时，专人指挥，严禁随意抛掷杆件及构配件	
4	起重伤害	安全防护	起重机回转范围外侧设置警戒区	
		管理措施	（1）做好起重设备及特种作业人员的进场验收管理，保证设备性能、人员技能满足要求，设备及人员证件齐全有效； （2）做好钢丝绳或吊带、卡扣、吊钩、对讲机等日常检查维护，确保使用性能满足要求； （3）吊装作业专人指挥，严格执行"十不吊"	

（2）工作纪律

除落实以上安全风险防控措施外，还应严格遵守以下工作纪律。

①防护用品：作业人员正确佩戴安全帽、安全带，正确穿戴防滑鞋及紧口工作服。

②班前讲话：每日上工前，由班组长开展班前讲话，将当日作业内容、存在的安全风险及危害、防范措施、作业要点等告知全部作业人员。

③工前检查：每日班前讲话后，对工人身体状态、防护用品穿戴、现场作业环境等进行例行检查，发现问题及时处理。

④维护保养：做好安全防护设施、安全防护用品、起重设备机具等的日常维护保养，发现损害或缺失，及时修复或更换。

6）质量标准

墩横梁支架架体质量标准见表4。

墩横梁支架质量检查验收表　　表4

序号	检查项目		质量要求	检验方法	检验数量
1	支墩	与基础接触面	密贴平整	查看、尺量	全部
		平面位置	50mm	测量	全部
		垂直度	$\leqslant H/500$，且 $\leqslant 50mm$（H为支墩高度）	测量	全部
		连接系	位置准确、连接牢固	查看、尺量	全部
		预埋件位置和结构尺寸	符合设计要求	查看、尺量	全部
2	钢管	规格	符合设计要求	尺量、查看	全部
		外观质量	纵轴线弯曲矢高 $\leqslant L/1000$，且 $< 10mm$，不得有严重锈蚀，脱皮	尺量、查看	全部

117

序号	检查项目			质量要求	检验方法	检验数量
2	钢管	焊接	外观质量	符合设计要求	尺量、查看	全部
			内部质量	符合设计要求	探伤检查	20%
		饱满、密实		符合设计要求	敲击	全部
		螺栓拧紧程度		符合设计要求	复拧检查	全部
3	横梁	规格		符合设计要求	查看	全部
		外观质量		弯曲矢高≤L/1000，且＜10mm，不得有严重锈蚀	尺量、查看	全部
		加工、安装质量		加劲肋符合设计要求	尺量、查看	全部
4	防护栏	栏杆高度		高出作业层≥1200mm	查看	全部
		密目网		栏杆外侧满挂	查看	
5	工作平台	钢脚手板		挂扣稳固、处锁住状态	查看	全部
		木质或竹制脚手板		满铺、绑扎牢固、无探头板	查看	
		踢脚板		高度≥200mm	尺量	
6	爬梯			稳定、牢固	查看	全部
7	警戒区	架体底部外侧警戒线		除爬梯进出口外，封闭围护	查看	全部

7）验收要求

支架搭设各阶段的验收要求见表5。

墩横梁支架各阶段验收要求表 　　　　　表5

序号	验收项目		验收时点	验收内容	验收人员
1	材料及构配件		钢管支架材料进场后、使用前	材质、规格尺寸、焊缝质量、外观质量	项目物资、技术管理人员，班组长及材料员
2	支架架体	搭设过程	（1）钢管立柱安装完成后；（2）横梁安装完成后；（3）分配梁安装完成后；（4）贝雷片安装完成后；（5）梁体混凝土浇筑前	详见"墩横梁支架质量检查验收表"	项目技术员、测量人员，班组长及技术员
		使用过程	（1）停用1个月以上，恢复使用前；（2）遇大风、碰撞后	除"墩横梁支架质量检查验收表"要求的内容外，应重点检查基础有无沉降、开裂，立杆与基础间有无悬空，插销是否销紧等	项目技术员、测量人员，班组长及技术员

8）应急处置

（1）处置原则

施工过程中一旦发生险情或事故，应停止作业，切勿慌乱，切忌盲目施救，在保证自身安全的情况下按照处置措施要求科学开展施救，并及时向项目管理人员报告相关情况。

（2）处置措施

①支架坍塌：当出现支架坍塌征兆时，发现者应立即通知支架上下作业区域人员撤离现场，并及时报告项目部进行后期处置。

②触电事故：当发现有人员触电时，立即切断电源。若无法及时断开电源，可用干木棒、皮带、橡胶制品等绝缘物品挑开触电者接触的带电物，之后解开妨碍触电者呼吸的紧身衣服，检查口腔，清理口腔黏液并立即就地抢救。如触电者呼吸停止，应采用人工呼吸法抢救；如心脏停止跳动，应采用胸外心脏按压法抢救。

③其他事故：当发生高处坠落、起重伤害、机械伤害等事故后，应立即采取措施切断或隔断危险源，疏散现场无关人员；然后对伤者进行包扎等急救，向项目部报告后原地等待救援。

附件：《×××长江大桥 2～5 号墩身墩柱横梁支架结构设计图》（略）。

17 下横梁托架施工安全技术交底

交底等级	三级交底	交底编号	III-017
单位工程	×××特大桥	分部工程	墩柱下横梁
交底名称	下横梁托架施工	交底日期	年　月　日
交底人	分部分项工程主管工程师（签字）	审核人	工程部长（签字）
批准人	总工程师（签字）	确认人	专职安全管理人员（签字）
		被交底人	班组长及全部作业人员（签字，可附签字表）

1）施工任务

×××特大桥 3 号主塔下横梁尺寸为 7.0m（高）×8.4m（宽），竖向及水平向壁厚均为 1.0m，下横梁与塔柱 0 号段固结，固结部分采用 C55 混凝土，剩余部分采用 C50 混凝土，共重 1088.7t，采用托架现浇施工，托架结构设计详见附件《×××大桥 3 号主塔下横梁托架设计图》。

2）工艺流程

施工准备→安装托架牛腿→安装楔块及分配梁→首片吊装主桁并临时固定→依次吊装剩余桁架并临时固定→完成全部桁架吊装及安装桁架间连接系→安装分配梁及纵梁→安装垫梁及底模→托架预压。

3）作业要点

（1）施工准备

托架投入使用前安装防护网、安全护栏、爬梯等安全防护措施，由现场制作安装，并满足现行安全生产规范标准。托架构件由专业工厂加工制作，经厂内预拼、验收合格后运输至施工现场，现场对其材质、规格尺寸、外观质量等进行检查验收；对新购材料，检查其产品标识及产品质量合格证，验收合格方可使用。整理材料存放场地，确保其平整坚实、排水畅通、无积水。

（2）预埋、安装牛腿

①牛腿预埋

主塔在 23 节、25 节，高程 640.610m、649.060m 处分别预埋牛腿 1、牛腿 2。预埋牛腿预留孔按托架图纸设置，用 18mm 厚竹胶板抄垫预留孔内侧，孔底预埋 20mm 厚钢板，同类预留孔纵桥向相对位置误差不得大于 10mm，高程误差不得大于 5mm。牛腿具体尺寸、结构设计及安装位置详见附件《×××大桥 3 号主塔下横梁托架设计图》。

②牛腿安装

主塔 23 节、25 节混凝土浇筑施工完成，爬模爬升后分别安装下横梁托架牛腿，该托架共有两种类型牛腿，各类型牛腿数量分别为 6 个，采用对拉钢绞线进行锚固。安装牛腿对应位置的操作平台，吊装托架牛腿 1、牛腿 2，牛腿安装定位完成后，与底部预埋钢板焊接固定，预应力张拉前，应将墩柱侧面与牛腿的间隙用钢板塞紧并固定，以防张拉时牛腿移位，千斤顶在张拉前应按要求校验。

安装钢绞线并张拉，牛腿 1 钢绞线穿过塔身 ϕ110mm 预埋管，单根预埋管穿 12-ϕ15.2（1860MPa）的钢绞线，每束预应力钢绞线施加预拉力 150t（两束共 300t）；牛腿 2 钢绞线穿过塔身 ϕ110mm 预埋管，单根预埋管穿 9-ϕ15.2（1860MPa）的钢绞线，预应力钢绞线施加预拉力 100t。钢绞线是重要受力构件，使用前需检查并保证其无损伤，合格后方可使用；施工中注意保护钢绞线，确保其只承受拉力，严禁施加剪力，不得电焊碰火；现场务必保证钢绞线的位置准确。

（3）托架搭设

①托架布置

下横梁现浇托架自上至下由模板、纵梁、倒角拱架、主桁，分配梁、楔块等组成。常截面模板使用竹胶板 + 方木 +工14b 结构，厚度为 258mm，倒角模板使用 88 钢板 +[10 结构，厚度为 108mm；纵梁采用贝雷梁，跨度为 1.5m + 5 × 3m + 1.5m，腹板下横向布置 225mm 间距，顶、底板下横向布置 450mm 间距；倒角钢模采用钢板与[14b、[10 槽钢焊接的组焊结构，共 25 片，支撑在分配梁上，拱架间连接系采用[10 槽钢；主桁采用钢板与 HW400mm 型钢及[22b、[14b 槽钢焊接的组焊结构，共 7 片，支撑在分配梁上，拱架间连接系采用[14b 槽钢；分配梁采用 2HN600mm × 200mm 型钢、2HN700mm × 300mm 型钢，支撑在砂筒上；砂筒采用可方便托架拆卸的钢板组焊结构，布置在横梁上。

②安装步骤

主塔完成 28 节混凝土浇筑后安装下横梁托架，安装步骤为：

a. 安装楔块 1、分配梁 2、楔块 2、分配梁 3。

b. 吊装主桁并临时固定。首先安装中间的桁架，塔式起重机吊装桁架至设计位置，在横梁上临时固定，在桁架顶部利用钢丝绳拉紧固定在主塔外露预埋钢筋套筒上。

c. 完成全部桁架吊装，安装桁架间连接系，安装分配梁 1，桁架形成整体，拆除缆风绳。

d. 依次安装走道梁、纵梁、垫梁及底模，完成托架安装。

（4）托架预压

①预压流程

托架搭设及底模铺设完毕并验收合格后，进行托架预压。托架预压流程为：托架验收→高程测量→加载材料就位→加载 60%→沉降变形观测和记录→加载 100%→沉降变形观测和记录→加载 110%→沉降变形观测和记录→卸载→高程测量。

②加载材料准备

预压堆载材料采用沙袋：单个标准沙袋容量为 1.0m³，拌和站机制砂密度按 1.9t/m³ 考虑，沙袋装卸过程会出现漏沙等情况，按一个沙袋 0.95m³（质量 1.8t）考虑，共需 626 个。沙袋上盖防水布，防止进水改变沙袋标准质量。

③分级预压

预压荷载以浇筑混凝土工况下托架承受的全部荷载（钢筋混凝土实体质量 + 施工荷载）的 1.1 倍考虑，分 3 级进行加载，分别为预压荷载的 60%、100% 和 110%，三级加载质量分别为 627.1t、1025.1t、1127.6t。预压的整个范围分为 A、B 两类，共 4 块区域，区域划分如图 1 所示。

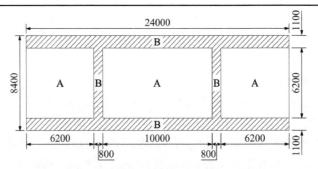

图1 预压区域划分示意图（尺寸单位：mm）

下横梁钢筋混凝土密度取 2.5t/m³，施工荷载 4kN/m²，经计算区域 A 压重 443.1t、区域 B 压重 684.5t，采用沙袋进行预压，单个沙袋质量 2t，各级加载各部位预压沙袋布置数量见表1。加载顺序纵向由悬臂端向支点布载，横向由结构中心线向两侧对称布载。

预压沙袋布置数量   表1

加载等级	加载区域	加载值（t）	加载数量（个）
60%	A	241.7	121
	B	385.4	193
100%	A	402.8	201
	B	622.3	321
110%	A	443.1	221
	B	684.5	342

④沉降观测

预压在两端头及中部设置 3 个监测断面，每个检测断面上布置 3 个监测点，共 9 个测点。加载过程中，配合项目测量监测人员做好观测点布设及沉降观测。托架加载前，监测记录各监测点的初始值。每级加载完成 1h 后进行托架的变形观测，以后间隔 6h 监测记录各测点的变形量，当相邻两次监测位移平均值之差不大于 2mm 时，方可进行后续加载。全部预压荷载施加完成后，应间隔 6h 监测记录各监测点的变形量；当连续 12h 监测位移平均值不大于 2mm 时，方可卸除预压荷载。托架卸载 6h 后，监测记录各监测点的最终值。

（5）架体使用

架体使用期间指定专人进行脚手架日常检查、维护、看管，严禁擅自拆改架体结构杆件或在架体上增设其他设施。在浇筑混凝土、预压等过程中，架体下方严禁有人。托架使用过程中定期对钢结构进行周密的检查，如焊缝、螺栓等连接处是否出现裂缝、松动、断裂等现象；各杆件、连接板等构件是否出现局部变形过大，有无损伤现象；整个结构变形是否异常，有无超出正常的变形范围。当托架停用 1 个月以上在恢复使用前以及遇 6 级以上强风、大雨时应配合项目技术、测量人员对托架进行二次验收，发现问题及时处理，处理合格后方可继续使用。

4）安全风险及危害

墩横梁托架安拆及使用过程中存在的安全风险见表2。

			墩横梁托架施工安全风险识别		表 2
序号	安全风险	施工过程	致险因子	风险等级	产生危害
1	失稳倾覆	混凝土浇筑	（1）未进行架体验收； （2）未实施预压； （3）未有效实施监测预警	I	架体上方作业人员死亡或重伤
		架体预压	未有效实施预压监测预警	II	
		架体拆除	架体总体拆除顺序不当	II	
2	高处坠落	架体安装、拆除	（1）作业人员未穿戴防滑鞋、未系挂安全带； （2）未挂设安全平网	III	架体上方作业人员死亡或重伤
		梁体施工	（1）作业平台未规范设置防护栏、密目网； （2）作业平台跳板搭设未固定、未满铺，存在探头板	III	
3	物体打击	梁体施工	（1）作业平台未设置踢脚板； （2）作业平台堆置杂物或小型材料； （3）架体底部及四周未有效设置警戒区	IV	架体下方人员死亡或重伤
		架体拆除	（1）随意抛掷杆件、构配件； （2）拆卸区域底部未有效设置警戒区	IV	
4	起重伤害	吊运物料	（1）起重机司机、司索工、指挥技能差，无资格证； （2）钢丝绳或吊带、卡扣、吊钩等破损、性能不佳； （3）未严格执行"十不吊"； （4）吊装指令传递不佳，存在未配置对讲机、多人指挥等情况	III	起重作业人员及受其影响人员死亡或重伤

5）安全风险防控措施

（1）防控措施

为防范以上安全风险，需严格落实各项风险防控措施，详见表 3。

		墩横梁托架安全风险防控措施		表 3
序号	安全风险	措施类型	防控措施	备注
1	失稳倾覆	质量控制	严格执行设计、规程及验标要求进行托架安装	
		管理措施	（1）严格执行托架预压及沉降变形观测； （2）托架受大风、碰撞等影响后，及时进行二次验收	
2	高处坠落	安全防护	（1）作业平台封闭围护，规范设置防护栏及密目网； （2）托架安装过程中，及时挂设安全平网； （3）工人作业时穿戴防滑鞋，正确使用安全带	
		管理措施	（1）为工人配发合格的安全带、安全帽等劳保用品，培训正确穿戴使用； （2）做好安全防护设施的日常检查维护，发现损坏及时修复	
3	物体打击	安全防护	（1）作业平台规范设置踢脚板； （2）架体底部设置警戒区	
		管理措施	（1）作业平台顶部严禁堆置杂物及小型材料； （2）拆除作业时，由专人指挥，严禁随意抛掷杆件及构配件	
4	起重伤害	安全防护	起重机回转范围外侧设置警戒区	
		管理措施	（1）做好起重设备及特种作业人员的进场验收管理，保证设备性能、人员技能满足要求，设备及人员证件齐全有效； （2）做好钢丝绳或吊带、卡扣、吊钩、对讲机等日常检查维护，确保其使用性能满足要求； （3）吊装作业专人指挥，严格执行"十不吊"	

（2）工作纪律

除落实以上安全风险防控措施外，还应严格遵守以下工作纪律。

①防护用品：作业人员正确佩戴安全帽、安全带，正确穿戴防滑鞋及紧口工作服。

②班前讲话：每日上工前，由班组长开展班前讲话，将当日作业内容、存在的安全风险及危害、防范措施、作业要点等告知全部作业人员。

③工前检查：每日班前讲话后，对工人身体状态、防护用品穿戴、现场作业环境等进行例行检查，发现问题及时处理。

④维护保养：做好安全防护设施、安全防护用品、起重设备机具等的日常维护保养，发现损害或缺失，及时修复或更换。

6）质量标准

托架安装应达到的质量标准及检验方法见表4。

墩横梁托架施工质量检查验收表　　　　　　　　表4

序号	检查项目	质量要求	检验方法	检查数量
1	型钢	型号、数量、位置 符合设计	查看、尺量	全部
		加劲肋设置间距 符合设计	尺量	全部
		加劲肋焊缝 符合设计	查看	全部
		侧向弯曲矢高 ≤$L/1000$，且不大于10mm（L为型钢长度）	尺量	全部
		扭曲 ≤$h/250$，且不大于5mm（h为型钢高度）	尺量	全部
		纵、横向连接系 符合设计	查看	全部
		焊缝外观质量 符合设计	尺量、查看	全部
		连接系 符合设计	查看	全部
		钢销 齐全	查看	全部
		销栓 齐全	查看	全部
		侧向弯曲矢高 ≤$L/1000$，且不大于20mm	尺量	全部
2	贝雷梁	型号、数量、位置 符合设计	查看	全部
		连接系或支撑架安装 符合设计	查看	全部
		桁架连接销 齐全	查看	全部
		加强弦杆螺栓 不得漏设	查看	全部
		支座处增设竖杆、斜杆 符合设计且应磨光顶紧	查看	全部
		构件检查和整修情况 检查及检修记录完整	查看记录	全部
		侧向弯曲矢高 ≤$L/1000$，且不大于20mm	尺量	全部
3	桁架	规格 符合设计	查看	全部
		外观质量 纵轴线弯曲矢高≤$L/1000$，且<10mm，不得有严重锈蚀，脱皮	尺量、查看	全部
4	防护栏	栏杆高度 高出作业层≥1200mm	查看	全部
		密目网 栏杆外侧满挂	查看	

序号	检查项目		质量要求	检验方法	检查数量
5	工作平台	钢脚手板	挂扣稳固、处锁住状态	查看	全部
		木质或竹制脚手板	满铺、绑扎牢固、无探头板	查看	
		踢脚板	高度≥200mm	尺量	全部
6	爬梯		稳定、牢固	查看	全部
7	警戒区		架体底部外侧警戒线	除爬梯进出口外，封闭围护	查看	全部

7）验收要求

托架搭设各阶段验收要求见表5。

墩横梁托架施工各阶段验收要求表　　　　　　　　　　　表5

序号	验收项目		验收时点	验收内容	验收人员
1	材料及构配件		型钢、贝雷梁、桁架材料进场后、使用前	材质、规格尺寸、焊缝质量、外观质量	项目物资、技术管理人员，班组长及材料员
2	牛腿预应力		张拉完成，托架架体搭设前	每一束预应力钢绞线张拉力	项目试验人员、技术员，班组技术员
3	托架架体	搭设过程	（1）分配梁2、楔块、分配梁3搭设后；（2）桁架吊装并临时固定后；（3）底模铺装完毕，梁体混凝土浇筑前	详见"墩横梁托架施工质量检查验收表"	项目技术员、测量人员，班组长及技术员
		使用过程	（1）停用1个月以上，恢复使用前；（2）遇大风、碰撞等情况后	除"墩横梁托架施工质量检查验收表"要求的内容外，还应重点检查焊缝有无开裂，对底模沉降进行观测	项目技术员、测量人员，班组长及技术员

8）应急处置

（1）处置原则

施工过程中一旦发生险情或事故，应停止作业，切勿慌乱，切忌盲目施救，在保证自身安全的情况下按照处置措施要求科学开展施救，并及时向项目管理人员报告相关情况。

（2）处置措施

①托架倾覆：当出现托架倾覆征兆时，发现者应立即通知支架上下作业区域人员撤离现场，并及时报告项目部进行后期处置。

②触电事故：当发现有人员触电时，立即切断电源。若无法及时断开电源，可用干木棒、皮带、橡胶制品等绝缘物品挑开触电者接触的带电物，之后解开妨碍触电者呼吸的紧身衣服，检查口腔，清理口腔黏液并立即就地抢救。如触电者呼吸停止，应采用人工呼吸法抢救；如心脏停止跳动，应采用胸外心脏按压法抢救。

③其他事故：当发生高处坠落、起重伤害、机械伤害等事故后，应立即采取措施切断或隔断危险源，疏散现场无关人员；然后对伤者进行包扎等急救，向项目部报告后原地等待救援。

附件：《×××大桥3号主塔下横梁托架设计图》（略）。

18 钢塔拼装施工安全技术交底

交底等级	**三级交底**	交底编号	Ⅲ-018
单位工程	×××长江大桥	分部工程	钢索塔
交底名称	**钢塔拼装施工**	交底日期	年　月　日
交底人	分部分项工程主管工程师（签字）	审核人	工程部长（签字）
批准人	总工程师（签字）	确认人	专职安全管理人员（签字）
		被交底人	班组长及全部作业人员（签字，可附签字表）

1）施工任务

×××长江大桥采用门式框架结构钢塔，设上、下两道横梁，塔高 217m，主要采用 R8000-320 型塔式起重机和 1000t 起重船进行钢塔拼装作业。钢塔共划分为 23 个节段（图 1），节段长度为 4.057～11.2m，T0 节段为最大吊重节段，质量为 393.2t。下横梁分为 7 个节段，节段长度为 5.5～6.3m，最大吊重 179.6t；上横梁分为 5 个节段，节段长度为 6.98～8m，最大吊重 127.9t。

2）工艺流程

施工准备→T0 节段钢塔安装→T0 节段底板压灌浆→下塔柱及上塔柱节段安装→水平横撑施工→下横梁施工→上横梁施工→下一道工序。

3）作业要点

（1）施工准备

钢塔节段进场前，需要对钢塔节段断面尺寸、吊点、接头支架及塔式起重机、起重船、吊索具进行验收及例行检查。对锚固螺杆材质、规格尺寸和加工质量进行材料验收，并对现场数据进行进一步测量、复核。为保证注浆层与塔座混凝土顶结合面施工质量，在塔座混凝土浇筑完成后，待强度不低于 1.2MPa 时，对塔座顶面混凝土及时进行凿毛。

（2）T0 节段钢塔安装

索塔节段在工厂制造完成后，采用船运至码头，塔柱 T0 节段采用 1000t 起重船上岸，转运至主塔处，其余节段采用码头处提升站上岸。在安装 T0 节段时，需要采用导向架（图 2）等进行辅助定位及安装。吊装过程中，当 T0 节段底口离锚杆顶口约 60cm 时，导向架开始辅助定位。为保证 T0 节段能顺利穿过锚杆、保护锚杆螺纹及下放初定位，在 T0 节段内侧设置定位导向架，倾角与 T0 节段纵向倾角一致。导向架与 T0 节段间用不锈钢板隔离，不锈钢板与导向架相对固定。当 T0 节段下放定位时，其与隔离不锈钢板接触滑动，可防止在下放定位过程中其与导向架间相互摩擦而导致表面油漆损伤。

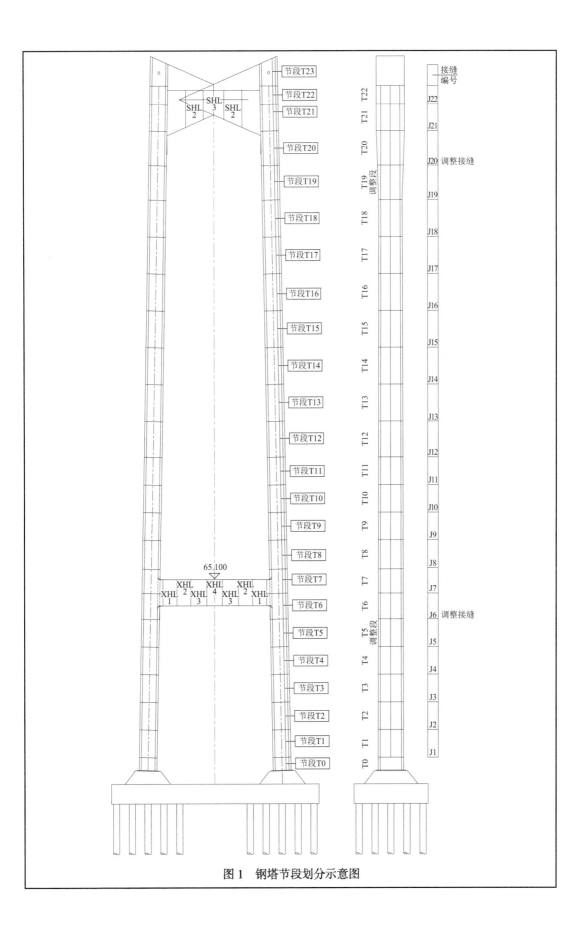

图 1　钢塔节段划分示意图

在 T0 节段穿过锚杆下落过程中，需设置侧向限位装置（图 3），在导向架及手拉葫芦的配合下，使 T0 节段下落到塔座上并基本到位。测量在塔座上放出 T0 节段的边线位置，在塔座顶面预埋件上焊接侧向限位定位板，限位板的内侧与 T0 节段边线有 5mm 左右间隙。

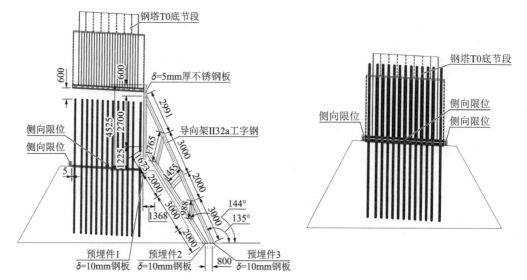

图 2　导向架结构示意图（尺寸单位：mm）　　　图 3　侧向限位装置布置示意图

底节吊装时，1000t 起重船站位于索塔外侧长江，起重船端距塔柱中心线约 75m，扒杆总长度 108m + 13.66m，利用起重设备调整底节姿态，利用倒链牵引，使底节上面锚杆孔对准锚杆，逐步下放底节至其到位。

在安装时，为提高 T0 节段的安装精度，吊装过程中采用初定位和精确定位对 T0 节段进行调整。初定位是在吊装时利用导向架、葫芦及限位装置等辅助方式进行定位。在吊装过程中，当 T0 节段下口距底座 30cm 处，通过手拉葫芦的拉拽和人力调整塔柱的底口平面位置，使塔 T0 节段缓慢下落进入导向限位，沿着限位板下滑到塔座千斤顶上。为精确调整底节位置，在底节外侧周边预先焊 8 个牛腿，底节安装到塔座上后，利用牛腿下三向千斤顶精确调整底节位置，如图 4 所示。

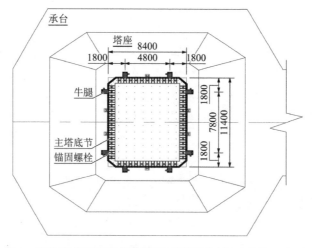

图 4　塔柱底节精确定位装置布置示意图（尺寸单位：mm）

吊装前，在测量控制下，预先将三向千斤顶的顶高程设置为 T0 节段满足精度要求时的反力牛腿底面的理论高程。T0 节段精确调位需在合适的环境条件下进行，在测量控制下，反复调整 T0 节段的平面位置及高程。当调位精度满足要求后，在 T0 节段上的反力牛腿与钢支撑平台之间用型钢撑压紧后，两端焊接，并将侧向限位焊牢，再带上锚固螺帽，并适当受力，完成 T0 节段精调、限位和固定。

（3）T0 节段底板压灌浆

塔座顶面设置 5cm 灌浆层，由于大体积灌浆料现场施工组织困难，将塔座顶面分区灌浆，施工中按照 2 个区间进行划分。各区间采用弹性橡胶条隔离。钢塔安装前在塔座顶面各区间隔离位置粘贴橡胶条，橡胶条截面尺寸 60mm × 60mm，考虑在钢塔质量作用下压缩 10mm。用∟100mm × 10mm 等边角钢作为承压板与塔座顶面间的侧向挡板。塔座混凝土浇筑前先将第一层∟100mm × 10mm 等边角钢预埋在塔座顶面作为塔座上预埋支撑构件，T0 段调位完成后将第二层∟100 × 10mm 等边角钢分别与第一层∟100 × 10mm 等边角钢和承压板边沿采用角焊缝焊接在一起，形成一个封闭结构。

在压浆过程中保持压浆压力。当承压板上第一排排浆孔溢出浆液时，保持压浆操作，直到排出浆液和压入浆液质量相同时关闭第一排排气管阀门，同时打开第二排排气管闸阀，继续保持压浆操作。压浆过程中观测 T0 段箱内排气孔，当浆液从气孔流出时目测浆液质量，当流出的浆液和压浆液质量相同时用木楔堵住气孔。

当承压板底部最高处排气孔浆液溢出时，继续保持压浆操作，在压浆机推力的作用下把浆液内的气泡和富余的水分从排气孔排除，在后期的补压和稳压过程中将每个塔座用浆总量的50%从顶面排浆孔全部置换出，可有效地提高浆液的整体质量，最后关闭排气管上的阀门，再持续压浆 2min，关闭压浆孔阀门。当压灌的浆液达到设计允许强度后，对锚杆进行初张拉。张拉分 2 次进行，第一次在灌浆液达到设计允许强度的 80% 时，第二次在钢塔全部安装结束后。

（4）下塔柱及上塔柱节段安装

在每节钢塔柱的对接处外侧均设有工作平台（图 5），上下层平台间采用带背圈的竖向爬梯相连。工作平台在工厂加工、安装，与节段一起运输、吊装。

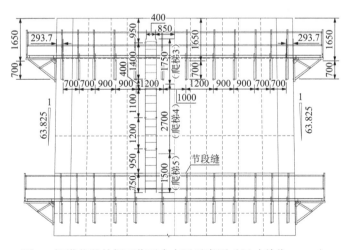

图 5　钢塔节段外侧工作平台布置示意图（尺寸单位：mm）

吊装过程中为使下一架设节段能够较容易地插入，在已安装节段与待安节段四边安装限位板。在牵引系统的配合下，待安节段下落时利用限位板对位。限位板在工厂内进行预拼装以保证孔位及尺寸形状能满足使用要求，将满足要求的限位板运至施工现场在吊装前安装在相应位置，当塔柱节段间完成拼装后解除限位装置。

由于节段截面面积大，在高空中受风的影响大，并为了保证节段能顺利滑入限位板中，需在已安节段与待安节段间设置牵引系统，以帮助节段对位。牵引系统是由 4 个手拉葫芦和 8 个卸扣组成的，手拉葫芦通过卸扣与节段连接。在吊装节段时，手拉葫芦预先安装在已安节段上，当待安节段吊至已安装节段上方约 100cm 处停住，将节段下端的卸扣与葫芦另一端相连，收紧葫芦链。

钢塔节段底口的精确调位是通过设置在节段上的千斤顶来完成的。吊装节段之前，在已安装节段上安装调位牛腿和水平牛腿支架。竖向调位安装在节段的调位牛腿上，千斤顶通过顶升安装在待安节段上的调位牛腿来调整节段的竖向位置。水平千斤顶用于调整待安装节段的平面位置，千斤顶安装在已安装节段内侧的牛腿支架上。每个钢塔节段顶口设置 4 个吊耳。设计时将吊耳孔设计为与安装吊耳处节段已有的拼接孔匹配，吊耳加工及安装在工厂完成，吊耳与节段通过高强度螺栓连接。

钢塔节段下落到位后，测量人员对钢塔进行检查，利用水平顶、侧面限位板将钢塔平面位置调整好，根据测量结果调整竖向位置，并检测钢塔金属接触率情况，当满足要求后，打入冲钉初步定位。塔式起重机松钩，卸吊具，连接人员穿入螺栓并施拧，严格按照高强度螺栓的施拧工艺进行初拧与终拧施工，确保扭矩符合工艺要求。调整接头安装前必须对上一节段的倾斜度、四角高差进行测量，以明确接口调整量，当各项指标均满足设计及验收要求时，将调整接头按正常接头进行连接，此时拼接板可直接根据厂内预拼情况进行钻孔。在钢塔安装完成后对操作平台进行拆除，拆除总体上采取"自上而下"的顺序施工。单层作业平台分节段拆除，单个节段上笼梯整体吊装。

（5）水平横撑施工

塔柱水平横撑用于支撑向内倾斜的塔柱。根据施工工艺及施工阶段计算分析，在上塔柱设置 3 道水平横撑，分别位于 T9、T14 和 T18 节段。吊装、焊接完成相应高程处塔柱节段，爬架爬升，在温度相对恒定的时段进行撑杆对顶作业，每根水平撑杆间设 1 台千斤顶（千斤顶要先校验合格），最大顶推力约 250kN，实际施工时需以主塔位移量为主要调节目标，以便较好地控制塔柱的线形，同时使其内力满足施工要求。

塔柱水平支撑由水平撑钢管、牛腿及连接件等组成，每道水平撑钢管采用 2 根φ1220mm × 20mm 钢管，两端与牛腿或连接件相连。

牛腿由 Q235B 钢板加工而成，通过螺栓固定于钢塔节段处，牛腿顶部设 4 个高强度螺栓作为防落梁措施，并在高强度螺栓处开长圆孔。主动横撑下方设置圆弧底托，与牛腿连接固定。

（6）下横梁施工

下横梁采用落地钢管支架，总高度 54.1m。T7 号钢塔节段施工完成后，开始进行下横梁节段（分 7 节）安装。立柱采用φ820mm × 10mm 钢管，立柱之间采用双拼[20a 作为平联和斜撑。整个支架体系为装配式结构，竖向分三层采用法兰进行连接接高，钢管分层高度为 14.8m + 2 × 18m，支架顶部设置三向千斤顶进行精确调位。

下横梁节段采用 R8000-320 塔式起重机吊装，利用下横梁支架分配梁兼做主动横撑对合龙口的宽度进行调整，横梁节段下设千斤顶对平面位置和姿态进行调整。吊装时，先对称吊装两侧横梁节段，最后吊装中间节段完成合龙，吊装具体顺序为 XH1→XH2→XH3→XH4。XH3 吊装完成后，利用支架顶部的三向调位千斤顶完成已吊装钢横梁节段与塔柱的对接，对接匹配完成后及时将拼缝进行焊接。XH4 合龙段吊装前，利用下横梁支架分配梁将已安装钢塔节段往两侧对顶，合龙口宽度由水平横撑和焊缝间隙共同提供，按合龙段两侧各 2cm 净宽考虑。XH4 合龙段吊装完成后，利用底部的三向千斤顶精确调整合龙段的姿态，精调完成后，完成节段间的焊接连接。

（7）上横梁施工

上横梁支架为桁架结构，上弦、下弦、竖杆为双拼 HW700mm×300mm 型钢，分配梁、斜杆为双拼 HW300mm×300mm 型钢。上横梁支架、牛腿、钢桥塔之间均为高强度螺栓连接。上横梁节段临时支点采用 100t 螺旋千斤顶，装饰条随上横梁节段同时安装，然后安装焊缝处装饰条。

上横梁采用 R8000-320 塔式起重机进行分块吊装，通过设置在支架顶部的千斤顶进行精调就位。吊装时对称吊装两侧横梁块段，吊装具体顺序为 SH1→SH2→SH3，吊装工艺可参照钢塔节段吊装施工。SH2 吊装完成后，利用支架顶部的调位千斤顶完成已吊装钢横梁节段与塔柱的对接，对接匹配完成后及时将拼缝进行焊接连接。

SH3 合龙段吊装前，利用上横梁托架分配梁将已安装钢塔节段往两侧对顶，合龙口宽度由水平横撑和焊缝间隙共同提供，按合龙段两侧各 2cm 净宽考虑，吊装及合龙工艺可参照下横梁节段吊装施工。上横梁底部需设置调平块，在钢结构工厂将其与横梁底部用螺栓连接，通过支架顶部的千斤顶进行精调就位。

（8）环境风险管控

施工区域邻近如皋北航道，航道宽度 1km。索塔 T0 节段施工期间，原则上船舶作业和抛锚不得超过划定的施工水域，特殊施工阶段船舶作业确需超出施工水域时，申请海事专项维护。

4）安全风险及危害

钢塔节段施工过程中存在的安全风险见表 1。

钢塔节段施工安全风险识别 表1

序号	安全风险	施工过程	致险因子	风险等级	产生危害
1	起重伤害	T0 节段吊装与塔柱吊装、横梁施工	（1）起吊用吊具、钢丝绳、卡扣等选用未经检算； （2）起重设备操作人员无操作资格证，指挥通信设备故障； （3）起吊物体捆绑不当，吊点设置不当； （4）未设置警戒区，人员在起重吊物下作业、停留； （5）未利用溜绳或倒链进行辅助牵引； （6）未设置缆风绳，起重设备（吊索、扣件）缺陷，起重设备安全装置失灵； （7）施工场地环境不良，如场地不平、照明不良； （8）地基不良，塔式起重机基础下沉失稳	I	起重作业人员及受其影响人员死亡或重伤
2	坍塌	T0 节段安装	（1）塔柱底节与塔座螺栓未按要求紧固，高强度螺栓的连接质量未经过检查验收； （2）塔柱节段焊接质量未经过检查验收； （3）塔柱临时横撑设置不规范等； （4）液压爬架、塔身临时工作平台及爬梯有缺陷； （5）塔式起重机、电梯扶墙构件未直接和塔柱相连； （6）未定期对起重机械进行检查； （7）塔式起重机、升降机等自身缺陷	III	作业人员及下方受影响人员死亡或重伤

序号	安全风险	施工过程	致险因子	风险等级	产生危害
2	坍塌	横梁施工	（1）螺栓未按要求紧固； （2）横梁节段焊接质量、钢管、扣件未经过检查验收合格等； （3）支架基础、刚度、稳定性未按要求进行设计和受力验算； （4）未按规定顺序进行支架搭设； （5）施工平台有缺陷； （6）下横梁落地支架地基承载力不足； （7）未设置防坠器	I	作业人员及下方受影响人员死亡或重伤
3	高处坠落	塔柱安装	（1）未掌握相应的安全与高处坠落事故应急技能； （2）塔式起重机、电梯故障； （3）塔柱平台临边防护不到位； （4）上下爬梯设置不到位； （5）高处作业未设置防坠器； （6）高处作业无防护措施； （7）塔式起重机、电梯扶墙构件未直接和塔柱相连； （8）临边防护设施材料有缺陷	II	作业人员死亡或重伤
3	高处坠落	横梁施工	（1）不通过上下通道，直接攀爬支架上下； （2）搭设脚手架时，脚手板对接或搭接不符合规定； （3）临边防护设施材料有缺陷； （4）塔式起重机、电梯故障； （5）高处作业无防护措施； （6）塔式起重机、电梯扶墙构件未直接和塔柱相连； （7）工作平台狭窄、场地湿滑、夜间照明不佳等	II	作业人员死亡或重伤
4	水上交通事故	T0节段运输	（1）未掌握相应的安全与水上逃生等应急技能； （2）船舶未采取安全防护措施，航标设置有误或遭到破坏； （3）工程船舶未持有效证书，工程船舶在作业、航行或停泊时，未按规定显示号灯或号型； （4）开工前，未设置安全作业区，无关船舶驶入作业区，施工水域内有水上水下建筑物或沉物； （5）未了解现场周边工程情况； （6）未编制相应专项施工方案或编制不合理	III	船员及岸上受影响人员溺亡或重伤
5	物体打击	塔柱施工	（1）处于高处的工具或材料摆设位置不当或固定不当； （2）未做好日常检查、定期保养； （3）无防护棚、防抛网，未设安全通道； （4）设备有缺陷，安全装置失效； （5）横梁与索塔采用异步施工，未采取防止物体打击的安全措施； （6）个人防护用品用具缺少或有缺陷	III	作业人员及下方受其影响的人员死亡或重伤
5	物体打击	横梁施工	（1）处于高处的工具或材料摆设位置不当或固定不当； （2）未做好日常检查、定期保养； （3）防护（防抛网、防滑挡板等）缺乏或有缺陷； （4）设备有缺陷，安全装置失效； （5）个人防护用品用具缺少或有缺陷	III	作业人员及下方受其影响的人员死亡或重伤
6	机械伤害	钢塔节段施工	（1）操作人员无证上岗； （2）机器运转时修理、检查、调整、焊接等工作，机械作业人员安全距离不足，未合理规划好机械工作区域；	III	设备操作人员及受其影响人员死亡或重伤

序号	安全风险	施工过程	致险因子	风险等级	产生危害
6	机械伤害	钢塔节段施工	（3）未做好日常检查、定期保养； （4）设备有缺陷，安全装置失效； （5）施工场地环境不良，如照明不佳； （6）人防护用品用具缺少或有缺陷	III	设备操作人员及受其影响人员死亡或重伤
7	触电	临时用电与焊割作业	（1）电工、电焊工无证上岗； （2）违规搭接线路，超负荷用电； （3）配电柜或配电线路停电维修时，未采取安全措施； （4）配电箱未采取安全防护措施； （5）电焊机移动或停用时，未切断电源或未取下焊条； （6）配电箱安装位置不满足要求，不能有效控制设备； （7）固定式或移动式配电箱、开关箱的中心点与地面的垂直距离不满足要求； （8）交流电焊机安全保护装置配备不齐全电线老化、破损； （9）电焊机等设备漏电、设备接地保护损坏，未采取防触电保护措施； （10）电焊机一次侧电源线长度大于5m，二次侧焊接电缆线长度大于30m； （11）雷暴天气下进行接电工作； （12）电焊机置于潮湿地点； （13）个人防护用品用具缺少或有缺陷； （14）绝缘安全用具的绝缘等级不符合要求	III	触电死亡或重伤
8	中毒和窒息	有限空间作业	（1）未设置通风、绝缘、照明和应急救援装置； （2）在有限空间进行作业时，未设置安全防护设施； （3）工作平台狭窄，通风不良； （4）个人防护用品用具缺少或有缺陷	III	操作人员窒息或死亡
9	火灾爆炸	焊割作业	（1）气瓶未经检测或检测过期，胶管破损漏气； （2）违章搬运或吊运气瓶； （3）作业时，用沾有油污的手或手套操作或开启乙炔气瓶气阀，开启气阀过快； （4）点燃、关闭割炬时，开关顺序不当； （5）点燃的割炬靠近氧气瓶，或其喷嘴与金属物件相碰； （6）氧气瓶与乙炔瓶未保持安全间距，动火作业点与氧气瓶未保持安全间距； （7）施工现场有易燃易爆物品； （8）电气焊作业前未对周围进行检查及清理； （9）电焊机接地保护不符合要求，电焊钳安全性能不达标； （10）氧气瓶无防曝晒措施，压力表损坏，未安装回火阀； （11）作业场所未配足量灭火器或失效； （12）在施工场地气瓶附近吸烟或动火； （13）工人作业未正确穿戴面罩等劳动防护用品，或劳动防护用品不合格	III	操作人员死亡或重伤

5）安全风险防控措施

（1）防控措施

为防范以上安全风险，需严格落实各项风险防控措施，详见表2。

钢塔节段施工安全风险防控措施 表2

序号	安全风险	措施类型	防控措施	备注
1	起重伤害	安全防护	吊物运行区域设置警戒区	
		管理措施	（1）选用吊具、钢丝绳、卡扣、吊钩等时，应严格进行检算； （2）做好起重设备及特种作业人员的进场验收管理，保证设备性能、人员技能满足要求，设备及人员证件齐全有效； （3）做好吊具、钢丝绳或吊带、卡扣、吊钩、对讲机等日常检查维护，确保其使用性能满足要求； （4）吊装作业专人指挥，严格执行"十不吊"	
2	坍塌	安全防护	（1）加强施工现场的安全管理。按要求分别设置安全警示，制定现场安全防护的具体措施。为防止高处坠落和物体打击，在索塔周围划定防护区，警戒线至索塔的距离不得小于结构物高度的1/10，且不得小于10m。 （2）搭设施工支撑按照设计严格执行并加挂检查验收合格牌，不合格的坚决不准使用。 （3）吊装施工前后，严禁焊接时电流通过起吊钢丝绳； （4）吊装过程中，应安排人随时检查起吊设备、卷扬机、钢丝绳、塔柱变形等情况，如有异常，报告主要负责人员采取相应措施	
		管理措施	（1）吊装系统的安装和拆卸方法应得当，严禁损坏； （2）吊装操作前进行培训，并进行安全技术交底，增强职工的安全意识教育； （3）吊装前注意收听天气预报并保持通信畅通； （4）吊装过程中发现问题要及时反映，层层上报，现场技术人员处理不了的问题要及时上报领导； （5）吊装过程中任何人不得擅自离开工作岗位，有事要向有关负责人汇报； （6）加强姿态监测，将监测结果相互进行核对，发现问题及时进行分析、处理； （7）成立现场应急领导小组，当发生意外情况时及时进行处理	
3	高处坠落	安全防护	（1）在2m以上高空作业时，安装可靠的防护设施；施工人员必须规范配戴安全帽、安全带，现场要挂设安全网； （2）脚手架必须搭设牢固并有足够安全的作业空间，配齐扶手、护栏和脚手板、爬梯； （3）高空作业区、脚手架禁放易坠落的工具和材料，为防止坠落，必须设置挡板和高强密目防护网； （4）施工区域设置禁止抛物等醒目的警告标志标牌	
		管理措施	（1）严格按高空作业安全操作规程施工； （2）与当地气象部门建立畅通联系通道，在高风速和恶劣天气的情况下，避免高空作业，做好防风、防雷电工作	
4	水上交通事故	安全防护	（1）港池施工前，项目部通知港池产权单位相关港池封闭通告，暂停一切入港船舶的业务往来； （2）项目部安排现场管理人员及排查人员，及时对误入的船舶进行劝返，并负责港池水域的施工管理； （3）遇大风、大雨等恶劣天气时，起重船应暂停施工，降低吊臂角度，并系泊固定	
		管理措施	（1）向海事局上报港池的封闭时间、施工内容、施工船舶及港池施工期间的管理细则等内容； （2）根据《中华人民共和国航道法》等文件要求设置临时助航标志，并上报至海事局； （3）港池施工前，相关水域应落实临时助航标志的设置，并按规定显示信号，同时设置相关交通安全标志	
5	物体打击	安全防护	高压线底部设置警戒区，警戒区内严禁支离起重机、泵车等长臂设备	
		管理措施	（1）对起重机、泵车司机进行专项交底，告知作业风险、安全距离及适宜的作业位置等； （2）作业过程中加强现场指挥，并服从电力部门工作人员的指挥	

序号	安全风险	措施类型	防控措施	备注
6	机械伤害	安全防护	（1）安装中各部位的连接紧固件必须按规定安装齐全，牢固可靠，不得少用螺栓弹簧垫等，或以其他物品代替，如以小代大，以铁丝代替开口销，重要部位的紧固螺栓要有专人最后统一检查紧固； （2）各部位的扶梯、平台、栏杆、防护罩等安全防护件，安装齐全，牢固可靠，并不得有变形； （3）大型机械设备应做好锚固、安全用电和防雷措施； （4）根据安装拆除作业现场划定警戒区域，并设置监护人员，清理区域内的障碍物； （5）详细了解并严格按照使用说明书所规定的安装拆除程序作业，严格禁止对规定程序做随意变动； （6）安装拆除前检查金属结构的完好性，各工作机构的完好性，各零部件的配套性及完整性，以及基础基座、轨道、地锚是否符合设计要求，整个安装拆除空间有无架空输电线	
		管理措施	（1）施工作业前，应做好安全技术交底工作，以及作业人员的安全教育培训。特种作业人员应经过专业培训，持证上岗。进入施工现场的人员应佩戴好安全防护用品，如安全帽、安全带（高空作业、临边作业）等。 （2）能用机械操作的尽量避免人工操作，能在地面操作的尽量避免高空作业。 （3）当重物起吊后下面严禁有人，操作人员远离吊装物，高空拆卸的螺栓、零件等应集中妥善存放，以防散落伤人。 （4）塔式起重机、门式起重机及大型设备，应充分考虑防雷接地，经专业机构检测并出具检测报告。 （5）在6级及以上大风或大雨、大雪、大雾等恶劣天气时，应停止起重吊装作业和高空作业	
7	触电	安全防护	（1）低压架空线必须采用绝缘铜线或铝线，架空线必须设在专用电杆上，严禁架设在树杆、脚手架上； （2）手持电动工具和单机回路的照明开关箱内必须装设漏电保护器，照明灯具的金属壳必须做接零保护； （3）现场配电箱要坚固、完整、严密，有门、有锁、有防雨； （4）变压器设接地保护装置，其接地电阻不大于4Ω，变压器设护栏，设门加锁，专人负责，近旁悬挂"高压危险、请勿靠近"的警示牌	
		管理措施	（1）施工用电必须符合现行《施工现场临时用电安全技术规范》（JGJ 46）的要求； （2）施工用电设施由持证专职电工管理； （3）用电设备实行"一机一闸一漏（漏电保护器）一箱"。不得用一个开关直接控制二台及以上的用电设备； （4）室内配电盘、配电柜有绝缘垫，并安装漏电保护装置； （5）施工现场临时用电应定期进行检查，防雷保护、接地保护、变压器及绝缘强度每季度测量一次，固定用电场所每月检查一次，移动式电动设备、潮湿环境每天检查一次，对检查不合格的线路、设备及时予以维修或更换，严禁带故障运行	
8	中毒和窒息	安全防护	（1）通风排毒，降低毒物浓度。安装通风装置时，要考虑在毒物逸出的局部就地排出，尽量缩小其扩散范围。 （2）除普通工作服外，对特殊作业工人还需供应特殊质地或制式的防护服装、防毒口罩和防毒面具	
		管理措施	（1）管理好毒有害的建筑材料，严禁随意堆放，防止误接触； （2）合理实施有毒作业保健待遇制度，做好季节性多发病的预防； （3）对于特殊有毒作业，制定有针对性的规章制度，及时调整劳动作息时间和劳动强度，配置防毒卫生器具； （4）实施就业前健康检查，有职业禁忌症者（心脏病、高血压、过敏性皮炎及有外伤者）不得参加接触毒物的作业。坚持定期健康检查，尽早发现工人健康受损情况并及时处理。定期监测作业场所空气中毒物的浓度	

续上表

序号	安全风险	措施类型	防控措施	备注
9	容器爆炸	安全防护	（1）在有焊接和气割工作的场所，必须设有消防设施； （2）电焊机应设置在固定或移动的工作台上，焊机各接线点应接触良好，并有可靠的独立接地，电焊机裸露导电部分应装有保护罩； （3）电焊把线必须采用橡胶软导线，接头部分必须接触良好，并用橡胶绝缘套防护，焊机的电源闸刀应装在木制开关板或绝缘性能良好的操作台上，严禁直接装在金属板上； （4）在露天的焊机应设置在干燥场所，并应有棚遮盖，遇到下雨时，必须采取防雨措施，不得冒雨作业； （5）焊接时必须使用标准的手柄式或头戴式面罩； （6）清除焊渣、飞溅物时，必须戴平光镜，并避免对着有人的方向敲打	
		管理措施	（1）凡从事焊接及气割的工作人员，应熟知操作规程及其安全知识，经培训考核取得合格证方可上岗操作，并应懂得相关的电工知识。 （2）严格遵守各项规章制度，作业时坚守工作岗位，进入岗位按规定穿戴劳动防护用品。 （3）工作时禁止将焊把线缠在、搭在身上或踏于脚下，当电焊机处在工作状态时，不得触摸导电部分。 （4）氧气瓶与乙炔瓶应按安全距离（5m）放置，严禁混放在一起。氧气瓶必须装有防震胶圈，使用时，必须注意轻搬轻放，防止剧烈振动和阳光直接爆晒，不得接触易燃易爆物和热源。 （5）氧气瓶阀冬季冻结时，可用热水加热解冻。严禁用火焰烘烤和用钢材类器具猛击，同时禁止猛拧减压表的调节螺栓，以防氧气大量冲出而造成事故	

（2）工作纪律

除落实以上安全风险防控措施外，还应严格遵守以下工作纪律。

①防护用品：作业人员正确佩戴安全帽、安全带，正确穿戴防滑鞋及紧口工作服。

②班前讲话：每日上工前，由班组长开展班前讲话，将当日作业内容、存在的安全风险及危害、防范措施、作业要点等告知全部作业人员。

③工前检查：每日班前讲话后，对工人身体状态、防护用品穿戴、现场作业环境等进行例行检查，发现问题及时处理。

④维护保养：做好安全防护设施、安全防护用品、起重设备机具等的日常维护保养，发现损害或缺失，及时修复或更换。

6）质量标准

钢塔首节段安装应达到的质量标准及检验方法见表3。

钢塔首节段安装质量检查验收表 表3

序号	检查项目	质量要求	检查方法	检验数量
1	横桥向轴线平行偏位	±5mm	全站仪	每节段4处
2	顺桥向轴线平行偏位	±5mm	全站仪	每节段4处
3	平面扭转	±3mm	全站仪	每节段2处
4	横桥向与理论横桥向偏差	±3mm	全站仪	每节段2处
5	顺桥向与理论横桥向偏差	±2mm	全站仪	每节段2处
6	顶面高程	±5mm	全站仪	每节段4处

序号	检查项目	质量要求	检查方法	检验数量
7	长边两相对定点高差	±4mm	全站仪	每节段2处
8	短边两相对定点高差	±2mm	全站仪	每节段2处
9	浆液强度	满足设计要求	按《公路工程质量检验评定标准 第一册 土建工程》（JTG F80/1—2017）附录M检查	
10	承压板底与塔座顶面接触率	≥90%	查看	全断面

钢塔节段架设应达到的质量标准及检验方法见表4。

钢塔节段架设质量检查验收表 表4

序号	检查项目		质量要求	检验方法	检验数量
1	安装高度		全部≤10mm	全站仪	每节段4点
2	节段长度		±2mm	尺量	—
3	垂直度	桥轴向	H/4000（H为钢塔高度）	全站仪	纵横向各2点
		垂直于桥轴向	H/4000（H为钢塔高度）	全站仪	纵横向各2点
4	错边量	安装位置、数量、型号	≤2mm	尺量	每边2点
5	节段相对塔柱轴线的偏差	桥轴向	2h/10000（h为钢塔节段高度）	全站仪	纵横向各2点
		垂直于桥轴向	2h/10000（h为钢塔节段高度）	全站仪	纵横向各2点
6	塔柱中心距		±4mm	尺量	2条4点
7	两塔柱横梁中心处高程相对高差		±6mm	全站仪	轴线5点
8	两塔柱横梁中心线偏位（桥轴向）		±10mm		—
9	横梁扭曲		≤6mm	全站仪	4个角点
10	横梁顶面高程		±4mm	全站仪	轴线5点
11	金属接触率	外壁板	≥50%	塞尺	
		内腹板	≥50%	塞尺	
		加劲肋	≥40%	塞尺	
12	纵向分块对拼	耳板与加强腹板间隙	2mm		—
13	塔顶顶板平面度		0.4mm	激光跟踪仪	
14	塔节段接缝平面度		0.25mm	激光跟踪仪	
15	焊缝尺寸		满足设计要求	量规	检查全部，每条焊缝检查3处
16	焊缝探伤		满足设计要求	超声法	检查全部
17	高强度螺栓扭矩		±10%	扭矩扳手	检查5%，且不少于2个

7）验收要求

钢塔节段拼装施工各阶段的验收要求见表5。

		钢塔节段施工各阶段验收要求		表 5
序号	验收项目	验收时点	验收内容	验收人员
1	材料及构配件	吊具、限位架、螺栓、灌浆料等材料进场后、使用前	材质、规格尺寸、焊缝质量、外观质量	项目物资、技术主管，班组长及材料员
2	钢塔首节段	塔座凿毛、导向安装、锚固螺杆复核完成后	详见"钢塔首节段安装质量检查验收表"	项目测量试验人员、技术主管，班组长及技术员
3	钢塔节段	钢塔首节段安装完成后	详见"钢塔节段安装质量检查验收表"	项目测量试验人员、技术主管，班组长及技术员

8）应急处置

（1）处置原则

施工过程中一旦发生险情或事故，应停止作业，切勿慌乱，切忌盲目施救，在保证自身安全的情况下按照处置措施要求科学开展施救，并及时向项目管理人员报告相关情况。

（2）处置措施

①坍塌：当出现坍塌征兆时，发现者应立即通知钢塔上下作业区域人员撤离现场，并及时报告项目部进行后期处置。

②触电事故：当发现有人员触电时，立即切断电源。若无法及时断开电源，可用干木棒、皮带、橡胶制品等绝缘物品挑开触电者接触的带电物，之后解开妨碍触电者呼吸的紧身衣服，检查口腔，清理口腔黏液并立即就地抢救。如触电者呼吸停止，应采用人工呼吸法抢救；如心脏停止跳动，应采用胸外心脏按压法抢救。

③其他事故：当发生高处坠落、起重伤害、机械伤害等事故后，应立即采取措施切断或隔断危险源，疏散现场无关人员；然后对伤者进行包扎等急救，向项目部报告后原地等待救援。

19 现浇梁盘扣式满堂支撑架施工安全技术交底

交底等级	三级交底	交底编号	III-019
单位工程	×××大桥	分部工程	引桥现浇箱梁
交底名称	现浇梁盘扣式满堂支撑架施工	交底日期	年　月　日
交底人	分部分项工程主管工程师（签字）	审核人	工程部长（签字）
批准人	总工程师（签字）	确认人	专职安全管理人员（签字）
		被交底人	班组长及全部作业人员（签字，可附签字表）

1）施工任务

×××路引桥 10～13 号墩梁部为 3×30m 预应力混凝土现浇箱梁，梁宽 16.25m，梁高 2m，单跨质量 933.528t。现浇支架采用盘扣式满堂支架，支架结构设计详见附件《×××大桥 10～13 号墩现浇箱梁支架设计图》。

2）工艺流程

施工准备→地基处理→基础验收→支架搭设→支架验收→堆载预压→卸载→梁部施工→支架拆除。

3）作业要点

（1）施工准备

盘扣架构配件、型钢等材料进场后，配合项目物资及技术管理人员进行进场验收，验收合格方可使用。整理材料存放场地，确保平整坚实、排水畅通、无积水。材料验收合格后按品种、规格分类码放，并设挂规格、数量铭牌。

（2）支架基础处理

测量放样后，对支架基础地面进行整平、压实，当地表高差较大时需填筑土石方平整，基底应设置台阶并分层填筑压实。在箱梁投影面外扩 1.5m 范围内根据地质情况采用 4%石灰土进行分层换填，灰土换填厚度为 40cm，用 25t 振动压路机碾压 6～8 遍，压实度按 96%控制，碾压密实无反弹，处理完成后，配合项目试验人员进行地基承载力检测，检测值应不小于 180kPa；检测合格后，进行混凝土硬化处理，混凝土强度等级为 C20，厚度 20cm。

（3）支架搭设

搭设前，按照支架设计图中的盘扣架设计位置对立杆搭设位置进行轴线测量放线。支架搭设严格按照先立杆、后水平杆、再斜杆的顺序搭设。严禁立杆、水平杆整体搭设完毕后，再补充安装斜杆。

底部可调底座丝杆插入立杆长度不得小于 150mm，丝杆外露长度不宜大于 300mm。作为扫地杆的最底层水平杆中心线距离可调底座的底板不应大于 550mm。水平杆及斜杆插销安装完成后，采用不小于 0.5kg 锤子击紧插销，水平杆及斜杆插销安装完成后，应采用锤击的方法抽查插销，连续下沉量不应大于 3mm；插销销紧后，扣接头端部弧面应与立杆外表面贴合。水平剪刀撑应随同层立杆同步搭设，底部第一层水平杆上方安装第一层水平向剪刀撑，其后每间隔 4～6 个标准步距设置一层水平剪刀撑。为降低搭设、拆除过程中作业人员坠落风险，每安装 3 层水平杆应挂设一层水平防护网。顶部可调托撑伸出顶层水平杆中心线的悬臂长度不应超过 650mm，且丝杆外露长度不应超过 400mm，可调托撑插入立杆长度不得小于 150mm。当支撑架搭设高度超过 8m 时，应沿高度方向每间隔 4～6 个步距与引桥墩柱进行可靠拉结。

支撑架外侧同步搭设双排外作业架，作为现浇梁顶部作业平台。平台应满铺脚手板并安装牢固，平台外侧应设置挡脚板和防护栏杆，挡脚板高度大于 200mm，防护栏杆高度大于 1500mm，并在 0.5m 和 1.0m 连接盘处安装两道水平杆，外侧满挂密目安全网。架体外侧同步安装爬梯作为人员上下行通道，搭设要求同作业平台。支架底部外侧设置警戒区。支架搭设过程中及完成后，配合项目技术、测量人员进行支架验收。

（4）支架预压

支架搭设及梁底模铺设完毕并验收合格后，进行支架预压。预压荷载为梁体自重及未铺设模板支架质量和的 1.1 倍，按 60%、100%、110%三级进行，三级加载质量分别为 583.877t、973.128t、1070.441t。采用混凝土块预压，单块质量 2.5t，共 428 块。各级加载各部位预压块布置数量见表 1。

支架预压各级加载预压块布置数量　　　　　　　　　　　表 1

序号	加载等级	预压块数量（块）						
		翼缘板	边腹板	底板	中腹板	底板	边腹板	翼缘板
1	60%	27	24	56	22	56	24	27
2	100%	45	39	93	36	93	39	45
3	110%	49	43	102	40	102	43	49

加载顺序纵向由跨中向支点对称布载，横向由结构中心线向两侧对称布载。加载过程中，配合项目测量监测人员做好观测点布设及沉降观测。预压合格后，按照对称、均衡的原则进行一次性卸载。

（5）架体使用

架体使用期间指定专人进行脚手架日常检查、维护、看管，严禁擅自拆改架体结构杆件或在架体上增设其他设施，严禁在脚手架基础影响范围内进行挖掘作业，严禁车辆等大型机械设备碰撞架体。在浇筑混凝土、预压等过程中，架体下方严禁有人。

当支架停用 1 个月以上在恢复使用前以及遇 6 级以上强风、大雨及冻结的地基土解冻后，应配合项目技术、测量人员对支架进行二次验收，发现问题及时处理，处理合格后方可继续使用。

（6）架体拆除

收到项目技术人员指令后，方可进行架体拆除。拆除作业总体按照先装后拆、后装先拆的原则进行。从顶层开始、逐层向下拆除，同层杆件和构配件按先外后内的顺序拆除，剪刀撑、斜杆、水平网、扫地杆等应在拆除至该层杆件时拆除，严禁先行拆除。指定专人指挥架体拆除作业，严禁上下层同时作业，严禁高空抛掷拆卸的杆件及构配件。拆除至地面的杆件及构配件及时检查、维修及保养，并应按品种、规格分类存放。

（7）环境风险管控

架体上方左侧有 110kV 高压线，安全距离为 5m。架体作业前，按照地方电力部门工作人员要求，设置警戒区。施工过程中，服从电力部门工作人员的指挥，严禁起重机、泵车在警戒区内支立，严禁起重机大臂、泵车泵管侵入高压线安全距离内。

4）安全风险及危害

盘扣式满堂支撑架安拆及使用过程中存在的安全风险见表2。

盘扣式满堂支撑架施工安全风险识别　　　　表2

序号	安全风险	施工过程	致险因子	风险等级	产生危害
1	失稳坍塌	混凝土浇筑	（1）地基处理不到位、架体安装不规范； （2）未进行地基及架体验收； （3）未实施预压； （4）地基受雨水浸泡、冲刷，架体受大风或冻融影响； （5）地基及架体维护不及时、不到位； （6）未有效实施监测预警	I	架体上方作业人员死亡或重伤
		架体预压	（1）地基处理不到位、架体安装不规范； （2）未有效实施预压监测预警	II	
		架体拆除	（1）架体总体拆除顺序不当； （2）先行拆除扫地杆、斜撑杆、水平向剪刀撑	II	
2	高处坠落	架体安装、拆除	（1）作业人员未穿戴防滑鞋、未系挂安全带； （2）未挂设安全平网	III	架体上方作业人员死亡或重伤
		梁体施工	（1）作业平台未规范设置防护栏、密目网； （2）作业平台跳板搭设未固定、未满铺，存在探头板	III	
		人员上下行	未规范设置爬梯	III	
3	物体打击	梁体施工	（1）作业平台未设置踢脚板； （2）作业平台堆置杂物或小型材料； （3）架体底部及四周未有效设置警戒区	IV	架体下方人员死亡或重伤
		架体拆除	（1）随意抛掷杆件、构配件； （2）拆卸区域底部未有效设置警戒区	IV	
4	起重伤害	吊运物料	（1）起重机司机、司索工、指挥技能差，无资格证； （2）钢丝绳或吊带、卡扣、吊钩等破损、性能不佳； （3）未严格执行"十不吊"； （4）吊装指令传递不佳，存在未配置对讲机、多人指挥等情况； （5）起重机回转范围外侧未设置警戒区	III	起重作业人员及受其影响人员死亡或重伤
5	邻近高压线	起重吊装、泵送混凝土	（1）未掌握高压线电压及作业安全距离； （2）未设置警戒区，起重机或泵车支立位置不当； （3）起重机大臂或泵车泵管侵入高压线安全区	II	司机触电死亡或重伤

5）安全风险防控措施

（1）防控措施

为防范以上安全风险，需严格落实各项风险防控措施，详见表3。

盘扣式满堂支撑架安全风险防控措施　　　　　表3

序号	安全风险	措施类型	防控措施	备注
1	失稳坍塌	质量控制	（1）严格按照设计、规程及验标要求进行地基处理及架体搭设； （2）严格按照规程要求进行架体拆除作业，保证剪刀撑、斜杆、扫地杆等在拆除至该层杆件时再拆除	
		管理措施	（1）严格执行地基处理及支架搭设验收程序； （2）严格执行支架预压及沉降变形观测； （3）地基受雨水浸泡、冲刷，架体受大风或冻融影响后，及时进行二次验收	
2	高处坠落	安全防护	（1）架体搭设过程中，及时挂设安全平网； （2）工人作业时穿戴防滑鞋，正确使用安全带； （3）作业平台跳板满铺且固定牢固，杜绝探头板； （4）作业平台封闭围护，规范设置防护栏及密目网	
		管理措施	（1）为工人配发合格的安全带、安全帽等劳保用品，并培训其正确穿戴使用； （2）做好安全防护设施的日常检查维护，发现损坏及时修复	
3	物体打击	安全防护	（1）作业平台规范设置踢脚板； （2）架体底部设置警戒区	
		管理措施	（1）作业平台顶部严禁堆置杂物及小型材料； （2）拆除作业时，设专人指挥，严禁随意抛掷杆件及构配件	
4	起重伤害	安全防护	起重机回转范围外侧设置警戒区	
		管理措施	（1）做好起重设备及特种作业人员的进场验收管理，保证设备性能、人员技能满足要求，设备及人员证件齐全有效； （2）做好钢丝绳或吊带、卡扣、吊钩、对讲机等日常检查维护，确保其使用性能满足要求； （3）吊装作业专人指挥，严格执行"十不吊"	
5	邻近高压线	安全防护	高压线底部设置警戒区，警戒区内严禁支离起重机、泵车等长臂设备	
		管理措施	（1）对起重机、泵车司机进行专项交底，告知作业风险、安全距离及适宜的作业位置等； （2）作业过程中加强现场指挥，并服从电力部门工作人员的指挥	

（2）工作纪律

除落实以上安全风险防控措施外，还应严格遵守以下工作纪律。

①防护用品：作业人员正确佩戴安全帽、安全带，正确穿戴防滑鞋及紧口工作服。

②班前讲话：每日上工前，由班组长开展班前讲话，将当日作业内容、存在的安全风险及危害、防范措施、作业要点等告知全部作业人员。

③工前检查：每日班前讲话后，对工人身体状态、防护用品穿戴、现场作业环境等进行例行检查，发现问题及时处理。

④维护保养：做好安全防护设施、安全防护用品、起重设备机具等的日常维护保养，发现损害或缺失，及时修复或更换。

6）质量标准

（1）支架基础

支架基础应达到的质量标准及检验方法见表4。

序号	检查项目	质量要求	检验方法	检验数量
1	地基承载力	符合设计要求	触探等	每100m²不少于3个点
2	垫层平面尺寸	不小于设计值	尺量	—
3	垫层厚度	不小于设计值	尺量	每100m²不少于3个点
4	垫层顶面平整度	20mm	2m直尺测量	每100m²不少于3个点
5	垫层强度或密实度	符合设计要求	试验	—
6	排水设施	完善	查看	全部
7	施工记录、试验资料	完整	查看资料	全部

支架基础质量检查验收表　　表4

（2）盘扣式满堂支撑架
盘扣式满堂支撑架应达到的质量标准及检验方法见表5。

盘扣式满堂支撑架搭设质量检查验收表　　表5

序号	检查项目		质量要求	检验方法	检验数量
1	底座与地基接触面/地基与垫板、垫板与地基接触面		无松动或脱空	查看	全部
2	可调底座	插入立杆长度	≥150mm	尺量	全部
		丝杆外露长度	≤300mm		
3	扫地杆	杆中心与底板距离	≤550mm	尺量	全部
4	立杆	间距	符合设计	查看	全部
5	水平杆	步距	符合设计	查看	全部
6	斜杆	安装位置、数量、型号	符合设计	查看	全部
7	插销	销紧度	锤击下沉量≤3mm	≥0.5kg锤子敲击	全部
8	水平向剪刀撑	底部第一层水平杆上方安装第一层，其后每间隔4～6个标准步距设置一层	符合设计	查看	全部
9	水平防护网	每安装3层水平杆挂设一层	满挂	查看	全部
		作业层与主体结构间的空隙	满挂		
10	可调托撑	伸出顶层水平杆的悬臂长度	≤650mm	尺量	全部
		丝杆外露长度	≤400mm		
		插入立杆长度	≥150mm		
11	支架全高垂直度		≤架体总高的1/500且≤50mm	测量	四周每面不少于4根杆
12	顶层外侧防护栏	栏杆高度	高出作业层≥1500mm	查看	全部
		水平杆	立杆0.5m及1.0m处布设两道	查看	
		密目网	栏杆外侧满挂	查看	
13	工作平台	钢脚手板	挂扣稳固、处锁住状态	查看	全部
		木质或竹制脚手板	满铺、绑扎牢固、无探头板	查看	

序号	检查项目		质量要求	检验方法	检验数量
13	工作平台	踢脚板	高度≥200mm	尺量	全部
14		爬梯	稳定、牢固	查看	全部
15	警戒区	架体底部外侧警戒线	除爬梯进出口外，封闭围护	查看	全部

7）验收要求

盘扣式满堂支撑架各阶段验收要求见表6。

盘扣式满堂支撑架各阶段验收要求　　　　表6

序号	验收项目		验收时点	验收内容	验收人员
1	材料及构配件		盘扣架材料进场后、使用前	材质、规格尺寸、焊缝质量、外观质量	项目物资、技术管理人员，班组长及材料员
2	支架基础	基底	垫层施工前	地基承载力	项目试验人员、技术员，班组技术员
		垫层	基底处理验收完成后	详见"支架基础质量检查验收表"	项目测量试验人员、技术员、班组长及技术员
3	支架架体	搭设过程	（1）首层水平杆搭设后； （2）每2～4步距或不大于6m； （3）搭设达到设计高度后； （4）梁体混凝土浇筑前	详见"盘扣式满堂支撑架检查验收表"	项目技术员、测量人员，班组长及技术员
		使用过程	（1）停用1个月以上，恢复使用前； （2）遇6级及以上强风、大雨后； （3）冻结的地基土解冻后	除"盘扣式满堂支撑架检查验收表"要求的内容外，应重点检查基础有无沉降、开裂，立杆与基础间有无悬空，插销是否销紧等	项目技术员、测量人员，班组长及技术员

8）应急处置

（1）处置原则

施工过程中一旦发生险情或事故，应停止作业，切勿慌乱，切忌盲目施救，在保证自身安全的情况下按照处置措施要求科学开展施救，并及时向项目管理人员报告相关情况。

（2）处置措施

①支架坍塌：当出现支架坍塌征兆时，发现者应立即通知支架上下作业区域人员撤离现场，并及时报告项目部进行后期处置。

②触电事故：当发现有人员触电时，立即切断电源。若无法及时断开电源，可用干木棒、皮带、橡胶制品等绝缘物品挑开触电者接触的带电物，之后解开妨碍触电者呼吸的紧身衣服，检查口腔，清理口腔黏液并立即就地抢救。如触电者呼吸停止，应采用人工呼吸法抢救；如心脏停止跳动，应采用胸外心脏按压法抢救。

③其他事故：当发生高处坠落、起重伤害、机械伤害等事故后，应立即采取措施切断或隔断危险源，疏散现场无关人员；然后对伤者进行包扎等急救，向项目部报告后原地等待救援。

附件：《×××大桥10号～13号墩现浇箱梁支架设计图》（略）。

20 梁柱式支架现浇梁施工安全技术交底

交底等级	三级交底	交底编号	III-020	
单位工程	×××大桥	分部工程	现浇梁	
交底名称	梁柱式支架现浇梁施工	交底日期	年 月 日	
交底人	分部分项工程主管工程师（签字）	审核人	工程部长（签字）	
批准人	总工程师（签字）	确认人	专职安全管理人员（签字）
		被交底人	班组长及全部作业人员（签字，可附签字表）	

1）施工任务

×××大桥互通PA匝道桥第11～14跨现浇箱梁，跨度×××m，梁长×××m、宽×××m、质量×××t，采用梁柱式支架现浇梁施工，支架结构设计详见附件《×××大桥互通PA匝道桥第11～14跨现浇箱梁梁柱式支架结构图》。

2）工艺流程

梁柱式支架现浇梁施工工艺流程如图1所示。

3）作业要点

（1）施工准备

支架构配件、型钢等材料进场后，配合项目物资及技术管理人员进行进场验收，验收合格方可使用。整理材料存放场地，确保其平整坚实、排水畅通、无积水。材料验收合格后按品种、规格分类码放，并挂规格、数量铭牌。

（2）支架基础处理

测量放样后，对支架基础地面整平、压实，当地表高差较大时需填筑土石方整平，基底应设置台阶并分层填筑压实。在箱梁投影面外扩1.5m范围内根据地质情况采用4%石灰土进行分层换填，灰土换填厚度为40cm，用25t振动压路机碾压6～8遍，压实度按96%控制，碾压密实无反弹，处理完成后，配合项目试验人员进行地基承载力检测，检测值应不小于180kPa；检测合格后，进行混凝土硬化处理，混凝土强度等级为C20，厚度20cm。

（3）支架安装

①钢管立柱施工

钢管立柱与条形基础预埋锚板环缝焊接固定，采用角焊缝焊接，焊缝高度8mm。立柱四周设置连接角板8块，角板尺寸15cm×7.5cm×1cm，焊接前将焊缝上下50mm范围内的铁锈、油污、水气和杂物清除干净。每节钢管立柱之间采用法兰与螺栓连接，采用汽车起重机吊装。

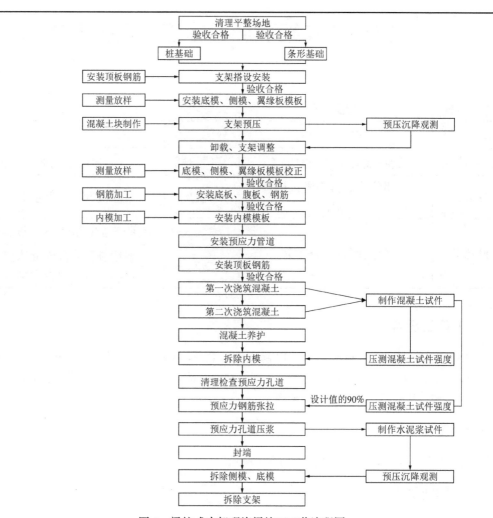

图 1　梁柱式支架现浇梁施工工艺流程图

②横撑、剪刀撑、连接板、主横梁安装

钢管立柱横撑采用[16b 槽钢作为水平连接，利用斜撑进行连接加固，槽钢与钢管立柱角焊缝焊接，焊缝高度 8mm，上下横撑间距 3m，每 5m 设置一层水平横撑及剪刀撑加固。主横梁由 2 根I40b 工字钢双拼后焊接组成。主横梁在每根立柱的支点位置各焊接 3 道 10mm 厚钢板作为加劲肋。主横梁上下各焊接 4 道 10cm 宽、8mm 厚钢板作为缀板，以保证主横梁的整体稳定。

③贝雷梁钢桁架安装

贝雷梁安装前应逐片检查各构件尤其是贝雷销、销子孔等重要受力构件是否有损伤，必要时应进行探伤检查。贝雷梁在地面根据设计图纸拼装为两列或三列一组，两节桁架连接时，将一节的阳头插入另一节的阴头内，对准销子孔，插上销子，最后插入保险插销。在地面将一跨贝雷梁拼接完成后，整跨逐榀吊装。贝雷梁的安装顺序为先吊装中间，后对称吊装两边。每榀贝雷梁吊装完成采用φ20mm"门式"钢筋与主横梁焊接固定连接。贝雷梁的构件节点应作为与主梁的首选受力节点，安装时如无法调整到适合位置应在贝雷梁两侧加焊两道[10 槽钢作为加强立杆，以增强钢管柱上方贝雷梁的刚度。

吊装作业必须有专人指挥，起重吊装人员应取得相应资格证书，起吊和下落须平稳，避免对立柱等结构造成冲击。贝雷梁安装时两端各设置 1 条缆风绳，调整贝雷梁空中方向。贝雷梁在地面拼装完成后、吊装前应在顶面安装防坠网,并在每组贝雷梁吊装完成后与相邻贝雷梁的防坠网连接形成整体。贝雷梁安装至主横梁上后,横向调整至预定位置,焊接横向固定挡板防止贝雷梁碰撞倾倒。

④分配梁安装

分配梁工字钢铺设前,铺设木板作为贝雷梁上作业平台,并用铁丝与贝雷梁捆绑固定,避免出现翘头板。横向分配梁采用Ⅰ14号工字钢,纵向间距90cm(根据设计图局部加密至60cm),采用起重机吊装,从中间往两端摆放,人工拨移就位。横向分配梁两端采用U形骑马螺栓与贝雷梁连接在一起,每根分配梁固定两处,每个连接处设置2个骑马螺栓底部通过钢板与贝雷梁紧密连接。

⑤分配梁及满堂支架安装

分配梁至现浇箱梁底部间采用满堂支架,搭设前,按照支架设计对立杆搭设位置进行测量放线。支架搭设严格按照先立杆、后水平杆、再斜杆的顺序搭设。严禁立杆、水平杆整体搭设完毕后,再补充安装斜杆。底部可调底座应在分配梁工字钢上对中布置,不得出现偏心,丝杆插入立杆长度不得小于150mm,丝杆外露长度不大于300mm。作为扫地杆的最底层水平杆中心线距离可调底座的底板不应大于550mm。水平杆及斜杆插销安装完成后,采用不小于0.5kg锤子击紧插销;插销销紧后,扣接头端部弧面应与立杆外表面贴合。

水平剪刀撑应随同层立杆同步搭设,底部第一层水平杆上方安装第一层水平向剪刀撑,其后每间隔4~6个标准步距设置一层水平剪刀撑。为降低搭设、拆除过程中作业人员坠落风险,每安装3层水平杆应挂设一层水平防护网。顶部可调托撑伸出顶层水平杆中心线的悬臂长度不应超过650mm,且丝杆外露长度不超过300mm,可调托撑插入立杆长度不得小于150mm。

(4)支架预压

支架搭设及梁底模铺设完毕并验收合格后,进行支架预压。预压荷载为梁体自重及未铺设模板支架质量和的1.1倍,按60%、100%、110%三级进行,三级加载质量分别为×××t、×××t、×××t。采用混凝土块预压,单块质量2.5t,共×××块。各级加载各部位预压块布置数量见表1。

支架预压各级加载预压块布置数量（示例） 表1

序号	加载等级	预压块数量（块）						
		翼缘板	边腹板	底板	中腹板	底板	边腹板	翼缘板
1	60%							
2	100%							
3	110%							

加载顺序纵向由跨中向支点对称布载,横向由结构中心线向两侧对称布载。加载过程中,配合项目测量监测人员做好观测点布设及沉降观测。预压合格后,按照对称、均衡的原则进行一次性卸载。

(5)梁体施工

①模板安装

模板安装前应检查支座横向位置、平整度、同一支座板的四角高差、四个支座板相对高差及支座安装方向。底模安装时应根据预压数据等考虑施工预拱度及弹性变形。底模板铺设完毕后,进行平面放样,全面测量底板纵横向高程,纵横向间隔5m检测一点,根据测量结果将底模模板调整到设计高程。底板高程调整完毕后,再次复测高程,直至满足要求。模板安装完成后配合监理、项目技术人员、测量人员进行支架验收,验收合格后方可进行下道工序施工。

②钢筋安装

抬运钢筋人员应协调配合，互相呼应。绑扎钢筋的绑丝头，应弯回至骨架内侧。吊装钢筋骨架时，下方不得有人。钢筋骨架距就位处 1m 以内时，作业人员方可靠近辅助就位，就位后必须先支撑稳固后再摘钩。吊装较长的钢筋骨架时，应设控制缆绳，持绳者不得站在骨架下方。抬运、吊装钢筋骨架时，必须服从指挥。暂停绑扎时，应检查所绑扎的钢筋或骨架，确认连接牢固后方可离开现场。钢筋与模板之间设置与梁体混凝土同材料、同强度、同寿命的保护层垫块，保护层垫块数量不得少于 4 个/m²，绑扎垫块和钢筋的铁丝不得伸入保护层内。所有梁体预留孔洞处都应设置相应的螺旋钢筋，避免局部应力集中，造成裂纹。梁体长主筋配料安装时，在同一根钢筋上应少设接头，接头数量在受弯构件的受拉区不得大于 50%。钢筋接头应避开钢筋弯曲处，距弯曲点的距离不得小于钢筋直径的 10 倍。钢筋安装完成后配合监理、项目技术、测量人员进行支架验收，验收合格后方可进行下道工序施工。

③混凝土浇筑

混凝土浇筑根据桥梁的纵坡、横坡按照由低到高的原则进行，并应避免在跨中位置产生接缝。原则为：纵向分段、水平分层、对称浇筑。浇筑时间选择气温变化较小的时间段。浇筑前清理干净模板内油污、杂物，注意收听天气预报，恶劣天气不得进行浇筑。浇筑前，将支架各支撑、连接部位、模板（规格、数量、尺寸、位置）、钢筋预埋件及各部位尺寸（如顶底板宽度、护栏预埋筋宽度、内模厚度、顶底板厚度、顶腹底板钢筋保护层厚度等）按图纸要求再次检查，仔细检查模板拼缝是否严密，钢筋是否贴模板或保护层是否满足要求。

固定专人指挥泵车、挪动泵管，使出料口混凝土准确入模，做到薄厚、下料间隔均匀一致。两侧底板、腹板下料对称、平衡，以防模架偏心受压引起倾斜。采用φ50mm 插入式振捣棒振捣（钢筋密集处使用φ30mm 棒振捣），棒头要插入下层混凝土中 5～10cm，使上下两层密切结合，减少施工分层线。指挥人及跟班技术人员盯紧振捣，做到不漏振、不过振、且振捣及时、到位，不乱振。混凝土振捣至停止下沉、不再冒出气泡、表面平坦、泛浆为止。

顶面的混凝土振捣完毕后用混凝土提浆整平机对混凝土顶面进行修整、抹平，平整度满足±5mm，高程满足±10mm，轴心偏位小于 10mm。收浆前用木泥板至少揉搓、抹压 3 遍，气温高时应收浆后再抹一遍，最后及时用修剪整齐的扫帚对混凝土顶面进行横向拉毛处理。浇筑结束及时覆盖土工布并喷水养护。

④预应力张拉

预应力张拉施工步骤：0 控制应力→0.1 倍控制应力→0.2 倍控制应力→1.0 倍控制应力→持荷→锚固→校核张拉控制应力→液压缸回油锚固→切割钢绞线封锚、压浆。采用智能张拉设备张拉，张拉前应根据项目技术人员提供的张拉参数准确输入控制系统，并按预定流程操作，不得擅自修改张拉参数。张拉设备使用前应检查设备合格证及油表、油泵及千斤顶的标定证书，符合要求方可调试使用。张拉设备出现使用时间超过 6 个月、张拉次数超过 300 次、使用过程中千斤顶或压力表出现异常、千斤顶检修或更换配件等各种情况时，应重新进行标定并取得标定证书。

油压泵上的安全阀应调至最大工作油压下能自动打开的状态。油压表安装必须紧密满扣，油泵与千斤顶之间采用高压油管连接，油路的各部接头均须完整紧密，油路畅通。试机时在最大工作油压下保持 5min 以上均不得漏油，否则应及时修理更换。张拉应在梁体混凝土强度达到设计强度 90%后，且混凝土龄期不少于 7d 时方可进行。预应力筋张拉数量、位置和张拉力值应符合设计要求。张拉时，应拆除端模、内模及侧模，不应对梁体压缩造成阻碍，张拉完毕后方可拆除底模。张拉过程中，千斤顶后面不准站人，也不得踩踏高压油管。张拉时发现张拉设备运转异常，应立即停机检查维修。

张拉完成后，应在锚圈口处的钢绞线上做标记，以观察钢绞线是否滑丝。经 24h 复查合格后，应用机械切割钢绞线头，切断处距锚具外不小于 30mm，切断后钢绞线外露总长度不大于 50mm。实际张拉伸长值与理论伸长值的误差应控制在±6%范围内，每端钢绞线回缩量应控制在 6mm 以内。张拉过程中如出现锚环裂纹损坏、切割钢绞线或者压浆时发生滑丝等情况，需要更换钢绞线重新张拉。

⑤孔道压浆

孔道压浆应在预应力筋终张拉完成后 48h 内进行，需使用检测合格的成品压浆料。压浆前应用压缩空气或高压水清除管道内杂质、积水，管道压浆应一次完成。压浆过程中及压浆后 3d 内，梁体温度不应低于 5℃，否则应采取养护措施使之满足规定温度，当环境温度高于 35℃时，应在温度较低时段进行压浆。压浆前应采用密封罩或水泥浆封闭锚具孔隙。

（6）架体拆除

预应力施工结束收到项目技术人员指令后，方可进行架体拆除。拆除顺序：盘扣支架卸落→模板→盘扣支架→Ⅰ14 工字钢分配梁→贝雷梁→Ⅰ40 横梁→螺旋管立柱斜撑、横向联系→螺旋管立柱。拆除作业总体按照先装后拆、后装先拆的原则进行。从顶层开始、逐层向下拆除，同层杆件和构配件按先外后内的顺序拆除，剪刀撑、斜杆、水平网、扫地杆等应在拆除至该层杆件时拆除，严禁先行拆除。指定专人指挥架体拆除作业，严禁上下层同时作业，严禁高空抛掷拆卸的杆件及构配件。拆除至地面的杆件及构配件及时检查、维修及保养，并应按品种、规格分类存放。

（7）环境风险管控

匝道桥上跨既有××高速公路，应按照设计在架体下方设置防护棚。施工前应履行相关报批手续，施工过程中服从高速管理部门的指挥，并注意材料、机具的码放，防止物品掉落至既有高速公路路面。

4）安全风险及危害

梁柱式支架安拆及使用过程中存在的安全风险见表 2。

梁柱式支架现浇梁施工安全风险识别　　　　　　　　　表 2

序号	安全风险	施工过程	致险因子	风险等级	产生危害
1	失稳坍塌	混凝土浇筑	（1）地基处理不到位、架体安装不规范； （2）未进行地基及架体验收； （3）未实施预压； （4）地基受雨水浸泡、冲刷，架体受大风或冻融影响； （5）地基及架体维护不及时、不到位； （6）未有效实施监测预警	I	架体上方作业人员死亡或重伤
		架体预压	（1）地基处理不到位、架体安装不规范； （2）未有效实施预压监测预警	II	
		架体拆除	（1）架体总体拆除顺序不当； （2）先行拆除扫地杆、斜撑杆、水平向剪刀撑	II	
2	高处坠落	架体安装、拆除	（1）作业人员未穿戴防滑鞋、未系挂安全带； （2）未挂设安全平网； （3）未设置生命线	III	架体上方作业人员死亡或重伤
		梁体施工	（1）作业平台未规范设置防护栏、密目网； （2）作业平台跳板搭设未固定、未满铺，存在探头板	III	
		人员上下行	未规范设置爬梯	III	

续上表

序号	安全风险	施工过程	致险因子	风险等级	产生危害
3	起重伤害	吊运物料	（1）起重机司机、司索工、指挥技能差，无资格证； （2）钢丝绳或吊带、卡扣、吊钩等破损、性能不佳； （3）未严格执行"十不吊"； （4）吊装指令传递不佳，存在未配置对讲机、多人指挥等情况； （5）起重机回转范围外侧未设置警戒区	III	起重作业人员及受其影响人员死亡或重伤
4	物体打击	梁体施工	（1）作业平台未设置踢脚板； （2）作业平台堆置杂物或小型材料； （3）架体底部及四周未有效设置警戒区	IV	架体下方人员死亡或重伤
		架体拆除	（1）随意抛掷杆件、构配件； （2）拆卸区域底部未有效设置警戒区	IV	
5	跨越既有高速公路	支架搭设	（1）未提前报批手续进行交通导改； （2）支架搭设过程中构件未有效固定边进行交通开放	II	影响既有高速公路通行或发生交通事故
		梁体施工	（1）人员通道防护栏杆固定不稳； （2）临边防护未设置踢脚板，或踢脚板高度不足； （3）材料、机具随意摆放	II	人员坠亡或重伤，影响既有高速公路通行或发生交通事故
		支架拆除	（1）未提前报批手续进行交通导改； （2）支架拆除过程中构件未有效固定边交通开放	II	影响既有高速公路通行或发生交通事故

5）安全风险防控措施

（1）防控措施

为防范以上安全风险，需严格落实各项风险防控措施，见表3。

梁柱式支架现浇梁安全风险防控措施　　　　　　表3

序号	安全风险	措施类型	防控措施	备注
1	失稳坍塌	质量控制	（1）严格按照设计、规程及验标要求进行地基处理及架体搭设； （2）严格按照规程要求进行架体拆除作业，保证剪刀撑、斜杆、扫地杆等在拆除至该层杆件时再拆除	
		管理措施	（1）严格执行地基处理及支架搭设验收程序； （2）严格执行支架预压及沉降变形观测； （3）地基受雨水浸泡、冲刷，架体受大风或冻融影响后，及时进行二次验收	
2	高处坠落	安全防护	（1）架体搭设过程中，及时挂设安全平网； （2）工人作业时穿戴防滑鞋，正确使用安全带； （3）作业平台跳板满铺且固定牢固，杜绝探头板； （4）作业平台封闭围护，规范设置防护栏及密目网	
		管理措施	（1）为工人配发合格的安全带、安全帽等劳保用品，并培训其正确穿戴使用； （2）做好安全防护设施的日常检查维护，发现损坏及时修复	
3	起重伤害	安全防护	起重机回转范围外侧设置警戒区	
		管理措施	（1）做好起重设备及特种作业人员的进场验收管理，保证设备性能、人员技能满足要求，设备及人员证件齐全有效； （2）做好钢丝绳或吊带、卡扣、吊钩、对讲机等日常检查维护，确保其使用性能满足要求； （3）吊装作业专人指挥，严格执行"十不吊"	

序号	安全风险	措施类型	防控措施	备注
4	物体打击	安全防护	（1）作业平台规范设置踢脚板； （2）架体底部设置警戒区	
		管理措施	（1）作业平台顶部严禁堆置杂物及小型材料； （2）拆除作业时，专人指挥，严禁随意抛掷杆件及构配件	
5	跨越既有 高速公路	安全防护	（1）严格按照要求设置临边防护与踢脚板，材料机具有序摆放、取用； （2）严格按照要求设置防护棚架	
		管理措施	（1）施工前严格履行审批手续； （2）作业过程中加强现场指挥，并服从高速公路部门工作人员指挥	

（2）工作纪律

除落实以上安全风险防控措施外，还应严格遵守以下工作纪律。

①防护用品：作业人员正确佩戴安全帽、安全带，正确穿戴防滑鞋及紧口工作服。现场安全员旁站监督安全作业，检查作业人员是否佩戴并使用防护用品等。

②班前讲话：每日上工前，由班组长开展班前讲话，将当日作业内容、存在的安全风险及危害、防范措施、作业要点等告知全部作业人员。

③工前检查：每日班前讲话后，对工人身体状态、防护用品穿戴、现场作业环境等进行例行检查，发现问题及时处理。

④维护保养：做好安全防护设施、安全防护用品、起重设备机具等的日常维护保养，发现损害或缺失，及时修复或更换。

6）质量标准

支架基础应达到的质量标准及检验方法见表4。

支架基础质量检查验收表 表4

序号	检查项目	质量要求	检验方法	检验频率
1	地基承载力	符合设计要求	触探等	每100m²不少于3个点
2	垫层平面尺寸	不小于设计值	尺量	—
3	垫层厚度	不小于设计值	尺量	每100m²不少于3个点
4	垫层顶面平整度	20mm	2m直尺测量	每100m²不少于3个点
5	垫层强度或密实度	符合设计要求	试验	—
6	排水设施	完善	查看	全部
7	施工记录、试验资料	完整	查看资料	全部

梁柱式支架应达到的质量标准及检验方法见表5。

梁柱式支架搭设质量检查验收表 表5

序号	项目		质量要求（mm）	检验方法	检验频率
1	基础顶面	高程	±3	水准仪	100%
2		水平度	1/1000	水平尺	100%

序号	项目		质量要求（mm）	检验方法	检验频率
3	钢管立柱	平面位置	5	全站仪	50%
4		顶面高程	5	水准仪	50%
5		顶面高差	2 同排	水准仪	100%
6			10 异排		
7		单节垂直度	$h/1000$，且不大于 10（h为钢管立柱高度）	垂球和钢卷尺	20%
8		整体垂直度	$h/1000$，且不大于 10（h为钢管立柱高度）	全站仪	100%
9	工字钢横梁	垂直度	$h/500$（h为工字钢横梁高度）	垂球和钢卷尺	20%
10		轴线偏移	10	钢卷尺	20%
11		排距	±5	钢卷尺	20%
12	贝雷梁纵梁	垂直度	$h/500$（h为贝雷梁总量高度）	垂球和钢卷尺	20%
13		轴线偏位	10	钢卷尺	20%
14		排距	±20	钢卷尺	20%
15	立柱横、纵向联系	竖向间距	不大于 12m，且最上层距顶面不大于 6m	钢卷尺	100%
16		跨中弯曲	$L/1000$（L为纵梁长度）	线绳、钢卷尺	5%
17		横、斜、竖撑	要有足够数量	目测	
18	贝雷架纵梁横向联系	间距	不大于 3m	钢卷尺	20%
19		与纵梁连接	牢固	检查	5%

模板安装应达到的质量标准及检验方法见表 6。

现浇箱梁模板安装质量检查验收表　　　　表 6

序号	项目		规定值或允许偏差（mm）	检验频率		检验方法
				范围	点数	
1	相邻两模板表面高低差		2	每个节段	4	用尺量
2	表面平整度		3		4	用2m直尺检验
3	垂直度		$H/1000$，且≤3（H为模板高度）		4	用垂线检验
4	模板尺寸	长度	+1，-3		3	用尺量
		宽度	+3，-2		2	
		高度	0，-2		4	
5	轴线偏移量		2		1	用经纬仪测量
6	预埋件	支座板、锚垫板等预埋钢板 位置	3	每个预埋件	1	用尺量
		平面高差	2		1	用水准仪测量
		螺栓、锚筋等 位置	10		1	用尺量
		外露尺寸	±10		1	用尺量
7	预应力筋孔道位置	位置	节段端部10	每预留孔	1	用尺量

钢筋安装应达到的质量标准及检验方法见表7。

现浇箱梁钢筋安装质量检查验收表 表7

序号	检验项目		规定值或允许偏差	检验频率和方法
1	受力钢筋间距（mm）	两排以上排距	±5	尺量：长度≤20m时，每构件检查2个断面；长度＞20m时，每构件检查3个断面
		同排 梁、板、拱肋及拱上建筑	±10（±5）	
		同排 基础、锚碇、墩台身、柱	±20	
2	箍筋、构造钢筋、螺旋筋间距（mm）		±10	尺量：每构件检查10个间距
3	钢筋骨架尺寸（mm）	长	±10	尺量：按骨架总数30%抽检
		宽、高或直径	±5	
4	弯起钢筋位置（mm）		±20	尺量：每骨架抽检30%
5	保护层厚度（mm）	柱、梁	±5	尺量：每构各立模版面每3m²检查1处，不少于5处
		墩台身、墩柱	±10	

混凝土施工应达到的质量标准及检验方法见表8。

混凝土施工质量检查验收表 表8

序号	检查项目		规定值或允许偏差	检查方法和频率
1	混凝土强度（MPa）		在合格标准内	试压试件
2	轴线偏位（mm）		≤10	全站仪：每跨测5处
3	梁、板顶面高程（mm）		±10	水准仪：每跨测5处，跨中、桥墩（台）处应布置测点
4	断面尺寸（mm）	高度	+5，−10	尺量：每跨测3个断面
		顶宽	±30	
		箱梁底宽	±20	
		顶、底、腹板活梁肋厚度	+10，0	
5	长度（mm）		+5，−10	尺量：每梁测顶面中线处
6	与相邻两段间错台（mm）		≤5	尺量：测底面、侧面
7	横坡（%）		±0.15	水准仪：每跨测3处
8	平整度（mm）		≤8	2m直尺：沿梁长方向每侧面每10m梁长测1处×2尺

7）验收要求

梁柱式现浇梁支架搭设及梁体施工各阶段的验收要求见表9。

梁柱式支架现浇梁施工各阶段验收要求表 表9

序号	验收项目		验收时点	验收内容	验收人员
1	材料及构配件		盘扣架材料进场后、使用前	材质、规格尺寸、焊缝质量、外观质量	项目物资、技术管理人员，班组长及材料员
2	支架基础	基底	垫层施工前	地基承载力	项目试验人员、技术员，班组技术员
		垫层	基底处理验收完成后	排水设施	项目测量试验人员、技术员，班组长及技术员

序号	验收项目		验收时点	验收内容	验收人员
3	支架架体	搭设过程	（1）搭设达到设计高度后； （2）梁体混凝土浇筑前	底座与地基接触面/地基与垫板、垫板与地基接触面、支架全高垂直度	项目技术员、测量人员，班组长及技术员
		使用过程	（1）停用 1 个月以上，恢复使用前； （2）遇 6 级及以上强风、大雨后； （3）冻结的地基土解冻后	重点检查基础有无沉降、开裂，立杆与基础间有无悬空，插销是否销紧等	项目技术员、测量人员，班组长及技术员
4	梁体施工	钢筋	（1）原材进场； （2）半成品制作出厂前； （3）钢筋现场绑扎结束	详见"钢筋安装质量检查验收表"	项目技术员、试验人员，班组长及技术员
		模板	（1）模板、方木等材料进场前； （2）模板安装完毕	详见"模板安装质量检查验收表"	项目技术员、测量人员，班组长及技术员
		混凝土	（1）混凝土浇筑过程中； （2）混凝土浇筑结束达到龄期后	详见"混凝土施工质量检查验收表"	项目技术员、试验、测量人员，班组长及技术员

8）应急处置

（1）处置原则

施工过程中一旦发生险情或事故，应停止作业，切勿慌乱，切忌盲目施救，在保证自身安全的情况下按照处置措施要求科学开展施救，并及时向项目管理人员报告相关情况。

（2）处置措施

①支架坍塌：当出现支架坍塌征兆时，发现者应立即通知支架上下作业区域人员撤离现场，并及时报告项目部进行后期处置。

②触电事故：当发现有人触电时，立即切断电源。若无法及时断开电源，可用干木棒、皮带、橡胶制品等绝缘物品挑开触电者接触的带电物，之后解开妨碍触电者呼吸的紧身衣服，检查口腔，清理口腔黏液并立即就地抢救。如触电者呼吸停止，应采用人工呼吸法抢救；如心脏停止跳动，应采用胸外心脏按压法抢救。

③其他事故：当发生高处坠落、起重伤害、机械伤害等事故后，应立即采取措施切断或隔断危险源，疏散现场无关人员；然后对伤者进行包扎等急救，向项目部报告后原地等待救援。

附件：《×××大桥互通 PA 匝道桥第 11～14 跨现浇箱梁梁柱式支架结构图》（略）。

21 移动模架现浇梁施工安全技术交底

交底等级	三级交底	交底编号	III-021
单位工程	×××大桥	分部工程	现浇箱梁
交底名称	移动模架现浇梁施工	交底日期	年　月　日
交底人	分部分项工程主管工程师（签字）	审核人	工程部长（签字）
批准人	总工程师（签字）	确认人	专职安全管理人员（签字）
		被交底人	班组长及全部作业人员（签字，可附签字表）

1）施工任务

×××大桥北岸引桥 1～32 号跨为 40m 跨现浇简支箱梁，梁长×××m、宽×××m、高×××m、重×××t，因桥墩较高，采用移动模架施工。移动模架结构设计分别见附件1《×××大桥北岸引桥0～32号墩移动模架结构设计图》、附件2《×××大桥北岸引桥1～32号跨箱梁设计图》。

2）工艺流程

移动模架现浇梁施工工艺流程如图1所示。

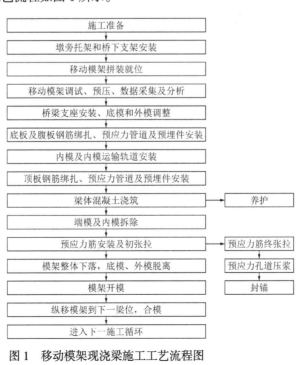

图 1　移动模架现浇梁施工工艺流程图

3）作业要点

（1）施工准备

移动模架构配件、桥下支架等材料进场后，配合项目物资及技术管理人员进行进场验收，验收合格方可拼装使用。整理材料存放场地，确保其平整坚实、排水畅通、无积水。材料验收合格后按品种、规格分类码放，并挂规格、数量铭牌。

（2）模架组拼

组拼前，在首孔桥跨间搭设临时支架支撑主承重梁，利用起重机进行吊装。配合厂家进行移动模架现场组拼，组拼顺序为先墩旁托架、推进小车、主梁、横梁、前导梁，后模板系统及其他，完成首孔箱梁预制、过孔后再拼装后导梁。

（3）堆载预压

移动模板拼装完毕并验收合格后，进行堆载预压。首次预压荷载为梁体自重及未铺设模板支架质量和的 1.2 倍，按 60%、100%、120%三级进行，三级加载质量分别为×××t、×××t、×××t。采用混凝土块预压，单块质量 2.5t，共×××块。各级加载各部位预压块布置数量见表 1。再次安装预压荷载为最大施工荷载的 1.1 倍。

支架预压各级加载预压块布置数量（示例）   表 1

序号	加载等级	预压块数量（块）						
		翼缘板	边腹板	底板	中腹板	底板	边腹板	翼缘板
1	60%							
2	100%							
3	110%							

加载顺序纵向由跨中向支点对称布载，横向由结构中心线向两侧对称布载。加载过程中，配合项目测量监测人员做好观测点布设及沉降观测。预压合格后，按照对称、均衡的原则进行一次性卸载。

（4）模板调整

移动模架制梁预拱度为箱梁设计预拱度与模架弹性变形之和，弹性变形在预压后根据变形观测结果结合模架设计挠度和实际支撑变形确定。根据项目部提供的预拱度数值调整底模、侧模位置及高程，设置预拱度，在第1、2孔箱梁施工中测定并记录混凝土浇筑前后的模架变形，同时在2、3孔微调模架预拱度，以消除预拱度偏差。

（5）底腹板钢筋绑扎

底腹板纵向钢筋除底板底层为$\phi16mm$ 螺纹钢，其余均采用$\phi12mm$ 螺纹钢，底板横向钢筋均为$\phi16mm$ 螺纹钢，腹板箍筋为$\phi20mm$ 螺纹钢，所有纵向钢筋均在横向钢筋内侧绑扎，钢筋基本间距为 10cm。钢筋接头均采用焊接，不得采用搭接；钢筋网片之间设置拉筋，拉筋采用$\phi10mm$ 圆钢，梅花形布置，基本间距不大于 50cm；底腹板钢筋保护层均为 35mm；底腹板钢筋保护层垫块每断面布置 19 个，每相邻两断面纵向间距不超过 100cm。钢筋绑扎过程中注意安装预应力管道及预留通风孔、泄水孔、梁端爬梯等预埋件，确保安装及预埋位置准确。

（6）内模安装

内模板为可拆装式钢模板，由撑杆支架及模板构成，待梁体底腹板钢筋绑扎完成后，通过汽车起重机倒运至模架内部,电葫芦再次吊装至安装部位,后经过测量微调后完成内模的安装。

①内模腹板安装

内模安装顺序为先安装进人洞内模模板,然后从进人洞开始从头到尾安装腹板模板。安装时使用电动葫芦辅助,待电动葫芦将模板运至指定部位后,人工调整模板位置,在与下层模板对接完成后,先使用撬棍插入螺栓眼,将模板固定,之后再安装模板连接螺栓,腹板两侧侧模需同步进行安装,模板螺栓安装完成后,方可解除吊装的钢丝绳。

②支撑骨架安装

两侧模板安装至预留骨架模板处,即可安装模板内支撑骨架。骨架采用插销连接,在安装前将骨架拼接完成,骨架上下及两侧均设置可调节丝杠连接,电动葫芦将骨架吊装至安装位置,人工调整骨架位置,待将骨架与模板连接位置调整到位后,使用撬棍插入螺栓眼以达到模板的定位。之后安装骨架与模板的连接螺栓,螺栓未紧固前,不得解除吊装钢丝绳,侧模及骨架的安装逐次进行。

③顶层模板安装

待侧模及骨架安装完成后,即可安装顶层模板。顶层模板安装时,施工人员必须佩戴安全带,将安全带与内模支撑骨架可靠连接,使用电动葫芦将模板倒运至指定位置,人工调整模板位置,待将顶层模板与侧模连接位置调整到位后,使用撬棍插入螺栓眼以达到模板的定位。之后由模板下方人员安装模板与模板的连接螺栓,螺栓未紧固前,不得解除吊装钢丝绳,顶部模板的安装逐次进行。安装模板时,要做到每块模板之间的接缝用胶带纸封堵,保证不漏浆。

（7）顶板钢筋绑扎

箱梁顶板纵向钢筋均为$\phi 12mm$螺纹钢,横向钢筋均为$\phi 16mm$螺纹钢,翼缘板底层横向钢筋为$\phi 12mm$螺纹钢,腹板和翼板倒角处设$\phi 10mm$钢筋;所有纵向钢筋均在横向钢筋内侧绑扎,钢筋基本间距为10cm;钢筋接头均采用焊接,不得采用搭接;钢筋网片之间设置拉筋,拉筋采用$\phi 10mm$圆钢,梅花形布置,基本间距不大于50cm;顶板顶层钢筋净保护层为30mm。绑扎过程中需安装桥面泄水孔、横向张拉槽口、桥面系预埋件等,确保位置准确。

（8）混凝土浇筑

混凝土浇筑前检查端模位置,确保端模安装正确,侧模、外模、翼模的撑杆已调紧,主梁与导梁的连接螺栓可靠连接,电气及液压系统保护良好,无漏电、漏油及其他损害。检查确认无误,收到项目部混凝土浇筑令后,方可开始梁体混凝土浇筑。

梁体混凝土采用泵送混凝土一次浇筑成形,混凝土浇筑前,先用水和砂浆进行湿润泵管,其砂浆通过砂浆管下放到地面指定地点处理。之后进行混凝土泵送试验,以检查混凝土的泵送指标情况,合格后再进行混凝土浇筑。混凝土浇筑前模板温度宜控制在5～35℃,混凝土拌和物的入模温度控制在5～30℃。

浇筑顺序为先拐角、底板、腹板,最后顶板,由两端向中间浇筑,浇筑时斜向分段、水平分层。箱梁底板拐角混凝土浇筑,腹板下料,用插入式振捣棒振捣。从梁端向另一端浇筑,提前沿箱梁腹板位置布置好连接用泵管,保证接管的及时性,缩减混凝土浇筑时间。梁端实心段浇筑时一次性浇筑至进人洞底位置,进人洞底部、支座处模板提前开孔,便于混凝土振捣,浇筑时混凝土不宜超过底板倒角。底板混凝土浇筑,采用顺腹板纵向下料,橡胶软管直接腹板底部,防止混凝土迸溅到顶板。腹板混凝土浇筑,通过料斗下料的方式从腹板下料,混凝土直接泵入腹板下料位置,防止混凝土迸溅到顶板;分层浇筑,分层厚度30cm,第一层从梁端向另一端浇筑,第一层浇筑完成后退回梁端浇筑第二层,然后从梁端浇筑第三层,以此类推,完成腹板混凝土浇筑。腹板混凝土浇筑过程中用橡皮锤敲击倒角位置,利于倒角位置的气泡溢出。提前沿箱梁腹板布置好连接泵管，保证接管的及时性，拆下来的泵管清洗后放置在腹板位置上便于再次使用，以缩短混凝土浇筑时间。顶板混凝土浇筑，从两侧梁端向跨中浇筑，全断面一次浇筑成形。提前在顶板布置好连接泵管，保证接管的及时性，以缩短混凝土浇筑时间。

顶板混凝土浇筑完成后，必须进行收面，第一次采用人工收面，第二次和第三次采用磨光机进行收面，收面完成后立即用土工布进行覆盖并进行洒水养护。混凝土养护期间，混凝土的芯部温度与表面温度、表面温度与环境温度之差均不应大于 20℃（梁体混凝土不得大于 15℃）。混凝土的表面温度与养护水温之差不得大于 15℃。混凝土芯部的温度不宜超过 60℃，最大不得超过 65℃。

（9）预应力张拉

预应力张拉施工顺序为纵向初张拉→纵向终张拉→横向预应力张拉。预应力混凝土梁张拉前拆除端模、内模，解除支座限位螺栓。

①纵向预应力初张拉

根据图纸及规范要求，模板拆除应在梁体混凝土强度达到 60% 以后进行，初张拉应在梁体混凝土强度和弹性模量达到设计值 80% 以上后进行。预应力初张拉按 20% 控制应力、40% 控制应力、100% 控制应力进行分级张拉，张拉顺序为 W1→W2→W3→W4→B2。初张后，模架进行整体下落，底模、外模脱离，可进行移动模架过孔。

②纵向预应力终张拉

梁体混凝土强度和弹性模量达到设计值的 100%，龄期不少于 10d 时，进行预应力混凝土终张拉。张拉预应力筋同时应注意混凝土梁的反拱度是否与设计相符。已初张拉的预应力束，终张拉按初张拉时控制应力、100% 终张拉控制应力进行分级张拉，张拉顺序为 W1→W2→W3→W4→B2→B1→H1。

③横向预应力张拉

在梁体混凝土强度和弹性模量达到设计值的 100%，龄期不少于 10d 时，纵向预应力张拉完成后进行横向预应力张拉。横向预应力采用小型千斤顶单根预应力筋张拉。将钢绞线与工作锚中的对应孔位进行整束整体穿入，将工作锚卡入锚口凹槽内，将夹片按顺序依次嵌入锚孔预应力筋周围，夹片嵌入后，用专用的工具钢管轻轻敲击，使其夹紧预应力筋，夹片布置均匀，外露长度要整齐一致。

（10）孔道压浆

孔道压浆应在预应力筋终张拉完成后 48h 内进行，需使用检测合格的成品压浆料。压浆前应用压缩空气或高压水清除管道内杂质、积水，管道压浆应一次完成，压浆过程中及压浆后 3d 内，梁体温度不应低于 5℃，否则应采取养护措施使之满足规定温度，当环境温度高于 35℃时，应在温度较低时段进行压浆。压浆前应采用密封罩或水泥浆封闭锚具孔隙。

（11）移动模架过孔

梁体混凝土初张拉后，可进行移动模架过孔。

①过孔流程

过孔时，移动模架脱模 150mm，拆除吊挂钢筋，打开吊挂处横移液压缸，分别横开 100mm，打开靠近中支腿处底模，整机准备纵移。模架整体前移，前支腿支撑在前面墩顶位置，底模分三段过墩后，横移合龙。前移后支腿至其下一跨的制梁位置。前移中支腿至中支腿制梁位置。前移移动模架，到达制梁位置，底模已合龙，横移吊挂横移液压缸调整梁型，顶升支顶液压缸到达制梁位置，进入梁体施工。之后循环上述步骤操作进行桥位制梁。

②过孔检查

a. 过孔前

首次过孔前司机应检查各个按钮与相应动作的协调性，确保各按钮的功能处于正常状态；移位台车上的钩挂液压缸及纵横移液压缸工作正常；横向开模前要检查主梁与导梁各接头处的连接螺栓、主梁与主梁的连接螺栓、主梁与导梁各处的连接螺栓、后辅助支腿的曲臂与主梁的连接螺栓等；横向开模前要确保底膜、底膜桁架、前辅助支腿、中辅助支腿中缝连接螺栓已全部拆除；移动模架在左右开模和前移过孔空间无障碍物，过孔中无电气、液压设备干涉；各工作平台焊接良好，安装稳固。

b. 过孔中

先试走行约 30cm，停机观察，若无问题继续过孔；检查两侧主梁及其框架的纵移速度是否一致，不同步偏差不得超过 10cm；检查横向打开的模板是否可从桥墩两侧通过，主框架梁节点板处是否和墩旁托架有干扰；过孔时，模板上、主梁和导梁上、桥下面除必须的观察人员外，禁止其他人员进入；采取防护措施保证过孔中过往行人及车辆的安全。

c. 过孔后

主梁及导梁连接处，对松动螺栓进行紧固；确保整个移动模架的电气及液压系统工作状况良好；模板合龙后横向与纵向中心线与梁体的设计中心线重合。

4）安全风险及危害

移动模架施工存在的安全风险见表2。

移动模架施工安全风险识别　　　　　　　　　　　　　　　　表2

序号	安全风险	施工过程	致险因子	风险等级	产生危害
1	模架倾覆	模架拼装、梁体施工、模架过孔	（1）首次拼装用临时支架未经专项设计及检算； （2）墩旁托架未经专项设计及检算； （3）模架拼装前，墩旁托架未经单独预压； （4）模架拼装完毕，梁体施工前，未经预压验证； （5）混凝土浇筑过程中，布料不均衡，偏载； （6）未按过孔程序进行过孔作业		架体上方及下方作业人员死亡或重伤
2	高处坠落	模架拼装、过孔	（1）作业人员未穿戴防滑鞋、未系挂安全带； （2）未挂设安全平网； （3）未设置生命线	III	架体上方作业人员死亡或重伤
		梁体施工	（1）作业平台未规范设置防护栏、密目网； （2）作业平台跳板搭设未固定、未满铺，存在探头板	III	
		人员上下行	未规范设置爬梯	III	
3	起重伤害	吊运物料	（1）起重机司机、司索工、指挥技能差，无资格证； （2）钢丝绳或吊带、卡扣、吊钩等破损、性能不佳； （3）未严格执行"十不吊"； （4）吊装指令传递不佳，存在未配置对讲机、多人指挥等情况； （5）起重机回转范围外侧未设置警戒区	III	起重作业人员及受其影响人员死亡或重伤
4	物体打击	梁体施工	（1）作业平台未设置踢脚板； （2）作业平台堆放杂物或小型材料； （3）架体底部及四周未有效设置警戒区	IV	架体下方人员死亡或重伤
		模架拼装、过孔	（1）随意抛掷杆件、构配件； （2）拆卸区域底部未有效设置警戒区	IV	

5）安全风险防控措施

（1）防控措施

为防范以上安全风险，需严格落实各项风险防控措施，详见表3。

移动模架现浇梁施工安全风险防控措施 表3

序号	安全风险	措施类型	防控措施	备注
1	模架倾覆	管理措施	（1）首次拼装时，临时支架、墩旁托架严格执行专项设计及检算； （2）模架拼装前，墩旁托架必须经单独预压验证； （3）模架拼装完毕，梁体施工前，严格执行预压	
		质量控制	（1）混凝土浇筑前，严格执行各项检查，确保模架、模板安装到位； （2）混凝土浇筑过程中，确保均衡布料，避免偏载； （3）严格按过孔程序进行过孔作业	
2	高处坠落	安全防护	（1）作业平台封闭围护，规范设置防护栏及密目网； （2）模架拼装过程中，及时挂设安全平网； （3）工人作业时穿戴防滑鞋，正确使用安全带	
		管理措施	（1）为工人配发合格的安全带、安全帽等劳保用品，并培训其正确穿戴使用； （2）做好安全防护设施的日常检查维护，发现损坏及时修复	
3	起重伤害	安全防护	起重机回转范围外侧设置警戒区	
		管理措施	（1）做好起重设备及特种作业人员的进场验收管理，保证设备性能、人员技能满足要求，设备及人员证件齐全有效； （2）做好钢丝绳或吊带、卡扣、吊钩、对讲机等日常检查维护，确保其使用性能满足要求； （3）吊装作业专人指挥，严格执行"十不吊"	
4	物体打击	安全防护	（1）作业平台规范设置踢脚板； （2）架体底部设置警戒区	
		管理措施	（1）作业平台顶部严禁堆置杂物及小型材料； （2）拆除作业时，设专人指挥，严禁随意抛掷杆件及构配件； （3）过孔前，将模架上所有杂物清除或归箱放置； （4）易脱落物体，应采取加固措施，使其不因模架移动脱落	

（2）工作纪律

除落实以上安全风险防控措施外，还应严格遵守以下工作纪律。

①防护用品：作业人员正确佩戴安全帽、安全带，正确穿戴防滑鞋及紧口工作服。现场安全员旁站监督安全作业，检查作业人员是否佩戴并使用防护用品等。

②班前讲话：每日上工前，由班组长开展班前讲话，将当日作业内容、存在的安全风险及危害、防范措施、作业要点等告知全部作业人员。

③工前检查：每日班前讲话后，对工人身体状态、防护用品穿戴、现场作业环境等进行例行检查，发现问题及时处理。

④维护保养：做好安全防护设施、安全防护用品、起重设备机具等的日常维护保养，发现损害或缺失，及时修复或更换。

6）质量标准

移动模架现浇梁模板安装应达到的质量标准及检验方法见表4。

序号	项目		规定值或允许偏差（mm）	检验频率		检验方法
				范围	点数	
1	相邻两模板表面高低差		2	每个节段	4	用尺量
2	表面平整度		3		4	用2m直尺检验
3	垂直度		$H/1000$，且$\leqslant 3$（H为模板高度）		4	用垂线检验
4	模板尺寸	长度	+1，−3		3	用尺量
		宽度	+3，−2		2	
		高度	0，−2		4	
5	轴线偏移量		2		1	用经纬仪测量
6	预埋件	支座板、锚垫板等预埋钢板 位置	3	每个预埋件	1	用尺量
		平面高差	2		1	用水准仪测量
		螺栓、锚筋等 位置	10		1	用尺量
		外露尺寸	±10		1	用尺量
7	预应力筋孔道位置	位置	节段端部10	每预留孔	1	用尺量

现浇箱梁模板安装质量检查验收表　　　　　　　　表4

7）验收要求

移动模架现浇梁施工各阶段的验收要求见表5。

移动模架现浇梁各阶段验收要求　　　　　　　　表5

序号	验收项目	验收时点	验收内容	验收人员
1	材料及构配件	移动模架进场后、组拼前	材质、规格尺寸、焊缝质量、外观质量	项目物资、技术管理人员，班组长及材料员
2	临时支架、墩旁托架	支架、托架安装完成后、模板拼装前	支架地基、支架及托架安装、托架预压等	项目物资、技术、安全人员，班组长及技术员
2	大型临时设施检查	移动模架安装完成后，使用前	滑座、滑道、千斤顶；主梁；模架模板；液压系统、电气系统、安全措施	项目物资、技术、安全人员，班组长及技术员
3	大型临时设施使用	移动模架完成一孔梁，模架前移至下一孔，施工前	滑座、滑道、千斤顶；主梁；模架模板；液压系统、电气系统、安全措施	项目物资、技术、安全人员，班组长及技术员

8）应急处置

（1）处置原则

施工过程中一旦发生险情或事故，应停止作业，切勿慌乱，切忌盲目施救，在保证自身安全的情况下按照处置措施要求科学开展施救，并及时向项目管理人员报告相关情况。

（2）处置措施

①模架倾覆：当出现模架倾覆征兆时，发现者应立即通知模架上下作业区域人员撤离现场，并及时报告项目部进行后期处置。

②当发现有人触电时，立即切断电源。若无法及时断开电源，可用干木棒、皮带、橡胶制品等绝缘物品挑开触电者接触的带电物，之后解开妨碍触电者呼吸的紧身衣服，检查口腔，清理口腔黏液并立即就地抢救。如触电者呼吸停止，应采用人工呼吸法抢救；如心脏停止跳动，应采用胸外心脏按压法抢救。

③其他事故：当发生高处坠落、起重伤害、机械伤害等事故后，应立即采取措施切断或隔断危险源，疏散现场无关人员；然后对伤者进行包扎等急救，向项目部报告后原地等待救援。

附件 1：《×××大桥北岸引桥 0～32 号墩移动模架结构设计图》（略）。

附件 2：《×××大桥北岸引桥 1～32 号跨箱梁设计图》（略）。

22 现浇梁挂篮施工安全技术交底

交底等级	三级交底	交底编号	III-022
单位工程	×××特大桥	分部工程	现浇梁
交底名称	现浇梁挂篮施工	交底日期	年　月　日
交底人	分部分项工程主管工程师（签字）	审核人	工程部长（签字）
批准人	总工程师（签字）	确认人	专职安全管理人员（签字）
		被交底人	班组长及全部作业人员（签字，可附签字表）

1）施工任务

×××特大桥主桥桥跨布置为 32m + 93m + 240m + 93m + 32m 矮塔斜拉桥，桥梁全长 497.1m，主跨斜跨某高速公路。线路与高速公路斜交角度 24°。梁体采用变高度变截面单箱双室直腹板箱梁，全梁共分 121 个节段，1～5 号梁段长 3.0m，6～28 号梁段长 4.0m，采用挂篮悬浇施工，最重梁段为 23 号梁段，重量为 505t。挂篮结构设计见附件《×××特大桥主桥挂篮结构设计图》。

2）工艺流程

挂篮设计、制作→杆件试拼→杆件试压→轨道安装→安装反扣轮组及前滑移支座→吊装主构架→安装主构架之间的横联中门架及后吊梁→用精轧螺纹钢将主构架后端锚固→吊装前上横梁及吊杆→安装吊杆吊带→安装底托系统→挂篮预压→安装外模→安装内模→安装操作平台→安装防护平台→梁段施工→挂篮前移。

3）作业要点

（1）施工准备

挂篮构配件、钢筋等材料进场后，配合项目物资及技术管理人员进行进场验收，验收合格方可使用。整理材料存放场地，确保其平整坚实、排水畅通、无积水。材料验收合格后按品种、规格分类码放，并挂规格、数量铭牌。

（2）挂篮拼装

0 号块施工完毕后，在 0 号块顶部进行挂篮拼装，拼装时相应构配件采用塔式起重机吊运至 0 号块顶面。

①轨道安装

放出挂篮行走轨道轴线，铺设轨道钢枕（轨道钢枕下找平），行走轨道（精确设置两组轨道间距，确保主桁的间距），并抄平垫实；严格控制轨道间的中心距，确保其与图纸一致；轨道安装要顺直，轨道顶面要保持水平，轨道的高差不大于 5mm。利用箱梁预埋 ϕ32mm 精轧螺纹钢把轨道压紧，采用合格的连接器把精轧螺纹钢接长到能锚固到轨道的长度，最后用钢尺复核轨距；每 2m 轨道锚点不少于 3 处；螺母拧紧的力距要求为 1000N · m，轨道压梁应与轨道垂直。安装前支座及反扣轮组，使其分别座落在轨道合适的位置处。

②主构架安装

安装反扣轮及前滑移支座，使其分别座落在轨道上对应主桁架反扣轮及滑移支座的位置处，同时设置临时垫片使反扣轮固定座中心与前滑移支座中心在同一平面上。单片主桁架在地面上先组拼，以轨道为基准放出主桁架安装轴线及平面位置，先吊装距离起吊中心较远一侧的主桁架，吊至梁体顶面，调整位置将反扣轮固定座与前滑移支座通过销轴与主桁架连接，使用手拉葫芦用钢丝绳将主桁架临时固定，防止向两侧倾斜，迅速对主桁架后部锚固，保证单片主桁架稳定安全；然后按相同的施工步骤起吊另外一侧主桁架。

③中门架及后吊梁安装

吊装中门架至耳板位置，将中门架通过销轴与主桁架竖杆上的耳板相连接（若是焊接式中门架则直接与竖杆焊接）；然后吊装后吊梁至竖杆外侧连接板位置，用螺栓将后吊梁与主桁架连接，再用手拉葫芦斜拉临时固定，然后迅速安装斜拉杆。后吊梁安装完毕后再用足够强度的型材将其与后斜杆焊接连接。

④前上横梁、吊杆安装

首先根据图纸尺寸在前上横梁上标识出主桁架的位置，根据标识位置将前上横梁焊接在主桁架上，焊接安装时注意前上横梁的垂直水平。根据图纸的吊点尺寸安装吊杆，吊杆安装时不得在其有效受力部位见火受热或磕碰开豁，否则必须调换新吊杆。

⑤底托系统安装

在各挂篮附近较平整的地面上拼装底托系统，首先根据图纸吊点位置安装下吊梁，然后再将底纵梁临时焊接在前后托梁上，形成一个平面整体。将挂篮底托系统拼装完成后，根据现场设备条件及起重能力选用卷扬机、汽车起重机、塔式起重机单独或配合提升底托系统。待提升到位后穿好底托系统的前后吊杆，铺设底模板，调整好高度。底托系统整体吊装要考虑起吊重量，起吊能力不足时要分件吊装：先吊装后托梁，用钢丝绳、手拉葫芦固定，穿入吊杆把后托梁固定住箱梁底板上，再吊起前托梁安装到位，穿入吊杆固定在前上横梁上，然后逐根安装纵梁，安装底模板。在底托安装时应先在托梁两端固定，然后把已经穿好吊杆的上吊架与托梁销接连接，上部加垫片或扁担梁与前上横梁连接。

⑥侧模安装

将侧模运至现场，用起重设备提升侧模，提升前插入导梁，提升到位后临时放在底托系统的外侧纵梁上，临时固定，穿好吊杆，把导梁水平穿插在侧模板上；导梁前端吊在前上横梁上，导梁后端吊在箱梁翼缘板上。后端有两根吊杆，导梁吊架吊杆安装在前，承重吊杆安装在后。侧模整体悬吊在外导梁上，导梁安装时要在导梁后端焊接防护构件，主要用于挂篮行走时防止导梁走脱导梁吊架。

⑦操作平台及防护平台安装

对加工好的操作平台杆件直接进行吊装，防护平台可在进入高速河堤区域前进行安装，直接吊装固定在前后下横梁上，安装顺序与挂篮底篮系统相同。

⑧模板加固

挂篮模板连接、锚固均采用双螺帽保护；模板拉杆应采用精轧螺纹钢，不允许焊接连接，双螺母锚固。

（3）挂篮前移

当梁段纵向预应力张拉、压浆完成后，进行脱模（脱开底模、侧模和内模）：解松内、外滑道及前、后下横梁内、外吊杆，使其侧模、底模及内模与箱梁混凝土分离，但依旧稳固悬吊于滑道上。

接长前端轨道，并在腹板内预埋竖向$\phi 32mm$精轧螺纹钢锚杆将行走轨道与梁体锚固，解除挂篮主桁架后支点锚固，安装倒链葫芦，对称拉倒链葫芦使挂篮前移，将底模、侧模、主桁系及内模滑梁一起向前移动，直至下一梁段位置，走行到位后，安装后锚和挂篮前支点；移动匀速、平移、同步，采取划线吊垂球或全站仪定线方法，随时掌握行走过程中挂篮中线与箱梁轴线的偏差，如有偏差，及时使用千斤顶纠正。行走时，注意两端、左右两侧平衡，匀速行走，且速度不要过快，挂篮走行速度不大于10cm/min。

挂篮就位后，用事先预埋的锚杆锁定挂篮主桁后支点，防止挂篮向前滑移；安装底模、侧模后锚杆、内模后吊杆，调整后滑梁架，调整模板位置及高程；待梁段底板及腹板钢筋绑扎完毕后，移动内膜，调整姿态并检查验收合格后，方可进行顶板钢筋绑扎。

（4）挂篮预压

挂篮拼装、梁底模铺设、侧模安装完成并验收合格后，进行挂篮预压。加载采用$1.0m \times 2.0m \times 0.5m$混凝土预制块，加载质量采用最重梁段自重及施工荷载的1.2倍，荷载按设计的60%、100%、120%三级加载。根据设计图纸，本斜拉桥悬浇节段最重为23号段，该梁段混凝土用量为$190.4m^3$，重量为504.56t，施工荷载取值$6.0kN/m^2$（含施工荷载人员及机具活载、混凝土冲击荷载、振捣荷载、风荷载），即$6.0kN/m^2 \times 4 \times 14.4m^2/10 = 34.56t$，挂篮内模质量21.07t，施工荷载共计$560.19 \times 1.2 = 672.23t$。单侧总计预压预制块281块。各级加载各部位预压块布置数量见表1。

挂篮预压各级加载预压块布置数量（示例）　　　表1

序号	加载等级	预压块数量（块）			
		底板	××	××	××
1	60%	141			
2	100%	234			
3	120%	281			

加载顺序纵、横向加载均由中向两侧对称布载，加载过程中，配合项目测量监测人员做好观测点布设及沉降观测。预压合格后，按照对称、均衡的原则进行一次性卸载。按照预压监测数据，计算弹性形变量调整挂篮底模施工高程。挂篮施工立模高程的确定：挂篮定位高程＝设计高程＋施工预抛高＋挂篮变形抛高。

（5）两侧平衡

在挂篮悬浇段施工中，防止T构因为不平衡而导致破坏，主墩墩旁临时托架纵向最大不平衡弯矩不大于$760000kN \cdot m$。梁面上除保留必要的施工机具和施工材料外，清除所有的堆积物，并且要确保两侧堆集荷载基本一致。每次混凝土浇筑时，在两侧梁面上各安排一个技术人员，使用对讲机联系，控制两侧挂篮混凝土的浇筑速度，保证两侧的混凝土浇筑同步进行。

（6）环境风险管控

连续梁悬臂浇筑上跨高速公路，连续梁与高速公路夹角为 24°，此高速公路为双向四车道，车流量大、车速快，底部未设棚架防护，采用挂篮全封闭防护，施工中应注意全封闭防护安装质量，并做好防护设施的检查维保。

4）安全风险及危害

现浇梁挂篮施工安拆及使用过程中存在的安全风险见表2。

现浇梁挂篮施工安全风险识别   表2

序号	安全风险	施工过程	致险因子	风险等级	产生危害
1	挂篮拼装	设计制作	（1）未对杆件受力、连接部件、焊缝长度等进行强度验算，安全系数不满足要求； （2）未对焊缝及受力杆件进行探伤检查，未经验收就在本工程中使用； （3）未按挂篮预压方案进行预压、检测	I	架体上方作业人员死亡或重伤
		挂篮安装	（1）挂篮锚固系统未安照设计施工，锚固系统受力不均匀； （2）未按照要求安装挂篮锚固系统，体系受力差，局部受力导致受力体系破坏； （3）挂篮未完全拼装完成，挂篮系统提前受力	II	
		挂篮预压	（1）未按照设计要求逐级加载，超过设计允许承载力，导致挂篮破坏； （2）拼装完成后，未对所有的受力体系构件进行安全技术检查，导致结构体系破坏	II	
2	高处坠落	人员坠落	（1）脚踏探头板； （2）走动时踩空、绊、滑、跌； （3）操作时弯腰、转身不慎碰撞栏杆等身体失去平衡； （4）坐在栏杆或脚手架休息、打闹； （5）脚手板没铺满或铺设不平稳； （6）没有焊接防护栏或损坏； （7）操作层下没有挂设安全防落网等； （8）作业用力过猛，身体失控，重心超出立足面； （9）随重物坠落； （10）身体不舒服，行动失控； （11）没有系安全带或没有正确使用安全带，或走动时取下安全带	III	架体上方作业人员死亡或重伤
		物件坠落	（1）脚手板没铺满或铺设不平稳； （2）没有焊接防护栏或损坏； （3）操作层下没有挂设安全防落网； （4）平台上小型机具没有被连接或没有绑扎在防护栏杆上； （5）随身没有携带工具袋，将操作工具随手乱扔导致其坠落； （6）工具没有用安全绳将其系在手腕上或腰间，使其在操作时从手中滑落； （7）安拆、推移、紧固挂篮模板时违反挂篮模板安拆推移操作规范，导致挂篮模板坠落等	III	
		人员上下行	未规范设置爬梯	III	
3	物体打击	梁体施工	（1）作业平台未设置踢脚板； （2）作业平台堆置杂物或小型材料； （3）架体底部及四周未有效设置警戒区	IV	架体下方人员死亡或重伤

序号	安全风险	施工过程	致险因子	风险等级	产生危害
3	物体打击	架体拆除	（1）随意抛掷杆件、构配件； （2）拆卸区域底部未有效设置警戒区	IV	架体下方人员死亡或重伤
4	起重伤害	吊运物料	（1）起重机司机、司索工、指挥技能差，无资格证； （2）钢丝绳或吊带、卡扣、吊钩等破损、性能不佳； （3）未严格执行"十不吊"； （4）吊装指令传递不佳，存在未配置对讲机、多人指挥等情况； （5）起重机回转范围外侧未设置警戒区	III	起重作业人员及受其影响人员死亡或重伤
5	触电伤害	施工用电	（1）用电设备未做接零或接地保护，保护设备性能失效； （2）违规移动或照明使用高压； （3）违规使用和操作电气设备等原因对人身造成伤害或损害等	II	作业人员触电死亡或重伤

5）安全风险防控措施

（1）防控措施

为防范以上安全风险，需严格落实各项风险防控措施，详见表3。

现浇梁挂篮施工安全风险防控措施　　　　表3

序号	安全风险	措施类型	防控措施	备注
1	挂篮拼装	质量控制	（1）严格按照设计、规程及验标要求，进行结构构件的设计加工及检测； （2）严格执行相关规范及设计要求、预压方案，对挂篮结构体系进行受力检验及预压	
		管理措施	（1）严格执行构配件进场验收程序； （2）严格执行挂篮预压及变形观测； （3）严格按照相关要求进行施工过程检查、监督	
2	高处坠落	安全防护	（1）挂篮拼装过程中，及时挂设安全平网； （2）工人作业时穿戴防滑鞋，正确使用安全带； （3）作业平台跳板满铺且固定牢固，杜绝探头板； （4）作业平台封闭围护，规范设置防护栏及密目网	
		管理措施	（1）为工人配发合格的安全带、安全帽等劳保用品，并培训其正确穿戴使用； （2）做好安全防护设施的日常检查维护，发现损坏及时修复	
3	物体打击	安全防护	（1）作业平台规范设置踢脚板； （2）架体底部设置警戒区	
		管理措施	（1）作业平台顶部严禁堆置杂物及小型材料； （2）施工作业时，专人指挥，严禁随意抛掷构配件； （3）挂篮施工过程中在梁体下部设置安全警戒区	
4	起重伤害	安全防护	起重机回转范围外侧设置警戒区	
		管理措施	（1）做好起重设备及特种作业人员的进场验收管理，保证设备性能、人员技能满足要求，设备及人员证件齐全有效； （2）做好钢丝绳或吊带、卡扣、吊钩、对讲机等日常检查维护，确保其使用性能满足要求； （3）吊装作业专人指挥，严格执行"十不吊"	
5	触电伤害	安全防护	严格执行"一箱一闸一机"，做好接零工作，施工过程中加强检查	
		管理措施	（1）对现场施工作业人员进行专项交底，告知作业风险、安全事项、相关作业人员必须持证上岗； （2）作业过程中加强现场监督，照明设备严禁采用高压电	

（2）工作纪律

除落实以上安全风险防控措施外，还应严格遵守以下工作纪律。

①防护用品：作业人员正确佩戴安全帽、安全带，正确穿戴防滑鞋及紧口工作服。

②班前讲话：每日上工前，由班组长开展班前讲话，将当日作业内容、存在的安全风险及危害、防范措施、作业要点等告知全部作业人员。

③工前检查：每日班前讲话后，对工人身体状态、防护用品穿戴、现场作业环境等进行例行检查，发现问题及时处理。

④维护保养：做好安全防护设施、安全防护用品、起重设备机具等的日常维护保养，发现损害或缺失，及时修复或更换。

⑤临边防护：现场施工作业过程中，加强临边安全防护设施的巡查及加固，确保临边安全防护措施的稳定可靠。

6）质量标准

挂篮进场应达到的质量标准及检验方法见表4。

挂篮进场检查验收表 表4

序号	检查项目	检查内容	检查标准
1	挂篮资质	挂篮及模板系统设计及计算书、制作单位资质、超声波检测报告、出厂合格证等资料是否齐全	资料齐全有效
2	行走轨道	轨道试拼，查看连接是否平顺、可靠，无变形	轨道应平顺、错台不大于2mm
3	前后斜杠、上弦杆、下弦杆、竖杆	前斜杠、后斜杠、竖杆、上弦杆、下弦杆外形尺寸是否符合设计要求，预留孔位置	尺寸满足要求，预留孔大小、间距合格
		挂篮连接销子	挂篮销子无裂纹，探伤检测合格；挂篮销子加工符合设计要求，端部有开口销限位
4	结构焊接	挂篮连接焊缝	焊缝饱满平整，声波检测符合要求
5	挂篮吊杆	吊杆尺寸外观	上下螺帽应拧紧，上下螺帽应为双螺帽，吊杆不得歪斜
		吊杆是否存在电弧焊、气焊损坏现象	禁止电弧焊、气焊损坏吊杆
6	模板加固	各块模板之间螺栓是否完好，连接是否可靠，有无变形	连接可靠，完好无变形
		模板拼缝、错台、平整度	平整、无错台

挂篮安装应达到的质量标准及检验方法见表5。

挂篮安装质量检查验收表 表5

序号	检查项目	检查内容	检查标准
1	挂篮施工方案及设计	（1）设计方案及设计计算书内容齐全，报审手续完备； （2）计算准确，满足要求	资料齐全，验算准确验算资质有效
2	挂篮材料质量	（1）挂篮构件生产厂家有相应资质，具有产品质量合格证； （2）挂篮构件质量符合设计要求，无扭曲、锈蚀、开裂	资料齐全，构件满足要求
3	挂篮连接焊缝	焊缝是否饱满平整，声波检测是否符合要求	焊缝质量满足要求

序号	检查项目	检查内容	检查标准
4	挂篮连接销子	（1）挂篮销子无裂纹，探伤检测是否合格； （2）挂篮销子加工符合设计要求，端部有开口销销位	探伤满足要求，质量满足施工要求
5	挂篮锚固	（1）滑轨锚固钢板及间距符合设计要求，螺母拧紧到位； （2）后锚点数量及位置符合设计要求，精轧螺纹钢连接长度符合要求	双螺母、扭矩满足要求、锚点及接头长度满足要求
6	挂篮吊杆	（1）吊点位置及数量符合设计要求； （2）精轧螺纹钢及丝杠拧入深度符合设计要求； （3）吊杆无损伤	吊杆整体完好，锚固长度符合设计要求
7	模板加固	（1）腹板拉杆型号、数量、间距符合设计要求； （2）拉杆设置垫片并设置双螺帽； （3）拉杆漏丝符合要求	双螺母；拉杆受力长度满足要求（3丝扣）

7）验收要求

现浇梁挂篮施工各阶段的验收要求见表6。

现浇梁挂篮施工各阶段验收要求表　　　　　　　　表6

序号	验收项目		验收时点	验收内容	验收人员
1	材料及构配件		挂篮及模板材料进场后、使用前	材质、规格尺寸、焊缝质量、外观质量	项目物资、技术管理人员，班组长及材料员
2	梁体预埋件安装		梁体混凝土浇筑前	结构尺寸及平面位置	项目技术员、测量班、班组长
3	安装质量		挂篮及模板安装完成后	结构尺寸、双螺母、构件安装质量、双螺母、螺纹外露	项目技术员、班组长、测量班
4	挂篮施工	挂篮预压	挂篮安装完成，安装质量检查完成	逐级加载、加载过程中位移变形量、后锚及垫块受力状态	项目技术员、测量人员，班组长及技术员
		混凝土浇筑	预应力管道、钢筋检查、混凝土不平衡方量控制、混凝土性能、混凝土养护	预应力管道位置、钢筋型号及位置、不平衡浇筑量不大于20m³、混凝土表面喷涂养护剂	项目技术员、测量人员，班组长及试验员
		挂篮前移	节段预应力张拉压浆完成、脱模完成、体系受力转换完成、现场自然环境满足施工要求	轨道系统锚固、后锚点与反压轮受力体系转换、挂篮行走，行速度不大于10cm/min、挂篮位置校核、挂篮锚力系转化	项目技术员、测量人员，班组长
5	底篮退回		连续梁已合龙、挂篮施工任务完成、侧模及上部菱形架已拆除、外导梁受力体系转换完成、牵引系统完成	导梁翼缘板位置锚固体系、牵引系统工作正常、外导梁位移限位装置、底篮下放高度核查	项目技术员、测量人员，班组长

8）应急处置

（1）处置原则

施工过程中一旦发生险情或事故，应停止作业，切勿慌乱，切忌盲目施救，在保证自身安全的情况下按照处置措施要求科学开展施救，并及时向项目管理人员报告相关情况。

（2）处置措施

①挂篮倾覆：当出现挂篮倾覆征兆时，发现者应立即通知模架上下作业区域人员撤离现

场，并及时报告项目部进行后期处置。

②当发现有人触电时，立即切断电源。若无法及时断开电源，可用干木棒、皮带、橡胶制品等绝缘物品挑开触电者接触的带电物，之后解开妨碍触电者呼吸的紧身衣服，检查口腔，清理口腔黏液并立即就地抢救。如触电者呼吸停止，应采用人工呼吸法抢救；如心脏停止跳动，应采用胸外心脏按压法抢救。

③其他事故：当发生高处坠落、起重伤害、机械伤害等事故后，应立即采取措施切断或隔断危险源，疏散现场无关人员；然后对伤者进行包扎等急救，向项目部报告后原地等待救援。

附件：《×××特大桥主桥挂篮结构设计图》（略）。

23 边跨现浇段施工安全技术交底

交底等级	三级交底	交底编号	III-023
单位工程	×××大桥	分部工程	边跨现浇段
交底名称	边跨现浇段施工	交底日期	年　月　日
交底人	分部分项工程主管工程师（签字）	审核人	工程部长（签字）
批准人	总工程师（签字）	确认人	专职安全管理人员（签字）
		被交底人	班组长及全部作业人员（签字，可附签字表）

1）施工任务

×××大桥主桥为 100m＋170m＋100m 连续梁，3 号墩侧边跨现浇段长 13.8m、宽 41m、高 3.5m，重 1752.5t，采用盘扣式满堂支架现浇施工，支架结构设计详见附件《×××大桥主桥连续梁边跨现浇段支架设计图》。

2）工艺流程

施工准备→地基处理→支架搭设→底模板安装→堆载预压→钢筋绑扎→侧模、内模安装→混凝土浇筑及养护→预应力张拉→侧模拆除→底模拆除→支架拆除。

3）作业要点

（1）施工准备

盘扣架构配件、型钢以及钢筋模板预应力等材料进场后，现场负责人配合项目物资及技术管理人员进行进场验收，验收合格方可使用。确保存放场地平整坚实、排水畅通、无积水。材料验收合格后按品种、规格分类码放，并挂设规格、数量铭牌，钢筋预应力等有防锈要求的材料需进行下垫上盖，避免生锈影响材料质量。

（2）地基处理

地基处理前，测量确定地基处理的范围及高程，然后进行土方开挖及回填，最后浇筑地基硬化混凝土垫层。由于现场基础较差，需进行下挖处理，下挖面为地基换填底平面，边缘土方按 1:1 进行放坡，换填按要求进行处理；3 号墩边跨现浇段基础换填里程为 K0＋930.541～K0＋947.541，长度为 17m，宽度为 44.3m；开挖底高程为 28.122m，换填顶高程 28.522m；换填两侧做宽 50cm、深 50cm 的水沟，流水方向由 2 号墩流向 3 号墩。混凝土垫层 40cm 厚的 5% 灰土，分两层填筑；灰土层上浇筑 15cm 厚的 C15 混凝土垫层进行硬化和调平处理。换填后，检测地基承载力应大于或等于 160kPa。

（3）支架搭设

搭设前，按照支架设计对立杆搭设位置进行测量放线。支架搭设严格按照先立杆、后水平杆、再斜杆的顺序搭设。支架体系：采用 60 型盘扣支架，立杆顺桥向间距均为 0.6m（隔梁位置）和 0.9m（非隔梁位置）、横桥间距为 0.6m（腹板位置）和 0.9m（翼缘板及箱室位置），水平杆最大步距 1.5m。底部可调底座丝杆插入立杆长度不得小于 150mm，丝杆外露长度不宜大于 300mm。作为扫地杆的最底层水平杆中心线距离可调底座的底板不应大于 550mm。水平杆及斜杆插销安装完成后，采用不小于 0.5kg 锤子击紧插销；插销销紧后，扣接头端部弧面应与立杆外表面贴合。水平剪刀撑应随同层立杆同步搭设，底部第一层水平杆上方安装第一层水平向剪刀撑，其后每间隔 4~6 个标准步距设置一层水平剪刀撑。顶部可调托撑伸出顶层水平杆中心线的悬臂长度不应超过 650mm，且丝杆外露长度不应超过 400mm，可调托撑插入立杆长度不得小于 150mm。

支撑架外侧同步搭设双排外作业架，作为现浇段顶部作业平台。平台满铺脚手板并安装牢固，平台外侧应设置挡脚板和防护栏杆，挡脚板高度大于 200mm，防护栏杆高度大于 1500mm，外侧满挂密目安全网。架体外侧同步安装爬梯作为人员上下行通道。

支架底部外侧设置警戒区。支架搭设过程中及完成后，配合项目技术、测量及安全管理人员进行支架验收。验收通过后先进行梁底模板铺设，再进行支架预压。

（4）支架预压

支架搭设及梁底模铺设完毕并验收合格后，进行支架预压。预压荷载为梁体自重及未铺设模板支架质量和的 1.1 倍，按 60%、100%、110% 三级进行，三级加载质量分别为×××t、×××t、×××t。采用混凝土块预压，单块质量 2.5t，共×××块。各级加载各部位预压块布置数量见表 1。

支架预压各级加载预压块布置数量（示例）　　　　　　　　　　表 1

序号	加载等级	预压块数量（块）						
		翼缘板	边腹板	底板	中腹板	底板	边腹板	翼缘板
1	60%							
2	100%							
3	110%							

加载顺序纵向由跨中向支点对称布载，横向由结构中心线向两侧对称布载。加载过程中，配合项目测量监测人员做好观测点布设及沉降观测。预压合格后，按照对称、均衡的原则进行一次性卸载。

（5）模板安装

底模、箱室内膜采用 15mm 厚的胶合板；侧模、隔梁模板采用定型钢模板；梁底板位置主楞采用工16 工字钢，横桥向间距 60cm、90cm 布置；箱室内模板主楞采用尺寸为 10cm×15cm 的方木，间距 90cm 布置；木模板次楞采用尺寸为 10cm×15cm 的方木，腹板底部按间距 20cm 布置，其他位置按间距 30cm 布置。

（6）钢筋绑扎

钢筋统一集中加工，平板车运输到位，利用塔式起重机提升，人工绑扎。加工成形的钢筋堆放在成品库，并加以标识，以防混用。箱梁底模和两侧的外模板安装好后，进行钢筋安装，施工顺序：安装底板钢筋骨架→腹板钢筋骨架、竖向预应力筋→腹板钢筋骨架内安装纵向预应力管道→顶板钢筋骨架→顶板锚头及横向预应力管道→安装梁顶预埋钢筋。

底板下层钢筋网片安装前先布设不低于梁体混凝土强度及耐久性能的垫块，垫块错开布置并保证不少于 4 个/m²，底板下层钢筋网片安装后，安装上层钢筋网片，两层钢筋网片之间按设计布置"匚"形钢筋并与上下层钢筋网片绑扎牢固。

（7）混凝土浇筑及养护

混凝土浇筑前在纵向预应力管道内插入内衬管保护预应力管道，直径略小于预应力管道。混凝土一次浇筑成形，采用商业混凝土，混凝土罐车运输到位，混凝土输送泵泵送入模，并采用插入式振捣棒振捣。混凝土强度等级为 C55，坍落度 160～200mm；考虑到支座位置钢筋较为密集，应加强振捣。锚固端封端层采用细石混凝土，其胶凝材料组成应与箱梁混凝土配合比相同，水胶比不大于 0.4，可掺入适量的膨胀剂，以保证其结合面的封锚效果。

腹板浇筑采用斜向分段、水平分层的方式，空心段混凝土分层厚度不大于 30cm，防止浇筑速度过快导致混凝土从底板下倒角位置溢出；实心段混凝土按 30～40cm 厚度分层浇筑。最后浇筑顶板，顶板采用由内向外的浇筑顺序，有利于控制顶面高程及坡度。上下层混凝土浇筑间隔时间不能超过初凝时间。浇筑腹板时，使用 ϕ150mm PVC 管作为混凝土下料通道，顺桥向每 2m 设置一根，此处钢筋在安装时可以暂时不固定，待腹板浇筑成形后将钢筋固定好。混凝土振捣使用插入式振捣棒，振捣棒要快插慢拔，上层混凝土浇筑时振捣棒应伸入下层混凝土 5～10cm，振捣棒单次移动距离不大于 30cm。

混凝土浇筑完成后，安排专人收面，主要分三次进行，第一次安排在混凝土浇筑过程中，将高出部分的混凝土铲除，局部凹坑处人工加料填平、振实。第二次收浆，用木抹子收浆、抹平。第三次压光，安排在混凝土初凝前，用铁抹子仔细收光、抹压，消除混凝土表面气泡、抹纹，保证平整度。收面结束后对顶板混凝土、箱室内底板混凝土覆盖土工布并洒水养护，混凝土养护由专人负责，保证覆盖混凝土的土工布表面一直处于湿润状态；直至达到设计强度。

（8）预应力张拉

混凝土强度达到设计要求后，进行预应力张拉施工。张拉时，操作人员配备对讲机，高压油泵操作人员注意与千斤顶操作人员保持联系，避免过快或不协调导致失误。张拉时千斤顶后方不得站人，不得在有压力的情况下旋转张拉工具的螺钉或油管接头。张拉台座前后均应设挡板，以保护张拉人员和路人安全。

（9）模板及支架拆除

收到项目技术人员指令后，方可进行架体拆除。拆除作业总体按照先装后拆、后装先拆的原则进行。先拆除侧模及底模，再拆除支架，支架从顶层开始、逐层向下拆除，同层杆件和构配件按先外后内的顺序拆除，模板、剪刀撑、斜杆、水平杆、扫地杆等应在拆除至该层杆件时拆除，严禁先行拆除。由专人指挥架体拆除作业，严禁上下层同时作业，严禁高空抛掷拆卸的杆件及构配件。拆除至地面的杆件及构配件及时检查、维修及保养，并应按品种、规格分类存放。

4）安全风险及危害

盘扣式支架安拆及使用过程中存在的安全风险见表2。

边跨现浇段施工安全风险识别 表2

序号	安全风险	施工过程	致险因子	风险等级	产生危害
1	失稳坍塌	混凝土浇筑	（1）边跨现浇段施工完成后，长时间未合龙； （2）地基处理不到位、架体安装不规范； （3）未进行地基及架体验收； （4）未实施预压； （5）地基受雨水浸泡、冲刷，架体受大风或冻融影响； （6）地基及架体维护不及时、不到位； （7）未有效实施监测预警	I	架体上方作业人员死亡或重伤
		架体预压	（1）地基处理不到位、架体安装不规范； （2）未有效实施预压监测预警	II	
		架体拆除	（1）架体总体拆除顺序不当； （2）先行拆除扫地杆、斜撑杆、水平向剪刀撑	II	
2	高处坠落	架体安装、拆除	（1）作业人员未穿戴防滑鞋、未系挂安全带； （2）未挂设安全平网	III	架体上方作业人员死亡或重伤
		梁体施工	（1）作业平台未规范设置防护栏、密目网； （2）作业平台跳板搭设未固定、未满铺，存在探头板	III	
		人员上下行	未规范设置爬梯	III	
3	物体打击	梁体施工	（1）作业平台未设置踢脚板； （2）作业平台堆置杂物或小型材料； （3）架体底部及四周未有效设置警戒区	IV	架体下方人员死亡或重伤
		架体拆除	（1）随意抛掷杆件、构配件； （2）拆卸区域底部未有效设置警戒区	IV	
4	起重伤害	吊运物料	（1）起重机司机、司索工、指挥技能差，无资格证； （2）钢丝绳或吊带、卡扣、吊钩等破损、性能不佳； （3）未严格执行"十不吊"； （4）吊装指令传递不佳，存在未配置对讲机、多人指挥等情况； （5）起重机回转范围外侧未设置警戒区	III	起重作业人员及受其影响人员死亡或重伤

5）安全风险防控措施

（1）防控措施

为防范以上安全风险，需严格落实各项风险防控措施，见表3。

边跨现浇段施工安全风险防控措施 表3

序号	安全风险	措施类型	防控措施	备注
1	失稳坍塌	质量控制	（1）严格按照设计、规程及验标要求，进行地基处理及架体搭设； （2）严格执行规程要求进行架体拆除作业，保证剪刀撑、斜杆、扫地杆等在拆除至该层杆件时拆除	
		管理措施	（1）邻近悬臂端剩余1～2个节段时，再行浇筑现浇段，避免梁体（尤其是张拉后的梁体）长时间在支架上搁置； （2）严格执行地基处理及支架搭设验收程序； （3）严格执行支架预压及沉降变形观测； （4）地基受雨水浸泡、冲刷，架体受大风或冻融影响后，及时进行二次验收	
2	高处坠落	安全防护	（1）架体搭设过程中，及时挂设安全平网； （2）工人作业时穿戴防滑鞋，正确使用安全带； （3）作业平台跳板满铺且固定牢固，杜绝探头板； （4）作业平台封闭围护，规范设置防护栏及密目网	

序号	安全风险	措施类型	防控措施	备注
2	高处坠落	管理措施	（1）为工人配发合格的安全带、安全帽等劳保用品，并培训其正确穿戴使用； （2）做好安全防护设施的日常检查维护，发现损坏及时修复	
3	物体打击	安全防护	（1）作业平台规范设置踢脚板； （2）架体底部设置警戒区	
		管理措施	（1）作业平台顶部严禁堆置杂物及小型材料； （2）拆除作业时，专人指挥，严禁随意抛掷杂物	
4	起重伤害	安全防护	起重机回转范围外侧设置警戒区	
		管理措施	（1）做好起重设备及特种作业人员的进场验收管理，保证设备性能、人员技能满足要求，设备及人员证件齐全有效； （2）做好钢丝绳或吊带、卡扣、吊钩、对讲机等日常检查维护，确保其使用性能满足要求； （3）吊装作业专人指挥，严格执行"十不吊"	

（2）工作纪律

除落实以上安全风险防控措施外，还应严格遵守以下工作纪律。

①防护用品：作业人员正确佩戴安全帽、安全带，正确穿戴防滑鞋及紧口工作服。

②班前讲话：每日上工前，由班组长开展班前讲话，将当日作业内容、存在的安全风险及危害、防范措施、作业要点等告知全部作业人员。

③工前检查：每日班前讲话后，对工人身体状态、防护用品穿戴、现场作业环境等进行例行检查，发现问题及时处理。

④维护保养：做好安全防护设施、安全防护用品、起重设备机具等的日常维护保养，发现损害或缺失，及时修复或更换。

6）质量标准

①支架基础应达到的质量标准及检验方法见表4。

支架基础质量检查验收表　　　　　　　　　　表4

序号	检查项目	质量要求	检验方法	检验数量
1	地基承载力	符合设计要求	触探等	每100m² 不少于3个点
2	垫层平面尺寸	不小于设计值	尺量	—
3	垫层厚度	不小于设计值	尺量	每100m² 不少于3个点
4	垫层顶面平整度	20mm	2m 直尺测量	每100m² 不少于3个点
5	垫层强度或密实度	符合设计要求	试验	—
6	排水设施	完善	查看	全部
7	施工记录、试验资料	完整	查看资料	全部

②盘扣式支架应达到的质量标准及检验方法见表5。

盘扣式支架搭设质量检查验收表 表 5

序号	检查项目		质量要求	检验方法	检验数量
1	底座与地基接触面/地基与垫板、垫板与地基接触面		无松动或脱空	查看	全部
2	可调底座	插入立杆长度	≥150mm	尺量	全部
		丝杆外露长度	≤300mm		
3	扫地杆	杆中心与底板距离	≤550mm	尺量	全部
4	立杆	间距	符合设计	查看	全部
5	水平杆	步距	符合设计	查看	全部
6	斜杆	安装位置、数量、型号	符合设计	查看	全部
7	插销	销紧度	锤击下沉量≤3mm	≥0.5kg 锤子敲击	全部
8	水平向剪刀撑	底部第一层水平杆上方安装第一层，其后每间隔4～6个标准步距设置一层	符合设计	查看	全部
9	水平防护网	每安装3层水平杆挂设一层	满挂	查看	全部
		作业层与主体结构间的空隙	满挂		
10	可调托撑	伸出顶层水平杆的悬臂长度	≤650mm	尺量	全部
		丝杆外露长度	≤400mm		
		插入立杆长度	≥150mm		
11	支架全高垂直度		≤架体总高的1/500且≤50mm	测量	四周每面不少于4根杆
12	顶层外侧防护栏	栏杆高度	高出作业层≥1500mm	查看	全部
		水平杆	立杆0.5m及1.0m处布设两道	查看	
		密目网	栏杆外侧满挂	查看	
13	工作平台	钢脚手板	挂扣稳固、处锁住状态	查看	全部
		木质或竹制脚手板	满铺、绑扎牢固、无探头板	查看	
		踢脚板	高度≥200mm	尺量	
14	爬梯		稳定、牢固	查看	全部
15	警戒区	架体底部外侧警戒线	除爬梯进出口外，封闭围护	查看	全部

7）验收要求

支架搭设各阶段的验收要求见表6。

盘扣式支架边跨现浇段施工各阶段验收要求表 表 6

序号	验收项目		验收时点	验收内容	验收人员
1	材料及构配件		盘扣架材料进场后、使用前	材质、规格尺寸、焊缝质量、外观质量	项目物资、技术管理人员，班组长及材料员
2	支架基础	基底	垫层施工前	地基承载力	项目试验人员、技术员，班组技术员

序号	验收项目		验收时点	验收内容	验收人员
2	支架基础	垫层	基底处理验收完成后	详见"支架基础质量检查验收表"	项目测量试验人员、技术员，班组长及技术员
3	支架架体	搭设过程	（1）首层水平杆搭设后； （2）每 2～4 步距或不大于 6m； （3）搭设达到设计高度后； （4）梁体混凝土浇筑前	详见"盘扣式满堂支撑架检查验收表"	项目技术员、测量人员，班组长及技术员
		使用过程	（1）停用 1 个月以上，恢复使用前； （2）遇 6 级及以上强风、大雨后； （3）冻结的地基土解冻后	除"盘扣式满堂支撑架检查验收表"要求的内容外，应重点检查基础有无沉降、开裂，立杆与基础间有无悬空，插销是否销紧等	项目技术员、测量人员，班组长及技术员

8）应急处置

（1）处置原则

施工过程中一旦发生险情或事故，应停止作业，切勿慌乱，切忌盲目施救，在保证自身安全的情况下按照处置措施要求科学开展施救，并及时向项目管理人员报告相关情况。

（2）处置措施

①支架坍塌：当出现支架坍塌征兆时，发现者应立即通知支架上下作业区域人员撤离现场，并及时报告项目部进行后期处置。

②触电事故：当发现有人触电时，立即切断电源。若无法及时断开电源，可用干木棒、皮带、橡胶制品等绝缘物品挑开触电者接触的带电物，之后解开妨碍触电者呼吸的紧身衣服，检查口腔，清理口腔黏液并立即就地抢救。如触电者呼吸停止，应采用人工呼吸法抢救；如心脏停止跳动，应采用胸外心脏按压法抢救。

③其他事故：当发生高处坠落、起重伤害、机械伤害等事故后，应立即采取措施切断或隔断危险源，疏散现场无关人员；然后对伤者进行包扎等急救，向项目部报告后原地等待救援。

附件：《×××大桥主桥连续梁边跨现浇段支架设计图》（略）。

交底等级	**三级交底**	交底编号	III-024
单位工程	上跨××铁路 2×70m"V"形刚构桥	分部工程	桥梁转体
交底名称	**桥梁转体施工**	交底日期	年　月　日
交底人	分部分项工程主管工程师 （签字）	审核人	工程部长（签字）
批准人	总工程师（签字）	确认人	专职安全管理人员（签字）
		被交底人	班组长及全部作业人员 （签字，可附签字表）

1）施工任务

上跨××铁路 2×70m"V"形刚构连续梁，采用双幅顺时针同步平转法施工，单幅转体梁长 130m、宽 25m、高 2.5m，V 形墩处梁高 4.5m、转体质量 15000t。

2）工艺流程

现场排查→施工准备→称重、配重→设备安装→试转体→正式转体→就位→临时固结。

3）作业要点

（1）现场排查

转体施工前进行施工条件排查，确认符合要求后，方可施工。主要排查如下几个方面：梁体结构线形、平面位置、梁体轴线等；应力检测下承台球铰区域；桥面以及箱梁内有无杂物、材料堆积；转体系统永久撑脚与滑道之间有无杂物；转体范围内影响转体的部分支架是否拆除；转体所处区域内供电是否正常，有无影响工地供电的不利因素；牵引系统张拉处有无不利因素影响安放张拉设备；张拉设备是否配套，张拉设备能否正常工作；应急救援设备和通话设备是否准备齐全；安全警示标志、导流标志等是否安放妥当。

（2）施工准备

在永久撑脚下依次设置 3mm 厚四氟滑板，使间隙变为 16mm，满足转体要求。仔细检查并清除转盘周边、上下承台间的钢筋、预埋件或结构物等。在临时沙箱拆除前对结构的线形及应力进行测量及检测。线形测量部位包括转体桥平面位置、梁体轴线等部位；应力检测部位为下承台球铰区域。将自动连续千斤顶、泵站、主控台安装在预定位置，并把油管及各信号电缆连接好。将钢绞线表面油污清洗干净，人工穿束就位并沿转台均匀排列，采用 YDC240Q 专用千斤顶将钢绞线逐根预紧，预紧力为 5～10kN，保证各根钢绞线在牵引过程中受力均匀。将主控台与泵站之间的电缆连接好，启动各泵站后开始调试，保证所有千斤顶同步工作。

转体施工需上跨某铁路，必须在天窗点内作业，转体施工前，营业线施工手续需办理妥当，作业人员、防护员等需经营业线施工专项培训并考核合格。

（3）称重、配重

在试转前，进行不平衡称重试验，测试转体部分的不平衡力矩、偏心矩、摩阻力矩及摩阻系数等参数，实现桥梁转体的配重，达到安全施工、平稳转体的目的。转体前用千斤顶对转体部分进行称重。根据称重结果确定桥梁配重参数，并进行配重。配重原则是使转体上部结构的重心垂线落于球铰轴心线偏后一侧（重心垂线仍落于球铰支撑面上）或使上转盘后侧撑脚落于滑道上。通过配重使转体在转动过程有 3 个有效支撑点，即球铰及靠后侧的 2 个撑脚，形成可控的稳定体系，杜绝瞬时任意方向倾斜现象。

（4）设备安装

加工连续千斤顶安装支架，将自动连续千斤顶、泵站、主控台安装在预定位置，并把油管及各信号电缆连接好。将主控台与泵站之间的电缆连接好，启动各泵站后开始设备调试，保证所有千斤顶同步工作。

（5）试转体

在上述各项准备工作完成后，正式转动之前，拆除支架，进行结构转体试运转，经计算模拟，转体结构悬臂端接近营业线内侧防护栅栏时的最大试转角度为3°，实际试转角度以3°控制。试转步骤包括：准备环节、设备安装、设备空载试运行、安装牵引索、检查环节及转体是否存在有碍转动的因素、全面检查转体结构各关键受力部位是否有裂纹及异常情况、转体试运行。试运行中牵引系统应注意以下几个问题：进行联动试验，因电气与液压配合比较复杂，需经多次联动试验以保证可靠性；确保牵引索中的每根钢绞线受力均匀，以免受力不均出现断根从而各个击破；牵引速度避免太快，以免造成转体到位时制动困难。

（6）正式转体

正式转体开始，先让辅助千斤顶达到预定吨位，转体人员接到总指挥长的正式实施转体命令后，启动动力系统设备，并使其在"自动"状态下运行。核对实际转动速度与预计速度的差值，确定"自动"状态下的运行时间。转体使用的两对称千斤顶作用力始终保持大小相等、方向相反，以保证上转盘仅承受于摩擦力矩相平衡的动力偶，无倾覆力矩的产生。

设备运行过程中，各岗位人员的注意力必须高度集中，时刻注意观察监控动力系统设备的运行情况、转体各部位的运行情况。如果出现异常情况，必须立即停机处理，待彻底排除隐患后，方可重新启动设备继续运行。在桥面中心轴线合龙前 1.0m，桥面监控人员开始每 10cm 给主控台报告 1 次监测数据；在 20cm 内，每 1cm 报告 1 次；即将到位时准确对梁的中轴线进行贯通测量，加强与控制台操作人员的沟通，确保桥面中心轴线合龙准确到位。

（7）固结

转体结构精确就位，平面及高程均满足要求后，采用钢楔块进行抄垫固定，并用电焊将钢楔块同滑道钢板，连同上盘预埋钢板进行全面焊接连接。系统临时锁定后，迅速进行预埋钢筋及预埋件的焊接，进行封铰混凝土浇筑施工，以最短的时间完成转盘结构固结。转体就位后，现场安全防护人员会同铁路设备管理单位确认铁路达到开放通行条件，解除施工现场封锁防护，所有人员、机械、设备及小型机具撤出铁路安全界限，由施工负责人通知驻站联络员达到放行条件，由驻站联络员告知车站调度员，恢复铁路运行。

4）安全风险及危害

转体施工前、后及过程中存在的安全风险见表1。

桥梁转体施工安全风险识别表　　　　　　　　　　表1

序号	安全风险	施工过程	致险因子	风险等级	产生危害
1	转体倾覆	试转、转体过程中	（1）称重、配重不准确，两侧质量不平衡差过大； （2）牵引设备故障、操作不当等引发转速过快； （3）大风等恶劣天气下作业	I	转体作业人员死亡或重伤
2	营业线事故	试转、转体过程中	（1）异物碰损营业线接触网； （2）桥面或梁体箱室内杂物未清空，坠物侵入营业线内； （3）营业线内防护检查不细致	II	接触网断线、异物侵入等造成铁路停运
		试转、转体过程中	（1）转体设备故障、电压不稳、操作不当、临时断电等造成转体不到位； （2）测试人员监控不到位、牵引设备故障等造成过转； （3）锁时间预估不足	III	延长或增补封锁点
3	物体打击	转体过程中	（1）桥面或梁体箱室内杂物未清空，坠物伤人； （2）转体作业区域底部未设置警戒区	III	转体半径内人员伤害或轨道损坏

5）安全风险防控措施

（1）防控措施

为防范以上安全风险，需严格落实各项风险防控措施，见表2。

桥梁转体安全风险防控措施　　　　　　　　　　表2

序号	安全风险	措施类型	防控措施	备注
1	转体倾覆	质量控制	（1）转体施工前，严格进行称重配重试验，确保两侧质量平衡； （2）转体过程中，严格控制转体速度，避免转体过快	
		管理措施	（1）转体前检查确保设备调试完好； （2）转体前，做好操作人员培训及演练，确保熟练操作； （3）6级以上大风等恶劣天气严禁进行转体作业	
2	营业线事故	质量控制	滑道与撑脚间涂抹黄油，铺设四氟板，减小摩阻力	
		管理措施	（1）转体前，检查桥面、箱内，确保杂物清理干净； （2）营业线范围内施工多人防护，作业完成后细致排查转体区域营业线内情况； （3）提前与地方供电部门联系，查明停电计划，配备发电机； （4）转体前检查确保设备调试完好； （5）转体前，做好操作人员培训及演练，确保熟练操作	
3	物体打击	安全防护	转体作业区域底部未设置警戒区，严禁人员进入	
		管理措施	转体前，检查桥面、箱内，确保杂物清理干净	

（2）工作纪律

除落实以上安全风险防控措施外，还应严格遵守以下工作纪律。

①防护用品：作业人员正确佩戴安全帽、安全带，正确穿戴防滑鞋及紧口工作服。

②班前讲话：每日上工前，由班组长开展班前讲话，将当日作业内容、存在的安全风险及危害、防范措施、作业要点等告知全部作业人员。

③工前检查：每日班前讲话后，对工人身体状态、防护用品穿戴、现场作业环境等进行例行检查，发现问题及时处理。

④维护保养：做好安全防护设施、安全防护用品、起重设备机具等的日常维护保养，发现损害或缺失，及时修复或更换。

6）质量标准

转体系统应达到的质量标准及检验方法见表3。

转体系统允许偏差和检验方法 表3

序号	项目		允许偏差（mm）	检验方法
1	球铰中心轴线	相对设计位置偏差	5	测量检查
		竖向垂直度	1/1000	
2	球铰或支座	顶面各角相对高差	1	
3	撑脚高度		2	
4	滑道平整度	3m 长度内平整度	1	
		径向对称点高差	不大于滑道直径的 1/5000	

7）验收要求

转体系统安装及转体实施前各阶段的验收要求见表4。

转体系统安装及转体实施各阶段的验收要求表 表4

序号	验收项目		验收时点	验收内容	验收人员
1	转体球铰	安装前	材料进场后、使用前	材质、规格尺寸、焊缝质量、外观质量	项目物资、技术管理人员，班组长及材料员
		安装后调试	材料安装后	精调后高程、上下转盘的吻合度及缝隙	项目物资、技术管理人员、测量人员、班组长及材料员
2	配合球铰转动的四氟乙烯滑块	安装前	材料进场后、使用前	数量、厚度、编号	项目物资、技术管理人员，班组长及材料员
		安装后调试	材料安装后	安装后进行球铰的转动，查看球铰能否正常转动	项目物资、技术管理人员，班组长及材料员
3	连接销轴		材料进场后	材质、直径、长度	项目物资、技术管理人员，班组长及材料员
4	称重检测设备		设备进场后	设备运转能力、数据显示	项目物资、技术管理人员，班组长及材料员
5	现场用电设备		用电设备通电前后	电力供电状态，电缆线等零部件	项目物资、技术管理人员，班组长及专业电工
6	连续张拉千斤顶及操作台		设备进场后	设备运转能力、操作台数据显示	项目物资、技术管理人员，班组长及操作手

8）应急处置

（1）处置原则

施工过程中一旦发生险情或事故，应停止作业，切勿慌乱，切忌盲目施救，在保证自身安全的情况下按照处置措施要求科学开展施救，并及时向项目管理人员报告相关情况。

（2）处置措施

①转体倾覆：当出现转体倾覆征兆时，发现者应立即通知转体上下作业区域人员撤离现场，并及时报告项目部进行后期处置。

②当发现有人触电时，立即切断电源。若无法及时断开电源，可用干木棒、皮带、橡胶制品等绝缘物品挑开触电者接触的带电物，之后解开妨碍触电者呼吸的紧身衣服，检查口腔，清理口腔黏液并立即就地抢救。如触电者呼吸停止，应采用人工呼吸法抢救；如心脏停止跳动，应采用胸外心脏按压法抢救。

③其他事故：当发生高处坠落、起重伤害、机械伤害等事故后，应立即采取措施切断或隔断危险源，疏散现场无关人员；然后对伤者进行包扎等急救，向项目部报告后原地等待救援。

25 架桥机安装拆除施工安全技术交底

交底等级	三级交底	交底编号	III-025
单位工程	×××大桥	分部工程	箱梁架设
交底名称	架桥机安装拆除施工	交底日期	年　月　日
交底人	分部分项工程主管工程师（签字）	确认人	工程部长（签字）
批准人	总工程师（签字）	确认人	专职安全管理人员（签字）
		被交底人	班组长及全部作业人员（签字，可附签字表）

1）施工任务

××预制梁场需架设箱梁389榀，其中32m简支箱梁为360榀、24m简支箱梁为29榀，采用TLJ900架桥机进行架设，架桥机结构设计见附件1《TLJ900架桥机结构设计图》。箱梁架设前及架设完成后，需进行架桥机安装、拆除作业。

2）工艺流程

①架桥机安装工艺流程如图1所示。

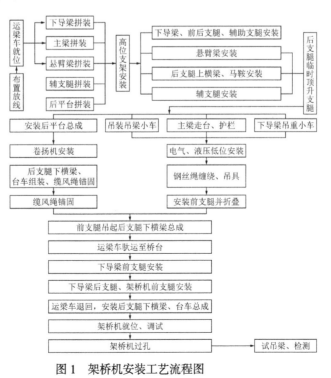

图1　架桥机安装工艺流程图

②架桥机拆卸工艺流程如图2所示。

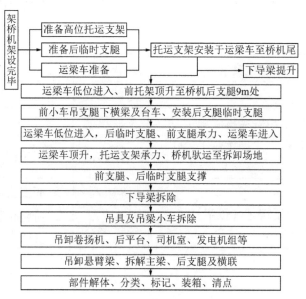

图2 架桥机拆卸工艺流程图

3）作业要点

（1）施工准备

在梁场内进行架桥机安装、拆卸作业，场地长160m、宽32m，基底经整平夯实并铺300mm厚C30混凝土，承载力≥300kPa，坡度0.2%，排水状态良好。安拆作业前，需在场地外侧设置围栏，避免无关人员、车辆进入。进场后，将安装公司资质、特种设备操作人员证书等交项目安全监督部、物资设备部备案。每日安拆作业前，检查起重机、钢丝绳、卸扣等设备机具，保证良好使用状态。

（2）架桥机安装

①运梁车就位

架桥机安装前运梁车完成安装调试，在拼装场地就位，就位位置如图3所示。

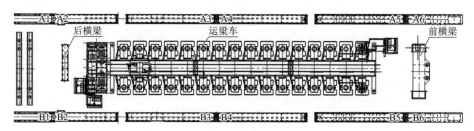

图3 运梁车就位位置示意图

②主梁拼装

主梁框架共计195t，最大单件质量17t，拼装时用ϕ32mm×12m钢丝绳两根，50t起重机按照顺序依次同向拼接，其中A6与A5、A4与A3、A2与A1分别拼成一组，两组按照安装主梁顺序分别摆放在运梁车两侧。拼装时在底部用枕木搭高0.6m临时支承以便安装下拼接板螺栓及其他附属件，其中枕木要井字交叉搭建，基础可靠，如图3、图4所示。

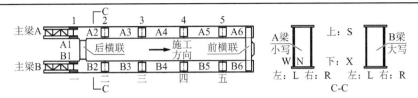

图 4　主梁顺序示意图

③悬臂梁总成拼装

悬臂梁共计三节，总成质量34t，最大单件质量12.5t，组装时按照悬臂梁安装顺序（1～3步）安装，摆放于架桥机主梁前部前进方向，如图5所示。上述金属结构各节段的对接，应用35t千斤顶调整主梁高差，以一节为基准点，通过千斤顶调整另一节高差，并安装全部螺栓，对各拼装阶段的直线度和旁弯进行调整，达到标准要求后按照按先中间、后两边、对角、顺时针方向依次、分阶段紧固。第一步拧50%左右的力矩，第二步拧100%的力矩。螺栓末端应露出螺母1～3个螺距。各阶段组装完成后，用枕木支垫牢固。

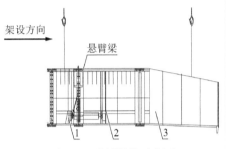

图 5　悬臂梁拼装示意图

④下导梁拼装

下导梁总质量50t，最大单件质量12.2t，拼装时采用ϕ32mm×12m钢丝绳。下导梁可同时与主梁拼装，也可在主梁拼接完时再拼接下导梁。下导梁拼装时于运梁车前部位置，在主梁悬臂端前部用50t汽车起重机按照与主梁安装顺序拼装，不得反向，在下导梁底部拼接板两侧垫高60～80cm枕木（井字交叉），以便安装拼接板、连接螺栓等；检查螺栓连接、支腿连接、下导梁直线度、旁弯等主要尺寸，符合要求后放置于主梁前部。

⑤后支腿部件组装

后支腿总成含马鞍、上横梁、O形腿立柱、下横梁、台车、顶升装置等，组装时马鞍、上横梁分别摆放于运梁车两端尾部。后支腿O形立柱单件17.5t，临时支腿单件自重5.7t，用1台50t起重机、2根ϕ32mm钢丝绳进行吊装。选用20t弓形卸扣4件，直径50mm，卸扣销轴螺栓直径56mm。后临时支腿与O形立柱安装，并按规范要求的规格、型号用螺栓紧固。组装完成后分别摆放于运梁车后部两侧（主梁后部），等待吊装。

后支腿下横梁总成（含下横梁、台车、顶升装置）质量31.8t，下横梁15.7t，台车单件质量7.2t，顶升装置单件质量0.85t。选用1台50t汽车起重机、2根ϕ32mm×8m纤维芯钢丝绳、4件10t弓形卸扣进行拼装，弓形卸扣要求直径35.5mm，卸扣销轴螺栓直径40mm。拼装完成后放置于前吊梁小车附近（运梁车前部），托运时前小车吊起下横梁。

⑥前支腿拼装

前支腿总成质量17t，最大单件质量6t，其主要由边跨装置（行走）、支腿上部结构、上部铰座、短节、下部顶升装置组成，前支腿与后支腿同为吊梁状态主要受力结构件，安装完成后支腿上部法兰与主梁前端螺栓连接。本次拼装高度在7.6m左右。用1台50t汽车起重机、2根ϕ32mm×8m纤维芯钢丝绳拼装，摆放于主梁前端（前进方向）。选用4件10t弓形卸扣，且要求直径35.5mm，卸扣销轴螺栓直径40mm。前支腿拼装时底座可与下节一起安装、折叠，安装前支腿时由于高度略低，底部须用枕木、钢板等抄垫牢固，保持7.6m高度。

拼装时前支腿上中心距为 6.2m，下部中心距 4.7m，对角误差、垂直度误差满足规范要求，法兰接触平面不得小于 80%。连接螺栓按照随机资料要求性能等级匹配，并按照规范逐步紧固，不得遗漏；检查顶升丝杠应调整灵活，并加注润滑油，不得有卡阻、倾斜顶升现象。

⑦辅助支腿拼装

辅助支腿分两部分组装，均衡梁及以上部件拼装后质量 15t，单件最大质量 3t，主要由上横梁、顶升液压缸、伸缩套、均衡梁、纵移装置、台车等组成。用 1 台 50t 汽车起重机、2 根 $\phi32mm \times 8m$ 纤维芯钢丝绳、4 件 10t 弓形卸扣吊装。辅助支腿均衡梁以下部分装配好后放置于下导梁端部 1.05m 位置并紧固牢靠，不得滑移。

支腿拼装时法兰板之间最小接触面积不小于 80%，支腿竖向垂直度不大于 $H/2000$（H 为支腿高度），连接螺栓按照设计文件要求不得随意更改性能等级及型号，紧固时按照规范及设计文件要求的扭矩分次逐步拧紧。

⑧高位转运支架安装

高位转运支架两件，单件质量 10.5t，用 1 台 50t 汽车起重机、2 根 $\phi32mm \times 8m$ 纤维芯钢丝绳、2 件 20t 弓形卸扣将转运支架吊装于运梁车（低位），如图 6 所示。

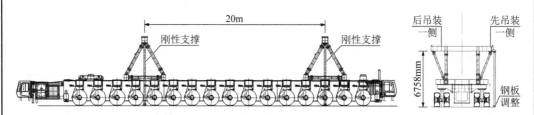

图 6　高位转运支架安装示意图

⑨前支腿安装

前支腿总成质量 17t，将拼装好的前支腿用 1 台 50t 汽车起重机、2 根 $\phi32mm \times 8m$ 纤维芯钢丝绳、2 件 20t 弓形卸扣栓接于前支腿吊装耳板上，吊装就位于运梁车前部，距前转运支架 10m 位置。前支腿底部垫实，不得有压溃、沉降现象，为增加抗压面积底部可用钢板垫实，并采用橡胶垫等防滑措施。前支腿前后各拉两道 $6 \times 37\text{-}\phi16mm$ 的缆风绳，与地面夹角不得大于 45°，如图 7 所示。安装时前支腿与支架高差不得大于 5mm，并在一条直线上。

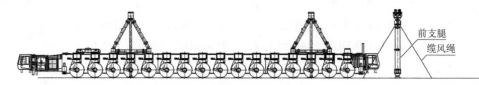

图 7　前支腿安装示意图

⑩主梁吊装

用两台 50t 汽车起重机将组装好的主梁 A5、A6（B5、B6）分别吊装就位。汽车起重机臂长 18m，半径 6m，2 根 $6 \times 37\text{-}\phi44mm$ 钢丝绳、32t 弓形卸扣栓接于两组主梁两端吊点，A6 端部距前部支架 15～16m，主梁各节段拼装如图 8 所示。

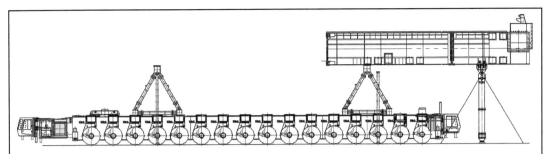

图 8　主梁 A5、A6（B5、B6）节段拼装示意图

吊装完成一侧主梁后，用手拉葫芦将主梁、支架临时锚固，采用相同方式吊装另一侧主梁。抬吊主梁时两起重机应同步动作，至安装位置附近时两台或一台微量调整，切忌起重机大幅度调整。安装时应使用型号、性能等级符合随机资料要求的螺栓。有误差时应微量调整起重机、采用冲钉定位方式安装，调整好主梁直线度、拱度后，连接螺栓应由内向外对角分2～3 次逐步紧固到设计扭矩。用 50t 汽车起重机吊装前、后横联，并紧固，检验两主梁轨道中心距，并记录。主梁安装完成后即可拆除刚性支撑。

⑪悬臂梁安装

悬臂梁组装后总质量 34t，用两台 50t 汽车起重机抬吊。起重机臂长 18m，幅度 5m。2 根 6×37-ϕ44 钢丝绳、20t 弓形卸扣拴接于悬臂梁两端（护角时须固定），抬吊就位，如图 9 所示。安装前，需检查悬臂梁挠度及下部运行轨道接头是否符合要求。

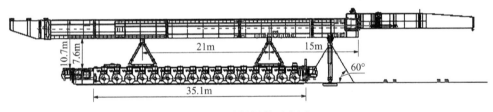

图 9　悬臂梁拼装示意图

⑫后支腿安装

后支腿上横梁质量 14t，选用 50t 汽车起重机、2 根 6×37-ϕ32mm 钢丝绳、20t 弓形卸扣栓接于耳板上，吊装并与主梁连接，按规范要求紧固螺栓。马鞍质量 11.2t，用 50t 汽车起重机、2 根 6×37-ϕ32mm 钢丝绳、20t 弓形卸扣兜马鞍上部，并点焊护角，吊装马鞍并与支腿上横梁连接，按规范要求紧固螺栓。后 O 形支腿（含临时支腿）组装单件质量 13.2t，用 1 台50t 汽车起重机、2 根 ϕ32mm 钢丝绳、2 件 20t 弓形卸扣吊装，并采用符合规范要求的规格、型号的螺栓扭矩紧固。

⑬下导梁安装

下导梁总质量 50t，用两台 50t 抬吊就位，4 根 6×37-ϕ32mm 钢丝绳、4 件 20t 弓形卸扣抬吊下导梁两端，至架桥机前部位置，为安装辅助支腿做好准备。其中辅助支腿底部台车安装于下导梁端部 1.05m 距离处，并锚固可靠。下导梁下部应均匀垫实枕木，高度约为 30cm，辅助支腿下部应并列密布枕木，防止压溃、沉降等。

⑭辅助支腿安装

用 50t 汽车起重机吊装辅助支腿，安装于主梁低位，紧固螺栓等。调整伸缩液压缸，使主梁与台车横梁连接、紧固，注意此时辅助支腿只是略微受力，不得使前支腿离开基础平面。

辅助支腿台车部分设置有下横梁、反挂轮、纵移台车等机构，随下导梁一起安装，距离下导梁端部 1.05m 左右，如图 10 所示。

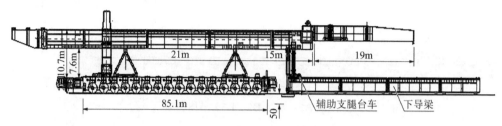

图 10　辅助支腿安装示意图

⑮后支腿临时顶升支腿

后临时顶升支腿为低位拼装、顶升、高位驮运的辅助支撑机构，临时顶升支腿的位置在后支腿中心线向后 5.5m 位置处。50t 汽车起重机将临时顶升支腿安装于主梁上，并按规范选用螺栓型号、性能等级并紧固。

⑯配套系统安装

依次安装后平台总成、卷扬机、吊梁小车、下吊梁吊重小车、电气及液压系统、钢丝绳等。

后平台重 7t，用 1 台 50t 起重机吊装安装后平台总成，后平台主要为卷扬机安装、液压系统操作、电气操作平台等，处于整机尾部。卷扬机共四台，其中两台卷扬机为两点吊，另两台为一点吊（一条钢丝绳）。用 50t 起重机吊装四台卷扬机至后平台安装位置，保证一点吊或两点吊卷扬机处于同一纵向位置（与桥机工作状态垂直），并与吊梁小车相对应。

吊梁小车组装完成后置于架桥机主梁一侧，吊梁小车计 2 台，单台吊梁小车重 29.6t，分体吊装，起重最大单重为 11t，其中前小车为一点吊（钢丝绳一条），后小车为两点吊（钢丝绳两条）。用 1 台 50t 汽车起重机，2 根 6×37-φ32mm 钢钢丝绳，4 件 20t 弓形卸扣挂接于吊装耳板上吊装。注意此时一点吊、两点吊小车应与卷扬机布置位置相对应，不得错位。下吊梁吊重小车采用变频调速，位于悬臂梁下方，总成质量 8t，主要完成跨步下导梁的运送、对位。小车设置有横移装置，便于曲线过孔，用 50t 起重机悬挂于悬臂梁下方。

安装好的电气、液压系统进行调试，检查控制、液压系统各动作情况，卷扬系统制动情况，以及各传动部件是否能正确执行各动作，并运转灵活、无卡阻等现象。

⑰安装前支腿并折叠

顶升辅助支腿，将前支腿下部及底座折叠，并通过钢丝绳稳固于主梁上，如图 11 所示。

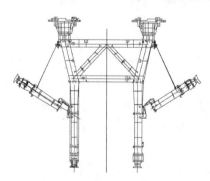

图 11　前支腿折叠安装示意图

⑱前小车吊起后支腿下横梁总成

后支腿下横梁、台车、顶升装置等总质量约31.8t，用前吊梁行车将其提升至主梁下平面、运梁车上平面以上高度，并至主梁前部，如图12所示。

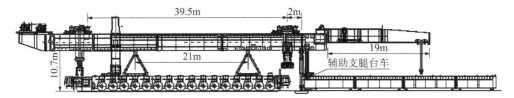

图12　后支腿下横梁吊运示意图

⑲运梁车驮运

用手拉葫芦拉好主梁与支架（前后各两道），同时收辅助支腿、起升下导梁吊重小车，使下导梁最低面距运梁车轮胎最低点约为50cm，如图13所示。

检查架桥机上所有零部件是否稳固、锚固，折叠支腿是否牢固，驮运支架与运梁车锚固是否可靠，主梁与手拉葫芦是否可靠，沿途运行路基是否满足要求，并清除沿途障碍物，运梁车驮运至桥头。

⑳下导梁前支腿安装

运梁车驮运至0号墩台处，起重机吊下导梁前支腿，安装于下导梁前部位置，并紧固好螺栓，如图14所示。

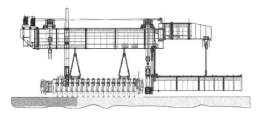

图13　运梁车高位驮运支架示意图

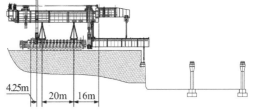

图14　下导梁前支腿安装示意图

㉑下导梁后支腿、架桥机前支腿安装

下导梁前支腿安装完成后，运梁车前移至0号墩台处，安装下导梁后支腿、架桥机前支腿折叠至架梁支承状态，将连接螺栓紧固好，如图15所示。

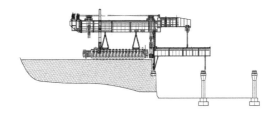

图15　下导梁后支腿、前支腿安装示意图

㉒退运梁车

收运梁车、辅助支腿，使后支腿临时支腿、辅助支腿、前支腿承力，高位转运支架脱离主梁，运梁车后退至前部支架中心距离后支腿中心9m位置，稳固好运梁车。

㉓安装后支腿下横梁、台车总成

稳固好运梁车，用前吊梁小车吊后支腿下横梁、台车总成于后支腿位置，顶升后临时升降支腿于运梁车中梁上，后支腿临时支腿脱离基础面，拆解后临时支腿，安装后支腿下横梁、台车、顶升机构。

㉔架桥机过孔至待架状态、调试、取证

收后临时顶升支腿，架桥机后支腿台车落于铺设轨道上，后移运梁车，拆除后临时顶升支腿。准备架桥机至架梁工况，动作前必须进行彻底检查。

（3）架桥机拆卸

①运梁车驮运架桥机至拆卸场地

将架桥机驮运至预定的拆卸场地，该场地必须满足拆卸吊装要求。将前支腿在地面上支承好，并前后用4件5t手拉葫芦拉好、后临时支腿临时支承，并增加运梁托架与运梁车的临时固定，增加拆解过程的稳定性。拆除影响钢结构拆卸的部分电气系统及液压系统。

②下导梁拆除

降辅助支腿、下导梁吊重小车，使下导梁落于地面，接头部位垫高60cm左右，用50t汽车起重机对下导梁分段解体，并同时拆除下导梁吊重小车（8t）、辅助支腿。下导梁总质量约50t，最大单件质量12.2t。采用50t汽车起重机，其主臂长18m，作业半径7m，最大吊重14t，即可满足要求。采用直径22mm、长度10m的钢丝绳，4件10t卸扣耳板吊卸。

③吊具及吊梁小车拆除

将前吊梁吊车落于地面，吊卸后支腿下横梁，吊具落到地面并支撑稳固；拆除前后吊梁小车油管、线路，将钢丝绳缠绕在卷筒上。卷扬机分为两部分吊装，每组定滑车12t、车架17.6t。用50t汽车起重机分别吊卸前、后下车架，起重机臂长18m，作业半径6.5m，吊重20t，满足作业要求。选取6×37-ϕ28mm纤维芯钢丝绳即可满足要求。

④吊卸卷扬机

一点吊卷扬机缠绕钢丝绳时最大质量11t、后平台质量7t，采用一台50t汽车起重机，起重机主臂18m，作业半径6m，最大吊重20t，满足作业要求。采用2根6×37-ϕ22mm长度10m纤维芯钢丝绳，4件10t卸扣。

⑤悬臂梁拆卸

a.悬臂梁整体拆卸

悬臂梁组装后总质量为34t，选用2台50t汽车起重机抬吊两端，选取2根6×37-ϕ24mm纤维芯钢丝绳、4件20t卸扣，悬臂梁整体拆卸如图16所示。

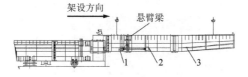

图16 悬臂梁整体拆卸示意图

整体拆卸时，2台50t汽车起重机将悬臂梁落于地面上，在悬臂梁的接头处垫好枕木，再用单台50t汽车起重机逐一解体。

b.悬臂梁分体拆卸

采用1台50t汽车起重机将悬臂梁依次解体，单件悬臂梁最大质量12.5t，主臂长18m，作业半径7m，最大吊重14t。选取2根6×37-ϕ22mm纤维芯钢丝绳，4件10t卸扣。

⑥拆除后支腿

后支腿马鞍质量1t，上横梁质量14t，立柱质量17.3t，采用1台50t汽车起重机拆解，主臂长18m，作业半径6m，最大吊重20t。采用钢丝绳垂直吊装，选用2根6×37-φ22mm、长度10m纤维芯钢丝绳，4件10t卸扣。由于立柱结构特殊，吊装立柱时要找好立柱的重心，确保吊卸时的稳定与平衡，可焊接4件耳板，采用4条6m等长钢丝绳吊装。

⑦拆除主梁

主梁共分为六节，节与节之间采用拼接板连接，拆卸时分成3部分拆解，每两节一组由后向前拆卸，采用2台50t汽车起重机抬吊拆解。其中后两节质量15.1t，中间两节质量32t，前两节质量29t。采用主梁耳板吊卸，选用2根6×37-φ36mm、长度8m的纤维芯钢丝绳。

50t汽车起重机主臂长18m，作业半径6m，最大吊高17m，最大吊重22.2t。双机抬吊时每台起重机的最大起重荷载应折减为额定荷载的75%（双机抬吊时起吊质量不得超过两台起重机在该工况下允许起重量总和的75%，单台起吊质量不超过额定起重量的80%。），拆解时，为保障拆解的安全性、稳定性，前支腿位置应前后各设置2台5t手拉葫芦锚固。

用2台50t汽车起重机双机抬吊逐步拆解主梁尾部、中部、前端各节段，如图17所示。

图17　拆除主梁节段示意图

用两台50t汽车起重机将剩余主梁及前支腿一起吊起，运梁车开离主梁，用另一台25t汽车起重机拆卸前支腿，将主梁及前横联落于预先放好枕木的地面上，逐一解体到可运输状态。

⑧拆解、分类

将需要拆解的部件解体，并做好标记按次序分类摆放，将标准件、关键销轴、吊杆等零件装箱，准备转场、运输及安装。

4）安全风险及危害

架桥机安装拆卸及使用过程中存在的安全风险见表1。

架桥机安拆施工安全风险识别表　　　　　　　　　　　　表1

序号	安全风险	施工过程	致险因子	风险等级	产生危害
1	设备倾覆	钢结构拼装、拆卸，运梁车运架桥机	（1）地基承载力不满足要求； （2）特种作业人员无资格证上岗（司机、信号、司索）； （3）固定缆拉绳的配重选择不合理； （4）缆拉绳与配重、支腿的连接不牢固； （5）大风等恶劣天气下作业； （6）运梁车驮运架桥机时速度快、紧急制动、支腿固定不牢	I	作业人员死亡或重伤
2	机械伤害	钢结构拼装或拆卸	（1）吊装时吊点选择不合理，吊件失稳出现磕碰、冲击其他设备及构件，人员磕碰、挤压以及坠物伤人； （2）机械设备运转时造成的卷、绞、切、挤压伤害； （3）操作人员施工过程中未遵守操作规程（玩手机、看书、吃东西）	II	作业人员死亡或重伤

续上表

序号	安全风险	施工过程	致险因子	风险等级	产生危害
3	高处坠落	高处作业	（1）作业人员未穿戴防滑鞋、未系挂安全带； （2）未挂设安全平网； （3）高处作业部位未按规定搭设作业平台，作业平台未规范设置防护栏、密目网； （4）作业平台跳板搭设未固定、未满铺，存在探头板； （5）未规范设置人员上下行爬梯	III	作业人员死亡或重伤
4	物体打击	高处作业、起重吊装	（1）作业平台未设置踢脚板； （2）作业平台堆放杂物或小型材料； （3）安拆底部及四周未有效设置警戒区； （4）随意抛掷杆件、构配件； （5）吊装时吊点选择不合理以及负荷分配不合理或在起吊过程中出现倾斜导致坠物伤人、设备倾翻伤人； （6）工器具未按正确方法使用； （7）构件转运过程中的操作、指挥人员失误以及吊具及捆绑方式不符合要求； （8）绳具存在缺陷或选择错误	III	作业人员死亡或重伤
5	起重伤害	起重吊装	（1）起重机司机、司索工、指挥技能差，无资格证； （2）钢丝绳或吊带、卡扣、吊钩等破损、性能不佳； （3）未严格执行"十不吊"； （4）吊装指令传递不佳，存在未配置对讲机、多人指挥等情况； （5）起重机回转范围外侧未设置警戒区； （6）汽车起重机站位场地不符合要求，场地不坚实； （7）施工机械选择不合理，机械超负荷作业； （8）在6级以上大风、雷、雪等恶劣天气作业； （9）吊装时吊点选择不合理，吊件失稳出现磕碰、冲击其他设备及构件，人员磕碰、挤压以及坠物伤人	III	起重作业人员及受其影响人员死亡或重伤
6	触电	电气安拆	（1）未掌握高压线电压及作业安全距离； （2）雷雨天气未停止作业并切断电源； （3）未正确使用防护用品、现场积水潮湿、接线方式或电器灯具使用不当； （4）使用的电焊机、电动工器具、照明灯具及线路等漏电； （5）电气设备及线路漏电保护失效	III	触电死亡或重伤

5）安全风险防控措施

（1）防控措施

为防范以上安全风险，需严格落实各项风险防控措施，详见表2。

架桥机安拆安全风险防控措施表   表2

序号	安全风险	措施类型	防控措施	备注
1	设备倾覆	质量控制	（1）拼装场地加强施工质量控制，确保承载力、平整度符合要求； （2）钢结构临时固定用地锚、缆风绳、配重严格按照设计方案要求施作	
		管理措施	（1）各环节施工前，加强工前检查，确保符合规范及安拆方案要求； （2）加强特种设备、人员进场检查，确保持证上岗； （3）大风等恶劣天气严禁作业，并加强临时支撑措施； （4）运梁车驮运架桥机慢速行驶，严禁紧急制动	

序号	安全风险	措施类型	防控措施	备注
2	机械伤害	质量控制	（1）严格按照设计、规程及验标要求进行地基处理； （2）操作各种机械人员必须经过专业培训，能掌握该设备性能的基础知识，经考试合格，持证上岗。上岗作业中，必须精心操作，严格执行有关规章制度，正确使用劳动防护用品，严禁无证人员驾驶机械设备	
		管理措施	（1）对所有相关作业人员进行安全教育培训及安全技术交底； （2）特种作业人员持证上岗； （3）遵守安全操作规程； （4）现场专人旁站监督； （5）强化安全教育，提高安全防护意见，提高工人操作技能； （6）作业人员必须佩戴好劳动保护用品，严格按说明书及安全操作规程进行操作	
3	高处坠落	安全防护	（1）高处作业必须按规程搭设作业平台，作业平台封闭围护，规范设置防护栏及密目网，作业人员佩戴安全帽、安全带等防护用具； （2）工人作业时穿戴防滑鞋，正确使用安全带	
		管理措施	（1）施工前对所有的钢丝绳、卸卡、起重设备等工器具要仔细检查记录，合格后方可使用； （2）做好安全防护设施的日常检查维护，发现损坏及时修复	
4	物体打击	安全防护	（1）作业平台规范设置踢脚板； （2）安装（拆除）部位设置安全作业警戒线，并派设安全警戒人员，禁止无关人员进入	
		管理措施	（1）作业平台顶部严禁堆置杂物及小型材料； （2）安拆作业时，设专人指挥，严禁随意抛掷杆件及构配件； （3）在安拆时地面应划好安全区，以避免重物掉落，造成人员伤亡，未经许可不得擅自进入施工现场，指定专人观察滑车、钢丝绳的工作情况，若有异常，禁止施工； （4）正确使用工器具，按照要求放置构件	
5	起重伤害	安全防护	（1）工作场地设安全警戒人员，禁止无关人员进入作业区域； （2）在施工现场设置围栏、警示牌、夜间警示灯	
		管理措施	（1）做好起重设备及特种作业人员的进场验收管理，保证设备性能、人员技能满足要求，设备及人员证件齐全有效； （2）作业前做好吊具、钢丝绳、吊带、卡扣、吊钩、对讲机等日常检查维护，确保其使用性能满足要求； （3）吊装作业专人指挥，严格执行"十不吊"； （4）设置专职人员进行吊装指挥； （5）合理捆绑被吊件，棱角锋利边角与吊绳接触处加衬垫； （6）按照被吊物质量及作业半径，查询汽车起重机起重能力表，确定起重机伸臂长度及吊臂工作角度	
6	触电	安全防护	正确穿戴劳保用品，正确佩带和使用安全器具，按操作规程作业并定期检查线路安全	
		管理措施	（1）对作业人员进行专项交底，告知作业风险、安全距离及适宜的作业位置等； （2）作业过程中加强现场指挥，并服从指挥； （3）严格执行现行《施工现场临时用电安全技术规范》（JGJ 46—2005）要求	

（2）工作纪律

除落实以上安全风险防控措施外，还应严格遵守以下工作纪律。

①防护用品：作业人员正确佩戴安全帽、安全带，正确穿戴防滑鞋及紧口工作服。

②班前讲话：每日上工前，由班组长开展班前讲话，将当日作业内容、存在的安全风险及危害、防范措施、作业要点等告知全部作业人员。

③工前检查：每日班前讲话后，对工人身体状态、防护用品穿戴、现场作业环境等进行例行检查，发现问题及时处理。

④维护保养：做好安全防护设施、安全防护用品、起重设备机具等的日常维护保养，发现损害或缺失，及时修复或更换。

6）质量标准

架桥机整机安装应达到的质量标准及检验方法见表3。

架桥机安装拆卸质量检查验收表

表3

序号	检查项目	质量要求	检验方法
1	下导梁吊装到位后四角点的高低差	≤3mm	全站仪
2	拼装完毕后的下导梁中心应起拱	≤60mm	水准仪
3	下导梁的旁弯	≤21.3mm	尺量
4	轨道高低差	≤2mm	2m直尺测量
5	轨道接头间隙	≤3mm	轨道检查仪
6	轨道接头横向错位	≤2mm	轨道检查仪
7	下导梁全长旁弯	≤$L/1500$mm	拉钢丝法
8	主梁拼装后中心距误差	<5mm	全站仪
9	主梁拼装后两大对角线的误差	≤15mm	拉钢丝法
10	同一截面两主梁高差	≤10mm	水准仪
11	主梁拼装后的旁弯误差	≤35mm	拉钢丝法
12	两主梁轨道接头侧向及高低误差	≤2mm	水准仪
13	两主梁轨道接头间隙	≤4mm	尺量
14	两主梁轨道中心距偏差	≤±8mm	尺量
15	小车运行方向同一截面轨道高低差	当$K≤2m$时，$\Delta h≤5mm$； $2<K≤6.6m$时，$\Delta h≤10mm$；	水准仪
16	主梁跨中上拱度允许偏差	±$S/5000$	全站仪
17	主梁跨中最低点水平线	≥$S/1000$	用水准仪或拉钢丝线用钢板尺测量
18	正轨箱型、半偏轨箱型主梁水平旁弯	≤$L/1500$	拉钢丝线测量
19	腹板最大翘曲	<0.7δ（距离上翼缘板$H/3$处）	1m直角尺测量
20	腹板的垂直偏斜	≤$H/200$mm	水平尺
21	主梁翼缘板水平偏斜	≤$B/200$mm	水平尺
22	主梁全长平面度	<$L/1500$	偏摆仪
23	悬臂梁两片板梁顶面高差	5mm	水准仪
24	悬臂梁两片板梁中心距	±3mm	经纬仪

序号	检查项目	质量要求	检验方法
25	悬臂梁全长	±10mm	经纬仪
26	悬臂梁全高	±2.5mm	水准仪
27	悬臂梁傍弯	±13mm	拉钢丝法
28	悬臂梁钢轨中心距	±2mm	全站仪
29	悬臂梁钢轨接头高差	≤2mm	水准仪
30	悬臂梁钢轨接头间隙	≤4mm	尺量
31	悬臂梁钢轨横向错位	≤2mm	轨道检查仪
32	小车、辅助支腿台车、下导梁天车：行走轮踏面高低差	≤2mm	水准仪
33	小车车轮水平偏斜	≤2.5mm	全站仪
34	主回路、控制电路、电气设备之间绝缘电阻	≥1.0MΩ	电阻表

注：L-下导梁长；K-轨距；Δh-高差；H-腹板高度；B-主梁翼缘板宽度。

7）验收要求

架桥机安装拆卸验收要求见表4。

架桥机安装拆卸验收要求　　　　　　　　　　　　　　　　　　　表4

序号	验收项目	检查内容及要求	验收人员
1	轨道	（1）铺设轨道间距符合要求（6.2m），轨距误差应在规定范围内，但最大不得大于±15mm，严禁出现"外八、内八"现象； （2）轨道不应有裂纹、压溃变形、严重磨损等缺陷； （3）轨道接头高低差及侧向错位不大于1mm，间隙不应大于2mm。单根轨长超过10m时间隙不得大于3～5mm	项目设备、安全、技术人员，班组长及技术员、安全员
2	后支腿	（1）台车箱体和拖轨卷扬机座有无变形，主要焊缝是否有裂纹、开焊等缺陷； （2）台车和拖轨卷扬电机减速机运转是否正常，应无异响、异常振动； （3）台车和拖轨卷扬减速机箱体内润滑油是否需要加注； （4）台车制动良好、安全有效； （5）大小齿轮啮合是否正常，是否润滑； （6）车轮应转动灵活，不得有晃动、异响、卡阻现象（检查轴承）； （7）车轮表面有无裂纹、轮缘是否有挤压变形等缺陷； （8）车轮是否有悬空或受力不均现象； （9）台车铰座应转动灵活； （10）台车铰座处销轴轴端是否固定，有无串动现象； （11）顶升液压缸伸缩自如，活塞杆无影响工作的划痕，内腔无泄漏，无异响过热； （12）泵站油管接头无泄漏，工作正常，压力表、手动阀无异常； （13）线缆无破损、老化现象； （14）拖轨卷扬钢丝绳是否有断丝、扭曲等缺陷； （15）后支腿各节段有无整体失稳、严重塑性变形和产生裂纹，主要焊缝是否有裂纹、开焊等缺陷； （16）后支腿各法兰连接处，螺栓数量是否齐全，是否均按规范拧紧，连接法兰间隙是否一致，接触面积不得小于80%； （17）台车行走是否有严重啃轨、外八、内八现象； （18）是否有后支腿折叠装置，各零部件是否齐全，耳板是否焊接牢固，无焊接缺陷	项目设备、安全、技术人员，班组长及技术员、安全员

续上表

序号	验收项目	检查内容及要求	验收人员
3	前支腿	（1）前支腿各节段有无整体失稳、严重塑性变形和裂纹，主要焊缝是否有裂纹、开焊等缺陷； （2）前支腿是否竖直受力，倾角不大于±1°，即上下支点相对位移不超过3cm； （3）底座丝杠是否可转动； （4）前支腿上部铰座销轴轴端是否固定牢固； （5）变跨电机运转是否正常，应无异响、异常振动； （6）支腿折叠装置是否正常，环链电动葫芦是否正常； （7）前支腿各法兰连接处，螺栓数量是否齐全，是否均按规范拧紧，连接法兰间隙是否一致，接触面积不得小于80%	项目设备、安全、技术人员、班组长及技术员、安全员
4	辅支腿	（1）辅支腿上、下均衡梁、伸缩套、上横梁以及链轮箱接头等主要受力构件有无整体失稳、严重塑性变形和产生裂纹，主要焊缝是否有裂纹、开焊等缺陷； （2）顶升液压缸是否伸缩自如，活塞杆是否有影响工作的划痕，内腔是否有泄漏，是否有异响过热； （3）泵站油管接头是否有泄漏，工作是否有正常，压力表、手动阀是否异常； （4）台车箱体有无变形，主要焊缝是否有裂纹、开焊等缺陷； （5）行走轮是否有转动灵活，不得有晃动、异响、卡阻现象（检查轴承）； （6）行走轮表面有无裂纹，轮缘是否有挤压变形等缺陷； （7）行走轮是否有悬空或受力不均现象； （8）台车行走是否有严重"啃轨、外八、内八"现象； （9）台车铰座是否转动灵活； （10）台车铰座处销轴轴端是否固定，有无串动现象； （11）链轮箱内链轮是否有转动灵活，不得有晃动、异响、卡阻现象； （12）电机减速机运转是否正常，应无异响、异常振动； （13）减速机箱体内润滑油是否需要加注； （14）检查链条和链条固定端是否固定可靠； （15）台车制动良好、安全有效； （16）链条和链轮是否润滑； （17）伸缩套销轴是否缺失； （18）反挂轮是否转动灵活，与下导梁间隙是否合适； （19）各法兰连接处，螺栓数量是否齐全，是否均按规范拧紧，连接法兰间隙是否一致，接触面积不得小于80%； （20）上、下均衡梁相对转动是否灵活，接触面是否润滑，定位心轴螺母不得锁死，须留5mm左右间隙	项目设备、安全、技术人员、班组长及技术员、安全员
5	下导梁	（1）主梁、前后支腿和斜拉杆有无整体失稳、严重塑性变形和产生裂纹，主要焊缝是否有裂纹、开焊等缺陷； （2）轨道端部机械止挡是否固定牢固，有无缺失； （3）前支腿变跨电机运转是否正常，应无异响、异常振动； （4）前、后支腿底座丝杠是否可转动； （5）下导梁后部锚固装置零部件是否有缺失，能够正常使用； （6）各法兰连接处，螺栓数量齐全，均按规范拧紧，连接法兰间隙一致，接触面积不得小于80%	项目设备、安全、技术人员、班组长及技术员、安全员
6	主梁	（1）主梁各节段有无整体失稳、严重塑性变形和产生裂纹，主要焊缝是否有裂纹、开焊等缺陷； （2）主梁基本水平，或前端稍高于后端； （3）各法兰连接处，螺栓数量是否齐全，是否均按规范拧紧，连接法兰间隙是否一致，接触面积不得小于80%； （4）主梁上吊梁天车轨道和下导梁天车轨道周围是否有妨碍天车行走的杂物； （5）轨道端部机械止挡是否固定牢固，有无缺失； （6）链条固定端是否固定牢固，有无缺失	项目设备、安全、技术人员、班组长及技术员、安全员

序号	验收项目	检查内容及要求	验收人员
7	后平台	（1）卷扬机运转是否正常，应无异响、异常振动； （2）卷扬机电机减速机间联轴器的尼龙棒是否有严重磨损； （3）减速箱内润滑油是否需要加注； （4）电机防雨罩是否齐全； （5）卷筒上钢丝绳缠绕情况是否良好，绳端固定情况应满足要求，无跳槽或脱槽现象、排绳无明显绞绳； （6）发电机的机滤、空滤、柴油滤是否符合要求； （7）钢丝绳是否有松散、撞伤、永久性的弯曲、钮绞、断丝、机械损伤或其他严重损伤（生锈形成）和严重疲劳等缺陷； （8）钢丝绳润滑情况是否良好； （9）钢丝绳规格、型号，与卷筒是否匹配； （10）是否正确穿绕并保证卷筒至少保留3圈钢丝绳作为安全圈； （11）钢丝绳固定端压板、楔形套、绳卡是否按规范固定； （12）检查与钢丝绳接触各部位，不得有尖锐处，防止损坏钢丝绳； （13）钳盘制动器能否正常工作； （14）制动片和制动毂有无磨损、油污、锈蚀、凹坑等缺陷，制动片与制动毂两侧间隙是否一致，应保证两侧制动均匀，不得偏斜，并且间隙适用，保证刹车及时有效； （15）泵站油管接头是否泄漏，工作是否正常，压力表、手动阀是否有异常； （16）后支腿折叠卷扬和前支腿折叠卷扬检查同上	项目设备、安全、技术人员，班组长及技术员、安全员
8	发动机组	（1）检查柴油箱、机油的油位，冷却液是否正常，油液有无积水、杂质，液位是否满足使用要求； （2）检查发动机的机滤、空滤、柴油滤是否符合要求； （3）风扇、传动皮带的张紧力是否适中，有无损伤； （4）发动机起动性能、排气颜色是否正常，有无杂音和异味； （5）发电机组工作、各种仪表是否正常； （6）发动机油压力、温度是否正常； （7）电瓶的电液量情况	项目设备、安全、技术人员，班组长及技术员、安全员
9	前后吊梁天车和下导梁天车以及动滑轮组	（1）天车架、台车箱体、定滑轮架等主要构件有无整体失稳、严重塑性变形和产生裂纹，主要焊缝是否有裂纹、开焊等缺陷； （2）天车横移接触面是否润滑； （3）行走轮应转动灵活，不得有晃动、异响、卡阻现象（检查轴承）； （4）行走表面有无裂纹，轮缘是否有挤压变形等缺陷； （5）行走是否有悬空或受力不均现象； （6）台车行走是否有严重啃轨、外八、内八现象； （7）各托辊是否转动灵活，是否有晃动、异响、卡阻现象； （8）链轮箱内链轮是否转动灵活，是否有晃动、异响、卡阻现象； （9）电机减速机运转是否正常，应无异响、异常振动； （10）台车制动是否良好、安全有效； （11）减速机箱体内润滑油是否需要加注； （12）检查链条和链条固定端是否固定可靠； （13）链条和链轮是否润滑； （14）横移液压缸是否伸缩自如，活塞杆是否有影响工作的划痕，内腔是否有泄漏，是否有异响过热； （15）泵站油管接头是否泄漏，工作是否正常，压力表、手动阀是否有异常； （16）滑轮、行走轮是否转动灵活无卡阻，确保无异响和晃动（检查轴承）； （17）滑轮表面有无裂纹、轮槽是否严重磨损； （18）导向滑轮座有无裂纹； （19）钢丝绳是否有松散、撞伤、永久性的弯曲、钮绞、断丝、机械损伤或其他严重损伤（生锈形成）和严重疲劳等缺陷； （20）钢丝绳润滑情况是否良好； （21）与钢丝绳接触各部位是否有尖锐处，防止损坏钢丝绳；	项目设备、安全、技术人员，班组长及技术员、安全员

续上表

序号	验收项目	检查内容及要求	验收人员
11	前后吊梁天车和下导梁天车以及动滑轮组	（22）缓冲器有无缺失，安装是否牢固，对接应良好，无变形、损坏能够两边同时接触缓冲器； （23）各法兰连接处，螺栓数量是否齐全，是否均按规范拧紧，连接法兰间隙是否一致，接触面积不得小于80%； （24）天车架、台车箱体、定滑轮架等主要构件有无整体失稳、严重塑性变形和产生裂纹，主要焊缝是否有裂纹、开焊等缺陷； （25）天车横移接触面是否润滑	项目设备、安全、技术人员，班组长及技术员、安全员
12	吊具、吊杆、钢丝绳	（1）吊具是否有裂纹、变形等缺陷，重点检查主要焊缝是否有裂纹、开焊等缺陷； （2）吊杆、螺母、托盘、球形垫片是否有变形、螺纹是否损坏、有无严重锈蚀等情况； （3）检查吊具销轴是否松动、脱出，轴端固定装置是否安全有效； （4）钢丝绳在动、定滑轮绳槽中的卷绕情况，保证钢丝绳都在护绳轴之内，不能跳槽；钢丝绳夹的数量、质量、夹紧程度；钢索绳有无断丝、打搅、断股情况	项目设备、安全、技术人员，班组长及技术员、安全员
13	液压系统	（1）油箱液位是否满足使用要求； （2）液压缸伸缩自如，活塞杆无影响工作的划痕，内腔无泄漏，无异响过热； （3）液压管路有无泄漏； （4）压力表等是否工作正常； （5）溢流阀和其他压力阀压力调节螺钉是否松动，设定压力是否符合设计要求； （6）液压系统工作压力是否在设计范围且满足工况要求； （7）液压管路、执行元件、液压接头等是否有泄漏现象； （8）油管老化情况是否需要更换； （9）液压缸受力状况、安全限位、截止阀等是否损坏	项目设备、安全、技术人员，班组长及技术员、安全员
14	电气系统	（1）线路有无磨损、破损情况，防护层有无严重老化破损、鼓包； （2）编码器、各个限位器、接触器、继电器是否正常工作； （3）各行程开关、急停开关动作是否正常； （4）照明系统、警示系统、是否完好； （5）电机及风扇转动是否正常； （6）线路线标是否清晰、接线无松动； （7）线路是否过热，绝缘电阻、接地电阻是否符合要求； （8）短路、失压、零位、过流等电器保护有无缺损； （9）电气柜接地是否可靠，线缆是否有严重龟裂、破损； （10）电机外壳及轴承部位的温度，电机的噪声、振动有无异常出现	项目设备、安全、技术人员，班组长及技术员、安全员
15	安全保护系统	（1）载荷限制器是否满足性能要求：95%额定载荷报警，达到100%～110%时切断起升电源限动； （2）起升高度限位器：起升高度（下降深度）限位器是否固定可靠、功能有效； （3）运行机构行程限；小车运行至轨道端部应能够停止，并可向反向行走； （4）消防器材：存放位置是否正确，灭火器是否在有效期内； （5）避雷针连接是否牢固，接线有无松动； （6）风速仪、风速报警器是否正常工作； （7）设备防护罩、防雨罩是否牢固、齐全、无破损； （8）梯子及走台应可靠牢固，通道基面防滑性能良好，并畅通； （9）爬梯、护栏、防护圈是否有腐烂、变形、缺失现象； （10）其他安全保护和防护装置应可靠	项目设备、安全、技术人员，班组长及技术员、安全员
16	其他	（1）轴承转动是否顺畅无卡阻、无异响、无晃动； （2）联轴器零件有无缺损，连接无松动，连接螺栓性能等级、数量是否满足要求，齿型是否磨损，运转是否平稳； （3）齿轮有无损坏、严重磨损，啮合是否正常，有无润滑； （4）各润滑点是否需要润滑； （5）其他零部件目测	项目设备、安全、技术人员，班组长及技术员、安全员

8）应急处置

（1）处置原则

施工过程中一旦发生险情或事故，应停止作业，切勿慌乱，切忌盲目施救，在保证自身安全的情况下按照处置措施要求科学开展施救，并及时向项目管理人员报告相关情况。

（2）处置措施

①设备倾覆：当出现设备倾覆征兆时，发现者应立即通知架桥机安拆作业区域人员迅速撤离现场，并及时报告项目部进行后期处置。

②当发现有人触电时，立即切断电源。若无法及时断开电源，可用干木棒、皮带、橡胶制品等绝缘物品挑开触电者接触的带电物，之后解开妨碍触电者呼吸的紧身衣服，检查口腔，清理口腔黏液并立即就地抢救。如触电者呼吸停止，应采用人工呼吸法抢救；如心脏停止跳动，应采用胸外心脏按压法抢救。

③其他事故：发生高处坠落、起重伤害、机械伤害等事故后，应立即采取措施切断或隔断危险源，疏散现场无关人员；然后对伤者进行包扎等急救，向项目部报告后原地等待救援。

附件：《TLJ900架桥机结构设计图》（略）。

26 箱梁提运作业安全技术交底

交底等级	**三级交底**	交底编号	III-026
单位工程	×××大桥	分部工程	（铁路）箱梁提运
交底名称	**箱梁提运作业**	交底日期	年　月　日
交底人	分部分项工程主管工程师 （签字）	审核人	工程部长 （签字）
批准人	总工程师 （签字）	确认人	专职安全管理人员（签字）
		被交底人	班组长及全部作业人员 （签字，可附签字表）

1）施工任务

×××大桥里程段为DK×××＋×××～DK×××＋×××，需架设箱梁××榀，其中32m简支箱梁为××榀、24m简支箱梁为××榀，32m梁重×××t、24m梁重×××t，需采用×××提梁机提梁、×××运梁车运梁，运距1～16km，运梁线路最大坡度为×××度。提运梁线路情况见表1。

箱梁提运线路情况（示例）　　　　　　　　　　　　　　　　表1

序号	线路类型	长度（km）	坡度	孔数 32m	孔数 24m	备注
1	路基					
2	桥梁					
3	路基					
4	隧道					
5	路基					
6	桥梁					
...						

2）工艺流程

施工准备→接收提梁通知单→吊具安装→起梁→支座安装→落梁至运梁车上→箱梁运输至架桥机喂梁状态。

3）作业要点

（1）施工准备

提梁机完成组装后按规定完成型式试验和性能试验。使用提梁机前必须取得特种设备使用登记证及特种设备监督检验报告等证书。起重机司机、司索工、指挥人员必须进行安全培训、持证上岗。

提运梁前对提梁机、运梁车进行安全排查，包括检查操作机构、限位器、保护装置等是否可靠灵活；连接部分是否紧固，润滑是否良好；设备开动后，认真观察各部运转情况及状态、声音等是否正常。如有异常应立即查明原因，如不能保证正常生产或正常操作则应停机报修。做好日常保养与检修，保证设备性能状态良好。

（2）接收提梁通知单

提梁工班接到提梁通知单后，才可以进行提梁作业。提梁班班长与梁场等相关部门检查核对所提箱梁编号、外观尺寸、梁体混凝土及管道压浆 28d 龄期的强度、外观质量等参数是否符合要求，核对无误方可提梁。

（3）吊具安装

清除桥梁吊点位置处的杂物和吊孔内的杂物。提梁机运行到待提梁上方，放下吊具，吊杆距梁面 4～5cm 时，调整起重小车位置和吊具横移装置，将吊具纵向对称中心与梁体横向吊孔对称中心对中，再将吊具横向对称中心与吊孔纵向对称中心对中，使预留吊孔中心与吊具中心重合，偏差在 1cm 以内，吊杆穿入梁体吊孔中，继续下落吊具，保持吊具底面距梁面 4～5cm（强制性要求），戴好垫块、凹板、螺母，箱梁吊孔处垫板的钢板尺寸不小于 460mm×380mm×40mm，且垫板与梁顶板底面密贴，并用螺母将吊杆固定、上紧。吊装时应调整 8 个吊杆，使梁端前后高差不大于 100mm，保证箱梁 8 个吊点受力均衡。将螺母旋到与吊杆端头平齐位置，起升至钢丝绳微拉紧状态，再次检查对中情况，避免因对中误差造成的梁体起吊过程中横向、纵向偏移摆动。吊具严禁过度下放，接近到位时微调，吊具不能全松，吊具下平面距梁体上平面之间的距离保持 4～5cm，保证钢丝绳有一定的张力，以防钢丝绳跳槽、卷扬机排绳混乱。

（4）起梁

在指挥人员的指挥下，提梁机提升箱梁，在提升过程中，操作人员必须听从指挥，指挥人员、操作人员随时观察提升情况，保持箱梁提升高度一致。提梁机在存梁台位上吊起箱梁，当箱梁离开存梁台位约 20mm，静停 10min，检查起吊装置是否位于负载垂直面上，起吊、制动装置、钢丝绳、吊具索具有无异常。否则应将梁体落下重新调整吊杆螺栓或两台提梁机起升高度，同时检查提梁机起升制动是否可靠，检查合格后，起吊桥梁至规定高度。梁体起升不超过 10cm 距离应制动、下降，如此试吊 2 次确认起升制动安全可靠后方可正式起吊梁体。起升过程中应注意观察卷扬机的同步性，并注意观察结构和机构的变化，发现异常及时停车。箱梁起吊过程中，禁止行人从梁下行走或穿越。

提梁机横行同步要求：在横行 20m 距离后，前后车行走距离之差不超过 20cm（即同步差不超过 1%，通过在各行走通道上相应位置画出标记观测），后车相对主梁转角不超过 0.2°，当超过此角度时应报警、停车、进行调整后再横行。提梁机重载情况下，从存梁区进入发梁通道，90°转向之前，必须将前、后车支承液压缸顶起，转向之后收起前、后车支承液压缸。

（5）支座安装

待架梁片检查合格后，提梁机将待架箱梁提至预定的装梁区内，预制箱梁的支座安装作业在装梁区内进行，将箱梁放置于四个活动钢筋混凝土墩柱上，利用叉车将支座安装好。在箱梁底板上安装支座，按照线路纵向坡度正确安装，活动支座及固定支座位置、型号应符合设计要求。同时注意支座上底板的坡度方向应与线路的坡度方向一致。

支座安装在箱梁底部后，应拧紧支座与梁体的连接螺栓，支座与梁底预埋钢板之间不应有间隙。

防落梁挡块放于梁体箱内，随运梁车一同运至架梁现场。

（6）落梁至运梁车上

运梁车就位，调整好运梁车架左右、前后高度，使运梁车同一端支撑架处于水平状态，打好前后两端支腿。提梁机将箱梁提升至装车位置，吊起箱梁后，提梁机吊梁横移至运梁车上方，吊梁横移应保持在低位进行，当运行到距运梁车 3m 左右时停车，待梁体稳定后提升梁体到高出运梁车支承座顶面 300mm 左右位置，再将梁体移至运梁车上。在装梁过程中，应调整运梁车支承架上的 4 个支承座，使液压缸均匀受力，防止箱梁受扭。梁体装载到运梁车上之后，箱梁重心线应与运梁车中心线重合，允许偏差为±20mm。梁体在装运过程中支点应位于同一平面，同一端支点相对高差不得超过 2mm。梁体运输时运输支点距离梁端应小于或等于 3m。

（7）箱梁运输至架桥机喂梁状态

运梁车载梁走行前应先收起前后两端支腿。运梁车装箱梁起步应缓慢平稳，严禁突然加速或紧急制动。在运梁过程中，速度挡位只能在低速挡或中速挡，严禁用高速挡。当运梁车前行至距架桥机 40cm 处时停车。将运梁车前后 4 个液压支腿支撑在桥面上，在得到指令后才能喂梁。

箱梁在运输过程中应控制梁体 4 个支点高程保持在同一平面。任一支点高程偏离其他三点平面不得超过 2mm。运梁车运梁过程中，行驶速度不得大于 4km/h。运梁车在运梁过程中，特别是通过路基段、桥台与路基交接处，应加强观测路基的变化和运梁车的走行情况。运梁车通过已架箱梁或现浇梁时，运梁车的轮组应保持在警戒线以内运行。

4）安全风险及危害

箱梁提运作业施工过程中存在的安全风险见表2。

箱梁提运作业施工安全风险识别　　　　　　　　表2

序号	安全风险	施工过程	致险因子	风险等级	产生危害
1	车辆伤害	运梁车运输作业以及叉车作业	（1）行人与车辆不遵守交通规则，争道抢行，超速行驶； （2）司机无证驾驶，车辆带"病"作业； （3）因风、雪、雨、雾等自然环境的变化，造成制动时摩擦系数下降，制动距离变长，或产生横滑； （4）道路条件差，视线不良，指挥人员站位错误； （5）车辆违规操作或操作失误	II	人员死亡或重伤
2	机械伤害	起吊质量 ≥ 500kN 的起吊作业、提梁作业	（1）机械设备运转时造成的卷、绞、切、挤压伤害； （2）设备维修过程中未停机； （3）操作人员施工过程中未遵守操作规程（玩手机、看书、吃东西）	III	作业人员死亡或重伤
3	设备倾覆	起吊质量 ≥ 500kN 的起吊作业、提梁作业	（1）地基承载力不满足要求； （2）支腿连接处销轴断裂或脱落； （3）6级以上大风等恶劣天气进行提梁作业	III	作业人员死亡或重伤
4	高处坠落	起吊质量 ≥ 500kN 的起吊作业、提梁作业	（1）作业人员未穿戴防滑鞋、未系挂安全带； （2）人员上下行未规范设置爬梯； （3）提梁施工区域未标示明显的安全标志	III	架体上方作业人员死亡或重伤
5	物体打击	起吊质量 ≥ 500kN 的起吊作业、提梁作业	（1）高处堆置杂物或小型材料； （2）施工作业区域未有效设置警戒区； （3）随意抛掷杆件、构配件； （4）工器具未按正确方法使用	IV	架体下方人员死亡或重伤

序号	安全风险	施工过程	致险因子	风险等级	产生危害
6	起重伤害	起吊质量 ≥ 500kN 的起吊作业、提梁作业	（1）起重机司机、司索工、指挥技能差，无资格证； （2）钢丝绳或吊带、卡扣、吊钩等破损、性能不佳； （3）未严格执行"十不吊"； （4）吊装指令传递不佳，存在未配置对讲机、多人指挥等情况； （5）遇6级以上大风、雷雪等恶劣天气作业	III	起重作业人员及受其影响人员死亡或重伤
7	触电	维修作业	（1）雷雨天气未停止作业并切断电源； （2）未正确使用防护用品、现场积水潮湿、接线方式或电器灯具使用不当； （3）使用的电焊机、电动工器具、照明灯具及线路等漏电； （4）电气设备及线路漏电保护失效	IV	触电死亡或重伤

5）安全风险防控措施

（1）防控措施

为防范以上安全风险，需严格落实各项风险防控措施，见表3。

箱梁提运作业施工安全风险防控措施表 表3

序号	安全风险	措施类型	防控措施	备注
1	车辆伤害	安全防护	（1）及时掌握天气、道路与车辆况； （2）提前做好路面检查防护工作	
		管理措施	（1）行人与车辆必须严格遵守交通规则，不争道抢行； （2）对所有相关作业人员进行安全教育培训及安全技术交底； （3）遵守安全操作规程； （4）操作人员持证上岗	
2	机械伤害	质量控制	（1）严格按照设计、规程及验收标准要求进行地基验收和检测； （2）操作人员必须经过专业培训，能掌握该设备性能的基础知识，经考试合格，持证上岗。上岗作业中，必须精心操作，严格执行有关规章制度，正确使用劳动防护用品，严禁无证人员开动机械设备	
		管理措施	（1）对所有相关作业人员进行安全教育培训及安全技术交底； （2）特种作业人员持证上岗； （3）遵守安全操作规程； （4）现场专人旁站监督； （5）强化安全教育，提高安全防护意识，提高工人操作技能； （6）作业人员必须佩戴好劳动保护用品，严格按说明书及安全操作规程进行操作	
3	设备倾覆	质量控制	加强提梁体运行场地施工质量，保证承载力满足要求	
		管理措施	（1）加强设备维保检修，按照使用周期和使用状态及时更换销轴等构配件； （2）6级以上大风等恶劣天气严禁提梁作业	
4	高处坠落	安全防护	（1）作业人员佩戴安全帽、安全带等防护用具； （2）工人作业时穿戴防滑鞋，正确使用安全带	
		管理措施	（1）施工前对所有的钢丝绳、卸卡、起重设备等工器具要仔细检查记录，合格后方可使用； （2）做好安全防护设施的日常检查维护，发现损坏及时修复	
5	物体打击	安全防护	（1）作业平台规范设置踢脚板； （2）架体底部设置警戒区	

续上表

序号	安全风险	措施类型	防控措施	备注
5	物体打击	管理措施	（1）作业平台顶部严禁堆置杂物及小型材料； （2）拆除作业时，设专人指挥，严禁随意抛掷杆件及构配件	
6	起重伤害	安全防护	（1）施工作业区域设置警戒区； （2）现场专人旁站监督	
		管理措施	（1）做好起重设备及特种作业人员的进场验收管理，保证设备性能、人员技能满足要求，设备及人员证件齐全有效； （2）做好钢丝绳或吊带、卡扣、吊钩、对讲机等日常检查维护，确保其使用性能满足要求； （3）吊装作业专人指挥，信号统一，严格执行"十不吊"； （4）对所有相关作业人员进行安全教育培训及安全技术交底； （5）特种作业人员持证上岗； （6）遵守安全操作规程	
7	触电	管理措施	（1）停电、挂牌、专人监护； （2）对所有相关作业人员进行安全教育培训及安全技术交底； （3）作业人员严禁带电操作，正确使用电工器具，遵守安全操作规程； （4）特种作业人员持证上岗	

（2）工作纪律

除落实以上安全风险防控措施外，还应严格遵守以下工作纪律。

①防护用品：作业人员正确佩戴安全帽、安全带，正确穿戴防滑鞋及紧口工作服。

②班前讲话：每日上工前，由班组长开展班前讲话，将当日作业内容、存在的安全风险及危害、防范措施、作业要点等告知全部作业人员。

③工前检查：每日班前讲话后，对工人身体状态、防护用品穿戴、现场作业环境等进行例行检查，发现问题及时处理。

④维护保养：做好安全防护设施、安全防护用品、起重设备机具等的日常维护保养，发现损害或缺失，及时修复或更换。

6）质量标准

箱梁提运作业应达到的质量标准及检验方法见表4。

箱梁提运作业质量检查验收表　　　　表4

序号	检查项目	质量要求	检查方法
1	吊孔中心与吊具中心偏差	±10mm	中心偏差测量
2	提梁机吊起箱梁梁端前后高差	≤100mm	水准仪
3	提梁机横行同步差	≤1%	计时器、卷尺
4	箱梁重心线与运梁车中心线允许偏差	±20mm	中心偏差测量
5	梁体在装运过程中同一端支点相对高差	≤2mm	2m直尺测量
6	梁体运输时运输支点距离梁端	≤3m	5m卷尺
7	箱梁在运输过程当中四个支点任一支点高程偏离其他三点平面	≤2mm	水准仪
8	运梁车运梁过程中行驶速度	≤4km/h	测速仪

7）验收要求

箱梁提运作业各阶段的验收要求见表5。

箱梁提运作业各阶段验收要求表　　　　　　　　　　表5

序号	验收项目	验收时点	验收内容	验收人员
1	提梁机检查	箱梁提运作业前	吊具、吊杆、托盘、螺母无肉眼可见缺陷；钢丝绳排绳顺畅、无断股、破裂、麻花劲现象；液压系统各管路接头部位无渗漏现象；急停开关、制动系统、安全限位装置等安全防护装置完好	项目设备、技术管理人员，班组长及设备员
2	运梁车检查	箱梁提运作业前	运架车行走前重点检查操作面板、轮胎压力、驱动轮等重要部位处于完好状态；液压系统各管路接头部位无渗漏现象；急停开关、制动系统、安全限位装置等安全防护装置完好	项目设备、技术管理人员，班组长及设备员
3	箱梁检查	箱梁提运作业前	检查桥梁外观尺寸、强度、质量等参数满足设计要求，吊孔位置、孔径、垂直度正确	项目质量、技术管理人员，班组长及技术员
4	提梁作业	提梁作业	吊杆吊装时安装螺母以外露3扣为标准；提梁机操作、指挥、司索人员必须100%持证上岗；提梁机运行时必须专人监视卷线器及电缆，固定专人指挥，协调作业；提梁机运行方向和提梁机下方严禁站人和交叉作业；提梁作业先试提，离开地面或模板10cm，确认提梁各系统正常后方可正常提梁和移梁	项目安全、技术管理人员，班组长及安全员
5	支座安装	运梁出场前	固定、横向、纵向、多项支座型号及相对位置正确；安装坡度正确；防落梁挡块放于箱内	项目技术管理人员，班组长及技术员
6	运梁作业	箱梁运输	清除运行界限内障碍物；箱梁在运输过程当中应控制梁体四个支点高程保持在同一平面。任一支点高程偏离其他三点平面不得超过2mm。运梁车运梁过程中，行驶速度不得大于4km/h	项目安全、技术管理人员，班组长及安全员

8）应急处置

（1）处置原则

施工过程中一旦发生险情或事故，应停止作业，切勿慌乱，切忌盲目施救，在保证自身安全的情况下按照处置措施要求科学开展施救，并及时向项目管理人员报告相关情况。

（2）处置措施

①设备倾覆：当出现设备倾覆征兆时，发现者应立即通知作业区域人员迅速撤离现场，并及时报告项目部进行后期处置。

②当发现有人触电时，立即切断电源。若无法及时断开电源，可用干木棒、皮带、橡胶制品等绝缘物品挑开触电者接触的带电物，之后解开妨碍触电者呼吸的紧身衣服，检查口腔，清理口腔黏液并立即就地抢救。如触电者呼吸停止，应采用人工呼吸法抢救；如心脏停止跳动，应采用胸外心脏按压法抢救。

③其他事故：当发生高处坠落、起重伤害、机械伤害等事故后，应立即采取措施切断或隔断危险源，疏散现场无关人员；然后对伤者进行包扎等急救，向项目部报告后原地等待救援。

27 架桥机架梁作业安全技术交底

交底等级	三级交底	交底编号	III-027
单位工程	×××大桥	分部工程	（铁路）箱梁架设
交底名称	架桥机架梁作业	交底日期	年　月　日
交底人	分部分项工程主管工程师（签字）	审核人	工程部长（签字）
批准人	总工程师（签字）	确认人	专职安全管理人员（签字）
		被交底人	班组长及全部作业人员（签字，可附签字表）

1）施工任务

　　×××大桥里程段为DK×××＋×××～DK×××＋×××，架设箱梁××榀，其中32m简支箱梁××榀、24m简支箱梁××榀，32m梁重×××t、24m梁重×××t，使用900t下导式架桥机架设，其主要技术参数见表1，需架设桥梁总体情况见表2。

架桥机主要技术参数　　　　　　　　　　　　　　　表1

序号	项目	参数
1	额定起重能力	900t
2	架设梁跨	32m、24m、20m等跨及变跨整孔箱梁
3	梁体起落速度	0～0.5m/min
4	吊梁纵移速度	0～3m/min；0～6m/min
5	过孔方式	架桥机自身移位过孔；移位速度0～5m/min
6	架设桥形曲线半径	≥2500m
7	适应纵坡	2%
8	适应工作条件	温度−20～+50℃，承受风力6级

需架设桥梁总体情况（示例）　　　　　　　　　　表2

序号	桥梁名称	孔跨布置	长度（km）	坡度	孔数		备注
					32m	24m	
1	XX大桥						
2	YY大桥						
3	ZZ大桥						
…							

2）工艺流程

运梁车喂梁→架桥机架梁→支座灌浆→架桥机过孔→下导梁过孔→下一孔箱梁架设。

3）作业要点

（1）施工准备

架梁前，对待架梁体及墩台垫石进行检查，核对待架梁体编号、吊孔位置、垂直度是否正确。运梁车返回梁场，由提梁机将待架箱梁装至运梁车上，安装好支座，将改孔防落梁挡块放于箱内，由运梁车驮梁至架桥机处。

（2）垫石检查

在落梁前检查核对支座十字线、锚栓孔位置、孔径及深度，以及支座十字线中心的横向距离是否符合要求。用凿子对支座安装部位的支承垫石表面进行凿毛处理，清除锚栓孔及预留孔中的杂物，用清水润湿凿毛的支承垫石表面。若锚栓孔内有积水，用海绵、棉纱将孔内的积水清除干净，并用棉纱清理锚栓孔内的杂物。

（3）运梁车对位

运梁车行至架桥机50m处停车，调整方向使运梁车中心对正架桥机中心，启动运梁车以1km/h的速度进入架桥机臂内。提前在距桥台胸墙或已架梁前端3.9m的位置，用白灰画出运梁车对位线。在喂梁时运梁车驮梁小车控制切换到架桥机上，由架桥机统一控制驮梁小车及桥机前吊梁行车的速度，以保证同步。

运梁车与架桥机对位开始前，运梁车操作司机提前将运梁车前驾驶室旋转90°，然后启动运梁车缓缓驶向架桥机尾部，运梁车向架桥机行驶过程中，运梁车前驾驶室司机与运梁车巡视人员应密切注意运梁车中轴线与运梁车走行参照线的偏差情况，以确保运梁车与架桥机精确对位；当运梁车前端接近架桥机时运梁车提前减速，低速就位，运梁车与架桥机对位完毕后，将运梁车制动，支顶好运梁车前后支腿，将运梁车后驮梁台车控制信号引入架桥机主控室，并在运梁车前后车轮安放止轮器。

运梁车中心线应与架桥机中心线一致，左右偏差为1cm以内，运梁车前端与后支腿下横梁最小净距为15cm。在架桥机后支腿下横梁前15cm处安放止轮器（楔木），运梁车中心位置处放置吊线坠与梁面白灰对位线进行对位。

（4）运梁车喂梁

运梁车驮运箱梁运行到达架桥机尾部后，将运梁车前方的两个支承液压缸伸出，通过枕梁支承于桥面的走行轨道上。解除两台驮梁小车与运梁车间的约束，两台驮梁小车同步驮梁向前纵移至前吊梁起重机吊梁位置。运梁车前吊梁台车前移，将箱梁前吊点对位。前吊梁小车先吊起箱梁的前吊点，当箱梁前端被提升脱离运梁车约30mm时，应暂停起吊，对各重要受力部位和关键处进行观察，确认一切正常后再继续提升箱梁前端到适当高度。

当箱梁前端被提升到适当高度（≤30cm）时，前吊梁行车吊梁与运梁车上后驮梁台车同步向前纵移。前吊梁天车和后驮梁小车同步向前纵移至后吊梁天车吊梁位置。

后吊梁小车前移停于后吊点处，当箱梁纵移到后吊点处时停止纵移，由后吊梁行车吊起箱梁，提升到梁体前后基本水平后，前、后吊梁小车同步向前纵移箱到设计位置，然后减速直至梁体纵移到位。

拆除运梁车驮梁台车控制信号到主控室的控制线。运梁车后驮梁台车回到运梁上装梁位置，运梁车中梁离地，并解除前后车轮止轮器，回梁场装梁。

（5）架桥机吊梁

在架桥机架梁时，当运梁车对位后，运梁车与架桥机调节同步，前起重台车（以下称前小车）吊具下降，螺栓通过待架梁前端的孔，拧紧螺母，将前小车起吊装置与待架梁前端联结，起吊待架梁前端，将待架梁前端略吊起，注意此时起吊高度不应大于100mm，被吊起梁端与未吊起梁端前后高差不应大于100mm。然后通过架桥机前小车和运梁车上驮梁小车的动力系统同步移动箱梁前行，使待架梁后端的孔到达吊点位置，起重小车停止运行，起升机构下降，螺栓通过待架梁后端的孔，拧紧螺母，使前小车吊具与待架梁后端联结固定。起吊箱梁后端，起吊高度100mm（梁前后端高差保持在不大于100mm）。这时两台起重小车同时吊梁纵移，将待架梁后端吊起后小车以相同速度前行，将待架梁运到桥墩上方，距架梁墩柱1m处开始减速运行，当箱梁前端距架梁墩柱100mm时，起重小车停止纵移。

（6）落梁、对位

前、后吊梁小车以不高于0.5m/min的速度低速、平稳、同步落梁，当箱梁支座距墩台顶面支承垫石约1.6m时，在箱梁支座上安装地脚螺栓。

①落梁距垫石顶面50cm

下落箱梁，当箱梁下底板距离墩台支承垫石顶面约50cm时，卷扬机制动，安装支座下座板锚固螺栓，通过支座下底板将锚固螺栓与套筒上紧，然后起动卷扬机落梁，在支座顺桥向和横桥向的安装参照线位置吊垂球，参照支承垫石表面的支座安装十字线对箱梁落梁位置进行引导，监视并检查支座中心的位移量。

②落梁距垫石顶面20cm

当支座下底板距支承垫石表面约20cm时，采用线锤对中引导、监视支座中心的偏移量。距支撑垫石顶面40mm时，卷扬机制动，利用起重小车纵、横移装置微量调整箱梁位置后落梁就位（按照支座的纵横错动量的误差范围精确对位）。架桥机前后、左右调整箱梁位置，对正箱梁位置以及地脚螺栓和支承垫石上锚栓孔位置，对位准确后，撤除吊于支座上的垂球。

③落梁距垫石顶面1cm

梁体距墩台支承垫石10mm左右时，观察中线位置进行支座对位，卷扬机制动，利用架桥机的纵、横移装置微量调整箱梁落梁位置，预留出桥梁伸缩缝，使箱梁精确对位。保证箱梁横向误差不超过3mm，纵向误差不超过15mm，梁同端误差不超过3mm。

④落梁至测力千斤顶

继续下落箱梁，按设计位置准确落在两端作为临时支点的测力千斤顶上，通过千斤顶调整梁体支点高程，调整过程中注意观察四个千斤顶的反力，同时应保证每支点反力与4个支点反力的平均值相差不超过±5%，避免箱梁受扭。支承垫石顶面与支座底面间隙应控制在20～30mm。

在坡道上落梁时，当箱梁上坡端就位后，位于下坡端的架桥机吊梁小车单边下落箱梁至千斤顶上。位于桥墩顶上4个千斤顶，前后两个墩台各放两台，其中位于前方墩台的两个千斤顶串联，以保证落位后的箱梁支撑点受力要求。依靠千斤顶调整四个支座的高度和水平（由工程技术人员进行全程跟踪测量），要求位于同一端墩台上的两支座高差不超过1mm。

⑤高程控制

利用千斤顶调整箱梁高程过程中，为保证箱梁落梁质量，架桥机工作人员及技术人员应从以下几个方面控制箱梁高程：

a. 桥面高程不能高于设计高程，也不得低于设计高程20mm。

b. 支座下座板与支承垫石表面之间的距离控制在20～30mm，具体控制方法为在利用千斤顶调整箱梁高程过程中，架桥机机组人员和工程技术人员利用拐尺在支承垫石复测的测点处进行测量控制。

c. 相邻梁跨梁端桥面之间、梁端桥面与相邻桥台胸墙顶面之间的相对高差不得大于10mm。落梁过程中，在箱梁的4个支座处、相邻梁跨处均应有人员进行全程检查；同时在箱梁调整过程中，工程技术人员要根据支承垫石高程、注浆层厚、箱梁高度以及胸墙高度控制箱梁高程与设计高程的偏差。

（7）灌注锚固砂浆

安装灌浆用模板，灌浆用模板采用预制钢模，在模板底面设一层4mm厚橡胶防漏条。灌注的砂浆应严格按照C50无收缩砂浆试验配合比拌和。如有特殊要求时，注浆材料可采用早强快凝材料，常温条件下材料2h抗压强度不宜小于20MPa，56d抗压强度不应小于50MPa。采用合适的注浆设备灌注支座下部及锚栓孔处空隙，灌浆过程应从支座中心部位向四周注浆，直至从钢模与支座底板周边间隙观察到灌浆材料全部灌满为止。每孔梁做一组试验试块，并在2h后现场检测试块抗压强度，达到20MPa后方可拆除顶梁千斤顶。

灌浆前，应初步计算所需的浆体体积，灌注实用浆体数量不应与计算值产生过大误差，应防止中间缺浆。灌浆材料强度达到20MPa后，拆除钢模板，检查是否有漏浆处，必要时对漏浆处进行补浆，拧紧上、下支座板锚栓，并拆除各支座的上、下支座连接板及螺栓，拆除临时支承千斤顶，安装支座钢围板。

待支座砂浆强度达到20MPa（1.5～2h）后，即可完成拆除千斤顶，架桥机整机过孔、下导梁过孔等工序，准备架设下一孔箱梁。

（8）环境风险管控

在架梁过程中，施工现场必须根据环境状况设作业区，并设护栏和安全标志，设专人值守，严禁非施工人员入内。大雨、大雪、大雾、沙尘暴和6级（含）以上风等恶劣天气必须停止架梁作业。跨越通行的公路、铁路及航道架梁时应与相关主管部门取得联系，商定架设方案和安全防护措施，并经批准。架桥机横跨高压线作业和过孔时，应确定是否达到安全距离（表3）的规定，做好安全防范措施。

架桥机与架空线最小安全距离　　　　　　　　　　　表3

电压（kV）	＜1	10	35	110	220	330	500
沿垂直方向（m）	1.5	3.0	4.0	5.0	6.0	7.0	8.5
沿水平方向（m）	1.5	2.0	3.5	4.0	6.0	7.0	8.5

4）安全风险及危害

架桥机在箱梁架设过程中存在的安全风险见表4。

架桥机箱梁架设施工安全风险识别　　　　　　　　　　表4

序号	安全风险	施工过程	致险因子	风险等级	产生危害
1	失稳倾覆	喂梁、落梁	（1）架桥前未进行试吊作业； （2）未检查制动装置、限位开关和紧急制动开关的完好性； （3）风力6级以上未安放锁轨器，吊具未用索具固定； （4）指挥信号工未能熟练地运用手势、旗语、哨声和通信设备或司机未看清手势或听清指挥指令操作设备； （5）未对卷扬机、吊点、吊具、钢丝绳及绳卡等部位进行检查	I	架桥机倾覆，作业人员死亡或重伤

序号	安全风险	施工过程	致险因子	风险等级	产生危害
2	高处坠落	架梁作业	（1）墩顶、邻近梁顶面未设临边防护； （2）作业人员未穿戴防滑鞋、未系挂安全带； （3）未挂设安全平网	III	作业人员死亡或重伤
		人员上下行	未规范设置爬梯	III	
3	物体打击	架梁作业	（1）作业平台未设置踢脚板； （2）作业平台堆置杂物或小型材料； （3）架梁时底部及四周未有效设置警戒区，并派专人盯守	IV	架桥机下方人员死亡或重伤
		桥机过孔	（1）随意抛掷杆件、构配件； （2）过孔桥机底部未有效设置警戒区	IV	
4	起重伤害	吊运物料	（1）起重机司机、司索工、指挥技能差，无资格证； （2）钢丝绳或吊带、卡扣、吊钩等破损、性能不佳； （3）未严格执行"十不吊"； （4）吊装指令传递不佳，存在未配置对讲机、多人指挥等情况	III	起重作业人员及受其影响人员死亡或重伤
5	跨高压线	桥机过孔、架梁作业	（1）未掌握高压线电压及作业安全距离； （2）未设置警戒区，起重机立支位置不当； （3）桥机未正确设置接地线、人员未正确穿戴防护用具	II	作业人员触电死亡或重伤

5）安全风险防控措施

（1）防控措施

为防范以上安全风险，需严格落实各项风险防控措施，详见表5。

架桥机箱梁架设安全风险防控措施　　　　　　表5

序号	安全风险	措施类型	防控措施	备注
1	失稳倾覆	质量控制	严格按照安全操作规程进行架梁作业	
		管理措施	（1）对制动系统、限位系统、吊索具、报警装置等安全保护装置进行日常检查、维修、保养； （2）严禁违章指挥和违章作业，安全员严格监督	
2	高处坠落	安全防护	（1）墩顶及邻近梁顶规范设置防护栏； （2）箱梁架设施工过程中，正确佩戴劳保用品； （3）工人作业时穿戴防滑鞋，正确使用安全带； （4）桥下设置安全防护区，派专人盯守	
		管理措施	（1）为工人配发合格的安全带、安全帽等劳保用品，培训正确穿戴使用； （2）做好安全防护设施的日常检查维护，发现损坏及时修复	
3	物体打击	安全防护	（1）作业平台规范设置踢脚板； （2）架体底部设置警戒区	
		管理措施	（1）作业平台顶部严禁堆置杂物及小型材料； （2）专人指挥，严禁随意抛掷混凝土渣及构配件	
4	起重伤害	安全防护	起重机回转范围外侧设置警戒区	
		管理措施	（1）做好起重设备及特种作业人员的进场验收管理，保证设备性能、人员技能满足要求，设备及人员证件齐全有效； （2）做好钢丝绳或吊带、卡扣、吊钩、对讲机等日常检查维护，确保其使用性能满足要求； （3）吊装作业专人指挥，严格执行"十不吊"	

序号	安全风险	措施类型	防控措施	备注
5	跨高压线	安全防护	（1）高压线底部设置警戒区，警戒区内严禁支离起重机等长臂设备； （2）按要求设置接地线，人员穿戴防护用品	
		管理措施	（1）对桥机司机进行专项交底，告知作业风险、安全距离及适宜的作业位置等； （2）作业过程中加强现场指挥，并服从电力部门工作人员指挥	

（2）工作纪律

除落实以上安全风险防控措施外，还应严格遵守以下工作纪律。

①防护用品：作业人员正确佩戴安全帽、安全带，正确穿戴防滑鞋及紧口工作服。

②班前讲话：每日上工前，由班组长开展班前讲话，将当日作业内容、存在的安全风险及危害、防范措施、作业要点等告知全部作业人员。

③工前检查：每日班前讲话后，对工人身体状态、防护用品穿戴、现场作业环境等进行例行检查，发现问题及时处理。

④维护保养：做好安全防护设施、安全防护用品、起重设备机具等的日常维护保养，发现损害或缺失，及时修复或更换。

6）质量标准

①支座安装应达到的质量标准见表6。

支座安装允许偏差表　　　　　　　　　　　　　　表6

序号	检查项目		允许误差（mm）
1	支座中心线与墩台十字线的纵向错动量		≤15
2	支座中心线与墩台十字线的横向错动量		≤10
3	支座板每块板边缘高差		≤1
4	支座螺栓中心位置偏差		≤2
5	同一端两支座横向中心线间的相对错位		≤5
6	螺栓		垂直梁底板
7	四个支座顶面相对高差		2
8	同一端两支座纵向中线间的距离	误差与桥梁设计中心线对称	+30，−10
		误差与桥梁设计中心线不对称	+15，−10

②箱梁架设应达到的质量标准见表7。

箱梁架设质量检查验收表　　　　　　　　　　　　表7

序号	检查项目	允许偏差（mm）
1	梁体中线与桥梁线路设计中心线偏移	±2
2	固定支座处支承中心里程与设计里程纵向偏差	±15
3	同墩两侧梁底面高差	±1
4	相邻墩处梁底面高程偏差	±2
5	梁段尾部的梁端面不垂直度	不大于1/1000梁高
6	箱梁桥面高程	0，−20

7）验收要求

架桥机提运作业各阶段的验收要求见表8。

架桥机喂梁、落梁作业各阶段验收要求　　　　　　　　表8

序号	验收项目	验收时点	验收内容	验收人员
1	垫石检查	架桥机喂、落作业前	需对墩、台的中线，支座十字线，墩台垫石高程、平整度和外部尺寸，支座锚栓孔深度、孔径、间距、垫石间的纵横向间距及桥墩台的孔跨距离等进行质量验收；当验收结果满足设计和验收标准后方可进行架梁施工	项目质量、技术管理人员、测量人员，班组长及技术员
2	架桥机检查	架桥机喂、落作业前	吊具、吊杆、托盘、螺母无肉眼可见缺陷；钢丝绳排绳顺畅、无断股、破裂、麻花劲现象；液压系统各管路接头部位无渗漏现象；急停开关、制动系统、安全限位装置等安全防护装置完好	项目设备、技术管理人员，班组长及设备员
3	运梁车检查	架桥机喂、落作业前	运架车行走前重点检查操作面板、轮胎压力、驱动轮等重要部位是否处于完好状态；液压系统各管路接头部位无渗漏现象；急停开关、制动系统、安全限位装置等安全防护装置完好	项目设备、技术管理人员，班组长及设备员
4	支座安装	架桥机喂、落作业前	固定、横向、纵向、多项支座型号及相对位置是否正确；安装坡度是否正确	项目技术管理人员，班组长及技术员
5	架梁作业	架桥机喂、落作业时	吊杆吊装时安装螺母以外露3扣为标准；提梁机操作、指挥、司索人员必须100%持证上岗；提梁机运行时必须专人监视卷线器及电缆，固定专人指挥，协调作业；架桥机下方严禁站人和交叉作业；架梁作业前先试提，离开运梁车垫墩10cm，确认架桥机各系统正常后方可正常喂梁和落梁	项目安全、技术管理人员，班组长及安全员
6	箱梁检查	架梁完成	箱梁架设后的相邻梁跨端桥面之间、梁端桥面与相邻桥台胸墙顶面之间的相对高差不得大于10mm。箱梁桥面高程不得高于设计高程，也不得低于设计高程20mm。支承垫石顶面与支座底面间的压浆厚度不得小于20mm，也不得大于30mm。箱梁架设落梁采用支点反力控制，支承垫石顶面与支座底面间隙压浆硬化前，每个支点反力与4个支点反力的平均值之差不得超过±5%	项目质量、技术管理人员，班组长及技术员

8）应急处置

（1）处置原则

施工过程中一旦发生险情或事故，应停止作业，切勿慌乱，切忌盲目施救，在保证自身安全的情况下按照处置措施要求科学开展施救，并及时向项目管理人员报告相关情况。

（2）处置措施

①设备倾覆：当出现设备倾覆征兆时，发现者应立即通知架梁作业区域人员迅速撤离现场，并及时报告项目部进行后期处置。

②当发现有人触电时，立即切断电源。若无法及时断开电源，可用干木棒、皮带、橡胶制品等绝缘物品挑开触电者接触的带电物，之后解开妨碍触电者呼吸的紧身衣服，检查口腔，清理口腔黏液并立即就地抢救。如触电者呼吸停止，应采用人工呼吸法抢救；如心脏停止跳动，应采用胸外心脏按压法抢救。

③其他事故：当发生高处坠落、起重伤害、机械伤害等事故后，应立即采取措施切断或隔断危险源，疏散现场无关人员；然后对伤者进行包扎等急救，向项目部报告后原地等待救援。

28 预制箱梁管道压浆施工安全技术交底

交底等级	三级交底	交底编号	III-028
单位工程	×××大桥	分部工程	（铁路）箱梁预制
交底名称	预制箱梁管道压浆施工	交底日期	年　月　日
交底人	分部分项工程主管工程师（签字）	审核人	工程部长（签字）
批准人	总工程师（签字）	确认人	专职安全管理人员（签字）
		被交底人	班组长及全部作业人员（签字，可附签字表）

1）施工任务

××梁场共预制 32m 箱梁××榀，24m 箱梁××榀，每孔箱梁封锚后 24～48h 内进行压浆。压浆设备采用具有自动计量、辅助抽真空功能的压浆台车。

2）工艺流程

压浆设备检查→钢绞线切丝→安装压浆罩→压浆料配置→抽真空→管道压浆→持压 180s→封堵压浆孔。

3）作业要点

（1）压浆设备

压浆设备采用具有自动计量及二次加水功能的管道真空辅助压浆台车，搅拌机转速不小于 1000r/min，浆叶最高线速度不大于 15m/s。压浆机采用齿轮连续式压浆泵，压力表最小分度值不大于 0.1MPa，最大量程为工作压力的 1.5～2.5 倍；储料罐带有搅拌功能；真空泵应能达到 0.092MPa 的负压力，过滤网空格不得大于 3mm×3mm。压浆台车使用前应进行检查及试运转，状况正常方可使用。

（2）钢绞线切丝

终张拉完毕 24h 后，观察锚头外露钢绞线有无滑丝、断丝，确认无问题后进行多余外露钢绞线的切割作业，如发现滑丝、断丝情况，及时报告项目技术人员进行后续处理。切丝保留长度为夹片外 30mm，钢绞线的切割采用砂轮锯切除，严禁采用氧气乙炔火焰、电弧进行切割。

（3）安装压浆罩、压浆管

锚头部位全部用特制压浆罩堵塞密封，压浆罩与锚垫板之间放置一层橡胶垫，拧紧螺杆，确保封堵严密不漏气。压浆罩安装完毕后，安装压浆管、抽真空管。

（4）拌制压浆料

浆体搅拌操作顺序为：首先在搅拌机中加入 80%～90% 的拌和水，开动搅拌机，边搅拌边均匀加入全部压浆剂；然后均匀加入全部水泥，全部粉料加入后再搅拌 2min；最后加入剩下 10%～20%的拌和水，继续搅拌 2min。搅拌均匀后，检验搅拌罐内浆体流动度，头三盘每盘检测 1 次，之后每 10 盘进行 1 次检测，其流动度在规定范围内（18s±4s）即可通过过滤网进入储料罐。需继续搅拌储料罐中的浆体，以保证浆体的流动性。禁止在施工过程中因流动度不足而额外加水。

（5）管道压浆

总体按照先下后上、由中至边、左右对称的原则进行压浆作业。在压浆前应进行抽真空，开启真空泵，使孔道内的真空度稳定在-0.06～-0.08MPa。真空度稳定后，立即开启压浆端阀门，浆体压入孔道之前，将浆体从压浆嘴排出少许，以排除压浆管路中的空气、水和稀浆。当排出的浆体流动度和搅拌罐中的流动度一致时，方可开始将浆体压入浆体孔道。压浆的最大压力不超过 0.6MPa。压浆充盈度应达到孔道另一端饱满并于排气孔排出与规定流动度相同的浆体为止，关闭出浆口后，应保持在 0.5～0.6MPa 下持压 3min，关闭灰浆泵及压浆端所有阀门，完成压浆。同一管道压浆应连续进行，一次完成。从浆体搅拌到压入梁体的时间不应超过 40min。依次逐个进行整孔箱梁的孔道压浆。

压浆过程中，每孔梁制作 3 组标准养护试件（40mm×40mm×160mm），进行抗压强度和抗折强度试验，并对压浆过程进行记录。记录项目应包括：压浆材料、配合比、压浆时间、搅拌时间、出机流动度、浆体温度、环境温度、保压压力及时间、真空度、现场压浆负责人、监理工程师等。

待管道水泥浆初凝后，方可拆卸压浆帽等密封件，此时管道水泥浆不应有任何外溢现象。拆卸后的压浆帽等配件应及时清洗干净。

（6）季节性施工要求

夏季施工时浆体温度不高于 30℃，应避开高温天气，在早、晚进行，必要时在夜间从事压浆作业；当气温高于 35℃时，停止压浆作业。

冬季压浆施工时，尽量在中午温度较高的时段进行施工。压浆时可在指定的存梁台座，在梁体两侧面设置保温板并向内腔及底板输送蒸汽，当温度达到 5℃以上后方可施工。压浆施工完成后持续输送蒸汽进行保温，保证压浆后 3d 内温度不低于 5℃。

4）安全风险及危害

预制箱梁管道压浆施工过程中存在的安全风险见表 1。

预制箱梁管道压浆施工过程中存在的安全风险识别表　　　　表1

序号	安全风险	致险因子	风险等级	产生危害
1	机械伤害	作业人员将手伸入正在运转的压浆搅拌机内取杂物	IV	作业人员重伤
2	物体打击	（1）压浆时未严格按照标准压力注浆； （2）压浆管道强度不满足要求； （3）压浆作业时，作业人员未站在侧面或未穿防护服、未戴护目镜	IV	作业人员重伤
3	其他	（1）施工作业区未设置警戒线与安全警示标志； （2）非操作人员进入施工现场	IV	其他人或作业人员受伤

5）安全风险防控措施

（1）防控措施

为防范以上安全风险，需严格落实各项风险防控措施，详见表 2。

管道压浆施工安全风险防控措施表　　　　　　　表2

序号	安全风险	措施类型	防控措施	备注
1	机械伤害	安全防护	开始工作时，搅拌机采取封闭措施	
		管理措施	做好安全技术培训，禁止对运转的搅拌机进行人工干预，现场做好盯控	
2	物体打击	安全防护	（1）压浆人员启动仪器正常工作后，应在压浆端侧面作业； （2）为工人配发合格的安全带、安全帽等劳保用品，进行正确穿戴使用的培训	
		管理措施	（1）对作业人员进行安全教育，严格执行培训交底制度，严格按操作规程作业； （2）严格按照规范标准进行施工，压力大小及真空度按要求严格控制； （3）压浆前对管道强度及通风孔薄弱处混凝土质量进行检查，有缺陷及时处理，确保不发生孔道漏浆及管道破裂	
3	其他	安全防护	压浆作业区域采用警戒线封闭，在醒目位置设置警示标志	
		管理措施	施工现场加强安全巡视，将非施工人员劝离现场	

（2）工作纪律

除落实以上安全风险防控措施外，还应严格遵守以下工作纪律。

①防护用品：作业人员正确佩戴安全帽、安全带，穿戴防滑鞋及紧口工作服。

②班前讲话：每日上工前，由班组长开展班前讲话，将当日作业内容、存在的安全风险及危害、防范措施、作业要点等告知全体作业人员。

③工前检查：每日班前讲话后，对工人身体状态、防护用品穿戴、现场作业环境等进行例行检查，发现问题及时处理。

④维护保养：做好安全防护设施、安全防护用品、压浆设备等的日常维护保养，发现损坏或缺失，及时修复或更换。

6）质量标准

压浆用材料应达到的质量标准及检验方法见表3。

压浆用材料质量检查验收表　　　　　　　表3

序号	检查项目	质量要求	检查方法	检验数量
1	水泥称量偏差	±1%	仪器	每孔梁
2	压浆剂称量偏差	±1%	仪器	每孔梁
3	水称量偏差	±1%	仪器	每孔梁

浆体性能应达到的质量标准及检验方法见表4。

浆体性能质量检查验收表　　　　　　　表4

序号	检查项目		质量要求	检查方法	检验数量
1	凝结时间	初凝	≥4h	凝结时间测定仪	每孔梁
		终凝	≤24h	凝结时间测定仪	每孔梁
2	泌水率	自由泌水率	0	压浆自由泌水及24h自由膨胀试验仪	每孔梁

续上表

序号	检查项目		质量要求	检查方法	检验数量
3	泌水率	3h 毛细泌水率	≤0.1%	毛细泌水率实验仪	每孔梁
4	压力泌水率	当孔道垂直高度 ≤ 1.8m 时,采用 0.22MPa 压力值	≤3.5%	压力泌水率实验仪	每孔梁
5		当孔道垂直高度 > 1.8m 时,采用 0.36MPa 压力值			每孔梁
6	7d 强度	抗折强度	≥6.5MPa	抗压抗折强度试验机	每孔梁
7		抗压强度	≥35MPa	抗压抗折强度试验机	每孔梁
8	28d 强度	抗折强度	≥10MPa	抗压抗折强度试验机	每孔梁
9		抗压强度	≥50MPa	抗压抗折强度试验机	每孔梁
10	流动度	出机	18s ± 4s	压浆流动度试验仪-流动锥	每孔梁
11		30min	≤28s	压浆流动度试验仪-流动锥	每孔梁
12	24h 自由膨胀率		0~3%	压浆自由泌水及 24h 自由膨胀试验仪	每孔梁
13	含气量		2%~4%	含气量测定仪	每孔梁
14	充盈度		合格	充盈度试验仪	每孔梁
15	对钢筋的腐蚀作用		无腐蚀	钢筋锈蚀综合检测仪	每孔梁
16	氯离子含量		0.06%	氯离子含量快速测定仪	每孔梁

7）验收要求

预制箱梁管道压浆施工各阶段验收要求见表 5。

预制箱梁管道压浆各阶段验收要求表　　　　表 5

序号	验收项目	验收时点	验收内容	验收人员
1	压浆剂	材料进场后、使用前	符合设计要求,按标准规范相关条款	项目物资、技术管理人员,班组长及材料员
2	水泥	材料进场后、使用前	符合设计要求,按标准规范相关条款	项目物资、技术管理人员,班组长及材料员
3	浆体性能	压浆时、压浆后	详见表 3、表 4	项目物资、技术管理人员,班组长及材料员

8）应急处置

（1）处置原则

施工过程中一旦发生险情或事故,应停止作业,切勿慌乱,切忌盲目施救,应在保证自身安全的情况下按照处置措施要求科学开展施救,并及时向项目管理人员×××报告相关情况。

（2）处置措施

当发生高处坠落、起重伤害、机械伤害等事故后,应立即采取措施切断或隔断危险源,疏散现场无关人员,后对伤者进行包扎等急救,向项目部报告后原地等待救援。

29 预制箱梁钢筋加工绑扎施工安全技术交底

交底等级	三级交底	交底编号	III-029
单位工程	×××大桥	分部工程	箱梁预制
交底名称	预制箱梁钢筋加工绑扎施工	交底日期	年　　月　　日
交底人	分部分项工程主管工程师（签字）	审核人	工程部长（签字）
批准人	总工程师（签字）	确认人	专职安全管理人员（签字）
		被交底人	班组长及全部作业人员（签字，可附签字表）

1）施工任务

××梁场共预制 40m 箱梁××榀、32m 箱梁××榀，本交底为预制梁的钢筋加工、绑扎相关作业，单孔 40m 混凝土简支箱梁钢筋 72.3t，单孔 32m 混凝土简支箱梁钢筋 52.7t，钢筋加工及安装图见附件《40m、32m 预制箱梁钢筋设计图》。

2）工艺流程

预制箱梁钢筋加工工艺流程如图 1 所示。

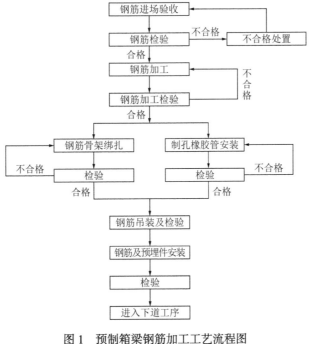

图 1　预制箱梁钢筋加工工艺流程图

3）作业要点

（1）施工准备

原材料进场后，配合项目物资及试验管理人员，并报驻场专业监理工程师进行进场验收，验收合格方可使用。整理材料存放场地，确保平整坚实、排水畅通、无积水。材料验收合格后按品种、规格分类码放，并设挂规格、数量铭牌。

按照钢筋图纸制作钢筋绑扎胎具，胎具使用螺栓连接，零部件在厂家生产完成后运至梁场内拼装，拼装完成后，梁场安质部组织对胎具尺寸、开槽位置等进行验收，合格后投入使用，钢筋笼吊具进场拼装并验收合格后方投入使用。

（2）钢筋的运输及进场验收

进场的钢筋须按牌号、规格、厂名、级别分批架空堆置在存放区内，钢筋必须架空于地面，并存放在钢结构棚内，以防雨淋、被污染等。钢筋在运输、储存过程中要防止锈蚀、污染和避免压弯。装卸钢筋时，不得从高处抛掷。钢筋使用随开捆（盘）随使用，做好开捆（盘）钢筋的防护工作。不允许使用未经检验及不合格的原材料。钢筋班组对领用钢筋的检验状态标识予以确认相符合后，才能领用。无检验、试验状态标识的原材料可以拒绝领用，并上报。

（3）钢筋下料

钢筋下料是根据所生产箱梁的配筋图，分别计算钢筋下料长度和根数。钢筋加工前，作业班组必须做出钢筋下料单，并据此进行下料加工。编制钢筋下料单时应根据梁体钢筋编号和供应料尺寸的长短，统筹安排以减少钢筋的损耗。钢筋下料前，先切掉钢筋外观有缺陷的部分。钢筋下料长度根据构件尺寸、混凝土保护层厚度（后张法预应力混凝土简支箱梁最外层钢筋的净保护层厚度为35mm）、钢筋弯曲调整值和弯钩增加长度等规定综合考虑。直钢筋下料长度 = 构件长度 − 保护层厚度 + 弯钩增加长度；弯折钢筋下料长度 = 直段长度 − 弯曲调整值 + 弯钩增加长度；箍筋下料长度 = 箍筋内周长 + 箍筋调整值 + 弯钩增加长度。

（4）钢筋笼绑扎

本梁场采用自动智能化运料小车进行钢筋料的搬运。钢筋在车间下料完成后，通过运料小车搬运及门式起重机吊运至各个钢筋绑扎胎卡具。采取平行与流水作业相结合的方式，进行钢筋绑扎施工作业。绑扎顺序：底腹板钢筋绑扎→穿橡胶抽拔管搭建假内模→顶板钢筋绑扎→安装预埋件及预理钢筋→绑扎接地钢筋。

①底腹板钢筋绑扎

按照底腹板钢筋骨架胎具上的标记，在相应位置摆放好 U 形筋（对变形的 U 形筋要进行矫正，不能矫正的应更换，确保 U 形筋能准确落入胎具相应的凹槽中），底板分布筋按照胎具的凹槽位置放置后进行绑扎。底板顶层钢筋的绑扎在底板底层钢筋与底层纵向分布筋绑扎后进行：首先，绑扎定位网片，待定位网片筋固定好后，根据定位网片上相应位置摆放底板顶层纵向钢筋并绑扎，同时部分焊接架立筋；然后，在纵向钢筋上布置绑扎顶层横向钢筋，架立筋与顶层纵向钢筋和底层纵向钢筋竖向绑扎；最后，绑扎顶层横向钢筋，使两层钢筋连接成为一个整体。

侧腹板钢筋内外侧通过焊接和绑扎架立钢筋相结合的方式进行连接。

②穿橡胶抽拔管搭建假内模

采用以跨中为起点、间距为500mm的定位网片对橡胶抽拔管进行定位。首先按图纸要求设置定位网片，并用电焊把定位网片与底板纵向钢筋点焊固定，然后把橡胶抽拔管与定位网片用扎丝扎紧。在固定橡胶抽拔管前，从橡胶抽拔管端头孔眼向内穿入钢绞线，以保证橡胶抽拔管顺直。待橡胶抽拔管串束完成后，检查底腹板钢筋是否绑扎紧固、数量是否齐全等。报验通过后，按照预留支腿位置架设假内模。

③顶板钢筋绑扎

顶板底层钢筋的绑扎：首先，按照底腹板钢筋骨架胎具上的标记，在相应的位置先摆放好横向钢筋；然后，摆放纵向钢筋，均摆放好后绑扎牢固。顶板底层与顶层架立钢筋的绑扎：在底板底层钢筋与底层纵向分布筋绑扎后进行，在底层与顶层之间绑扎架立筋，架立钢筋与顶层纵向钢筋和底层纵向钢筋竖直绑扎。顶板顶层钢筋的绑扎：在桥面架立筋和桥面纵向钢筋连接好后，方可摆放、绑扎横向钢筋。桥面其他局部钢筋按照施工图纸要求在顶面主筋绑扎好后进行绑扎。

④安装预埋件及预埋钢筋

防撞墙钢筋按照施工图纸的要求对防撞墙钢筋进行布置和绑扎，并且与顶层钢筋在交点处逐点绑扎牢固。吊孔钢筋按照施工图纸的要求在吊点的顶面及底面增设斜置的井字形钢筋，与梁体钢筋交点处必须全部绑扎。另外在周边还要增设螺旋钢筋，螺旋钢筋必须与周边钢筋绑扎固定。竖墙部分预留钢筋数量要齐全，位置确保在浇筑竖墙混凝土前，以使遮板预留钢筋与竖墙预留钢筋能够绑扎牢固。

⑤绑扎接地钢筋

接地钢筋根据施工图纸的要求把接地套筒牢固地焊接在接地钢筋上，在适当的时候绑扎接地钢筋，绑扎方法与其余钢筋相同。接地套筒的接地螺母要用厚塑料包裹，防止砂浆进入丝扣内。

（5）钢筋垫块的布设与绑扎

钢筋骨架吊入模板之前须在梁体钢筋靠模面一侧绑扎标准混凝土垫块，以保证混凝土的保护层厚度不小于35mm。钢筋垫块采用锥形垫块，由C60细石混凝土材料制成，抗腐蚀性能和抗压强度都应不低于梁体混凝土，垫块厚度均为35mm。注意在两根钢筋并列绑扎位置使用平头垫块。垫块呈梅花形布设，并尽量靠近钢筋交叉点处，梁体侧面和底面的垫块至少应达4个/m^2。底腹板钢筋底板底部垫块布设6列，两侧腹板外侧布设8列、内侧布设6列，顶板钢筋顶部布设5列。

垫块绑扎时使纵向分布筋卡入垫块凹槽，扎紧绑线，使垫块不可随意串动。所有垫块都在钢筋骨架安装就位前绑扎。绑扎垫块铁丝头不得伸入保护层内。钢筋骨架底部的垫块需要承担整个骨架的重量，因此要求有足够的强度和刚度，以免发生变形和被压碎。由于侧面垫块不承受骨架的重量，但在底腹板钢筋吊装时易滑移，因此必须轻吊轻放。在下落钢筋骨架时必须对位准确，采用吊锤线坠法来确保底腹板钢筋骨架纵向中心线与底模板纵向中心重合，然后方可徐徐下落，确保准确就位。

（6）预应力孔道

预应力孔道采用橡胶抽拔管成型，钢筋骨架绑扎的同时安装橡胶抽拔管。钢筋骨架绑扎完毕后，必须经工班自检、互检，符合标准后，经专检人员验收合格，监理工程师验收合格并签字后方可进入下一道工序。

①穿管

40m箱梁采用ϕ95mm、ϕ100mm、ϕ120mm胶管，32m箱梁采用ϕ80mm、ϕ90mm胶管。采用的胶管无表面裂口、表面热胶粒、胶层海绵及胶层气泡，表面杂质痕迹长度小于3mm，深度不大于1.5mm，且每米不超过1处。制孔前应将胶管表面清理干净，严禁使用具有腐蚀作用的油类等涂刷胶管。胶管穿入顺序为由下向上、由外向里，在跨中处套接，两端对称进行。穿管采用前面一人牵引、穿过相应的网眼，后面推进的方法。穿管过程中要注意防止划伤钢筋或划破管壁，穿管前如发现有微小裂纹应及时修补。已完成工序经检查合格后方可进行下一道工序。胶管在梁端外悬部分用自制胶管支撑架加以支撑，以确保浇筑混凝土后，胶管形成的孔道与锚具支承垫板垂直。

②坐标控制

为确保制孔位置正确，采用定位网定位、固定橡胶抽拔管，定位网按设计位置测量定位，并与钢筋骨架焊接牢固，确保管道平顺，定位准确，混凝土浇筑时抽拔管不上浮、不旁移、管道与锚具锚垫板垂直。每种定位网成型后要按顺序进行摆放，绑扎时，严格按照加工的顺序进行搬运绑扎，在定位网定位时，要在胎具相应部位进行标示，据以控制绑扎和安装位置。在绑扎钢筋骨架时，管道定位网片同时按设计位置安放，定位网片设置间距按照图纸施工，定位网片在沿梁长方向的定位误差≤10mm，如定位网与梁体通风孔及底部泄水孔冲突时，应调整定位网位置并重新计算坐标。定位网钢筋允许偏差：预应力孔道定位网片采用点焊加工，位置误差小于±4mm，孔眼尺寸允许尺寸偏差≤8mm。

③接头

橡胶抽拔管安设，严格按照坐标位置控制，保持良好线形，胶管接头设在跨中处，相邻接头应错开一段距离，接头处采用厚0.5mm、长300mm的铁皮套接，并在套接处用塑料胶带缠紧，密封不漏浆，防止水泥浆串入橡胶抽拔管内，如图2所示。

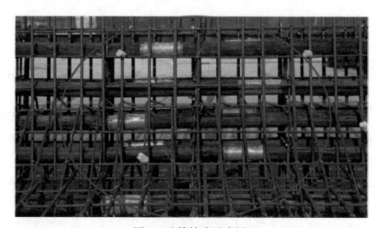

图2　胶管接头示意图

（7）钢筋骨架吊装

梁体钢筋骨架在胎具上绑扎成形后，门式起重机及钢筋吊具吊装就位，吊装就位前先在底模上标出梁端线，据此控制梁体钢筋骨架的纵向安装位置，待梁体钢筋骨架在底模就位后，检查钢筋骨架的纵向中心是否与底模纵向中心线重合，否则局部调整，使两线中心重合。在调整过程中，须采用得力措施保证梁体钢筋不受破坏。

梁体钢筋骨架采用大型吊具多点起吊，为防止起吊点处轧丝脱落、钢筋变形，须对吊点附近的钢筋绑扎点进行加强，增加轧丝根数并加入短钢筋。起吊设备为两台 50t 门式起重机，利用门式起重机和吊具将绑扎好的钢筋骨架吊至制梁台位。起吊及移运过程中，严禁急速升降和快速行走制动，以避免钢筋骨架扭曲变形。

骨架就位后，再次检查预留管道有无错位，定位网片是否正确。只有在保证骨架与管道就位准确、绑扎牢固的情况下，才可进行立内模工序。

钢筋安装验收：钢筋骨架经加工、安装就位后，安全质量环保部质检工程师须进行检查，重点检查钢筋保护层垫块数量、位置及其紧固程度，绑扎垫块和钢筋的铁丝头伸向混凝土内侧。

4）安全风险及危害

预制箱梁钢筋加工绑扎施工过程中存在的安全风险见表1。

预制箱梁钢筋加工绑扎施工安全风险识别表　　　　　　　　　　　表1

序号	安全风险	施工过程	致险因子	风险等级	产生危害
1	火灾爆炸	钢筋加工焊接	（1）小型机具设备老化、线路老化； （2）焊接或切割点与气瓶或其他易燃易爆品安全距离不够； （3）气瓶在高温天气无防护，导致温度过高，发生危险； （4）气瓶管路老化，压力表等保护装置损坏； （5）现场无消防设施或消防设施失效； （6）使用人员违规操作	II	焊接作业人员及气瓶周边人员群死或群伤
2	机械伤害	钢筋加工作业	（1）机械运转中用手清理切刀附近的杂物； （2）切短料时不用套筒或夹具	III	作业人员重伤
3	起重伤害	钢筋吊运作业	（1）起吊钢筋下方站人； （2）钢筋在吊运中未降到离地面 1m 就靠近	III	作业人员重伤
4	物体打击	钢筋绑扎作业	（1）钢筋绑扎作业区未设置警戒线与安全警示标志； （2）非操作人员进入施工现场	IV	其他人或作业人员受伤

5）安全风险防控措施

（1）防控措施

为防范以上安全风险，需严格落实各项风险防控措施，详见表2。

钢筋加工绑扎施工安全风险防控措施表　　　　　　　　　　　表2

序号	安全风险	措施类型	防控措施	备注
1	火灾爆炸	安全防护	（1）气瓶存放和使用到达安全距离； （2）将气瓶存在阴凉处，设置专门的防护棚； （3）在现场布置有效的消防设施	
		管理措施	（1）对电焊机等小型机具根据老化程度进行报废处理； （2）定期对气瓶的管路和安全保护装置进行检查，及时更换； （3）进行班前教育，特种人员持证上岗	
2	机械伤害	安全防护	（1）加强现场检查，及时消除事故隐患； （2）工人作业前，清点好套筒或夹具等用品	
		管理措施	（1）为工人配发合格的手套、安全帽等劳保用品，进行正确穿戴使用的培训； （2）做好作业平台设施的日常检查维护，发现损坏及时修复	

续上表

序号	安全风险	措施类型	防控措施	备注
3	起重伤害	安全防护	（1）起吊人员作业时，严格执行不准吊运的各项规定和指挥信号，禁止任何人站在被吊物品上或在下面停留、行走； （2）做好起重设备及特种作业人员的进场验收管理，保证设备性能、人员技能满足要求，设备及人员证件齐全有效； （3）吊装作业专人指挥，严格执行"十不吊"	
		管理措施	对作业人员进行安全教育，严格执行培训交底制度，严格按操作规程作业	
4	物体打击	安全防护	钢筋绑扎作业区域采用警戒线封闭，在醒目位置设置警示标志	
		管理措施	施工现场加强安全巡视，非施工人员劝离现场	

（2）工作纪律

除落实以上安全风险防控措施外，还应严格遵守以下工作纪律。

①防护用品：作业人员正确佩戴使用安全帽、安全带，穿戴防滑鞋及紧口工作服。

②班前讲话：每日上工前，由班组长开展班前讲话，将当日作业内容、存在的安全风险及危害、防范措施、作业要点等告知全部作业人员。

③工前检查：每日班前讲话后，对工人身体状态、防护用品穿戴、现场作业环境等进行例行检查，发现问题及时处理。

④维护保养：做好安全防护设施、安全防护用品、起重设备机具等的日常维护保养，发现损坏或缺失，及时修复或更换。

6）质量标准

钢筋加工质量验收标准见表3。

钢筋加工质量验收标准表　　　　　　　表3

序号	项目	标准	检验方法
1	受力钢筋全长	±10mm；受保护层影响的−10mm	尺量
2	弯起钢筋的弯起位置误差	±20mm	
3	箍筋内净尺寸	±3mm	
4	钢筋标准弯钩外形与大样偏差	±0.5mm	
5	成型筋外观	平直、无损伤，表面无裂纹、油污、颗粒状或片状老锈	目测

钢筋绑扎、预留管道及预应力筋及允许偏差见表4。

钢筋绑扎、预留管道及预应力筋及允许偏差表　　　　　　表4

序号	项目	允许偏差	检查方法
1	预应力管道的位置	±4mm	尺量
2	桥面主筋间距及位置偏差（拼装后检查）	±15mm	
3	底板钢筋间距及位置偏差	±8mm	
4	箍筋间距及位置偏差	±15mm	

序号	项目	允许偏差	检查方法
5	腹板箍筋的垂直度（偏离垂直位置）	±15mm	尺量
6	混凝土保护层厚度与设计偏差（腹板、顶、底板拉筋除外）	+5mm、0	
7	其他钢筋偏移量	≤20mm	
8	保护层垫块	≥4个/m²，绑扎牢固	观察
9	预应力定位网钢筋位置	±10mm	尺量
10	抽拔管与梁端喇叭管位置	抽拔管与梁端喇叭管面应垂直	观察

7）验收要求

钢筋绑扎各阶段的验收要求见表5。

钢筋加工及绑扎各阶段验收要求表　　　　　　表5

序号	验收项目	验收时点	验收内容	验收人员
1	材料及构配件	钢筋材料进场后、使用前	材质、规格尺寸、外观质量	项目物资、技术、试验人员，班组长及技术员
2	钢筋加工	钢筋加工验收、绑扎前	见表3	项目试验、技术人员，班组长及技术员
3	钢筋笼绑扎、吊装	钢筋笼绑扎后、内模安装前	见表4	项目试验、测量、技术人员，班组长及技术

8）应急处置

（1）处置原则

施工过程中一旦发生险情或事故，应停止作业，切勿慌乱，切忌盲目施救，在保证自身安全的情况下按照处置措施要求科学开展施救，并及时向项目管理人员×××报告相关情况。

（2）处置措施

火灾：当发现初起火灾时，应就近找到灭火器对准火苗根部灭火；当火灾难以扑灭时，应及时通知周边人员捂住口鼻迅速撤离。

其他事故：当发生高处坠落、起重伤害、机械伤害等事故后，应立即采取措施切断或隔断危险源，疏散现场无关人员，后对伤者进行包扎等急救，向项目部报告后原地等待救援。

附件：《40m、32m预制箱梁钢筋设计图》（略）。

30 预制箱梁预应力张拉施工安全技术交底

交底等级	三级交底	交底编号	III-030
单位工程	×××特大桥	分部工程	箱梁预制
交底名称	预制箱梁预应力张拉施工	交底日期	年　月　日
交底人	分部分项工程主管工程师（签字）	审核人	工程部长（签字）
批准人	总工程师（签字）	确认人	专职安全管理人员（签字）
		被交底人	班组长及全部作业人员（签字，可附签字表）

1）施工任务

××梁场共预制32m箱梁××榀、24m箱梁××榀，每孔箱梁在浇筑完成后，需分步骤进行预张拉、初张拉和终张拉作业。

2）工艺流程

预制箱梁预应力张拉工艺流程如图1所示。

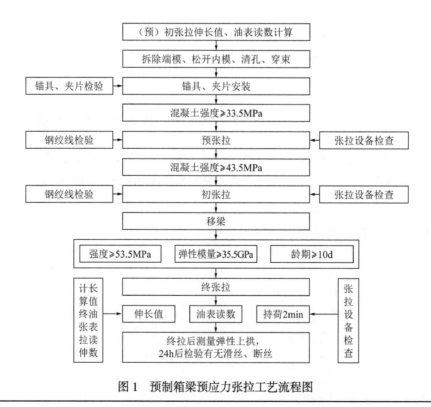

图1　预制箱梁预应力张拉工艺流程图

3）作业要点

（1）施工准备

梁体混凝土浇筑完毕终凝后，及时用橡胶管拔管机将预埋在预应力孔道内的橡胶抽拔管拔出。张拉前，检查千斤顶、油压表在校正期内，智能张拉设备、油管、张拉台架使用状态良好，将由主管工程师计算并由总工审批签字的张拉计算表输入到智能张拉设备中，并将张拉力值及张拉顺序表贴在张拉台架明显位置，以便进行校核。在收到项目张拉通知单后，可开始张拉作业。

（2）钢绞线下料

在收到钢绞线下料单后（见附件），可开始进行钢绞线下料作业。下料前将钢绞线卷包装拆去，拉出钢绞线头，由2～3名工人牵引，在调直台上缓缓顺直拉出钢绞线，按配料单画线、下料，每次只能牵引一根钢绞线。按照下料单规定的长度和数量进行切割作业，采用砂轮锯切断，切断前端头先用铁丝绑扎，切断后不得散头，严禁用电弧切断。

钢绞线下料后应梳整、编束，确保钢绞线顺直、不扭转。编束用22号镀锌铁丝绑扎，绑扎时要使一端平齐向另一端进行，每隔1～1.5m扎一道铁丝，铁丝扣弯向钢绞线束内侧。编束完毕后，按孔道编号挂牌，防止错用。

（3）钢绞线穿束

钢绞线穿束前先清理孔道，保证孔道畅通。钢绞线穿束应整孔穿束，严禁单根穿束，穿束完成后，两端外露长度要符合要求并基本一致；当穿较高位置的钢束时，在穿入端搭设平台，以保证穿入端钢绞线顺直；穿束时要有专人指挥，穿束后逐束按设计图纸和技术交底核对，确保符合要求。

（4）千斤顶、锚具和夹片安装

①工作锚与夹片

张拉前，根据不同钢绞线直径选择对应的工作锚直径将工作锚的锚环套入钢绞线束，将钢绞线按自然状态依顺时针方向插入夹片。用ϕ20mm的钢管将夹片轻轻打入锚板孔内，并使其端部整齐，外露长度一致，再安装限位板。

②千斤顶

把钢绞线束穿入千斤顶，使千斤顶中线与孔道中线初步对中，为方便工作锚脱缸，千斤顶预先出顶2～3cm。因箱梁锚穴无法提供千斤顶工作空间，因此需在限位板与千斤顶间加设1个延长套环。调整千斤顶位置，使千斤顶与孔道、锚板位于同一轴线上，并使千斤顶、过渡套、限位板、工作锚接触密贴后，在千斤顶端用工作锚将钢绞线临时固定。

③工具锚与夹片

根据不同钢绞线直径选择对应的工具锚直径，工具锚安装于千斤顶后盖，精确对中，钢绞线须在工作锚与工具锚之间顺直无扭结。工具锚夹片安装完成后，用ϕ20mm的钢管将工具锚夹片轻轻打入工具锚环内，并使端部整齐，外露长度基本一致。但不能过力挤压工具锚夹片，以防对张拉时钢绞线受力状态的自动调整不利。为使工具锚脱缸方便，可在工具锚夹片与锚环之间涂少许黄油。

（5）预应力张拉

每孔箱梁张拉过程分为预张拉、初张拉、终张拉三步，预应力张拉时，要以应力控制张拉，以伸长量进行校核，伸长量不超过设计伸长量的6%为宜。张拉时，要保证锚垫板与管道同心、锚具与锚垫板同心、千斤顶与锚具同心，并保证两端同步张拉、两端同一时间达到同一荷载；张拉力加载速度不应大于20MPa/s，张拉力达到20%控制应力和100%控制应力时，均要量取并记录工具夹片外露量，测千斤顶液压缸伸长量，用以校核。锚固时，应匀速回顶，锚固时间为30s。

①预张拉

在梁体混凝土强度达到设计强度的60% + 3.5MPa（即 ≥ 33.5MPa）后进行带模张拉，张拉前拆除端模，松开内模，以避免对梁体张拉变形造成阻碍。预张拉程序为：0→20%σcon预（持荷30s）→100%σcon预（持荷120s）→回油锚固。预张拉顺序及张拉力值见表1。

32m 双线箱梁预张拉顺序及控制应力表（例） 表1

张拉阶段	张拉顺序	孔道编号	锚外控制应力 （MPa）	锚外张拉力 （kN）	二期恒载分档
预张拉	1	2N6	1023.00	1288.98	120～140kN/m
	2	2N2a	1023.00	1288.98	
	3	2N1b	1023.00	1288.98	

②初张拉

在梁体混凝土强度达到设计强度的80% + 3.5MPa（即 ≥ 43.5MPa）后进行张拉，张拉时应拆除端模与内模，初张拉后梁体可吊移出制梁台位。初张拉程序为：0→20%σcon初（持荷30s）→100%σcon初（持荷120s）→回油锚固。预张拉顺序及张拉力值见表2。

32m 双线箱梁初张拉顺序及控制应力表（例） 表2

张拉阶段	张拉顺序	孔道编号	锚外控制应力 （MPa）	锚外张拉力 （kN）	二期恒载分档
初张拉	1	2N2c	1023.00	1145.76	120～140kN/m
	2	2N3	1023.00	1288.98	
	3	2N7	1023.00	1288.98	
	4	2N10	1023.00	1288.98	
	5	2N2d	1023.00	1288.98	

③终张拉

在梁体混凝土强度达到设计强度的 100% + 3.5MPa（即 ≥ 53.5MPa），弹性模量达到35.5GPa，且龄期不少于10d后方可进行后进行终张拉。经预、初张拉后的钢束张拉程序为：0→预、初张拉控制应力（持荷30s）→100%σcon终（持荷120s）→回油锚固；未经初张拉后的钢束张拉程序为：0→20%σcon终（持荷30s）→100%σcon终（持荷120s）→回油锚固。预张拉顺序及张拉力值见表3。

32m 双线箱梁终张拉顺序及控制应力表（例） 表3

张拉阶段	张拉顺序	孔道编号	锚外控制应力 （MPa）	锚外张拉力 （kN）	二期恒载分档
终张拉	1	2N9	1371.57	1728.18	120～140kN/m
	2	2N8	1344.54	1694.12	
	3	N1a	1339.20	1499.9	

张拉阶段	张拉顺序	孔道编号	锚外控制应力 （MPa）	锚外张拉力 （kN）	二期恒载分档
终张拉	4	2N2d	1339.20	1687.39	120~140kN/m
	5	2N5	1371.57	1728.18	
	6	2N4	1344.54	1694.12	
	7	2N2b	1339.20	1687.39	
	8	2N10	1344.54	1694.12	
	9	2N7	1371.57	1728.18	
	10	2N6	1344.54	1694.12	
	11	2N3	1371.57	1728.18	
	12	2N1b	1339.20	1687.39	
	13	2N2c	1339.20	1687.39	
	14	2N2a	1339.20	1687.39	

（6）张拉异常情况处置

①张拉过程中发生滑丝现象

应立即停止张拉，将千斤顶与限位板退除，在千斤顶与锚板之间安装上特制的退锚处理器，进行退锚张拉，其张拉应缓慢进行。张拉中注意观察，其退锚张拉应力大于原张拉吨位，但不得大于0.8倍钢绞线抗拉极限强度（即1488MPa）。借张拉钢绞线束带出夹片，然后用小钢针（φ5mm高强钢丝端头磨尖制成），从退锚处理器的空口处取出夹片，不让夹片在千斤顶回油时随钢绞线内缩。取完所有夹片，两端千斤顶回油，拔掉退锚处理器，检查锚板，重新装上新夹片，重新张拉。

②张拉完成发生滑丝现象

其处理方法同上。但退锚的力量应予控制。一般拔力略大于张拉力量，即可拔出。两端不能同时进行，一端增压施拔时，另一端的千斤顶充油保险，待两端均拔完后，方可卸顶，以保安全。

③张拉发生断丝现象

断丝多数发生于夹片范围内，由张拉锚固时不对中造成。有时也在孔道内发生断丝，其主要原因是钢绞线本身有暗伤。断丝与滑丝的处理方法相同。

（7）张拉后检查

①测量弹性上拱

终张拉完成后，随即测量梁体弹性上拱值，检查其是否在1.05倍的设计计算值以内。30d后要再次复测上拱值，并对测量数据进行分析，调整梁体预留压缩量及对张拉结果进行校核。

②检查钢绞线滑丝情况

整个张拉工序完成后，在锚板口处的钢绞线束做上记号，以供张拉后对钢绞线锚固的质量情况进行观察，检查有无滑丝、断丝情况。

4）安全风险及危害

预制梁预应力张拉施工过程中存在的安全风险见表4。

预制梁预应力张拉施工安全风险识别表　　　　　表4

序号	安全风险	施工过程	致险因子	风险等级	产生危害
1	高处坠落	安装锚具、夹片、千斤顶，高处张拉	（1）作业人员未穿戴防滑鞋、未系挂安全带； （2）未设置张拉作业平台	Ⅲ	作业人员重伤
2	物体打击	张拉作业	（1）在张拉端钢绞线和千斤顶正面作业，夹片飞出； （2）张拉两端未设置防护挡板或挡板材质不合格； （3）张拉作业区未设置警戒线与安全警示标志； （4）非操作人员进入施工现场	Ⅲ	作业人员或进入作业人员重伤

5）安全风险防控措施

（1）防控措施

为防范以上安全风险，需严格落实各项风险防控措施，详见表5。

预制梁预应力张拉施工安全风险防控措施表　　　　　表5

序号	安全风险	措施类型	防控措施	备注
1	高处坠落	安全防护	（1）搭设牢固合格的施工操作平台； （2）工人作业时穿戴防滑鞋，正确使用安全带	
		管理措施	（1）为工人配发合格的安全带、安全帽等劳保用品，进行正确穿戴使用的培训； （2）做好作业平台设施的日常检查维护，发现损坏及时修复	
2	物体打击	安全防护	（1）张拉人员启动仪器且仪器正常工作后，应在张拉端侧面作业； （2）选择强度及硬度合格的挡板材料，设置防护挡板； （3）张拉作业区域采用警戒线封闭，在醒目位置设置警示标志	
		管理措施	（1）对作业人员进行安全教育，严格执行培训交底制度，严格按操作规程作业； （2）施工现场加强安全巡视，非施工人员劝离现场	

（2）工作纪律

除落实以上安全风险防控措施外，还应严格遵守以下工作纪律。

①防护用品：作业人员正确佩戴使用安全帽、安全带，穿戴防滑鞋及紧口工作服。

②班前讲话：每日上工前，由班组长开展班前讲话，将当日作业内容、存在的安全风险及危害、防范措施、作业要点等告知全部作业人员。

③工前检查：每日班前讲话后，对工人身体状态、防护用品穿戴、现场作业环境等进行例行检查，发现问题及时处理。

④维护保养：做好安全防护设施、安全防护用品、起重设备机具等的日常维护保养，发现损坏或缺失，及时修复或更换。

6）质量标准

钢绞线下料应达到的质量标准及检验方法见表6。

钢绞线下料质量检查验收表　　　　　表6

序号	检查项目	质量要求	检查方法	检验数量
1	单根钢绞线下料长度偏差	±10mm	尺量	3束/批
2	整束中各根钢绞线长度偏差	5mm	尺量	3束/批
3	钢绞线外观质量	无氧化铁皮，无严重锈蚀，无机械损伤和油迹；钢绞线内无折断、横裂和相互交叉的钢丝	观察	3束/批

预应力张拉应达到的质量标准及检验方法见表7。

预应力张拉质量质量标准及检验方法表　　　　　表7

序号	检查项目	质量要求	检查方法	检验数量
1	张拉时两端不同步率	小于5%	仪器	全部
2	实测伸长值与理论伸长值偏差	小于±6%	仪器、测量	全部
3	滑丝、断丝数量	不超过每孔梁钢绞线总丝束0.5%，不得位于梁体的同一侧，且一束内断丝不得超过1根	观察	全部
4	锚固后夹片外露量	外露量2～3mm，错牙不超过1mm	测量	全部
5	终张后梁体弹性上拱度	不大于设计值的1.05倍	测量	每孔梁
6	终张24h内钢绞线回缩量	每端各钢绞线的回缩量不大于1mm	测量	全部

7）验收要求

预应力张拉各阶段的验收要求见表8。

预应力张拉质量检查验收表　　　　　表8

序号	验收项目	验收时点	验收内容	验收人员
1	钢绞线	材料进场后、使用前	符合设计要求，按标准规范相关条款	项目物资、技术管理人员，班组长及材料员
2	构配件	材料进场后、使用前	符合设计要求，按标准规范相关条款	项目物资、技术管理人员，班组长及材料员
3	张拉	张拉前后	见表7	项目技术、安全管理人员，班组长及技术员

8）应急处置

（1）处置原则

施工过程中一旦发生险情或事故，应停止作业，切勿慌乱，切忌盲目施救，在保证自身安全的情况下按照处置措施要求科学开展施救，并及时向项目管理人员×××报告相关情况。

（2）处置措施

当发生高处坠落、起重伤害、机械伤害等事故后，应立即采取措施切断或隔断危险源，疏散现场无关人员，后对伤者进行包扎等急救，向项目部报告后原地等待救援。

附件：《钢绞线下料单》（略）。

31 预制箱梁模板安装工序安全技术交底

交底等级	**三级交底**	交底编号	III-031
单位工程	模板安拆	分部工程	箱梁预制
交底名称	**预制箱梁模板安装工序**	交底日期	年　月　日
交底人	分部分项工程主管工程师（签字）	审核人	工程部长（签字）
批准人	总工程师（签字）	确认人	专职安全管理人员（签字）
		被交底人	班组长及全部作业人员（签字，可附签字表）

1）施工任务

××梁场承担标段内××孔箱梁制、运、架施工任务，其中 32m 双线简支箱梁××榀、24m 双线简支箱梁××榀，配备侧模××套、底模××套、端模××套、内模××套，模板结构设计图详见附件《××梁场预制梁模板结构设计图》。

2）工艺流程

箱梁模板安装工艺流程如图 1 所示。

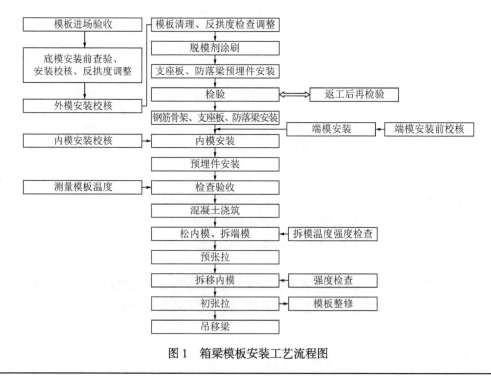

图 1　箱梁模板安装工艺流程图

3）作业要点

（1）施工准备

箱梁模板进场后进行进场验收，主要检查底模、内模、外模、端模以及各种连接件、紧固件等的材质、数量、厚度、几何尺寸、平整度、外观质量等，并进行试拼装，验收合格方可投入使用。模板安装前，对制梁台座位置、尺寸、平整度、承载力进行验收，合格方可进行模板安装。

（2）底模安装

①底模拼装

底模板采用分块连接拼装而成，块与块之间采用螺栓（焊接）连接，拼接时需注意保证各段的中心线对齐在同一直线上。

②预留压缩量

预施应力的弹性压缩及混凝土的徐变、收缩影响将使梁长缩短，拼装模板时需按设计要求预留压缩量，32m 箱梁预留压缩量为底部 14mm，顶部 5mm；24m 箱梁预留压缩量为底部 8mm，顶部 4mm。为准确控制端模支立位置，保证梁体下缘长度满足要求，在底模面板上标出梁端线。梁端线放线时，从底模跨中位置分别向两端拉尺放线，放线尺寸为梁体底板长度加下部预留压缩量。

③支座螺栓孔

箱梁设计采用球型钢支座，其支座预埋钢板和防落梁设有套筒。支座预埋钢板和防落梁预埋钢板通过螺栓连接固定于底模上，因此底模拼装时须设螺栓孔，螺栓孔直径及位置偏差不大于 1mm，确保支座板及防落梁预埋钢板预埋位置准确，定位螺栓孔位置时要预留纵向压缩量。支座板、防落梁预埋板定位如图 2 所示。

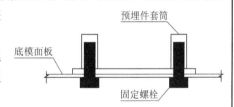

图 2　支座板、防落梁预埋板定位示意图

④反拱设置

严格按照设计反拱值进行调整底模高程，通过在底模与制梁台座三道钢结构条形基础之间加塞钢垫板，精确抄平来控制反拱值，以确保底板弧线平顺，并与制梁台座钢结构条形基础上的预埋钢板焊接牢固。钢底模在正常使用时，应随时用水平仪检查底板的反拱及下沉量，不符合规定处均及时整修。

首件梁体终张拉完成 30d、生产 10 件后进行确认，通过数理统计分析梁长和反拱值的变化，以此判断对模板预留反拱及压缩量是否需要进行调整。

（3）侧模安装

底模与侧模采取侧包底、与端模采取底包端的方式利用螺杆双螺帽连接，结合部位嵌入橡胶条密封，底模横梁上设置横向带螺纹对拉拉杆，用以固定两侧模板。为防止模板接缝处漏浆，临时拼接处用胶带纸或海绵等封闭，接缝处错牙不得超过 1mm。

（4）端模安装

端模板进场后对其进行全面的检查，保证其预留孔偏离设计位置不大于 3mm，保证锚穴倾角符合图纸设计要求，在每个锚穴做好竖向和水平中心线之后对锚穴倾角进行测量并做好记录。端模安装前先将锚垫板安装在端模上，并核对其规格和位置后紧固，锚垫板与端模要密贴，压浆孔朝上并将锚垫板上的压浆孔用海绵堵塞。

每次安装前检查端部板面是否平整光洁、有无凸凹变形及残余黏浆，端模管道孔眼内碎渣等杂物须清除干净。梁体钢筋骨架绑扎好吊装就位后即可安装端模。安装端模时，将橡胶抽拔管穿过相对的端模锚垫板孔慢慢就位，因管道较多，安装模板时要特别注意不要将橡胶抽拔管挤弯，重点检查橡胶抽拔管的坐标，保证锚垫板与橡胶抽拔管垂直。另一方面要注意锚垫板在对位时避免顶撞钢筋骨架，以免引起橡胶抽拔管移位。橡胶抽拔管安装完成后将胶管放置于端模设置的胶管托架上，确保橡胶抽拔管与喇叭口同心。

（5）内模安装

梁体端模就位后，采用自动牵引滑移安装内模，安装流程为：内模整修→安装内支撑杆→安装连接螺栓、固定内模→检查各支撑是否牢固→钢筋骨架吊装→内模托架安装→端模安装→内模滑移并安装。

安装前对模板进行清理并涂刷脱模剂。内模板装在液压台车上，在内模与外模预拼装时依靠液压缸的驱动使模板张开和收缩，其张开状态的外形尺寸与箱梁的孔洞尺寸吻合；其收缩状态小于箱梁端部变截面内腔，以利于整体内模通过端部截面。内模的收放顺序为：合模时，先收前后非标段液压缸，下侧模液压缸先收，上侧模液压缸后收；非标段收缩完毕后再收标段液压缸，同样侧模液压缸先收，上侧模液压缸后收；最后收隔墙液压缸。各断面液压缸全部收缩后，顶升液压缸方能收缩；张模时，放张顺序与合模正好相反。内模拼装好后利用卷扬机，拖至调整好的制梁台座钢筋骨架内，依靠液压缸的驱动使模板张开至设计位置，内模拼装完毕后检查腹板的厚度，不可因模板偏向一侧而使腹板的厚度改变。

为保证内模定位准确并防止上浮，内模穿入钢筋骨架后与底板泄水孔预埋立柱横梁（支撑内模）进行连接，采用通风孔预埋管件（钢制）与侧模进行定位，利用内模的液压缸和螺旋顶伸拉杆支撑。

（6）脱模剂涂刷

为防止混凝土与模板表面黏结，钢筋骨架安装前需对底模、侧模涂刷脱模剂，端模、内模在安装前需涂刷脱膜剂。脱模剂涂刷前对模板面进行清理打磨，保证平整、清洁、干燥。

（7）预埋件安装

在模板、钢筋骨架安装过程中，先安装支座板、防落梁、电缆上桥预埋槽道、接触网支柱（下锚拉线）等预埋件，钢筋骨架、模板就位后再安装泄水管、腹板通风孔、底板泄水孔、吊装孔、梁端电缆槽预留槽口等预埋件。

（8）灌前及灌中检查

模板全部安装完毕后，进行校模并检查各预埋件的安装精度，发现问题及时调整。灌注混凝土时，必须设专人值班，负责检查模板、连接螺栓及扣件，如有松动随时紧固。

（9）模板拆卸

①拆模顺序

模板拆除程序：松内模→拆端模→预张拉→脱内模→初张拉→提梁。预张拉时，内模变截面处松开，不得对梁体压缩造成阻碍。当混凝土强度达到60%后，松开内模、拆除端模，在制梁台座上进行预张拉，预张拉后脱出内模；当混凝土强度达到80%后，进行初张拉；梁体终张拉后，提梁，清理底侧模。

②内模拆除

拆除内模时，松开内模与侧模、内模与底模在对应通风孔、泄水孔和支座板的紧固连接件，再把内模内腔中的支撑螺杆全部松开，利用内模的自动收缩系统把内模收缩到可移出状态。拆除时须缓慢匀速进行，并有专人指挥，采用卷扬机拉出后及时拆卸滑道，并清点各种配件，并对模板进行清理、检查以及涂油的工作，然后张开到设计尺寸，用机械撑杆撑好以备下次使用。

③端模拆除

拆除端模时，先用螺旋式千斤顶将端模与侧模松开，然后用门式起重机吊装移出，严禁重击或硬撬，避免造成模板局部变形或损坏混凝土棱角。模板拆下后，及时清除模板表面和接缝处的残余灰浆并均匀涂刷隔离剂，与此同时还要清点和维修、保养、保管好模板零部件，如有缺损及时补齐，以备下次使用，根据消耗情况酌情配备足够的储存量。端模拆除时应注意成品的保护，并保证梁体棱角完整，谨防拆卸过程中对梁体造成损伤。

④底侧模维护

提梁后，及时清除模板表面和接缝处的灰渣、杂物，并均匀涂刷脱模剂。底模检查其反拱、全长、跨度及支座平面是否符合安装验收要求，若不能满足时，要重新校正到允许范围内，方可再次投入使用。同时，加强清点和维修保养、保管好模板零星部件，有缺损及时补充，以备下次使用。每片梁施工前必须对底模、侧模的反拱重新进行检查。

4）安全风险及危害

预制箱梁模板安装、拆除作业中存在的安全风险见表1。

预制箱梁模板安装施工安全风险识别表　　　　表1

序号	安全风险	施工过程	致险因子	风险等级	产生危害
1	物体打击	模板安装	（1）模板支撑、连接不牢固、模板没有足够的强度、刚度、稳定性； （2）模板的横移、顶升、下降不同步； （3）未对有倾倒危险的模板进行临时支撑加固	Ⅲ	安装作业人员死亡或重伤
2	高处坠落	安装全过程	（1）钢模板翼模外侧未适当加宽布置人行道和栏杆； （2）两侧未设供施工人员上下的扶梯或端模未设栏杆	Ⅲ	作业人员受伤
3	机械伤害、触电	模板打磨	（1）打磨机无防护罩或防护罩损坏； （2）打磨机未做接零防护	Ⅲ	打磨作业人员死亡或重伤
4	起重伤害	模板吊装	（1）模板采用分段连接整体吊装时，未连接牢固，起吊过程中未拴溜绳或碰撞模板； （2）钢丝绳断丝未按规定更换	Ⅲ	起重造成伤害
5		模板吊装	（1）吊钩无防脱钩装置； （2）未专人指挥	Ⅲ	吊装造成死亡或重伤
6	物体打击	模板拆除	（1）模板拆除顺序及措施不当； （2）端模拆除过程中，未将已拆下的模板支撑固定好； （3）拆模时未设置警戒区，非作业人员随意出入； （4）拔管作业无专人指挥	Ⅳ	坍塌、物体打击

5）安全风险防控措施

（1）防控措施

为防范以上安全风险，需严格落实各项风险防控措施，详见表2。

预制箱梁模板安装安全风险防控措施表　　　　表2

序号	安全风险	措施类别	防控措施	备注
1	物体打击	安全防护	作业专人指挥，过程安全盯控	
		管理措施	（1）确保牢固、确保相应的强度、稳定性； （2）模板拆除按顺序进行，采取措施； （3）端模拆除过程中，将已拆下的模板进行支撑固定； （4）设置警戒区，非作业人员随意出入； （5）作业专人指挥	
2	高处坠落	安全防护	（1）工人作业时穿防滑鞋，正确佩戴安全帽； （2）作业平台设有安全防护栏杆	
		管理措施	（1）为工人配发合格的安全帽等劳保用品，进行正确穿戴使用的培训； （2）按操作规程作业； （3）做好安全防护设施的日常检查维护，发现损坏及时修复； （4）钢模板翼模外侧加宽布置人行道和栏杆。两侧设置供施工人员上下的扶梯和端模设置栏杆	
3	机械伤害	管理措施	（1）按设备安全操作规程作业； （2）加强安全检查工作	
4	触电	安全防护	（1）操作前及时进行安全技术交底和教育培训； （2）按操作规程作业	
		管理措施	做好设备接零	
5	起重伤害	安全防护	吊装作业过程中专人监管防护	
		管理措施	（1）加强现场旁站监督，及时制止违规违章作业； （2）特种作业人员持证上岗，齐全有效； （3）做好钢丝绳、吊钩等日常检查维护，确保使用性能满足要求	

（2）工作纪律

除落实以上安全风险防控措施外，还应严格遵守以下工作纪律。

①防护用品：作业人员正确佩戴使用安全帽、安全带，穿戴防滑鞋及紧口工作服。

②班前讲话：每日上工前，由班组长开展班前讲话，将当日作业内容、存在的安全风险及危害、防范措施、作业要点等告知全部作业人员。

③工前检查：每日班前讲话后，对工人身体状态、防护用品穿戴、现场作业环境等进行例行检查，发现问题及时处理。

④维护保养：做好安全防护设施、安全防护用品、起重设备机具等的日常维护保养，发现损坏或缺失，及时修复或更换。

6）质量标准

预制箱梁模板安装应达到的质量标准及检验方法见表3。

预制箱梁模板安装施工质量检查验收表　　　　表3

序号	项目	允许误差	检验方法
1	模板总长	±10mm	尺量底模两侧及侧模两侧长度（侧模需加压缩量）
2	跨度	±10mm	尺量两侧跨度（加压缩量）
3	底模板宽	+5mm，0	尺量底模两端、1/4、1/2、3/4处
4	桥面左右对角线差	≤10mm	尺量检查

序号	项目	允许误差	检验方法
5	底模左右对角线差	≤10mm	尺量检查
6	底模板中心线与支座中心偏差	≤2mm	拉线尺量检查不少于5处
7	桥面板中心线与支座中心偏差	≤10mm	拉线尺量检查不少于5处
8	腹板中心与支座中心偏差	≤10mm	吊线尺量检查不少于5处
9	模板高度偏差	±5mm	水准仪两端、1/4、1/2、3/4处
10	模板倾斜度偏差	≤3‰	尺量侧模两端、1/4、1/2、3/4处
11	模板平整度	≤2mm/m	1m靠尺和塞尺检查各不少于5处
12	桥面板宽度偏差	±10mm	尺量两端、1/4、1/2、3/4处
13	底模支座板处高差	≤2mm	水准仪测量4处支座板
14	腹板厚度偏差	+10mm, 0	尺量两端、1/4、1/2、3/4处
15	底板厚度偏差	+10mm, 0	尺量两端、1/4、1/2、3/4处
16	顶板厚度偏差	+10mm, 0	尺量两端、1/4、1/2、3/4处
17	端模板预留孔偏离设计位置	≤3mm	尺量检查
18	端模板预应力孔道位置偏差	≤3mm	尺量检查
19	端模板锚穴预设角度偏差	0.5°	万能角度尺检查
20	内模板高度及纵向中心线偏离设计位置	±5mm	水准仪两端、1/4、1/2、3/4处,拉线尺量偏移量
21	模板外观	无锈、平整、光滑	目测

7）验收要求

预制箱梁模板安装各阶段的验收要求见表4。

预制箱梁模板安装各阶段的验收要求 表4

序号	验收项目		验收时点	验收内容	验收人员
1	材料及构配件		模板材料进场后、使用前	材质、规格尺寸、焊缝质量、外观质量	项目物资、技术管理人员,班组长及材料员
2	制梁台座	基础	制梁台座施工前	地基承载力	项目试验人员、技术员,班组技术员
		台座结构	模板拼装前	混凝土强度、尺寸、钢筋间距、数量、预埋件位置	项目试验人员、技术员,班组技术员
3	模板拼装	底模	制梁台座验收后	详见表3	项目技术员、测量人员,班组长及技术员
		侧模	底模拼装完成		
		内模	侧模拼装完成		
		端模	内部拼装完成		
4	模板使用		钢筋笼吊装入模、预埋件固定到位后	注意检查基础有无沉降、开裂,立杆与基间有无悬空,预埋件摆放位置是否符合要求、插销是否销紧等	监理工程师、项目技术负责人、项目技术员,班组长及技术员

8）应急处置

（1）处置原则

施工过程中一旦发生险情或事故，应停止作业，切勿慌乱，切忌盲目施救，在保证自身安全的情况下按照处置措施要求科学开展施救，并及时向项目管理人员×××报告相关情况。

（2）处置措施

触电事故：立即切断电源，若无法及时断开电源，可用干木棒、皮带、橡胶制品等绝缘物品挑开触电者接触的带电物，之后解开妨碍触电者呼吸的紧身衣服，检查口腔，清理口腔黏液并立即就地抢救，如呼吸停止，应采用人工呼吸法抢救；如心脏停止跳动，应采用胸外心脏按压法抢救。

其他事故：当发生高处坠落、起重伤害、机械伤害等事故后，应立即采取措施切断或隔断危险源，疏散现场无关人员，后对伤者进行包扎等急救，向项目部报告后原地等待救援。

附件：《××梁场预制梁模板结构设计图》（略）。

32 预制箱梁混凝土浇筑工序安全技术交底

交底等级	**三级交底**	交底编号	III-032
单位工程	×××大桥	分部工程	箱梁预制
交底名称	**预制箱梁混凝土浇筑工序**	交底日期	年　月　日
交底人	分部分项工程主管工程师（签字）	审核人	工程部长（签字）
批准人	总工程师（签字）	确认人	专职安全管理人员（签字）
		被交底人	班组长及全部作业人员（签字，可附签字表）

1）施工任务

××梁场共预制 32m 箱梁××榀，24m 箱梁××榀，混凝土强度 C50，其中 32m 箱梁混凝土×××m³、32m 箱梁混凝土×××m³，泵送入模，插入式振捣器配合附着式振捣器振捣，提浆整平机整平。

2）工艺流程

浇筑前准备→混凝土输送→混凝土浇筑→混凝土振捣→收面。

3）作业要点

（1）浇筑前准备

预制箱梁模板、钢筋、预埋件等经主管工程师及监理工程师检查验收合格，收到混凝土浇筑通知单后，可开始浇筑梁体混凝土。混凝土浇筑前安装并检查输送泵、布料机、振捣器、提浆整平机等设备性能良好，检查浇筑平台、爬梯、防护栏等状态良好。

（2）混凝土输送

采用 2 台混凝土输送泵车和布料机进行混凝土泵送及布料。输送管在泵送混凝土前先用同梁体配合比水胶比的水泥砂浆充分润滑；高温或低温环境下输送管路分别采用湿帘或保温材料覆盖。泵送过程中，混凝土须始终连续输送，必要时可降低泵送速度以维持泵送的连续性。

混凝土在搅拌后，如因各种原因导致停泵时间超过 15min，每隔 4～5min 开泵一次，使泵机进行正反转两个方向的运动，同时开动料斗搅拌器，防止料斗中混凝土离析，如停泵时间超过 45min（30℃以上）或 60min（30℃以下），料斗及泵中的混凝土应清除，并用水冲洗料斗。

（3）混凝土浇筑

梁体混凝土采用连续灌注、一次成型，灌注时间控制在 6h 以内，浇筑时采用斜向分段、水平分层，按照先底板、再腹板、后顶板的浇筑顺序进行，各工序紧跟、整体推进、连续浇筑、一次成型方式浇筑混凝土，其工艺斜度为 30°～45°之间，大小根据混凝土坍落度而定，水平分层厚度不得大于 30cm，先后两层混凝土的间隔时间不得超过 1h。布料机置于制梁台座侧方梁体 1/4、3/4 跨处，对箱梁两侧对称均衡布料，防止两边混凝土面高低悬殊，造成内模偏移。

浇筑底腹板及顶板时两布料机均从跨中开始，各自向梁的另一端推进，边移动边灌注混凝土，当灌注至距梁另一端 6～8m 时，改为由梁的另一端向跨中方向灌注，将浮浆挤出桥面，灌注人员指挥布料机使混凝土浇筑合理准确的位置，保证布料准确均匀。当腹板混凝土灌平后，开始浇筑桥面板混凝土，实行连续灌注、整平、收面、覆盖工序紧跟的方式施工，如图图 1 和图 2 所示。

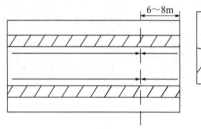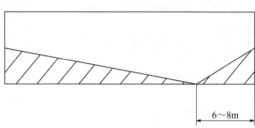

图 1　腹板、顶板浇筑顺序　　　　　图 2　腹板、顶板浇筑顺序
　　　　平面示意图　　　　　　　　　　　立面示意图

在梁体混凝土浇筑过程中，指定专人看护模板、钢筋和附着式振动器，发现螺栓、支撑等松动，及时拧紧和打牢，发现漏浆及时堵严，钢筋和预埋件如有位移，及时调整保证位置正确。

（4）混凝土振捣

混凝土从内模顶板上预留的天窗下料，灌注底板①（图 3）区域，采用插入式振捣棒振捣；然后通过腹板灌注②③④⑤区域，以插入式振捣器振捣为主，侧部高频振捣器振捣为辅；底板灌注完后，关闭天窗，通过腹板灌注⑥⑦区域内的混凝土，以插入式振捣器振捣为主，侧部高频振捣器振捣为辅；随后再灌注顶板区域⑧⑨，采用插入式振捣棒和高速提浆整平机振捣。腹板②③④⑤⑥⑦区域浇筑时，每段要斜向循环连续浇筑至腹、顶板交界处，再转入下段浇筑。

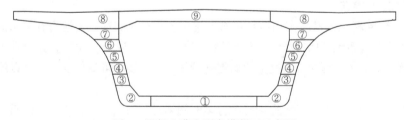

图 3　混凝土灌注顺序横断面示意图

①插入式振捣

插入式振捣器振捣时，要做到"快插慢拔"，插点要均匀排列，每一插点要掌握好振捣时间，一般每点振捣时间为 20～30s，视混凝土表面呈水平不再显著下沉、不再出现大气泡、表面出现泛浆为度；在振捣上一层时，插入下层中 5～10cm，以消除两层之间的接缝，同时在振捣上层混凝土时，要在下层混凝土初凝前进行。插入式振捣棒振动器使用时，严禁触碰模

板，与侧模保持 5～10cm 距离，且避免碰撞胶管及预埋件等。避免振捣棒触碰模板而出现点状色差或引起预埋件移位。

②附着式振捣

浇筑梁端腹板钢筋密集区的底板混凝土以及腹板混凝土时，开启腹板附着式振动器振动，边铺边振，严禁空载振动。侧震持续时间，指定专人统一指挥。待浇筑的混凝土不再下沉，表面泛浆并无大量气泡溢出时即可停止振动，振动时间控制在 5～8s 之间，不宜过长。

（5）收面

底板及防护墙外侧顶板混凝土振捣完成后，应用人工进行精密整平，除去表面浮浆后再使用人工抹平；防护墙内侧顶板混凝土振捣完成后先使用自动提浆整平机整平，整平机开始工作前，先用水准仪复核整平机行走轨道。一定时间待定浆后对桥面进行第二遍抹平并压光，抹面时严禁洒水，并应防止过度操作影响表层混凝土的质量。

顶板混凝土灌注完毕，待初凝后二次收面。二次收面后及时上铺薄膜，以避免风吹裂纹，抹面时严禁洒水。

（6）季节性施工

梁体混凝土浇筑应避开雨天施工，如在浇筑过程中突遇降雨，采用 50t 门式起重机吊装雨棚至浇筑台位上进行覆盖后继续浇筑，浇筑完毕后立即把雨棚放置于顶板上方上，防止雨水冲刷梁面。

炎热天气避开中午、下午的高温时间，尽量选择在低温或傍晚进行混凝土的灌注，浇筑过程中不间断地对模板进行洒水降温，保证模板温度不高于 30℃。

（7）试件预留

预制梁在灌注混凝土过程中分别从箱梁底板、腹板及顶板取样随机取样制作混凝土强度、弹性模量试件。试件在同条件下振动成型，试件制作数量及养护要求见表 1，试件上标明梁号、制作日期、混凝土浇筑部位。

每孔箱梁要求制作的力学性能试验试件　　　　表 1

编号	试件用途	取样代表部位	所需组数	养护方式	备注
一	强度试件	梁各部位	28 组	—	
1	拆除端模及预张拉	顶板	1 组	随梁	
2	初张拉	底板	1 组	随梁	
		腹板	1 组	随梁	
		顶板	1 组	随梁	
3	终张拉	底板	1 组	随梁	
		腹板	1 组	随梁	
		顶板	2 组	随梁	其中 1 组备用
4	28d 强度评定	底板	3 组	标养	10 组（σ 未知法）
		腹板	3 组	标养	
		顶板	4 组	标养	
二	封锚 28d 强度评定	封锚	10 组	标养	10 组（σ 未知法）

续上表

编号	试件用途	取样代表部位	所需组数	养护方式	备注
三	弹模试件	弹模试件	4组	随梁	
1	终张拉	底板	1组	随梁	
		腹板	1组	随梁	
		顶板	1组	随梁	
2	28d弹模评定	顶板	1组	标养	

4）安全风险及危害

混凝土浇筑过程中存在的安全风险见表2。

混凝土浇筑施工安全风险识别表

表2

序号	安全风险	施工过程	致险因子	风险等级	产生危害
1	触电风险	插入式振捣棒振捣	（1）插座插头破损，电源线破皮漏电； （2）操作者未穿绝缘鞋，戴绝缘手套； （3）振动棒移动时，硬拉电线，在钢筋和其他锐利物上拖拉，割破拉断电线而造成触电伤亡事故	III	混凝土浇筑作业人员触电伤亡
		附着式振捣器开关	（1）开关箱内未装置漏电保护器； （2）插座插头破损	III	
		模板内照明	照明用电未使用36V低压	III	
2	高处坠落	混凝土浇筑施工	模型未规范设置防护栏	III	模型上方作业人员死亡或重伤
		人员上下行	未规范设置爬梯	III	
3	物体打击	混凝土浇筑施工	随意抛掷杆件、振捣棒	IV	模型下方人员死亡或重伤
				IV	

5）安全风险防控措施

（1）防控措施

为防范以上安全风险，需严格落实各项风险防控措施，详见表3。

混凝土浇筑施工安全风险防控措施表

表3

序号	安全风险	措施类型	防控措施	备注
1	触电风险	质量控制	（1）严格执行设计、规程及验标要求，进行配电箱上锁、安装漏电保护装置； （2）严格执行规程要求照明电压不超过36V	
		管理措施	（1）严格执行作业人员穿绝缘鞋，戴绝缘手套； （2）严格执行振动棒移动时，不能硬拉电线，更不能在钢筋和其他锐利物上拖拉	
2	高处坠落	安全防护	模型过程中，及时进行围护，规范设置防护栏	
		管理措施	（1）为工人配发合格的安全带、安全帽等劳保用品，进行正确穿戴使用的培训； （2）做好安全防护设施的日常检查维修，发现损坏及时修复	

序号	安全风险	措施类型	防控措施	备注
3	物体打击	安全防护	模型底部设置警戒区	
		管理措施	（1）作业平台顶部严禁堆置杂物及小型材料； （2）设备清理应设专人指挥，严禁随意抛掷杆件及振捣棒	

（2）工作纪律

除落实以上安全风险防控措施外，还应严格遵守以下工作纪律。

①防护用品：作业人员正确佩戴使用安全帽、安全带，穿戴防滑鞋及紧口工作服。

②班前讲话：每日上工前，由班组长开展班前讲话，将当日作业内容、存在的安全风险及危害、防范措施、作业要点等告知全部作业人员。

③工前检查：每日班前讲话后，对工人身体状态、防护用品穿戴、现场作业环境等进行例行检查，发现问题及时处理。

④维护保养：做好安全防护设施、安全防护用品、起重设备机具等的日常维护保养，发现损坏或缺失，及时修复或更换。

6）质量标准

混凝土浇筑应达到的质量标准及检验方法见表4。

混凝土浇筑质量检查验收表　　　　　　　　　　表4

序号	检查项目	质量要求	检查方法	检验数量
1	混凝土强度	符合设计要求	试验	—
2	混凝土弹性模量	符合设计要求	试验	
3	表面平整度	每米长度3mm	1m靠尺	不少于15处

7）验收要求

混凝土浇筑各阶段的验收要求见表5。

混凝土浇筑各阶段验收要求表　　　　　　　　　　表5

序号	验收项目	验收时点	验收内容	验收人员
1	施工设备、防护设施	混凝土浇筑前	输送泵、布料机、振捣器、提浆整平机等设备性能，浇筑平台、爬梯、防护栏等使用状态	项目物资、技术、安全人员，班组长及技术员、安全员
2	混凝土	混凝土浇筑前、浇筑过程中	温度、坍落度、含气量	项目试验人员，班组实验员
		混凝土浇筑完成	强度评定	项目试验人员，班组实验员

8）应急处置

（1）处置原则

施工过程中一旦发生险情或事故，应停止作业，切勿慌乱，切忌盲目施救，在保证自身

安全的情况下按照处置措施要求科学开展施救，并及时向项目管理人员×××报告相关情况。

（2）处置措施

触电事故：立即切断电源，若无法及时断开电源，可用干木棒、皮带、橡胶制品等绝缘物品挑开触电者接触的带电物，之后解开妨碍触电者呼吸的紧身衣服，检查口腔，清理口腔黏液并立即就地抢救，如呼吸停止，应采用人工呼吸法抢救；如心脏停止跳动，应采用胸外心脏按压法抢救。

其他事故：当发生高处坠落、物体打击等事故后，应立即采取措施切断或隔断危险源，疏散现场无关人员，后对伤者进行包扎等急救，向项目部报告后原地等待救援。

33 钢梁吊装施工安全技术交底

交底等级	三级交底	交底编号	III-033
单位工程	×××大桥	分部工程	上部结构
交底名称	钢梁吊装施工	交底日期	年 月 日
交底人	分部分项工程主管工程师（签字）	审核人	工程部长（签字）
批准人	总工程师（签字）	确认人	专职安全管理人员（签字）
		被交底人	班组长及全部作业人员（签字，可附签字表）

1）施工任务

×××大桥第 30 联跨距 50m 钢梁，桥面宽 25.6m，梁高 2.4m，用钢量 524t。采用 2 台 220t 汽车吊、1 台 25t 汽车吊及临时支架进行钢梁吊装，钢梁及临时支架设计情况详见附件 1《×××大桥第 30 联钢梁设计图》、附件 2《×××大桥第 30 联钢梁吊装临时支架设计图》。

2）工艺流程

施工准备→地基处理及施工场地硬化→临时支架搭设→高程及位置复验→钢梁吊装→钢梁线形调整与对接缝的精匹配→钢梁焊接与焊缝检测→现场整桥外表面漆涂装→钢梁顶升落梁→支座与垫板密贴度检测→临时支架拆除。

3）作业要点

（1）施工准备

工程现场必须进行场地平整，清除施工障碍，硬化道路，接通施工用水管道、用电线路，保证构件运输、转弯的畅通。钢梁主材及临时支架材料进场后，配合项目物资及技术管理人员进场验收，现场过程验收主要核对构件的数量以及检查标记标识包括梁段编号、构件的各种定位标记线点等和构件外观质量等，验收合格方可使用。整理材料存放场地，确保平整坚实、排水畅通、无积水。材料验收合格后按品种、规格分类码放，并设挂规格、数量铭牌。

（2）地基处理及施工场地硬化

①起重机行走区域硬化要求

场地清表，清表厚度根据现场实际调整，需清除表面根植土及杂土，清表厚度 20cm。对原土层进行碾压夯实，夯实密实度要求 93%以上。当原状土达不到高程，采用掺灰分层碾压，石灰掺入量 10%。若是回填土或淤泥上，先清挖回填土和淤泥，用建筑砖石掺灰填 0.6m 厚，用压路机或挖掘机来回行走压实，硬化处理。

②临时支架设置区域硬化要求

经现场实际确认，既有路面不足以提供钢梁上部结构自重和临时支墩重量，需进行凿除既有路面结构层和下挖不小于 50cm 土体，夯实后施工临时支墩基础。每两排立柱下设一条条形基础，条形基础尺寸按照临时钢支墩尺寸确定，临时支墩采用 C30 钢筋混凝土扩大基础，基础尺寸为 3m × 3m × 0.5m，扩大基础表面配置直径 12mm 的 HRB400 级钢筋网，钢筋间距 100mm，混凝土净保护层不小于 40mm，上下层钢筋沿长度方向每间隔四根主筋设置 1 根架立钢筋、梅花形布置。并在混凝土基础四角预埋材质为 Q235B，尺寸 20mm × 400mm × 400mm 的钢板。基础处理完成支架搭设前，应通知项目技术人员进行验收，验收合格方可开始支架搭设作业。

（3）临时支架搭设

桥段吊装施工临时支架均采用 φ273 × 8 钢管/支撑采用 L63 × 5，材质均为材质 Q235B。根据桥净高进行制作排布。依据梁段划分的位置，在各个分段箱梁之间分别设置一个临时支架。1 座临时支架支撑 2 个梁段的梁端，每个梁端采用 4 根 φ273 × 8 钢管柱进行支撑，钢管柱横向中心间距为 2.0m，纵向中心间距为 2.0m，钢管柱之间采用双 L63 × 5 钢管作为斜撑及上下横撑连接。在横梁上用 ≤ 500mm 长的 φ273 × 8 钢管，在梁底 1.5m 处搭设工作平台，平台支撑采用 10 号槽钢，上面满铺跳板，四周用 φ32 钢管设围栏。支架底部外侧设置警戒线。支架搭设过程中应有专人指挥，支架搭设完成后进行堆载预压验收，验收合格方可投入使用。临时支架布设位置如图 1 所示。

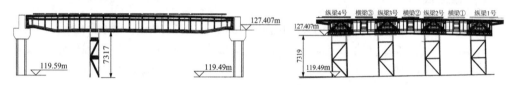

图 1　临时支架布设位置示意图（尺寸单位：mm）

（4）钢梁吊装

临时支架搭设完毕并验收合格后，钢梁运至现场进行吊装，吊装顺序纵梁为 1 号～4 号，横梁吊装顺序为①～③，配置 2 台 220t 汽车起重机、1 台 25t 汽车起重机进行吊装作业，吊装示意如图 2 所示。吊装钢丝绳选用 6 × 37 系列钢丝绳，55t 卸扣，每片钢梁设置 4 个吊耳，吊耳材质 Q345B，板厚度为 25mm。

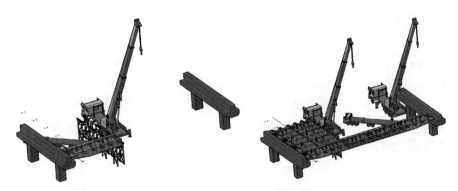

图 2　钢梁吊装示意图

①测量定位控制

在节段安装前，精确测出临时支架顶部的高程，同时在支架工字钢横梁上用全站仪测放出节段的安装参考线（钢梁边线及搁置点中心线），安装前将临时支架、横梁焊接到位。在两侧支架上各放置 2 个 10t 手拉葫芦，用于钢桥梁纵横向的微调，微调在汽车吊吊钩未卸力前进行。

在钢桥梁吊装前，应对构件的几何尺寸进行复核。试吊构件时，吊物距离地面高度 0.5m 左右，试吊时间保持在 10min 以上，如未发生异常，方可吊装。在安装全过程中，对各测控点进行测量控制，发现轴线及高程偏差及时进行调整。轴线调整采用人工手拉葫芦进行，高程控制采用千斤顶进行微调。待钢桥梁基本安装到位后（此时吊钩吊力控制在 15% 左右），对轴线及高程进行复核测量，符合设计及监控要求后，将钢垫块、支架纵梁及块体间焊接牢固，焊接完成后汽车吊松钩，待吊钩无吊力但未脱钩前再次进行复核测量，安装精度满足规范后方能进行脱钩。安装下节段时对前节段再次进行复测。

②提升就位

连接汽车吊吊钩与吊点，并调匀每个吊点的钢丝绳，使得每个吊点及每根钢丝绳受力基本均匀，然后开始缓慢提升。当节段脱离运梁车 10cm 左右时，持荷 10min，对汽车吊、吊点等作一次全面检查，一切正常后进行连续提升。提升过程中跟踪节段提升状态，确保节段水平，保证吊装的安全。

③钢桥梁吊装就位及微调

工厂制作钢桥梁时每个节段上应做好测量标记，并按监控要求告知对应每个测量点的 X、Y、Z 的坐标值，节段吊装时以桥梁中心线为基准进行钢箱梁的粗定位，以减少微调时的工作量。钢桥梁粗定位后首先进行纵横向位置的调整，其方法是先在梁段底板下表面焊接码板，应有足够强度，然后通过手拉葫芦和千斤顶时行梁段纵横向调节。

④钢桥梁体固定

各节段吊装落架的三维坐标根据施工监控提供的数据确定。钢箱梁体定位公差符合要求后码板固定并与钢墩点焊，定位焊有足够的强度。避免连续焊，尽可能地减少对梁底板材的损伤。

⑤钢桥梁接口连接

梁段吊装完成后对钢桥梁的桥梁中心线、竖向线形进行调整，按照腹板→顶板→底板的顺序进行对接缝的码平，码平时宜先码平箱口刚性较大的拐角部位，然后固定中间，采用定位板和火焰矫正的方法进行局部调整，保证对接缝板面错位不大于 2.0mm。

⑥钢桥梁定位复核

由于昼夜温差较大，温度对钢桥梁平面位置有影响。如果钢梁在前一天已完成接口连接但未焊接，第二天应在凌晨日出之前再次复核钢箱梁四个测控点和两个轴线控制点，误差满足安装精度要求后方可进行下一步的焊接施工，焊接前须对焊接区域范围进行除锈处理。

（5）钢梁焊接及焊缝检测

钢梁焊接焊工具备相应资质，且须经过实作考试合格方可上岗。依据规范，对于工地焊接须同步进行相同工况条件下产品试板的焊接，并经性能检验合格。焊接前均须对焊接区域进行除锈、除湿或预热（冬季施工）等作业。工地先进行纵向之间焊接，再进行横向之间焊接。

①工地焊接

工地焊接待成品梁段吊装就位后，调整好焊接间隙后再进行焊接。梁段的焊接顺序为：腹板对接→底板的对接→下斜底板的对接→面板的对接→腹板的角接→对接焊缝的无损检测→加劲肋的嵌补对接→加劲肋与面、底板间的角接。

②梁段间的横向对接

梁段先焊接腹板，再焊接底板，后焊接面板。底板由偶数名焊工同时施工，进行焊接。面板由偶数名焊工同时同向、对称施工，进行打底和填充焊接，盖面层采用一台埋弧自动焊机进行焊接。

③加劲肋的嵌补焊

加劲肋的嵌对接采用 CO_2 气体保护焊进行焊接，反陶质衬垫，单面焊双面成型，先焊接加劲肋的对接，后焊接加劲肋与底板的角焊缝。

④焊缝检测

所有焊缝在焊缝金属冷却后进行外观检查，不得有裂纹、未熔合、焊瘤、夹渣、未填满弧坑及漏焊等缺陷。焊缝施焊 24h，经外观检验合格后，再进行无损检验。对于厚度大于 30mm 的高强度钢板焊接接头应在施焊 48h 后进行无损检验。

⑤焊缝缺陷修补

焊缝外观检查超出允许偏差及无损检验发现存在超出允许范围的缺陷，必须进行磨修及返修。钢梁涂装前需通知项目技术员对钢梁焊缝进行外观检测，合格后才能进行后续施工。

4）安全风险及危害

钢梁安装及使用过程中存在的安全风险见表1。

钢梁安装施工安全风险识别表 表1

序号	安全风险	施工过程	致险因子	风险等级	产生危害
1	梁体倾覆	钢梁吊装后、焊接完成前	（1）临时支架未经专项设计并检算； （2）支架地基承载力不足，未经地基处理； （3）支架安装质量差，未经验收、预压； （4）钢梁吊装后、焊接完成前，临时固定措施不到位，或在一侧集中堆载； （5）大风、碰撞等引发失稳	I	钢梁上方及底部作业人员死亡或重伤
2	起重伤害	钢梁吊装、支架安装	（1）起重机驾驶员、司索工、指挥技能差，未持证； （2）钢丝绳或吊带、卡扣、吊钩等破损、性能不佳； （3）未严格执行"十不吊"； （4）吊装指令传递不佳，存在未配置对讲机、多人指挥等情况； （5）起重机回转范围外侧未设置警戒区	II	起重作业人员及受其影响人员死亡或重伤
3	高处坠落	架体安装、拆除	（1）作业人员未穿戴防滑鞋、未挂安全带； （2）未挂设安全平网	III	架体上方作业人员死亡或重伤
		梁体施工	（1）作业平台未规范设置防护栏、密目网； （2）作业平台跳板搭设未固定、未满铺，存在探头板		
		人员上下行	未规范设置爬梯		
4	物体打击	梁体焊接	（1）作业平台未设置安全防护； （2）作业平台堆置杂物或小型材料； （3）架体底部及四周未有效设置警戒区	IV	架体下方人员死亡或重伤
		支架拆除	（1）随意抛掷杆件、构配件； （2）拆卸区域底部未有效设置警戒区		
5	火灾、爆炸	焊接、切割	（1）氧气、乙炔气体泄漏； （2）氧气、乙炔气瓶不足 5m； （3）切割火星四溅； （4）气瓶未按标准存放使用，且存储、使用区未设消防设施	IV	作业人员或其他人员烫伤、重伤、死亡

5）安全风险防控措施

（1）防控措施

为防范以上安全风险，需严格落实各项风险防控措施，详见表2。

钢梁安装施工安全风险防控措施表　　　　　表2

序号	安全风险	措施类型	防控措施	备注
1	梁体倾覆	质量控制	（1）强化支架安装质量控制，支架安装完成后经预压验收合格后方可投入使用； （2）钢梁吊装后、焊接完成前，采取牢固可靠的临时固定措施 （3）严格进行地基处理，确保支架地基承载力符合要求	
		安全防护	作业区域设置警戒，避免碰撞失稳	
		管理措施	（1）临时支架必须经专项设计并检算； （2）大风等恶劣天气加强临时固定措施； （3）碰撞等引发失稳	
2	起重伤害	安全防护	起重机回转范围外侧设置警戒	
		管理措施	（1）做好起重设备及特种作业人员的进场验收管理，保证设备性能、人员技能满足要求，设备及人员证件齐全有效； （2）做好钢丝绳或吊带、卡扣、吊钩、对讲机等日常检查维护，确保使用性能满足要求； （3）吊装作业专人指挥，严格执行"十不吊"	
3	高处坠落	安全防护	（1）架体搭设过程中，及时挂设安全平网； （2）工人作业时穿戴防滑鞋，正确使用安全带； （3）作业平台跳板满铺且固定牢固，杜绝探头板； （4）作业平台封闭围护，规范设置防护栏及密目网	
		管理措施	（1）为工人配发合格的安全带、安全帽等劳保用品，进行正确穿戴使用的培训； （2）做好安全防护设施的日常检查维护，发现损坏及时修复	
4	物体打击	安全防护	（1）作业平台规范设置踢脚板； （2）架体底部设置警戒区	
		管理措施	（1）作业平台顶部严禁堆置杂物及小型材料； （2）拆除作业时，专人指挥，严禁随意抛掷杆件及构配件	
5	火灾、爆炸	安全防护	（1）保证氧气、乙炔的安全距离； （2）定期检查及更换气瓶安全阀； （3）焊接作业设置安全隔离区； （4）作业点内清理易燃物	
		管理措施	（1）对作业人员进行专项交底，告知作业风险、安全距离及适宜的作业环境等； （2）作业过程中安排专职防护人员，并服从防护工作人员指挥	

（2）工作纪律

除落实以上安全风险防控措施外，还应严格遵守以下工作纪律。

①防护用品：作业人员正确佩戴使用安全帽、安全带，穿戴防滑鞋及紧口工作服。

②班前讲话：每日上工前，由班组长开展班前讲话，将当日作业内容、存在的安全风险及危害、防范措施、作业要点等告知全部作业人员。

③工前检查：每日班前讲话后，对工人身体状态、防护用品穿戴、现场作业环境等进行例行检查，发现问题及时处理。

④维护保养：做好安全防护设施、安全防护用品、起重设备机具等的日常维护保养，发现损坏或缺失，及时修复或更换。

6）质量标准

钢梁安装应达到的质量标准及检验方法见表3。

钢梁安装质量检查验收表 表3

序号	项目		允许偏差（mm）	检查频率		检验方法
				范围	点数	
1	轴线偏位	钢梁中线	10	每件或每个安装段	2	用经纬仪测量
2		两孔相邻横梁中线相对偏差	5			
3	梁底高程	墩台处梁底	±10		4	用水准仪测量
4		两孔相邻横梁相对高差	5			

钢梁焊接应达到的质量标准见表4。

钢梁焊接质量标准表 表4

序号	项目	焊缝种类	质量标准（mm）
1	气孔	横向对接焊缝	不允许
2		纵向对接焊缝	直径小于1.0m，每米不多于2个，间距不小于20
3		其他焊缝	直径小于1.5m，每米不多余3个，间距不小于20
4	咬边	受拉杆件横向对接焊缝及竖加劲肋角焊缝（腹板侧受拉区）	不允许
5		受压杆件横向对接焊缝及竖加劲角焊缝（腹板侧受压区）	≤0.3
6		纵向对接焊缝及主要角焊缝	≤0.5
7		其他焊缝	≤1.0
8	焊脚余高	主要角焊缝	+2 0
9		其他角焊缝	+2 −1
10	焊波	角焊缝	≤2.0（任意25mm范围内高低差）
11	余高	对接焊缝	≤3.0（焊缝宽$b ≤ 12$时）
12			≤4.0（$12 < b ≤ 25$时）
13			≤4b/25（$b > 25$时）
14	余高铲磨后表面	横向对接焊缝	不高于母材0.5
15			不低于母材0.3
16			粗糙度R50

7）验收要求

钢梁施工各阶段的验收要求见表5。

<table>
<tr><td colspan="5" style="text-align:center;">钢梁施工各阶段验收要求表　　　　　　　　　　　　　　表 5</td></tr>
<tr><td>序号</td><td colspan="2">验收项目</td><td>验收时点</td><td>验收内容</td><td>验收人员</td></tr>
</table>

序号	验收项目		验收时点	验收内容	验收人员
1	材料及构配件		材料进场后、使用前	材质、规格尺寸、焊缝质量、外观质量、起拱度	项目物资、技术管理人员、班组长及材料员
2	支架基础	基底	垫层施工前	地基承载力	项目试验人员、技术员、班组技术员
		垫层	基底处理验收完成后	平整度、混凝土强度	项目测量试验人员、技术员、班组长及技术员
3	支架架体	搭设过程	组装过程中	垂直度、焊接质量	项目技术员、测量人员、班组长及技术员
4	吊装	吊装前	构配件使用前	构件的材质、吊点、构件吊装是否牢固	技术管理人员，班组长及材料员
		吊装中	吊装过程中	角度、行进速度	技术管理人员，班组长及材料员
5	焊接		焊接完成后	焊缝外观、焊接质量	技术管理人员，班组长及材料员

8）应急处置

（1）处置原则

施工过程中一旦发生险情或事故，应停止作业，切勿慌乱，切忌盲目施救，在保证自身安全的情况下按照处置措施要求科学开展施救，并及时向项目管理人员×××报告相关情况。

（2）处置措施

钢梁倾覆：当出现钢梁倾覆征兆时，发现者应立即通知倾覆影响作业区域人员撤离现场，并及时报告项目部进行后期处置。

触电事故：立即切断电源，若无法及时断开电源，可用干木棒、皮带、橡胶制品等绝缘物品挑开触电者接触的带电物，之后解开妨碍触电者呼吸的紧身衣服，检查口腔，清理口腔黏液并立即就地抢救，如呼吸停止，应采用人工呼吸法抢救；如心脏停止跳动，应采用胸外心脏按压法抢救。

火灾：当发现初起火灾时，应就近找到灭火器对准火苗根部灭火；当火灾难以扑灭时，应及时通知周边人员捂住口鼻迅速撤离。

其他事故：当发生高处坠落、起重伤害、机械伤害等事故后，应立即采取措施切断或隔断危险源，疏散现场无关人员，后对伤者进行包扎等急救，向项目部报告后原地等待救援。

附件1：《×××大桥第30联钢梁设计图》（略）。

附件2：《×××大桥第30联钢梁吊装临时支架设计图》（略）。

34 钢箱梁水上吊拼架设施工安全技术交底

交底等级	三级交底	交底编号	III-034
单位工程	×××长江复线桥	分部工程	斜拉桥
交底名称	钢箱梁水上吊拼架设施工	交底日期	年　月　日
交底人	分部分项工程主管工程师（签字）	审核人	工程部长（签字）
批准人	总工程师（签字）	确认人	专职安全管理人员（签字）
		被交底人	班组长及全部作业人员（签字，可附签字表）

1）施工任务

×××长江复线桥为主跨 454m 双塔双索面斜拉桥，主梁采用钢箱梁，标准段梁长 10.5m、宽 33.95m、高 4m，主桥钢箱梁共分 94 个节段，最大梁重 407.9t，钢箱梁在工厂制造，用驳船运输到桥位处，采用 2×225t 桥面起重机吊装施工。

钢箱梁顶面设置吊点，标准梁段吊点纵向间距 7m，横向间距 1.4m，每台起重机设置 4 个吊点，每片梁共 8 个吊点；起重机尾端设置后锚点，使起重机锚固在钢箱梁上，防止起重机在起吊钢箱梁时倾覆，起重机前支点与后锚点标准间距 10.5m，标准梁段后锚点与吊点共用，非标准梁段单独设置后锚点，锚点结构与吊点结构一致。钢箱梁结构及桥面起重机设计图详见附件 1《×××长江复线桥钢箱梁结构及斜拉索设计图》和附件 2《TLJ225t 桥面起重机总图》。

2）工艺流程

施工准备→起重机行走→设备检查→船舶定位→起重机安装及调整重心→钢箱梁试吊→钢箱梁起吊→钢箱梁拼装→钢箱梁焊接。

3）作业要点

（1）施工准备

钢箱梁起吊前，项目工程部、物资部组织施工队伍进行安全技术交底，施工队伍配合项目部人员对桥面吊的各项性能进行检查，主要包含前支点、后锚点、吊点等部位，所有内容检查合格后方可进行后续施工。

（2）起重机行走

桥面起重机走行方式为步履式走行，分别利用液压缸的推力和拉力向前移动桥面起重机和轨道，其行走步骤如下：

①操作天车纵移液压缸，将天车拉回至最小工作幅度。

②通过顶升支腿上的顶升液压缸，将整机（轨道除外）顶起至脱离轨道约 50mm。

③缩回行走液压缸，拉着轨道行走 1m；再拔掉液压缸与轨道之间的连接销轴，伸出行走液压缸，用销轴连接行走油缸与轨道的另一个销孔，再次缩回行走液压缸，拉着轨道行走 1m。反复以上操作，将轨道往前拉 5m。

④缩回顶升液压缸，使起重机落在轨道上，反复操作行走液压缸对桥面起重机进行步履式顶推，使起重机向前行走 5m。

⑤根据工况需要，重复步骤 3、步骤 4，使起重机行走至下一吊点位置（起重机前支点位于钢箱梁横隔板正上方）。

⑥行走到位后，及时对起重机进行锚固。

（3）设备检查

每次使用前，检查滑轮、吊钩等各部件，不得有裂缝和损伤，滑轮转动应灵活，润滑良好；开动卷扬机将钢丝绳收紧和试吊，检查有无卡绳、磨绳，以保证设备运转良好，如有问题，立即修正。

（4）船舶定位

定位船航行到桥位中心线上 150m 的地方，抛下艏锚，右八字锚，左八字锚，艏三锚完成后，倒车均匀受力，定位船下移，定位船中点过栈桥桩，船向右 60°～70°抛下尾开锚，以同样方法向左抛下左锚。当运箱梁船抵船位时，定位船利用绞锚，动车，调整到起吊点下方大概位置，收紧各缆，当运箱梁船靠上定位船后，定位船调整锚缆到起吊点下。

（5）起重机安装及调整重心

待钢箱梁运至桥下对应位置附近，下放起重机至梁下，利用锚缆微调船位，使钢梁上吊点与起重机基本重合，用销轴连接吊具与钢箱梁上吊点，利用液压操作手柄调节起重机分配梁上的调整液压缸，使起重机钢丝绳与钢箱梁重心基本重合，确保钢箱梁处于平衡状态。

（6）钢箱梁试吊及起吊

开始起吊时，应先将钢梁吊离甲板 200～300mm 后暂停，先检查桥面起重机的稳定性、制动装置的可靠性、钢梁的平衡性和绑扎的牢固性等，确认无误后，方可继续起吊。

两台桥面起重机同步抬吊钢梁，调整吊具液压缸保证钢梁悬空姿态基本水平。待架钢梁调平后，两台桥面起重机同步起升，抬吊钢梁上升。钢梁起升过程中密切观察钢梁的水平姿态，确保两台设备起升系统的同步性。

（7）钢箱梁拼装

钢箱梁吊装到位后，进行初调，通过变幅液压缸和横调液压缸调整钢梁姿态与已架钢梁对位，完成后采集钢箱梁上各断面控制点（控制点需在钢箱梁厂内加工时同步设置）初始数据，将数据反馈监控单位，根据监控单位下发监控指令进行精调，重复初调操作步骤使钢箱梁竖向线形精度控制在 5mm 以内，中线偏差控制在 10mm 以内，顶面上、下游相对高差控制在 2mm 以内。钢箱梁精调选择在夜间温度相对稳定的情况下进行。

（8）钢箱梁焊接

钢箱梁精调完成后，焊接马板进行临时固定，确保在钢梁焊接过程中钢箱梁线形不变。环缝焊接前，在焊缝底部粘贴陶瓷垫片，然后用二保焊进行焊缝的打底及填充，最后用埋弧焊机进行焊缝盖面。钢箱梁焊接顺序为对称焊接中腹板→对称焊接边腹板→对称焊接底板、斜底板→对称焊接顶板→焊接加劲肋及底板 U 肋嵌补段→焊接风嘴底板及侧板→焊接泄水槽，如图 1 所示。焊缝焊接施工平台采用桥梁设计检修车。

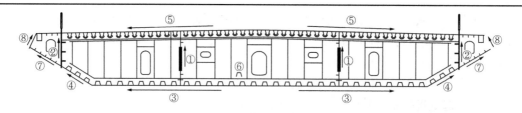

图 1　钢箱梁焊接顺序示意图

（9）环境风险管控

桥梁位于长江水域，桥位处航道复杂，有多处礁石区域，且下游设置多处丁坝，航线为单向航道，无可调范围，钢箱梁吊装作业前，按照海事部门工作人员要求，设置封航区域。施工过程中，服从工作人员指挥，严禁船舶在封航区域内航行。

4）安全风险及危害

钢梁水上吊拼架设施工过程中存在的安全风险见表1。

钢箱梁水上吊拼施工安全风险识别表　表1

序号	安全风险	施工过程	致险因子	风险等级	产生危害
1	起重伤害、钢梁坠落	钢梁吊装	（1）桥面起重机制动系统失效，起吊前未进行试吊，正式起吊前运梁船未驶离吊梁区域； （2）桥面吊驾驶员、司索工、指挥技能差，未持证； （3）钢丝绳或销轴等破损、性能不佳； （4）吊装指令传递不佳，存在未配置对讲机、多人指挥等情况； （5）现场吊装设备交叉作业，相互碰撞造成人员伤亡	II	人员及受其影响人员死亡或重伤
2	高处坠落	钢箱梁焊接	（1）作业人员未穿戴防滑鞋、未系挂安全带； （2）未规范设置防护栏、密目网； （3）未规范设置爬梯	III	架体上方作业人员死亡或重伤
3	物体打击	钢箱梁焊接	（1）焊接平台未设置踢脚板； （2）焊接平台堆置杂物或小型材料； （3）立体交叉作业高处落物； （4）作业人员工具未装入工具包内； （5）钢箱梁作业半径内未有效设置警戒	III	架体下方人员死亡或重伤
4	触电	现场临时用电	（1）机械设备漏电； （2）雨天后配电箱内进水导致漏电； （3）电气设备接线不正确； （4）安全检查不到位	IV	触电死亡或重伤
5	机械伤害	钢箱梁施工	（1）检查维修不到位； （2）操作不当（违章违纪蛮干，不良操作习惯、操作失误）； （3）集中多人搬运或安装较重构件； （4）指挥信号不明确； （5）桥面吊设备不符合安全规定可能导致的砸、挤、绞、机械伤害、人身伤害	II	人员死亡或重伤
6	溺水	钢箱梁中跨悬拼施工	（1）施工人员违反相关规定进入水域； （2）施工人员操作不当，不慎落水	IV	人员受伤，严重时可能造成死亡
7	火灾	动火作业	（1）钢构件切割的氧气乙炔瓶发生爆炸火灾事故； （2）现场用电不规范，私拉乱接电线	III	人员死亡或重伤

序号	安全风险	施工过程	致险因子	风险等级	产生危害
8	中暑	夏季时段作业	高温季节焊接施工导致中暑	IV	人员受伤，严重时可能造成死亡
9	容器爆炸	动火作业	由于氧气、乙炔、二氧化碳、氮气等气体泄漏、安全距离不够、存放及运输不当、暴晒、撞击、明火等原因造成压力容器爆炸、火灾等施工	III	人员死亡或重伤
10	窒息中毒	钢箱梁焊接	焊接施工过程中，由于环境气温过高、封闭等因素，导致施工人员中毒、窒息等伤害	IV	人员受伤，严重时可能造成死亡

5）安全风险防控措施

（1）防控措施

为防范以上安全风险，需严格落实各项风险防控措施，详见表2。

钢箱梁水上吊拼安全风险防控措施表 表2

序号	安全风险	措施类型	防控措施	备注
1	起重伤害、钢梁坠江	安全防护	起重机回转范围外侧设置警戒区	
		管理措施	（1）桥面起重机现场完毕后，进行吊重试验，验证主、副制定器均能独立完成吊梁制动； （2）正式吊梁前，严格执行试吊； （3）确保运梁船驶离且吊梁影响区域再无船只或人员后再行正式起吊； （4）做好起重设备及特种作业人员的进场验收管理，保证设备性能、人员技能满足要求，设备及人员证件齐全有效； （5）做好钢丝绳或销轴、对讲机等日常检查维护，确保使用性能满足要求； （6）吊装作业专人指挥，统一协调，严格执行"十不吊"	
2	高处坠落	安全防护	（1）工人作业时穿戴防滑鞋，正确使用安全带； （2）上下爬梯设置护圈； （3）作业面及时封闭围护，规范设置防护栏及密目网	
		管理措施	（1）为工人配发合格的安全带、安全帽等劳保用品，进行正确穿戴使用的培训； （2）做好安全防护设施的日常检查维护，发现损坏及时修复； （3）现场设置专职安全管理人员进行跟班作业，监督提醒	
3	物体打击	安全防护	（1）作业平台规范设置踢脚板，安全通道上方应搭设防护设施； （2）作业人员配备具包内； （3）钢箱梁作业半径内设置警戒区	
		管理措施	（1）焊接平台严禁堆放杂物及小型材料； （2）施工人员进入生产作业现场必须按规定佩戴安全帽，严禁随意抛掷杆件及构配件； （3）立体交叉作业设专人值守、指挥	
4	触电	安全防护	（1）电缆外层包裹绝缘塑料管； （2）现场的配电箱要坚固，有门、有锁、有防雨装置，并在周围设置警示标志； （3）焊工坐靠在工件上施焊时，身体与工件间应采取可靠的绝缘措施，以防触电	
		管理措施	（1）施工必须配备专职电工，电工必须经过培训持证上岗，施工现场所有的电气设备的安装、维修和拆卸作业必须由电工完成； （2）电缆线路采用"三相五线"接线方式，电气设备和电气线路必须绝缘良好，不得采用老化脱皮旧电缆；	

253

序号	安全风险	措施类型	防控措施	备注
4	触电	管理措施	（3）设备实行一机一闸一漏一箱。不得用一个开关直接控制 2 台及以上的用电设备； （4）使用自备电源或与外电线路共用同一供电系统时，电气设备根据当地要求作保护接零或作保护接地，不得一部分设备作保护接零，另一部分设备作保护接地； （5）施工现场临时用电定期安排电工进行检查，接地保护、变压器及绝缘强度，移动式电动设备、潮湿环境和水下电气设备每天检查一次。对检查不合格的线路、设备及时予以维修或更换，严禁带故障运行	
5	机械伤害	安全防护	（1）现场严格按照设备使用说明书进行操作； （2）桥面吊安全控制系统及预防人身伤害的防护装置，如限位装置、限速装置、防逆转装置齐全，且确保运行正常等	
		管理措施	（1）机械设备进场前进行检查验收，每日上下班使用前检查各部位是否完好；设备专人操作，持证上岗； （2）人员进入施工现场必须按要求穿戴防护用品	
6	溺水	安全防护	（1）水上施工作业区域周边设置防护栏杆，并配备一定数量的固定式防水灯，保证夜间足够的照明，防止施工作业人员落水发生事故； （2）水上施工区域部位及周边环境设置安全警示牌、警示灯和警示红旗，设置在醒目部位； （3）沿河道设置围挡，将施工区域全部封闭，安排人员值班，防止人员在施工区域垂钓、游泳； （4）人员上下爬梯必须设安全网及护圈。作业平台周边必须有栏杆和安全网等可靠的临边维	
		管理措施	（1）施工作业必须两人及以上方可进行，禁止一人施工作业； （2）进入水上施工作业区域的所有施工作业人员必须穿戴好安全防护用品，如：安全帽、救生衣、高空作业系好安全带等； （3）水上施工前现场施工作业人员必须经过安全交底，告知现场危险源点和安全要求及注意事项	
7	火灾	安全防护	（1）在施工现场入口和现场临时设施处设立固定的安全、防火警示牌、宣传牌。配备必要的消防器械和物资，确保现场配备的灭火器材在有效期内，使其处于完好状态； （2）焊、割作业点与氧气瓶、乙炔气瓶等危险物品的距离不得少于 5m，与易燃易爆物品的距离不得少于 30m	
		管理措施	（1）对施工人员进行消防培训，使其清楚发生火灾时所应采取的程序和步骤，掌握正确的灭火方法； （2）在高处进行电焊作业时，作业点下方及周围火星所及范围内，必须彻底清除易燃、易爆物品； （3）在焊接和切割作业过程中和结束后，应认真检查是否遗留火种； （4）要由专职电工安装线路，不可用废旧电线私拉乱接，穿管内导线不得有接头，电线连接处应包以绝缘胶布，不可破损裸露	
8	中暑	安全防护	现场配备中暑急救药品	
		管理措施	（1）在现场开展防暑降温保健、中暑急救等卫生知识的宣传工作； （2）调整作息时间，避开中午高温时间作业，保证工人有充足的休息和睡眠时间； （3）加强对工人身体状况的检查工作，每日班前讲话例行询问及检查； （4）班组长对施工人员进行防暑降温知识的宣传教育，使施工人员了解中暑症状，学会对中暑人员采取应急措施； （5）日最高气温达到 39℃ 以上时，当日停止作业	
9	容器爆炸	安全防护	乙炔气瓶等危险物品的距离不得少于 5m，与易燃易爆物品的距离不得少于 30m	

序号	安全风险	措施类型	防控措施	备注
9	容器爆炸	管理措施	氧气瓶、乙炔瓶等易燃、易爆物资，应存放在专用库房内，随用随取，库房处设置醒目的禁火警示牌	
10	窒息中毒	安全防护	配置通风降温设备	
		管理措施	作业前对钢箱梁内气体进行检测	

（2）工作纪律

除落实以上安全风险防控措施外，还应严格遵守以下工作纪律。

①防护用品：作业人员正确佩戴使用安全帽、安全带，穿戴防滑鞋及紧口工作服。

②班前讲话：每日上工前，由班组长开展班前讲话，将当日作业内容、存在的安全风险及危害、防范措施、作业要点等告知全部作业人员。

③工前检查：每日班前讲话后，对工人身体状态、防护用品穿戴、现场作业环境等进行例行检查，发现问题及时处理。

④维护保养：做好安全防护设施、安全防护用品、起重设备机具等的日常维护保养，发现损坏或缺失，及时修复或更换。

6）质量标准

钢箱梁悬臂拼装应达到的质量标准及检验方法见表3。

钢箱梁悬臂拼装质量检查验收表　　　　表3

项目		允许偏差（mm）		检验频率		检验方法
				范围	点数	
轴线偏位		$L \leqslant 200m$	10	每段	2	用经纬仪测量
		$L > 200m$	$L/20000$			
拉索索力		符合设计和施工控制要求		每索	1	用测力计
梁锚固点高程或梁顶高程	梁段	满足施工控制要求		每段	1	用水准仪测量每个锚固点或梁段两端中点
	合龙段	$L \leqslant 200m$	±20			
		$L > 200m$	$±L/10000$			
梁顶水平度		20			4	用水准仪测量梁顶四角
相邻节段匹配高差		2			1	用钢尺量

7）验收要求

钢箱梁吊拼各阶段的验收要求见表4。

钢箱梁吊拼各阶段验收要求表　　　　表4

序号	验收项目	验收时点	验收内容	验收人员
1	桥面起重机	钢箱梁吊装前	卷扬机高度限位器、钢丝绳防脱装置、起重量限制器、卷扬机双制动器、后锚杆测力装置、幅度检测拉线传感器、风速报警仪、紧急断电开关、钢丝绳、吊具、后锚点等	项目物资、技术、安全人员，班组长及技术员、安全员

续上表

序号	验收项目	验收时点	验收内容	验收人员
2	钢梁	起吊前	钢梁型号、试吊、运输船驶离等	项目技术、安全人员，班组长及技术员、安全员
3	钢梁焊接	焊接过程中及焊接完成后	焊接顺序、焊缝质量等	项目技术人员，班组长及技术员

8）应急处置

（1）处置原则

施工过程中一旦发生险情或事故，应停止作业，切勿慌乱，切忌盲目施救，在保证自身安全的情况下按照处置措施要求科学开展施救，并及时向项目管理人员×××报告相关情况。

（2）处置措施

钢梁倾覆：当出现钢梁倾覆征兆时，发现者应立即通知倾覆影响作业区域人员撤离现场，并及时报告项目部进行后期处置。

触电事故：立即切断电源，若无法及时断开电源，可用干木棒、皮带、橡胶制品等绝缘物品挑开触电者接触的带电物，之后解开妨碍触电者呼吸的紧身衣服，检查口腔，清理口腔黏液并立即就地抢救，如呼吸停止，应采用人工呼吸法抢救；如心脏停止跳动，应采用胸外心脏按压法抢救。

火灾：当发现初起火灾时，应就近找到灭火器对准火苗根部灭火；当火灾难以扑灭时，应及时通知周边人员捂住口鼻迅速撤离。

其他事故：当发生高处坠落、起重伤害、机械伤害等事故后，应立即采取措施切断或隔断危险源，疏散现场无关人员，后对伤者进行包扎等急救，向项目部报告后原地等待救援。

附件1：《×××长江复线桥钢箱梁结构及斜拉索设计图》（略）。
附件2：《TLJ225t桥面起重机总图》（略）。

35 钢混组合梁支架施工安全技术交底

交底等级	三级交底	交底编号	III-035
单位工程	×××过江大桥	分部工程	钢混组合梁
交底名称	钢混组合梁支架施工	交底日期	年　月　日
交底人	分部分项工程主管工程师（签字）	审核人	工程部长（签字）
批准人	总工程师（签字）	确认人	专职安全管理人员（签字）
		被交底人	班组长及全部作业人员（签字，可附签字表）

1）施工任务

×××过江大桥引桥47～48号墩上部结构为60m跨度的钢混组合梁。综合考虑规范要求、运输条件、下穿道路通行、支架结构，将60m钢混组合梁划分为42个节段。在钢箱梁下方共设置5排临时支架用于钢混组合梁的现场安装支撑，临时支架立柱采用325×8钢管立柱，顶部为双拼Ⅰ40型工字钢横梁，横梁上方Ⅰ40型工字钢垫梁，立柱纵横向间采用〔14a槽钢连接，由于施工期间需要保证下方道路通行，中间3组涉路支架底部全部设置1m混凝土扩大基础用于防撞，两端端横梁支架不涉及道路，采用50cm混凝土扩大基础，支架横断面布置见图1，总体设计情况见附件《×××过江大桥47～48号墩钢混组合梁临时支架设计图》。

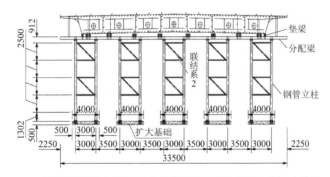

图1　47～48号墩钢混组合梁临时支架横断面布置示意图（尺寸单位：mm）

2）工艺流程

施工准备→地基处理→基础验收→支架搭设→支架验收→钢结构安装→支架拆除→交工验收。

3）作业要点

（1）施工准备

支架构配件、型钢等材料进场后，配合项目物资及技术管理人员进行进场验收，验收合格方可使用。整理材料存放场地，确保平整坚实、排水畅通、无积水。材料验收合格后按品种、规格分类码放，并设挂规格、数量铭牌。

（2）支架基础处理

测量放样后，对支架基础下方的地面进行换填、整平、压实。先根据原土层承载力及设计承载力要求确定换填面积及深度，使用挖机将支架下方的软土地基进行挖除，经过计算，回填 50cm 厚的砖渣或碎石。处理完成后，配合项目试验人员进行地基承载力检测，检测值应大于 130kPa；检测合格后，进行基础混凝土浇筑，混凝土强度等级 C30，厚度 50cm。基础处理范围外侧依地势设置排水沟，以避免基础被雨水冲刷、浸泡。基础处理完成后，支架搭设前，配合项目技术人员进行验收，验收合格方可开始支架搭设作业。

（3）支架安装

单组临时支架由 4 根 $\phi325 \times 8$ 的螺旋钢管及连接系组成，安装步骤如下：

①首先在地面设置 3 道 Ⅰ40a 垫梁，将 2 根钢管再连接成单片支架。

②再设置 ⸢14a 支撑胎架，将 2 片支架吊装至支撑胎架内，处于侧立状态。

③将 2 片支架使用连接系进行连接后完成支架组装。

④单组支架拼装完成后复测扩大基础顶部预埋件高程，在确保钢管支架顶部高程一致的前提下，根据测量数据对支架钢管底部进行修正，修正完成后将支架放置到对应的扩大基础上与预埋件焊接牢固。

⑤待多组支架均就位完成后，抄平钢管支架顶部高程，然后安装顶部分配梁，最后在分配梁顶部设置对应高度的调节立柱，便于后续节段就位。

支架体外侧同步安装爬梯作为人员上下行通道，在分配梁位置设置操作平台。支架底部外侧设置警戒线。支架搭设过程中及完成后，配合项目技术、测量人员进行支架验收，支架验收合格后，方可投入使用。

（4）架体使用

架体使用期间指定专人进行脚手架日常检查、维护、看管，严禁擅自拆改架体结构杆件或在架体上增设其他设施，严禁在支架基础影响范围内进行挖掘作业，严禁车辆等大型机械设备碰撞架体。在钢梁吊装过程中，架体下方严禁有人。当支架停用 1 个月以上在恢复使用前以及遇 6 级以上强风、大雨及冻结的地基土解冻后，应配合项目技术、测量人员对支架进行二次验收，发现问题及时处理，处理合格后方可继续使用。应在每次支架顶部荷载变化后复测支架沉降观测点并做好记录。

（5）临时支架卸载

卸载顺序以整联为单位，从边跨向中跨同步卸载，整联单跨从中间向两侧卸载，要防止个别支承点集中受力，需根据各支撑点结构自重挠度值，采用阶段分析数据按比例下降法，卸载完成后，拆除临时支架。

支架横向对称卸载，两把割刀保证同时卸载。顺桥向卸载顺序为，首先打开所有临时支撑立柱与钢梁底部的连接；卸载③，割除 10mm 高度后，观察梁底与调平临时支撑立柱接触情况；卸载②及④支架，根据对应自重挠度值切割支撑立柱；卸载①、⑤支架，根据对应自重挠度值切割支撑立柱，如图 2 所示。按以上步骤及顺序每次割除调节筒 20mm 高度后观察梁底与调平钢板及临时支架调节立柱接触情况，直至梁底与调节筒完全脱离后完全割除调节立柱，完成卸载落架。

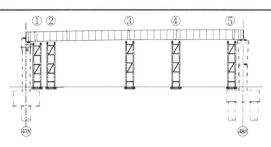

图 2　临时支架卸载顺序示意图

（6）支架拆除

全桥整体吊装并拴接、焊接完成，检测全部合格并卸载完成后方可拆除临时支架工作。拆除总体拆除方法为：钢梁下部支墩拆除采用梁底焊接吊耳穿挂绳索、汽车吊配合拆除，整体分为四步拆除，流程示意如图 3 所示。

第一步：拆除与箱梁底连接的全部钢立柱；

第二步：拆除顶面工字钢；

第三步：汽车吊绳索扣住钢管上部 2/3 处，并依次割除根部钢管。

第四步：汽车吊起吊钢管支墩，放置地面。

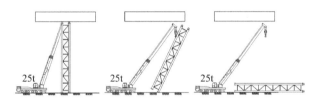

图 3　临时支架拆除流程示意图

（7）环境管控

由于支架安装位置邻近城市主干道路，车流量大，作业人员、车辆进出厂区需高度重视防范交通安全事故并避免对城市交通产生不必要的干扰。

4）安全风险及危害

梁柱式支架安拆及使用过程中存在的安全风险见表 1。

梁柱式支架现浇梁施工安全风险识别表　　　　　　　　　　　表 1

序号	安全风险	施工过程	致险因子	风险等级	产生危害
1	失稳坍塌	钢梁架设	（1）地基处理不到位、架体安装不规范； （2）未进行地基及架体验收； （3）未实施预压； （4）地基受雨水浸泡、冲刷，架体受大风或冻融影响； （5）地基及架体维护不及时、不到位； （6）未有效实施监测预警	I	架体上方作业人员群死群伤
		架体预压	（1）地基处理不到位、架体安装不规范； （2）未有效实施预压监测预警	II	
		架体拆除	（1）架体总体拆除顺序不当； （2）先行拆除扫地杆、斜撑杆、水平向剪刀撑	II	

序号	安全风险	施工过程	致险因子	风险等级	产生危害
2	高处坠落	架体安装、拆除	（1）作业人员未穿戴防滑鞋、未系挂安全带； （2）未挂设安全平网； （3）未设置生命线	Ⅲ	架体上方作业人员死亡或重伤
		梁体施工	（1）作业平台未规范设置防护栏、密目网； （2）作业平台跳板搭设未固定、未满铺，存在探头板	Ⅲ	
		人员上下行	未规范设置爬梯	Ⅲ	
3	起重伤害	吊运物料	（1）起重机驾驶员、司索工、指挥技能差，未持证； （2）钢丝绳或吊带、卡扣、吊钩等破损、性能不佳； （3）未严格执行"十不吊"； （4）吊装指令传递不佳，存在未配置对讲机、多人指挥等情况； （5）起重机回转范围外侧未设置警戒区	Ⅲ	起重作业人员及受其影响人员死亡或重伤
4	物体打击	梁体施工	（1）作业平台未设置踢脚板； （2）作业平台堆放杂物或小型材料； （3）架体底部及四周未有效设置警戒区	Ⅳ	架体下方人员死亡或重伤
		架体拆除	（1）随意抛掷杆件、构配件； （2）拆卸区域底部未有效设置警戒区	Ⅳ	
5	交通事故	支架搭设	（1）未提前报批手续进行交通导改； （2）支架搭设过程中构件未有效固定边进行交通开放	Ⅱ	影响既有高速通行或发生交通事故
		梁体施工	（1）人员通道防护栏杆固定不稳； （2）临边防护未设置踢脚板，或踢脚板高度不足； （3）材料、机具随意摆放	Ⅱ	人员坠亡或重伤，影响既有高速通行或发生交通事故
		支架拆除	（1）未提前报批手续进行交通导改； （2）支架拆除过程中构件未有效固定边进行交通开放	Ⅱ	影响既有高速通行或发生交通事故

5）安全风险防控措施

（1）防控措施

为防范以上安全风险，需严格落实各项风险防控措施，详见表2。

梁柱式支架现浇梁安全风险防控措施表　　　　　　表2

序号	安全风险	措施类型	防控措施	备注
1	失稳坍塌	质量控制	（1）严格执行设计、规程及验标要求，进行地基处理及架体搭设； （2）严格执行规程要求进行架体拆除作业，保证剪刀撑、斜杆、扫地杆等在拆除至该层杆件时拆除	
		管理措施	（1）严格执行地基处理及支架搭设验收程序； （2）严格执行支架预压及沉降变形观测； （3）地基受雨水浸泡、冲刷，架体受大风或冻融影响后，及时进行二次验收	
2	高处坠落	安全防护	（1）架体搭设过程中，及时挂设安全平网； （2）工人作业时穿戴防滑鞋，正确使用安全带； （3）作业平台跳板满铺且固定牢固，杜绝探头板； （4）作业平台封闭围护，规范设置防护栏及密目网	

序号	安全风险	措施类型	防控措施	备注
2	高处坠落	管理措施	（1）为工人配发合格的安全带、安全帽等劳保用品，进行正确穿戴使用的培训； （2）做好安全防护设施的日常检查维护，发现损坏及时修复	
3	起重伤害	安全防护	起重机回转范围外侧设置警戒区	
		管理措施	（1）做好起重设备及特种作业人员的进场验收管理，保证设备性能、人员技能满足要求，设备及人员证件齐全有效； （2）做好钢丝绳或吊带、卡扣、吊钩、对讲机等日常检查维护，确保使用性能满足要求； （3）吊装作业专人指挥，严格执行"十不吊"	
4	物体打击	安全防护	（1）作业平台规范设置踢脚板； （2）架体底部设置警戒区	
		管理措施	（1）作业平台顶部严禁堆置杂物及小型材料； （2）拆除作业时，专人指挥，严禁随意抛掷杆件及构配件	
5	交通事故	安全防护	（1）严格按照要求设置临边防护与踢脚板，材料机具有序摆放、取用； （2）严格按照要求设置防护棚架	
		管理措施	（1）施工前严格履行审批手续； （2）作业过程中加强现场指挥，并服从高速部门工作人员指挥	

（2）工作纪律

除落实以上安全风险防控措施外，还应严格遵守以下工作纪律。

①防护用品：作业人员正确佩戴使用安全帽、安全带，穿戴防滑鞋及紧口工作服。现场安全员旁站监督安全作业，检查作业人员是否佩戴并使用防护用品等。

②班前讲话：每日上工前，由班组长开展班前讲话，将当日作业内容、存在的安全风险及危害、防范措施、作业要点等告知全部作业人员。

③工前检查：每日班前讲话后，对工人身体状态、防护用品穿戴、现场作业环境等进行例行检查，发现问题及时处理。

④维护保养：做好安全防护设施、安全防护用品、起重设备机具等的日常维护保养，发现损坏或缺失，及时修复或更换。

6）质量标准

支架基础应达到的质量标准及检验方法见表3。

支架基础质量检查验收表　　　　　　　　　　　　表3

序号	检查项目	质量要求	检查方法	检验频率
1	地基承载力	符合设计要求	触探等	每100m² 不少于3个点
2	垫层平面尺寸	不小于设计值	尺量	——
3	垫层厚度	不小于设计值	尺量	每100m² 不少于3个点
4	垫层顶面平整度	20mm	2m 直尺测量	每100m² 不少于3个点
5	垫层强度或密实度	符合设计要求	试验	——
6	排水设施	完善	查看	全部
7	施工记录、试验资料	完整	查看资料	全部

梁柱式支架应达到的质量标准及检验方法见表4。

支架搭设质量检查验收表　　　　　　　　表4

序号	项目		质量要求（mm）	检验方法	检验频率
1	基础顶面	高程	±3	水准仪	100%
2		水平度	1/1000	水平尺	100%
3	钢管立柱	平面位置	5	全站仪	50%
4		顶面高程	5	水准仪	50%
5		顶面高差	2 同排	水准仪	100%
6			10 异排		
7		单节垂直度	$h/1000$，且不大于 10	垂球和钢卷尺	20%
8		整体垂直度	$h/1000$，且不大于 10	全站仪	100%
9	工字钢横梁	垂直度	$h/500$	垂球和钢卷尺	20%
10		轴线偏移	10	钢卷尺	20%
11		排距	±5	钢卷尺	20%

7）验收要求

钢混组合梁支架施工各阶段的验收要求见表5。

钢管支架各阶段验收要求表　　　　　　　　表5

序号	验收项目		验收时点	验收内容	验收人员
1	材料及构配件		支架材料进场后、使用前	材质、规格尺寸、焊缝质量、外观质量	项目物资、技术管理人员，班组长及材料员
2	支架基础	换填层	混凝土扩大基础施工前	地基承载力	项目试验人员、技术员，班组技术员
		扩大基础	换填处理验收完成后、混凝土浇筑前	详见《支架基础质量检查验收表》	项目测量试验人员、技术员，班组长及技术员
3	支架架体	搭设过程	（1）单片支架制作完成后；（2）单组支架组拼完成后；（3）搭设达到设计高度后；（4）分配梁制作及安装后	详见《钢管架检查验收表》	项目技术员、测量人员，班组长及技术员
		使用过程	（1）停用 1 个月以上，恢复使用前；（2）遇 6 级以上强风、大雨后	除《钢管支架检查验收表》要求的内容外，应重点检查基础有无沉降、开裂，支架各连接处有无断裂、变形	项目技术员、测量人员，班组长及技术员

8）应急处置

（1）处置原则

施工过程中一旦发生险情或事故，应停止作业，切勿慌乱，切忌盲目施救，在保证自身安全的情况下按照处置措施要求科学开展施救，并及时向项目管理人员×××报告相关情况。

（2）处置措施

支架坍塌：当出现支架坍塌征兆时，发现者应立即通知支架上下作业区域人员撤离现场，并及时报告项目部进行后期处置。

触电事故：立即切断电源，若无法及时断开电源，可用干木棒、皮带、橡胶制品等绝缘物品挑开触电者接触的带电物，之后解开妨碍触电者呼吸的紧身衣服，检查口腔，清理口腔黏液并立即就地抢救，如呼吸停止，应采用人工呼吸法抢救；如心脏停止跳动，应采用胸外心脏按压法抢救。

其他事故：当发生高处坠落、起重伤害、机械伤害等事故后，应立即采取措施切断或隔断危险源，疏散现场无关人员，后对伤者进行包扎等急救，向项目部报告后原地等待救援。

附件：《×××过江大桥 47～48 号墩钢混组合梁临时支架设计图》（略）。

36 斜拉索施工安全技术交底

交底等级	**三级交底**	交底编号	III-036
单位工程	×××长江复线桥	分部工程	斜拉桥
交底名称	**斜拉索施工**	交底日期	年 月 日
交底人	分部分项工程主管工程师 （签字）	审核人	工程部长（签字）
批准人	总工程师（签字）	确认人	专职安全管理人员（签字）
		被交底人	班组长及全部作业人员 （签字，可附签字表）

1）施工任务

×××长江复线桥设计为公轨同层非对称布置的大跨度斜拉桥，全长 1306.2m，主桥长 991.7m，跨径布置为（68.4 + 150.8 + 454 + 161.3 + 102.2 + 50）m，采用主跨454m双塔双索面斜拉桥，全桥共160根斜拉索。斜拉索采用ϕ7.0mm锌铝合金高强度低下松弛平行钢丝HDPE护套成品索，抗拉强度不小于1670MPa。斜拉索塔端为张拉端，梁端为锚固端。斜拉索设计图详见附件《×××长江复线桥斜拉索设计图》。

2）工艺流程

斜拉索施工工艺流程如图1所示。

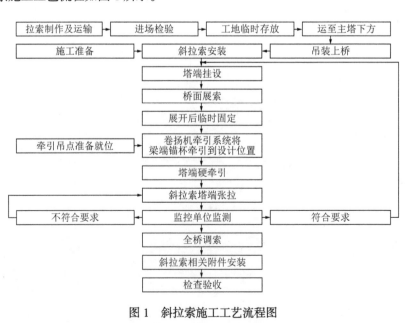

图 1 斜拉索施工工艺流程图

3）作业要点

（1）施工准备

①斜拉索的进场检验及防护

斜拉索进场检查是否有损伤、锚具的外螺纹是否有损伤、质量证明文件等是否齐全完整，卸车及起吊及运输时注意对PE护套的保护，避免斜拉索的PE护套受损。成品拉索按编号分开，避免错乱，临时存放处采用下垫上盖的方式，周围10m内严禁存在火源。拉索不宜放在车辆通道旁，在拉索旁边设置警示及禁止标志牌并由专人看管，以防止拉索受到其他硬物的损伤。

②施工现场准备

在塔肢封顶后，在塔顶布置5t卷扬机作为塔内的起重设备和挂索时提吊头的牵引设备。挂索前，在塔箱内将提吊头和塔顶卷扬机钢丝绳用卡环连接上，穿过斜拉索塔端锚固螺母通过索导管，放出塔肢外直至主梁上。挂索前，对塔肢内及已浇梁段的索道管和锚垫板上的焊渣、毛刺及杂物进行检查、清理；检查锚垫板是否平整，位置是否正确，用特制探孔器检查索道管本身是变形，如变形必须进行处理后才能挂索施工。塔内平台：在挂索之前设计检修平台须完成安装，设计检修平台满足挂索及张拉施工要求，电梯口及爬梯口孔洞使用木跳板和安全防护网封闭。

③斜拉索的转运及吊装

用汽车将斜拉索运输至塔式起重机能吊的地方，根据现场塔式起重机的起重量和斜拉索重量，将斜拉索存放在钢箱梁桥面上。吊具采用马尼拉优质吊带，3吊点起吊。

④塔梁限位

斜拉索张拉过程中，为防止钢箱梁产生位移，需在0号梁端底部增设限位装置，如图2所示，横向在抗风支座牛腿与垫石间增加横向抗风支座，纵向采用在梁底抗风支座垫石两侧安装限位块，采用楔形钢板抄垫密实。

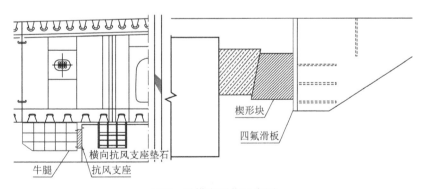

楔形块
四氟滑板
横向抗风支座垫石
牛腿
抗风支座

图2　纵横向限位示意图

（2）塔端挂索

斜拉索在桥面取下塔端锚具螺母，将螺母临时固定在待安装斜拉索塔端的锚垫板上。斜拉索锚具上安装提吊头，斜拉索距离锚杯端部适当位置安装20t提吊索吊带。塔式起重机与吊带连接，同时将塔内牵引钢丝绳与提吊头相连接，缓慢提升斜拉索使塔端锚具接近索导管。调整塔式起重机吊钩提升高度，使斜拉索塔端锚具进入到索导管，继续牵引斜拉索，直至斜拉索塔端锚具伸出锚垫板后 150～180mm，拧固斜拉索塔端锚具螺母，塔端临时固定斜拉索。在塔端安装千斤顶、撑脚、张拉杆等张拉设备。拆除塔外 20t 索吊带，完成斜拉索塔端的安装。

（3）斜拉索展索

斜拉索塔端固定好后，沿着斜拉索竖直投影到桥面上的方向在距已挂好的斜拉索内侧 0.5m 左右的位置安装固定好托索小车，纵向间距为 6m/个，用塔式起重机提升索盘上剩余段斜拉索，然后用梁端卷扬机牵引梁端索头，边牵引边下放索，保证索在小车上前行。

（4）斜拉索梁端安装

1～12 号由于牵引力小可直接用卷扬机加滑轮组牵引梁端锚头就位。13～20 号斜拉索直接牵引力较大，仅用卷扬机加滑轮组牵引无法将梁端锚头就位，须在斜拉索塔端用张拉杆辅助将索加长减少斜拉索牵引力。

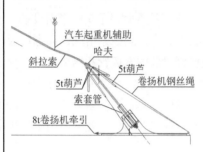

图 3　斜拉索梁端安装示意图

塔上张拉系统装好在主张拉杆后安装牵引接长杆下放至规定长度。在梁端用 10t 卷扬机加 2 个 40t 滑轮组将索牵引就位，最大牵引力控制 40t。用起重机配合，离锚头 10m 左右位置设置吊点，由于自由端长度较大使锚头可以转动，并在靠近锚头处设置索夹，当叉耳和耳板未对正时，用手拉葫芦拉索夹，使叉耳扭转与耳板对正，用卷扬机与滑车组牵引将索的叉头与叉耳连接，安装好轴销即可，如图 3 所示。

（5）斜拉索张拉

根据监控要求对斜拉索进行张拉，张拉在塔上进行，张拉过程中每墩 4 台千斤顶同步进行。张拉操作步骤如下：启动油泵，按监控给定的索力进行张拉，以索力控制为主，张拉伸长量和主梁线形校核为辅，达到监控要求→将锁紧螺母旋紧，使其与锚垫板密贴→千斤顶回油卸载，完成张拉，进行下一阶段施工。

①张拉设备的选用

一套完整的张拉设备包含：1 根材质为 42CrMo 的张拉杆和材质为 42CrMo 的配套螺母，1 台 650t 穿心式千斤顶和 1 台 800 型电动油泵，以及张拉撑脚 1 个，共需 8 套，如图 4 所示。

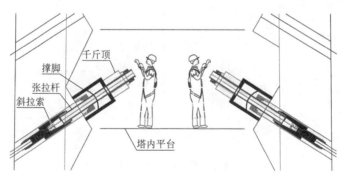

图 4　穿心式千斤顶安装示意图

②分级张拉及锚固

分三级张拉，即 $0 \rightarrow 40\%\sigma_{con} \rightarrow 80\%\sigma_{con} \rightarrow 100\%\sigma_{con} \rightarrow$ 持荷 5min → 锚固。施工过程斜拉索张拉一般以索力控制为主，张拉伸长量和主梁线形作校核。拉索张拉要求均匀、对称施工，纵向对称可防止塔柱偏移，横向对称可防止主梁扭转。当张拉到位后，即拧紧锚固螺母，锚固卸压。

③调索

调索是为了使得全桥的桥面线形和结构内力能最大限度地符合设计要求。调索根据施工中桥面线形情况，大致可分3次进行（以监控要求为准），一是根据施工中主梁线形情况，按监控方的要求调索；二是合龙前，按监控的要求进行调索；三是二次载荷加载完成后按监控方的要求调索。

（6）斜拉索附件安装

①内置减震器安装

全桥合龙，斜拉索索力及主梁高程调整完毕后，安装内置减震器。内置减震器为两半圆形单件对拼而成，减震器采用全阻尼橡胶形式，每套减震器分为两个半圆。先将对应型号的减震器平推入预埋管，用扳手拧紧螺栓，通过对内置阻尼器顶压使减震橡胶沿径向膨胀，从而将斜拉索楔紧，同时达到减震器预期效果。减震器安装的位置应距索导管口 5～10cm，塔上的减震器装好后，在索导管口安装一套挡圈。

②外置阻尼器安装

阻尼器一般由索夹、上、下容器、支座、黏性体及连接件等组成，减震装置底座与梁部的连接采用焊接结构。将索夹固定在斜拉索上的相应位置；然后将减震器的上、下容器用定位螺杆连接后安装到索夹底板上，最后进行下支座底板与基座的焊接。要求阻尼器索夹与斜拉索成90°夹角，连接杆竖直，如图5所示。

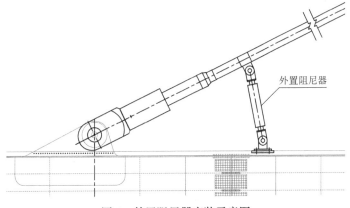

外置阻尼器

图5 外置阻尼器安装示意图

③锚头保护罩安装

斜拉索张拉调索完成后，在锚具外露部分的表面均匀涂抹一层锚具专用防护油脂后安装锚具保护罩。

（7）吊篮施工

塔端挂索完成后，塔外吊点索、吊带及附属安装采用吊篮施工。主塔施工时提前在塔顶埋设吊篮预埋件，悬挂结构采用工25型钢，架设于桥塔顶部，通过预埋件焊接固定，使用钢丝绳来承载吊篮架体自重和施工荷载。吊篮安装需由有专业高处作业吊篮安装资格证的工人进行安装。吊篮使用过程中单次最多承载2人，吊篮从尺寸为2000mm×760mm×1450mm，质量为350kg，根据预埋位置悬吊吊篮后，吊篮护栏距离索导管孔处为20cm。吊篮安装位置如图6所示。

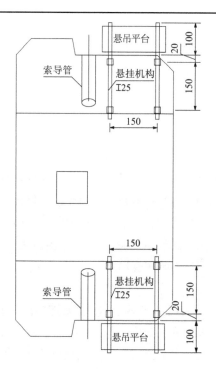

图 6 吊篮安装位置示意图（尺寸单位：mm）

4）安全风险及危害

斜拉索施工过程中存在的安全风险见表 1。

斜拉索施工安全风险识别表

表 1

序号	安全风险	施工过程	致险因子	风险等级	产生危害
1	高处坠落	吊篮施工	（1）作业人员未穿戴防滑鞋、未系挂安全带； （2）吊篮未按方案要求加工及封闭； （3）吊篮吊点固定及钢丝绳连接不牢； （4）作业平台未规范设置防护栏、密目网	II	吊篮内作业人员死亡或重伤
2	物体打击	吊篮安装	（1）作业吊篮篮未设置踢脚板； （2）作业平台堆置杂物或小型材料； （3）钢构件吊装过程中对现场施工人员产生撞击； （4）吊篮底部及四周未有效设置警戒区	II	吊篮下方人员死亡或重伤
3	起重伤害	吊运物料	（1）起重机驾驶员、司索工、指挥技能差，未持证； （2）钢丝绳或吊带、卡扣、吊钩等破损、性能不佳； （3）未严格执行"十不吊"； （4）吊装指令传递不佳，存在未配置对讲机、多人指挥等情况； （5）现场吊装设备交叉作业，相互碰撞造成人员伤亡； （6）起重机回转范围外侧未设置警戒区	III	起重作业人员及受其影响人员死亡或重伤
4	触电	现场临时用电	（1）施工用电设备不合格、检查维修保养不到位引起等触电、爆炸、火灾等伤害； （2）施工用电线路布设未按要求执行、线路老化、破损造成的触电及火灾事故； （3）不严格执行施工用电要求造成的伤害	III	触电死亡或重伤

序号	安全风险	施工过程	致险因子	风险等级	产生危害
5	机械伤害	斜拉索梁端安装施工	（1）施工人员在作业过程中用力过猛，致使身体失稳； （2）多台设备同时作业，配合失误导致钢丝绳断裂； （3）集中多人搬运或安装较重构件； （4）作业平台上的雨水未清除，造成滑落； （5）起重设备不符合安全规定可能导致的砸、挤、绞、机械伤害、人身伤害； （6）叉车驾驶员操作不当导致翻车碰撞等事故	III	人员死亡或重伤
6	火灾爆炸	动火作业	（1）钢构件切割时氧气乙炔瓶发生爆炸火灾事故； （2）由于氧气、乙炔、二氧化碳等气体泄漏、安全距离不够、存放及运输不当、暴晒、撞击、明火等原因造成压力容器爆炸、火灾等施工	III	人员死亡或重伤

5）安全风险防控措施

（1）防控措施

为防范以上安全风险，需严格落实各项风险防控措施，详见表2。

斜拉索施工安全风险防控措施表　　　　　　　　　　表2

序号	安全风险	措施类型	防控措施	备注
1	高处坠落	安全防护	（1）吊篮搭设过程中，及时挂设安全平网； （2）工人作业时穿戴防滑鞋，正确使用安全带； （3）作业吊篮按规范要求加工及连接，每天上班检查是否安全牢固； （4）作业平台封闭围护，规范设置防护栏及密目网	
		管理措施	（1）为工人配发合格的安全带、安全帽等劳保用品，进行正确穿戴使用的培训； （2）做好安全防护设施的日常检查维护，发现损坏及时修复； （3）现场设置专职安全管理人员进行跟班作业，监督提醒	
2	物体打击	安全防护	（1）作业平台规范设置踢脚板； （2）架体底部设置警戒区	
		管理措施	（1）作业平台严禁堆置杂物及小型材料； （2）严禁随意抛掷杆件及构配件	
3	起重伤害	安全防护	起重机回转范围外侧设置警戒区	
		管理措施	（1）做好起重设备及特种作业人员的进场验收管理，保证设备性能、人员技能满足要求，设备及人员证件齐全有效； （2）做好钢丝绳及吊带、卡扣、吊钩、对讲机等日常检查维护，确保使用性能满足要求； （3）吊装作业专人指挥，统一协调，严格执行"十不吊"	
4	触电	安全防护	（1）电缆外层包裹绝缘塑料管 （2）现场的配电箱要坚固，有门、有锁、有防雨装置，并在周围设置警示标志	
		管理措施	（1）施工必须配备专职电工，电工必须经过培训持证上岗，施工现场所有的电气设备的安装、维修和拆卸作业必须由电工完成； （2）电缆线路采用"三相五线"接线方式，电气设备和电气线路必须绝缘良好，不得采用老化脱皮旧电缆； （3）设备实行一机一闸一漏一箱。不得用一个开关直接控制2台及以上的用电设备； （4）使用自备电源或与外电线路共用同一供电系统时，电气设备根据当地要求作保护接零或作保护接地，不得一部分设备作保护接零，另一部分设备作保护接地；	

续上表

序号	安全风险	措施类型	防控措施	备注
4	触电	管理措施	（5）施工现场临时用电定期安排电工进行检查，接地保护、变压器及绝缘强度、移动式电动设备、潮湿环境和水下电气设备每天检查一次。对检查不合格的线路、设备及时予以维修或更换，严禁带故障运行	
5	机械伤害	安全防护	（1）施工现场，机械设备按照现场工程师指挥要求合理进行布局； （2）机械设备安全控制系统及预防人身伤害的防护装置，如限位装置、限速装置、防逆转装置齐全，且确保运行正常等	
		管理措施	（1）机械设备进场前进行检查验收，每日上下班使用前检查各部位是否完好； （2）人员进入施工现场必须按要求穿戴防护用品	
6	火灾	安全防护	（1）在施工现场入口和现场临时设施处设立固定的安全、防火警示牌、宣传牌。配备必要的消防器械和物资，确保现场配备的灭火器材在有效期内，使其处于完好状态； （2）焊、割作业点与氧气瓶、乙炔气瓶等危险物品的距离不得少于5m，与易燃易爆物品的距离不得少于30m	
		管理措施	（1）对施工人员进行消防培训，使其清楚发生火灾时所应采取的程序和步骤，掌握正确的灭火方法； （2）在高处进行电焊作业时，作业点下方及周围火星所及范围内，必须彻底清除易燃、易爆物品； （3）在焊接和切割作业过程中和结束后，应认真检查是否遗留火种； （4）要由专职电工安装线路，不可用废旧电线私拉乱接，穿管内导线不得有接头，电线连接处应包以绝缘胶布，不可破损裸露	
7	容器爆炸	安全防护	乙炔气瓶等危险物品的距离不得少于5m，与易燃易爆物品的距离不得少于30m	
		管理措施	氧气瓶、乙炔瓶等易燃、易爆物资，应存放在专用库房内，随用随取，库房处设置醒目的禁火警示牌	

（2）工作纪律

除落实以上安全风险防控措施外，还应严格遵守以下工作纪律。

①防护用品：作业人员正确佩戴使用安全帽、安全带，穿戴防滑鞋及紧口工作服。

②班前讲话：每日上工前，由班组长开展班前讲话，将当日作业内容、存在的安全风险及危害、防范措施、作业要点等告知全部作业人员。

③工前检查：每日班前讲话后，对工人身体状态、防护用品穿戴、现场作业环境等进行例行检查，发现问题及时处理。

④维护保养：做好安全防护设施、安全防护用品、起重设备机具等的日常维护保养，发现损坏或缺失，及时修复或更换。

6）质量标准

吊篮施工应达到的质量标准及检验方法见表3。

高处作业吊篮检查验收表　　　　　　　　　　　　　　表3

序号	检查项目	质量要求	检查方法	检验数量
1	悬吊平台底板	<15mm	测量	全部
2	钢丝绳	不小于6mm	测绳	全部
3	悬挂机构锚固螺栓	不小于16mm	测量	全部

序号	检查项目	质量要求	检查方法	检验数量
4	悬挂横梁水平度误差	不超过总长 4%	测量	全部
5	重砣高度	距地面 100～200mm	目测、测量	全部
6	配重	不超过 25kg/块	查看资料	全部

成桥后斜拉索的允许偏差及检验方法见表 4。

成桥后斜拉索的允许偏差及检验方法　　　　表 4

序号	检查项目		允许偏差（mm）	检查方法
1	索力		±5%或设计允许偏差值	索力仪测试
2	索长	$L \leqslant 100m$	±20	尺量检查
		$L > 100m$	$\pm 0.0002L$	

检查数量：施工单位索力检查 100%，索长检查 10%，且不少于 5 根。

7）验收要求

斜拉索施工各阶段验收要求见表 5。

斜拉索施工各阶段验收要求表　　　　表 5

序号	验收项目	验收时点	验收内容	验收人员
1	材料进场验收	斜拉索进场后、使用前	材料检验报告、合格证书、PE 保护套、锚头，材料存放条件等	项目物资、技术、试验人员
2	卷扬机、滑轮组	进场后	质量证明书及出厂合格证、卷扬机固定、卷扬机钢丝绳、滑轮质量等	项目物资、技术、安全人员，班组长及技术员
3	吊篮安装	吊篮安装完成后	钢丝绳型号、规格应符合规范要求及钢丝绳有无磨损、断裂情况；电机、电磁制动是否运作正常；平台运行左右高差，悬挑横梁应前后低，前后水平高差不应大于横梁长度的 2%	项目物资、安全人员，班组长及安全员
4	斜拉索安装、张拉验收	斜拉索安装前	预埋索导管位置是否准确、索道管内有无杂物，防止刮伤锚头	项目技术人员，班组长及技术员
		斜拉索安装后	锚杯螺母，销轴是否按照设计要求按照到位	
		张拉前	千斤顶、油表是否按要求标定，张拉设备是否按要求安装	
		张拉时	保证同步张拉，同步索力误差不得大于监控要求范围	
		张拉后	对索力进行复测，保证索力误差在监控允许范围内	

8）应急处置

（1）处置原则

施工过程中一旦发生险情或事故，应停止作业，切勿慌乱，切忌盲目施救，在保证自身安全的情况下按照处置措施要求科学开展施救，并及时向项目管理人员×××报告相关情况。

271

（2）处置措施

钢梁倾覆：当出现钢梁倾覆征兆时，发现者应立即通知倾覆影响作业区域人员撤离现场，并及时报告项目部进行后期处置。

触电事故：立即切断电源，若无法及时断开电源，可用干木棒、皮带、橡胶制品等绝缘物品挑开触电者接触的带电物，之后解开妨碍触电者呼吸的紧身衣服，检查口腔，清理口腔黏液并立即就地抢救，如呼吸停止，应采用人工呼吸法抢救；如心脏停止跳动，应采用胸外心脏按压法抢救。

火灾：当发现初起火灾时，应就近找到灭火器对准火苗根部灭火；当火灾难以扑灭时，应及时通知周边人员捂住口鼻迅速撤离。

其他事故：当发生高处坠落、起重伤害、机械伤害等事故后，应立即采取措施切断或隔断危险源，疏散现场无关人员，后对伤者进行包扎等急救，向项目部报告后原地等待救援。

附件：《×××长江复线桥斜拉索设计图》（略）。

37 大跨度钢梁环口施工安全技术交底

交底等级	三级交底	交底编号	III-037
单位工程	×××长江复线桥	分部工程	钢梁桥位连接
交底名称	**大跨度钢梁环口施工**	交底日期	年　　月　　日
交底人	分部分项工程主管工程师（签字）	审核人	工程部长（签字）
批准人	总工程师（签字）	确认人	专职安全管理人员（签字）
		被交底人	班组长及全部作业人员（签字，可附签字表）

1）施工任务

×××长江复线桥采用双塔三跨不对称斜拉桥，主桥长986.7m，跨径布置为219.2m + 454m + 313.5m，全桥梁段划分94个制造安装梁段、93道环口。桥位环口施工任务系指钢梁吊装就位后，在形成整体钢箱梁过程中完成的焊接、栓接及涂装作业，环口施工分位如图1所示。

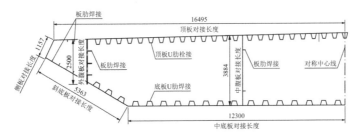

图1　环口施工分位示意图（尺寸单位：mm）

2）工艺流程

大跨度钢梁环口施工工艺流程如图2所示。

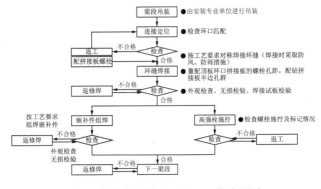

图2　大跨度钢梁环口施工工艺流程图

3）作业要点

大跨度钢梁梁段厂内制造采用线形胎架模拟桥位安装线形进行多梁段连续拼装，配切梁段长度后在钢梁梁段环口两侧安装桥位临时连接匹配件。钢梁梁段架设时通过匹配件的连接，快速恢复到厂内预拼时的状态，有效控制梁段安装时的间隙、错边、高程、轴线等偏差。为了保证梁段接口匹配精度，减少温差对接口连接产生不利影响，梁段定位马缝连接均在夜间进行。

（1）梁段吊装

梁段吊装采用 2 台桥面起重机同步起吊，两台桥面起重机间横向间距 11.6m，起重机额定起吊能力为 2 × 225t。待安装的梁段由运输船运输到桥面起重机投影下，桥面起重机从船上垂直起吊钢箱梁进行安装。钢箱梁起吊高度大于运输船高 2m 时，运输船可撤离现场。

（2）连接定位

通过桥面起重机的调整装置、码板交叉限位、临时匹配件及千斤顶等方式调整安装钢梁的精度，按先腹板，再斜底板，再底板、顶板的顺序连接临时匹配件。当梁段吊装至桥面附近时，采用前起重机上纵向调位装置调节该梁段钢梁至已安装好的钢梁边缘 30mm 内。利用桥面起重机前端的纵向调位千斤顶驱使钢梁纵向移动，使梁段向已安装梁段缓慢靠拢。利用起重机上的纵坡调节千斤顶调节桥面纵坡，使其与已安装钢梁对应位置处上下接口的缝隙宽度大致相等。钢梁轴线及偏角的调整通过在钢梁左右两侧采用手拉葫芦或者千斤顶进行前后牵拉或顶推达到钢梁轴线调节的效果，使钢梁与已安装梁段对应位置处的顶、底板处的止顶板对齐。

按照底板、顶板的顺序采用高强度螺栓和拉杆依次完成梁段间临时匹配连接，如图 3 所示。并通过放松匹配件螺栓和拉杆，根据调整量，微动起重机提升系统，分别调整梁段上、下游控制点相对高差。

图 3　环口匹配件螺栓、冲钉及拉杆临时连接示意图

由于吊装后的受力状态与预拼装时受力状态不一致，使非匹配件连接部位板面发生错边。在匹配件连接完成后，再进行局部错边调整，即采用马板配合千斤顶进行局部调整，保证板面错位不大于 2.0mm，如图 4 所示。

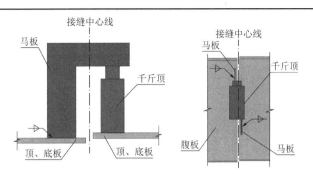

图 4　环口错边调整示意图

（3）环口施工

梁段线形和中心线调整到位并报监理工程师认可后，用马板对环口进行马缝固接，之后进行梁段间环口处顶、底、腹板的焊接及底板 U 肋嵌补件、腹板板肋嵌补段焊接及顶板 U 肋的栓接。

①焊接

a. 焊接一般要求

焊接工作环境为温度 ≥ 5℃，湿度 ≤ 80%，气体保护焊时风速 ≤ 2m/s。施焊前图 5 所示区域铁锈、底漆、油污、水分等所有影响焊接质量的杂物应清理干净。

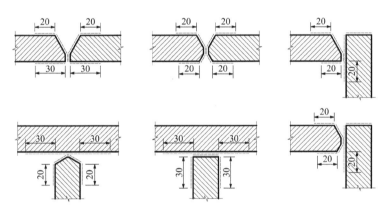

图 5　焊接区域除锈清理范围示意图（尺寸单位：mm）

产品检验试板应接在构件上及时施焊，若在构件上引接产品试板困难时，应在板件的对接焊缝焊完之后，就地施焊产品试板，禁止异地施焊。经外观检查合格的焊缝方能进行无损检验，焊缝无损检验在焊缝焊完 24h 后进行。

b. 焊接方法及焊接材料

埋弧自动焊焊丝为 H10Mn2（5.0）、CO_2 气体保护焊实芯焊丝为 ER50-6（ϕ1.2）、CO_2 气体保护焊药芯焊丝为 T492T1-1C1A（ϕ1.2），CO_2 气体保护焊选择纯度 99.5%以上的保护气体，不同部位焊接方法见表 1。

焊接方法表　　　　　　　　　　　　　　　　　　　　　　表 1

使用部位	焊接方法	焊接材料
梁段间的顶板对接缝	CO_2 气体保护焊 + 埋弧焊	ER50-6（ϕ1.2）+ H10Mn2（5.0）
梁段间平底板、斜底板对焊缝	CO_2 气体保护焊	T492T1-1C1A（ϕ1.2）
梁段间加劲肋嵌补件平对接焊缝及角焊缝		

续上表

使用部位	焊接方法	焊接材料
梁段间加劲肋立对接焊	CO$_2$ 气体保护焊	T492T1-1C1A（ϕ1.2）
梁段间底板 U 肋嵌补平、立对接焊缝及角焊缝		
梁段间腹板立对接焊缝		
梁段间风嘴导风板对接焊缝		
定位焊缝	CO$_2$ 气体保护焊	T492T1-1C1A（ϕ1.2）
	手工电焊条	E5015（ϕ4.0）

c. 焊接顺序

钢箱梁梁段接口焊缝焊接方向及焊接顺序如图 6 所示，图中序号表示焊接顺序，箭头指向表示焊接方向。环口嵌补段在顶、底板及斜底板、腹板等对接焊缝无损检测合格后方可进行组焊。嵌补段焊接必须在下个接口环缝焊接完成之前进行。

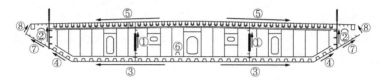

图 6　钢箱梁断面焊接方向及焊接顺序示意图

从下往上对称焊接钢箱梁中间腹板对接焊缝①；从下往上对称焊接钢箱梁边腹板对接焊缝②；从中间往边对称焊接钢箱梁底板对接焊缝③；对称焊接钢箱梁斜底板对接焊缝④；从中间往两边对称焊接顶板对接焊缝⑤；焊接底板 U 肋嵌补段焊缝⑥；焊接风嘴处焊缝⑦⑧。

d. 嵌补件组焊

环口对接焊缝超声波检测合格后，进行底板 U 肋、风嘴板肋及中腹板、外腹板的板肋嵌补件组装、焊接，嵌补件长度 400mm。嵌补件按桥中线向两侧同时对称焊接，每一嵌补件按照先对接后角接的顺序施焊：先焊固定端的对接焊缝，然后焊接嵌补段另一端对接焊缝；最后焊接角焊缝。

②高强度螺栓施拧及检验

a. 工艺流程

顶板环缝焊接完成且检测合格后进行顶板 U 肋接板的栓接，螺栓栓接工艺流程如图 7 所示。

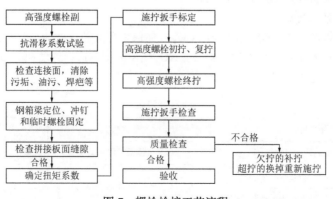

图 7　螺栓栓接工艺流程

b. 高强度螺栓施拧

高强度螺栓连接副的紧固采用扭矩法，每套螺栓为一根螺杆、一个螺母、两个垫圈，并应配套使用。使用前必须对扭矩扳手进行标定和校正，未经标定合格的扳手不得使用，扭矩扳手应编号使用，防止混淆。使用过程中，扭矩扳手每班操作前必须标定一次，其扭矩误差不得大于使用扭矩的±5%。在收工后扳手复验时，若发现扭矩超差，则该扳手紧固的螺栓全部用检查扳手检查，对于初拧不合格的，可在扳手校正后重新初拧；对于终拧，应补拧欠拧的螺栓，更换超拧螺栓并重新终拧。高强度螺栓紧固分初拧、终拧两步进行，初拧、终拧应在同一工作日完成。初拧扭矩宜为终拧扭矩的50%。终拧完成后，用红色油漆及时做标记，但不得覆盖初拧标记。高强度螺栓应能自由穿入螺栓孔，对于不合适的螺栓孔可用钻头钻孔或用铰刀铣孔，严禁采用气割扩孔。

c. 质量检查

高强度螺栓连接副施工质量应由专职质量检查员进行检查。检查扳手在使用前必须进行检定，其扭矩误差不得大于检查扭矩的±3%。

初拧检查螺栓规格、安装是否正确，板层密贴程度。检查时用质量0.3kg小锤敲击螺母检查螺栓是否漏拧，检查范围为全部初拧螺栓。

终拧检查对全部终拧后的高强度螺栓连接副检查初拧后的油漆标记是否发生错动，以判断终拧时有无漏拧。终拧扭矩检查应在终拧后4～24h内完成，检查终拧扭矩的方法采用松扣-回扣法。

③桥位涂装

a. 涂层损伤的修复

运输及安装过程中摩擦、碰撞等机械因素造成的涂层损坏应根据损坏的面积及损坏的程度按其所在的涂装体系的要求进行修复，经修复的涂层其各项性能应与周围其他涂层相近。补涂工艺流程：表面净化→表面除锈→除尘、拉毛→补涂装。

对损伤涂层进行修补时，可使用手工或动力清洁工具，修补前应打磨成阶梯状，阶梯尺寸宽度为50mm。

b. 环口涂装全桥最后一道面漆涂装

环口焊缝无损检测及焊缝外观打磨合格后，按照涂装作业指导书要求对环口区域钢板和焊缝区域表面进行打磨，设置涂装安全和环保防护设施，满足要求后方可进行涂装施工。最后一道面漆涂装工艺流程：钢构件补涂完成→油污、污物清理→整体拉毛→最后一道面漆涂装→完工检查。

c. 涂装防护

箱内涂装施工平台：箱内焊接作业在箱内搭设脚手架及平台跳板，并配通风除尘除烟设备。箱外涂装施工平台：箱外梁底及侧面利用检查车作为施工平台，并配备防油漆飘落围挡。

4）安全风险及危害

桥位施工过程中存在的安全风险见表2。

环口连接、焊接、涂装施工安全风险识别表　　　　　　　　　表2

序号	安全风险	施工过程	致险因子	风险等级	产生危害
1	高处坠落	临边安装	工人作业时穿戴防滑鞋，正确使用安全带	Ⅲ	架体上方作业人员死亡或重伤
		焊接施工	（1）作业平台未规范设置防护栏、密目网；（2）作业平台跳板搭设未固定、未满铺，存在探头板		
		人员上下行	未规范设置爬梯		

277

续上表

序号	安全风险	施工过程	致险因子	风险等级	产生危害
2	中毒	焊接作业	（1）焊接作业使钢板温度升高，油漆受热挥发产生有毒气体； （2）焊接过程中产生大量烟尘、有毒焊接气体	IV	焊接作业人员中毒
		箱内涂装	涂装作业过程中油漆挥发及流动性差导致中毒		
3	触电伤害	箱内照明	箱内照明线路接触不良，与钢梁块体接触性漏电	IV	触电重伤或死亡
		焊接	焊接设备接线不规范，存在漏电		
4	物体打击	环口施工	（1）作业平台未设置踢脚板； （2）作业平台堆置杂物或小型材料； （3）架体底部及四周未有效设置警戒区	IV	架体下方人员死亡或重伤
		平台拆除	（1）随意抛掷杆件、构配件； （2）拆卸区域底部未有效设置警戒区	IV	
5	起重伤害	吊运物料	（1）起重机驾驶员、司索工指挥技能差，未持证； （2）钢丝绳或吊带、卡扣、吊钩等破损、性能不佳； （3）未严格执行"十不吊"； （4）吊装指令传递不佳，存在未配置对讲机、多人指挥等情况； （5）起重机回转范围外侧未设置警戒区	III	起重作业人员及受其影响人员死亡或重伤

5）安全风险防控措施

（1）防控措施

为防范以上安全风险，需严格落实各项风险防控措施，详见表3。

环口连接、焊接、涂装安全风险防控措施表　表3

序号	安全风险	措施类型	防控措施	备注
1	高处坠落	安全防护	（1）临边防护搭设过程中，及时挂设安全平网； （2）工人作业时穿戴防滑鞋，正确使用安全带； （3）作业平台跳板满铺且固定牢固，杜绝探头板； （4）作业平台封闭围护，规范设置防护栏及密目网	
		管理措施	（1）为工人配发合格的安全带、安全帽等劳保用品，进行正确穿戴使用的培训； （2）做好安全防护设施的日常检查维护，发现损坏及时修复	
2	触电伤害	质量控制	（1）采购并使用低压照明工具； （2）正确安全进行电路设置，按规程操作	
		管理措施	（1）专业电工负用电接线； （2）对用电施工作业人员定期培训，明确安全用电措施； （3）做好安全用电公示牌，班前进行宣讲，做好班前宣传教育	
3	中毒伤害	质量控制	（1）设置有效通风设备； （2）对焊接作业区油漆避免设置隔热层	
		管理措施	（1）施工前对通风防尘设备进行检查，确保有效； （2）给工人配发合格的防烟、防尘、防毒面罩； （3）施工作业过程中专人旁站，监督安全规范施工作业	
4	物体打击	安全防护	（1）作业平台规范设置踢脚板； （2）架体底部设置警戒区	
		管理措施	（1）作业平台顶部严禁堆置杂物及小型材料； （2）拆除作业时，专人指挥，严禁随意抛掷杆件及构配件	

序号	安全风险	措施类型	防控措施	备注
5	起重伤害	安全防护	起重机回转范围外侧设置警戒区	
		管理措施	（1）做好起重设备及特种作业人员的进场验收管理，保证设备性能、人员技能满足要求，设备及人员证件齐全有效； （2）做好钢丝绳或吊带、卡扣、吊钩、对讲机等日常检查维护，确保使用性能满足要求； （3）吊装作业专人指挥，严格执行"十不吊"	

（2）工作纪律

除落实以上安全风险防控措施外，还应严格遵守以下工作纪律。

①防护用品：作业人员正确佩戴使用安全帽、安全带，穿戴防滑鞋及紧口工作服。

②班前讲话：每日上工前，由班组长开展班前讲话，将当日作业内容、存在的安全风险及危害、防范措施、作业要点等告知全部作业人员。

③工前检查：每日班前讲话后，对工人身体状态、防护用品穿戴、现场作业环境等进行例行检查，发现问题及时处理。

④维护保养：做好安全防护设施、安全防护用品、起重设备机具等的日常维护保养，发现损坏或缺失，及时修复或更换。

6）质量标准

钢梁悬臂拼装施工梁段定位允许偏差见表 4 的规定。

钢梁悬臂拼装施工梁段定位允许偏差 表 4

序号	检查项目	规定值（mm）
1	轴线偏差	$\pm L/20000$
2	高程偏差	$\pm L/10000$
3	对称点相对高差	$\pm L/50000$
4	梁顶四角高差	± 10
5	相邻梁段对接错边	$\leqslant 2$

注：1. L 为跨径，单位为 m。
2. 对称点为对称悬拼时与对称轴距离相等的断面上的特征点。

焊缝无损检测应符合表 5 的规定。

环口焊缝无损检验质量等级及检测范围 表 5

焊缝名称	质量等级	检测方法	检测比例	检测部位	检验标准/等级
梁段间顶板、底板、腹板对接焊缝	I级	超声波	100%	焊缝全长	GB/T 11345—2023 B 级
	I级	X 射线	100%	顶板十字交叉焊缝	以十字交叉点为中心检测每个十字接头处纵、横各 250～300mm	GB/T 3323.1—2019 B 级
			30%	底板十字交叉焊缝	以十字交叉点为中心检测每个十字接头处纵、横各 250～300mm	GB/T 3323.1—2019 B 级
板肋嵌补件对接	II级	超声波	100%	焊缝全长	GB/T 11345—2023 B 级

续上表

焊缝名称	质量等级	检测方法	检测比例	检测部位	检验标准/等级
U 肋嵌补段对接焊缝	II级	磁粉	100%	焊缝全长	GB/T 26951—2011
U 肋、板肋嵌补段角焊缝	II级	磁粉	100%	焊缝全长	GB/T 26951—2011

注：检测比例指探伤接头数量与全部接头数量之比。

涂装质量应符合表6的规定。

涂装质量检验要求表 表6

序号	项目	质量要求	检验仪器和方法	参照标准	取样原则及判断准则
1	干膜厚度	按各道涂层设计要求	磁性测厚仪测厚	GB/T 4956—2003	每 10m² 测 3～5 个点，每个点附近测 3 次，取平均值，每个点的量测值如小于设计值则加涂一层涂料。每涂完一层后，必须检测干膜总厚度
2	油漆层附着力	0、1 级	划格法测试	GB/T 9286—2021	按工艺规定频率检查
3	油漆涂层外观	目测：漆膜连续、平整、颜色与色卡一致，漆膜不得有流挂、针孔、气泡、裂纹等表面缺陷，否则应进行缺陷处理，直至合格			全面

7）验收要求

钢梁环口焊接各阶段的验收要求见表7。

挖孔桩施工各阶段检查要求表 表7

序号	验收项目	验收时点	验收内容	验收人员
1	钢梁拼装	拼装完成后	详见表4	项目测量、技术人员，班组长及技术员
2	钢梁焊接	焊接完成后	详见表5	项目试验、技术人员，班组长及技术员
3	钢梁涂装	涂装完成后	详见表6	项目试验、技术人员，班组长及技术员

8）应急处置

（1）处置原则

施工过程中一旦发生险情或事故，应停止作业，切勿慌乱，切忌盲目施救，在保证自身安全的情况下按照处置措施要求科学开展施救，并及时向项目管理人员×××报告相关情况。

（2）处置措施

触电事故：立即切断电源，若无法及时断开电源，可用干木棒、皮带、橡胶制品等绝缘物品挑开触电者接触的带电物，之后解开妨碍触电者呼吸的紧身衣服，检查口腔，清理口腔黏液并立即就地抢救，如呼吸停止，应采用人工呼吸法抢救；如心脏停止跳动，应采用胸外心脏按压法抢救。

火灾：当发现初起火灾时，应就近找到灭火器对准火苗根部灭火；当火灾难以扑灭时，应及时通知周边人员捂住口鼻迅速撤离。

其他事故：当发生高处坠落、起重伤害、机械伤害等事故后，应立即采取措施切断或隔断危险源，疏散现场无关人员，后对伤者进行包扎等急救，向项目部报告后原地等待救援。

38 猫道施工安全技术交底

交底等级	三级交底	交底编号	III-038
单位工程	×××大桥	分部工程	上部结构
交底名称	猫道施工	交底日期	年　月　日
交底人	分部分项工程主管工程师（签字）	审核人	工程部长（签字）
批准人	总工程师（签字）	确认人	专职安全管理人员（签字）
		被交底人	班组长及全部作业人员（签字，可附签字表）

1）施工任务

×××大桥上部结构主缆猫道采用三跨连续式布置，由猫道面层、栏杆、猫道门架、横向天桥、猫道索锚固及转向装置、变位刚架、工作平台等组成。采用无人机牵引先导索过江，再逐步牵引架设猫道承重索，最后安装猫道面网、扶手索、门架的方式，猫道结构设计图详见附件《×××大桥上部结构主缆猫道结构设计图》。

2）工艺流程

施工准备→先导索过河→猫道承重索安装→门架支撑索安装→线形调整→变位刚架安装→猫道面网安装→门架安装→猫道检查、验收→主缆架设→猫道改吊（索夹吊索安装＋钢梁安装）→猫道拆除。

3）作业要点

（1）施工准备

在索塔和锚碇施工过程中，注意将猫道结构和相应施工平台、施工机具等的预埋件按要求进行施工。主索鞍、散索鞍等的格栅和鞍座安装后，做好施工猫道结构的施工准备工作。架设机具准备、两侧锚后卷扬机及塔顶卷扬机。

（2）先导索过河

采用无人机牵引 3mm 先导索由北塔飞至南塔渡江，由南岸向北岸（假定的方向）单向依次牵拉：ϕ3mm 牵引索→ϕ3.5mm 杜邦丝→ϕ6mm 杜邦丝→ϕ12mm 杜邦丝→ϕ16mm 杜邦丝→ϕ16mm 钢丝绳至北岸。

利用 16mm 钢丝绳继续将北岸塔顶卷扬机的 2 号牵引索 24mm 钢丝绳从北岸塔顶牵引至南岸塔顶。将北岸牵引至南岸的 24mm 钢丝绳，与南岸塔顶卷扬机 1 号牵引索 24mm 钢丝绳连接。利用 1 号牵引索的 24mm 钢丝绳将南岸 32mm 钢丝绳牵引至北岸塔顶，提高至门架顶加固作为牵引承重索。利用两岸连通的牵引索 24mm 钢丝绳安装拽拉器，形成猫道架设单线往复循环牵引系统，开始牵引猫道承重索及其他索股。

（3）猫道承重索安装

南岸边跨承重索架设采用拽拉器自由拽拉法架设。将ϕ48mm的猫道重索索盘放置于南岸锚碇后方的放索架上，用汽车吊将锚头从放索架拉至散索鞍门架附近，与牵引系统拽拉器连接，完成后同步启动牵引卷扬机，将猫道承重绳牵引至南岸塔顶。继续牵引猫道承重索，跨越南岸塔顶后向北岸塔顶方向前行。当承重索牵出约50m后，会与第一个托架相遇，此时托架给承重索提供一个支撑，减小卷扬机牵引力并控制承重索垂度，继续牵引至北岸塔顶。

北岸边跨承重索架设采用自由拽拉法架设，待承重索锚头到达锚碇前锚固处后，将其与猫道型钢锚固系统锚固。此时南岸放索架承重绳已全部放出，利用汽车吊＋锚碇门架卷扬机将南岸尾绳吊至散索鞍支墩型钢锚固系统处临时锚固，完成猫道承重绳的初步架设。由两岸塔顶卷扬机将猫道承重索提升并横移至塔顶转索鞍中，并进行垂度调整，线形调整到位后，南岸进行锚头与型钢锚固系统连接。即完成一根猫道承重索的架设。利用同样的方法架设其他的猫道承重索，直至全部架设完成。

（4）门架支撑索安装

门架支承索与承重索竖向距离保持一致，除考虑拽拉器通过外，还考虑施工人员具有足够的操作空间，猫道门架支承索采用4根ϕ48mm钢丝绳，与承重索之间竖向距离为6.5m。扶手索采用上下两根钢丝绳，上扶手索为ϕ24mm钢丝绳，下扶手索为ϕ16mm钢丝绳，侧网采用高1.4m钢丝直径为ϕ5mm大方眼钢丝网（100mm×70mm）。

（5）线性调整

猫道索横移就位后，对其高程进行测量和调整。

初调利用塔、散索鞍墩顶门架上卷扬机提升托架内猫道承重索的垂度，直至猫道承重索锚头能分别与两岸锚碇前锚面锚固装置拉杆相连接。

精调调整顺序为先中跨后边跨。首先进行中跨猫道索调整，全站仪测量中跨跨中点垂度及中跨跨径，并测量温度，计算出实际需要的调整量（计入变位梁及下压装置对垂度的影响），利用塔顶卷扬机及散索鞍基础的猫道锚固端线形调整拉杆和穿心式千斤顶进行调整，直至满足要求，在塔顶转索鞍处做好标记。边跨调整通过散索鞍基础的猫道锚固端线形调整拉杆和穿心式千斤顶进行，调整时临时锚固中跨承重索，调整方法同中跨。猫道承重绳高程调整允许偏差控制在30mm以内，使6根猫道承重绳高程基本一致，保证猫道面层和横向通道的下滑工作。

（6）变位刚架安装

根据猫道设计图纸，在两岸塔顶中跨及边跨侧均需安装变位刚架，对猫道承重索进行变位，以达到猫道的设计宽度。在钢结构加工场内将变位刚架预拼好，并将限位钢块焊接在下部桁架片上。猫道承重索调整完成后，采用塔式起重机将变位刚架下部桁架片至塔顶设计位置猫道承重索下方，采用塔顶卷扬机进行临时固定。用手拉葫芦对称调整相应的猫道承重索至相应变位钢板处。

采用塔式起重机将变位刚架上部桁架片吊至塔顶，用手拉葫芦和卷扬机位置，并于下部桁架片通过螺栓连接。解除卷扬机临时固定索，塔顶中跨变位刚架距离混凝土边约5m，塔顶边跨侧变位刚架距离格栅反力架约5m。

（7）猫道面层

猫道面层和横向天桥架设采用滑移法铺设，分别自塔顶两侧向跨中、边跨方向铺设。猫道面层由粗细面层钢丝网、防滑木条、角钢、槽钢及紧固"U"形卡组成。预先在地面上把底层和上层钢丝网及防滑木条用铁丝绑扎好。底层网的单元块为 4m×2m；上层网的单元块为 4m×2m；防滑木条间距为 50cm；一个标准的猫道面层单元块由一个底层单元块、一个上层单元块 6 根防滑木条组成，在地面将组成猫道面层的各种材料按设计位置绑扎好。

用塔式起重机将面层吊至塔顶变位刚架上的面层临时存放并人工拼接滑移，塔顶工作平台上安排工人进行 U 形螺栓安装。铺设时在两岸主塔跨中侧前端增设一道有滚轮装置的型钢配重横梁（一侧可采用横向通道），在自重下滑力作用下带动面网下滑。为防止面网下滑速度太快，在塔顶门架上布设反拉卷扬机，反拉卷扬机钢绳依次连接在面层网型钢上，控制整个面层下滑速度，用 U 形螺栓将面网与型钢卡在猫道承重索上，螺栓不宜过紧，以确保面层能在承重索上自由滑动。

横向天桥在两岸承台处拼装，利用主塔两侧塔式起重机提升安装，随面网一同往两侧滑移。横通道每隔约 150m 安装一道。中跨当面网下滑至坡度平缓地段，利用自重不能下滑时，可利用拽拉器牵引猫道面网，连接点可设置在门架底梁或配重梁上，直至跨中合龙。猫道面层下滑铺设时，可同时装上栏杆、扶手索、踢脚索、侧面网等，其中栏杆和侧面网均向内侧倒放，同面层一起下滑。面网铺装到跨中对接处后，从塔顶往下紧固 U 形螺栓，固定面层。并将栏杆立柱扶正，拧紧大横梁端部的螺栓，初步形成可行走的一段猫道。面层紧固完成后，用 U 形螺栓把扶手索、踢脚索与扶手栏杆相连接，施工顺序从主跨跨中分别往两岸塔顶进行，跨越塔顶后继续向两岸锚碇安装。最后上翻猫道侧网与扶手索及踢脚索连接固定。

（8）门架安装

面层及横向天桥铺设完成后，回收托架承重索，在面层上每隔 8m 设置一个托辊，用于 $\phi48$ 门架支撑索以及后续主缆索股架设施工，在两岸塔顶处应加密托辊数量，保证门架承重索在塔顶的转弯半径，以免支承索受损。托辊安装完成后，将门架支撑索安放在锚碇处放索架内，利用牵引绳，将门架支撑索从南岸锚碇往北岸锚碇牵引，当门架支撑索两端均锚固在两岸锚碇前锚面时，在塔顶处上提门架支撑索并安装至塔顶门架支撑索槽内，用同样的方式完成另一根门架支撑索架设。

门架支撑索架设完成后，在两岸索塔处，利用塔式起重机将猫道门架吊至塔顶，悬挂在两根门架承重绳上，由塔顶分别向跨中与边跨下放。门架安装到位后，每个门架两侧门架支撑索上设置 4 个 48 绳卡，防止门架在后续主缆索股牵引过程中前后摆动。

（9）猫道改吊

猫道改吊在索夹安装完毕后钢箱梁吊装之前进行。在钢箱梁的吊装过程中，随着钢箱梁荷载加入，主缆跨中的中点要下降，边跨主缆的中点要上升，主缆的线形随着钢箱梁吊装不断地变化。为了使猫道线形适应主缆线形变化，需进行猫道改吊施工，即将猫道每隔一定间距悬挂于主缆之上，使其保持与主缆线形一致，并在吊装过程放松猫道锚固系统调整装置，控制猫道与主缆间距离相对不变，满足高空作业需要。

猫道改吊是在猫道上每隔约 9m 有猫道横梁型钢的地方，用一道 $\phi226×37S+IWR$ 1870MPa 强度钢绳悬挂，按图示方法将猫道悬挂于主缆上。钢丝绳不能直接与主缆接触，需用 $\phi22$ 钢丝绳套住猫道承重索悬挂于主缆之上（或在主缆上包裹布料保护），猫道的稳定通过主缆来实现。

猫道悬挂的顺序为：中跨由跨中开始，同时向两岸塔顶方向进行，边跨由中点开始，同时往塔顶和锚碇方向进行。猫道改吊过程中，放松猫道锚固系统两端连接拉杆，并将猫道由两岸边跨向中跨滑移。对塔顶两端、锚碇前端因猫道索滑移影响的猫道面缺失或重叠部分，做好修补或拆除工作，解除猫道承重索及扶手索与塔顶临时固定连接，便于猫道在改吊和钢桁梁吊装过程中滑移平衡。

（10）猫道拆除

猫道拆除是在主缆缠丝防护、除湿系统安装和试运行、索夹螺栓最后一次紧固等工作全部完成后进行的。猫道拆除的工作内容包括：拆除猫道改吊绳；侧网、扶手索、猫道面网、横梁等结构物拆除；猫道承重索拆除；锚固预埋件、猫道工作平台及其预埋件等拆除。

①施工准备

猫道拆除前清理猫道面层上的材料、工具等小型物件及钢桥面上的障碍物，转移临时停放的设备、材料，保证场地通畅。提前布置牵引设备，检查牵引设备和吊具等的安全性，特别是卷扬机的制动装置和滚筒等部位。安排专人检查施工用电线路是否工作正常，发现隐患及时整改，确保猫道拆除过程中施工用电的连续供应。

②门架支承索拆除

利用北岸锚固段处卷扬机反拉门架支承索，南岸锚固段门架卷扬机进行牵引，直接将门架支承索在南岸箱梁上堆存；门架支承索通过北主塔后，改用北主塔塔顶卷扬机反拉门架支承索，南岸锚固段门架卷扬机继续进行牵引；门架支承索通过南主塔后，改用南主塔塔顶卷扬机反拉门架支承索，南岸锚固段门架卷扬机继续进行牵引，直到门架支承索全部拆除。

③猫道改吊绳拆除

猫道改吊绳按照先边跨、后中跨的顺序进行拆除。边跨侧为避免由于改吊绳拆除导致猫道急速下垂，应利用单门滑车和卷扬机辅助改吊绳拆除，使猫道顺利达到自然下垂状态。

a. 边跨猫道改吊绳拆除

将18台单门滑车分别悬挂于边跨跨中及1/4处主缆上，每处6台单门滑车，再用吊钩连接猫道，钢丝绳绕过18台单门滑车，一端连接南岸（北岸）锚固段门架处卷扬机，另一端连接主塔门架处卷扬机。先利用卷扬机收紧钢丝绳，使改吊绳不再处于受力状态，后拆除猫道改吊绳，再慢慢放松钢丝绳直到猫道处于自然下垂状态。

b. 中跨猫道改吊绳拆除

中跨猫道改吊绳拆除从跨中往主塔方向进行拆除，在改吊绳处，利用10t手拉葫芦拉紧猫道，使猫道改吊绳不再处于受力状态后进行拆除。

④猫道侧网、面层、扶手索、踢脚索拆除

a. 猫道侧网拆除

猫道侧网按照先边跨、后中跨进行拆除。边跨侧网由塔顶位置向边跨方向逐片拆除；中跨侧网由塔顶位置向中跨跨中方向逐片拆除。人工拆除侧网与面层、相邻侧网和扶手索间的铁丝连接，将侧网移动平放至同节段猫道面层上，并采取临时固定；侧网临时固定于猫道面层后，随猫道面层一同下放拆除。

b. 猫道面层拆除

猫道面层，按照先边跨、后中跨的顺序进行拆除。边跨侧由塔顶位置向边跨方向逐片拆除；中跨侧由塔顶位置向中跨跨中方向逐片拆除。猫道面层拆除采用下放法，拆除前所有作业人员系安全带，并系挂于扶手索上；塔式起重机覆盖范围内，直接利用塔式起重机下放拆除；塔式起重机覆盖范围外，在靠主缆内侧扶手索布置10t单门滑车，利用吊绳一端连接面层及搁置于面层上的侧网，另一端连接钢箱梁桥面，将其下放至桥面堆存；猫道面层及侧网及时集中堆存，并转运至材料存放点。

c.扶手索拆、踢脚索拆除

待猫道侧网拆除完成后，用南（北）岸散索鞍门架卷扬机反拉扶手索（踢脚索），放松卷扬机，使扶手索（踢脚索）呈自由状态。将扶手索（踢脚索）横移至猫道外钢梁上方，在钢箱梁跨中设置卷扬机、塔顶卷扬机配合，将扶手索（踢脚索）直接放置于钢箱梁上。

⑤猫道承重索拆除

因吊索和钢箱梁已安装，猫道承重索拆除分为主缆内侧和主缆外侧两部分进行，内、外两侧猫道索均由内向外顺序拆除。主缆内侧猫道2号、4号、6号承重索直接下放至主缆内侧桥面上拆除，直接下放拆除方法为：利用塔顶门架处卷扬机反拉猫道承重索，拆除承重索与调节系统轴销，放松卷扬机，将猫道承重索下放至桥面；主缆外侧1号、3号、5号猫道承重索先在塔顶处布置转向轮，后利用塔顶卷扬机和手拉葫芦收紧并提升承重索直到高于检修道；通过横移跨过检修道，将主缆外侧1号、3号、5号猫道承重索移动至主缆内侧后，直接下放拆除。

4）安全风险及危害

猫道安拆及使用过程中存在的安全风险见表1。

猫道施工安全风险识别表　　　　　　　　　　表1

序号	安全风险	施工过程	致险因子	风险等级	产生危害
1	失稳坍塌	猫道安装、拆除	（1）未按报批的方案、施工组织设计、工法施工； （2）无专项方案架设、拆除，不合格； （3）任意拆除猫道杆件部件	I	猫道上方作业人员群死群伤
		猫道使用	（1）猫道上材料工具码放超重； （2）违章指挥/违规操作	II	
2	高处坠落	猫道安装、拆除	（1）作业人员未穿戴防滑鞋、未系挂安全带； （2）安装、拆卸过程中操作不当导致物体掉落或部分脱落； （3）未挂设安全平网	III	猫道上方作业人员死亡或重伤
		猫道使用	（1）预埋件安装质量不到位，导致安装困难或安装质量不满足要求，造成锚固支架掉落的安全隐患； （2）栏杆等临边围挡设施不够牢固，造成人员及围护设施的掉落； （3）不当操作产生的碰撞和闪失等； （4）未系安全带；	III	
3	物体打击	猫道安装、拆除	猫道及牵引系统架设工程中，支撑、架体、钢丝绳掉落伤人	IV	猫道下方人员死亡或重伤
		猫道使用	（1）人为乱扔废物、杂物伤人； （2）设备带病运转伤人； （3）设备运转中违章操作； （4）安全水平兜网、脚手架上堆放的杂物未经清理，经扰动后发生落体伤人	IV	
4	起重伤害	吊运物料	（1）钢丝绳有缺陷、超载超重； （2）安全保护、自锁装置损坏、失灵； （3）下放设备有故障或失修； （4）违章指挥/违规操作； （5）设备设施缺陷：起重机械强度、刚度不够，失稳，吊钩、钢丝绳、制动器等关键零部件失修；	III	起重作业人员及受其影响人员死亡或重伤

续上表

序号	安全风险	施工过程	致险因子	风险等级	产生危害
4	起重伤害	吊运物料	（6）安全防护装置失效：电气联锁装置、各限位装置、音响信号及其他安全防护装置损坏； （7）吊索具缺陷：吊具，钢丝绳，索具破损； （8）违章作业伤害； （9）操作失误：疲劳驾驶，注意力不集中，捆绑不牢靠等； （10）吊装作业生产组织混乱：指挥错误，吊装方案不安全，配合不当等； （11）作业场地拥挤：无安全通道，物品摆放超高等	III	起重作业人员及受其影响人员死亡或重伤
5	机械伤害	猫道安装、拆除	（1）操作人员不正当操作，气割、焊机导致受伤； （2）千斤顶质量不合格或者操作不当引起的意外伤害； （3）操作人员未培训上岗； （4）对设备未进行定期检查	IV	猫道上方人员死亡或重伤

5）安全风险防控措施

（1）防控措施

为防范以上安全风险，需严格落实各项风险防控措施，详见表2。

猫道施工安全风险防控措施表　　　　表2

序号	安全风险	措施类型	防控措施	备注
1	失稳坍塌	安全防护	（1）严格执行设计、规程及验标要求，进行锚固系统预理及猫道牵引安装； （2）严格执行规程要求进行猫道拆除作业，保证猫道面网、扶手索、改吊绳等在拆除至该段面层时拆除； （3）猫道上材料工具禁止堆码多/超重； （4）严禁任意拆除支架杆件部件； （5）安排合格的指挥工和操作工，严禁违章指挥/违规操作； （6）猫道及牵引系统施工过程中由专职安全员按照猫道平台、临边防护进行检验	
		管理措施	（1）按要求报批方案、施工组织设计、工法施工； （2）制订科学合理的专项方案，架设及拆除按照顺序进行施工	
2	高处坠落	安全防护	（1）做好临边防护及安全网的设置； （2）在现场高空施工必须有操作架，操作架上必须铺设跳板，绑好防护栏杆及踢脚板。在极特殊情况下，难以搭设防护架时操作人员需挂好安全带。操作人员必须挂好、系好安全带； （3）外围临边施工要特别引起重视，操作架、安全网（水平及竖向）等必须符合安全规范及有关规定的要求，严防高空坠落； （4）严禁上下同时交叉作业，严防高空坠物； （5）经常检查猫道及牵引系统支撑及平台连接是否松动，发现问题及时组织处理； （6）人员上下猫道时必须通过安全爬梯，不得在具有危险性的地方随意经过	
		管理措施	（1）为工人配发合格的安全带、安全帽等劳保用品，进行正确穿戴使用的培训； （2）做好安全防护设施的日常检查维护，发现损坏及时修复	
3	物体打击	安全防护	（1）架设及拆除作业时应设置危险区域并进行围挡，负责警戒人员应时刻在岗，非作业人员严禁入内； （2）高处作业时严禁向下扔工具和材料，平台上及脚手板上的材料必须绑扎牢固； （3）在同一垂直面上上下交叉作业施工时，必须设置安全隔离层，并保证防砸措施有效； （4）用起重设备吊运重物时，平台上堆放材料要均匀分布； （5）施工现场所有可能导致物件坠落的洞口，须采取密封措施	

序号	安全风险	措施类型	防控措施	备注
3	物体打击	管理措施	（1）操作人员应进行安全培训，进入施工现场不得违章操作； （2）现场施工所采用的索具、索绳等应符合安全规范的技术要求； （3）在猫道下方增设落物安全影响区，猫道下方6m范围内设置警戒标志和围栏	
4	起重伤害	安全防护	（1）起重机工作结束后，臂杆、吊钩应置于规定方位，各控制操作杆拨回零位。轨道式起重机固定制动装置，切断电源； （2）起重机械的制动装置、限位装置、安全防护装置、信号装置应齐全灵活，不得使用极限位置的限制器停车； （3）不得在有载荷的情况下调整起升、变幅机构的制动器； （4）不得将被吊物件从人的上空通过，吊臂下不得有人； （5）不得在起重设备工作时进行检查和维修作业； （6）不得未经试吊便起吊与设备额定载荷接近的重物	
		管理措施	（1）做好起重设备及特种作业人员的进场验收管理，保证设备性能、人员技能满足要求，设备及人员证件齐全有效； （2）做好钢丝绳或吊带、卡扣、吊钩、对讲机等日常检查维护，确保使用性能满足要求； （3）吊装作业专人指挥，严格执行"十不吊"； （4）加强对起重系统的安全监测，由塔式起重机设备厂家技术员每天对起重设备的各项参数进行详细检查，并且在拆除过程中进行检查，发现险情等征兆时采取应急措施； （5）起重机械、起重索具，严禁超负荷使用	
5	机械伤害	安全防护	对设备进行定期检查，合格才能使用	
		管理措施	操作人员培训后上岗	

（2）工作纪律

除落实以上安全风险防控措施外，还应严格遵守以下工作纪律。

①防护用品：作业人员正确佩戴使用安全帽、安全带，穿戴防滑鞋及紧口工作服。

②班前讲话：每日上工前，由班组长开展班前讲话，将当日作业内容、存在的安全风险及危害、防范措施、作业要点等告知全部作业人员。

③工前检查：每日班前讲话后，对工人身体状态、防护用品穿戴、现场作业环境等进行例行检查，发现问题及时处理。

④维护保养：做好安全防护设施、安全防护用品、起重设备机具等的日常维护保养，发现损坏或缺失，及时修复或更换。

6）质量标准

猫道施工应达到的质量标准及检验方法见表3。

猫道施工质量检查验收表　　　　表3

序号	检查项目		检验标准或允许偏差	检查方法
1	材料检验	原材料	符合设计及规范要求	查看出厂合格证和材质报告
2		加工件及半成品	符合设计图与验算资料要求、进场验收	查资料
3	安装验收	猫道安装	符合设计图与施工方案要求	对照查看
4		使用验收、日常检查记录	安装完成后，使用前组织进行系统验收。定期检查记录	现场检查

序号	检查项目		检验标准或允许偏差	检查方法
5	主索连接资料	主索	各根主索安装垂度应调整一致，同一位置处于同一水平面上	现场检查
6		连接绳卡	绳卡数量、安装方向、间距符合规范要求。紧固，油漆标识（滑移状态标识），无失效、漏缺、滑移等异常情况	现场检查
7		连接销子	连接销子及防脱销安装正确、无遗漏	现场检查
8		连接螺栓	安装正确，紧固	现场检查
9	锚固系统	锚碇	预应力锚索锚、重力式锚均应稳定。无异常变形、位移、预应力失效的情况	现场检查及施工照片
10		锚梁	锚梁（钢架）无异常变形、焊缝开裂。箍绳处锚梁上应设置半弧板及限位板	现场检查
11	面板	面板组成、安装	采用钢板网满铺，下设横向分配梁（扶手立杆）与主索有效连接。工作垂度较大时钢板网上应铺设木质防滑板并绑扎牢固。侧向防护网满铺到底，设置高度为140～160cm	查方案及现场检查
12	施工用电		符合临时用电相关标准。穿管布设，严禁与猫道系统擦挂漏电发生碰火	现场检查及施工照片

7）验收要求

猫道施工各阶段验收要求见表4。

猫道施工各阶段验收要求表　　　　　　　　　　　　　　表4

序号	验收项目	验收时点	验收内容	验收人员
1	猫道安装前		（1）专项施工方案，猫道系统结构、构件和附属设施计算书按规定进行审核、审批并组织专家论证；专项施工方案实施前，进行安全技术交底； （2）猫道系统所用的各类钢丝绳或构配件质量合格证、材质证明齐全，符合方案设计和有关标准的要求； （3）猫道承重索、门架支撑索、牵引索在各工况下的安全系数，任何一项均不小于3.0；猫道线形符合设计规定范围	项目总工、工程部长、主管工程师
2	猫道安装	猫道安装时	（1）猫道系统（含先导索）架设有专项操作指导书，猫道索安装线形满足要求； （2）先导索、猫道承重索、扶手索、支撑索安装过程中无破损、断丝、异常； （3）猫道承重索、门架支撑索、扶手索规格、位置、间距和锚固方式符合方案设计的规定； （4）猫道扶手索、门架支承索转向鞍座按方案设计规定进行设置； （5）塔顶门架、鞍部顶门架、变位刚架、回转支架、平衡重支架的构造符合方案设计的要求，设置牢固； （6）放索场起重机、放索装置及转向滚轮锚固符合方案设计的规定； （7）猫道门架和横向天桥的规格、位置、间距和锚固方式符合方案设计的规定； （8）各类钢丝绳连接或锚固用卡环安装满足方案设计和相关标准的要求或卡环数量、间距通过计算确定； （9）猫道系统安装过程中对主塔塔顶位移进行监测，并形成记录； （10）猫道系统在改吊至主缆的体系转换前，按方案设计的要求进行后锚固系统调整	项目技术、安全人员，班组长及技术员

序号	验收项目	验收时点	验收内容	验收人员
3	猫道安装	猫道安装后	（1）猫道架设完成后，按规定设置锁定装置进行锁定； （2）猫道架设完成后，钢丝绳、销轴、卡环、承重索锚固精轧螺纹钢筋及连接螺母等处于完好状态； （3）猫道架设完成后，在显著位置悬挂猫道安全使用规程； （4）猫道架设完成后，在猫道转索鞍处标记猫道承重索的位置，且每日查看承重索的位移情况	项目技术、安全人员，班组长及技术员

8）应急处置

（1）处置原则

施工过程中一旦发生险情或事故，应停止作业，切勿慌乱，切忌盲目施救，在保证自身安全的情况下按照处置措施要求科学开展施救，并及时向项目管理人员×××报告相关情况。

（2）处置措施

失稳坍塌：当出现失稳坍塌征兆时，发现者应立即通知影响作业区域人员撤离现场，并及时报告项目部进行后期处置。

触电事故：立即切断电源，若无法及时断开电源，可用干木棒、皮带、橡胶制品等绝缘物品挑开触电者接触的带电物，之后解开妨碍触电者呼吸的紧身衣服，检查口腔，清理口腔黏液并立即就地抢救，如呼吸停止，应采用人工呼吸法抢救；如心脏停止跳动，应采用胸外心脏按压法抢救。

其他事故：当发生高处坠落、起重伤害、机械伤害等事故后，应立即采取措施切断或隔断危险源，疏散现场无关人员，后对伤者进行包扎等急救，向项目部报告后原地等待救援。

附件：《×××大桥上部结构主缆猫道结构设计图》（略）。

39 主缆施工安全技术交底

交底等级	**三级交底**	交底编号	III-039
单位工程	×××大桥	分部工程	上部结构
交底名称	**主缆施工**	交底日期	年　月　日
交底人	分部分项工程主管工程师（签字）	审核人	工程部长（签字）
批准人	总工程师（签字）	确认人	专职安全管理人员（签字）
		被交底人	班组长及全部作业人员（签字，可附签字表）

1）施工任务

×××大桥上部结构主缆采用预制平行钢丝索股结构（PPWS），每根主缆由×××股索股组成，索股平均长度约×××m。采用事先架设猫道，在猫道上完成如索股牵引、调股、整形、入鞍、紧缆、索夹及吊索安装、再缠丝防护的施工方式，主缆通长索股示意如图1所示，主缆结构设计图详见附件《×××大桥上部结构主缆结构设计图》。

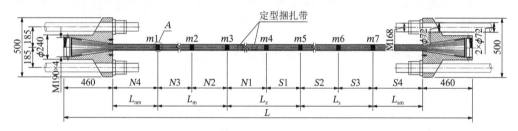

图1　主缆通长索股示意图（尺寸单位：mm）

2）工艺流程

施工准备→基准索股牵引架设施工→基准索股横移、整形入鞍施工→基准索股的垂度调整、观察及线性判断→一般索股架设直至架设完毕→锚跨张力调整及索股锚固区固定→紧缆施工→主缆缠丝防护。

3）作业要点

（1）施工准备

①猫道及主缆牵引系统安装

待两岸主索鞍、散索鞍、主塔塔顶门架、散索鞍支墩门架、门架导轮组、塔顶及散索鞍支墩平台、南、北（假定的方向）锚碇牵引卷扬机安装就位后，便可开始进行猫道架设施工。在猫道架设完毕，锚块工作面移交后，利用单线往复式牵引系统在猫道托滚上牵引第三根牵引索，将南北锚碇牵引卷扬机移至北锚锚后，利用两个拽拉器连接三根牵引索，并将牵引索置入门架导轮，形成双线往复式牵引系统。猫道架设完毕、牵引系统形成后，便可以正式开始进行主缆索股架设。

②主塔塔顶偏位、温度及猫道的观测

测量塔柱偏位，主、散索鞍理论顶点的里程、高程，并结合主缆索股的弹性模量、温度等进行空缆状态下主缆线形的计算，并据此指导主缆索股架设施工。

（2）基准索股牵引架设施工

利用存索区履带式起重机将基准索股索盘安装在放索机构上，牵出索股前锚头吊挂在拽拉器上，检查拽拉器的倾斜状况，如有必要可用平衡重进行调整；启动南北两岸牵引卷扬机进行索股牵拉作业，牵引索采用直径约为 36mm 的钢绳，索股牵引速度一般约为 24m/min、过锚跨段、散索鞍门架大导轮组及塔顶大导轮组时的速度减至约 8m/min，以及过猫道门架导轮组时的速度减至约 16m/min。索股牵引过程中从上猫道起，每隔 100m 使用鱼雷夹夹住索股，安排专人握紧鱼雷夹手柄，随索股移动，以免索股发生扭转。沿线派人负责看护主缆索股是否在滚轮中移动，若发现索股有扭转（通过索股的着色基准丝观察）、磨损、缠包带断裂、鼓丝等现象，及时进行纠正或处理。

当索股前锚头到达对岸隧道锚散索鞍门架处时与拽拉器解除连接，利用锚洞内的简易牵引系统将前锚头牵拉入洞至前锚面处；后锚头采用在重力锚施工时安装的塔式起重机将锚跨段索股及后锚头从重力锚锚室上方滑轮组上提起后缓慢放入锚室内，利用锚室内人工及简易机械牵拉至前锚面处。至此完成了基准索股的牵拉作业。当索股两端均放入锚洞内前锚面处，利用手拉葫芦配合，将索股两端的锚头通过拉杆与索股对应位置的锚固系统进行临时锚固，临时锚固时索股锚头引入的长度不要过量，不然会使散索鞍部位的索股拉力加大，增加索股整形难度。

（3）基准索股横移、整形入鞍施工

当基准索股牵引到位后，利用散索鞍门架上的卷扬机和塔顶门架上的卷扬机进行基准索股的提升横移、整形入鞍作业。

①基准索股的提升横移

将握索器安装在主缆索股上，并分别拧紧握索器上的紧固螺栓，确保主缆索股与握索器不产生相对滑移；塔顶门架、散索鞍门架上的卷扬机的钢丝绳将动、定滑车绕成滑车组后与握索器相连，组成提升系统；待全部提升系统安装完毕后，启动各提升卷扬机，将整条索股提离猫道面滚筒。通常牵引系统位于主缆内侧 lm 处，门架上的卷扬机位于主缆上方，在提升系统将索股缓慢提离猫道面滚筒的过程中，索股亦自动横移至主缆上方。

②基准索股的整形入鞍

基准索股被提升横移之后，索鞍处两握索器之间的索股成为无应力状态，在距离索鞍前后约 3m 处的索股上分别安装六边形夹具，解除两夹具间索股的缠包带，然后在距离六边形夹具 1m 的地方开始整形；由于索鞍的鞍槽为矩形，主缆索股是六边形，故索股在放进鞍槽之前必须整形，即将六边形断面整形为矩形断面。

索股整形在主索鞍处从边跨向中跨方向进行，在散索鞍处由锚跨向边跨方向进行。整形利用钢片梳进行梳理，用专用矩形工具整理成规则矩形断面后，用专用四边形夹具夹紧；整形过程中用木锤敲打索股，并边整形边入槽，入槽段立即用木楔打紧。

（4）基准索股的垂度调整、观察及线形判断

基准索的测量与调整，是悬索桥主缆架设中最关键的一环。受塔柱压缩、偏位及温度等

因素影响，基线索股的安装线形与主缆的空缆线形将有一定差别，需对各因素进行同步监测。基准索股是每根主缆架设的第一根索股，它的线形按绝对垂度控制。基准索股的线形实际上就是以后主缆的空缆线形，因为其他索股线形是根据基准索股线形而进行相对控制的。故基准索股的架设、量测和调整应具有较高精度，精心的组织施工和有效的监测控制是满足设计要求的重要环节。

由于跨度大温度的变化对索股的线形有较大影响，测量时，先进行环境温度、索股温度、塔顶高程及主塔偏位测量，确保在环境温度及索温基本恒定的情况下进行测量，并记录测量时的索温、塔顶高程及主塔偏位，作为测量结果与计算结果对比时的修正参数。为给现场架设调整索股提供参考值，在工厂制作索股时，标记 7 个标记点：北散索鞍竖弯起点 M1、北边跨跨中 M2、北塔主索鞍 M3、中跨跨中 M4、南塔主索鞍 M5、南边跨跨中 M6、南散索鞍竖弯起点 M7。标记位置采用颜色反差明显的油漆作标志，两种油漆的分界线就是标记点的位置。在索股断面右上角设主基准丝，左下角设辅助基准丝，其长度精度不低于 $L/15000$；成品索股长度精度 $L/12000$ 以上，如图 2 所示。

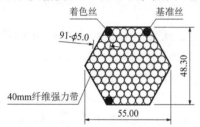

图 2　基准索股的基准丝和着色丝断面图
（尺寸单位：mm）

①主缆基准索股垂度调整的基本方法

先将索股上的南岸主索鞍标记点与南岸主塔主索鞍上相应的参考点对位并用木楔打紧固定，接着调整索股在北岸主塔主索鞍中的位置，使索股相对设计位置有一定的向上抬高量，中跨 200mm，边跨 100mm，现场实际施工时如需调整，以现场再次调整交底内容为准，符合要求后固定，再调整两边跨索股的垂度，达到要求后在散索鞍中固定，最后调整两边锚跨，锚跨索股采用穿心式千斤顶调整其张力至符合监控单位的要求在两岸锚碇处收紧索股。索股调整的顺序为：中跨垂度调整好后，再进行两边跨垂度调整，最后将两锚跨拉力调至空缆时的设计值。

②基准索股垂度调整流程

首先由测量组测出中跨跨中垂度值，温度测试组测出索股各断面温度，提交监控组；监控组根据测量结果计算出索鞍处的调整量；第一次调整完成后，再由测量组和温度组测量调整后的垂度、温度，若没有达到要求，则再次调整。索股垂度测量方法：利用桥址附近的施工平面和高程控制网，全站仪置于观测控制点上。2 台全站仪在两岸从不同方向对同一点进行三角高程测量和极坐标测量，获取测点的三维大地坐标，并通过坐标变换求出控制点的施工设计位置坐标。反光棱镜固定于自制的索股夹具两端上。数据处理时考虑大气折光系数改正和地球曲率改正。

③基准索绝对垂度测量监测方法

采用双测站单向三角高程测量法测量。两台全站仪分别架设在南北岸的局部控制点上，根据索股跨中设计坐标及里程，测设基准索股边跨及中跨跨中控制点，并刻划标志，棱镜分别架设在边跨和中跨的基准索股底面。垂度测量时，先用两岸的全站仪分别观测基准索股中跨跨中的垂度，当两岸观测结果的差值在许可范围内时，取平均值作为采用结果，并与设计值进行比较，依据监控单位提供的垂度调整图表，计算出索股需移动调整的长度，并进行温度修正后得出待调索股在各索鞍处收紧或放松的长度，通过控制索股在鞍槽内的移动量来达到垂度调整的目的。索股在主索鞍鞍槽内的移动利用手拉葫芦牵拉，同时用木榔头敲打索鞍附近的索股，直至中跨的跨中点垂度符合设计要求后，在北岸主塔主索鞍处将索股锚固在鞍槽内。在垂度测定时，除了基准索股的高程以外，还应测定主塔的偏移量，索股的表面温度等数据。中跨跨中点垂度符合要求后，开始调整两边跨跨中垂度，两边跨跨中垂度调整方法同中跨，也采用三角高程法调整，并用悬挂钢尺法测量复核，依据事先计算好的索股垂度与索股放松量的关系图表，并考虑温度修正，计算出最终放松或收紧量，然后进行垂度调整，并通过调整前锚面处锚固拉杆螺母的位置来进行垂度控制，满足设计要求后，在散索鞍鞍槽处将索股固定。边跨垂度调整完成后，重复利用上述方法进行基准索跨中垂度复核测量，确保基准索线形符合设计要求。经过中、边跨垂度调整固定后，最后调整锚跨张力。锚跨张力通过松紧索股锚固拉杆的螺母来进行调整，为了确保索股锚跨张力的精确，利用监控单位的测力装置进行测控，使得锚跨索股张力值符合设计要求。

基准索股调整完毕后，应至少连续观测 3 个晚上，观测索股位置有无变化，保证基准垂度的稳定。相邻两天垂度变化量小于 5mm 即可认为稳定，并将观测数据的算术平均值作为基准索股的最终线形。

（5）一般索股架设直至架设完毕

一般索股的架设、调整方法与基准索股相同，只是测量垂度方法不同。架设一般索股时，以基准索股为参照，按"若即若离"的原则，按相对高差控制。理想状态索股之间无压力、无空隙。但是由于存在施工误差，相邻索股之间有可能会互相挤压，或存在较大的间隙。因此，一般索股架设过程中，应每隔一层或两层，对一般索股和基准索股的绝对高程进行阶段性测量，测量方法与基准索股测量基本相同。

通过阶段性测量，一方面检查索股架设线形的绝对偏差，另一方面还可以检查基准索股的有效性。当实测基准索股与理论值存在较大偏差时，启动第二根或第三根基准索，以替代基准索股作为后期索股架设的依据。测定一般索股垂度为相对测量，用一把自制卡尺即可将该索股与基准股的相对位置测出，然后调至设计位置。

卡尺的上、下水平尺带有水准泡，量测时须保证卡尺水平竖直。上水平尺可沿竖尺上下移动，竖尺带有刻度。若竖尺读数为 h，调整后索股直径为 d_0，待调整索股直径为 d_1，待调整索股是第 n 层索股，则待调整索股需要调整的高差 $\Delta h = h - (n+1)d_0/2 - d_1$。

索股架设阶段，单根索股的空隙率可假定为 22%，索股组成为 91ϕ5mm 预制平行钢丝，则索股直径 $D = \sqrt{n/(1-K)} \times d = \sqrt{91/(1-0.22)} \times 5 = 54$mm。

当索股架设一定数量以后，为便于各索股的排列和保持其形状，每隔一定间距设置一组 V 形保持器，同时在 V 形保持器之间设置主缆竖向保持器，以使主缆各索股按设计断面形状排列。在风速较大时，每隔一定间距用麻绳捆绑，并与猫道、支架连接在一起，防止大风吹动索股相对撞击摆动。

（6）锚跨张力调整及索股锚固区固定

主缆锚跨张力调整分三次进行，第一次为主缆架设完成，第二次为钢梁架设完成，第三次为二期恒载加载完成，每次调整力值由监控单位计算提供书面交底。在每根索股架设完成垂度调整好后，及时进行锚碇索股张力初调整。调整量应根据调整装置中测力计的读数和锚头伸缩量进行双控，同时做好实际拉力与设计标准误差值、初度调整记录。锚跨张力调整采用 2 台专用千斤顶（拉伸器）通过反力架顶推锚头上的螺母，使锚跨索股张力达到设计要求。用千斤顶进行预应力张拉，预应力张拉过程由锚索计进行监控，并在张拉好预应力，千斤顶回油后，记录好锚索计测力值并存档。主缆锚系统固预应力采用预应力钢束形式，由索股锚固连接构造和预应力钢绞线锚固构造组成。索股锚固连接构造通过拉杆与索股锚头相连接。

（7）紧缆施工

悬索桥全部索股的垂度调整结束后，由于索股之间、索股内部都存在空隙，孔隙率过大，主缆断面呈不规则形状，表观直径与设计要求的直径存在差别。为了能够顺利地进行索夹安装及缠丝作业，需要把主缆截面紧固为圆形，并达到设计的空隙率，要求索夹内空隙率18%，索夹外空隙率20%。主缆以近似正六边形从下至上安装，紧缆后为圆形。紧缆施工顺序：先中跨，后边跨，由跨中或锚碇向塔顶进行紧缆。主要分为施工准备、初紧缆、紧缆机安装就位、正式紧缆等几个步骤。主缆正式紧缆使用紧缆机进行施工，紧缆机的行走采用塔顶卷扬机牵引运行或采用本机自带卷扬机牵引运行。

①施工准备

先将猫道上托滚、牵引系统及猫道门架全部拆除，同时对锚跨索股索力进行最后一次全面调试使其符合设计要求，并且仔细检查主缆索股是否有错位现象，主、散索鞍有无移位现象。通过验收合格后，再在主、散索处将主缆索股填好锌块后用拉杆将其紧固压牢，主、散索鞍的紧固拉杆采用液压千斤顶进行调试和紧固。

主缆索股架设完成后，拆除猫道门架，留下门架承重索作为天车支承索。同塔顶门架上的卷扬机、专用起吊跑车组成简易缆索天车。收紧承重绳保证紧缆机的工件高度。天吊滑车设一组牵引，滑车上设两台手拉葫芦，以调节紧缆机的工作高度；在塔顶门架顶部各安装2台卷扬机作为紧缆机的牵引卷扬机。

检查主缆在边跨跨中，中跨1/4、1/2、3/4跨各断面索股排列顺序是否正确。若索股排列正确，即准备进行初紧缆，若有问题则及时调整。初紧缆完成后，两岸紧缆机各部件通过塔式起重机起吊至塔顶，先分两部分安装移动辅助系统，再分三部分安装紧固装置（包括液压系统）。紧缆机在安装前，应对液压系统和机械系统进行检修调试，用主缆直径的标准模子对顶压系统进行对中调试。利用塔顶卷扬机和牵引系统将紧缆机纵移至紧缆点。

②初紧缆施工

初紧缆是把架设完成的主缆六边形初步紧成近似圆形，空隙率控制在28%～30%。检查主缆在边跨跨中，中跨1/4、1/2、3/4跨各断面索股排列是否正确，若有问题及时调整，若索股排列顺序正确，则准备进行初紧缆，如图3所示。

初紧缆在温度比较稳定的夜间进行，主缆内外索股温度基本保持平衡，索股排列整齐有序，拆除主缆索股形状保持器，立即进行初紧缆作业。初紧缆作业使用设备为手拉葫芦及手扳葫芦。具体步骤如下：首先将预紧点6～7m范围内的主缆外层索股绑扎带解除，索股绑扎带要边预紧边拆除，不可一次性拆除。用千斤头配合手动葫芦捆扎主缆（在主缆的外层包一层起保护作用的麻袋或塑料布等其他软质物品），人工收紧主缆，用大木锤沿主缆四周敲打，初步挤成圆形用钢带绑扎，在挤圆时应尽量减少表层索股钢丝的移动量，同时正确地校正索股和钢丝的排列，避免出现绞丝、串丝、和鼓丝现象。同时测量紧缆处主缆的周长，待空隙率控制在30%以内时，用软钢带将主缆捆扎紧，使主缆截面接近为圆形。预紧缆作业顺序采用"二分法"先疏后密的原则进行（以免钢丝的松弛集中一处），首先在主缆边跨跨中，中跨1/4、1/2、3/4跨各断面处预紧，再分别将边跨和中跨主缆各主要断面间采用二分法分为多段，每段长度约为50m；紧缆前测量队用全站仪划分紧缆位置。每段内再采用"二分法"分至5m一小段。最后以间隔5m两端对称同步用钢带绑扎一道，直至主缆表面基本平顺圆滑。

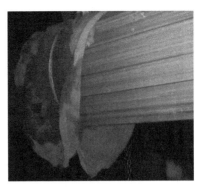

图 3　初紧缆施工

③正式紧缆施工

完成初紧缆后，便开始安装紧缆机，利用紧缆机进行正式紧缆。紧缆机在靠近塔顶处猫道上拼装，利用塔顶卷扬机反牵，在主缆上下滑至跨中。正式紧缆后要求：孔隙率索夹内为18%、索夹外为20%。用主缆紧缆机将主缆截面紧固为圆形，并达到设定的空隙率。每隔1m左右紧固一次。当紧缆机紧固到预紧缆时所捆扎的软钢带的位置时，要将其拆除掉，以免影响紧固效果。

A. 紧缆机安装

为便于紧缆机上缆后一次顺利组装成功，需预先在地面进行试组装。试组装完成后，重新拆卸各总成件并正式上缆组装。具体组装步骤如下：先将紧缆机各总成件运至塔脚处；将紧缆机各构件吊至塔顶中跨侧主缆上临时固定；将紧缆机各构件拼装成整体；将天顶小车与紧缆机连接，保持紧缆机平衡；塔顶卷扬机与紧缆机连接，并将紧缆机行走至跨中。

B. 正式紧缆

a. 主缆回弹率试验

正式紧缆前的现场试验在中跨跨中进行，以此检验紧缆机的工作性能和测定主缆紧缆后的回弹率，并根据试验情况对紧缆机进行调整和制定相应的紧缆工艺，确定工作压力，然后转入正式紧缆。

b. 紧缆施工

正式紧缆可在白天进行。每根主缆由 2 台紧缆机进行紧缆施工，根据施工工艺要求，正式紧缆中跨由跨中向主索塔方向紧缆，边跨由锚碇向主索塔方向紧缆。

c. 紧固蹄的操作（液压千斤顶加载、保压）

这是紧缆作业中的一个关键工序。在初期加压阶段，以低压进行，使各紧固蹄轻轻地接触主缆表面，且互相重叠，然后升高压力，加载（同步）。首先启动紧缆机左右两台千斤顶，调整紧缆机轴线与主缆中心重合，再启动其他 4 台千斤顶，协调好 4 台千斤顶的顶进速度，当 6 台千斤顶达到一样的行程后，一起施压。注意保持接近相同的压力同时挤压主缆；紧固蹄行程达到设计位置时或压力达到规定时保压，油泵自动停止工作，起保护作用。当紧缆机紧固到初紧缆时所捆扎的软钢带的位置时，要将其拆除掉，以免影响紧固效果。

注意，在紧缆时，注意保持主缆钢丝的平行，不能有交叉及外窜现象，否则要及时处理。在初加压阶段，如果以高压进行作业时 6 个紧固蹄的动作不协调，紧固蹄接触主缆表面时，在各个紧固蹄之间会产生参差不齐，钢丝容易钻入紧固蹄之间的缝隙中，造成切断或变形，因此，初加压阶段，必须严格控制 6 个紧固蹄的同步性。

d. 打捆扎带

打捆扎带的目的是保证当液压千斤顶卸载后，紧固后的主缆截面形状仍保持近似圆形，并保持要求的空隙率。当紧固蹄处主缆直径经测量符合要求后，用不锈钢带绕在主缆上捆扎，并用带扣固定。紧缆点间距为 1.0m，带扣布置在主缆的侧下方，钢带间距 1.0m，每个紧缆点捆扎 2 道，间距 10cm。

e. 液压千斤顶卸载

当打带完成后，液压千斤顶卸载，通过操作换向阀使紧固蹄回程，紧缆机则移向下一个紧固位置。主缆紧缆机行走依靠自带卷扬机及塔顶卷扬机牵引运行。在中跨跨中附近，利用间距为 50m 猫道门架横梁作为牵引的反拉点，紧缆机依靠自带卷扬机行走。当紧缆机到达 1/4 跨径附近，可借助塔顶卷扬机牵引。紧缆机行走或操作时，应系好保险绳，防止牵引钢绳意外绷断。

f. 主缆直径的测定

为了确定紧缆后主缆的截面形状，紧固蹄挤压结束后（处于保压位置时）和液压千斤顶卸载后，分别用专用量具在紧缆机压块 15～20cm 的地方，测定主缆直径和周长，控制主缆横径和竖径差值在规范要求范围内。主缆的平均直径可用下式计算：

$$主缆平均直径 = (竖径 + 横径)/2$$

或

$$主缆平均直径 = 主缆截面周长/\pi$$

空隙率由下式确定：

$$k = 1 - \frac{nd^2}{D^2} \tag{1}$$

式中：n——钢丝总数；

    d——钢丝直径；

    D——紧缆后主缆直径。

为方便现场对紧缆空隙率的检查，提前按上式作出主缆空隙率、直径、周长的对照表。主缆全部紧固完成后，测定捆扎带旁边的主缆直径及周长，确定实际的空隙率。

紧缆完成以后，由于钢丝的自重作用，主缆的横向尺寸往往大于竖向尺寸。横径与竖径的比称为不圆度，如果不圆度太大会对索夹安装造成影响，因此需要加以限制。本大桥的不圆度不宜超过主缆设计直径的 2%。

（8）主缆缠丝防护

主缆缠丝采用 4.0mm 镀锌钢丝。缠丝施工从主缆低端开始，逐段拆除主缆上的捆扎钢带和外层的纤维捆扎带，清洗主缆表面。

用缠丝机向上坡方向密缠直径 4mm 的镀锌钢丝。缠丝时，首先将钢丝端头固定在索夹上，缠丝前涂刷化底漆及密封膏，然后在索夹外进行缠丝，然后用特制工具逐圈将钢丝推入索夹端口环槽隙中就位，直至缠丝机能到达的位置后，即可进行正常缠丝工作。施工时必须确保缠丝紧密。

主缆缠丝施工在钢箱梁吊装完成后开始施工，缠丝顺序先中跨后边跨，中跨由跨中向塔顶方向进行，边跨由锚碇向塔顶方向进行。

①缠丝机安装

缠丝机在跨中或边跨下方安装（图4），由平板车输运，用80t汽车吊往主缆上吊装。

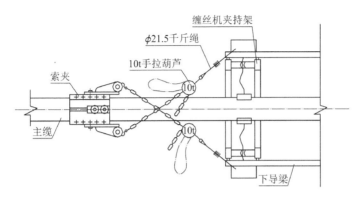

图4　缠丝机安装示意图

A. 夹持架安装

a. 前夹持架

在主缆适当位置安装前夹持架。起重机将前夹持架吊起，让其骑跨在主缆上，在走行轮未接触主缆前，注意夹紧瓦中心对准主缆中心，然后扳动夹紧手轮，将夹持架夹住。用起重机扶正，用水准仪（精度2/1000）测量，保证夹持架上横梁水平，装好下方拉杆，然后两边同时用加力扳手二人同时用力夹紧。夹紧后再测量水平度，如有变化，再作调整。

b. 后夹持架

从前夹持架框架中心线起始，往主缆下方量取两夹持架的设计距离，定出后夹持架安装位置。同样方法安装后夹持架。安装主机前，夹持架应处于可靠夹紧状态。

B. 导向梁安装

安装下部导向梁，使前、后夹持架成刚性整体。用2台手拉葫芦和钢丝绳一端拴在前上方索夹上，另一端拴挂在前夹持架耳板上，保证系统安全。

安装防倾覆保险倒链。在最靠近夹持架某端的索夹上利用索夹上留待安装检查索立柱的螺孔安装两块耳板，用倒链葫芦交叉拉紧夹持夹两下脚，可用此装置防倾覆，并可调夹持夹横向水平。

C. 主机安装

脱开牙嵌离合器，使活动门缺口处于齿圈正下方，钩好保险钩，然后打开活动门。将主机上夹紧丝杆退后，并将机架下方的拉杆取下。

将主机吊起，注意主机的重心，重心位置基本在机架中心。吊装时应使机架有与安装段主缆相近的仰角。将主机吊至两夹持架之间的主缆上，注意大齿圈缺口跨主缆时不能刮碰主缆。待主机平稳地落在主缆上，将大齿圈缺口小门关好，两面上好连接板，穿好定位销，使齿圈成一整体。

借助起重机或下连接梁滚轮扶正主机，使主机端面横向水平误差小于5mm，并保证主机纵向中心与主缆纵面中心重合。并用2台手拉葫芦和钢丝绳将主机保险挂在前夹持架上，此时将主机夹紧，然后慢慢松开起重机的吊钩，再吊装上导梁，上导梁的两端落位于夹持架的2片支座上，主机的扶正轮正在两根导梁之间，调整扶正轮，使其与导梁处于刚接触状态。

D. 主缆缠丝

a. 缠丝顺序

总体上先缠中跨，再缠两个边跨。主跨从跨中向主塔方向缠丝，边跨从散索鞍向主塔方向缠丝。主要施工工艺包括：索夹前起始段缠丝、索夹间缠丝（含走行）、缠丝机过索夹、缠丝焊接、尾端手动缠丝等操作。凡主缆缠丝机能通过并能到位缠丝的地方必须机动缠丝，其余地方用手动缠丝机缠丝。

b. 缠丝机试运转

机器安装完毕后，各减速机、变速箱中加足润滑油，冬季用 N32 机械油，夏季用 N46 机械油，其他各运动副间均按要求注入润滑油或润滑脂。按"使用维护说明书"及"工厂试验大纲"要求进行空车试验。检查前、后夹持架的夹紧机构是否可靠地夹紧，保险葫芦是否拉紧，然后慢慢松开主机上的夹紧手轮，取下主机下部拉杆。

将软电缆端部插头插入猫道上已预备好的电源插座中，先启动油泵，正常后使走行轮 A 顶向主缆，将旋转与走行停放空挡位置，先点动后连续试空车，然后分别合上旋转和走行离合器，点动并试运行，最后两者联动，亦先点动后运行，启动电机前，请测量电机绝缘电阻，各相间及对地绝缘电阻不小于 $0.5M\Omega$。联动时观测记录主回路电流值。将主机开到起始缠丝位置，即可进行缠丝。主机与夹持架交替进行的方法是：开始时夹紧夹持架，主机前行，然后夹紧主机，松开夹持架，使其前行，如此交替进行，可用慢速也可用快速。注意任何情形下都不允许同时松开主机和夹持架的夹紧瓦。交替走行中的静止件（夹持架或主机）除可靠夹紧外，还要在前方索夹处栓保险绳，用手拉葫芦稍微带力做保险。缠丝前调整好缠丝与走行的速度匹配关系，即缠丝齿圈每转一圈，机器走行 8mm，张力调整至所需数值，并能可靠显示。

c. 储丝轮绕丝

在两岸索塔下方通过盘丝设备将贮丝筒上盘，利用平板车运至缠丝机下方的桥面上，通过塔顶卷扬机和滑车导钢丝绳将贮丝筒起吊至缠丝机旁并安装。钢丝按每个索夹间区间精确计算钢丝用量并以卷供应，缠丝前通过特制绕丝机以一定张力将钢丝卷转绕至储丝轮上，以供相应主缆索夹区间缠丝使用（图 5）。

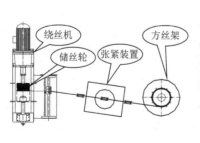

图 5　储丝轮绕丝作业示意图

d. 缠丝作业

a）主缆清洁和底层涂装

对即将缠丝的节段，先用手工清除主缆上因施工而残留的杂物，并用溶剂清洗主缆表面的油污及沙尘等有害物质。按要求进行底漆和密封膏的刮涂。

在主缆弧线最低点，跨中范围，保留主缆底部 20cm 宽的雨水排水通道，暂时不用密封膏刮涂缝隙，缠丝后也暂时不涂抹密封剂。

b）起始端（索夹下端部）缠丝

（a）安装贮丝轮和端部缠丝附件，并穿绕钢丝，主机行进至端部缠丝附件前端距索夹端部间距 30mm 处。

（b）将电机速度调至 150r/min 左右。

（c）用钢丝钳将丝头扭挂在索夹的螺栓上。

（d）正转（齿圈正常缠丝为逆时针方向）点动缠丝机进行端部缠丝，若有乱丝或压丝现象，则用垫圈调整端部缠丝附近的伸出长度，以达到节距的匹配。缠至 3 圈后停机按要求进行并接焊（采用铝热焊），并焊后用磨光机打磨焊坡，保留焊坡高度 1mm，并将缠好的钢丝人工推入索夹端部槽内。

（e）接着点动进行端部缠丝 3～4 圈并人工推向索夹端部后停机，脱开缠丝牙嵌离合器，机器反向走行，直至端部缠丝附件的出丝与已缠好钢丝平齐后停车。

（f）合上牙嵌离合器，继续点动缠丝，正常后，连续动作缠丝，缠丝至距索夹端部约 600mm 停止。

（g）按要求并焊钢丝，并打磨焊坡。

（h）机器反向点动，松开端部缠丝附件上的钢丝（已缠好的钢丝出头处已并焊防松）拆除端部缠丝附件。

（i）脱开牙嵌离合器，机器反向走行，空车走行直至张紧装置的张紧轮的出丝与已缠好的钢丝平齐停止。

c）索夹节间缠丝

继起始端缠丝完成后，接着进行两个索夹之间的缠丝，过程如下：

（a）缠丝机后端紧靠索夹下端面，前后行走架处于缠丝机前后端机架，缠丝机通过葫芦与猫道小横梁固定。安装储丝轮，后出丝轮出丝在索夹前端起始段缠丝。

（b）当缠绕钢丝长度达到 1m 左右时，焊接钢丝并打磨，将钢丝由后出丝轮转至前出丝轮。

（c）松开前后端机架与主缆之间的夹紧装置，缠丝机处于行走模式，卷扬机牵引机架前移，缠丝齿圈相对主缆静止不动（行走齿条向后拨动），就位固定机架。

（d）继续缠丝，当储丝轮剩余钢丝 6 圈左右并焊钢丝，剪断剩余钢丝，卸去空储丝轮。利用前行走架挂梁更换储丝轮。

（e）夹持架前行同步骤（c）。

（f）储丝轮由前缠丝轮出丝，钢丝接头与前段钢丝并焊后，继续缠丝。

（g）松开夹持架与主缆夹紧机构，夹持架前行到上一索夹端部（缠丝齿圈相对主缆静止）；前行走机构向下移动到夹持架中部，前机架顶升机构千斤顶回缩，夹持架前行跨越索夹；前机架顶升机构千斤顶顶升与主缆支撑，前行走机构顶升千斤顶回缩，前行走机构行走跨越索夹后千斤顶顶升与主缆支撑。

（h）缠丝机工作进行索夹区间尾端主缆缠丝、焊接。

d）缠丝焊接（图 6）

节间缠丝每间隔 1m 进行一次并接焊，并焊部位应在主缆上表面 30°圆心角所对应的圆弧范围内，以免铝热焊焊剂流淌。

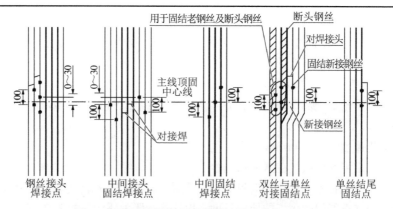

图6 各种固结焊接点示意图（尺寸单位：cm）

相邻的缠绕钢丝以铝热焊剂焊接的方式进行连接接头处理。1个索夹区间焊点分为3种：起始点并焊3圈、中间段间隔1m并焊2圈、尾端手动缠丝每圈均并焊。铝热焊点外观呈小丘形，用砂轮机打磨保留1mm以上的焊高。

因作业需要，临时停止缠丝时，迅速地进行2点焊接。如临时停止部位的焊接在1m间距附近时，该处的1m间距的焊接可省略。

在储丝轮钢丝剩余6圈左右时，钢丝并焊后切除多余钢丝。更换储丝轮，并焊接头。钢丝接头部位，应使端面相互接触，尽可能无间隙地施工。再次缠丝后在接头处注入黏缝材料，填埋间隙。

e）终止端（索夹下端部）缠丝（图7）

（a）节间缠丝靠近下一索夹时，缠丝速度放慢，在主缆倾斜段要当心丝卷或大齿圈刮碰悬索。缠丝达不到端部则先停机。

（b）按要求并焊钢丝，截断一头。

（c）将已缠好的一节钢丝用硬木棒或紫铜棒慢慢推打，直至进索夹端槽内，并与索夹加楔焊固。

（d）继续推打第二节已缠好的钢丝，直至密匝排丝已至先前停机位置。

（e）按要求并焊钢丝，并截断。

（f）将缠丝机退回至被推移钢丝后，无缠丝部分的末端、丝头与末端接丝并焊牢固。

（g）继续正常缠丝至先前停机处，与先前推向前的一节段钢丝靠拢，并焊，然后切断丝头，打磨平整。

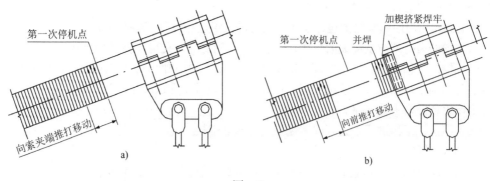

图　7

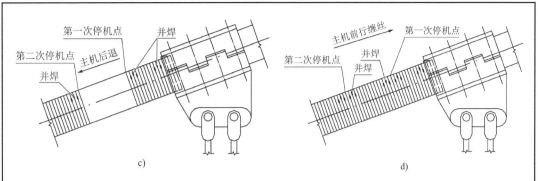

图 7　索夹终端缠丝示意图

f）齿圈过夹

（a）将齿圈旋至开口于正下方，拆下活动门的销钉及压板，打开活动门。

（b）挂好齿圈防转拴拉链条，脱开牙嵌离合器。

（c）启动主机走行系统，使齿圈慢速过索夹，直至齿圈前端面越过索夹端面约600mm停止。

（d）关闭复原并栓固齿圈活动门，合上牙嵌离合器。

（e）装上端部缠丝附件，摘除齿圈上的栓挂链条，准备第二个节间的起始端端部缠丝。

齿圈过中央扣索夹的要点：由于这几个索夹的外径大于齿圈内径和夹持蹄片的内空，因此必须事先取下齿圈。但夹持蹄片必须逐步退出，要始终保持缠丝机有前后两套夹持蹄片夹住主缆，以保证安全。

g）手动缠丝

缠丝机难接近的区域用手动缠丝。手动缠丝借助于专用的手动缠丝工具，单头施缠。如在索夹位置利用手工进行缠丝，缠丝到12cm时停机。将这段钢丝向索夹边挤压，并用拉线器配合不致钢丝松弛，把端头钢丝排列整齐，当钢丝端头距索夹边有2cm时，用铝热焊将主缆顶面钢丝端头焊接牢固，用砂轮把突出焊点磨平，拆下拉线器，切除多余钢丝，人工用木锤、尼龙棒将钢丝推入索夹端部环槽，直至环槽填满，钢丝嵌入索夹槽隙至少3圈，钢丝与索夹用尼龙楔固定。

4）安全风险及危害

主缆牵引、安装、紧固、缠丝过程中存在的安全风险见表1。

主缆施工安全风险识别表　　　　　　　　　　　　　　　　　　表1

序号	安全风险	施工过程	致险因子	风险等级	产生危害
1	失稳倾覆	主缆牵引、安装、紧固、缠丝	（1）未按报批的方案、施工组织设计、工法施工； （2）无专项方案架设、拆除，不合格； （3）任意拆除猫道杆件部件； （4）猫道上材料工具堆码多/超重； （5）违章指挥/违规操作	II	猫道上方作业人员群死群伤
2	高处坠落	主缆牵引、安装、紧固、缠丝	（1）作业人员未穿戴防滑鞋、未挂安全带； （2）安装、拆卸过程中操作不当导致物体掉落或部分脱落； （3）未挂设安全平网； （4）预埋件安装质量不到位，导致安装困难或安装质量不满足要求，造成锚固支架掉落的安全隐患； （5）栏杆等临边围挡设施不够牢固，造成人员及围护设施的掉落； （6）不当操作产生的碰撞和闪失等； （7）未系安全带	III	猫道上方作业人员死亡或重伤

续上表

序号	安全风险	施工过程	致险因子	风险等级	产生危害
3	物体打击	主缆牵引、安装、紧固、缠丝	（1）主缆牵引、安装、紧固、缠丝工程中，支撑、架体、钢丝绳掉落伤人； （2）人为乱扔废物、杂物伤人； （3）设备带病运转伤人； （4）设备运转中违章操作； （5）安全水平兜网、脚手架上堆放的杂物未经清理，经扰动后发生落体伤人	IV	猫道下方人员死亡或重伤
4	起重伤害	吊运物料	（1）钢丝绳有缺陷、超载超重； （2）安全保护、自锁装置损坏、失灵； （3）下放设备有故障或失修； （4）违章指挥/违规操作； （5）设备设施缺陷：起重机械强度、刚度不够，失稳，吊钩、钢丝绳、制动器等关键零部件失修； （6）安全防护装置失效：电气联锁装置、各限位装置、音响信号及其他安全防护装置损坏； （7）吊索具缺陷：吊具，钢丝绳，索具破损； （8）违章作业伤害； （9）操作失误：疲劳驾驶，注意力不集中，捆绑不牢靠等； （10）吊装作业生产组织混乱：指挥错误，吊装方案不安全，配合不当； （11）作业场地拥挤：无安全通道，物品摆放超高等	III	起重作业人员及受其影响人员死亡或重伤
5	机械伤害	主缆牵引、安装、紧固、缠丝	（1）操作人员不正当操作，气割、焊机导致受伤； （2）千斤顶质量不合格或者操作不当引起的意外伤害； （3）操作人员未培训后上岗； （4）对设备未进行定期检查	IV	猫道上方人员死亡或重伤

5）安全风险防控措施

（1）防控措施

为防范以上安全风险，需严格落实各项风险防控措施，详见表2。

主缆施工安全风险防控措施表　　　　表2

序号	安全风险	措施类型	防控措施	备注
1	失稳倾覆	安全防护	（1）严格执行设计、规程及验标要求，进行锚固系统预埋及猫道牵引安装； （2）严格执行规程要求进行猫道拆除作业，保证猫道面网、扶手索、改吊绳等在拆除至该段面层时拆除； （3）猫道上材料工具禁止堆码多/超重； （4）严禁任意拆除支架杆件部件； （5）安排合格的指挥工和操作工，严禁违章指挥/违规操作； （6）猫道及牵引系统施工过程中由专职安全员按照猫道平台、临边防护进行检验	
		管理措施	（1）按要求报批方案、施工组织设计、工法施工； （2）制订科学合理的专项方案，架设及拆除按照顺序进行施工	
2	高处坠落	安全防护	（1）做好临边防护及安全网的设置； （2）在现场高空施工必须有操作架，操作架上必须铺跳板，绑好防护栏杆及踢脚板。在极特殊情况下，难以搭设防护架时操作人员需挂好安全带。操作人员必须挂好、系好安全带； （3）外围临边施工要特别引起重视，操作架、安全网（水平及竖向）等必须符合安全规范及有关规定的要求，严防高空坠落；	

序号	安全风险	措施类型	防控措施	备注
2	高处坠落	安全防护	（4）严禁上下同时交叉作业，严防高空坠物； （5）经常检查猫道及牵引系统支撑及平台连接是否松动，发现问题及时组织处理； （6）人员上下猫道时必须通过安全爬梯，不得在具有危险性的地方随意经过	
		管理措施	（1）为工人配发合格的安全带、安全帽等劳保用品，进行正确穿戴使用的培训； （2）做好安全防护设施的日常检查维护，发现损坏及时修复	
3	物体打击	安全防护	（1）牵引、安装、紧固、缠丝作业时应设置危险区域并进行围挡，负责警戒人员应时刻在岗，非作业人员严禁入内； （2）高处作业时严禁向下扔工具和材料，平台上及脚手板上的材料必须绑扎牢固； （3）在同一垂直面上上下交叉作业施工时，必须设置安全隔离层，并保证防砸措施有效； （4）用起重设备吊运重物时，平台上堆放材料要均匀分布； （5）施工现场，所有可能导致物件坠落的洞口，须采取密封措施	
		管理措施	（1）操作人员应进行安全培训，进入施工现场不得违章操作； （2）现场施工所采用的索具、索绳等应符合安全规范的技术要求； （3）在猫道下方增设落物安全影响区，猫道下方 6m 范围内设置警戒标志和围栏	
4	起重伤害	安全防护	（1）起重机工作结束后，臂杆、吊钩应置于规定方位，各控制操作杆拨回零位。轨道式起重机固定制动装置，切断电源。 （2）起重机械的制动装置、限位装置、安全防护装置、信号装置应齐全灵活，不得使用极限位置的限制器停车； （3）不得在有载荷的情况下调整起升、变幅机构的制动器； （4）不得将被吊物件从人的上空通过，吊臂下不得有人； （5）不得在起重设备工作时进行检查和维修作业； （6）不得未经试吊便起吊与设备额定载荷接近的重物	
		管理措施	（1）做好起重设备及特种作业人员的进场验收管理，保证设备性能、人员技能满足要求，设备及人员证件齐全有效； （2）做好钢丝绳或吊带、卡扣、吊钩、对讲机等日常检查维护，确保使用性能满足要求； （3）吊装作业专人指挥，严格执行"十不吊"； （4）加强对起重系统的安全监测，由塔式起重机设备厂家技术员每天对起重设备的各项参数进行详细检查，并且在拆除过程中进行检查，发现险情等征兆时应采取应急措施； （5）起重机械、起重索具，严禁超负荷使用	
5	机械伤害	安全防护	对设备进行定期检查，合格才能使用	
		管理措施	操作人员培训后上岗	

（2）工作纪律

除落实以上安全风险防控措施外，还应严格遵守以下工作纪律。

①防护用品：作业人员正确佩戴使用安全帽、安全带，穿戴防滑鞋及紧口工作服。

②班前讲话：每日上工前，由班组长开展班前讲话，将当日作业内容、存在的安全风险及危害、防范措施、作业要点等告知全部作业人员。

③工前检查：每日班前讲话后，对工人身体状态、防护用品穿戴、现场作业环境等进行例行检查，发现问题及时处理。

④维护保养：做好安全防护设施、安全防护用品、起重设备机具等的日常维护保养，发现损坏或缺失，及时修复或更换。

6）质量标准

主缆架设应达到的质量标准及检验方法见表3。

主缆架设质量检查验收表　　　表3

序号	检查项目			允许偏差	检查方法和频率
1	索股高程（mm）	基准	中跨跨中	≤ +30mm、−20mm	全站仪：测量跨中
			上、下游高差	≤10mm	
		一般	相对于基准索股	+10mm，−5mm	全站仪或专用卡尺：测跨中
2	锚跨索股力偏差			±3%	测力计：每索股检查
3	主缆孔隙率（%）			±2	量直径和周长后计算：测索夹处和两索夹间，抽查50%
4	主缆直径不圆度（%）			≤2	紧缆后测两索夹间，抽30%

主缆缠丝应达到的质量标准及检验方法见表4。

主缆缠丝质量检查验收表　　　表4

序号	检查项目	允许偏差	检查方法和频率
1	缠丝间距（mm）	≤1	插板：每两索夹间随机量测1m内最大间距处
2	缠丝张力（kN）	±0.3	标定检测：每盘测1次
3	防护层厚度（μm）	满足设计要求	涂层采用贴片法，密封剂采用切片法：每缆每100m测1处，每缆每跨不少于3处

7）验收要求

主缆施工各阶段验收要求见表5。

主缆施工各阶段验收要求表　　　表5

序号	验收项目	验收时点	验收内容	验收人员
1	主缆架设	主缆架设时	（1）索股成品应有合格证，应按设计要求和有关技术规范的规定验收合格后方可架设； （2）索股入鞍、入锚位置应满足设计要求，架设时索股不得弯折、扭转和散开； （3）索股锚固应与锚板正交，锚头锁定应牢固	项目建设单位、监理单位、施工单位技术管理人员
2		主缆架设后	（1）索股钢丝无鼓丝，不重叠； （2）索股不得出现交叉、扭转； （3）索股表面无污染，锚头防护层。钢丝镀锌层损伤应修复	项目建设单位、监理单位、施工单位技术管理人员
3	主缆缠丝防护	主缆缠丝防护时	（1）防护前应清除主缆钢丝表面的灰尘、油污和水分，保持干燥、干净，密封弯应均匀地填满主缆外侧钢丝与缠丝之间的间隙； （2）缠丝前应对缠丝机进行标定； （3）缠绕钢丝应嵌进索夹端部留出的凹槽内不少于3圈及设计要求，绕丝端应嵌入索夹端部槽内并应焊接固定，不得松动； （4）索夹缝隙、螺杆孔、端部采用满足设计要求的密封材料填充密实； （5）防护层表面应平整； （6）主缆缆套的各处密封性能应满足设计要求； （7）主缆防护实测项目应符合相关规定	项目建设单位、监理单位、施工单位技术管理人员

序号	验收项目	验收时点	验收内容	验收人员
4	主缆缠丝防护	主缆缠丝防护后	（1）钢丝缝隙不得欠填缠丝腻子，裹覆层处无残留腻子； （2）缠丝不得出现重叠、交叉； （3）防护层表面涂装应无针孔、裂纹、脱落、漏涂； （4）索夹密封应无开裂、气泡、缝隙； （5）主缆内不得出现积水	项目建设单位、监理单位、施工单位技术管理人员

8）应急处置

（1）处置原则

施工过程中一旦发生险情或事故，应停止作业，切勿慌乱，切忌盲目施救，在保证自身安全的情况下按照处置措施要求科学开展施救，并及时向项目管理人员×××报告相关情况。

（2）处置措施

失稳倾覆：当出现钢梁倾覆征兆时，发现者应立即通知倾覆影响作业区域人员撤离现场，并及时报告项目部进行后期处置。

触电事故：立即切断电源，若无法及时断开电源，可用干木棒、皮带、橡胶制品等绝缘物品挑开触电者接触的带电物，之后解开妨碍触电者呼吸的紧身衣服，检查口腔，清理口腔黏液并立即就地抢救，如呼吸停止，应采用人工呼吸法抢救；如心脏停止跳动，应采用胸外心脏按压法抢救。

火灾：当发现初起火灾时，应就近找到灭火器对准火苗根部灭火；当火灾难以扑灭时，应及时通知周边人员捂住口鼻迅速撤离。

其他事故：当发生高处坠落、起重伤害、机械伤害等事故后，应立即采取措施切断或隔断危险源，疏散现场无关人员，后对伤者进行包扎等急救，向项目部报告后原地等待救援。

附件：《×××大桥上部结构主缆结构设计图》（略）

40 吊索索夹施工安全技术交底

交底等级	三级交底	交底编号	III-040
单位工程	×××大桥（悬索桥）	分部工程	上部结构
交底名称	吊索索夹施工	交底日期	年　月　日
交底人	分部分项工程主管工程师（签字）	审核人	工程部长（签字）
批准人	总工程师（签字）	确认人	专职安全管理人员（签字）
		被交底人	班组长及全部作业人员（签字，可附签字表）

1）施工任务

×××大桥上部结构主缆吊索采用预制平行钢丝吊索，每片钢梁每侧吊点设×根吊索，总计×××根吊索；索夹均采用上下对合的结构形式，上下两半索夹用螺杆相连并加紧于主缆上，吊索与索夹为销接式连接。吊索、索夹均采用主塔塔式起重机吊装至靠近塔柱侧猫道下方，再通过缆索吊天车进行运输安装的施工方式。吊索塔式起重机索夹结构设计，详见附件《×××大桥上部结构主缆吊索索夹结构设计图》。

2）工艺流程

施工准备→主缆空缆线形测量→索夹放样→主缆索夹局部清洁→索夹安装→索夹轴力导入→吊索运输→吊索安装。

3）作业要点

（1）施工准备

起吊、运输设备安装准备就绪，猫道面网开孔，主缆空缆线形测量复核，确保主缆线形与设计相符合。索夹吊索吊装运输天车安装，首先利用滑轮夹片将滑轮夹紧，通过牵引及滑轮夹片连接板进行焊接连接；根据猫道门架承重索间距调整两对滑轮距离，再通过连接架进行螺栓连接；最后安装悬臂承重梁。验收合格后，可运至现场，通过塔式起重机安装至猫道门架承重索上，在滑轮夹片上的螺栓孔安装防坠保险螺栓；再将塔顶门架卷扬机钢索与牵引及滑轮夹片连接板相连，形成完整的临时运输安装装置。待试运行合格后可交付使用。

（2）主缆空缆线形测量

在吊索索夹正式安装前，在中跨靠近主塔部位的主缆上做索夹的螺栓紧固试验和索夹抗滑试验，观察索夹安装和螺栓轴力导入时可能出现的情况，以及螺栓轴力随时间的变化规律；同时测定索夹与主缆间的摩擦系数，以指导施工。不同型号的索夹，其尺寸、重量差异较大。安装过程中可根据索夹型号分别采取不同的吊装方法：离塔柱较近的索夹，可以利用塔式起重机结合小型缆索吊安装；其余各类索夹利用两台小型缆索吊依次安装。吊索索夹安装时应仔细检查其编号，使索夹安装位置与编号对应。分别由跨中及锚碇处向塔顶逐只安装，如索夹位置有紧缆扁钢带,应予以拆除。索夹安装完毕安装吊索时,在吊索位置的猫道面层上开孔,将吊索锚头放至猫道面网下,后移运天车继续向前移动,直至吊索安装位置的正上方,将吊索放至索夹上,确定无扭转现象时,安装吊索夹具。最后将猫道面网补好。

（3）索夹放样

主缆施工完成后,实测出主缆线形、东西索塔的实际里程及两塔顶的间距(即跨径),为索夹放样提供一个准确的初始依据。索夹放样要考虑因主缆空缆线形和成桥线形不一致而需进行坐标换算。测量放样时:应一次将全跨放样完成,并进行误差调整。索夹定位测量选择在温度稳定的夜间(1:00～6:00)进行。索夹放样坐标计算内容:一是吊索中心线与主缆中心线交点在空缆状态下的坐标计算和吊索中心线与主缆天顶线交点的坐标计算;二是吊索中心线与主缆天顶线交点到索夹两端的距离计算。观测各监控点,取得计算索夹放样点的原始数据,包括塔柱、散索鞍位移、主缆中、边跨跨中高程和实时索温,得出空缆线形,计算出每个索夹在不同的索温条件下的位置参数。采用全站仪进行放样,先放出初样并找出中心点,然后在主缆顶精确放样做好标记。对于中跨索夹放样时,每隔1h测量一次主缆的表面温度,以表面温度加上当夜监控单位测出的内外温差作为主缆温度,再按照该温度条件下的理论数据放样。索夹安装前对主缆索夹部位进行局部清洁,确保索夹安装顺利,摩擦系数无误,安装完成后抗滑力满足设计要求。再将索夹安装位置在主缆上作出标记,索夹放样完成后,再对每一个索夹放样点进行复核,梁吊点和主缆形心对中误差控制在±3mm,纵向位置偏差不大于10mm,相邻索夹距离用钢尺复核,如图1所示。

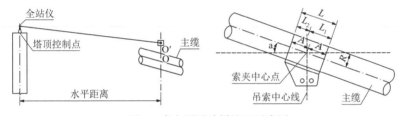

图1　索夹测量放样施工示意图

图中 $L_1 = A + R\tan\alpha$,$L_2 = A - R\tan\alpha$。

（4）索夹安装

索夹安装时应仔细检查其编号,使索夹安装位置与编号对应,中跨是从跨中间向塔顶进行,边跨是从散索鞍向塔顶进行,如索夹位置有紧缆扁钢带,应予以拆除。安装前应清除索夹内表面及索夹位置处主缆表面油污及灰尘,涂上防锈漆。猫道门架承重绳改制滑车＋可水平移动式手拉葫芦,形成猫道施工缆索吊系统,如图2所示。

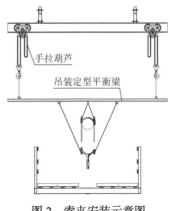

图2　索夹安装示意图

（5）索夹轴力导入

①轴力控制

索夹螺栓的轴力是通过螺栓沿轴力方向的伸长量来控制的，同时螺栓使用之前要全部测定其无应力长度。采用基准螺栓消除温度导致的变化，随着加劲梁的架设以及后续荷载的增加，主缆缆径将发生微量变化。为保证主缆与索夹间产生足够的摩擦力，索夹螺栓应分次进行预紧；为方便现场一线工人操作和校对，螺栓轴力要根据计算结果详细列表交底，并现场做好标识。预紧拟采用三次紧固方案：索夹安装时进行第一次紧固；加劲梁吊装完毕进行第二次紧固；桥面铺装及永久设施施工完毕进行第三次紧固。

索夹安装螺栓第一次紧固时，首先用电动扳手预紧，然后再用千斤顶正式导入轴力。导入轴力时，首先根据压力表读数初步确认导入的轴力，再根据螺栓的伸长量计算出螺栓的轴力，与设计值进行比较后确定是否还要增加或减少千斤顶的拉力。

螺栓轴力计算公式如下：

$$P = EA \times \frac{\Delta L}{L} \tag{1}$$

式中：P——螺栓轴力；

EA——螺栓抗拉刚度；

ΔL——伸长量；

L——螺栓有效长度。

②张拉顺序

具体操作时，单个索夹张拉顺序由内向外、左右同步对称进行。螺栓第一次紧固力控制在设计紧固力的 70% 左右，然后按照同一张拉顺序重复紧固直至所有索夹螺杆轴力达到安装夹紧力，如图 3 所示，图中数字为张拉顺序。

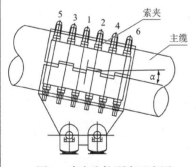

图 3　索夹张拉顺序示意图（立面）

③后续轴力导入

随着加劲梁的吊装，以及后续荷载的增加，主缆缆径将发生微量变化，为保证主缆与索夹间产生足够的摩擦力，索夹螺栓应分三次进行预紧：在索夹安装时，进行第一次索夹螺栓轴力导入；第二次预紧为加劲梁吊装完毕时进行；第三次预紧为桥面铺装及永久设施施工完毕时进行。由于相邻两次轴力的导入间隔时间过长，在间隔时间内，要随时监控、检查轴力，发现轴力小于安装夹紧力的 70% 时，应及时紧固螺栓，使轴力达到设计规定值，确保施工安全。

（6）吊索运输

用载重汽车把吊索从制索厂搬运到塔根部。在塔底将吊索从索盘中抽出，使锚头都外露，并重新逐根捆绑好。用塔式起重机把吊索吊至猫道上。将锚头与天车上手拉葫芦相连，并将反拉卷扬机与天车相连。控制反拉卷扬机，使锚头端缓慢下滑。当吊索全部拉直后，反拉卷扬机制动；将吊索锥形铸块与两后移运天车相连，并将两后移运天车与反拉卷扬机相连，使前后移运天车在移动过程中始终保持相同距离。当吊索因为长度较大，中间垂度较大时，在缆索承重绳上设置临时吊点，使吊索不因为垂度过大而与主缆和猫道接触；同时启动左右反拉卷扬机，使吊索依靠自身重力下滑至架设位置。当重力不能使吊索下滑时，用人工牵引。在牵引过程中，派专人进行监护，防止吊索落在猫道面层和主缆上，以免擦伤吊索。吊索运输如图 4 所示。

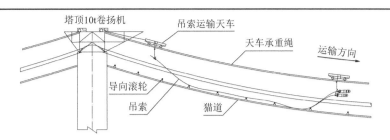

图 4　吊索运输示意图

（7）吊索安装

从跨中向两侧塔顶方向进行安装，并与加劲梁的吊装平行交叉进行。吊索运至索塔底后从索盘中抽出，使两锚头均外露；用塔式起重机将散开的吊索吊至猫道上，再用缆索天车将吊索移运至安装位置。吊索运输到位后，放松左右两反拉卷扬机，使吊索整体向下一起滑移。当吊索不能依靠自重向下滑移时，用人工牵拉的方式移动吊索；当吊索锚头移运至吊索安装位置，且放至超过安装位置时，将锚头吊索放下，使吊索落在滚筒槽中。安装示意如图 5 所示。

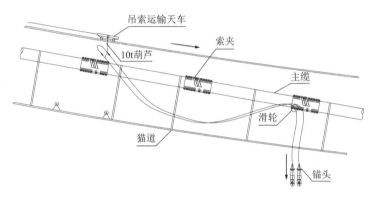

图 5　吊索安装示意图

在吊索位置的猫道面层上开孔，将吊索锚头放至猫道面网下，后移运吊索运输天车继续向前移动，直至吊索安装正上方；将吊索放至索夹上，确定无扭转现象时，安装吊索夹具；最后将猫道面网补好。根据设计要求，对于悬吊长度超过 20m 的吊索，需在悬吊长度的中央设置减振架，减振架具体位置可以通过全站仪进行定位。待加劲梁吊装完毕后，通过塔顶 10t 卷扬机下放吊篮作为人员操作平台，安装吊索减振架。

4）安全风险及危害

吊索及索夹运输、安装、张拉过程中存在的安全风险见表 1。

吊索索夹施工安全风险识别表　　　　　　　　　　　　　　　　　　　　　　表 1

序号	安全风险	施工过程	致险因子	风险等级	产生危害
1	失稳坍塌	吊索及索夹运输、安装、张拉	（1）未按报批的方案、施组、工法施工； （2）无专项方案、架设、拆除、不合格； （3）任意拆除猫道杆件部件； （4）猫道上材料工具堆码多/超重； （5）违章指挥/违规操作	Ⅱ	猫道上方作业人员群死群伤

序号	安全风险	施工过程	致险因子	风险等级	产生危害
2	高处坠落	吊索及索夹运输、安装、张拉	（1）作业人员未穿着防滑鞋、未系挂安全带； （2）安装、拆卸过程中操作不当导致物体掉落或部分脱落； （3）未挂设安全平网； （4）预埋件安装质量不到位，造成安装困难或安装质量不满足要求，造成锚固支架掉落的安全隐患； （5）栏杆等临边围挡设施不够牢固，造成人员及围护设施的掉落； （6）不当操作产生的碰撞和闪失等； （7）未系安全带	III	猫道上方作业人员死亡或重伤
3	物体打击	吊索及索夹运输、安装、张拉	（1）吊索及索夹运输、安装、张拉工程中，支撑、架体、钢丝绳掉落伤人； （2）人为乱扔废物、杂物伤人； （3）设备带病运转伤人； （4）设备运转中违章操作； （5）安全水平兜网、脚手架上堆放的杂物未经清理，经扰动后发生落体伤人	IV	猫道下方人员死亡或重伤
4	起重伤害	吊运物料	（1）钢丝绳有缺陷、超载超重； （2）安全保护、自锁装置损坏、失灵； （3）下放设备有故障或失修； （4）违章指挥/违规操作； （5）设备设施缺陷：起重机械强度、刚度不够，失稳，吊钩、钢丝绳、制动器等关键零部件失修； （6）安全防护装置失效：电气联锁装置、各限位装置、音响信号及其他安全防护装置损坏； （7）吊索具缺陷：吊具、钢丝绳、索具破损； （8）违章作业伤害； （9）操作失误：疲劳驾驶，注意力不集中，捆绑不牢靠等； （10）吊装作业生产组织混乱：指挥错误，吊装方案不安全，配合不当； （11）作业场地拥挤：无安全通道，物品摆放超高等	III	起重作业人员及受其影响人员死亡或重伤
5	机械伤害	吊索及索夹运输、安装、张拉	（1）操作人员不正当操作，气割、焊机导致受伤； （2）千斤顶质量不合格或者操作不当引起的意外伤害； （3）操作人员未培训上岗； （4）对设备未进行定期检查	IV	猫道上方人员死亡或重伤

5）安全风险防控措施

（1）防控措施

为防范以上安全风险，需严格落实各项风险防控措施。防控措施见表2。

吊索索夹施工安全风险防控措施　　　　　　　　　表2

序号	安全风险	措施类型	防控措施	备注
1	失稳坍塌	安全防护	（1）严格执行设计、规程及验标要求，进行锚固系统预埋及猫道牵引安装； （2）严格按照规程要求进行猫道拆除作业，保证猫道面网、扶手索、改吊绳等在拆除至该段面层时拆除； （3）猫道上材料工具禁止堆码、超重； （4）严禁任意拆除支架杆件部件； （5）安排合格的指挥工和操作工，严禁违章指挥、违规操作； （6）猫道及牵引系统施工过程中由专职安全员按照猫道平台、临边防护进行检验	

序号	安全风险	措施类型	防控措施	备注
1	失稳坍塌	管理措施	（1）按要求报批的方案、施工组织、工法施工； （2）制定科学合理的专项方案，架设及拆除按照顺序进行施工	
2	高处坠落	安全防护	（1）做好临边防护及安全网的设置； （2）在现场高空施工必须有操作架，操作架上必须铺跳板、绑好防护栏杆及踢脚板； （3）在极特殊情况下，搭设防护架困难时，操作人员必须系好安全带； （4）外围临边施工要特别引起重视，操作架、安全网（水平及竖向）等必须符合安全规范及有关规定的要求，严防高空坠落； （5）严禁上下同时交叉作业，严防高空坠物； （6）经常检查猫道及牵引系统支撑及平台连接是否松动，发现问题及时组织处理； （7）人员上下猫道时必须通过安全爬梯，不得在具有危险性的地方随意通过	
		管理措施	（1）为工人配发合格的安全带、安全帽等劳保用品，并培训正确穿戴使用； （2）做好安全防护设施的日常检查维护，发现损坏及时修复	
3	物体打击	安全防护	（1）运输及安装作业时应设置危险区域并进行围挡，负责警戒人员应时刻在岗，非作业人员严禁入内； （2）高处作业时严禁向下扔工具和材料，平台上及脚手板上的材料必须绑扎牢固； （3）在同一垂直面上上下交叉作业施工时，必须设置安全隔离层，并保证防砸措施有效； （4）用起重设备吊运重物时，平台上堆放材料要均匀分布； （5）施工现场，所有可能导致物件坠落的洞口，须采取密封措施	
		管理措施	（1）操作人员应进行安全培训，进入施工现场不得违章操作； （2）现场施工所采用的索具、索绳等应符合安全规范的技术要求； （3）在猫道下方增设落物安全影响区，猫道下方 6m 范围内设置警戒标志和围栏	
4	起重伤害	安全防护	（1）起重机工作结束后，臂杆、吊钩应置于规定方位，各控制操作杆拨回零位，轨道式起重机固定好制动装置，切断电源； （2）起重机械的刹车制动装置、限位装置、安全防护装置、信号装置应齐全灵活，不得使用极限位置的限制器停车； （3）不得在有载荷情况下调整起升、变幅机构的制动器； （4）不得将被吊物件从人的上空通过，吊臂下不得有人； （5）不得在起重设备工作时进行检查和维修作业； （6）不得未经试吊便起吊与设备额定载荷接近的重物	
		管理措施	（1）做好起重设备及特种作业人员的进场验收管理，保证设备性能、人员技能满足要求，设备及人员证件齐全有效； （2）做好钢丝绳或吊带、卡扣、吊钩、对讲机等日常检查维护，确保使用性能满足要求； （3）吊装作业专人指挥，严格执行"十不吊"； （4）加强对起重系统的安全监测，由塔式起重机设备厂家技术人员每天对起重设备各项参数进行详细的检查，并在拆除过程中进行检查，发现险情等征兆时立即采取应急措施； （5）起重机械、起重索具严禁超负荷使用	
5	机械伤害	安全防护	对设备进行定期检查，合格才能使用	
		管理措施	操作人员培训后上岗	

（2）工作纪律

除落实以上安全风险防控措施外，还应严格遵守以下工作纪律。

①防护用品：作业人员正确佩戴使用安全帽、安全带，穿着防滑鞋及紧口工作服。

②班前讲话：每日上工前，由班组长开展班前讲话，将当日作业内容、存在的安全风险及危害、防范措施、作业要点等告知全部作业人员。

③工前检查：每日班前讲话后，对工人身体状态、防护用品使用、现场作业环境等进行例行检查，发现问题及时处理。

④维护保养：做好安全防护设施、安全防护用品、起重设备机具等的日常维护保养，发现损坏或缺失，及时修复或更换。

6）质量标准

吊索索夹安装应达到的质量标准及检验方法见表3。

吊索索夹安装质量检查验收表　　　　　　　　表3

序号	检查项目		规定值或允许偏差	检查方法和频率
1	索夹偏位（mm）	顺缆向（mm）	≤ 10	全站仪和钢尺：每个
		横向	≤ 0.5	全站仪：每个
2	螺杆紧固力（kN）		符合设计要求	压力表读数：每个

7）验收要求

吊索索夹施工验收要求见表4。

吊索索夹施工验收要求表　　　　　　　　表4

序号	验收项目	验收时点	验收内容	验收人员
1	吊索索夹安装	吊索索夹安装时	（1）螺栓紧固设备应标定，按设计要求和有关技术规范的规定分阶段检测螺杆中的拉力； （2）索夹内表面和索夹处主缆表面应按设计要求进行处理，安装时清洁、干燥； （3）锚头应锁定牢固； （4）索夹和吊索安装实测项目应符合规定	项目建设单位、监理单位、施工单位技术管理人员
2		吊索索夹安装后	（1）吊索应无扭结； （2）索夹、吊索的防护应无划伤、裂纹、断裂	项目建设单位、监理单位、施工单位技术管理人员

8）应急处置

（1）处置原则

施工过程中一旦发生险情或事故，应停止作业，切勿慌乱，切忌盲目施救。在保证自身安全的情况下按照处置措施要求科学开展施救，并及时向项目管理人员×××报告相关情况。

（2）处置措施

失稳倾覆：当出现钢梁倾覆征兆时，发现者应立即通知倾覆影响作业区域人员撤离现场，并及时报告项目部进行后期处置。

触电事故：发现人员触电立即切断电源，若无法及时断开电源，可用干木棒、皮带、橡胶制品等绝缘物品挑开触电者接触的带电物，之后解开妨碍触电者呼吸的紧身衣服，检查口腔，清理口腔黏液并立即就地抢救。如触电者呼吸停止，应采用人工呼吸法抢救；如心脏停止跳动,应采用胸外心脏按压法抢救。

火灾:当发现初起火灾时,应就近找到灭火器对准火苗根部灭火;当火灾难以扑灭时,应及时通知周边人员捂住口鼻迅速撤离。

其他事故:当发生高处坠落、起重伤害、机械伤害等事故后,应立即采取措施切断或隔断危险源,疏散现场无关人员,后对伤者进行包扎等急救,向项目部报告后原地等待救援。

附件:《×××大桥上部结构主缆吊索索夹结构设计图》(略)

41 钢管拱肋拼装施工安全技术交底

交底等级	**三级交底**	交底编号	III-041
单位工程	×××特大桥	分部工程	钢管混凝土拱
交底名称	**钢管拱肋拼装施工**	交底日期	年　月　日
交底人	分部分项工程主管工程师（签字）	审核人	工程部长（签字）
批准人	总工程师（签字）	确认人	专职安全管理人员（签字）
		被交底人	班组长及全部作业人员（签字，可附签字表）

1) 施工任务

×××特大桥拱肋采用竖直平行钢管混凝土哑铃拱，从桥面开始起拱，两拱肋中心距 11.9m，计算跨度为 200m，矢跨比为 $f/L = 1/5$，拱肋钢管及腹腔内浇筑混凝土，拱肋间设置 11 道桁架式横撑。主拱采用墩旁拱肋原位拼装＋跨中拱肋矮拼后再整体提升的施工方法，全桥共 32 节拱肋，从低处向高处逐节段吊装和焊接，共需搭设支架 16 组和提升塔架 2 组。拱肋结构设计图详见附件 1《×××特大桥拱肋结构设计图》，拼装支架详见附件 2《×××特大桥拱肋拼装支架设计图》。

2) 工艺流程

预埋件施工→支架材料验收→支架搭设→支架验收→拱肋进场验收→拱肋拼装→拼装完成。

3) 作业要点

（1）施工准备

每道工序施工前需要对施工班组进行安全技术交底，每日施工前班组长及工程师需对施工作业人员进行班前讲话，材料进场后，配合项目物资及技术管理人员进行进场验收，验收合格方可使用。整理材料存放场地，确保平整坚实、排水畅通、无积水。

（2）梁面预埋件施工

按照承重支架布置图，在浇筑混凝土连续刚构过程中设置预埋件。预埋件由支架锚板和锚筋组成，普通支架锚板规格为 800mm×800mm 和 1000mm×1000mm、板厚为 20mm，锚筋采用 HRB400ϕ20mm 钢筋，锚筋预埋深度为 300mm；提升支架锚板规格为 1000mm×1000mm、板厚为 40mm，锚筋采用 HRB400ϕ20mm 钢筋，锚筋预埋深度为 700mm；若锚筋与梁体预应力管道或钢筋冲突，可适当调整锚筋位置。通过测量放样预埋点位，预埋点水平位置偏移不得超过 5mm，复核无误后将预埋件固定，保证预埋件顶面水平一致。预埋件底部混凝土需加强振捣，在 1000mm×1000mm 板中间开圆孔作为振捣口，确保板下混凝土密实。

在预埋件全部施工完毕后，需对每个预埋件中心点的水平位置进行复测，如预埋件水平位置偏差较大导致支架无法架立焊接时需进行处理。处理方法：现场加工 1 个与该预埋件同等尺寸的修正预埋件，在修正预埋件中心处切割出尺寸为 20cm×20cm 的方孔（方孔尺寸根据实际预埋件尺寸确定），将修正预埋件中心点与处理预埋件中心点对齐，在修正预埋件的开孔位置采用 4 块尺寸为 3cm×15cm 的 2cm 厚钢板（钢板尺寸可根据现场实际需求确定）与其处理预埋件焊接固定。焊接采用双面角焊缝，焊缝高度为不小于 10mm。焊接完成后用灌浆料对修正预埋件与处理预埋件的缝隙进行灌浆处理，待中心凹槽及缝隙四周的浆料高度升至与修正面板同一水平高度时代表处理完成等强即可，如预埋件偏差较大时需重新植筋安装预埋件。预埋件施工注意事项见表 1。

预埋件施工注意事项表　　　　　　　　　　　　　　　　表 1

序号	施工问题事项	后果影响	影响级别	解决方法
1	预埋锚筋尺寸及焊接未按设计要求施工	拱肋安装过程中如支架发生横向受力，极难发现导致锚筋切断支架倾斜	严重	无法补救
2	预埋件中心未开孔	浇筑过程中使预埋件底面形成空鼓现象，极难发现影响支架受力	严重	无法补救
3	预埋件未加固牢固	在浇筑振捣过程中发生使预埋件发生倾斜	一般	发现时及时加固
4	未检测预埋件平整度及安装位置	无法安装支架	一般	安装修正预埋件注浆加固或重新钻孔植筋安装预埋件

（3）支架搭设

支架分为两大部分：一是拱肋拼装边跨原位支架和中跨低位支架；二是中跨拱肋提升支架。原位拼装支架、提升支架结构均相同，对称布置：跨中支架结构也为对称布置。临时支架应左右对称安装，同一侧先安装较低竖向支架，然后安装与其相邻的较高竖向支架，以此类推安装完整个临时支架。拱肋拼装支架立柱采用 $\phi630mm×10mm$ 钢管，连接系采用 $\phi325mm×8mm$ 钢管，横梁采用 2 拼 Ⅰ40 工字钢和 3 拼 Ⅰ40 工字钢；提升支架立柱采用 $\phi820mm×10mm$ 钢管，连接系采用 $\phi325mm×8mm$ 钢管，横梁采用 2HN1000 和 3HN700×300 型钢。拼装支架总体布置如图 1 所示。

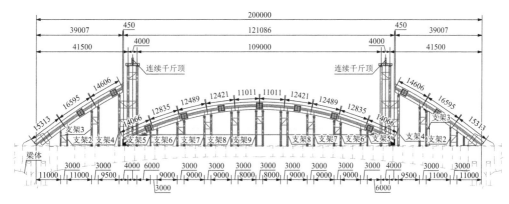

图 1　拼装支架总体布置图（尺寸单位：mm）

在支架施工前测量实际支架柱脚底高程，以此确定支架的实际高度。支架立柱和连接系在桥下场地分组组装完成，支架高度根据实际值加工，采用130t汽车起重机吊装至桥面，立柱焊缝高度不小于10mm，连接系焊缝高度不小于8mm，焊缝质量2级。

支架搭设施工过程中采用80t起重机逐个竖直吊装支架，吊装拱肋支架前在预埋板支架设计位置外轮廓线上焊接2块钢板（2块钢板夹角为90°）作为钢管安装的限位装置。支架吊点设置在钢管立柱顶部，下部设置缆风绳，人工牵引缆风绳将钢管柱缓慢对中安装在预埋钢板上，采用倒链固定。支架落位后采用水平尺测量支架立柱的垂直度，如因预埋板埋设倾斜导致支架出现偏斜时，应采取垫薄钢片方式调整。待支架固定完成后，采用灌浆料对预埋板与柱脚底部的缝隙填充密实。控制标准：柱脚底座中心线对定位轴线的偏移 ≤5mm，钢柱的安装偏差 ≤3mm，单层柱倾斜度 ≤$H/1000$ 且不大于25mm（H为柱高），多层柱中单层柱倾斜度偏差 ≤$H/1000$ 且不大于10mm，多层柱中全柱高倾斜度偏差 ≤35mm；支架所用钢管柱不得有严重变形和削弱截面损伤；钢管顶部承重梁与立柱顶满焊，焊缝高度不小于8mm，并按设计要求焊接加劲肋。为满足拱段间现场对接施工要求，在承重支架立柱顶端设置施工作业平台，作业平台由分配梁、围栏、人孔门洞、生命线等组成。平台外形尺寸为 3m×2m，平台上满铺压型钢板，四周围栏高度为1.2m。低位拼装支架安装横向连接系支架施工时，如受拱肋拼装操作空间影响无法安装完成，则先将所有支架立柱完成；待前一段钢管拱肋安装完成后再安装横向支架连接系。拼装支架搭设施工注意事项见表2。

拼装支架搭设施工注意事项　　　　　　　　　　　　　　表2

序号	施工问题事项	后果影响	影响级别	解决方法
1	承重梁未采用通长型钢	支架受力时会导致承重梁受弯导致开裂	严重	采用2cm钢板作为缀板进行加固
2	承重梁与支架柱头相接位置未安装加劲板	支架受力时会导致承重梁毁坏	严重	缺少加劲板及时补充加焊
3	支架焊缝出现缺焊现象	影响支架整体受力	一般	发现时及时加焊
4	钢管焊接法兰盘未先焊接加劲板	相邻钢管支架对接法兰盘时出现"张口"现象	一般	解锁加劲板及所有高强度螺栓，采用千斤顶重新修正

（4）拱肋拼装

拱肋划分为三大段+外加两个小合龙段，共计32节段。最重节段为B_2节段，重25.9t。节段划分如图2所示。

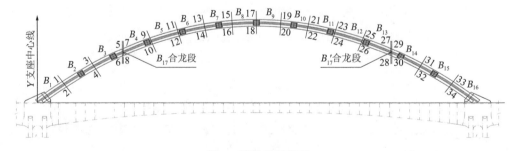

图2　拱肋节示意图

拱肋在加工厂采用长线法加工，加工精度高；拱肋采用15m平板车运输至边跨桥位；80t汽车起重机在梁面调整好站位；将平板车上拱肋段吊至梁面平板车上，平板车将拱肋节段运至指定吊装处。采用 130t 汽车起重机进行吊装,吊装顺序:先吊装原位拼装区域拱肋,再吊装低位拼装区域拱肋,拱肋均从两侧向中间,对称逐节段安装。单侧拱肋共分 16 个节段:跨中 10 个节段,边跨 3 个节段。最大节段长 16.6m、质量 25.9t。

拱肋起吊前在钢管拼装支架顶部分配梁上设置鞍座(采用 2cm 钢板制作并加固加劲板),鞍座的中心点位于拱肋下弦管中轴线上,鞍座圆弧底中心坐标与对应拱肋下弦管的设计坐标相同。并在每节拱肋放样出对应鞍座位置的中心点,距该位置处安装限位装置(尺寸为 4cm × 6cm,钢板厚 2cm)用于辅助现场拱肋安装。为满足拱肋间现场对接施工要求,在承重支架立柱顶端设置施工作业平台。作业平台由分配梁、围栏、人孔门洞等组成。平台外形尺寸为 3m × 2m,平台上满铺压型钢板,四周围栏高度为 1.2m。在钢管支架顶部布置操作平台,在型钢支架上满铺木跳板并绑扎固定。支架侧面采用钢管搭设围栏并满挂密目安全网,确保造作人员安全。

130t 汽车起重机就位后,采用直径 40mm 的抗拉强度 1860MPa 钢丝绳、30t 手拉葫芦和 35t 的 D 形卸扣进行吊装。在起重机将拱肋起吊悬空 20~30cm 时,进行现场测量放样确定每节拱肋倾斜角度及检查吊装状态,如与设计发生偏差采用手拉葫芦进行调整。在拱肋起吊前将位于拱肋端部的马板进行组拼,便于拱肋后续拼装锁定。拱肋角度调整完毕后在拱肋单端设置 1 条缆风绳,用于拱肋吊装的方向控制。拱肋下落时需进行严密观察,保证拱肋端头的限位板与鞍座紧贴。

拱肋定位时,在拱肋侧面对称设置倒链进行初步固定,采用全站仪进行初次检测其拱肋坐标位置,采用水平尺确定拼装拱肋竖向垂直度。若有偏差,通过千斤顶及倒链进行微调至符合设计标准数据或允许偏差内。初步检测完成后连接相邻拱肋对接马板,并对拱肋节段的坐标及竖向垂直度进行二次复测,符合设计及规范要求后将拱肋与鞍座进行焊接,并在拱肋两侧设置 ⊏ 20 槽钢进行加固,加固完成后起重机松钩。

钢管拱各节段的安装应对称进行,最大不平衡安装段不超过一个节段。钢管拱分段吊装顺序:从两端对称依编号顺序吊装节段,即对称安装第 $B_1 \sim B_3$ 节段→第 $B_4 \sim B_8$ 节段→第 $B_9 \sim B_{19}$ 节段→中跨合龙。每一分段按照起吊→对位→临时固定→调整线形→定位焊接→调整线形→正式焊接合龙的顺序吊装。另外在吊装过程中,亦应随时检查胎架位移、测量胎架轴线旁弯值,并运用千斤顶及时调整,将其变化控制在安全允许范围内。

待一定节段拱肋安装到位并具备安装横撑工作面时,进行横撑安装。横撑的安装方法为:拱肋在厂内加工时侧面先预留横撑焊接位置标记,并在横撑位置外侧下方焊接横撑限位板。逐根横撑通过汽车起重机吊装,缓慢放下搁置于限位板上(增焊加固码板),高空定位并组装为米字形,工人在空中操作平台上焊接横撑与拱肋对接焊缝。

(5)拱肋焊接

焊接施工前,必须进行焊接工艺试验评定。通过试验评定,确定各钢材焊接所需合理的焊条、焊剂、电流、电压、焊接方式、焊接速度和焊缝层数,以及平焊、立焊、仰焊的运条手法等。确定温度影响对构件几何尺寸及变形形态的影响程度,制定合理的焊接工艺与工艺规程,指导实际生产。专人负责垫块(保护层)的制作,要确保规格准确、数量充足,并达到足够的设计强度,垫块的安放要按照图纸要求布置,疏密均匀,起到可靠的保护作用。

拱肋嵌补段焊接前需将嵌补段钢板进行开坡口打磨处理。焊接时先焊接下弦管对接焊缝,再焊接拱肋上弦管对接焊缝,最后焊接腹板,钢管环焊缝由最低点向最高点对称焊接。每节拱肋的对接环焊缝至少焊三道，焊接完成后割掉临时连接的加肋板，再将加肋板处的焊缝补齐，焊接完成后将焊缝打磨平整，并进行无损探伤合格后，再焊接腹板。

①工厂焊缝

拱肋钢管制作、装配时，其纵缝、环缝均采用坡口焊，单面焊接双面成形，反面（管内）贴陶质衬垫。钢管方向应与钢板压延方向一致，尽可能增长单间长度，减少对接焊缝，矫圆后的短段，在拼接时宜将纵向对接焊缝错开 50cm 左右，并尽可能使纵焊缝处于缀板混凝土的范围内，缀板的横焊缝与弦管的环缝不要处于同一截面上，宜错开 100cm 左右。

②工地安装

弦管和横撑的纵缝、对接环缝要求采用自动焊、全熔透；缀板与弦管、缀板与缀板之间的对接焊缝为全熔透焊，有条件时采用自动焊；横撑主管与弦管、横撑连接短管与横撑主管之间，均为全熔透的对接和角接组合焊缝，有条件的可用自动焊，否则手工焊。拱肋合龙段，在定位后，须符合设计合龙温度时，方可焊接。

焊接施工以《钢结构工程施工质量验收规范》（GB 50205—2020）的规定为标准。焊缝外观质量要求成形美观、整齐，尺寸符合设计和工艺要求，做到无裂纹、无气孔、无夹渣、无焊瘤、无弧坑等焊接缺陷。焊缝在焊接完成 24h 后，均按设计要求全部做超声波探伤检查，10% 做 X 射线探伤检查。焊缝质量应达到《钢结构工程施工质量验收规范》（GB 50205—2020）的一级质量标准的要求。熔透性焊缝质量除要达到《钢结构工程施工质量验收规范》（GB 50205—2020）的一级质量标准外，焊缝强度要求和母材等强，焊缝高度 $h_e = s$，焊缝余高 c 应趋于零。

拱肋节段口微调措施：拱肋节段两对口间的局部调整采用"7"字形钢码板配合千斤顶调

整，在已经安装完成的拱脚预埋段拱肋端口设置"7"字形钢码板，在吊装的拱肋端口设置千斤顶，调整环口局部线形。调整到位后钢管拱肋对接焊缝环口间用"一"字形钢马板固定马缝。拱肋线性微调措施如图 3 所示。

图 3 拱肋线性微调措施照片

接口连接如图 4 所示，磨至见金属光泽，焊接采用药芯焊丝 E501T-1LCO$_2$ 气体保护焊，拱肋测量定位，节段对接接头螺栓施拧完成后进行现场对接焊接，焊缝等级为一级。焊接后打磨环焊缝余高直至焊缝余高趋近于零。

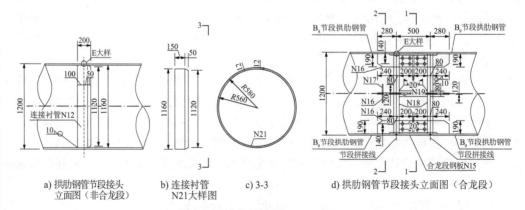

a) 拱肋钢管节段接头　　b) 连接衬管　　c) 3-3　　d) 拱肋钢管节段接头立面图（合龙段）
　 立面图（非合龙段）　　N21大样图

图 4　拱肋安装接头示意图（尺寸单位：mm）

腹板嵌补段装焊在节段管节焊接拼质检合格后完成，坡口形式及焊接方法与节段现场接管一致。拱肋安装完成后，进行横撑安装。共 11 道横撑，其中，中跨矮拼段 7 道，边跨 4 道。横撑对称进行安装，焊缝均为I级焊缝。拱肋吊装施工注意事项见表 3。

拱肋吊装施工注意事项表　　　　　　　　　　　　　表 3

序号	施工问题事项	后果影响	影响级别	解决方法
1	吊装拱肋的钢丝绳脱丝	拱肋起吊时钢丝绳断裂	严重	无法补救
2	在拱肋吊装前未测量鞍座中心点高程	拱肋落位测量后发现拱肋高程与设计不符	一般	拱肋高程偏高时采用割枪对鞍座进行修正，拱肋高程偏低重新更换鞍座
3	嵌补板加工弧度有误差	嵌补板与拱肋焊接时产生错缝	一般	采用千斤顶进行修正

4）安全风险及危害

拱肋施工过程中存在的安全风险见表 4。

拱肋拼装施工安全风险识别表　　　　　　　　　　　　　表 4

序号	安全风险	施工过程	致险因子	风险等级	产生危害
1	失稳坍塌	支架焊接	（1）未按设计图纸施工； （2）焊缝质量不合格； （3）未按规定设置管桩连接系及扶墙	I	梁面作业人员群死或群伤
		拱肋安装	拱肋吊装过程中，掉落砸坏支架		
		支架拆除	（1）结构拆除违章操作； （2）结构拆除无方案		
2	起重伤害	吊运物料	（1）起重吊装时人员站立吊装区域或从吊物下行走； （2）人员无证上岗、无证操作、违章指挥； （3）汽车起重机或塔式起重机违反"十不吊"原则； （4）起重吊装无安全限位等装置或安全装置失效； （5）起重机及卡环的钢丝绳磨损、断丝超标； （6）起重吊装时固定不稳或基础承载力不够导致起重机倾覆； （7）起重量与作业半径超过允许范围，发生倾覆	II	起重作业人员及受其影响人员死亡或重伤
3	高处坠落	支架与拱肋安装	（1）在高处作业时未系安全带； （2）恶劣天气作业踩空、滑倒； （3）身体有隐疾的施工人员进行高处作业； （4）夜间施工未安装足够照明	II	梁面或高空作业人员死亡或重伤
4	运输意外	材料运输	（1）地基处理不到位，架体安装不规范； （2）分块加工的成品运输时，未固定牢靠，导致滑落伤人； （3）运输过程中，由于超载、超速、路况恶劣或固定不当等原因，导致材料滑落伤人	III	驾驶人员及车辆附近人员死亡或重伤
		材料装卸	（1）材料装卸时不按照顺序进行，材料掉落砸伤人； （2）平板车上装运的材料超限，运行时损坏栈桥或便道，造成事故		
		线路规划	运输前未规划路线并提前探路，导致车辆倾覆		
5	触电事故	电路布置及电箱安装	（1）施工现场未采用TN-S接零保护系统，实行"三相五线"制施工用电； （2）施工现场、钢筋加工厂电线架设、埋线不规范，不符合现场安全生产要求； （3）临时用电存在乱拉乱接，未遵守"一机、一闸、一漏"和"三相五线"配置	III	焊接作业人员及电工触电死亡或重伤

续上表

序号	安全风险	施工过程	致险因子	风险等级	产生危害
5	触电事故	电路日常维护	（1）电闸箱内元件损坏而引发漏电保护器失灵，发生触电事故不能在规定时间内起到保护作用；	Ⅲ	焊接作业人员及电工触电死亡或重伤
			（2）电工经常不对临时用电设备设施进行检查	Ⅳ	
		接电施工	手提电动工具没有绝缘手柄	Ⅳ	
6	爆炸伤亡	支架施工与拱肋拼装	（1）小型机具设备老化、线路老化； （2）焊接或切割点与气瓶或其他易燃易爆品安全距离不够； （3）气瓶在高温天气无防护，导致温度过高，发生危险； （4）气瓶管路老化，压力表等保护装置损坏； （5）现场无消防设施或消防设施失效； （6）使用人员违规操作	Ⅲ	焊接作业人员及气瓶周边人员群死或群伤

5）安全风险防控措施

（1）防控措施

为防范以上安全风险，需严格落实各项风险防控措施。防控措施见表5。

拱肋施工安全风险防控措施表 表5

序号	安全风险	措施类型	防控措施	备注
1	失稳坍塌	质量控制	（1）现场技术人员严格按照设计图纸进行核对，支架按照设计图施工，完成后报监理验收； （2）现场临时支架，焊接完成后进行无损探伤检验，焊缝满足二级要求； （3）在吊装过程中检查钢丝绳、吊具，核对汽车起重机的起吊能力，均满足要求后，方可吊装	
2	起重伤害	安全防护	加强对现场作业人员安全教育，杜绝人员在起重吊装旋转臂下站立或行走	
		管理措施	（1）上岗培训制度，起重作业持证上岗； （2）加强对起重机驾驶员与司索工的安全教育，操作循章守纪； （3）进场前进行验收和试吊，并定期做维修保养； （4）班前进行检查，及时发现进行更换； （5）履带式起重机、汽车起重机必须停在牢固可靠的基础上才能起吊作业； （6）起重作业严格对起重机的吊重、吊高、吊幅进行复核，选择合适的起重机	
3	高处坠落	安全防护	（1）高处作业人员确保无隐疾，身体健康； （2）灯光照明必须满足现场施工安全要求； （3）施工作业人员配备工索具袋； （4）根据水上作业区域合理设置水上救生器材； （5）在施工现场及栈桥护栏设置防止溺水警示牌	
		管理措施	（1）施工作业人员在2m以上高处作业时必须系好安全带； （2）高处作业时必须穿绝缘防滑鞋，对上下爬梯和临边安装栏杆； （3）设立工索具固定存放点，随时注意下方是否有作业人员； （4）施工前对作业人员进行安全交底，水上作业必须穿救生衣	
4	运输意外	安全防护	驾驶员必须正规操作，严禁疲劳作业、酒后作业	
		管理措施	（1）平板车上材料使用钢丝绳固定牢固，运输前仔细检查； （2）提前将运输路线和路况规划好，防止出现事故； （3）严格按照通行限载规定装运材料，禁止超载运输； （4）运输前检查确定驾驶员按规定驾驶、构件绑扎牢靠、路况符合运输要求； （5）多个材料需要装卸时，应严格按照安全顺序，严禁胡乱抽取	

序号	安全风险	措施类型	防控措施	备注
5	触电事故	管理措施	（1）编制临时用电方案； （2）严格执行施工临时用电规范； （3）做好各类电动机械和手持电动工具的接地或接零保护，防止发生漏电； （4）严禁执行"三相五线"和"一机、一闸、一漏"的配置要求； （5）损坏元件实时进行更换； （6）电工必须每天检查、记录，并将记录上交给安质部	
6	火灾爆炸	安全防护	（1）气瓶存放和使用位置到达安全距离； （2）将气瓶存在阴凉处，设置专门的防护棚； （3）在现场布置有效的消防设施	
		管理措施	（1）对电焊机等小型机具根据老化程度进行报废处理； （2）定期对气瓶的管路和安全保护装置进行检查，发现不合格的要及时更换； （3）进行班前教育，特种作业人员持证上岗	

（2）工作纪律

除落实以上安全风险防控措施外，还应严格遵守以下工作纪律。

①防护用品：作业人员正确佩戴使用安全帽、安全带，穿防滑鞋及紧口工作服。

②班前讲话：每日上工前，由班组长开展班前讲话，将当日作业内容、存在的安全风险及危害、防范措施、作业要点等告知全部作业人员。

③工前检查：每日班前讲话后，对工人身体状态、防护用品使用、现场作业环境等进行例行检查，发现问题及时处理。

④维护保养：做好安全防护设施、安全防护用品、起重设备机具等的日常维护保养，发现损坏或缺失，及时修复或更换。

6）质量标准

支架及拱肋焊缝外观应达到的质量标准及检验方法见表6。

支架及拱肋焊缝外观质量验收标准表　　　　表6

序号	检验项目	质量要求		检查方法	检验数量
		一级焊缝	二级焊缝		
1	裂纹	不允许	不允许	查看	全部
2	未焊满	不允许	不允许	查看	全部
3	根部收缩	不允许	不允许	查看	全部
4	咬边	不允许	咬边深度 ≤ 0.05t（t为连接处较薄的板厚）且 ≤ 0.3mm，连续长度 ≤ 100mm，且焊缝两侧咬边总长 ≤ 10%焊缝全长	尺量	全部
5	电弧擦伤	不允许	不允许	查看	全部
6	接头不良	不允许	不允许	查看	全部
7	表面气孔	不允许	不允许	查看	全部
8	表面夹渣	不允许	不允许	查看	全部

钢管拱肋节段预拼装应达到的质量标准及检验方法见表7。

钢管拱肋节段预拼装允许偏差表 表7

序号	检查项目	质量要求	检查方法	检验数量
1	节段水平长度	±5.0mm		
2	预拼总长	±5.0mm		
3	拱肋内弧线偏离	±8mm		
4	节段端口环缝对接错边量	1/10壁厚且不大于2.0mm	测量	全部
5	缝口间隙	≤5mm		
6	吊杆孔水平间距误差	2.0mm		
7	坡口角度	±5°		

钢管拱肋节段拼装应达到的质量标准及检验方法见表8。

拱肋节段拼装允许偏差及检验方法表 表8

序号	检查项目	质量要求	检查方法	检验数量
1	内弧偏离设计弧线	8		
2	吊装成拱后横向位置	跨径的1/6000		
3	吊装成拱后竖向位置	10		
4	拱肋管口中心距	±5		
5	拱肋接缝错台	0.2倍壁厚且不大于3	测量检查	全部
6	拱顶及1/4、3/4拱跨处高程	按设计要求		
7	拱脚预埋位置	竖向2 横向5、纵向5		
8	吊杆孔水平位置	横向3，纵向10		
9	吊杆孔高程	±5		

拱肋焊缝尺寸验收标准表应达到的质量标准及检验方法见表9。

拱肋焊缝尺寸验收标准表 表9

项目	检查项目	质量要求	检查方法	检验数量
焊脚尺寸	对接与角接组合焊缝h_k	0		承受静荷载的一级焊缝和承受动荷载的焊缝每批同类构件抽查15%，且不应少于3件；被抽查构件中，每种焊缝应按条数各抽查5%，但不应少于1条；每条应抽查1处；总抽查数不应少于10处
		+2.0mm		
	角焊缝h_f	−1.0mm		
		+2.0mm		
	手工焊角焊缝h_f（全长的10%）	−1.0mm	焊缝量规检查	
		+3.0mm		
焊缝高低差	角焊缝	≤2.0mm（任意25mm范围高低差）		
余高	对接焊缝	≤2.0mm（焊缝宽b≤20mm）		
		≤3.0mm（b>20mm）		
余高铲磨后表面	横向对接焊缝	表面不高于母材0.5mm		
		表面不低于母材0.3mm		
		粗糙度50μm		

7）验收要求

支架搭设各阶段的验收要求见表10。

支架搭设各阶段验收要求表　　　　　　　　　　　　　　　　表 10

序号	验收项目		验收时点	验收内容	验收人员
1	资料验收		支架施工过程中	（1）施工人员是否经过培训，特种作业人员是否持证上岗； （2）安全、施工技术交底是否逐级进行直到作业层，各级签字是否齐全真实，交底内容是否符合方案和规范的要求； （3）纸质版资料：支架立柱材料以成品租赁方式进场需提供该公司营业执照，厂家资质证书，立柱成品焊缝检测报告；支架施工图纸、支架材料验收报验申请单、现场焊接的支架焊缝检测报告、支架结构受力计算书、支架验收记录表	安质部部长、工程部部长、试验室主任、现场工程师
2	基础处理		支架安装前	基础类型、尺寸、预埋件是否与方案相符	工程部部长、现场工程师、班组长及技术员
3	支架组拼	钢管	支架组拼过程中	（1）管径、壁厚、数量、布设形式是否满足施工方案； （2）竖直度符合要求； （3）各类法兰盘栓接或焊接连接是否牢固	物资部部长、工程部部长、现场工程师、关人员、班组长及技术员
		工字钢		（1）分配梁拼接方式符合施工方案； （2）分配梁纵向连接牢固； （3）防侧移、翻转的措施是否到位	
4	支架安装		支架安装过程中	钢管柱安装顺序是否按照既定方案操作规程操作	项目-总工程师、安全总监、现场副经理、工程部部长、安质部部长、现场工程师、班组长及技术员
			支架安装完成后	（1）钢管柱底部连接是否牢固；其接触面是否存在间隙；是否焊接加强肋板；横向连接情况； （2）每段钢管法兰连接螺栓是否齐全、紧固； （3）分配梁是否设置加强肋板； （4）楔形块是否采取防滑动措施	
5	其他	作业环境	支架安装完成后	（1）上下通道是否牢靠，周边防护是否到位； （2）外侧应有一定的宽度方便作业，支架系统的搭设宽度应考虑这一点	项目-总工程师、安全总监、现场副经理、工程部部长、安质部部长、现场工程师、班组长及技术员
		安全防护	支架安装前	开关箱、配电箱设置是否符合要求，用电线路的架设是否符合要求，施工现场消防器材配置情况，各类标识标牌是否到位	

拱肋各阶段的验收要求见表11。

拱肋拼装施工各阶段验收要求表　　　　　　　　　　　　　　表 11

序号	验收项目		验收时点	验收内容	验收人员
1	资料验收	原材料质保资料	拱肋进场后	对照设计图纸材料表中的所有规格的材料，一一核对	项目质量负责人，物资部部长，工程部部长，试验室负责人，现场工程师，监理单位相关人员
		试验检测资料		（1）按照铁路钢桥制造规范中有关原材料抽检要求的频率，核查所有原材料进场复验试验检测报告； （2）按照设计图纸有关焊缝质量要求，以及焊缝检验清册中所列的所有焊缝，核对所有焊缝的无损检测报告； （3）核对焊缝质量等级是否与设计图纸一致，无损检测频率是否与探伤清册中所标明的频率一致	

序号	验收项目		验收时点	验收内容	验收人员
1	资料验收	拱肋整体预拼资料	拱肋进场后	核查预拼装错台、间隙是否满足验标要求，线形（拱肋轴线）是否满足设计及验标要求	项目质量负责人，物资部部长，工程部部长，试验室负责人，现场工程师，监理单位相关人员
		发运清单		检查发运清单所列明的构件名称和数量是否与到场的一致，是否有驻厂监理的签字	
2	拱肋进场验收	完整性	拱肋进场后	是否按设计图纸要求完成了所有应在工厂内完成的项目	项目-总工程师，工程部部长，试验室负责人，现场工程师，监理单位相关人员，班组长及技术员
		外观质量		焊缝及涂装是否有可见的质量缺陷，内外清洁情况，结构及涂层是否有损坏情况	
		几何尺寸		节段长度（以控制接口间隙为主）、钢管直径、钢管椭圆度、拱肋管口中心距	
		涂层检测		漆膜总厚度	
3	拱肋成拱	拱肋拼装	过程中	详见《拱肋节段拼装允许偏差及检验方法表》（表8）	
		拱肋焊接	成拱后	详见《拱肋焊缝尺寸验收标准表》（表9）	

8）应急处置

（1）处置原则

施工过程中一旦发生险情或事故，应停止作业，切勿慌乱，切忌盲目施救。在保证自身安全的情况下按照处置措施要求科学开展施救，并及时向项目管理人员×××报告相关情况。

（2）处置措施

失稳坍塌：当出现钢梁坍塌征兆时，发现者应立即通知坍塌影响作业区域人员撤离现场，并及时报告项目部进行后期处置。

触电事故：发现人员触电立即切断电源，若无法及时断开电源，可用干木棒、皮带、橡胶制品等绝缘物品挑开触电者接触的带电物，之后解开妨碍呼吸的紧身衣服，检查口腔，清理口腔黏液并立即就地抢救。如触电者呼吸停止，应采用人工呼吸法抢救；如心脏停止跳动，应采用胸外心脏按压法抢救。

火灾：当发现初起火灾时，应就近找到灭火器对准火苗根部灭火；当火灾难以扑灭时，应及时通知周边人员捂住口鼻迅速撤离。

其他事故：当发生高处坠落、起重伤害、机械伤害等事故后，应立即采取措施切断或隔断危险源，疏散现场无关人员；然后对伤者进行包扎等急救，向项目部报告后原地等待救援。

附件1：《×××特大桥拱肋结构设计图》（略）
附件2：《×××特大桥拱肋拼装支架设计图》（略）

42 钢桁梁拱肋施工安全技术交底

交底等级	三级交底	交底编号	III-042
单位工程	×××大桥	分部工程	钢桁梁拱肋架设
交底名称	钢桁梁拱肋施工	交底日期	年　月　日
交底人	分部分项工程主管工程师（签字）	审核人	工程部长（签字）
批准人	总工程师（签字）	确认人	专职安全管理人员（签字）
		被交底人	班组长及全部作业人员（签字，可附签字表）

1）施工任务

×××大桥主桥拱肋 A16—A38 节间钢桁拱架设施工，如图1、图2所示。

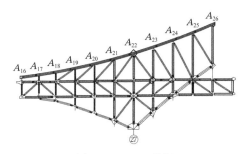

图1　A_{16}—A_{26}节间

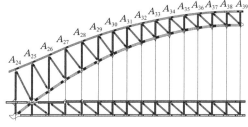

图2　A_{24}—A_{39}节间

2）工艺流程

钢梁进场、存放→钢梁预拼→钢梁运输→钢梁架设→冲钉普栓固定→高强度螺栓施拧。

3）作业要点

（1）杆件进场检查

每一批杆件进场后，对杆件的基本尺寸、偏差、杆件扭曲、焊缝开裂，以及由于运输和装卸不当造成的油漆、摩擦面损伤等情况进行详细检查并登记造册。经监理工程师签认后，对存在缺陷的部位由钢梁制造厂家按规定处理，合格的杆件进场存放。

（2）杆件存放

杆件堆放场地应平整稳固、排水良好，杆件底应与地面留有 10～25cm 的净空；杆件支点应设于在自重作用下杆件不致产生永久变形处，同类杆件多层堆放不宜过高，各层间垫块应在同一垂直线上，斜杆叠放不宜超过三层，平联或横联杆件最多不得超过五层；放置主桁弦杆、斜杆、大竖杆应将其主桁面内的板竖立，放置纵、横梁应将腹板竖立，多片排列时，应设置支撑，用螺栓将各杆件彼此连接；节点板和小部件也应分类堆放整齐，便于选用；带有整体节点的上、下弦杆不得叠放，存放场应有翻身设备；吊装作业时，应防止碰撞钢梁杆件，不得损伤杆件边棱及焊缝，不得油污摩擦面；为防止整体节点杆件在装卸、倒运、翻身过程中操作不当引起杆件变形，需使用专门的吊具，并严格执行操作细则。

（3）钢梁预拼

钢梁预拼的主要目的是在预拼场内按设计图准确无误地将接头所有拼接板事先带在构件上随杆件一起吊装，以便杆件对接时尽量一次性完成各拼接面的连接，避免桥上二次吊装，防范吊装安全风险。板面之间的摩擦系数是影响栓接强度的一个重要因素，预拼前在工地要对板面进行摩擦系数试验，满足 $f \geqslant 0.45$ 后方可使用。

①预拼准备

根据设计图绘制预拼图；预拼单元质量不得超过起重机额定起重质量。图内应绘出杆件平立面，注明组拼在一起的各部件位置、编号和数量，并标示出组拼后的质量和重心位置以便吊装。复查栓焊梁弦杆、斜杆、竖杆两端拼接部分宽度；用卡具测量相邻两根弦杆的宽度，偏差达到 2mm 时，应在宽度较小的杆件表面加垫经喷砂处理过的薄钢板。根据杆件预拼图，清查预拼杆件的编号和数量。

根据设计图和工厂提供的技术资料，注意识别钢梁部件特征，逐件校核弦杆、竖杆、节点板等编号是否正确。应特别注意加工预拱度要求导致下弦节点板和拼接板有正常、伸长、缩短等类型。下弦节点系统成一折线的，要分清弦杆拼接板的上下方，注意折线是上拱或是下垂。此外还要分清左右，避免用错。对下弦与竖杆构成左右不同交角的钢梁，要复查杆件上的方位标记是否正确，缺少标记的要补充。

拼装冲钉的公称直径宜小于设计孔径 0.1～0.2mm，应与工厂试拼中所用冲钉直径相同。冲钉圆柱部分的长度应大于板束厚度，冲钉采用 45 钢制作，进场检查验收合格后方能使用。冲钉使用多次后，经检查冲钉直径偏小时应予更换。

②预拼工艺

待安装的钢梁杆件组合单元，应在节点板和拼接板位置标出桥上安装的高强螺栓长度、数量、拼装方向、质量和重心位置，但标示线不得侵入高强螺栓的垫圈范围。杆件组拼成单元栓合后，均应经值班技术人员检查，填写组拼杆件登记卡，须经质检人员检查安装位置的匹配尺寸和连接处摩擦面质量等，并验收签证后方可上桥安装。预拼前应复验节点表面磨擦系数。

（4）钢梁架设

下弦杆、部分上弦杆、下拱肋、竖杆及桥面板均采用专用吊耳式吊具吊装，其余杆件均采用专用的捆吊吊具吊装。对孔杆件起吊就位后对孔时，在栓孔基本重合的瞬间（相错在 10mm以内）将小撬棍插入孔内拨正，然后微微起落吊钩，使杆件转动对合其他孔眼。弦杆及拱肋先对近端孔眼，竖杆先对下端孔眼，斜杆先吊成较陡状态，待下端对合后再徐徐降低吊钩对合上端。对合弦杆时，可用扁铲式小撬棍引导，必要时用牵引器或导链滑车拉入节点板内。

（5）冲钉普通螺栓固定

穿入钉栓对好孔眼后，先在栓孔群四周打入 4 个定位冲钉，随即安装 4～6 个普通螺栓（两侧带垫圈），确认板缝间无任何杂物时，即拧紧螺栓，同时安装其余栓孔的冲钉和螺栓。杆件悬臂拼装时，需按孔眼总数的 50%均匀分布打入冲钉并安装 25%～30%的普通螺栓，螺栓拧紧后方能松钩。

（6）高强螺栓施拧

高强螺栓拧紧分两步进行，即初拧和终拧。初拧值取终拧值的 50%，初拧完毕，逐一敲击检查，初拧时螺栓头用专用工具卡住防止转动，否则影响扭矩值而超拧；初拧后对每个螺栓用敲击法进行检查，检查无漏后即进行终拧；终拧采用扭矩法，用电动扳手或带响扳手将初拧后的螺栓拧紧到终拧值，考虑到螺栓预拉力的损失及误差，实际终拧扭矩按设计预拉力提高10%。终拧后螺栓端部涂上红色油漆标记。

①施拧步骤

高强螺栓施拧严格按下列步骤进行：

a. 在既没有打入冲钉又没有安装普通螺栓的栓孔安装相应高强螺栓，安装顺序由节点中心向四周扩散，用梅花扳手将其拧紧。

b. 逐个将普通螺栓更换为高强螺栓，更换顺序由节点中心向四周扩散，用梅花扳手将其拧紧。

c. 对已用梅花扳手拧紧的高强度螺栓用标定好的初拧扳手进行初拧，并做初拧标记。施拧顺序由节点中心向四周扩散。

d. 分批将冲钉退出，更换成高强螺栓，进行初拧，并做初拧标记。一次卸下的冲钉数量，最多不超过冲钉总数的20%。

e. 对所有初拧后的高强螺栓进行终拧。终拧顺序由节点中心向四周扩散，同时用红色油漆做好终拧标记。一般初拧、终拧应在同一个工作日内完成。

②扳手管理

对桥上施拧用的各种扳手进行编号建档，设专人管理。每日上桥前对各种使用扳手进行标定，下桥后进行复验、造册登记校正和复验记录，发现异常或误差大于规定值的3%时停止使用。当班施拧的螺栓全部进行复检。使用完的带响扳手，检查后即放松弹簧，特别注意的是，电动扳手的输出扭矩随拧紧时间的增长有逐渐增大的趋势。因此在标定电动扳手前空转几分钟或先拧若干个旧螺栓，使其恢复正常输出扭矩。高温季节要限定电动扳手的连续使用时间，控制箱要遮荫，以消除其输出扭矩误差。

4）安全风险及危害

钢桁拱肋架设施工安全风险见表1。

钢桁拱肋架设施工安全风险识别表　　　　　　　　表1

序号	安全风险	施工过程	致险因子	风险等级	产生危害
1	触电	钢结构焊接临时用电	（1）未采用三级配电系统、接零、漏电保护系统； （2）TN-S 接零保护系统中的电气设备的金属外壳没有与保护零线连接； （3）电缆线路未采用埋地或架空敷设，或未采取避免机械损伤和介质腐蚀的措施； （4）电缆直接埋地敷设的深度小于 0.7m，未设置保护层保护电缆； （5）开关箱与其控制的固定式用电设备的水平距离超过 3m； （6）分配电箱与开关箱的距离超过 30m； （7）存在用同一个开关箱直接控制 2 台及 2 台以上用电设备（含插座）的现象； （8）配电箱、开关箱外形结构不能防雨、防尘； （9）分配电箱未装总隔离开关、分路隔离开关以及总断路器、分路断路器或总熔断器、分路熔断器	I	触电伤亡

序号	安全风险	施工过程	致险因子	风险等级	产生危害
2	火灾	焊接及火焰切割	（1）焊接和切割未采用不可燃或耐火屏板（或屏罩）加以隔离保护； （2）气瓶仪表损坏（减压阀、回火阀等）； （3）气瓶距离明火距离小于10m； （4）氧气瓶、乙炔瓶未分开存放	II	容器爆炸、引起火灾
3	起重伤害	钢梁吊装、吊运物料	（1）起重机械运动部分与建筑物、设施、输电线的安全距离不够； （2）主要受力结构件存在缺陷； （3）未按照规定设置防脱钩装置，或者防脱钩装置失效； （4）吊装业作区四周未设置明显标志或警戒区；夜间施工没有足够的照明； （5）起重设备通行道路不平整、不坚实； （6）吊物下方站人，未保持一定的安全距离； （7）大雨、雾及六级以上大风等恶劣天气进行吊装作业； （8）大雨天后未及时清理冰雪并应采取防滑和防漏电措施； （9）开始起吊时，未先将构件吊离地面200～300mm后停止起吊，并检查起重机的稳定性、制动装置的可靠性、构件的平衡性和绑扎的牢固性等； （10）已吊起的构件长久停滞在空中； （11）被吊物品未绑扎牢固，存在散落风险； （12）起重机作业前未将支腿全部伸出，未支垫牢固	I	起重作业人员及受其影响人员死亡或重伤
4	高处坠落	钢梁架设、高强螺栓施拧	（1）钢梁架设作业人员未系好安全带； （2）高强螺栓施拧人员未系好安全带； （3）下弦杆未设置好防坠落安全网	II	高处坠落伤亡、落水淹溺伤亡
5	车辆伤害	钢梁架设、吊装物料、车辆运输物料	（1）汽车起重机、履带式起重机等未按照规定做好支撑； （2）回转式起重车辆四周未设置安全警戒、起重车辆工作期间无人值守； （3）施工场地内车辆未按照规定限速行驶	II	车辆侧翻、回转碰撞伤害、车辆超速伤害

5）安全风险防控措施

（1）防控措施

为防范以上安全风险，需严格落实各项风险防控措施。防控措施见表2。

钢桁拱肋架设施工安全风险防控措施表　　　　　　表2

序号	安全风险	措施类型	防控措施	备注
1	触电	安全防护	（1）用电作业必须穿绝缘胶鞋，戴绝缘手套； （2）开关必须严格落实以闸一机，并配有完好的漏电保护	
		管理措施	进行现场巡视，专业电工每日巡查制度，定期检查执行情况	
2	火灾	安全防护	（1）按规定放置灭火器、灭火沙池等灭火装备； （2）易燃可燃物与动火作业区必须严格分开，且现场动火作业区下风向位置无可燃物	
		管理措施	（1）动火作业需有现场专职安全生产管理人员旁站； （2）定期检查气瓶、气管、焊枪等作业设备	
3	起重伤害	安全防护	（1）起吊前，检查吊具； （2）定期维护保养，损坏部件及时更换； （3）对起重作业人员进行安全培训，现场管理人员落实安全责任	

序号	安全风险	措施类型	防控措施	备注
3	起重伤害	管理措施	（1）现场管理人员加强巡视； （2）起吊前检查，发现隐患及时更换； （3）做好起重设备及特种作业人员的进场验收管理，保证设备性能、人员技能满足要求，设备及人员证件齐全有效； （4）做好钢丝绳或吊带、卡扣、吊钩、对讲机等日常检查维护，确保使用性能满足要求； （5）吊装作业专人指挥，严格执行"十不吊"； （6）起重机回转范围外侧设置警戒区	
4	高处坠落	安全防护	（1）高空作业必须按规定戴好安全带； （2）高空防坠网固定牢靠，并定期检查	
		管理措施	（1）现场管理人员加强巡视； （2）大风天气停止作业	
5	车辆伤害	安全防护	（1）施工现场设置限速标志牌及减速带，提醒车辆驾驶员减速行驶； （2）特种兵作业车辆工作时，必须放置安全锥桶，同时亮起警示灯	
		管理措施	（1）现场管理人员加强巡视，加强施工现场车辆进出管理； （2）特种作业车辆工作人员必须做到持证上岗，落实一人一证； （3）特种作业车辆工作时应有安全员在场警戒	

（2）工作纪律

除落实以上安全风险防控措施外，还应严格遵守以下工作纪律。

①防护用品：作业人员正确佩戴使用安全帽、安全带，穿着防滑鞋及紧口工作服。

②班前讲话：每日上工前，由班组长开展班前讲话，将当日作业内容、存在的安全风险及危害、防范措施、作业要点等告知全部作业人员。

③工前检查：每日班前讲话后，对工人身体状态、防护用品使用、现场作业环境等进行例行检查，发现问题及时处理。

④维护保养：做好安全防护设施、安全防护用品、起重设备机具等的日常维护保养，发现损坏或缺失，及时修复或更换。

6）质量标准

钢桁拱肋拼装施工的质量标准及检验方法见表3。

钢桁拱肋拼装施工质量检查验收表 表3

序号	检查项目		质量要求/允许偏差（mm）	检查方法	检验数量
1	冲钉和高强螺栓总数量	支架拼装	≥孔眼总数1/3，其中冲钉占2/3，孔眼较少部位≥6个	观察	全部
2		悬臂或半悬臂拼装	冲钉≥孔眼总数1/2，其余孔眼布置高强螺栓，均匀安装	观察	全部
3	拴接板面及栓孔		洁净、干燥、平整	观察	全部
4	终拧扭矩		欠拧和终拧值≤规定值10%,每个栓群或节点检查合格率≥80%	扭矩扳手或量角器	全部
5	墩台处横梁中线与设计线路中线偏移		10	测量	全部
6	两孔间相邻横梁中线相对偏差		5	测量	全部
7	墩台处横梁顶与设计高程偏差		±10	测量	全部

序号	检查项目		质量要求/允许偏差（mm）	检查方法	检验数量
8	两主桁相对节点位置	支点处相对高差	梁宽 1/1000	测量	全部
9		梁跨中心节点处相对高差	梁宽 1/500	测量	全部
10		跨中其他节点处相对高差	根据支点及跨中节点高差按比例增减	测量	全部

7）验收要求

钢桁拱肋施工各阶段的验收要求见表4。

钢桁拱肋施工各阶段验收要求表　　　　表4

序号	验收项目		验收时点	验收内容	验收人员
1	材料及构配件		钢梁进场后、预拼前	材质、规格尺寸、焊缝质量、外观质量	项目物资、技术管理人员，班组长及材料员、监理
2	钢梁预拼		钢梁正式吊装前	钢梁型号、尺寸，拼接板型号、数量，拼接板孔位尺寸	项目技术员、班组技术员
3	钢梁架设	冲钉普栓固定	钢梁架设过程中，高强螺栓初拧前	冲钉、普栓数量及直径大小、分布情况	项目技术员、测量人员，班组长及技术员、监理
		高强度螺栓施拧	高强螺栓打磨除锈前	施拧方法、扳手班前检查、初拧扭矩、终拧扭矩、高强螺栓数量	项目技术员、测量人员，班组长及技术员、监理

8）应急处置

（1）处置原则

施工过程中一旦发生险情或事故，应停止作业，切勿慌乱，切忌盲目施救。在保证自身安全的情况下按照处置措施要求科学开展施救，并及时向项目管理人员×××报告相关情况。

（2）处置措施

失稳坍塌：当出现钢梁坍塌征兆时，发现者应立即通知坍塌影响作业区域人员撤离现场，并及时报告项目部进行后期处置。

触电事故：发现人员触电立即切断电源，若无法及时断开电源，可用干木棒、皮带、橡胶制品等绝缘物品挑开触电者接触的带电物，之后解开妨碍触电者呼吸的紧身衣服，检查口腔，清理口腔黏液并立即就地抢救。如触电者呼吸停止，应采用人工呼吸法抢救；如心脏停止跳动，应采用胸外心脏按压法抢救。

火灾：当发现初起火灾时，应就近找到灭火器对准火苗根部灭火；当火灾难以扑灭时，应及时通知周边人员捂住口鼻迅速撤离。

其他事故：当发生高处坠落、起重伤害、机械伤害等事故后，应立即采取措施切断或隔断危险源，疏散现场无关人员，后对伤者进行包扎等急救，向项目部报告后原地等待救援。

43 拱肋整体提升安全技术交底

交底等级	三级交底	交底编号	III-043
单位工程	×××特大桥	分部工程	钢管混凝土拱
交底名称	拱肋整体提升	交底日期	年　月　日
交底人	分部分项工程主管工程师（签字）	审核人	工程部长（签字）
批准人	总工程师（签字）	确认人	专职安全管理人员（签字）
		被交底人	班组长及全部作业人员（签字，可附签字表）

1）施工任务

×××特大桥（90＋200＋90）m 连续刚构拱单侧拱肋划分为三大段＋外加两个小合龙段，分别为两个边跨拱肋、一个中跨提升段拱肋及两个小合龙段，跨度为 39.007m＋0.45m（合龙段）＋121.086m＋0.45m（合龙段）＋39.007m，两边跨采取原位拼装施工方法，中跨采取整节段提升吊装施工方法。支架安装如图 1、图 2 所示。

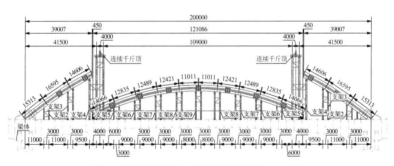

图 1　总体支架布置图（尺寸单位：mm）

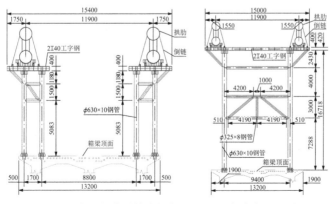

图 2　边跨和中跨拼装支架断面图（尺寸单位：mm）

2）工艺流程

拱肋提升设备进场→提升设备安装调试→拱肋提升→拱肋合龙焊接。

3）作业要点

（1）施工准备

每道工序施工前需对施工班组进行安全技术交底；每日施工前班组长及工程师需对施工作业人员进行班前讲话；材料及设备进场后，配合项目物资及技术管理人员进行进场验收，验收合格方可使用。整理材料存放场地，确保平整坚实、排水畅通、无积水。

（2）拱肋提升设备进场

拱肋提升分为水平张拉和整体提升两部分，所需设备及材料见表1、表2。

水平张拉设备材料表 表1

序号	名称	数量	技术参数	备注
1	水平张拉千金顶	8 台	200t/台	型号：TL-J-2000
2	液压泵站	4 台		型号：CPDY14-2D
3	锚具	8 件		12 孔锚具
4	夹片	96 件		
5	钢绞线	48 根	ϕ17.8mm	长度现场测量

整体提升设备材料表 表2

序号	名称	数量	技术参数	备注
1	液压提升千金顶	4 台	200t/台	型号：TL-J-2000
2	液压泵站	2 台		型号：CPDY14-2D
3	同步提升控制系统	1 套		型号：TS20-2D
4	锚具	8 件		12 孔锚具
5	夹片	96 件		
6	钢绞线	96 根	ϕ17.8mm	长度现场测量

（3）拱肋提升设备安装（含卸落）

拱肋提升分为水平张拉和整体提升两部分，水平张拉需安装 8 台 200t 千斤顶，每台千斤顶皆与对应的油压泵站相连。安装千斤顶前需对提升支架焊缝、拱肋焊缝、拱肋整体提升和水平张拉的锚槽全部进行焊缝检测，合格率需为 100%，钢绞线需进行力学性能等试验检测，使用前应对其进行外观检查，钢绞线应无松股、断丝、硬折弯、电弧灼伤、锈蚀麻点现象。水平张拉钢绞线安装完成后安装千斤顶，拱肋提升段每个端头处布置 2 台千斤顶，每个千斤顶采用 4 个"7"字形 2cm 厚钢板进行固定。整体提升需安装 4 台 200t 千斤顶，在提升支架分配梁两侧分别布置 2 台 200t 千斤顶，每台千斤顶采用 4 个"7"字形 2cm 厚钢板进行固定，整体提升钢绞线下料完毕后使用单端锚具整束固定，采用起重机吊运至提升架分配梁顶部后再逐根钢绞线穿过拱肋整体提升的锚槽固定，且在提升千斤顶附近安装钢绞线导向装置。拱肋合龙段焊接完成后需先逐个放张水平张拉钢绞线荷载，左右两侧需要对称释放。后同步缓慢释放提升钢绞线载荷，最终成拱。拱肋水平和提升千斤顶具体布置见如图3、图4所示。

图3　拱肋1/4水平张拉设备　　　图4　拱肋1/2提升张拉设备
　　　　现场站位图　　　　　　　　　　　现场站位图

（4）拱肋提升

提升系统由数控系统控制箱、液压泵站、提升顶、传感器组成。数控系统基于 PLC、触摸屏、传感器、变频调速组成的闭环控制系统，系统根据传感器反馈的信号对相对应的电磁阀进行控制从而控制提升顶千斤顶或自动工具锚，从而控制提升顶自动提升或下放。提升或下放过程千斤顶上的位移传感器实时检测千斤顶位移，系统自动计算每台千斤顶的位移偏差，通过调节变频器频率来调节系统流量来控制每台千斤顶位移偏差，确保在设定范围内达到同步提升或下放。操作方式为触摸屏操作，可自动提升、自动下放、手动操作。自动提升（下放）过程中系统实时监测当前的千斤顶位移、压力、锚具状态，如果超出设定参数系统会暂停工作并弹窗报警，待故障排除后恢复正常工作。拱肋提升整体节段质量约 495.5t，单侧拱肋水平张拉力为 3030kN，单拱吊索张拉力为 1510kN。拱肋提升过程中提升架顶部及提升段端头皆需安排现场施工人员盯控并配备对讲机，如发现异常及时采用对讲机通知停止施工，排除问题后方可继续施工。

现场施工作业人员配置如下：现场总指挥 1 人，技术总负责 1 人，安全总负责 1 人，水平张拉端头各配置观察员 1 人，整体提升千斤顶各配置观察员 1 人，在拱肋提升段两侧各配置测量监测人员 2 人、1 台全站仪、技术员 1 人、安全员 1 人。张拉液压泵站各配置操作手 1人，同步提升控制系统调控员 1 人。现场需配备焊机和割枪各 2 台及相应操作人员，预防发生突发情况。

①提升准备

拱肋提升前要密切关注天气预报，阴雨大风天气不得施工；合龙前应安排至少 72h 的连续温度观测，提升时风速不得大于 4 级（风速为 5.5～7.9m/s），焊接合龙段时温度为 13℃±5℃。张拉及提升设备及配件和钢绞线必须带有合格证，千斤顶带有校顶检测报告，且张拉及提升千斤顶需进行空载试验和 3 次重载试验。对提升支架及拱肋提升张拉锚槽进行焊缝检测，不得出现漏焊现象，支架基础保证牢固。

提升支架纵横分配梁和柱头必须形成整体、焊接牢固，并在每根分配梁端头焊接 3 道 2cm厚的加劲钢板（对加劲板四周进行满焊）。水平张拉和提升操作平台需加工牢固，空间满足操作需求，提升操作平台还需安装提升钢绞线导向固定装置，避免提升千斤顶遭受水平推力。必须对拱肋张拉锚槽及加劲板进行焊缝检测，且所有焊缝满足规范要求。施工前将提升作业区拉上警戒线，除作业人员外不得随意进入警戒区。提升前在每侧拱肋上安装避雷针，拱肋合龙焊接时需对焊接作业处的钢绞线进行防护，避免钢绞线淬火。拱肋提升前需排查提升空间是否有异物阻碍。

②正式提升

将提升和水平张拉钢绞线进行拉紧，解除拱肋鞍座锁定。同步预张拉提升钢绞线，载荷20%，4件提升液压顶载荷各302kN。同步预张拉水平钢绞线，载荷20%，8件水平张拉顶载荷各303kN，检查是否同步良好。同步预张拉提升钢绞线，累计载荷40%，4件提升液压顶载荷各604kN。同步预张拉水平钢绞线，累计载荷40%，8件水平张拉顶载荷各606kN，同步良好。同步预张拉提升钢绞线，累计载荷60%，4件提升液压顶906kN。同步预张拉水平钢绞线，累计载荷60%，8件水平张拉顶载荷各909kN，同步良好。同步整体提升拱肋，提升千斤顶同时分级累加载荷（累加载荷80%，1208kN；累加载荷90%，1359tkN；累加载荷95%，1434.5kN；累加载荷100%，1510kN；）如加载过程中拱肋达到悬空状态，保持悬空10cm后停止提升加载，复测提升段钢管拱与两侧钢管拱的横桥向相对位置，采用提升控制系统进行调整。中部拱肋水平同步张拉至理论线形。水平张拉千斤顶同时分级累加载荷（累加载荷80%，1212kN；累加荷载90%，1363.5kN；累加载荷95%，1439.3kN；累加载荷100%，1515kN），在加载过程中如水平张拉达到理论线性可暂停张拉。

整体悬停，悬停时间不小于2h。检查提升支架及基础、钢管拱应力、提升设备等正常。整体提升试验3次，提升行程500mm。提升试验过程中应确保钢管拱与支架有无触碰及其他风险。切割两侧支架6～9号。切割过程无坠落风险，水平张拉钢绞线防护到位。整体同步提升，实时风速不大于4级，拱肋不与立柱触碰，提升过程拱肋应力在正常范围内。提升速度宜控制在6～12cm/min范围内，每提升2m需对拱顶及拱脚位置处进行测量，实际高程与设计高程的偏差量不得超过5mm。整体提升到位，横桥向将千斤顶顶升到位。调整线形满足后续合龙要求。

测量合龙口尺寸，根据每日监测数据配切合龙口。合龙段口焊接，焊接完成后探伤。释放提升钢绞线载荷，同步缓慢释放提升钢绞线载荷，如图5～图7所示。

图5　现场解除拱肋鞍座锁定图　　　　图6　现场拱肋提升监测图

图7　现场拱肋提升过程中照片

（5）拱肋合龙焊接

焊接施工前，必须做焊接工艺试验评定。通过试验评定，确定各钢材焊接所需合理的焊条、焊剂、电流、电压、焊接方式及速度和焊缝的层数，以及平焊、立焊、仰焊的运条手法等，确定温度影响对构件几何尺寸及变形形态的影响程度，制定合理的焊接工艺与工艺规程，指导实际生产。专人负责垫块（保护层）的制作，要确保规格准确，数量充足，并达到足够的设计强度，垫块的安放要按照图纸要求布置，疏密均匀，起到可靠的保护作用。拱肋合龙段焊接前需将合龙段钢管及嵌补板进行开坡口及打磨处理；焊接时先焊接下弦管对接焊缝，再焊接拱肋上弦管对接焊缝，最后焊接腹板。钢管环焊缝由最低点向最高点对称焊接。每节拱肋的对接环焊缝至少焊三道，焊接完成后割掉临时连接的加肋板，再将加肋板处的焊缝补满。焊接完成后将焊缝打磨平整，并进行无损探伤检查，检查合格后再焊接腹板。

焊缝在焊接完成 24h 后，均按设计要求全部做超声波探伤检查，10% 做 X 射线探伤检查。焊缝质量应达到《钢结构工程施工质量验收规范》（GB 50205—2020）的一级质量标准要求。熔透性焊缝质量除要达到《钢结构工程施工质量验收规范》（GB 50205—2020）的一级质量标准外，焊缝强度要求和母材等强，焊缝高度 $h_e = s$（s 为设定值），焊缝余高 c 应趋于 0。

拱肋节段口微调措施：拱肋节段两对口间的局部调整采用"7"字形钢码板配合千斤顶调整，在已经安装完成的拱脚预埋段拱肋端口设置"7"字形钢码板，在吊装的拱肋端口设置千斤顶，调整环口局部线形。调整到位后钢管拱肋对接焊缝环口间用"一"字形钢马板固定马缝，如图 8 所示。

图 8　拱肋线性微调措施照片

4）安全风险及危害

拱肋提升施工过程中存在的安全风险见表 3。

拱肋整体提升施工安全风险识别表　　　表 3

序号	安全风险	施工过程	致险因子	风险等级	产生危害
1	拱肋、提升架倾覆	拱肋提升	（1）拱肋横向预应力施加不准确，造成提升过程中四束钢绞线不平行，对提升架产生过大水平分力； （2）四束钢绞线提升不同步； （3）拱肋提升过程中未测量监控； （4）提升支架、拱肋、拱肋提升张拉锚槽等焊缝质量不合格； （5）拱肋提升过程中遇到异物阻碍； （6）拱肋提升过程中遇到恶劣天气； （7）拱肋提升张拉过程中钢绞线断裂	I	梁面作业人员群死或群伤

序号	安全风险	施工过程	致险因子	风险等级	产生危害
2	高处坠落	拱肋提升及合龙段焊接	（1）提升、焊接作业未规范设置操作平台； （2）在高处作业时未系安全带； （3）恶劣天气作业踩空、滑倒； （4）身体有隐疾的施工人员进行高处作业； （5）夜间施工未安装足够照明； （6）工作点的工具材料滑落； （7）随意抛掷工具、材料	II	高空作业人员死亡或重伤
3	起重伤害	安装拱肋提升设备及材料	（1）起重吊装时人员站立吊装区域或从吊物下行走； （2）人员无证上岗、无证操作、违章指挥； （3）汽车起重机或塔式起重机违反"十不吊"原则； （4）起重吊装无安全限位等装置或安全装置失效； （5）卡环、钢丝绳磨损严重，钢丝绳断丝超标；； （6）起重吊装时固定不稳或基础承载力不够导致起重机倾覆； （7）起重量与作业半径超过允许范围，发生倾覆	II	梁面作业人员死亡或重伤
4	触电事故	电路布置及电箱安装	（1）施工现场未采用 TN-S 接零保护系统，实行"三相五线"制施工用电； （2）施工现场、钢筋加工厂电线架设、埋线不规范，不符合现场安全生产要求； （3）临时用电存在乱拉乱接，未遵守"一机、一闸、一漏"和"三相五线"配置	III	高空作业人员死亡或重伤
		电路日常维护	（1）电闸箱内元件损坏而引发漏电保护器失灵，发生触电事故不能在规定时间内起到保护作用； （2）电工经常不对临时用电设备设施进行检查	III	
5	火灾爆炸	拱肋合龙段焊接	（1）小型机具设备老化、线路老化； （2）焊接或切割点与气瓶或其他易燃易爆品安全距离不够； （3）气瓶在高温天气无防护，导致温度过高，发生危险； （4）气瓶管路老化，压力表等保护装置损坏； （5）现场无消防设施或消防设施失效； （6）使用人员违规操作	III	焊接作业人员及气瓶周边人员群死或群伤

5）安全风险防控措施

（1）防控措施

为防范以上安全风险，需严格落实各项风险防控措施。防控措施见表4。

拱肋整体提升施工安全风险防控措施表　　　　　　表4

序号	安全风险	措施类型	防控措施	备注
1	拱肋、提升架倾覆	质量控制	（1）拱肋提升过程四束钢绞线保证同步、平行且垂直于地面，避免对提升架产生侧向分力； （2）拱肋提升过程中需严格对其测量监控，张拉荷载按照交底施工； （3）现场提升支架、拱肋、拱肋水平张拉和整体提升处张拉锚槽的焊缝进行无损探伤检验，焊缝满足一级要求，需全部检测； （4）钢绞线使用前必须对其进行力学性能等相关试验检测，合格后方可使用；张拉千斤顶校顶报告满足规范要求	
		管理措施	横向预应力施加值计算准确，确保提升过程中四束钢绞线提升同步且平行	
2	高处坠落	安全防护	（1）高处作业人员确保无隐疾，身体健康； （2）灯光照明必须满足现场施工安全要求； （3）施工作业人员配备工具袋； （4）根据水上作业区域合理设置水上救生器材； （5）在施工现场及栈桥护栏设置防止溺水警示牌	

序号	安全风险	措施类型	防控措施	备注
2	高处坠落	管理措施	（1）施工作业人员2m以上在高处作业必须系挂安全带； （2）高处作业时必须穿绝缘防滑鞋，对上下爬梯和临边安装栏杆； （3）设立工索具固定存放点，随时注意下方是否有作业人员； （4）施工前对作业人员进行安全交底，水上作业必须穿救生衣	
3	起重伤害	安全防护	加强对现场作业人员安全教育，杜绝在起重吊装旋转臂下站立或行走	
		管理措施	（1）上岗培训制度，起重作业持证上岗； （2）加强对起吊驾驶员与司索工的安全教育，操作循章守纪； （3）进场前进行验收和试吊，并定期做维修保养； （4）班前进行检查，及时发现进行更换； （5）履带式起重机、汽车起重机必须在牢固可靠的基础上进行起吊作业； （6）起重作业严格对起重机的吊重、吊高、吊幅进行复核，选择合适的起重机	
4	触电事故	管理措施	（1）编制临时用电方案； （2）严格执行施工临时用电规范； （3）做好各类电动机械和手持电动工具的接地或接零保护，防止发生漏电； （4）严禁执行"三相五线"和"一机、一闸、一漏"配置要求； （5）损坏元件实时进行更换	
5	火灾爆炸	安全防护	（1）气瓶存放和使用时达安全距离； （2）将气瓶存在阴凉处，设置专门的防护棚； （3）在现场布置有效的消防设施	
		管理措施	（1）对电焊机等小型机具根据老化程度进行报废处理； （2）定期对气瓶的管路和安全保护装置进行检查，及时更换； （3）进行班前教育，特种人员持证上岗	

（2）工作纪律

除落实以上安全风险防控措施外，还应严格遵守以下工作纪律。

①防护用品：作业人员正确佩戴使用安全帽、安全带，穿着防滑鞋及紧口工作服。

②班前讲话：每日上工前，由班组长开展班前讲话，将当日作业内容、存在的安全风险及危害、防范措施、作业要点等告知全部作业人员。

③工前检查：每日班前讲话后，对工人身体状态、防护用品使用、现场作业环境等进行例行检查，发现问题及时处理。

④维护保养：做好安全防护设施、安全防护用品、起重设备机具等的日常维护保养，发现损坏或缺失，及时修复或更换。

6）质量标准

提升支架及拱肋焊缝外观应达到的质量标准及检验方法见表5。

提升支架及拱肋焊缝外观质量验收标准表 表5

序号	检验项目	质量要求		检查方法	检验数量
		一级焊缝	二级焊缝		
1	裂纹	不允许	不允许	查看	全部
2	未焊满	不允许	不允许	查看	全部
3	根部收缩	不允许	不允许	查看	全部

续上表

序号	检验项目	质量要求		检查方法	检验数量
		一级焊缝	二级焊缝		
4	咬边	不允许	≤0.05t且≤0.3mm，连续长度≤100mm，且焊缝两侧咬边总长≤10%焊缝全长	尺量	全部
5	电弧擦伤	不允许	不允许	查看	全部
6	接头不良	不允许	不允许	查看	全部
7	表面气孔	不允许	不允许	查看	全部
8	表面夹渣	不允许	不允许	查看	全部

注：t 为接头较薄件的母材厚度。

钢管拱肋合龙完成应达到的质量标准及检验方法见表6。

拱肋成拱控制质量标准表　　　　　　　　　表6

序号	项目		规定值或允许偏差值	检查方法和频率
1	拱肋轴线偏位（mm）		≤$L/6000$，且≤50（L拱肋长度）	全站仪：测5处
2	拱肋高程（mm）		±$L/3000$，且不超过±50（L拱肋长度）	水准仪：测拱脚、$L/4$跨、$3L/4$跨、拱顶5处
3△	对称点相对高差（mm）	允许	≤$L/3000$，且≤40（L拱肋长度）	水准仪：测各接头点
		极值	允许偏差的2倍，且反向	
4	拱肋接缝错边（mm）		≤0.2t，且≤2（t为连接处较薄的板厚）	尺量：测每个接缝最大值
5	焊缝尺寸（mm）		满足设计要求	量规：检查全部，每条焊缝检查3处
6△	焊缝探伤			超声法：检查全部；射线法：按设计要求，设计未要求时按2%抽查，且不应少于1条
7△	高强螺栓扭矩（N·m）		±10%	扭矩扳手：检查5%，且不少于2个

注：△为主测项目。

7）验收要求

拱肋整体提升各阶段的验收要求见表7。

支架各阶段验收要求表　　　　　　　　　表7

序号	验收项目	验收时点	验收内容	验收人员
1	资料验收	拱肋提升设备进场前	（1）施工人员是否经过培训，特种作业人员是否持证上岗； （2）安全、施工技术交底是否逐级进行直到作业层，各级签字是否齐全真实，交底内容是否符合方案和规范的要求； （3）纸质版资料：拱肋提升支架及拱肋提升张拉锚槽的焊缝检测报告、提升支架施工图纸、拱肋提升设备及材料的验收报验申请单、现场拱肋的焊缝检测报告、提升支架结构及受力计算书、提升支架及拱肋提升体系验收记录	项目技术、物资设备、安全人员，班组长及技术员、安全员

序号	验收项目	验收时点	验收内容	验收人员
2	提升体系验收	拱肋提升前	（1）提升支架及拱肋张拉锚槽焊缝是否存在漏焊，提升支架是否按照设计图纸施工； （2）水平张拉及整体提升钢绞线是否绷直； （3）张拉千斤顶固定是否牢固，提升控制系统是否正常运行； （4）拱肋鞍座是否全部解除固定，提升行进路线是否有异物阻碍； （5）拱肋提升测量监测点是否布置到位	项目技术、物资设备、安全人员，班组长及技术员、安全员
3	安全防护	提升设备安装前	（1）上下通道是否牢靠，周边防护是否到位； （2）拱肋提升操作平台是否安全牢固； （3）开关箱、配电箱设置是否符合要求，用电线路的架设是否符合要求，施工现场消防器材配置情况，各类标识、标牌是否到位	项目技术、物资设备、安全人员，班组长及技术员、安全员

8）应急处置

（1）处置原则

施工过程中一旦发生险情或事故，应停止作业，切勿慌乱，切忌盲目施救。在保证自身安全的情况下按照处置措施要求科学开展施救，并及时向项目管理人员×××报告相关情况。

（2）处置措施

失稳坍塌： 当出现钢梁坍塌征兆时，发现者应立即通知坍塌影响作业区域人员撤离现场，并及时报告项目部进行后期处置。

触电事故： 发现人员触电立即切断电源，若无法及时断开电源，可用干木棒、皮带、橡胶制品等绝缘物品挑开触电者接触的带电物，之后解开妨碍触电者呼吸的紧身衣服，检查口腔，清理口腔黏液并立即就地抢救。如触电者呼吸停止，应采用人工呼吸法抢救；如心脏停止跳动，应采用胸外心脏按压法抢救。

火灾事故： 当发现初起火灾时，应就近找到灭火器对准火苗根部灭火；当火灾难以扑灭时，应及时通知周边人员捂住口鼻迅速撤离。

其他事故： 当发生高处坠落、起重伤害、机械伤害等事故后，应立即采取措施切断或隔断危险源，疏散现场无关人员，后对伤者进行包扎等急救，向项目部报告后原地等待救援。

44 吊杆施工安全技术交底

交底等级	**三级交底**	交底编号	III-044
单位工程	×××大桥（拱桥）	分部工程	桥跨承重结构
交底名称	**吊杆施工**	交底日期	年　月　日
交底人	分部分项工程主管工程师（签字）	审核人	工程部长（签字）
批准人	总工程师（签字）	确认人	专职安全管理人员（签字）
		被交底人	班组长及全部作业人员（签字，可附签字表）

1）施工任务

×××大桥××号墩至××号墩为××m连续钢桁梁＋××m钢桁拱结构，全桥吊杆索共有××根，吊杆横向间距与桁宽相同，为××m，纵向间距与主桁节间布置相同，每个吊点处设置。吊索及锚具采用标准强度为××××MPa的镀锌平行钢丝成品吊杆系列。

2）工艺流程

吊杆进场验收→吊杆存放→放索→上锚安装→下锚安装→吊杆张拉→吊杆索调索→安装附属构件。

3）作业要点

（1）施工准备

吊杆索采用专业生产厂家制好的成品索，应有质量保证书、原材料检验单等质量证明文件。运至工地的吊杆配合项目人员进行检验，吊杆索必须符合设计和规范要求，质量证明文件完整无误。成品索的包装应牢固、可靠，不得造成索的损坏。对吊杆索的上、下锚箱进行清洁，防止安装时受污染。吊杆安装施工所用架梁起重机、张拉千斤顶及螺杆等做好标定、检查维护，确保满足使用要求。

吊杆索验收合格后，利用运输汽车运至待安装位置旁的栈桥或桥面板上进行存放。运输车上设置垫木，吊杆放置在垫木上且用麻绳等进行固定，避免吊杆表面摩擦受损。吊杆在运输车上不得有弯折、扭曲。吊杆两端的锚具也应下垫上固定，防止受损伤。

（2）上锚安装

根据现场情况进行上锚安装，当上锚安装固定完成后，采用××t架梁起重机进行吊杆索安装。起重设施吊索到位，展开吊杆索，展开时对外层聚乙烯（PE）进行防护，在上锚杯部分包覆棉布，防止上锚在通过预留管时受到损伤。吊起吊索，上锚杯进入预留孔时，要专人负责看好，保证锚杯进入预留孔的畅通，同时在预留孔口加垫橡胶块，防止拉索与管口摩擦而损伤拉索。施工人员摆正拉索锚头方向并对中通过上锚预埋管，吊杆索露出预埋管后卸除临时吊点。当上锚到拱内锚固点时，旋上锚圈，临时锚固；拆除导向及连接钢丝绳，完成吊杆索的上锚安装。

（3）下锚安装

梁上固定手拉葫芦等辅助设施，牵引吊索另一端至梁端锚固区，利用在吊杆索下落至梁端预埋管管口附近时放慢速度，操作人员摆正吊杆索锚头方向，使锚头能顺利进入下锚预埋索道管内；当下锚到达预定位置时旋上锚圈。

（4）吊索张拉准备

检查施工平台搭设，保证施工安全可靠。采用千斤顶、撑脚与张拉丝杆组合方式进行张拉；在吊杆索安装完后，选择与锚外螺纹相配套的变径套，与锚杯连接。将千斤顶的撑脚安放到锚垫板上，撑脚的中心与吊杆索中心要保持同心，不得有偏心的现象。装入张拉拉杆，注意拉杆在旋入变径套时一定要到位，否则，将有可能出现拉脱现象。千斤顶就位时放在撑脚上时要轻，要求和撑脚的接触面要平，并且要求对中。组装螺母，螺母安装后不要拧得太紧，以便给千斤顶活动的余地，螺母面应距离千斤顶1～2cm，这样有利于调节千斤顶、撑脚与吊杆索的中心位置，同时，也有利于千斤顶的供油。

（5）吊杆索张拉

吊索采用拱端固定，梁端张拉方式进行。张拉要求必须根据监控提供的张拉索力进行对称张拉。吊杆张拉按照设计和监控要求分阶段张拉。张拉时需注意观测桥面、拱肋的变形，控制桥面向上的位移，发生异常时必须停止张拉。

接通液压泵和千斤顶的油管，检查精密压力表是否与千斤顶相符。在未开始张拉之前，可以在空载的情况下活动两个行程，确保千斤顶在张拉时无任何问题。张拉千斤顶和压力表必须在张拉前进行标定，根据拉索张拉力逐一进行张拉。启动液压泵，在张拉过程中，吊杆索缓慢上移，与此同时应将吊杆索锚圈上旋，使其不致离锚垫板的位置过高。当达到设计、监测监控要求后，应稳住液压，然后旋紧锚圈，使锚圈与锚垫板充分结合。最后，卸除液体压力、回油、关机、断电，完成张拉工作。在张拉过程中监测单位要做好每根索的索力测量工作。

（6）质量通病及预防措施

①吊杆的角度与设计值不符。

产生原因：由于吊杆的锚垫板角度与设计值存在偏差或锚头与锚垫板间存在杂物，致使锚头发生倾斜；吊杆的导管若角度不符合设计时也会造成吊杆角度不符合设计要求。

预防措施：吊杆在安装前应当对锚垫板的角度进行仔细的检查，若发现存在问题要及时反映到相关部门，做出处理；在确定无误的情况下方可安装吊杆。安装吊杆时，要检验锚头是否符合要求，螺母端面是否平整；安装后要检查锚头与锚垫板间是否有杂物，若有，应予以清除，直到符合要求。安装吊杆前还要对导管的角度进行检查，其角度不在设计要求范围内时应反映到相关部门，做出处理，直到符合要求。

②吊杆的索力偏大或偏小。

产生原因：张拉用千斤顶标定时误差过大；张拉时压力表与千斤顶的匹配不符，多个千斤顶的压力表与千斤顶混淆；张拉人员的操作失误，可能是张拉不到位或超张拉，也可能是旋转螺母时旋多或旋少等。

产生原因：索力张拉前应对张拉千斤顶及配套压力表进行标定，标定应严格按照标定程序进行，标定完毕后做好详细记录，如对应千斤顶编号、压力表编号、标定的回归方程式等。张拉作业时要求先检查压力表与千斤顶是否对应、即将张拉的吊杆是否正确、千斤顶及压力表状态是否正常。一切检查无误后按照规定的程序，按给定的张拉力值进行张拉。调整索力调整完毕应由技术人员进行检查。检查不符合要求者应当重新调整，直到达到要求。

③PE 划伤、刻痕、锚头锈蚀、吊杆损伤、扭曲等。

产生原因：存放时没有垫垫木、没有覆盖、没有明确标志保护等，造成 PE 外套管的划伤、刻痕，锚头的锈蚀；吊杆存放时，吊杆堆放、扭曲等造成吊杆的损伤、扭曲等。

预防措施：吊杆的保护首先要在进场时严格检查，只允许符合验收标准的吊杆进场；进场后的吊杆要在专门的区域进行存放，树立标示牌；存放时下面要求排水通畅，有垫木，上面要求有遮避雨设施；锚头存放要求用塑料布包裹；吊杆存放必须保持顺直、无扭曲、弯折现象，吊杆上不得堆放其他物品。

4）安全风险及危害

吊杆施工过程中存在的安全风险见表1。

吊杆施工安全风险识别表 表1

序号	安全风险	施工过程	致险因子	风险等级	产生危害
1	高处坠落	吊杆吊装	（1）遇六级及以上大风仍未停止高处露天作业、大型构件起重吊装等作业； （2）钢丝绳在机械运动中与其他物体发生摩擦，穿过滑轮的钢丝绳有接头，钢丝绳变形； （3）起吊吊杆时，绑扎不牢	II	高空作业人员死亡或重伤
		吊杆安装	（1）平台四周未设置栏杆、安全网，作业平台未清理，有油污、细砂等易滑物，平台铺板未固定； （2）高处作业人员坐在平台、孔洞边缘、骑坐栏杆	II	
2	物体打击	吊杆吊装	（1）作业平台未设置踢脚板； （2）作业平台堆置杂物或小型材料； （3）吊杆施工四周未有效设置警戒区	II	吊杆下方人员死亡或重伤
		吊杆安装	（1）吊杆施工下方未设置警戒区，存在上下工作面同时施工； （2）吊杆安装时未有效固定	II	
3	起重伤害	吊杆吊装	（1）起重机驾驶员、司索工、指挥技能差，未持证上岗； （2）钢丝绳或吊带、卡扣、吊钩等破损、性能不佳； （3）未严格执行"十不吊"； （4）吊装指令传递不佳，存在未配置对讲机、多人指挥等情况； （5）架梁起重机回转范围外侧未设置警戒区	II	起重作业人员及受其影响人员死亡或重伤
4	机械伤害	吊杆吊装	（1）夜间施工光线不足；违章、疲劳、酒后操作或驾驶；违规操作或超量吊装； （2）多台机械在同一作业面作业时，机身之间安全距离不足，作业人员未按规定施工，进入机械运转半径	III	机械伤害死亡或重伤
5	淹溺	吊杆吊装	遇六级及以上大风仍未停止高处露天作业、大型构件起重吊装等作业	III	落水伤害死亡或重伤
		吊杆安装	（1）平台四周未设置栏杆、安全网，作业平台未清理，有油污、细砂等易滑物，平台铺板未固定； （2）高处作业人员坐在平台、孔洞边缘、骑坐栏杆	IV	

5）安全风险防控措施

（1）防控措施

为防范以上安全风险，需严格落实各项风险防控措施，防控措施见表2。

吊杆施工安全风险防控措施表　　　　　　表2

序号	安全风险	措施类型	防控措施	备注
1	高处坠落	安全防护	（1）吊杆施工过程中，及时挂设安全平网； （2）工人作业时穿防滑鞋，正确使用安全带； （3）作业平台跳板满铺且固定牢固，杜绝探头板； （4）作业平台封闭围护，规范设置防护栏及密目网	
		管理措施	（1）为工人配发合格的安全带、安全帽等劳保用品，培训正确穿戴使用； （2）做好安全防护设施的日常检查维护，发现损坏及时修复； （3）采用合规的吊绳，并按要求起吊	
2	物体打击	安全防护	（1）作业平台规范设置踢脚板； （2）吊杆施工下方设置警戒区，并设有专业安全员监督作业	
		管理措施	（1）作业平台顶部严禁堆置杂物及小型材料； （2）专人指挥，严禁随意抛掷杆件及构配件	
3	起重伤害	安全防护	起重机回转范围外侧设置警戒区	
		管理措施	（1）做好起重设备及特种作业人员的进场验收管理，保证设备性能、人员技能满足要求，设备及人员证件齐全有效； （2）做好钢丝绳或吊带、卡扣、吊钩、对讲机等日常检查维护，确保使用性能满足要求； （3）吊装作业专人指挥，严格执行"十不吊"	
4	机械伤害	安全防护	加强作业排查管控	
		管理措施	（1）加强作业人员的安全意识，并张贴标识标牌，严禁违章、疲劳、酒后操作或驾驶； （2）作业过程中加强现场指挥，并服从航道管理规定	
5	淹溺	质量控制	严格按要求组织施工，施工前专人进行巡查，减少危险源	
		管理措施	（1）作业现场设置围挡设施； （2）做好施工前的准备工作，遇大风、大雾等天气暂停施工	

（2）工作纪律

除落实以上安全风险防控措施外，还应严格遵守以下工作纪律。

①防护用品：作业人员正确佩戴使用安全帽、安全带，穿着防滑鞋及紧口工作服。

②班前讲话：每日上工前，由班组长开展班前讲话，将当日作业内容、存在的安全风险及危害、防范措施、作业要点等告知全部作业人员。

③工前检查：每日班前讲话后，对工人身体状态、防护用品使用、现场作业环境等进行例行检查，发现问题及时处理。

④维护保养：做好安全防护设施、安全防护用品、起重设备机具等的日常维护保养，发现损坏或缺失，及时修复或更换。

6）质量标准

吊杆进场应达到的质量标准及检验方法见表3。

吊杆进场质量检查验收表　　　　　　表3

序号	检查项目	质量要求	检查方法	检验数量
1	外观质量	符合设计要求	观察	每根吊杆
2	外观尺寸	符合设计要求	尺量	每根吊杆
3	产品质量	符合国家标准和设计规定	检查质量保证书、原材料检验单等质量证明文件	全数检查

吊杆安装应达到的质量标准及检验方法见表4。

吊杆安装质量检查验收表 表4

序号	检查项目		允许偏差（mm）	检查频率		检查方式
				范围	数量	
1	吊杆长度		±1/1000，且±10	每吊杆每吊点	1	用钢尺量
2	吊杆拉力	允许	应符合设计要求		1	用测力仪（器）检查每吊杆
3		极值	下承式拱吊杆拉力偏差20%			
4	吊点位置		10		1	用经纬仪测量
5	吊点高程	高程	±10		1	用水准仪测量
6		两侧高差	20			

吊杆张拉应达到的质量标准及检验方法见表5。

吊杆张拉质量检查验收表 表5

序号	检查项目	规定值	检查频率		检查方式
			范围	数量	
1	张拉应力（MPa）	符合设计要求	每根	1	查压力表读数
4	张拉伸长量（%）	符合设计要求		1	用钢尺量

7）验收要求

吊杆施工各阶段的验收要求见表6。

吊杆施工各阶段验收要求表 表6

序号	验收项目	验收时点	验收内容	验收人员
1	材料及构配件	钢材材料进场后、使用前	材质、规格尺寸、外观质量	项目物资、技术管理人员，班组长及材料员
2	吊杆安装	吊杆安装就位后	长度及高程偏差	项目技术人员、技术员，班组技术员
3	吊杆张拉	张拉前	仪器检查，调试	项目技术人员、技术员，班组技术员
		张拉后	张拉量、伸长量	项目技术人员、技术员，班组技术员

8）应急处置

（1）处置原则

施工过程中一旦发生险情或事故，应停止作业，切勿慌乱，切忌盲目施救。在保证自身安全的情况下按照处置措施要求科学开展施救，并及时向项目管理人员×××报告相关情况。

（2）处置措施

当发生高处坠落、起重伤害、机械伤害等事故后，应立即采取措施切断或隔断危险源，疏散现场无关人员。然后对伤者进行包扎等急救，向项目部报告后原地等待救援。

45 墩柱拆除施工安全技术交底

交底等级	**三级交底**	交底编号	III-045
单位工程	××路旧桥	分部工程	墩柱
交底名称	**墩柱拆除施工**	交底日期	年　月　日
交底人	分部分项工程主管工程师 （签字）	审核人	工程部长（签字）
批准人	总工程师（签字）	确认人	专职安全管理人员（签字）
		被交底人	班组长及全部作业人员 （签字，可附签字表）

1）施工任务

××路新建大桥，旧桥需拆除，该桥跨越××河，长100m，桥面宽32.6m，为5～20m的简支板桥。桥墩采用墩柱接盖梁桥墩，钻孔灌注桩基础，桥台采用钻孔灌注桩接承台加帽梁桥台。需拆除墩柱24根、系梁4段，拆除混凝土总方量213.4m³。该桥桥跨结构在河道中，目前桥位处河道现场实测河面水位高程为6.67m，河床高程为5.0～5.5m，水深为1.1～1.7m。新桥、旧桥与河道的关系如图1所示，拆除桥梁设计图见附件《××路旧桥设计图》。

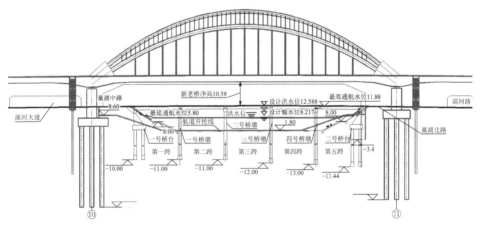

图1　××路新桥、旧桥与河道立面位置关系图（高程单位：m）

2）工艺流程

梁部、盖梁拆除→墩柱拆除→填筑围堰→系梁拆除。

3）作业要点

桥墩台墩柱及系梁的拆除在上部主梁体拆除后进行，围绕墩柱四周利用梁板拆除的建渣填筑围堰破拆平台，破碎机站在围堰平台上自上而下逐步将墩柱和系梁破碎。当破拆时遇到钢筋连接时可利用氧气、乙炔进行切割；当破碎机破拆掉落的混凝土块较大时，可利用破碎锤改小后，用挖掘机、装载机配合装车，拉运建渣回收处理厂。

（1）施工准备

桥上、下各种管道、管线已迁移处理完毕，拆除作业区域用围挡封闭，在顺桥路面围挡中间设置人员及设备进出的大门，并安排人员在门口值守，确保在拆桥过程中无关人员不能进入。液压振动锤、挖掘机等设备进场后，做好检查维护工作，确保设备的良好使用状态。作业区内配备洒水、遮挡等降尘降噪设施，避免扬尘及噪声污染。桥面系、梁板、盖梁拆除完毕后，进行墩柱拆除作业。

（2）墩柱拆除

根据现场情况，旧桥部分结构在岸边可以完成机凿拆除；在河道内的旧桥结构拆除，是

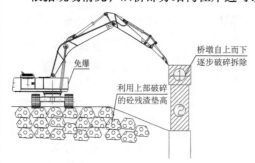

图 2　桥墩拆除示意图

利用旧桥桥面和填筑的平台围堰作为破拆平台，用破碎机将河道范围旧桥墩柱拆除。拆除过程应安排专人对下部结构进行观察，发现存在倾覆的可能性时应立即停止作业。待采取加固措施后才允许继续进行。墩柱在拆除时同一层面可沿四周凿除，逐步自上而下地将墩柱全部拆除。发现墩柱有倒伏的趋势时，破碎锤必须站在倒伏方向的对面将墩柱凿除，如图 2 所示。

（3）系梁拆除

墩柱拆除后，用建渣填筑围堰，放坡开挖，水泵排水，实现干法破拆系梁。根据新规划航道的测量比对，旧桥 1～3 号墩系梁需破拆处理，系梁在河面下 3.6～4.8m 处，每个墩跨共有 5 段系梁，系梁长 4.4m、高 1.2m、宽 0.8m，如图 3 所示。系梁拆除利用填筑的围堰平台，用挖机对系梁周围进行放坡开挖，用水泵将系梁基坑水排干，然后用破碎机分别将系梁两端根部破断，再用挖机将系梁挖出。利用旧桥桥面及在桥梁侧面修筑的破拆平台，采用破碎机从 2 号桥台（滨河路侧）往 1 号桥台（派河大道侧）顺序拆除，拆除顺序为：第四跨墩柱系梁→第三跨墩柱系梁→第二跨墩柱系梁。

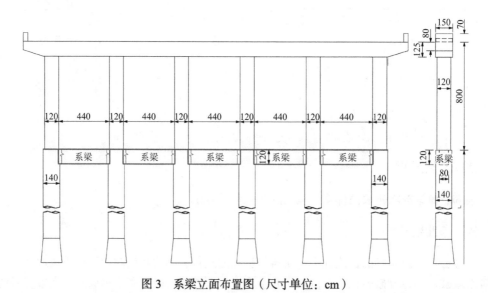

图 3　系梁立面布置图（尺寸单位：cm）

（4）施工测量监控

在旧桥拆除过程，成立施工监控小组，负责对旧桥拆除过程梁体及墩柱等结构位移进行监控。监控小组首先在每个墩柱上埋设两个观测点，对梁板及墩柱拆除进行位移监控。

桥梁拆除时在墩柱两侧各架设一台全站仪，在规定时间内对墩位坐标测量，通过比对每次测量数值算出梁体拆除时的偏移值。旧桥拆除时监控小组进行全过程监控，发现变形超出允许范围时，即当墩柱水平偏移量达到20mm时，发出预警信号，接到预警信号后现场立即停止施工，检查梁板及墩柱看是否有突变倾覆的情况，查明原因采取必要加固措施或重新制定拆除方案；在情况危急情况下，撤离全部人员及设备，并启动应急预案。

4）安全风险及危害

墩柱拆除过程中存在的安全风险见表1。

桥梁墩柱拆除施工安全风险识别表   表1

序号	安全风险	施工过程	致险因子	风险等级	产生危害
1	高处坠落	附属构造物拆除	（1）作业人员桥面临边作业未佩戴安全带； （2）桥面临边无临时防护措施	II	桥梁上部拆除作业人员伤亡
2	物体打击	主梁、下部结构破除	（1）破碎作业范围未设置警戒，无安全警示牌； （2）桥上桥下交叉作业	III	桥梁拆除作业人员伤亡
3	触电	附属构造物拆除	（1）未按规范要求配电； （2）潮湿环境未使用安全电压； （3）非专业电工接线； （4）用电安全防护装置不全	III	桥梁拆除作业人员伤亡
4	淹溺	系梁拆除	（1）围堰存在变形、涌水、涌泥等明显危险情况时，未采取措施继续拆除作业； （2）现场未配备救生衣、救生圈等应急救援物资	IV	系梁拆除作业区人员群死群伤

5）安全风险防控措施

（1）防控措施

为防范以上安全风险，需严格落实各项风险防控措施。防控措施见表2。

桥梁墩柱拆除安全风险防控措施表   表2

序号	安全风险	措施类型	防控措施	备注
1	高处坠落	安全防护	（1）作业人员佩戴安全带； （2）临边部位设置防护围挡、悬挂安全警示牌	
		管理措施	（1）凡参加高处作业的人员，应每年进行一次体格检查，患有禁忌症的人员不得参加高处作业； （2）高处作业人员必须经过相关教育培训并经考试合格； （3）设安全监护人，及时提醒、监督其系好安全带	
2	物体打击	安全防护	（1）高处作业所用的工具和材料应放在工具袋内或用绳索绑牢；上下传递物件应用绳索吊送，严禁抛掷； （2）设置警戒区域，设置警示标志； （3）破碎作业时严禁人员进入警戒区域	
		管理措施	（1）合理安排施工，错开桥上桥下施工时段，避免交叉业； （2）人员安全教育，禁止高空抛物	
3	触电	安全防护	（1）潮湿环境使用安全电压； （2）规范配电； （3）临时用电保护装置设置齐全，挂设安全警示牌	

序号	安全风险	措施类型	防控措施	备注
3	触电	管理措施	（1）人员安全教育，禁止非电工接线； （2）专业电工日常检查临时用电情况，更改维修不合格线路及失效保护装置	
4	淹溺	安全防护	配备救生衣、救生圈等应急救援物资	
		管理控制	（1）围堰存在涌水、涌泥等明显危险情况时，立即撤出人员，采取措施后方可继续拆除作业； （2）作业人员安全教育与应急知识教育； （3）日常监测钢板桩围堰是否处于正常状态，有异常情况及时预警	

（2）工作纪律

除落实以上安全风险防控措施外，还应严格遵守以下工作纪律。

①防护用品：作业人员正确佩戴使用安全帽、安全带，穿着防滑鞋及紧口工作服。

②班前讲话：每日上工前，由班组长开展班前讲话，将当日作业内容、存在的安全风险及危害、防范措施、作业要点等告知全部作业人员。

③工前检查：每日班前讲话后，对工人身体状态、防护用品使用、现场作业环境等进行例行检查，发现问题及时处理。

④维护保养：做好安全防护设施、安全防护用品、起重设备机具等的日常维护保养，发现损坏或缺失，及时修复或更换。

6）质量标准

根据旧桥拆除施工方案，在拆除旧桥施工时需占用航道。在拆除前对现有航道高程进行测量，作为拆除后航道验收标准（不低于老河底高程50cm）。为防止拆除下来的碎渣会影响通航安全，主桥拆除后立即开始清理，清理完毕后向海事及航道部门申请验收，并使用一艘船对航道进行扫床，确保恢复原样航道，以保障航道通行。

7）验收要求

墩柱拆除验收要求见表3。

墩柱拆除验收要求表 表3

序号	验收项目	验收时点	验收内容	验收人员
1	拆除后河底高程	桩基拆除清理河道完成后	河底高程	技术管理人员、班组技术员
2	拆除后河底清理情况	桩基拆除清理河道完成后	河底碎渣清理情况	技术管理员、班组长

8）应急处置

（1）处置原则

施工过程中一旦发生险情或事故，应停止作业，切勿慌乱，切忌盲目施救。在保证自身安全的情况下按照处置措施要求开展科学施救，并及时向项目管理人员报告相关情况。

（2）处置措施

触电事故：发现人员触电立即切断电源，若无法及时断开电源，可用干木棒、皮带、橡胶制品等绝缘物品挑开触电者接触的带电物，之后解开妨碍触电者呼吸的紧身衣服，检查口腔，清理口腔黏液并立即就地抢救。如触电者呼吸停止，应采用人工呼吸法抢救；如心脏停止跳动，应采用胸外心脏按压法抢救。

其他事故：当发生高处坠落、起重伤害、机械伤害等事故后，应立即采取措施切断或隔断危险源，疏散现场无关人员，后对伤者进行包扎等急救，向项目部报告后原地等待救援。

附件：《××路旧桥设计图》（略）。

46 现浇梁部拆除施工安全技术交底

交底等级	三级交底	交底编号	III-046
单位工程	巢湖路桥	分部工程	梁部拆除
交底名称	现浇梁部拆除施工	交底日期	年　月　日
交底人	分部分项工程主管工程师（签字）	审核人	工程部长（签字）
批准人	总工程师（签字）	确认人	专职安全管理人员（签字）
		被交底人	班组长及全部作业人员（签字，可附签字表）

1）施工任务

××路新建大桥，旧桥需拆除，该桥跨越××河，长 100m，桥面宽 32.6m，为 5～20m 的简支板桥。桥墩采用墩柱接盖梁桥墩，钻孔灌注桩基础，桥台采用钻孔灌注桩接承台加帽梁桥台。空心板梁高 0.9m，每块中板宽度 1.17m，每块边板宽度 1.48m，悬臂 0.31m，板间接缝 0.01m。根据道路横断面分幅，桥梁设置中板 5×17 块，边板 5×8 块。该桥桥跨结构在河道中，目前桥位处河道现场实测河面水位高程为 6.67m，河床高程为 5.0～5.5m，水深为 1.1～1.7m。拆除桥梁设计图见附件《××路旧桥设计图》。

2）工艺流程

施工准备→桥面系拆除→填筑拆除平台→梁部拆除→其他部位拆除→清理河道。

3）作业要点

根据现场情况，本桥主要采用液压振动锤、挖掘机拆除。旧桥岸边桥面结构在岸边即可完成机凿拆除；河道可占用，利用旧桥桥面和填筑的平台围堰作为破拆平台，用液压振动锤将河道范围旧桥桥面系、梁体；最后用长臂挖掘机打捞清理河道破碎的建筑垃圾，扫描河道，完成旧桥拆除。

（1）施工准备

桥上、桥下各种管道、管线已迁移处理完毕。拆除作业区域用围挡封闭，在顺桥路面围挡中间设置人员设备进出的门，并安排人在门口值守，确保在拆桥过程中无关人员不能进入。液压振动锤、挖掘机等设备进场后，做好设备的检查维护，确保良好使用状态。作业区内配备洒水和遮挡等降尘降噪措施，避免扬尘及噪声污染。

（2）桥面系拆除

采用液压振动锤将墩位处桥面连续破拆，连接钢筋采用氧气乙炔切割断开。人行道钢护栏采用氧气、乙炔切割，切割后运走处理。人行道板采用液压振动锤原地破拆。

（3）预应力放张

旧桥主梁均为预应力空心板梁，每片梁拆除横向按外腹板、顶板、底板和内腹板顺序进行，纵向从一端逐步往另一端拆除；每片梁有4束预应力钢束，分别在两侧腹板位置；在梁体破碎前首先进行预应力放张。预应力放张依据每片梁的外腹板、顶板、底板、内腹板拆除顺序先后进行，采用破碎锤在梁部两端锚固端逐根先后进行破碎放张（图1），并不是将整个梁板横断面同时切断。即先放张外侧腹板预应力，再放张内侧腹板预应力；且内外腹板2束预应力，先放张上腹板预应力束，再放张下腹部预应力束，同束预应力两端对称进行放张。旧桥的梁板间由湿接缝和桥面铺装形成了整体，保证梁体在破拆过程中的自身的平衡稳定。在预应力放张过程中，梁体两端禁止人员靠近，并在预应力放张近端位置采用钢板挡护，保证预应力放张安全。

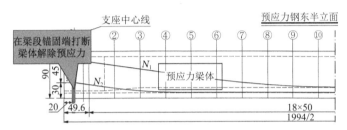

图1 梁端预应力锚固端预应力解除（尺寸单位：cm）

（4）梁部拆除

①总体拆除顺序

根据旧桥拆除整体安排，上部结构采用两个不同破拆平台，顺桥向按由北向南（第五跨向第一跨方向）拆除顺序，逐跨完成旧桥空心板拆除。

第一步，利用旧桥桥面作为破拆平台，每跨横桥向由25片空心板组成，液压振动锤站在桥面由下游向上游逐步将下游方向20片空心板拆除，分别留下上游方向5片空心板作为通道及破拆平台。

第二步，在河道中填筑破拆平台，利用填筑的破拆平台拆除各跨剩余5片空心板。为防止河水阻塞，保持河水正常流通，顺桥向拆桥顺序为第五跨→第四跨→第三跨→第二跨→第一跨；分两步填筑破拆平台，用两台液压振动锤站在河道破拆平台上横桥向从一侧往另一侧破拆，完成所有梁板的拆除，破拆围堰平台示意如图2所示。

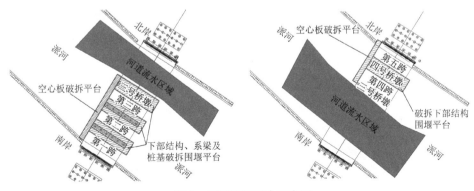

图2 破拆围堰平台示意图

②细部拆除顺序

每跨梁体拆除时用两台液压振动锤分别从桥墩位置同步向跨中破碎，破碎过程按外侧腹板、顶板、底板、内侧腹板顺序纵向逐步推进。空心板横向拆除顺序按先桥外侧腹板、顶板、底板、内侧腹板的顺序稳步推进（图3），破拆过程中及时用氧气、乙炔切割钢筋。梁体在拆除时，必须在第一片梁拆除完毕后再进行第二片梁的拆除，按顺序进行，头片梁未拆除完毕不得进行下一片的拆除工作。在破碎梁体及清除建筑垃圾过程中，拉设警戒线，确认安全后，作业人员方可采用氧气、乙炔进行钢筋切除。在进行每跨最后一片梁拆除时，为保证梁体的自稳性，要保持最后一片梁与相邻跨梁体之间铺装层的连接；按翼缘板、顶板、内腹板、底板和外腹板的顺序拆除，其中翼缘板、顶板、内腹板和底板用液压振动锤直接破拆；最后剩下的外腹板，纵向一端或两端被铺装连接，从外腹板中间破断，再分别往两墩柱方向凿除破拆。

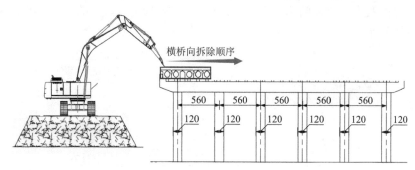

图3　横桥向拆除顺序图（尺寸单位：cm）

③破拆中检查、指挥

每一片梁、每一区间拆除完毕后，安排专人对整个桥体进行检查，看是否有突变倾覆的情况，如因拆除过程影响了桥体的稳定，应查明原因采取必要加固措施或重新制定拆除方案；整个拆除过程必须安排专人对现场进行统一指挥，拆除过程保持前后、左右对称，避免桥体因不均衡受力而发生倾覆。破拆建筑垃圾及废材用挖掘机、装载机配合装车，运至建筑垃圾回收处理厂处理。

（5）施工测量监控

在旧桥拆除过程，成立施工监控小组，负责旧桥拆除过程中梁体及墩柱等结构的位移监控。监控小组首先在每个墩柱上埋设两个观测点，对梁板及墩柱拆除进行位移监控。桥梁拆除时在墩柱两侧各架设一台全站仪，在规定时间内对墩位坐标测量，通过比对每次测量数值算出梁体拆除时的偏移值。旧桥拆除时监控小组进行全过程监控，当发现变形超出允许范围时，即当墩柱水平偏移量达到20mm时，发出预警信号；现场接到预警信号后立即停止施工，检查梁板及墩柱看是否有突变倾覆的情况，查明原因采取必要加固措施或重新制定拆除方案；在情况危急情况下，撤离全部人员设备，并启动应急预案。

4）安全风险及危害

现浇梁拆除过程中存在的安全风险见表1。

桥梁梁部拆除施工安全风险识别表　　　　表1

序号	安全风险	施工过程	致险因子	风险等级	产生危害
1	桥梁坍塌	主梁拆除	（1）未按施工方案拆除顺序逐步拆除； （2）未及时进行梁体的稳定性观测； （3）梁体存在失稳、变形等明显危险情况时，未采取措施、停止拆除作业	I	主梁拆除作业区人员群死群伤

序号	安全风险	施工过程	致险因子	风险等级	产生危害
2	高处坠落	附属构造物拆除	（1）作业人员桥面临边作业未系安全带； （2）桥面临边无临时防护措施	II	桥梁上部拆除作业人员伤亡
3	物体打击	主梁、下部结构破除	（1）破碎作业范围未设置警戒线，未挂设安全警示牌； （2）桥上桥下交叉作业	III	桥梁拆除作业人员伤亡
4	触电	附属构造物拆除	（1）未按规范要求配电； （2）潮湿环境未使用安全电压； （3）非专业电工接线； （4）用电安全防护装置不全	III	桥梁拆除作业人员伤亡

5）安全风险防控措施

（1）防控措施

为防范以上安全风险，需严格落实各项风险防控措施。防控措施见表2。

桥梁梁部拆除安全风险防控措施表　　　　表2

序号	安全风险	措施类型	防控措施	备注
1	桥梁坍塌	管理措施	（1）按施工方案拆除顺序逐步拆除； （2）及时进行梁体的稳定性观测，发现梁体存在失稳、变形等明显危险情况时立即撤出并报告相关部门，采取措施后方可继续进行拆除作业	
2	高处坠落	安全防护	（1）作业人员系好安全带； （2）临边部位设置防护警戒线、挂设安全警示牌	
		管理措施	（1）凡参加高处作业的人员，应每年进行一次体检，患有禁忌症的人员不得参加高处作业； （2）高处作业人员必须经过相关教育培训并经考试合格； （3）设安全监护人，及时提醒、监督其系好安全带	
3	物体打击	安全防护	（1）高处作业所用的工具和材料应放在工具袋内或用绳索绑牢，上下传递物件应用绳索吊送，严禁抛掷； （2）设置警戒区域，设置警示标志； （3）破碎作业时严禁人员进入警戒区域	
		管理措施	（1）合理安排施工，错开桥上、桥下施工时段，避免交叉业； （2）人员安全教育，禁止高空抛物	
4	触电	安全防护	（1）潮湿环境使用安全电压； （2）规范配电； （3）临时用电保护装置设置齐全，挂设安全警示牌	
		管理措施	（1）人员安全教育，禁止非电工接线； （2）专业电工日常检查临时用电情况，更改维修不合格线路、失效保护装置	

（2）工作纪律

除落实以上安全风险防控措施外，还应严格遵守以下工作纪律。

①防护用品：作业人员正确佩戴使用安全帽、安全带，穿着防滑鞋及紧口工作服。

②班前讲话：每日上工前，由班组长开展班前讲话，将当日作业内容、存在的安全风险及危害、防范措施、作业要点等告知全部作业人员。

③工前检查：每日班前讲话后，对工人身体状态、防护用品使用、现场作业环境等进行例行检查，发现问题及时处理。

④维护保养：做好安全防护设施、安全防护用品、起重设备机具等的日常维护保养，发现损坏或缺失，及时修复或更换。

6）质量标准

根据旧桥拆除施工方案在拆除施工时需占用航道，在拆除前对现有航道高程测量，作为拆除后航道验收标准（不低于老河底高程 50cm）。为防止拆除下来的碎渣会影响通航安全，主桥拆除后立即开始清理，清理完毕后向海事及航道部门申请验收，并使用一艘船对航道进行扫床，确保恢复原样航道，以保障航道通行。

7）验收要求

现浇梁拆除验收要求见表3。

现浇梁拆除验收要求表　　　　　　　　　　　　　　表3

序号	验收项目	验收时点	验收内容	验收人员
1	拆除后河底高程	桩基拆除清理河道完成后	河底高程	技术管理人员、班组技术员
2	拆除后河底清理情况	桩基拆除清理河道完成后	河底碎渣清理情况	技术管理员、班组长

8）应急处置

（1）处置原则

施工过程中一旦发生险情或事故，应停止作业，切勿慌乱，切忌盲目施救。在保证自身安全的情况下按照处置措施要求科学开展施救，并及时向项目管理人员×××报告相关情况。

（2）处置措施

桥梁坍塌：当出现坍塌征兆时，发现者应立即通知坍塌影响作业区域人员撤离现场，并及时报告项目部进行后期处置。

触电事故：发现人员触电立即切断电源，若无法及时断开电源，可用干木棒、皮带、橡胶制品等绝缘物品挑开触电者接触的带电物，之后解开妨碍触电者呼吸的紧身衣服，检查口腔，清理口腔黏液并立即就地抢救。如触电者呼吸停止，应采用人工呼吸法抢救；如心脏停止跳动，应采用胸外心脏按压法抢救。

其他事故：当发生高处坠落、起重伤害、机械伤害等事故后，应立即采取措施切断或隔断危险源，疏散现场无关人员，后对伤者进行包扎等急救，向项目部报告后原地等待救援。

附件：《××路旧桥设计图》（略）。

隧 道 篇

47 洞口开挖施工安全技术交底

交底等级	三级交底	交底编号	III-047
单位工程	贺兰山隧道宁夏段	分部工程	洞口及明洞工程
交底名称	洞口开挖施工	交底日期	年　月　日
交底人	分部分项工程主管工程师（签字）	审核人	工程部长（签字）
批准人	总工程师（签字）	确认人	专职安全管理人员（签字）
		被交底人	班组长及全部作业人员（签字，可附签字表）

1）施工任务

贺兰山隧道宁夏进口段 DIK34＋833～DIK34＋856 洞口边仰坡要求自上而下分层开挖，每层边仰坡开挖完成后，采用人工清理坡面浮石，并修整坡面，保证坡面基本平顺后再进行边仰坡防护。边仰坡开挖形式详见附件《贺兰山隧道宁夏段进口段洞口边仰坡防护设计图》。

2）工艺流程

施工准备→处理危石、地表清理→洞口截排水系统→边仰坡分层开挖。

3）作业要点

（1）施工准备

①复核研讨图纸，了解图纸细节和施工技术标准，明确工艺流程；进行现场踏勘，掌握地形地貌、地下管线、水文气象等资料，做好营区、场地及施工便道布置；根据工程量、工作面、工期要求、施工工序和施工工艺合理配置人员机械。

②洞口开挖前，对隧道洞口原始地形线进行复测，并绘制断面图；平面控制根据洞口附近加密的中线控制点采用交角法进行测量；高程控制根据加密的水准高程控制点向洞口进行引伸测量。

③根据隧道洞口的设计结构和洞口地形高程，详细计算洞口边仰坡开挖边线的坐标和各中心坐标。使用全站仪在地面上放出洞口边仰坡开挖轮廓线。

（2）处理危石、地表清理

边坡开挖前，先调查边坡岩石的稳定性；对设计开挖线以内存在不安全因素的边坡必须进行处理和采取相应的防护措施，山坡上所有危石及不稳定岩体撬挖排除，清除洞口段山坡危石、灌木、坡集层碎石及有可能滑塌的表层土。

（3）洞口截排水系统

在边、仰坡开挖边缘线外大于 5m 处，根据现场地形情况绘制环形截水沟施工图；施作截水沟时须以较短途径引排水到自然沟谷中，并避开不良、不稳定地质体，截水沟沟心采用 M10 浆砌片石铺砌、厚度 30cm。

357

（4）边仰坡分层开挖

在截水沟施工完成后即开始进行边、仰坡施工，仰坡设计坡度为 1:1，边坡设计坡度为 1:0.75。边、仰坡开挖采用人工配合反铲挖掘机、风钻、风镐，自上而下分层进行。分层开挖厚度应控制在 2.0～2.5m。必要时采取浅孔小台阶爆破和人工配合机械刷坡，装载机装渣，自卸汽车出渣。每开挖一层，都要及时对坡面进行支护加固。施工中尽量减少对原岩层的扰动，成洞面的位置和边、仰坡坡率可以适当调整，尽量减少仰坡开挖高度。挖掘机开挖后预留 20～30cm 进行人工修坡，清除虚土，必须做到安全进洞。开挖后坡面应稳定，平整，美观。

洞口边、仰坡开挖严格按设计控制坡度，对于边坡厚度较大的地方采用挖掘机协助开挖、人工修坡的方式进行。随时监测、检查山坡的稳定情况，边坡、仰坡上的浮石、危石要及时清除，坡面凹凸不平处予以修整平顺。在仰坡锚喷完成后再进行洞口边坡施工。

（5）环境风险管控

贺兰山隧道宁夏段进口端地处贺兰山中段的低中山区，走行于贺兰山南端，隧道所在区山体宽度约 10km，海拔 1532～1840m，相对高差 200～400m，山势低缓。雨季施工过程中要安排专人勤加巡视，防止山洪、泥石流等自然灾害造成人员伤亡和财产损失。

4）安全风险及危害

洞口开挖施工过程中存在的安全风险见表1。

洞口开挖施工安全风险识别表 表1

序号	安全风险	施工过程	致险因子	风险等级	产生危害
1	失稳坍塌	边、仰坡开挖	（1）开挖时坡度控制不到位； （2）支护不及时； （3）地层岩性发生突变； （4）遇到雨水或洪水冲刷	I	作业人员群死群伤
2	爆炸伤害	边、仰坡开挖	（1）炸药用量过多； （2）哑炮、盲炮排除不及时； （3）爆破时人员撤退距离不够	I	作业人员群死群伤
3	机械伤害	洞口截排水；边、仰坡开挖	反铲挖掘机、风钻、风镐作业时意外伤人	III	作业人员死亡或重伤
4	物体打击	处理危石、地表清理	（1）开挖时因振动上方松动岩块掉落； （2）开挖时飞石伤人	IV	作业人员死亡或重伤
5	山洪泥石流	边、仰坡开挖	地处山区，雨季降雨量过大	I	作业人员群死群伤

5）安全风险防控措施

（1）防控措施

为防范以上安全风险，需严格落实各项风险防控措施。防控措施见表2。

洞口开挖安全风险防控措施表 表2

序号	安全风险	措施类型	防控措施	备注
1	失稳坍塌	安全防护	（1）开挖过程中随时监控仰坡动态； （2）机械开挖完成，待边坡稳定后再人工修坡； （3）作业人员必须按规定正确佩戴使用安全帽、安全带、防护眼罩等防护用品	

序号	安全风险	措施类型	防控措施	备注
1	失稳坍塌	管理措施	（1）洞口段土石方开挖时，注意坡面的稳定情况，每次开工前、收工后，对坡面、坡顶周围认真检查。对有裂隙和塌方现象或有危石、危土时立即处理； （2）开挖按自上而下的顺序进行，防止因开挖不当造成坍塌，坚决禁止掏底开挖； （3）洞口土石方施工时，要做好截、排水工作，并随时注意检查，开挖区应保持排水系统通畅	
2	爆炸伤害	技术措施	采用控制爆破，减小炸药用量	
		安全措施	加强安全警戒，爆破前再次排查现场作业人员是否都已撤离	
3	机械伤害	安全防护	（1）操作前要对作业设备进行安全检查、确保机械性能正常； （2）现场应有专人统一指挥	
		管理措施	（1）机械作业时，现场施工人员应保持一段距离，不得进入机械作业区范围内，防止机械伤人； （2）机械作业时，操作人员思想要集中，不得擅自离岗或将机械交给非本机操作人员操作，严禁无关人员进入作业区； （3）应对机械设备进行定期检查、养护、维修	
4	物体打击	安全防护	（1）进入施工现场所有人，必须按规定正确佩戴安全帽、安全带、防护眼罩等防护用品； （2）保证人员及设备安全防护及安全警戒距离； （3）作业区域上方设置防护网	
		技术措施	采用预裂控制爆破或者机械开挖等	
		管理措施	（1）及时处理边坡作业区上方危石和树木； （2）开挖边坡时设专人观察围岩情况，发现有松动的土石块时及时提醒施工人员，清除土块后再行施工	
5	山洪泥石流	安全防护	雨季施工过程中要安排专人勤加巡视	

（2）工作纪律

除落实以上安全风险防控措施外，还应严格遵守以下工作纪律。

①防护用品：作业人员正确佩戴使用安全帽、安全带，穿着防滑鞋及紧口工作服。

②班前讲话：每日上工前，由班组长开展班前讲话，将当日作业内容、存在的安全风险及危害、防范措施、作业要点等告知全部作业人员。

③工前检查：每日班前讲话后，对工人身体状态、防护用品使用、现场作业环境等进行例行检查，发现问题及时处理。

④维护保养：做好安全防护设施、安全防护用品、起重设备机具等的日常维护保养，发现损坏或缺失，及时修复或更换。

6）质量标准

边仰坡开挖应达到的质量标准及检验方法见表3。

洞口开挖施工质量检查验收表　　　　　　　　　　　　　表3

序号	检查项目	质量要求	检查方法	检验数量
1	洞口边、仰坡	稳定、无危石	观察	全部
2	洞口边、仰坡的范围及形式	符合设计要求	观察、测量	全部

序号	检查项目	质量要求	检查方法	检验数量
3	洞口边、仰坡的坡度	不应大于设计坡度	测量	按不大于10m检查一个断面
4	洞口开挖边缘距线路中线距离	允许偏差满足0~+50mm	测量，尺量	全部检查，每边测点不少于5处

7）验收要求

边仰坡开挖的验收要求见表4。

洞口开挖验收要求表　　　　表4

序号	验收项目	验收时点	验收内容	验收人员
1	洞口开挖	洞口开挖前	（1）开挖前清除山坡危石、坡集层碎石及有可能滑塌的表层土； （2）开挖前完成边、坡的排水沟和截水沟； （3）洞口边、仰坡的范围及形式	项目测量、技术管理人员，班组长及技术员
2	洞口开挖	洞口开挖后	（1）洞口边、仰坡的坡度； （2）洞口开挖边缘距线路中线距离； （3）洞口开挖长度、宽度； （4）洞口开挖底面高程	项目测量、技术管理人员，班组长及技术员

8）应急处置

（1）处置原则

施工过程中一旦发生险情或事故，应停止作业，切勿慌乱，切忌盲目施救。在保证自身安全的情况下按照处置措施要求科学开展施救，并及时向项目管理人员报告相关情况。

（2）处置措施

当发生失稳坍塌、爆炸伤害、物体打击、机械伤害等事故后，周围人员应立即停止施工，撤出危险区域；并立即采取措施切断或隔断危险源，疏散现场无关人员，后对伤者进行包扎等急救，向项目部报告后原地等待救援。

附件：《贺兰山隧道宁夏段进口段洞口边仰坡防护设计图》（略）。

48 边仰坡防护施工安全技术交底

交底等级	三级交底	交底编号	III-048
单位工程	贺兰山隧道宁夏段	分部工程	洞口及明洞工程
交底名称	边仰坡防护施工	交底日期	年　月　日
交底人	分部分项工程主管工程师（签字）	审核人	工程部长（签字）
批准人	总工程师（签字）	确认人	专职安全管理人员（签字）
		被交底人	班组长及全部作业人员（签字，可附签字表）

1）施工任务

贺兰山隧道宁夏段进口端洞口 DIK34＋833～DIK34＋856 临时边仰坡采用锚网喷支护，锚杆采用φ22mm 砂浆锚杆，每根长 3m，间距 1.2m×1.2m，φ8mm 钢筋网网格间距为 25cm×25cm，网喷 C25 混凝土，厚 15cm。边、仰坡设计图详见附件《贺兰山隧道宁夏段进口段洞口边、仰坡防护设计图》。

2）工艺流程

边、仰坡开挖→砂浆锚杆施工→钢筋网施工→喷射混凝土施工。

3）作业要点

（1）边、仰坡开挖

边、仰坡开挖应根据测量人员放出的边仰坡开挖轮廓线，清除开挖范围内的植被，按照"分层、分段、自上而下，边开挖、边防护"的原则，人工配合反铲、风钻、风镐、挖掘机自上而下进行开挖，人工配合精确刷坡边坡、仰坡上浮石、危石要及时清除，坡面凹凸不平处予以修整平顺。仰坡设计坡度为 1∶1，边坡设计坡度为 1∶0.75，开挖完成后，及时进行防护。

（2）砂浆锚杆施工

边坡防护段采用 3m 长的φ22mm 砂浆锚杆加固，锚杆间距 1.2m×1.2m 梅花形布置。

①锚杆加工

锚杆杆体、垫板进行原材料检验，合格后方可使用。锚杆杆体、垫板在加工厂统一加工，杆体尾部加工螺纹长 6cm，调直无缺损、无锈、无杂物；垫板采用厚度 6mm 的钢板制成，规格 150mm×150mm，中间钻孔。

②孔位施工

a.定位：锚杆放样严格按设计要求成梅花形布置，在初喷混凝土面上标准孔位，孔位允许偏差为±150mm。钻孔应保持直线，并应与其所在部位岩层的主要结构面垂直。

b.钻孔：钻进采用风动凿岩机，风枪开钻时，钻速不易太快，钻孔深度至 30～50cm 后，按正常钻速钻进至设计深度。钻孔深度应大于锚杆长度 5cm，锚杆外露 10～15cm，锚杆加工误差不大于±1cm。

c.清孔：钻孔完成后，孔内石粉用高压风、水冲洗干净。孔径应大于 37mm。

③锚杆安装

a.准备：锚杆注浆采用 NZ130A 型专用锚杆注浆机灌注，M20 砂浆拌制采用小型砂浆拌和机现场拌制，随拌随用，一次拌和的砂浆应在初凝前用完。水泥选用膨胀性早强低碱水泥，砂子必须预先筛选，保证质量及注浆效果。

b.二次清孔：注浆前先用高压风、高压水对注浆孔进行冲洗，保证无石屑、杂质。将注浆管插入锚杆孔最底端，开机注浆。随着压力缓慢抽注浆管，灌注砂浆应饱满密实。

c.注浆：安装锚杆时，要在锚杆上做出孔深标记，须保持位置居中并旋转缓慢推入，保证浆体充分搅拌、完全包裹锚杆。在砂浆体强度达到 10MPa 后，安设锚杆垫板、上螺母，确保垫板与喷层面紧贴，未接触部位必须楔紧。锚杆的长度、黏结材料饱满度等可采用无损检测；并用按设计要求标定的力矩拧紧螺母。

（3）钢筋网施工

洞口边仰坡均布置钢筋网，钢筋网采用φ8mm 钢筋，钢筋间距为 25cm×25cm。

①钢筋网片加工

钢筋网片在钢筋加工场内集中加工。先用钢筋调直机将钢筋调直，再截成钢筋条（明确长度）。钢筋焊接前要先将钢筋表面的油渍、漆污、水泥浆去除，用锤敲击能剥落的浮皮、铁锈等均清除干净。

②成品的存放

制作成型的钢筋网片须轻抬轻放，钢筋网片成品应远离加工场地、堆放在指定场地上。存放和运输过程中要避免潮湿的环境，防止锈蚀、污染和变形。

③钢筋网挂设

钢筋网片随初喷面的起伏铺设，钢筋网与锚杆采用点焊连接牢固，在喷射混凝土时钢筋网不得晃动。钢筋网片之间及其与已喷混凝土段钢筋网搭接牢固，且搭接长度不小于 25cm。

（4）喷射混凝土施工

喷射采用 C25 混凝土，厚度 15cm。

①受喷面处理

清除浮面杂物等；有涌水的地方要做好引排水；喷混凝土前用高压水自上而下冲洗基岩表面，并使岩石表面接近饱和状态；喷射前埋设钢筋头喷层厚度标钉。

②喷射混凝土

混凝土喷射机安装调试好后，在料斗上安装振动筛（筛孔 20mm），以免超粒径骨料进入喷射机。喷射时，送风之前先打开计量泵（注意：此时喷嘴应朝下，以免速凝剂流入输送管内），以免高压混凝土拌和物堵塞速凝剂喷射孔。喷射手应保持喷头具有良好的工作状态，以喷射混凝土回弹量小、表面湿润有光泽、易黏着为好，根据喷射情况及时调整风压和速凝剂掺量计量泵。

初喷混凝土在开挖后要及时进行，厚度不小于 4cm；复喷混凝土应在锚杆、钢筋网安装后及时进行，复喷至设计厚度。

喷射混凝土时应分段、分片、分层，自下而上连续进行，工作风压为 0.3～0.5MPa，喷头垂直受喷面，两者距离宜为 0.6～1.8m。喷射时喷头由机械手自动调节角度、距离，喷射路线呈小螺旋形绕圈运动，绕圈直径 30cm 左右为宜。后一圈压前一圈的 1/3～1/2，喷射路线呈"S"形运动，每次"S"形运动的长度为 3～4m，喷射纵向第 2 行时，要依顺序从第一行的起点处开始，行与行间须搭接 2～3cm，料束旋转速度原则上要均匀，不宜太慢或太快。

当表面出现松动、开裂、下坠、滑移等现象时，应及时清除重喷。喷射完成后应检查喷射混凝上与岩面的黏结情况，可用锤敲击检查。当有空鼓、脱壳时，应及时凿除、冲洗干净进行重喷，或采用压浆法充填。

喷射混凝土在其终凝 2h 后应洒水养护，养护时间不得低于 5d。

4）安全风险及危害

边仰坡防护施工过程中存在的安全风险见表 1。

边仰坡防护施工安全风险识别表　　　　　　　　　　　　　　表 1

序号	安全风险	施工过程	致险因子	风险等级	产生危害
1	机械伤害	锚杆钻孔、喷射混凝土	（1）风动钻岩机施工时固定不牢固； （2）混凝土喷射机固定不牢固，喷嘴掌控不稳； （3）施工人员直面喷射机喷嘴致伤	IV	作业人员受害或死亡
2	物体打击	锚杆钻孔、铺设钢筋网、喷射混凝土	（1）钻孔时因振动上方松动岩块掉落； （2）钻孔时飞石伤人； （3）钢筋网片或锚杆滑落伤人； （4）坡面其他杂物坠落伤人	IV	作业人员受伤或死亡
3	高处坠落	锚杆钻孔、铺设钢筋网、喷射混凝土	（1）作业人员未穿防滑鞋和其他防护备品； （2）锚杆钻孔前岩面存在松散易掉落石块，作业人员踩在上面意外滑落	III	高处作业人员死亡或重伤
4	起重伤害	吊运物料	（1）起重机驾驶员、司索工、指挥技能差，未持证； （2）钢丝绳或吊带、卡扣、吊钩等破损、性能不佳； （3）未严格执行"十不吊"； （4）吊装指令传递不佳，存在未配置对讲机、多人指挥等情况； （5）起重机回转范围外侧未设置警戒区	III	起重作业人员及受其影响人员死亡或重伤

5）安全风险防控措施

（1）防控措施

为防范以上安全风险，需严格落实各项风险防控措施。防控措施见表 2。

边仰坡防护施工安全风险防控措施表　　　　　　　　　　　　表 2

序号	安全风险	措施类型	防控措施	备注
1	机械伤害	安全防护	（1）操作前要对作业设备进行安全检查； （2）现场应有专人统一指挥； （3）操作人员规范佩戴防护面罩等个人防护用品	
		管理措施	（1）施工设备在启动前应支撑牢固； （2）机械作业时，现场施工人员应保持一段距离，不得进入机械作业区，防止机械伤人； （3）机械作业时，操作人员思想要集中，不得擅自离岗或将机械交给非本机操作人员操作，严禁无关人员进入作业区； （4）应对机械设备进行定期检查、养护、维修	

序号	安全风险	措施类型	防控措施	备注
2	物体打击	安全防护	（1）进入施工现场所有人，必须按规定正确佩戴使用安全帽、安全带、防护眼罩等相应的防护用品； （2）保证人员及设备安全防护及安全警戒距离； （3）作业区域设置防护网	
		管理措施	开挖边坡、钻设锚杆、挂网喷浆时设专人观察围岩情况，发现有松动的土石块时及时提醒施工人员，清除土块后再行施工	
3	高处坠落	安全防护	（1）及时清理岩面上松散岩块； （2）工人作业时穿着防滑鞋，正确使用安全带	
		管理措施	（1）配发合格的安全带、安全帽等劳保用品，培训正确穿戴使用； （2）做好安全防护设施的日常检查维护，发现损坏及时修复	
4	起重伤害	安全防护	起重机回转范围外侧设置警戒区	
		管理措施	（1）做好起重设备及特种作业人员的进场验收管理，保证设备性能、人员技能满足要求，设备及人员证件齐全有效； （2）做好钢丝绳（吊带）、卡扣、吊钩、对讲机等日常检查维护，确保使用性能满足要求； （3）吊装作业专人指挥，严格执行"十不吊"	

（2）工作纪律

除落实以上安全风险防控措施外，还应严格遵守以下工作纪律。

①防护用品：作业人员正确佩戴使用安全帽、安全带，穿着防滑鞋及紧口工作服。

②班前讲话：每日上工前，由班组长开展班前讲话，将当日作业内容、存在的安全风险及危害、防范措施、作业要点等告知全部作业人员。

③工前检查：每日班前讲话后，对工人身体状态、防护用品使用、现场作业环境等进行例行检查，发现问题及时处理。

④维护保养：做好安全防护设施、安全防护用品、起重设备机具等的日常维护保养，发现损坏或缺失，及时修复或更换。

6）质量标准

砂浆锚杆施工应达到的质量标准及检验方法见表3。

砂浆锚杆施工质量检查验收表　　　　　　　　　　表3

序号	检查项目	质量要求	检查方法	检验数量
1	锚杆钻孔孔径	大于锚杆直径15mm	尺量	每循环设计数量的10%检验，且不少于3根
2	锚杆钻孔孔口距	允许偏差±150mm	尺量	每循环设计数量的10%检验，且不少于3根
3	锚杆钻孔孔深	允许偏差+50mm	尺量	每循环设计数量的10%检验，且不少于3根
4	锚杆种类、规格、长度	符合设计要求	观察，尺量	每循环检验不少于3根
5	锚杆数量	符合设计要求	计数，尺量	每循环全部检查
6	锚杆的胶结、锚固质量	锚固长度不小于设计长度的95%	检查施工记录、冲击弹性波法检测，必要时拉拔或钻孔检验	每循环按设计数量的10%检验，且不少于2根

序号	检查项目	质量要求	检查方法	检验数量
7	砂浆强度	符合设计要求	抗压强度试验	同一配合比、同一围岩段且不大于60m检验一次
8	锚杆垫板	与基面密贴	观察	全数检查

钢筋网施工应达到的质量标准及检验方法见表4。

钢筋网施工质量检查验收表　　　　　　　　　表4

序号	检查项目	质量要求	检查方法	检验数量
1	钢筋网片表面	无严重锈蚀、焊点无脱落	观察	全数检查
2	钢筋网的种类、网格尺寸	符合设计要求	观察，尺量	全数检查
3	钢筋网搭接长度	不少于1个网格	观察，尺量	全数检查

喷射混凝土应达到的质量标准及检验方法见表5。

喷射混凝土质量检查验收表　　　　　　　　　表5

序号	检查项目	质量要求	检查方法	检验数量
1	喷射混凝土表面平整度	两突出物之间的深长比不大于1/20	观察、尺量	全部
2	喷射混凝土的24h强度	不小于10MPa	无底试模	同强度等级、每级连续围岩检验不少于1次
3	喷射混凝土强度	符合设计要求	试件法	每作业循环留置时间一次，至少留置事件2组
4	喷射混凝土厚度	符合设计要求，检查点数的90%及以上应不小于设计厚度	埋钉法、凿孔法或断面测量法	每一作业循环检查一次，每间隔2m布设一个检查喷射混凝土的标志
5	喷射混凝土养护时间	不少于5d	观察，检查施工记录	全部
6	喷射混凝土表面	密实，无裂缝、脱落、漏喷、露筋、空鼓	观察、敲击	全部

7）验收要求

边仰坡防护施工的验收要求见表6。

边、仰坡防护施工验收要求表　　　　　　　　　表6

序号	验收项目		验收时点	验收内容	验收人员
1	砂浆锚杆	杆体	锚杆加工完成后、安装前	锚杆材质、长度、直径等	项目物资、技术管理人员，班组长及材料员
		锚杆孔	钻孔前后、过程中	孔位、孔向、孔径、孔深等	项目技术管理人员，班组长及材料员
		锚杆安装	锚杆安装后	锚杆安装偏差、锚固质量	项目技术、试验管理人员，班组长及材料员
2	钢筋网片	网片质量	网片安装前后	钢筋网规格、网格尺寸、搭接长度	项目技术管理人员，班组长及技术员
3	喷射混凝土	岩面	喷射混凝土前	清除浮面杂物等；喷层厚度标钉埋设情况	项目技术员、测量人员，班组长及技术员
		混凝土	喷射过程中、喷射后	喷射表面平整度、厚度、强度、养护时间	项目技术、质量、试验管理人员，班组长及技术员

8）应急处置

（1）处置原则

施工过程中一旦发生险情或事故，应停止作业，切勿慌乱，切忌盲目施救。在保证自身安全的情况下按照处置措施要求科学开展施救，并及时向项目管理人员×××报告相关情况。

（2）处置措施

当发生高处坠落、物体打击、机械伤害、起重伤害等事故后，周围人员应立即停止施工，并撤出危险区域；并立即采取措施切断或隔断危险源，疏散现场无关人员，后对伤者进行包扎等急救，向项目部报告后在原地等待救援。

附件：《贺兰山隧道宁夏段进口段边仰坡防护设计图》（略）。

49 导向墙施工安全技术交底

交底等级	三级交底	交底编号	III-049
单位工程	贺兰山隧道	分部工程	洞口工程
交底名称	**导向墙施工**	交底日期	年　月　日
交底人	分部分项工程主管工程师 （签字）	审核人	工程部长（签字）
批准人	总工程师（签字）	确认人	专职安全管理人员（签字）
		被交底人	班组长及全部作业人员 （签字，可附签字表）

1）施工任务

贺兰山隧道在 DIK34＋856、DIK35＋173、DIK35＋185 洞口段采用ϕ108mm 长管棚施工，为保证管棚方向、角度的施工精度，设置管棚导向墙，导向墙采用 C25 混凝土，截面尺寸为 1m×1m，环向长度可根据工点实际情况确定。

2）工艺流程

施工准备→开挖至导向墙底部位置→工20a 工字钢拱架安装→ϕ140mm 导向钢管安装→立模、导向墙 C25 混凝土浇筑。

3）作业要点

（1）施工准备

钢拱架、导向钢管等原材料进场后，配合项目物资及技术管理人员按照设计图纸要求进行验收，验收合格后才可使用。对进场原材料按照规格、型号分类存放于指定地点，并悬挂标识牌。

按照设计图纸测放导向墙开挖轮廓线，放线尺寸要比隧道外轮廓线大 1m，确保后续工作具有足够的操作空间。清除现场杂物，确保材料、机械设备能运送到场，施工作业面满足施工需要，做好前施工准备工作。

（2）开挖

按照导向墙放线结果，采用人工环形开挖、预留核心土至导向墙基底。开挖至设计高程后清除底部虚渣，对基底按照设计图纸要求进行地基承载力验收，验收合格后（明确具体数值）进入下道工序。

（3）钢拱架安装

导向墙基槽开挖到位后，按照设计图纸在拱顶 120°范围内立钢拱架，拱架采用工20工字钢。拱架设置两榀，间距为 0.5m，由 3 个单元拼接形成。接头处焊缝高度：腹板$h＝9$mm，翼缘$h_1＝12$mm。钢架各单元间用 240mm×200mm×15mm 钢板连接，连接钢板之间采用

M24 螺栓连接。钢架纵向连接采用 φ22mm 钢筋，钢筋环向间距 1.2m。拱架下翼缘距离导向墙底部 23cm，拱架安装采用人工配合机械进行，由下至上进行安装。

钢拱架安装前进行试拼，其平面扭曲不得大于 20mm，尺寸偏差不得大于 10mm，轮廓线偏差不得大于 10mm。

（4）导向钢管安装

导向钢管直径为 140mm，壁厚为 5mm。钢管与钢架焊接，钢管倾角 3°，同时考虑路线纵坡，用激光导向仪设定钢管倾角，用前后差距法设定钢管外插角。导向管环向间距为 40cm，采用全站仪准确定位出每根钢管的位置，沿隧道中线自拱顶至拱脚方向采用红色油漆在钢拱架上做出位置标记。

导向管与钢架用 φ22mm 钢筋焊接牢固。管口两端必须用塑料袋绑扎封堵，孔口管长度要根据现场情况确定，并进行切割使用，管口一端必须紧抵岩面，另一端则贴紧模板，防止浇筑混凝土时漏浆，堵塞管道。导向管布置如图 1 所示，导向管安装固定图如图 2 所示。

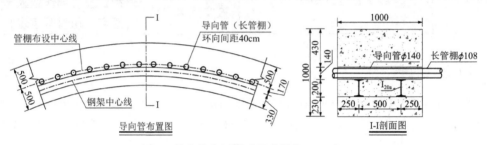

图 1　导向管布置图（尺寸单位：mm）

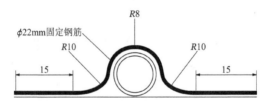

图 2　导向管安装固定图（尺寸单位：cm）

（5）混凝土浇筑

①模板安装

导向墙底模板及端模板均采用 5cm 厚木模板，端模板通过在钢拱架上焊接 φ22mm 螺纹钢进行固定；底模板下设 φ22mm 螺纹钢环向支撑，钢筋底部采用槽钢配合脚手架钢管及顶托进行支撑，槽钢环向布设间距为 1m，钢管立柱纵向间距 0.6m；拱身位置侧模同理，通过在模板顶部设置 φ22mm 螺纹钢、焊接在钢拱架上进行固定。底板支撑体系施工时架体外伸形成导向墙施工临边防护。

②混凝土浇筑、拆模及养生

导向墙混凝土强度等级为 C25，采用起重机配合挖机进行浇筑，浇筑时由两侧至中间、分层对称进行浇筑振捣，分层高度不大于 50cm，两侧混凝土面高度差不能超过 50cm，混凝土最大下落高度不能超过 2m；插入式振动棒振捣，振动棒变换位置时应竖向缓慢拔出，不得在混凝土中拖动，不得碰撞模板、钢架；浇筑过程中按照环向间距 1m、预埋 φ22mm 螺纹钢作为钻孔平台固定钢筋，预埋深度 0.5m，预埋端部设置锚固弯钩。

③拆模及养护

浇筑完成后覆盖土工布洒水养护，养护时间不少于 7d；当混凝土强度达到 2.5MPa、拆除端模板；强度达到 12.5MPa、拆除底模板。

4）安全风险及危害

导向墙施工过程中存在的安全风险见表1。

导向墙施工安全风险识别表　　　　　　　　　　表1

序号	安全风险	施工过程	致险因子	风险等级	产生危害
1	失稳坍塌	导向墙混凝土浇筑	（1）原地面地基承载力不足、支撑体系搭设不规范； （2）未进行地基及架体验收； （3）底板支架立杆间距过大，未设置剪刀撑； （4）地基受雨水浸泡、冲刷，架体受大风或冻融影响； （5）支架材料进场后未进行验收，材料不合格； （6）未有效实施监测预警； （7）模板体系设计不合理，模板支立不稳固	V	架体上方作业人员群死群伤
2	高处坠落	导向墙混凝土浇筑	（1）施工作业面未设置临边防护； （2）施工作业人员未系安全带	III	架体上方作业人员死亡或重伤
		人员上下行	未按规范设置上下爬梯	III	
3	物体打击	钢拱架、导向管安装	（1）作业平台未设置踢脚板； （2）作业平台堆置杂物或小型材料； （3）作业平台底部及四周未有效设置警戒区； （4）吊装管件等物料时，钢丝绳绑扎不牢固；人员搬运小型材料时，疏忽大意，未接送到位； （5）在作业平台上堆载物料过多且无固定防护措施	II	架体下方人员死亡或重伤
4	起重伤害	吊运物料	（1）起重机驾驶员、司索工、指挥技能差，未持证； （2）钢丝绳或吊带、卡扣、吊钩等破损、性能不佳； （3）未严格执行"十不吊"； （4）吊装指令传递不佳，存在未配置对讲机、多人指挥等情况； （5）起重机回转范围外侧未设置警戒区； （6）吊装作业未安排专人进行指挥	III	起重作业人员及受其影响人员死亡或重伤
5	触电	拱架与导向管焊接	（1）电焊机未接地，施工所用电缆破损，存在漏电现象； （2）现场配电箱未按要求接电	II	焊接人员死亡或者轻伤

5）安全风险防控措施

（1）防控措施

为防范以上安全风险，需严格落实各项风险防控措施。防控措施见表2。

盘扣式满堂支撑架安全风险防控措施表　　　　　　表2

序号	安全风险	措施类型	防控措施	备注
1	失稳坍塌	质量控制	（1）严格执行设计、规程及验标要求，进行原地面处理及架体搭设； （2）严格按照规范要求进行支架搭设，按规范设置剪刀撑、扫地杆； （3）支架材料进场后及时按规范进行验收，合格后使用	
		管理措施	（1）严格执行地基及支架搭设验收程序； （2）支架周边按规范设置临排水沟； （3）施工中定期对支架记性监测检查； （4）脚手架搭设前，对支架原地面进行平整、压实，顶部与导向墙预埋钢筋焊接牢固； （5）严禁在作业平台上堆载物料	
		技术措施	优化支架体系和模板体系设计，加强支架和模板施工过程管控和验收	

序号	安全风险	措施类型	防控措施	备注
2	高处坠落	安全防护	（1）作业平台按规范设置高度不低于 1.2m 的临边防护； （2）工人作业时穿着防滑鞋，正确使用安全带； （3）作业平台跳板满铺且固定牢固，杜绝探头板； （4）作业面设置安全爬梯	
		管理措施	（1）为工人配发合格的安全带、安全帽等劳保用品，培训正确穿戴使用； （2）做好安全防护设施的日常检查维护，发现损坏及时修复； （3）及时开展班前讲话，针对性地讲解施工作业存在的安全风险及防控措施	
3	物体打击	安全防护	（1）作业平台规范设置踢脚板； （2）架体底部设置警戒区	
		管理措施	（1）作业平台顶部严禁堆置杂物及小型材料； （2）吊装管件等物料过程中，及时对钢丝绳捆绑情况进行检查，确保牢固	
4	起重伤害	安全防护	起重机回转范围外侧设置警戒区	
		管理措施	（1）做好起重设备及特种作业人员的进场验收管理，保证设备性能及人员技能满足要求，设备及人员证件齐全有效； （2）做好钢丝绳或吊带、卡扣、吊钩、对讲机等日常检查维护，确保使用性能满足要求； （3）吊装作业专人指挥，严格执行"十不吊"	
5	触电	安全防护	对现场配电箱、临时用电定期进行检查，对乱接、乱用现象及时整改，及时将破损电线更换	

（2）工作纪律

除落实以上安全风险防控措施外，还应严格遵守以下工作纪律。

①防护用品：作业人员正确佩戴使用安全帽、安全带，穿着防滑鞋及紧口工作服。

②班前讲话：每日上工前，由班组长开展班前讲话，将当日作业内容、存在的安全风险及危害、防范措施、作业要点等告知全部作业人员。

③工前检查：每日班前讲话后，对工人身体状态、防护用品使用、现场作业环境等进行例行检查，发现问题及时处理。

④维护保养：做好安全防护设施、安全防护用品、起重设备机具等的日常维护保养，发现损坏或缺失，及时修复或更换。

6）质量标准

导向墙底板支撑体系应达到的质量标准及检验方法见表 3。

支架搭设质量检查验收表　　　　　表 3

序号	检查项目		质量要求	检查方法	检验数量
1	底座与地基接触面/垫板与地基接触面		无松动或脱空	查看	全部
2	可调底座	插入立杆长度	≥150mm	尺量	全部
		丝杆外露长度	≤300mm		
3	可调托撑	伸出顶层水平杆的悬臂长度	≤650mm	尺量	全部
		丝杆外露长度	≤400mm		
		插入立杆长度	≥150mm		

序号	检查项目		质量要求	检查方法	检验数量
4	工作平台	木质或竹制脚手板	满铺、绑扎牢固、无探头板	查看	全部
		踢脚板	高度≥200mm	查看	
5	爬梯		稳定、牢固	查看	全部
6	警戒区		架体底部外侧警戒线	除爬梯进出口外，封闭围护	查看	全部

7）验收要求

导向墙各阶段的验收要求见表4。

导向墙各阶段验收要求表　　　　　　　　　　表4

序号	验收项目		验收时点	验收内容	验收人员
1	材料及构配件		管棚、花管、钢拱架进场后、使用前	材质、规格尺寸、焊缝质量、外观质量	项目物资、技术管理人员，班组长及材料员
2	模板支撑体系	基底	支架搭设前	基底是否平整、承载力是否满足要求	项目试验人员、技术员、班组技术员
		支架	支架搭设完成，混凝土浇筑前	参见"支架搭设质量检查验收表"（表3）	项目测量试验人员、技术员，班组长及技术员

8）应急处置

（1）处置原则

施工过程中一旦发生险情或事故，应停止作业，切勿慌乱，切忌盲目施救。在保证自身安全的情况下按照处置措施要求科学开展施救，并及时向项目管理人员×××报告相关情况。

（2）处置措施

失稳坍塌：发生塌方时，施工人员要立即撤除危险区域，查点施工人员人数，并立即通知现场负责人，在现场负责人的指挥下进行后续现场处治。

触电事故：发现人员触电立即切断电源，若无法及时断开电源，可用干木棒、皮带、橡胶制品等绝缘物品挑开触电者接触的带电物。之后解开妨碍触电者呼吸的紧身衣服，检查口腔、清理口腔黏液。如触电者呼吸停止，应采用人工呼吸法抢救；如心脏停止跳动，应采用胸外心脏按压法抢救。

其他事故：当发生高处坠落、物体打击、起重伤害等事故后，周围人员应立即停止施工，并撤出危险区域；并立即采取措施切断或隔断危险源，疏散现场无关人员，后对伤者进行包扎等急救，向项目部报告后原地等待救援。

50 超前大管棚施工安全技术交底

交底等级	三级交底	交底编号	III-050
单位工程	彝良隧道	分部工程	洞口工程
交底名称	超前大管棚施工	交底日期	年　月　日
交底人	分部分项工程主管工程师（签字）	审核人	工程部长（签字）
批准人	总工程师（签字）	确认人	专职安全管理人员（签字）
		被交底人	班组长及全部作业人员（签字，可附签字表）

1) 施工任务

彝良隧道进口平导超前大管棚施工，明暗分界里程 PDK316＋059。管棚采用 ϕ89mm 热轧无缝钢管，壁厚 5mm，每环 22 根；长度为 30m，用每节长 5～6m 的热轧无缝钢管螺纹连接而成，环向间距 40cm；超前大管棚注浆的水泥浆液水灰比为（0.5～0.8）：1，注浆压力 1～2MPa。

2) 工艺流程

施工准备→搭设钻孔平台、钻机就位→钻孔→清孔、验收→顶进钢管棚→安装注浆管→注浆、封孔。

3) 作业要点

（1）施工准备

①材料、配件及场地准备：管棚及配件、水泥等材料进场后，配合项目物资及技术管理人员进行进场验收，验收合格方可使用。整理材料存放场地，确保平整坚实、排水畅通、无积水。材料验收合格后按品种、规格分类码放，并挂标牌。

②人员准备：彝良隧道进口平导管棚施工人员准备情况见表1。

人员任务分配及劳动力配置表　　　　　　表1

序号	人员	人数（个）	职责
1	技术人员	1	掌握技术标准、负责施工指导、监督施工质量、记录
2	工班长	1	组织和协调
3	测量人员	2	测量放样、检查验收、并对整个施工过程进行摄像
4	钻孔、安装人员	5～10	钻孔施工、准备材料、安装导管
5	浆液制备人员	5	准备材料、制备浆液、搅动浆液、清洗设备
6	注浆泵司机	2	注浆泵的操作、维修保养及故障排除

序号	人员	人数（个）	职责
7	清洗废浆工	1	清理废浆
8	安全员	1	负责施工安全
9	搬运工	4	搬运材料、机具
10	其他	6	电工、管棚加工、空压机驾驶员等
	合计	28～33	

③机械设备准备：设备机具配置情况见表2。

设备机具配置情况表　　　　　　　　　　　　　表2

序号	设备	数量	参考型号
1	潜孔钻机	1台	
2	电动空压机	1台	空压机（≥20m³）
3	注浆机	1台	注浆压力≥（10～12.5）MPa，排浆量≥100L/min，并可连续注浆
4	高速制浆机	1台	ZJ-400
5	储浆桶	1个	≥2m³
6	电焊机	2台	BX1-400
7	装载机	1台	

（2）搭设钻孔平台、钻机就位

在导向墙前方采用脚手架钢管搭设钻孔平台，脚手架按规范设置剪刀撑；搭设前对支架基底进行平整夯实，支架周边设置临时排水沟；脚手架顶部与预埋的固定钢筋进行焊接，钻孔前按照从下至上、从左至右的顺序对孔位进行编号。

（3）钻孔

钻孔采用潜孔钻机，按"先奇数后偶数"的跳钻方式钻孔，施工前利用导向墙控制好孔位、轴线方向和钻孔角度，钻孔过程中采用测斜仪测量孔位偏差，钻进过程记录好每一段的围岩状况，钻头直径108mm。

①钻进时产生岩层掉块、坍孔；卡钻时，需补注浆后再钻进。

②钻机开钻时，应低速低压；待成孔10m后可根据地质情况逐渐调整钻速及风压。

③钻进过程中经常用测斜仪测定其位置，并根据钻机钻进的状态判断成孔质量，及时处理钻进过程中出现的事故。

④钻进过程中确保动力器、扶正器、合金钻头按同心圆钻进。

（4）清孔、验孔

成孔后用高压风从孔底向孔口清理钻渣。用仪器检测孔深、倾角、外插角，满足要求后进行下道工序施工。

（5）顶管及二次清孔

钢管规格：钢管外径89mm，壁厚5mm。每节钢管长4～6m，钢管两端均预加工成外螺纹，螺纹长度 15cm；接头钢管外径 95mm，壁厚 6mm，内螺纹长 30cm，同一截面内的接头不超过管数的 50%。

钢管上钻注浆孔，孔直径 10～16mm，孔间距 15cm，梅花形布置，尾部留长度不小于 1m 不钻孔的止浆段。注浆材料为水泥单液浆。

第一根钢管前段要做成圆锥形。顶管施工采用人工配合挖掘机进行，顶管作业时挖掘机要控制好力度，以及钢管角度，缓慢顶管，避免用力过猛，造成塌孔。

顶管到位后采用高压风进行二次清孔，为注浆施工做好准备。

（6）安装注浆管

注浆前在钢管中沿管壁安设 30cm 长φ20mm 镀锌钢管，镀锌钢管一头与注浆管连接，一头焊接在堵头钢板上；采用 30cm 长、φ20mm 镀锌钢管置于管棚内侧上方作为排气管（管棚堵头钢板预加工两个孔洞）。

（7）注浆、封孔

注浆前，先调试好注浆设备，检查管理是否畅通，做压水试验，记录好试验水量、水压、流量等参数。

注浆始压 0.5～1.0MPa，等排气孔有浆液流出且浆液浓稠时，进行终压注浆，直至达到设计注浆压力 2.0MPa，或设计注浆量时，继续注浆 10min，终止注浆。注完浆的管口立即堵塞严密，防止浆液外流。

注浆过程中，如发现孔口及工作面漏浆，要采取封堵，如果连续注浆大于 2h 无注浆压力时，应停止注浆，待浆液达到初凝时间后进行二次注浆。

4）安全风险及危害

管棚施工过程中存在的安全风险见表 3。

管棚施工安全风险识别表 表3

序号	安全风险	施工过程	致险因子	风险等级	产生危害
1	失稳坍塌	管棚安装	（1）危岩落石未及时清理或防护不到位； （2）洞口段软弱地层加固未达到效果	I	架体上方作业人员群死群伤
2	高处坠落	管棚安装	（1）作业人员未穿着防滑鞋、未系安全带； （2）未挂设安全平网	III	架体上方作业人员死亡或重伤
3	物体打击	高压风清孔	（1）作业人员未使用防护装备； （2）架体底部及四周未有效设置警戒区	IV	孔位前方作业人员死亡或重伤
		管棚注浆	（1）施工机具失稳及安全性能缺失、下降； （2）作业平台堆置杂物或小型材料； （3）架体底部及四周未有效设置警戒区； （4）注浆管爆裂	IV	架体下方人员死亡或重伤
4	起重伤害	吊运管棚	（1）起重机驾驶员、司索工、指挥技能差，未持证； （2）钢丝绳或吊带、卡扣、吊钩等破损，性能不佳； （3）未严格执行"十不吊"； （4）吊装指令传递不佳，存在未配置对讲机、多人指挥等情况； （5）起重机回转范围外侧未设置警戒区	III	起重作业人员及受其影响人员死亡或重伤

5）安全风险防控措施

（1）防控措施

为防范以上安全风险，需严格落实各项风险防控措施。防控措施见表4。

管棚施工安全风险防控措施表　　　　　　　　　　表4

序号	安全风险	措施类型	防控措施	备注
1	失稳坍塌	质量控制	（1）严格执行设计、规程及验标要求，进行软弱地层加固处理； （2）严格执行规程要求进行危岩落石清理及防护	
		管理措施	（1）严格执行软弱地层加固处理设验收程序； （2）严格执行危岩落石清理及防护	
2	高处坠落	安全防护	（1）架体搭设过程中，及时挂设安全平网； （2）工人作业时穿着防滑鞋，正确使用安全带	
		管理措施	（1）为工人配发合格的安全带、安全帽等劳保用品，培训正确穿戴使用； （2）做好安全防护设施的日常检查维护，发现损坏及时修复	
3	物体打击	安全防护	（1）作业机具日安全性能缺失及时更换或维修； （2）作业平台规范设置踢脚板； （3）架体底部设置警戒区； （4）作业人员穿戴防撞击套装	
		管理措施	（1）作业平台顶部严禁堆置杂物及小型材料； （2）拆除作业时，专人指挥，严禁随意抛掷杆件及构配件	
4	起重伤害	安全防护	起重机回转范围外侧设置警戒区	
		管理措施	（1）做好起重设备及特种作业人员的进场验收管理，保证设备性能、人员技能满足要求，设备及人员证件齐全有效； （2）做好钢丝绳或吊带、卡扣、吊钩、对讲机等日常检查维护，确保使用性能满足要求； （3）吊装作业专人指挥，严格执行"十不吊"	

（2）工作纪律

除落实以上安全风险防控措施外，还应严格遵守以下工作纪律。

①防护用品：作业人员正确佩戴使用安全帽、安全带，穿着防滑鞋及紧口工作服。

②班前讲话：每日上工前，由班组长开展班前讲话，将当日作业内容、存在的安全风险及危害、防范措施、作业要点等告知全部作业人员。

③工前检查：每日班前讲话后，对工人身体状态、防护用品使用、现场作业环境等进行例行检查，发现问题及时处理。

④维护保养：做好安全防护设施、安全防护用品、起重设备机具等的日常维护保养，发现损坏或缺失，及时修复或更换。

6）质量验收标准

管棚施工应达到的质量标准及检验方法见表5。

管棚施工质量检查验收表　　　　　　　　　　表5

序号	检查项目	质量要求	检查方法	检验数量
1	方向角	1°	测量	全数
2	孔口距	±30mm	尺量	全数

序号	检查项目	质量要求	检查方法	检验数量
3	孔深	±50mm	尺量	全数
4	注浆配合比	符合设计要求	观察	全数
5	注浆压力	符合设计要求	观察	全数
6	注浆量	符合设计要求	观察	全数
7	管棚位置、搭接长度、数量	符合设计要求	尺量、计数	全数
8	管棚种类、长度、规格	符合设计要求	观察、尺量	全数
9	管棚钢管接头连接	符合设计要求	观察、尺量	全数

7）验收要求

管棚施工各阶段的验收要求见表6。

管棚施工各阶段验收要求表 表6

序号	验收项目	验收时点	验收内容	验收人员
1	材料及构配件	管棚及注浆材料进场后、使用前	材质、规格尺寸、焊缝质量、外观质量	项目物资、技术管理人员，班组长及材料员
2	导向管安装	安装施工后	角度方向准确	项目试验人员、技术员，班组技术员
3	钻孔	钻进过程中、钻孔完成后	采用测斜仪测量钢管的钻进偏斜度	项目技术员、测量人员，班组长及技术员
4	注浆	注浆过程中、注浆过程后	注浆压力、水泥浆进浆量	项目技术员、测量人员，班组长及技术员

8）应急处置

施工过程中一旦发生险情或事故，应停止作业，切勿慌乱，切忌盲目施救。在保证自身安全的情况下按照处置措施要求科学开展施救，并及时向项目管理人员×××报告相关情况。

9）处置措施

失稳坍塌：发生坍方时，施工人员要立即撤出危险区域，查点施工人员人数，并立即通知现场负责人，在现场负责人的指挥下进行后续现场处治。

其他事故：当发生高处坠落、物体打击、起重伤害等事故后，周围人员应立即停止施工，并撤出危险区域；并立即采取措施切断或隔断危险源，疏散现场无关人员，然后对伤者进行包扎等急救，向项目部报告后原地等待救援。

51 隧道爆破施工安全技术交底

交底等级	三级交底	交底编号	III-051
单位工程	×××隧道	分部工程	洞身开挖
交底名称	隧道爆破施工	交底日期	年　月　日
交底人	分部分项工程主管工程师（签字）	审核人	工程部长（签字）
批准人	总工程师（签字）	确认人	专职安全管理人员（签字）
		被交底人	班组长及全部作业人员（签字，可附签字表）

1）施工任务

××隧道，洞身开挖采用钻爆矿山法施工。

2）工艺流程

隧道爆破施工流程如图1所示。

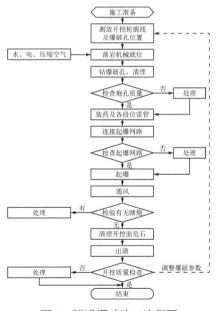

图1　隧道爆破施工流程图

3）作业要点

（1）爆破设计参数

钻孔直径：采用凿岩机械设备，钻孔直径43mm。

药卷直径：药卷直径为 32mm。

掏槽形式：采用楔形掏槽，周边光面爆破。

炮孔深度：周边孔孔深 3m，掏槽孔孔深 3.64m，辅助孔孔深 3.2～3.3m。

孔距和排距：周边眼孔距 50cm，同最近一排的辅助眼间距 60cm（即周边孔的最小抵抗线为 60cm）；辅助眼孔距 100cm，与掘进眼间距 80cm；掘进眼孔距 100cm；底板眼孔距 80cm，同上侧最近炮眼排距为 80cm。、具体尺寸如图 2 所示。

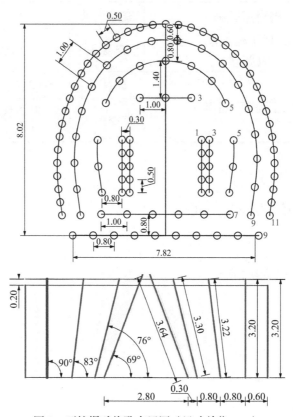

图 2　开挖爆破炮孔布置图（尺寸单位：m）

（2）施工准备

将爆破设计参数导入三臂凿岩台车，检查水、电是否正常；测量班及三臂凿岩台车操作手对后视点进行复核。

控制要点：查看围岩、渗水等情况，清理掌子面上的浮石和破碎层；检查凿岩机、支架的完整性和转动情况，加注必要的润滑油；检查风、水路是否畅通，各连接接头是否牢固。

（3）孔位放样

开挖前由测量员对开挖轮廓线、各个炮孔进行放样，炮眼位置误差不超过 2cm。测点采用红漆喷涂标记，喷红漆直径 5cm，确保施钻人员可视度，便于施工。

（4）钻孔作业

钻孔采用三臂凿岩台车施工，台车配置隧道红外线断面扫描仪，及时检测开挖轮廓。

凿岩台车定位后施工底板眼、掏槽眼、辅助眼，施工完成后，对台车进行二次定位，以保证周边眼开孔精度。周边眼施钻时，钻进速度每分钟不得大于 1.5m，岩质较硬地段应降低冲程，防止钻速过快造成飘钻，影响钻孔质量。

钻孔控制要点：

炮眼位置要事先捣平才可开钻，防止打滑或炮眼移位；钻周边孔时须由有丰富经验的钻工司钻；底板孔下部炮孔钻完后立即用木棍、纸团或编织物将其填塞；不能干钻孔，操作时先开水、后开风，停钻时先关风、后关水。开钻时先低速运转，待钻进一定深度后再全速钻进；钻孔过程中发现声音、排粉出水不正常时，应停机检查，找出原因并消除后，才能继续钻进；不能在残孔处、裂缝处钻孔。

（5）清孔装药

用高压风清孔，吹干净炮孔内积水及渣粒。

周边孔采用不耦合间隔装药，配备 9 个炮工，周边孔起拱线以上装填红线＋3 卷炸药＋1 个雷管，起拱线以下装填 4～5 卷炸药＋1 个雷管；辅助孔装填 5 卷炸药＋1 个雷管，底板孔装填 7 卷炸药＋1 个雷管；掏槽孔装填 7 卷炸药＋1 个雷管。具体装药方式及装药量根据爆破设计方案实施编制。

控制要点：装药时严禁烟火；爆破工装药前核对雷管段别与炮孔位置是否匹配；专人检查记录装药情况，剩余的起爆器材交还炸药库；炮工装药时必须记清每次炮棍插入的尺寸，对装有药卷的炸药不能用炮棍重撞击。

（6）连接起爆网络

机械设备撤离爆破面之后，开始连接网路。起爆网络为复式网络，以保证起爆的可靠性和准确性。连接时要注意：导爆管不能打结和拉细；各炮眼雷管连接次数应相同；引爆雷管应用黑胶布包扎在一簇导爆管自由端 10cm 以上处；网络连接好后，要有专人负责检查。

对爆破网络检查合格后，撤离受爆破影响范围内的所有设备和非爆破作业人员，设好警戒人员、发出起爆信号后，由爆破工起爆。

控制要点：网络连接在全部炮孔装填完毕，无关人员撤离后实施；起爆网络必须由有经验的爆破员操作，并采用双人作业；连接系统尽量短，不得拉细、打结，避免导爆管、连接块受损。

（7）通风排险

爆破完成 15min 后，检查人员带防护器材进入爆破地点，检查通风、粉尘、瞎炮、残炮等情况，对洞内的有害气体浓度进行检测，解除警戒后，作业人员方可进入掌子面找顶排险。

控制要点：找顶排险全过程必须使用机械进行作业，不得人工使用工具进行排险；挖掘机驾驶员视线存在一定死角，驾驶员必须听从指挥人员的指挥，不得随意扰动危石，以免影响围岩稳定性导致坍塌事故。

（8）出渣

检查开挖面围岩稳定情况，排险完成后进行出渣。采用 200 铲车及自卸式汽车配合出渣。

控制要点：严禁超车，洞内倒车与转向应由专人指挥；严禁人料混载，不准超载、超宽、超高运输；装渣时设备回转半径内严禁站人，运输车中的渣体最高点不得超过车斗30cm。

4）安全风险及危害

隧道洞身开挖过程中存在的安全风险见表1。

隧道爆破施工安全风险识别表　　　　　　表1

序号	安全风险	施工过程	致险因子	风险等级	产生危害
1	失稳坍塌	钻孔作业	（1）钻孔作业操作不安全； （2）洞内未设置逃生通道； （3）开挖进尺不符合设计规范要求； （4）炸药用量控制不符合要求； （5）掌子面不稳定； （6）未进行掌子面安全作业条件检查	Ⅲ	掌子面作业人员死亡或重伤
2	高处坠落	出渣作业	（1）栈桥荷载情况不满足现场实际要求； （2）栈桥架设安装不稳固； （3）栈桥安全措施不完善； （4）警示标志设置不到位； （5）栈桥的状态不安全	Ⅲ	掌子面作业人员死亡或重伤
3	物体打击	钻孔作业	（1）作业平台未设置踢脚板； （2）作业平台堆置杂物或小型材料； （3）钻孔材料随意抛掷	Ⅳ	作业人员死亡或重伤
		出渣作业	（1）无关人员进入作业区、现场没有专人指挥； （2）运输车装渣超载、超高； （3）装渣设备操控不安全； （4）弃渣过程人员机械安全未得到保障； （5）弃渣堆积情况不满足设计要求	Ⅲ	
4	机械伤害	钻孔作业	（1）钻孔设备支架不稳； （2）钻孔设备机械故障，带病作业或超负荷作业； （3）钻孔作业操作未按照操作规程操作	Ⅳ	钻孔作业人员及出渣作业人员死亡或重伤
		出渣作业	（1）无关人员进入作业区、现场没有专人指挥； （2）车辆安全装置不符合要求； （3）运输准备工作不到位； （4）洞内行车安全不符合要求； （5）运输车辆有违规运行； （6）运渣车辆存在载人情况； （7）行驶速度不符合要求	Ⅲ	
5	触电伤害	钻孔作业	临时用电接线不规范	Ⅲ	电工或作业人员死亡或重伤
6	中毒窒息	洞身开挖	（1）有害气体含量超标； （2）通风除尘不到位	Ⅱ	作业人员死亡或中毒
7	爆炸伤害	装药作业	（1）装药时人员着装不符合要求，未使用专用炮棍； （2）使用电雷管起爆时现场有杂散电流； （3）钻孔和装药平行作业； （4）爆破前人员未撤离至安全区域； （5）起爆器、绝缘手电筒未随身携带；	Ⅲ	装药作业人员及出渣作业人员死亡或重伤
		出渣作业	出渣时有残留炸药、雷管		

5）安全风险防控措施

（1）防控措施

为防范以上安全风险，需严格落实各项风险防控措施。防控措施见表2。

\multicolumn{6}{c}{隧道爆破施工安全风险防控措施表}					表2

序号	安全风险	措施类型	防控措施	备注
1	失稳坍塌	管理措施	（1）钻孔作业应采用湿式钻孔，不得在残孔中钻孔，钻孔中出现地下水突出、气体逸出、异常声响和围岩突变等情况，应立即停止钻孔作业，洞内人员全部撤离； （2）在二次衬砌与掌子面间设置不小于ϕ0.8m的钢管通道，随开挖进尺不断前移，逃生通道距离掌子面不得大于20m，逃生通道刚度、强度及冲击能力应满足安全要求； （3）开挖循环进尺符合设计要求及业主文件规定； （4）控制同段位炸药用量和总装药量，降低爆破振动对围岩的影响，防止飞石对初期支护、衬砌结构和机具造成损伤； （5）掌子面无异常漏水、气体喷出、围岩异响，拱顶初期支护无掉块危险；	
2	高处坠落	安全防护	（1）作业平台及时挂设安全网； （2）工人作业时穿着防滑鞋，正确使用安全带； （3）作业平台封闭围护，规范设置防护栏及密目网	
		管理措施	（1）栈桥前后搭接长度满足要求，并置于稳固的地基上； （2）设置防滑设施、防护栏杆和防坠措施； （3）两端设置限速、限重标志； （4）加强日常安全检查及维护设备	
3	物体打击	安全防护	（1）作业平台规范设置踢脚板； （2）平台底部设置警戒区	
		管理措施	（1）作业平台顶部严禁堆置杂物及小型材料； （2）作业时，专人指挥，严禁随意抛掷材料； （3）规定作业区域，由专人指挥装运，禁止非作业人员进入； （4）装渣时禁止偏载，装渣高度不得超过车厢栏杆高度； （5）装渣设备在装渣过程中避免碰触初期支护，装渣铲斗禁止从运输车辆驾驶室上方通过； （6）弃渣高度、平台宽度及边坡坡率满足设计要求	
4	机械伤害	安全防护	隧道洞身开挖作业范围外侧设置警戒区	
		管理措施	（1）做好进场设备及特种作业人员的进场验收管理，保证设备性能、人员技能满足要求，设备及人员证件齐全有效； （2）做好钻杆、钻孔设备、对讲机等日常检查维护，确保使用性能满足要求； （3）钻孔作业专人指挥，确保施工过程安全； （4）从掌子面到弃渣场地、会车场所、转向场所及行人的安全通道设置按施工方案要求执行。在洞口、平交道口、狭窄的场地内设置明显的警示标志，派专人指挥；衬砌台车、台架部位应对行车界限进行明显标识； （5）隧道洞内车辆会车、倒车、掉头处不应有杂物堆放，且中心水沟应铺设厚度符合要求的钢板，钢板应居中，必要时进行固定，钢板端头应设有反光立柱或锥桶，避免车辆掉入中心水沟； （6）运输车辆禁止超载、超宽、超高、超速运输，不得有扒车情况，在施工段行车速度≤15km/h，在成洞段行驶速度≤25km/h	
5	触电伤害	安全防护	在检查、维修时正确穿戴绝缘鞋、手套，使用电工绝缘工具	
		管理措施	（1）电工持特种作业操作证上岗； （2）临时用电工程安装、巡检、维修或拆除用电设备和线路等作业必须由电工操作，作业时有人监护； （3）用电设备运行人员单独值班时，不得从事检修工作； （4）对配电箱、开关箱进行定期维修、检查时，必须将其前一级相应的电源隔离开关分闸断电，并悬挂"禁止合闸、有人工作"停电标志牌，严禁带电作业； （5）施工现场用电设施配有电气火灾的灭火器材，并应标识清晰、醒目，便于取用	

序号	安全风险	措施类型	防控措施	备注
6	中毒窒息	管理措施	（1）瓦斯隧道开工前，组织相关人员进行专项安全培训，并经考核合格后上岗，爆破工、瓦检员等特种作业人员应持证上岗； （2）瓦斯工区设置门禁系统，建立检身制度，出入洞人员清点制度； （3）不得穿着易产生静电的服装，进入瓦斯突出工区的作业人员应携带自救器； （4）瓦检员每次检查结果应记入瓦斯检测日报表和瓦斯记录牌，监控员应填写瓦斯隧道安全监控系统运行记录表； （5）瓦检员应严格执行瓦斯巡检制度，按时到岗，跟班作业，不得擅自离岗空班、漏检和假检，根据瓦斯巡检图规定路线和频率进行瓦斯巡检工作	
7	爆炸伤害	安全防护	（1）装药时作业人员应穿着防静电衣物，使用不产生静电的专用炮棍，无关人员与机具等应撤至安全地点； （2）爆破时爆破工应随身携带起爆器和带有绝缘装置的电筒，禁止将起爆器随意放置	
		管理措施	（1）爆破物品达到现场后，安全员应全程盯守，禁止擅离岗位； （2）使用电雷管时装药前应将电灯及电线撤离开挖工作面，装药时应用投光灯、矿灯照明，开挖工作面不得有杂散电流； （3）严禁钻孔与装药平行作业； （4）装药作业完成后应及时清理现场、清点民用爆炸物品数量，剩余炸药和雷管应有领取炸药、雷管的人员退回库房；禁止人员将剩余爆破物品带回寝室、放置在现场或私自销毁； （5）洞内爆破作业时，指挥人员应鸣哨警示所有人员、设备撤离至安全距离（应根据爆破方法与装药量计算确定），在独头通道内不得小于200m，警戒人员负责警戒工作，并设置警示标志； （6）爆破后应采取"先机械后人工"的方法，在专职安全员现场指导下进行，清除开挖面松动的岩石，发现盲炮、残余炸药及雷管时，应由爆破人员按规定处理（按照专项方案或交底进行处理）	

（2）工作纪律

除落实以上安全风险防控措施外，还应严格遵守以下工作纪律。

①防护用品：作业人员正确佩戴使用安全帽、安全带，穿着防滑鞋及紧口工作服。

②班前讲话：每日上工前，由班组长开展班前讲话，将当日作业内容、存在的安全风险及危害、防范措施、作业要点等告知全部作业人员。

③工前检查：每日班前讲话后，对工人身体状态、防护用品使用、现场作业环境等进行例行检查，发现问题及时处理。

④维护保养：做好安全防护设施、安全防护用品、钻孔设备机具等的日常维护保养，发现损坏或缺失，及时修复或更换。

6）质量标准

隧道爆破施工应达到的质量标准及检验方法见表3。

隧道爆破施工质量检查验收表 表3

序号	检查项目	质量要求	检查方法	检验数量
1	钻孔深度、位置、孔距	符合设计要求	尺量	抽检20%
2	测量记录	完整	查看资料	全部
3	开挖断面中线、高程	符合设计要求	测量	每循环

序号	检查项目	质量要求	检查方法	检验数量
4	开挖断面轮廓尺寸	个别部位欠挖值不大于5cm，且每 1m² 不大于 0.1m²	测量扫描	每循环
5	地质情况	符合设计要求	地址描述、影像	每循环

7）验收要求

隧道爆破施工各阶段的验收要求见表4。

隧道爆破施工各阶段验收要求表   表4

序号	验收项目		验收时点	验收内容	验收人员
1	材料及构配件		隧道爆破施工使用材料进场后、使用前	材质、规格尺寸、外观质量	项目物资、技术管理人员，班组长及材料员
2	上循环支护		钻孔作业前	支护质量	技术管理人员及班组作业人员
3	钻孔作业	孔深	钻孔作业完成后、装药前	钻孔深度	技术管理人员及班组作业人员
		孔口距	钻孔作业完成后、装药前	周边眼间距	技术管理人员及班组作业人员
4	装药作业		爆破前	装药是否遗漏、爆破网络连接是否符合要求	技术管理人员及班组作业人员
5	通风排险		出渣前	有毒有害气体浓度是否满足要求	管理人员及专职瓦检员
6	爆破效果		出渣后	开挖断面轮廓、中线、高程	技术、测量管理人员及班组作业人员

8）应急处置

（1）处置原则

施工过程中一旦发生险情或事故，应停止作业，切勿慌乱，切忌盲目施救。在保证自身安全的情况下按照处置措施要求科学开展施救，并及时向项目管理人员×××报告相关情况。

（2）处置措施

失稳坍塌：在隧道掌子面和二次衬砌之间设置逃生通道，逃生通道选用直径为100cm钢管，长度为掌子面至二次衬砌间距离，以保证发生突发事故时，掌子面处的施工人员能顺利逃生。逃生通道内储备氧气瓶（装满氧气）、食物、水等物资，平时要经常检查，确保在发生事故时能够及时使用。发生坍方时，施工人员要立即退出施工隧道，查点施工人员人数，并立即通知现场负责人，以确定是否有人因坍方被困隧道中的情况，在现场负责人的指挥下进行后续现场处治。

触电事故：发现人员触电立即切断电源；若无法及时断开电源，可用干木棒、皮带、橡胶制品等绝缘物品挑开触电者接触的带电物。之后解开妨碍触电者呼吸的紧身衣服，检查口腔、清理口腔黏液。如触电者呼吸停止，应采用人工呼吸法抢救；如心脏停止跳动，应采用胸外心脏按压法抢救。

其他事故：当发生高处坠落、物体打击、机械伤害、爆炸伤害等事故后，周围人员应立即停止施工，并撤出危险区域；并立即采取措施切断或隔断危险源，疏散现场无关人员，后对伤者进行包扎等急救，向项目部报告后原地等待救援。

52 钢拱架安装施工安全技术交底

交底等级	**三级交底**	交底编号	III-052
单位工程	盐津隧道	分部工程	初期支护
交底名称	**钢拱架安装施工**	交底日期	年　月　日
交底人	分部分项工程主管工程师（签字）	审核人	工程部长（签字）
批准人	总工程师（签字）	确认人	专职安全管理人员（签字）
		被交底人	班组长及全部作业人员（签字，可附签字表）

1）施工任务

盐津隧道出口平导正洞 DK300＋655～DK300＋550 段为IV级围岩，该段采用IVb 复合式衬砌施工，台阶法开挖。上台阶高度 7.88m，台阶长度小于 40m；下台阶高度 2.99m。拱墙设置钢拱架，采用人工安装。该段钢架采用I18 型钢拱架，拱架间距 1.0m，各节钢架之间设置 240mm×270mm×16mm 接头钢板，采用 M24×60mm 螺栓进行连接；B 单元拱架拱脚底部垫钢板，钢板尺寸 225mm×270mm×16mm；钢架之间通过纵向连接钢筋两榀相邻钢架连接成一个整体，纵向连接采用ϕ22mm 钢筋。

每个钢架单元设置 3 根ϕ16mm 定位钢筋，左右均匀布置，每根钢筋长 1m，并与钢架焊接牢固；每台阶两侧拱脚处设置ϕ42mm 锁脚锚管，每拱脚处设 2 根，在拱脚两侧，拱脚上 30cm 处对称施作，两根锁脚角度斜向下分别为 20°、40°，锁脚锚管长 5.0m。为保证钢架的整体刚度，锁脚锚管与钢架采用ϕ25mmU 形钢筋焊接，ϕ25mmU 形钢筋须焊于锁脚锚管上部，采用单面焊，焊缝长度不小于 10d（d为钢筋直径）。

2）工艺流程

钢拱架安装施工流程如图 1 所示。

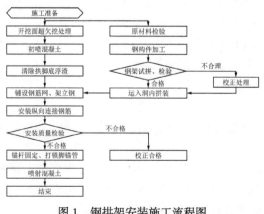

图 1　钢拱架安装施工流程图

3）作业要点

（1）施工准备

拱架材料进场后，配合技术管理人员及监理工程师进行进场验收，验收合格方可使用。整理材料存放场地，确保平整坚实、排水畅通、无积水；按规格分类码放，并设挂规格、数量标牌。

工装设备准备见表1。

钢拱架安装设备表 表1

序号	机具设备名称	型号	单位	数量	备注
1	气腿式风钻	YT-28	套	5	
2	电焊机	BX-500	台	2	焊接
3	扳手		套	4	螺栓安装
4	拱架临时固定简易支撑		个	4	拱架临时支撑

（2）拱架加工

型钢上冷弯机前，要在硬化、平整场地上按1:1比例进行实地放样，设置型钢钢架加工工作平台，并根据设计线形制作加工模具。

根据型钢钢架分节长度截取钢架单元，再用冷弯机将钢架顶弯成需要的曲率半径。将加工好的型钢段送往拼焊场地焊接头钢板，接头钢板尺寸为240mm×270mm×16mm，钻设好螺栓孔，与型钢段端头对位准确并焊接牢固（焊接相对位置尺寸关系根据具体设计配图说明），严禁拱架接头放置于拱顶处，拱架临时固定简易支撑如图2所示。

分节加工好的钢架节段，需经过严格检查（不得有虚焊，焊缝表面有裂纹、焊瘤等缺陷），进行试拼装（周边轮廓允许误差±3cm，平面翘曲小于2cm）合格后进行编号，整齐码放在钢架半成品区，以备转运至隧道内使用。

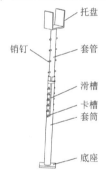

图2 拱架临时固定简易支撑

（3）钢架安装

①上台阶钢架安装

上台阶开挖完成后，检查开挖断面净空，合格后进行开挖面初喷混凝土，拱架在开挖面初喷混凝土厚度约4cm后架设。

安装首先测定线路中线，确定高程；然后再测定其横向位置，确保每榀钢架不偏斜、扭曲，并位于同一垂直面内。

根据测设位置开始按编号安装拱架，各节钢架用螺栓连接。拱架采用拱架临时固定简易支撑工具临时支撑，使上、下端螺栓孔对齐，采用M24×60mm螺栓进行连接，连接板面密贴。

为保证各节拱架在全环封闭之前置于稳固的地基上，安装前清除拱架底脚下的虚渣和杂物。当拱脚超挖时，不能用土回填，采用钢垫板下垫混凝土预制块进行调整。钢架架立后尽快施作锁脚锚杆将其锁定。

V级及以上软弱围岩可在拱部钢架基脚处增设槽钢以提供基底承载力。

安设过程中，钢架和初喷层之间存在 5cm 以上空隙时，空隙处每隔 2m 用混凝土预制块楔紧，钢架背后用喷混凝土填充密实。

拱架安装完并检查无误后（可采用红外线激光仪控制拱架垂直度，钢架间距允许偏差±100mm，横向位置允许偏差±20mm，垂直度允许偏差±1°），再开始焊接纵向连接钢筋。拱架之间采用ϕ22mm 螺纹钢焊接牢固，连接筋环向间距为 1.0m。

拱架安装完成后在拱脚处打设锁脚锚管。锁脚锚管每处 2 根，锚管斜向下 20°、40°施作。为保证拱架的整体刚度，锁脚锚管与拱架采用ϕ25mmU 形钢筋焊接，焊接长度不小于 10cm，ϕ25mmU 形钢筋须焊于锁脚锚杆上部。锁脚锚杆需要进行注浆，注浆采用水泥浆，水灰比为（0.5～0.8）：1（质量比），注浆压力一般为 0.5～1.0MPa，强度不小于 M10。

拱架间距视围岩稳定情况及时调整，松软破碎地段应及时调整拱架间距，确保施工安全。

②下台阶钢架安装

上台阶支护完成后，应及时跟进下台阶支护，上台阶与下台阶相距不得超过 40m，且下台阶两侧需错开 3～5m。

下台阶开挖完成后，检查开挖断面净空、处理欠挖，同时将上台阶钢架拱脚处喷射混凝土凿除，上台阶拱脚露出 10cm，以便上下台阶拱架螺栓连接。

断面处理合格后立即进行开挖面初喷混凝土，钢架在开挖面初喷混凝土约 4cm 后架设。

初喷完成后立即进行钢架架设工作，钢架安装前应先清除拱脚处虚渣及杂物，在钢垫板下垫混凝土预制块，防止钢架沉降。上、下台阶拱架以螺栓连接，上、下端螺栓孔需对齐，采用 M24×60mm 螺栓进行连接，）螺栓连接必须紧固牢靠。钢架架立后在钢架两侧，尽快打设锁脚锚管将其锁定。

安设过程中，拱架和初喷层之间必须密贴，空隙处用混凝土预制块楔紧，拱架背后用喷混凝土填充密实。

拱架安装完并检查钢架间距、横向位置、垂直度，合格后焊接纵向连接钢筋。拱架之间采用ϕ22mm 螺纹钢筋焊接牢固，连接钢筋环向间距为 1.2m。

拱架安装完成后在拱脚处打设锁脚锚管。锁脚锚管每处 2 根，共 4 根。锁脚锚管斜向下 20°、40°施作。为保证拱架的整体刚度，锁脚锚管与拱架采用ϕ25mmU 形钢筋焊接，焊接长度不小于 25cm，ϕ25mmU 形钢筋须焊于锁脚锚管上部，锁脚锚管需要进行注浆，注浆采用水泥浆，水灰比为（0.5～0.8）：1（质量比），注浆压力一般为 0.5～1.0MPa，强度不小于 M10。

③仰拱拱架安装

隧道初期支护应尽早成环，以免隧道收敛过大，加大安全风险。仰拱初期支护施工在下台阶支护完成后进行。仰拱的成环对隧道初期支护的整体受力具有重要意义。

仰拱开挖完成后，检查开挖断面尺寸，同时将下台阶拱架拱脚加长连接板处喷射混凝土凿除，以便利仰拱拱架与下台阶拱架的螺栓连接。

拱架安装前应先清除隧底虚渣及杂物。

安设过程中，拱架和初喷混凝土层之间必须密贴，空隙处用混凝土预制块楔紧，拱架背后用喷混凝土填充密实。仰拱拱架与下台阶拱架加长连接板处用 M24×60mm 螺栓连接，螺栓孔需对齐，螺栓必须紧固牢靠。

拱架安装完并检查无误后，开始焊接纵向连接钢筋。拱架之间采用ϕ22mm 螺纹钢焊接牢固，连接筋环向间距为 1.2m。

4）安全风险及危害

拱架安装过程中存在的安全风险见表2。

钢架安装施工安全风险识别表 表2

序号	安全风险	施工过程	致险因子	风险等级	产生危害
1	火灾	钢筋及拱架连接板焊接	（1）未对易燃物进行清理、移除； （2）焊接不规范，电焊机自燃	III	作业人员重伤
2	高处坠落	拱架安装	未设置临边防护或者防护不牢靠、铺板过少等	III	作业人员死亡或重伤
		人员上下行	未规范设置爬梯，爬梯未设护栏	III	
3	物体打击	连接板螺母及工具	（1）开挖台架未设置工具箱、工具掉落； （2）螺母未拧紧牢固	IV	作业人员死亡或重伤
		开挖台架	开挖台架上堆置杂物或小型材料	IV	
		拱架安装	掌子面坍塌、掉块	III	
4	触电伤害	电焊	（1）用电不规范、私拉乱接； （2）设备使用前检查不到位、漏电； （3）未设置漏电保护器	III	作业人员死亡或重伤
5	失稳坍塌	拱架安装	（1）支护不合格、围岩失稳； （2）支护损坏、变形； （3）支撑构件基础不稳； （4）软弱围岩立柱下无垫板	IV	作业人员死亡或重伤

5）安全风险防控措施

（1）防控措施

为防范以上安全风险，需严格落实各项风险防控措施。防控措施见表3。

拱架安装施工安全风险防控措施表 表3

序号	安全风险	措施类型	防控措施	备注
1	火灾	安全防护	（1）作业前对工作区域杂物进行清理； （2）在作业台架方便位置设置足够的灭火器	
2	高处坠落	安全防护	（1）作业人员正确使用安全防护用品； （2）作业平台封闭围护，规范设置防护栏	
		管理措施	（1）为工人配发合格的安全防护用品，培训正确穿戴使用； （2）对作业人员进行安全技术交底培训； （3）认真落实班前安全教育，熟知作业内容、作业风险、安全注意事项和相关应急避险措施	
3	物体打击	安全防护	（1）作业人员正确使用安全防护用品； （2）作业时安排专人指挥； （3）严格执行机械排险后人工二次排险	
		管理措施	（1）为工人配发合格的安全防护用品，培训正确穿戴使用； （2）对作业人员进行安全技术交底培训； （3）认真落实班前安全教育，熟知作业内容、作业风险、安全注意事项和相关应急避险措施	
4	触电伤害	安全防护	（1）作业人员正确佩戴安全防护用品； （2）电线接头要采取绝缘和保护措施，严禁放置在湿润环境或被水浸泡； （3）严禁使用插线板代替开关箱，现场严禁使用多孔插座随意私拉乱接电线	

序号	安全风险	措施类型	防控措施	备注
4	触电伤害	管理措施	（1）照明用电采用 36V 安全电压； （2）对作业人员进行安全技术交底培训； （3）专职电工对洞内临时用电管理进行安全巡查； （4）严禁私自操作、安装、拆卸专用电气工具、设备等，严禁私自从事任何涉电作业； （5）认真落实班前安全教育，熟知作业内容、作业风险、安全注意事项和相关应急避险措施	
5	失稳坍塌	安全防护	（1）严格按设计施作支护； （2）确认好钢架拱脚是否悬空，确保锁脚锚管正确施作； （3）确保下台阶、仰拱钢架支护及时	

（2）工作纪律

除落实以上安全风险防控措施外，还应严格遵守以下工作纪律。

①防护用品：作业人员正确佩戴使用安全帽、安全带，穿着防滑鞋及紧口工作服。

②班前讲话：每日上工前，由班组长开展班前讲话，将当日作业内容、存在的安全风险及危害、防范措施、作业要点等告知全部作业人员。

③工前检查：每日班前讲话后，对工人身体状态、防护用品使用、现场作业环境等进行例行检查，发现问题及时处理。

④维护保养：做好安全防护设施、安全防护用品、起重设备机具等的日常维护保养，发现损坏或缺失，及时修复或更换。

6）质量标准

拱架安装应达到的质量标准及检验方法见表 4。

拱架安装质量检查验收表　　表 4

项次	检查项目		规定值或允许偏差	检查方法	检查数量
1	榀数		不少于设计值	目测	逐榀检查
2	间距		±100mm	尺量	逐榀检查
3	垂直度		±1°	铅锤法	逐榀检查
4	安装偏差	横向	±20mm	测量、尺量	逐榀检查
		竖向	不低于设计高程		

7）验收要求

拱架安装施工各阶段的验收要求见表 5。

拱架安装施工各阶段验收表　　表 5

序号	验收项目	验收时点	验收内容	验收人员
1	材料及构配件	钢筋原材、拱架、小导管进场后、使用前	材质、规格尺寸、是否锈蚀	项目物资、技术管理人员，班组长及材料员
2	拱架	拱架现场安装完成	拱架间距、垂直度及位置偏差	项目质检人员、技术员安全员，班组技术员

序号	验收项目	验收时点	验收内容	验收人员
3	纵向连接筋	纵向连接筋施作过程中及完成后	纵向连接筋布设、数量及长度	项目质检人员、技术员安全员，班组技术员
4	锁脚锚管	锁脚锚管施作过程中及完成后	锁脚锚管长度、数量、角度及是否注浆	项目质检人员、技术员安全员，班组技术员
5	U 形筋	U 形筋施作过程中及完成后	U 形筋焊接长度、质量及位置	项目质检人员、技术员安全员，班组技术员

8）应急处置

（1）处置原则

施工过程中一旦发生险情或事故，应停止作业，切勿慌乱，切忌盲目施救。在保证自身安全的情况下按照处置措施要求科学开展施救，并及时向项目管理人员×××报告相关情况。

（2）处置措施

失稳坍塌：在隧道掌子面和二次衬砌之间设置逃生通道，逃生通道选用直径为 100cm 钢管，长度为掌子面至二次衬砌间距离，以保证发生突发事故时，掌子面处的施工人员能顺利逃生。发生塌方时，施工人员要立即退出施工隧道，查点施工人员数量，并立即通知现场负责人，以确定是否有人因塌方被困隧道中的情况，在现场负责人的指挥下进行后续现场处治。

触电事故：发现人员触电立即切断电源，若无法及时断开电源，可用干木棒、皮带、橡胶制品等绝缘物品挑开触电者接触的带电物。之后解开妨碍触电者呼吸的紧身衣服，检查口腔、清理口腔黏液。如触电者呼吸停止，应采用人工呼吸法抢救；如心脏停止跳动，应采用胸外心脏按压法抢救。

火灾事故：发生火灾，正确确定火源位置，火势大小，并迅速向外发出信号。及时利用现场消防器材灭火，控制火势；若火势无法控制，施工人员应及时撤退出火区，同时及时向所在地公安消防机关报警，寻求帮助。

其他事故：当发生高处坠落、物体打击等事故后，作业人员应立即停止施工，并撤出危险区域；并立即采取措施切断或隔断危险源，疏散现场无关人员，后对伤者进行包扎等急救，向项目部报告后原地等待救援。

53 初期支护钢筋网片施工安全技术交底

交底等级	三级交底	交底编号	III-053
单位工程	西延铁路一工区	分部工程	初期支护
交底名称	初期支护钢筋网片施工	交底日期	年 月 日
交底人	分部分项工程主管工程师（签字）	审核人	工程部长（签字）
批准人	总工程师（签字）	确认人	专职安全管理人员（签字）
		被交底人	班组长及全部作业人员（签字，可附签字表）

1）施工任务

刘寨隧道全长 4085.4m，刘寨出口承担 2043m，其中III级围岩 1521m，IV级围岩 240m，V级围岩 262m，VI级围岩 20m。初期支护钢筋网片辅助钢架施工，提高初期支护的稳定性。本交底钢筋网片施工工具有操作简单，减少钢筋网搭接的材料消耗。钢筋网片设计如图 1 所示。

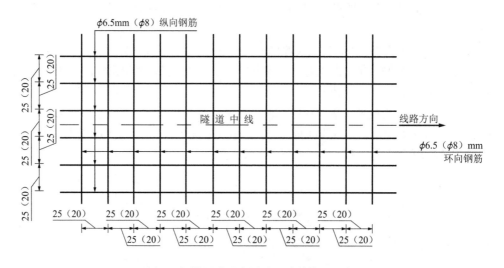

图 1　钢筋网片示意图（尺寸单位：cm）

2）工艺流程

施工准备→钢筋调直→钢筋除锈→钢筋加工→网片焊接、安装。

3）作业要点

（1）施工准备

钢筋材料进场后，配合项目物资试验人员及技术管理人员进行进场验收，验收合格方可使用。整理材料存放场地，确保平整坚实、排水畅通、无积水。材料验收合格后按规格分类码放，并设挂规格、数量标牌。

①人员准备见表1。

人员任务分配及劳动力配置　　　　　　　　　　　　　　　　　　表1

序号	人员	人数（个）	职责
1	技术员	1	掌握技术标准、负责施工指导、监督施工质量、施工记录
2	工班长	1	组织施工和协调
3	安全员	1	负责现场施工安全
4	支护工	4	搬运网片并安装网片
5	钢筋工	4	钢筋网片下料，加工等
6	其他	4	驾驶员、焊工等

②机械设备准备见表2。

设备机具配置情况　　　　　　　　　　　　　　　　　　　　表2

序号	设备	数量	内容	备注
1	焊机	2台	固定网片	
2	装载机	1台	现场搬运网片	
3	调直机	1台	盘圆调直	
4	切断机	1台	钢筋网片下料	
5	网片机	1台	加工钢筋网片	
6	随车吊	1台	网片运输	

（2）初期支护钢筋网加工安装

①加工：隧道初期支护钢筋网片根据衬砌围岩类别分为 HPB300ϕ8mm 和 HPB300ϕ6.5mm 加工制作，钢筋网片网格的间距分为 20cm×20cm 和 25cm×25cm 两种，在钢筋加工场内集中加工。钢筋进场经试验检测合格后，采用钢筋调直机把钢筋调直，依据衬砌围岩类别的拱架间距进行钢筋下料，然后采用网片机进行焊接加工。钢筋网片焊接前要先将钢筋表面的油渍、漆污、水泥浆、用锤敲击能剥落的浮皮、铁锈等清除干净；加工完毕后的钢筋表面无削弱钢筋截面的伤痕。

②存放及运输：钢筋网片加工结束后，为方便计量，每100片用盘圆ϕ10mm钢筋十字捆扎进行打包。打包后的网片按型号分类码放，并进行下垫上盖防护，下垫高度不小于20cm。

在洞口提取相应材料计划后，用随车起重机进行运输。钢筋在运输、储存过程中，防止锈蚀、污染避免压弯，卸料过程中禁止从高处抛掷。

③钢筋网施作安装：钢筋网片采取人工安装，作业人员利用开挖台车安装网片，作业面广且操作安全。钢筋网应在初喷4cm厚混凝土后铺挂，使其与喷射混凝土形成一体。无钢架围岩区域利用初期支护接地钢筋进行进行初始安装，并与锚杆连接牢固。设计有钢架钢筋网时，采用与钢架焊接的方式连接固定。两个钢筋网片之间的搭接长度应不小于1个网格，搭接方式为焊接。

4）安全风险及危害

钢筋网片加工及使用过程中存在的安全风险见表3。

钢筋网片加工安装施工安全风险识别表 表3

序号	安全风险	施工过程	致险因子	风险等级	产生危害
1	高处坠落	网片安装	（1）作业人员未穿着防滑鞋、反光背心，台架登高作业； （2）未设置安全防护栏	III	网片安装作业人员重伤
		人员上下行	辅助挂网台架未规范设置爬梯	III	
2	起重伤害	吊运物料	（1）起重机驾驶员、司索工、指挥技能差，未持证； （2）钢丝绳或吊带、卡扣、吊钩等破损、性能不佳； （3）未严格执行"十不吊"； （4）吊装指令传递不佳，存在未配置对讲机、多人指挥等情况； （5）起重机回转范围外侧未设置警戒区	III	起重作业人员及受其影响人员死亡或重伤
3	触电	网片安装	焊工违规作业，未持证	III	电焊焊接触电伤亡
4	物体打击	网片安装	（1）作业平台未设置踢脚板； （2）作业平台堆置杂物或小型材料； （3）松动围岩下落	III	钢架下方人员死亡或重伤
		钢架安装	钢架安装不牢固，钢架倾倒	III	
5	火灾	网片加工	作业人员违规操作，设备起火	III	作业人员及受其影响人员死亡或重伤
		网片安装	焊工违规作业，未持证，引燃附近易燃物	III	

5）安全风险防控措施

（1）防控措施

为防范以上安全风险，需严格落实各项风险防控措施，防控措施见表4。

钢筋网片加工安装安全风险防控措施表 表4

序号	安全风险	措施类型	防控措施	备注
1	高处坠落	安全防护	（1）网片安装过程中，提前设置防护栏； （2）工人作业时穿着防滑鞋，正确使用安全带； （3）作业平台封闭围护，规范设置防护栏及密目网	
		管理措施	（1）为工人配发合格的安全带、安全帽等劳保用品，培训正确穿戴使用； （2）做好安全防护设施的日常检查维护，发现损坏及时修复	
2	起重伤害	安全防护	起重机回转范围外侧设置警戒区	
		管理措施	（1）做好起重设备及特种作业人员的进场验收管理，保证设备性能、人员技能满足要求，设备及人员证件齐全有效； （2）做好钢丝绳或吊带、卡扣、吊钩、对讲机等日常检查维护，确保使用性能满足要求； （3）吊装作业专人指挥，严格执行"十不吊"	
3	触电	安全防护	使用安全电压，电箱接地有效	
		管理措施	作业过程中加强现场指挥，人员证件齐全有效	
4	物体打击	安全防护	（1）作业平台规范设置踢脚板； （2）钢架作业区域设置警戒区	

序号	安全风险	措施类型	防控措施	备注
4	物体打击	管理措施	（1）作业平台顶部严禁堆置杂物及小型材料； （2）作业时，专人指挥，严禁随意抛掷杆件及构配件	
5	火灾	安全防护	（1）对作业机械进行日常检查，确保使用性能满足要求； （2）人员技能满足要求，规范操作	
		管理措施	（1）作业过程中加强现场指挥，人员证件齐全有效； （2）确保作业区域灭火设备齐全	

（2）工作纪律

除落实以上安全风险防控措施外，还应严格遵守以下工作纪律。

①防护用品：作业人员正确佩戴使用安全帽、安全带，穿着防滑鞋及紧口工作服。

②班前讲话：每日上工前，由班组长开展班前讲话，将当日作业内容、存在的安全风险及危害、防范措施、作业要点等告知全部作业人员。

③工前检查：每日班前讲话后，对工人身体状态、防护用品使用、现场作业环境等进行例行检查，发现问题及时处理。

④维护保养：做好安全防护设施、安全防护用品、设备机具等的日常维护保养，发现损坏或缺失，及时修复或更换。

6）质量标准

钢筋网格尺寸应符合设计要求。初期支护钢筋网片网格的间距严格按图纸要求执行；钢筋入料摆放整齐，确保网片加工完成后横平竖直。

钢筋网应随初喷面的起伏铺设，与受喷面的间隙一般不大于3cm。

钢筋网搭接长度不小于1个网格。

7）验收要求

钢筋网施工各阶段的验收要求见表5。

钢筋网片施工时各阶段验收要求表　　　　表5

序号	验收项目	验收时点	验收内容	验收人员
1	材料	钢筋原材进场后、使用前	材质、规格尺寸、是否锈蚀	项目物资、技术管理人员，班组长及材料员
2	网片搭接	网片现场安装完成	搭接长度	项目质检人员、技术员、安全员，班组技术员
3	网片铺设	网片现场安装完成	与受喷面间隙	项目质检人员、技术员、安全员，班组技术员

8）应急处置

（1）处置原则

施工过程中一旦发生险情或事故，应停止作业，切勿慌乱，切忌盲目施救。在保证自身安全的情况下按照处置措施要求科学开展施救，并及时向项目管理人员×××报告相关情况。

（2）处置措施

失稳坍塌：在隧道掌子面和二次衬砌之间设置逃生通道，逃生通道选用直径为100cm钢管，长度为掌子面至二次衬砌的距离，以保证发生突发事故时，掌子面处的施工人员能顺利逃生。逃生通道内储备氧气瓶（装满氧气）、食物、水等物资，平时要经常检查，确保在发生事故时能够及时使用。发生塌方时，施工人员要立即退出施工隧道，查点施工人员人数，并立即通知现场负责人，以确定是否有人因塌方被困隧道中的情况，在现场负责人的指挥下进行后续现场处治。

触电事故：发现人员触电立即切断电源；若无法及时断开电源，可用干木棒、皮带、橡胶制品等绝缘物品挑开触电者接触的带电物。之后解开妨碍触电者呼吸的紧身衣服，检查口腔、清理口腔黏液。如触电者呼吸停止，应采用人工呼吸法抢救；如心脏停止跳动，应采用胸外心脏按压法抢救。

火灾事故：发生火灾，正确确定火源位置，火势大小，并迅速向外发出信号。及时利用现场消防器材灭火，控制火势大小；若火势无法控制，施工人员应及时撤退出火区，同时及时向所在地公安消防机关报警，寻求帮助。

其他事故：当发生高处坠落、物体打击、起重伤害等事故后，周围人员应立即停止施工，并撤出危险区域；并立即采取措施切断或隔断危险源，疏散现场无关人员，后对伤者进行包扎等急救，向项目部报告后原地等待救援。

54 锚杆施工安全技术交底

交底等级	三级交底	交底编号	III-054
单位工程	×××隧道	分部工程	初期支护
交底名称	锚杆施工	交底日期	年　月　日
交底人	分部分项工程主管工程师（签字）	审核人	工程部长（签字）
批准人	总工程师（签字）	确认人	专职安全管理人员（签字）
		被交底人	班组长及全部作业人员（签字，可附签字表）

1）施工任务

××隧道，采用实心锚杆、中空锚杆或预应力锚杆（锚杆类型）对围岩进行支护。

2）工艺流程

锚杆施工工艺流程如图1所示。

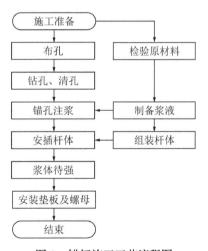

图1　锚杆施工工艺流程图

3）作业要点

（1）施工准备

①杆体材料、配件：各类锚杆材料进场后，配合项目物资及技术管理人员进行进场验收，验收合格方可使用。锚垫板采用设计厚度的钢板加工，按要求规格下料，中间钻孔（尺寸、孔位应予明确）。整理材料存放场地，确保平整坚实、排水畅通、无积水。杆体和垫板按品种、规格分类码放，并设挂规格、数量标牌。

②锚杆辅助材料：

水泥：普通水泥砂浆选用普通硅酸盐水泥，在自稳时间短的围岩条件下，宜选用早强水泥。

砂：宜采用清洁、坚硬的中细砂，粒径值不宜大于3mm。

砂浆制备：砂浆严格按设计配合比拌和均匀（应明确），随拌随用。一次拌和的砂浆在初凝前用完。

外加剂：一般采用减水剂、早强剂、膨胀剂等，需提前购买备用。

锚固剂：若采用药卷锚杆，需提前采购好药卷锚固剂，并在使用前一定时间就开始浸泡。

③设备检查：锚杆施工前，全面检查钻孔机具、风压动力、注浆设备以及其他机械是否正常，确保锚杆施工持续进行。

（2）测量放样

根据隧道围岩级别，按照设计间距利用全站仪测放锚杆孔位，并采用喷漆进行标识；孔位允许偏差为±150mm。

（3）钻孔作业

钻孔应保持直线，并应与围岩壁面或其所在部位岩层的主要结构面垂直。

锚杆孔钻孔直径应大于杆体直径20mm，钻孔时要在钻杆上做出标记，用于控制孔深，锚杆孔深符合施工图纸的规定，孔深不小于设计尺寸且偏差值≤50mm。

钻孔过程常会卡钻头，当钻头无法取出时，应在孔位旁边补钻孔。

（4）清孔与验收

利用吹孔法用高压风、水进行清孔，锚杆台车或凿岩台车在钻孔过程中采高压水对孔道同时清洗，避免了二次清孔。常规方法利用卷尺或锚杆直接检查孔位、孔径、孔深是否满足要求。

（5）锚杆准备（组装）

实心锚杆由钢质或纤维增强复合材料杆体、连接套（可选）、垫板和螺母等组成，如图2、图3所示。

图2　实心钢质锚杆结构简图

1-实心钢质杆体；2-连接套（可选）；3-垫板；4-螺母

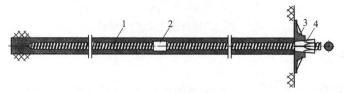

图3　实心纤维锚杆结构简图

1-实心纤维增强复合材料杆体；2-连接套（可选）；3-垫板；4-螺母

普通中空锚杆应由钢质或纤维增强复合材料中空杆体、连接套（可选）锚端、垫板、螺母等组成，如图4、图5所示。

图 4　普通中空钢质锚杆结构简图

1-中空钢质杆体；2-连接套（可选）；3-垫板；4-螺母；5-锚端；6-进出浆孔

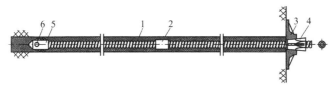

图 5　普通中空纤维锚杆结构简图

1-纤维增强复合材料中空杆体；2-连接套（可选）；3-垫板；4-螺母；5-锚端；6-进出浆孔

预应力实心锚杆应由锚固段钢质杆体、自由段钢质杆体、连接套（可选）垫板、球面螺母（或球面垫圈和螺母）等组成，如图 6 所示。

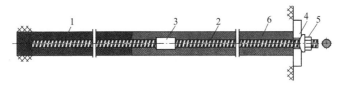

图 6　预应力实心锚杆结构简图

1-锚固段钢质杆体；2-自由段钢质杆体；3-连接套（可选）；4-垫板；5-球面螺母（或球面垫圈和螺母）；6-充填注浆

预应力中空锚杆采用机械锚固时，中空锚杆应由中空钢质杆体、连接套（可选）机械锚固件、垫板、螺母等组成，如图 7 所示。

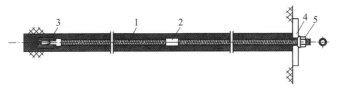

图 7　预应力中空锚杆结构简图（机械锚固）

1-中空钢质杆体；2-连接套（可选）；3-钢质机械锚固件；4-垫板；5-球面螺母（或球面垫圈和螺母）

预应力中空锚杆采用黏结锚固时，中空锚杆应由中空钢质杆体、连接套（可选）垫板、螺母等组成，如图 8 所示。

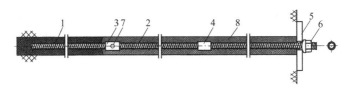

图 8　预应力中空锚杆结构简图（黏结锚固）

1-锚固段钢质杆体；2-自由段中空钢质杆体；3-带孔连接套；4-连接套（可选）；5-垫板；6-球面螺母（或球面垫圈和螺母）；
7-进出浆孔；8-充填注浆

注浆接头应由锚杆接口螺母、进浆通道，球阀和进浆接管组成，如图9所示。

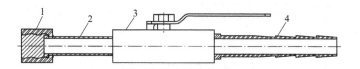

图9　注浆接头结构简图

1-锚杆接口螺母；2-进浆通道；3-球阀；4-进浆接管

提前将锚杆杆体整体组装好，也需提前准备好各类锚固剂、垫板、螺母、排气管等配件及施工锚杆所需要的设备（注浆机、扭力扳手等），确保现场锚杆作业时正常开展。

（6）锚杆安装

①先注浆（药卷）后插杆（适用于实心锚杆）

a. 注浆型

水泥基注浆材料现场拌制时，锚固浆液应按计量配制，配合比应通过试验确定，水胶比宜为 0.35～0.45（具体以工艺性试验确定）。

实心锚杆锚孔注浆时，注浆管应插入孔底开始注浆，并随浆液的注入缓慢匀速拔出，使孔内填满浆体。

锚杆注浆完成后，杆体迅速对中插入孔内，孔口溢浆则表示锚杆孔内浆液充满，继续安装垫板、螺母及封堵垫板孔隙；若孔口无溢浆，需及时补注（插入注浆管继续往里注浆），再继续安装垫板、螺母及封堵垫板孔隙。锚杆安设后，不得随意敲击。

b. 树脂锚固剂型

实心锚杆采用树脂卷锚固剂时，使用 17 卷（具体数量通过工艺性试验确定）树脂卷放入锚孔，启动搅拌器带动杆体旋转（时间 30s ± 5s），匀速推进到孔底，卸下搅拌器后，及时在孔口将杆体楔住，固化前使杆体不移位或晃动。

c. 水泥卷锚固剂型

实心锚杆采用水泥卷锚固剂时，使用 25 卷（具体数量通过工艺性试验确定）。水泥卷在使用前放在洁净水中浸泡，每孔的锚固剂应同时浸泡，待水泥卷表面无气泡溢出时及时取出，浸泡时间为 1～2min（具体工艺性试验确定）。安装采用专用装药卷工具，缓慢地把药卷推入孔底，锚杆杆体可采用钻机等机械设备旋入锚孔内，直到杆体插入锚孔深度满足设计要求。

②先装杆后注浆（适用于中空锚杆和实心锚杆）

提前准备好锚杆和注浆管或排气管并采用胶带捆绑在一起，避免锚杆送入孔内时注浆管或排气管位置发生移动，注浆作业时不饱满。

锚杆安装时需匀速送入孔内，当锚杆深度达到设计深度（数值）时，对孔口进行封堵及安装止浆塞、锚垫板、螺母等并加固到位，并安装注浆接头。

锚杆注浆量及注浆压力通过锚杆注浆工艺性试验确定参数（须明确数量）并交底现场作业人员。孔口流出浆液且流出浆液正常方可停止注浆，浆液水胶比宜为 0.35～0.45（具体工艺性试验确定），注浆压力宜控制在 0.1～0.5MPa 之间。

③预应力施加

a. 注浆前施加预应力

根据设计要求设置初始预应力值，同时考虑应力的损失，现场预应力施加按照设计值的 1.1～1.2 倍施工，使用电动数显扭力反手施加预应力 160N·m（具体数值由锚杆工艺性试验确定）。

b. 注浆后施加预应力

注浆后施加预应力需等待注浆浆液强度达到要求后（具体时间由现场工艺性试验为主），开始安装垫板、螺母等，再采用电动数显扭力扳手施加预应力直至达到 160N·m（具体数值由锚杆工艺性试验确定）。

4）安全风险及危害

隧道锚杆过程中存在的安全风险见表1。

锚杆施工安全风险识别表　　　　　　　　　　　　　　表1

序号	安全风险	施工过程	致险因子	风险等级	产生危害
1	失稳坍塌	锚杆施工	（1）掌子面围岩排险找顶不彻底； （2）掌子面支护初喷不到位； （3）上一循环支护强度不足、工作面坍塌	III	作业平台上方作业人员死亡或重伤
2	高处坠落	锚杆施工	（1）作业平台未规范设置防护栏、密目网； （2）作业台架失稳、安全防护失效	III	作业平台上方作业人员死亡或重伤
		人员上下行	未规范设置爬梯	III	
3	物体打击	锚杆施工	（1）作业平台未设置踢脚板； （2）作业平台堆置杂物或小型材料； （3）锚杆安装不规范，未紧固到位； （4）锚杆施工完成后剩余锚杆材料随意抛掷； （5）作业平台底部及四周未有效设置警戒区	IV	作业平台下方人员死亡或重伤
4	机械伤害	锚杆施工	（1）钻孔设备支架不稳； （2）钻孔设备机械故障，带病作业或超负荷作业； （3）钻孔作业操作未按照操作规程操作； （4）注浆作业人员不规范操作注浆机	III	钻孔作业人员及受其影响人员死亡或重伤
5	触电伤害	锚杆钻孔	（1）钻孔设备配电线路老化、破损； （2）无保护接零、设备漏电； （3）设备未接地； （4）个人防护意识差； （5）电工无证上岗； （6）临时用电不符合要求、工作面光照度不足	III	电工或作业人员死亡或重伤
6	中毒窒息	锚杆施工	（1）有害气体含量超标； （2）通风除尘不到位	II	作业人员死亡或中毒

5）安全风险防控措施

（1）防控措施

为防范以上安全风险，需严格落实各项风险防控措施详。防控措施见表2。

锚杆施工安全风险防控措施表　　　　　　　　　　　　　表2

序号	安全风险	措施类型	防控措施	备注
1	失稳坍塌	质量控制	严格执行设计、规程及验标要求，严格按照设计支护措施实施	
		管理措施	（1）严格执行排险找顶工序，并安排专人盯控指挥； （2）围岩破碎时需对掌子面进行封闭处理，防止围岩氧化造成坍塌； （3）开挖找顶后应及时进行初喷作业； （4）掌子面有无异常漏水、气体喷出、围岩异响，拱顶初期支护是否有掉块危险，如果存在应排险后进行施作	

序号	安全风险	措施类型	防控措施	备注
2	高处坠落	安全防护	（1）作业平台及时挂设安全网； （2）工人作业时穿着防滑鞋，正确使用安全带； （3）作业平台封闭围护，规范设置防护栏及密目网	
		管理措施	（1）为工人配发合格的安全带、安全帽等劳保用品，培训正确穿戴使用； （2）做好安全防护设施的日常检查维护，发现损坏及时修复	
3	物体打击	安全防护	（1）作业平台规范设置踢脚板； （2）平台底部设置警戒区	
		管理措施	（1）作业平台顶部严禁堆置杂物及小型材料； （2）锚杆作业时，专人指挥，严禁随意抛掷材料； （3）锚杆作业中加强现场安全管控及按照交底要求紧固	
4	机械伤害	安全防护	锚杆施工作业范围外侧设置警戒区	
		管理措施	（1）做好进场设备及特种作业人员的进场验收管理，保证设备性能、人员技能满足要求，设备及人员证件齐全有效； （2）做好钻杆、注浆机、对讲机等日常检查维护，确保使用性能满足要求； （3）钻孔、注浆作业专人指挥，确保施工过程安全	
5	触电伤害	安全防护	在检查、维修时正确穿戴绝缘鞋、手套，使用电工绝缘工具	
		管理措施	（1）电工持特种作业操作证上岗； （2）临时用电工程安装、巡检、维修或拆除用电设备和线路等作业必须由电工操作，作业时有人监护； （3）用电设备运行人员单独值班时，不得从事检修工作； （4）对配电箱、开关箱进行定期维修、检查时，必须将其前一级相应的电源隔离开关分闸断电，并悬挂"禁止合闸、有人工作"停电标志牌，严禁带电作业； （5）施工现场用电设施应配有电气火灾的灭火器材，并应标识清晰、醒目，便于取用	
6	中毒窒息	管理措施	（1）瓦斯隧道开工前，组织相关人员进行专项安全培训，并经考核合格后上岗，爆破工、瓦检员等特种作业人员应持证上岗； （2）瓦斯工区设置门禁系统，建立检身制度，出入洞人员清点制度； （3）不得穿着易产生静电的服装，进入瓦斯突出工区的作业人员应携带自救器； （4）瓦检员每次检查结果应记入瓦斯检测日报表和瓦斯记录牌，监控员应填写瓦斯隧道安全监控系统运行记录表； （5）瓦检员应严格执行瓦斯巡检制度，按时到岗，跟班作业，不得擅自离岗空班、漏检和假检，根据瓦斯巡检图规定路线和频率进行瓦斯巡检工作	

（2）工作纪律

除落实以上安全风险防控措施外，还应严格遵守以下工作纪律。

①防护用品：作业人员正确佩戴使用安全帽、安全带，穿着防滑鞋及紧口工作服。

②班前讲话：每日上工前，由班组长开展班前讲话，将当日作业内容、存在的安全风险及危害、防范措施、作业要点等告知全部作业人员。

③工前检查：每日班前讲话后，对工人身体状态、防护用品使用、现场作业环境等进行例行检查，发现问题及时处理。

④维护保养：做好安全防护设施、安全防护用品、钻孔及注浆设备机具等的日常维护保养，发现损坏或缺失，及时修复或更换。

6）质量标准

锚杆施工应达到的质量标准及检验方法见表3。

锚杆施工质量检查验收表　　　　　表3

序号	检查项目	质量要求	检查方法	检验数量
1	锚杆种类、规格、长度	符合设计要求	观察、尺量	每循环不少于3根
2	钻孔深度、位置、孔距	孔深不小于设计长度且不大于50mm；孔距±150mm	尺量	每循环按设计数量的10%检验，且不少于3根
3	锚杆安装数量	符合设计要求	计数，留存影像	全数检查
4	锚杆胶结、锚固质量	符合设计要求，全长胶结锚杆的锚固长度不应小于设计长度的95%	施工记录、冲击弹性波法检测，必要时拉拔	每循环按设计数量的10%检测，且不少于2根
5	锚固注浆强度	符合设计要求	抗压强度试验	同一配合比、同一围岩段且不大于60m检验一次
6	锚杆垫板	应与基面密贴	观察	全数检查

7）验收要求

锚杆施工各阶段的验收要求见表4。

锚杆施工各阶段验收要求表　　　　　表4

序号	验收项目		验收时点	验收内容	验收人员
1	材料及构配件		使用材料进场后、使用前	材质、规格尺寸、外观质量	项目物资、技术管理人员，班组长及材料员
2	初喷平整度		锚杆安装前	平整度	技术员及班组长
3	钻孔作业	孔深	钻孔完成后、锚杆安装前	技术员及班组长	技术员及班组长
		孔口距	钻孔完成后、锚杆安装前	锚杆孔间距	技术员及班组长
4	锚杆安装	锚杆组装	锚杆安装前	锚杆长度、组装方式	技术员及班组长
		锚杆数量	锚杆安装完成后	锚杆数量	技术员及班组长
5	锚杆检测		无损检测	锚杆强度满足要求后	锚杆长度和锚固密实度	试验检测人员

8）应急处置

（1）处置原则

施工过程中一旦发生险情或事故，应停止作业，切勿慌乱，切忌盲目施救。在保证自身安全的情况下按照处置措施要求科学开展施救，并及时向项目管理人员报告相关情况。

（2）处置措施

失稳坍塌：在隧道掌子面和二次衬砌之间设置逃生通道，逃生通道选用直径为100cm钢管，长度为掌子面至二次衬砌间的距离，以保证发生突发事故时，掌子面处的施工人员能顺利逃生。逃生通道内储备氧气瓶（装满氧气）、食物、水等物资，平时要经常检查，确保在发生事故时能够及时使用。发生塌方时，施工人员要立即退出施工隧道，查点施工人员数量，并立即通知现场负责人，以确定是否有人因塌方被困隧道中的情况，在现场负责人的指挥下进行后续现场处治。

触电事故：发现人员触电立即切断电源，若无法及时断开电源，可用干木棒、皮带、橡胶制品等绝缘物品挑开触电者接触的带电物。之后解开妨碍触电者呼吸的紧身衣服，检查口腔、清理口腔黏液。如触电者呼吸停止，应采用人工呼吸法抢救；如心脏停止跳动，应采用胸外心脏按压法抢救。

其他事故：当发生高处坠落、物体打击、中毒窒息、机械伤害等事故后，周围人员应立即停止施工，并撤出危险区域；并立即采取措施切断或隔断危险源，疏散现场无关人员，后对伤者进行包扎等急救，向项目部报告后原地等待救援。

55 超前小导管施工安全技术交底

交底等级	**三级交底**	交底编号	III-055
单位工程	刘寨隧道	分部工程	超前支护
交底名称	**超前小导管施工**	交底日期	年　　月　　日
交底人	分部分项工程主管工程师（签字）	审核人	工程部长（签字）
批准人	总工程师（签字）	确认人	专职安全管理人员（签字）
		被交底人	班组长及全部作业人员（签字，可附签字表）

1）施工任务

刘寨隧道设计全长 4085.4m，其中进口工区承担 2024m 施工任务，隧道超前支护措施主要以拱部 140°范围超前小导管为主，具体起讫里程和超前支护类型见表 1。

刘寨隧道进口超前支护类型里程划分表　　　　　表 1

序号	起始里程	终止里程	围岩级别	超前支护类型
1	DK104＋450	DK104＋461	Vb	拱部φ42mm 双层小导管预注浆
2	DK104＋461	DK104＋511	IVb	拱部φ42mm 单层小导管

2）工艺流程

超前小导管施工流程如图 1 所示。

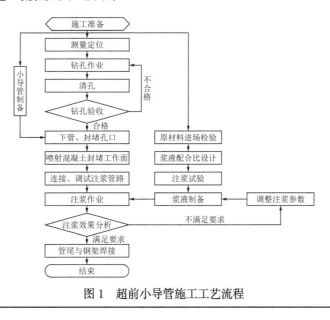

图 1　超前小导管施工工艺流程

3）作业要点

（1）施工准备

超前小导管材料进场后，配合项目物资试验人员及技术管理人员进场验收，验收合格方可使用。整理材料存放场地，确保平整坚实、排水畅通、无积水。材料验收合格后按规格分类码放，并挂设规格、数量铭牌。

①人员任务分配及劳动力配置见表2。

人员任务分配及劳动力配置　　　　表2

序号	人员	数量	职责
1	技术员	1	掌握技术标准，负责施工指导，监督施工质量，施工记录
2	工班长	1	组织施工和协调
3	安全员	1	负责现场施工安全
4	材料员	1	负责材料管理
5	质量员	1	监督施工质量
6	电工	1	负责现场接电
7	焊工	1	负责现场焊接作业
8	支护工	6	钻孔作业，安装导管，注浆工作
9	空压机操作手	2	操作空压机
10	驾驶员	1	负责装载机搬运导管等材料

②机具设备配置情况见表3。

机具设备配置情况　　　　表3

序号	设备	型号/规格	数量	用处
1	风枪	YT28	6	钻孔打管
2	注浆机	双液制注浆一体机	1	通过超前小导管进行注浆
3	空压机	24m³	3	用于通风，更新空气，同时提供钻孔等机械的高压风
4	装载机	5t	1	倒运超前小导管
5	吹风管	ϕ20mm 钢管	1	吹孔
6	拌合机		1	拌水泥浆
7	游锤	自制	1	打管
8	随车起重运输车	12t	1	运输小导管

③小导管加工

根据不同围岩衬砌类别，采用不同的小导管设计形式。超前小导管采用钢构件加工厂集中加工制作，定尺定轧，前端加工成锥形，管身每隔15cm呈梅花形均匀布置钻孔，孔径为6～8mm，导管尾端预留100cm不钻孔，作为止浆段。

超前小导管采用ϕ42mm×3.5mm热轧无缝钢花管，其长度分为3.5m或4m，环向间距分为40cm、50cm，外插角为10°～15°，相邻两排小导管的水平投影搭接长度不小于1m。单层小导管施作参数见表4；双层小导管施作参数见表5。

单层小导管施作参数							表 4
工程项目	材料规格	围岩级别	长度（m）	环向间距（cm）	循环长度（m）	每循环根数	
钢管	φ42mm× 3.5mm 热轧 无缝钢管	IVa、IVa + IVb	3.5	50	2	36	
		IVc	3.5	50	2.4	36	
		IVd、IVe	4.0	50	2.4	38	
		Va、Vb	4.0	40	2.4	46	
		Vc	3.5	40	2	46	
		Vd	4.0	40	2.4	47	
		Ve	4.0	40	2.4	48	

双层小导管施作参数							表 5
工程项目	材料规格	围岩级别	长度（m）	环向间距（cm）	循环长度（m）	每循环根数	
钢管	φ42mm× 3.5mm 热轧 无缝钢管	IVa、IVa + IVb、 IVc	5	30	3	60	
		IVd、IVe	5	30	3	62	
		Va、Vb、Vc	5	30	3	62	
		Vd、Ve	5	30	3	63	

（2）测量定位

超前小导管设置在拱部 140°范围内，现场拱架支护完成后，测量人员采用全站仪按照超前小导管的设计位置进行放样，并采用红油漆标识于拱架腹板上，再采用等离子气割机进行割孔，割孔孔径控制在 6～7cm。

（3）钻孔

超前小导管钻孔采用开挖台架作为施工平台，分区划分起钻，拱部 140°范围现场划分为5 个作业区，如图 2 所示。

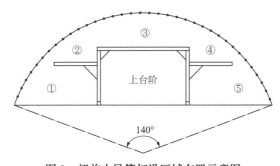

图 2　超前小导管打设区域布置示意图

超前小导管钻孔采用 YT28 风枪钻孔，钻孔直径应大于设计导管直径 3～5mm，孔深不小于设计长度且不大于 5cm。每循环采用 5 把同时施钻，为保证超前钻孔角度，钢拱架上安装外插角为 10°～15°的导向管，风枪钻头沿着导向管施工钻进。

施钻过程中，为防止风枪摆动，每把风枪配备一名支护工辅助稳定。

（4）清孔

钻孔完成后采用 φ20mm 钢管制作的高压风管对其进行高压风清孔，并检查钻孔孔深（不小于设计长度且不大于 5cm）、孔径（45～48mm）和倾斜度（2°）是否符合规范要求，合格后方能进行小导管安装。

（5）下管、封堵孔口

待钻孔检查合格后，将ϕ42mm 超前小导管送入孔内，若出现手持送入困难时，可采用风钻辅助顶进，如地层松软也可以用游锤或风钻直接将小导管打入，视围岩情况而定。

超前小导管管口采用带球阀钢板进行焊接封堵，焊接过程中保证无漏焊、烧焊等现象，导管周边采用 M20 砂浆进行封堵。

布管顺序：从拱顶分别向左右方向进行，采取隔孔间隔布置；小导管外露长度一般为 30～50cm。

（6）喷射混凝土封堵工作面

注浆前应先喷射混凝土封闭掌子面以防漏浆，在喷射混凝土强度达到要求后，方可进行注浆作业。

（7）连接、调试注浆管路

注浆前应进行压水试验，检查机械设备是否正常，管路连接是否正确，在管路连接无误后再进行注浆作业。

（8）注浆作业

注浆浆液的水灰比为 1：1（质量比），注浆压力应为 0.5～1.0MPa，在孔口处设置止浆塞，在小导管底端增加小塑料管引出（排气排水），观察注浆是否饱满；为加快注浆进度，发挥设备效率，可采用群管注浆（每次 3～5 根）；注浆顺序宜从两侧拱脚向拱顶进行，相邻孔眼间隔开，不能连续注浆；注浆施工中认真填写注浆记录，随时分析和改进作业，并注意观察注浆压力及注浆泵排量的变化情况。注浆过程中随时检查孔口、邻孔、覆盖层较薄部位有无串浆现象，如发生串浆，应立即停止注浆或采用间歇式注浆封堵串浆口，也可用麻纱、木楔、快硬水泥砂浆或锚固剂封堵，直至不再串浆时再继续注浆；注浆时，注浆机压力应与规定压力配套，不宜升压过快；注浆压力达到规定值时应稳定持压 3～5min；采取注浆终压 0.8～1.2MPa 和注浆量来双控注浆质量。单孔注浆压力达到设计要求值，持续注浆 10min 且进浆速度为开始进浆速度的 1/4 或进浆量达到设计进浆量的 80% 及以上时注浆方可结束。

（9）焊接管尾与钢架

在注浆效果满足要求后，超前小导管应与钢架有效焊接，与钢架共同组成预支护体系。

4）安全风险及危害

超前小导管施工过程中存在的安全风险见表6。

超前小导管施工安全风险识别　　　　　　　　　　　表6

序号	安全风险	施工过程	致险因子	风险等级	产生危害
1	失稳坍塌	导管钻孔	（1）喷射混凝土未达到设计强度； （2）出渣完成后拱顶排险不彻底	Ⅲ	石块或喷射混凝土掉块伤人
2	高处坠落	导管安装	（1）作业人员未穿戴防滑鞋、反光背心，台架登高作业； （2）未设置安全防护栏	Ⅲ	导管安装作业人员重伤
		人员上下行	开挖台架未规范设置爬梯、护栏	Ⅲ	

序号	安全风险	施工过程	致险因子	风险等级	产生危害
3	起重伤害	吊运物料	（1）起重机司机、司索工指挥技能差，无资格证； （2）钢丝绳或吊带、卡扣、吊钩等破损、性能不佳； （3）未严格执行"十不吊"； （4）吊装指令传递不佳，存在未配置对讲机、多人指挥等情况； （5）起重机回转范围外侧未设置警戒区	III	起重作业人员及受其影响人员死亡或重伤
4	物体打击	导管注浆 导管吊运 高压风清孔	（1）作业人员未按规定压力进行注浆作业； （2）导管未绑扎稳定就吊运至安装台架； （3）高压风清孔过程中，碎石飞出未设置遮挡掩体	III	注浆管爆裂、导管散落、吹出碎石导致工人受伤
5	触电	导管安装	（1）焊工违规作业，无资格证	III	电焊焊接触电伤亡
6	火灾	导管安装	（1）焊工焊接过程中未用挡板遮挡焊渣	III	焊渣飞溅引起火灾致人受伤

5）安全风险防控措施

（1）防控措施

为防范以上安全风险，需严格落实各项风险防控措施，见表7。

超前小导管施工安全风险防控措施 表7

序号	安全风险	措施类型	防控措施	备注
1	失稳坍塌	质量控制	（1）严格按照设计规程及验标要求，进行开挖进尺； （2）严格按照规程及验标要求进行支护作业，保证喷射后围岩稳定	
		管理措施	（1）严格按照开挖、钢架支护等验收序； （2）严格按照开挖进尺，按设计施工	
2	高处坠落	安全防护	（1）超前小导管过程中，提前设置防护栏； （2）工人作业时穿戴防滑鞋，正确使用安全带； （3）作业平台封闭围护，规范设置防护栏及密目网	
		管理措施	（1）为工人配发合格的安全带、安全帽等劳保用品，并培训其正确穿戴使用； （2）做好安全防护设施的日常检查维护，发现损坏及时修复	
3	起重伤害	安全防护	吊车回转范围外侧设置警戒区	
		管理措施	（1）做好起重设备及特种作业人员的进场验收管理，保证设备性能、人员技能满足要求，设备及人员证件齐全有效； （2）做好钢丝绳或吊带、卡扣、吊钩、对讲机等日常检查维护，确保使用性能满足要求； （3）吊装作业专人指挥，严格执行"十不吊"	
4	物体打击	安全防护	（1）作业平台规范设置踢脚板； （2）钢架作业区域设置警戒区； （3）注浆压力及时观察记录； （4）高压清孔时，带有遮掩挡板	
		管理措施	（1）作业平台顶部严禁堆置杂物及小型材料； （2）作业时，专人指挥，严禁随意抛掷杆件及构配件； （3）作业时，专人指挥，旁站盯控注浆过程	
5	触电	安全防护	使用安全电压，电箱接地有效	
		管理措施	作业过程中加强现场指挥，人员证件齐全有效	
6	火灾	安全防护	焊工焊接过程中使用焊渣挡板	
		管理措施	（1）焊接作业前按规定申请动火令； （2）作业时，专人指挥，旁站盯控焊接作业	

（2）工作纪律

除落实以上安全风险防控措施外，还应严格遵守以下工作纪律。

①防护用品：作业人员正确佩戴使用安全帽、安全带，正确穿戴防滑鞋及紧口工作服。

②班前讲话：每日上工前，由班组长开展班前讲话，将当日作业内容、存在的安全风险及危害、防范措施、作业要点等告知全部作业人员。

③工前检查：每日班前讲话后，对工人身体状态、防护用品穿戴、现场作业环境等进行例行检查，发现问题及时处理。

④维护保养：做好安全防护设施、安全防护用品、起重设备机具等的日常维护保养，发现损害或缺失，及时修复或更换。

6）质量验收标准

超前小导管施工质量标准及检验方法见表8。

超前小导管施工质量标准及检验方法　　　　　　　　　　表8

序号	检查项目	质量要求	检查方法	检验数量
1	超前小导管的种类、规格、长度	符合设计要求	观察、尺量	每循环检验3根
2	超前小导管的位置、搭接长度、数量	符合设计要求	观察、测量	每循环位置、搭接长度检验3根
3	与支撑结构的连接	符合设计要求	观察	全数检查
4	注浆浆液配合比	符合设计要求	检查配合比试验报告	同性能、同原材料、同施工工艺的浆液检验不少于一次
5	注浆压力	符合设计要求	检查施工记录、观察	全数检查
6	方向角	2°	测量、尺量	每环检验3根
7	孔口距	±50mm	测量、尺量	每环检验3根
8	孔深	+50mm	测量、尺量	每环检验3根

7）验收要求

超前小导管施工各阶段的验收要求见表9。

超前小导管各阶段验收要求　　　　　　　　　　表9

序号	验收项目	验收时点	验收内容	验收人员
1	材料	小导管材料进场后、使用前	材质、规格尺寸、外观质量	项目物资、技术管理人员，班组长及材料员
2	钻孔位置	拱架支护完成，测量放完点位	钻孔数量，间距，孔口距	技术员、班组技术员、测量人员
3	成孔验收	钻孔结束后	方向角，钻孔深度，搭接长度	项目技术员、班组长、技术员
4	注浆料	注浆设备检查无误后	浆液配合比、注浆效果	项目试验人员、技术员
5	管尾焊接	注浆效果满足要求后	钢管尾部应与钢架有效焊接	技术员、班组长

8）应急处置

（1）处置原则

施工过程中一旦发生险情或事故，应立即停止作业，切勿慌乱，切忌盲目施救，在保证自身安全的情况下按照处置措施要求科学开展施救，并及时向项目管理人员×××报告相关情况。

（2）处置措施

①失稳坍塌：在隧道掌子面和二次衬砌之间设置逃生通道，逃生通道选用直径为 100cm 钢管，长度为掌子面至二次衬砌间的距离，以保证突发事故时，掌子面处的施工人员能顺利逃生。逃生通道内储备氧气瓶（装满氧气）、食物、水等物资，平时要做好物资检查工作，确保在发生事故时能够及时使用。发生塌方时，施工人员要立即退出施工隧道，查点施工人员人数，并立即通知现场负责人，以确定是否有人因塌方被困隧道，在现场负责人的指挥下进行后续现场处理。

②触电事故：当发现有人触电时，应立即切断电源。若无法及时断开电源，可用干木棒、皮带、橡胶制品等绝缘物品挑开触电者接触的带电物，之后解开妨碍触电者呼吸的紧身衣服，检查口腔，清理口腔黏液，如触电者呼吸停止，应采用人工呼吸法抢救；如心脏停止跳动，应采用胸外心脏按压法抢救。

③火灾事故：当发生火灾时，要正确确定火源位置、火势大小，并迅速向外发出信号，及时利用现场消防器材灭火，控制火势大小；若火势无法控制，施工人员应及时撤离火区，同时向所在地公安消防机关报警，寻求帮助。

④其他事故：当发生高处坠落、物体打击、起重伤害等事故后，周围人员应立即停止施工，并撤离危险区域，采取措施切断或隔断危险源，疏散现场无关人员，然后对伤者进行包扎等急救，向项目部报告后原地等待救援。

56 喷射混凝土施工安全技术交底

交底等级	三级交底	交底编号	III-056
单位工程	姊妹岩隧道	分部工程	初期支护
交底名称	喷射混凝土施工	交底日期	年 月 日
交底人	分部分项工程主管工程师（签字）	审核人	工程部长（签字）
批准人	总工程师（签字）	确认人	专职安全管理人员（签字）
		被交底人	班组长及全部作业人员（签字，可附签字表）

1）施工任务

姊妹岩隧道右幅 YK29＋440～YK29＋684，左幅 ZK29＋440～ZK29＋739。C25 喷射混凝土设计厚度 10cm，设计喷射混凝土总量共 1319.49m³。

2）工艺流程

施工准备→受喷面处理→埋设喷层厚度标钉→机具就位、接通风水电→初喷混凝土→复喷混凝土→质量检查→结束。

3）作业要点

（1）施工准备

水泥等原材料需严格把控好进库检查关及使用前检验关，对水泥强度、安定性、凝结时间进行抽样检查，合格后方可用于施工；整理材料存放场地，确保平整坚实、排水畅通、无积水；按规格分类码放，并挂设规格、数量铭牌。

（2）受喷面处理

掌子面开挖后，喷射混凝土前，应清除所有的松动岩石，并使岩面保持一定湿度。隧道断面尺寸测量有无欠挖，若存在欠挖则凿除欠挖部分。

（3）埋设喷层厚度标钉

采取埋设外露 10cm 钢筋头做厚度标志，初喷厚度控制范围以红漆标识，每 2m 设置一根。

（4）机具就位、接风水电

平整场地，将喷射机移至喷射地点，将高压风管与喷射机连接，用电缆线将喷射机与配电箱连接，喷射管与喷射机、速凝剂管与喷头连接、喷头与喷射管也应进行相应连接。全部连接完成后先开风调试喷射管路是否通畅，再启动速凝剂泵并设置速凝剂掺量，最后启动喷射机电源调试喷射机。

混凝土加工运输：混凝土采用 1 号拌和站搅拌机拌和，拌和站距离掌子面距离 1.5km，由两台搅拌车运输到施工现场。

（5）初喷混凝土

先在开挖面喷射一层 4cm 厚 C25 混凝土，初喷混凝土着重填平补齐，将小的凹坑整平，待锚杆及钢筋网片完成后喷射至设计厚度。

（6）复喷混凝土

①喷射操作程序：打开速凝剂辅助风→缓慢打开主风阀→启动速凝剂计量泵、主电机、振动器→向料斗加混凝土。

②喷射混凝土作业应采用分段、分片、分层依次进行，喷射时先将低洼处大致喷平，按照先墙后拱，先下后上的顺序喷射。喷射行间搭接 2～3cm，用标志钢筋外露长度控制喷射混凝土厚度，表面平整度以目测平顺为宜。

③喷射混凝土分段施工时，上次喷射混凝土应预留斜面，斜面宽度为 200～300mm，斜面上需用压力水冲洗润湿后再喷射混凝土。

④分片喷射要自下而上进行，先喷钢架与壁面间混凝土，再喷两钢架之间混凝土。边墙喷射混凝土应从墙脚开始向上喷射，使回弹不致裹入最后喷层。

⑤喷射作业要掌握好喷嘴与受喷面的距离和角度，喷嘴与受喷面间距宜为 0.8～1.0m，喷嘴与受喷面尽量垂直，并稍微偏向刚喷的部位。喷嘴应连续、缓慢采用螺旋形或 S 形往返移动前进，一圈压半圈，调节风压和水压，并使水压稍高于风压。若受喷面被钢架、钢筋网覆盖时，可将喷嘴稍加偏斜，但角度不宜小于 70°。

⑥喷射速度要适当，以利于混凝土的压实，风压过大，喷射速度增大，回弹增加；风压过小，喷射速度过小，压实力小，影响混凝土强度。因此在开机后要注意观察风压，起始风压达到 0.5MPa 后，才能开始操作，并根据喷嘴出料情况调整风压。一般工作风压：边墙 0.3～0.5MPa，拱部 0.4～0.65MPa。

⑦混凝土养护：喷射混凝土终凝 2h 后，应喷水养护，养护时间不少于 7d。

（7）质量检查

喷射混凝土结束后经自检合格后报监理工程师现场验收。

4）安全风险及危害

喷射混凝土过程中存在的安全风险见表1。

喷射混凝土施工安全风险识别　　　　表1

序号	安全风险	施工过程	致险因子	风险等级	产生危害
1	失稳坍塌	围岩破碎掌子面失稳	一次性开挖过长，支护不及时	I	架体上方作业人员群死群伤
2	机械伤害	喷射混凝土堵管或爆管	（1）喷射混凝土时，喷嘴前站人；（2）搅拌机里有硬化混凝土时，用手处理；（3）发生输料管路堵塞或爆裂时，正常的"停止投料→停止送水→停止供风"的顺序颠倒	IV	作业人员死亡或重伤
3	物体打击	排险	（1）喷射混凝土前机械及人工排险不彻底；（2）喷射混凝土时一次喷射厚度过厚；（3）作业人员未正确佩戴防尘口罩和防护眼镜	IV	下方人员死亡或重伤
4	触电风险	违章用电	不按规范要求乱接线路	II	作业人员及受其影响人员死亡或重伤

5）安全风险防控措施

（1）防控措施

为防范以上安全风险，需严格落实各项风险防控措施，见表2。

喷射混凝土安全风险防控措施 表2

序号	安全风险	措施类型	防控措施	备注
1	失稳坍塌	质量控制	严格按照设计、规程及验标要求，按标准施作系统锚杆挂网片喷射混凝土	
		管理措施	（1）严格按照各工序验收程序，落实三检制度； （2）及时布置围岩量测点，沉降、收敛变形观测； （3）有水时安置半圆排水管引排	
2	机械伤害	安全防护	（1）非施工人员不得进入正在进行喷射混凝土的作业区，施工中喷嘴前严禁站人； （2）喷射混凝土作业中如发生输料管堵塞或爆裂时，必须依次停止投料、送水和供风（这一次序不得颠倒）； （3）喷射混凝土施工应经常检查输料管、接头的使用情况，当有磨损、击穿或松脱时及时处理	
		管理措施	（1）为工人配发合格的防尘口罩、防护眼镜等劳保用品，培训正确穿戴使用； （2）做好安全防护设施的日常检查维护，发现损坏及时修复； （3）做好班前安全培训	
3	物体打击	安全防护	（1）防止混凝土喷射过厚，剥离落下伤人； （2）松动围岩及时清除，排险（排除洞顶危石）要彻底； （3）喷射混凝土作业人员应佩戴防尘口罩、防护眼镜等防护用具	
		管理措施	（1）喷射混凝土区域禁止非作业人员进入； （2）喷射混凝土前应观察围岩是否未定，有无松动危石	
4	触电伤害	安全防护	设置配电箱管理卡，配电箱上锁由专人管理	
		管理措施	（1）严格按照规范及要求落实"一机一闸一箱"，禁止私拉乱接，违章用电； （2）临时用电应按规范要求使用	

（2）工作纪律

除落实以上安全风险防控措施外，还应严格遵守以下工作纪律。

①防护用品：作业人员正确佩戴使用安全帽、安全带，正确穿戴防滑鞋及紧口工作服。

②班前讲话：每日上工前，由班组长开展班前讲话，将当日作业内容、存在的安全风险及危害、防范措施、作业要点等告知全部作业人员。

③工前检查：每日班前讲话后，对工人身体状态、防护用品穿戴、现场作业环境等进行例行检查，发现问题及时处理。

④维护保养：做好安全防护设施、安全防护用品、喷射设备、空压机等的日常维护保养，发现损害或缺失，及时修复或更换。

6）质量标准

喷射混凝土应达到的质量标准及检验方法见表3。

序号	检查项目	质量要求/允许偏差	检查方法	检验数量
1	混凝土24h强度	不应小于10MPa	拔出法或无底试模法	同强度等级，每次连续围岩检验一次
2	混凝土强度	符合设计要求	试验	同强度等级，每次连续围岩10m检验一次
3	平均厚度	检查点数90%以上不小于设计厚度	埋钉法、凿孔法或断面测量	全断面开挖每循环检验一次；分部开挖，3～5m检验一次
4	平整度	深长比$D/L \leqslant 1/20$（D为深度；L为长度）	观察、测量	每循环

7）验收要求

喷射混凝土施工各阶段的验收要求见表4。

喷射混凝土施工各阶段验收表　　　　表4

序号	验收项目	验收时点	验收内容	验收人员
1	原材料	水泥、骨料等原材料进场后、使用前	水泥、骨料的物理力学性能	项目物资、技术、试验人员，班组长及材料员
2	隧道断面测量	初喷混凝土前	有无欠挖	项目质检人员、班组技术员
3	喷射质量	初喷、复喷混凝土后	喷射混凝土面平整度和厚度	项目质检人员、班组技术员
4	混凝土强度	喷射28d后	混凝土强度等级	项目质检人员、试验人员

8）应急处置

（1）处置原则

施工过程中一旦发生险情或事故，应立即停止作业，切勿慌乱，切忌盲目施救，在保证自身安全的情况下按照处置措施要求科学开展施救，并及时向项目管理人员×××报告相关情况。

（2）处置措施

①失稳坍塌：在隧道掌子面和二次衬砌之间设置逃生通道，逃生通道选用直径为100cm钢管，长度为掌子面至二次衬砌间的距离，以保证突发事故时，掌子面处的施工人员能顺利逃生。逃生通道内储备氧气瓶（装满氧气）、食物、水等物资，平时要做好物资检查工作，确保在发生事故时能够及时使用。发生塌方时，施工人员要立即撤离施工隧道，查点施工人员人数，并立即通知现场负责人，以确定是否有人因塌方被困隧道，在现场负责人的指挥下进行后续现场处理。

②触电事故：当发现有人触电时，应立即切断电源。若无法及时断开电源，可用干木棒、皮带、橡胶制品等绝缘物品挑开触电者接触的带电物，之后解开妨碍触电者呼吸的紧身衣服，检查口腔、清理口腔黏液并立即就地抢救。如触电者呼吸停止，应采用人工呼吸法抢救；如心脏停止跳动，应采用胸外心脏按压法抢救。

③其他事故：当发生物体打击、机械伤害等事故后，周围人员应立即停止施工，并撤离危险区域，采取措施切断或隔断危险源，疏散现场无关人员，然后对伤者进行包扎等急救，向项目部报告后原地等待救援。

57 土工布及防水板施工安全技术交底

交底等级	三级交底	交底编号	III-057
单位工程	彝良隧道	分部工程	衬砌
交底名称	土工布及防水板施工	交底日期	年　月　日
交底人	分部分项工程主管工程师（签字）	审核人	工程部长（签字）
批准人	总工程师（签字）	确认人	专职安全管理人员（签字）
		被交底人	班组长及全部作业人员（签字，可附签字表）

1）施工任务

　　彝良隧道进口平行导洞（简称"平导"）工区正洞段属于单线隧道可溶岩及地下水发育地段，隧道初期支护与二次衬砌之间铺设防排水板作为防水层，衬砌边墙背后左右拉通设置ϕ100mm纵向盲管，通过三通接头接入ϕ110mmPVC管（聚氯乙烯管）后引入侧沟，纵向盲管按低于侧沟盖板顶面下49cm的位置设置，且预留的出水管口应高于侧沟底25cm；边墙泄水孔由仰拱及矮边墙施作预留ϕ110mm的PVC管，泄水孔管口高于侧沟底20cm，且纵向间距2.5m，结合纵环向盲管管口错开布置，且避开钢架位置；仰拱底部设置ϕ80mm环向盲管收集基底水，纵向间距5m，基底环向盲管通过接头与ϕ90mmPVC管连接后直接弯入侧沟，预留管口应高于侧沟底35cm，浇筑仰拱前采用宽50cm的彩条布固定位置并遮盖隧底环向盲管，施工缝及变形缝构造形式见表1。

施工缝及变形缝构造形式　　　　　　　　　　表1

名称类型 适用部位	环向		纵向
	拱墙	仰拱	
施工缝	中埋橡胶止水带＋背贴橡胶止水带	中埋橡胶止水带＋背贴橡胶止水带	中埋式钢板止水带＋水泥基渗透结晶型防水涂料
变形缝	中埋橡胶止水带＋背贴橡胶止水带＋聚乙烯泡沫塑料板	中埋橡胶止水带＋背贴橡胶止水带＋聚乙烯泡沫塑料板	—

2）工艺流程

　　施工缝及变形缝工艺流程如图1所示。

图1　施工缝及变形缝工艺流程

414

3）作业要点

（1）纵向透水盲管施工

排水盲管施工工艺流程如图2所示。

纵向排水盲管沿纵向布设于左、右墙角水沟底上方，采用HDPE（高密度聚乙烯）ϕ100mm 的纵向外包土工布的双臂壁打孔波纹管，每段长12m，纵向排水盲管安装在设计规定划线（水沟盖板顶高程向下 49cm）上。盲管安设的坡度与线路坡度一致，利用三通接头实现纵向排水管贯通连接，三通接头位于每板衬砌前端距施工缝不小于 30cm 处，并在穿越二次衬砌时用三通接头连接ϕ110mm 不打孔 PVC 管，将水流接往侧沟。

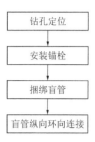

图 2　排水盲管施工工艺流程

（2）自粘布施工

防排水板施工采用无钉铺设工艺，防排水板超前二次衬砌 12~24m 施工，用自动爬行热焊机进行焊接，铺设采用专用台车进行。

铺设前检查初期支护面是否有明水存在，如有应采用盲管引排；铺设自粘布前对隧道净空进行检查，对欠挖部位进行处理；对隧底初期支护基面进行处理，切除外露锚杆头、钢筋头等，并用细石混凝土抹平，使表面平整度控制在 1/10（两凸物之间深宽比）以内，确保表面平整无尖锐棱角；用带塑料垫圈的射钉将自粘布平整顺直地固定在初期支护混凝土上，射钉长度 4cm，固定点间距拱顶 0.5~0.6m，拱腰 0.6~0.8m，边墙 0.8~1.0m，呈梅花形布置，并左右上下成行固定；自粘布搭接宽度不小于 10cm，一般只设环向施工缝，当长度不足时，靠拱顶一侧将靠隧底一张自粘布压紧，并使自粘布与喷射混凝土面密贴；自粘布铺设时应与初期支护密贴，布面要平整，并适当留有变形余量。

（3）防排水板施工

防排水板纵向接缝两侧边缘 20~25cm 范围内为搭接区；防排水板铺设应先从一侧边墙部位开始，至另一侧边墙结束，与自粘布粘贴铺挂并粘贴牢固，必须使其与初期支护面密贴；防排水板环向接缝采用具有双焊缝、调温、调速功能的双缝焊机热熔焊接，细部处理或修补采用手持焊枪，单条焊缝的有效焊接宽度不小于 15mm（注意：焊接前应接头除尘，焊接严密，无漏焊、假焊、焊焦、焊穿），纵向接缝两侧边缘各 20~25cm 范围内为搭接区，纵向采用凸壳嵌扣＋胶粘密封＋塑料焊接封边相结合方式搭接；松紧应适度并留有余量（实铺长度与弧长的比值为 10：8），检查时要保证防排水板全部面积均能抵到围岩，两幅防排水板的搭接宽度不应小于 150mm；粘接带环向布置，两条粘接带之间的距离为 80~100cm；分段铺设的卷材的边缘部位预留至少 60cm 的搭接余量并且对预留部分边缘进行有效的保护；防排水板或普通防排水板的搭接缝焊接质量检查应按充气法检查，即堵住空气道的一端，用空气检测器从另一端充气，当压力表达到 0.25MPa 时停止充气，保持 15min，压力下降在 10% 以内，说明焊缝合格；如压力下降过快，说明有未焊好处，应用肥皂水涂在焊缝上，将有气泡的地方重新补焊，直到不漏气为止。

（4）施工缝施工

①凿毛

纵、环向施工缝浇筑混凝土前，沟槽施工缝、仰拱填充施工缝及沟槽与仰拱填充接触面新旧混凝土表面应凿毛，冲洗干净，保持湿润，界面处理后及时浇筑混凝土。

②止水带

a. 中埋式止水带卡扣：环向及纵向中埋式止水带须通过端模按折叠式或卡口式安设，素混凝土中设置钢筋卡，钢筋混凝土中设置钢筋卡或钢筋卡与特殊箍筋组合。止水带的安设应准确、牢固、顺直，其中间空心圆环应与缝的中心线重合；端模应支撑牢固，严防跑模漏浆和止水带移位。

b. 止水带连接：仰拱与拱墙环向施工缝的中埋式止水带，接于纵向中埋式止水带下缘和上缘，进行有效对接。环向施工缝的止水带设置于靠围岩的外侧，纵向施工缝的止水带设置于内侧。

c. 与防排水板连接：拱墙部位背贴式止水带采用黏结法与防排水板连接，与止水带黏结的防水板应擦洗清洁；仰拱及底板部位背贴式止水带通过端头模板压住其中心来固定。

d. 止水带接头：接头应选在二次衬砌结构应力较小的部位，橡胶止水带接头采取搭接法进行热硫化连接，搭接长度不小于100mm，并做好接头表面的清刷与打毛；钢板止水带接头采用搭接焊接，搭接长度不小于50mm。防排水板、止水带接头应与施工缝错开1m。

③水泥基渗透结晶型防水涂料

将混凝土表面的浮浆、泛碱、油污、尘土等杂物清理干净；当基层表面比较光滑时，应用打磨机进行打磨或喷砂处理，使其形成麻面；所有阴阳角及转角均应做成圆弧形，阴角直径宜大于50mm，阳角直径宜大于10mm；清洗湿润基层，用清水对作业面进行分段清洗，使混凝土表面完全湿润（无明水），然后喷涂水泥基渗透结晶型防水涂料；涂料应分层涂刷或喷涂，涂层应均匀，涂刷应待前一遍涂层干燥成膜后进行；每遍涂刷时应交替改变涂层的涂刷方向，同层涂膜的先后搭接宽度宜为30～50mm；涂料防水层的接茬处接缝宽度不应小于100mm，接涂前应将其接茬表面处理干净。

（5）变形缝填充

①缝内两侧应平整、清洁、无渗水，并涂刷材料配套要求的基层处理剂。

②聚乙烯泡沫塑料板应结合止水条带安装情况准确下料。

4）安全风险及危害

土工布及防水板施工过程中存在的安全风险见表2。

土工布及防水板施工安全风险识别表 表2

序号	安全风险	施工过程	致险因子	风险等级	产生危害
1	高处坠落	土工布及防水板安装	（1）作业人员未穿戴防滑鞋、未系挂安全带； （2）未挂设安全平网； （3）作业平台未规范设置防护栏； （4）作业平台跳板搭设未固定、未满铺，存在探头板	III	防水板台架上方作业人员死亡或重伤
		人员上下行	未规范设置爬梯	III	
2	物体打击	土工布及防水板安装	（1）作业平台未设置踢脚板； （2）作业平台堆置杂物或小型材料； （3）架体底部及四周未有效设置警戒区	IV	防水板台架下方人员死亡或重伤
3	起重伤害	吊运物料	（1）起重机司机、司索工、指挥技能差，无资格证； （2）钢丝绳或吊带、卡扣、吊钩等破损、性能不佳； （3）未严格执行"十不吊"； （4）吊装指令传递不佳，存在未配置对讲机、多人指挥等情况； （5）起重机回转范围外侧未设置警戒区	III	起重作业人员及受其影响人员死亡或重伤

5）安全风险防控措施

（1）防控措施

为防范以上安全风险，需严格落实各项风险防控措施，详见表3。

土工布及防水板施工安全风险防控措施表　　　　表3

序号	安全风险	措施类型	防控措施	备注
1	高处坠落	安全防护	（1）架体搭设过程中，及时挂设安全平网； （2）工人作业时穿戴防滑鞋，正确使用安全带； （3）作业平台跳板满铺且固定牢固，杜绝探头板； （4）作业平台封闭围护，规范设置防护栏及密目网	
		管理措施	（1）为工人配发合格的安全带、安全帽等劳保用品，培训正确穿戴使用； （2）做好安全防护设施的日常检查维护，发现损坏及时修复	
2	物体打击	安全防护	（1）作业平台规范设置踢脚板； （2）防水板台车设置警戒区	
		管理措施	（1）作业平台顶部严禁堆置杂物或小型材料； （2）作业时，专人指挥，严禁随意抛掷杆件及构配件	
3	起重伤害	安全防护	起重机回转范围外侧设置警戒区	
		管理措施	（1）做好起重设备及特种作业人员的进场验收管理，保证设备性能、人员技能满足要求，设备及人员证件齐全有效； （2）做好钢丝绳或吊带、卡扣、吊钩、对讲机等日常检查维护，确保使用性能满足要求； （3）吊装作业专人指挥，严格执行"十不吊"	

（2）工作纪律

除落实以上安全风险防控措施外，还应严格遵守以下工作纪律。

①防护用品：作业人员正确佩戴使用安全帽、安全带，正确穿戴防滑鞋及紧口工作服。

②班前讲话：每日上工前，由班组长开展班前讲话，将当日作业内容、存在的安全风险及危害、防范措施、作业要点等告知全部作业人员。

③工前检查：每日班前讲话后，对工人身体状态、防护用品穿戴、现场作业环境等进行例行检查，发现问题及时处理。

④维护保养：做好安全防护设施、安全防护用品、起重设备机具等的日常维护保养，发现损害或缺失，及时修复或更换。

6）质量标准

盲管施工应达到的质量标准及检验方法见表4。

盲管施工质量检查验收表　　　　表4

序号	检查项目	质量要求	检查方法	检验数量
1	排水盲管品种、规格	符合设计要求	观察、尺量	施工、监理单位全数检查
2	排水盲管铺设位置和范围	不应低于水沟底面高程；盲管固定应牢固、平顺	观察、测量，留存影像资料	施工、监理单位全数检查

序号	检查项目	质量要求	检查方法	检验数量
3	排水盲管之间的连接、排水盲管与排水沟的连接	符合设计要求	观察，留存影像资料	施工、监理单位全数检查
4	纵横向盲管的坡度	符合设计要求	观察、尺量	施工、监理单位全数检查

施工缝防水施工应达到的质量标准及检验方法见表5。

施工缝防水施工质量检查验收表　　　　　表5

序号	检查项目	质量要求	检查方法	检验数量
1	隧道衬砌混凝土施工缝防水构造形式	符合设计要求	观察、测量，留存影像资料	施工、监理单位全数检查
2	止水带	中埋式止水带位置距离衬砌内表面不应小于200mm，径向位置允许偏差 20mm，埋深允许偏差 ±30mm	观察、测量，留存影像资料	施工、监理单位全数检查

变形缝防水施工应达到的质量标准及检验方法见表6。

变形缝防水施工质量检查验收表　　　　　表6

序号	检查项目	质量要求	检查方法	检验数量
1	变形缝的位置、宽度和构造形式，嵌缝材料的品种、规格	符合设计要求	观察、尺量	施工、监理单位全数检查
2	变形缝嵌填时，缝内应清洁、干燥，基层处理	符合设计要求	观察，留存影像资料	施工、监理单位全数检查
3	变形缝止水带、止水条的安装检验	符合设计要求	观察，留存影像资料	施工、监理单位全数检查

防（排）水层防水施工应达到的质量标准及检验方法见表7。

防（排）水层防水施工质量检查验收表　　　　　表7

序号	检查项目	质量要求	检查方法	检验数量
1	防排水板、自粘材料、涂料、土工复合材料品种、规格	符合设计要求	观察	施工、监理单位全数检查
2	防水层铺设质量	符合设计要求	观察、测量	施工、监理单位全数检查
3	铺设防水层	基面阴阳角处应做成 $R > 100mm$ 圆弧面，铺设应平顺、密贴	观察、测量	施工、监理单位全数检查
4	缓冲层（土工布）	接缝搭接宽度不得小于50mm，缓冲层应平顺、密贴，无皱褶	观察、尺量	施工、监理单位全数检查
5	涂料防水层	涂刷均匀，无流淌、皱褶、鼓泡等质量缺陷。喷涂防水层作业完成后，应对漏喷、鼓包、针孔、剥落或损伤部位进行补喷修复处理	观察	施工、监理单位全数检查

7）验收要求

土工布及防水板施工各阶段的验收要求见表8。

土工布及防水板施工各阶段验收要求表 表 8

序号	验收项目		验收时点	验收内容	验收人员
1	材料及构配件		土工布及防水板材料进场后、使用前	材质、规格尺寸、外观质量	项目物资、技术管理人员，班组长及材料员
2	土工布及防水板铺设前	欠挖处理	铺设防水板和土工布前	表面平整度需控制在1/10（两凸物之间深宽比）以内	技术员、班组技术员、项目测量试验人员
		3D 扫描	欠挖处理后	详见57.6防（排）水层防水	项目测量试验人员、技术员、班组长及技术员
3	施工缝及变形缝	施工缝	隧道衬砌混凝土施工缝防水施工后	详见57.6 施工缝防水	项目技术员、测量人员、班组长及技术员
		变形缝	变形缝施工后	详见57.6 变形缝防水	项目技术员、测量人员、班组长及技术员

8）应急处置

（1）处置原则

施工过程中一旦发生险情或事故，应立即停止作业，切勿慌乱，切忌盲目施救，在保证自身安全的情况下按照处置措施要求科学开展施救，并及时向项目管理人员×××报告相关情况。

（2）处置措施

当发生高处坠落、物体打击、起重伤害等事故后，周围人员应立即停止施工，并撤离危险区域，采取措施切断或隔断危险源，疏散现场无关人员，然后对伤者进行包扎等急救，向项目部报告后原地等待救援。

58 二次衬砌钢筋施工安全技术交底

交底等级	三级交底	交底编号	III-058
单位工程	盐津隧道	分部工程	衬砌工程
交底名称	二次衬砌钢筋施工	交底日期	年　月　日
交底人	分部分项工程主管工程师（签字）	审核人	工程部长（签字）
批准人	总工程师（签字）	确认人	专职安全管理人员（签字）
		被交底人	班组长及全部作业人员（签字，可附签字表）

1）施工任务

盐津隧道出口平导 DK301＋020～DK301＋200 段二次衬砌钢筋施工。

2）工艺流程

施工准备→架立（定位）钢筋→测量定位→外层钢筋定位夹具及钢筋安装→内层钢筋定位夹具及钢筋安装→接地钢筋焊接→结束。

3）作业要点

（1）施工准备

钢筋进场后，配合项目物资设备及技术管理人员进场验收，验收合格方可使用。对进场钢筋原材料按照规格、型号分类存放于指定地点，并挂标识牌。

完成钢筋层间距卡具、采用∟60角钢加工钢筋间距定位夹具，如图1所示。

图 1　钢筋间距卡具示意图

钢筋制作，钢筋原材检验合格运输到现场，并根据设计弧度、弧长进行加工；钢筋安装台车进行拼装并验收合格。

（2）布置架立（定位）钢筋

利用仰拱预留搭接钢筋为支撑骨架，沿环向布置外层环向定位钢筋，环向定位钢筋最小采用φ18mm 螺纹钢，间距1.5m；沿纵向布置外层纵向定位钢筋，纵向定位钢筋最小采用φ18mm 螺纹钢，间距2.5m；环纵向定位钢筋交接处架立横向定位钢筋，横向定位钢筋最小采用φ12mm 螺纹钢，靠近防水板侧必须打弯，并在定位钢筋与防水板相接处垫设一块橡胶垫板，以免损伤防水板，横向定位钢筋设置高度须进行测量定位。安装完成外层钢筋后同样的步骤架立内层定位钢筋。

定位钢筋可代替二次衬砌结构钢筋，为节省材料，横向定位钢筋采用分布钢筋下料剩余的钢筋。

（3）测量定位

使用全站仪根据二次衬砌外弧位置及外层钢筋保护层厚度在横向定位钢筋上面确定外层钢筋位置，并用红油漆标明，外层钢筋保护层厚度为55mm；根据二次衬砌内弧位置及内层钢筋保护层厚度横向钢筋定位上面确定内层钢筋位置，并用红油漆标明，内层钢筋保护层厚度为40mm。

为保证钢筋定位准确，每根横向定位钢筋都必须经测量放点并用红油漆标明。

（4）外层钢筋定位夹具及钢筋安装

①主筋安装

采用卷尺在外层纵向定位钢筋上面刻画出主筋位置，主筋安装采用扎丝绑扎固定在纵向定位钢筋上，主筋采用ϕ20mm螺纹钢，间距20cm，主筋连接采用冷压机械连接方式，挤压套筒必须送试验室检测，检测合格后方能送往现场用于施工。挤压套筒冷压方式为六道压痕，压痕居中，并且压痕与钢筋同肋，相邻钢筋接头在同一连接区段（70cm）内须错开布置。

②分布筋安装

同样采用卷尺在外层环向定位钢筋上面刻画出分布钢筋位置，分布钢筋安装采用绑扎方式与主筋连接，要求满节点绑扎，分布钢筋采用一根9m长的和一根长于3.672m的ϕ12mm螺纹钢，间距25cm，分布钢筋搭接采用绑扎方式，搭接最小长度为56d（d为钢筋直径），即不小于67.2cm，钢筋搭接接头错开布置。

（5）内层钢筋定位夹具及钢筋安装

①主筋安装

采用卷尺在内层纵向定位钢筋上面刻画出主筋位置，主筋安装采用扎丝绑扎固定在定位钢筋上，主筋采用ϕ20mm螺纹钢，间距20cm，内层主筋安装时根据层间距对钢筋弧度进行调整，防止层间距过大或过小。主筋搭接采用冷压机械连接方式，挤压套筒必须送试验室检测，检测合格后方能送往现场用于施工，挤压套筒冷压方式为六道压痕，压痕居中，并且压痕与钢筋同肋，相邻钢筋接头在同一连接区段（70cm）内须错开布置。

②分布钢筋安装

同样采用卷尺在内层环向定位钢筋上面刻画出分布钢筋位置，分布钢筋安装采用绑扎方式与主筋连接，要求满节点绑扎，分布钢筋采用一根9m长的和一根长于3.672m的ϕ12mm螺纹钢，间距25cm，分布钢筋搭接采用绑扎方式，搭接最小长度为56d（d为钢筋直径），即不小于67.2cm，同层钢筋搭接接头及内外层钢筋搭接接头错开布置。

③勾筋安装

勾筋采用ϕ8mm盘圆加工而成，一头90°，一头135°，勾筋相交节点满挂，并且节点对节点，禁止勾筋斜拉，勾筋与主筋连接方式采用绑扎方式，扎丝满节点绑扎，勾筋满挂以及绑扎完成以后将90°一头弯至135°。

4）安全风险及危害

二次衬砌拱墙钢筋安装过程中存在的安全风险见表1。

衬拱墙钢筋安装施工安全风险识别					表1
序号	安全风险	施工过程	致险因子	风险等级	产生危害
1	火灾	钢筋焊接	（1）没有防排水板防护或防护不到位； （2）未对易燃物进行清理、移除； （3）焊接不规范，电焊机自燃	Ⅲ	台车上方作业人员群死群伤
2	高处坠落	钢筋安装	未设置临边防护或者防护不牢靠	Ⅲ	台车上方作业人员死亡或重伤
		人员上下行	未规范设置爬梯，爬梯未设护栏	Ⅲ	
3	物体打击	钢筋运输	（1）作业平台未设置钢筋防滑装置； （2）钢筋加工不牢靠，钢筋滑脱	Ⅳ	台车上、下方人员死亡或重伤
		钢筋定位加固	（1）台车上钢筋废料堆放不规范，钢筋头掉落； （2）定位加固不规范，机械设备掉落	Ⅳ	
		钢筋安装	钢筋加固不牢靠，钢筋倒塌	Ⅱ	
4	起重伤害	吊运物料	（1）卷扬机安装不稳定，侧翻； （2）钢丝绳或吊带、卡扣、吊钩等破损、性能不佳； （3）未严格执行"十不吊"； （4）吊装指令传递不佳，存在表达不清晰、多人指挥等情况	Ⅲ	起重作业人员及受其影响人员死亡或重伤
5	触电	电焊、套筒冷压	（1）用电不规范、私拉乱接； （2）设备使用前检查不到位、漏电； （3）未设置漏电保护器	Ⅲ	焊工、套筒挤压人员触电死亡或重伤

5）安全风险防控措施

（1）防控措施

为防范以上安全风险，需严格落实各项风险防控措施，详见表2。

二次衬砌拱墙钢筋安装安全风险防控措施				表2
序号	安全风险	措施类型	防控措施	备注
1	火灾	安全防护	（1）焊接施工严格对防（排）水板进行隔离保护； （2）禁止在钢筋台车上面堆放易燃物品； （3）严格遵守电焊焊接规范，使用前对电焊机仔细检查	
		管理措施	（1）对现场进行过程盯控，加强焊接时防（排）水板保护； （2）及时清理钢筋台车上的易燃物品； （3）严格规范电焊焊接，并及时检查电焊机是否存在故障	
2	高处坠落	安全防护	（1）钢筋台车设置安全临边防并检查是否牢靠； （2）钢筋台车各层之间设置安全爬梯	
		管理措施	（1）为工人配发合格的安全带、安全帽等劳保用品，培训正确穿戴使用； （2）做好安全防护设施的日常检查维护，发现损坏及时修复	
3	物体打击	安全防护	（1）钢筋台车规范设置钢筋防滑装置； （2）严格规范台车上面钢筋废料堆放； （3）对定位钢筋进行成品检查	
		管理措施	（1）作业平台顶部严禁堆置杂物及小型材料； （2）加强现场施工实时盯控	
4	起重伤害	安全防护	卷扬机吊装时安排专人盯控	
		管理措施	（1）做好卷扬机安装验收； （2）做好钢丝绳或吊带、卡扣、吊钩、对讲机等日常检查维护，确保使用性能满足要求；	

序号	安全风险	措施类型	防控措施	备注
4	起重伤害	管理措施	（3）吊装作业专人指挥，严格执行"十不吊"	
5	触电	安全防护	（1）严格按照用电设备一机一箱一闸，做好漏电保护； （2）严禁用电设备私拉乱接	
		管理措施	（1）做好电箱检查记录； （2）定期对用电设备进行维护保养	

（2）工作纪律

除落实以上安全风险防控措施外，还应严格遵守以下工作纪律。

①防护用品：作业人员正确佩戴使用安全帽、安全带，正确穿戴防滑鞋及紧口工作服。

②班前讲话：每日上工前，由班组长开展班前讲话，将当日作业内容、存在的安全风险及危害、防范措施、作业要点等告知全部作业人员。

③工前检查：每日班前讲话后，对工人身体状态、防护用品穿戴、现场作业环境等进行例行检查，发现问题及时处理。

④维护保养：做好安全防护设施、安全防护用品、吊装设备机具等的日常维护保养，发现损害或缺失，及时修复或更换。

6）质量标准

（1）钢筋安装质量标准主控项目

①安装的钢筋品种、等级、规格、数量应符合设计要求。

检验数量：施工单位、监理单位全部检查。

检验方法：观察、尺量和查阅资料。

②钢筋保护层的垫块规格、数量、位置应符合设计要求。设计无要求时，构件侧面和底面的垫块数量不应少于 4 个/m²，并应均匀分布，设置牢固。

检验数量：施工单位、监理单位全数检查。

检验方法：观察和测量。

③环氧涂层钢筋安装时，不应使用无涂层的普通钢筋和金属丝，涂层钢筋与普通钢筋之间不应有电连接。浇筑混凝土前，应检查环氧涂层钢筋的涂层，尤其是剪切端头处和钢筋连接处，如有损伤应及时按相关标准进行修补，待修补材料固化后，方可浇筑混凝土。

检验数量：施工单位、监理单位全部检查。

检验方法：观察和尺量。

（2）钢筋安装质量标准一般项目

钢筋安装质量标准及检验方法见表3。

钢筋安装及钢筋保护层厚度允许偏差和检验方法　　　　　　表3

序号	检验项目		允许偏差（mm）	检验方法
1	受力钢筋排距		±5	尺量两端、中间各一处
2	同一排中受力钢筋间距	基础、板、墙	±20	
		柱、梁	±10	
3	分布钢筋间距		±20	尺量连续 3 处

序号	检验项目		允许偏差（mm）	检验方法
4	箍筋间距		±10	尺量
5	弯起点位置（加工偏差20mm包括在内）		30	尺量
6	钢筋保护层厚c	$c \geqslant 30mm$	+10	尺量两端、中间各2处
		$c \leqslant 30mm$	+5	

注：表中钢筋保护层厚度的实测偏差不应超过允许偏差范围。

7）验收要求

二次衬砌钢筋各安装阶段的验收要求见表4。

二次衬砌钢筋各安装阶段验收要求表　　　　　　　　　　表4

序号	验收项目	验收时点	验收内容	验收人员
1	材料及构配件	钢筋原材、勾筋进场后、使用前	材质、规格尺寸、是否锈蚀	项目物资、技术管理人员、班组长及材料员
2	钢筋间距	施工过程、关模前	主筋、分布钢筋间距大小	项目质检人员、技术员、班组技术员
3	钢筋保护层厚度	施工过程、关模前	内外层钢筋保护层厚度是否满足要求	项目质检人员、技术员、班组技术员
	钢筋层间距	施工过程、关模前	内外层钢筋保护层之间的层间距是否满足要求	项目质检人员、技术员、班组技术员
4	钢筋连接	施工过程、关模前	环向主筋、纵向分布钢筋按照对应搭接方式的搭接长度是否复合要求	项目质检人员、技术员、班组技术员

8）应急处置

（1）处置原则

施工过程中一旦发生险情或事故，应立即停止作业，切勿慌乱，切忌盲目施救，在保证自身安全的情况下按照处置措施要求科学开展施救，并及时向项目管理人员×××报告相关情况。

（2）处置措施

①触电事故：当发现有人触电时，应立即切断电源。若无法及时断开电源，可用干木棒、皮带、橡胶制品等绝缘物品挑开触电者接触的带电物，之后解开妨碍触电者呼吸的紧身衣服，检查口腔、清理口腔黏液，如触电者呼吸停止，应采用人工呼吸法抢救；如心脏停止跳动，应采用胸外心脏按压法抢救。

②火灾事故：当发生火灾时，要正确确定火源位置，火势大小，并迅速向外发出信号，及时利用现场消防器材灭火，控制火势大小；若火势无法控制，施工人员应及时撤离火区，同时向所在地公安消防机关报警，寻求帮助。

③其他事故：当发生高处坠落、物体打击、起重伤害等事故后，周围人员应立即停止施工，并撤离危险区域，采取措施切断或隔断危险源，疏散现场无关人员，然后对伤者进行包扎等急救，向项目部报告后原地等待救援。

59 二次衬砌混凝土施工安全技术交底

交底等级	三级交底	交底编号	III-059
单位工程	昌都隧道平导出口	分部工程	拱墙衬砌
交底名称	二次衬砌混凝土施工	交底日期	年　月　日
交底人	分部分项工程主管工程师（签字）	审核人	工程部长（签字）
批准人	总工程师（签字）	确认人	专职安全管理人员（签字）
		被交底人	班组长及全部作业人员（签字，可附签字表）

1）施工任务

昌都隧道全长 5598m，采用Ⅳ级模筑衬砌（双车道Ⅱ型），衬砌厚度为 35cm，C30 混凝土浇筑。

2）工艺流程

施工准备→台车就位→模板施工→混凝土搅拌→混凝土运输→混凝土浇筑→带模注浆→拆模及养护

3）作业要点

（1）施工准备

二次衬砌施工材料进场后，项目物资及技术管理人员进场验收，验收合格方可使用。整理材料存放场地，确保平整坚实、排水畅通、无积水。材料验收合格后按品种、规格分类码放，并挂设规格、数量铭牌。

（2）台车就位

台车由步进式导入，台车运到衬砌施工地段后，调平高程，并通过台车的液压杆件将台车轮廓调整到衬砌轮廓线位置，同时在台车两端用锤球吊线使台车的中心线与隧道中心线重合，在确保定位无误后，固定台车，实现就位。位置确定后，由测量班进行模板复核，确保精度准确。

严格控制轨道中心距，允许误差为±1cm；台车行走轨面高程应根据台车情况确定，允许误差为±1cm；台车就位时，先调顶模中心高程，然后由顶模支撑梁上横向丝杆调整台车中线直至符合要求，最后由侧向丝杠电动调节边模张开度，调整到位后放下翻转模和底脚斜撑丝杠加固。

（3）模板施工

端头模板采用钢模板＋伸缩堵头板相结合，先将钢模板进行支撑到位，再将中埋止水带采用固定卡具固定至模板中间位置，最终进行伸缩堵头板施工。伸缩堵头板由丝杆顶升到位以后，端头模板整体外侧由台车自带固定装置进行固定，确保端头模板严丝合缝，避免出现漏浆溢浆情况。

模板台车：隧道使用台车施工，台车设计总长 12.1m，台车搭接 10cm（软搭接），每一循环台车衬砌长度为 12m，隧道环向施工缝 12m 一道，水平施工缝应设在路面高程下 0.1m 位置，以减少纵环向施工缝。

衬砌台车设置三层工作窗口，50cm×50cm 工作窗口纵向间距 3m、环向间距 2m，共设置 24 个；拱顶设置 4 个直径 12.5cm 泵送口，带模注浆孔设置 5 个。二层窗口下单侧设置 4 个气动式振捣器，二层窗口、三层窗口间单侧设置 8 个气动式振捣器，三层窗口、拱顶间单侧设置 4 个插入式振捣器，混凝土浇筑过程中一层窗口、二层窗口单侧配备 4 根插入式振捣棒辅助振捣，以保证混凝土振捣质量。

隧道衬砌前，对衬砌台车结构、构件进行全面检查，确保其中线、高程、断面尺寸和净空大小均符合设计要求。模板安装要稳定、坚固，接缝要严密、平整、不漏浆。

台车模板表面光洁平顺，接缝严密，结构轮廓线清晰平顺美观。

曲线隧道台车就位应考虑内外弧长差引起的左右侧搭接长度的变化，使弧线圆顺，减少接缝错台。

台车模板与既有二次衬砌混凝土搭接长度不宜小于 5cm。

模板安装允许偏差应符合规定要求。

模板台车与矮边墙搭接处采用双面胶带封缝。

（4）混凝土搅拌

混凝土的搅拌采用自动计量的混凝土拌和站，集中生产混凝土。混凝土坍落度控制在 160～200mm，含气量等要符合规范要求，以确保混凝土质量。

（5）混凝土运输

在运输混凝土时，混凝土搅拌运输车以 2～4r/min 的转速搅动，严禁高速旋转和静置。冬期施工时，混凝土搅拌运输车包裹棉布车衣，减少混凝土热损失。混凝土搅拌运输车到达现场后快速反转 2min，使混凝土状态达到最佳后进行检测浇筑。

（6）混凝土浇筑

混凝土采用水平分层、对称浇筑，其分层厚度不得超过 40cm。台车前后混凝土高差不能超过 0.6m，左右混凝土高差不能超过 0.5m，输送管口至浇筑面垂直距离控制在 2.0m 以内，以防混凝土离析。浇筑上升速度不能过快，要保持在 1m/h 左右。浇筑过程要连续，过程中严禁向混凝土内加水。间歇时间一般不得超过 2h，避免因停歇造成"冷缝"，否则按施工缝处理。

输送泵自地面泵机送混凝土至台车顶部分仓控制器，由操作手调整泵送窗口，分别泵送至台车每层窗口，再由分流槽分别送入每个窗口，分层分窗浇筑，每层配备 8 台插入式振捣棒；拱顶配备附着式振捣器，每个振点的振捣延续时间宜为 20～30s，标准为混凝土表面不再下沉，无气泡，表面开始泛浆为止，振捣过程注意不要碰触到钢筋和模板，既防漏振，致使混凝土不密实，又防过振，混凝土表面出现砂纹。特别是内模反弧部分要确保捣固充分，避免出现气孔，以确保施工中的钢筋保护层厚度。

当混凝土浇至作业窗下 50cm 时，应刮净窗口附近的凝浆，涂刷脱模剂，窗口与面板接缝处粘贴海棉止浆条，避免漏浆。

冲顶混凝土坍落度控制在 190mm 左右，要求混凝土连续，避免因混凝土浇筑不连续导致的缺陷问题。拱顶处混凝土浇筑应沿上坡方向进行，确保拱顶混凝土浇筑厚度和密实度，浇筑完成后及时封孔。在上坡挡头板拱顶处设排气孔封顶时，适当减缓泵送速度、减小泵送压力，密切观察挡头板排气孔的排气和浆液泄露情况，混凝土浆液从挡头板排气孔泄流且由稀变浓，即可结束混凝土浇筑。

（7）带模注浆

注浆采用纵向预贴注浆管道法，设置注浆花管与排气管。预贴注浆花管采用ϕ30mmPVC管，长度等于衬砌长度加20cm（外露）。PVC管布设溢浆孔，孔径6～8mm孔间距15～20cm，呈梅花形布置，外露端连接注浆机。排气管不布孔，按排气需要进行安设。

预贴注浆花管时应小心施作，以免将衬砌背后防水板捅破而影响隧道的防水能力。衬砌灌注混凝土前于拱顶纵向预埋 30mmPVC 注浆管和排气管。在该循环二次衬砌混凝土拆模前即可进行衬砌拱顶充填注浆，注浆材料采用 M20 水泥砂浆（微膨胀水泥浆），注浆达到0.2MPa 或排气孔出浆时即可终止注浆，注浆结束后应将注浆孔封填密实。带模注浆示意如图 1 所示。

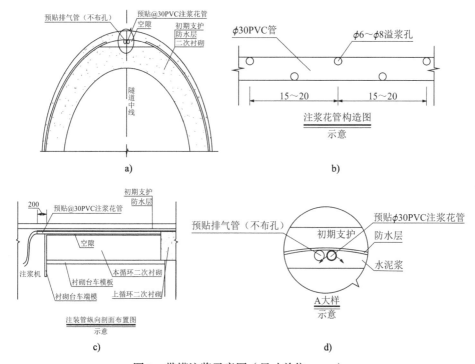

图 1　带模注浆示意图（尺寸单位：mm）

（8）拆模及养护

二次衬砌拆模时间应符合下列规定：

初期支护未稳定，二次衬砌提前施工时混凝土强度应达到设计强度的100%以上；初期支护变形稳定后施工的，二次衬砌混凝土强度应达到 10MPa 以上。

二次衬砌拆模时混凝土内部与表层、表层与环境之间的温度差不得大于20℃，结构内外侧表面温差不得大于 15℃，混凝土内部开始降温前不得拆模。

混凝土浇筑完毕后的 12h 内采用改装养护洒水车对混凝土进行洒水养护，洒水次数以能保持混凝土处于温润状态为准。当环境气温低于 5℃时不得洒水养护，混凝土养护时间不得少于 7d。掺加引气剂或引气型减水剂时，混凝土养护时间不得少于 14d。

（9）环境风险管控

施工隧道为低瓦斯隧道，施工时按照相关要求进行施工。

①施工期间加强瓦斯监测，低瓦斯工区采用人工检测和自动监测报警系统进行瓦斯监测，当隧道内瓦斯浓度超限时要及时处理。

②爆破作业执行"一炮三检"制度。

③加强进洞人员管理、电气及机械设备管理、消防管理及应急管理，确保施工安全。

④施工期间实施连续不间断通风，并建立瓦斯通风检查、瓦斯监测的组织系统，洞内最低风速 0.25m/s。

⑤施工用电采用防爆电缆、防爆配电箱、阻燃风带。

4）安全风险及危害

二次衬砌混凝土施工过程中存在的安全风险见表 1。

二次衬砌混凝土施工安全风险识别　　　　　　　　　　表 1

序号	安全风险	施工过程	致险因子	风险等级	产生危害
1	失稳坍塌	混凝土浇筑	（1）台车加固不规范、模板安装不规范； （2）未进行台车验收； （3）未达到混凝土强度进行拆模； （4）台车受行车碰撞影响； （5）台车维护不及时、不到位； （6）未有效实施监测预警； （7）模板安装不牢固； （8）混凝土泵送管道不牢固； （9）拆模时混凝土强度不符合要求	I	台车上方作业人员群死群伤
2	物体打击	模板安装施工	（1）作业平台未设置踢脚板； （2）作业平台堆置杂物或小型材料； （3）台车底部及四周未有效设置警戒区	IV	台车下方人员死亡或重伤
		模板拆除	（1）随意抛掷杆件、构件、配件； （2）拆卸区域底部未有效设置警戒区	IV	
3	起重伤害	吊运物料及台车安装拆除	（1）吊车司机、司索工、指挥技能差，无资格证； （2）钢丝绳及吊带、卡扣、吊钩等破损、性能不佳； （3）未严格执行"十不吊"； （4）吊装指令传递不佳，存在未配置对讲机、多人指挥等情况； （5）起重机回转范围外侧未设置警戒区	III	起重作业人员及受其影响人员死亡或重伤
4	触电	电力安设不符合要求	（1）未按照规定进行电力布置； （2）工作人员施工时未按要求做好防护用品； （3）工作人员未按照操作规程进行相关作业	II	触电死亡或重伤
5	火灾	动火作业不符合要求	（1）防水板、土工布、模板等施工未按要求动火施工； （2）未按规定禁止吸烟； （3）未规范用电作业	II	火灾死亡或重伤

5）安全风险防控措施

（1）防控措施

为防范以上安全风险，需严格落实各项风险防控措施，详见表 2。

序号	安全风险	措施类型	防控措施	备注
			二次衬砌混凝土施工安全风险防控措施 表2	
1	失稳坍塌	质量控制	（1）严格按照设计、规程及验标要求，进行台车安装及模板验收； （2）严格按照规程要求进行台车拆除作业； （3）严格验收泵管稳定性及混凝土浇筑方式，拆模时间需达到要求方可拆模	
		管理措施	（1）严格控制行走车辆车速及操作水平； （2）定期对台车进行保养维护； （3）台车受外力影响后，及时进行二次验收	
2	高处坠落	安全防护	（1）工人作业时穿戴防滑鞋，正确使用安全带； （2）作业平台跳板满铺且固定牢固，杜绝探头板； （3）作业平台封闭围护，规范设置防护栏及密目网	
		管理措施	（1）为工人配发合格的安全带、安全帽等劳保用品，培训正确穿戴使用； （2）做好安全防护设施的日常检查维护，发现损坏及时修复	
3	物体打击	安全防护	（1）作业平台规范设置踢脚板； （2）台车底部设置警戒区	
		管理措施	（1）作业平台顶部严禁堆置杂物及小型材料； （2）拆除作业时，专人指挥，严禁随意抛掷杆件及构配件	
4	起重伤害	安全防护	起重机回转范围外侧设置警戒区	
		管理措施	（1）做好起重设备及特种作业人员的进场验收管理，保证设备性能、人员技能满足要求，设备及人员证件齐全有效； （2）做好钢丝绳或吊带、卡扣、吊钩、对讲机等日常检查维护，确保使用性能满足要求； （3）吊装作业专人指挥，严格执行"十不吊"	
5	触电	管理措施	（1）加强电工的专业培训，严格按照操作流程进行施工； （2）严格按照方案及电力规划进行电路铺设	
6	火灾	管理措施	（1）落实防火责任； （2）加强对隧道内施工动火的监控； （3）加强临时用电安全管理； （4）完善消防安全设施； （5）做好洞内个人安全防护	

（2）工作纪律

除落实以上安全风险防控措施外，还应严格遵守以下工作纪律。

①防护用品：作业人员正确佩戴使用安全帽、安全带，正确穿戴防滑鞋及紧口工作服。

②班前讲话：每日上工前，由班组长开展班前讲话，将当日作业内容、存在的安全风险及危害、防范措施、作业要点等告知全部作业人员。

③工前检查：每日班前讲话后，对工人身体状态、防护用品穿戴、现场作业环境等进行例行检查，发现问题及时处理。

④维护保养：做好安全防护设施、安全防护用品、起重设备机具等的日常维护保养，发现损害或缺失，及时修复或更换。

6）质量标准

二次衬砌混凝土质量标准及检验方法见表3。

二次衬砌混凝土施工质量检查验收表　　　　　　　表 3

序号	项目	允许偏差（mm）	检验方法
1	边墙脚平面位置及高程	±15	尺量
2	起拱线高程	±10	尺量
3	拱顶高程	+10；0	水准测量
4	模板表面平整度	5	2m 靠尺和塞尺
5	相邻浇筑段表面高差	±10	尺量

7）验收要求

二次衬砌混凝土施工各阶段的验收要求见表 4。

二次衬砌混凝土施工各阶段验收要求表　　　　　　　表 4

序号	验收项目	验收时点	验收内容	验收人员
1	材料	混凝土原材进场后、使用前	材质、规格尺寸、各项性能	项目物资、技术、试验、拌和站管理人员、班组长及材料员
2	台车	进场前、进场后	各结构钢构件、台架质量	项目试验、测量、技术、物资设备、安全人员
		安装完成后	对台车尺寸、安装结构、受力结构、模板弧度等	项目试验、测量、技术、物资设备、安全人员
3	混凝土浇筑	台车定位前、模板安装前	测量初期支护断面净空尺寸及围岩稳定性	项目技术员、测量人员、班组长及技术员
		台车定位后	（1）复核衬砌结构尺寸，台车定位复测；（2）台车结构支撑牢固	项目技术员、测量人员、班组长及技术员
		模板安装后	模板加固、台车加固、中埋止水带安装	项目技术员、测量人员、班组长及技术员
		混凝土浇筑前	混凝土性能、泵车准备、浇筑方式、人员设备配备	项目技术员、班组长及技术员
		混凝土浇筑中	混凝土浇筑方式变化、混凝土性能变化、振捣是否到位	项目技术员、班组长及技术员
		混凝土浇筑后	带模注浆、拆模时机、混凝土养护	项目技术员、班组长及技术员

8）应急处置

（1）处置原则

施工过程中一旦发生险情或事故，应立即停止作业，切勿慌乱，切忌盲目施救，在保证自身安全的情况下按照处置措施要求科学开展施救，并及时向项目管理人员×××报告相关情况。

（2）处置措施

①失稳坍塌：发生失稳坍塌时，施工人员要立即撤离施工隧道，查点施工人员人数，并立即通知现场负责人，以确定是否有人因塌方被困隧道中，在现场负责人的指挥下进行后续现场处理。

②触电事故：当发现有人触电时，应立即切断电源。若无法及时断开电源，可用干木棒、皮带、橡胶制品等绝缘物品挑开触电者接触的带电物，之后解开妨碍触电者呼吸的紧身衣服，

检查口腔、清理口腔黏液，如触电者呼吸停止，应采用人工呼吸法抢救；如心脏停止跳动，应采用胸外心脏按压法抢救。

③火灾事故：当发生火灾时，要正确确定火源位置，火势大小，并迅速向外发出信号，及时利用现场消防器材灭火，控制火势大小；若火势无法控制，施工人员应及时撤离火区，同时向所在地公安消防机关报警，寻求帮助。

④其他事故：当发生高处坠落、物体打击、起重伤害等事故后，周围人员应立即停止施工，并撤离危险区域，采取措施切断或隔断危险源，疏散现场无关人员，然后对伤者进行包扎等急救，向项目部报告后原地等待救援。

60 衬砌台车安拆安全技术交底

交底等级	三级交底	交底编号	III-060
单位工程	隧道工程	分部工程	衬砌
交底名称	衬砌台车安拆	交底日期	年 月 日
交底人	分部分项工程主管工程师（签字）	审核人	工程部长（签字）
批准人	总工程师（签字）	确认人	专职安全管理人员（签字）
		被交底人	班组长及全部作业人员（签字，可附签字表）

1）施工任务

本交底适用于一般隧道衬砌台车安拆施工。本台车最大长度 12.1m（含 10cm 软搭接），门架净空高度 4.5m，过车净空 4.45m×5m（高×宽），满足隧道施工一切车辆通行条件，行走轨钢轨采用 P43 轨，轨距 8m，枕木尺寸为 0.2m×0.2m×0.5m。

2）工艺流程

施工准备→门架组装→模板组装→液压协调组装→电气系统组装→调试→支架拆除。

3）作业要点

（1）施工准备

①场地准备

台车安装场地尽量平坦开阔，以便安装作业，场地一般选择 20m×30m，据实际情况而定。场地确定后，准备模板台车拼装。

②内业准备

项目技术人员对台车图纸进行研究，了解设计意图，与厂家技术人员沟通，对关键工序、重点部位确认无误。

（2）门架组装

首先按照 0.4m 间距将枕木安放在平整的场地上，枕木前后端采用钢筋锚固，防止枕木失稳，将钢轨居中放置在枕木中间，两轨间距偏差不大于宽度的 0.1%，轨道前后左右高度偏差范围不大于 1%。

将行走系统先后置于两侧钢轨之上，主动行走系统按左、右分别置于台车走行方向的后侧，电机减速机背离隧道中心线，主动行走间的距离应稍大于底纵梁长度，然后分别支撑、固定。

用销轴将内伸缩套装于行走系统上（注意隧道坡度，决定内伸缩套长度），安装轴用卡环将销轴固定。注意：行走系统可能发生倾翻，应注意安全。

将外伸缩套连接在底纵梁上，用吊车将底纵梁平稳吊于行走系统上方，将内伸缩套摆放垂直，同时调整主、从动行走的位置，使其置于外伸缩套的正下方，缓慢下降底纵梁，将内伸缩套穿入外伸缩套内，在主、从动行走系统与底纵梁间各加1个高200mm的枕木，将底纵梁置于枕木上并支撑平稳。

在平整的地面上将立柱与门架横梁拼装为一体，连接螺栓要受力但不可旋紧，将其平稳起吊并安装于底纵梁中间位置，适当旋紧连接螺栓，在行走系统前后加阻车器，拆掉底纵梁支撑。以同样方式将其余立柱与门架横梁组装件安装于底纵梁上，连接螺栓不用旋紧。

安装两侧平台及底支撑螺杆，将两侧平台安装于立柱之上，并及时铺设木板，以便于后续安装。将底支撑螺杆装于底纵梁下方（注意隧道坡度，决定底支撑螺杆的长度），调节底支撑螺杆使底纵梁水平。

依次安装门架斜撑、立柱纵向斜撑、立柱纵向直撑、门架纵向水平斜撑。

调整门架整体尺寸，使其满足门架主结构对角线误差不超过10mm的设计要求，拧紧所有连接螺栓。

分别安装两种形式的上纵梁，调整焊接式上纵梁，使其对角线误差不超过5mm。依次安装模板横梁、模板立柱、上纵梁挂钩，螺栓微紧。

安装两端平台，铺设木板。安装梯子及梯子支撑。

行走电机接线。注意：电机转向，试行走时应电动。

（3）模板组装

从中间位置开始依次安装顶模，长短顶模交替安装，以免造成台车偏重。安装时应注意注浆孔和作业窗的位置。安装模板时定位销的使用数量不少于2个/块，螺栓数量应尽可能多的穿入，螺栓微紧。

①调整顶模。所有顶模安装完成后，必须对顶模进行一次细致的调整，调整内容如下：

两模板间隙不大于1mm；

任意相邻模板错台不大于1.5mm；

模板外轮廓直线度误差不超过2mm/1000mm；

首尾顶模下边缘角点对角线误差不得超过2mm。

顶模调整完毕后，将所有模板定位销打进，将模板与模板立柱间的连接间隙填平，拧紧所有连接螺栓，将模板立柱斜撑焊于模板立柱和工字钢型上纵梁上。

从中间位置开始依次安装边模，左右边模交替安装，以免造成台车偏重。安装时应注意作业窗的位置，安装模板时定位销的使用数量不少于2个/块，螺栓数量应尽可能多的穿入，螺栓微紧，将所有模板铰接销均穿上开口销。

②调整边模。所有边模安装完成后，必须对边模进行一次细致的调整，调整内容如下：

两模板间隙不大于1mm；

任意相邻模板错台不大于1.5mm。

边模调整完毕后，将所有模板定位销打进，拧紧所有连接螺栓。

③安装边模通梁。安装下排通梁时先从中间模板处开始，将边模通梁顺序向两端与边模连接座连接，对个别不能对正的螺栓孔进行修正。安装下排丝杆，通过调节丝杆长度来调整边模，使模板外轮廓直线度误差不超过2mm/1000mm。将通梁与连接座间的间隙填平，拧紧所有螺栓。以同样方式按照从下到上的顺序依次安装模板通梁。

模板组装完成后，将模板调至衬砌断面，修补顶模与边模间的搭接缝，搭接缝隙不得超过 2mm。

全面检查模板外观质量，确认模板间隙、错台、直线度误差均已满足要求后，对模板腹板进行焊接，每 1000mm 长度焊接 150～200mm，使所有模板成为一体，提高模板的强度。

关闭所有作业窗，对模板面板进行全面打磨，使面板粗糙度 ≤ 0.1mm，及时涂油防锈。

（4）液压系统组装

液压系统的组装可根据具体的工序安排进行相应调整，可以穿插于前面任一道安装工序中。油箱及操作阀固定于台车底纵梁后端，操作阀上应标明动作标识。管路组装前应先全面清洗干净，组装完毕后应做到管路无滴、渗、漏等，油泵无异常响动、不发烫。管路布置应有序、美观，并进行适当固定。液压系统调试完毕后，应往油箱内补加适量液压油。边模液压缸上的节流阀应调节合理，满足外伸时液压缸同步的要求。

（5）电气系统组装

液压系统的组装可根据具体的工序安排进行相应调整，可以穿插于前面任一道安装工序中。电气系统控制箱应固定于台车底纵梁后端（或用户要求位置），控制箱应随时关闭，机箱外侧应有警示标识。

（6）整机调试

拧紧所有连接螺栓。

在立柱纵向斜撑中间加连接板或螺纹钢并进行焊接，使斜撑中间连为一体，提高杆件的强度。

将液压缸、模板销全部穿入开口销，丝杆与门架连接端穿入开口销。

清理台车上的杂物，将需放置在台车上的物品妥善安置并作适当固定，杜绝因重物下落而造成的危险。

整机调试。整机应达到行走平稳，操作可靠，伸缩自如，安全方便的要求。

（7）台车拆卸

衬砌钢模台车转场时需进行拆卸、运输，具体拆卸顺序为：清理台车上的杂物→拆卸液压构件→拆卸顶模→拆卸边模→拆卸平移机构→拆卸上纵梁→拆卸门架、立柱→拆卸走行机构。具体施工操作顺序与安装相反。

4）安全风险及危害

衬砌台车的安拆过程中存在的安全风险见表1。

衬砌台车安拆施工安全风险识别 表1

序号	安全风险	施工过程	致险因子	风险等级	产生危害
1	失稳坍塌	模板安装	（1）地基处理不到位、架体安装不规范； （2）未进行地基及架体验收； （3）地基受雨水浸泡、冲刷，架体受大风等不利条件影响； （4）地基及架体维护不及时、不到位； （5）未有效实施监测预警	Ⅰ	架体上方作业人员群死群伤
		架体拆除	（1）架体总体拆除顺序不当； （2）临时支撑措施不牢固	Ⅱ	
2	高处坠落	架体安装、拆除	（1）作业人员未穿戴防滑鞋、未挂安全带； （2）临边防护不到位； （3）未规范设置爬梯	Ⅲ	架体上方作业人员死亡或重伤

序号	安全风险	施工过程	致险因子	风险等级	产生危害
3	物体打击	模板安装	（1）作业平台未设置踢脚板； （2）作业平台堆置杂物或小型材料； （3）架体底部及四周未有效设置警戒区	IV	架体下方人员死亡或重伤
		架体拆除	（1）随意抛掷杆件、构配件； （2）拆卸区域底部未有效设置警戒区	IV	
4	起重伤害	吊运物料	（1）起重机司机、司索工、指挥技能差，无资格证； （2）钢丝绳或吊带、卡扣、吊钩等破损、性能不佳； （3）未严格执行"十不吊"； （4）吊装指令传递不佳，存在未配置对讲机、多人指挥等情况； （5）起重机回转范围外侧未设置警戒区	III	起重作业人员及受其影响人员死亡或重伤
5	机械伤害	液压系统、杆件松动	（1）杆件系统失灵，挤压伤害； （2）杆件松动挤压伤害	III	作业人员挤压死亡或重伤

5）安全风险防控措施

（1）防控措施

为防范以上安全风险，需严格落实各项风险防控措施，详见表2。

衬砌台车安拆施工安全风险防控措施表　　　　表2

序号	安全风险	措施类型	防控措施	备注
1	失稳坍塌	质量控制	（1）严格按照设计、规程及验标要求，进行地基处理及架体搭设； （2）严格按照规程要求进行架体拆除作业	
		管理措施	（1）严格按照地基处理及支架搭设验收程序； （2）地基受雨水浸泡、冲刷，架体受大风等影响后，及时进行二次验收	
2	高处坠落	安全防护	（1）台车安装过程中，及时挂设安全网； （2）工人作业时穿戴防滑鞋，正确使用安全带； （3）作业平台跳板满铺且固定牢固，杜绝探头板； （4）作业平台封闭围护，规范设置防护栏及密目网	
		管理措施	（1）为工人配发合格的安全带、安全帽等劳保用品，培训正确穿戴使用； （2）做好安全防护设施的日常检查维护，发现损坏及时修复	
3	物体打击	安全防护	（1）作业平台规范设置踢脚板； （2）架体底部设置警戒区	
		管理措施	（1）作业平台顶部严禁堆置杂物及小型材料； （2）拆除作业时，专人指挥，严禁随意抛掷杆件及构配件	
4	起重伤害	安全防护	起重机回转范围外侧设置警戒区	
		管理措施	（1）做好起重设备及特种作业人员的进场验收管理，保证设备性能、人员技能满足要求，设备及人员证件齐全有效； （2）做好钢丝绳或吊带、卡扣、吊钩、对讲机等日常检查维护，确保使用性能满足要求； （3）吊装作业专人指挥，严格执行"十不吊"	
5	机械伤害	安全防护	周边设置明显警示标识	
		管理措施	作业过程中加强现场指挥	

（2）工作纪律

除落实以上安全风险防控措施外，还应严格遵守以下工作纪律。

①防护用品：作业人员正确佩戴使用安全帽、安全带，正确穿戴防滑鞋及紧口工作服。

②班前讲话：每日上工前，由班组长开展班前讲话，将当日作业内容、存在的安全风险及危害、防范措施、作业要点等告知全部作业人员。

③工前检查：每日班前讲话后，对工人身体状态、防护用品穿戴、现场作业环境等进行例行检查，发现问题及时处理。

④维护保养：做好安全防护设施、安全防护用品、起重设备机具等的日常维护保养，发现损害或缺失，及时修复或更换。

6）质量标准

衬砌台车安装的质量标准及检验方法见表3。

衬砌台车安装施工质量检查表   表3

序号	检查项目		质量要求/允许偏差	检查方法	检验数量
1	主体框架	骨架主体结构构件	整体光滑、美观，无弯曲、弯扭变形，焊缝布置合理，焊缝厚度达标，无脱焊及其他焊接缺陷。	观察	全部检查
2		螺栓安装	各螺栓孔基本无错位现象	观察	全部检查
3		主门字框架安装	主门字框架的对角线误差不大于±5mm，每片门架的垂直度不大于5mm	测量、观察	全部检查
4	液压操作系统	各阀及液压缸	运动自如，液压缸的有效行程合理	运行、观察	全部检查
5		系统管路	布置合理，各接头均无漏油现象	运行、观察	全部检查
6		顶模、边模	脱模、就位动作灵活，无卡碰现象	运行、观察	全部检查
7	行走系统	行走系统	运动自如，无抖动，打滑等现象	运行、观察	全部检查
8		变速箱	无漏油现象，链条下垂度适中	运行、观察	全部检查
9	模板安装	模板	无缺焊、脱焊现象	观察	每个模板
10		拱板	无扭曲，筋板无弯曲，面板无锈蚀、凹凸等缺陷	观察	每个模板
11		边墙脚平面位置及高程	±15mm	尺量	每个模板
12		起拱线高程	±10mm	尺量	每个模板
13		拱顶高程	+10mm	水准测量	每个模板
14		模板表面平整度	5mm	2m靠尺和塞尺	每个模板
15		相邻浇筑段表面高低差	±10mm	尺量	每个模板
18	台车整体要求	轮廓半径	不得侵占设计内轮廓	观察、测量	不同半径一次
19		对角线	≤2mm/2m	观察、测量	每个模板
20		模板平整度	≤2mm	观察、测量	每个模板
21		模板错台	≤1mm	观察、测量	每个模板
22		台车外轮廓模板表面纵向直线度	≤2mm/2m ≤5mm/10m ≤6mm/12m	观察、测量	每个模板

序号	检查项目		质量要求/允许偏差	检查方法	检验数量
23	台车整体要求	工作窗板面与模板面弧度一致，错台、间隙	≤1mm	观察、测量	每个模板
24		台车前后端模板轮廓（测各高程弦长）	≤3mm	观察、测量	不同半径
25		注浆口和面板错台	≤1mm	观察、测量	每个注浆口

7）验收要求

衬砌台车安装各阶段的验收要求要求见表4。

衬砌台车验收要求表 　　　　　　　表4

序号	验收项目	验收时点	验收内容	验收人员
一、材料验收				
1	焊缝质量	材料进场后，准备拼装阶段	尺量焊缝质量是否达到国标要求	项目物资、技术管理人员，班组长及电焊工
2	钢材质量	材料进场后，准备拼装阶段	查看质量合格证	项目物资、技术管理人员，班组长及材料员
3	外观质量	材料进场后，准备拼装阶段	各构件无变形，无锈蚀	项目物资、技术管理人员，班组长及材料员
4	液压元件	材料进场后，准备拼装阶段	标牌完整，生产日期、厂家清晰	项目物资、技术管理人员，班组长及材料员
5	电器元件	材料进场后，准备拼装阶段	标牌完整，生产日期、厂家清晰、绝缘良好	项目物资、技术管理人员，班组长及电工
二、安装验收				
1	部件安装率	拼装完成后，使用前	部件100%安装到位	项目测量人员、技术管理人员，班组长及技术员
2	各构配件拼连接效果	拼装完成后，使用前	位置准确；拼、连接良好，无错位	项目物资、技术管理人员，班组长及材料员
3	外形轮廓尺寸误差	拼装完成后，使用前	尺量≤5mm	项目测量人员、技术管理人员，班组长及技术员
4	台车模板最大接缝	拼装完成后，使用前	尺量≤2mm	项目测量人员、技术管理人员，班组长及技术员
5	台车模板最大错台量	拼装完成后，使用前	尺量≤2mm	项目测量人员、技术管理人员，班组长及技术员
6	台车模板平面度误差	拼装完成后，使用前	尺量≤2mm/m²	项目测量人员、技术管理人员，班组长及技术员
7	台车工作窗接缝及平面度误差	拼装完成后，使用前	尺量≤1mm	项目测量人员、技术管理人员，班组长及技术员
8	液压系统	拼装完成后，试运行阶段	（1）试运行正常，液压缸伸缩自如；（2）无"三漏"情况；（3）管路布置整齐，无安全隐患	项目物资、技术管理人员，班组长及材料员

437

序号	验收项目	验收时点	验收内容	验收人员
9	电气系统	拼装完成后，试运行阶段	（1）电器元件绝缘良好，无"三漏"情况； （2）试运行正常； （3）线路布置整齐	项目物资、技术管理人员，班组长及电工
三、使用验收				
1	立模状态外形轮廓尺寸	安装完成后，使用前	满足设计及施工要求；	项目测量人员、技术管理人员，班组长及技术员
2	台车整体强度	施工过程中	（1）使用中门架无明显变形； （2）使用后模板无明显变形	项目测量人员、技术管理人员，班组长及技术员
		首模施工完成后		
3	衬砌混凝土轮廓尺寸误差	首模施工完成后	断面扫描 ≤ 5mm	项目测量人员、技术管理人员，班组长及技术员
4	电气系统	首模施工完成后	运行正常，无"三漏"情况	项目物资、技术管理人员，班组长及电工

8）应急预案

（1）处置原则

施工过程中一旦发生险情或事故，应立即停止作业，切勿慌乱，切忌盲目施救，在保证自身安全的情况下按照处置措施要求科学开展施救，并及时向项目管理人员×××报告相关情况。

（2）处置措施

①失稳坍塌：当发生失稳坍塌时，施工人员要立即撤离施工隧道，查点施工人员人数，并立即通知现场负责人，以确定是否有人因塌方被困隧道中，在现场负责人的指挥下进行后续现场处理。

②其他事故：当发生高处坠落、物体打击、机械伤害、起重伤害等事故后，周围人员应立即停止施工，并撤离危险区域，采取措施切断或隔断危险源，疏散现场无关人员，然后对伤者进行包扎等急救，向项目部报告后原地等待救援。

61 隧道绞车使用安全技术交底

交底等级	三级交底	交底编号	III-061
单位工程	太和隧洞 3 号、4 号支洞	分部工程	
交底名称	隧道绞车使用	交底日期	年　月　日
交底人	分部分项工程主管工程师（签字）	审核人	工程部长（签字）
批准人	总工程师（签字）	确认人	专职安全管理人员（签字）
		被交底人	班组长及全部作业人员（签字，可附签字表）

1）施工任务

太和隧洞共设置四条施工支洞，1 号施工支洞长 848.86m，坡度 18%；2 号施工支洞长 804.73m，坡度 7%；3 号施工支洞长 498.6m，坡度 34%；4 号施工支洞长 726.81m，坡度 50.1%；施工支洞总长度 2879m，其中 3 号、4 号支洞因坡度较大，无法采用常规的运输方式出渣，现场采用绞车提升箕斗车有轨运输的方式施工。太和隧洞 3 号、4 号施工支洞洞口处分别安装 1 台 2JK2.0×1.5 型双滚筒绞车和 1 台 JK2.5×2.0P 型单滚筒绞车，由绞车牵引曲轨侧卸式箕斗（容积为 6m³）至卸渣槽处，侧卸入停放在卸渣槽内的自卸车内，运至指定弃渣场。其中 3 号施工支洞双滚筒绞车配置的电动机功率为 250kW，4 号施工支洞单滚筒绞车配置的电动机功率为 280kW。

2）绞车技术参数

提升绞车技术参数见表 1。

提升绞车技术参数　　　表 1

安装部位	绞车型号	滚筒			最大张力载物（kN）	传动比	钢丝绳直径（mm）	绳速（m/s）	选用电动机		
		个数	直径（m）	宽度（m）					型号	功率（kW）	转速（r/min）
3 号支洞	2JK2.0×1.5	2	2	1.5	61	31.5	28	0～2.49	YTS355L2-8	250	740
4 号支洞	JK2.5×2.0P	1	2.5	2	90	31.32	31	0～3.07	YTS355L4-8	280	739

3）绞车使用安全要求

（1）绞车司机操作安全要求

司机必须熟悉绞车系统的工作性能，能独立操作，会一般性维修，知道主要设备结构和工作原理；能看懂系统电路图、制动系统图等；能进行计算机设备的一般性操作，且必须经有关部门培训考试合格，取得操作证后持证上岗。

司机必须参加绞车的检修及验收工作，值班司机要严格按照交接班制度，并认真填写交接班记录，详细记录设备运转状态、存在问题及排除情况等信息。

司机要熟悉各种信号的使用，操作时必须按信号执行：司机收到信号有疑问时，应立即向对方问清楚，重发信号，听清后再执行运行操作；司机收到信号因故未能执行时，应立即通知信号工，要求信号工重发信号；司机不得无信号开车，需开车时应通知信号工，收到所需要信号后方可开车。

绞车在起动及运行中，司机应注意以下情况：电流、电压、速度、油压等各种仪表指示；数字及模拟深度指示器的显示；各系统状态显示灯的显示及声响的告知；显示器上的系统信息及过程显示信息；各转动部位及电气设备的声响；钢丝绳有无滑动现象，保证防打滑保护装置安全可靠运行。

（2）绞车的定期检查维修

为了保证绞车安全运行，充分发挥设备能力，提高工作效率，在认真做好日常检修工作的基础上，还必须进行设备定期检修。

①检修周期

绞车的检修周期依据时间来决定的，分为小修、中修、大修，检修周期如下：

小修为 6 个月；中修为 24 个月；大修为 72 个月；特殊情况可提前检修。

②检修内容

a. 小修

打开主轴轴承上盖，检查轴颈与轴瓦间隙，必要时撤换垫片；检查和调整制动系统各部件，必要时更换闸瓦和销轴等零件；检查处理滚筒焊缝是否开裂，铆钉、螺丝、键等是否已经变形，必要时加固或更换；检查深度指示器和传动部件是否灵敏准确可靠，必要时进行调整处理；检查各种安全保护装置动作是否灵敏可靠，必要时进行调整处理；检查各联络部件，基础螺丝有无松动和损坏，必要时进行更换；进行钢丝绳的串绳调头和更换工作；检查和调整电气设备的继电器、接触器和控制线，必要时进行更换；检修日常维修不能处理的项目，保证设备正常运行到下次检修期；使用电焊机械焊接时必须穿戴防护用品，严禁露天冒雨从事电焊作业。

b. 中修

除包括小修全部检修内容外还必须进行下列工作：更换滚筒衬垫车削绳槽；处理或更换电气设备的零件；检修不能保持到中修间隔期而小修不能处理的项目。

c. 大修

包括中修全部内容外，还必须进行下列工作：重新加固或更换滚筒；更换主轴轴承，调整主轴水平；进行机座和基础加固；更换主电机和其他电控设备；检修不能保证到大修间隔时而中修又不能处理的项目。

③绞车润滑部位的定期加油

为确保绞车系统安全、高效运转，保持各种转动部位润滑良好，减少机械磨损，延长设备使用寿命，维修人员和绞车司机应严格遵守维保要求，定期向绞车系统润滑部位加油。

④绞车安全保护装置的定期试验

绞车是斜井施工常用设备，安全保护装置是保证绞车安全可靠运转的重要设施，为确保绞车安全保护装置动作灵敏可靠，必须定期进行检查、试验、整定。

试验内容及周期参照以下规定：

盘形制动装置制动力矩测定每年一次；减速度测定每年一次；井口、井底信号操作台急停按钮和提升机房操作急停按钮应半年一次；监控器、行程开关过卷点应每班进行一次试验；其他冬期保护装置按照主、副井绞车保护装置试验记录上所列条目，每天逐项认真试验。

⑤绞车轨道的维护

斜井轨道沿线依照谁工作谁维护的原则，施工队伍必须认真履行维护职责，爱护工作巷道范围内的轨道。斜井轨道维护实行包片制，包片人应对片内轨道定期认真整修，经常关注轨道的变化状况，保证轨距、轨面高差等数据在合理的范围内。轨道应保持扣件齐全、完好，对于铺设完成的划片轨道不得长期不闻不问，更不能随意拆除零件恶意破坏，一经发现严肃处罚。在使用和维护轨道过程中应注意安全，铺轨、换轨中断运输时，轨道两端应设警戒牌，严禁车辆行驶。窄轨铁道应有巡回检查制、岗位责任制、维修记录等，所有记录应填写及时、清晰、准确并由专人保管。

4）绞车使用的安全风险及危害

绞车使用过程中存在的安全风险见表2。

绞车使用的安全风险及危害 表2

序号	安全风险	施工过程	致险因子	风险等级	产生危害
1	绞车过卷	绞车提升	（1）司机操作过程不专注、误操作； （2）限位器、深度指示器失灵； （3）绞车过卷保护装置失效	Ⅲ	拉坏天轮、拉倒井架、拉断钢丝绳，使提升绞车坠落、跑车或斜井底部设备损坏
2	绞车过速	绞车提升、下放	（1）司机操作不当； （2）限速装置失效	Ⅲ	导致绞车过卷和过放，绞车卸料平台及装渣平台操作人员受伤
3	过负荷和欠电压	过负荷	（1）箕斗车超载； （2）箕斗车卡阻	Ⅲ	损坏电动机或电气设备、拉断钢丝绳致使工作人员受伤
		欠电压	电动机电压低于额定电压	Ⅲ	
4	深度指示器失效	绞车提升、下放	（1）断轴、脱销故障； （2）深度指示器机械故障	Ⅲ	起重作业人员及受其影响人员死亡或重伤
5	断绳跑车	绞车提升、下放	（1）钢丝绳锈蚀、磨损、超载、保护装置不全或不起作用； （2）检修时措施不力或方法不当、司机操作不当、提升钢丝绳超期服役或带隐患运行； （3）出现应力集中，产生疲劳，金属变脆，钢丝绳抗拉强度和抗冲击强度降低	Ⅲ	使提升绞车坠落、跑车或斜井底部设备损坏致使人员伤亡

5）绞车使用的安全风险防控措施

（1）防控措施

为防范以上安全风险，需严格落实各项风险防控措施，详见表3。

绞车使用安全风险防控措施 表3

序号	安全风险	措施类型	防控措施	备注
1	绞车过卷	技术措施	增加过卷保护装置	
		管理措施	（1）运行前检查主要提升装置以及提升绞车各部分质量是否合格； （2）运行前确保防过卷装置应灵敏可靠，紧急制动装置力矩满足要求； （3）运行前检查深度指示器工作性能； （4）配备两名绞车司机，可以互相提醒注意力	
2	绞车过速	技术措施	增加过速保护装置	
		管理措施	（1）定期进行设备维护保养，确保绞车过速保护装置正常工作； （2）加强监督和检查，并设置专人看管，能及时发现并处理绞车过速保护失效的情况； （3）配备紧急停机装置，当绞车过速超出安全范围时，能够迅速停车	
3	过负荷和欠电压	技术措施	增加过负荷和欠电压保护装置	
4	深度指示器失效	技术措施	增加深度指示器失效保护装置	
5	断绳跑车	管理措施	（1）加强钢丝绳的检查、维护工作，对提升钢丝绳做好定期试验，确保性能； （2）定期调头、刹绳头，改变钢丝绳受力，减少磨损、锈蚀部位，及时消除隐患	

（2）工作纪律

除落实以上安全风险防控措施外，还应严格遵守以下工作纪律。

①防护用品：作业人员正确佩戴使用安全帽、安全带，正确穿戴防滑鞋及紧口工作服。

②班前讲话：每日上工前，由班组长开展班前讲话，将当日作业内容、存在的安全风险及危害、防范措施、作业要点等告知全部作业人员。

③工前检查：每日班前讲话后，对工人身体状态、防护用品穿戴、现场作业环境等进行例行检查，发现问题及时处理。

④维护保养：做好安全防护设施、安全防护用品、起重设备机具等的日常维护保养，发现损害或缺失，及时修复或更换。

6）绞车使用的应急处置

（1）处置原则

施工过程中一旦发生险情或事故，应立即停止作业，切勿慌乱，切忌盲目施救，在保证自身安全的情况下按照处置措施要求科学开展施救，并及时向项目管理人员报告相关情况。

（2）处置措施

①绞车断绳、溜车跑车：当发生断绳事故或险情时，值班司机应立即撤离到安全区域，并立刻报告现场调度员。若有人员伤亡，在确保安全情况下，对受伤人员进行急救，建立安全警戒区，设置警戒标志，防止未作业人员遭受二次伤害，等待救援。

②其他事故：当发生绞车过卷、过速、过负荷和欠电压、深度指示器失效等事故时，应立即采取措施切断或隔断危险源，疏散现场无关人员，然后对伤者进行包扎等急救，向项目部报告后原地等待救援。

62 瓦斯隧道施工管理安全技术交底

交底等级	三级交底	交底编号	III-062
单位工程	隧道工程	分部工程	瓦斯隧道管理
交底名称	瓦斯隧道施工管理	交底日期	年　月　日
交底人	分部分项工程主管工程师（签字）	审核人	工程部长（签字）
批准人	总工程师（签字）	确认人	专职安全管理人员（签字）
		被交底人	班组长及全部作业人员（签字，可附签字表）

1）施工任务

某隧道工程，含有瓦斯气体，需对瓦斯隧道施工进行管理。

2）作业要点

（1）人员进出洞管理

爆破工、电工、瓦检员等经专项培训，并取得特种作业操作证，持证上岗；现场建立进洞人员检身和出入洞人员清点制度，并设置门禁系统、人员定位系统，进洞人员应在洞口进行登记、接受检查；洞口设置静电消除装置，所有人员必须通过门禁专用通道进洞，人员进洞必须消除随身静电，高瓦斯和瓦斯突出工区必须穿防静电衣服进洞；严禁携带烟草、火种及可能产生火花的物品入内；进洞前，所有人员应将随身携带的香烟、打火机等火种，以及手机等电子设备存放到专用储存柜；洞内作业人员由防爆电动车统一由洞口接送至施工面，当班作业完成后点名上车送出洞口，人员控制在10人以下。

（2）电气设备及作业机械管理

施工电气设备、作业机械应根据瓦斯隧道等级、瓦斯工区类别、施工方法等综合因素合理配置；瓦斯工区建立车辆机械进洞运行和检查制度，严禁携带易燃易爆品进洞，且车辆机械设置随车通信系统或车辆位置监测系统；低、高瓦斯工区及瓦斯突出工区使用防爆型电气设备，高瓦斯工区及瓦斯突出工区使用防爆型作业机械；防爆电气设备和作业机械使用期间由专人负责检查维护，严禁带电检修电气设备，不得在洞内拆卸、修理机械和机电设备；高瓦斯工区和瓦斯突出工区供电配置两回路独立电源和线路，且不得分接隧道施工以外的任何负荷；瓦斯工区严禁使用油浸式电气设备，40kW及以上的电动机采用真空电磁起动器控制；作业机械使用电力、防爆蓄电池或柴油动力装置，严禁使用汽油动力装置；低瓦斯工区使用的非防爆型作业机械配置便携式甲烷报警仪，当瓦斯浓度超过0.5%时，停止运行；固定敷设电缆采用铜芯铠装电力电缆，非固定敷设电缆采用煤矿用橡套软电缆；高、低压电力电缆敷设在隧道同一侧时，其间距大于0.1m；高压与高压、低压与低压电缆间的距离不得小于0.05m；电缆与电气设备连接时，电缆线芯必须使用齿形压线板、线鼻子或快速连接器与电气设备进行连接。

（3）超前地质预报管理

严格按照先探后挖原则，超前地质预报纳入工序管理，及时整理超前地质预报资料，综合分析后将成果报告反馈现场；隧道设有平行导坑或分修隧道时，应优先利用平行导坑、先行隧道等开展超前地质预报；超前地质预报实施过程中必须有一名专职瓦检员全过程跟班作业，并做好瓦斯监测记录；实施超前探孔、加深炮孔时应开展孔口、孔内瓦斯及其他有毒有害气体检测，并加强工作面及回风流中气体检测工作；施钻过程中发现异常及时记录、汇报及处理，遇到顶钻、夹钻、顶水、喷孔等情况应立即报告，并停止作业，撤出人员、切断电源；遇有毒有害气体涌出、突水突泥等异常情况，或作业面中瓦斯浓度达到 1.0%，立即报告并停止施钻；现场未按地质预报揭示风险落实相应处理措施时，掌子面不得掘进。

（4）施工通风管理

施工通风纳入工序管理，成立专门的通风班组，由专人负责管理；隧道正洞及其辅助坑道施工的任何作业面、通道严禁出现通风盲区；洞内施工通风最低速度不小于 0.25m/s，防止瓦斯局部积聚的风速不小于 1.0m/s；高海拔地区瓦斯隧道施工通风应考虑大气压力对通风设备及通风管道的影响；对瓦斯易于积聚的空间和区域实施局部通风，各开挖作业面采用独立通风，严禁任何两个工作面之间串联通风；确保 24h 不间断通风，并设两路电源及风电闭锁装置，同时配备一套同等性能的备用通风机，洞内通风设备采用防爆型；制定通风机停止运转应急预案，因检修、停电或其他原因停止通风机运转时，立即停止作业，洞内人员撤离，切断电源、设置警示标志；恢复通风前，由瓦检员再次检测有毒有害气体浓度；通风机的停送电工作要有措施、有监控，严格履行审批程序并做好记录，严禁随意停风。

（5）瓦斯检测与监测管理

对于瓦斯及其他有害气体，工作人员应结合瓦斯等级及其他有害气体危险性等级进行施工安全监测。在施工中，对安全生产影响最大的是瓦斯（主要成分是 CH_4）的浓度，主要以 CH_4 为监测对象，同时对洞内风速进行监测，监测 CH_4 气体的浓度变化情况及风速变化情况。通过自动监测各探头的实测数据，监测中心监控人员能及时掌握各工作面瓦斯等有害气体的浓度，降低事故突发的概率，提高处理突发事故的能力。在爆破期间，监控人员能立即观察到炮后瓦斯等有害气体浓度变化曲线和涌出量，节省施工间隙。通过人工检测可发现自动监测系统的盲区，由于设置自动监测系统的探头一般为固定式，离开挖面有一定距离，瓦检员采用便携式瓦斯检测仪专门配合检查，在开挖过程中应不间断检测瓦斯浓度。

①检测范围

专职瓦检员严格按照瓦斯检测制度，按时到岗，跟班作业，不得擅自离岗空班、漏检和假检，根据瓦斯检测要求和频率进行瓦斯检测工作。每次检查结果记入瓦斯检测日报表和检测位置悬挂的瓦斯记录牌。测定甲烷浓度重点在隧道风流的上部，测定二氧化碳浓度重点在风流下部。无作业台架处配置辅助工具。巡检范围包括：开挖工作面及其他作业地点风流中；爆破地点附近 20m 内风流中；作业台车和作业机械附近 20m 内的风流中；局扇及电气开关 20m 内风流中；电动机及开关附近 20m 内风流中；瓦斯易发生积聚处；过煤层、断层破碎带、裂隙带及瓦斯异常涌出点；隧道内可能产生火源的地点；采用巷道式通风的回风流中；其他通风盲区及通风薄弱区。

②检测频率要求

a. 人工瓦检频率

高瓦斯工区按每隔 2h 检查一次，测定完毕，及时填报瓦斯记录表。

瓦斯工区经审批进行焊接等动火作业时,瓦检员必须跟班作业,随时检测动火点前后20m范围内的瓦斯浓度,确保动火作业区域瓦斯浓度小于0.5%;瓦斯浓度大于0.5%时,严禁隧道内一切动火作业,动火点附近采取消防措施。

瓦斯工区停风或停电,恢复送电和启动洞内风机时,按规定进行瓦斯检测工作。

适当增加对洞内死角,尤其是隧道上部、坍塌洞穴、人行、车行横通道等各个凹陷处通风不良、瓦斯易积聚地点的检测频率;对各种通风死角每班进洞检测一次,对瓦斯浓度超过0.5%的地段,必须加强检测,在瓦斯浓度超过1.0%时,立即采取措施处理,断电、撤人,瓦斯浓度的测定在隧道风流的上部。

b. 人工检测要求

专职检查员定时检测有毒有害气体浓度。

隧道内不得随意进行烧焊作业,无法避免进行烧焊作业时,必须严格按照动火制度,申请动火证,现场采取必要的措施后,方可动工,并且要随时对每个检查点进行检查。

隧道贯通地点及回风流每次放炮前至少检查一次有毒有害气体。

处于回风流中停止运转的电气设备及开关在每次启动前,应在其附近进行有毒有害气体检查。

隧道开挖工作面放炮地点20m范围内、放炮点,在每次装药前、放炮前、放炮后必须进行一次有毒有害气体检查。

当两台瓦斯检测仪对瓦斯浓度检测结果不一致时,以浓度显示值高的为准。瓦检员应当加强对便携式瓦斯检测仪的充电与维护管理工作,使用前必须检查便携式瓦斯检测仪的零点是否漂移过大和电压欠压,不符合要求的瓦斯检测仪,不得使用。零点漂移过大的瓦斯检测仪需及时校准。

当瓦检员携带的便携式瓦斯检测仪报警或检测出瓦斯及有毒有害气体超限时,则立即通知该工作面施工负责人,立即停工,并及时通知通风人员加强通风。若是局部瓦斯积聚的地点瓦斯检测仪报警,瓦斯浓度未达到1.0%,瓦检员通知通风人员对该地点加强通风(开启局部通风机等措施),并继续加强瓦斯浓度检测;当局部瓦斯积聚的地点瓦斯浓度大于1.0%时,瓦检员通知该工作面的施工负责人,该地点及附近20m立即停工,并切断该处电源,撤出工作人员,同时通知通风人员加强通风措施,瓦检员加强瓦斯浓度的检测。

③瓦斯超限处理措施

铁路隧道内施工瓦斯浓度限值及超限处理措施见表1。

铁路隧道内施工瓦斯浓度限值及超限处理措施　　　　表1

序号	地点	限值	超限处理措施	备注
1	局部瓦斯聚集(体积大于0.5m³)	2.0%	超限处附近20m立即停工、断电、撤人、进行处理、加强通风	
2	开挖作业面及其他作业地点风流中	1.0%	停止电钻钻孔	
		1.5%	必须停止工作,断电、撤人、查明原因、加强通风	
3	回风巷或工作面回风流中	1.0%	停工、撤人、进行处理	
4	放炮地点附近20m风流中	1.0%	严禁装药放炮	
5	煤层放炮后工作面回风流	1.0%	继续通风,不得进入	

序号	地点	限值	超限处理措施	备注
6	局扇及电气开关20m范围内	0.5%	停机、通风、处理	
7	电动机及开关附近20m范围内	1.5%	必须停止工作，断电、撤人、进行处理	

（6）开挖、支护、防排水、衬砌作业管理

①开挖作业

现场根据地质条件、断面大小、煤层及瓦斯的赋存情况严格按照设计开挖工法，严格控制超欠挖，避免坍塌，减少开挖面坑凹形成瓦斯局部积聚。爆破作业由专职爆破工担任，严格落实"一炮三检"和"三人连锁爆破"制度；爆破必须使用煤矿许用炸药和煤矿许用电雷管，且一次爆破为同一厂家、同一品种的煤矿许用炸药和电雷管。爆破采用湿式钻孔，并加强钻孔作业面瓦斯监测，附近20m风流中瓦斯浓度应小于1.0%；炮眼封泥采用水炮泥，封泥外剩余的炮眼部分采用黏土或不燃性、可塑性材料制作的炮泥封实，其长度不小于0.3m；严禁使用煤粉、块状材料或其他可燃性材料作为炮泥，现场无炮泥或存在炮泥封堵不实的炮眼情况禁止爆破。爆破点20m内各类施工机具设备、碎石、煤渣或其他物体堵塞隧道断面不得大于1/3；开挖工作面保持通风风量足、风向稳定，同时确保炮眼内无异状、无温度骤高骤低、无显著瓦斯涌出、无煤岩松散、无透老空区等情况；装药前，炮眼内煤粉、岩粉清除干净，严禁反向装药起爆。电力起爆使用防爆型发爆器，单个工作面严禁两台发爆器同时爆破。爆破后通风时间不小于15min，爆破工、瓦检员和班组长首先巡视，检查爆破点通风、瓦斯浓度、煤尘、瞎炮、残炮等情况，确认安全后作业人员方可进入作业面。隧道贯通前应加强统一协调，两相向开挖的工区作业面距离≤50m时停止瓦斯等级低的工区作业面，保持正常通风；停止作业的工作面为瓦斯工区时，掘进的工作面每次爆破前，派专职瓦检员到停工工作面检查瓦斯浓度，若瓦斯浓度超限，应停止爆破作业。

②支护作业

开挖后及时施作支护，在软弱破碎层或煤层中掘进及时施作超前支护、初期支护，防止坍塌。锚杆钻孔作业加强有毒有害气体检测，锚杆支护施工严格控制喷射混凝土的强度、厚度、密实度及平整度，降低瓦斯积聚的概率。初期支护钢拱架等结构宜采用无焊接方式，无法避免时，严格按照动火作业审批。煤层暴露面采用喷射混凝土封闭，加强初期支护背后空洞检测，空洞部分及时采用注浆或混凝土回填。

③防排水作业

铺设排水盲管、防水板前先通风，检测瓦斯浓度，并对初期支护的表面平整度及渗漏水情况检查、处理，确保初期支护表面无空鼓、裂缝、松酥现象。采用防水板热熔焊接作业，严格按照动火作业审批。

④衬砌作业

二次衬砌钢筋连接采用机械或绑扎连接。水沟施工前对瓦斯及有毒有害气体开展检测，二次衬砌拱顶及时注浆回填，防止瓦斯积聚。按设计要求设置全封闭瓦斯隔离层，在二次衬砌背后设置水气收集管路，并引入水气分离装置处，分离出的瓦斯气体可由排放管道引出洞外在高处放散。从隧道内引出瓦斯的排放管，其上端管口距离拱顶以上不小于3m，其周围20m内禁止有明火火源及易燃易爆物品。采用金属排放管时，接地电阻不得大于5Ω。

（7）应急管理

严格按照应急救援预案配备安全防护用品、应急救援物资及消防设施等，按计划开展应急预案、应急避险演练，作业人员要熟悉应急避险路线，具备自救互救、安全避险知识，熟练掌握自救器、紧急避险设施的使用。设置完善的安全避险系统，包括安全监控系统、人员定位系统、紧急避险系统、压风自救系统、供水施救系统、通信联络系统等。对于其他有毒有害气体，在隧道掌子面附近，防毒呼吸隔离装备按同一时间最多施工人数进行配置，确保发生有害气体浓度超标或突出情况可立即佩戴自救。

3）安全风险及危害

隧道爆破施工安全风险及危害见表2。

隧道爆破施工安全风险及危害 表2

序号	安全风险	施工过程	致险因子	风险等级	产生危害
1	中毒窒息	洞身、支护、衬砌	（1）有害气体含量超标； （2）通风除尘不到位	II	作业人员伤亡或中毒
2	起火爆炸	洞身、支护、衬砌	（1）瓦斯检测设备失灵，可燃气体如果泄漏或积累到一定浓度； （2）通风系统如果不良或不足以有效排除瓦斯，会导致瓦斯积聚并引发爆炸； （3）操作人员没有遵循正确的操作程序，未严格遵守动火审批制度	I	作业人员伤亡

4）安全风险防控措施

（1）防控措施

为防范以上安全风险，需严格落实各项风险防控措施，详见表3。

隧道爆破施工安全风险防控措施 表3

序号	安全风险	措施类型	防控措施	备注
1	中毒窒息	管理措施	（1）瓦斯隧道开工前，组织相关人员进行专项安全培训，并经考核合格后上岗，爆破工、瓦检员等特种作业人员应持证上岗； （2）瓦斯工区设置门禁系统，建立检身制度，出入洞人员清点制度； （3）不得穿着易产生静电的服装，进入瓦斯突出工区的作业人员应携带自救器； （4）瓦检员每次检查结果记入瓦斯检测日报表和瓦斯记录牌，监控员应填写瓦斯隧道安全监控系统运行记录表； （5）专职瓦检员应严格按照瓦斯巡检制度，按时到岗，跟班作业，不得擅自离岗空班、漏检和假检，根据瓦斯巡检图规定路线和频率进行瓦斯巡检工作	
2	起火爆炸	管理措施	（1）加强瓦斯检测设备的充分维护和保养； （2）确保通风系统的正常运行； （3）遵循正确的操作程序	

（2）工作纪律

除落实以上安全风险防控措施外，还应严格遵守以下工作纪律。

①防护用品：作业人员正确佩戴使用安全帽、安全带，正确穿戴防滑鞋及紧口工作服。

②班前讲话：每日上工前，由班组长开展班前讲话，将当日作业内容、存在的安全风险及

危害、防范措施、作业要点等告知全部作业人员。

③工前检查：每日班前讲话后，对工人身体状态、防护用品穿戴、现场作业环境等进行例行检查，发现问题及时处理。

④维护保养：做好安全防护设施、安全防护用品、钻孔设备机具等的日常维护保养，发现损害或缺失，及时修复或更换。

5）验收要求

隧道施工各阶段有害气体浓度的验收要求见表4。

隧道施工各阶段有害气体浓度验收要求 表4

序号	类型	单位	安全限值
1	硫化氢（H_2S）	%	0.00066
2	一氧化碳（CO）	%	0.0024
3	二氧化硫（SO_2）	%	0.0005
4	二氧化碳（CO_2）	%	0.5
5	氮氧化物（NO_2）	%	0.00025
6	氨气（NH_3）	%	0.004
7	氢气（H_2）	%	4
8	甲烷（CH_4）	%	0.5

6）应急处置

（1）处置原则

施工过程中一旦发生险情或事故，应立即停止作业，切勿慌乱，切忌盲目施救，在保证自身安全的情况下按照处置措施要求科学开展施救，并及时向项目管理人员×××报告相关情况。

（2）处置措施

当发生中毒窒息、起火爆炸等事故后，周围人员应立即停止施工，并撤离危险区域，采取措施切断或隔断危险源，疏散现场无关人员，然后对伤者进行包扎等急救，向项目部报告后原地等待救援。

63 岩爆隧道施工安全技术交底

交底等级	三级交底	交底编号	III-063
单位工程	彝良隧道	分部工程	初期支护
交底名称	岩爆隧道施工	交底日期	年　月　日
交底人	分部分项工程主管工程师（签字）	审核人	工程部长（签字）
批准人	总工程师（签字）	确认人	专职安全管理人员（签字）
		被交底人	班组长及全部作业人员（签字，可附签字表）

1) 岩爆情况

岩爆是指在地下开采的深部或构造应力很高的区域,临空岩体中发生突发式破坏的现象。岩爆是深埋地下工程在施工过程中常见的动力破坏现象,当岩体中聚积的高弹性应变能大于岩体破坏所消耗的能量时,破坏了岩体的平衡,多余的能量导致岩石爆裂,使岩石碎片从岩体中剥离、崩出。岩爆往往造成开挖工作面的严重破坏、设备损坏和人员伤害,已成为岩石地下工程和岩石力学领域的世界性难题。轻微的岩爆仅剥落岩片,无弹射现象,而严重的岩爆可能发生石块弹射、冒落和突出等灾害。

(1) 隧道岩爆特点

岩爆发生前,没有明显征兆,隧道施工时,一般的敲击问顶、清除悬浮石也无法检测出来;岩爆发生的地点主要集中在开挖工作面附近;岩爆发生的时间多在爆破后 4~6h,但也有比较迟缓的;岩爆是由人工开挖诱导产生的,它与开挖方式和支护措施直接相关;岩爆主要发生在埋深较大处,所处岩层性状较单一,弹性模量等物理力学性能较高,能储存一定的应变能量。

(2) 岩爆发生的条件

隧道山体内地应力较高,岩体内储存很大的应变能,当该部分能量超过了硬岩石自身的强度时;围岩坚硬新鲜完整,裂隙极少或仅有隐裂隙,且具有较高的脆性和弹性,能够储存能量,而其变形特性属于脆性破坏类型,当应力解除后,回弹变形小;埋深较大且远离沟谷切割的卸荷裂隙带;地下水较少,岩体干燥;开挖断面形状不规则,大型洞室群岔洞较多的地下工程,或断面变化造成局部应力集中的地带。

2) 工艺流程

发生岩爆→岩爆处理→再次发生岩爆→上报设计单位、按措施处理→持续发生岩爆→上报建设单位、设计单位→现场分析总结→制定方案→按方案实施→总结。

3) 施工要点

(1) 发生岩爆

该隧道钢架立好后,正在打设锁脚时发生岩爆,掌子面及拱部发出噼里啪啦的响声,导致拱顶滑层、掉块，钢拱架被砸导致变形，如图 1 所示。

发生岩爆后，针对现场发生情况和以往的经验，对现场进行暂时性的停工，以免造成二次破坏，等岩爆减弱后再快速地支护起来。

（2）岩爆处理

在接下来的施工中，现场采用掌子面喷水措施以及在超前水平钻孔内提前预裂爆破，提前释放应力，此措施稍稍减弱了岩爆的破坏性。

（3）再次发生岩爆

大概一周后，在出完渣排完险刚准备立架的时候又发生了岩爆，导致掌子面及拱顶大量的片状石块脱落，如图 2 所示。

图 1　打设锁脚时发生岩爆　　　图 2　再次发生岩爆

（4）上报设计单位

为保证施工安全，把此种情况上报给设计单位，由设计单位现场踏勘，对现场情况研究后定性为轻微岩爆，对现场制定以下措施：对掌子面进行洒水保证湿润，减小围岩的干燥性，降低岩爆发生的可能性；提前打设炮孔以释放应力，加强施作超前地质预报，探测前方围岩情况，提前预防，弱爆破，强支护。按此措施施工，岩爆现象稍稍减弱。

（5）再次发生岩爆

由于该斜井为下坡隧道，综合坡度为 10.3%，隧道埋深也是随着掌子面掘进而变大。当再次发生岩爆后，导致掉块严重，超挖严重，该里程洞顶埋深约 480m，掌子面围岩为泥灰岩、钙质泥岩，灰色，弱风化，隐晶及泥质结构，中厚层夹薄层状，节理裂隙较发育，岩体较破碎，掉块严重，掌子面无水，岩溶弱发育，岩层缓倾。由于岩爆、高地应力原因导致前期拱顶初期支护完成的混凝土面大面积开裂，如图 3 所示。

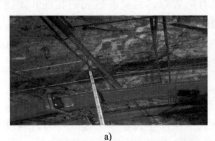 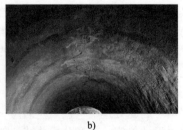

a)　　　　　　　　　　　　　　b)

图 3　混凝土大面积开裂

（6）上报业主、设计单位

项目部针对于此次岩爆和高地应力原因导致混凝土面开裂的情况上报建设单位和设计单位，并邀请建设单位、设计单位、监理单位现场踏勘地质核查。

（7）现场分析总结

建设单位组织参建各方针对于此种情况在现场研讨、分析做出总结，此种情况定性为中等岩爆，拱顶开裂是由于掌子面高地应力一时间无法释放出来，从而导致岩爆发生，拱顶初期支护面大面积开裂。

（8）制定方案

经过参建各方的分析总结出 2 种方案，方案如下。

方案 1：掌子面停工，待高地应力释放完后再继续施工；

优点：安全；

缺点：浪费时间较长，导致工期严重滞后。

方案 2：

①Ⅲ级围岩，钢架间距由 1.5m 调整为 1m，每榀钢架锁脚锚杆由 4 根增加至 8 根；系统锚杆由原来拱部 120°打设调整为全环打设，长度由 2.5m 调整为 3.5m，间距 1.2m×1.2m（环×纵）布置；单层ϕ6mm 网片调整为双层ϕ8mm 钢筋网片；每循环进尺不大于 2m。

②掌子面喷洒高压水释放应力，掌子面施作超前释压孔并注水，孔间距 2m×2m，孔深 6m，孔径ϕ50mm。

③拱部增设 1 条水平测线，加强监控量测，发现异常及时通知参建各方处理。

④待掌子面开挖岩爆现象减弱后方可施作初期支护，以保证施工期间的安全。

⑤作业台车及机械设备增加防护钢板。

优点：加快施工进度，安全风险相对较小；

缺点：费用较大。

结合彝良隧道 2 号斜井在运营期间作为防灾的救援通风、排烟通道及运营通风道，研究决定采用方案 2。

（9）按方案 2 实施

在此措施基础上，项目部也增加了一些措施：

①拱顶初期支护面开裂处增设密目防护网；

②拱顶超挖处增设注浆管。

现场按此措施实施后，大大降低了岩爆的破坏能力，并取得了一定的成效。施工过程中要针对此种情况做分析，经常性的总结，分析岩爆每次发生的时间、特点及危害，虽然岩爆没有任何征兆，但是每次发生岩爆的时间及特性都已据实记录，经过分析总结出了一些经验，不仅在措施上加强改善，还在施工过程中优化开挖工法，不断提高工人的打钻水平，控制装药，减小对围岩大的扰动，为后续施工做好预防。

（10）总结

①处理岩爆的基本原则：先防后治

a. 先预防：根据施工经验，当进入到可能会发生岩爆的施工区域时，可以结合对岩爆的强弱判断，进行针对性预防措施制定，以有效地降低岩爆发生的强度，或者能够合理控制岩爆的发生时间。

b. 后治理：在预防措施实施的基础上，要结合不同岩爆的发生，进行针对性的治理措施，尽量使岩爆发生时不会带来伤害，能够确保施工人员安全的撤离或者得到有效的人身安全保障。

②岩爆的防治措施

a. 圆顺采用光面爆破，增加隧道开挖面的平整、圆顺程度，避免、减小应力集中；极强岩爆区间，采用短进尺（2m左右）爆破，并严格控制装药量，以尽可能减少爆破对围岩的影响。

b. 爆破后立即对掌子面围岩喷洒高压水，软化岩石，减弱岩爆强度。

c. 爆破后及时喷射混凝土，填补爆破凹坑，提高平整度；中等强度以上岩爆区间，在喷射混凝土中添加钢纤维，改善混凝土性能，提高其支护能力。

d. 选用预先释放部分能量的办法，如松动爆破法、超前钻孔预爆法、打应力释放孔等方法，降低岩爆发生的强度等级。

e. 初喷混凝土后，可以快速施工水胀式锚杆，充分利用其安装简单快速、适应变形和全长及时受力的优点，提高围岩自稳能力。必要时，增设中空预应力锚杆、局部钢架来加强支护，并喷射钢纤维混凝土及时进行封闭，来尽量避免岩爆发生。

③岩爆区间其他处理措施

a. 加强超前地质预报

根据勘察设计成果，在可能发生岩爆的地段掘进时，以地质预报为先导，坚持先探测后掘进的原则。

超前地质预报主要有3种方法：

超前钻孔：打设超前钻孔转移隧道掌子面的高地应力，必要时，若预测到的地应力较高，可在超前探孔中进行松动爆破或将完整岩体用小炮震裂，或向孔内压水，加快应力释放、软化围岩，降低岩爆危害。

地质素描：开挖面及其附近的观察预报，通过地质的观察、素描，分析岩石的"动态特征"，主要包括岩体内部发生的各种声响和局部岩体表面的剥落等。

地质类比：采用工程地质类比法进行宏观预报，加强预测预报，做好超前地质预报，根据施工经验及超前钻孔对岩体进行力学计算分析，确定岩爆发生的强度等级。

b. 及时喷水

断面开挖后，要加大掌子面喷水流量与喷水压力，降低开挖面的岩石温度和脆性，软化表层使应力释放，减小岩爆发生的可能性，对局部出露的岩石及时喷洒高压水，降低岩石的强度，增强其塑性，减弱其脆性，以降低岩爆的剧烈程度，同时也可以起到降温、除尘的作用。

c. 加强围岩量测

在施工中应加强监测工作，通过对围岩和支护结构、拱顶下沉、两侧收敛变化情况的观察，可以定量化地预测滞后发生的深部冲击型岩爆，用于指导开挖和支护的施工，以确保安全。

d. 加强初期支护

根据经验应加强初期支护，对于避免、减轻岩爆和降低岩爆危害具有显著效果。

e. 锚杆支护

在锚杆系统的弹性变形范围内，锚杆的存在可以动态地调整释放能和表面能的平衡，保证浅部岩体裂隙不发生持续的累进性发展，随着应力向深部的转移，整体围岩保持稳定。对于工程区的轻微—中等岩爆的片状爆裂，采取加长加密锚杆的方式，锚喷支护可以取得良好的止裂效果，并维持整体围岩的稳定。

f. 喷射混凝土

在开挖后，可以迅速封闭围岩，同时根据岩爆的危害程度，适当增加喷射混凝土厚度、采用钢纤维混凝土。

g. 加强人员设备的安全防护

岩爆非常剧烈时，人员要保持安全距离，直至岩爆平静，重新开始掘进施工，如掌子面发现松动岩石要及时处理，在岩爆地段施工中，首先要由有施工经验的专职安全员重点监测岩石状况，施工人员要增强安全意识，作业台车及机械设备要增加防护钢板，以确保施工安全。

4）安全风险及危害

岩爆隧道施工过程中存在的安全风险及危害见表1。

岩爆隧道施工安全风险及危害　　　　　　　　　　　　　表1

序号	安全风险	施工过程	致险因子	风险等级	产生危害
1	触电	开挖及支护过程	（1）临时用电不合规； （2）台架上方电源随意接用； （3）台架上方配电箱损坏及被浸湿	Ⅲ	开挖及支护作业人员死亡或重伤
2	坍塌	开挖及支护过程	（1）掌子面围岩较破碎、节理裂隙较发育； （2）拱顶有掉块、塌方现象	Ⅲ	开挖及支护人员死亡或重伤

5）安全风险防控措施

（1）防控措施

为防范以上安全风险，需严格落实各项风险防控措施，详见表2。

岩爆隧道施工安全风险防控措施　　　　　　　　　　　　表2

序号	安全风险	措施类型	防控措施	备注
1	触电	安全防护	（1）临时用电按标准规范布置使用； （2）台架上方用电不允许随意拉接使用； （3）台架上方配电箱电工要经常检修	
		管理措施	（1）为作业人员普及用电标准及规范； （2）做好安全防护设施的日常检查维护，发现损坏及时修复	
2	坍塌	安全防护	掌子面及时支护喷浆	
		管理措施	（1）为作业人员培训交底当前掌子面围岩情况及危害； （2）作业时，专人指挥，发现异常及时撤离掌子面	

（2）工作纪律

除落实以上安全风险防控措施外，还应严格遵守以下工作纪律。

①防护用品：作业人员正确佩戴使用安全帽、安全带，正确穿戴防滑鞋及紧口工作服。

②班前讲话：每日上工前，由班组长开展班前讲话，将当日作业内容、存在的安全风险及危害、防范措施、作业要点等告知全部作业人员。

③工前检查：每日班前讲话后，对工人身体状态、防护用品穿戴、现场作业环境等进行例行检查，发现问题及时处理。

④维护保养：做好安全防护设施、安全防护用品、钻孔设备机具等的日常维护保养，发现损害或缺失，及时修复或更换。

6）质量标准

（1）开挖

隧道开挖应达到的质量标准及检验方法见表3。

隧道爆破施工质量检查验收表 表3

序号	检查项目	质量要求	检查方法	检验数量
1	钻孔深度、位置、孔距	符合设计要求	尺量	抽检20%
2	测量记录	完整	查看资料	全部
3	开挖断面中线、高程	符合设计要求	测量	每循环
4	开挖断面轮廓尺寸	个别部位欠挖值不大于5cm，且每1m²不大于0.1m²	测量扫描	每循环
5	地质情况	符合设计要求	地质描述、影像	每循环

（2）钢架

隧道拱架施工应达到的质量标准及检验方法见表4。

拱架安装质量检查验收表 表4

项次	检查项目		规定值或允许偏差	检查方法	检查数量
1	榀数（榀）		不少于设计值	目测	逐榀检查
2	间距（mm）		±100	尺量	逐榀检查
3	垂直度（0°）		±1°	铅锤法	逐榀检查
4	安装偏差（mm）	横向	±20	测量、尺量	逐榀检查
		竖向	不低于设计高程		

（3）锚杆

隧道锚杆施工应达到的质量标准及检验方法见表5。

锚杆施工质量检查验收表 表5

序号	检查项目	质量要求	检查方法	检验数量
1	锚杆种类、规格、长度	符合设计要求	观察、尺量	每循环不少于3根
2	钻孔深度、位置、孔距	孔深不小于设计长度且不大于50mm；孔距±150mm	尺量	每循环按设计数量的10%检验，且不少于3根
3	锚杆安装数量	符合设计要求	计数，留存影像	全数检查
4	锚杆胶结、锚固质量	符合设计要求，全长胶结锚杆的锚固长度不应小于设计长度的95%	施工记录、冲击弹性波法检测，必要时拉拔	每循环按设计数量的10%检测，且不少于2根
5	锚固注浆强度	符合设计要求	抗压强度试验	同一配合比、同一围岩段且不大于60m检验一次
6	锚杆垫板	应与基面密贴	观察	全数检查

（4）喷射混凝土

隧道喷射混凝土施工应达到的质量标准及检验方法见表6。

喷射混凝土施工质量检查验收表施 表6

序号	检查项目	质量要求/允许偏差	检查方法	检验数量
1	混凝土24h强度	不应小于10MPa	拔出法或无底试模法	同强度等级、每次连续围岩检验一次

序号	检查项目	质量要求/允许偏差	检查方法	检验数量
2	混凝土强度	符合设计要求	试验	同强度等级、每次连续围岩10m检验一次
3	平均厚度	检查点数90%以上不小于设计厚度	埋钉法、凿孔法或断面测量	全断面开挖每循环检验一次；分部开挖，3～5m检验一次
4	平整度	深长比$D/L \leqslant 1/20$	观察、测量	每循环

7）验收要求

隧道初期支护各阶段验收见表7。

岩爆施工验收要求表　　　　　　　　　　　　表7

序号	验收项目		验收时点	验收内容	验收人员
1	材料及构配件		锚杆、网片、钢架料进场后、使用前	材质、规格尺寸、外观质量	项目物资、技术管理人员，班组长和材料员
2	立架前	欠挖处理	立架前欠挖处理	表面平整度需控制在1/10（两凸物之间深宽比）以内	技术员、班组技术员、项目测量员
2	立架前	3D扫描	欠挖处理完成后	扫描欠挖地段是否处理到位	项目测量人员、技术员、班组长及技术员
3	网片	搭接及预留长度	喷浆前验收	详见钢架及网片质量标准	项目技术员，班组长及技术员
3	钢架	垂直度及间距	喷浆前验收	详见钢架及网片质量标准	项目技术员、测量员，班组长及技术员
3	锚杆	角度及长度	喷浆前验收	详见锚杆质量标准	项目技术员、班组长及技术员
3	喷射混凝土	平整度及厚度	喷浆后验收	详见喷射混凝土质量标准	项目技术员、测量员，班组长及技术员

8）应急处置

施工过程中一旦发生险情或事故，应立即停止作业，切勿慌乱，切忌盲目施救，在保证自身安全的情况下按照处置措施要求科学开展施救，并及时向项目管理人员×××报告相关情况。

（1）处置措施

①触电事故：当发现有人触电时，应立即切断电源。若无法及时断开电源，可用干木棒、皮带、橡胶制品等绝缘物品挑开触电者接触的带电物，之后解开妨碍触电者呼吸的紧身衣服，检查口腔，清理口腔黏液并立即就地抢救，如触电者呼吸停止，应采用人工呼吸法抢救；如心脏停止跳动，应采用胸外心脏按压法抢救。

②坍塌事故：当发生坍塌事故后，班组立即汇报项目应急救援组，迅速调用应急救援物资进行救援。若有人员被困，被困人员切不可盲目行动，如不能立即脱困时，必须寻觅一处支护完成的隧道边缘静等外面营救。等待地点要靠近风、水管，使用可以利用的一切工具撬开风、水管，以便外面营救人员利用风、水管向被困区域提供氧气和食物。同时，也可以用风、水管有序敲击发出求救信号，让营救人员知道自己所在的位置。被困人员尽可能地平卧保持体力，降低氧气消耗量，延长生存时间。

64 穿越断层破碎带施工安全技术交底

交底等级	三级交底	交底编号	III-064
单位工程	石桥隧道	分部工程	洞身开挖及支护
交底名称	穿越断层破碎带施工	交底日期	年　月　日
交底人	分部分项工程主管工程师（签字）	审核人	工程部长（签字）
批准人	总工程师（签字）	确认人	专职安全管理人员（签字）
		被交底人	班组长及全部作业人员（签字，可附签字表）

1）施工任务

石桥隧道 DK39＋047～DK39＋087、DK39＋267～DK39＋327 段附近存在断层破碎带，为保证施工安全，采用三台阶法＋临时仰拱（临时横撑）穿越断层破碎带，施工过程中务必做好超前地质预报、弱爆破、短进尺、强支护、早封闭、勤量测。

2）工艺流程

三台阶法＋临时仰拱施工工艺流程如图 1 所示。

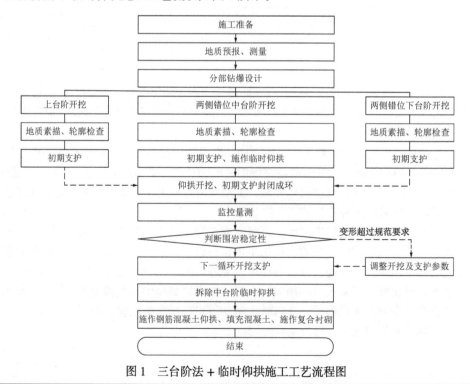

图 1　三台阶法＋临时仰拱施工工艺流程图

456

3）作业要点

（1）施工准备

管棚、型钢、锚杆、钢筋网等材料进场后，项目物资及技术管理人员进场验收，验收合格方可使用。整理材料存放场地，确保平整坚实、排水畅通、无积水。材料验收合格后按品种、规格分类码放，并挂设规格、数量铭牌。

（2）设计参数

DK39+047～DK39+087段超前支护采用φ89mm管棚，每环设置47根，纵向间距6m；DK39+267～DK39+327段超前支护采用φ42mm小导管，每环设置47根，纵向间距2.4m；初期支护均采用Ⅰ20b工字钢，间距0.6m/榀；拱墙及仰拱均采用C40混凝土，仰拱填充采用C20混凝土。

（3）超前地质预报

掌子面开挖须在超前地质预报综合报告之后进行，超前地质预报采用地质素描结合物探及钻探形成综合报告。物探包括地震波反射法（每循环探测长度100m，搭接20m）＋地质雷达法（每循环探测长度30m，搭接5m）＋瞬变电磁法（每循环探测长度110m，搭接30m）；钻探包括超前水平钻4号孔（每循环探测长度30m，搭接5m）＋加深炮孔8号孔（每循环探测长度7m，搭接3m）。

（4）超前支护

利用上一循环钢架施作超前管棚（超前小导管）。中管棚采用热轧无缝钢管制成，管壁须钻注浆孔，孔径8～10mm，孔间距10～20cm，呈梅花形布置，前端加工成锥形，尾部长度不小于30cm作为不钻孔的止浆段，注浆压力为0.5～1.0MPa。小导管前部钻注浆孔，孔径6～8mm，孔间距10～20cm，呈梅花形布置，前端加工成锥形，尾部长度不小于30cm作为不钻孔的止浆段，注浆压力为0.5～1.0MPa。

（5）开挖进尺

开挖应在超前支护后进行施工，上台阶每循环开挖支护进尺不应大于1榀钢架间距（即0.6m），边墙每循环开挖支护进尺不应大于2榀钢架间距。

（6）初期支护

开挖完成后应立即对裸露围岩进行初喷（约4cm）；初喷完成后架设Ⅰ20b工字钢，间距0.6m，钢架之间设置φ22mm纵向连接筋，拱脚和墙脚设φ22mm锁脚锚管共8根，每根长度为4m；铺设钢筋网片，网片规格φ8mm，网格20cm×20cm，搭接不小于20cm；施作系统锚杆，规格φ22mm，长度4m，环向间距1.2m，纵向间距1m，呈梅花形布置；经现场技术人员及监理工程师验收合格后复喷至设计厚度。钢架施工应严格按设计要求设置拱脚垫板、垫槽钢等，各施工工序间应注意互相保护，严格按照作业程序操作，避免施工机械对已完成的支护形成破环，以确保安全。

（7）临时仰拱（横撑）

临时横撑按每2榀钢架设置一道，临时钢支撑均采用Ⅰ18工字钢，与钢架连接处均设钢垫板（240mm×300mm×16mm）。当岩体极破碎自稳性较差时，可采取喷射混凝土封闭掌子面的方法；当钢架拱脚下沉或内移时，可以纵向加密Ⅰ18型钢横撑，扩大拱脚，并加设斜撑；若边墙钢架发生明显内移，必要时可架设临时横撑；如初期支护拱顶变形量较大，可参照交叉中隔墙法（CRD法）增加临时竖撑，以确保施工安全。

（8）衬砌施工

复合式衬砌施工时，须按规范及设计图纸的要求，进行监控量测，根据监控量测的结果进行分析，确定浇筑二次衬砌的时间，浇筑前须按照设计要求铺设土工布、防水板、环向盲管、纵向盲管，二次衬砌距离掌子面不得大于 70m；施工时，应确保仰拱开挖面不超过 35m，以保证及时封闭成环。

4）安全风险及危害

穿越断层破碎带施工过程中存在的安全风险见表 1。

穿越断层破碎带施工安全风险识别 表 1

序号	安全风险	施工过程	致险因子	风险等级	产生危害
1	失稳坍塌	开挖	隧道爆破后没有及时进行排险处理	I	台车上方作业人员群死群伤
		初期支护	隧道开挖后没有对围岩及时进行初喷		
2	高处坠落	钢拱架安装	（1）作业人员未穿戴防滑鞋、未系挂安全带； （2）未挂设安全平网； （3）作业平台未规范设置防护栏、密目网； （4）作业平台跳板搭设未固定、未满铺，存在探头板	III	台车上方作业人员死亡或重伤
		人员上下行	未规范设置爬梯		
3	物体打击	钢拱架安装	（1）作业平台未设置伸缩平台； （2）作业平台堆置杂物或小型材料； （3）台车底部及四周未有效设置警戒区； （4）随意抛掷杆件、构配件； （5）台车底部未有效设置警戒区	IV	台车下方人员死亡或重伤
4	起重伤害	起重物料	（1）装载机司机、司索工、指挥技能差，无资格证； （2）钢丝绳或吊带、卡扣等破损，性能不佳； （3）指令传递不佳，存在未配置对讲机、多人指挥等情况； （4）装载机运转范围外侧未设置警戒区	IV	起重作业人员及受其影响人员死亡或重伤
5	用电风险	隧道内作业	（1）使用非照明电源照明； （2）电线电缆未悬挂； （3）电线乱搭乱接； （4）一闸多用、多机； （5）钢丝、铝丝、铜丝代替保险丝； （6）变电所盘柜检修带电作业，无防护装置； （7）作业台架无接地措施或接地不规范； （8）开关箱、接头无防雨、防潮、防水措施； （9）变压器无防护网、无警示标志； （10）线缆过路无防护，破损	II	作业人员触电死亡或重伤
6	瓦斯窒息、瓦斯燃烧和爆炸	隧道内作业	（1）隧道内通风不及时或通风差； （2）没有对裸露围岩进行及时封闭； （3）瓦斯检测员没有对未封闭围岩进行瓦斯检测或检测不及时； （4）施工作业人员携带易燃易爆物品进入； （5）未按照瓦斯隧道规定的炸药进行爆破施工	I	隧道内作业人员死亡或重伤
7	火灾	隧道内作业	（1）易燃物混放、泄漏； （2）防火区、密闭场所附近动火作业； （3）电焊作业； （4）因管理不善引起火灾	I	隧道内作业人员死亡或重伤

5）安全风险防控措施

（1）防控措施

为防范以上安全风险，需严格落实各项风险防控措施，详见表2。

穿越断层破碎带施工安全风险防控措施　　　　　　　　　　　　表2

序号	安全风险	措施类型	防控措施	备注
1	失稳坍塌	质量控制	（1）严格按照设计、规程及验标要求，及时进行排险处理； （2）严格按照规程要求进行初喷	
		管理措施	（1）严格按照开挖施工验收程序； （2）严格按照先初喷、再立架、复喷的施工流程	
2	高处坠落	安全防护	（1）台车组装过程中，及时挂设安全平网； （2）工人作业时正确穿戴防滑鞋，正确使用安全带； （3）作业平台满铺且固定牢固； （4）作业平台封闭围护，规范设置防护栏及密目网	
		管理措施	（1）为工人配发合格的安全带、安全帽等劳保用品，培训正确穿戴使用； （2）做好安全防护设施的日常检查维护，发现损坏及时修复	
3	物体打击	安全防护	（1）作业平台规范设置临边防护； （2）架体底部设置警戒区	
		管理措施	（1）作业平台顶部严禁堆置杂物及小型材料； （2）作业时，专人指挥，严禁随意抛掷杆件及构配件	
4	起重伤害	安全防护	（1）装载机工作范围外侧设置警戒区	
		管理措施	（1）做好起重设备及特种作业人员的进场验收管理，保证设备性能、人员技能满足要求，设备及人员证件齐全有效； （2）做好钢丝绳及吊带、卡扣、吊钩、对讲机等日常检查维护，确保使用性能满足要求	
5	用电风险	安全防护	（1）对洞内作业人员进行用电安全教育培训后方可上岗； （2）电箱、变压器等电力设备旁做好防护措施； （3）作业台架规范接地； （4）电线、电缆规范悬挂，并派专人定期排查用电风险	
		管理措施	（1）对作业人员进行专项交底，告知作业风险、安全距离及适宜的作业位置等； （2）作业过程中加强现场指挥，并服从电力部门工作人员指挥	
6	瓦斯窒息、瓦斯燃烧和爆炸	安全防护	（1）瓦检员每小时进行一次瓦斯浓度检测； （2）瓦检员必须保证一炮三检制和三人连锁放炮制； （3）做好隧道内通风； （4）对裸露围岩进行及时封闭	
		管理措施	（1）隧道口设置安全员检查，严禁施工作业人员携带易燃易爆物品进入； （2）严格遵守施工原则：短进尺、弱爆破、早支护、勤监测、强通风、快喷锚； （3）定期对隧道内作业人员进行瓦斯隧道安全施工培训	
7	火灾	安全防护	（1）洞内有火灾风险处配置灭火器； （2）必要电焊作业时安全员旁站监督	
		管理措施	（1）对作业人员进行专项交底，告知作业风险； （2）作业过程中加强现场指挥，并服从管理人员指挥	

（2）工作纪律

除落实以上安全风险防控措施外，还应严格遵守以下工作纪律。

①防护用品：作业人员正确佩戴使用安全帽、安全带，正确穿戴防滑鞋及紧口工作服。

②班前讲话：每日上工前，由班组长开展班前讲话，将当日作业内容、存在的安全风险及危害、防范措施、作业要点等告知全部作业人员。

③工前检查：每日班前讲话后，对工人身体状态、防护用品穿戴、现场作业环境等进行例行检查，发现问题及时处理。

④维护保养：做好安全防护设施、安全防护用品、起重设备机具等的日常维护保养，发现损害或缺失，及时修复或更换。

6）质量标准

超前管棚应达到的质量标准及检验方法见表3。

超前管棚质量检查验收表　　　　表3

序号	检查项目	质量要求	检查方法	检验数量
1	种类、规格和长度	符合设计要求	观察、尺量	全部
2	施作位置、搭接长度和数量	符合设计要求	测量、计数	全部
3	钢管接头	丝扣连接	观察、尺量	全部
4	注浆浆液配合比	符合设计要求	检查配合比试验报告	同性能、同原材料、同施工工艺的浆液检验不少于一次
5	注浆压力、注浆量	符合设计要求	检查施工记录、观察	全部

超前小导管应达到的质量标准及检验方法见表4。

超前小导管质量检查验收表　　　　表4

序号	检查项目	质量要求	检查方法	检验数量
1	种类、规格和长度	符合设计要求	观察、尺量	全部
2	施作位置、搭接长度和数量	符合设计要求	测量、计数	每循环3根
3	超前小导管与支撑结构的连接	符合设计要求	观察	全部
4	注浆浆液配合比	符合设计要求	检查施工记录、观察	全部
5	方向角允许偏差	2°	测量、尺量	每环3根
6	孔口距允许偏差	±50mm	测量、尺量	每环3根
7	孔深允许偏差	±500mm	测量、尺量	每环3根

喷射混凝土应达到的质量标准及检验方法见表5。

喷射混凝土质量检查验收表　　　　表5

序号	检查项目	质量要求	检查方法	检验数量
1	喷射混凝土24h强度	不应小于10MPa	拔出法或无底试膜法	同强度等级、每连续围岩一次
2	喷射混凝土强度	符合设计要求	制作试件、试验检测	同强度等级、每连续围岩一次
3	喷射混凝土的平均厚度	检查点数90%及以上不小于设计厚度	埋钉法、凿孔法、断面测量	每3～5m一次
4	密实度	应密实，无脱落、露筋、空鼓	观察、敲击、钻孔、雷达检测	全部
5	表面平整度	两突出物之间的深长比不大于1/20	测量、尺量	全部

锚杆应达到的质量标准及检验方法见表6。

锚杆质量检查验收表

表6

序号	检查项目	质量要求	检查方法	检验数量
1	种类、规格和长度	符合设计要求	观察、尺量	每循环不少于3根
2	数量	符合设计要求	计数	全部
3	胶结、锚固质量	锚固长度不小于设计长度的95%	检查施工记录、冲击弹性波法检测、拉拔或钻孔	每循环按设计数量10%检验，且不少于2根
4	锚固浆液的强度等级	符合设计要求	抗压强度试验	同一配合比、同一围岩段且不大于60m检验一次
5	孔口距允许偏差	±150mm	尺量	每循环按设计数量10%检验，且不少于3根
6	孔深允许偏差	±500mm	尺量	每循环按设计数量10%检验，且不少于3根
7	锚垫板	与基面密贴	观察	全部

钢筋网应达到的质量标准及检验方法见表7。

钢筋网质量检查验收表

表7

序号	检查项目	质量要求	检查方法	检验数量
1	种类、规格	符合设计要求	观察、尺量	全部
2	搭接	不小于一个网格	观察、尺量	全部

钢架应达到的质量标准及检验方法见表8。

钢架质量检查验收表

表8

序号	检查项目	质量要求	检查方法	检验数量
1	种类、规格和数量	符合设计要求	观察、尺量	全部
2	锁脚锚杆、连接筋	符合设计要求	观察、测量	全部
3	安装	不得侵入二次衬砌	观察、测量	全部
4	钢架底角基础	置于牢固基础、不得悬空	观察	全部
5	间距允许偏差	±100mm	测量、尺量	全部
6	横向位置	±20mm	测量、尺量	全部
7	垂直度	±1°	测量、尺量	全部
8	保护层厚度	符合设计要求	观察、尺量	全部

仰拱和填充应达到的质量标准及检验方法见表9。

仰拱和填充质量检查验收表

表9

序号	检查项目	质量要求	检查方法	检验数量
1	仰拱隧底	无虚渣、淤泥、积水和杂物	观察、留存影像资料	全部
2	混凝土厚度	符合设计要求	观察、测量	同一围岩浇筑段不少于两个横断面
3	钢筋规格、数量、安装	符合设计要求	观察、尺量	全部
4	横向坡度	符合设计要求	观察、测量	全部
5	电力、通信过轨等预埋件安装	符合设计要求	观察、测量	全部

序号	检查项目	质量要求	检查方法	检验数量
6	强度等级	符合设计要求	试验检测	按规定的取样数量和频率
7	抗渗等级	符合设计要求	试验检测	每500m一组试件（6个）
8	实体检测	混凝土密实、无空洞、杂物	地质雷达法、取芯法	每100m取芯一次，地质雷达法两条测线
9	顶面高程	±10mm	测量	每浇筑段1个断面，测点间距2m

拱墙衬砌应达到的质量标准及检验方法见表10。

拱墙衬砌质量检查验收表　　　　表10

序号	检查项目	质量要求	检查方法	检验数量
1	初期支护净空断面扫描	符合设计要求	全站仪或三维激光断面扫描	每浇筑段一次
2	边墙基底	无虚渣、杂物及淤泥	观察	全部
3	钢筋安装	符合设计要求	观察、尺量	全部
4	强度等级	符合设计要求	试验检测	按规定的取样数量和频率
5	抗渗等级	符合设计要求	试验检测	每500m一组试件（6个）
6	衬砌净空断面扫描	符合设计要求	全站仪或三维激光断面扫描	每浇筑段一次
7	混凝土实体强度	符合设计要求	回弹法、钻芯取样	每浇筑段一次，左右边墙、拱顶各取2个测区
8	混凝土实体厚度、密实度、钢筋数量	符合设计要求	地质雷达法、敲击法	全部
9	钢筋混凝土保护层厚度	符合设计要求	钢筋保护层检测仪	全部
10	接触网槽道安装	符合设计要求，距施工缝不小于1m	观察、尺量	全部
11	预埋件、预埋孔洞留置	符合设计要求	观察、尺量	全部
	外观质量	表面密实，无浮浆、露筋、蜂窝、孔洞	观察	全部

7）验收要求

支护各阶段的验收要求见表11。

支护各阶段验收要求表　　　　表11

序号	验收项目		验收时点	验收内容	验收人员
1	材料及构配件		材料进场后、使用前	材质、规格尺寸、焊缝质量、外观质量	项目物资、技术管理人员，班组长及材料员
2	超前支护	超前管棚	开挖施工前	规格、长度、施作位置、搭接长度、数量、丝扣连接、注浆压力及注浆量	项目试验人员、技术员，班组技术员，监理工程师
		超前小导管	开挖施工前	规格、长度、施作位置、搭接长度、数量、注浆压力及注浆量	项目试验人员、技术员，班组技术员，监理工程师

序号	验收项目		验收时点	验收内容	验收人员
3	初期支护	喷射混凝土	（1）开挖后初喷；（2）钢架完成后复喷	强度、厚度、平整度	项目试验人员、技术员，班组技术员，监理工程师
		锚杆	初期支护初喷后、复喷前	规格、长度、数量、锚固质量	项目试验人员、技术员，班组技术员，监理工程师
		钢筋网	初期支护初喷后、复喷前	规格、搭接长度、安装质量	项目试验人员、技术员，班组技术员，监理工程师
		钢架	初期支护初喷后、复喷前	规格、数量、间距、是否侵入二次衬砌、钢架底角是否悬空、钢架保护层厚度	项目试验人员、技术员，班组技术员，监理工程师
4	衬砌工程	仰拱	隧底开挖后、仰拱混凝土浇筑前	隧底虚渣、淤泥等杂物是否清除、钢筋规格、数量及安装质量、预埋件安装、模板	项目试验人员、技术员，班组技术员，监理工程师
		仰拱填充	仰拱混凝土浇筑后	电力、通信过轨管及预埋件安装、模板安装	项目试验人员、技术员，班组技术员，监理工程师
		二次衬砌	初期支护净空断面扫描后	衬砌钢筋安装质量、预埋件和预留孔洞、模板安装	项目试验人员、技术员，班组技术员，监理工程师

8）应急处置

（1）处置原则

施工过程中一旦发生险情或事故，应立即停止作业，切勿慌乱，切忌盲目施救，在保证自身安全的情况下按照处置措施要求科学开展施救，并及时向项目管理人员×××报告相关情况。

（2）处置措施

①失稳坍塌：在隧道掌子面和二次衬砌之间设置逃生通道，逃生通道选用直径为 100cm 钢管，长度为掌子面至二次衬砌间距离，以保证突发事故时，掌子面处的施工人员能顺利逃生。逃生通道内储备氧气瓶（装满氧气）、食物、水等物资，平时要做好物资检查，确保在发生事时能够及时使用。发生塌方时，施工人员要立即退出施工隧道，查点施工人员人数，并立即通知现场负责人，以确定是否有人因塌方被困隧道，在现场负责人的指挥下进行后续现场处理。

②触电事故：当发现有人触电时，应立即切断电源。若无法及时断开电源，可用干木棒、皮带、橡胶制品等绝缘物品挑开触电者接触的带电物，之后解开妨碍触电者呼吸的紧身衣服，检查口腔，清理口腔黏液并立即就地抢救，如触电者呼吸停止，应采用人工呼吸法抢救；如心脏停止跳动，应采用胸外心脏按压法抢救。

③火灾事故：当发生火灾时，要正确确定火源位置，火势大小，并迅速向外发出信号，及时利用现场消防器材灭火，控制火势大小；若火势无法控制，施工人员应及时撤离火区，同时向所在地公安消防机关报警，寻求帮助。

④其他事故：当发生高处坠落、起重伤害、机械伤害等事故后，应立即采取措施切断或隔断危险源，疏散现场无关人员，然后对伤者进行包扎等急救，向项目部报告后原地等待救援。

65 穿越富水浅埋段施工安全技术交底

交底等级	三级交底	交底编号	III-065
单位工程	苏家庄隧道	分部工程	洞身开挖
交底名称	**穿越富水浅埋段施工**	交底日期	年 月 日
交底人	分部分项工程主管工程师（签字）	审核人	工程部长（签字）
批准人	总工程师（签字）	确认人	专职安全管理人员（签字）
		被交底人	班组长及全部作业人员（签字，可附签字表）

1）施工任务

富水浅埋段隧道洞口段接近地表，受长期自然侵蚀作用，地质条件复杂，岩体风化严重或为土质、碎石土，结构松散破碎，强度较低，洞口位于低洼地段时，隧道洞口经常处于堆积体或滑坡体上，存在季节性水流，地下水较丰富，有大范围的卵石层或黏土层，其自身稳定性较差；或者隧道洞口地质条件尚好，但地形陡峭，因长期风化作用，洞顶上方可能存在危石，有可能发生崩坍。隧道与高边坡连接、桥隧相连，特别是在陡坡、软岩、浅埋、偏压、富水或者雨季施工等不利条件下，安全问题更为突出。

苏家庄隧道进口洞口段位于陕西省铜川市王益区与印台区交接处小河沟，小河沟地表水发育，流量较大，上游为北雷水库，坝高 10m，为土坝，水深 1m，该里程段最小埋深 15m，最大埋深 25m，通过洞身的主要支沟泉水出露较多，冲沟内为发育季节性流水。施工前根据相关要求完成地质勘探及超前地质预报工作，按照设计图纸及相关规范，结合现场实际情况进行安全技术交底，施工时选择秋冬季当地降雨量较小时进行。

2）工艺流程

地表监控点施作→地表防排水→边仰坡防护→湿陷性黄土处理→洞内监控点施作→超前管棚→洞身开挖→洞内引水管→初期支护施工。

3）作业要点

（1）地表监控点施作

地表监控量测项目主要包括洞外观察和地表沉降，同时对北雷水库加强监测（水位、水量），若发现异常，及时采取相应的处理措施，降低施工排水对水环境和周边居民用水的影响，对隧道周边未监测的其他水井也应引起重视，时刻关注其季节性降水变化情况，以便出现异常情况时，能及时采取措施，降低影响。

洞外观察重点应在洞口段和洞身浅埋段，记录地表开裂、地表变形、边坡及仰坡稳定状态，地表水渗漏情况等，同时还应对周围地面建（构）筑物进行观察。

地表沉降观测标用于监测地表下沉，采用φ22mm的钢筋，长60～70cm，一端打入地下，另一端露出地面10～20cm，周围用混凝土填实。外露顶端焊60mm×60mm×5mm钢板，钢板上贴50mm×50mm反射片，地表沉降点埋设如图1所示。。

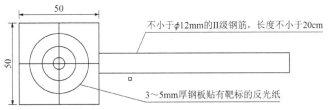

图1　地表沉降点埋设示意图（尺寸单位：mm）

隧道地表沉降测点应在隧道开挖前布设，地表沉降测点和隧道内测点应布置在同一断面里程，观测桩横向间距为2～5m，与线路方向成90°布置。在隧道中线附近测点应适当加密，隧道中线量测范围应不小于$H_0 + B$，地表有建筑物时，量测范围适当加宽。地表沉降测点纵向间距见表1。

地表沉降测点纵向间距　　　　　　　　表1

隧道埋深与开挖宽度	断面间距（m）
$2B < H_0 \leqslant 2.5B$	20～50
$B < H_0 \leqslant 2B$	10～20
$H_0 \leqslant B$	5～10

注：H_0为隧道埋深；H为隧道开挖高度；B为隧道开挖宽度。

（2）地表防排水

苏家庄隧道洞顶截水天沟采用Ⅱ形沟和Ｖ形沟，Ⅱ形沟适用于地面自然坡度较缓（坡度1:0.75）地段，Ｖ形沟适用于较陡处（坡度1:0.5）。为截排洞顶仰坡外地表水，使仰坡不受冲刷，在洞顶刷坡线外10m设截水沟，引至自然沟谷。

Ｖ形截水天沟示意如图2所示，Ⅱ形截水天沟示意如图3所示；截水沟沟底纵坡不小于3‰，沟底纵坡大于200‰段，应设置基座保持纵向稳定；水沟每隔5～10m设一道变形缝，缝宽2cm，缝内用沥青麻筋填塞。

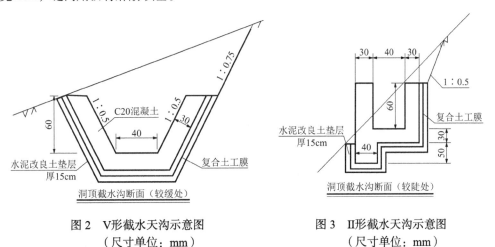

图2　Ｖ形截水天沟示意图
（尺寸单位：mm）

图3　Ⅱ形截水天沟示意图
（尺寸单位：mm）

（3）边仰坡防护

苏家庄隧道洞口边仰坡防护采取临时边仰坡防护和永久边仰坡防护两种防护形式。

临时边坡防护形式为锚杆＋钢筋网＋喷射混凝土。临时边坡开挖坡度检查合格后，先采用湿喷法初喷 5cm 厚 C25 混凝土，喷射作业应分段、分片，由下而上顺序进行，每段长度不超过 6m，初喷厚度不小于 4～6cm；锚杆采用 ϕ22mm 砂浆锚杆，长度为 3m，间距 1.5m×1.5m，梅花形布置，锚杆与岩面锚固牢靠；待锚杆孔内砂浆强度达到设计强度的 70% 后，铺挂 ϕ8mm 钢筋网片，钢筋网网格尺寸为 25cm×25cm，网片搭接为 1～2 个网格尺寸。

永久边仰坡防护采用 C25 混凝土骨架护坡，骨架内植草绿化。骨架、镶边、截水缘护脚均采用 C25 混凝土现浇，空心砖采用 C25 混凝土预制。骨架内铺设 C25 混凝土空心砖，空心砖内客土种植灌木进行边坡防护，种植灌木每平方米 4 株。截水缘与骨架分开浇筑，浇筑截水缘时，先在骨架内植入一排 ϕ12mm 钢筋，钢筋长 15cm，植入 8cm，外漏 7cm，钢筋间距 20cm，然后再浇筑截水缘。沿线路方向每隔 15.52m 设伸缩缝，缝宽 0.02m 缝内用沥青麻筋全断面填塞。骨架护坡及混凝土护肩每隔 100m 砌筑一道踏步，宽 0.6m，高 0.2m。

（4）湿陷性黄土处理

对于隧道工程范围内的湿陷性黄土，应根据地形地貌环境、浸水环境、隧道地基湿陷变形等级，因地制宜，遵循以封闭隔水、加强结构措施为主，地基处理为辅的原则，防止地基湿陷对隧道及其附属建筑产生危害。

①地表封闭处理：对于湿陷性黄土地层的隧道洞口，应将开挖线与隧道洞顶截水沟之间的地表并向洞外延伸不小于 10m 范围，采用三七灰土进行换填封闭，换填厚度 1m。若发现地表裂缝，应立即对裂缝进行封闭处理。

②黄土陷穴处理：若隧道含有黄土陷穴，施工前应对影响范围内的陷穴发育情况结合勘察资料进行核对和详细调查处理。对于查明的黄土陷穴，首先应做好陷穴周边的地表排水系统，隔断地表水流向陷坑，然后对陷穴进行回填封闭处理，其中对明陷穴采用三七灰土夯填处理，夯实分层厚度 20～30cm，并且高出原地面 10cm；对暗陷穴首先应查明陷穴出口，对出口采用三七灰土进行封堵处理，自地表向陷穴内压注黄土泥浆充填密实，最后表层 3m 范围内采用填三七灰土进行封闭隔水处理。

（5）超前管棚

在导向墙施工完成后，进行超前管棚的施作，采用 ϕ108mm 的管棚进行超前支护。

①钻孔

开钻前套拱上用红油漆对管棚编号，要求工整美观。钻孔采用管棚钻机进行，钻机平台的高度根据钻机的可调控范围以及钻孔顺序进行确定，由于钻机顺序按高孔位向低孔位进行，平台位置相应自上而下逐步降低，以满足钻孔需要。为了便于安装钢管，钻头直径采用 ϕ120mm，先施工奇数后偶数。

②顶进钢花管

管棚在安装前用高压风对孔内进行扫孔、清孔，清除孔内浮渣，确保孔径（孔径不得小于 120cm）、孔深符合要求，防止堵孔。管棚采用顶进安装，逐节接长，钢管采用丝扣连接。钢管接头按奇、偶数错开，纵向同一断面内的接头数不大于 50%，相邻钢管的接头至少须错开 1m。

③注浆

浆液采用水灰比为 1:1 的水泥浆液，注浆顺序原则上由低孔位向高孔位进行。首先对钢管进行单液注浆，初压 0.5～1.0MPa、终压 2.0MPa；注浆的顺序原则上由低向高依次进行，有水时从无水孔向有水孔进行，一般采用逐孔注浆。

（6）洞身开挖

苏家庄隧道进口 DK114＋797～DK114＋827 段开挖方法采用三台阶临时仰拱法，各部分台阶以人工风镐为主。掌子面由装载机装渣，自卸车运至洞外弃渣场。喷射混凝土料由搅拌站供应，喷射混凝土采用湿喷机施作。

工艺流程主要为：施工准备→超前地质预报→超前支护→上台阶开挖→上台阶初期支护＋临时钢架及喷射混凝土→中台阶开挖→拆除上台阶临时仰拱→中台阶初期支护→下台阶开挖→下台阶初期支护＋临时钢架→仰拱开挖＋初期支护→拆除下台阶临时仰拱→浇筑该段内Ⅴ部仰拱及隧底填充→浇筑Ⅵ部二次衬砌→监控量测→下一循环施工。

（7）初期支护

①排险初喷：采用七步三台阶预留核心土方法开挖施工，开挖出渣结束后对开挖面进行检查，如有超挖欠挖要及时处理。排险两步进行，首先采用挖掘机进行大范围排险，然后将开挖台车推行至掌子面位置，采用人工钢钎小范围排险，排险保证无危石掉块隐患后，使用湿喷机喷射 C25 混凝土 4～6cm 覆盖找平。

②测量放样：使用后方交会设置测站，采用全站仪准确测定拱顶中心、拱腰、边墙拱脚位置，并用红油漆分别标出安装高程及位置，保证钢架安装准确，净空尺寸满足设计要求。

③钢拱架安装：钢拱架提前在钢筋加工厂预制，采用Ⅰ25a 工字钢，每榀间距 0.5m，连接钢板采用 15mm 厚钢板，M27mm×80mm 螺栓连接。具体参数详见Ⅵ级围岩地段复合式衬砌Ⅵa 型断面钢架设计图。

④系统锚杆施工：系统锚杆采用φ22mm 砂浆锚杆，长 4m，拱墙位置全部布设，间距（环×纵）1.2m×1.0m；锚垫板采用 Q235 钢，尺寸 150mm×150mm×6mm，并冲压成碟形；锚固砂浆 M20。

钻孔前由测量人员在初喷面上采用油漆标记锚杆位置，钻孔与其所在部位岩层的主要结构面或初喷面垂直，深度大于锚杆设计长度 10cm（即 4.1m）。锚杆安装前，采用人工或高压风、水清除孔内积水和岩粉、碎屑等杂物。

注浆时先湿润管路，然后再将已调好的砂浆倒入泵内，将注浆管插至距孔底 5～10cm 处，打开阀门开始注浆，在压力推动下，水在前，砂浆在后，水湿润泵体和管路，引导砂浆进入锚孔中，随水泥砂浆的注入缓慢匀速拔出，注浆压力保持在 0.3MPa，压注砂浆时密切注意压力表，一次拌制砂浆数量不应多于 3 个孔，以免时间过长使砂浆在泵管中凝结。

注浆结束后迅速将杆体插入并安装到位。若孔口无水泥砂浆溢出，应将杆体拔出重新灌注后再安装锚杆，锚杆杆体插入孔内的长度不小于设计长度的 95%（3.8m），锚杆安设后，不得随意敲击。最后安装垫板，垫板用螺帽上紧并与喷层面紧贴，未接触位置必须楔紧，安设完成后，再进行下部工序施工。

⑤超前小导管：超前小导管由钢筋加工厂预制，采用壁厚为 3.5mm 的φ42mm 无缝钢管，单根长 3.5m，设置范围拱部 140°，环向间距 40cm，外插角 10°～15°，纵向 2m 一环，每环 46 根。

施工采用引孔顶入法时，用气腿式风枪进行钻孔，钻孔深度 3.5m，钻机安装应平稳，钻孔作业中应经常检查、校正钻杆方向，一次成孔。钻孔过程中，若风枪移动、偏斜等，立即停止，调整风枪后继续钻孔，保证钻孔角度不偏位。

钻孔结束后使用高压风枪对孔内杂土进行清理。对钻孔进行验收，检查孔深、孔径、钻孔数量、外插角是否合格，报现场质检工程师、监理工程师验孔。

钻孔检查合格后，用气腿式风枪将小导管顶入孔中，或者直接用锤击插入钢管，顶入长度不少 90%（3.15m），小导管从型钢腹部钻孔处穿过，小导管无需外漏，最后将小导管尾端与钢拱架腹部焊接牢固。小导管安设后，用塑胶泥封堵孔口及周围裂隙，必要时在小导管附近及工作面喷射混凝土，与钢架共同组成预支护体系。黄土隧道超前不用再次注浆。

⑥复喷混凝土：复喷混凝土前预埋件已施工完成并验收合格，本交底不再详述。复喷混凝土与初喷采用相同的 C25 喷射混凝土，设计厚度为 15cm。

喷射混凝土作业采用分段、分片、分层依次进行，喷射顺序自下而上先喷钢架与壁面间混凝土，再喷射两榀钢架之间混凝土，分段长度不大于 6m。边墙喷射混凝土从墙脚开始向上喷射，使回弹不致裹入最后喷层。分层喷射时，后一层喷射在前一层混凝土终凝后进行，一次喷射的最大厚度：拱部不得超过 10cm，边墙不得超过 15cm。喷嘴与受喷面间距离宜 0.6～1.8m，喷射角度以 90°为宜。

喷射完成后检查复喷表面平整度，发现基面存在凹洼，及时进行补喷，保证喷射混凝土表面平整。喷射混凝土终凝 2h 后，及时进行喷水养护，养护时间不少于 7d。

4）安全风险及危害

穿越富水浅埋段隧道施工过程中存在的安全风险见表 2。

穿越富水浅埋段施工安全风险识别 表 2

序号	安全风险	施工过程	致险因子	风险等级	产生危害
1	失稳坍塌	洞身开挖	（1）开挖后未进行地质确认； （2）超前地质预报不及时； （3）台阶法施工上下台阶距离过大，仰拱、二次衬砌与开挖面距离超限； （4）洞内或地面出现裂纹，未立即通知作业人员撤离； （5）不良地质隧道未在钢架基脚或分部开挖基脚等处设置注浆锁脚锚杆（管）； （6）未进行超前地质预报、监控量测	I	施工作业人员群死群伤
		初期支护	（1）支护不合格、围岩失稳； （2）支护损坏、变形； （3）软弱围岩立柱下无垫板； （4）紧急情况时人员未撤出	II	
2	物体打击	洞身开挖	（1）作业地段光照度不足； （2）未及时清理拱顶危石，支护不合格； （3）台车上堆放物体掉落； （4）爆破后未排险	II	施工作业人员死亡或重伤
		初期支护	（1）松动围岩附落； （2）喷浆管质量差、爆裂； （3）风管接头松动； （4）喷浆操作不符合规定	III	
		个人防护	防护用品佩戴不规范	III	
3	高处坠落	初期支护	（1）高处作业无防护； （2）平台无栏杆或栏杆过低	III	高处及下方人员死亡或重伤
		二次衬砌	（1）平台无栏杆或栏杆过低； （2）跳板安装不牢或无防滑措施； （3）工作台超重坍塌； （4）平台上运输物料时坠落	III	

序号	安全风险	施工过程	致险因子	风险等级	产生危害
4	车辆伤害	洞身开挖	（1）非操作人员操作机械； （2）运输车辆倒车无警示； （3）作业地段光照度不足	III	周边作业人员及受其影响人员死亡或重伤
		出渣运输	（1）装渣机械回转范围内有人停留； （2）装渣运输车辆偏载、超载、无挡板； （3）非作业人员进入装渣作业区域； （4）人员扒车、追车、违规搭车； （5）人员与满载运渣车辆抢道； （6）运输道路平整度差； （7）道路、线路堆放废渣和杂物； （8）未设置倒车限位装置； （9）栈桥两端搭接长度不足； （10）雨雪天道路湿滑； （11）车辆制动装置及安全装置失效； （12）司机违规操作		
5	中毒窒息	洞内作业	（1）有害气体超标； （2）通风不良或无备用风机； （3）尘毒作业环境未戴相关的防护用具	III	洞内作业人员中毒或窒息
6	触电	二次衬砌	振捣器等电动工具漏电	IV	作业人员触电死亡或重伤
7	火灾	二次衬砌	气焊作业未采取防火措施	II	受火灾影响群死群伤

5）安全风险防控措施

（1）防控措施

为防范以上安全风险，需严格落实各项风险防控措施，详见表3。

穿越富水浅埋段施工安全风险防控措施　　　　表3

序号	安全风险	措施类型	防控措施	备注
1	失稳坍塌	质量控制	（1）施工前及时进行超前地质预报，开挖后进行地质确认； （2）严格按照设计、规程及验标要求，进行隧道开挖及支护作业，保证开挖进尺及安全步距符合设计规范要求； （3）隧道开挖须连续循环作业，若因故停工，停工前须对掌子面进行检查并制定专项措施予以封闭，停工7天以上时，复工前项目部须组织人员对掌子面安全状态进行核查确认； （4）严格按照规程要求进行隧道监控量测及沉降观测	
		管理措施	（1）做好安全技术交底，严格按照隧道地面处理及开挖支护验收程序； （2）严格按照地表监测、沉降观测等监控量测内容，位移变形超标时及时通知上级并按要求进行现场处置； （3）受雨季影响后，及时进行二次验收； （4）按要求设计应急物资箱及安全逃生通道，定期检查	
2	物体打击	安全防护	（1）按规范设置洞内各部位照明设施； （2）开挖后及时按要求进行初喷排险作业，并按规范进行初期支护； （3）作业台车上严禁存放堆放各种材料，施工时随用随运随取	
		管理措施	（1）做好安全技术交底，为工人配发合格的安全带、安全帽等劳保用品，培训正确穿戴使用； （2）做好安全防护设施的日常检查维护，发现损坏及时修复	

序号	安全风险	措施类型	防控措施	备注
3	高处坠落	安全防护	（1）各种作业台车按要求设计防护栏杆； （2）临边高处设置安全警示标识标志； （3）二次衬砌台车按厂家设计规范进行加固搭设平台； （4）作业台车施工时严禁超载超重	
		管理措施	（1）做好安全技术交底，按规范进行作业台车验收； （2）做好日常安全巡查，临边设施不满足要求时及时整改	
4	车辆伤害	安全防护	（1）按规范设计要求检查验收仰拱栈桥运输平台，栈桥两端搭接长度满足设计要求； （2）平整运输道路，及时清理道路上的落石及杂物； （3）设置倒车限位装置； （4）设置车辆反光标识及警示标志； （5）设置道路交通标识标志，专人指挥车辆作业； （6）加强安全教育培训提，做好人车分离	
		管理措施	（1）做好安全技术交底，按相关要求检查车辆、司机相关证件； （2）定期对司机进行安全培训教育，严禁超载运输，违规作业； （3）定期检查车辆车况，按要求对车辆进行备案检查	
5	中毒窒息	安全防护	（1）按要求配备通风器材，风带破损及时更换修补； （2）加强通风，对有毒有害气体进行检测； （3）按规定使用个人防护物品	
		管理措施	（1）加强通风管理，设专职人员控制通风开关； （2）加强培训教育，配备相关劳动保护用品	
6	触电	安全防护	按要求进行相关电路布设，选用合格的管材、线材和设备	
		管理措施	加强用电排查，做好安全教育培训	
7	火灾	安全防护	（1）洞内需焊接作业时，进行挡护作业； （2）洞内按要求设置灭火器，声光报警器等消防器材	
		管理措施	（1）洞内禁止使用明火，必须使用明火时，按要求签署动火令； （2）洞内不得存放堆放易燃易爆物品，相关物品使用完毕后及时清理出洞； （3）加强火灾意识培训教育，每日进行消防巡查，定期进行消防安全检查	

（2）工作纪律

除落实以上安全风险防控措施外，还应严格遵守以下工作纪律。

①防护用品：作业人员正确佩戴使用安全帽、安全带，正确穿戴防滑鞋及紧口工作服。

②班前讲话：每日上工前，由班组长开展班前讲话，将当日作业内容、存在的安全风险及危害、防范措施、作业要点等告知全部作业人员。

③工前检查：每日班前讲话后，对工人身体状态、防护用品穿戴、现场作业环境等进行例行检查，发现问题及时处理。

④维护保养：做好安全防护设施、安全防护用品、台车设备机具等的日常维护保养，发现损害或缺失，及时修复或更换。

6）质量标准

截水沟应达到的质量标准及检验方法见表4。

截水沟质量标准及检验方法　　　　　　　　　　　表 4

序号	项目	允许偏差（mm）	检验数量	检验方法
1	水沟净度	+30		尺量
2	水沟高度	−10	每 20m 水沟抽检 1 处	尺量
3	沟身结构厚度	−10		尺量

洞身开挖应达到的质量标准及检验方法见表 5。

洞身开挖质量检查验收表　　　　　　　　　　　表 5

序号	检查项目	质量要求	检查方法	检验数量
1	开挖断面的中线和高程	符合设计要求	测量	每一开挖循环检查一次
2	开挖轮廓尺寸	符合设计要求，最大欠挖值不大于 50mm，且每 1m² 不大于 0.1m²	观察、测量	每一开挖循环检查一次
3	地质情况	有地基承载力设计要求时应符合设计要求	地质描述，留存影像资料	每一开挖循环检查一次

超前管棚应达到的质量标准及检验方法见表 6。

超前管棚质量检查验收表　　　　　　　　　　　表 6

序号	检查项目	质量要求	检查方法	检验数量
1	钢管种类、规格和长度	符合设计要求	观察、尺量、影像资料	全部
2	施作位置、搭接长度和数量	符合设计要求	测量、计数、影像资料	全部
3	钢管接头数量	同一断面内不大于钢管总数量的 50%	观察、尺量	全部
4	注浆浆液配合比	符合设计要求	配合比试验报告	同性能、同原材料、同施工工艺的浆液检验不少于 1 次
5	注浆压力、注浆量	符合设计要求	施工记录、观察	全部

初期支护应达到的质量标准及检验方法见表 7。

初期支护质量检查验收表　　　　　　　　　　　表 7

序号	工程部位	内容	质量要求	检验方法	检验数量
1		种类、规格、长度	符合设计要求	观察、测量	每循环检验 3 根
2	超前小导管	位置、搭接长度、数量	符合设计要求	观察、测量	每循环检验 3 根
3		与支撑结构连接	符合设计要求	观察	全数检查
4		注浆压力	符合设计要求	施工记录、观察	全数检查
5	喷射混凝土	24h 强度	> 10MPa	拔出法、无底试模法	同强度、同围岩等级检查一次
6		厚度	平均符合设计要求，检查 90%不小于设计厚度	埋钉法、凿孔法、断面测量	每 3～5m 检查一次

序号	工程部位	内容	质量要求	检验方法	检验数量
7	锚杆	种类、规格、长度	符合设计要求	观察、尺量	每循环检验3根
8		安装数量	符合设计要求	计数	全数检查
9		锚固质量、长度	质量符合设计要求，长度不小于设计的95%	施工记录、冲击弹性波法检测	每循环检验 10%（不少于2根）
10		浆液强度	符合设计要求	抗压强度试验	同强度、围岩等级检查一次（＜60m内）
11	钢筋网	种类、规格	符合设计要求	观察、尺量	全数检查
12		搭接长度	不小于1个网格	观察	全数检查
13	钢拱架	种类、规格、数量	符合设计要求	观察、尺量	全数检查
14		安装位置、连接部位	符合设计要求	观察、测量	全数检查
15		拱脚无悬空	符合设计要求	观察	全数检查

7）验收要求

穿越富水浅埋段施工各阶段的验收要求见表8。

穿越富水浅埋段各阶段验收要求表　　　　　表8

序号	验收项目		验收时点	验收内容	验收人员
1	原材料		原材料进场后、使用前	材质、规格尺寸、焊缝质量、外观质量	项目物资、技术管理人员，班组长及材料员
2	台车模板		台车安装完成后	规格尺寸、焊缝质量、安装质量、外观质量	项目物资、技术管理人员，班组长及材料员，台车厂家技术人员
3	洞口截水沟	基底	垫层施工前	基底平整度	项目技术员，班组技术员
		沟身	沟身混凝土浇筑前	沟身位置、规格、尺寸	项目技术员，班组长及技术员
4	洞身开挖		洞身开挖后	详见洞身开挖质量检查验收表	项目技术员、测量人员，班组长及技术员
5	超前管棚		（1）定位后钻孔前；（2）成孔后；（3）安装钢筋笼前；（4）注浆过程中；（5）注浆完成后	详见超前管棚质量检查验收表	项目技术员、测量人员，班组长及技术员
6	初期支护		（1）钢筋网、钢拱架安装后；（2）超前小导管、系统锚杆安装前；（3）喷射混凝土完成后	详见初期支护质量检查验收表	项目技术员、试验测量人员，班组长及技术员

8）应急处置

（1）处置原则

施工过程中一旦发生险情或事故，应立即停止作业，切勿慌乱，切忌盲目施救，在保证自身安全的情况下按照处置措施要求科学开展施救，并及时向项目管理人员×××报告相关情况。

（2）处置措施

①失稳坍塌：在隧道掌子面和二次衬砌之间设置逃生通道，逃生通道选用直径为 100cm 钢管，长度为掌子面至二次衬砌间距离，以保证突发事故时，掌子面处的施工人员能顺利逃生。逃生通道内储备氧气瓶（装满氧气）、食物、水等物资，平时要做好物资检查工作，确保在发生事故时能够及时使用。发生塌方时，施工人员要立即退出施工隧道，查点施工人员人数，并立即通知现场负责人，以确定是否有人因塌方被困隧道，在现场负责人的指挥下进行后续现场处理。

②触电事故：当发现有人触电时，应立即切断电源。若无法及时断开电源，可用干木棒、皮带、橡胶制品等绝缘物品挑开触电者接触的带电物，之后解开妨碍触电者呼吸的紧身衣服，检查口腔、清理口腔黏液，如触电者呼吸停止，应采用人工呼吸法抢救；如心脏停止跳动，应采用胸外心脏按压法抢救。

③火灾事故：当发生火灾时，要正确确定火源位置，火势大小，并迅速向外发出信号，及时利用现场消防器材灭火，控制火势大小；若火势无法控制，施工人员应及时撤离火区，同时向所在地公安消防机关报警，寻求帮助。

④其他事故：当发生高处坠落、物体打击、车辆伤害等事故后，周围人员应立即停止施工，并撤离危险区域，采取措施切断或隔断危险源，疏散现场无关人员，然后对伤者进行包扎等急救，向项目部报告后原地等待救援。

附件：《VI级围岩地段复合式衬砌VIa型断面钢架设计图》（略）。

66 穿越溶洞区施工安全技术交底

交底等级	三级交底	交底编号	III-066
单位工程	DK312＋232.5 大山坡隧道	分部工程	分修段
交底名称	**穿越溶洞区施工**	交底日期	年　　月　　日
交底人	分部分项工程主管工程师（签字）	审核人	工程部长（签字）
批准人	总工程师（签字）	确认人	专职安全管理人员（签字）
		被交底人	班组长及全部作业人员（签字，可附签字表）

1）施工任务

　　大山坡隧道位于盐津南-彝良北区间，DK315＋080～DK315＋749 段为分修左线隧道，左右线间距 13.374～19.388m；YDK315＋079.003＝(DK315＋080)－YDK315＋760 段为分修右线隧道，左右线间距 13.374～19.507m；左线隧道出口里程为 DK315＋749，右线隧道出口里程为 YDK315＋760，左线分修段长 669m，右线分修隧道长 680.997m。左、右线出口分别接新左、右线中桥。

　　DK313＋860～DK315＋760、YDK315＋079.003～YDK315＋765 段隧道通过泥盆系下统边箐沟、坡脚组灰岩、砂岩夹页岩，洞身靠近地层底部，整体岩溶及岩溶水弱发育，但隧道开挖遇到贯通性较好的节理裂隙或岩溶管道时，上部岩溶水可能会进入洞身，从而发生涌突水事故。

2）工艺流程

　　隐伏岩溶施工工艺流程如图1所示。

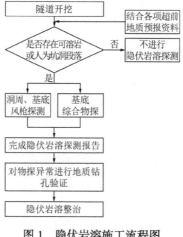

图 1　隐伏岩溶施工流程图

474

3）作业要点

（1）施工准备

根据岩溶地质条件，采取不同的探测方法组合模式。探测方法包括岩溶测量及素描、风枪探测、物探法和地质钻孔验证。原则上，隧道洞周主要采用风枪探测，在岩溶强烈发育区或风枪探测发现异常时，以地质雷达法作为辅助，对洞周进行进一步探测；隧道基底主要采用物探法进行探测，对发现异常的岩溶区采用地质钻孔进行检验。

（2）探测方法

①岩溶测量及素描

对隧道隧底及洞周发现的溶蚀沟槽、溶洞（腔）、裂隙发育带、地下水发育段等进行测量，绘制洞壁、拱顶、隧底岩溶平、剖面图。素描工作应在测量图件的基础上进行，并完成数码摄影，准确测量岩溶暗河（泉）、涌突水点、涌突泥点的位置，观测初次涌水量，每次降雨后的涌水量及对应的降雨量。

②风枪探测

风枪探测，在隧道洞周及基底布置一定数量的风枪探孔，对隧道周边一定深度范围内的隐伏岩溶发育情况进行定量探测。风枪探孔孔位布置如图2所示。

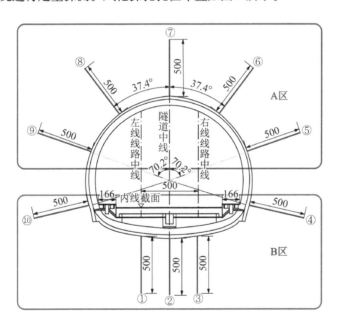

图2　隧道洞周及基底风枪探孔示意图（尺寸单位：mm）

钻孔探测相关技术要求具体如下：

探孔断面按照线路方向每5m布设一环，每环布设10个探孔。探孔分别布设在拱顶、左右拱腰、左右边墙中部、左右边墙墙脚、隧底左右线线路中线和隧底轴线中心处；探孔深度不小于5m，径向施工；风枪探孔应随隧道开挖及时施工，在仰拱施作前完成；每循环风枪探孔须及时记录探孔地层岩性及钻进特征，形成探孔记录表。钻进特征包括：钻进速度及变化情况（包括有无突进等）、岩粉或混合体颜色、遇水部位、水量、水压、是否充填及充填物成分等。当探孔发现地质异常时，应根据探测的地质情况适当加密加深探孔数量，进一步探明隐伏岩溶洞穴的分布范围及与隧道的空间位置关系。如果现场施工条件允许，可一次施工全环的钎探；条件不允许，可以分为 A 区和 B 区分开施作，B 区应在仰拱开挖后至钢筋和防水板安装前施作，B 区 4 号和 10 号点不能在矮边墙浇筑后进行，此时矮边墙位置防水板已安装，钎探会破坏防水板。

③物探法

物探法沿隧道轴线方向在左线、右线及两线间分别布置一条测线进行探测，站场、多线地段根据具体情况适当增加测线数量。对探测发现的物理异常地段或部位应加密测线进行详探，查明异常体的深度、范围、走向、填充情况等，必要时检验钻孔或开挖。采用的物探法主要包括：地质雷达法、地震映像法、电测深法。

a.地质雷达法

地质雷达法是一种高效、直观、连续、无破坏性、分辨率高的物探方法，提供的资料图件为连续时间（深度）剖面图，对溶洞的分布范围、埋深、大小一目了然。考虑隧底基本为基岩，电磁波穿透深度较大，其探测深度要满足探测要求。

b.地震映像法

地震映像法又称高密度地震勘探或地震多波勘探，是基于反射波法中的最佳偏移距技术发展起来的一种地球物理勘探方法。

c.电测深法

电测深法是在地表某点令测量电极不动，按一定规律不断加大供电极距，从而研究地表某点下方电性垂向变化的一种电阻率勘探方法。

④钻探法

对物探探测发现的岩溶异常地段或部位，必要时布置地质钻孔予以验证。当物探确定岩溶异常具备下列条件之一时，应进行钻孔验证：

a.基底以下较大岩溶异常顶板完整灰岩厚度 < 5m。

b.完整灰岩顶板厚跨比 < 0.5 或不完整灰岩顶板厚度 < 5 倍溶洞高度。

c.开挖揭示岩溶并且与岩溶异常存在连续分布。

d.岩溶异常直径或高度范围较大。

e.岩溶异常可能为地下水径流、排泄或地表水入渗通道。地质钻孔验证工作按物探异常类别针对性开展，工程数量暂按线路每 500m 布置 1 孔（当段落长度小于 500m 时，至少保证 1 孔），孔深 15m 考虑，现场钻探验证如遇有岩溶洞穴，则钻孔穿透溶洞底板进入完整基岩不少于 5m。

（3）探测施工

①隧道洞周及基底探测实施方案

隧道隐伏岩溶探测受到各类工程施工活动的影响以及场地条件的限制，工作难度较大，因此，应当根据探测目的及探测方法的适用性，在隧道仰拱施作前、后两个阶段分别选用适宜的探测方法开展岩溶探测，充分发挥各种方法的优势，高效、优质地开展工作。本次探测工作，采用"岩溶测量及素描 + 风枪探孔 + 物探 + 验证钻探"的综合探测方法。

②探测流程

隧道洞周及基底隐伏岩溶探测应随隧道施工及时进行，分段完成阶段性隐伏岩溶探测报告，针对物探异常，采用地质钻孔进行验证，隐伏岩溶探测报告和钻孔验证情况必须及时提交相关单位。

（4）隐伏岩溶整治

隐伏岩溶段开挖施工缩短进尺，保证安全步距。

加强施作隐伏岩溶段落支护措施，根据每段围岩级别及时调整，例如：大山坡隧道右线小里程 YDK315＋263～YDK315＋255 段按图纸施作，全环设置工18 型钢钢架，间距由 0.8m 调整为 0.6m，超前支护采用ϕ42mm 小导管，每环 22 根，纵向间距 3.2m/环，4.5m/根，台阶法施工。

加强初期支护系统排水，根据处理措施增设引排水管，后期接入衬砌排水系统，例如：预留 3 根ϕ200mm 双壁打孔波纹管，波纹管外裹土工布，将岩溶引排至侧沟。

必要时预留回填注浆管，准备后期溶洞回填注浆，例如：采用 C20 混凝土回填至拱顶以上 2m，回填混凝土并吹填 1m 厚中粗砂。

（5）环境风险管控

隧道进口左侧设置变压器，牵引高压线，按照地方电力部门工作人员要求，设置警戒区。施工过程中，服从电力部门工作人员指挥，非电力作业人员禁止靠近安全警戒区。

4）安全风险及危害

隐伏岩溶探测过程中存在的安全风险见表1。

隐伏岩溶探测施工安全风险识别　　　　表1

序号	安全风险	施工过程	致险因子	风险等级	产生危害
1	坍塌、突泥突水	洞身开挖	（1）不按设计的图纸施工，改变开挖方法； （2）开挖后未进行地质确认； （3）超地质预报不及时； （4）岩溶地段开挖前未按设计完成预加固； （5）岩溶地段地质与设计不符擅自施工； （6）岩溶地段钻孔作业前，未超前钻孔探测； （7）岩溶地段爆破开挖时，未严格控制开挖进尺； （8）台阶法施工上下台阶距离过大，仰拱、二次衬砌与开挖面距离超限； （9）未进行超前地质预报、监控量测； （10）岩溶地段开挖后未及时进行支护	I	施工作业人员群死群伤
2	机械伤害		（1）钻岩机支架不稳； （2）风钻操作不当； （3）非操作人员操作机械； （4）在残眼上施钻； （5）作业地段光照度不足	III	架体上方作业人员死亡或重伤 架体下方人员死亡或重伤
3	物体打击		（1）高处作业平台临边防护未设置或设置不合理； （2）平台上运输物料时掉落； （3）工作台超重坍塌； （4）围岩落石高空坠落	III	架体下方人员死亡或重伤
4	触电		（1）未使用安全电压； （2）焊把线与回路零线没有双线到位，借用金属管道、脚手架、轨道等作回路	III	人员死亡或重伤
5	火灾		无安全防火装置	I	施工作业人员群死群伤

5）安全风险防控措施

（1）防控措施

为防范以上安全风险，需严格落实各项风险防控措施，详见表2。

岩溶段落施工安全风险管控措施表				表 2
序号	安全风险	措施类型	防控措施	备注
1	坍塌、突泥突水	安全防护	（1）优化施工方法，控制开挖进尺和安全步距； （2）加强支护措施； （3）必要时采用超前预注浆加固围岩； （4）加强监控量测，合理确定二次衬砌施工时机	
		管理措施	（1）要采取"预防为主、疏堵结合、注意保护环境"的原则； （2）加强超前地质预测预报工作	
2	机械伤害	管理措施	（1）加强现场过程检查； （2）进行安全教育培训，技术交底工作； （3）做好日常检修工作； （4）严格遵守安全操作规程	
3	物体打击	安全防护	（1）架体搭设过程中，及时挂设安全平网； （2）工人作业时穿戴防滑鞋，正确使用安全带； （3）作业平台跳板满铺且固定牢固，杜绝探头板； （4）作业平台封闭围护，规范设置防护栏及密目网	
		管理措施	（1）为工人配发合格的安全带、安全帽等劳保用品，培训正确穿戴使用； （2）做好安全防护设施的日常检查维护，发现损坏及时修复	
4	触电	安全防护	（1）使用安全电压； （2）保证电线等材料进场合格	
		管理措施	（1）按照设计图纸和产权单位标识做好调查； （2）加强用电排查，做好安全教育培训； （3）严格按用电要求进行作业	
5	火灾	管理措施	做好防火检查	

（2）工作纪律

除落实以上安全风险防控措施外，还应严格遵守以下工作纪律。

①防护用品：作业人员正确佩戴使用安全帽、安全带，正确穿戴防滑鞋及紧口工作服。

②班前讲话：检测施工前，由班组长开展班前讲话，将当日作业内容、存在的安全风险及危害、防范措施、作业要点等告知全部作业人员。

③工前检查：每日班前讲话后，对工人身体状态、防护用品穿戴、现场作业环境等进行例行检查，发现问题及时处理。

④维护保养：做好安全防护设施、安全防护用品、起重设备机具等的日常维护保养，发现损害或缺失，及时修复或更换。

6）质量标准

岩溶段落施工应达到的检验方法及质量标准见表 3~表 6。

岩溶段落施工超前地质钻探表				表 3
序号	适用条件	钻探类型	主要手段	备注
1	可溶岩垂直渗流带或季节变动带、富水断层带、非煤系地层瓦斯区段	ZT2	贯通施作超前不取芯钻孔 1 孔	
2	可溶岩季节变动带、水平径流、深部缓流带	ZT5	（1）贯通施作不取芯钻孔 1 孔（需设置关水阀门）； （2）在地质调查、物探、超前钻探等异常段补充实施 3 孔（需设置关水阀门）作为定位，其中 1 孔设置测压装置，必要时可设置取芯钻孔	按 50%段落长度计列补充施作的 3 孔工作量（其中 1 孔取芯）

岩溶段落施工超前地质预报物探表　　　　表4

序号	适用条件	物探类型	物探方法	实施方法	备注
1	断层带、岩溶弱～中等发育地段、瓦斯区段	WT2	地震波＋地质雷达法	（1）地震波反射法全断拉通施作；（2）在地质调查法、地震波反射法、超前钻探法等存在异常段落补充施作地质雷达法	设计时按40%段落计列地质雷达法工作量
2	富水断层带、岩溶强烈发育地段、高压富水段	WT3	地震波＋地质雷达法＋瞬变电磁法	（1）地震波反射法全断拉通施作；（2）在地质调查法、地震波反射法、超前钻探法等存在异常段落补充施作地质雷达法及瞬变电磁法	设计时各按40%段落计列地质雷达法和瞬变电磁法

穿越溶洞区检测施作质量检查验收表　　　　表5

检测方法	检查项目		质量要求	检测方法	检测数量
弹性波反射法检测	接收器孔	数量	2个，位于隧道左、右边墙（各1个），位置对称	查看	全部
		直径	φ50mm	尺量	全部
		深度	2m	尺量	全部
		定向	垂直隧道边墙，向上倾斜5°～10°	尺量	全部
		高度	距地面（隧底）高1m	尺量	全部
		位置	距开挖工作面约55m	尺量	全部
	钻孔	数量	18～24个，位于构造走向与隧道轴向交角为锐角的一侧边墙，第一个钻孔靠近掌子面	查看	全部
		直径	φ45～50mm	尺量	全部
		深度	1.5m	尺量	全部
		定向	垂直隧道边墙，向下倾斜10°～20°（便于用水充填钻孔）	尺量	全部
		高度	距地面（隧底）高1m	尺量	全部
		位置	距同侧接收器孔15～20m布置第1个钻孔，各个钻孔的间距为1.5m	尺量	全部
超前地质钻探	ZT2	数量	1孔	查看	全部
		位置	掌子面中心位置	尺量	全部
		深度	≥30m	尺量	全部
		定向	一般地段立角宜控制在3°～5°，富水岩溶发育区超前地质钻孔应终孔于隧道开挖轮廓线以外5～8m，外插角控制在13°～20°	尺量	全部
	ZT3	数量	3孔	查看	全部
		位置	呈等腰三角形布置，孔距开挖轮廓线1.5～2m	尺量	全部
		其他要求	深度、定向同ZT2	尺量	全部
	ZT5	数量	4孔	查看	全部
		位置	1号～3号孔呈等腰三角形布置，孔距开挖轮廓线1.5m～2m，4号孔布置在掌子面中心位置	尺量	全部
		其他要求	深度、定向同ZT2	尺量	全部
地质雷达	施作面		平整度	查看	全部

7）验收要求

穿越溶洞区检测施作各阶段验收要求

表6

序号	验收项目	验收时点	验收内容	验收人员
1	弹性波反射法检测	检测施作前、检测施作时	施作检测孔的位置、数量、深度、角度；孔内用药量和填充水量	项目安全、技术管理人员，班组长、班组技术员及爆破员
2	地质雷达法检测	检测施作前	检测面平整度、排险情况	项目技术员，班组长
	瞬变电磁	检测施作前	检测作业区交叉作业情况	项目技术员，班组长
3	超前地质钻探	钻探施作前、施作时	钻孔布置、角度、数量、深度	项目技术员、测量人员，班组长及技术员

8）应急处置

（1）处置原则

施工过程中一旦发生险情或事故，应立即停止作业，切勿慌乱，切忌盲目施救，在保证自身安全的情况下按照处置措施要求科学开展施救，并及时向项目管理人员×××报告相关情况。

（2）处置措施

①失稳坍塌：在隧道掌子面和二次衬砌之间设置逃生通道，逃生通道选用直径为 100cm 钢管，长度为掌子面至二次衬砌间距离，以保证突发事故时，掌子面处的施工人员能顺利逃生。逃生通道内储备氧气瓶（装满氧气）、食物、水等物资，平时要做好物资检查工作，确保在发生事故时能够及时使用。发生塌方时，施工人员要立即退出施工隧道，查点施工人员人数，并立即通知现场负责人，以确定是否有人因塌方被困隧道，在现场负责人的指挥下进行后续现场处理。

②触电事故：当发现有人触电时，应立即切断电源。若无法及时断开电源，可用干木棒、皮带、橡胶制品等绝缘物品挑开触电者接触的带电物，之后解开妨碍触电者呼吸的紧身衣服，检查口腔，清理口腔黏液并立即就地抢救，如触电者呼吸停止，应采用人工呼吸法抢救；如心脏停止跳动，应采用胸外心脏按压法抢救。

③火灾事故：当发生火灾时，要正确确定火源位置，火势大小，并迅速向外发出信号，及时利用现场消防器材灭火，控制火势大小；若火势无法控制，施工人员应及时撤离火区，同时向所在地公安消防机关报警，寻求帮助。

④其他事故：当发生物体打击、机械伤害等事故后，周围人员应立即停止施工，并撤离危险区域，采取措施切断或隔断危险源，疏散现场无关人员，然后对伤者进行包扎等急救，向项目部报告后原地等待救援。

67 高地温隧道施工安全技术交底

交底等级	三级交底	交底编号	III-067
单位工程	彝良隧道 1 号斜井工区	分部工程	
交底名称	高地温隧道施工	交底日期	年　月　日
交底人	分部分项工程主管工程师（签字）	审核人	工程部长（签字）
批准人	总工程师（签字）	确认人	专职安全管理人员（签字）
		被交底人	班组长及全部作业人员（签字，可附签字表）

1）施工任务

彝良隧道 1 号斜井全长 1582m，承担正洞左线施工任务 5118.9m，右线施工任务 4967m。本隧道 DK320＋900～DK327＋500（YDK320＋910～YDK327＋500）段穿越高地温段，实测洞身范围温度超过 28℃，实测洞身范围最高温度为 39.31℃。该段洞身岩性为志留系中统大路寨组（S_2d）泥灰岩、钙质泥岩夹灰岩、砂岩。其中，大路寨组（S_2d）地层为该高地温段储热层，地下热能的赋存形式为热水型，该段 6.6km 范围隧道最大涌水量为 7775m³/d。

2）工艺流程

施工准备→打设测温孔→温度量测→温度记录→降温（通风、洒水、局部制冷）→施工作业。

3）作业要点

隧道高地温段施工时，一般可采用通风降温、洒水降温，空调局部制冷以及设置冷却站通冷风的措施来降温。根据彝良隧道高地温情况，结合现场实际，为了保证隧道正常施工，彝良隧道 1 号斜井工区主要采用加强通风降温和洞内喷雾洒水降温相结合的降温措施，同时合理调整隧道施工工序作业时间的综合施工技术。

（1）温度量测技术

为预防洞内高地温灾害的发生，掌子面进入高地温段施工后，立即安排专职人员开始对洞内环境温度、掌子面附近岩石温度及洞内地下水温进行测量观察。

①洞内环境温度量测。每循环由现场专职安全员采用干球温度计、WBGT（湿球黑球温度）指数测定仪直接测量洞内不同施工工序条件下的作业环境温度、湿度情况，环境温度测点不得太靠近围岩，每个工序施工均进行测量。同时，应对洞内掌子面附近 100m 范围内正在使用的施工机械设备（如装载机、挖掘机、自卸汽车、电焊机组、运输车辆等）名称、数量、功率进行统计。

②岩温量测。需记录测量里程位置或段落、温度值。施工过程中高地温段落施作测温断

面，每 50m 一个测温断面，每个断面测温孔数不少于 2 孔，均布于隧道测温断面两侧，同侧测温孔孔间距不小于 1m，钻孔仰角 5°～10°，深度不小于 3m，成孔 2h 以后方可对岩温进行测量。测温孔需连续测温，至测温孔处进行二次衬砌施工，每天测温次数不少于 3 次（含早、中、晚三组数据）。此外，每循环炮孔选取不少于 3 孔优先施作，在成孔 2h 后进行测温，选取炮孔呈等腰三角形均匀分布。岩温测量采用专用岩温测量仪。

③洞内地下水温测量。采用普通温度计测试地下水温度，需记录测量出水点的位置或段落、温度值、洞内地下水分布情况等，测量掌子面超前水平钻孔孔口、加深炮孔孔口或掌子面裂隙出水处地下水温度（成孔 30min 以后测量），水温测试的里程位置尽量与岩温、环境温度的位置相同。每个出水点连续测温，直至出水点二次衬砌施工，每天测温次数不小于 3 次（含早、中、晚三组数据）。水温量测时，温度计每次放入水中时间不小于 3 分钟，确认温度不变后进行读数，量测位置应避免处于初期支护范围内，避免因施工因素干扰水温量测。

（2）加强洞内通风技术

彝良隧道 1 号斜井工区采用单机单管风管压入式通风，共分为两个阶段。其中第一阶段为通风开始阶段。此时在距离 1 号斜井洞口 20m 处，架设 1 台穿山甲 SDZ-125 轴流风机，通过一根 ϕ1.8m 的螺旋焊接风管，将新鲜空气送入斜井，直至掌子面附近 10m 范围内，把有防尘降温作用的喷雾风机安放在风管的出风口附近，降低洞内温度。

第二阶段为彝良隧道 1 号斜井与正洞贯通后。此时在距离 1 号斜井洞口 20m 处，架设 4 台穿山甲 SDZ-125 轴流风机，各通过一根 ϕ1.8m 的螺旋焊接风管至 1 号斜井与正洞连接处，此处风管连接 ϕ2.0m 的螺旋焊接风管将新鲜空气分别送入正洞掌子面 10m 范围内，通过衬砌台车及挂板台车用大小头变换为 ϕ1.5m 风管，通风示意如图 1 所示。

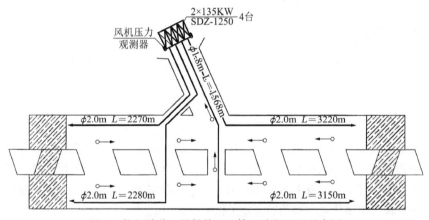

图 1　彝良隧道 1 号斜井工区第二阶段通风示意图

（3）洒水降温技术

①高地温地段开挖面洒水降温：利用进洞高压水管和助压水泵，每工作面安装 6 个高压喷头，采用大量水对开挖面进行喷洒降温，同时起到降尘作用。隧道开挖爆破后，立即对新开挖揭露的岩渣、岩面进行喷洒地下水降温，降低岩渣的温度，减缓岩渣和岩面向空气中大量散热，减少热源，有效降低洞内的空气温度，为优化作业环境创造条件。

②高地温地段初期支护面洒水降温：为了降低高地温对隧道施工的影响，在高压水管上间隔 50m 焊接球阀，接橡胶软管，安装高压水枪，对初期支护面喷洒冷水降低隧道内环境温度。同时配置 2 台洒水车，对高地温地段初期支护面进行有效的喷雾洒水，每班配备 2 人，

保证喷洒面湿润，直至温度不再上升，从而达到降温的目的。

（4）高温度地下水排出洞外技术

高温热水是恶化洞内施工环境的主要热源之一，一旦高温热水涌出，将导致洞内气温升高、湿度增大。在洞内高地温地段仰拱端头与掌子面之间设置 3m×3m×2m（长×宽×高）集水坑并安装两台 15kW 水泵配置直径 100mm 消防软管通至洞内移动泵站内，再由移动泵站排至三号水仓污水池内。集水坑专门汇集洞内高地温地段地下水和洒水降温用水，当水温比洞内平均空气温度高时，采用机械排出，防止水温散热进入空气导致洞内空气温度上升，排水管采用有一定绝热的软质 PVC 管道。

4）安全风险及危害

①高地温隧道施工时，最易导致现场作业人员中暑。中暑症可分为热痉挛症、热虚脱症和热射症三种类型，其症状及处置如下：

a. 热痉挛症：由于出汗过多，体内的水分、盐类丧失而引起。其主要症状为：在作业中和作业后，发作性肌肉痉挛和疼痛。对此症应采取充分地摄取水和盐类予以缓解症状。

b. 热虚脱症：由于循环系统失调而引起。其主要症状为：血压降低、速脉、水脉、头晕、头痛、呕吐、皮肤苍白、体温轻度上升。采取的措施是，对器官有异常的人员严禁参加施工；对有症状者增加补水次数，并在阴凉处静卧休息。

c. 热射症：由于体温调节中枢失调，体温上升。其主要症状为：体温高、兴奋、乏力和皮肤干燥等。采取的措施，对高温不适应者应避免在洞内进行重体力劳动，在高温施工地段采用冷水喷雾等方法降温，必要时可对患者采取医疗急救处置。

②隧道内高温高湿环境也会导致机械工作条件恶化，装载机、运渣车等易出现水箱开锅、频繁熄火、爆胎等故障，机械效率降低，使用寿命降低。

5）安全风险防控措施

（1）防控措施

①根据隧道内高温程度、劳动强度和劳动效率，确定合理的工作时间，禁止患有高血压、心脏病人员参加劳动。

②疲劳、空腹、睡眠不足、醉酒等容易诱发中暑，对此类施工人员禁止参加洞内体力劳动。

③施工现场值班室配备冰柜，并存放一定数量的冰块，以方便对中暑工人降温使用。

④对每个施工作业人员分发一定数量的防治中暑药物，如清凉油、风油精、藿香正气水等。

⑤加强设备防护，高地温地段温度的升高可造成设备性能降低和橡胶部件的提前老化。

⑥加强施工机具的保养和维护，采取喷雾洒水、水箱内注入冷水等措施，防止施工机具因高温造成制动性能减弱、爆胎等故障。

⑦高地温隧道施工时，加强超前地质预报，探明热源，并进行风温预测。超温地点采取加强通风、放置冰块、洒水等降温措施。

⑧钻爆作业时，孔内岩体温度应低于爆破器材安全使用温度。当通风、洒水等措施难以降低孔内温度时，采取向炮孔注冷水等措施降低孔内温度。

（2）工作纪律

除落实以上安全风险防控措施外，还应严格遵守以下工作纪律。

①防护用品：作业人员正确佩戴使用安全帽、安全带，正确穿戴防滑鞋及紧口工作服。

②班前讲话：每日上工前，由班组长开展班前讲话，将当日作业内容、存在的安全风险及危害、防范措施、作业要点等告知全部作业人员。

③工前检查：每日班前讲话后，对工人身体状态、防护用品穿戴、现场作业环境等进行例行检查，发现问题及时处理。

④维护保养：做好安全防护设施、安全防护用品、起重设备机具等的日常维护保养，发现损害或缺失，及时修复或更换。

6）应急处置

（1）处置原则

施工过程中一旦发生险情或事故，应立即停止作业，切勿慌乱，切忌盲目施救，在保证自身安全的情况下按照处置措施要求科学开展施救，并及时向项目管理人员报告相关情况。

（2）处置措施

当发现有工人因高地温中暑，现场立即采用以下急救方法：

①立即将病人移到通风、阴凉、干燥的地方，如值班室、洞外调度室。

②使病人仰卧，解开衣领，脱去或松开外套。若衣服被汗水湿透，应更换干衣服，同时开电扇或开空调（避免直接吹风），以尽快散热。

③用湿毛巾冷敷头部、腋下以及腹股沟等处，有条件的话用温水擦拭全身，同时进行皮肤、肌肉按摩，加速血液循环，促进散热。

④意识清醒的病人或经过降温清醒的病人可饮服绿豆汤、淡盐水，或服用人丹、十滴水和藿香正气水（胶囊）等解暑。

⑤一旦出现高烧、昏迷抽搐等症状，应让病人侧卧，头向后仰，保持呼吸道通畅，同时立即拨打120电话，求助医务人员给予紧急救治。

路　基　篇

68 高边坡开挖施工安全技术交底

交底等级	三级交底	交底编号	III-068
单位工程	路基工程	分部工程	高边坡
交底名称	高边坡开挖施工	交底日期	年　月　日
交底人	分部分项工程主管工程师（签字）	审核人	工程部长（签字）
批准人	总工程师（签字）	确认人	专职安全管理人员（签字）
		被交底人	班组长及全部作业人员（签字，可附签字表）

1）施工任务

本标段全线路基主要为高边坡路堑，主线 K112＋172～K112＋559 左侧、K114＋247～K114＋454 右侧、K114＋458～K114＋561 左侧，最大挖深 69.21m，最高边坡为九级边坡（图 1），边坡防护形式有路堑墙、坡面（拱形骨架）绿色防护、土工合成材料等，路堑开挖防护设计情况见附件《×××段路基设计图》。

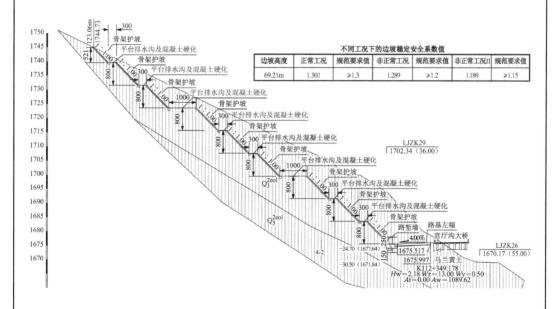

不同工况下的边坡稳定安全系数值

边坡高度	正常工况	规范要求值	非正常工况I	规范要求值	非正常工况II	规范要求值
69.21m	1.301	≥1.3	1.289	≥1.2	1.189	≥1.15

图 1　深挖路堑边坡示意图（尺寸单位：mm）

2）工艺流程

施工准备→测量放线→边坡稳定检查→坡顶截水天沟砌筑→土方开挖→边坡修整→修筑缓冲平台→边坡防护→下一级边坡直至坡脚。

3）作业要点

（1）施工准备

开挖前，按设计资料，定出开挖边线，场地清理完成后，应重测地面高程，并将新的横断面图报监理工程师签认后，方可开挖。如有地形与实际不符的情况，施工单位要及时通知建设单位、监理单位及设计单位进行现场确认，确认后再进行开挖施工。对于直接挖弃路堑段的原地面，清除表层 30cm 耕植土，清除地表主要树木、杂草、树根等杂物，对道路沿线路基范围内的生活垃圾应全部清除至路基范围外，清除的腐殖土单独存放，以备弃土场恢复和防护时使用，充分体现施工环境保护和文明施工的原则。

（2）测量放样

项目部测量人员依照设计图纸，利用全站仪、水准仪首先对整段线路进行精测，路堑开挖之前，组织测量放样道路中线桩、路堑底边桩、开挖线和用地范围，测量组进行路堑开挖线桩位放样和堑顶截水沟位置放样，用白灰撒出开挖边线和截水沟位置，放样过程中换手复核。施工队对刷坡线定位桩进行加固保护，并做出醒目标识。

（3）稳定性监测准备

为检测边坡开挖施工稳定性，测量放样后，进行稳定性监测准备，主要分为三种形式。一是设置边坡变形观测墩，根据深挖路堑边坡长度情况，按照 30～50m 间距进行埋设于断面边坡坡口线外 2m 处；二是进行施工安全监测，根据深挖路堑边坡长度情况，沿路线中轴线按照 30～50m 间距埋设变形观测点于各级开挖平台坡脚处，在安全监测同时辅以人工巡查，如坡顶、坡面、坡脚裂缝、变形，边坡渗水情况，监测点维护等；三是边坡处置效果监测，主要包括深部位移监测、锚索应力监测等，由专业第三方机构监测完成。

（4）坡顶截水天沟砌筑

边坡开挖前先施作矩形截水沟，截水沟距开口线应 ≥5m。截水沟基础开挖后，平整沟底，保证宽度及平顺。施工沟底 10cm 后 4% 水泥土垫层，4% 水泥土采用在路基上集中拌和，现场检测含水率，控制在最佳含水率±2% 的范围，然后装袋运至施工现场，人工配合小型机具对沟底水泥土进行夯实、整平，然后铺设复合土工膜再浇筑 C25 现浇混凝土。

（5）土方开挖

土方开挖自上而下进行，每级边坡开挖完成，先施工平台排水沟及边坡防护，将坡面流水引至截水沟，及时施工坡面防护，确保边坡稳定，严禁乱挖、超挖，严禁掏洞取土。开挖时距设计边坡线留有一定的宽度，用人工配合整修边坡，以确保边坡稳定、平顺、整齐，边坡坡度符合设计要求。

边坡采用分级边坡，宽台缓坡形式，每级坡比 1：1，每一级边坡高度采用 8m 分级，除第 3 级、第 6 级平台宽度为 10m，其余平台宽度均 3m。根据现场地形可采用挖掘机配自卸汽车，从高至低一层一层往下开挖，每层开挖深度控制在 2.5～3m 为最佳，先开挖至距设计坡面线 50～100cm 处，后用机械修坡，坡面线禁止超挖。

开挖过程中经常检查边坡位置，防止边坡部位超挖和欠挖，边坡部位预留厚度不小于 20cm 土层，采用人工配合机械进行边坡修整，并紧跟开挖进行。施工中及时测量，开挖至边坡平台时，预留不小于 20cm 保护土层，待人工施作平台及其上截水沟时开挖，排水沟采用 C25 现浇混凝土浇筑，每 10m 设一道缝宽 2cm 沥青水泥砂子伸缩缝（沥青：水泥：砂子 = 1：1：4），表面做成向外侧 4% 的排水坡。防护紧跟开挖，随挖随护。刷坡修整随时检查堑坡

路基篇

坡度，避免二次刷坡造成不必要的浪费。坡面坑穴、凹槽中的杂物清理后，填补平整。

路床开挖到距离设计高程 30cm 时，如不能连续作业，应保留 30cm 保护层，在路床基底碾压前用装载机迅速铲除；路床施工前应先开挖排水沟，防止边坡雨水蔓延至路床部分；合理利用挖方材料至填筑地段，弃方运至规定弃土场堆放；开挖时，如发现土层性质有变化，及时通知试验人员取土进行相关的试验检测；严格控制边坡率，边开挖边修整、防护，防止雨水冲刷影响边坡的稳定性。

（6）边坡修整

边坡应从开挖面往下分段修整，每下挖 2~3m，宜对新开挖边坡刷坡，同时清除边坡内存在的松动土体及埋藏的孤石。边坡修正采用人工及机械配合，边坡修整每 20m 一个断面，曲线段取 10m 一个断面，修整边坡应以放样的各个断面为准，如此修整下去。修整的坡面应平整且稳定无隐患，局部凹凸差不大于 15cm。刷坡修整随时检查边坡坡度，路堑开挖边坡率要符合设计要求，检验数量为沿线路纵向每 50m 单侧边坡抽样检验 8 点，上、下部各 4 点，检验方法为吊线尺量计算或坡度尺量。

（7）修筑缓冲平台及平台排水沟

边坡修整后修筑缓冲平台（图 2），修筑缓冲平台宽度严格按照设计要求修整，平整缓冲平台底，保证宽度及平顺。施工缓冲平台底铺设 10cm 厚 4% 水泥土垫层，4% 水泥土采用在路基上集中拌和，现场检测含水率，控制在最佳含水率±2% 的范围，然后装袋运至施工现场，人工配合小型机具对缓冲平台底水泥土进行夯实、整平，然后铺设复合土工膜再浇筑 C25 现浇混凝土。排水构筑物开挖的位置、断面尺寸和沟底纵坡应符合设计要求，所有排水沟渠的开挖，从下游出口向上游开挖。为减少坡面冲刷，路堑边坡平台结合路堑边坡防护形式设置平台排水沟，平台排水沟采用 U 形现浇混凝土，出口顺接急流槽排入边沟。缓冲平台排水沟如图 2 所示。

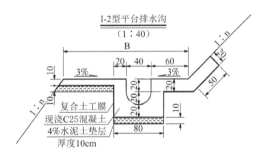

图 2　缓冲平台排水沟示意图（尺寸单位：cm）

（8）边坡防护施工

边坡施工中，拱形骨架的镶边石采用预制安装法施工，根据现场施工进度，统一规划，提前安排预制。预制件采用集中预制、养护，达到设计强度后，运至现场进行安装。边坡施工要紧跟路基边坡开挖，开挖一级，防护一级，现浇片石混凝土及现浇混凝土在现场施工，预制混凝土块根据施工计划提前预制，施工时进行安装。现场采用边坡统一放线，分段同时施工，增加施工人员及机具，使坡面防护尽早完成，避免开挖后的坡面长期暴露。边坡防护形式主要有拱形骨架植草防护、实体护面墙、路堑墙防护。

（9）施工控制点及注意事项

对坡面中出现的坑穴、凹槽杂物进行清理，填补平整。黄土路堑坡顶 10m 距离内的地面坑洼进行填平，以确保路堑边坡的稳定。开挖两侧时，确保各层有独立的出土道路和临时排水设施；开挖过程中，根据设计图纸，用全站仪放样，定出开挖线的位置，确定路基轮廓，及时纠正偏差，确保每挖 5m 深进行一次控制复测工作。高边坡路堑开挖施作中要注意保护坡顶，弃土或其他材料应堆放在开挖线外不小于 5m 的位置；高边坡路堑开挖以边开挖边防护为方针；高边坡路堑开挖第一次开挖时预留不小于30cm 的保护层来减少雨水的冲刷和下渗；在逐级开挖到坡中平台高程时，用挖掘机配合人工刷坡，并开始做防护，对已完成坡面及时支挡和封闭。高边坡路堑开挖裂缝的处理办法：边坡上出现的无害裂缝，须及时进行灌浆处理，以避免冲刷而引起滑坡；边坡上出现的有害裂缝，应提出处理措施报监理工程师批准。在高边坡路堑开挖过程中，观察坡面的土体变化，观察边坡的地下水渗出情况，渗出的水一般为地面水下渗，地表水可由堑顶以外的裂隙渗入土体，在施工时，对边坡要加强监测。为保证施工安全，除加强边坡监测外，还要对高边坡外侧坡面进行巡视检查，对发现的地面裂隙、冲沟及坑洞等及时进行回填夯实，防止地表水下渗。

4）安全风险及危害

高边坡开挖施工过程中存在的安全风险见表1。

高边坡开挖施工安全风险识别　　　　　　　　　　表1

序号	安全风险	施工过程	致险因子	风险等级	产生危害
1	失稳垮塌	边坡开挖、防护施工	（1）经现场踏勘或开挖后，出现原来没有发现的老滑坡或潜在滑坡等新的情况、出现不利于边坡稳定的地质变化等； （2）施工工序不正确，边坡开挖后与加固防护工程时间间隔太长、预计开挖施工之前没有采取有效防排水措施； （3）突发崩塌或滑坡等特大地质灾害	I	边坡失稳作业人员群死群伤
2	高处坠落	边坡开挖、防护施工	（1）无安全带、安全绳等； （2）违章作业、操作不当、安全自保意识不强、开挖施工机械操作不当，不系安全带	II	人员坠落死亡或重伤
3	机械伤害	边坡开挖施工	（1）机械设备不配套、带问题运转； （2）司机违章作业、操作不当； （3）机械挖土作业时有人员进入挖土作业半径内	III	人员死亡或重伤

5）安全风险防控措施

（1）防控措施

为防范以上安全风险，需严格落实各项风险防控措施，详见表2。

高边坡开挖施工安全风险防控措施　　　　　　　　表2

序号	安全风险	措施类型	防控措施	备注
1	边坡失稳	质量控制	（1）在施工前进行实地调查、及早发现老滑坡、潜在滑坡等新情况，完善设计方案和工程措施；在施工过程中及时检测、掌握地质信息，避免边坡失稳事故发生； （2）在滑坡体上开挖土方应按照从上向下开挖一级加固一级的顺序施工，对滑坡体加固可按照从滑体边缘向滑体中部逐渐推进加固、分段跳槽开挖施工，当开挖一级边坡仍不能保证稳定时，应分层开挖分层加固； （3）土质边坡开挖应避开雨季施工； （4）有加固工程的土质边坡在开挖后应在 1 周内完成加固，其他类型边坡开挖后应尽快完成加固工程，不能及时完成加固的应暂停开挖； （5）按设计要求建立边坡变形观测； （6）完善突发灾害应急处理预案	

序号	安全风险	措施类型	防控措施	备注
2	高处坠落	安全防护	（1）高边坡上作业人员应系安全带，施工人员身体不适、喝酒后不得上高边坡作业；大风、大雨、浓雾和雷电时应暂停作业； （2）边坡上施工机械，应与边缘保持足够的安全距离。出现不稳定现象（如裂缝、局部塌方）时，及时撤退；下雨、停工休息时机械撤到安全区域停放妥当	
		管理措施	（1）为工人配发合格的安全带、安全帽等劳保用品，培训正确穿戴使用； （2）做好安全防护设施的日常检查维护，发现损坏及时修复	
3	机械伤害	管理措施	（1）加强现场管控安全教育。人员不在机械作业范围内交叉施工，上方机械挖土施工下方不得有人。挖土机的铲斗不能从运土车驾驶室顶上越过，不得用铲斗载人； （2）施工车辆保证良好状况；合理确定土方装运顺序和行驶路线；人车不混行；维修加固运土道路；大风、大雨、浓雾、雷电天气时应暂停施工	

（2）工作纪律

除落实以上安全风险防控措施外，还应严格遵守以下工作纪律。

①防护用品：作业人员正确佩戴使用安全帽，正确穿戴绝缘手套、防滑鞋及紧口工作服等。

②班前讲话：每日上工前，由班组长开展班前讲话，将当日作业内容、存在的安全风险及危害、防范措施、作业要点等告知全部作业人员。

③工前检查：每日班前讲话后，对工人身体状态、防护用品穿戴、现场作业环境等进行例行检查，发现问题及时处理。

④维护保养：做好安全防护设施、安全防护用品、机械设备机具等的日常维护保养，发现损害或缺失，及时修复或更换。

⑤其他。

开挖土方的操作人员之间，必须保持足够的安全距离，横向间距不小于2m，纵向间距不小于3m。弃土下方和有滚石危及范围内的道路，应设警告标志，作业时坡下严禁通行。会车时应轻车让重车，通过窄路、十字路口、交通繁忙地段及转弯时，应注意来往行人及车辆。重车运行，前后两车间距必须大于5m；下坡时，间距不小于10m，并严禁车上乘人。车道应有专人维修，悬崖陡壁处应设防护拦杆。大型机械进场前，应查清所通过道路、桥梁的净宽和承载力是否足够，否则应先予拓宽和加固。机械在边坡、边沟作业时，应与边缘保持必要的安全距离，使轮胎（履带）压在坚实的地面上。配合机械作业的清底、平地、修坡等辅助工作应与机械作业交替进行。机上、机下人员必须密切配合，协同作业。当必须在机械作业范围内同时进行辅助工作时，应停止机械运转后，辅助人员方可进入。

6）质量标准

在施工过程中，按照表3要求进行边坡监测。

边坡监测项目及内容　　　　　　　　表3

序号	监测项目	观测内容	基本要求
1	坡顶地面调查	边坡开挖过程中至交工验收前，应对坡顶定期调查，主要调查地表土体有无裂缝发生，有裂缝发生时记录裂缝产生的时间、深度、连通性、充水状况等的发展变化情况	要及时排除裂缝中的水并封堵裂缝，防止地下水下渗，并根据实际情况研究边坡的稳定性

序号	监测项目	观测内容	基本要求
2	边坡坡面调查	边坡开挖过程中应记录开挖面的地质剖面,观测坡面岩层产状,节理发育状况及地下水出露情况,若遇到有结构面组合不利于边坡稳定,地面上涌出等情况应及时现场讨论研究边坡稳定性及应急措施	每段高边坡均应观测,详细做好记录;有异常情况应加密观测次数并取样试验
3	观测标测量	开挖过程中至交工验收前,应定期进行各观测点的平面及高程监控量测(精确至mm);发现位移、沉降异常情况,应加密观测次数	所利用的固定观测桩应稳定,观测到变形连续增加时,应认真研究边坡的稳定性,采取必要的应急措施

路堑边坡变坡点位置、边坡及侧沟平台位置、宽度允许偏差见表4。

路堑边坡变坡点位置、边坡及侧沟平台的允许偏差　　　　表4

序号	检验项目	允许偏差	检验数量	检验方法
1	变坡点位置	±100mm	沿线路纵向每 100m 单侧边坡各抽样检验 5点	水准仪测或尺量
2	平台位置	±100mm		水准仪测或尺量
3	平台宽度	±50mm		尺量

注:变坡点按路肩以上高度计,平台位置以平台顶面高程计。

高边坡施工应达到的质量标准及检验方法见表5。

高边坡施工质量检查验收表　　　　表5

序号	检查项目	规定值或允许偏差	检验方法和频率
1	边坡坡度	满足设计要求	每200m 测 4点
2	平台位置	±100mm	水准仪测或尺量
3	平台宽度	±50mm	尺量:每200m 测 4处
4	边坡坡面	表面无松土且平顺	观测

7) 验收要求

高边坡开挖及防护施工各阶段的验收要求见表6。

高边坡开挖及防护施工各阶段的验收要求　　　　表6

序号	验收项目	验收时点	验收内容	验收人员
1	截水天沟	截水天沟开挖完成、混凝土浇筑后,土方开挖前	开挖深度、宽度、坡度及混凝土厚度、排水坡等	项目测量、技术人员,班组长及技术员
2	土方开挖	土方开挖过程中、刷坡完成后	开挖高度、坡比、平整度、临时排水等	项目物资、技术、试验人员、班组长及材料员
3	边坡防护	边坡防护施工过程中及完成后	边坡防护尺寸、间距、混凝土强度等	项目技术、试验人员,班组长及作业人员
4	缓冲平台	缓冲平台施工过程中及完成后	缓冲平台坡度、平整度、宽度、排水沟坡度等	项目技术、试验人员,班组长及作业人员

8）应急处置

（1）处置原则

施工过程中一旦发生险情或事故，应立即停止作业，切勿慌乱，切忌盲目施救，在保证自身安全的情况下按照处置措施要求科学开展施救，并及时向项目管理人员×××报告相关情况。

（2）处置措施

①边坡失稳：当出现失稳征兆时，发现者应立即通知塌方影响作业区域人员撤离现场，并及时报告项目部进行后期处理。

②其他事故：当发生高处坠落、起重伤害、机械伤害等事故后，周围人员应立即停止施工，并撤离危险区域，采取措施切断或隔断危险源，疏散现场无关人员，然后对伤者进行包扎等急救，向项目部报告后原地等待救援。

附件：《×××段路基设计图》（略）。

69 路基土石方爆破安全技术交底

交底等级	三级交底	交底编号	III-069
单位工程	区间路基	分部工程	路堑开挖
交底名称	**路基土石方爆破施工**	交底日期	年　月　日
交底人	分部分项工程主管工程师（签字）	审核人	工程部长（签字）
批准人	总工程师（签字）	确认人	专职安全管理人员（签字）
		被交底人	班组长及全部作业人员（签字，可附签字表）

1）施工任务

区间路基××＋×××－××＋×××，路基长××m、宽×m，施工现场山高地陡，开挖难度较大，根据岩石的类别、风化程度、岩层产状、岩体断裂构造、施工环境等确定开挖方案，采用土石方爆破施工。

2）工艺流程

爆破区及四周环境调查→炮位设计及报批→根据爆破设计方案采用人工或机械打眼→炮孔检查或废渣清理→装药并安装引爆器材→炮孔堵塞→撤离引爆区域→发出引爆信号后引爆→检查和清理瞎炮、测定爆破效果。

3）作业要点

①爆破区及四周环境调查

开工前对土石方需要爆破的地段进行全面调查，查清爆破所处的位置、地形，有无障碍物等。如空中有缆线，应查明其平面位置和高度；还应调查地下有无管线，如果有管线，应查明其平面位置和埋设深度；同时应调查开挖边界线外的建筑物结构类型、完好程度、距开挖界距离，确保空中缆线、地下管线和施工区边界处建筑物的安全。

②炮位设计及报批

根据爆破方案确定最有利的爆破位置及炮眼的布置。

③根据爆破设计方案采用人工或机械打眼

炮孔标定必须按照设计好的爆破参数准确地在爆破体上进行标识，不能随意变动。

设计位置：布孔前应先清除爆破体表面积土和破碎层，根据施工测量确定的边坡线，从边坡光面爆破孔开始标定，然后进行其他孔位的布置，布孔完成后，应认真进行校核，实际的最小抵抗线应与设计的最小抵抗线基本相符。

在钻孔过程中，应严格控制钻孔的方向、角度和深度，特别是边坡光面爆破孔的倾斜度应符合设计要求。孔眼钻进时应注意地质的变化情况，并做好记录，遇到夹层或与表面石质有明显差异时，应及时同技术人员进行研究处理，调整孔位及孔网参数。钻孔完成后，及时清理孔口的浮渣，清孔采用胶管向孔内吹气，吹净后，应检查炮孔有无堵孔、卡孔现象，以及炮孔的间距、眼深、倾斜度是否与设计相符，若和设计相差较多，应对参数适当调整，如果可能影响爆破效果或危及安全生产，应重新钻孔。先行钻好的炮孔用编织袋将孔口塞紧，防止杂物堵塞炮孔。

④炮孔检查或废渣清理

炮孔验收的主要内容有：检查炮孔深度和孔网参数；复核前排各炮孔的抵抗线；查看孔中含水情况。在炮孔验收过程中发现堵孔、深度不够时，应及时进行补钻。

⑤装药并安装引爆器材和炮孔堵塞

装药前，要仔细检查炮孔情况，清除孔内积水、杂物。装药过程中应严格控制药量，把炸药按每孔的设计药量分好，边装药边测量，以确保装药密度符合要求。为确保能完全起爆，起爆体应置于炮孔底部并反向装药。

炮孔堵塞：炮孔堵塞长度取炮孔直径的12～20倍，现场可根据炮孔间距和高度调整。

⑥撤离引爆区域、发出引爆信号后引爆

施爆前，先规定醒目清晰的爆破信号，并发布通告，及时疏散危险区内的人员、牲畜、设备及车辆等，对附近的建筑物采取保护、加固措施，并在危险区周围设警戒。起爆前15min，由指挥发布起爆准备命令，爆破站做最后一次验收检查和安全检查，如无新情况发生，在接到起爆命令后立即合闸施爆。起爆后应迅速拉闸断电，起爆后15min，由指定爆破作业人员进入爆破区内进行安全检查，确认无拒爆现象和其他问题后，方能解除警戒。

⑦检查和清理瞎炮、测定爆破效果

爆破后超过15min方准检查人员进入爆区，如果发现或怀疑有拒爆药包，应向现场指挥汇报，由其组织有关人员做进一步检查；如果发现存在其他不安全因素，应尽快采取措施进行处理。在上述情况下，不应发出解除警戒信号。

⑧环境风险管控

爆破地段有碎石，爆破前应清理所有碎石，防止爆破炸起的飞石砸伤人员，爆破地段设立安全警戒线，树立无关人员禁止入内安全警示牌，使所有的人员和机具保持在安全距离内。

4）安全风险及危害

路基土石方爆破过程中存在的安全风险见表1。

路基土石方爆破施工安全风险识别表 表1

序号	安全风险	施工过程	致险因子	风险等级	产生危害
1	火药爆炸	火工品运输	（1）未经培训的人员参与运输； （2）非专用车运输； （3）穿化纤衣服作业； （4）作业期间动用明火或无线设备； （5）交接班时间运输炸药； （6）未在30min内安装炸药	I	引发爆炸造成人员死亡或重伤
		火工品存储	（1）未经培训的人员管理库房； （2）无防雷、防静电、防火盗措施； （3）库房位置不合理	I	
		爆破	（1）未经培训的操作人员； （2）未按规定进行装卸	I	

序号	安全风险	施工过程	致险因子	风险等级	产生危害
2	盲炮	盲炮清理与确认	（1）盲炮记录错误； （2）未在规定时间和范围进行盲炮拆除	I	引发爆炸造成人员死亡或重伤
3	物体打击	爆破物飞溅	（1）装药方式不当，用料使用错误造成爆破物飞溅； （2）施工场地碎石未清理干净造成爆破物飞溅	II	引发爆炸造成人员死亡或重伤
4	机械伤害	潜孔钻机	（1）不正确的防护及违章作业； （2）潮湿作业	III	机械作业造成人员死亡或重伤
5	警戒	吊运物料	（1）警戒防护不到位，人员误入； （2）爆破后时间不足30min，人员进入爆破区域； （3）无警戒标识	III	引发爆炸造成人员死亡或重伤
6	降噪、降尘	爆破	（1）降噪、降尘措施不到位，影响当地居民； （2）降噪、降尘措施不到位，影响周围环境	IV	造成环境污染

5）安全风险防控措施

（1）防控措施

为防范以上安全风险，需严格落实各项风险防控措施，详见表2。

路基土石方爆破施工安全风险防控措施表　　　　表2

序号	安全风险	措施类型	防控措施	备注
1	火药爆炸	安全防护	（1）严格按照规程要求进行炸药的存放及管理； （2）严格按照规程及标准要求进行炸药的装填以及用量	
		管理措施	（1）严格按照进行爆破前安全教育； （2）爆破物品设专人和专门的仓库，雷管和炸药应分开存放； （3）必须按照标准要求，爆破作业需规范进行； （4）正式爆破前进行试爆，以确定孔距，排距及装药密度	
2	盲炮	安全防护	（1）爆破材料定期检查，爆破前复查，选用合格的炸药和雷管； （2）严禁使用过期的旧产品； （3）仔细装药、堵塞、联结工作，注意每一环节，防止出现卡孔； （4）雷管和炸药分离，并拆断雷管脚线	
		管理措施	发现盲炮后，立即封闭现场，找出拒爆原因后进行处理	
3	物体打击	安全防护	（1）爆破区域规范设置隔离板； （2）爆破区域设置警戒区	
		管理措施	（1）爆破区域严禁堆放杂物及小型材料； （2）爆破时严禁人员机械出现在爆破区域	
4	机械伤害	安全防护	起重机回转范围外侧设置警戒区	
		管理措施	（1）做好机械设备及特种作业人员的进场验收管理，保证设备性能、人员技能满足要求，设备及人员证件齐全有效； （2）做好钢丝绳或吊带、卡扣、吊钩、对讲机等日常检查维护，确保使用性能满足要求； （3）吊装作业专人指挥，严格执行"十不吊"	
5	警戒	安全防护	装好药后由专业人员进行起爆网络敷设和检查，起爆前设警戒	
		管理措施	（1）警戒防护做到位，爆破时人员不得擅自进入爆破区域； （2）起爆30min后安检人员确认无瞎炮等安全隐患后才解除警戒； （3）做好警戒标识，并且警戒标识显眼、易懂	
6	降噪、降尘	安全防护	爆破前做好降噪处理，避免影响附近人员，造成环境污染	

路基篇

序号	安全风险	措施类型	防控措施	备注
6	降噪、降尘	管理措施	（1）爆破前喷雾洒水，在距工作面15～20m处安装除尘喷雾器，在爆破前打开喷雾器，爆破30min后关闭； （2）爆破前做好噪声的宣传，取得当地居民的谅解，爆破现场的人员应采取护耳措施	

（2）工作纪律

除落实以上安全风险防控措施外，还应严格遵守以下工作纪律。

①防护用品：作业人员正确佩戴使用安全帽、安全带，正确穿着防滑鞋及紧口工作服。

②班前讲话：爆破前由班组长开展班前讲话，将当日作业内容、存在的安全风险及危害、防范措施、作业要点等告知全部作业人员。

③工前检查：爆破班前讲话后，对工人身体状态、防护用品穿戴、炸药等现场作业环境等进行例行检查，发现问题及时处理。

④维护保养：做好安全防护设施、安全防护用品、机械设备机具等的日常维护保养，发现损害或缺失，及时修复或更换。

6）质量标准

路堑开挖应自上而下纵向、水平分层开挖，纵向坡度不应小于4%，严禁掏底开挖。路堑石方爆破开挖时派专职安全人员负责现场指挥，严格遵守施工规则，做到准爆，确保开挖后的石质路堑边坡无松石、险石，路基面和坡面平顺，底板平整，无凹凸不平现象，爆堆的位置、高度符合爆破任务的要求。路堑断面应达到的质量标准及检验方法见表3。

路堑断面的允许偏差和检查方法表　　　　表3

序号	检验项目	允许偏差	检验数量		检验方法
			范围	点数	
1	边坡坡度（偏度量）	5%设计坡度	每100m	2（上、下各1）	钎尺或坡度尺量计
2	边坡点位置	±100mm	每段	3	水准仪测或尺量
3	中部平台位置	±100mm	每段	3	水准仪测或尺量
4	底部平台位置	±100mm	每段	3	尺量

7）验收要求

路基土石方爆破各阶段的验收要求见表4。

路基土石方爆破各阶段的验收要求表　　　　表4

序号	验收项目	验收时点	验收内容	验收人员
1	材料及构配件	炸药、引爆器材及机械进场后、使用前	材质、规格尺寸、外观质量、进场复验报告	项目物资、技术管理人员，班组长及材料员
2	炮孔	钻孔完成后	深度、孔距、排距、含水率、地质情况	专业爆破人员、技术员、班组长及技术员、试验人员
3	爆破	炮孔内装药之前	数量、质量	项目技术员、测量人员，班组长及技术员、专业爆破人员
		爆破清渣后	符合基床底层验收要求	项目技术员、测量人员，班组长及技术员

8）应急处置

（1）处置原则

施工过程中一旦发生险情或事故，应立即停止作业，切勿慌乱，切忌盲目施救，在保证自身安全的情况下按照处置措施要求科学开展施救，并及时向项目管理人员报告相关情况。

（2）处置措施

①盲炮瞎炮：当发现盲炮和怀疑有盲炮时，立即报告并及时处理。若不能及时处理，则设置明显的标志，并采取相应的安全措施，禁止掏出或拉出起爆药包，严禁打残眼。对于盲炮的处理，应由原施工人员负责。

②其他事故：当发生高处坠落、起重伤害、机械伤害等事故后，周围人员应立即停止施工，并撤离危险区域，采取措施切断或隔断危险源，疏散现场无关人员，然后对伤者进行包扎等急救，向项目部报告后原地等待救援。

70 预应力锚索施工安全技术交底

交底等级	三级交底	交底编号	III-070
单位工程	路基工程	分部工程	边坡支护
交底名称	预应力锚索施工	交底日期	年　月　日
交底人	分部分项工程主管工程师 （签字）	审核人	工程部长（签字）
批准人	总工程师（签字）	确认人	专职安全管理人员（签字）
		被交底人	班组长及全部作业人员 （签字，可附签字表）

1）施工任务

区间路基××＋×××－××＋×××，路基长××m、宽×m，线路左侧高边坡采用抗滑桩＋预应力锚索支护，抗滑桩桩数179根，锚索采用1×7股15.2钢绞线，锚端张拉力为100kN，预应力锚索设计情况见附件《××＋×××－××＋×××段路基抗滑桩预应力锚索设计图》。

2）工艺流程

施工准备→钻孔＋锚索制作→锚索安装→注浆→张拉→锁定→锚头保护。

3）作业要点

（1）施工准备

钢绞线、锚板、锚垫等材料进场后，所有施工材料均应有出厂证明、合格证，钢绞线应检测合格，配合项目物资及质检工程师进场验收，验收合格方可使用。整理材料存放场地，确保平整坚实、排水畅通、无积水。材料验收合格后按品种、规格分类码放，并设挂规格、数量铭牌。将预应力钻孔设备、注浆设备、张拉设备调至工作面附近，待工作面及操作平台搭设完成后，马上吊运至工作面。

（2）钻孔

钻孔前锚索孔位测放采用全站仪加拉线尺量进行孔位定位，定位力求准确，偏差不得超过±10cm，采用定位桩及红油漆进行标划定位并编号，同时在图纸上进行记录。钻孔采用履带式潜孔钻机干钻，钻机就位后，用量角器量立轴倾角，锚索入射角15°，钻孔倾角（水平向下的角度）取定倾角为15°，倾角允许误差≤±1°，安装牢固，当锚索有可能碰到地下管线或隐蔽物时，锚孔倾角须做适当调整。锚索孔径150mm，成孔后的孔径不得小于该值，锚索钻杆的钻进速度为0.3～0.5m/min，退出速度为0.5～0.6m/min；锚索钻杆（轴）的回转速度为30～50N·m，钻孔完成之后清孔，以免降低水泥砂浆与孔壁的黏结强度。考虑沉渣的影响，为确保锚索深度，实际钻孔深度要大于设计深度0.5m。

钻机稳钻的过程中，钻孔倾角的测量采用坡度规直面靠在钻机跑道底部或者钻杆上，利用引线自然下垂，以坡度规刻度重合处为钻孔倾角。锚孔应采用高压风进行清孔，清孔过程中不得扰动土体，若孔壁坍塌，应采用护壁成孔，成孔位置、直径及孔深应经验收合格后方可转入下道工序——锚索安装。在锚索安装前，应对孔口进行暂时封堵，不得使碎屑、杂物进入孔口。

（3）锚索制作

锚索杆体的制作、存储在施工现场的专门作业棚内进行，在锚固段长度范围，杆体上不得有可能影响与注浆体有效黏结和影响锚杆使用寿命的有害物质，并应确保满足设计要求的注浆体厚度。加工完成的杆体在存储、搬运、安放时，应避免机械损伤、介质侵蚀和污染。

锚索下料采用砂轮切割机切割，避免电焊切割。考虑到锚索张拉工艺要求，实际锚索长度要比设计长度多留 0.7m，即锚索长度 $L_锚 = L_{锚固段}（6m）+ L_{自由段}（5m）+$ 张拉段（0.7m），严格按设计尺寸下料，每根钢绞线的下料长度误差不应大于 50mm。锚固段必须除锈、除油污，自由端除锈后，涂抹黄油并立即外套套管。锚索的外锚头由锚头承压板和加强钢筋、锚具组成，钢腰梁为 2×14 号槽钢组成，锚头承压板用 20mm 厚钢板在加工厂制作。垫板尺寸为 220mm × 250mm，垫板中间钻 $\phi20mm$ 的圆孔。加强钢筋用 2个 $\phi18mm$ 螺纹钢制作，间距 100mm。锚索锚具采用 OVM 或 ESM 锚具。

预应力锚索钢绞线通过特制的挤压簧和挤压套对称地锚固于钢质承载体上，要求单根的连接强度大于 200kN。钢质承载体要求采用 45 号钢材加工制作，其厚度不小于 2cm。

锚固段架线环与紧箍环每隔 0.70m 间隔设置，自由段每隔 2m 设置一道架线环以保证钢绞线顺直。为保证锚杆顺利下锚，设置导向帽，导向帽可采用 $\phi8mm$ 钢筋弯折焊接并用 8 号铁丝绕制。注浆管采用 $\phi25mm$ PVC 管（聚氯乙烯管）制作，待锚索绑扎完成后，先将 PVC 管沿锚索轴线方向从定位支架的中间孔洞自由段开始向底端穿进，穿完后在锚索底部三分之一范围内用手电钻在 PVC 管上打孔，孔径 5mm，用作注浆时出浆孔眼，最后将注浆管与钢绞线捆扎在一起，以防止下锚时脱落。

锚索制作完成后进行编号、登记后，报请项目部进行查验，同时做好防雨、防晒工作。

（4）锚索安装

在杆体放入孔前，应检查杆体的加工质量，确保满足设计要求，安放杆体时，应防止扭压和弯曲。注浆管随杆体一同放入孔内，杆体放入孔内应与钻孔角度保持一致。安放杆体时，不得损坏防腐层，不得影响正常的注浆作业。

（5）锚索注浆

锚索孔内灌注水泥砂浆时水灰比 0.4～0.45，灰砂比 0.5～1.0，拌和用砂宜选用中粗砂。水泥浆或水泥砂浆内应掺入提高注浆固体早强或微膨胀的外加剂，采用从孔底到孔口返浆式注浆。采用 P.O42.5 普通硅酸盐水泥，水泥中掺入早强剂，早强剂含量为水泥含量的 3% 左右，注浆压力 0.2～0.5MPa。

注浆时，注浆管的出浆口应插入距孔底 300～500mm 处，水泥净浆自孔底向外连续灌注，随着浆液的灌入，确保从孔内顺利排水、排气，逐步把注浆管向外拔出直至孔口，拔管过程中应保证管口始终埋在水泥净浆内。注浆浆液应搅拌均匀，随搅随用，并在初凝前用完，严防石块、杂物混入浆液。注浆过程对每个孔水泥用量做详细、完整的施工记录，并做好试块，待孔口溢浆，即可停止注浆。注浆设备应有足够的浆液生产能力和所需的额定压力，采用的注浆管应能在 1h 内完成单根锚杆的连续注浆。注浆后不得随意敲击杆体，也不得在杆体上悬挂重物。

（6）锚索的张拉

锚索张拉作业前必须对张拉设备进行标定，按设计要求安装好支座平台及锚垫板，并保证各段平直。锚索注浆体强度达到设计强度的 75%，且不小于 15MPa（一般养护 7d）后进行张拉、锁定。锚索轴向拉力标准值为 100kN，锚索先张拉至 1.05 倍设计值，稳定后再恢复到锁定值进行锁定。正式张拉前先对锚索进行 1～2 次试张拉，荷载等级为 0.1 倍的设计拉力。锚索张拉应平缓加载，加载速率不宜大于 0.1kN/min。按规范要求用拉拔机分级张拉同时观测其位移，其逐级加载次序见表 1。

锚索张拉荷载表 表 1

项目	加载次序				
占设计荷载的百分数（%）	10	50	75	100	105
加载时间（min）	2		5		10
锁定荷载	考虑锁定过程中预应力损失量，按设计锁定值的 1.1 倍锁定				

（7）锚索锁定

锚索锁定前，应按预张拉值对锚索进行预张拉，锁定时的锚索拉力应考虑锁定过程的预应力损失量。先按钢绞线股数选择锚具及夹片，对准每条钢绞线的位置后，将锚具从钢绞线的端部穿入与钢板压平，将夹片压入锚具孔内，用钢管将夹片与锚具压紧，重新装好千斤顶，待千斤顶与锚具压紧后，张拉至锁定数值后，回油，拆下千斤顶。

锚索锁定后，若发现有明显的预应力损失时，应进行补偿张拉（可在初次张拉后的第 15～30d 后进行），需要注意的是补偿张拉不宜大于两次，否则极易造成锚头锚具夹片的滑丝，造成锚索预应力在后期应用中出现过快损失。锚头台座的承压面应平整，并与锚杆轴线方向垂直，锚杆张拉应按照左右交叉进行张拉，张拉顺序应考虑邻近锚杆的相互影响。当张拉到最后一级荷载且变形稳定后，考虑锁定过程中预应力损失量，按设计锁定值的 1.1 倍锁定。

（8）锚头保护

在预应力锚索锁定后 48h 内没有出现明显的应力松弛现象，即可进行封锚。预应力张拉完成后，用手提砂轮机切除多余钢绞线，外留长度 20cm，最后装上保护罩，填充好油脂进行封锚，封锚后保持桩面整洁美观。

4）安全风险及危害

预应力锚索施工过程中存在的安全风险识别见表 2。

预应力锚索施工安全风险识别表 表 2

序号	安全风险	施工过程	致险因子	风险等级	产生危害
1	物体打击	张拉作业	（1）在张拉端钢绞线和千斤顶正面作业，夹片飞出； （2）张拉两端未设置防护挡板或挡板材质不合格； （3）张拉作业区未设置警戒线与安全警示标志； （4）非操作人员进入施工现场	Ⅲ	作业人员或进入作业人员死亡或重伤
2	高空坠落	施工全过程	（1）基坑顶四周未设置临边防护栏杆及警示标志； （2）操作平台未按方案搭设； （3）边坡防护施工无人员上下专用通道或通道不满足安全要求； （4）材料堆放不合理或过高	Ⅲ	高坠人员死亡或重伤

序号	安全风险	施工过程	致险因子	风险等级	产生危害
3	触电	照明、钢绞线下料、张拉	（1）电线乱搭乱接； （2）开关箱、接头无防雨、防潮、防水措施； （3）一闸多用、多机使用等	IV	触电人员死亡或重伤

5）安全风险防控措施

（1）防控措施

为防范以上安全风险，需严格落实各项风险防控措施，详见表3。

预应力锚索施工安全风险防控措施表　　　　表3

序号	安全风险	措施类型	防控措施	备注
1	物体打击	安全防护	（1）张拉人员启动仪器正常工作过后，应在张拉端侧面作业； （2）选择强度及硬度合格的挡板材料，设置防护挡板； （3）张拉作业区域采用警戒线封闭，在醒目位置设置警示标志	
		管理措施	（1）对作业人员进行安全教育，严格按照培训交底制度，严格按操作规程作业； （2）施工现场加强安全巡视，非施工人员劝离现场	
2	高空坠落	安全防护	（1）基坑顶设置安全可靠临边防护并悬挂警示标志； （2）配备并正确佩戴安全帽、安全带等	
		管理措施	（1）对施工作业人员进行安全技术交底； （2）基坑护栏严禁人员依靠； （3）安全管理人员旁站并记录，发现隐患及时消除	
3	触电	安全防护	（1）配电箱及线路悬挂警示牌； （2）按照规范对配电箱进行防护，每天对配电箱进行检查上锁； （3）在总配箱与开关箱中设漏电保护器，开关箱要做到"一箱、一机、一闸、一漏"； （4）配电箱有门锁、防雨和防尘	
		管理措施	（1）安排专业电工对配电箱进行日常巡检，班前专人进行漏电保护器安全性能试跳； （2）严禁私拉乱接，确保合法合规用电； （3）严禁使用破损、老化及性能不合格的电缆线，现场严禁电缆线乱拉及浸埋在泥浆中	

（2）工作纪律

除落实以上安全风险防控措施外，还应严格遵守以下工作纪律。

①防护用品：作业人员正确佩戴使用安全帽、安全带，正确穿着防滑鞋及紧口工作服。

②班前讲话：每日上工前，由班组长开展班前讲话，将当日作业内容、存在的安全风险及危害、防范措施、作业要点等告知全部作业人员。

③工前检查：每日班前讲话后，对工人身体状态、防护用品穿戴、现场作业环境等进行例行检查，发现问题及时处理。

④维护保养：做好安全防护设施、安全防护用品、起重设备机具等的日常维护保养，发现损害或缺失，及时修复或更换。

6）质量标准

（1）预应力锚索锚孔施工质量控制标准见表 4。

预应力锚索施工锚孔质量检查验收表 表 4

序号	检验项目	规定值或允许偏差	检验方法及频率
1	钻孔直径（mm）	0，+20	尺量，全数
2	钻孔总长度（mm）	0，+500	尺量，全数
3	锚固段岩土体类别	设计要求	检查检验报告，按检验批抽样
4	钻孔水平位置（mm）	±50	尺量，全数
5	钻孔高程（mm）	±50	仪器测量，全数
6	钻孔倾斜度（°）	±1	仪器测量，全数
7	孔底沉渣和积水	设计要求	观察，全数

（2）预应力锚索质量要求及检查方法见表 5。

预应力锚索施工质量检查验收表 表 5

序号	检查项目	质量要求	检查方法	检验数量
1	钢筋、钢绞线及钢垫板强度	设计要求	检查检测报告	按检验批抽样
2	锚具、夹具和连接器	设计要求	观察、尺量	按检验批抽样
3	预应力筋、外锚头钢筋配置及构造	设计要求	检查检测报告	全数
4	灌浆体及混凝土强度	设计要求	检查检测报告	按检验批抽样
5	防腐材料性能指标	设计要求	检查检测报告	按检验批抽样
6	抗拔力	设计要求	按标准规定检验	按检验批抽样
7	预应力锁定值	设计要求	按标准规定检验	按检验批抽样
8	杆体插入长度	锚固段长度不小于设计长度	观察、尺量	全数
9	自由端长度	设计要求		全数
10	锚杆直径（mm）	0，+20	尺量	全数
11	注浆量	大于理论计算用浆量	检查计算数据、观察	全数
12	定位支架	设计要求	观察、尺量	全数
13	垫座尺寸（mm）	−10，+30	尺量	全数

7）验收要求

预应力锚索施工各阶段的验收要求见表 6。

序号	验收项目	验收时点	验收内容	验收人员
1	钢筋、钢绞线及钢垫板	材料进场	钢筋、钢绞线及钢垫板强度	项目物资、技术管理人员，试验检验人员、班组长及材料员
	销具、夹具和连接器		销具、夹具和连接器	
	预应力筋、外锚头钢筋		预应力筋、外锚头钢筋配置及构造	
	灌浆体及混凝土		材料合格报告及配合比单	
	防腐材料		防腐材料性能指标	
2	孔位	钻孔阶段	钻孔水平位置、钻孔高程	项目技术员、测量人员，班组长及技术员
	孔向		孔轴线倾角、孔轴线方位、孔底偏斜	
	孔径		钻孔直径	
	孔深		钻孔总长度	
	土体类别、孔底		锚固段岩土体类别、孔底沉渣和积水	
3	预应力锚杆设计要求	锚索制作	杆体插入长度、自由端长度、锚杆直径、定位支架、垫座尺寸	
4	注浆量	注浆阶段	理论计算用浆量	项目技术员、试验员、班组长及技术员
5	预应力设计值	张拉阶段	抗拔力、预应力锁定值	项目技术人员、专业检测人员，班组长及材料员

预应力锚索施工各阶段的验收表　　　　表6

8）应急处置

（1）处置原则

施工过程中一旦发生险情或事故，应立即停止作业，切勿慌乱，切忌盲目施救，在保证自身安全的情况下按照处置措施要求科学开展施救，并及时向项目管理人员报告相关情况。

（2）处置措施

①触电事故：当发现有人触电时，应立即切断电源。若无法及时断开电源，可用干木棒、皮带、橡胶制品等绝缘物品挑开触电者接触的带电物，之后解开妨碍触电者呼吸的紧身衣服，检查口腔，清理口腔黏液并立即就地抢救，如触电者呼吸停止，应采用人工呼吸法抢救；如心脏停止跳动，应采用胸外心脏按压法抢救。

②其他事故：当发生高处坠落、起重伤害、机械伤害等事故后，周围人员应立即停止施工，并撤离危险区域，采取措施切断或隔断危险源，疏散现场无关人员，后对伤者进行包扎等急救，向项目部报告后原地等待救援。

附件：《XX＋XXX－XX＋XXX段路基抗滑桩预应力锚索设计图》（略）。

71 锚杆框架梁施工安全技术交底

交底等级	三级交底	交底编号	III-071
单位工程	路基工程	分部工程	边坡锚杆框架梁防护
交底名称	**锚杆框架梁施工**	交底日期	年　月　日
交底人	分部分项工程主管工程师 （签字）	审核人	工程部长（签字）
批准人	总工程师（签字）	确认人	专职安全管理人员（签字）
		被交底人	班组长及全部作业人员 （签字，可附签字表）

1）施工任务

路基 K165＋720～K165＋860 段为深挖路堑，中线最大挖深 25.05m，左侧最大挖深为 34m，位于 K1644＋800 处，共设 6 级边坡，第 6 级边坡 K165＋750～K165＋826 设置锚杆框架梁，防护面积为 400m²。框架梁采用 C25 混凝土浇筑，截面尺寸 30cm×30cm，框架间距 3.0m×3.0m。在横梁竖肋节点处设锚杆，锚杆钻孔孔径为 90mm，锚杆采用 φ32mm 螺纹钢筋，锚杆长 15m，倾角 25°，孔内采用水泥浆压力注浆。该段锚杆框架梁设计情况详见附件 1 《K165＋750～K165＋826 段锚杆框架梁设计图》。

2）工艺流程

施工准备→钻孔→清孔→锚杆制作与安装→注浆→挖槽→支模→绑扎钢筋→浇筑框架梁、肋→养护→框架内砌筑浆砌片石→检查与验收。

3）作业要点

（1）施工准备

根据施工图中的设计地质情况，先清除表面杂土及软土，挖至坚硬土层作为钻孔施工脚手架的基础。

（2）坡面搭设作业平台脚手架

边坡防护施工遵循开挖一级防护一级的原则，开挖出一级平台后，自平台面向上搭设钢管脚手架，该级边坡脚手架搭设完成后进行锚杆框架梁锚杆钻孔施工。脚手架设计情况见附件 2《K165＋750～K165＋826 段锚杆框架梁作业脚手架设计图》。

脚手架搭设前必须先对现有边坡的稳定情况进行观察，确定安全后再搭设脚手架。脚手架采用 φ48mm×3.5mm 钢管搭设，基础置于坚硬稳定的岩石上，不得置于浮渣上，立柱间距 1.5m，横杆步距 1.2m，以满足施工操作。每 9 个框格设置一处剪刀撑，增加其稳定性，并应设置安全栏杆以应对突发情况。搭设管扣要牢固、稳定，必要时增加梅花形布置的锚杆与脚手架相连接。脚手架搭设完成后，应根据施工需要在脚手架上设置跳板和爬梯，以保证人员及机具的施工安全。

（3）钻孔

首先进行测量放样，根据图纸要求布设锚杆孔位。为便于钻机安设和施钻，应平整场地，清理孔位周围的松土、危石，对坡面凹陷处采用 M10 浆砌片石补填。钻孔一般采用潜孔钻机，钻机应严格按照设计要求的孔位、倾角、方位就位，倾角、方位用测斜仪定向。按布设好的孔位进行钻孔，钻孔时须保持设计角度的稳定，并随时加以检测，如有偏差应及时纠正。钻孔倾斜允许偏差为 3%，孔口位置偏差为 ±50m，孔深允许偏差为 +200mm。

钻孔必须采用干钻，施工人员配备必要的防尘装备或在孔口安装吸尘装置，严禁采用水钻，减少锚杆施工对边坡岩体工程地质的不利影响，保证孔壁粗糙的黏结性能。有塌孔、缩孔等不良钻进现象时，须立即停钻，及时进行固壁灌浆处理（灌浆压力 0.6～0.8MPa），待水泥砂浆初凝后，重新扫孔钻进，必要时应跟管钻进，现场做好记录。钻进过程中应对每孔地层变化、钻进速度、漏风、反渣、地下水情况以及一些特殊情况做现场记录。钻孔速度根据使用的钻机性能和锚固地层的情况严格控制，防止钻孔扭曲和变径，造成下放锚杆困难或其他事故。

若遇到锚孔中承压水流出，一般待水量、水压变小后方可安装锚索和注浆，必要时在周围适当位置设置排水平孔或采用灌浆封堵二次钻进等方法处理。孔径及孔深均不得小于设计值，为了确保钻孔直径要求，实际使用的钻头直径不得小于设计孔径，钻孔深度一般要求超钻100cm，达到设计深度后不能立即停钻，要求稳钻 3～5min，防止孔底尖灭。

（4）清孔

钻孔完成后用高压风（风压 0.2～0.4MPa）将孔内岩粉及水体全部清除出孔外，以免降低水泥砂浆与孔壁岩土体的黏结强度。清孔完成后进行验孔，检查内容包括孔径、孔深、清孔质量，复查孔位、倾角及方位。

（5）锚杆制作及安装

锚杆钢筋采用 HRB400ϕ32mm 钢筋，锚杆倾角 25°，钻孔直径 90mm，土质及软岩地段设计拉应力 100kN，锚杆间距按 3.0m × 3.0m 正方形布置。对完成的钻孔进行清理并检查满足设计要求后安装锚杆，沿锚杆轴线方向每隔 2.0m 设置 3 个定位支架以保证锚杆有足够的保护层。锚筋尾端采用刷漆、涂油等防腐措施处理。

（6）注浆

锚杆孔内灌注 M30 水泥浆，水灰比 0.45，水泥浆浆体强度不低于 30MPa。注浆时先高速低压从孔底进行，当水泥砂浆从孔口溢出后，再低速高压从孔口注浆。注浆压力不宜小于0.4MPa，为增加浆液的和易性和水泥砂浆的早期强度，在浆液中掺入适量的减水剂和早强剂。为防止水泥砂浆凝固收缩时锚固体与孔壁锚固力的损失，掺入适量的膨胀剂。为保证锚杆与周围土体紧密结合，在孔口处设置止浆塞并旋紧。水泥浆应拌和均匀，随拌随用，一次拌和的水泥砂浆应在初凝前用完。

（7）框架梁施工

与锚杆孔间距相同，框架梁的框格尺寸为 3.0m × 3.0m，纵横梁的交接点即为锚杆的位置。框架为 C25 现浇混凝土，框架截面 30cm × 30cm。框架梁施工包括挖基槽、框架钢筋制作及安装、模板安装、混凝土浇筑、养护等工序。

①挖基槽

挖基槽前应先进行测量放线，按照框格的边线进行开挖，开挖基槽宽度一般比框架梁截面宽度每侧宽出 10cm，作为支立模板的工作面，本工程基槽宽度按 50cm 开挖，框架梁嵌入坡面 10cm，如果深度不足造成框架梁裸露，将严重影响后续绿化施工。

②框架钢筋骨架制作及安装

框架梁所需钢筋在钢筋加工厂集中加工制作并经技术员验收合格后运至现场进行安装。利用锚杆露出坡面部分作为受力点在基槽内绑扎安装钢筋骨架，必要时可在坡面搭设钢筋锚钉用于固定钢筋骨架，防止纵向钢筋骨架因重力作用下滑或横向钢筋骨架距支点较远的中部位置发生变形。严格控制钢筋间距及保护层，尤其注意钢筋骨架严禁直接贴住坡面，必须采用专用的高强垫块支起，不允许使用钢筋制作的马镫进行支垫，防止钢筋外露引起框架内的钢筋锈蚀。钢筋骨架的绑扎安装要求全部挂线施工，保证线形和尺寸，安装完成后报技术员自检，并报专业监理工程师验收。

③模板安装

模板采用定型钢模板或定型的铝塑高强模板，禁止使用竹胶板，更不允许用周转多次的旧模板或胶合板。模板安装前进行打磨和刷涂膜剂，必须保证模板内面清洁无污渍。因框架梁的截面较小，不采用拉杆加固模板，直接在上口进行模板卡固。为保证框架梁成品尺寸，模板内部也要加设支撑，可以用钢筋做内撑，也可以用专用的高强水泥砂浆预制块做内支撑。因在坡面上进行支模，尤其遇岩质坡面，平整度难以保证，做好模板根部与坡面缝隙的处理，可采用细砂或砂浆进行事先封堵，严防浇筑混凝土时漏浆，影响混凝土的浇筑质量。模板安装完成后报技术员自检，并报专业监理工程师验收合格后浇筑混凝土。

④混凝土浇筑

模板验收完成后进行混凝土浇筑，现场准备 30 个振捣棒、铁抹子等工具。混凝土浇筑采用混凝土泵车，但应控制好混凝土的坍落度，不宜过大，否则混凝土在斜坡上受重力作用，不利于定模成型。本工程因堑顶有作业平台，可以采用起重机吊料卸料，采用溜槽附属施工。浇筑混凝土时应均匀布料，根据混凝土的性能，确定布料长度，避免当次浇筑段内出现施工冷缝。混凝土浇筑时，制作试块并预留同条件养护试块。框架分片施工，两相邻框架接触处留 2cm 宽伸缩缝，用浸沥青木板填塞。模板内的混凝土灌注饱满振捣完成后进行抹平，在初凝前再进行一次抹光。施工时，在边坡两侧的三角面部分，根据坡面长度以及高度调整横梁和竖肋长度，并按照图纸要求采用钢筋混凝土梁封边。

⑤混凝土养护

在无风或少风的情况，采用洒水后塑料膜覆盖养护，也可采用土工布洒水覆盖养护，养护时间不少于 7d。

4）安全风险及危害

锚杆框架梁施工现场可能存在的主要安全风险见表1。

锚杆框架梁施工安全风险识别表　　　　　　　　　　　　　　　　表1

序号	安全风险	施工过程	致险因子	风险等级	产生危害
1	脚手架垮塌	脚手架搭设、使用及拆除	（1）地基处理不到位、架体安装不规范； （2）未进行地基及架体验收； （3）未实施预压； （4）地基受雨水浸泡、冲刷，架体受大风或冻融影响； （5）地基及架体维护不及时、不到位； （6）架体总体拆除顺序不当； （7）先行拆除扫地杆、斜撑杆、水平向剪刀撑	II	

序号	安全风险	施工过程	致险因子	风险等级	产生危害
2	高处坠落	钻孔、安装锚杆及注浆、框架梁	（1）作业人员未穿戴防滑鞋、未系挂安全带； （2）未挂设安全平网	II	施工人员死亡或重伤
		人员上下行	未规范设置专用爬梯或马道		
3	物体打击	清理坡面	（1）上下交叉作业； （2）施工区域未设置有效的警示标志	II	危石、零星物料掉落砸伤下方人员甚至致死
		脚手架搭设	（1）作业平台未设置踢脚板； （2）作业平台堆掷杂物或小型材料； （3）架体底部及四周未有效设置警戒区		
		架体拆除	（1）随意抛掷杆件、构配件； （2）拆卸区域底部未有效设置警戒区		
		钻孔、模板安装	（1）钢筋及模板固定不牢； （2）上下施工交叉作业		
4	触电	钢筋安装	（1）接电不规范，线路在坡面随意拉扯； （2）电焊机设备接地、使用不规范，导致触电	III	触电死亡或受伤，引发高坠风险
		混凝土振捣	（1）接电不规范，线路在坡面随意拉扯； （2）振捣设备接地、使用不规范，导致触电		
5	高压设备机械伤害	钻孔及注浆施工	（1）空压机操作不规范； （2）空压机未定期检定； （3）注浆泵操作不规范，注浆管老化不严密； （4）注浆管接头不紧密，导致高压水泥浆喷射	IV	高压爆炸或水泥浆击伤

5）安全风险防控措施

（1）防控措施

为防范以上安全风险，需严格落实各项风险防控措施，详见表2。

锚杆框架梁施工安全风险防控措施表　　　　　　表2

序号	安全风险	措施类型	防控措施	备注
1	脚手架垮塌	质量控制	（1）严格按照设计、规程及验标要求，进行地基处理及架体搭设； （2）严格按照规程要求进行架体拆除作业，保证剪刀撑、斜杆、扫地杆等在拆除至该层杆件时拆除	
		管理措施	（1）严格按照地基处理及支架搭设验收程序； （2）地基受雨水浸泡、冲刷，架体受大风或冻融影响后，及时进行二次验收	
2	高处坠落	安全防护	（1）架体搭设过程中，及时挂设安全平网； （2）工人作业时穿戴防滑鞋，正确使用安全带； （3）作业平台跳板满铺且固定牢固，杜绝探头板； （4）作业平台封闭围护，规范设置防护栏及密目网	
		管理措施	（1）为工人配发合格的安全带、安全帽等劳保用品，培训正确穿戴使用； （2）做好安全防护设施的日常检查维护，发现损坏及时修复； （3）要求施工现场设置专门的上下坡道	
3	物体打击	安全防护	（1）作业平台规范设置踢脚板； （2）施工区域设置警戒区	
		管理措施	（1）作业平台顶部严禁堆置杂物及小型材料； （2）施工作业时，专人指挥，严禁随意抛掷物料； （3）禁止上下垂直交叉作业	

路基篇

序号	安全风险	措施类型	防控措施	备注
4	触电	安全防护	（1）使用合格、安全、保险的用电机具； （2）严格按照"一机、一闸、一漏"要求使用用电设备； （3）按照"三相四线"配电	
		管理措施	（1）严禁私拉乱接； （2）现场接电人员必须要求是专业电工	
5	高压设备 机械伤害	安全防护	（1）保证所用设备的外壳完整、具备防护作用； （2）配备有效的消防设施； （3）做好个人的安全防护	
		管理措施	（1）空压机的储气罐、安全阀、压力表定期检查； （2）出现故障时必须停机检修； （3）做好维保及运转记录	

（2）工作纪律

除落实以上安全风险防控措施外，还应严格遵守以下工作纪律。

①防护用品：作业人员正确佩戴使用安全帽、安全带，正确穿着防滑鞋及紧口工作服。

②班前讲话：每日上工前，由班组长开展班前讲话，将当日作业内容、存在的安全风险及危害、防范措施、作业要点等告知全部作业人员。

③工前检查：每日班前讲话后，对工人身体状态、防护用品穿戴、现场作业环境等进行例行检查，发现问题及时处理。

④维护保养：做好安全防护设施、安全防护用品、起重设备机具等的日常维护保养，发现损害或缺失，及时修复或更换。

6）质量标准

（1）锚杆安装

锚杆安装应达到的质量标准及检验方法见表3。

锚杆实测项目表 表3

序号	检查项目	规定值或允许偏差	检查方法或频率
1	注浆强度（MPa）	在合格标准内（30MPa）	试验检测
2	锚孔孔深（mm）	≥设计值（15m）	尺量：抽查20%
3	锚孔孔径（mm）	满足设计要求（70mm）	尺量：抽查20%
4	锚孔轴线倾斜（%）	2	倾角仪：抽查20%
5	锚孔间距（mm）	±100	尺量：抽查20%
6	锚杆拉拔力（kN）	满足设计要求（100kN）	抗拔力试验：3%总数，且不少于3根
7	锚杆与框架连接	满足设计要求	目测：全部

（2）框架梁施工

框架梁主要质量检查项目见表4。

	框架梁实测项目表		表4

项次	检查项目	规定值或允许偏差	检查方法或频率
1	混凝土强度（MPa）	在合格标准内（25MPa）	试验检测
2	框架梁断面尺寸（mm）	≥设计值（300mm×300mm）	尺量：抽查20%，每梁测2个断面
3	框架梁平面尺寸（mm）	±150（3.0m×3.0m）	尺量：抽查10%

7）验收要求

锚杆框架梁施工各阶段的验收要求见表5。

		锚杆框架梁施工各工序验收要求表		表5

序号	验收项目	验收时点	验收内容	验收人员
1	坡面清理情况验收	进场后，搭设施工脚手架前	是否有浮石、危石，各级平台是否完整，是否提前设置了专用爬梯或马道	技术管理人员、安全员、班组长
2	脚手管材料验收	材料进场后，脚手架搭设前	材质、规格尺寸、焊缝质量、外观质量，看是否有严重变形、老化或锈蚀	项目物资部人员、技术管理人员、安全员、班组长
3	脚手架平台搭设情况验收	支架搭设完成后，钻孔设备安装前	脚手架搭设是否规范，各连接点的搭接长度、扣件数量、悬挑长度是否符合规范要求，架体横杆步距、纵向间距、横向间距是否合规，是否全部设置脚手板，平台的角度是否满足钻孔的角度	技术管理人员、安全员、班组长
4	钻孔设备验收	钻孔设备安装后，钻孔施工前	安装角度、设备是否完好、是否满足干钻要求，钻头的直径是否满足设计要求，是否配置跟进套管，配套空压机及风管的各项安全指标	物资部人员、技术管理人员、安全员、班组长
5	成孔后验收	钻孔完成后，安装锚杆前	钻孔倾斜度、直径、深度，孔口是否进行清理，是否有塌孔，钻孔的间距是否符合设计要求	技术管理人员、班组长
6	锚杆验收	安装锚杆前	锚杆的长度、钢筋型号，是否设置支架，连接的形式及质量	技术管理人员、班组长
7	注浆验收	安装锚杆后	注浆设备是否满足施工要求，是否进行了水泥浆配合比交底，现场的原材是否已经经过检验合格，注浆方式是否符合规范，是否进行二次补浆，是否预留试块	技术管理人员、试验人员、班组长
8	框架梁钢筋验收	钢筋安装过程	钢筋型号、尺寸与图纸核对，钢筋保护层的控制，钢筋骨架的固定，钢筋与坡面间是否支垫，钢筋骨架的间距是否满足成品框架梁的平面尺寸要求	技术管理人员、班组长
9	框架梁模板及混凝土验收	混凝土浇筑过程及成型后	混凝土的工作性能，模板安装尺寸，模板的布置尺寸是否满足成品框架梁的平面尺寸要求，混凝土浇筑完成拆模后的养护情况，混凝土成型后，不得出现有钢筋外露和梁底与坡面脱空的情况	技术管理人员、试验人员、班组长

8）应急处置

（1）处置原则

施工过程中一旦发生险情或事故，应立即停止作业，切勿慌乱，切忌盲目施救，在保证自身安全的情况下按照处置措施要求科学开展施救，并及时向项目管理人员报告相关情况。

（2）处置措施

①脚手架坍塌：当出现坍塌征兆时，发现者应立即通知坍塌影响作业区域人员撤离现场，

并及时报告项目部进行后期处理。

②触电事故：当发现有人触电时，应立即切断电源。若无法及时断开电源，可用干木棒、皮带、橡胶制品等绝缘物品挑开触电者接触的带电物，之后解开妨碍触电者呼吸的紧身衣服，检查口腔，清理口腔黏液并立即就地抢救，如触电者呼吸停止，应采用人工呼吸法抢救；如心脏停止跳动，应采用胸外心脏按压法抢救。

③其他事故：当发生高处坠落、起重伤害、机械伤害等事故后，周围人员应立即停止施工，并撤离危险区域，采取措施切断或隔断危险源，疏散现场无关人员，然后对伤者进行包扎等急救，向项目部报告后原地等待救援。

附件1：《K165＋750～K165＋826段锚杆框架梁设计图》（略）；

附件2：《K165＋750～K165＋826段锚杆框架梁作业脚手架设计图》（略）。

72 混凝土挡土墙施工安全技术交底

交底等级	**三级交底**	交底编号	III-072
单位工程	现浇挡土墙	分部工程	挡土墙
交底名称	**混凝土挡土墙施工**	交底日期	年　　月　　日
交底人	分部分项工程主管工程师（签字）	审核人	工程部长（签字）
批准人	总工程师（签字）	确认人	专职安全管理人员（签字）
		被交底人	班组长及全部作业人员（签字，可附签字表）

1）施工任务

黄华镇养护工区进场道路 JKK0＋710～JKK0＋930 左侧设计为衡重式路肩墙，长度 220m，挡土墙最大高度为 12m，全线挡土墙平均高度为 9m。此部位挡土墙为施工区域内重难点，基础开挖宽度大、范围广，开挖工程量较大，且墙身浇筑高度较大，须分层分段进行施工。挡土墙断面形式如图 1 所示。

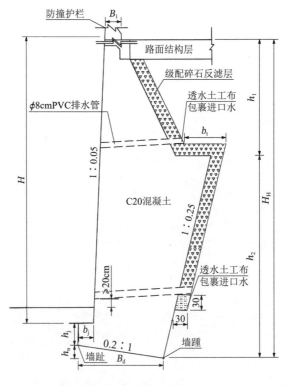

图 1　挡土墙断面示意图（尺寸单位：mm）

2）施工流程

测量放线→基础开挖→基础承载力检测→基础验收→支基础模板→基础浇筑→墙身分段支模板→墙身浇筑→墙背回填。

3）作业要点

（1）施工准备

测量放线，按设计基础宽度定出墙基位置及开挖边界，用石灰粉撒出轮廓线。选择符合规范要求尺寸的模板，模板表面的污渍应予以清除，并提前涂刷脱模剂。在基础周围做好截、排水设施，防止雨水流入基础内。

（2）基坑开挖

土方采用人工配合机械开挖，石方采用机械破碎开挖，人工进行清理，开挖时要严格按照设计尺寸进行。基坑分段开挖，每段长度为 10～15m，并间隔若干段开挖下一段基坑。挡墙为倾斜基础，应准确挖、凿，不得修补。当机械配合挖土、清底、平地修坡等作业时，作业人员不得在机械回转半径以内作业。

（3）基底处理

对于第一段开挖的基坑，应请监理和设计确认地质情况。挡墙基坑开挖每次必须检测地基承载力，地基承载力合格方可进行下道工序施工，如果经检测承载力达不到设计要求，应暂停施工，通知设计单位或现场监理工程师，经现场检测确认处理方法。如采取换填处理，换填必须压实，换填时必须通知监理现场确认后方可进行施工，换填施工需一次到位，开挖与换填同时进行，避免出现二次施工。

在基础开挖成型后，将基底松软土石清除，整平并夯实，并按设计要求设置出一定的内倾坡，夯实基础，确保基底承载力符合设计要求。如基坑中有水时，应先将水排干。

（4）模板安装

基础侧模采用钢模板，钢筋拉杆连接，钢管支撑，支撑间距不大于 80cm，模板支撑不能固定在架体上，避免发生倒塌或模板位移。模板内侧采用ϕ8mm 盘圆制作拉杆进行加固，两侧端头采用螺栓进行拉紧，模板内侧斜向交叉进行焊接。斜坡形式的模板可以采用增加拉杆或者是采用强度更高的拉杆，例如ϕ12mm 螺纹钢进行加固。横向拉杆进行对拉可以采用ϕ20mm 的 PVC 管（聚氯乙烯管）套装，拆卸模板时可以直接抽取拉杆，加快模板拆装速度。模板工程作业高度在 2m 及 2m 以上时，根据要求进行临边防护，要有可靠安全的操作架子，作业人员穿戴安全带进行施工。墙体背面模板支撑角度大于 90°时，在安装其支撑系统的过程中，必须设置临时固定设施严防倾覆。

模板在安装前必须打磨，保证模板的清洁，及时更换损坏、变形的模板，并刷脱模剂。为保证浇筑过程中不出现位移、爆模等现象，采用对拉杆进行模板加固。吊装模板时，吊装工作区域应有明显标志，并设专人看管，与吊装无关人员严禁入内。起重机工作时，起重臂杆旋转半径范围内，严禁站人或通过。吊装时，应有专人负责统一指挥，指挥人员应位于操作人员视力能及的地点，并能清楚地看到吊装的全过程。起重机驾驶人员必须熟悉信号，并按指挥人员的各种信号进行操作，指挥信号应事先统一规定，发出的信号要鲜明、准确。

（5）墙体浇筑

基坑开挖后应及时支模和浇筑墙体，采用 C30 混凝土。墙身与地面以上部分每隔 2～3m

布置ϕ80mm且坡度不小于3%的PVC管，作为泄水孔。泄水管必须有足够的定位措施，杜绝在施工过程中发生跑偏，堵塞。墙背通长设砂夹卵石反滤层，反滤层厚度为0.5m，在最底层泄水孔下部填筑黏土并夯实，以防止泄水。墙身沿线路方向每隔10m结合墙高及地层变化设置宽2～3cm的伸缩缝或沉降缝。缝内沿墙顶、内、外三边填塞沥青麻筋，深度不小于20cm。

浇筑混凝土时采用插入式振捣棒捣实，浇筑时应水平分层进行，分层浇筑每层厚度宜为20～30cm，不超过50cm，单次施工高度不得大于1.5m，浇筑长度不宜超过50m，且要按照要求设置沉降缝，浇筑速率宜为30～40m³/h，墙身沉降缝应保持与基础沉降缝在同一截面。混凝土的浇筑宜连续进行，如必须间断，间断时间不宜超过45min，上次浇筑的墙体顶面要预留接茬钢筋或接茬石。当浇筑完毕后，挡土墙表面要保证光滑、无质量通病，注意截面变化时的顺接和外侧墙面整体线形通顺。

（6）拆模

当混凝土强度达到设计强度70%后进行拆模，严禁在未达到强度后拆模，拆模时不能同时拆除外模支撑，要分段拆除，同时分段回填墙背，回填尽量采用透水性良好的砂性土回填。

（7）混凝土的养护

混凝土浇筑完后，外露的混凝土表面要覆盖薄膜或土工布等。拆模后对混凝土表面及时进行洒水养护，2～3h一次，养护时长不少于7d。

4）安全风险及危害

混凝土挡土墙过程中存在的安全风险见表1。

混凝土挡土墙施工安全风险识别表　　　　　　　　　表1

序号	安全风险	施工过程	致险因子	风险等级	产生危害
1	爆模坍塌	模板验收	（1）新制模板未经专项设计及检算； （2）周转模板及其配套拉杆、螺栓等变形、锈蚀、老化； （3）未进行模板进场验收或验收不规范	II	挡土墙上作业人员群死群伤
		模板安装	（1）模板及其连接、拉杆、支撑构件安装不符合设计要求； （2）未执行模板安装验收或验收不规范		
		混凝土浇筑	（1）混凝土浇筑速度过快； （2）混凝土初凝时间长、气温较低等情况下，未降低浇筑速度； （3）混凝土浇筑过程中，未安排专人对模板状态进行监测或检查		
2	触电	模板安装	（1）用电设备未有效接地，漏电； （2）操作人员未穿戴绝缘鞋、绝缘手套； （3）用电设备雨天未做有效的防雨措施	III	工人触电死亡或重伤
		混凝土浇筑	（1）漏电，未设置漏电保护器； （2）电线私拉乱接		
	高处坠落	模板安装、拆除	（1）作业人员未穿戴防滑鞋、未系挂安全带； （2）操作平台未设置临边防护	III	作业人员死亡或重伤
3	物体打击	模板安装、拆除	（1）随意抛掷杆件、构配件； （2）搬运模板及材料未注意周围情况； （3）四周未有效设置警戒区	III	作业人员死亡或重伤
4	起重伤害	模板安装	（1）特殊工种操作能力差、指挥技能差，无资格证； （2）吊装模板时钢丝绳或吊带、卡扣等破损、性能不佳； （3）作业区未设置警戒	III	作业人员死亡或重伤

5）安全风险防控措施

（1）防控措施

为防范以上安全风险，需严格落实各项风险防控措施，详见表2。

混凝土挡土墙施工安全风险防控措施表 表2

序号	安全风险	措施类型	防控措施	备注
1	爆模坍塌	管理措施	（1）新制模板必须经专项设计并检算合格后，方可加工制造； （2）严格按照模板进场验收，淘汰验收中发现的严重变形、锈蚀、老化的周转模板及其构配件； （3）模板安装完成后，严格按照模板安装要求验收； （4）混凝土浇筑过程中，安排专人对模板状态进行监测或检查	
		质量控制	（1）严格按照设计及规范要求进行模板安装； （2）浇筑过程中，根据混凝土和易性状态、气温、模板状态等合理控制浇筑速度； （3）当混凝土和易性状态差、初凝时间较长、温度较低、监测或检查发现模板变形较大时，降低浇筑速度，必要时暂停浇筑	
2	触电	安全防护	（1）将用电设备未有效接地，设置漏电保护器； （2）操作人员正确穿戴绝缘鞋、绝缘手套； （3）用电设备上方设置防雨棚，下方垫高，防止接触地面雨水	
		管理措施	严禁私拉乱接电线，过路电线要设置套管并埋入地面	
3	高处坠落	安全防护	（1）作业人员正确穿戴防滑鞋、系挂安全带，安全带高挂低用； （2）操作平台设置临边防护，下设挡脚板	
4	物体打击	安全防护	作业区四周有效设置警戒区	
		管理措施	（1）严禁随意抛掷杆件、构配件； （2）搬运模板及材料等作业要时刻注意周围状况	
5	起重伤害	安全防护	（1）吊装模板前检查钢丝绳或吊带、卡扣，发现破损及时更换； （2）作业区内设置警戒	
		管理措施	保证人员技能满足要求，特殊工种持证上岗	

（2）工作纪律

除落实以上安全风险防控措施外，还应严格遵守以下工作纪律。

①防护用品：作业人员正确佩戴使用安全帽、安全带，正确穿着防滑鞋及紧口工作服。

②班前讲话：每日上工前，由班组长开展班前讲话，将当日作业内容、存在的安全风险及危害、防范措施、作业要点等告知全部作业人员。

③工前检查：每日班前讲话后，对工人身体状态、防护用品穿戴、现场作业环境等进行例行检查，发现问题及时处理。

④维护保养：做好安全防护设施、安全防护用品、起重设备机具等的日常维护保养，发现损害或缺失，及时修复或更换。

515

6）质量标准

混凝土挡土墙施工过程中应达到的质量标准及检验方法见表3。

现浇混凝土挡土墙质量检查验收表 表 3

序号	检查项目	质量要求	检查方法	检验数量
1	地基承载力	符合设计要求	触探等	每 100m² 不少于 3 个点
2	混凝土强度	在合格标准内	回弹仪及同养试块	按相关要求选取
3	平面位置	≤50mm	全站仪	测墙顶外边线,长度不大于 30m 时测 5 点,每增加 10m 增加 1 点
4	垂直度或坡度	≤0.3%	铅锤法	长度不大于 30m 时测 5 处,每增加 10m 增加 1 处
5	顶面高程	±20mm	尺量	长度不大于 50m 时测 10 个断面,每增加 10m 增加 1 个断面
6	底面高程	±50mm	水准仪	长度不大于 30m 时测 5 点,每增加 10m 增加 1 点
7	断面尺寸	≥设计值	2m 直尺	每 20m 测 3 处,每处测竖直和墙长两个方向
8	表面平整度	≤8mm	全站仪	测墙顶外边线,长度不大于 30m 时测 5 点,每增加 5m 增加 1 点
9	泄水孔间距	≤设计值	尺量	每 20m 测 4 点

7) 验收要求

混凝土挡土墙施工各阶段的验收要求见表 4。

混凝土挡土墙施工各阶段验收要求表 表 4

序号	验收项目	验收时点	验收内容	验收人员
1	地基基础	基础开挖完成后	地基承载力、平面位置等	项目测量、技术人员及班组长测量员、技术员
2	挡土墙模板	模板安装完成后	模板安装位置、尺寸、支撑及拉杆安装等	项目测量、技术人员及班组长测量员、技术员
3	挡土墙墙身	挡土墙浇筑完成后	混凝土强度、垂直度或坡度、顶面高程、底面高程、断面尺寸、表面平整度等	技术员及班组长,测量员,监理工程师

8) 应急处置

(1) 处置原则

施工过程中一旦发生险情或事故,应立即停止作业,切勿慌乱,切忌盲目施救,在保证自身安全的情况下按照处置措施要求科学开展施救,并及时向项目管理人员报告相关情况。

(2) 处置措施

①爆模:混凝土浇筑过程中,安排专人在安全区监督工作状态,一旦出现爆模情况,应立即停止浇筑混凝土,针对爆模处的混凝土进行组织清理,防止模板再次受到混凝土的挤压而导致爆模情况加剧,组织模板工进行模板拆除及重新加固,并及时向项目管理人员报告相关情况。

②触电:当发现有人触电时,抢救者首先要立即断开近处电源(拉闸、拔插头),如触电距离开关太远,用电工绝缘钳或斧子等切断电线断开电源,或用绝缘物如木棍等不导电材料

拉开触电者或挑开电线，使之脱离电源，切忌直接用手或金属材料及潮湿物件直接去拉电线和触电的人，以防止解救的人员再次触电。

③高处坠落：当发现有人受伤后，现场有关人员立即向周围人员呼救，向现场管理人员报告，同时拨打 120 与当地急救中心取得联系，详细说明事故地点、严重程度、联系电话，并派人到路口接应。报警时，应注意说明受伤者的受伤部位和受伤情况，发生事件的区域或场所，以便救护人员事先做好急救的准备。

④碰撞伤害：当现场突发碰撞伤害，发生撕裂伤时，现场有关人员立即对伤口部位进行冲洗，冲洗后在有伤部位用消毒大纱布块、消毒棉花紧紧包扎，同时拨打 120 或者送医院进行治疗。严重情况时，发生骨折，应立即停止施工，组织人员将伤者移出施工现场并对骨折部位进行临时固定后，迅速将伤者送至医院进行专业性救治。

地　铁　篇

73 地下连续墙施工安全技术交底

交底等级	三级交底	交底编号	III-073
单位工程	昆明地铁菊华站	分部工程	地下连续墙
交底名称	地下连续墙施工	交底日期	年　　月　　日
交底人	分部分项工程主管工程师（签字）	审核人	工程部长（签字）
批准人	总工程师（签字）	确认人	专职安全管理人员（签字）
		被交底人	班组长及全部作业人员（签字，可附签字表）

1）施工任务

菊华站位于贵昆公路以北，金马路路口与一条规划道路交叉路口西北象限地块内。车站沿东西向布设，采用地下两层岛式站台车站形式，车站总长度约211.369m，标准段外包宽度21.70m，基坑深度标准段为 17.8～18.0m，端头井段 19.9～20.4m。车站基坑围护结构采用800mm 厚连续墙 + 内支撑（混凝土撑 + 钢支撑）方案。连续墙底采用落底设计，连续墙长28.81～36.7m，连续墙钢筋笼长29.26～36.15m，幅宽4.5～6.5m，且插入基底13～16m。

2）工艺流程

地下连续墙施工如图 1 所示。

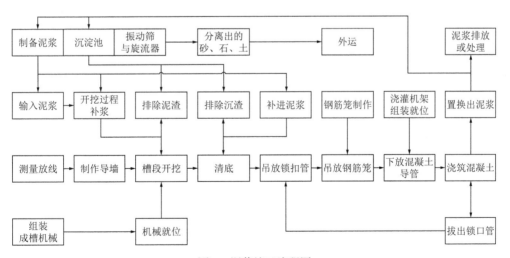

图 1　泥浆施工流程图

3）作业要点

根据槽段划分图及现场情况，为保证工期并给后续工程施工创造条件，计划投入 2 台成槽设备，从车站起点端开始按顺序进行单元槽段的开挖施工。

（1）施工准备

钢筋、混凝土、型钢、膨润土等材料进场后，配合项目物资及技术管理人员进行进场验收，验收合格方可使用。整理材料存放场地，确保平整坚实、排水畅通、无积水。材料验收合格后按品种、规格分类码放，并设挂规格、数量铭牌。

（2）场地处理

钢筋原材堆放区及下料加工厂采用 10cm C30 级素混凝土浇筑，浇筑后进行养护。施工时，应标明此场地非重车行走、停置场地。

施工便道下地基处理根据现场土质情况进行有针对性的施工措施，针对地基土质不良的区域，采用 40cm 灰土进行压实处理（承载力达到 120kPa 以上），上部整体浇筑 C30 混凝土，厚度 25cm。配置双层钢筋网，上层 ϕ12mm@200mm×200mm，下层 ϕ14mm@200mm×200mm，局部根据地基适当调整，确保满足地基承载力。

（3）导墙施工

采用常用的"⼅⼆"形钢筋混凝土导墙，采用整体式钢筋混凝土结构，净宽比地下连续墙厚度大 5cm，即 850mm。导墙上翼宽 1000mm，肋厚 200mm，一般控制深度为 2m，且插入冠梁底以下 30cm，导墙顶面高于地下水位 0.2m 以上，不得漏浆。导墙在施工期间，应能承受施工荷载。

①测量放线

根据设计图纸提供的坐标计算出地下连续墙中心线角点坐标，计算成果经内部复核无误后，报监理复核，进行测放。由于基坑开挖时地下连续墙在外侧土压力作用下产生向内的位移和变形，为确保后期基坑结构的净空符合要求，导墙中心轴线标准段位置外放 100mm，拐角处外放 150mm。

②导墙沟槽开挖

开挖前按自上而下顺序开挖探槽，并做好沟槽边坡安全管控，按规定放坡，及时清除坡体上的松散土石，探明地下管线或障碍物。开挖前根据控制点进行测量放样，放出轴线高程及坐标，经监理复测合格后进行导墙开挖。导墙必须筑于坚实的原状土层，沟槽开挖采用反铲挖掘机，人工配合清底，侧面为人工修整，严禁超挖。沟槽开挖尺寸为 1.05m 宽，2m 深，偏差不得大于 100mm。对已开挖沟槽和完成的导墙周围加设围栏及警示标识，避免人员误入，发生跌落事故。

③导墙的钢筋绑扎

导墙钢筋全采用 HRB335ϕ12mm@200mm、ϕ16mm@150mm 锁扣管接头段双层双向交叉网格布置，H 型钢接头段单层双向交叉网格布置。钢筋的交点采用绑扎，纵向钢筋连接采用绑扎，同一截面上的钢筋搭接接头须错开 35d（d 为钢筋直径），钢筋间距允许偏差±10mm。导墙配筋如图 2 所示。

④导墙模板施工

a. 导墙模板采用 2.44m×1.22m×0.03m 木模板，模板工程安装分段施工，30～50m 一段。导墙模板结构如图 3 所示。

b. 模板架设必须稳固无晃动，保证混凝土浇筑不得跑模。木模板表面需平整，无破损，搭设前对模板进行湿润处理，并在表面涂抹除模剂。新模板使用次数不得超过 5 次，废旧模板不得使用。

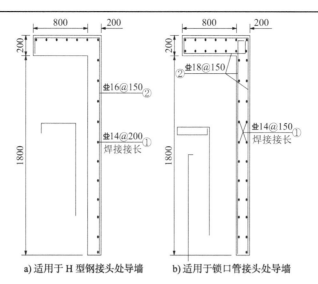

a) 适用于 H 型钢接头处导墙　　b) 适用于锁口管接头处导墙

图 2　导墙配筋示意图（尺寸单位：mm）

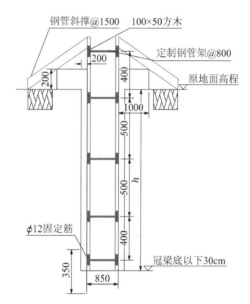

图 3　导墙模板安装示意图（尺寸单位：mm）

⑤导墙混凝土施工

混凝土浇筑应在接到监理工程师书面同意后，采用 C30 混凝土，浇筑时采用两边对称交替下料、分段分层连续浇筑的方式，利用插入式振捣棒振捣。混凝土浇筑完成 12h 后，浇水养护 7d，每天养护至少 2 次，待混凝土强度达到设计强度的 40% 后方可进行拆模。导墙养护期间，严禁重型机械设备在其附近作业行走，当导墙的混凝土强度达到设计强度的 75% 时，方可进行成槽施工。

⑥导墙转角处理

地下连续墙有转角型槽段，而成槽机抓斗宽度为 2.8～3.0m，导墙在转角处需要外放 100～400mm，成"T"形，需对转角型槽段尺寸做局部调整（根据分幅做调整），使得成槽机抓斗能够起抓，确保地下连续墙断面的完整性。

⑦模板拆除

混凝土必须达到设计强度的 40%后，才允许拆除模板。拆模时，应遵循先非承重部位，后承重部位以及自下而上的原则，严禁用大锤和撬棍硬砸硬撬，操作人员应站在安全处，以免发生安全事故。拆模时，先外模后内模，拆内模时先拆内支撑，后拆横向木方、竖向木方，再拆除木板，同时在导墙顶翼面上用红油漆做好分幅线并标上幅号。

⑧回填土

导墙拆完模并加横撑后，应在导墙外侧回填黏性土。重型机械若涉及通过导墙的，须严格按以下措施执行：重型机械严禁在未进行地下连续墙施工的导墙地段通行；遇特殊情况必须通过时，需在已施作地下连续墙地段且混凝土龄期已满足强度要求的基础上，填筑高出导墙 30cm 填土并加盖钢板方可允许通行，通过时严防地下连续墙遭受破坏。

（4）泥浆工艺

①泥浆拌制材料宜优先选用膨润土，如采用黏土，应进行物理、化学分析和矿物鉴定，其黏粒含量应大于 50%，塑性指数应大于 20，含砂量应小于 5%，二氧化硅与氧化铝含量比值宜为 3～4。

②泥浆应根据地质和地面沉降控制要求经试配确定，并应控制其性能指标和按规范作好记录。

③新拌制泥浆应储存 24h 以上或加分散剂使膨润土（或黏土）充分水化后方可使用。挖槽期间，泥浆面必须保持高于地下水位 0.5m 以上。

④施工中可回收利用的泥浆应进行分离净化处理，符合标准后方可使用。废弃的泥浆应采取相应措施，不得污染环境。

⑤遇有地下水含盐或受化学污染时应采取措施，不得影响泥浆性能指标。泥浆储存量应满足槽壁开挖使用需求。

⑥泥浆循环采用 3kW 泥浆泵在泥浆箱内循环，7.5kW 泥浆泵输送，15kW 泥浆泵回收，由泥浆泵和软管组成泥浆循环管路。

（5）成槽（槽段）施工

地下连续墙应根据地质、地下障碍物、施工环境、墙厚与工程质量要求选择挖槽机械。挖槽时，抓斗中心平面应与导墙中心平面相吻合；单元槽段长度应符合设计规定，并采用间隔式开挖，一般地质应间隔一个单元槽段；挖槽过程中，应观测槽壁变形、垂直度、泥浆液面高度，并应控制抓斗上下运行速度。如发现严重坍塌时，应及时将机械设备提出，分析原因，妥善处理；槽段挖至设计高程后，应及时检查槽位、槽深、槽宽和垂直度，并作好记录，然后进行清底；清底应自底部抽吸并及时补浆，清底后的槽底泥浆相对密度不应大于 1.15，沉淀物淤积厚度不应大于 100mm；应用超声波测壁仪检查槽位、槽深、槽宽及槽壁垂直度等，按设计要求 100%检测数，同时整理、提交地下连续墙成槽质量分析数据。

①导墙拐角部位两端部位处理

挖槽机械在地下墙拐角处挖槽时，即使紧贴导墙作业，也会因为抓斗斗壳和斗齿不在成槽断面之内的缘故，而使角内留有余土，为此，在导墙拐角处根据所用的成槽机械断面形状相应外放 20～40cm，以免成槽断面不足，妨碍钢筋笼下槽。

②地下连续墙接头的处理

a. 锁扣管接头

锁口管安放步骤：

使用履带式起重机吊装锁口管，在成槽施工前，对锁口管的垂直度进行检查，锁口管分段起吊入槽，在槽口逐段拼接成设计长度后，下放到槽底。为防止浇筑混凝土过程中接头管移位及混凝土绕流，应确保接头管插入槽底300～500mm；安装锁口管时，锁口管的中心应与设计中心线相吻合，防止锁扣管倾斜及混凝土倒灌，上端口与导墙连接处用槽钢扁担搁置；锁扣管后侧填黏土，防止倾斜导致接头不平顺，从而影响后续开挖。

b. H型钢接头

钢筋笼吊装完毕后，工字钢板与槽壁端头之间回填砂包，每隔一定深度用重锤夯实，直至回填至混凝土超灌高度上方，然后浇筑混凝土，下幅槽段开挖时，挖出接头回填的砂包并清理干净，由此循环进入下一步工序。

（6）制作和吊装钢筋笼

①钢筋笼加工平台

根据成槽设备的数量及施工现场的实际情况，本工程拟搭设2个钢筋笼加工平台现场制作钢筋笼，钢筋笼加工平台采用[8槽钢搭设，按上横下纵叠加制作，槽钢间距2000mm，搭设的平台尺寸为8m×35m。

为便于钢筋放样布置和绑扎，根据设计的钢筋间距，在插筋、预埋件及钢筋连接器的设计位置画出控制标记，以保证钢筋笼和预埋件的布设精度，钢筋笼平台定位用经纬仪控制，高程用水准仪校正。

②钢筋笼制作

钢筋笼应在平台上制作成型，并应符合下列规定：

钢筋笼纵向应预留导管位置，上下贯通；钢筋笼底端应在0.5m范围内的厚度方向上做收口处理；吊点焊接应牢固，并应保证钢筋笼起吊刚度；钢筋笼应设定位垫块，其深度方向间距为3～5m，每层设2～3块；预埋件应与主筋连接牢固，外露面包扎严密；分节制作钢筋笼应试拼装，其主筋接头搭接长度应符合设计要求，如采用焊接或机械连接时，应按相应的技术规定执行。

③吊点加固

每幅钢筋笼各水平吊点均设置在主筋上，槽段钢筋笼每个吊点各用1根"∩"形ϕ32mm圆钢予以加固，并增加桁架筋及中间位置沿垂直方向焊接1根"]"形ϕ32mm圆钢加固筋，主副吊点处，吊点钢筋采用"Π"形ϕ32mm圆钢，扁担搁置点加强筋采用"⊃"形ϕ32mm圆钢，吊环按设计图采用ϕ36mm圆钢，其具体形式如图4所示。

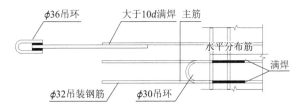

图4　吊点加固钢筋示意图

④钢筋笼吊放

钢筋笼应在槽段接头清刷、清槽、换浆合格后及时吊放入槽，并应对准槽段中心线缓慢沉入，不得强行入槽。钢筋笼分段沉放入槽时，下节钢筋笼平面位置应正确，并临时固定于导墙上，上下节主筋对正连接牢固，并经检查合格后，方可继续下沉。

（7）灌注混凝土

本工程槽段采用水下 C30 混凝土，坍落度控制在 180～220mm，并采用导管法灌注。导管采用直径为 200～250mm 的多节钢管，管节连接应严密、牢固，施工前试拼并通过气密性及隔水试验。在同一槽段内同时使用两根导管灌注时，其间距不应大于 3m，导管距槽段接头不宜大于 1.5m，导管下端距槽底为 300～500mm，灌注混凝土前，在导管内临近泥浆面位置吊挂隔水栓。混凝土浇灌采用混凝土车对准漏斗直接浇筑的方法，初灌量应满足导管埋置深度 0.5m 以上。混凝土面应均匀上升，导管在混凝土里埋设 1.5～3m，各导管处的混凝土表面的高差不宜大于 0.5m，混凝土必须连续浇筑，在终凝前灌注完毕，混凝土灌注应高出设计高程 300～500mm。每一单元槽段混凝土应制作一组抗压强度试件，每 5 个槽段应制作一组抗渗压力试件。

（8）墙趾注浆

①预留注浆管

根据设计要求如需预埋注浆管，每幅地下连续墙均需埋设两根注浆管，注浆管采用φ50mm（外径）、壁厚 4mm 的 Q235 钢管，插入槽底 50cm，并制成花杆形式，该部分用封箱带包住。注浆管和钢筋笼、桁架绑扎在一块，注浆管处于钢筋笼的厚度方向上的中间位置。

②注浆要求与参数

根据设计要求，注浆压力 0.20～0.40MPa，单根注浆量一般为 2m³，可根据注浆压力做适当调整，注浆材料为 P.O42.5 普通硅酸盐水泥，配合比为水泥∶粉煤灰∶水＝1∶0.8∶1.2。

注浆时采用压力和注浆量双控，即注浆压力未达到 0.4MPa，注浆量已达 2.0m³；或注浆压力已达 0.4MPa，注浆量未达到 2.0m³；或发现地下连续墙顶上抬超过 10mm 时，均可停止注浆。若出现浆液已冒出地面也可停止注浆。注浆管及定位如图 5 所示。

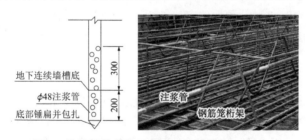

地下连续墙槽底
φ48注浆管
底部锤扁并包扎
注浆管
钢筋笼桁架

图 5　注浆管及定位示意图（尺寸单位：mm）

4）安全风险及危害

地下连续墙施工过程中存在的安全风险见表 1。

地下连续墙施工安全风险识别表　表 1

序号	安全风险	施工过程	致险因子	风险等级	产生危害
1	坍塌	导墙开挖	（1）导墙基坑支护不到位，基槽暴露时间较长； （2）防雨措施不到位，引起基坑浸水、滑塌	I	重伤、伤害
		成槽施工	（1）泥浆质量不合格，指标不满足要求； （2）成槽机操作不当； （3）地下土质极差； （4）槽壁附近堆放材料或重型设备超载； （5）泥浆浓度不满足要求，配合比根据情况实时调整	I	槽壁坍塌、路面沉陷、机械设备倾覆

序号	安全风险	施工过程	致险因子	风险等级	产生危害
2	高处坠落	导墙施工	（1）基坑无临边防护等安全措施，无安全警示标志； （2）人员无上下通道，未安装爬梯	Ⅲ	群死群伤或个人伤害
		钢筋笼入槽	作业人员未穿戴防滑鞋、未系挂安全带	Ⅱ	
3	起重伤害	钢筋笼吊装、吊运物料	（1）起重机司机、司索工指挥技能差，无资格证； （2）履带式起重机钢丝绳磨损严重，且未及时更换、卡扣、吊钩等破损、性能不佳； （3）未严格执行"十不吊"； （4）吊装指令传递不佳，存在未配置对讲机、多人指挥等情况； （5）起重机回转范围外侧未设置警戒区	Ⅰ	群死群伤
4	物体打击	钢筋笼吊装、吊运物料	（1）履带式起重机钩防脱装置失效； （2）吊物下方站人； （3）旋转臂下站人； （4）双机配合作业动作不协调； （5）吊物绑扎不牢； （6）未落实安全技术交底	Ⅲ	群死群伤、死亡、死伤
5	触电	钢筋加工	（1）钢筋弯曲机未接地； （2）钢筋切断机未接地； （3）用电线路老化； （4）乱拉、乱接电线； （5）不符合"一机、一闸、一漏"	Ⅱ	死亡、电击伤
		钢筋笼焊接	（1）电焊机未接地； （2）移动用电设备接电未使用插头	Ⅲ	
6	机械伤害	钢筋加工	钢筋加工设备未设置保护罩	Ⅰ	群死群伤或个人伤害
		成槽施工	（1）设备老化，未按期维护保养； （2）成槽机回转范围外侧未设置警戒区	Ⅱ	
		钢筋笼吊装	（1）设备选型不合理，不满足吊装要求； （2）双机起吊回转范围外侧未设置警戒区	Ⅰ	
7	火灾	现场切割	（1）氧气乙炔瓶使用不规范； （2）切割作业时，氧气乙炔瓶未保持安全距离	Ⅱ	爆炸、伤害
8	车辆运输伤害	混凝土泵车	（1）驾驶员不熟悉场地线路； （2）驾驶员驾驶不规范，不遵守交通规则； （3）场地狭小，视觉盲区较多	Ⅲ	人员受伤、死亡或重伤
		材料运输			

5）安全风险防控措施

（1）防控措施

为防范以上安全风险，需严格落实各项风险防控措施，详见表2。

地下连续墙施工安全风险防控措施表　　　　　　　表2

序号	安全风险	措施类型	控制措施
1	坍塌	质量控制	（1）严格按照安全技术规程开挖施工，严格控制开挖深度； （2）及时施工钢筋混凝土导墙，厚度和混凝土强度按照设计要求进行； （3）泥浆配合比根据地质情况合理配置，中途及时添加泥浆，保证泥浆面位于导墙面50cm以内

序号	安全风险	措施类型	控制措施
1	坍塌	管理措施	（1）在导墙施工过程中做好坑内积水抽排，同时做好防雨应急工作； （2）加强泥浆管理工作，随时有专人监控，出现异常情况及时采取措施处理； （3）槽壁附近严禁堆放材料或重型设备超载； （4）泥浆浓度随时检测，配合比根据情况实时调整； （5）加强对成槽机操作人员的培训
2	高处坠落	安全防护	对基坑边缘1.5m处设置防护栏，基坑上下设置爬梯，张贴安全警示标志
		管理措施	（1）加强安全思想教育； （2）高空作业时（钢筋笼吊装拆除卸扣时），要求工人系好安全带，做好防滑措施
3	起重伤害	安全防护	吊装区域设置警示标志
		管理措施	（1）加强日常检查及安全思想教育，并进行经济处罚； （2）重点针对起重设备进行排查，及时进行维护保养； （3）加强日常安全教育，专人指挥吊装作业； （4）加强司索工、信号工操作技术培训
4	物体打击	安全防护	（1）要求工人佩戴好安全帽； （2）吊装物捆绑扎实，材料吊装区域严禁站人； （3）吊装范围设置警示标志，吊物下方不许站人
		管理措施	（1）加强日常现场安全监督检查，严格落实安全技术交底； （2）定期检查履带式起重机钩防脱装置、钢丝绳等构配件，及时更换； （3）加强驾驶员培训交底，双机配合作业专人指挥
5	触电	安全防护	（1）钢筋加工设备按规范做好接地，电焊机做好防雨措施； （2）用电设备严格按照一机一闸，严禁多台设备接入同一开关箱； （3）现场用电严格按照"总分开"三级配电设置； （4）用电设备做好漏电保护措施
		管理措施	（1）加强用电管理，加强用电安全教育，严禁非电工人员进行临电作业； （2）定期对用电设备进行检查，发现问题及时维修，不得带病作业； （3）现场裸露电线做好绝缘措施，不得随意损坏
6	机械伤害	安全防护	（1）加工设备按要求安装防护罩； （2）作业区域设置警示标志； （3）定期维护保养设备，排查设备运行性能情况
		管理措施	（1）对驾驶员加强安全教育，规范吊装作业； （2）施工前对操作人员进行培训； （3）加强安全管理，让作业人员熟知相关的安全风险
7	火灾	安全防护	（1）按规范要求存放气瓶； （2）明火作业时，确保气瓶之间的距离满足要求
		管理措施	（1）加强日常检查，设施安全防护装置； （2）重点部位配置足够的灭火器； （3）定期检测气割设备及灭火器的性能，不满足使用要求的及时更换
8	车辆伤害	安全防护	（1）行驶盲区设置提醒标志； （2）场内安放交通引导指示牌，必要时安排专人引导
		管理措施	（1）加强驾驶员教育； （2）提前告知商品混凝土站或材料供应商工程所在地的场内交通运输情况，传达至每位驾驶员

（2）工作纪律

除落实以上安全风险防控措施外，还应严格遵守以下工作纪律。

①防护用品：作业人员正确佩戴使用安全帽、安全带，正确穿着防滑鞋及紧口工作服、防护手套、安全绳、防护面罩。

地铁篇

②班前讲话：每日上工前，由班组长开展班前讲话，将当日作业内容、存在的安全风险及危害、防范措施、作业要点等告知全部作业人员。

③工前检查：每日班前讲话后，对工人身体状态、防护用品穿戴、现场作业环境等进行例行检查，发现问题及时处理。

④维护保养：做好安全防护设施、安全防护用品、起重设备机具等的日常维护保养，发现损害或缺失，及时修复或更换。

6）质量标准

（1）导墙质量控制标准

导墙施工质量控制标准见表3。

导墙允许偏差表　　　　表3

项目		允许偏差	检查频率		检验方法
			范围	点数	
内墙面	与地下连续墙中轴线	对轴线距离的允许偏差 ＜±10mm	每幅	2	尺量
内墙面	倾斜度	＜5‰	每幅	2	测锤
	不平度	3‰	2m		直尺
导墙顶面	高程	±10mm	6m		水准仪
	不平度	＜5‰	2m		直尺
内外导墙净距		±5mm	每幅	2	钢尺

（2）成槽质量控制标准

成槽施工质量控制标准见表4。

成槽允许偏差　　　　表4

序号	项目	允许偏差	检测方法	备注
1	轴线位置	±30mm	用钢尺量	每幅都测
2	槽深	+200mm	用重锤测（测绳）	
3	厚度	0＋30mm	用钢尺量	
4	垂直度	1/300	用超声波法或孔口偏差测量法	
5	沉渣厚度	≤100mm	用重锤测	

（3）钢筋笼质量控制标准

钢筋笼加工质量控制标准见表5。

地下连续墙钢筋笼外形尺寸允许偏差表（单位：mm）　　　　表5

序号	项目名称	允许偏差
1	主筋间距	±10
2	箍筋间距	±20
3	笼厚度（槽宽方向）	±10
4	笼宽度（槽长方向）	±20

序号	项目名称	允许偏差
5	笼长度（深度方向）	±50
6	加强桁架间距	±30
7	预埋件中心位置	±20
8	钢筋笼吊入槽内高程	±10
9	钢筋笼吊入槽内垂直墙轴线方向	±20
10	钢筋笼吊入槽内沿轴线方向	±50

（4）地下连续墙质量控制标准

地下连续墙施工质量控制标准见表6。

地下连续墙质量控制标准表　　　　　　表6

序号	项目	质量要求	检验方法
1	成槽垂直度	≤0.3%	超声波测壁仪
2	槽底沉渣厚	≤100mm	沉渣测量仪或探锤检查
3	钢筋笼和预埋件的安装	安装后无变形，预埋件牢固、高程、位置及保护层厚度正确	观察、尺量、水准仪、探锤检查和检查施工记录
4	钢筋笼笼顶高程	与设计高程之偏差≤10mm	
5	凿去浮浆后的墙顶高程	设计高程±30mm	
6	裸露表面局部突出	≤100mm	
7	墙面垂直度	≤1/300	
8	裸露墙面	表面密实无渗漏，孔洞、露筋、蜂窝麻面面积不超过单元槽段裸露面积2%	观察和尺量检查
9	连续墙的接头	接缝处无明显夹泥和渗水现象	观察检查

7）验收要求

地下连续墙施工的验收要求见表7。

地下连续墙施工验收要求表　　　　　　表7

序号	验收项目	验收时点	验收内容	验收人员
1		导墙施工前	钢筋原材材质、规格尺寸、外观质量	项目物资、测量员，班组长及材料员
2			槽段开挖宽度	
3			槽段开挖深度	
4	导墙	导墙施工中	钢筋绑扎间距	班组长及技术员
5			模板平整度	
6			模板尺寸	
7			混凝土强度等级、坍落度	
8		导墙施工后	墙面垂直度	试验人员、测量员
9			导墙强度	

序号	验收项目	验收时点	验收内容	验收人员
10	成槽	槽段施工中	槽段垂直度	试验人员、技术员、班组长及技术员
11			槽深	
12			泥浆指标	
13			液面深度	
14	钢筋笼	钢筋笼加工前	钢筋原材材质、规格尺寸、外观质量	试验人员、技术员、班组长及技术员
15			预埋件材质、规格尺寸、外观质量	
16		钢筋笼加工中	钢筋焊接或机械连接质量	
17			钢筋间距、排距	
18		钢筋笼加工后	长度、宽度、高度、钢筋笼纵向挠度	
19			预埋件位置	
20		钢筋笼吊装	吊点位置	技术负责人、专职安全员、技术员，班组长及技术员
21			钢丝绳、起重机性能	
22			下放高程	
23	混凝土	浇筑前	坍落度	试验人员、技术员、班组长及技术员
24		浇筑中	浇灌速度	
25			导管埋入混凝土	
26			浇筑面高度	
27		浇筑后	墙面混凝土强度、抗渗等级	

8）应急处置

（1）处置原则

施工过程中一旦发生险情或事故，应立即停止作业，切勿慌乱，切忌盲目施救，在保证自身安全的情况下按照处置措施要求科学开展施救，并及时向项目管理人员报告相关情况。

（2）处置措施

①坍塌：当发生塌方时，施工人员要立即撤离施工区域，查点施工人员人数，并立即通知现场负责人，以确定是否有人因塌方被困，在现场负责人的指挥下进行后续现场处理。

②触电事故：当发现有人触电时，应立即切断电源。若无法及时断开电源，可用干木棒、皮带、橡胶制品等绝缘物品挑开触电者接触的带电物，之后解开妨碍触电者呼吸的紧身衣服，检查口腔，清理口腔黏液并立即就地抢救，如触电者呼吸停止，应采用人工呼吸法抢救；如心脏停止跳动，应采用胸外心脏按压法抢救。

③火灾事故：当发生火灾时，要正确确定火源位置，火势大小，并迅速向外发出信号，及时利用现场消防器材灭火，控制火势大小；若火势无法控制，施工人员应及撤离火区，同时向所在地公安消防机关报警，寻求帮助。

④其他事故：当发生高处坠落、起重伤害、机械伤害、物体打击等事故后，周围人员应立即停止施工，并撤离危险区域，采取措施切断或隔断危险源，疏散现场无关人员，然后对伤者进行包扎等急救，向项目部报告后原地等待救援。

74 地铁车站混凝土支撑施工安全技术交底

交底等级	三级交底	交底编号	III-074
单位工程	昆明地铁菊华站	分部工程	地基基础与支护工程
交底名称	地铁车站混凝土支撑	交底日期	年　月　日
交底人	分部分项工程主管工程师（签字）	审核人	工程部长（签字）
批准人	总工程师（签字）	确认人	专职安全管理人员（签字）
		被交底人	班组长及全部作业人员（签字，可附签字表）

1）施工任务

菊华站位于贵昆公路以北，金马路路口与一条规划道路交叉路口西北象限地块内。车站沿东西向布设，采用地下两层岛式站台车站形式，车站主体结构采用明挖法施工，为两层三跨箱形结构。车站总长度约211.369m，标准段外包宽度21.70m。围护结构采用800mm地下连续墙＋内支撑体系，混凝土支撑采用ZC1-800mm×800mm共计41道，采用LC1-400mm×600mm连系梁连接。地下连续墙顶设800mm×1000mm冠梁，冠梁转角处加腋尺寸1.5m×1.5m，支撑及连系梁加腋尺寸500mm×500mm，钢筋净保护层厚度均为30mm。

2）工艺流程

冠梁和混凝土支撑施工流程如图1所示。

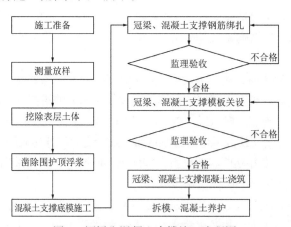

图1　冠梁和混凝土支撑施工流程图

3）作业要点

（1）施工准备

施工所用钢筋、混凝土等材料进场后，配合项目物资及技术管理人员进场验收，验收合格方可使用。整理材料存放场地，确保平整坚实、排水畅通、无积水。材料验收合格后按品种、规格分类码放，并设挂规格、数量铭牌。

（2）施工工艺及方法

①测量放样

根据设计图纸提供的坐标计算出每道钢筋混凝土支撑中线与冠梁交点处坐标，计算成果经技术负责人复核无误后进行测放，并报监理进行复核。待基坑内土体开挖至混凝土支撑底部后，立即将中心线引入坑内，以控制底模及模板施工，确保钢筋混凝土支撑中心线的正确无误。

②凿除内导墙和地下连续墙顶部混凝土

a. 第一层土方开挖挖至冠梁、混凝土支撑垫层底高程处，开挖时应将钢筋笼上方土体轻轻剥落，再将土体倒运至地面，开挖时应注意钢筋笼钢筋不被破坏。钢筋笼上方土体清理完毕后将基坑围护两侧底面和边坡再次清理干净、彻底、到位。

b. 凿除地下连续墙顶混凝土至冠梁底高程以上 10～20cm，再用人工风镐剔凿至冠梁底高程上 10cm 处，清除冲洗表面浮浆、松动的混凝土碎块。在埋设测斜管的地下连续墙，只能用人工风镐凿除超灌混凝土至冠梁底高程上 10cm 处，并将表面凿毛用水清洗干净。

c. 浮浆凿除前在迎土层导墙上标注出预埋测斜管和超声波检测管位置，凿除时注意保护预埋测斜管及超声波检测管，不要将其碰断。如测斜管或超声波检测管发生断裂，应及时用布或编织袋将其封堵、覆盖，严禁让泥土落入管中。

③钢筋调直及垫层施工

调直地下连续墙顶钢筋，清除钢筋上的浮锈、污渍和地下连续墙顶上的灰尘。调直钢筋时不得采用高温灼烧的方式，必须采用人工调直的方式，采用手提式钢筋调直机将弯曲的钢筋调直。

④垫层施工

将冠梁、混凝土支撑区域的场地夯实，依据设计底高程浇筑 C15 混凝土垫层作为冠梁、混凝土支撑区域的场地夯实，依据设计底高程浇筑 C15 混凝土垫层作为冠梁、混凝土支撑找平层，冠梁垫层的宽度为 1.4m，混凝土支撑垫层的宽度为 1.0m，混凝土垫层设置 0.15%L 预拱度（L 为支撑跨度）。

⑤冠梁及钢筋混凝土支撑钢筋绑扎

钢筋绑扎前应清点数量、类型、型号、直径，并对其位置进行测放后方可进行绑扎，配筋如图 2 所示。

钢筋绑扎须严格按照设计文件和施工图进行，横向支撑 1/3 跨位置严禁出现钢筋接头；钢筋绑扎前，应清理干净冠梁空间的杂物，若在施工缝处施工，还应把接缝处钢筋调直；钢筋的交叉点必须绑扎牢固，不得出现变形和松脱现象；钢筋接头主筋采用机械连接或焊接，箍筋采用绑扎方式，机械连接接头搭接面积百分率不得超过 50%，相邻两个绑扎接头错开不少于 35d（d 为钢筋直径）；钢筋车丝端不得使用切断机切断，应采用切割机切割并打磨平整；安装机械连接接头时，可用管钳扳手拧紧，应使钢筋丝头在套筒中央位置相互顶紧，标准型接头安装后的外露螺纹不宜超过 2P（P 为螺距），接头试件的钢筋母材应进行抗拉强度试验：三根接头试件的抗拉强度均不小于该级别钢筋抗拉强度的标准值，同时还不应小于 0.9 倍钢筋母材的实际抗拉强度；焊接时单面焊搭接长度为 10d，双面焊为 5d，其搭接面积百分率不得超过 50%；在绑扎钢筋接头时，一定要把接头先行绑好，然后再和其他钢筋绑扎；箍筋应与受力钢筋垂直设置，箍筋弯钩叠合处，应沿受力钢筋方向错开设置。

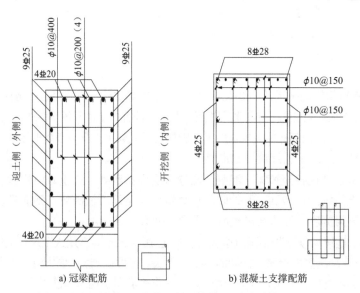

图2 冠梁及混凝土支撑配筋示意图（尺寸单位：mm）

钢筋绑扎位置允许偏差见表1。

钢筋安装允许偏差表 表1

项目		允许偏差（mm）
箍筋间距		±20
主筋间距	列间距	±10
	层间距	±5

钢筋绑扎必须牢固稳定，不得变形松脱；钢筋绑扎完成后，先由项目部质检人员进行自检，在自检合格后报监理单位验收，经验收合格后方可进行下道工序施工；地下连续墙预留钢筋在冠梁、支撑钢筋绑扎前，应调直，才能进入下道工序，不得使用氧气乙炔破坏钢筋。

⑥模板施工

冠梁及第一道混凝土支撑侧模采用2440mm×1220mm×15mm覆木胶合板，模板支立前应清理干净并涂刷隔离剂，每次混凝土浇筑之前确保模板清洁光滑。

混凝土竖向支撑：模外侧采用φ48mm×2.8m钢管（或木枋、方矩管），间距为200mm，中到中设置。混凝土横向支撑：每排螺杆位置安装两根φ48mm×2.8m钢管，水平间距根据模板拼装的拉杆间距设置，模板以长度方向倒放顺序排样，水平方向间距为450mm；模板以长度方向竖放顺序排样，水平方向间距分别为450mm、500mm。

模板安装必须正确控制轴线位置及截面尺寸。模板安装时，模板应起拱1.5‰L（L为支撑跨度），本工程按30mm起拱。为保证模板接缝宽度符合标准要求，施工中应加强对模板的使用、维修、管理。

模板由侧模、主龙骨、次龙骨、斜撑等组成，主龙骨间距1m，次龙骨间距0.3m，斜撑和平撑与主龙骨之间用扣件连接。为防止浇筑混凝土时漏浆，在侧模内侧底端应加设海绵条，保证模板可靠地承受支撑结构及施工的各项荷载。

模板支撑安装必须平整、牢固、接缝严密不漏浆，保证混凝土浇筑质量。

模板制作及安装的偏差应符合表2。

模板制作及安装允许偏差 表2

项目	允许偏差（mm）	检验仪具
轴线位置	5	经纬仪、钢尺
截面内部尺寸	+4，−5	钢尺
相邻两板表面高低差	2	钢尺
表面平整度	5	靠尺或塞尺

模板安装施工结束后报监理验收，经验收合格后方可进行下道工序施工。

⑦混凝土浇筑

根据图纸中关于混凝土强度的设计要求，第一道钢筋混凝土支撑、系梁和冠梁均采用C30混凝土。混凝土浇筑采用汽车输送泵浇筑。主管混凝土的试验人员一定要明确每次浇捣混凝土的级配、方量，严格把控好原材料的质量，水泥、碎石、砂及外掺剂等要达到国家规范规定的标准，及时与混凝土供应单位沟通信息。混凝土浇捣前，施工现场应先做好各项准备工作，机械设备、照明设备等应事先检查，保证完好符合要求，模板内的垃圾和杂物要清理干净。混凝土搅拌车进场后，应严格把控好混凝土的质量。检查坍落度、可泵性是否符合要求，应及时进行调整，必要时做退货处理。

振捣时采用插入式振动器，振捣注意事项：

应做到"快插慢拔"，在振捣过程中，宜将振动棒上下略为抽动，以使混凝土上下振捣均匀。每一插点要掌握准振捣时间，过短不易密实，过长能引起混凝土产生离析现象，尤其要注意塑性混凝土，一般视混凝土表面呈水平，不再显著沉降、不再出现气泡及表面泛出灰浆为准。振动棒插点要均匀排列，可采用"行列式"或"交错式"的顺序移动，但不能混用。每次移动位置的距离不应大于振动棒作用半径的1.5倍（400mm），靠近模板边缘处为作用半径的0.5倍（200mm），振动棒使用时，振动棒距模板不应大于振动棒作用半径的0.5倍，又不能紧靠模板，且尽量避开钢筋、预埋件等。在混凝土初凝前进行第二次振捣，保证混凝土的密实及防止混凝土的漏振。在混凝土浇筑前清理干净模板内杂物，混凝土振捣采用插入式振捣器，振捣间距约为50cm，以混凝土表面泛浆，无大量气泡产生为止，严防混凝土振捣不足或在一处过振而发生跑模现象。冠梁与钢筋混凝土支撑节点同时施工，分段分批浇筑，接头处新老混凝土接合面按施工缝要求凿毛处理，并将浇筑完预留钢筋上的残留混凝土及时清理干净，且其接头位置留在冠梁上。

⑧拆模、养护

模板拆除应根据设计和规范规定的强度要求统一进行，未经技术部门同意，不得随意拆模。混凝土达到规定强度时，方可进行模板拆除，拆除模板时，需按程序进行，禁止用大锤敲击，防止混凝土面出现裂纹。混凝土达到2.5MPa且不缺棱调角，方可拆除侧向模板，混凝土强度达到100%设计强度时可进行下层土方开挖。拆除模板时，需按程序进行，禁止用大锤敲击，防止混凝土面出现裂纹。每次浇筑至少留置一组标准混凝土养护试件，同条件试件留置组数，根据现场实际需要确定。应在浇筑完毕后的7d以内对混凝土覆盖养护毯并洒水养护，混凝土强度达到1.2MPa前，不得在其上面踩踏或安装模板及支架。

⑨钢格构柱与支撑连接

格构柱顶高程与第一道混凝土支撑底面为同一高程，格构柱顶焊接钢板锚筋锚入混凝土支撑，如图3所示。

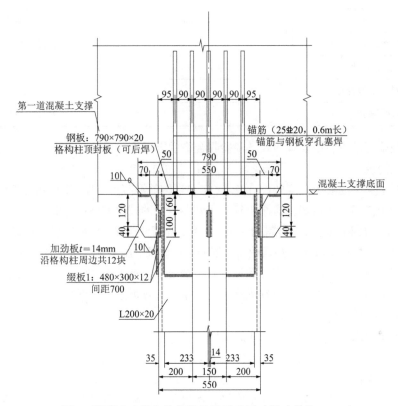

图3 混凝土支撑与格构柱连接示意图（尺寸单位：mm）

4）安全风险及危害

混凝土支撑施工过程中存在的安全风险见表3。

混凝土支撑施工安全风险识别表　　　　　　　　　　　　　　　　表3

序号	安全风险	施工过程	致险因子	风险等级	产生危害
1	高处坠落	人员上下通行	（1）未规范设置基坑上下爬梯； （2）未设置临边防护或临边防护不满足要求	Ⅲ	作业人员死亡或重伤
2	物体打击	钢筋施工	（1）材料吊装绑扎不牢； （2）基坑四周未有效设置警戒区； （3）钢筋搬运不规范，随意抛掷	Ⅳ	物体下方人员死亡或重伤
		模板拆除	（1）随意抛掷杆件、构配件； （2）拆模区域未有效设置警戒区； （3）模板随意抛掷，未按要求顺序进行拆除	Ⅳ	
3	起重伤害	吊运物料	（1）起重机司机、司索工指挥技能差，无资格证； （2）钢丝绳或吊带、卡扣、吊钩等破损、性能不佳； （3）未严格执行"十不吊"； （4）吊装指令传递不佳，存在未配置对讲机、多人指挥等情况； （5）起重机回转范围外侧未设置警戒区； （6）吊物绑扎不牢，吊点选取不合理	Ⅱ	起重作业人员及受其影响人员死亡或重伤

序号	安全风险	施工过程	致险因子	风险等级	产生危害
3	起重伤害	拆除混凝土支撑	（1）未制定混凝土支撑拆除专项方案； （2）未按要求进行分割，分割长度不合理； （3）吊点选取不合理； （4）同物料吊运相关致险因素	II	起重作业人员及受其影响人员死亡或重伤
4	触电	现场用电，焊接作业	（1）电工、焊工无资格证上岗； （2）非电工人员进行临电作业； （3）现场私拉乱接，电线未采取保护措施； （4）未按相关要求进行接地，未做好漏电保护； （5）用电设备采取一机多闸，未按要求配备足够的配电箱，用电设备直接接在二级配电箱	III	人员触电身亡
5	机械伤害	钢筋加工	（1）加工设备未按要求做好防护罩； （2）工人不熟悉设备操作规程，操作不规范	III	人员受伤、死亡或重伤
6	车辆运输伤害	混凝土泵车 材料运输	（1）驾驶员不熟悉场地线路； （2）驾驶员驾驶不规范，不遵守交通规则； （3）场地狭小，视觉盲区较多	III	人员受伤、死亡或重伤

5）安全风险防控措施

（1）防控措施

为防范以上安全风险，需严格落实各项风险防控措施，详见表4。

混凝土安全风险防控措施表　　　　　　　　　　　　表4

序号	安全风险	措施类型	防控措施	备注
1	高处坠落	安全防护	（1）沿基坑边设置连续防护栏杆（定制）； （2）按要求设置基坑上下爬梯； （3）工人正确佩戴安全帽、安全绳等相关防坠落措施	
		管理措施	（1）加强临边防护措施； （2）加强安全教育，并指派专人进行巡视	
2	物体打击	安全防护	（1）材料吊装按要求进行绑扎； （2）起重机吊装范围设置警戒区； （3）工人正确佩戴安全帽	
		管理措施	（1）为工人配发合格的安全带、安全帽等劳保用品，培训正确穿戴使用； （2）加强司索工、信号工的培训教育，严格执行"十不吊"； （3）加强安全监督管理，定期检查设备的运行情况	
3	起重伤害	安全防护	（1）起重机回转范围外侧设置警戒区； （2）工人正确佩戴安全帽； （3）起重机做好合理的限位措施	
		管理措施	（1）做好起重设备及特种作业人员的进场验收管理，保证设备性能、人员技能满足要求，设备及人员证件齐全有效； （2）做好钢丝绳或吊带、卡扣、吊钩、对讲机等日常检查维护，确保使用性能满足要求； （3）吊装作业专人指挥，严格执行"十不吊"； （4）制定专项吊装方案，明确吊装要求； （5）合理选择吊物的重量，吊点布置合理，严禁超负荷吊装	
4	触电	安全防护	（1）钢筋加工设备按规范做好接地，电焊机做好防雨措施； （2）用电设备严格按照一机一闸，严禁多台设备接入同一开关箱； （3）现场用电严格按照"总分开"三级配电设置； （4）用电设备做好漏电保护措施	

序号	安全风险	措施类型	防控措施	备注
4	触电	管理措施	（1）定期对用电设备进行检查，发现问题及时维修，不得带问题作业； （2）现场裸露电线做好绝缘措施，不得随意损坏； （3）加强用电安全教育，严禁非电工人员进行临电作业	
5	机械伤害	安全防护	（1）加工设备按要求安装防护罩； （2）作业区域设置警示标志； （3）定期维护保养设备，排查设备运行性能情况	
		管理措施	（1）施工前对操作人员进行培训； （2）加强安全管理，让作业人员熟知相关的安全风险	
6	车辆运输伤害	安全防护	（1）行驶盲区设置提醒标志； （2）场内安放交通引导指示牌，必要时安排专人引导	
		管理措施	（1）加强驾驶员教育； （2）提前告知商品混凝土站或材料供应商工程所在地的场内交通运输情况，传达至每位驾驶员	

（2）工作纪律

除落实以上安全风险防控措施外，还应严格遵守以下工作纪律。

①防护用品：作业人员正确佩戴使用安全帽、安全带，正确穿着防滑鞋及紧口工作服、防护手套、安全绳、防护面罩。

②班前讲话：每日上工前，由班组长开展班前讲话，将当日作业内容、存在的安全风险及危害、防范措施、作业要点等告知全部作业人员。

③工前检查：每日班前讲话后，对工人身体状态、防护用品穿戴、现场作业环境等进行例行检查，发现问题及时处理。

④维护保养：做好安全防护设施、安全防护用品、起重设备机具等的日常维护保养，发现损害或缺失，及时修复或更换。

6）质量标准

冠梁及混凝土支撑施工质量控制标准见表5～表7。

钢筋工程（原材料、加工、连接、安装）**质量控制标准**　　　　表5

施工执行标准名称及编号		《混凝土结构工程施工质量验收规范》（GB 50204—2015）
主控项目	1	钢筋进场抽取试件做力学性能检验，其质量必须符合有关标准的规定
	2	当发现钢筋脆断、焊接性能不良或力学性能不正常等现象时，应对该批钢筋进行化学成分或其他专项检验
	3	受力钢筋的弯钩和弯折应符合规范规定
	4	非焊接封闭式箍筋的末端应作弯钩，弯钩形式应符合设计和规范要求
	5	纵向受力钢筋的连接方式应符合设计要求
	6	机械连接和焊接接头试件力学性能检验质量应符合有关规程的规定
	7	受力钢筋的品种、级别、规格和数量符合设计
一般项目	1	钢筋应平直、无损伤，表面不得有裂纹、油污、颗粒状或片状老锈
	2	钢筋调直宜采用机械方法，也可采用冷拉。当采用冷拉时，HRB400级和HRB500级钢筋的冷拉率不宜大于1%

施工执行标准名称及编号		《混凝土结构工程施工质量验收规范》（GB 50204—2015）		
一般项目	3	钢筋接头宜设置在受力较小处；同一纵向受力钢筋不宜设置两个或两个以上接头；接头末端至钢筋起弯点的距离不小于钢筋直径的 10 倍		
	4	机械连接、焊接接头的外观检查质量应符合有关规程的规定		
	5	当受力钢筋采用机械连接接头或焊接接头时，设置在同一构件内的接头宜相互错开		
	6	同一构件中相邻纵向受力钢筋的绑扎搭接接头宜相互错开；绑扎搭接接头中钢筋的横向净距不应小于钢筋直径，且不小于 25mm		
	7	梁、柱类构件的纵向受力钢筋搭接长度范围内，应按设计和规范要求配置箍筋		
	8	钢筋加工的形状、尺寸应符合设计要求，允许偏差（mm）	受力钢筋顺长度方向全长的净尺寸	±10
			弯起钢筋的弯折位置	±10
			箍筋内净尺寸	±5
	9	钢筋安装位置允许偏差	绑扎钢筋骨架	长（mm）	±10
				宽、高（mm）	±5
			受力钢筋	间距（mm）	±10
				排距（mm）	±5
				保护层厚度（mm）	±5
			箍筋、横向钢筋间距（mm）		±10
			钢筋弯起点位置（mm）		±10
			预埋件	中心线位置（mm）	5
				水平高差（mm）	+3，0

模板工程质量控制标准 表6

施工执行标准名称及编号		《混凝土结构工程施工质量验收规范》（GB 50204—2015）			
主控项目	1	模板及支架必须具有足够的强度、刚度和稳定性。安装上层模板及支架时，下层楼板应具有承受上层荷载的承载能力，或加设支架；上、下层支架的立柱应对准，并铺设垫板			
	2	在涂刷模板隔离剂时，不得沾污钢筋和混凝土接槎处			
一般项目	1	模板接缝不应漏浆，与混凝土接触面应清理干净并涂刷隔离剂；浇筑前，模板内杂物应清理干净			
	2	用作模板的地坪、胎膜等应平整光洁，不得影响构件质量的下沉、裂缝、起砂或起鼓			
	3	预埋件、预留孔洞允许偏差	预埋钢板中心线位置（mm）		3
			预埋管、预留孔中心线位置（mm）		3
			预埋螺栓	中心线位置（mm）	2
				外露长度（mm）	+10，0
			预留洞	中心线位置（mm）	10
				尺寸（mm）	+10，0
	4	模板安装允许偏差	轴线位置（mm）		±5
			高程（mm）	垫层	+10，−20
				板（加预留沉落量）、柱	+10，0
			截面内部尺寸（mm）		+4，−5

施工执行标准名称及编号		《混凝土结构工程施工质量验收规范》（GB 50204—2015）		
一般项目	4	模板安装允许偏差	高垂直度（%）	柱	0.1
				墙、变形缝端头	0.2
			相邻两板表面高低差（mm）		2
			表面平整度（mm）		5
	5	侧模拆除	侧模拆除时的混凝土强度应能保证其表面及棱角不受损伤		

混凝土工程（施工）质量控制标准　　　　表7

施工执行标准名称及编号		《混凝土结构工程施工质量验收规范》（GB 50204—2015）		
主控项目	1	结构混凝土强度等级必须符合设计要求，取样与试件留置符合规范要求		
	2	结构混凝土抗渗试件留置符合规范要求		
	3	原材料每盘称量的偏差	材料名称	允许偏差
			水泥、掺合料	±2%
			粗、细集料	±3%
			水、外加剂	±2%
	4	混凝土浇筑满足初凝时间和连续浇筑的要求		
一般项目	1	施工缝的位置应在混凝土浇筑前按设计要求和施工技术方案确定；施工缝的处理应按施工技术方案执行		
	2	浇筑完毕后，应及时采取有效的养护措施，并应符合有关规范的规定。		

7）验收要求

混凝土支撑施工各阶段的验收要求见表8。

混凝土支撑各阶段验收要求表　　　　表8

序号	验收项目		验收时点	验收内容	验收人员
1	材料及构配件		钢筋材料进场后、使用前	材质、规格尺寸、焊缝质量、外观质量	项目物资、试验人员、技术管理人员、班组长及材料员
2	基础	基底	垫层施工前	地基承载力（不需要做试验，压实即可）	项目技术员、班组技术员
		垫层	基底处理验收完成后	轴线是否有偏差，基面是否平整	项目测量人员、技术员、班组长及技术员
3	模板体系	施工过程	模板安装前	详见表6	项目技术员、测量人员，班组长及技术员
			模板安装中		
		使用过程	模板安装后	模板加固情况	项目技术员、测量人员，班组长及技术员
4	混凝土结构	施工过程	施工前	混凝土坍落度、强度等级	试验人员、技术管理人员，班组长及材料员
			施工中	混凝土振捣	技术员、班组长及技术员
			施工后	混凝土收面，高程控制	技术员、班组长及技术员
		使用过程	拆模后	混凝土强度、外观质量	试验人员、技术管理人员，班组长

地铁篇

8) 应急处置

（1）处置原则

施工过程中一旦发生险情或事故，应立即停止作业，切勿慌乱，切忌盲目施救，在保证自身安全的情况下按照处置措施要求科学开展施救，并及时向项目管理人员报告相关情况。

（2）处置措施

①坍塌事故：当发生塌方时，施工人员要立即撤离施工区域，查点施工人员人数，并立即通知现场负责人，以确定是否有人因塌方被困，在现场负责人的指挥下进行后续现场处理。

②触电事故：当发现有人触电时，应立即切断电源。若无法及时断开电源，可用干木棒、皮带、橡胶制品等绝缘物品挑开触电者接触的带电物，之后解开妨碍触电者呼吸的紧身衣服，检查口腔，清理口腔黏液并立即就地抢救，如触电者呼吸停止，应采用人工呼吸法抢救；如心脏停止跳动，应采用胸外心脏按压法抢救。

③其他事故：当发生高处坠落、起重伤害、物体打击等事故后，周围人员应立即停止施工，并撤离危险区域，采取措施切断或隔断危险源，疏散现场无关人员，然后对伤者进行包扎等急救，向项目部报告后原地等待救援。

75 地铁车站钢支撑施工安全技术交底

交底等级	**三级交底**	交底编号	III-075
单位工程	×××车站	分部工程	车站
交底名称	**地铁车站钢支撑施工**	交底日期	年 月 日
交底人	分部分项工程主管工程师 （签字）	审核人	工程部长（签字）
批准人	总工程师（签字）	确认人	专职安全管理人员（签字）
		被交底人	班组长及全部作业人员 （签字，可附签字表）

1）施工任务

×××车站为地下×层××车站，车站总长×××m，标准段宽××m，端头盾构吊装段宽××m，基坑开挖深度为×××～×××m。基坑共有×层钢支撑，×层钢支撑型号为×××，共××根，具体结构图详见附件《×××车站主体围护结构施工图》。

2）工艺流程

钢支撑构配件及吊装设备验收→测量定位（托架顶面高程及钢支撑里程位置）→安装钢围檩托架→安装钢围檩、焊接等强连接钢板及抗剪蹬→钢围檩背后回填→钢支撑安装就位→施加预应力→架设楔形垫块垫紧→拆除千斤顶。

当拆除钢支撑时按照安装流程倒序进行施工。

3）作业要点

（1）施工准备

钢支撑构配件、型钢等材料进场后，配合项目物资及技术管理人员进场验收，验收合格方可使用。整理材料存放场地，确保平整坚实、排水畅通、无积水。材料验收合格后按品种、规格分类码放，并设挂规格、数量铭牌标牌。

吊装设备进场后应及时配合物资、安全、技术管理人员对设备状态以及吊装索具进行验收，并报监理审批后方可进行使用。

千斤顶应与油泵、压力表配套标定合格并出具报告后方可使用，且必须在检测有效期之内。千斤顶和油泵车应按设计及规范要求的周期内校定，千斤顶及压力表使用过程中发现异常、发生碰撞、发生故障维修或更换附件等情况下需重新校定。

（2）测量定位

测量放样后，严格按照高程及里程进行施工，禁止私自更改。

（3）安装钢围檩托架

除第一层外，其余每层均需安装托架。托架安装时，按照设计图要求与围护结构有效连接，锚栓必须锚固在桩墙实体钢筋混凝土内，禁止锚固在喷射混凝土内。在基坑阳角处设置两处托架，确保阳角的两边均有托架。

托架过程中及完成后，配合项目技术、测量人员进行验收。

（4）安装钢围檩、焊接等强连接钢板及抗剪蹬

本工程钢围檩采用×根××工字钢通过连接钢板焊接而成，截面尺寸×××ｘ×××，分段加工，一般段长2~3个，支撑间距6~9m。钢围檩制作过程中及完成后应配合项目技术、物资进行验收后方可使用。

钢围檩随支撑架设顺序数段进行吊装。吊装前在施工范围外设置警戒区，并安排专人进行看护，严禁人员随意在吊装范围内走动，对吊装索具进行检查，合格后方可使用，严禁带病作业，严禁使用无防脱落装置的吊钩进行吊装。吊装时，确定好吊点处是否牢固可靠，牵引绳与吊装物连接是否牢固。吊起时，起重机吊钩的吊点应与吊物中心在同一条铅垂线上使吊重处于稳定平衡状态。钢围檩吊装到位后，钢管可采用人工辅助放置托架上，尽量使钢围檩与围护结构密贴。

钢围檩上端用钢绞线配合角钢通过膨胀螺栓固定在围护结构上，每两节钢围檩之间采用与钢围檩同材质的钢板进行满焊连接。在特殊部位需要焊接抗剪蹬时，应确保抗剪蹬与围护桩密贴，传力可靠。在钢围檩上部施工前，在钢围檩顶部××m以上设置与围护结构密贴的安全绳，安全绳采用膨胀螺栓安全绳固定器与围护结构进行牢固连接，确保安全绳的安全性。每次作业前检查固定器是否牢固，牢固后方可进行施工，如发现松动立即停止施工，待重新加固并经项目管理人员检查合格后方可继续施工。

（5）钢围檩背后回填

钢围檩安装完成后，为确保钢支撑、钢围檩、围护结构传力有效，需要将钢围檩与围护结构之间的缝隙采用C30细石混凝土进行有效填充，以确保钢围檩均匀受力。待混凝土达到设计强度后，在管理人员允许下方可进行下一步施工。

（6）钢支撑安装就位

钢支撑安装之前，在地面进行整体拼接。拼接时，使用防侧向滚动的限位架固定，防止圆形钢支撑滚动伤害。连接螺栓采用强度螺栓，应相互错开螺母连接方向，并且在平整地方等高直线连接，防止钢管各节接头折线连接而受力不均。预拼检验合格后才能用于吊装。

在安装钢支撑时，应提前测出钢支撑所在位置。吊装时采用两点整体吊装，且钢支撑吊起时应保持水平，禁止倾斜吊装。

安装就位后，为了防止钢支撑在受到剧烈碰撞或预应力损失的情况下发生脱落，需要在支撑两端安装防脱落装置。防脱落装置由预埋挂钩、卡扣、钢丝绳组成，一端通过膨胀螺栓与围护结构连接，另一端固定在钢支撑上。在钢支撑安装就位，且安装钢围檩、钢支撑防坠落措施后，才能下令让起重设备松开吊钩，防止钢支撑安装过程中坠落。

（7）施加预应力

施加预应力设备应定期进行维护，并且根据使用次数或时间对设备进行校定。禁止带问题作业或者使用超出规定次数或时间的设备进行施加预应力。

施加轴力前，应核对千斤顶及油表编号是否与校定报告一致。

施加预应力时，要密切注意支撑全长的弯曲和电焊异常情况，所加预应力值应满足设计要求，并及时压紧固定斜口钢锲。在每安装完下一道钢支撑后，相应上一道钢支撑复加预应

力，复加预应力设备同上。待复加预应力达设计要求后再压紧，固定斜口钢锲，并采用电焊将钢锲锁定。

当发现附近建筑物变形超限、地表变形超限、基坑围护结构变形超限、基坑内土石方局部或整体坍方、大雨或地震后、冻土解冻后等情况，应配合项目技术、监测人员对钢支撑进行二次验收检测，发现问题及时处理，应再次施加预压力，处理合格后方可继续使用。

（8）钢支撑拆卸

严格按照设计工况要求拆除钢支撑，拆除的顺序应与安装顺序相反，后安装的节段应先进行拆除。拆除钢支撑时应加强监测，监测基坑的变形及临近的钢支撑轴力变化，一旦有异常要及时采取措施。

钢支撑拆除步骤：起重机就位→吊挂钢支撑→卸掉钢支撑预应力→卸掉铁楔→解除两段钢支撑的防脱落装置并整体吊出→分段割除围檩并吊出

拆除底板（或中板、顶板）上的钢支撑时，须按设计工况在混凝土达设计要求的强度后方可进行。

拆除换撑或楼板以下支撑时，在不影响钢支撑吊装的范围，按照要求搭设高空操作平台，利用楼板内预埋吊钩吊挂手拉葫芦（分段拆除时，需根据分段情况在每段支撑的上方埋设两个吊钩），用手拉葫芦吊住支撑，释放预应力，拆除支撑联系梁后，把支撑慢慢落到地面防侧向滚动的限位架内，防止圆形钢支撑滚动伤害，解体通过预留孔洞吊运出施工场地。

（9）环境风险管控

基坑附近邻近信号塔，保持安全距离。架设作业前，按照施工方案的要求，设置警戒区。施工过程中，严禁起重机在警戒区内支立，严禁起重机大臂侵入信号塔安全距离范围内。

4）安全风险及危害

钢支撑安拆及使用过程中存在的安全风险见表1。

钢支撑施工安全风险识别表　　　　　　　　　　　　　　　　　　　　　表1

序号	安全风险	施工过程	致险因子	风险等级	产生危害
1	失稳坍塌	钢支撑安装	（1）钢围檩背后未回填密实，导致支撑强度或刚度不符合要求； （2）开挖面坡度过大，坑内土体失稳造成围护结构一侧突然卸载； （3）支撑未与围护结构可靠连接、围檩三角托架安装不牢固、钢围檩未安装防坠落措施、钢支撑未安装防坠落措施导致支撑掉落、斜撑段钢围檩抗剪结构失效导致钢支撑突然失效、机械碰撞导致钢支撑掉落、基坑内土方滑坡导致钢支撑掉落； （4）预应力未及时施加或施加水平不足、预应力损失而未及时补加，导致支撑脱落； （5）钢支撑构件在温差较大情况下，容易产生较大的温度应力，使得钢管支撑轴力增大，造成支撑崩落； （6）局部支撑掉落造成支撑体系失稳，进而造成基坑失稳	I	基坑失稳，人员伤亡危险
		钢支撑拆除	（1）支撑拆除时，混凝土结构未达到设计强度； （2）当发现钢支撑被破坏时，未经审批先额外增加钢支撑加固，而冒然拆除受损的钢支撑	II	
		基坑开挖	在基坑开挖过程中，未按照要求随挖随撑，施工不及时导致钢支撑安装进度严重落后	I	

序号	安全风险	施工过程	致险因子	风险等级	产生危害
2	高处坠落	钢支撑安装、拆除	（1）作业人员未穿戴防滑鞋、未系挂安全带； （2）安全绳未固定牢固	III	钢支撑上方作业人员死亡或重伤
		人员上下行	未规范设置爬梯	III	
3	物体打击	钢支撑安装	（1）作业平台未设置安全绳； （2）未使用专业吊篮吊装杂物或小型材料； （3）作业平台有散落的杂物或小型材料； （4）钢支撑安装四周未有效设置警戒区	IV	钢支撑安装、拆除下方人员死亡或重伤
		钢支撑拆除	（1）随意抛掷小型构配件； （2）拆卸区域底部未有效设置警戒区； （3）因特殊情况需要分节段拆钢支撑时，未按要求搭设支撑平台	IV	
4	起重伤害	吊运物料	（1）起重机司机、司索工指挥技能差，无资格证； （2）钢丝绳或吊带、卡扣、吊钩等破损、性能不佳； （3）未严格执行"十不吊"； （4）吊装指令传递不佳，存在未配置对讲机、多人指挥等情况； （5）起重机回转范围外侧未设置警戒区	III	起重作业人员及受其影响人员死亡或重伤

5）安全风险防控措施

（1）防控措施

为防范以上安全风险，需严格落实各项风险防控措施，详见表2。

钢支撑施工安全风险防控措施表 表2

序号	安全风险	措施类型	防控措施	备注
1		质量控制	支撑的架设与拆除应严格按照设计要求进行	钢支撑安装
		管理措施	（1）严禁超挖，及时架设钢支撑； （2）严格按照安装施工顺序进行施工，严格按设计及规范要求分层分段放坡开挖	钢支撑安装
2	失稳坍塌	质量控制	（1）支撑应按设计要求与围护结构可靠连接； （2）应严格按设计加预应力，并据监测情况对预应力损失及时补加	支撑掉落
		管理措施	（1）加强钢支撑轴力的监测，对轴力出现异常应采取相应侧处置措施； （2）钢支撑应有有效的防坠措施，做好交底及现场监管，防止机械设备碰撞导致掉落。严格按设计及规范要求分层分段放坡开挖，防止土方坍塌、滑坡导致钢支撑掉落	支撑掉落
3		质量控制	钢支撑架设要严格按照设计要求进行	基坑开挖
		管理措施	发现有钢支撑滞后现象时，及时停止基坑开挖施工，待钢支撑架设完成时方可继续进行施工	基坑开挖
4	高处坠落	安全防护	（1）钢支撑施工过程中，及时安装安全绳； （2）工人作业时穿戴防滑鞋，正确使用安全带，按要求搭设操作平台、爬梯	
		管理措施	（1）为工人配发合格的安全带、安全帽等劳保用品，培训正确穿戴使用； （2）做好安全防护设施的日常检查维护，发现损坏及时修复	

序号	安全风险	措施类型	防控措施	备注
5	物体打击	安全防护	（1）设置小型材料专用吊篮，并随时检查吊篮质量； （2）安装区域底部设置警戒区	
		管理措施	（1）作业平台顶部严禁堆置杂物及小型材料； （2）拆除作业时，专人指挥，严禁随意抛掷杂物及构配件	
6	起重伤害	安全防护	起重机回转范围外侧设置警戒区	
		管理措施	（1）做好起重设备及特种作业人员的进场验收管理，保证设备性能、人员技能满足要求，设备及人员证件齐全有效； （2）做好钢丝绳或吊带、卡扣、吊钩、对讲机等日常检查维护，确保使用性能满足要求； （3）吊装作业专人指挥，严格执行"十不吊"	

（2）工作纪律

除落实以上安全风险防控措施外，还应严格遵守以下工作纪律。

①防护用品：作业人员正确佩戴使用安全帽、安全带，正确穿着防滑鞋及紧口工作服。

②班前讲话：每日上工前，由班组长开展班前讲话，将当日作业内容、存在的安全风险及危害、防范措施、作业要点等告知全部作业人员。

③工前检查：每日班前讲话后，对工人身体状态、防护用品穿戴、现场作业环境等进行例行检查，发现问题及时处理。

④维护保养：做好安全防护设施、安全防护用品、起重设备机具等的日常维护保养，发现损害或缺失，及时修复或更换。

6）质量标准

钢支撑施工应达到的质量标准及检验方法见表3。

钢支撑施工质量检查验收表　　　　　表3

项目	序号	检查项目		允许偏差及允许值		检查范围及数量		检查方法
				单位	允许值	范围	数量	
主控项目	1	支撑位置	高程	mm	30			水准仪
			平面		100			用钢尺量
	2	预加轴力		kN	±50			油泵读数或传感器
一般项目	1	围檩高程		mm	±30	每段施工	5	
	2	立柱位置	高程	mm	±30	每立柱	2	水准仪用钢尺量
			平面		±50			
	3	开挖超深（开槽放支撑除外）		mm	<200	每支护面	1	水准仪
	4	支撑安装时间		设计要求		每道支撑	1	用钟表估测
	5	支撑两端	高程差	不大于20mm和L/600（L为支撑长度）				水准仪
			水平面偏差					用钢尺量
	6	支撑挠曲度		不大于L/1500且不大于15mm（L为支撑长度）				用钢尺量

地铁篇

项目	序号	检查项目	允许偏差及允许值		检查范围及数量		检查方法
			单位	允许值	范围	数量	
一般项目	7	工作平台	安全绳全挂牢固、可靠		每施工面	全部	查看
	8	爬梯	稳定、牢固		每施工面	全部	查看
	9	警戒区	除爬梯进出口外，封闭围护		每施工面	全部	查看

7）验收要求

钢支撑架设各阶段的验收要求见表4。

钢支撑架设各阶段验收要求表 表4

序号	验收项目		验收时点	验收内容	验收人员
1	材料及构配件		钢支撑材料进场后、使用前	材质、规格尺寸、焊缝质量、外观质量	项目物资、技术管理人员，班组长及材料员
2	钢围檩施工	钢围檩安装	钢围檩安装完成后	除表3要求的内容外，钢围檩等强连接焊缝，检查防坠落措施	项目试验人员、技术员，班组技术员
		钢围檩背后回填	钢围檩背后回填完成前后	钢围檩背后回填吊模情况，回填是否密实，是否达到设计强度	项目测量试验人员、技术员，班组长及技术员
3	钢支撑架设	搭设过程	每道钢支撑架设完成后	详见表3，检查钢支撑防坠落措施	项目技术员、测量人员、监测人员，班组长及技术员
		使用过程	（1）停用1个月以上，恢复使用前；（2）遇地震后；（3）附近建筑物变形超限、地表变形超限、基坑围护结构变形超限、基坑内土石方局部或整体坍方、大雨或地震后、冻土解冻后等情况	除表3要求的内容外，应重点检查基坑四周有无塌陷、冠梁有无变形等	项目技术员、测量人员、监测人员，班组长及技术员

8）应急处置

（1）处置原则

施工过程中一旦发生险情或事故，应立即停止作业，切勿慌乱，切忌盲目施救，在保证自身安全的情况下按照处置措施要求科学开展施救，并及时向项目管理人员报告相关情况。

（2）处置措施

①坍塌：当发生塌方时，施工人员要立即撤离施工区域，查点施工人员人数，并立即通知现场负责人，在现场负责人的指挥下进行后续现场处理。

②其他事故：当发生高处坠落、起重伤害、物体打击等事故后，周围人员应立即停止施工，并撤离危险区域，采取措施切断或隔断危险源，疏散现场无关人员，然后对伤者进行包扎等急救，向项目部报告后原地等待救援。

附件：《×××车站主体围护结构施工图》（略）。

76 地铁车站基坑土方开挖安全技术交底

交底等级	三级交底	交底编号	III-076
单位工程	×××车站	分部工程	围护结构
交底名称	**地铁车站基坑土方开挖施工**	交底日期	年　月　日
交底人	分部分项工程主管工程师（签字）	审核人	工程部长（签字）
批准人	总工程师（签字）	确认人	专职安全管理人员（签字）
		被交底人	班组长及全部作业人员（签字，可附签字表）

1）施工任务

×××车站为地下×层××车站，车站总长×××m，标准段宽××m，端头盾构吊装段宽××m，基坑开挖深度为×××～×××m，具体结构图详见附件《×××车站主体围护结构施工图》。

2）工艺流程

施工准备→基坑分层开挖→出土。

3）作业要点

（1）施工准备

挖掘机、渣土运输车等机械设备进场后，配合项目物资及技术管理人员进场验收，验收合格方可使用。基坑开挖前应确定基坑降水井水位已降至基坑底50cm以下，基坑四周已按照要求做好基坑临边防护。交通导行措施已落实，确保人车分离。

（2）基坑进行分层分段以及开挖顺序

基坑开挖采用分段开挖的方法，将基坑划分为××段，从一端向另一端进行开挖。

第一层采用全断面开挖，开挖至冠梁下150cm后，待冠梁处钢支撑（或钢筋混凝土撑）施工完成后继续进行开挖。向下开挖时，严格遵循"纵向分段、竖向分层、中部拉槽、侧向扩边"的基本原则，每层开挖深度在2～3m，根据支撑所在深度进行合理搭配。

（3）基坑开挖机出土方法

施工中应考虑时空效应，开挖后及时进行支护结构施工，采用原则是先支撑再开挖，特别是软土地层，禁止先开槽再架支撑，不能无支撑超挖，以防围护结构变形及增加支撑的设置难度。开挖过程中严格控制临时性土坡坡度，确保土坡稳定。

基坑开挖时，纵向放坡由于挖掘机操作工艺的要求而挖成台阶形，台阶长度4～5m，但总的土坡还是要控制1∶3左右的坡率，避免遇到大雨、暴雨天气时，基坑内出现土体坍塌。

端头井的开挖，首先撑好标准段内的对撑，再挖斜撑范围内的土方，最后挖除坑内的其余土方。斜撑范围内的土方，自基坑角点沿垂直于斜撑方向向基坑内分层、分段、限时地开挖并架设支撑。对长度较大的斜撑，先挖中间再挖两端。采用挖土机械设备分层分块接力倒运至地面进行装车。

基坑开挖时，严禁在挖掘机回转半径内严禁站人，当出现交叉作业时，应立即停止施工，待人员撤离施工范围后再继续进行施工。开挖过程中，挖掘机大臂及铲斗严禁触碰钢支撑、钢围檩等，施工时与支撑结构保持一定距离，当垂直提升抓斗或料斗与钢支撑有冲突时，经上报设计单位同意后，局部调整钢支撑水平间距（根数不变）。

基坑开挖过程中，机械开挖至设计基底高程以上 200~300mm 后，改用人工开挖清底，清底人员必须根据设计高程做好清底工作，不得超挖，如果超挖不得将松土回填，以免影响基础质量。预留 100mm 厚保护层，普遍进行钎探后，立即通知勘探设计单位，并会同各有关部门，做好验槽工作，如土质条件与勘探报告有较大出入或持力层的土质不符时，应待勘察、设计等有关部门研究出处理方案后，再进行基础施工。基坑开挖完成并验槽合格后，应立即进行基础施工，防止暴晒和雨水浸泡破坏地基土。

挖土时要注意土壁的稳定性，发现有裂缝及倾坍可能时，人员要立即撤离并及时处理。

每日或雨后必须检查土壁及支撑稳定情况，在确保安全的情况下继续工作，并且不得将土和其他物件堆在支撑上，不得在支撑下行走或站立。

机械应停在坚实的地基上，如基础过差，应采取走道板等加固措施，不得将挖土机履带与挖空的基坑平行 2m 停驶。运土汽车不宜靠进基坑平行行驶，防止坍方翻车。

开挖出的土方，要严格按照组织设计施工图位置进行堆放，以免引起地面堆载超荷导致基坑破坏或附近管线或建筑物破坏。

渣土车上装土高度不得超过后车皮顶边，以免掉落土渣伤人或影响文明施工。

挖机作业时，要做到"五不碰"：不碰车轮；不碰保险盒；不碰履带板和机架；不碰缓冲木；不碰装载车辆、车厢。

挖机作业时，必须做到"八不准"：不准"两条腿"作业；不准单边斗牙碰啃；不准用强力挖掘大块石和硬啃固石或根底；不准用铲牙挑大块石装车；铲斗未撤离掌子面，不准回轮或行走；运输车辆未停稳不准装车；铲斗不准从运输车辆的驾驶室上方越过；不准用铲斗推动汽车。

挖机铲斗装满回转时，不得紧急制动，以防飞料肇事。

挖机铲斗应在汽车车厢上方的中间位置卸料，不得偏装，卸料高度以铲斗底板打开不碰及车箱为宜。

基坑开挖引起流砂、涌土、坑底隆起、围护结构变形过大或有失稳前兆时，应立即停止施工，并采取确实有效的措施，当基坑开挖后因其他原因停工时，应按设计要求或提出设计变更，对开挖坡面进行专项防护，防止坍方。

为确保基坑稳定，垫层施作完 7d 之内将钢筋混凝土底板浇筑完毕。

4）安全风险及危害

基坑开挖过程中存在的安全风险见表 1。

基坑开挖施工安全风险识别表　表1

序号	安全风险	施工过程	致险因子	风险等级	产生危害
1	基坑失稳坍塌	基坑开挖	（1）基坑开挖过程中，未能分段、分层开挖，未能及时支护导致基坑变形； （2）基坑开挖时，未按照要求进行放坡施工； （3）挖土机械碰撞钢围檩、三角托架、钢支撑，导致支撑体系损坏或掉落失效；	II	基坑内部作业人员群死群伤

序号	安全风险	施工过程	致险因子	风险等级	产生危害
1	基坑失稳坍塌	基坑开挖	（4）未经审批同意，随意拆除支撑或调整支撑间距； （5）挖土机械在坡顶附近停放或行走，因超载导致坍方	II	基坑内部作业人员群死群伤
2	机械伤害	基坑开挖	（1）挖土机械设备作业前，未检查作业半径四周是否有人员施工或路人通过； （2）渣土车在施工场区内行驶时，在工地行使速度超过20km/h，在生活区附近或路边有行人时超过10km/h	III	基坑内部作业人员群死群伤
3	邻近管线	基坑开挖	（1）基坑开挖时，未注意临近污水或雨水管线，破坏降水井或降水设备，导致基坑涌水； （2）开挖破坏基坑内悬吊保护的各类管线（管井）	II	基坑涌水

5）安全风险防控措施

（1）防控措施

为防范以上安全风险，需严格落实各项风险防控措施，详见表2。

基坑开挖安全风险防控措施表　　　　表2

序号	安全风险	措施类型	防控措施	备注
1	失稳坍塌	安全防护	做好每次基坑开挖前基坑支护的监测工作	
		管理措施	（1）严格控制基坑开挖过程，分段、分层开挖，及时支护； （2）基坑开挖时，严格按照要求进行放坡；加强过程旁站监管，防止挖土机械碰撞钢围檩、三角托架、钢支撑；严禁未经审批同意，随意拆除支撑或调整支撑间距；严禁挖土机械在坡顶附近停放或行走	
2	机械伤害	安全防护	设立渣土车专用通道，设立车速指示牌	
		管理措施	严格执行机械设备司机上岗前环视工作，禁止在施工中司机随意下车	
3	邻近管线	安全防护	在管线（管井）区域附近设置明显的标志	
		管理措施	在管线（管井）附近严格按照要求进行开挖，严禁在无管理人员盯控时进行施工	

（2）工作纪律

除落实以上安全风险防控措施外，还应严格遵守以下工作纪律。

①防护用品：作业人员正确佩戴使用安全帽、安全带，正确穿着防滑鞋及紧口工作服。

②班前讲话：每日上工前，由班组长开展班前讲话，将当日作业内容、存在的安全风险及危害、防范措施、作业要点等告知全部作业人员。

③工前检查：每日班前讲话后，对工人身体状态、机械设备状态、防护用品穿戴、现场作业环境等进行例行检查，发现问题及时处理。

④维护保养：做好安全防护设施、安全防护用品、机械设备机具等的日常维护保养，发现损害或缺失，及时修复或更换。

6）质量标准

基坑开挖应达到的质量标准及检验方法见表3。

基坑开挖质量检查验收表					表 3

项目	序号	检查项目	允许值		检查方法
			单位	数值	
主控项目	1	高程	mm	人工 ±30	水准测量
				机械 ±50	
	2	长度、宽度	mm	人工 +300、−100	全站仪或钢尺量
				机械 +500、−150	
	3	坡率	设计值		目测法或坡度尺检查
一般项目	1	表面平整度	mm	人工 ±20	用 2m 靠尺
				机械 ±50	
	2	基底土性	设计要求		目测或土样分析

7）验收要求

基坑开挖各阶段的验收要求见表 4。

基坑开挖各阶段验收要求表				表 4

序号	验收项目	验收时点	验收内容	验收人员
1	机械设备	机械设备进场后、使用前	设备合格证、状态	项目物资、技术管理人员，班组长及材料员
2	基坑开挖过程	护坡施工完成后	护坡坡度	项目技术员，班组技术员
		每层开挖过程中	开挖深度	项目技术员，班组技术员
3	基坑清底	基底高程、平整度、长度、宽度	详见表 3	项目技术员、测量人员，班组长及技术员

8）应急处置

（1）处置原则

施工过程中一旦发生险情或事故，应立即停止作业，切勿慌乱，切忌盲目施救，在保证自身安全的情况下按照处置措施要求科学开展施救，并及时向项目管理人员报告相关情况。

（2）处置措施

①坍塌：当发生塌方时，施工人员要立即撤离施工区域，查点施工人员人数，并立即通知现场负责人，以确定是否有人因塌方被困隧道中，在现场负责人的指挥下进行后续现场处理。

②其他事故：当发生机械伤害、临近管线等事故后，周围人员应立即停止施工，并撤离危险区域，采取措施切断或隔断危险源，疏散现场无关人员，然后对伤者进行包扎等急救，向项目部报告后原地等待救援。

附件：《×××车站主体围护结构施工图》（略）。

77 盾构安装及拆除安全技术交底

交底等级	三级交底	交底编号	III-077
单位工程	××地铁 6 号线盾构施工	分部工程	安装、拆除作业
交底名称	**盾构安装及拆除**	交底日期	年 月 日
交底人	分部分项工程主管工程师（签字）	审核人	工程部长（签字）
批准人	总工程师（签字）	确认人	专职安全管理人员（签字）
		被交底人	班组长及全部作业人员（签字，可附签字表）

1）施工任务

××地铁 6 号线盾构机下井安装及到达拆除，依据本标段工程地质条件，选用土压平衡盾构机，盾体长度 8m，整机长度 82m，单件最大重量 102t，盾构及后配套总重 530t，采用一台 300t 履带式起重机为主吊进行盾体大件吊装作业，另外采用 300t 汽车起重机进行后配套台车吊装作业。

2）工艺流程

（1）盾构机整体组装流程

始发托架下井定位→6 号—1 号台车依次下井并后移→连接桥下井并在前端做临时支腿→螺旋输送机下井后移→中盾下井→前盾下井→主机前移→底部反力架下井→管片拼装机下井安装→尾盾下井→铺设轨道至盾尾→螺旋输送机安装→盾尾合龙→刀盘下井→中部及上部反力架下井以及定位安装→设备桥与主机连接→管路、线路安装→整机调试→盾构机验收。

（2）盾构机到达拆卸流程

接收托架下井定位→盾构机上托架→盾体焊接吊耳和拆除机电液管路→盾体与连接桥解体和后配套后移→刀盘拆除吊出→盾体前移和螺旋输送机拆除→盾尾拆除吊出→拼装机拆除吊出→前盾拆除吊出→中盾吊出→螺旋输送机吊出→连接桥拆除吊出→后配套台车拆除吊出→接收托架吊出。

3）作业要点

（1）施工准备

盾构机进场后对设备的外形尺寸、重量、安装方式等进行全面核对，并对起重机站位区域做地基加固处理且取得满足方案要求的地基动力触探报告。吊装使用的机具、工具、材料在使用前配合项目物资及技术管理人员进行检查验收，验收合格方可使用。根据盾构机本身的结构尺寸合理安排好所有部件的摆放位置，施工人员熟悉施工现场。

（2）始发托架下井定位

始发托架下井定位重点是控制好托架的垂直水平方向。依据底板的实际高程以及托架的结构，计算出盾体的中心，按照以往经验，盾体中心一般比设计中心高出 20mm，再依据设计线路确定托架的坡度（上坡或者下坡）以及方向（直线或曲线）。定位完成后，分体托架采用 M24、8.8S 级螺栓连接，并用 Q235 钢板焊接加固，托架拼接完成后，托架两侧用 200mm × 102mm × 90mm 工字钢支撑加固，防止因掘进时盾体旋转导致始发托架变形或位移，始发托架整体完成组装后，盾构始发台端部距离洞口围岩必然会产生一定的空隙，为保证盾构在始发时不致于因刀盘悬空而产生盾构"叩头"现象，需要在始发洞内安设洞口始发导轨。安设始发导轨时，应在导轨的末端预留足够的空间，以保证盾构在始发时不致因安设始发导轨而影响刀盘旋转。

托架整体加固完成后，盾构下井前，配合项目技术、测量人员进行验收，验收合格方可开始盾体吊装下井作业。

（3）配套台车下井

在吊装前，检查起重机及吊具的性能，完全符合要求后，先进行起重试吊，将台车吊离地面 200mm 后停止起吊，并检查起重机的稳定性、制动装置的可靠性、台车的平衡性和绑扎的牢固性，配合项目技术、物资人员进行现场验收，待确认无误后，方可继续起吊。

将台车起吊离地高度高于行走机构 10cm 左右，将行走机构推至台车安装位置下方，人工与吊机配合逐个安装行走机构，先用风动扳手进行预紧，再用扭矩扳手进行复紧，螺栓扭矩为 890N·m，吊运皮带机架过程中，严禁因局部受力造成架子变形，特别是中间支腿和悬浮支撑，变形后很难安装。

按照 6 号—1 号台车顺序吊至始发井轨道上，按顺序用电瓶车拖至站内。凡是不影响台车下井工作的部件，做好固定工作，应连同各自台车一起下井。凡是对下井有影响的部件应拆下，在该台车下井后，再单独下井，并立即与台车组装。

盾构始发井井口的尺寸为 11.5m × 7.5m，对于尺寸接近或者大于井口的盾构机台车，采用吊机主副配合吊装下井，对于 2 号、4 号台车重心偏右可采用 2 组（4 根）长度不等的 ϕ38mm 钢丝绳吊装。

（4）连接桥、螺旋输送机下井

由于拼装机托梁未安装，设备桥前端没有搭接点，需要提前吊入井下 1 台管片车，在管片车上焊接设备桥，临时搭接支撑。配合项目技术、物资人员对设备桥所有零部件紧固、捆扎情况进行检查，待确认无误后，方可起吊，设备桥采用 2 组（4 根）长度 ϕ38mm 钢丝绳且大小钩前后倾斜吊装下井。电瓶车拖动 1 号台车至井口位置，吊机与电瓶车配合连接设备桥与 1 号台车连接。吊机调整设备桥前端高度使设备桥保持水平，将焊有支撑的平板车推至设备桥运输工装前部 2 个支腿位置，临时支撑在 2 个支腿下，将支腿焊接并整体加固支撑。

盾构机螺旋输送机长 13m，重量 26t，使用 ϕ42mm × 10m 钢丝绳一对，2 个 25t 卡环连接吊耳，采用大小钩前后倾斜吊装下井。螺旋输送机存放在管片小车上时，需注意托架焊接牢固，存放位置在小车中心，且高度高于拼装机回转底部，低于前盾电机底部，测量核查后，将螺旋输送机向后推至设备桥前部，确保螺旋输送机前端全部在站内。

（5）中盾下井

用 4 条 ϕ70mm × 8m 钢丝绳和 4 个 55t 卡环分别连接到已焊接好的 4 个吊装吊耳上。用一对 ϕ70mm × 8m 钢丝绳挂在 300t 履带式起重机的副钩上，2 个 55t 卡环连入翻身吊耳。检查无误后缓慢起钩，将盾构机中盾吊离地面200mm，然后反复进行起大钩、松小钩动作，直至将整个中盾竖立起来，解开小钩上的卡环，中盾翻身完毕。

盾体翻身就位后，清理回转半径内地面及井下人员，通过起钩、回转、松钩、变幅等动作将中盾就位，整个吊装过程控制吊装幅度必须保证在允许范围内，用两条缆风绳缓慢调整盾体方位，为防止中盾后部铰接处变形，在中盾两侧肋部各垫两款1cm厚的铁板，以便于中前盾连接及尾盾连接。

中盾平稳下放到始发架后，用两个160t液压千斤顶利用始发架上螺孔安装牛腿提供反力，将中盾往车站标准段方向平移，保证洞门一侧4m左右距离，使前盾下放在始发架上时，幅度控制在10m内，提供前盾下井空间。中盾平移到位后，清理井下及地面吊装半径内人员，准备前盾下井。

（6）前盾下井

前盾吊装方式与中盾一样。吊机把前盾吊到前端井边0.5m处停止，吊机缓慢将前盾下井后，放在始发台上，与中盾进行组装，组装螺栓必须按规定检测其扭矩。组装后，将前盾、中盾推向开挖端，保证中盾后部的安装机及安装机导轨与盾尾前端面的距离有3.5m。

（7）拼装机及导轨下井

安装机及安装机导轨在地面组装好，吊机主钩4点吊装托梁顶部4件吊耳起吊拼装机，其中托梁前部2件吊耳处挂等长钢丝绳，托梁尾部2个吊点各用1件10t葫芦挂钩，调整2件葫芦，缓慢调整吊钩与2件葫芦，对正拼装机托梁与盾体连接法兰，安装托梁螺栓，用风动扳手预紧。托梁螺栓用液压扳手复紧，液压扳手液压泵站设定压力值约为480bar（1bar=0.1MPa），拼装机托梁尾部横梁暂时拆除，为螺旋输送机安装预留空间。

（8）尾盾下井

盾尾运到吊装现场时，进行3道尾焊接，止浆板安装，割除盾尾内所有临时支撑，履带式起重机小钩作为副钩配合主钩进行盾体翻身，盾体内下部2件翻身吊耳为副钩起吊点，盾体顶部4件吊耳为主钩起吊点。检查确认盾体上无散落零部件及杂物，铰接液压缸销连接稳固，主副钩同时受力起吊至盾体脱离地面，人员要远离。

盾尾先平吊下井，至底板层上部时，再缓慢翻转套进拼装机。调整主钩将尾盾向中盾靠拢，中盾与尾盾间预留约500mm间隙，为安装螺旋输送机下钩吊装预留空间。吊装下井过程中注意观察谨防尾盾与井口结构、拼装机碰撞损伤设备。割除尾盾内侧底部2件翻转吊耳。

（9）螺旋输送机安装

人舱底部对中螺旋输送机焊接1件10t吊耳作为螺旋输送机前部吊耳吊点，挂10t葫芦1件。电瓶车轨道延伸至盾尾内，推动螺旋输送机至盾尾内，安装螺旋输送机密封至密封槽，尾盾前后侧分别下主、副钩在螺旋输送机中间、后部2个吊点挂钩，缓慢起吊螺旋输送机，割除螺旋输送机运输工装，调整主副钩将螺旋输送机尾部抬起、向前移动，5t手拉葫芦2个拉住螺旋输送机，缓慢送入。

主副钩及葫芦配合调整将螺旋输送机轴插入前盾螺旋筒体内，安装螺旋输送机螺栓，安装螺旋输送机与中盾连接板销子，用风动扳手预紧螺旋输送机螺栓，摘除吊钩。

（10）刀盘下井

刀盘在井上安装软土刀具重约50t，刀盘起吊采用直接起吊方式翻转刀盘，利用一台300t履带式吊机将刀盘竖直吊稳，吊机把刀盘吊到前端井边0.5m处停止，再垂直吊下竖井。刀盘下井后，将其慢慢靠向前盾，螺栓孔位完全对准后，再穿入拉伸预紧螺栓，使用拉伸扳手按拉伸力由低到高分两次预紧螺栓，拉伸力分别为 750bar、1250bar。预紧完毕后，再用预紧专用工具复紧一遍。刀盘、前盾、中盾组装好后，将整体推至要开挖的隧道口处。

（11）反力架下井定位安装

反力架下井定位安装分为 2 部分，反力架下半部分是在螺旋输送机安装之前下井安装，上半部分以及中间部分在螺旋输送机安装完成之后下井安装。

①反力架定位

反力架定位的重点在于反力架与设计线路的垂直，根据底板高程和反力架结构，通过调整反力架的高程，使反力架中心与盾体中心相重合，再根据设计线路调整反力架与设计线路的垂直。定位完成后，反力架底部与预埋钢板进行满焊。

②反力架固定

反力架的固定采用 ϕ609mm、壁厚 10mm 的钢管进行固定，根据主体结构的形式确定固定方式，反力架固定时，不得与车站立柱和中板接触。

（12）后配套与主机连接、整机剩余零部件安装

在盾构主机与后配套连接之前，进行反力架的安装。由于反力架为盾构始发时提供反推力，在安装反力架时，反力架端面应与始发台轴线垂直，以便盾构轴线与隧道设计轴线保持平行。安装时，反力架与车站结构连接部位的间隙要垫实，以保证反力架脚板有足够的抗压强度。

电瓶车拖动后配套在车站内整体向前平移，直至设备桥前端进入井口位置。用吊机挂钩设备桥顶部前端吊耳，割除分离平板车临时工装与设备桥连接处。吊机与电瓶车配合将设备桥搭接在拼装机托梁，安装拖拉液压缸，然后配套与主机连接完成。

安装托梁上平台，安装拼装机顶部平台、与设备桥搭接平台，安装所有台车间走道板、剩余楼梯、走梯、扶手。储风筒填充风筒，安装储风筒，微调所有风筒，安装软风管。安装皮带机整套托辊、挡边辊、跑偏开关、拉绳开关，皮带安装、硫化、张紧，调整刮渣器。

（13）管路、线路安装

管路安装必须确保安装环境的清洁，严禁使用棉纱擦洗管接头和外露的阀平面，防止纤维进入系统，堵塞阀类阻尼孔。现场根据标牌与图纸进行连接，不得擅自更改管路。连接管路时，排列应整齐，以便于液压元件的调整和后续维修。

按照设计图纸铺设电缆，铺设施工时，应遵循先长后短的原则；电缆铺设前对电缆进行检查，合格方能进行使用；确保接线端子箱内接线正确、规范；优先铺设电缆较长的线路，对于同规格电缆，电缆铺设应不影响机械运动、不与液压管路、水气管路干涉。

所有的电机在接线前，打开电机上的接线盒，用兆欧表在接线盒内测试电机各绕组以及各相绕组与机壳之间的绝缘电阻，其绝缘电阻应大于 20MΩ。接线时，电机接线螺栓必须紧固到位。

（14）整机调试

调试前确认高压电缆已连接完毕，高压电缆进行绝缘与耐压测试，确认无误后送电进入设备高压侧。

外循环水已接入盾构外循环水入口（水源干净，进水压力 5～8bar），内循环水加入蒸馏水或纯净水；盾构所需要的 EP2、盾尾油脂、HBW、泡沫原液等准备就绪；加油前要对液压油箱检查，确保油箱清洁，无积水，安装盾构机维护保养手册规定推荐的油品，加注液压油；主驱动变速箱齿轮油、各减速机齿轮油等加注以达到油位要求；调试前再仔细认真检查一遍管路、线路连接，确保连接正确后开始送电调试；调试时，先送控制部分电，并启动控制室上微机，处理影像设备故障；加内循环水、测试电机正反转、检查泵站压力是否正常；分系统调

试确保每个系统运行正常，另外吊机拼装机需要带负载调试，确保其能正常运行。

（15）盾构机验收

调试完成后由项目部组织业主、监理按照"盾构机组装调试验收大纲"的要求对盾构机各系统进行逐一动作测试、验收。

（16）盾构机到达拆卸

盾构机抵达接收托架后，进行盾体、刀盘吊耳焊接，焊接完成，并取得探伤检测报告，拆除作业总体按照先装后拆、后装先拆的原则进行。拆除机械部分、电气部分、液压管路，从盾构机主机开始，设备桥、1号—6号台车依次拆解吊出。

①安装定位接收托架

根据盾构机出洞姿态，安装接收托架。接收托架安装过程中应注意托架中心高度低于盾体出洞姿态约 20mm，方便盾构机顺利上托架。定位完成后，对托架另一端和两侧加焊钢支撑，并在轨面上涂抹润滑油脂，保证盾构机上托架时托架不错位变形。

②盾构机顶推上托架

盾构机刀盘转动到合理位置后停止不转，这时隧道内部直接用管片拼装将盾体顶出。

③刀盘和盾体吊耳的焊接

吊耳焊接前将刀盘及盾体表面泥土清理干净，测量出刀盘、前盾、中盾和盾尾中心线，并找准各吊耳焊接位置，利用砂轮机打磨平整后方可对吊耳进行焊接。

由于吊耳焊接要求较高，盾构吊耳焊接时，将委托有资质的单位进行焊接，并且对焊缝做磁粉探伤或超声波探伤检验，检验合格后才能进行吊装作业。

④盾体、台车管线的拆除

管线拆除工作首先需拆盾体内的液压管路、水气管路、介质管路和控制线路，再从连接桥依次往 6 号台车拆除。

液压管路拆除要求：首先将回油管的液压油尽量放出，避免拆管时液压油溢出，造成油料浪费，并且容易因地面油滑而带来危险；每拆一根管路，两边都需用油管堵头上紧，避免杂质进入和后期溢油；每根油管在拆卸前标识明确，避免安装时混淆不清。

⑤电缆部分拆卸要求

拆除电缆前首先断电，并挂警示牌；照明电缆从隧道照明线路引出；所有电缆拆卸后均需用封口胶密封绑扎，避免进水受潮；所拆卸的电缆标识需明确，以方便组装；两端都拆卸的电缆，需盘好打包，并附装箱清单，明确该电缆使用的具体系统和位置。拆卸步骤为先拆盾体内部，再拆连接桥和台车。

⑥刀盘的拆除与吊装

刀盘吊耳焊接的同时，安排人员对刀盘、土仓的泥土进行清理，并拆除旋转接头装置。完成后，将刀盘与主驱动螺栓进行拆除，但 12 点、3 点、9 点、6 点位置各留 5 颗螺丝不拆。此时用 300t 履带式起重机将刀盘吊耳连接，并承受 50t 左右的起吊力，再拆除剩余螺栓。最后缓慢起吊到地面，并完成翻身，摆放在指定位置。刀盘拆卸后用千斤顶将盾体往前盾方向尽可能顶进，为螺旋输送机和盾尾预留空间。

⑦盾尾的拆除

将盾尾与中前盾的铰接液压缸销拆除，并利用千斤顶推出离中盾约 1m 缝隙，以便下步螺旋输送机的拆除。

⑧螺旋输送机的拆除和吊装

首先拆除螺旋输送机的驱动和闸门液压油管、润滑管路、泡沫管路和监控线缆后，利用 300t

履带式起重机的主副钩拆除，分别挂到螺旋输送机两端重吊耳呈斜形起吊，因需要更换吊点，所以利用两个10t链条葫芦挂到螺旋输送机中心部位，另一端挂到拼装机行走梁上起吊完成主钩更换吊点作业。螺旋输送机拆卸后放置在两管片车上，并利用两个5t葫芦固定后推入洞内。

⑨盾尾吊装上井

利用300t履带式起重机的主副钩同时吊装，主钩钢丝绳挂在盾体顶部4个吊耳上，副钩钢丝绳挂在盾体内5、7点位置焊接的吊耳上，起吊时呈角度吊装，吊装时务必注意避开拼装机部件，以免造成碰击损坏。上井后放置在指定位置。

⑩拼装机的拆除与吊装

将拼装机旋转装置利用焊接方式固定，行走梁中间焊接一根100mm的槽钢，利用300t履带式起重机的主钩4根钢丝绳分别挂在拼装机两端，受力后，用风动扳手拆卸螺栓并起吊。上井后放置在已加工好的支架上，并焊接牢固。

⑪盾体的拆除与吊装

a. 前盾的拆卸与吊装

首先将中前盾螺栓和人舱螺栓全部拆卸，将前盾中心位置轴线移动到离起重机中心位置11m以内。利用300t履带式起重机的主钩和70mm的钢丝绳分别挂在前盾的4个吊耳上，找准吊点中心，然后缓慢起吊高度约200mm后停止5min，观察地表、钢丝绳、卸扣和焊接吊耳是否存在异常。起吊上井后，用副钩挂到前盾上预留的2个翻身吊耳上，地面进行翻身作业。

b. 中盾的拆卸与吊装

将中盾中心位置轴线移动到离起重机中心位置10m以内，利用300t履带起重机的主钩和70mm的钢丝绳分别挂在前盾的4个吊耳上，找准吊点中心，然后缓慢起吊高度约200mm后停止5min，观察地表、钢丝绳、卸扣和焊接吊耳是否存在异常。起吊上井后，用副钩挂到中盾上预留的2个翻身吊耳上，地面进行翻身作业。

⑫螺旋输送机吊装

盾体部分吊装完毕后，在托架上铺设管片安装台车和电瓶车轨道，完成后，用电瓶车缓慢将螺旋输送机从隧道内推出，并利用300t履带式起重机主副钩呈斜形起吊上井。

⑬连接桥起吊

将连接桥一端加固到管片车上，利用电瓶车连同1号台车同时往井口推出。连接桥到达井口后，用300t履带式起重机主副钩钢丝绳分别挂到连接桥两端4个吊耳上，受力后拆卸与1号台车连接的螺栓。注意：起吊前需在连接桥中间加焊4根拉杆，以防吊装时变形。

⑭吊装台车

依次吊装1~6号台车，吊装前主要工作是检查各台车部件安装是否稳固，吊耳螺栓是否紧固，存在风险的应对其进行绑扎或焊接加固。吊装时应栓两根揽风绳，以避免吊装部件碰击损坏。

⑮管片和托架的吊装

台车吊装完毕后，将托架吊装上井，盾构机拆卸和吊装工作完成。

⑯其他

所有电缆拆下后，电缆头均需用胶口袋包装并用绑扎带捆扎密封，防止进水和受潮，拆除至地面的盾体、台车及时整体清理、盘点，并应按装车顺序打包发运。

（17）环境风险管控

盾构机吊装作业区主要集中在井口端头区域，吊装期间应加强对井口端头环境监测。

地基监测点主要有冠梁变形、围护结构、水平和竖向位移监测点，吊装期间主要对吊装作业地基顶监测点加强监测，通过分析监测数据，掌握地基结构位移和变形数据，减小对周边影响。若发现监测数据变化超限，应及时采取应对措施进行处理。

若周边监测数据均发生较大变化超出规范允许值，应暂停吊装作业。对作业区地面进行铺设路基箱和钢板等加固措施，加大起重机着力面积，避免产生事故。

4）安全风险及危害

盾构机吊装及安拆过程中存在的安全风险见表1。

盾构机吊装及安拆施工安全风险识别表

表1

序号	安全风险	施工过程	致险因子	风险等级	产生危害
1	失稳倾覆	盾构机吊装全过程	（1）地基承载力不足、未按照方案执行； （2）未进行地基及起重机进场验收； （3）超载； （4）额定负载时，操作动作过大； （5）操作失误	重大	吊装区域作业人员群死群伤
2	高处坠落	盾构机吊装作业	（1）临边临口施工未按规定设置防护栏； （2）吊装的构件上违规站人指挥； （3）起重吊装索具吊具使用前未逐件检查验收	一般	台车上方作业人员死亡或重伤
		盾构机组装拆除作业	（1）高空作业人员未佩安全带，未穿防滑鞋，未带工具袋； （2）作业平台未按规定安装防护栏、跳板； （3）盾构机部件安装、拆除作业时，施工人员在架体上行走易踩滑、踩空； （4）施工人员站在轻便梯子上作业，未设置防滑、倾倒措施	一般	
		人员上下通行	未规范设置爬梯	一般	
3	物体打击	盾构机吊装作业	（1）吊装的构件上随意放置材料、工具； （2）吊装区域未有效设置警戒区； （3）吊装构件未按照要求绑扎固定，存在滑落风险	一般	吊装施工作业区域人员死亡或重伤
		盾构机组装拆除作业	（1）随意抛掷电缆、管路、构配件； （2）安拆盾构时未设置施工禁区； （3）未按照规范施工作业，高空坠物	一般	
4	吊装伤害	盾构机吊装作业	（1）起重机司机、司索工指挥技能差，无资格证； （2）钢丝绳或吊带、卡扣、吊钩等破损、性能不佳； （3）未严格执行"十不吊"； （4）吊装指令传递不佳，存在未配置对讲机、多人指挥等情况； （5）起重机回转范围外侧未设置警戒区	一般	起重作业人员及受其影响人员死亡或重伤
5	机械伤害	盾构机组装拆除作业	（1）操作失误或违章作业； （2）设备未切断电源或无人监护时，进行维修和保养； （3）机械传动部分无防护罩； （4）机械带问题运转，运转中检修； （5）手持电动工具未按规范要求使用与维修	一般	施工作业区域人员死亡或重伤
6	触电	盾构机组装拆除作业	（1）特种作业人员未持有效证件上岗； （2）未按要求使用安全电压； （3）未按照规范要求设置一机一闸，二级漏电保护装置	一般	施工作业区域触电死亡或重伤
7	火灾	盾构机组装拆除作业	（1）氧气、乙炔未按规定放置； （2）动火作业时未清理或防护周边易燃易爆化学危险物品； （3）未按照要求配备消防器材	一般	施工作业区域触电死亡或重伤

5）安全风险防控措施

（1）防控措施

为防范以上安全风险，需严格落实各项风险防控措施，详见表2。

盾构机吊装及安拆施工安全风险识别表 表2

序号	安全风险	措施类型	防控措施	备注
1	失稳坍塌	质量控制	（1）严格按照设计、规程及验标要求，进行地基处理； （2）吊装前第三方检测机构进行地基承载力检测，并出具有效的检测报告	
		管理措施	（1）严格按照地基处理及起重机进场验收报监程序； （2）核实重量，严防超载； （3）吊装之前，组织所有参加吊装作业人员进行安全技术交底； （4）盾构机吊装必须严格按照吊装方案及技术要求，严格按照吊装顺序进行吊装	
2	高处坠落	安全防护	（1）临边临口施工及时设置防护栏； （2）起重吊装索具吊具使用前及时逐件检查验收； （3）作业平台按规定安装防护栏、跳板； （4）高处作业，搭设好必备的人行爬梯和通道作业平台	
		管理措施	（1）为工人配发合格的安全带、安全帽等劳保用品，培训正确穿戴使用； （2）做好安全防护设施的日常检查维护，发现损坏及时修复； （3）操作时严格遵守各项安全操作规程和劳动纪律	
3	物体打击	安全防护	（1）加装防护网； （2）作业区域设置警戒区	
		管理措施	（1）吊装构件严禁随意放置材料、工具； （2）安拆作业时，专人指挥，严禁随意抛掷管件、构件； （3）吊装构件按照要求绑扎牢固	
4	起重伤害	安全防护	起重机回转范围外侧设置警戒区	
		管理措施	（1）做好起重设备及特种作业人员的进场验收管理，保证设备性能、人员技能满足要求，设备及人员证件齐全有效； （2）做好钢丝绳或吊带、卡扣、吊钩、对讲机等日常检查维护，确保使用性能满足要求； （3）吊装作业专人指挥，严格执行"十不吊"	
5	机械伤害	安全防护	机械操作人员对各个传动部分进行检查，缺失的防护罩及时安装	
		管理措施	（1）设备定期检查，发现异常立即维修，严禁设备带问题作业； （2）设备维保前（断电）和设备维保后（送电），通知现场主管、设备操作人员； （3）严格按照操作规程作业	
6	触电	安全防护	每台用电设备应有各自专用的开关箱，必须实行"一箱一机一闸一漏"制	
		管理措施	（1）特种作业人员必须持有效证件上岗； （2）临时用电符合供电安全运行规程，并定期检查和防护，对检查不合格的电器设备和线路，及时更换，严禁带故障运行或作业； （3）所有电器开关都必须完好无损、接线正确、绝缘良好、标识明显，确保用电安全	
7	火灾	安全防护	现场存放的易燃易爆炸物品及时回收存放	
		管理措施	（1）现场存放的氧气、乙炔按照规范要求放置； （2）配备足够的消防器材，并定期进行维护和保养	

（2）工作纪律

除落实以上安全风险防控措施外，还应严格遵守以下工作纪律。

①防护用品：作业人员正确佩戴使用安全帽、安全带，正确穿着防滑鞋及紧口工作服。

②班前讲话：每日上工前，由班组长开展班前讲话，将当日作业内容、存在的安全风险及危害、防范措施、作业要点等告知全部作业人员。

③工前检查：每日班前讲话后，对工人身体状态、防护用品穿戴、现场作业环境等进行例行检查，发现问题及时处理。

④维护保养：做好安全防护设施、安全防护用品、起重设备机具等的日常维护保养，发现损害或缺失，及时修复或更换。

6）质量标准

①起重机械基础应达到的质量标准及检验方法见表3。

起重机械基础质量检查验收表 表3

序号	检查项目	质量要求	检查方法	检验数量
1	地基承载力	符合设计要求	静力触探	不少于6个点
2	同条件基础混凝土强度	符合设计要求	回弹法	不少于5个点
3	混凝土基础尺寸	符合方案要求	尺量	全部
4	混凝土基础表面平整度	10mm	2m直尺测量	每100m²不少于3个点
5	基础底下有无暗沟、孔洞	符合方案要求	查看资料	全部
6	排水设施	完善	查看	全部
7	施工记录、试验资料	完整	查看资料	全部

②盾构机各系统验收应达到的质量标准及检验方法见表4。

盾构机组装调试验收大纲 表4

序号	检查项目		质量要求	检查方法	检验数量
1	盾体外观	外观耐磨保护	完好	查看	全部
2		法兰螺栓安装	完备	查看	全部
3		设备工作平台及通道	平稳、牢固、无干涉	查看	全部
4		被动搅拌臂数量	4	查看	4个
5	径向孔（2"球阀）	前盾、中盾	6＋6	查看	6＋6个
6	土压传感器状态	盾体土压传感器1测试	±0.03	按压	1个
7		盾体土压传感器2测试	±0.03	按压	1个
8		盾体土压传感器3测试	±0.03	按压	1个
9		盾体土压传感器4测试	±0.03	按压	1个
10		盾体土压传感器5测试	±0.03	按压	1个
11		螺旋输送机土压传感器1、2测试	±0.03	按压	2个
12	超前注浆管	数量（个）	7	查看	7个

序号	检查项目		质量要求	检查方法	检验数量
13	超前注浆管	管径	DN100	尺量	全部
14	推进液压缸功能	液压缸规格（mm）	220/180-2100	尺量	全部
15		液压缸数量（根）	32（16双缸）	查看	32根
16		行程（mm）	2100±5	尺量	全部
17		管片安装模式一对液压缸全行程收回时间（s）	≤50	测时仪器	16对
18		管片安装模式一对液压缸全行程伸出时间（s）	≤95	测时仪器	16对
19		压力、行程测试系统	4组	查看	4组
20	铰接液压缸功能	液压缸规格（mm）	φ200/100-150	尺量	全部
21		液压缸数量（根）	14	查看	14根
22		液压缸最大行程（mm）	150	尺量	全部
23		铰接液压缸收回、释放	正常	查看	全部
24	盾尾检测	密封刷的排数	3道	查看	3道
25		注浆通道	4通道	查看	4道
26		备用注浆通道	4通道+顶部2个	查看	全部
27		油脂管路数量	2×6路	查看	全部
28		盾尾密封油脂压力传感器数量（个）	12	查看	12个
29	外观耐磨保护措施	正面、周边	耐磨网格	查看	全部
30		主动搅拌臂数量（个）	4	查看	4个
31	回转接头功能检测	自动油脂注入孔（个）	9	查看	9个
32		泡沫回转接头（路）	6	查看	6路
33		液压回转接头（路）	6	查看	6路
34		喷嘴数量	6	查看	6个
35	刀具检测	鱼尾中心刀（把）	1	查看	1把
36		贝壳刀（把）	56（弧形22把，平底34把）	查看	56把
37		周边刮刀（把）	（保径刀）20	查看	20把
38		切刀（把）	84	查看	84把
39		超挖刀（把）	1	查看	1把
40	主驱动目测检查	电机冷却水温度显示	具备	查看	全部
41		变频电机两端轴承手动润滑点（处）	2	查看	全部
42		减速机液位	减速机中心位置	查看	全部
43		主驱动密封处有油脂挤出	具备	查看	全部

序号	检查项目		质量要求	检查方法	检验数量
44	主驱动功能检查	驱动马达数量	8	查看	8台
45		刀盘零位检测功能	具备	查看	全部
46		刀盘正/反转功能	具备	查看	全部
47		刀盘正/反转最高转速（r/min）	0～3.18	测时仪器	正/反
48	管片拼装机	最高转速	1.3±0.1r/min	测时仪器	全部
49		旋转方向（°）	双向	查看	双向
50		伸缩液压缸行程（mm）	1200±3	尺量	全部
51		伸缩液压缸伸出时间（s）	10～15s	测时仪器	全部
52		伸缩液压缸收回时间（s）	8～12s	测时仪器	全部
53		平移行程（mm）	2000±5	尺量	全部
54		平移液压缸伸出时间（s）	15～20	测时仪器	全部
55		平移液压缸收回时间（s）	10～15	测时仪器	全部
56		夹紧液压缸行程（mm）	50±2	尺量	全部
57		抓持系统保护	具备	查看	全部
58		管片拼装机带载告警功能（声音、闪光）	具备	查看	全部
59	人舱压力试验	人舱气密性	最大工作压力（5bar）下保压30min，压降≤0.2bar（1bar＝0.1MPa）	压力表、测时仪器	主、副舱
60	螺旋输送机防涌门测试	防涌门开启时间（s）	≤18	测时仪器	全部
61		防涌门闭合时间（s）	≤15	测时仪器	全部
62		开关限位	具备	查看	全部
63	螺旋输送机功能测试	螺旋输送机减速机数量（个）	1	查看	1个
64		螺旋输送机马达数量（个）	1	查看	1个
65		最高转速（r/min）	19	测时仪器	正转
66		反转限制转速（r/min）	≤5	测时仪器	反转
67		出渣门打开、关闭时间（s）	≤15s，≤10s	测时仪器	上下闸门
68		出渣门行程测量功能	具备	查看	全部
69		出渣门紧急启闭功能	具备	查看	全部
70		螺旋输送机伸缩功能	具备	查看	全部
71		减速机温度开关	具备	查看	全部
72	管片吊机功能检查	限位开关自动停止功能	具备	查看	全部
73		行走速度	10±1m/min	测时仪器	全部
74		提升高度	3000±50mm	尺量	全部
75		提升/下降速度（低速）	0.8±0.2m/min	测时仪器	全部

序号	检查项目		质量要求	检查方法	检验数量
76	管片吊机功能检查	提升/下降速度（高速）	4.0 ± 0.5m/min	测时仪器	全部
77		起升链条磨损情况	完好	查看	全部
78		起吊能力	2 × 5t	查看	全部
79		左右吊机行走、提升的同步性及制动性能	具备	查看	全部
80	拖车功能检查	外观检测	良好	查看	全部
81		拖车行走平台畅通	良好	查看	全部
82	皮带输送机	皮带跑偏、紧急拉线功能	具备	查看	全部
83		皮带机冲洗、张紧功能	具备	查看	全部
84		皮带机刮渣器数量（道）	4 道	查看	4 道
85		打滑检测，速度（m/s）	具备，3.2	测时仪器	全部
86	液压泵站	螺旋输送机补油泵额定工作压力	30 ± 3bar	压力表	全部
87		螺旋输送机先导控制泵额定工作压力	60 ± 5bar	压力表	全部
88		螺旋输送机泵设定工作压力	280 ± 15bar	压力表	全部
89		管片拼装机泵设定工作压力	240 ± 15bar	压力表	全部
90		推进系统泵设定工作压力	300 ± 15bar	压力表	全部
91		注浆液压泵额定工作压力	120 ± 10bar	压力表	全部
92		辅助设备泵设定工作压力	220 ± 15bar	压力表	全部
93		循环过滤泵设定工作压力	10 ± 2bar	压力表	全部
94		检查液压油箱的液位指示器	具备	查看	全部
95	液压油冷却过滤回路	高压过滤器 2 个	可更换性	查看	2 个
96		低压过滤器 4 个	可更换性	查看	4 个
97		换热器管路压力、温度显示	具备	查看	全部
98	盾尾油脂密封系统	盾尾油脂泵数量（个）	1	查看	1 个
99		气动泵自动、手动控制	具备	查看	全部
100		自动注入量控制，空桶报警停	具备	查看	全部
101	油脂集中润滑系统	润滑油脂泵数量（个）	1	查看	1 个
102		气动泵自动、手动控制	具备	查看	全部
103		油脂罐（盾体）低限位报警并自动补充	具备	查看	全部
104		油脂桶（台车）空桶报警停泵	具备	查看	全部
105	水循环系统	皮带机自动冲洗	具备	查看	全部
106		进水管压力、温度显示	具备	查看	全部
107		冷却器进水、出水口温度显示	具备	查看	全部

序号	检查项目		质量要求	检查方法	检验数量
108	水循环系统	内循环水泵工作压力	<10bar	查看	全部
109		1空压机水冷进出口温度显示	具备	查看	全部
110		2空压机水冷进出口温度显示	具备	查看	全部
111		主驱动减速机温度开关	具备	查看	全部
112		变速箱齿轮油水冷温度显示	具备	查看	全部
113		主驱动减速机冷水流量开关	具备	查看	全部
114		内循环水罐液位显示	具备	查看	全部
115	同步注浆系统	注浆泵数量（个）	2	查看	2个
116		注浆泵的速度调节及计数	具备	查看	全部
117		注浆压力限制功能	具备	查看	全部
118		注浆压力传感器（个）	4	查看	4个
119		手动模式/自动模式/搅拌功能	具备	查看	全部
120	泡沫系统	原液泵数量（个）	1	查看	1个
121		混合液泵数量（个）	6	查看	6个
122		泡沫原液罐液位检测	具备	查看	全部
123		泡沫过渡罐高、低液位检测	具备	查看	全部
124		1～6压缩空气流量计、调节阀	具备	查看	全部
125		1～6混合液流量计、流量调节	具备	查看	全部
126		泡沫压力1～6压力传感器	具备	查看	全部
127	膨润土系统	膨润土泵数量（个）	2	查看	2个
128		膨润土泵泵送流量调节	具备	查看	全部
129		膨润土罐低液位报警	具备	查看	全部
130	压缩空气系统	空压机数量	2	查看	2台
131		空压机功率	55kW	查看	2台
132		空压机起动/停止	正常	查看	2台
133		1号、2号空压机工作最高/最低压力（bar）	8/6.5	查看	全部
134	自动保压系统	过滤器功能	有	查看	全部
135		安全阀功能	6bar	查看	全部
136	二次通风系统	二次风机开启/关闭	正常	查看	1台
137		通风管路	正常	查看	全部
138	电控系统	刀盘转速、扭矩监测	具备	查看	全部
139		主驱动集中润滑油脂脉冲低于最小值时主驱动切断	具备	查看	全部
140		总推力监测，液压缸行程监测	具备	查看	全部

序号	检查项目		质量要求	检查方法	检验数量
141	电控系统	贯入度、侧滚、倾角监测	具备	查看	全部
142		液压油箱、齿轮油温度监测	具备	查看	全部
143		螺旋输送机转速、闸门行程监测	具备	查看	全部
144		螺旋输送机前门开/关到位信号监测	具备	查看	全部
145		螺旋输送机伸/缩到位信号监测	具备	查看	全部
146		连接桥拖拉压力、行程监测	具备	查看	全部
147		泡沫1~6号流量监测（水，空气，原液，混合液）	具备	查看	全部
148		膨润土流量监测	具备	查看	全部
149		盾尾密封分通道压力监测	具备	查看	全部
150		盾尾密封分通道脉冲监测	具备	查看	全部
151		主驱动外密封油脂流量监测	具备	查看	全部
152		螺旋输送机密封油脂流量监测	具备	查看	全部
153		氧气/硫化氢/甲烷/一氧化碳浓度监测	具备	查看	全部
154		各系统过滤器堵塞报警	具备	查看	全部
155	安防系统	CO、O_2、H_2S、CH_4气体检测	具备	查看	全部
156	视频监控	台车视频监视摄像	具备	查看	6个
157	灭火器	拖车灭火器支架数量（个）	11	查看	11个
158		设备桥灭火器支架数量（个）	3	查看	3个
159		盾体内灭火器支架数量（个）	4	查看	4个

7）验收要求

盾构机组装调试各阶段的验收要求见表5。

盾构机组装调试各阶段验收要求表　　　　表5

序号	验收项目		验收时点	验收内容	验收人员
1	设备进场		设备进场后、下井前	设备的外形尺寸、重量、安装方式、焊缝质量、外观质量	项目物资、技术、盾构管理人员，安装人员
2	起重机械站位基础	基底	垫层施工前	地基承载力	项目试验人员、技术员，班组技术员
		垫层	基底处理验收完成后	详见表77-3	项目测量试验人员、技术员，班组长及技术员
3	盾构机组装	组装、调试过程	（1）6号~1号台车依次下井并后移；（2）盾构机主机下井后；（3）螺旋输送机安装，设备桥与拼装机大梁连接；（4）管路、线路安装；（5）调试前保证高压电缆已连接完毕	详见表77-4	项目技术员、测量、盾构人员，班组长及技术员

8）应急处置

（1）处置原则

施工过程中一旦发生险情或事故，应立即停止作业，切勿慌乱，切忌盲目施救，在保证自身安全的情况下按照处置措施要求科学开展施救，并及时向项目管理人员报告相关情况。

（2）处置措施

①坍塌：当发生塌方时，施工人员要立即撤离施工区域，查点施工人员人数，并立即通知现场负责人，以确定是否有人因塌方被困，在现场负责人的指挥下进行后续现场处理。

②触电事故：当发现有人触电时，应立即切断电源。若无法及时断开电源，可用干木棒、皮带、橡胶制品等绝缘物品挑开触电者接触的带电物，之后解开妨碍触电者呼吸的紧身衣服，检查口腔，清理口腔黏液并立即就地抢救，如触电者呼吸停止，应采用人工呼吸法抢救；如心脏停止跳动，应采用胸外心脏按压法抢救。

③火灾事故：当发生火灾时，要正确确定火源位置，火势大小，并迅速向外发出信号，及时利用现场消防器材灭火，控制火势大小；若火势无法控制，施工人员应及时撤离火区，同时向所在地公安消防机关报警，寻求帮助。

④其他事故：当发生高处坠落、起重伤害、机械伤害、物体打击等事故后，周围人员应立即停止施工，并撤离危险区域，采取措施切断或隔断危险源，疏散现场无关人员，然后对伤者进行包扎等急救，向项目部报告后原地等待救援。

78 盾构始发施工安全技术交底

交底等级	三级交底	交底编号	III-078
单位工程	长春地铁 7 号线二工区项目	分部工程	盾构施工
交底名称	**盾构始发施工**	交底日期	年　　月　　日
交底人	分部分项工程主管工程师（签字）	审核人	工程部长（签字）
批准人	总工程师（签字）	确认人	专职安全管理人员（签字）
		被交底人	班组长及全部作业人员（签字，可附签字表）

1）施工任务

盾构区间出西四环站沿东风大街向东敷设，沿线左侧经过东风大街立交桥、下穿某公司专用铁路，经过某国际物流公司到达兴安路站，右侧经过某国际物流公司到达兴安路站。根据调查资料，本区间分别在 YK18 + 684.951 处，埋深约为 1.93m 存在 DN219mm 石油管；在 YK19 + 986 处，埋深约为 2.09m 存在 DN259mm 天然气管线；沿东风大街道路两侧分布大量市政管线，主要有 DN600mm 污水管（混凝土）、DN800mm 雨水管（混凝土）、热水管（钢）及城市照明和通信管线。

2）工艺流程

始发托架安装→盾构机组装调试→反力架安装→负环管片拼装→洞门帘布安装→洞门凿除→施工监测→始发掘进→封堵洞门。

3）作业要点

（1）始发托架安装

盾构始发托架位置按设计轴线准确放样，安装时，使用钢丝绳及 20t 卡环吊装始发托架吊装点，按照测量放样的基线吊装至指定位置，保证基座上的盾构机对准洞门中心且与隧道设计轴线反向延长线基本一致。托架安装采用 5mm、10mm 和 20mm 钢板垫高找平。托架安装就位后，在井底采用 20 号工字钢，并利用四周井壁，每侧 42m 一道将托架支撑，工字钢与托架接触面满焊焊接，工字钢与墙体接触面用钢板塞满，不得有空隙。

（2）盾构机组装调试

盾构机在始发托架上组装，按照 6-5-4-3-2-1 连接桥-螺旋输送机-前盾-中盾-刀盘-拼装机-尾盾依次下井组装，然后按照调试方案依次调试各个系统，最后使盾构机正常运行。

（3）反力架安装

反力架安装时，按照测量防线位置安装。经受力计算，各部件连接满足强度要求，斜支撑用厚度 5mm、直径 608mm 螺旋钢管支撑，一侧以 37°夹角，支撑在立柱的 1/3 和 2/3 处，与反力架接触面满焊连接，与地面接触面，提前预埋埋件，然后满焊连接；另一侧以水平角度，支撑在立柱的 1/3 和 2/3 处，与反力架接触面满焊连接，与结构墙接触面满焊 20mm 厚钢板，并用薄钢板塞紧钢板与墙体缝隙。反力架底座与顶梁用 32 号工字钢双拼支撑，底座两侧以及 1/3 和 2/3 处，水平支撑在车站底板；顶梁两侧以及 1/3 和 2/3 处，以小角度支撑在上层车站底板，连接要求与立柱水平支撑相同。

（4）负环管片拼装

负环由 8 环 1.2m 管片组成，为保证管片的盾尾间隙，在盾尾 180mm 以下，用 50mm 槽钢焊接 6 道支撑体。

负 8 环在盾尾内拼装，选择时钟 12 点位，由下向上拼装，每块管片纵向前后 6 个螺栓孔均使用螺栓和 50mm 槽钢与盾尾焊接，环向螺栓均经过多次复紧直至整环拼装完成。割除各个螺栓与槽钢焊接件，将管片顶推至反力架，并在反力架焊接 20mm 厚 7 字钢板将管片支撑。

负 7 环拼装时，使用挡块将盾体两侧牛腿顶紧，防止拼装过程盾体前移，拼装点位选择时钟 6 点位，与正常管片拼装相同，将螺栓多次复紧。在向前顶推盾体前，需要向盾尾注入盾尾脂，直至饱满。在向前顶推盾体时，每侧利用 2 块木楔将管片支垫于始发托架上，同时利用两根直径 16mm，长 20m 钢丝绳将管片捆紧到托架上。

其余负环拼装重复负 7 环操作步骤。

（5）洞门帘布安装

先将洞门钢环 72 个螺栓孔使用丝锥完成清理，安装 72 根 M20×120mm 双头螺柱，每根拧入 40mm，然后使用 25t 起重机，从上向下将帘布安装进双头螺柱，依次安装帘布压板并拧紧，保证压板轴线指向洞门中心。

（6）洞门凿除

在洞圈内搭设钢管脚手架，在洞门中心及上、下、左、右范围布置 5 个观察孔，以观察土体的加固情况，确定加固情况良好后，分块凿除洞门混凝土。

洞门混凝土采用高压风镐进行凿除，凿除工作须分二层渐进。根据围护桩厚度，先凿除其外层 3/4（约 600mm），外层凿除工作先上部后下部，暴露出外排钢筋并割去。钢筋及预埋件须割除彻底，以保证预留门洞的直径，在洞圈一周需凿出一圈环槽，然后从下至上凿除所有洞圈内混凝土，最后割除所有钢筋，并清理底部泥石碎块。

洞门凿除要连续施工，尽量缩短作业时间，以减少正面土体的流失量。整个作业过程中，由专职安全员进行全过程监督，杜绝安全事故隐患，确保人身安全。

（7）施工监测

盾构机始发前，线路上的监测点布置完成，提前 15d 采集线路上 100m 初始值，并上报监理与三方测量单位审批。

盾构机始发后，监测人员每天上报监测数据，技术人员根据监测数据调整施工参数。在出现异常情况时，增加监测频率，改为 2 次/d 或 3 次/d，及时反馈监测信息，确保更快调整盾构推进的各项参数，提高施工质量，确保环境的安全。

（8）盾构机掘进

严格控制盾构掘进参数，主要体现在控制地层损失率以及盾构推进压力上。在盾构掘进过程中，具体参数控制如下：

①土压控制

始发段穿越地层主要为强风化泥岩，始发阶段盾体在加固区内，为有效控制推力，土压设置为 0bar；在刀盘离开加固区后，根据土压力计算公式，控制盾构机上部土仓压力，逐渐增加并保持在 1.2～1.5bar 之间，保证掌子面稳定。

②推力、刀盘扭矩及推进速度控制

推力 ≤ 800t，刀盘扭矩 ≤ 1200kN·m，推进速度控制在 20～40mm/min，推进过程中加注泡沫剂，进行土体改良，控制推力稳定，降低刀盘所受扭矩，保证掘进速度平稳，减小因盾构机参数变化对反力架以及托架的干扰。

③出土量控制

严格控制出土量 70～73m³，使其略小于理论值（73.7m³），保证盾构切口上方土体能微量隆起，以减少土体的后期沉降量，出土量约为建筑间隙的 150%，严禁超挖，欠挖，保证掌子面稳定。

④姿态控制

始发时，在盾尾进入洞门前，保持盾构姿态不变，水平推进；在盾尾进入洞门后，以每环 5mm 调整盾构姿态，使姿态靠近(0,−20)；在推进完成 20 环后，测量管片姿态，根据管片姿态调整盾构姿态，使成型管片姿态与隧道轴线尽量重合。

⑤管片拼装

拼装零环管片时，使用 1.2m 管片，拼装点位选择时钟 12 点位。1～3 环拼装时选择 1.5m 注浆加强环管片，拼装点位以盾尾间隙为主，液压缸形成为辅进行选择。之后管片拼装，按照管片排版选择对应管片进行拼装。拼装时液压缸行程应达到 1900mm 以上，管片、螺栓防水装置安装完整，连接螺栓多次复紧。

⑥同步注浆

推进正 3 环时，盾尾全部进入洞门，开始同步注浆。对洞门漏浆位置使用抹布与快干水泥进行封堵。初始注浆以注浆压力为主，为防止压力过大，顶开洞门密封装置，压力应小于 1bar。再推进 3 环后，逐步提高注浆压力至 2～3bar，采取注浆量和注浆压力双控原则控制地面及建筑物沉降。

（9）封堵洞门

推进正 9 环时，盾尾脱离洞门近 10m，可进行洞门封堵工序。使用快速水泥将止水装置和管片黏结成一整体，防止浆液和土体从间隙中流失而造成地面下沉。同时，在控制注浆压力的情况下，通过管片吊装孔注入双液水泥浆，浆液要有早期的强度。初始注浆时，选取注浆压力要综合考虑地面沉降要求和洞门密封装置的承压能力，注浆压力控制在 0.15MPa 以内，直至浆液充满洞门顶部停止注浆。随着盾构推进，对洞门附近 1～9 环管片进行注浆封堵管片壁厚空隙。

4）安全风险及危害

盾构始发存在的安全风险见表 1。

盾构始发施工安全风险识别表 表1

序号	安全风险	施工过程	致险因子	风险等级	造成危害
1	坍塌	盾构掘进	（1）盾构超挖或欠挖； （2）同步注浆不密实； （3）土仓压力设置不合理	Ⅲ	地表、建筑物出现隆起或塌陷

序号	安全风险	施工过程	致险因子	风险等级	造成危害
2	起重伤害	物料吊装	（1）起重机司机、司索工指挥技能差，无资格证； （2）钢丝绳或吊带、卡扣、吊钩等破损、性能不佳； （3）未严格执行"十不吊"； （4）吊装指令传递不佳，存在未配置对讲机、多人指挥等情况； （5）起重机回转范围外侧未设置警戒区	Ⅲ	起重作业人员及受其影响人员死亡或重伤
3	物体打击	管片拼装	（1）随意抛掷管片、螺栓等材料、工具； （2）人员随意进入拼装机回转区域	Ⅳ	拼装区域人员死亡或重伤
4	洞门坍塌	洞门破除	（1）未按照规范过程进行洞门破除，影响洞门稳定性； （2）洞门破除后，暴露时间过长，掌子面失稳	Ⅳ	造成地面塌陷
5	盾体旋转	施工过程	（1）刀盘扭矩过大，盾体瞬间旋转超限； （2）未及时更换刀盘旋转方向，盾体旋转角度累计超限	Ⅳ	机械结构损伤

5）安全风险防控措施

（1）防控措施

为防范以上安全风险，需严格落实各项风险防控措施，详见表2。

盾构始发施工安全风险防控措施表　　　　　　　　　　　　表2

序号	安全风险	措施类型	防控措施	备注
1	坍塌	质量控制	（1）严格按照施工方案和安全技术交底进行施工； （2）保证同步浆液质量，确保同步注浆充实、饱满，并及时跟进二次注浆； （3）下穿前，对盾构机进行一次维护保养，确保下穿风险源时设备可以正常连续施工	
		管理措施	（1）加强施工线路地表巡查，在下穿通过时安排专人24h盯控，有任何异常情况及时上报；在下穿通过风险源期间适当加强沉降监测频率，每日2~3次； （2）严格按照技术交底控制掘进参数与姿态参数，不得超挖，控制好盾尾间隙，出现任何异常情况及时上报	
2	起重伤害	安全防护	起重机行走范围外侧设置警戒区	
		管理措施	（1）做好起重设备及特种作业人员的进场验收管理，保证设备性能、人员技能满足要求，设备及人员证件齐全有效； （2）做好钢丝绳或吊带、卡扣、吊钩、对讲机等日常检查维护，确保使用性能满足要求； （3）吊装作业专人指挥，严格执行"十不吊"	
3	物体打击	安全防护	（1）拼装机行走范围外设置警戒区； （2）拼装机安装行走警报装置	
		管理措施	（1）加强拼装手及班组人员的安全教育，增强作业人员的安全防范意识； （2）作业过程中严格按照安全技术交底施工	
4	洞门坍塌	安全防护	（1）安排专人进行盯控，保证施工过程符合交底要求； （2）合理分配时间，洞门破除后，刀盘及时顶撑掌子面	
		管理措施	（1）加强施工班长及班组人员的安全教育，增强作业人员的安全防范意识； （2）作业过程中严格按照安全技术交底施工	

序号	安全风险	措施类型	防控措施	备注
5	盾体旋转	安全防护	设置值班人员监控施工数据	
		管理措施	（1）加强盾构司机的安全教育，增强安全防范意识； （2）作业过程中严格按照安全技术交底施工	

（2）工作纪律

除落实以上安全风险防控措施外，还应严格遵守以下工作纪律。

①防护用品：作业人员正确佩戴使用安全帽、安全带，正确穿着防滑鞋及紧口工作服。

②班前讲话：每日上工前，由班组长开展班前讲话，将当日作业内容、存在的安全风险及危害、防范措施、作业要点等告知全部作业人员。

③工前检查：每日班前讲话后，对工人身体状态、防护用品穿戴、现场作业环境等进行例行检查，发现问题及时处理。

④维护保养：做好安全防护设施、安全防护用品、起重设备机具等的日常维护保养，发现损害或缺失，及时修复或更换。

6）质量标准

盾构始发应达到的质量标准及检验方法见表3。

盾构始发质量检查验收表　　　　　　　　　　　　表3

序号	检查项目	质量要求	检查方法	检验数量
1	始发托架安装	位置符合要求，支撑牢靠	目测	全部
2	盾构机组装调试	设备运行良好	负载运行	全部系统
3	反力架安装	位置符合要求，支撑牢靠	目测	全部
4	负环管片拼装	螺栓、楔块、拉紧钢丝绳紧固	目测，敲击	全部
5	洞门帘布安装	位置正确、牢固	目测，敲击	全部
6	洞门凿除	破除尺寸正确，钢筋割除干净	目测，尺量	全部
7	施工监测	100m初始值	查看监测数据	始发50m
8	始发掘进	掘进参数符合方案要求	查看掘进记录	全部
9	封堵洞门	洞门附近浆液饱满	洞门顶部有浆液痕迹	全部

7）验收要求

盾构始发的验收要求见表4。

盾构始发验收表　　　　　　　　　　　　表4

序号	验收项目	验收时点	验收内容	验收人员
1	施工技术	盾构始发前	安全专项施工方案（包括应急预案）编制、审核、审批齐全有效；监控量测方案审批；施工和安全技术交底到位	监理、业主、项目技术人员、技术员、班组技术员
2	工程材料	盾构始发前	进场材质证明资料齐全，检验合格	
3	设备机具	盾构始发前	进场验收记录齐全有效，特种设备安全技术档案齐全	

序号	验收项目	验收时点	验收内容	验收人员
4	作业人员	盾构始发前	拟上岗人员安全培训资料齐全，考核合格；特种作业人员类别和数量满足作业要求，操作证齐全	监理、业主、项目技术人员、技术员，班组技术员
5	其他	盾构始发前	分包队伍资质、许可证等资料齐全，安全生产协议已签署，人员资格满足作业要求且已到场	
6	风、水、电	盾构始发前	风、水、电路布置顺畅有序，方便施工	
7	设备机具	盾构始发前	布置合理，放置稳固，防护齐全	
8	设施用具	盾构始发前	防护设施、用具符合安全要求（作业平台、爬梯等）	
9	应急准备	盾构始发前	应急物资到位，通信畅通，应急照明、消防器材符合要求	
10	总体布置	盾构始发前	符合三级配电两级保护要求；接地符合规定	
11	线路与照明	盾构始发前	线路布设、悬挂高度、护线套、线卡固定符合规定；作业区照明电压和灯具符合安全要求	
12	配电箱	盾构始发前	电箱完整无损坏；箱内配置符合规范，并附线路图，无带电体明露及一闸多用等	
13	场地布置	盾构始发前	场地布置合理，施工区域警戒线及警示标志明显、合理	
14	监控量测	盾构始发前	监测点已布置，初始数值已读取	
15	基坑防护结构	盾构始发前	临边防护、防坠落措施到位	
16	环境风险保护	盾构始发前	建（构）筑物及管线核查，地上、地下管线标识，针对性保护措施落实到位	
17	吊装设备	盾构始发前	大型吊装设备已验收合格并正确就位，吊索具验收合格	
18	加固土体效果	盾构始发前	取芯试验，达到设计强度要求，无渗漏水	
19	洞门混凝土破除	盾构始发前	围护桩的凿除安全防护措施到位	

8）应急处置

（1）处置原则

施工过程中一旦发生险情或事故，应立即停止作业，切勿慌乱，切忌盲目施救，在保证自身安全的情况下按照处置措施要求科学开展施救，并及时向项目管理人员报告相关情况。

（2）处置措施

①坍塌：当发生塌方时，施工人员要立即撤离施工区域，查点施工人员人数，并立即通知现场负责人，以确定是否有人因塌方被困，在现场负责人的指挥下进行后续现场处理。

②触电事故：当发现有人触电时，应立即切断电源。若无法及时断开电源，可用干木棒、皮带、橡胶制品等绝缘物品挑开触电者接触的带电物，之后解开妨碍触电者呼吸的紧身衣服，检查口腔，清理口腔黏液并立即就地抢救，如触电者呼吸停止，应采用人工呼吸法抢救；如心脏停止跳动，应采用胸外心脏按压法抢救。

③火灾事故：当发生火灾时，要正确确定火源位置，火势大小，并迅速向外发出信号，及时利用现场消防器材灭火，控制火势大小；若火势无法控制，施工人员应及时撤离火区，同时向所在地公安消防机关报警，寻求帮助。

④其他事故：当发生起重伤害、物体打击等事故后，周围人员应立即停止施工，并撤离危险区域，采取措施切断或隔断危险源，疏散现场无关人员，然后对伤者进行包扎等急救，向项目部报告后原地等待救援。

79 盾构换刀安全技术交底

交底等级	三级交底	交底编号	III-079
单位工程	××地铁6号线	分部工程	盾构换刀作业
交底名称	盾构换刀	交底日期	年　月　日
交底人	分部分项工程主管工程师（签字）	审核人	工程部长（签字）
批准人	总工程师（签字）	确认人	专职安全管理人员（签字）
		被交底人	班组长及全部作业人员（签字，可附签字表）

1）施工任务

盾构机在通过长距离硬岩地层时，盾构刀盘、刀具易磨损、破坏。在全断面岩层中掘进，地层条件较好、地下水较少、掌子面比较稳定时，需采取常压进仓检查、更换刀具。本次换刀主要是检查刀具及更换刀具。

2）工艺流程

刀具的更换程序为：开仓→空气检测→通风→空气检测（合格）→进仓→刀盘检查→刀具更换→整体检查→关闭仓门。

3）作业要点

（1）施工准备

①出渣降压

由盾构司机通过螺旋输送器将土仓内的渣土输出，等渣土降至土仓中部以下，停止出渣，在出渣的过程中，对螺旋出土口进行气体检测。

②气体检测

通过人舱板上的球阀对土仓内气体进行检测，或者活体动物试验进行气体检测，合格后方可进行施工，并按照要求做好记录。

③打开仓门

气体检测合格后，首先检查土仓压力在通风过程中是否发生变化，土仓内水位情况是否异常，清查人舱内非防爆设备，在开仓前对人舱空气质量再次进行检测，合格后方可打开。

（2）刀具检查

①刀盘检查时间确定

推进过程中有下列现象出现时必须进行检查：硬岩地区，纠偏困难；推力比同等地质条件下大，但速度、扭距等明显低得多；推力、推进速度较低，同时刀盘系统频繁跳停。

②刀具、刀盘检查内容

检查内容包括：撕裂刀的磨损量和偏磨量等，刀具螺栓的松动和螺栓保护帽的缺损情况；刮刀的合金齿和耐磨层的缺损和磨损，以及刀座的变形情况；刀盘牛腿磨损及焊缝开裂情况。

检查准备工作

a. 检查工具：刀具检查量具由物资部落实，并于每次检查前到物资部借取。

b. 风水电确认：检查前，应确保人舱内通往土仓的低压安全照明正常，并有足够的备用灯泡（24V）；检查时，确保洞内通风正常，确保有通向土仓的风管和水管。

（3）刀具检查实施

①土仓门的开启确认：在进行刀盘检查前，盾构机司机应先进行出土、排水、放气操作，在确认以上工作完成后，由盾构机司机通知仓门开启人员开仓。

②开仓位置确认：土仓门打开后，应先由现场值班土建工程师对刀盘前方土体的稳定性及地下水情况进行确认，并得出是否具备进行刀盘检查的条件，当符合条件后，方可进行刀盘检查。

③开仓门注意事项：开仓门前应先打开人舱和土仓之间的减压球阀（如果阀芯堵塞，则用铁丝疏通），待土仓内外气压平衡后，再拆下螺栓，最后打开压板，在松开压板螺丝的过程中，要严格注意土仓内压力的变化，发现异常时，马上拧紧螺丝，以防异常情况发生。

④在刀具检查过程中，必须保证通风的连续性，并由气体检测人员对土仓内气体进行不间断检测，如有异常，应及时撤出土仓内人员，加强通风力度，待土仓内气体浓度合格后，方可继续进行进仓检查。

⑤检查工作由盾构工班长、物资部负责，并根据"刀盘、刀具检查内容"逐项进行，同时将检查结果填写在"刀具、刀盘检查记录表"上，检查完毕后将表格上交。

（4）更换刀具的标准

刀圈产生偏磨、刀圈脱落、裂纹、松动、移位情况下必须进行更换；边缘滚刀磨损量在8～10mm，正面区滚刀磨损量在15～20mm，中心区滚刀磨损量在10～15mm 进行更换（以上数据为参考值，可按实际情况进行修正）；刮刀出现较严重崩齿或刀具上的合金堆焊层磨损较严重时须更换。

（5）刀具更换

①滚刀拆卸

转动刀盘将待拆刀具停止在 3 点钟方向→清洗螺栓孔→拆卸滚刀压块螺栓并取出→取出压块→取出楔块→挂好 1t 葫芦（利用土仓内吊环），并把待取出滚刀用吊带捆绑好→取出滚刀（利用撬棍和葫芦配合）。

②滚刀安装流程

将待装刀具的刀箱位置转到 3 点钟位置→在待装刀具的刀箱位置前方人孔掏空（深度200mm 左右）→清洗刀箱→利用手拉葫芦将待装滚刀放入刀箱→放入楔块→安装压块→紧固螺栓。

③切刀和边刮刀拆卸

转动刀盘将待拆刀具处于水平向上位置→取出螺栓→取出刀具（边刮刀利用手拉葫芦）。

④切刀和边刮刀安装

转动刀盘将待拆刀具位置处于水平向上→清洗螺栓孔和结合面→放上刀具并对齐螺栓

孔→安装固定螺栓并紧固。

(6) 操作要求

刀具运输及搬运过程中要注意刀具的保护，做到轻拿轻放，禁止磕碰刀具；吊运刀具过程中要注意对盾构机推进千斤顶及其他设备的保护，避免发生磕碰；为确保安全及便于刀具更换，通常在3、9点钟位置进行滚刀的拆卸和安装，更换前作业平台要安装就位；拆除的刀具及螺栓要及时清除出仓外，避免意外掉落到土仓中，如刀具或工具落入土仓，禁止旋转刀盘，必须打捞上来；滚刀的挡圈必须朝向刀盘圆心，刀具安装好后，必须确保锁紧螺栓；刀具更换完毕后，要对人舱门及仓壁各阀门开关情况进行检查，确保其处于正确位置。

4) 安全风险及危害

开仓换刀过程中存在的安全风险见表1。

开仓换刀安全风险识别表　　　　　　　　　　　　　　表 1

序号	安全风险	施工过程	致险因子	等级	产生危害
1	仓内起火	仓内焊接、切割	动火时仓内起火	II	人员群死群伤
2	中毒窒息	仓内焊接，切割	仓内出现有毒气体导致人身体不适或仓内氧气不足，导致人缺氧	II	人员群死群伤
3	起重伤害	刀具吊运	在刀具吊运过程中坠落伤人或吊具不合格、老化等	II	吊装下方人员死亡或重伤
4	触电	仓内照明，焊接、切割刀具	仓内作业未按照要求使用临电，人体接触造成触电事故	III	人员触电死亡或重伤
5	涌水	仓内抽水	仓内作业时掌子面突然涌水或水泵抽水不及时	II	人员群死群伤
6	坍塌	更换刀具前检查	仓内作业时未检查掌子面稳定情况，掌子面突然变形，失稳	II	人员群死群伤

5) 安全风险防控措施

(1) 防控措施

为防范以上安全风险，需严格落实各项风险防控措施，详见表2。

开仓换刀安全风险防控措施表　　　　　　　　　　　　　　表 2

序号	安全风险	措施类型	防控措施	备注
1	仓内起火	安全防护	(1) 严格控制进仓人员携带危险品；(2) 配备灭火器	
		管理措施	保证仓内的灭火器的能正常使用，做好日常的安全检查维护工作	
2	中毒窒息	安全防护	开仓时进行气体检测，气体合格后方可进仓	
		管理措施	严格进行气体检查工作，每隔几分钟对仓内氧气浓度进行测试	
3	起重伤害	安全防护	使用前检查吊具，对不符合要求的吊具进行更换	
		管理措施	做好钢丝绳或吊带、卡扣、吊钩、对讲机等日常检查维护，确保使用性能满足要求	
4	触电	安全防护	专业电工去接临电，电线必须采用绝缘胶条进行包裹	
		管理措施	对电工进行专项交底，告知作业风险、安全距离及适宜的作业位置等	

序号	安全风险	措施类型	防控措施	备注
5	涌水	安全防护	（1）开仓后，将土仓内水抽排干净，若掌子面情况一直有水，保证水泵一直抽水，同时备用1台水泵； （2）涌水较大时，人员及时撤离并关闭仓门	
		管理措施	对每天的涌水情况进行记录，根据岩层情况做出对比	
6	坍塌	安全防护	开仓后，检查掌子面情况，若是掌子面不稳定，可选择掌子面稳定的地层开仓或从地面注浆加固掌子面	
		管理措施	加强洞内施工排水，防止因洪水降低地基承载力，造成掌子面垮塌，加强地表下沉等量测工作	

（2）工作纪律

除落实以上安全风险防控措施外，还应严格遵守以下工作纪律。

①防护用品：作业人员正确佩戴使用安全帽、劳保鞋及紧口工作服。

②班前讲话：每日上工前，由班组长开展班前讲话，将当日作业内容、存在的安全风险及危害、防范措施、作业要点等告知全部作业人员。

③工前检查：每日班前讲话后，对工人身体状态、防护用品穿戴、现场作业环境等进行例行检查，发现问题及时处理。

④维护保养：做好安全防护设施、安全防护用品、吊具等的日常维护保养，发现损害或缺失，及时修复或更换。

6）质量标准

开仓换刀应达到的质量标准及检验方法见表3～表5。

切刀，刮刀安装允许误差　　　　表3

序号	检查项目	检查方法	允许误差
1	高度	尺量	±3mm
2	半径	尺量	±3mm

滚刀安装允许误差　　　　表4

序号	检查项目	检查方法	中心双联滚刀允许误差	单刃轴式滚刀允许误差
1	高度	尺量	±3mm	±2mm
2	半径	尺量	±3mm	±2mm
3	所在角度	角度仪	±1.0°	±0.75°
4	切线角度	角度仪	±1.0°	±0.75°

各型号刀具螺栓型号及安装质量要求　　　　表5

序号	刀具类型	螺栓型号	螺栓预紧力（N·m）	安装质量要求
1	单刃轴式滚刀	外六角螺栓 M24×320−10.9级	800	（1）结合面干净无杂物； （2）楔块端面和侧面与刀箱完全贴合； （3）螺栓预紧力达到要求
2	中心双联滚刀	外六角螺栓 M24×140−10.9级	800	

序号	刀具类型	螺栓型号	螺栓预紧力（N·m）	安装质量要求
3	切刀	内六角螺栓 M20×60－10.9级	520	（1）结合面干净无杂物； （2）刀具与刀座结合面完全贴合； （3）螺栓预紧力达到要求
4	刮刀	外六角螺栓 M24×50－10.9级	800	

7）验收要求

开仓换刀各阶段的验收要求见表6。

开仓换刀各阶段验收要求表 表6

序号	验收项目	验收时点	验收内容	验收人员
1	材料及构配件	材料进场后	材质、规格尺寸、焊缝质量、外观质量	项目物资、技术管理人员
2	气体检测	人员进入土仓前及进去后	检测是否含有毒气体，氧气是否充足	项目盾构工班长、技术员
3	换刀完成后	（1）拆卸刀具； （2）安装新刀具	详见表3～表5	项目盾构工班长、技术员

8）应急处置

（1）处置原则

施工过程中一旦发生险情或事故，应立即停止作业，切勿慌乱，切忌盲目施救，在保证自身安全的情况下按照处置措施要求科学开展施救，并及时向项目管理人员报告相关情况。

（2）处置措施

①坍塌：当发生塌方时，施工人员要立即撤离施工区域，查点施工人员人数，并立即通知现场负责人，以确定是否有人因塌方被困，在现场负责人的指挥下进行后续现场处理。

②触电事故：当发现有人触电时，应立即切断电源。若无法及时断开电源，可用干木棒、皮带、橡胶制品等绝缘物品挑开触电者接触的带电物，之后解开妨碍触电者呼吸的紧身衣服，检查口腔，清理口腔黏液并立即就地抢救，如触电者呼吸停止，应采用人工呼吸法抢救；如心脏停止跳动，应采用胸外心脏按压法抢救。

③火灾事故：当发生火灾时，要正确确定火源位置，火势大小，并迅速向外发出信号，及时利用现场消防器材灭火，控制火势大小；若火势无法控制，施工人员应及时撤离火区，同时向所在地公安消防机关报警，寻求帮助。

④其他事故：当发生中毒窒息、起重伤害、涌水等事故后，周围人员应立即停止施工，并撤离危险区域，采取措施切断或隔断危险源，疏散现场无关人员，然后对伤者进行包扎等急救，向项目部报告后原地等待救援。

80 盾构接收施工安全技术交底

交底等级	三级交底	交底编号	III-080
单位工程	×××地铁	分部工程	盾构接收
交底名称	盾构接收施工	交底日期	年　月　日
交底人	分部分项工程主管工程师（签字）	审核人	工程部长（签字）
批准人	总工程师（签字）	确认人	专职安全管理人员（签字）
		被交底人	班组长及全部作业人员（签字，可附签字表）

1）施工任务

×××盾构区间左（右）线到达×××站接收施工，采用钢制托架接收盾构机。

2）工艺流程

出洞端地基处理和验收→端头降水、洞门探孔→盾构姿态、出洞端洞门和底板高程测量→接收基座安装及复测加固→洞门密封安装→掘进参数和姿态调整→洞门破除（磨桩）→盾构上接收托架（或混凝土接受导台）→洞门封堵→盾构机拆卸。

3）作业要点

（1）施工准备

盾构接收端按照设计文件和端头加固方案等，按施工计划完成施工并通过验收，加固区域和范围对盾构司机和盾构施工管理人员进行交底；接收端降水井和水泵按设计和降水方案布置完成；安装洞门密封及打水平探孔的盘扣脚手架、施工机具、临时用电等准备到位并通过验收；洞门封堵材料水玻璃、袋装水泥、聚氨酯等齐全，注浆封堵设备和附属管路等准备齐全；接收托架按照方案进行结构强度验算并验收合格。

各设备和材料验收合格后按品种、规格分类码放，并设挂规格、数量铭牌；应急物资按照施工要求准备齐全。

实测洞门位置，盾构掘进时按照实际洞门方向掘进，同时计算好最后一环管片预留洞门的厚度，若不在设计厚度范围内，提前利用管片宽度调整至适当位置，以减少切除最后一环管片的费用和风险。

（2）端头降水和洞门探孔

盾构接收端加固区两侧按照设计要求设置降水井，盾构接收期间地下水位控制在隧道底板下不小于1m，以保证施工安全。降水井应由具有相关资质的降水单位进行专业设计及施工，降水井位置示意见图1。盾构机出洞期间，降水井持续降水，保证地下水位满足出洞需求。

为进一步准确判断接收端头的岩土地质及地下水情况，以及验证端头井加固强度的情况。

在测定降水井水位低于隧道洞身范围 1m 后，再进行洞门水平探孔。盾构机到达接收端加固区前，在量测好的隧道洞身 9 个位置打 9 个直径为 60mm 的水平地质钻孔，钻孔深 3～4m。取钻孔土芯分析，如果取芯情况表明端头井加固强度不足，应立即采取补加固措施；若探孔有水流出，表明到达端地下水未降至隧道底，需要进一步加强端头降水。观察孔采用水钻开孔，钻至加固土体，检查完毕后对探孔进行水泥浆封堵回填。洞门观察孔布置及开孔顺序见图 2。

图 1　端头降水井示意图　图 2　洞门水平探孔
（尺寸单位：cm）　　　　示意图

（3）施工测量

为了保证盾构轴线与隧道轴线一致，进行联系测量，盾构贯通前 150m 测量洞内控制点的导线和水准。

盾构贯通之前 100m、50m 两次对盾构姿态即自动导向系统进行人工复核测量。盾构贯通前的 100 环管片加密监测管片姿态，每 10 环测量一次。

盾构各接收端洞门位置及轮廓复核测量，并根据前两项复测结果确定盾构姿态控制方案，进行盾构姿态调整，盾构机出洞垂直姿态保持 0～+20mm，水平姿态保持±20mm。

盾构出洞端的地面加固区域布置监测点，盾构出洞期间加密测量出洞端的地面沉降情况，并且安排专人进行地面巡查。

（4）接收基座安装和洞门安装

接收托架的中心轴线应与隧道设计轴线一致，同时还需要兼顾盾构机出洞姿态。接收托架的轨面高程除适应于线路情况外，适当降低 20mm，即−20～0mm，以便盾构机顺利上托架。为保证盾构刀盘贯通后拼装管片有足够的反力，可在接收托架上焊接挡块。盾构机上托架前，在托架轨道上抹上黄油，减小摩擦力。安装接收托架时，根据测量放样出的隧道中心高程、底板高程及托架高度，计算出托架的中心及托架底的高程，确定是否需要垫高底板。要特别注意对基座的加固，尤其是纵向的加固，保证盾构机能顺利到达接受基座上。

为了防止盾构机进车站时土体或水从间隙处流失，车站内衬墙施工时，在洞圈预理环状钢板，须在盾构贯通前安装止水装置，止水装置采用扇形压板与帘布橡胶圈的组合。

（5）接收段掘进施工

盾构机进入接收段后，应减小推力、降低推进速度，控制出土量并时刻监视土仓压力值，从离接收洞口混凝土灌注桩 2m 处起，土压的设定值应逐渐减小到 0MPa，避免较大的推力影响洞门范围内土体的稳定。盾构贯通前最后 30～50 环，每 8～10 环做一次管片环向双液浆封堵。

①盾构过渡段掘进（离到达洞口 50～10m）

过渡段的掘进速度和土仓压力与平时基本一样（土仓土压为刀盘前方土体的被动土压），为常规控制，掘进速度稍减慢，由原来正常段的 30～40mm/min 减至 15～20mm/min。直到离洞门约 7m 处，此时结束过渡段的掘进，开始进入接收操作。此段施工应侧重调整盾构机的姿态，使盾构机的掘进方向尽量与原设计轴线方向一致，掘进时的轴线控制精度应达到±20mm。

②到达的第一阶段（离到达洞口 10～1m）

盾构机进入加固体后，掘进速度由原来正常段的 15～20mm/min 减至 10mm/min，土仓压力应减小（盾体进入加固体后可将土仓土压降至常压），目的是尽量减少对洞口的影响，在密切监控地表和洞口的情况下，逐步减少压力。

③到达的第二阶段（离到达洞口混凝土灌注桩 1～0.3m）

盾构继续推进，可以用洞门的水平探孔作为观察孔。由于不能确定开挖时的最小土仓压力，因此在开挖过程中只能根据地质等情况使压力最小，此阶段为刀盘磨桩（或是磨地下连续墙）的阶段土仓压力降为 0bar，同时在掘进过程中将土仓内的渣土清空。掘进过程中，必须密切注视洞口的情况及盾构机刀盘的位置，此阶段速度一般为 5～10mm/min，直到盾构机刀盘距桩体 0.3m。

（6）洞门破除

盾构到达并顶住围护结构后，洞门凿除要按照先两侧再中间、先上再下的顺序。洞门凿除要连续施工，尽量缩短作业时间，凿除结束后，马上清理洞口内的混凝土块及其他杂物。整个作业过程中，由专职安全员进行全过程监督，杜绝安全事故隐患，确保人身安全，同时安排专人对洞口上的密封装置做跟踪保护。

（7）盾构机上接收基座

当盾构机掘进至洞门时，加强对其洞门土体的观测，并控制好推进时的速度和土压力。刀盘推出后，迅速清理完洞门渣土，再次确认刀盘和托架导轨的位置关系。缓慢推进盾构，及时复紧环管片纵、环向连接件。拼装管片前，在托架和刀盘之间焊接挡块，确保拼装质量。

盾构贯通前 10 环的管片设置拉紧装置，将最后 10 环管片一环接一环地用槽钢连接。先在环向手孔处拼装特制钢板，并用管片螺栓压紧拉，然后每拼装一环管片后将角钢与钢板焊接。使最后 10 环管片连成整体，防止管片松弛而影响密封防水效果。

（8）洞门封堵

当盾构机盾尾刷拖出管片和洞门前的最后一环管片时，采用二次注浆对洞门进行封堵，二次注浆采用水泥水玻璃双液浆。对区间隧道最后几环管片开孔，根据同步注浆缺失量及洞门漏水情况进行注浆，封堵过程控制好注浆压力，确保洞门填充密实，以避免洞门间隙处产生水土流失，造成盾构始发地面沉降过大。

（9）盾构机拆卸吊装

洞门封堵完成后，进行盾构机的拆卸吊装作业。

①准备工作：吊装作业人员，进场教育和交底完成；特种作业人员具备相应资质证件。吊装机械设备，特种设备检测合格，并进场报验完成，盾构机吊耳探伤合格，履带式起重机组装完成。施工方案和安全技术交底等手续完善。吊装现场，场地平整、地下水位正常，符合方案要求。

②吊装作业：盾构机完全上托架后，盾构机切断电源和供水管路，按照刀盘、尾盾、拼装机、中盾、前盾、螺旋输送机、设备桥及后配套台车等顺序依次吊出；每件吊装作业前，应先试吊 5～8min，以确认吊装物和吊索具的可靠情况，并安排测量人员对吊装场地的沉降情况进行实时监测。

4）安全风险及危害

盾构机接收过程中存在的安全风险见表1。

盾构机接收施工安全风险识别表　　　　　　　　　　　　　　　　表1

序号	安全风险	施工过程	致险因子	风险等级	产生危害
1	失稳坍塌	掘进施工	（1）出渣超方； （2）同步注浆、二次注浆不及时或注浆量不够； （3）未有效实施监测预警	I	地面沉降塌坑

序号	安全风险	施工过程	致险因子	风险等级	产生危害
1	失稳坍塌	盾构机破洞门出洞	洞门掌子面失稳，坍塌	II	地面沉降塌坑
		洞门封堵注浆	洞门封堵不及时，洞门漏水漏沙，导致地层坍塌	II	
2	高处坠落	安装洞门帘布橡胶、压板；施打洞门探孔；架体安装、拆除	（1）作业人员未穿戴防滑鞋、未系挂安全带； （2）未挂设安全平网； （3）作业平台未规范设置防护栏、密目网； （4）作业平台跳板搭设未固定、未满铺，存在探头板； （5）未规范设置爬梯	III	架体上方作业人员死亡或重伤
3	物体打击	洞门帘布橡胶及压板安装施工、洞门水平探孔施工	（1）作业平台（脚手架）未设置踢脚板； （2）作业平台（脚手架）堆置杂物或小型材料； （3）架体底部及四周未有效设置警戒区	IV	架体下方人员死亡或重伤
		接收托架安装施工	吊装时未按要求设置警戒区	IV	
4	起重伤害	材料吊运	（1）起重机司机、司索工指挥技能差，无资格证； （2）钢丝绳、卡扣、吊钩等破损；吊耳不合格； （3）未严格执行"十不吊"； （4）吊装指令传递不佳，存在未配置对讲机、多人指挥等情况； （5）起重机回转范围外侧未设置警戒区	III	起重作业人员及受其影响人员死亡或重伤
5	螺旋输送机喷涌	盾构接收	（1）盾构司机掘进参数控制不当； （2）人员不熟悉喷涌应急处置流程； （3）螺旋输送机闸门故障，关闭不严密； （4）违规打开螺旋观察口，掌子面处水压顺流； （5）接收地层为富水地层且未按设计进行降水施工	IV	引起地下水流失及地表沉降

5）安全风险防控措施

（1）防控措施

为防范以上安全风险，需严格落实各项风险防控措施，详见表2。

盾构接收安全风险防控措施表　　表2

序号	安全风险	措施类型	防控措施	备注
1	失稳坍塌	质量控制	（1）严格按照设计、规程及规标要求，进行地基固处理； （2）严格按照规程要求进行加固的验收	
		管理措施	（1）严格按照地基处理验收程序； （2）严格按照沉降变形观测； （3）严格按照方案实施，加强三检制和验收管理	
2	高处坠落	安全防护	（1）架体搭设过程中，及时挂设安全平网； （2）工人作业时穿戴防滑鞋，正确使用安全带； （3）作业平台跳板满铺且固定牢固，杜绝探头板； （4）作业平台封闭围护，规范设置防护栏及密目网	
		管理措施	（1）为工人配发合格的安全带、安全帽等劳保用品，培训正确穿戴使用； （2）做好安全防护设施的日常检查维护，发现损坏及时修复； （3）班前讲话，强调危险源和应对措施	
3	物体打击	安全防护	（1）作业平台规范设置踢脚板； （2）架体底部设置警戒区	

序号	安全风险	措施类型	防控措施	备注
3	物体打击	管理措施	（1）作业平台顶部严禁堆置杂物及小型材料； （2）拆除作业时，专人指挥，严禁随意抛掷杆件及构配件	
4	起重伤害	安全防护	起重机回转范围外侧设置警戒区	
		管理措施	（1）做好起重设备及特种作业人员的进场验收管理，保证设备性能、人员技能满足要求，设备及人员证件齐全有效； （2）做好钢丝绳或吊带、卡扣、吊钩、对讲机等日常检查维护，确保使用性能满足要求； （3）吊装作业专人指挥，严格执行"十不吊"	
5	螺旋输送机喷涌	管理措施	（1）严格控制盾构机掘进参数； （2）进行喷涌应急处置培训和演练； （3）对接收端地层为富水地层的按设计进行降水施工	

（2）工作纪律

除落实以上安全风险防控措施外，还应严格遵守以下工作纪律。

①防护用品：作业人员正确佩戴使用安全帽、安全带，正确穿着防滑鞋及紧口工作服。

②班前讲话：每日上工前，由班组长开展班前讲话，将当日作业内容、存在的安全风险及危害、防范措施、作业要点等告知全部作业人员。

③工前检查：每日班前讲话后，对工人身体状态、防护用品穿戴、现场作业环境等进行例行检查，发现问题及时处理。

④维护保养：做好安全防护设施、安全防护用品、起重设备机具等的日常维护保养，发现损害或缺失，及时修复或更换。

6）质量标准

盾构到达部分分项施工应达到的质量标准及检验方法见表3。

盾构到达部分分项施工质量检查验收表　　　　表3

序号	检查项目	质量要求	检查方法	检验数量
1	地基承载力	无侧限抗压强度不小于0.8MPa	钻孔取芯	不少于2%且不少于3个点
2	硬化区域平面尺寸	不小于设计值	尺量	
3	硬化区域混凝土强度	不小于设计值	回弹仪	
4	洞门探孔	深度不小于设计值	钻孔取芯	9个
5	洞门密封	不小于设计值	外观检查	全部
6	盾构机吊耳	UT二级	超声波UT	全部
7	履带式起重机及附属吊索具	资料完善	查看	全部
8	盾构接收托架	定位偏差	全站仪	水平偏差±5mm；垂直偏差±10mm
9	洞门密封施工脚手架	符合设计要求	外观检查	全部
10	盾构姿态和洞门测量	符合设计要求	测量	全部
11	管片拼装错台	环封错台＜5mm 纵缝错台＜5mm	钢板尺	每环都检查
12	管片拼装渗漏	无渗漏	目视	每环都检查
13	管片拼装外观	管片无破损、内环面干净	目视	每环都检查

7）验收要求

盾构接收各阶段验收要求见表4。

盾构接收各阶段验收要求表　　　　　　　　　　表4

序号	验收项目	验收时点	验收内容	验收人员
1	地基加固和地面硬化	加固施工完成后	地基承载力	项目技术管理人员,试验人员,施工员
2	洞门探孔	盾构到达前	探孔深度和数量	项目技术管理人员,施工员
3	洞门密封	盾构到达前	安装质量	项目技术管理人员,施工员
4	盾构机吊耳	盾构吊耳焊接完成后	UT二级探伤标准	项目技术管理人员,试验人员,施工员
5	履带式起重机及吊索具	履带式起重机进场后	特种设备进场验收	项目物资、技术管理人员,班组长及材料员
6	接收托架	托架定位完成后	结构验收,定位偏差	项目技术管理人员,测量人员,施工员
7	施工用脚手架	搭设完成后	盘扣式满堂支撑架检查验收	项目技术员、测量人员,班组长及技术员
8	盾构姿态和洞门测量	盾构到达前100环	盾构姿态和洞门偏差符合设计允许	项目技术员、测量人员,班组长及技术员
9	管片拼装质量	盾构施工过程中	外观质量、是否错台、渗漏	项目技术员、班组长及技术员

8）应急处置

（1）处置原则

施工过程中一旦发生险情或事故,应立即停止作业,切勿慌乱,切忌盲目施救,在保证自身安全的情况下按照处置措施要求科学开展施救,并及时向项目管理人员报告相关情况。

（2）处置措施

①坍塌:当发生塌方时,施工人员要立即撤离施工区域,查点施工人员人数,并立即通知现场负责人,以确定是否有人因塌方被困,在现场负责人的指挥下进行后续现场处理。

②其他事故:当发生高处坠落、起重伤害、物体打击等事故后,周围人员应立即停止施工,并撤离危险区域,采取措施切断或隔断危险源,疏散现场无关人员,然后对伤者进行包扎等急救,向项目部报告后原地等待救援。

81 联络通道施工安全技术交底

交底等级	三级交底	交底编号	III-081
单位工程	区间工程	分部工程	联络通道兼泵房
交底名称	联络通道施工	交底日期	年　月　日
交底人	分部分项工程主管工程师（签字）	审核人	工程部长（签字）
批准人	总工程师（签字）	确认人	专职安全管理人员（签字）
		被交底人	班组长及全部作业人员（签字，可附签字表）

1）施工任务

惠民家园站—新城区客运站区间，出惠民家园站后，沿利民路向东敷设，穿惠民家园三期与迎宾大道至新城区客运站，区间在左 DK24＋009.485（右 DK24＋013.833）位置处设置一座 1 号联络通道兼泵房；1 号联络通道兼泵房采用冻结法加固，处理后的岩体渗透系数须 ≤ 1.0×10^{-7}cm/s，并备用 2 口降水井。结构为复合式衬砌，拱顶埋深 22.4m，采用台阶法开挖。横通道开挖尺寸：宽×高为 4.3m×4.9m，净长度为 4.99m；泵房开挖尺寸：宽×高为 4.3m×3.7m，净长度为 5.1m；拱部为弧形，直边墙衬砌，初期支护拱部、边墙、底板厚度 250mm，二次衬砌拱部、边墙、泵房底板厚度 400mm。横通道正中间设置 2 扇防火门，防火门尺寸：宽×高为 1.05m×2.1m，直边墙衬砌。联络通道所处地层主要为含砂姜黏土层。

2）工艺流程

施工前准备工作→冻结系统安装→钻机定位、钻孔→冻结管测斜、打压→冻结器安装→冻结系统调试、积极冻结→钢管片焊接、隧道预应力支架、防护门安装→开管片、试挖→维护冻结→通道开挖、初期支护→通道防水施工→通道结构施工→泵房开挖、初期支护→泵房防水施工→泵房结构施工→融沉注浆→竣工验收。

3）作业要点

（1）施工准备

现场供、排水系统：从施工现场的施工用水接驳口接一路供水路至联络通道位置，供钻孔和冻结施工用，水管规格 2 寸（50.8mm），供水能力不小于 10m³/h。现场排水经沉淀后排出到指定的地方，严禁将泥浆排放在排水系统内。

临时供电系统：冻结法联络通道施工总体用电功率约 300kW。沿隧道敷设的电缆采用绝缘挂钩固定。电缆穿过施工道路时，采用埋地或架空铺设，在隧道内沿管片架高布置。

（2）冻结孔施工

先施工透孔，根据穿透孔的偏差，进一步调整有关的钻进参数。然后根据联络通道兼泵房施工的孔位，采用由下向上的顺序进行施工，这样可防止因下层冻结孔的施工引起上部地层扰动，减小钻孔施工时的事故发生概率。

钻孔质量技术要求：

①首先施工透孔以复核对侧隧道预留口位置的偏差及钻孔施工质量，如大于 100mm 应按保证冻结壁设计的厚度的原则对冻结孔布置进行调整。

②冻结孔钻进深度应不小于设计深度，钻头碰到隧道管片的冻结孔除外。

③钻孔的偏斜应控制在 150mm 以内。

④冻结孔超出最大允许间距的，可进行补孔或做延长冻结时间进行处理。

⑤冻结管长度和偏斜合格后，再进行打压试漏，压力控制在 0.8～1.0MPa，前 15min 压力损失小于 0.05MPa，后 30min 压力稳定无变化者为试压合格。试压不合格的，可拔出冻结管进行重新钻孔，或下套管进行处置。

⑥施工冻结孔时的土体流失量不得大于冻结孔体积，否则应及时注浆控制地层沉降。

（3）冻结施工

①积极冻结

设备安装完毕后进行调试和试运转。在试运转时，要随时调节压力、温度等各状态参数，使机组在有关工艺规程和设备要求的技术参数条件下运行。

在冻结过程中，每天检测盐水温度、盐水流量和冻土壁扩展情况，必要时调整冻结系统运行参数，冻结系统运转正常后进入积极冻结。要求 7d 盐水温度降至−20℃以下，积极冻结 15d 盐水温度降至−24℃以下，去回路温差不大于 2℃；开挖前盐水温度降至−28℃以下。

每天检测测温孔温度，并根据测温数据，分析冻结壁的扩展速度和厚度，预计冻结壁达到设计厚度时间。

②维护冻结

在积极冻结过程中，要根据实测温度资料判断冻结帷幕是否交圈和达到设计厚度，同时要监测冻结帷幕与隧道的胶结情况，测温判断冻结帷幕交圈并达到设计厚度且与隧道完全胶结后，可进入维护冻结阶段。

维护冻结期温度不低于−28℃，冻结时间贯穿联络通道及泵房开挖和主体结构施工始终。

③效果监测及完成的参数指标

在设计的积极冻结期间内，盐水去路温度应稳定地保持在−28～−30℃以下，积极冻结期运转时间应满足设计要求。设计要求盐水循环系统去回路温差不超过 2℃，盐水系统循环总流量在积极冻结期间达到设计值。联络通道冻土设计有效厚度大于 2.3m，通道冻结壁有效冻土平均温度要达到−10℃及以下。泄压孔达到大于初始压力 0.2MPa 时，进行放压观测试验。开挖前先在钢管片上开一探测观察口，无水流出或开始有水流出并渐止即可正式开挖。安全门安装完毕，开关灵活可靠，电话和监控安装完毕，调试后正常使用。测温仪器采用热电偶温度测量仪，精度达到 0.1℃。

（4）临时支架安装

在冻结壁交圈之前，在通道开口处隧道管片开口环中不开口部位均匀设置 8 个支撑点隧道支架（支撑点的支撑能力不小于 500kN/点），以减轻联络通道开挖构筑施工对隧道产生不利的影响。

安装方法：在区间隧道上、右线联络通道开口两侧各架 2 榀，共 4 榀，并在联络通道两端沿隧道方向对称布置，每榀支架有 8 个支点，由 5 个 50t 螺旋式千斤顶提供预应力，施加预应力时，每个千斤顶要同时慢慢平稳加压，每个千斤顶以压实支撑点为宜。

安全应急门是防止开挖过程中发生位移变形超值，或冒泥、涌水，其他措施抢救无效的情况下，为确保隧道安全而使用的。根据结构施工图要求，设计安全应急门。安全应急门安装在开挖侧隧道预留洞口上，门四周与钢管片满焊密封，并配备风量不小于 $6m^3/min$ 的空压机为防护门供气。安全门在开管片前安装，安装后进行耐压密封试验，先向防护门内注满水，再用空压机加压，在不停止空压机时，压力能保持在设计试验值为合格。

（5）开挖施工

①开挖方式

联络通道及泵站开挖构筑施工占用一侧隧道，在联络通道开口处搭设工作平台，利用隧道作为排渣及材料运输通道。经冻结加固分析冻结壁达到设计要求，探孔试挖确认可以进行正式开挖后，打开钢管片，进行矿山法施工。

开挖构筑施工工序为：施工准备→开挖侧开洞门→通道开挖和初期支护→喇叭口开挖（刷大）和初期支护→对面隧道侧开洞门→防水层施工→钢筋绑扎、预埋件安设→立模→混凝土浇筑→（泵房开挖和初期支护→泵房防水层施工→泵房钢筋绑扎、预埋件安设→混凝土浇筑→养护）。

开挖掘进采用人工风镐挖掘，短掘短砌技术，开挖步距控制在 0.5m，在掘进施工中根据揭露土体的加固效果，以及监控监测信息，及时调整开挖步距和支护强度，确保安全施工。土方开挖按照前面提到施工顺序进行。由于土体采用冻结法加固，冻土强度较高，冻结帷幕承载能力大，因而开挖时可以采用全断面一次开挖。

②支护方式

采用两次支护方式。第一次支护（临时支护）采用 16 号工字钢加钢筋网片，再喷射混凝土。第二次支护（永久支护）采用现浇钢筋混凝土。永久支护为结构设计中的钢筋混凝土结构，为减少混凝土施工接缝，联络通道开挖及临时支护完成后，一次连续进行分部浇筑。临时支护中喷射混凝土是很关键的一个工序，为减少回弹量，提高喷射混凝土质量，拟采用湿喷工艺。

（6）防水施工

①遇水膨胀橡胶条及注浆管施工

钢管片与支护层和结构层的接缝处设置兜绕成环的遇水膨胀橡胶条和预埋注浆管。喇叭口部位全部刷扩至设计尺寸，临时支护完成后，即可进行橡胶条施工。遇水膨胀橡胶条用粘结剂沿着临时支护断面内侧直接粘到隧道管片上，粘接前必须对管片进行清洗，止水带一定要粘牢，不能留有空隙。

遇水膨胀橡胶条固定好后，再在管片上安装环绕成圈的全断面注浆管，采用金属件固定，注浆口引出结构层外，注浆管搭接长度不小于 200mm。

②防水板施工

防水板采用 PVC（聚氯乙烯）材料，铺设防水板前，必须对初期支护表面找平，拱墙补喷找平，底部砂浆找平，对外部的钢筋接头切除、磨平。

防水板铺设由拱顶开始，然后沿侧墙下翻与由底板铺设上翻的防水板相接，构成一封闭防水层。防水板的施工须保持连续与完整、且表面无破损情况。先铺设一层土工布缓冲层，然后铺设防水板，再铺设一层土工布保护层。缓冲层以机械固定的方法固定于支护层上，保护层以点粘法热熔固定。

防水板接缝搭接长度应为 100mm，焊接宽度为不小于 50mm。

（7）钢筋加工与安装

①钢筋间排距应严格按结构设计图纸进行绑扎，钢筋搭接部分长度应符合设计要求，且不低于 35d（d 为钢筋直径），受力钢筋之间绑扎接头应相互错开。

②从任一绑扎接头中心至搭接长度的 1.3 倍区段范围内，有绑扎接头的受力钢筋截面积占受力钢筋总面积的百分率不超过 25%。

③在结构混凝土与钢管片接触部位，应按规定焊接锚筋，且纵筋与钢管片搭接处应采用 L 形焊接。

④按结构层施工顺序先扎通道墙部钢筋，再扎顶板钢筋。绑扎钢筋时，先扎外筋，再扎内筋。受力钢筋当直径 d < 25 时可采用搭接，d ⩾ 25 时采用焊接，焊接长度单面焊 10d，双面焊 5d。受拉钢筋的单节长度：接头面积百分率 ⩽ 25% 时，不应小于 1.2laE，接头面积百分率 ⩽ 50% 时，不应小于 1.4laE，且不应小于 300mm。受压钢筋的搭接长度不应小于 0.85laE，且不应小于 300mm。受力钢筋接头位置应相互错开，在同一接头区段内，受力钢筋面积不应超过受力钢筋总截面积的：搭接时为 25%（受拉区）及 50%（受压区）；焊接时受拉为 50%，受压不限。

（8）模板施工

根据结构尺寸定制钢模板，立模采用 16 号槽钢制作的碹骨作为模板支撑，碹骨间距 900～1200mm，碹骨立设于已浇底板混凝土面上，碹骨底脚处加型钢横撑，以防浇混凝土时侧墙内移，碹骨脚底角垫一层厚 20mm 的木板，防止骨腿下沉，碹骨按中腰线安设并做到牢固可靠。模板就位前，应在模板上均匀涂刷脱模剂，按结构特征顺序安装模板，即先安设两侧墙模板，浇完后，再从一端向另一端安齐顶模。检查模板的垂直度、水平度、高程以及钢筋保护层的厚度，校正合格后，将模板固定。

（9）现浇混凝土施工

①结构层混凝土选用防水混凝土，要求混凝土强度等级 C35，抗渗等级 P10。因隧道内长距离运输和结构浇筑时间长，可在混凝土内加入一定量的缓凝剂。混凝土由泵车输入到隧道口的电瓶车内，然后运至工作面。

②用混凝土泵将混凝土送入支好的钢模内，并用插入式振捣棒反复均匀振捣。搅拌的混凝土用试模制成标准试块，现场用于检测混凝土强度及抗渗性。

③通道顶板内的混凝土浇筑采用分段浇筑的施工方式，采用小型输送泵浇筑混凝土，采用外部振捣（即用附着式振动器振捣），以提高工作效率，确保砌筑质量。

注意事项：

混凝土浇筑尽量连续浇筑，如因特殊原因不能连续浇灌时，在接茬部位应凿成毛面，确保混凝土粘接性；施工缝止水选用中埋式止水带；在泵房上方通道墙部浇筑时，墙基应用木板制成斜坡，确保混凝土基础与通道成一整体结构；混凝土结构强度达到设计强度 80% 时方可拆模；混凝土振捣：采用斜向振捣，即振捣棒与混凝土表面成 40°～45°角，振捣要求做到"快插慢拔"。混凝土分层浇筑时，每层混凝土厚度不超过振动棒长度的 1.5 倍。在振捣上分层时，应插入下层混凝土中 50mm 左右，且在下层混凝土初凝之前进行。振捣时，布点要均匀，振捣程度以下面四条标准控制：不出现气泡、混凝土不下沉、表面泛浆、表面形成水面。

（10）注浆施工

①浅部注浆孔注浆工艺

a.注浆材料及参数

衬砌壁后充填注浆采用 1∶0.8～1 单液水泥浆，注浆压力不大于静水压力。

b. 注浆的原则及方法

注浆以少量多次为原则，单孔一次注浆量控制在约 0.5m³。注浆前，将待注浆的注浆管和其相邻的注浆管阀门全部打开，注浆过程中，当相邻孔连续出浆时，关闭邻孔阀门，定量压入惰性浆后即可停止本孔注浆，关闭阀门，然后接着对邻孔注浆。遇到注浆管内窜浆固结而引起堵管时，需用加长冲击钻头通管。

c. 注浆施工注意事项

把需要注浆的孔装上球阀。在前一次注浆结束后，待水泥稍凝固以后，打开注浆管端头球阀，用螺纹钢强行捣通，如水泥凝固后强度很高，应用开孔器钻通，以备下次注浆重复利用。注浆施工要如实填写报表，准确记录注浆孔号、压力、注浆量、注浆时间等。在每次注浆结束后，一定要检查闷板是否拧紧，球阀是否关死，以及工器具是否全部带走，做到"落手清"。

②深部注浆孔注浆工艺

a. 浆材料及参数

融沉补偿注浆浆液，以单液水泥浆为主，水泥-水玻璃双液浆为辅。水泥-水玻璃双液浆配合比为：水泥浆和水玻璃溶液体积比为 1：1，其中水泥浆水灰比为 1：1，水玻璃溶液采用 B35～B40 水玻璃和加 1～2 倍体积的水稀释。注浆压力不大于 0.5MPa，注浆范围为整个冻结区域。

b. 注浆管设置

利用结构施工时预埋的注浆孔，在孔内插入直径为 32mm 的芯管作为注浆管，芯管分 4节，每节长 1m，丝扣连接。注浆芯管前端部 200mm 为均匀花管。一次将注浆芯管下到设定的注浆深度。

c. 注浆方法

先注深层，后注浅层，由下而上，具体做法如下：

注浆芯管下到设定的注浆深度后，开泵注 5min，注浆量为 40L，注浆管向上提 200mm，再注浆 40L，注浆管向上提 200mm。注浆管每提高 1m，注浆量为 200L。单孔双液注浆结束后，用惰性浆液封孔，以便复用。

d. 融沉注浆结束标志

融沉注浆的结束是以地面变形稳定为依据。当连续一个月，每半个月地面沉降量保持在0.5mm 以内，累计沉降量小于 10mm，可以结束融沉注浆。

（11）封孔措施

①停冻后，应尽快割除隧道钢管片上的孔口管和冻结管，防止孔口管和冻结管周围冻结壁解冻漏水。布置在混凝土管片上的孔口管及冻结管，割除孔口管或冻结管深度应进入管片不小于 60mm。

②应对遗弃在地层中的冻结管进行充填，充填前应用压缩空气彻底吹干管内盐水。

③充填冻结管材料应采用 M10 以上水泥砂浆或 C20 以上混凝土，对于上仰角冻结管，其长度不应小于管口以内 1.5m，对于下俯角冻结管，原则上应全段充填。

④混凝土管片冻结孔充填按以下方式进行：孔口割除部位采用 10mm 厚钢板焊接封堵，焊缝高度 6mm，焊缝处涂抹遇水膨胀止水胶后，在割除区域混凝土管片侧墙施工 M12 以上膨胀螺栓 2 根（外侧预留长度不小于 3cm），并与孔口管残留部分焊接连接。采用 C30 硫铝酸盐微膨胀混凝土充填剩余空间与混凝土管片内齐平，采用 4 根不小于 M12×80 后扩式机械锚栓将 300mm×300mm×12mm 钢板与混凝土管片固定。钢板与混凝土管片之间的空隙应采用环

氧树脂进行密实充填，钢板表面涂刷与钢管片同材质防锈漆。

⑤钢管片冻结孔封堵应按以下步骤进行：割除孔口管、冻结管至微膨胀混凝土表面→焊接 10mm 钢板连接割除孔口管与冻结管→焊缝处以及管片格仓涂刷止水胶→填充格仓并焊接厚 12mm 钢板重新封闭格仓。

4) 安全风险及危害

冻结法联络通道施工过程中存在的安全风险见表1。

联络通道施工安全风险识别表 表1

序号	安全风险	施工过程	致险因子	风险等级	产生危害
1	物体打击	钢管片拆除	联络通道处钢管片拆除不当引起管片变形、地表沉降过大等，进而导致管片开裂、漏水	II级	管片掉落造成人员死亡或重伤、人员高处坠落
2	涌水、涌砂	钻孔	一般地层开孔时，涌水、涌砂、冒泥现象	II级	涌水涌砂引起通道坍塌
			钻孔过程中，涌水、涌砂、冒泥量大		
3	通道坍塌	联络通道开挖	1号联络通道兼泵房顶、洞身及洞底均位于VI级围岩的黏土（硬塑）地层	II级	作业人员群死群伤

5) 安全风险防控措施

（1）防控措施

为防范以上安全风险，需严格落实各项风险防控措施，详见表2。

联络通道施工安全风险防控措施表 表2

序号	安全风险	措施类型	防控措施	备注
1	物体打击	安全防护	联络通道两侧管片搭设临时支撑	
2	涌水、涌砂	质量控制	（1）冻结法施工期间，采用保持压力钻进的方式进行施工；（2）采用严密性较好的孔口压紧装置；（3）根据涌砂量大小及时进行地层补偿注浆，加密监测，防止隧道发生沉降；（4）如涌水、涌砂、冒泥发展迅速，立即停止钻进，关闭孔口防喷装置，调整或优化冻结孔设计，必要时重新补勘	
3	通道坍塌	质量控制	1号联络通道兼泵房采用冻结法加固，施工过程中采用台阶法开挖，控制开挖步序并及时进行初期支护，初期支护完成后，及时进行二次衬砌浇筑	

（2）工作纪律

除落实以上安全风险防控措施外，还应严格遵守以下工作纪律。

①防护用品：作业人员正确佩戴使用安全帽、安全带，穿戴紧口工作服。

②班前讲话：每日上工前，由班组长开展班前讲话，将当日作业内容、存在的安全风险及危害、防范措施、作业要点等告知全部作业人员。

③工前检查：每日班前讲话后，对工人身体状态、防护用品穿戴、现场作业环境等进行例行检查，发现问题及时处理。

④维护保养：做好安全防护设施、安全防护用品、施工机具、冻结设备等的日常维护保养，发现损毁或缺失，及时告知班组长进行维修或更换。

6）质量标准

①冻结孔成孔应达到的质量标准见表3。

冻结孔成孔质量检查验收表 表3

检查项目	控制标准	检查方法
开孔位置误差	≤100mm	用直尺量
最大允许偏斜	150mm	用直尺量
成孔最大允许间距	1200mm	用直尺量
冻结管耐压	不低于0.8MPa，且不低于冻结工作面盐水压力的1.5倍	耐压测试仪
冻结管接头抗压	不低于母管的75%	用直尺量
透孔相对位置误差	≤100mm	用直尺量

②冻结施工应达到的质量标准见表4。

冻结施工质量检查验收表 表4

检查项目	控制标准	检查方法
冻结壁温度	≤−10℃	计算公式
冻结壁厚度	≥2.3m	计算、探孔
保温层敷设范围	设计冻结壁边界1m	用直尺量
保温层厚度	≥40mm	用直尺量
冻结孔单孔流量	≥5m³/h	盐水泵压力表＋各端头孔温度测量
盐水温度	≤−20℃（7d）；≤−24℃（15d）；≤−28℃（开挖时）	温度仪
去回路温差	≤2℃	温度仪
冻结壁与管片交界面	平均温度≤−5℃（开挖区外围）	测温孔
其他部位冻结壁	平均温度≤−10℃	测温孔

③开挖及构筑施工应达到的质量标准见表5。

开挖及构筑施工质量检查验收表 表5

工序	检查项目	控制标准	检查方法
开挖条件验收	预应力支撑安装偏差	≤30mm（偏离隧道管片环缝）	用直尺量
	每个千斤顶顶力	≤100kN	
	防护门	耐压值0.45MPa，不停止空压机时，压力保持在0.35MPa为合格	用压力表检查
	冻结壁厚及平均温度	达到设计值	作图法分析及成冰公式
开挖	开挖步距	500～700mm	用尺量
	开挖断面超挖	≤30mm	用尺量

工序	检查项目	控制标准	检查方法
开挖	开挖中心线偏差	≤20mm	用通道中心线和卷尺
	冻结壁暴露时间	≤24h	用计时器
	冻结壁暴露面收敛	≤20mm	用全站仪检查
	初期支护钢架尺寸	符合设计要求	用尺量
	初期支护钢架安装偏差	垂直度偏差≤20mm	用全站仪检查
		高程偏差≤20mm	
		水平偏差≤20mm	
初喷混凝土	C25网喷混凝土	混凝土性能符合设计	实验法
		喷射厚度250mm	用尺量
防水	防水材料	防水性能符合设计	观察
		卷材搭接长度≥100mm	用尺量
钢筋	钢筋间距	设计图纸要求	用尺量
	钢筋直径	设计图纸要求	用游标卡尺量
	搭接长度	符合设计，且长度≥35d（d为钢筋直径）	用尺量
	焊接长度	双面焊≥5d，单面焊≥10d	用尺量
模板	垂直度	符合设计	用水平尺
	水平度	符合设计	用水平尺
	高程	符合设计	全站仪
	钢筋保护层厚度	迎土面35mm，背土面35mm	用尺量
预埋件	门洞预埋件尺寸公差	宽度尺寸±2mm，对角线长度差≤3mm	用尺量
二次衬砌混凝土	C35P10防水混凝土	混凝土性能满足设计要求	实验法
	混凝土振捣	不出现气泡、混凝土不下沉、表面泛浆、表面形成水面	观察
	混凝土浇筑	连续浇筑，间断时间≤2h	用计时器

④融沉注浆应达到的质量标准见表6。

融沉注浆质量检查验收表　　　　　　表6

检查项目	控制标准	检查方法
注浆压力	≤0.5MPa	压力表
注浆量	根据地面隆沉调整	数据分析
注浆配合比	以单液水泥浆为主，水泥-水玻璃双液浆为辅，其中水泥浆水灰比为1:0.8~1，水泥浆:水玻璃=1:1	实验法

591

7）验收要求

联络通道施工各阶段的验收要求见表7。

联络通道施工各阶段验收要求表　　　　　　　　　　　　表 7

序号	验收项目	验收时点	验收内容	验收人员
1	冻结孔质量	冻结孔开孔、打设及成孔阶段	开孔位置误差、最大允许偏斜、成孔最大允许间距、冻结管耐压、冻结管接头抗压、透孔相对位置误差	项目技术员、施工员，施工队伍班组长及技术员
2	冻结施工质量	联络通道冻结施工阶段	冻结壁温度、冻结壁厚度、保温层敷设范围、保温层厚度、冻结孔单孔流量、盐水温度、去回路温差、冻结壁与管片交界面、其他部位冻结壁	项目技术员、施工员，施工队伍班组长及技术员
3	开挖及构筑质量	联络通道开挖施工前	勘察设计交底、专项施工方案、冷冻法加固已落实专项监测、冻结温度、冷冻壁厚度和交圈情况、探孔及卸压孔、安全防护门、施工测量及监控量测、环境风险、应急物资、通信联络、材料及构配件、设备机具、分包管理、作业人员、风水电临时设施及通风防尘	建设、勘察、设计、施工、监理及相关第三方单位的项目负责人及不少于2名专家组成
		联络通道开挖阶段	开挖步距、开挖断面超挖、开挖中心线偏差、冻结壁暴露时间、冻结壁暴露面收敛、初期支护钢架尺寸、初期支护钢架安装偏差	项目技术员、施工员，施工队伍班组长及技术员
4	初喷混凝土质量	联络通初期支护阶段	混凝土性能、喷射厚度	项目技术员、施工员，施工队伍班组长及技术员
5	防水质量	联络通道防水施工阶段	防水性能、卷材搭接长度	项目技术员、施工员，施工队伍班组长及技术员
6	钢筋绑扎质量	联络通道结构施工阶段	钢筋间距、钢筋直径、搭接长度、焊接长度	项目技术员、施工员，施工队伍班组长及技术员
7	模板施工质量	联络通道钢筋绑扎完成后，混凝土浇筑前	垂直度、水平度、高程、钢筋保护层厚度	项目技术员、施工员，施工队伍班组长及技术员
8	预埋件质量	联络通道结构施工阶段	门洞预埋件尺寸公差	项目技术员、施工员，施工队伍班组长及技术员
9	二次衬砌混凝土质量	联络通道结构施工完成后	混凝土性能、混凝土浇筑过程中振捣是否到位、混凝土浇筑是否为连续浇筑	项目技术员、施工员，施工队伍班组长及技术员
10	融沉注浆	联络通道施工完成后	注浆压力、注浆量、注浆配合比	项目技术员、施工员、试验员，施工队伍班组长及技术员

8）应急处置

（1）处置原则

施工过程中一旦发生险情或事故，应立即停止作业，切勿慌乱，切忌盲目施救，在保证自身安全的情况下按照处置措施要求科学开展施救，并及时向项目管理人员报告相关情况。

（2）处置措施

①坍塌：当发生塌方、涌水涌沙时，施工人员要立即撤离施工区域，查点施工人员人数，并立即通知现场负责人，以确定是否有人因塌方被困，在现场负责人的指挥下进行后续现场处理。

②其他事故：当发生物体打击等事故后，周围人员应立即停止施工，并撤离危险区域，采取措施切断或隔断危险源，疏散现场无关人员，然后对伤者进行包扎等急救，向项目部报告后原地等待救援。

82 盾构下穿河流施工安全技术交底

交底等级	三级交底	交底编号	III-082
单位工程	××地铁6号线	分部工程	盾构区间
交底名称	盾构机下穿河流施工	交底日期	2023年1月5日
交底人	分部分项工程主管工程师（签字）	审核人	工程部长（签字）
批准人	总工程师（签字）	确认人	专职安全管理人员（签字）
		被交底人	班组长及全部作业人员（签字，可附签字表）

1）施工任务

××地铁6号线一期工程05标段包含2个区间，即惠民家园站—新城客运站（简称惠—新区间）、新城客运站—丽水路站区间，其中惠—新区间在里程YCK23＋550处下穿人民河，河宽约16m，与河底竖向最小净距约8.3m，惠—新区间穿越的地层主要为：②3b-3粉质黏土、②5-3粉砂、②6-3粉黏。

2）工艺流程

施工前准备→穿越前主要技术措施→穿越期间主要施工技术管理措施→盾构机穿越后主要技术措施。

3）作业要点

（1）准备工作

准备支顶加固材料、注浆加固材料、抢险机具设备、车辆、警戒标识物等备用。

在到达人民河桥前，选择一开挖面自稳性较好的地段，对盾构机进行全面检修，减少、规避掉在特殊地段停机检修的风险。对盾尾刷进行检修，必要时进行更换。对螺旋输送机仓门的开关情况进行检查维护。分别对通往刀盘面板、土仓隔板、螺旋输送机的泡沫管路和中心加水管路进行疏通，保证渣土改良效果，防止刀盘结泥饼。

（2）盾构机穿越前主要技术措施

调整同步浆液的配合比，缩短初凝时间，同时增大注浆量和注浆压力。盾构机通过后，及时进行二次补浆工作，通过调整水泥和水玻璃的配合比参数，控制双液浆的凝结时间，达到加固土体目的。严格控制掘进姿态，加强管片拼装质量，保证隧道成型管片质量。应急抢险设备准备就位，物资准备充足，制订切实可行的应急抢险预案。

（3）盾构穿越期间主要施工技术管理措施

①施工组织有序

人、料、机的合理配置，工序衔接有序，设备检查保养到位，做到定人、定期、专业、规范化、标准化管理、信息化管理有序，技术交底、作业交底安全可靠。

②土仓压力平衡稳定

盾构机在穿越人民河前后，由于覆土有一个突变，因此在盾构机掘进前要根据覆土深度的变化，对平衡压力设定的差值有一个理论上的认识，在盾构机穿越前，及时对设定平衡压力进行调整，根据计算下穿人民河进河堤段土压值为 1.0bar（1bar = 0.1MPa）、穿越河底段土压值为 0.7bar、出河堤段土压值为 1.0bar。在掘进过程中要严格控制土仓压力，保持土压平衡，不要出现过大的土压波动。严格控制出土量，做到进尺量与出土量平衡。坚持每环渣样进行地质水文分析，发现与开挖面地址情况不符，及时采取措施。

③注浆量与进尺平衡

保证浆液配置与地质水文条件、掘进速度相适应。一般情况下，每环的压浆量为建筑空隙的 100%～150%，在盾构机穿越人民河过程中，同步注浆量不宜过大，注浆压力下部为 0.35MPa，上部最大不超过 0.25MPa，避免由于注浆压力过高顶破上覆土层。

④盾构姿态平稳

掘进过程应保持盾构姿态良好，避免蛇形，每环姿态变化量控制在 5mm 以内，液压缸分区压差宜保持统一、恒定性，不宜出现过大的波动。

⑤管片姿态平稳

做好管片拼装点位选择，现场量好盾尾间隙，严控管片拼装质量。

⑥推进速度平稳

在穿越人民河过程中，为了保证护堤墙的安全，盾构推进速度不宜过快，以 30～50mm/min 为宜，推进过程中速度保持稳定，确保盾构均衡、匀速地穿越，减少盾构推进对前方土体造成的扰动。推进过程中及时向土仓和刀盘面板注入泡沫等渣土改良剂，提高渣土流动性和止水性，防止喷涌和结泥饼现象。

（4）盾构机穿越后主要技术措施

①盾构穿越后，因同步注浆后浆液的脱水，浆液体积收缩会加剧地表的后期沉降量，要及时进行二次注浆，二次注浆能进一步地填充管片背后间隙和提高止水能力。

②为防止因管片的变形引起对地层的扰动，对管片螺栓进行三次拧紧。即拼装管片时一次拧紧，推出盾体后二次拧紧，后续盾构掘至每环拼装前，对相邻的 3 环范围内管片螺栓进行全面检查并复紧。

4）安全风险及危害

盾构机穿越人民河施工过程中安全风险及危害见表1。

盾构机穿越人民河施工安全风险防控表 表1

序号	安全风险	施工过程	致险因子	风险等级	产生危害
1	河底冒浆、冒顶	掘进过程中	（1）出渣量过大； （2）土压控制不稳定； （3）土仓汇水严重	Ⅱ	河水污染、危害水生物
	盾尾泄漏	掘进过程中	（1）在过河前，对盾尾密封系统未进行全面检查与维护； （2）未严格控制盾构机的掘进姿态，未保证管片拼装质量； （3）未严格控制盾尾油脂压注，管片拼装前未把盾壳内的杂物清理干净，对盾尾刷造成破坏； （4）正常掘进时，未检查盾尾周边与管片的间隙，未保持间隙均匀	Ⅱ	涌水涌沙，淹没盾构机

序号	安全风险	施工过程	致险因子	风险等级	产生危害
2	螺旋输送机发生喷涌	掘进过程中	（1）掘进过程中，未严格控制进尺、出土量，未保证盾构机连续均衡快速通过； （2）掘进停止时，土仓内压力保持未与外界水土压力平衡，在螺旋输送机排土前，刀盘未把土仓内的水、土充分搅拌，未使土仓内土体有良好的密水性，避免喷涌； （3）未向渣土中加泡沫剂等渣土改良材料，改善土体的和易性，未使土体中的颗粒和泥浆成为一整体； （4）未向刀盘前方加泡沫剂或膨润土进行渣土改良，防止喷涌； （5）未在喷水涌沙不严重时，采用螺旋输送机的双闸门交替启闭，间隔排渣，未达到保持土仓中设定压力的目的	III	涌水涌沙，淹没盾构机
3	铰接处渗漏	掘进过程中	（1）未严格控制盾构机掘进姿态，未保证盾尾间隙均衡； （2）未对盾尾密封圈处的几环管片采用环箍进行加固，未加强管片对铰接密封的连接效果； （3）未对盾尾铰接密封件处螺栓进行紧固，未利用木塞等来稳定缝隙，铰接密封发生进一步的损坏	III	涌水涌沙，淹没盾构机
4	管片上浮	管片脱出盾尾	（1）未选择合适的浆液性能； （2）未选择合适的注浆参数； （3）未严格控制盾构姿态； （4）未及时二次补浆，管片背后回填	III	管片破损，严重要调坡调线
5	刀盘结泥饼	掘进过程中	（1）未采用分散性泡沫剂加强对渣土的改良，每环检查发泡效果及渣土改良情况，未及时调整泡沫参数配合比； （2）当发现施工参数出现异常波动等情况时，需要及时增添土仓的分散剂与水混合液，确保其达到完全搅拌状态，未利用分散剂对土体进行分散与分离处理，出现泥饼； （3）在作业现场，未认真指导司机的操作，未确保掘进参数符合设计标准； （4）未对渣土温度进行认真检测，分析渣样	III	掘进速度下降，推力增大，使刀盘温度急剧升高，刀具磨损，损坏盾构机

5）安全风险防范措施

（1）防控措施

盾构机穿越人民河施工过程中安全风险及危害见表2。

盾构机穿越人民河施工安全风险防控表　　　　表2

序号	安全风险	措施类型	防控措施	风险等级	产生危害
1	河底冒浆、冒顶	质量控制	（1）严格控制盾构机掘进姿态、保证盾尾间隙合理，拼装质量良好，严控隧道成型管片质量关； （2）加强隧道同步注浆与二次浆效果，保证管片背后填充效果，严防管片上浮	II	河水污染、危害水生物
		管理措施	（1）严格按照过河安全技术交底施工； （2）加强施工监测频次； （3）对工班长、盾构司机、拼装手等关键岗位人员进行培训教育，加强质量与安全意识		

序号	安全风险	措施类型	防控措施	风险等级	产生危害
2	尾盾处渗漏	管理措施	（1）在过河前对盾尾密封系统进行全面检查与维护； （2）严格控制盾构机的掘进姿态，保证管片拼装质量； （3）严格控制盾尾油脂压注，管片拼装前，必须把盾壳内的杂物清理干净，防止对盾尾刷造成破坏； （4）正常掘进时，经常检查盾尾周边与管片的间隙，保持间隙均匀	II	涌水涌沙，淹没盾构机
3	螺旋输送机发生喷涌	管理措施	（1）掘进过程中，严格控制进尺、出土量，保证盾构机连续均衡快速通过； （2）掘进停止时，土仓内压力保持与外界水土压力平衡，在螺旋输送机排土前，刀盘应把土仓内的水、土充分搅拌，使土仓内土体有良好的密水性，避免喷涌； （3）向渣土中加泡沫剂等渣土改良材料，改善土体的和易性，使土体中的颗粒和泥浆成为一整体； （4）向刀盘前方加泡沫剂或膨润土进行渣土改良，防止喷涌； （5）在喷水涌沙不严重时，一般采用螺旋输送机的双闸门交替启闭，间隔排渣，达到保持土仓中的设定压力的目的	III	涌水涌沙，淹没盾构机
4	铰接处渗漏	管理措施	（1）严格控制盾构机掘进姿态，保证盾尾间隙均衡；对盾尾密封圈处的几环管片采用环箍进行加固、加强； （2）管片整体对铰接密封处的链接效果； （3）对盾尾铰接密封件处螺栓进行紧固，利用木塞等来稳定缝隙，避免铰接密封发生进一步的损坏	II	涌水涌沙，淹没盾构机
5	管片上浮	管理措施	（1）选择合适的浆液性能； （2）选择合适的注浆参数； （3）严格控制盾构姿态； （4）及时二次补浆，管片背后回填	III	管片破损，严重要调坡调线
6	刀盘结泥饼	管理措施	（1）采用分散性泡沫剂加强对渣土的改良，每环检查发泡效果及渣土改良情况，及时调整泡沫参数配合比； （2）当发现施工参数出现异常波动等情况时，需要及时增添土仓的分散剂与水混合液，确保其达到完全搅拌状态，并利用分散剂对土体进行分散与分离处理，避免出现泥饼； （3）在作业现场，认真指导司机的操作，确保掘进参数符合设计标准，提高司机的作业技能与紧急情况下的应对能力； （4）对渣土温度进行认真检测，分析渣样	III	掘进速度下降，推力增大，使刀盘温度急剧升高，刀具磨损，损坏盾构机

（2）工作纪律

除落实以上安全风险防控措施外，还应严格遵守以下工作纪律。

①防护用品：作业人员正确佩戴使用安全帽、安全带，穿戴防滑鞋及反光衣。

②班前讲话：每日上工前，由班组长开展班前讲话，将当日作业内容、存在的安全风险及危害、防范措施、作业要点等告知全部作业人员。

③工前检查：每日班前讲话后，对工人身体状态、防护用品穿戴、现场作业环境等进行例行检查，发现问题及时处理。

④维护保养：做好安全防护设施、安全防护用品的日常检查与维护。加强对现场后配套

等等设备的日常检查与保养，定期组织周检、月检等检查活动，发现安全隐患问题按照"五定"原则进行整改。

6）质量标准

盾构下穿河流分项施工应达到的质量标准及检验方法见表3。

盾构下穿河流分项施工质量检查验收表 表3

序号	检查项目	质量要求	检查方法	检验数量
1	盾构姿态和洞门测量	符合设计要求	测量	全部
2	管片拼装错台	环封错台＜5mm 纵缝错台＜5mm	钢板尺	每环都检查
3	管片拼装渗漏	无渗漏	目视	每环都检查
4	管片拼装外观	管片无破损、内环面干净	目视	每环都检查

7）验收要求

盾构接收各阶段验收要求见表4。

盾构接收各阶段验收要求表 表4

序号	验收项目	验收时点	验收内容	验收人员
1	盾构姿态和洞门测量	盾构到达前100环	盾构姿态和洞门偏差符合设计允许	项目技术员、测量人员，班组长及技术员
2	管片拼装质量	盾构施工过程中	外观质量、是否错台、渗漏	项目技术员、班组长及技术员

8）应急处置

（1）处置原则

施工过程中一旦发生险情或事故，应立即停止作业，切勿慌乱，切忌盲目施救，在保证自身安全的情况下按照处置措施要求科学开展施救，并及时向项目管理人员报告相关情况。

（2）处置措施

盾构机穿越河流过程中，如发生盾尾渗漏水、螺旋输送机喷涌、掘进状态突变等情况，应及时按照盾构机穿越河流安全风险防范措施相关内容进行应急处置，并安排监测人员对河道进行 24h 监测。技术人员根据沉降变化数据及时调整施工参数，将指令通过内线电话通知盾构驾驶室，推进后的效果又反映到监测数据的变化，实施信息化施工，动态管理。

一旦出现监测数据异常、河面出现泡沫、河堤出现变形坍塌、河水灌入土仓出现喷涌等情况时，应立即停止作业，并及时向项目负责人报告相关情况。

①河面出现泡沫

当河面出现泡沫情况时，表明河床有击穿现象，此时应适当降低土压，控制掘进参数，在保证泡沫发泡效果良好的情况下，减少泡沫气体注入量，保证连续匀速掘进通过，且掘进过程中同步注浆压力不宜过大，并安排人员对河面上的泡沫进行处理。盾构机掘进满足二次注浆条件后，及时对河床击穿位置进行加固。

②河堤出现变形坍塌

当河堤出现变形坍塌险情情况时，应立即停止掘进，关闭螺旋输送机前后闸门，加大盾尾油脂注入量，严防盾尾渗漏水，尽快重新建立刀盘上部的覆盖层。采用的方法有：一是在土仓注入膨润土进行保压；二是中前盾各径向孔位置注入加固材料（膨润土、衡盾泥等）；三是对塌方位置进行支护并灌注水下混凝土或砂浆，待到地面监测稳定后恢复掘进，盾构通过河道后，对塌方段采取管片背后打小导管进行二次注浆，加固塌方扰动过的土体。

③河水灌入土仓出现喷涌

当河水灌入土仓出现喷涌情况发生时，应先关闭螺旋输送机前后闸门，停止出土，保持盾构机继续往前推进，增加泥土仓内的土压力，让刀盘切削下来的土体将泥土仓的水不断挤出，减少泥土仓内的含水量，同时要防止土仓压力过高，造成河床隆起、冒浆冒泡等现象的发生。向泥土仓内加入膨润土、高分子聚合物进行渣土改良，改善泥土仓内土体的和易性，使土体中的颗粒、泥浆成为一整体，使土体具有良好的可塑性、止水性及流动性，便于螺旋输送机顺利出土。

83 盾构下穿重要结构物施工安全技术交底

交底等级	三级交底	交底编号	III-083
单位工程	长春地铁 7 号线二工区项目	分部工程	盾构施工
交底名称	盾构下穿重要结构物施工	交底日期	年　月　日
交底人	分部分项工程主管工程师（签字）	确认人	工程部长（签字）
批准人	总工程师（签字）	被交底人	班组长及全部作业人员（签字，可附签字表）

1）施工任务

长春轨道交通 7 号线二工区西四环—兴安路盾构区间在 YK19＋102.08 里程侧穿长春一汽国际物流公司建筑，穿越里程为 YK19＋102.08～YK19＋180.42，穿越长度 78.34m，管片排版环数为 301～354 环（共计 53 环 1.5m 宽管片），下穿范围区间顶板覆土厚度约 24.79m，穿越地层为③₃中风化泥岩。

2）工艺流程

施工监测→盾构机及后配套设备检修→盾构掘进→同步注浆→二次注浆。

3）作业要点

（1）施工监测

在此施工阶段，加大地面监测频率，每 12h 进行一次监测，及时反馈监测信息，确保更快调整盾构掘进的各项参数，提高施工质量和确保风险源的安全。此监测频率要延续至穿越完成后 15d，保证后期沉降随时可控，有异常及时采取措施。风险源监测点详见附件《西四环站—兴安路站区间监测点平面图》。

（2）盾构机及后配套设备检修

盾构机在一汽物流园前 20m 处下穿。下穿前要对推进系统、刀盘系统、螺旋输送机、泡沫系统、注浆系统和皮带系统等失灵损坏的部件更换维修，对整个系统进行维护保养，调试至最佳状态。尽量避免穿越过程中停机、漏浆或注浆系统堵管等情况发生，保证盾构能够连续、匀速推进，降低盾构机停机对掌子面的影响，保证穿越过程平稳、安全。

（3）盾构掘进

盾构掘进至物流园前，再次对风险源进行一次排查，对其基础的埋深、净空、完好状态及与区间结构的平面和立面关系等方面仔细调查。

在盾构掘进至物流园前 150m 设置试验段，收集并选择控制参数如下。

①土压控制

盾构机覆土厚度为 24.79m，穿越地层为③₃中风化泥岩，控制盾构机上部土仓压力保持在 1.5～1.8bar 之间，保证掌子面稳定。

②推力、刀盘扭矩及推进速度控制

推力应不大于 13000kN，刀盘扭矩应不大于 3200kN·m，推进速度应控制在 20～40mm/min，推进过程中加注泡沫剂和水，进行土体改良，控制推力稳定，降低刀盘所受扭矩，保证掘进速度平稳，减小因盾构机参数变化对土体的扰动。

③出土量控制

严格控制每环（1.5m 环宽）出土量在 70～73m³，使其略小于理论值（73.7m³），保证盾构切口上方土体能微量隆起，以减小土体的后期沉降量，出土量约为建筑间隙体积的 150%，严禁超挖、欠挖，保证掌子面稳定。

（4）同步注浆

注浆量为 7m³，注浆充填率要求达到 200%，注浆压力应控制在 2.5～3.0bar（1bar = 0.1MPa），调节浆液配合比，初凝时间 4～6h，采取注浆量和注浆压力双控原则控制地面及建筑物沉降。

（5）二次注浆

在推进第 305 环的同时，在第 295 环开始二次注浆，每隔 5 环在管片正上方补注双液浆，配合比为水泥:水玻璃:水 = 1:0.4:1.4，初凝时间为 2min，注浆压力为 2～3bar，并且做详细记录，保证掘进路线上方建筑不发生后期沉降。

4）安全风险及危害

盾构施工存在的安全风险见表1。

盾构施工安全风险识别表　表1

序号	安全风险	施工过程	致险因子	风险等级	造成危害
1	地表沉降、塌陷	盾构掘进	（1）盾构超挖或欠挖； （2）同步注浆不密实； （3）土仓压力设置不合理	III	地表、建筑物出现隆起或塌陷
2	起重伤害	物料吊装	（1）起重机司机、司索工、指挥技能差、未持证； （2）钢丝绳或吊带、卡扣、吊钩等破损、性能不佳； （3）未严格执行"十不吊"； （4）吊装指令传递不佳，存在未配置对讲机、多人指挥等情况	III	起重作业人员及受其影响人员死亡或重伤

5）安全风险防控措施

（1）防控措施

为防范以上安全风险，需严格落实各项风险防控措施，详见表2。

盾构施工穿越风险源安全风险防控措施表　表2

序号	安全风险	措施类型	防控措施	备注
1	地表沉降、塌陷	质量控制	（1）严格按照施工方案和安全技术交底进行施工； （2）保证同步浆液质量，确保同步注浆充实、饱满，并及时跟进二次注浆； （3）下穿前对盾构机进行一次维修保养，确保下穿风险源时设备可以正常连续施工	
		管理措施	（1）加强施工线路地表巡查，在下穿通过时安排专人 24h 盯控，有任何异常情况及时上报； （2）在下穿通过风险源期间适当加强沉降监测频率，每日 2 或 3 次； （3）严格按照技术交底控制掘进参数与姿态参数，不得超挖，控制好盾尾间隙，出现任何异常情况及时上报	

序号	安全风险	措施类型	防控措施	备注
2	起重伤害	安全防护	起重机行走范围设置警戒区	
		管理措施	（1）做好起重设备及特种作业人员的进场验收管理，保证设备性能、人员技能满足要求，设备及人员证件齐全有效； （2）做好钢丝绳或吊带、卡扣、吊钩、对讲机等日常检查维护，确保使用性能满足要求； （3）吊装作业专人指挥，严格执行"十不吊"	

（2）工作纪律

除落实以上安全风险防控措施外，还应严格遵守以下工作纪律。

①防护用品：作业人员应正确佩戴使用安全帽、安全带，穿戴防滑鞋及紧口工作服。

②班前讲话：每班上工前，由班组长开展班前讲话，将当日作业内容、存在的安全风险及危害、防范措施、作业要点等告知全部作业人员，对每班盾构掘进位置与建筑物位置及地面监测情况进行告知。

③工前检查：每班班前讲话后，应对工人身体状态、防护用品使用、现场作业环境等进行例行检查，发现问题及时处理。

④维护保养：应做好安全防护设施、安全防护用品、起重设备机具等的日常维护保养，发现损害或缺失时，应及时修复或更换。

6）质量标准

穿越风险源应达到的质量标准及检验方法见表3。

穿越风险源质量检查验收表　　表3

序号	检查项目	质量要求	检查方法	检验数量
1	地面监测	符合设计要求	目测尺量	全部
2	设备检修	设备运行良好	负载运行	全部系统
3	参数控制	掘进参数符合交底要求	查看掘进记录	查看每天掘进记录
4	二次注浆	二次注浆符合交底要求	查看注浆记录	查看每天注浆记录

7）验收要求

穿越风险源各阶段的验收要求见表4。

穿越风险源各阶段验收要求表　　表4

序号	验收项目	验收时点	验收内容	验收人员
1	材料及构配件	盾构机穿越风险源前	施工材料，机械配件规格、数量满足使用需求	项目物资、技术管理人员，班组长及材料员
2	地面监测	盾构机穿越风险源前、中、后	（1）监测设备运行正常，并在检验有效期内； （2）监测点布置完成，并已经采集初始值； （3）监测值控制范围及上报途径； （4）监测停止时间及停止条件	项目监测人员、技术员，班组技术员

序号	验收项目	验收时点	验收内容	验收人员
3	设备检修	盾构穿越风险源前、中	（1）设备联动试运行无异常，各项参数在要求范围内； （2）设备联动负载运行无异常； （3）发现异常及时维修，保证机械连续作业； （4）检修人员值班表	项目技术员、设备检修人员，班组长及技术员
4	参数控制	盾构穿越风险源中	（1）推进过程参数掘进速度、土仓压力、出渣量、同步注浆量及压力控制符合要求； （2）监测数据收取及时准确； （3）参数调整及时且有针对性	项目技术员、盾构操作人员，班组长及技术员
5	二次注浆	盾构穿越风险源中、后	（1）注浆设备安全可靠，仪表灵敏准确； （2）注浆材料运送及时注入及时； （3）结合监测数据调整注浆位置，注浆量及注浆压力	项目技术员、二次注浆人员，班组长及技术员

8）应急处置

（1）处置原则

施工过程中一旦发生险情或事故，应停止作业，切勿慌乱，切忌盲目施救，在保证自身安全的情况下按照处置措施要求科学开展施救，并及时向项目管理人员报告相关情况。

（2）处置措施

当发生失稳坍塌、起重伤害等事故后，周围人员应立即停止施工，并撤出危险区域；并立即采取措施切断或隔断危险源，疏散现场无关人员，后对伤者进行包扎等急救，向项目部报告后原地等待救援。

附件：《西四环站—兴安路站区间监测点平面图》（略）。

84 TBM 安装、拆除安全技术交底

交底等级	三级交底	交底编号	III-084
单位工程	×××区间	分部工程	TBM 掘进
交底名称	**TBM 安装、拆除**	交底日期	年　月　日
交底人	分部分项工程主管工程师 （签字）	确认人	工程部长（签字）
批准人	总工程师（签字）	被交底人	专职安全管理人员（签字）
			班组长及全部作业人员 （签字，可附签字表）

1）施工任务

×××区间长××m，采用双护盾 TBM 掘进施工。

2）工艺流程

TBM 的吊装工艺流程如图 1 所示，TBM 的拆卸流程如图 2 所示。

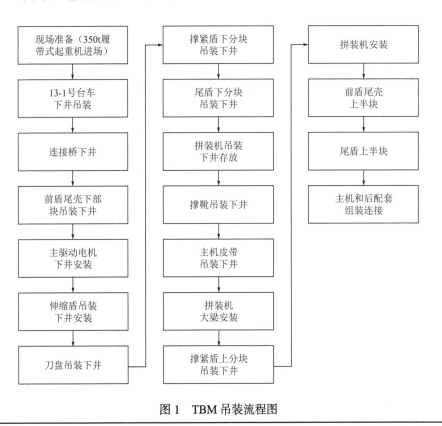

图 1　TBM 吊装流程图

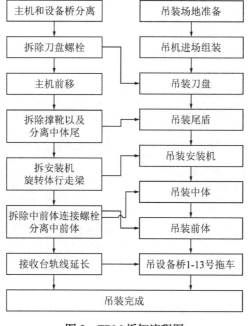

图 2　TBM拆卸流程图

3）作业要点

（1）吊装作业要点

①施工准备

a. 吊装前检查

应对参与吊装工作的机械设备进行运行前的检查和保养，确保吊装过程中不出现或减少机械故障的发生。检查内容主要包括如下内容：发动机燃油、冷却水及液压系统、油路的检查；对吊装设备吊点的焊接质量、钢丝绳型号进行检查，确保符合设计要求；起重臂、限位器、吊钩、电脑数据传感系统、安全报警系统、控制系统的检查和调试；电路系统、照明灯光的检查和更换；无线对讲指挥系统的调试和检查；检查司机操作证及吊装设备相关证件，常用工具、应急装置是否齐备。

b. 吊装前技术准备

测量人员应对隧道轴线进行精确测量复核，结合已加固门洞中轴线综合确定始发架的轴线方向；对已完底板高程进行精确测量，按照设计高程控制始发基座顶面高程，确保高程误差在允许范围内，并对始发基座进行准确定位，同时做好测量；吊装前对吊装处地基进行处理后，按照始发轴线方向精确定位，确保履带式起重机中线与始发轴线重合，保证吊装精度。项目部应组织交底会，对作业人员及管理人员进行安全技术交底，确保作业技术人员熟悉图纸，熟悉设备吊装施工方案；并明确现场吊装作业组织分工，由专人指挥，确定吊装程序。

②试吊及电瓶车平板车吊装

为保证吊装安全，吊装前应检查制动器，并用小高度短行程试吊后，再平稳吊运。即首先指挥起重机起升，使装钢丝绳达到全受力状态，然后检查吊耳与连接卡环以及钢丝绳扣，确认无误后即可指挥继续起升吊钩，使设备距地高度为100mm时停止起升，再次检查吊耳与连接卡环以及钢丝绳扣，确认无误后再次起升吊钩。

先吊始发托架下井安装就位，在始发托架上铺设机车和后配套拖车的接收轨道，随后下放一台机车和两节管片车。根据 TBM 进场计划，后配套拖车应首先被运到安装场地，利用履带式起重机可以直接卸车，不用汽车起重机辅助翻转。进行吊装时，拖车的两侧各系上一根 20m 的麻绳，以便控制拖车的方向。

③后配套拖车吊装

后配套拖车的进场顺序为：13～6 号拖车→5 号拖车→4 号拖车→3 号拖车→2 号拖车→1 号拖车→连接桥，即为后配套的下井顺序。后配套拖车到场时，拖车先不动，履带式起重机先吊风管、皮带机和皮带架，然后在拖车上安装二次通风风管，以及皮带架，并固定好，检查更换坏的风管和皮带轮。安装完风管、皮带机和皮带架后，履带式起重机吊起拖车，使拖车悬于半空，此时安装轮对。之后拖车下井放在接收导轨上，由机车拉入隧道，完成一节拖车下井。如此循环下完 13 节拖车。每台拖车的车轮必须用铁鞋固定好防止溜车。台车总长 13m，吊装时采用主副钩配合，调整好倾斜角度，确保两端头与始发井结构的安全距离。

④连接桥吊装

完成拖车下井后，接着下连接桥，由于连接桥长度长于始发井的长度，此时履带式起重机的主钩、副钩同时使用，保证连接桥倾斜着下井，连接桥下井后，此时起重机不松钩，连接桥与 1 号拖车相连接，连接桥前端用钢架支撑在之前已经下井的管片车上并焊接固定，由机车拖入隧道。连接桥进入隧道后，把连接桥前端固定在隧道底板上，割除与管片车的连接。

⑤中盾的卸车与吊装

用 350t 履带式起重机将其缓慢吊离平板车，开走平板车，将中盾先放置在地上，下面垫上枕木，然后用 350t 履带式起重机挂四个起吊吊耳，副钩挂两个翻身吊耳，将盾体平衡吊起，盾体吊至 3～5m 高时，副钩缓慢下钩，使盾体自然下垂，此时 350t 履带式起重机完全吊稳构件。副钩摘钩。盾体两侧系上 20m 麻绳，用 350t 履带式起重机将盾体平移至 TBM 井上方，通过拉拽麻绳使其朝向正确，缓慢下钩。

期间通过麻绳防止其扭转及碰到井壁，待其快与始发台接触时手动调整，使其与始发台平行，通过起重机摆臂使盾体移动，尽量与前盾后端靠近，然后放在始发台上，摘钩。此时要保证中盾上的液压缸等各个部件已经安装到位，才能吊装中盾下井。吊装前先将中盾与前盾连接的法兰面用汽油洗净。

中盾的吊装是利用主起重机将其吊入井下。同样在吊装过程中中盾两侧各系上一根 20m 麻绳，便于掌握方向，能够安全地把中盾吊放在始发台上的指定位置。

⑥前盾卸车与吊装

前盾的卸车、翻转和吊装的方法和中盾一样，前盾下井时要保证刀盘驱动等部件已经安装到位，法兰盘面已经清洗干净。此时将前盾吊装到位，再由千斤顶将前盾推到中盾，安装好密封，进行螺栓连接。

⑦管片安装机及连接梁的吊装

管片拼装机不用翻转，直接起吊下井，先将管片拼装机梁与中盾盾体上法兰连接起来，再松开吊具。

⑧盾尾卸车与吊装

由于吊装井尺寸的限制，拼装机安装好后，盾尾的吊装作业需要履带式起重机的主钩和副钩共同配合完成，倾斜吊入。在连接盾尾和中盾之前，检查铰接密封和紧急气囊密封，如有损坏就要进行更换，更换后，按规定都要涂上油脂。检查注浆管路和油脂管路是否有堵塞，有堵塞要马上清理，恢复畅通。

⑨刀盘的卸车与吊装

刀盘的卸车流程与盾体相同。卸车时要注意保护中心回转接头。并清理刀盘连接法兰。下井之前检查刀盘刀具连接螺栓是否连接合格，滚刀的转动是否可人为转动。刀盘的耐磨层焊接是否良好。吊装下井之后，在与前盾连接完之后才松开吊具。最后进行整机连接安装。

（2）拆卸作业要点

①施工准备

a. TBM断高压电，改造照明电路。

b. 拆除管片供给小车。

c. 割断皮带，拆除接渣斗。

d. 拆除高压电缆、控制线路并做好防护。

e. 拆解油管、水气管线并用堵头封好接头。

f. 连接桥支撑架并焊接。

g. 当后配套拖车及设备距离中心线超过2150mm时，将其挪动至此尺寸。

h. 盾体上焊接挡块、焊接前盾四个吊耳、中盾四个吊耳、尾盾六个吊耳，并无损检测吊耳焊缝。

i. 收回所有推进液压缸，所有电源处于断电状态。

②拆吊刀盘

350t履带式起重机已经悬挂刀盘吊耳，此时拆卸预留未拆卸的刀盘螺栓。在刀盘的两侧，各挂两个10t导链与始发台前端相连，用于刀盘的水平拉出。拉出过程中，密切注意与地面起重机的配合，两侧导链须同时拉紧，均力、平稳地将刀盘拉出。拉出过程中，人工用尺子测量两侧的移出距离，以保证平衡。吊装过程中，重点注意中心旋转接头的保护。

翻身：刀盘吊出后，350t履带式起重机已经悬挂好4个焊接的吊耳，副钩只能用吊绳悬挂刀盘的切口，以实现刀盘的翻身，翻身时，注意对吊绳的保护，刀盘禁止着地。

③主机前移

首先将设备桥前端支撑在管片车上，将设备桥与主机分离，然后用130t的液压缸通过焊接在主机上的顶伸块实现主机的前移，将主机前移使前体超出接收架1m，为拆卸螺旋、盾尾留下足够空间。

④吊装盾尾

先利用中体、盾尾上焊接的顶升块、始发台上的反力座、辅助130t千斤顶形成一个平衡的受力组，实现盾尾和中体的缓慢分离；盾尾和中体分离约200mm。350t起重机先将盾尾吊起离地，副钩缓慢起钩，将盾尾吊斜；逐步离开拼装机行走梁后，两钩同时起钩，将盾尾吊出竖井。

⑤拆吊拼装机

350t履带式起重机的两个吊绳悬挂行走梁的前面两个吊耳，另两个吊绳悬挂行走梁的后端至可悬挂设备桥拉伸液压缸的连接销。四个吊绳预紧后，拆卸安装螺栓。拆卸螺栓过程中，注意与起重机的配合，防止发生挤碰事件。

注意事项：吊装拼装机行走梁前，对尾部的行走梁用175mm H型钢（2.5m长）进行焊接，以防止在吊装过程中造成行走梁的变形，影响二次安装。

⑥主机后移

剩余主机利用液压千斤顶将 TBM 在始发台上后移，中体后端到达井结构墙约 0.5m 时停机，尽量靠近始发井后端结构墙，准备剩余主机的拆、吊。主机后移过程中，继续拆卸前体和中体的连接螺栓。

⑦中体与前体分离、拆吊前体

准备前体、中体的吊装。确认 TBM 主机内的管线、TBM 中体和前体间的连接螺栓、人仓和前体的连接螺栓拆卸完成，将前体箱式吊耳恢复到使用状态。350t 履带式起重机的吊绳悬挂前体顶部的四个箱式吊耳，缓慢提升，逐步完成 TBM 前体的吊装。

⑧吊出中体

安装盾体顶部螺栓连接式吊耳，恢复箱式吊耳，使其处于使用状态。吊绳悬挂中体顶部的四个吊耳，在井下信号工的指挥下 350t 履带式起重机缓慢升起，最终将前体吊出地面。

⑨TBM 主机拆卸完成后的工作

a. 在始发台上安装、固定轨排材料及钢轨，以保证 TBM 拖车的顺利出洞。

b. 清理作业面，保证 TBM 拖车能顺利到达吊装井，满足拖车的吊装需求。

⑩TBM 拖车拆卸、吊装

300t 汽车起重机后配套拖车的拆吊顺序为：设备桥→1 号拖车→2 号拖车→3 号拖车→4 号拖车→5 号拖车→6～13 号拖车。

⑪拆、吊设备桥

a. 用电瓶机车将设备桥和 1 号拖车一起缓慢送出，钢丝绳与设备桥四个吊耳挂好。

b. 将设备桥与支撑的管片车分离，焊接设备桥横向支撑。

c. 拆卸设备桥与 1 号拖车的连接销及管线；连接销拆除后，检查设备桥上是否有与主体分离的部件，如果有应取下或固定，无误后吊出设备桥。

⑫吊装 1 号拖车

a. 焊接拖车横向支撑，保持拖车轨距；拆卸 1 号、2 号拖车间的连接管线及连接销。

b. 相关连接件拆卸完成后，检查顶部的四个吊耳安装、紧固，并检查拖车上是否有与拖车分离的部件，如果有应取下或固定，完成后即开始拖车的吊装。

c. 将管片吊机拖到 1 号拖车区域，固定两端，防止拖车倾斜时溜、滑碰撞。

⑬吊装其他拖车

a. 用机车逐个将 2 号、3 号、4 号、5 号、6～13 号拖车牵引到吊装位置。

b. 2 号～6 号拖车与 1 号拖车的吊装方法相同。1 号～13 号拖车和电瓶车依次吊装。

⑭吊装过程中检查

a. 安全人员、指挥人员、司索人员、起重机司机必须对所吊物体进行目视跟踪、吊物的扶护或绳索稳固工作，避免吊装过程中的碰刮和意外。

b. 起吊时应保证物体的稳定，并在起吊 10cm 时停止一下，检查制动安全情况，以便及时发现存在的问题。

c. 起重机在吊装过程中应尽量匀速转向、上升或下落避免吊物晃动和抖动。

d. 现场安全措施：在吊装场地应设立安全区域；在吊装区域应间隔摆放安全标志，以防止其他车辆、人员误入；应将危险标志牌置于显著位置，以起到警示作用；必须保证现场良好的照明条件。

e. 对于 TBM 的吊装工作，TBM 方人员应积极协助我方办理有关证件，并主动和业主、监理部门进行有效沟通，以确保 TBM 的吊装顺利和安全。

⑮TBM 组件转场运输

在进行吊装、运输前，与吊装和运输公司进行了充分的交流和沟通，运输公司知会并理解关于每次吊装工作的目的、责任、权利、义务。根据前体的外形尺寸，在150t 重型托板车上铺设好防滑薄木板。运输人员对设备进行绑扎加固，并检查绑扎的可靠性。由于设备的超宽的尺寸比较多，且运输时经过的街道车辆、行人都比较多，运输前必须做好超宽设备的警示标识并到管理部门办理超宽车辆通行手续。运输过程中，如遇雷、雨天气，要采取相应的防雨措施，对设备进行保护。

4）安全风险及危害

TBM 吊装、拆卸过程中存在的安全风险见表1。

TBM 吊装、拆卸施工安全风险识别表

表1

序号	安全风险	施工过程	致险因子	风险等级	产生危害
1	起重伤害	吊运物料	（1）起重机司机、司索工、指挥技能差，未持证； （2）钢丝绳或吊带、卡扣、吊钩等破损、性能不佳； （3）未严格执行"十不吊"； （4）吊装指令传递不佳，存在未配置对讲机、多人指挥等情况； （5）起重机回转范围外侧未设置警戒区	III	起重作业人员及受其影响人员死亡或重伤
2	邻近高压线	起重吊装	（1）未掌握高压线电压及作业安全距离； （2）未设置警戒区，起重机支立位置不当； （3）起重机大臂侵入高压线安全区	II	司机触电死亡或重伤
3	爆炸、火灾伤害	设备切割	（1）乙炔瓶无防回火装置； （2）乙炔瓶、氧气瓶压力表损坏； （3）胶管老化破损或胶管与焊具安装不牢固； （4）氧气瓶和乙炔瓶放置间距不符合规定	IV	人员死亡或重伤
4	触电伤亡	照明	（1）TBM 机内照明未采用安全电压； （2）照明灯具不合格或照明线路老化破损； （3）照明线路架设不符合规定	IV	人员死亡或重伤
5	物体打击	起重吊装	和其他作业施工场地交叉	IV	起重作业人员及受其影响人员死亡或重伤

5）安全风险防控措施

（1）防控措施

为防范以上安全风险，需严格落实各项风险防控措施，详见表2。

TBM 吊装、拆卸施工安全风险防控措施表

表2

序号	安全风险	措施类型	防控措施	备注
1	起重伤害	安全防护	起重机回转范围外侧设置警戒区	
		管理措施	（1）做好起重设备及特种作业人员的进场验收管理，保证设备性能、人员技能满足要求，设备及人员证件齐全有效； （2）做好钢丝绳或吊带、卡扣、吊钩、对讲机等日常检查维护，确保使用性能满足要求； （3）吊装作业专人指挥，严格执行"十不吊"	

序号	安全风险	措施类型	防控措施	备注
2	临近高压线	安全防护	高压线底部设置警戒区，警戒区内严禁支立起重机、泵车等长臂设备	
		管理措施	（1）对起重机司机进行专项交底，告知作业风险、安全距离及适宜的作业位置等； （2）作业过程中加强现场指挥，并服从电力部门工作人员指挥	
3	爆炸、火灾伤害	安全防护	作业人员正确穿着防护用品	
		管理措施	施工现场必须实行动火审批手续。严格执行"十不烧"规章制度，动火必须具有"二证、一器、一监护"才能进行	
4	触电伤亡	安全防护	作业人员正确穿着防护用品	
		管理措施	（1）所有电器设备绝缘应良好，电器设备必须安装漏电装置，并有接地装置，非指定人不得动用电器设备，所有电器设备要专人负责保养； （2）非电工不得拉接用电设备，拉设电线	
5	物体打击	安全防护	作业人员正确穿着防护用品	
		管理措施	（1）吊装时在吊装区域内禁止其他作业施工； （2）设置专人调度对各个作业进行协调	

（2）工作纪律

除落实以上安全风险防控措施外，还应严格遵守以下工作纪律。

①防护用品：作业人员应正确佩戴使用安全帽、安全带，穿戴防滑鞋及紧口工作服。

②班前讲话：每日上工前，应由班组长开展班前讲话，将当日作业内容、存在的安全风险及危害、防范措施、作业要点等告知全部作业人员。

③工前检查：每日班前讲话后，应对工人身体状态、防护用品使用、现场作业环境等进行例行检查，发现问题及时处理。

④维护保养：应做好安全防护设施、安全防护用品、起重设备机具等的日常维护保养，发现损害或缺失时，应及时修复或更换。

6）质量标准

（1）施工条件验收

施工前应进行施工条件验收，验收项目包括：专项施工方案编制、审批和专家论证情况；施工安全技术交底情况；安全技术措施落实情况；周边环境核查和保护措施落实情况；材料、施工机械准备情况；项目管理、技术人员和劳动力组织情况；应急预案编制审批和救援物资储备情况。具体包括以下几方面：检查进场作业人员是否经过安全技术交底和岗前培训；检查进场特种作业人员是否持证上岗并与报验人员相符；检查进场设备是否为报验设备，试运行检查各部件性能；复测始发托架的中轴线位置和顶面高程是否符合设计要求；检查所用测量仪器是否经过检测标定；检查原地面处理是否按方案要求进行实施；检查吊装现场监测控制点是否满足布置要求；吊环进行100%探伤检测。

（2）关键节点风险管控

风险管控由建设、监理、施工、勘察、设计、第三方监测等单位相关负责人参加，按以下程序进行：

①施工单位应根据"关键节点分类清单"编制"关键节点识别清单"，报监理单位审批。

②施工单位应对照经监理单位批准的"关键节点识别清单"，对关键节点施工前条件自检自评，符合要求的报监理单位。

7）验收要求

TBM 接收施工前条件验收内容见表 3。

TBM 接收施工前条件验收内容

表 3

序号	验收项目		验收时点	验收内容	验收人员
1	主控项目	施工方案	TBM 吊装、拆卸前	安全专项吊装方案编审（包括应急预案）、专家论证、审批齐全有	技术员
2		起重设备	起重设备进场后使用前	吊装用起重设备进场验收资料齐全（检验报告、入场审批）符合我司起重机械管理办法	物资人员
3		吊索吊具	起重设备进场后使用前	进场检验吊索吊具的规格、型号、合格证、外观质量，卡扣必须拧紧，钢丝绳不得扭转、交叉	物资、技术人员
4		地基承载力	起重设备进场前	吊装用的起重设备就位地点的地基承载力检查，必要情况需要加固，如需站在主体结构上方进行吊装，需要设计院核实主体结构承载能力，避免造成主体结构损伤	技术、试验人员
5		吊耳检查	吊装、拆迁	吊耳位置、焊缝质量或螺栓紧固性必须满足要求，出具无损探伤检测报告	技术、试验人员
6		托架及反力架	TBM 吊装、拆卸前	外观质量检查不得存在裂纹或变形；连接螺栓紧固性检查	技术、质检人员
7		洞门钢环、托架及反力架	TBM 在到达接收前	洞门钢环、托架及反力架定位核查是否与方案相符，偏差在允许范围内	技术、质检人员
8		作业人员	TBM 吊装、拆卸前	拟上岗人员安全培训资料齐全，考核合格；特种作业人员类别和数量满足作业要求，操作证、防护用品齐全	安全管理人员
9		部件试吊	TBM 正式吊装、拆卸前	检查起重机及吊装物的稳定性、吊索具是否异常，地表是否出现异常情况	技术员
1	一般项目	监控量测	TBM 吊装、拆卸前	监测点已布置，初始值数值已读取	技术员
2		分包管理	TBM 吊装、拆卸前	是否存在专业分包，分包队伍资质、许可证等资料齐全，安全生产协议已签署，人员资格满足要求	技术员
3		吊装区域	TBM 吊装、拆卸前	吊装影响范围内管线及障碍物的排查及防护措施，地面平整度检查，无关人员及设备不得在吊装区域内逗留	技术员
4		警戒警示	TBM 吊装、拆卸前	吊装区域警戒线及警示标志，是否设置专人警戒	技术员
5		信号传递	TBM 吊装、拆卸前	配备对讲通话设备，保证井上、下有准确的信号传递	技术员
6		夜间照明	TBM 吊装、拆卸前	是否需要夜间作业，现场满足井上、井下照明要求	技术员
7		天气情况	TBM 吊装、拆卸前	雨、雪、雾或大风[六级（含）以上]天气禁止吊装	技术员

8）应急处置

（1）处置原则

施工过程中一旦发生险情或事故，应停止作业，切勿慌乱，切忌盲目施救，在保证自身

安全的情况下按照处置措施要求科学开展施救，并及时向项目管理人员报告相关情况。

（2）处置措施

触电事故：当发现有人员触电时要立即切断电源，若无法及时断开电源，可用干木棒、皮带、橡胶制品等绝缘物品挑开触电者接触的带电物，之后解开妨碍触电者呼吸的紧身衣服，检查口腔，清理口腔黏液并立即就地抢救。如触电者呼吸停止，应采用人工呼吸法抢救；如心脏停止跳动，应采用胸外心脏按压抢救。

火灾事故：发生火灾时，要正确确定火源位置、火势大小，并迅速向外发出信号。及时利用现场消防器材灭火，控制火势；若火势无法控制，施工人员应及时撤退出火区，同时及时向所在地公安消防机关报警，寻求帮助。

其他事故：当发生起重伤害、物体打击等事故后，应立即采取措施切断或隔断危险源，疏散现场无关人员，然后对伤者进行包扎等急救，向项目部报告后原地等待救援。

85 TBM 始发安全技术交底

交底等级	三级交底	交底编号	III-085
单位工程	西水东引二期输水工程	分部工程	TBM 段施工
交底名称	**TBM 始发**	交底日期	年　月　日
交底人	分部分项工程主管工程师（签字）	确认人	工程部长（签字）
批准人	总工程师（签字）	被交底人	班组长及全部作业人员（签字，可附签字表）

1）施工任务

西水东引二期输水工程II标段位于新疆维吾尔自治区阿勒泰地区布尔津县境内冲乎尔乡，线路桩号为 3＋370m～29＋187m，总长度 26817m，开挖直径为 7830mm。工程主要内容包括长 23737m 的 TBM 施工段、1740m 的主洞钻爆段、1729m 的 2 号支洞钻爆段、R1-1 进场道路、供水系统及其他临时工程。

2）TBM 始发施工工艺流程

施工准备→步进→始发→姿态调整。

3）作业要点

（1）施工准备

①TBM 调试完成后，应按 TBM 主要功能及使用要求进行现场验收。TBM 各系统验收合格并确认正常运转后，方可开始始发。

②石渣皮带运输应满足始发施工要求。

③导向系统安装、测试完毕，导向系统数据与人工复测数据相同，误差应符合设计要求。

④初始掘进范围内的地面监测点已布设完毕并获得初始数据。

⑤人员岗前培训合格，特种作业人员持证上岗。工序所需要的管理、技术、质检、测量、安全及其他辅助人员（电工、材料运输人员）配备齐全。

⑥设备使用前对其应进行相应的调试标定，并完成相应的报验，报验合格后方能投入使用，各种设备配备齐全。

（2）TBM 步进

①TBM 步进装置

a. 步进底板、步进小车：步进时步进底板和步进小车相配合，承受并分散 TBM 主机重量，减小接地比压，承受主机的重量；由于步进时，刀盘底护盾在钢板上依靠相对滑动向前移动，而钢板的表面相对比较光滑，减小了滑动表面的粗糙度，减小了 TBM 主机步进时靠近掘进的摩擦阻力，有利于提高步进速度。

b. 举升液压缸：在步进中，当推进液压缸支撑步进底板完全伸出后，举升液压缸就配合后支撑将 TBM 刀盘部分举起，使其脱离钢板，以便于水平推进液压缸能使钢板向前拖动。

c.鞍架支撑架：一方面用于承受 TBM 主机后部的重量；另一方面当整机向前移动时，提供支反力。

d.后支撑：配合 TBM 主机前部的举升液压缸，把 TBM 主机抬起，以便于水平推进液压缸能使钢板向前拖动。

e.水平推进液压缸：推进液压缸安装在步进底板和 TBM 底护盾之间，在每个步进循环中，当推进液压缸伸出时液压缸推力大于步进底板和 TBM 主机之间产生摩擦力，就推动 TBM 掘进机整机向前移动；当推进液压缸收缩时，由于此时 TBM 主机在前部举升液压缸和后部后支撑的共同作用下已脱离钢板，推进液压缸就拖动钢板向前移动一个液压缸的行程。如此不断的循环，TBM 实现亦步亦趋的向前移动。

②步进装置安装简述：TBM 组装前先将步进底板铺设至组装洞掘进方向预留 18m 范围进行安装，以保证 TBM 刀盘能够有足够空间进行翻身，导向柱梁与导向槽居中，将步进小车吊运至步进底板方向预留 1.5m 位置安装，举升装置吊运至步进小车两侧，待 TBM 底护盾与左右护盾安装完成后，将步进小车与底护盾进行焊接，举升装置与左右护盾进行焊接，TBM 全部组装完成后，将鞍架支撑装置安装至 TBM 鞍架下方，用螺栓进行固定，同时安装水平推进液压缸、液压泵站及管路、电气控制装置。

③TBM 步进过程：TBM 掘进机在步进作业时，主要依靠水平推进液压缸来推动 TBM 主机在钢板上滑动摩擦前进。钢板的长度有限，需要在每个步进行程结束之后，由刀盘部位的举升液压缸和后支撑的共同作用下将 TBM 主机举起，以便水平推进液压缸能将钢板向前拖动。如此循环，TBM 就不断向前移动。

a.鞍架支撑架作用于通过段底板上，步进的水平液压缸向前推动刀盘，由于刀盘与钢板之间的摩擦力小于钢板与混凝土之间的摩擦力，在液压缸推力作用下，TBM 主机就在钢板上以滑动摩擦的形式向前移动，后配套系统在钢轨上依靠滚轮向前移动，这样水平推进液压缸推动 TBM 主机及后配套向前移动一个行程。

b.刀盘两侧的举升液压缸和后支撑同时向下伸出，作用于下部步进段底板上，刀盘两侧的液压缸和后支撑的共同作用下将 TBM 主机向上举起，机头架脱离下部步进底板，后支撑架随 TBM 主机一起升高，离开步进段底板。

c.水平推进液压缸回收，同时带动步进钢板及后支撑架向前移动一个行程。

d.刀盘两侧的举升液压缸和后支撑同时回收，机器重量通过机头架作用在步进底板上，步进底板和后鞍架支撑架共同承担整个主机的重量。准备下一个步进循环的开始，如此循环，TBM 就可以不断的向前步进。

e.TBM 后配套需要在铺有钢枕的钢轨上行走，每节钢轨长 12.5m，TBM 每步进 12.5m，需进行钢轨的延伸。

f.在 TBM 步进过程中，由轨行式运输车辆不断的向机器上运送钢枕和钢轨等各种施工工料，以完成轨道的铺设，便于后配套台车的通过和运输车辆的通行。

④TBM 步进：步进机构完成每个循环的动作时间为 15min，TBM 向前步进的同时进行后配套轨道的延伸，在正常情况下完成一个循环时间不大于 20min（步进和换步时间），每天应步进约 130m，根据实际情况每天步进 80～100m，效率均受制于后配套轨道的延伸（铺轨人员每班 10 人）。

铺设轨道应按以下要求进行：

a.敷设轨道全部采用 43kg/m 轨，严格控制轨道轨距。水平运输轨道内间距 900～905mm；

TBM 拖车轨道中心间距 2910mm，误差±5mm。为提高铺轨速度和质量提前制作轨距定位装置，以提高铺轨效率。

b. 步进过程中轨道为直接落地敷设，两轨之间中心必须与 TBM 导向槽中心进行居中敷设，轨道每 500mm 设置 1 组 L 形 ϕ25 钢筋以固定轨道，栽筋深度 200mm，每 4m 安装 1 组轨道拉杆，以防轨距发生变化。

（3）TBM 始发

①始发洞长 20m，结构如图 1 所示。

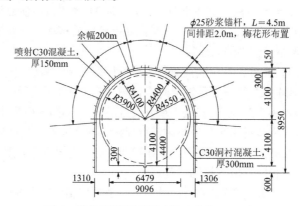

图 1　始发洞横剖面图（尺寸单位：mm）

②TBM 刀盘部位步进至靠近掌子面后，利用举升液压缸将 TBM 抬起，将步进底板滑至掌子面，收回举升液压缸将 TBM 落下，步进底板两侧用工16 工字钢将步进底板与洞壁撑紧并焊接，护盾位置工字钢间距 0.5m，其他位置间距 1m，步进底板加固完成后将步进小车和举升液压缸装置与 TBM 底护盾用气刨进行分离，拆除步进液压缸及步进液压系统，拆除步进装置和加固步进装置过程中 TBM 设备必须处于急停状态，使用电焊及气刨时，必须保证焊机搭铁线与工作位置处于同一部位，距离不大于 1m，以防造成因底线搭接不牢造成设备传感器或液压缸损坏。

③TBM 撑靴最大撑紧洞径不应大于 7.9m，如始发洞直径偏大，则需安装撑靴套，以保证撑靴能够撑紧，TBM 撑靴撑紧后将鞍架支撑进行拆除，拆除时由上至下有序进行，拆除后用手拉葫芦将支撑型钢运至洞外，吊装过程中注意吊具是否完好，钢丝绳有无断股等。

④始发过程中，因掌子面不能够与 TBM 刀盘完全贴合、护盾无约束时必须严格控制掘进参数，始发掘进参数为始发至刀盘完全进入岩体时的数据，详见表 1；护盾进入岩体 0.5m 掘进参数详见表 2；护盾完全进入岩体掘进参数详见表 3。具体掘进参数根据实际揭露围岩情况进行小幅调整，护盾未完全进入岩体前不能进行姿态调整。

刀盘未完全进入岩体时掘进参数　　　　　　　　　　　　　　表 1

参数	数值
撑紧力	18000kN
刀盘转速	< 4r/min
刀盘扭矩	< 1000kN·m
推力	< 12000kN
贯入度	< 2mm/r
掘进速度	< 10mm/min

护盾进入岩体 0.5m 后掘进参数　　表 2

参数	数值
撑紧力	20000kN
刀盘转速	< 5r/min
刀盘扭矩	< 1400kN·m
推力	< 15000kN
贯入度	< 4mm/r
掘进速度	< 20mm/min

护盾完全进入岩体后掘进参数　　表 3

参数	数值
撑紧力	22000kN
刀盘转速	< 7r/min
刀盘扭矩	< 3000kN·m
推力	< 18500kN
贯入度	< 10mm/r
掘进速度	< 60mm/min

⑤随着 TBM 始发，主梁 1 进入 TBM 掘进面后拆除 TBM 步进小车，TBM 拖车将由始发洞段（平底板）逐渐进入 TBM 掘进段（弧形底板），根据定制轨枕进行轨道变坡，轨枕间距为 0.8m 进行敷设，轨枕间用槽钢进行满焊连接。

（4）TBM 姿态方向的控制与调整

①DDJ 导向系统由人工测量提供基准数据，故每次前移全站仪时必须保证测量精度，确保移动前后（每掘进 80～110m 前移一次全站仪，根据掘进线路的曲线半径确定）的数据变化在允许范围内。为避免测量误差，一般采用两套独立的测量系统进行 TBM 掘进调向：DDJ 自动导向系统和人工测量系统，两套系统相互校核，以确保掘进方向的准确性（一般每移动导向系统全站仪两次进行人工复测隧道边墙偏差和拱顶高程一次）。

②在掘进过程中主要进行 TBM 的中线控制，当掘进一个循环完成后，在进行换步作业时，对主机的倾斜和滚动值进行调整控制，纠正偏差。

③为确保边刀不受损伤，每次调向的幅度不应太大，在更换完边刀的第一个掘进循环中不宜进行大幅调向作业。

④当 TBM 出现下俯时，通过调整上下液压缸，增大主机的坡度，反之，则减小主机坡度。

⑤水平方向纠偏主要是在通过调节水平撑靴的液压缸伸缩量进行调整。根据掌子面地质情况应及时调整掘进参数，防止 TBM 突然"低头"。

⑥方向纠偏时应缓慢进行，如修正过程过急，会对设备产生不利影响。

⑦TBM 始发、贯通时方向控制极其重要，应按照始发、贯通掘进的有关技术要求，做好测量定位工作。

4）安全风险及危害

TBM 始发施工过程中存在的安全风险见表 4。

始发施工安全风险识别表 表4

序号	安全风险	施工过程	致险因子	风险等级	产生危害
1	拖车脱轨	步进过程中拖车变坡	（1）变坡轨枕间距过大或间距不均匀； （2）轨道与变坡轨枕加固不牢固	III	作业人员死亡或重伤
2	高处坠落	拱架安装	工作结束后主梁上护栏未及时恢复	III	作业人员死亡或重伤
		升降平台运送物料	（1）运料结束后升降平台未及时升起至主梁高度； （2）运料结束后升降平台护栏未及时恢复	III	
3	起重伤害	吊运物料	钢丝绳或吊带、卡扣、吊钩、手拉葫芦等破损、性能不佳	IV	作业人员轻伤
4	触电	施工作业	（1）高压线延伸不及时造成高压线损伤； （2）电焊作业未穿绝缘靴和使用交流电焊机工作； （3）随意私拉电线； （4）潮湿环境照明未采用AC36V以下安全电压； （5）设备上小型机具或设备未单独安装漏电保护器	II	作业人员触电死亡或重伤
5	机械伤害	TBM步进	TBM步进过程中未使用对讲机前后呼应，各关键部位没有人员巡视	III	作业人员死亡或重伤
		TBM始发换步	换步过程中未用对讲系统前后呼应，或巡视人员未回复便进行换步	III	
		支护	操作钻机及拱架拼装机过程中未观察周围人员情况便开始操作	III	
		运料平台	运料过程中使用运料平台载人或使用前没有确定周围人员情况便开始操作	III	

5）安全风险防控措施

（1）防控措施

始发施工安全风险防控措施见表5。

始发施工安全风险防控措施表 表5

序号	安全风险	施工过程	致险因子
1	拖车脱轨	步进过程中拖车变坡	（1）TBM拖车变坡轨枕严格按照轨枕中心间距800mm，轨道与轨道间中心距离为2910mm，每个轨枕必须按轨枕编号进行敷设； （2）每个变坡轨枕立柱之间用⊏12槽钢连成整体，焊接牢固，以防TBM起坡过程产生的拉力将轨枕推翻
2	高处坠落	拱架安装	为防止人员从主梁上掉落，拱架安装完成后及时将主梁两侧护栏链条恢复
		升降平台运送物料	（1）每次运料平台使用结束后，及时将平台升起至主梁高度，以防人员从运料位置掉落； （2）每次运料结束后及时将运料平台周边护栏恢复，以防人员掉落
3	起重伤害	吊运物料	吊装前必须对钢丝绳或吊带、卡扣、吊钩、手拉葫芦等吊具检查，如发现问题必须及时更换；
4	触电	施工作业	（1）TBM步进或掘进过程中必须有专人看护高压电缆，以防因设备向前移动过程中造成高压电缆损伤，如发生特殊情况及时拍下急停按钮； （2）电焊作业时必须穿绝缘靴，佩戴电焊手套，电焊机必须使用直流电焊机，严禁使用交流焊机； （3）设备上任何部位安装临时用电设备或照明，必须由专业电工来完成，严禁非电工进行电工作业； （4）主梁内、刀盘内等潮湿环境照明设备必须采用AC36V以下安全电压，以防发生漏电伤人事故； （5）设备上所有设备及小型机具、照明等必须单独配置漏电保护器，以防发生漏电伤人事故

序号	安全风险	施工过程	致险因子
5	机械伤害	TBM 步进	TBM 步进过程中各关键部位必须安排专人巡视，确定无风险后用对讲系统告知 TBM 步进操作人员后，方可进行步进，如出现意外及时拍下急停按钮
		TBM 始发换步	TBM 换步过程中各关键部位必须安排专人巡视，确定无风险后用对讲系统告知 TBM 司机后，方可进行换步，如出现意外及时拍下急停按钮
		支护	设备操作人员，在操作前必须上下呼应，确定无人员危险后，方可进行操作，如出现意外及时按下急停按钮
		运料平台	运料平台任何情况下都严禁载人，每次使用前必须环顾四周确认没有人员危险后，方可进行操作，如出现意外及时拍下急停按钮

（2）工作纪律

除落实以上安全风险防控措施外，还应严格遵守以下工作纪律。

①防护用品：作业人员应正确佩戴使用安全帽、安全带，正确穿戴防滑鞋及紧口工作服。

②班前教育：每日班前，应由班组长和当班技术人员开展班前教育，将当日作业内容、存在的安全风险及危害、防范措施、作业要点等告知全部作业人员。

③班前检查：每日班前讲话后，应对工人身体状态、防护用品使用、现场作业环境等进行例行检查，如发现问题应及时处理，严禁酒后或服用催眠类药物后上岗。

④维护保养：应做好安全防护设施、安全防护用品、电器设备机具等的日常维护保养，TBM 设备应由专业维保人员负责维修保养。

6）质量标准

（1）TBM 步进

TBM 步进严格控制拖车及内燃机车轨距，铺轨质量及验收方法见表6。

轨道检查验收表　　　　　　　　　　　　　　表6

序号	检查项目	质量要求	检查方法	检查数量
1	TBM 拖车轨枕安装	中心间距800mm，允许偏差±10mm，轨枕安装必须水平，起坡轨枕立柱用〔12槽钢进行连接，焊缝要求满焊	制作固定尺寸卡尺，测量是否满足要求，水平采用水平靠尺进行测量，连接槽钢焊缝为满焊	每根轨枕都要进行测量、检查
2	TBM 拖车轨道安装	TBM 拖车轨道中心间距2910mm，允许偏差±5mm	制作固定尺寸卡尺，测量是否满足要求	每 3m 测量一个部位
3	内燃机车轨道安装	内燃机车轨道内沿间距 905mm，允许偏差±5mm	制作固定尺寸卡尺，测量是否满足要求	每 3m 测量一个部位

（2）TBM 始发前检查

TBM 步进到指定位置后对步进底板、步进小车分别进行加固处理，始发洞室是否能够满足撑靴撑紧力等，验收方法见表7。

始发前检查验收表　　　　　　　　　　　　　　表7

序号	检查项目	质量要求	检查方法	检查数量
1	掌子面情况	掌子面 TBM 掘进区域内无锚杆、钢筋等金属物体	专人进行检查	TBM 掘进区域
2	步进底板	步进底板两侧由工16 工字钢按护盾区域 0.5m 每根、其他区域 1m 每根的加固方式，焊缝满焊	用卷尺测量是否按要求进行加固，检查焊缝是否满焊	每 3m 测量一个部位

序号	检查项目	质量要求	检查方法	检查数量
3	步进小车	将步进小车与TBM底护盾焊接部位,用气刨彻底分离	专人进行检查	步进小车
4	TBM顶升机构	将TBM步进用的顶升液压缸及所有机构用气刨就行彻底分离	专人进行检查	TBM顶升机构全部
5	始发洞与撑靴	确认撑靴与始发洞有足够的撑紧力,保证不小于18000kN	专人进行检查	2侧撑靴
6	鞍架支撑	完全拆除步进用的鞍架支撑,并运送至洞外	专人进行检查	全部鞍架支撑
7	步进液压缸及泵站	完全拆除步进液压缸及步进液压泵站	专人进行检查	全部步进液压系统
8	TBM设备联调联试	TBM变压器高压侧电压20kV,允许偏差±5%;低压侧电压690V、400V,允许偏差±5%。各电动机启动后程序中无报警状态,各系统泵站启动后程序中压力无报警状态,各部位压力传感器程序中无报警状态	专人检查	上位机程序中无报警提示

(3) TBM始发推进参数检查

始发状态推进参数必须严格按表1~表3执行,推进参数检查方法见表8。

始发掘进参数检查表 表8

序号	检查项目	质量要求	检查方法	检查数量
1	TBM撑紧力	TBM刀盘未完全进入岩体内撑紧力控制在18000kN,护盾进入岩体0.5m后撑紧力控制在20000kN,护盾完全进入岩体撑紧力控制在22000kN	专人检查	掘进期间全程跟踪
2	TBM刀盘转速	TBM刀盘未完全进入岩体内刀盘转速<4r/min,护盾进入岩体0.5m后刀盘转速<5r/min,护盾完全进入岩体后刀盘转速<7r/min	专人检查	掘进期间全程跟踪
3	TBM刀盘扭矩	TBM刀盘未完全进入岩体内刀盘扭矩<1000kN·m,护盾进入岩体0.5m后刀盘扭矩<1400kN·m,护盾完全进入岩体刀盘扭矩<3000kN·m	专人检查	掘进期间全程跟踪
4	TBM推力	TBM刀盘未完全进入岩体内推力<12000kN,护盾进入岩体0.5m后推力<1500kN,护盾完全进入岩后刀盘扭矩<18500kN	专人检查	掘进期间全程跟踪
5	TBM贯入度	TBM刀盘未完全进入岩体内贯入度<2mm/r,护盾进入岩体0.5m后贯入度<4mm/r,护盾完全进入岩后贯入度<10mm/r	专人检查	掘进期间全程跟踪
6	TBM掘进速度	TBM刀盘未完全进入岩体内掘进速度<10mm/min,护盾进入岩体0.5m后掘进速度<20mm/min,护盾完全进入岩体后掘进速度<60mm/min	专人检查	掘进期间全程跟踪

7) 验收要求

(1) TBM步进验收

轨道验收要求见表9。

轨道验收要求表 表9

序号	验收项目	验收标准	验收方法	验收人员
1	TBM拖车轨枕安装	中心间距800mm,允许偏差±10mm;轨枕安装必须水平,起坡轨枕立柱用[12槽钢进行连接,焊缝要求满焊	制作固定尺寸卡尺,测量是否满足要求,水平采用水平靠尺进行测量,连接槽钢焊缝为满焊	当班掘进班工班长、当班技术员

序号	验收项目	验收标准	验收方法	验收人员
2	TBM 拖车轨道安装	TBM拖车轨道中心间距2910mm，允许偏差±5mm	制作固定尺寸卡尺，测量是否满足要求	当班掘进班工班长、当班技术员
3	内燃机车轨道安装	内燃机车轨道内沿间距905mm，允许偏差±5mm	制作固定尺寸卡尺，测量是否满足要求	当班掘进班工班长、当班技术员

（2）TBM 始发前验收

始发前验收见表10。

始发前验收表　　　　　　　　　　　　　　　　表 10

序号	验收项目	验收标准	验收方法	验收人员
1	掌子面情况	掌子面 TBM 掘进 I 区域内无锚杆、钢筋等金属物体	专人进行检查	当班掘进班工班长、技术员
2	步进底板	步进底板两侧由 16 工字钢按护盾区域 0.5m 每根，其他区域 1m 每根的加固方式，焊缝满焊	用卷尺测量是否按要求进行加固，检查焊缝是否满焊	维保班班长
3	步进小车	将步进小车与 TBM 底护盾焊接部位，用气刨彻底分离	专人进行检查	维保班班长
4	TBM 顶升机构	将 TBM 步进用的顶升液压缸及所有机构用气刨彻底分离	专人进行检查	维保班班长
5	始发洞与撑靴	确认撑靴与始发洞有足够的撑紧力，保证不小于 18000kN	专人进行检查	维保班班长
6	鞍架支撑	完全拆除步进用的鞍架支撑，并运送至洞外	专人进行检查	维保班班长
7	步进液压缸及泵站	完全拆除步进液压缸及步进液压泵站	专人进行检查	维保班班长
8	TBM 设备联调联试	TBM 变压器高压侧电压 20kV，允许偏差±5%；低压侧电压 690V、400V，允许偏差±5%。各电动机启动后程序中无报警状态，各系统泵站启动后程序中压力无报警状态，各部位压力传感器程序中无报警状态	专人检查	维保班班长

（3）TBM 始发推进参数验收

始发推进参数验收见表11。

始发推进参数验收表　　　　　　　　　　　　表 11

序号	验收项目	验收标准	验收方法	验收人员
1	TBM 撑紧力	TBM 刀盘未完全进入岩体内撑紧力控制在 18000kN，护盾进入岩体 0.5m 后撑紧力控制在 20000kN，护盾完全进入岩体撑紧力控制在 22000kN	专人检查	维保班班长、当班技术员
2	TBM 刀盘转速	TBM 刀盘未完全进入岩体内刀盘转速 < 4r/min，护盾进入岩体 0.5m 后刀盘转速 < 5r/min，护盾完全进入岩体后刀盘转速 < 7r/min	专人检查	维保班班长、当班技术员
3	TBM 刀盘扭矩	TBM 刀盘未完全进入岩体内刀盘扭矩 < 1000kN·m，护盾进入岩体 0.5m 后刀盘扭矩 < 1400kN·m，护盾完全进入岩后刀盘扭矩 < 3000kN·m	专人检查	维保班班长、当班技术员

序号	验收项目	验收标准	验收方法	验收人员
4	TBM 推力	TBM 刀盘未完全进入岩体内推力 < 12000kN，护盾进入岩体 0.5m 后推力 < 1500kN，护盾完全进入岩后刀盘扭矩 < 18500kN	专人检查	维保班班长、当班技术员
5	TBM 贯入度	TBM 刀盘未完全进入岩体内贯入度 < 2mm/r，护盾进入岩体 0.5m 后贯入度 < 4mm/r，护盾完全进入岩后贯入度 < 10mm/r	专人检查	维保班班长、当班技术员
6	TBM 掘进速度	TBM 刀盘未完全进入岩体内掘进速度 < 10mm/min，护盾进入岩体 0.5m 后掘进速度 < 20mm/min，护盾完全进入岩后掘进速度 < 60mm/min	专人检查	维保班班长、当班技术员

（4）步进、始发洞施工质量验收

步进、始发洞施工质量验收见表 12。

步进、始发洞施工质量验收表　　　　　　　表 12

序号	验收项目	验收标准	验收方法	验收人员
1	步进、始发洞衬砌混凝土实体强度	喷淋洒水养护 28d 后，强度应不小于 35MPa	回弹法检测，当回弹检测结果与设计值比较	现场技术员、试验员
2	隧道衬砌断面净空及尺寸	与设计断面尺寸相比，允许偏差 1cm	使用全站仪进行测量、与设计资料进行核对	测量员、技术员
3	导向槽尺寸	尺寸为 120mm × 250mm	使用钢卷尺进行量测	现场技术员
4	混凝土实体厚度、密实度	应符合设计及规范要求	地质雷达法检测	现场技术员、试验员

8）应急处置

（1）处置原则

施工过程中一旦发生险情或事故，应停止作业，切勿慌乱，切忌盲目施救，在保证自身安全的情况下按照处置措施要求科学开展施救，并及时向项目管理人员报告相关情况。

（2）处置措施

触电事故：当发现有人员触电时要立即切断电源，若无法及时断开电源，可用干木棒、皮带、橡胶制品等绝缘物品挑开触电者接触的带电物，之后解开妨碍触电者呼吸的紧身衣服，检查口腔，清理口腔黏液并立即就地抢救。如触电者呼吸停止，应采用人工呼吸法抢救；如心脏停止跳动，应采用胸外心脏按压抢救。

其他事故：当发生高处坠落、起重伤害、物体打击等事故后，应立即采取措施切断或隔断危险源，疏散现场无关人员，然后对伤者进行包扎等急救，向项目部报告后原地等待救援。

86 TBM 换刀作业安全技术交底

交底等级	三级交底	交底编号	III-086
单位工程	输水隧洞Ⅱ标	分部工程	TBM 维保
交底名称	**TBM 换刀作业**	交底日期	年　月　日
交底人	分部分项工程主管工程师（签字）	确认人	工程部长（签字）
批准人	总工程师（签字）	被交底人	专职安全管理人员（签字）
			班组长及全部作业人员（签字，可附签字表）

1）施工任务

刀盘刀具是 TBM 的主要部件，同时也是消耗件，需用专用刀具磨损量检测工具每天对刀具的磨损情况和异常损坏进行检查，及时调整、更换刀具。同时也需要对刀盘体、接渣斗等部件的磨损情况进行检查。TBM 刀具主要包括中心滚刀、正面滚刀、边缘滚刀和铲刀以及相关锁紧附件。

2）工艺流程

拉回刀盘→停止刀盘→停止皮带→刀盘钥匙切换→人员进入刀盘→刀盘清洗→刀具检查→刀具吊装→刀具更换→人员撤出刀盘。

3）作业要点

（1）工作前准备

在进入刀盘前，需要检查所有必要的工具是否齐全完好。检查人员必须穿着使用雨裤、雨靴、安全帽和矿灯。与 TBM 司机沟通，停机前将刀盘拉回 100mm，抬起 50mm，以保证能够有足够换刀间隙；需要更换边刀时，需要提前扩孔处理。确认刀盘的运转情况，确认刀盘内有无涌水、塌方风险，查看 TBM 主控室主梁上有害气体浓度，如有害气体超标，严禁进入刀盘内，检查皮带机是否运转。确认刀盘钥匙已经切换至远程操作，并拔下主控室刀盘钥匙，切勿独自一人进入刀盘内部，必须至少保证 2 人以上方可进入。

（2）刀盘、刀具检查

用高压水将刀盘、刀具石渣清洗干净。对刀盘刀具磨损以及运动状况进行检查，岩层较硬时掘进 1～2 个循环需检查。岩层较软时可相对延长至 3～5 个循环。查刀时只能通过刀盘本地操作箱点动旋转刀盘，旋转刀盘时所有人员必须撤离到主梁内部，以防转动刀盘过程中石渣掉落伤人和被旋转刀盘刮伤。常规检查滚刀以及铲刀螺栓是否松动、滚刀压块和楔块是否丢失，若松动和丢失则打紧或者更换。着重检查刀圈崩裂、偏磨等明显易观察的非正常故障，同时检查滚刀刀圈能否轻松转动、是否漏油，其是滚刀偏磨的前兆，若存在崩裂、偏磨等非正常磨损等故障，须立即停机更换，否则极易造成刀座过载、刀盘磨损、附近滚刀连带损坏等问题。每掘进 300m 左右检查刀盘刀体及所有中心滚刀刀座、正滚刀刀座、边滚刀刀座以及铲刀刀座及连接焊缝，当出现裂纹时做好记录，可在不影响 TBM 掘进的情况下，刨除裂纹，重新焊接，刀盘检查时只有在岩层完整性较好，检查人员才可进入到刀盘前部掌子面区域进行检查工作。

（3）刀具吊装

刀具吊机主要由连接桥下方刀具吊装葫芦、主梁内侧 1t 手推小车、刀盘背部 0.5t 气动葫芦等组成。连接桥下方刀具吊装葫芦的作用是运输主梁下方以及连接桥下方之间的滚刀；主梁内侧 1t 手推小车作用为在刀盘背部至主梁下方之间运输滚刀；刀盘背部 0.5t 气动葫芦作用为拆装刀具用。刀具吊机动作前，务必确认运行区域没有人员或物体干涉等，操作人员确认自己位于安全、合理的位置，严禁起重量范围内使用，操作过程尽量使刀具运输动作连续平稳，避免过大的冲击，刀具等物起吊时，下方严禁站人，刀具吊机使用前必须检查合格后方可使用。

（4）刀具更换

滚刀轨迹线分为 6 个区域：中心滚刀区域、正面滚刀区域一、正面滚刀区域二、边缘滚刀区域一、边缘滚刀区域二、边缘滚刀区域三，检查刀具时注意各个区域的磨损极限以及刀高差极限。

滚刀更换作业流程如下：

用 0.5t 气动葫芦吊住滚刀，防止拆除过程中，滚刀掉落；用风炮拆除滚刀的 4 颗 M30 螺母和垫圈，必要时可用液压扳手拆除；拆除滚刀压块以及销（10mm × 30mm）；拆除滚刀楔块和螺栓（M30 × 480），必要时可用送刀杆和撬棍拆除；将轴式滚刀平台安装至需要更换滚刀刀座区域，拆装边缘滚刀时可不用轴式滚刀平台，之后从刀座区域，拆除滚刀；用 0.5t 气动葫芦和 1t 手推小车将滚刀从刀盘体区域运出；清洗滚刀刀座安装面；用 0.5t 气动葫芦和 1t 手推小车，将安装 19in（1in = 25.4mm）滚刀卡钳的新滚刀运至滚刀更换位置；滚刀位置调正确后，安装滚刀楔块和螺栓（M30 × 480）；安装滚刀压块和销（10 × 30）；安装垫圈和 M30 螺母，注意第一颗螺母可用风炮打紧，第二颗螺母需要用液压扳手预紧。

铲刀更换作业流程如下：

拆除 4 颗螺钉（M24 × 60）和铲刀；用 0.5t 气动葫芦和 1t 手推小车将铲刀运出；用 0.5t 气动葫芦和 1t 手推小车将新铲刀运至更换位置；安装铲刀同时安装四颗螺钉（M24 × 60）。

（5）人员撤出刀盘

查刀、换刀作业完成后，按原路从刀盘内退出，将钥匙归还至主控室，将刀盘操作旋钮调整为本地操作，并告知 TBM 司机及相关人员。

4）安全风险及危害

TBM 查、换刀作业过程中存在的安全风险见表1。

TBM 查、换刀安全风险识别表　　　　　　　　　　　　　　　　　表1

序号	安全风险	施工过程	致险因子	风险等级	产生危害
1	机械伤害	进入刀盘内	（1）未佩戴安全帽、未带矿灯、未穿着雨裤、雨靴； （2）进入刀盘前未确认主控室刀盘旋转钥匙是切换至远程，未将钥匙拔出带走； （3）进入刀盘前未与 TBM 司机沟通确认； （4）主机皮带机运转	Ⅲ	刀盘内作业人员死亡或重伤

序号	安全风险	施工过程	致险因子	风险等级	产生危害
1	机械伤害	查刀、换刀	（1）转动刀盘未在刀盘内操作； （2）转动刀盘时警报器没有提示； （3）转动刀盘时工作人员未躲避到主梁内	Ⅲ	刀盘内作业人员死亡或重伤
		刀盘耐磨板检查、刀盘喷水维修	（1）进入掌子面前未将推进泵、复位泵、主机皮带泵关闭； （2）进入掌子面前未将刀盘变压器断电	Ⅲ	
2	起重伤害	刀具吊装	（1）未检查吊具是否完好； （2）未检查滑动小车、气动葫芦等状况是否完好； （3）吊运过程中吊物下方站人	Ⅲ	刀盘内作业人员死亡或重伤
3	物体打击	刀盘耐磨板检查、刀盘喷水维修	（1）未确认掌子面围岩情况就进入掌子面； （2）未将刀盘上石渣清理干净	Ⅲ	刀盘内作业人员死亡或重伤

5）安全风险防控措施

（1）防控措施

为防范以上安全风险，需严格落实各项风险防控措施，详见表2。

TBM 查、换刀安全风险防控措施表　　　　表2

序号	安全风险	措施类型	防控措施	备注
1	机械伤害	进入刀盘内	（1）进入刀盘必须佩戴安全帽、矿灯、雨裤、雨靴； （2）进入刀盘前必须将主控室刀盘钥匙切换至远程操作，并将钥匙拔出带走，以防在不知情的情况下刀盘旋转； （3）进入刀盘前必须与 TBM 司机沟通确认，确认不再继续掘进的情况下方可进入； （4）进入前检查主机皮带是否运转，将主机皮带急停按下，并告知相关人员有人进入刀盘内	
		查刀、换刀	（1）当需要转动刀盘时，必须在刀盘内部进行旋转操作，严禁呼叫主控室进行代替操作； （2）转动刀盘时将发出 30s 警报提示音，一旦听到警报声音，人员必须马上离开刀盘，如发生警报故障及时通知相关人员进行处理，严禁设备带故障工作； （3）转动刀盘时，听到旋转警报前工作人员必须躲避到主梁内，以防刀盘在旋转过程中石渣掉落，或受刀盘挤压和剐蹭	
		刀盘耐磨板检查、刀盘喷水维修	（1）进入掌子面时，必须将主控室推进泵、复位泵、主机皮带泵关闭，以防因电气故障造成刀盘前移； （2）进入掌子面前必须将刀盘变压器断电，以防因电气故障造成刀盘旋转	
2	起重伤害	刀具吊装	（1）吊具使用前必须进行检查，确认其完好后方可使用； （2）吊运用的滑动小车、气动葫芦等使用前必须检查，确认完好后方可使用； （3）吊运刀具时，吊物下方严禁站人，以防钢丝绳断裂或气动葫芦刹车失灵伤人	
3	物体打击	刀盘耐磨板检查、刀盘喷水维修	（1）进入掌子面前必须确认掌子面围岩情况是否整体性完好，无岩爆后方可进入； （2）进入掌子面前将刀盘上石渣清理干净，以防掉落伤人	

（2）工作纪律

除落实以上安全风险防控措施外，还应严格遵守以下工作纪律。

①班前教育：每日上工前，应由班组长开展班前讲话，将当日作业内容、存在的安全风险及危害、防范措施、作业要点等告知全部作业人员。

②班前检查：每日班前讲话后，应对工人身体状态、防护用品使用、现场作业环境等进行例行检查，发现问题及时处理，严禁酒后或服用催眠类药物上岗。

③维护保养：应做好安全防护设施、安全防护用品、吊具、气动葫芦、风动扳手等日常维护保养，如发现损害或缺失，应及时修复或更换。

6）质量标准

（1）滚刀更换标准

每把滚刀更换前、完成后均应进行扭矩检查，扭矩应控制在 1500～1600N·m 之间，每把相邻刀具和磨损极限必须按照表 3 数值指导更换滚刀或调整滚刀刀位。

表 3

滚刀磨损更换表

序号	滚刀区域及刀号	磨损极限值（mm）	相邻刀高差极限值（mm）
1	中心滚刀区域 1～8 号	25	15
2	正面滚刀区域一 9～26 号	35	15
3	正面滚刀区域二 27～42 号	25	15
4	边缘滚刀区域一 43～47 号	25	15
5	边缘滚刀区域二 48～52 号	20	10
6	边缘滚刀区域三 53～55 号	15	7

（2）铲刀更换标准

铲刀磨损更换按表 4 确认，正常情况下铲刀磨损 15mm 即测量长度从 101mm 减至 84mm 时，特殊情况下铲刀可磨损至 20mm，即测量长度为 79mm，必须更换铲刀。铲刀更换时注意可成组更换，同时注意铲刀紧固螺栓是否可用，如出现滑丝、断裂或者更换次数超过 3 次时必须更换。

表 4

铲刀更换磨损量表

铲刀名称	新铲刀	磨损 15mm 铲刀	磨损 20mm 铲刀
磨损量（mm）	0	15	20
长度（mm）	101	84	79
备注		正常情况下此磨损量更换	特殊情况下可以到此磨损量更换

（3）掘进参数选择减少刀具消耗的技术控制标准

掘进中注意掘进参数的选择，减少刀具过大的冲击荷载。要注意刀盘扭矩的变化、整个设备振动的变化，当变化幅度较大时，应减小刀盘推力，保持合适的贯入度，并时刻观察石渣的变化，尽最大可能减少刀具漏油及轴承的损坏。在掘进过程中发现贯入度和扭矩增加时，适时降低推力，对贯入度有所控制，这样才能保持均衡的生产效率，减少刀具的消耗。

7）验收要求

TBM 换刀验收要求见表 5。

TBM 换刀验收要求表　　　　　　　　　　　　　　　　表5

序号	验收项目	验收标准	验收方法	验收人员
1	查刀、换刀记录	每日如实填写 TBM 设备刀具检测记录，并存档	详见附件2《刀盘刀具维护记录表》	当班刀具班工班长、当班技术员
2	查刀验收	端盖、刀体是否发热等	试运转	当班刀具班工班长、当班技术员
3	查刀、换刀完成后刀盘内人员撤离情况	查刀、换刀完成后必须对刀盘内进行一次彻底的清理，人员必须全部撤离后才能转动刀盘	查刀、换刀完成后当班带班人员通知 TBM 司机	当班掘进班工班长、当班技术员、TBM 司机

8）应急处置

（1）处置原则

施工过程中一旦发生险情或事故，应停止作业，切勿慌乱，切忌盲目施救，在保证自身安全的情况下按照处置措施要求科学开展施救，并及时向项目管理人员报告相关情况。

（2）处置措施

当发生起重伤害、机械伤害、物体打击等事故后，应立即采取措施切断或隔断危险源，疏散现场无关人员，然后对伤者进行包扎等急救，向项目部报告后原地等待救援。

87 TBM 接收安全技术交底

交底等级	三级交底	交底编号	III-087
单位工程	×××区间	分部工程	TBM 掘进
交底名称	**TBM 接收**	交底日期	年 月 日
交底人	分部分项工程主管工程师（签字）	确认人	工程部长（签字）
批准人	总工程师（签字）	被交底人	专职安全管理人员（签字） 班组长及全部作业人员（签字，可附签字表）

1）施工任务

×××区间长××m，采用双护盾 TBM 掘进施工。

2）工艺流程

TBM 接收工艺流程如图 1 所示。

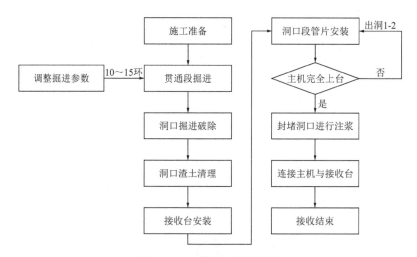

图 1 TBM 接收工艺流程图

3）作业要点

（1）施工准备

①洞门复测

首先接收洞完成开挖、初期支护锚杆、格栅钢架、网片及喷射混凝土施工后，应对混凝土喷射完成的接收洞净空进行测量，若发现侵限情况及时进行破除，务必满足 TBM 顺利通过净空需求。在对接收洞两侧进行测量时，保证 TBM 撑靴能够撑紧洞壁，若不满足应进行补喷直至满足要求。

②弧形导台浇筑

导台施工模板、钢轨托架定位后必须进行测量复核，混凝土浇筑后应进行高程的复测，确保导向平台的高程施工精度满足要求。

③TBM 姿态复测

在 TBM 到达前 100 环，对隧道内布置的平面导线控制点及高程水准基点做贯通前复核测量，准确评估 TBM 到达前的姿态和到达段掘进轴线，从而正确的指导到达段 TBM 掘进的方向。根据洞门复测情况，综合考虑各方位的间隙尽可能均匀。对区间及相邻站点导线联测，确保满足贯通条件。

（2）接收施工的主要措施和步骤

①在掘进剩余 10～15 环时，调整掘进相关参数，逐步降低掘进总推力，贯通时的掘进总推力不应大于 10000kN。

②根据实际的岩性、构造和节理情况，当洞口岩面未出现较大坍塌时，采用 TBM 直接掘进出洞；如出现较大的顺层理节理和洞口岩面失稳坍塌，则采用人工修边破除，然后 TBM 主机出洞，避免坍塌扩大造成危险。

③TBM 出洞产生的渣土采用装载机出渣，人工配合清理，尽快清理出场地，为接收台安装提供条件。

④接收台在现场进行组装，安装位置顶在洞口，通过横向和纵向支撑进行固定。为便于步进作业，在接收台底部两侧各设一道 2cm 的钢板，混凝土基础面上满铺 2cm 钢板，以降低滑移阻力。

⑤TBM 主机通过管片安装逐步推进上接收台，盾尾皮带机脱出管片范围采用×××m 长的型钢支垫。

⑥在主机完全上接收台后，将主机和后配套断开，主机和接收台支架进行焊接连接，然后主机和接收台整体顶推滑移，使皮带机完全脱出管片，达到平移条件，接收结束。

⑦主机刀盘破出岩层后，管片同步注浆会从洞口漏出，在此过程中，加强盾体和岩层间的封堵，确保注浆达到管片底部 1/3 高度，有效稳固管片。最后 10 环左右的管片，由于推力不足，还有主机出洞后的阻力松懈，易造成管片无法压紧，对管片采用 2～4 道型钢进行拉紧，并采取多次复紧措施紧固管片。

⑧主机接收成功后，及时对洞口段管片进行补注浆，并开展区间二次注浆，确保管片安装质量和防止漏水。

（3）贯通前测量及 TBM 姿态调整

①TBM 姿态人工复核测量

TBM 到达前，应对洞内所有的测量控制点进行一次整体、系统的控制测量复测，对所有控制点的坐标进行精密、准确的平差计算。精确测量测站、后视点的坐标和高程（测量全站仪和后视棱镜的坐标和高程），每一测量点的测量不应少于 6 个测回，在 100m 和 50m 处对导向系统进行复核测量。在 TBM 到混合所前的最后一次导向系统搬站时，充分利用在贯通前线路复测的结果，精确测量测站、后视点的坐标和高程。同时，在贯通前 50m 时，进一步加强加强 TBM 姿态和管片测量，根据复核结果及时纠正偏差，并结合实测的竖井洞门位置适当调整隧道贯通时的 TBM 姿态；确保 TBM 按设计线路到达混合所暗挖隧道进入暗挖隧道导台。

TBM 进洞时其刀盘平面偏差允许值为：平面 ≤ ±20mm、高程 15～30mm。

②到达暗挖隧道导台的复核测量

为准确掌握到达混合所暗挖隧道台施工情况，在贯通前对 TBM 到达暗挖隧道导台进行复核测量，测量项目包括：隧道中心位置偏差、导台高差等。必要时根据测量结果对导台进行相应的处理。

③TBM 姿态调整

根据 TBM 姿态测量和洞门复测结果，逐渐将 TBM 姿态调整至预计的位置。确定 TBM 贯通姿态时，一般考虑 TBM 到达时施工进度较慢，TBM 存在下沉的情况，将 TBM 垂直姿态保持在 +40mm，出洞时将垂直姿态保持在 +60mm，达到 TBM 进入导台所需最佳 TBM 姿态。

（4）参数控制

①在到达段掘进时，应密切关注 TBM 姿态变化，若出现刀盘载头或突变量达 2cm 时，应立即停止掘进。

②最后 20 环注浆配合比中适当增加水泥用量，同时增加豆粒石注浆量，保证每环管片壁后回填密实均匀。

③最后 20 环管片应严格把好 4 道螺栓复紧制度关，管片拼装完成复紧 1 次，管片拖出。

盾尾复紧 1 次，管片过连接桥复紧一次。避免 TBM 贯通后，管片横向受力突然减小，环间接缝变大产生错台。

④TBM 进入端头空推段隧道结构 5m 段时，为保证隧道结构的稳定，需逐渐降低总推力和掘进速度、刀盘转动速度等。

⑤TBM 到达前最后两次导向系统移站，应充分利用贯通前控制测量的结果，对测站进行校正，并按测量规范及地铁公司对测量工作的相关要求，对 TBM 姿态进行人工复测，通过人工复测姿态与 VMT 导向系统显示姿态进行对比，进而修正 TBM 掘进姿态，同时，加强管片姿态测量，为 TBM 掘进纠偏提供依据。

⑥到达段施工掘进参数设定

刀盘贯入度为 5～6mm/r，刀盘转速为 4～6r/min，推进推力为 10000kN。当掘进施工刀盘离接收洞 5m 时，将刀盘转速调小至 2～3r/min，推力应小于 8000kN；当掘进施工导刀盘离接收洞 1m 时，刀盘转速调小至 2～4r/min，推力应小于 5000kN。

（5）管片拉紧装置

为了避免 TBM 贯通后，管片横向受力突然减小，环间接缝变大产生错台，在最后 20 环的管片上安装横向匚12 槽钢连接拉杆（图 2）。由于用于本工程的螺栓为弯螺栓，在螺栓孔位置设置横向拉杆，因此将横向连接拉锚固端设置在管片横向螺栓的位置，为了防止横向连接拉杆脱落，通过钢板利用螺栓在连接拉杆上将横向拉杆固定在管片上。

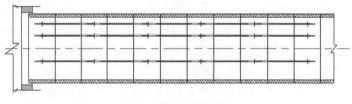

图 2　槽钢连接拉杆

（6）空推拼管片

TBM 过接收洞时的管片采取错缝拼装形式，管片拼装工艺与正常掘进时的工艺相同。管片选型以满足隧道线型为前提，重点考虑管片安装后盾尾间隙要满足下一掘进循环限值，确保有足够的盾尾间隙，以防盾尾直接接触管片。一般来说，管片选型与安装位置应根据推进指令先决定，目标是使管片环安装后推进液压缸行程差较小。管片安装必须从隧道底部开始，然后依次安装相邻块，最后安装封顶块。封顶块安装前，对止水条进行润滑处理，安装时先径向插入 2/3 深度，调整位置后缓慢纵向顶推。管片块安装到位后，及时伸出相应位置的推进液压缸顶紧管片，其顶推力大于稳定管片所需力，然后方可移开管片安装机。管片安装完后及时整圆，在管片脱离盾尾之后，利用风动扳手对管片连接螺栓进行三环复紧。

（7）洞门封堵

由于矿山法隧道初期支护与 TBM 主机外壳之间存在一定的施工间隙，为了防止回填豆砾石及浆液在洞口段从间隙通道流向车站内，在 TBM 主机出洞后，采用砖砌结构对洞门进行封堵，根据应力分布原理，砖砌结构厚度由下至上逐渐变小。预埋 5 根内径 32mm 的水平注浆管，以便注入双液浆封堵洞门。若盾构机是通过矿山法段出洞，为防止石子、浆液外流，在洞口处堆码砂袋封堵盾体与维护结构间隙。

（8）环境风险管控

TBM 掘进期间应注意观察掌子面渗水情况，如发生涌水突变应及时上报，根据现场实际情况分析原因，采取正确的处理措施。发生涌水后，应立即组织项目人员、设备、材料等，全力参加抽排水抢险工作。待洞内水位降低至不影响 TBM 掘进的位置后，立即开展掘进施工，边抽水边掘进，同时做好后方管片衬砌工作。加强此段安全监测，观察此段范围内拱顶下沉、围岩收敛、地表下沉及周边建（构）物下沉。同时用警戒带、水马或围挡进行隔离。出现险情，TBM 适时停机，同时启动隧道内补浆和二次注浆。

4）安全风险及危害

TBM 施工过程中存在的安全风险见表1。

TBM 施工安全风险识别表　　　　　　　　　　　　　　　表1

序号	安全风险	施工过程	致险因子	风险等级	产生危害
1	失稳坍塌	TBM 掘进	（1）出渣量较大，TBM 步进较少，未及时停止掘进； （2）地表加固效果不明显； （3）未进行超前地质预报探明地质情况； （4）TBM 掘进参数不合理，造成土地大面积扰动	I	地表沉陷
2	涌水	TBM 掘进	砂层含水率较大	I	地表沉陷，或设备被水浸泡
3	触电	高压电缆延伸	（1）电缆破损； （2）电缆接头松散； （3）电箱放置不到位	II	施工人员触电死亡或重伤
		电瓶车行进	（1）随意抛掷杆件、构配件； （2）拆卸区域底部未有效设置警戒区	II	
4	起重伤害	吊运物料	（1）起重机司机、司索工、指挥技能差，未持证； （2）钢丝绳或吊带、卡扣、吊钩等破损、性能不佳； （3）未严格执行"十不吊"；	III	起重作业人员及受其影响人员死亡或重伤

序号	安全风险	施工过程	致险因子	风险等级	产生危害
4	起重伤害	吊运物料	（4）吊装指令传递不佳，存在未配置对讲机、多人指挥等情况； （5）起重机行进范围内未设置警戒区	Ⅲ	起重作业人员及受其影响人员死亡或重伤
5	中毒窒息	隧道施工	未打开风筒对隧道内进行通风	Ⅲ	施工人员死亡或重伤

5）安全风险防控措施

（1）防控措施

为防范以上安全风险，需严格落实各项风险防控措施，详见表2。

TBM 施工安全风险防控措施表　　　　　　　　　　表2

序号	安全风险	措施类型	防控措施	备注
1	失稳坍塌	质量控制	（1）严格执行方案及交底要求； （2）合理设置 TBM 掘进参数，减少土体扰动	
		管理措施	（1）严格执行地表加固验收标准； （2）严格执行地表沉降变形观测； （3）密切注意出渣量情况，实行一循环一汇报	
2	涌水	安全防护	提前准备好水泵、消防水带等抽排水设备	
		管理措施	（1）TBM 掘进期间注意观察掌子面渗水情况； （2）如发生涌水突变及时上报	
3	触电	安全防护	（1）佩戴绝缘手套和穿着绝缘鞋等防护用品； （2）通电前仔细检查电缆绝缘情况	
		管理措施	电工持证上岗	
4	起重伤害	安全防护	起重机行进区域设置警戒区	
		管理措施	（1）做好起重设备及特种作业人员的进场验收管理，保证设备性能、人员技能满足要求，设备及人员证件齐全有效； （2）做好钢丝绳或吊带、卡扣、吊钩、对讲机等日常检查维护，确保使用性能满足要求； （3）吊装作业专人指挥，严格执行"十不吊"	
5	中毒窒息	安全防护	时刻开启风筒进行隧道通风	
		管理措施	准备气体检查仪器，放置设备明显处	

（2）工作纪律

除落实以上安全风险防控措施外，还应严格遵守以下工作纪律。

①防护用品：作业人员应正确佩戴使用安全帽、安全带，正确穿戴防滑鞋及紧口工作服。

②班前讲话：每日上工前，应由班组长开展班前讲话，将当日作业内容、存在的安全风险及危害、防范措施、作业要点等告知全部作业人员。

③工前检查：每日班前讲话后，应对工人身体状态、防护用品使用、现场作业环境等进行例行检查，如发现问题应及时处理。

④维护保养：应做好安全防护设施、安全防护用品、起重设备机具等的日常维护保养，如发现损害或缺失，应及时修复或更换。

6）质量标准

TBM 掘进应达到的质量标准及检验方法见表 3。

TBM 掘进质量检查验收表 表 3

序号	检查项目	允许偏差	检查方法	检验数量	
				环数	点数
1	隧道轴线平面位置	±50	用全站仪测中线	逐环	1 点/环
2	隧道轴线高程	±50	用水准仪测高程	逐环	1 点/环
3	衬砌环椭圆度（%）	±5	断面仪、全站仪测量	每 10 环	—
4	衬砌环内错台（mm）	5	尺量	逐环	4 点/环
5	衬砌环间错台（mm）	6	尺量	逐环	4 点/环

7）验收要求

TBM 在到达接收洞前 3m 需进行接收前条件验收，具体验收内容见表 4。

TBM 接收施工前条件验收内容 表 4

序号	验收项目		验收时点	验收内容	验收人员
1	主控项目	施工方案	TBM 施工前	安全专项施工方案编审（包括应急预案、专项用电方案）、专家论证、审批齐全有效	业主单位、设计单位、勘察单位、监理单位、施工单位、总包单位、第三方监测、第三方检测
2		审批手续		对特级风险评估、分析，专家论证完毕；产权单位及相关部门审批手续齐全	
3		TBM 设备检修	TBM 在到达接收前	TBM 及配套系统已全面检修，状态良好	
4		监控量测	施工开始前取得初始值，施工开始后按要求的频率进行监测	专项监测方案审批完成；监测的点位已布置，初始值已读取，控制值已确定	
5		环境风险	TBM 在到达接收前	风险源自身专项防护措施已完成；建构筑物及管线核查，针对性保护措施落实到位	
6		视频	TBM 在到达接收前	视频探头已安装到位可正常使用	
7		应急准备	TBM 在到达接收前	应急物资到位，通信畅通，应急照明、消防器材符合要求	
1	一般项目	材料及构配件	材料进场后使用前	质量证明文件齐全，复试合格	
2		分包管理	TBM 施工前	分包队伍资质、许可证等资料齐全，安全生产协议已签署，人员资格满足要求	
3		作业人员	TBM 施工前	拟上岗人员安全培训资料齐全，考核合格；特种作业人员类别和数量满足作业要求，操作证齐全。施工和安全技术交底已完成	
4		风水电	TBM 在到达接收前	施工风、水、电满足施工需求	

8）应急处置

（1）处置原则

施工过程中一旦发生险情或事故，应停止作业，切勿慌乱，切忌盲目施救，在保证自身

安全的情况下按照处置措施要求科学开展施救，并及时向项目管理人员报告相关情况。

（2）处置措施

坍塌：发生塌方时，施工人员要立即退出施工区域，查点施工人员人数，并立即通知现场负责人，以确定是否有人因塌方被困的情况，在现场负责人的指挥下进行后续现场处治。

触电事故：当发现有人员触电时立即切断电源，若无法及时断开电源，可用干木棒、皮带、橡胶制品等绝缘物品挑开触电者接触的带电物，之后解开妨碍触电者呼吸的紧身衣服，检查口腔，清理口腔黏液并立即就地抢救。如触电者呼吸停止，应采用人工呼吸法抢救；如心脏停止跳动，应采用胸外心脏按压抢救。

其他事故：当发生起重伤害、中毒窒息等事故后，应立即采取措施切断或隔断危险源，疏散现场无关人员，然后对伤者进行包扎等急救，向项目部报告后原地等待救援。

88 TBM 下穿砂层施工安全技术交底

交底等级	三级交底	交底编号	III-088
单位工程	×××区间	分部工程	TBM 掘进
交底名称	TBM 下穿砂层施工	交底日期	年 月 日
交底人	分部分项工程主管工程师（签字）	确认人	工程部长（签字）
批准人	总工程师（签字）	被交底人	专职安全管理人员（签字） 班组长及全部作业人员（签字，可附签字表）

1）施工任务

×××区间长××m，采用双护盾 TBM 掘进施工。

2）工艺流程

超前地质预报→地表注浆→TBM 掘进参数控制→出渣量控制→姿态控制→换步控制→二次补强注浆→地表监测→环境风险管控。

3）作业要点

（1）施工准备

TBM 在下穿砂层前进行超前地质预报，进一步查清因前期地质勘察工作的局限而难以探查的、潜在的重大地质问题，进而指导工程施工的顺利进行。其次对 TBM 机械及电气系统进行检查维修，确保系统运行正常。对刀具进行全面的检查更换，避免下穿砂层时出现刀具磨损过大，增加换刀风险。

（2）超前地质预报

可采取综合预报（超前钻探和物理探测）的超前地质预报方法对 TBM 前方砂层进行探测，探明砂层的性质、产状、富水情况。及时提出对预测地段的地质超前预报简报，根据对以上超前地质预报结果，综合分析掌子面围岩的岩性、结构、构造和地下水情况，判断掌子面前方围岩的工程地质、水文地质特征，详细分析具体位置和情况，并提出注浆止水方案的建议。对富水软弱破碎围岩应采取加强防排水的技术措施：预加固施工中一般可先采用地表注浆止水加固。

（3）地表注浆

下穿砂层注浆加固范围为隧道洞身外 3m 范围内，注浆材料采用水泥浆 + 双浆液。注浆孔按 1500mm × 1500mm 梅花形布置，注浆孔直径为 50mm。浆液浓度应根据隧道围岩条件加以调整，初拟为 $C：S = 1：(0.6～1.0)$（体积比），水泥浆的水灰比为 0.8：1～1：1，水玻璃模数为 2.6～3.0，水玻璃浓度为 30°～400°Bé。

注浆压力：采用 0.3～2.0MPa，注浆时根据实际注浆止水效果进行调整。注浆后土体渗透系数应小于 $1 \times 10cm/s$，无侧限抗压强度应大于 4.0MPa。

（4）TBM 掘进参数控制

一般采用低转速 2.5～4r/min，扭矩控制在 1000～2000kN·m，掘进速度初步确定为50～90mm/min 内，推力 5000～7000kN。在软岩地层掘进，刀盘容易被泥沙堵塞，若较长时间不清理，则会造成刀盘前方被渣土封堵形成泥饼，导致无法掘进，或清理时间较长，软岩收敛变形造成卡机现象；特殊情况下，刀盘清理不及时和掘进速度过快可能造成盾体底部渣土积累过多，盾体呈抬头姿态掘进，将无法保证 TBM 掘进和管片安装姿态，故每班清理一次刀盘。

（5）出渣量控制

在掘进过程中，根据推进尺寸观察出渣量，每次推进一环，用门式起重机进行称重，根据实际出渣量与理论出渣量、平时正常掘进出渣量进行对比，若实际出渣量超过理论出渣量5%，应停机观察是否存在超挖现象；若无，方可继续进行。

（6）姿态控制

在掘进过程中，要做到勤调缓调，TBM 掘进姿态控制水平方向 0 位靠近，竖直方向保持在 20～40mm 掘进为宜。当 TBM 姿态和管片姿态出现不吻合时，要密切注意盾尾间隙，纠偏时每环纠偏量应不超过 4mm。

（7）换步控制

在掘进过程中，每一行程必须留有余地，不能将推进液压缸行程全部推出，应时刻确保TBM 在遇到突发情况下，推进液压缸能前后伸缩移动，为后续处理提供操作空间。

（8）二次补强注浆

施工时根据地表及洞内沉降监测反馈信息，结合洞内采用其他手段探测管片衬砌背后有无空洞，综合判断是否需要进行二次注浆。

在拼装完的管片中，每 5 环设置一个检查孔，径向打设小导管，探测有无空洞，若有空洞明并加密进行探测，准确标记孔洞位置后，可以采用二次补浆或地面钻孔注浆、回填细石混凝土的方法。

二次注浆仍采用双液浆作为注浆材料，能对第一次注浆起到进一步补充和加强作用，同时也是对管片周围的地层起到充填和加固作用。

二次注浆压力为 0.3～0.5MPa，补强注浆一般情况下以压力控制，达到设计注浆压力则结束注浆。

（9）地表监测

提前对下穿砂层区段地面进行监测点加密布设，穿越过程中由原来 1 次/d 改为 2 次/d 或3 次/d，并及时对监测数据进行汇总分析，指导后续施工。

（10）环境风险管控

TBM 掘进期间注意观察掌子面渗水情况，如发生涌水突变及时上报，根据现场实际情况分析原因，采取正确的处理措施。发生涌水后，立即组织项目人员、设备、材料等，全力参加抽排水抢险工作。待洞内水位降低至不影响 TBM 掘进的位置后，根据现场实际情况分析涌水原因，并采取相应的堵水措施，待堵水取得显著效果后立即开展掘进施工，可边抽水边掘进，同时做好后方管片衬砌工作。加强此段安全监测，观察此段范围内拱顶下沉、围岩收敛、地表下沉及周边建（构）筑物下沉。

4）安全风险及危害

TBM 施工过程中存在的安全风险见表 1。

TBM 施工安全风险识别表　　　　表 1

序号	安全风险	施工过程	致险因子	风险等级	产生危害
1	失稳坍塌	TBM 掘进	（1）出渣量较大，TBM 步进较少，未及时停止掘进； （2）地表加固效果不明显； （3）未进行超前地质预报探明地质情况； （4）TBM 掘进参数不合理，造成土地大面积扰动	I	地表沉陷
2	涌水	TBM 掘进	砂层含水率较大	I	地表沉陷，或设备被水浸泡
3	触电	高压电缆延伸	（1）电缆破损； （2）电缆接头松散； （3）电箱放置不到位	II	施工人员触电死亡或重伤
		电瓶车行进	（1）随意抛掷杆件、构配件； （2）拆卸区域底部未有效设置警戒区	II	
4	起重伤害	吊运物料	（1）起重机司机、司索工、指挥人员技能差，未持证； （2）钢丝绳、吊带、卡扣、吊钩等破损或性能不佳； （3）未严格执行"十不吊"； （4）吊装指令传递不佳，存在未配置对讲机、多人指挥等情况； （5）起重机行进范围内未设置警戒区	III	起重作业人员及受其影响人员死亡或重伤
5	中毒窒息	隧道施工	未打开风筒对隧道内进行通风	III	施工人员死亡或重伤

5）安全风险防控措施

（1）防控措施

为防范以上安全风险，需严格落实各项风险防控措施，详见表 2。

TBM 施工安全风险防控措施表　　　　表 2

序号	安全风险	措施类型	防控措施	备注
1	失稳坍塌	质量控制	（1）严格执行方案及交底要求； （2）合理设置 TBM 掘进参数，减少土体扰动	
		管理措施	（1）严格执行地表加固验收标准； （2）严格执行地表沉降变形观测； （3）密切注意出渣量情况，实行一循环一汇报	
2	涌水	安全防护	提前准备好水泵、消防水带等抽排水设备	
		管理措施	（1）TBM 掘进期间注意观察掌子面渗水情况； （2）如发生涌水突变及时上报	
3	触电	安全防护	（1）佩戴绝缘手套和绝缘鞋等防护用品； （2）通电前仔细检查电缆绝缘情况	

序号	安全风险	措施类型	防控措施	备注
3	触电	管理措施	电工持证上岗	
4	起重伤害	安全防护	起重机行进区域设置警戒区	
		管理措施	（1）做好起重设备及特种作业人员的进场验收管理，保证设备性能、人员技能满足要求，设备及人员证件齐全有效； （2）做好钢丝绳或吊带、卡扣、吊钩、对讲机等日常检查维护，确保使用性能满足要求； （3）吊装作业专人指挥，严格执行"十不吊"	
5	中毒窒息	安全防护	时刻开启风筒进行隧道通风	
		管理措施	准备气体检查仪器，放置设备明显处	

（2）工作纪律

除落实以上安全风险防控措施外，还应严格遵守以下工作纪律。

①防护用品：作业人员应正确佩戴使用安全帽、安全带，正确穿戴防滑鞋及紧口工作服。

②班前讲话：每日上工前，应由班组长开展班前讲话，将当日作业内容、存在的安全风险及危害、防范措施、作业要点等告知全部作业人员。

③工前检查：每日班前讲话后，应对工人身体状态、防护用品使用、现场作业环境等进行例行检查，如发现问题应及时处理。

④维护保养：应做好安全防护设施、安全防护用品、起重设备机具等的日常维护保养，如发现损害或缺失，应及时修复或更换。

6）质量标准

TBM掘进应达到的质量标准及检验方法见表3。

TBM掘进质量检查验收表 表3

序号	检查项目	允许偏差（mm）	检查方法	检验数量	
				环数	点数
1	隧道轴线平面位置	±50	用全站仪测中线	逐环	1点/环
2	隧道轴线高程	±50	用水准仪测高程	逐环	1点/环
3	衬砌环椭圆度（%）	±5	断面仪、全站仪测量	每10环	—
4	衬砌环内错台（mm）	5	尺量	逐环	4点/环
5	衬砌环间错台（mm）	6	尺量	逐环	4点/环

7）验收要求

TBM下穿砂层施工各阶段验收内容见表4。

TBM下穿砂层施工各阶段验收内容 表4

序号	验收项目		验收时点	验收内容	验收人员
1	主控项目	施工方案	TBM施工前	安全专项施工方案编审（包括应急预案、专项用电方案）、专家论证、审批齐全有效	技术员
2		审批手续		对特级风险评估、分析，专家论证完毕；产权单位及相关部门审批手续齐全	技术员

序号	验收项目		验收时点	验收内容	验收人员
3	主控项目	TBM 设备检修	TBM 穿越砂层前	TBM 及配套系统已全面检修，状态良好	技术员、班组长
4		监控量测	施工开始前取得初始值，施工开始后按要求的频率进行监测	专项监测方案审批完成；监测的点位已布置，初始值已读取，控制值已确定	技术、测量人员
5		环境风险	TBM 穿越砂层前	风险源自身专项防护措施已完成；建（构）筑物及管线核查，针对性保护措施落实到位	技术、安全人员
6		视频	TBM 穿越砂层前	视频探头已安装到位可正常使用	技术员
7		应急准备	TBM 穿越砂层前	应急物资到位，通信畅通，应急照明、消防器材符合要求	物资、安全人员
1	一般项目	材料及构配件	材料进场后使用前	质量证明文件齐全，复试合格	物资、技术人员
2		作业人员	TBM 施工前	拟上岗人员安全培训资料齐全，考核合格；特种作业人员类别和数量满足作业要求，操作证齐全	安全员
3		风水电	TBM 穿越砂层前	施工风、水、电满足施工需求	技术人员、班组长

8）应急处置

（1）处置原则

施工过程中一旦发生险情或事故，应停止作业，切勿慌乱，切忌盲目施救，在保证自身安全的情况下按照处置措施要求科学开展施救，并及时向项目管理人员报告相关情况。

（2）处置措施

坍塌：发生塌方时，施工人员要立即退出施工区域，查点施工人员人数，并立即通知现场负责人，以确定是否有人因塌方被困的情况，在现场负责人的指挥下进行后续现场处治。

触电事故：当发现有人员触电时立即切断电源，若无法及时断开电源，可用干木棒、皮带、橡胶制品等绝缘物品挑开触电者接触的带电物，之后解开妨碍触电者呼吸的紧身衣服，检查口腔，清理口腔黏液并立即就地抢救。如呼吸停止，应采用人工呼吸法抢救；如心脏停止跳动，应采用胸外心脏按压抢救。

其他事故：当发生起重伤害、中毒窒息等事故后，作业人员要立即退出施工区域，并采取措施切断或隔断危险源，疏散现场无关人员，然后对伤者进行包扎等急救，向项目部报告后原地等待救援。

机电安装篇

89 桥架、线槽安装安全技术交底

交底等级	三级交底	交底编号	III-089
单位工程	×××地铁站	分部工程	动力照明工程
交底名称	桥架、线槽安装	交底日期	年 月 日
交底人	分部分项工程主管工程师（签字）	确认人	工程部长（签字）
批准人	总工程师（签字）	被交底人	专职安全管理人员（签字）
			班组长及全部作业人员（签字，可附签字表）

1）施工任务

×××项目设备区及公共区桥架、线槽安装。

2）工艺流程

施工准备→测量定位→支架制作→支架安装→桥架、线槽安装连接→接地线跨接。

3）作业要点

（1）施工准备

施工前，应结合站内其他专业图纸以及综合管线图，做好现场测量，绘制出详细的电缆桥架二次平面布置图，包括桥架的走向、高程、型号规格等。

桥架、线槽及其附件应采用经过镀锌处理的定型产品，其型号、规格应符合设计要求，线槽内外应光滑平整，无棱刺，不应有扭曲、翘边等变形现象。根据容许拉力和剪力选择适合的金属膨胀螺栓。采用钢板、圆钢、扁钢、角钢、螺栓、螺母、吊杆（架）、垫圈、弹垫等金属材料做垫件时，都应经过镀锌处理，并准备好钻头、电焊条、调和漆等辅助材料。

（2）桥架、线槽的选型

桥架的结构要满足强度、钢度及稳定性要求，符合工程需要的允许荷载要求。对于不靠墙安装的的桥架采用门型支吊架支撑，而靠墙安装的桥架采用 L 形及 L 形加斜撑的支架支撑。支撑采用 M12 的金属膨胀螺栓牢固地固定在楼板或墙上。

（3）桥架、线槽安装要求

水平敷设的桥架距地面高度一般不小于 2.5m，垂直的距地面 1.8m 以下应该加保护的金属盖，不过在电气专用室内除外。电缆桥架敷设在设备夹层或道路等高度低于 2.5m 的位置时，需采取保护接地措施。桥架、线槽及其支吊架在腐蚀环境中使用时，需采取防腐处理，防腐处理应符合工程环境和耐久性的要求；用于由耐腐蚀性要求或干净的地方，应选用铝合金电缆桥架。

在有防火要求的区域内，应在电缆梯架、托盘内加入具有耐火或难燃性能的板、网等材料构成封闭或半封闭结构，并采取在桥架和支撑表面喷涂防火涂料等措施，整体耐火性能应符合国家有关规范或标准的要求。铝合金电缆桥架不应使用在抗火性能要求高的地方。在需要屏蔽电缆线路的电磁干扰或需要避免室外阳光、油、腐蚀性液体的地方，以及存在易燃粉尘等环境的，应选用无孔托盘式电缆桥架。在灰尘容易积聚的地方，电缆桥架应选用盖板；在公共通道或室外跨越道路段，底层桥架上宜加垫板或使用无孔托。

桥架水平敷设时，宜按荷载曲线选择最佳跨距进行支撑，跨距通常为 1.5～3m 或将支撑选择在附件的接头处。当桥架内侧弯曲半径不大于 0.3m 时，应在距非直线段与直线段的接合处 0.3～0.6m 的直线段侧设置一个支架或吊架；当半径大于 0.3m 时，宜在非直线段增设一个支架或吊架。槽式线槽的直线段超过 20m 时，应留有不少于 20mm 的伸缩缝。在经过建筑物伸缩沉降缝时必须断开，断开距离以 10cm 左右为宜。

桥架安装时其连接螺母朝外，连接处要牢固可靠，拐弯处及变径时选用供货厂家的定型产品，保证整体横平竖直，在坡度建筑物上安装时应与建筑物保持相同的坡度。因桥架安装场所在运行中振动较大，所有桥架、支架安装连接用各类螺栓必须装置弹簧垫圈。

4）安全风险及危害

桥架、线槽安装过程中存在的安全风险见表 1。

桥架、线槽安装施工安全风险识别表   表 1

序号	安全风险	施工过程	致险因子	风险等级	产生危害
1	高处坠落	桥架敷设、固定	（1）作业平台支垫不稳、未设临边防护或防护不牢固、未设爬梯； （2）高处作业工人未规范配置使用安全带； （3）电缆沟内施工照明不足	III	高坠人员死亡或重伤
2	中毒窒息	桥架敷设、固定	（1）有限空间作业未检测有害气体浓度； （2）有限空间内作业通风不足	III	有限空间作业人员死亡或重伤
3	火灾爆炸	桥架切割、制作	（1）小型机具设备老化、线路老化； （2）切割点与气瓶或其他易燃易爆品安全距离不够； （3）气瓶在高温天气无防护，导致温度过高，发生危险； （4）气瓶管路老化，压力表等保护装置损坏； （5）现场无消防设施或消防设施失效	III	切割作业人员及气瓶周边人员死亡或重伤

5）安全风险防控措施

（1）防控措施

为防范以上安全风险，需严格落实各项风险防控措施，详见表 2。

桥架、线槽安装安全风险防控措施表   表 2

序号	安全风险	措施类型	风险控制措施	备注
1	高处坠落	安全防护	（1）高处作业人员必须正确使用、系挂安全带； （2）配置稳定牢固带安全护栏及爬梯的的作业平台，使用过程中加强维护	
		管理措施	电缆沟内作业保证照明充足，实现良好	
2	中毒窒息	质量控制	（1）有限空间作业前必须检测有害气体浓度，达标后方可作业； （2）作业过程中持续监测有害气体浓度，遇有超标及时撤离	
		管理措施	有限空间作业保证内通风良好	

序号	安全风险	措施类型	风险控制措施	备注
3	火灾爆炸	安全防护	（1）气瓶存放和使用到达安全距离； （2）将气瓶存在阴凉处，设置专门的防护棚； （3）在现场布置有效的消防设施	
		管理措施	（1）对电焊机等小型机具根据老化程度进行报废处理； （2）定期对气瓶的管路和安全保护装置进行检查，及时更换； （3）进行班前教育，特种人员持证上岗	

（2）工作纪律

除落实以上安全风险防控措施外，还应严格遵守以下工作纪律。

①防护用品：作业人员应正确佩戴使用安全帽、安全带，正确穿戴防滑鞋及紧口工作服。

②班前讲话：每日上工前，应由班组长开展班前讲话，将当日作业内容、存在的安全风险及危害、防范措施、作业要点等告知全部作业人员。

③工前检查：每日班前讲话后，应对工人身体状态、防护用品使用、现场作业环境等进行例行检查，发现问题及时处理。

④维护保养：应做好安全防护设施、安全防护用品、起重设备机具等的日常维护保养，如发现损害或缺失，应及时修复或更换。

6）质量标准

①防火镀锌钢制桥架连接处跨接地线采用截面积不小于 4mm² 的编织铜线或多股软线，压接在桥架专用端子处，压接跨接地线的螺栓须有爪形垫片或刮掉防火涂层，连接桥架时，螺栓帽在桥架里螺栓头须向外。电缆桥架间连接板的两端不跨接接地线，但连接板两端应有不少于 2 个有防松螺母或防松垫圈的固定螺栓。

②伸缩缝：当直线段钢制电缆桥架超过 30m、铝合金或玻璃钢制电缆桥架超过 15m，应有伸缩缝，其连接宜采用伸缩连接板；电缆桥架跨越建筑物伸缩缝处应设置伸缩缝。

③桥架：穿越墙体、楼板的电缆桥架，在穿越处不得设桥架断口；桥架水平段间距不得大于 2m，桥架末端与配电箱柜用截面积不小于 4mm² 的多股软线或编织铜线跨接。桥架末端接地端子要用爪形垫片且跨接地线与配电箱柜聚乙烯（PE）排接线端子可靠连接，PE 排螺栓要有弹垫、平垫。

④桥架与镀锌钢管的接地连接：桥架与镀锌钢管末端用截面积不小于 4mm² 的多股软线或编织铜线跨接；多股软铜线须涮锡压接铜鼻子，地线卡子采用国标材质；跨接地线与桥架连接时，需有平垫圈、弹簧垫圈。

⑤不同工作环境钢制桥架质量要求：金属制的电缆桥架应有防腐蚀处理，在强腐蚀环境，宜采用热浸锌等耐久性较高的防腐处理；型钢制臂式支架，轻腐蚀环境或非重要性回路的电缆桥架，可用涂漆处理。

⑥电缆桥架的强度：应满足电缆及其附属件荷重和安装维护的受力要求，有可能短暂上人时，按 900N 的附加集中荷载计；机械化施工时，计入纵向拉力、横向推力和滑轮重量等影响；在户外时，计入可能有覆冰、雪和大风的附加荷载。

7）验收要求

桥架、线槽安装各阶段验收要求见表3。

桥架、线槽安装各阶段验收要求表 表3

序号	验收项目	验收时点	验收内容	验收人员
1	桥架接地	桥架安装完成后	金属电缆桥架及其支架和引入或引出的金属电缆导管必须接地（PE）或接零（PEI），且必须符合下列规定：金属电缆桥架及其支架全长应不少于2处与接地（PE）或接零（PEN）干线相连接	项目技术管理人员、班组长
2	接地线	接地完成后	非镀锌电缆桥架间连接板的两端跨接铜芯接地线，接地线最小允许截面积不小于4mm²	项目技术管理人员、班组长
3	桥架连接	桥架安装连接完成后	镀锌电缆桥架间连接板的两端不跨接地线，连接板两端不少于2个有防松螺母或防松垫圈的固定螺栓。电缆敷设严禁有绞拧、铠装压扁、护层断裂和表面严重划伤等缺陷	项目技术管理人员、班组长
4	直线段钢制电缆桥架	长直桥架安装完成后	直线段钢制桥架长度超过30m、铝合金或玻璃钢制电缆桥架长度超过15m设有伸缩节；电缆桥架跨越建筑物变形缝处设置补偿装置	项目技术管理人员、班组长
5	桥架表面	桥架安装完成	桥架线槽应紧贴建筑物表面，固定牢靠，横平竖直，布置合理，盖板无翘角，接口严整整齐，拐角、转角、丁字连接、转弯连接正确严实，线槽内外无污染	项目技术管理人员、班组长
6	支架与吊架安装	支吊架安装完成后	可用金属膨胀螺栓固定或焊接支架与吊架，也可采用万能卡具固定线槽，支架与吊架应布置合理、固定牢靠、平整	项目技术管理人员、班组长
7	桥架线槽保护	桥架线槽安装完成后	线槽穿过梁、墙、板等处时，桥架线槽不应被抹死在建筑物上；跨越建筑物变形缝处的桥架线槽底板应断开，保护地线应留有补偿余量；线槽与电气器具连接严密。敷设在竖井内和穿越不同防火区的桥架，按设计要求的位置，有防火隔堵措施	项目技术管理人员、班组长
8	允许偏差项目	桥架安装完成后	桥架线槽水平或垂直敷设直线部分的平直程度和垂直度允许偏差不应超过5mm	项目技术管理人员、班组长

8）应急处置

（1）处置原则

施工过程中一旦发生险情或事故，应停止作业，切勿慌乱，切忌盲目施救，在保证自身安全的情况下按照处置措施要求科学开展施救，并及时向项目管理人员报告相关情况。

（2）处置措施

触电事故：当发现有人员触电时立即切断电源，若无法及时断开电源，可用干木棒、皮带、橡胶制品等绝缘物品挑开触电者接触的带电物，之后解开妨碍触电者呼吸的紧身衣服，检查口腔，清理口腔黏液并立即就地抢救。如触电者呼吸停止，应采用人工呼吸法抢救；如心脏停止跳动，应采用胸外心脏按压抢救。

火灾：当发现初起火灾时，应就近找到灭火器对准火苗根部灭火；当火灾难以扑灭时，应及时通知周边人员捂住口鼻迅速撤离。

其他事故：当发生高处坠落、起重伤害、机械伤害等事故后，应立即采取措施切断或隔断危险源，疏散现场无关人员，然后对伤者进行包扎等急救，向项目部报告后原地等待救援。

90 风管系统安装安全技术交底

交底等级	三级交底	交底编号	III-090
单位工程	×××地铁站	分部工程	通风空调工程
交底名称	风管系统安装	交底日期	年　月　日
交底人	分部分项工程主管工程师（签字）	确认人	工程部长（签字）
批准人	总工程师（签字）	被交底人	专职安全管理人员（签字） 班组长及全部作业人员（签字，可附签字表）

1）施工任务

×××地铁站风管系统安装中，TVF 系统、TEF 系统采用 2.5mm 厚冷轧钢板，大型风管需加固处理。当钢板风管厚度不大于 1.2mm 时，采用镀层质量 ≥ 275g/m² 的热镀锌钢板，钢板表面不得有镀锌层脱落、锈蚀及划伤等缺陷。大小系统空调送、排风管道采用双面彩钢板材，即两面均为彩钢夹酚醛芯材复合而成，彩钢板厚度为 0.5mm。

2）工艺流程

施工准备→风管吊支架安装位置测量放线→材料进场检验→吊支架制作→风管及防火阀安装→风管漏风量检测→风管及配件保温→检验。

3）作业要点

（1）施工准备

确保安装部位的各种障碍物已清理完毕，地面无杂物。装修单位提供的高程基准线已画好且核对无误。检查预留孔洞及预埋件的位置及尺寸是否正确，如有问题应提前解决。

（2）风管及材料检查

在安装前，应对每一件待安装的风管进行检查，确保所有风管无法兰变形或密封胶开裂现象。对安装用的各种材料，如螺栓、螺母、法兰垫料等进行检查，螺母应在同一侧，并应均匀拧紧，紧固后的螺母应与螺栓端部平齐或略低于螺栓。

（3）风管施工方法

①风管支吊架

所有水平或垂直风管必须设置支吊架，支吊架位置由现场情况确定。一般风管水平安装时，当边长 ≤ 400mm 时，间距 ≤ 4m；当边长 > 400mm 时，间距 < 3m。风管垂直安装时，支吊架间距 ≤ 4m，且每根立管固定件不少于 2 个。

保温风管支吊架应设置在保温层外部，不得损坏保温层及其表面铝箔隔汽层，支吊架与风管间垫以木块，且不得设在风口、风阀、检查门及自控机构处。支吊架及附件应作防腐处理。防排烟风道、事故通风风道及相关设备应采用抗振支吊架。

②镀锌风管

a. 镀锌风管安装

风管吊装前，其单节之间的组对工作尤为重要。组对前应先确定风管的组对场地，一般选在风管安装位置的正下方，以避免组对好的风管来回搬运所产生的变形，组对现场必须打扫干净。最后，将合格的风管运至现场，按编号顺序进行组对。连接时送风管所采用的法兰密封垫宜选用 PE 垫片，回/排风管及排烟风管法兰垫片采用硅钛合钢阻燃耐高温防火型专用密封垫片。为保证风管制作质量，风管现场组对后，施工人员先在地面对这段风管进行漏光检测，合格后方可安装。

根据地铁施工的特点，其施工空间小，管道交叉多，不能采用常规的方法吊装风管。由于此风管安装位置紧贴屋顶结构层，且需装保温层，如果分段吊装，不仅各段之间的法兰处上侧螺栓不能连接拧紧，特别是当风管长边大于 2000mm 时，顶上的空间很小，如果在上面去连接，保证不了风管的密封性，而且保温风管上面的保温质量也达不到要求。所以本方案采用全长风管（站厅层或站台层风管）整体吊装，风管的连接在地面进行，其法兰连接螺栓靠地面的一侧，等到风管吊离地面 1.5m 左右进行施工操作，但其他三面的螺栓都可以在地面全部拧紧，当风管的四边螺栓都穿连并拧紧完成后，这时的高度应保持在 1.5m 左右，并进行保温。待风管保温工作完成，缓慢均匀的将风管吊装到所需要的高度，这样的吊装，风管的密封性和保温的内在质量等都能达到设计和规范的要求。必须注意：因风管的截面尺寸大而壁厚较薄，整体吊装一定要控制各吊点的均匀受力，以避免产生变形。

b. 镀锌风管漏风量检测

漏风量检测应在对应系统工作压力下，对风管系统漏风量进行测定和验证，漏风量 $Q \le 0.0352P^{0.65}$（P 为风管系统的工作压力）时为合格。系统风管漏风量的检测应以总管和干管为主，宜采用分段检测，汇总综合分析的方法。检验样本风管宜为 3 节及以上组成，且总表面积不应少于 15m²。测试的仪器应在检验合格的有效期内。测试方法应符合规范要求。

c. 漏风量测试原理

将漏风测试仪风机的出风口用软管连接到被测试的风管上，该段风管除和测试装置用软管连接以及从上面引出一根风管测压管外，其余接口均应堵死。当启动漏风检测仪并逐渐提高转速时，通过软管向风管中注风，风管内的压力也会逐步上升。当风管达到所需测试的压力后，调检测仪的风机转速，使之保持风管内的压力恒定，这时测得风机进口的风量即为被测风管在该压力下的漏风量。

d. 漏风量测试要求

系统风管与设备的漏风量测试，应分正压试验和负压试验两类。应根据被测试风管的工作状态决定，也可采用正压测试来检验。系统风管漏风量测试可以采用整体或分段进行，测试时被测系统的所有开口均应封闭，不应漏风。被测系统风管的漏风量超过设计和规范的规定时，应查出漏风部位（可用听、摸、飘带、水膜或烟检漏），做好标记；修补完工后，应重新测试，直至合格。

e. 镀锌风管保温

本工程空调送、回风管（复合风管除外）需要保温，保温材料采用 48kg/m³ 离心法玻璃棉毡，保温层外覆高强度防潮防火夹筋复合铝箔作为隔汽防潮保护层。保温材料下料要准确，切割面要平齐，在裁料时要使水平垂直面搭接处以短面两头顶在大面上。保温棉敷设平整、密实，板材拼接处用铝箔自粘胶带粘接，自粘胶带的宽度不得小于 50mm。保温材料纵向接缝不要设在风管和设备底面。保温钉用 801 阻燃胶粘贴于风管外壁。粘接保温钉前要将风管壁上的尘土、油污擦净，将粘接剂分别涂抹在管壁和保温钉的粘接面上，稍后再将其粘接。矩形风管保温钉的分布要均匀。其数量底面每平方米不应少于 16 个，侧面不应少于 10 个，顶面不应少于 8 个。首行保温钉至风管或保温材料边沿的距离应小于 120mm。风管法兰部位的绝热层的厚度，不应低于风管绝热层的 0.8 倍。

③双面彩钢复合风管

a. 风管连接

双面彩钢复合风管管段连接，以及风管与阀部件、设备连接的形式见表 1。

风管与阀部件、设备连接的形式　　　　表 1

连接方式		附件材料	适用范围
对插连接	把风管插在阀门上用螺钉固定	钻尾螺钉	$b \leqslant 500$mm
槽形插件连接		聚氯乙烯（PVC）	低压风管 $b \leqslant 2000$mm 中、高压风管 $b \leqslant 1600$mm
工形插件连接		PVC	低压风管 $b \leqslant 2000$mm 中、高压风管 $b \leqslant 1600$mm
		铝合金	$b \leqslant 3000$mm
"H"连接法兰		PVC、铝合金	用于风管与阀部件、设备连接

注：1. 在选用 PVC 及铝合金成形连接件时，应注意连接件壁厚，插接法兰件的壁厚应大于或等于 1.5mm。风管管板与法兰（或其他连接件）采用插接连接时，管板厚度与法兰（或其他连接件）槽宽度应有 0.1～0.5mm 的过盈量，插接面应涂满胶粘剂。法兰四角接头处应平整，不平度应小于或等于 1.5mm，接头处的内边应填密封胶。低压风管边长大于 2000mm、中高压风管边长大于 1500mm 时，风管法兰应采用铝合金材料。

2. b 为内边长。

主风管与支风管的连接，主风管上直接开口连接支风管可采用 90°连接件或其他专用连接件，连接件四角处应涂抹密封胶。如果支管边长不大于 500mm，也可采用切 45°坡口直接连接。风管与部件的连接方式采用"F"形法兰或"斤"字形法兰连接。

b. 风管吊装

安装前依施工图的要求，确定风管走向、高程；检查风管按分段尺寸制作成形后，要按系统编号并标记，以便安装；风管的尺寸，法兰安装是否正确；风管及法兰制作允许偏差是否符合规定；风管安装前应清除其内、外表面粉尘及管内杂物。按设计要求在风管承重材料上钻膨胀套孔。用全丝螺丝制作吊杆，用砂轮切割机下料，吊杆按吊装高度必须符合要求。按设计要求对横担下料、钻孔，并做好防腐处理。吊装风管，在风管下安装横担和防震垫，用平垫、弹垫、螺母固定横担。按设计要求安装连接风管、通风系统部件。对金属法兰和金属通风部件做绝热处理。

c. 风管修复

风管在搬运、安装过程受到偶然的碰撞会引起损坏。根据风管损坏程度有不同的修复方法。风管表面的铁皮凹痕和刮痕，可以通过表面修平或重新粘贴新的铝箔胶带修复；风管壁破损孔洞比较大时，将孔洞 45°切割方块后，再按相等的方块封堵，粘缝粘贴铝箔胶带；风管壁产生小孔洞可用玻璃胶封堵，再粘贴铝箔胶带；法兰处断裂时，距法兰处 300mm 切割下来，增补一节短管。

d. 检测

风管制作与风管系统安装完毕后，按分项工程质量检验程序和要求分别进行质量检查验收。风管耐压强度应符合《通风管道技术规程》（JGJ/T 141—2017）附录 A "风管耐压强度及漏风量测试方法" 的规定。漏光法检验和漏风量试验方法按《通风空调工程施工质量验收规范》（GB 50243—2016）规定实施。

④风阀安装

各类风管部件及操作机构的安装，应能保证其正常的使用功能，并便于操作；防火阀、排烟阀（口）的安装方向、位置应正确。防火分区隔墙两侧的防火阀，距墙表面不应大于 200mm；风阀内的转动部件应为耐磨、耐腐蚀材料，转动机构灵活，制动及定位装置可靠。风阀法兰与风管法兰应相匹配；手动调节阀应以顺时针方向转动为关闭，调节开度指示应与叶片开度相一致，叶片的搭接应贴合整齐，叶片与阀体的间隙应小于 2mm；三档调节风阀手柄开关应标明调节的角度；阀板应调节方便，且不与风管相碰擦。

4）安全风险及危害

风管系统安装施工存在的安全风险见表 2。

风管系统安装施工安全风险识别表　　　　　表 2

序号	安全风险	施工过程	致险因子	风险等级	产生危害
1	高处坠落	支吊架安装	（1）作业人员未戴安全帽、未系挂安全带； （2）升降机或脚手架架设不牢固	Ⅲ	作业人员死亡或重伤
		风管吊装	（1）作业人员未戴安全帽、未系挂安全带； （2）升降机或脚手架架设不牢固； （3）作业人员超出作业平台范围作业	Ⅲ	
		风管洞口吊运	（1）作业人员未戴安全帽、未系挂安全带； （2）洞口临边护栏不牢固； （3）作业人员操作不规范	Ⅲ	
2	物体打击	风管吊装	（1）作业平台未设置踢脚板； （2）作业平台堆置杂物或小型材料； （3）升降机或脚手架四周未有效设置警戒区； （4）风管法兰连接不牢固； （5）整体吊装风管吊点受力不均匀	Ⅲ	风管下方安装人员死亡或重伤
3	起重伤害	吊运物料	（1）起重机司机、司索工、指挥技能差，未持证； （2）钢丝绳或吊带、卡扣、吊钩等破损、性能不佳； （3）未严格执行 "十不吊"； （4）吊装指令传递不佳，存在未配置对讲机、多人指挥等情况； （5）起重机回转范围外侧未设置警戒区	Ⅲ	起重作业人员及受其影响人员死亡或重伤
4	触电	起重吊装	（1）未掌握高压线电压及作业安全距离； （2）未设置警戒区，起重机或泵车支立位置不当； （3）起重机大臂侵入高压线安全区	Ⅳ	司机触电死亡或重伤
		风管开风口	（1）临电箱或切割机线缆破损； （2）施工时未按要求使用三级箱或三级箱不满足一箱一机一闸一漏； （3）临电使用不恰当	Ⅳ	作业人员触电死亡或重伤
		冷轧风管焊接	（1）临电箱或焊接设备线缆破损； （2）施工时未按要求使用三级箱或三级箱不满足一箱一机一闸一漏； （3）临电使用不恰当	Ⅳ	作业人员触电死亡或重伤

5）安全风险防控措施

（1）防控措施

为防范以上安全风险，需严格落实各项风险防控措施，详见表3。

风管系统安装安全风险防控措施表 表3

序号	安全风险	措施类型	防控措施	备注
1	高处坠落	安全防护	（1）移动式作业平台按规范设置防护栏； （2）作业平台跳板搭设牢固、满铺； （3）作业人员按要求系挂安全带	
		管理措施	（1）为工人配发合格的安全带、安全帽等防护用品，培训正确穿着使用； （2）做好安全防护设施的日常检查维护，发现损坏及时修复	
2	物体打击	安全防护	（1）施工材料及时固定； （2）架体底部设置警戒区	
		管理措施	（1）作业平台顶部严禁堆置杂物及小型材料； （2）施工时安排专职安全员旁站	
3	起重伤害	安全防护	起重机回转范围外侧设置警戒区	
		管理措施	（1）做好起重设备及特种作业人员的进场验收管理，保证设备性能、人员技能满足要求，设备及人员证件齐全有效； （2）做好钢丝绳或吊带、卡扣、吊钩、对讲机等日常检查维护，确保使用性能满足要求； （3）吊装作业专人指挥，严格执行"十不吊"	
4	触电	安全防护	（1）高压线底部设置警戒区，警戒区内严禁支离起重机等长臂设备； （2）轨行区施工实行清点作业，严禁带电作业； （3）正确使用临电作业	
		管理措施	（1）对起重机司机进行专项交底，告知作业风险、安全距离及适宜的作业位置等； （2）作业过程中加强现场指挥，并服从电力部门工作人员指挥； （3）及时检查临电系统是否出现故障，保证作业人员安全	

（2）工作纪律

除落实以上安全风险防控措施外，还应严格遵守以下工作纪律。

①防护用品：作业人员应正确佩戴使用安全帽、安全带，正确穿戴防滑鞋及紧口工作服。

②班前讲话：每日上工前，应由班组长开展班前讲话，将当日作业内容、存在的安全风险及危害、防范措施、作业要点等告知全部作业人员。

③工前检查：每日班前讲话后，应对工人身体状态、防护用品使用、现场作业环境等进行例行检查，发现问题及时处理。

④维护保养：应做好安全防护设施、安全防护用品、起重设备机具等的日常维护保养，如发现损害或缺失，应及时修复或更换。

6）质量标准

安装必须牢固，位置、高程和走向符合设计要求，部件方向正确，操作方便。防火阀的执行机构必须设在便于操作的部位。支吊架的形式、规格、位置、间距及固定必须符合设计要求和规范规定，严禁设在风口、阀门和检视门处。风管的法兰连接要对接平行、严密，螺栓要坚固，螺栓露出长度适宜一致，法兰螺母置于同一侧。风口的安装位置正确，外露部分平整美观，排列整齐。柔性短管松紧适宜，长度 $L = 200mm$，无开裂和扭曲现象。

7）验收要求

风管系统安装施工各阶段验收要求见表4。

风管系统安装各阶段验收要求表   表4

序号	验收项目		验收时点	验收内容	验收人员
1	材料及构配件		材料进场后、使用前	材质、规格尺寸、外观质量	项目物资、技术管理人员，班组长及材料员
2	移动式脚手架	搭设过程	（1）首层脚手架搭设后；（2）顶层脚手架搭设后	斜支撑是否满足要求，顶层脚手架是否有护栏	项目安全员、技术管理人员
		使用过程	作业人员重新登上操作平台施工前	重新检查移动式脚手架斜支撑、顶层护栏是否满足要求	项目安全员、技术管理人员
3	风管安装		风管安装完成后，保温施工前	安装位置、高程、走向，漏光、漏风量测试	项目技术管理人员、班组长
4	风阀安装		风阀安装完成后，保温施工前	气流方向、机构侧检修空间、操作灵活	项目技术管理人员、班组长

8）应急处置

（1）处置原则

施工过程中一旦发生险情或事故，应停止作业，切勿慌乱，切忌盲目施救，在保证自身安全的情况下按照处置措施要求科学开展施救，并及时向项目管理人员报告相关情况。

（2）处置措施

触电事故：当发现有人员触电时立即切断电源，若无法及时断开电源，可用干木棒、皮带、橡胶制品等绝缘物品挑开触电者接触的带电物，之后解开妨碍触电者呼吸的紧身衣服，检查口腔，清理口腔黏液并立即就地抢救。如触电者呼吸停止，应采用人工呼吸法抢救；如心脏停止跳动，应采用胸外心脏按压抢救。

火灾：当发现初起火灾时，应就近找到灭火器对准火苗根部灭火；当火灾难以扑灭时，应及时通知周边人员捂住口鼻迅速撤离。

其他事故：当发生高处坠落、起重伤害、机械伤害等事故后，应立即采取措施切断或隔断危险源，疏散现场无关人员，然后对伤者进行包扎等急救，向项目部报告后原地等待救援。

91 通风空调设备安装安全技术交底

交底等级	三级交底	交底编号	III-091
单位工程	×××地铁站	分部工程	通风空调工程
交底名称	通风空调设备安装	交底日期	年　月　日
交底人	分部分项工程主管工程师（签字）	确认人	工程部长（签字）
批准人	总工程师（签字）	被交底人	专职安全管理人员（签字）
			班组长及全部作业人员（签字，可附签字表）

1）施工任务

×××地铁站风机安装工程，根据图纸要求，地铁站内隧道风机及排热风机采用落地式安装，其余风机均采用吊装。

2）工艺流程

施工准备→基础复测放线→设备出库、运输→设备开箱→设备就位→调整→设备单机调试→初验收。

3）作业要点

（1）现场准备

确保安装部位的各种障碍物已清理完毕，地面无杂物。设备基础的高程基准线已画好且核对无误。检查预留孔洞及预埋件的位置及尺寸是否正确，如有问题应提前解决。设备到达现场后，应进行开箱检查、验收、根据装箱技术文件和设计图纸核对名称、型号等，外型应平整无缺陷，不可有变形、锈蚀等现象。风机基础尺寸应准确，预留孔灌浆前应清除杂物，灌浆细石混凝土强度等级应比基础的混凝土高一级，并应捣固密实，地脚螺栓不得歪斜。

（2）一般要求

整体安装的风机，搬运和吊装的绳索不得捆绑在转子和机壳或轴承盖的吊环上；现场组装的风机，绳索的捆绑不得损伤机件表面，转子、轴颈和轴封等处均不应作为捆绑部位。风机的安装位置，按图纸设计尺寸，位置、高度准确。注意风机的安装方向。通风机的安装，应符合规范要求。

风机的叶轮旋转后，每次均都不应停留在原来的位置上，并不得碰壳。风机安装好后，整机接地，确保接地电阻符合有关标准。风机的进、出风管等装置应有单独的支撑，并与基础或其他建筑物连接牢固，风管与风机连接时，不得强迫对口，机壳不应承受其他机件的重量。

固定风机的地脚螺栓，除应带有垫圈外，并有防松装置。安装隔振器的地面应平整，各组隔振器承受荷载的压缩量应均匀，不得偏心；隔振器安装完毕，在其使用前应采取防止位移及过载等保护措施。隔振支架应水平安装于隔振器上，各组隔振器承受荷载的压缩量应均匀，高度误差应小于 2mm。使用隔振吊架不得超过其最大额定载荷量。

（3）吊装式轴流风机安装

吊式风机及其附件的安装，不破坏车站的原有结构，并符合有关规定，安装在图纸要求位置上。

吊式风机安装前，先按图纸尺寸找出预埋铁板，经专业技术人员测量、放样后，将安装吊架准确、牢固地焊接到预埋铁板上。对安装吊架与预埋铁板的焊缝清除焊渣后，涂环氧防锈漆。如果吊式风机安装位置无预埋钢板，则采用后置埋板，以确保设备安全、可靠，运行正常。安装风机时，先将风机支架安装在风机上，风机支架与风机的连接处装有减振器；将风机运送到设定的安装位置，准确就位后，用连接螺栓将风机支架和安装吊架防松紧固。

（4）隧道风机及排热风机安装

隧道风机和排热风机安装前，先检查安装位置的预定基础，验证基础位置的方向及尺寸是否正确，清除基础上的杂物、油污。将减振器与风机支承部位连接，然后再安装到预定的基础台座上，固定风机的地脚螺栓，除应带有垫圈外，并应有防松装置。隧道风机和排热风机的安装方向应保持一致，风机两端与扩压管采用耐高温橡胶软接头连接。

4）安全风险及危害

通风空调设备安装施工存在的安全风险见表1。

通风空调设备安装施工安全风险识别表　　　表1

序号	安全风险	施工过程	致险因子	风险等级	产生危害
1	高处坠落	支吊架安装	（1）作业人员未戴安全帽、未系挂安全带； （2）升降机或脚手架架设不牢固	III	作业人员死亡或重伤
		风机吊装	（1）作业人员未戴安全帽、未系挂安全带； （2）升降机或脚手架架设不牢固； （3）作业人员超出作业平台范围作业	III	
		风机洞口吊运	（1）作业人员未戴安全帽、未系挂安全带； （2）洞口临边护栏不牢固； （3）作业人员操作不规范	III	
2	触电	起重吊装	（1）未掌握高压线电压及作业安全距离； （2）未设置警戒区，起重机或泵车支立位置不当； （3）起重机大臂侵入高压线安全区	III	司机触电死亡或重伤
		风机支架切割	（1）临电箱或切割机线缆破损； （2）施工时未按要求使用三级箱或三级箱不满足一箱一机一闸一漏	III	作业人员触电死亡或重伤
		减振器底座钢板焊接	（1）临电箱或焊接设备线缆破损； （2）施工时未按要求使用三级箱或三级箱不满足一箱一机一闸一漏	III	作业人员触电死亡或重伤
3	起重伤害	吊运物料	（1）起重机司机、司索工、指挥技能差，未持证； （2）钢丝绳或吊带、卡扣、吊钩等破损、性能不佳； （3）未严格执行"十不吊"； （4）吊装指令传递不佳，存在未配置对讲机、多人指挥等情况； （5）起重机回转范围外侧未设置警戒区	III	起重作业人员及受其影响人员死亡或重伤

序号	安全风险	施工过程	致险因子	风险等级	产生危害
4	物体打击	风机吊装	（1）作业平台未设置踢脚板； （2）作业平台堆置杂物或小型材料； （3）升降机或脚手架四周未有效设置警戒区； （4）风管法兰连接不牢固	IV	风管下方安装人员死亡或重伤

5）安全风险防控措施

（1）防控措施

为防范以上安全风险，需严格落实各项风险防控措施，详见表2。

通风空调设备安装安全风险防控措施表　　　　　　　表2

序号	安全风险	措施类型	防控措施	备注
1	高处坠落	安全防护	（1）移动式作业平台按规范设置防护栏； （2）作业平台跳板搭设牢固、满铺； （3）作业人员按要求系挂安全带	
		管理措施	（1）为工人配发合格的安全带、安全帽等防护用品，培训正确穿着使用； （2）做好安全防护设施的日常检查维护，发现损坏及时修复	
2	触电	安全防护	（1）高压线底部设置警戒区，警戒区内严禁支离起重机等长臂设备； （2）轨行区施工实行清点作业，严禁带电作业； （3）正确使用临电作业	
		管理措施	（1）对起重机司机进行专项交底，告知作业风险、安全距离及适宜的作业位置等； （2）作业过程中加强现场指挥，并服从电力部门工作人员指挥； （3）及时检查临电系统是否出现故障，保证作业人员	
3	起重伤害	安全防护	起重机回转范围外侧设置警戒区	
		管理措施	（1）做好起重设备及特种作业人员的进场验收管理，保证设备性能、人员技能满足要求，设备及人员证件齐全有效； （2）做好钢丝绳或吊带、卡扣、吊钩、对讲机等日常检查维护，确保使用性能满足要求； （3）吊装作业专人指挥，严格执行"十不吊"	
4	物体打击	安全防护	（1）施工材料及时固定； （2）架体底部设置警戒区	
		管理措施	（1）作业平台顶部严禁堆置杂物及小型材料； （2）施工时安排专职安全员旁站	

（2）工作纪律

除落实以上安全风险防控措施外，还应严格遵守以下工作纪律。

①防护用品：作业人员正确佩戴使用安全帽、安全带，正确穿戴防滑鞋及紧口工作服。

②班前讲话：每日上工前，由班组长开展班前讲话，将当日作业内容、存在的安全风险及危害、防范措施、作业要点等告知全部作业人员。

③工前检查：每日班前讲话后，对工人身体状态、防护用品使用、现场作业环境等进行例行检查，发现问题及时处理。

④维护保养：做好安全防护设施、安全防护用品、起重设备机具等的日常维护保养，发现损害或缺失及时修复或更换。

6）质量标准

风机安装前应检查电机接线正确无误；通电试验，叶片转动灵活、方向正确，机械部分无摩擦、松脱，无漏电及异常声响。风机落地安装的基础高程、位置及主要尺寸、预留洞的位置和深度应符合设计要求；基础表面应无蜂窝、裂纹、麻面、露筋；基础表面应水平。落地安装时，应固定在隔振底座上，底座尺寸应与基础大小匹配，中心线一致；隔振底座与基础之间应按设计要求设置减振装置。风机吊装时，吊架及减振装置应符合设计及产品技术文件的要求。风机安装位置应正确，底座应水平。

7）验收要求

通风空调设备安装各阶段的验收要求见表3。

表 3

通风空调设备安装各阶段验收要求表

序号	验收项目		验收时点	验收内容	验收人员
1	材料及构配件		材料进场后、使用前	材质、规格尺寸、外观质量	项目物资、技术管理人员，班组长及材料员
2	设备基础	位置	基础浇筑施工前	设备基础位置与设计图纸位置比对	项目技术员，班组技术员
		尺寸	设备安装前	设备基础尺寸与设计图纸尺寸比对	项目技术员，班组长及技术员
3	风机安装	落地安装	隧道风机及排热风机安装完成后	隔振底座尺寸、位置，底座减振装置是否符合设计要求	项目总工程师、技术员，班组长及技术员
		吊装	大系统、小系统风机安装完成后	吊架型号、尺寸、连接方式、减振装置是否符合设计要求	项目总工程师、技术员，班组长及技术员

8）应急处置

（1）处置原则

施工过程中一旦发生险情或事故，应停止作业，切勿慌乱，切忌盲目施救，在保证自身安全的情况下按照处置措施要求科学开展施救，并及时向项目管理人员×××报告相关情况。

（2）处置措施

触电事故：当发现有人员触电时立即切断电源，若无法及时断开电源，可用干木棒、皮带、橡胶制品等绝缘物品挑开触电者接触的带电物，之后解开妨碍触电者呼吸的紧身衣服，检查口腔，清理口腔黏液并立即就地抢救。如触电者呼吸停止，应采用人工呼吸法抢救；如心脏停止跳动，应采用胸外心脏按压抢救。

火灾：当发现初起火灾时，应就近找到灭火器对准火苗根部灭火；当火灾难以扑灭时，应及时通知周边人员捂住口鼻迅速撤离。

其他事故：当发生高处坠落、起重伤害、机械伤害等事故后，应立即采取措施切断或隔断危险源，疏散现场无关人员，后对伤者进行包扎等急救，向项目部报告后原地等待救援。

92 给水系统安装安全技术交底

交底等级	三级交底	交底编号	III-092
单位工程	×××	分部工程	给排水工程
交底名称	给水系统安装	交底日期	年　月　日
交底人	分部分项工程主管工程师（签字）	确认人	工程部长（签字）
批准人	总工程师（签字）	被交底人	专职安全管理人员（签字）
			班组长及全部作业人员（签字，可附签字表）

1）施工任务

×××工程给水系统安装。

2）工艺流程

施工准备→预留、预埋→管道测绘放线→管道元件检验→管道支吊架制作安装→管道加工预制→给水设备安装→管道及配件安装→系统水压试验→防腐绝热→系统冲洗、消毒。

3）作业要点

（1）施工准备

水管、型钢、保温棉等材料进场后，由项目物资及技术管理人员进场验收，验收合格方可使用。整理材料存放场地，确保平整坚实、排水畅通、无积水。材料验收合格后按品种、规格分类码放，并设挂规格、数量铭牌。施工前将当日用到的材料运到加工区，准备好施工工机具，如切割机、扳手等。

（2）预留、预埋

校核土建图纸与安装图纸一致性，现场检查预埋件、预留孔的位置、样式及尺寸，配合土建施工及时做好各种孔洞的预留及预埋管、预埋件的埋设，确保埋设正确无遗漏。

（3）管道测绘放线

根据施工图纸进行现场实地测量放线，以确定管道及其支吊架的高程和位置。利用CAD或BIM软件进行空间模拟、管道碰撞检测，提前发现问题，避免管道之间出现"碰撞"现象，造成返工。

（4）管道元件检验

主要材料、成品、半成品、配件、器具和设备必须具有中文质量合格证明文件，规格、型号及性能检测报告应符合国家技术标准和设计要求。对品种、规格、外观等进行验收，包装应完好，表面无划痕及外力冲击破损。管道所用流量计及压力表应进行校验检定，设备及管道上的安全阀应由具备资质的单位进行整定。

阀门安装前，应做强度和严密性试验，试验应在每批（同牌号、同型号、同规格）数量中抽查 10%，且不少于一个。对于安装在主干管上起切断作用的闭路阀门，应逐个做强度试验和严密性试验。阀门的强度和严密性试验，应符合以下规定：阀门的强度试验压力为公称压力的 1.5 倍；严密性试验压力为公称压力的 1.1 倍；试验压力在试验持续时间内应保持不变，且壳体填料及阀瓣密封面无渗漏。

（5）管道支吊架安装

根据图纸及规范要求制作管道支吊架，支架焊缝及切口处应采用防腐、防锈漆涂刷。滑动支架应灵活，滑托与滑槽两侧间应留有 3～5mm 的间隙，纵向移动量应符合设计要求。无热伸长管道的吊架、吊杆应垂直安装；有热伸长管道的吊架、吊杆应向热膨胀的反方向偏移。塑料管及复合管垂直或水平安装的支架间距应符合规范的规定；采用金属制作的管道支架，应在管道与支架间加衬非金属垫或套管。

金属管道立管管卡的安装，在楼层高度小于或等于 5m 时，每层必须安装 1 个；楼层高度大于 5m 时，每层不得少于 2 个；管卡安装高度为距地面 1.5～1.8m，2 个以上管卡应匀称安装，同一房间管卡应安装在同一高度上。

（6）管道加工预制

根据现场实际尺寸进行管道加工，现场加工管道对管道切口处应进行防腐防锈漆涂刷。对于工厂预制加工的管段应进行分组编号，并考虑运输的方便，预制阶段应同时进行管道的检验和底漆的涂刷工作。

（7）给水设备安装

水泵就位前的基础混凝土强度、坐标、高程、尺寸和螺栓孔位置必须符合设计规定。敞口水箱的满水试验和密闭水箱的水压试验必须符合设计及规范要求。满水试验静置 24h 观察，不渗不漏；水压试验在试验压力下 10min 压力不降，不渗不漏。

（8）管道及配件安装

管道安装一般应本着先主管后支管、先上部后下部、先里后外的原则进行安装，对于不同材质的管道应先安装钢质管道，后安装塑料管道，当管道穿过地下室侧墙时应在室内管道安装结束后再进行安装，安装过程应注意成品保护。冷热水管道上下平行安装时热水管应在冷水管道上方，垂直安装时热水管道在冷水管道左侧。

给水引入管与排水排出管的水平净距不得小于 1m。室内给水与排水管道平行敷设时，两管间的最小水平净距不得小于 0.5m；交叉敷设时，垂直净距不得小于 0.15m。给水水平管道应有 2‰～5‰的坡度坡向泄水装置。水表应安装在便于维修，不受暴晒、污染和冻结的地方。

管道穿过墙壁和楼板，应设置金属或塑料套管。安装在楼板内的套管，其顶部应高出装饰地面 50mm；安装在墙壁内套管其两端与饰面相平；穿过楼板的套管与管道之间的缝隙，应用阻燃密实材料和防水油膏填实，端面光滑；穿过墙套管与管道之间缝隙宜用阻燃密实材料填实，且端面应光滑；管道的接口不得设在套管内。管道连接水泵时采用偏心大小头连接，偏心大小头安装平齐，泵前泵后管道上安装橡胶软接头。

（9）系统水压试验

水压试验前试压管道应经过质量员验收合格后进行，波纹补偿器和不锈钢金属软管应进行临时约束；采用分段水压试验时，应使用盲板将试验管段末端进行临时封堵；当试验管段上含有安全阀、爆破片及其他仪器仪表时，应将其拆除后进行水压试验。

室内给水管道的水压试验压力必须符合设计要求，当设计未注明时，各种材质的给水管道系统试验压力均为工作压力的 1.5 倍，但不得小于 0.6MPa。金属及复合管给水管道系统在试验压力下观测 10min，压力降不应大于 0.02MPa，然后降到工作压力进行检查，应不渗不漏；塑料给水系统应在试验压力下稳压 1h，压力降不得超过 0.05MPa，然后在工作压力的 1.15 倍状态下稳压 2h，压力降不得超过 0.03MPa，同时检查各连接处不得渗漏。

（10）防腐绝热

室内直埋管道应做防腐处理。埋地管道防腐层材质和结构应符合设计要求。管道的防腐方法主要是涂漆。进行手工油漆涂刷时，涂层要厚薄均匀一致。多遍涂刷时，必须在上一道涂膜干燥后才可涂刷第二遍。管道绝热按其用途可分为保温、保冷、加热保护三种类型。当设计图纸对不同位置的保温厚度有不同要求时，应按设计图纸要求进行保温施工。

（11）系统冲洗、消毒

管道系统试验合格后，应进行管道系统冲洗。进行热水管道系统冲洗时，应先冲洗热水管道底部干管，后冲洗各环路支管。由临时供水入口向系统供水，关闭其他支管的控制阀门，只开启干管末端支管最底层的阀门，由底层放水并引至排水系统内。观察出水口水质变化是否清洁。底层干管冲洗后再依次冲洗各分支管路，直至全系统管路冲洗完毕为止。生活给水系统管道在交付使用前必须进行冲洗和消毒，并经有关部门取样检验，符合《生活饮用水卫生标准》（GB 5749—2022）的要求方可使用。

4）安全风险及危害

给水系统安装过程中存在的安全风险见表1。

给水系统安装施工安全风险识别表

表1

序号	安全风险	施工过程	致险因子	风险等级	产生危害
1	高处坠落	管道支架安装	（1）移动式作业平台未按规范设置防护栏； （2）作业平台跳板搭设未固定、未满铺，存在探头板； （3）作业人员未系挂安全带	Ⅲ	作业人员发生高坠死亡或重伤
		管道安装	（1）移动式作业平台未按规范设置防护栏； （2）作业平台跳板搭设未固定、未满铺，存在探头板； （3）作业人员未系挂安全带	Ⅲ	
2	物体打击	管道安装	（1）施工材料未临时固定； （2）作业平台堆置杂物或小型材料	Ⅲ	下方人员受物体打击死亡或重伤
		水压试验	（1）水压试验未设置临时隔离，试验失败爆管造成物体打击伤害； （2）试压管段未经质量验收，导致试验时爆管，造成物体打击伤害	Ⅲ	试验危险区范围内的人员受物体打击死亡或重伤
3	起重伤害	吊运物料	（1）起重机司机、司索工、指挥技能差，未持证； （2）钢丝绳或吊带、卡扣、吊钩等破损、性能不佳； （3）未严格执行"十不吊"； （4）吊装指令传递不佳，存在未配置对讲机、多人指挥等情况； （5）起重机回转范围外侧未设置警戒区	Ⅲ	起重作业人员及受其影响人员死亡或重伤
4	触电	起重吊装	（1）未掌握高压线电压及作业安全距离； （2）未设置警戒区，起重机立足位置不当； （3）起重机大臂侵入高压线安全区	Ⅲ	司机触电死亡或重伤

序号	安全风险	施工过程	致险因子	风险等级	产生危害
4	触电	轨行区及站台管道安装	（1）未掌握接触网是否带电及作业安全距离； （2）未进行停电施工； （3）违规作业	Ⅲ	作业人员触电死亡或重伤
		管道及支架安装	（1）临电箱破损； （2）施工时未按要求使用三级箱或三级箱不满足一箱一机一闸一漏	Ⅲ	作业人员触电死亡或重伤
5	火灾	支架及管道切割	（1）支架及管道切割未设置防火罩； （2）易燃物品未及时清理	Ⅲ	财产损失或人员伤亡
		支架制作	（1）支架焊接时未设置接火盆； （2）焊接施工时，附近未放置灭火器	Ⅲ	财产损失或人员伤亡

5）安全风险防控措施

（1）防控措施

为防范以上安全风险，需严格落实各项风险防控措施，详见表2。

给水系统安装施工安全风险防控措施表　　　　　　表2

序号	安全风险	措施类型	防控措施	备注
1	高处坠落	安全防护	（1）移动式作业平台按规范设置防护栏； （2）作业平台跳板搭设牢固、满铺； （3）作业人员按要求系挂安全带	
		管理措施	（1）为工人配发合格的安全带、安全帽等防护用品，培训正确穿着使用； （2）做好安全防护设施的日常检查维护，发现损坏及时修复	
2	物体打击	安全防护	（1）施工材料及时固定； （2）架体底部设置警戒区； （3）水压试验危险区采用临时隔离护栏进行临时隔离	
		管理措施	（1）作业平台顶部严禁堆置杂物及小型材料； （2）施工时安排专职安全员旁站； （3）水压试验前对试验管段进行质量验收，验收合格后方可进行水压试验； （4）水压试验尽量安排在晚间进行，在白天进行时应设置临时隔离护栏进行隔离	
3	起重伤害	安全防护	起重机回转范围外侧设置警戒区	
		管理措施	（1）做好起重设备及特种作业人员的进场验收管理，保证设备性能、人员技能满足要求，设备及人员证件齐全有效； （2）做好钢丝绳或吊带、卡扣、吊钩、对讲机等日常检查维护，确保使用性能满足要求； （3）吊装作业专人指挥，严格执行"十不吊"	
4	触电	安全防护	（1）高压线底部设置警戒区，警戒区内严禁支离起重机等长臂设备； （2）轨行区施工实行清点作业，严禁带电作业； （3）正确使用临电作业	
		管理措施	（1）对起重机司机进行专项交底，告知作业风险、安全距离及适宜的作业位置； （2）作业过程中加强现场指挥，并服从电力部门工作人员指挥； （3）及时检查临电系统是否出现故障，保证作业人员安全	
5	火灾	安全防护	（1）支架及管道切割设置防火罩； （2）易燃物品未及时清理； （3）支架焊接时设置接火盆	

序号	安全风险	措施类型	防控措施	备注
5	火灾	管理措施	（1）加强作业人员安全教育； （2）定时进行安全演练； （3）增加施工现场灭火器数量	

（2）工作纪律

除落实以上安全风险防控措施外，还应严格遵守以下工作纪律。

①防护用品：作业人员正确佩戴使用安全帽、安全带，正确穿戴防滑鞋及紧口工作服。

②班前讲话：每日上工前，由班组长开展班前讲话，将当日作业内容、存在的安全风险及危害、防范措施、作业要点等告知全部作业人员。

③工前检查：每日班前讲话后，对工人身体状态、防护用品使用、现场作业环境等进行例行检查，发现问题及时处理。

④维护保养：做好安全防护设施、安全防护用品、起重设备机具等的日常维护保养，发现损害或缺失，及时修复或更换。

6）质量标准

①给水管道和阀门安装的允许偏差应符合表3的要求。

给水管道和阀门安装质量检查验收表　　　　表3

序号	项目			允许偏差（mm）	检验方法
1	水平管道纵横方向弯曲	钢管	每米	1	用水平尺、直尺、拉线和尺量检查
			全长 25m 以上	≤ 25	
		塑料管复合管	每米	1.5	
			全长 25m 以上	≤ 25	
		铸铁管	每米	2	
			全长 25m 以上	≤ 25	
2	立管垂直度	钢管	每米	3	吊线和尺量检查
			5m 以上	≤ 8	
		塑料管复合管	每米	2	
			5m 以上	≤ 8	
		铸铁管	每米	3	
			5m 以上	≤ 10	
3	成排管段和成排阀门	在同一平面上间距		3	尺量检查

②室内给水设备安装的允许偏差应符合表4的要求。

室内给水设备安装质量检查验收表　　　　表4

序号	项目		允许偏差（mm）	检验方法
1	静置设备	坐标	15	经纬仪或拉线/尺量
		高程	±5	水准仪/拉线和尺量检查
		垂直度（每米）	5	吊线和尺量检查

序号	项目		允许偏差（mm）	检验方法
2	离心式水泵	立式泵体垂直度（每米）	0.1	水平尺和塞尺检查
		卧式泵体垂直度（每米）	0.1	水平尺和塞尺检查
		联轴器同心度　轴向倾斜（每米）	0.8	在联轴器互相垂直的四个位置上用水准仪/百分表或测微螺钉和塞尺检查
		联轴器同心度　径向位移	0.1	

③管道及设备保温层的厚度和平整度的允许偏差见表 5。

管道及设备保温层厚度及平整度质量检查验收表　　　　表 5

序号	项目		允许偏差（mm）	检验方法
1	厚度		−0.05～0.1	用钢针刺入
2	表面平整度	卷材	5	用 2m 靠尺和楔形塞尺检查
		涂抹	10	

7）验收要求

给水系统安装施工各阶段的验收要求见表 6。

给水系统安装施工各阶段验收要求表　　　　表 6

序号	验收项目		验收时点	验收内容	验收人员
1	材料及构配件		材料进场后、使用前	材质、规格尺寸、外观质量	项目物资、技术管理人员、班组长及材料员
2	移动式脚手架	搭设过程	（1）首层脚手架搭设后；（2）顶层脚手架搭设后	斜支撑是否满足要求，顶层脚手架是否有护栏	项目安全员、技术管理人员
		使用过程	作业人员重新登上操作平台施工前	重新检查移动式脚手架斜支撑、顶层护栏是否满足要求	项目安全员、技术管理人员
3	给水管道和阀门安装		给水管道及阀门安装完成后	验收标准见表 3	项目技术管理人员、班组长
4	室内给水设备安装		室内给水设备安装完成后	验收标准见表 4	项目技术管理人员、班组长
5	管道及设备保温层安装		管道及设备保温层安装完成后	验收标准见表 5	项目技术管理人员、班组长

8）应急处置

（1）处置原则

施工过程中一旦发生险情或事故，应停止作业，切勿慌乱，切忌盲目施救，在保证自身安全的情况下按照处置措施要求科学开展施救，并及时向项目管理人员×××报告相关情况。

（2）处置措施

触电事故：当发现有人员触电时立即切断电源，若无法及时断开电源，可用干木棒、皮带、橡胶制品等绝缘物品挑开触电者接触的带电物，之后解开妨碍触电者呼吸的紧身衣服，检查口腔，清理口腔黏液并立即就地抢救。如触电者呼吸停止，应采用人工呼吸法抢救；如心脏停止跳动，应采用胸外心脏按压抢救。

火灾：当发现初起火灾时，应就近找到灭火器对准火苗根部灭火；当火灾难以扑灭时，应及时通知周边人员捂住口鼻迅速撤离。

其他事故：当发生高处坠落、起重伤害、机械伤害等事故后，应立即采取措施切断或隔断危险源，疏散现场无关人员，后对伤者进行包扎等急救，向项目部报告后原地等待救援。

93 排水系统安装安全技术交底

交底等级	三级交底	交底编号	III-093
单位工程	×××	分部工程	给排水工程
交底名称	排水系统安装	交底日期	年　月　日
交底人	分部分项工程主管工程师（签字）	确认人	工程部长（签字）
批准人	总工程师（签字）	被交底人	专职安全管理人员（签字）
			班组长及全部作业人员（签字，可附签字表）

1）施工任务

×××工程排水系统安装。

2）工艺流程

施工准备→预留、预埋→管道测绘放线→管道元件检验→管道支吊架制作安装→排水设备安装→管道及配件安装→系统灌水试验→系统通球试验。

3）作业要点

（1）施工准备

水管、型钢等材料进场后，应配合项目物资及技术管理人员进行进场验收，验收合格方可使用。整理材料存放场地，确保平整坚实、排水畅通、无积水。材料验收合格后按品种、规格分类码放，并设挂规格、数量铭牌。

（2）预留、预埋

校核土建图纸与安装图纸一致性，现场检查预埋件、预留孔的位置、样式及尺寸，配合土建施工及时做好各种孔洞的预留及预埋管、预埋件的埋设，确保埋设正确无遗漏。预埋件及预留孔洞应列表统计位置、样式及尺寸，当土建图纸与安装图纸不一致时，应及时与设计确认。

（3）管道测绘放线

根据施工图纸进行现场实地测量放线，以确定管道及其支吊架的高程和位置。利用CAD或BIM软件进行空间模拟、管道碰撞检测，提前发现问题，避免管道之间出现"碰撞"现象造成返工。

（4）管道元件检验

主要材料、成品、半成品、配件、器具和设备必须具有中文质量合格证明文件，规格、型号及性能检测报告应符合国家技术标准和设计要求。对品种、规格、外观等进行验收。包装应完好，表面无划痕及外力冲击破损。

（5）管道支吊架安装

金属排水管道上的吊钩或卡箍应固定在承重结构上。固定件间距：横管不大于 2m；立管不大于 3m。楼层高度小于或等于 4m，可安装 1 个立管固定件。立管底部的弯管处应设支墩或采取固定措施。

（6）排水设备安装

排水泵就位前应检查排水泵坑尺寸深度、混凝土强度、预留孔是否符合设计要求。排水泵安装前，排水泵坑应清淤完成，避免杂物损坏排水泵。排水泵安装时，先固定耦合装置及导杆，泵后管道上应设置橡胶软接头、橡胶瓣止回阀、闸阀、压力表等。

（7）管道及配件安装

室内生活污水管道应按铸铁管、塑料管等不同材质及管径设置排水坡度，铸铁管的坡度应高于塑料管的坡度。排水塑料管必须按设计要求及位置装设伸缩节。如设计无要求时，伸缩节间距不得大于 4m。高层建筑中明设排水管道应按设计要求设置阻火圈或防火套管。排水通气管不得与风道或烟道连接，通气管应高出屋面 300mm，但必须大于最大积雪厚度。在通气管出口 4m 以内有门、窗时，通气管应高出门、窗顶 600mm 或引向无门、窗一侧；在经常有人停留的平屋顶上，通气管应高出屋面 2m，并应根据防雷要求设置防雷装置；屋顶有隔热层应从隔热层板面算起。

（8）系统灌水试验

隐蔽或埋地的排水管道在隐蔽前必须做灌水试验，灌水高度应不低于底层卫生器具的上边缘或底层地面高度。安装在室内的雨水管道安装后应做灌水试验。

（9）系统通球试验

排水主立管及水平干管管道均应做通球试验，通球球径不小于排水管道管径的 2/3，通球率必须达到 100%。

4）安全风险及危害

排水系统安装过程中存在的安全风险见表 1。

排水系统安装施工安全风险识别表　　　　表 1

序号	安全风险	施工过程	致险因子	风险等级	产生危害
1	高处坠落	管道支架安装	（1）移动式作业平台未按规范设置防护栏； （2）作业平台跳板搭设未固定、未满铺，存在探头板； （3）作业人员未系挂安全带	Ⅲ	作业人员发生高坠死亡或重伤
		管道安装	（1）移动式作业平台未按规范设置防护栏； （2）作业平台跳板搭设未固定、未满铺，存在探头板； （3）作业人员未系挂安全带	Ⅲ	
2	物体打击	管道安装	（1）施工材料未临时固定； （2）作业平台堆置杂物或小型材料	Ⅲ	下方人员受物体打击死亡或重伤
3	起重伤害	吊运物料	（1）起重机司机、司索工、指挥技能差，未持证； （2）钢丝绳或吊带、卡扣、吊钩等破损、性能不佳； （3）未严格执行"十不吊"； （4）吊装指令传递不佳，存在未配置对讲机、多人指挥等情况； （5）起重机回转范围外侧未设置警戒区	Ⅲ	起重作业人员及受其影响人员死亡或重伤

663

序号	安全风险	施工过程	致险因子	风险等级	产生危害
4	触电	起重吊装	（1）未掌握高压线电压及作业安全距离； （2）未设置警戒区，起重机支立位置不当； （3）起重机大臂侵入高压线安全区	Ⅲ	司机触电死亡或重伤
		轨行区及站台管道安装	（1）未掌握接触网是否带电及作业安全距离； （2）未进行停电施工； （3）违规作业	Ⅲ	作业人员触电死亡或重伤
		管道及支架安装	（1）临电箱破损； （2）施工时未按要求使用三级箱或三级箱不满足一箱一机一闸一漏	Ⅲ	作业人员触电死亡或重伤
5	火灾	支架及管道切割	（1）支架及管道切割未设置防火罩； （2）易燃物品未及时清理	Ⅲ	财产损失或人员伤亡
		支架制作	（1）支架焊接时未设置接火盆； （2）焊接施工时，附近未放置灭火器	Ⅲ	财产损失或人员伤亡

5）安全风险防控措施

（1）防控措施

为防范以上安全风险，需严格落实各项风险防控措施，详见表2。

排水系统安装施工安全风险防控措施表　　表2

序号	安全风险	措施类型	防控措施	备注
1	高处坠落	安全防护	（1）移动式作业平台按规范设置防护栏； （2）作业平台跳板搭设牢固、满铺； （3）作业人员按要求挂系安全带	
		管理措施	（1）为工人配发合格的安全带、安全帽等防护用品，培训正确穿戴使用； （2）做好安全防护设施的日常检查维护，发现损坏及时修复	
2	物体打击	安全防护	（1）施工材料及时固定； （2）架体底部设置警戒区	
		管理措施	（1）作业平台顶部严禁堆置杂物及小型材料； （2）施工时安排专职安全员旁站	
3	起重伤害	安全防护	起重机回转范围外侧设置警戒区	
		管理措施	（1）做好起重设备及特种作业人员的进场验收管理，保证设备性能、人员技能满足要求，设备及人员证件齐全有效； （2）做好钢丝绳或吊带、卡扣、吊钩、对讲机等日常检查维护，确保使用性能满足要求； （3）吊装作业专人指挥，严格执行"十不吊"	
4	触电	安全防护	（1）高压线底部设置警戒区，警戒区内严禁支立起重机等长臂设备； （2）轨行区施工实行清点作业，严禁带电作业； （3）正确使用临电作业	
		管理措施	（1）对起重机司机进行专项交底，告知作业风险、安全距离及适宜的作业位置等； （2）作业过程中加强现场指挥，并服从电力部门工作人员指挥； （3）及时检查临电系统是否出现故障，保证作业人员安全	
5	火灾	安全防护	（1）支架及管道切割设置防火罩； （2）易燃物品及时清理； （3）支架焊接时设置接火盆	

序号	安全风险	措施类型	防控措施	备注
5	火灾	管理措施	（1）加强作业人员安全教育； （2）定时进行安全演练； （3）增加施工现场灭火器数量	

（2）工作纪律

除落实以上安全风险防控措施外，还应严格遵守以下工作纪律。

①防护用品：作业人员正确佩戴使用安全帽、安全带，正确穿戴防滑鞋及紧口工作服。

②班前讲话：每日上工前，由班组长开展班前讲话，将当日作业内容、存在的安全风险及危害、防范措施、作业要点等告知全部作业人员。

③工前检查：每日班前讲话后，对工人身体状态、防护用品使用、现场作业环境等进行例行检查，发现问题及时处理。

④维护保养：做好安全防护设施、安全防护用品、起重设备机具等的日常维护保养，发现损害或缺失，及时修复或更换。

6）质量标准

①生活污水铸铁管道的安装坡度必须符合设计要求或表3的要求。

生活污水铸铁管道安装坡度检查验收表　　　　　　　　　　表3

序号	管径（mm）	标准坡度（‰）	最小坡度（‰）
1	50	35	25
2	75	25	15
3	100	20	12
4	125	15	10
5	150	10	7
6	200	8	5

②生活污水塑料管道的坡度必须符合设计要求或表4的要求。

生活污水塑料管道安装坡度检查验收表　　　　　　　　　　表4

序号	管径（mm）	标准坡度（‰）	最小坡度（‰）
1	50	25	12
2	75	15	8
3	110	12	6
4	125	10	5
5	160	7	4

③排水塑料管道支吊架间距见表5。

排水塑料管道支吊架间距检查验收表　　　　　　　　　　表5

管径（mm）	50	75	110	125	160

立管	1.2	1.5	2.0	2.0	2.0
横管	0.5	0.75	1.1	1.3	1.6

④室内排水管道安装的允许偏差见表6。

室内排水管道安装施工检查验收表　　表6

序号	项目				允许偏差（mm）	检验方法
1	坐标				15	用水准仪（水平尺）、直尺、拉线和尺量检查
2	高程				±15	
3	横管纵横方向弯曲	铸铁管	每米		≤1	
			全长（25m以上）		≤25	
		钢管	每米	管径≤100mm	1	
				管径＞100mm	1.5	
			全长（25m以上）	管径≤100mm	≤25	
				管径＞100mm	≤30	
		塑料管	每米		1.5	
			全长（25m以上）		≤38	
		钢筋混凝土管	每米		3	
			全长（25m以上）		≤75	
4	立管垂直度	铸铁管	每米		3	吊线和尺量检查
			全长（5m以上）		≤15	
		钢管	每米		3	
			全长（5m以上）		≤10	
		塑料管	每米		3	
			全长（5m以上）		≤15	

7）验收要求

排水系统安装施工各阶段验收要求见表7。

排水系统安装施工各阶段验收要求表　　表7

序号	验收项目		验收时点	验收内容	验收人员
1	材料及构配件		材料进场后、使用前	材质、规格尺寸、外观质量	项目物资、技术管理人员、班组长及材料员
2	移动式脚手架	搭设过程	（1）首层脚手架搭设后；（2）顶层脚手架搭设后	斜支撑是否满足要求，顶层脚手架是否有护栏	项目安全员、技术管理人员，班组长及安全员
		使用过程	作业人员重新登上操作平台施工前	重新检查移动式脚手架斜支撑、顶层护栏是否满足要求	项目安全员、技术管理人员，班组长及安全员
3	生活污水铸铁管道安装		生活污水铸铁管道安装完成后	验收标准见表3	项目技术管理人员、班组长及技术员

序号	验收项目	验收时点	验收内容	验收人员
4	生活污水塑料管道安装	生活污水塑料管道安装完成后	验收标准见表4	项目技术管理人员、班组长及技术员
5	排水塑料管道支、吊架间距	排水塑料管道支、吊架安装完成后	验收标准见表5	项目技术管理人员、班组长及技术员
6	室内排水管道安装	室内排水管道安装完成后	验收标准见表6	项目技术管理人员、班组长及技术员

8）应急处置

（1）处置原则

施工过程中一旦发生险情或事故，应停止作业，切勿慌乱，切忌盲目施救，在保证自身安全的情况下按照处置措施要求科学开展施救，并及时向项目管理人员×××报告相关情况。

（2）处置措施

触电事故：当发现有人员触电时立即切断电源，若无法及时断开电源，可用干木棒、皮带、橡胶制品等绝缘物品挑开触电者接触的带电物，之后解开妨碍触电者呼吸的紧身衣服，检查口腔，清理口腔黏液并立即就地抢救。如触电者呼吸停止，应采用人工呼吸法抢救；如心脏停止跳动，应采用胸外心脏按压抢救。

火灾：当发现初起火灾时，应就近找到灭火器对准火苗根部灭火；当火灾难以扑灭时，应及时通知周边人员捂住口鼻迅速撤离。

其他事故：当发生高处坠落、起重伤害、机械伤害等事故后，应立即采取措施切断或隔断危险源，疏散现场无关人员，后对伤者进行包扎等急救，向项目部报告后原地等待救援。

建　筑　篇

94 双排落地脚手架安全技术交底

交底等级	三级交底	交底编号	III-094
单位工程	××大厦项目	分部工程	A 塔楼外墙防护工程
交底名称	双排落地脚手架	交底日期	年　月　日
交底人	分部分项工程主管工程师（签字）	确认人	工程部长（签字）
批准人	总工程师（签字）	被交底人	专职安全管理人员（签字）
			班组长及全部作业人员（签字，可附签字表）

1）施工任务

××大厦项目共计 4 个单体，其中 A 楼地上共 35 层，建筑高度 190.5m，建筑面积 61743.61m²，塔楼核心筒为混凝土结构，平面尺寸为 22.2m×22.2m，1～2 层核心筒外墙防护采用扣件式双排落地式脚手架，搭设高度为 13.8m，3 层至顶层采用液压爬模。

2）工艺流程

（1）架体搭设

场地平整、夯实→材料配备→定位设置通长脚手板、底座→纵向扫地杆→立杆→横向扫地杆→小横杆→大横杆（格栅）→剪刀撑→连墙件→铺脚手板→扎防护栏杆→扎安全网。

（2）架体拆除

安全网→踢脚板→脚手板→护身栏杆→剪刀撑→斜撑→小横杆→大横杆→立杆→连墙杆。

3）作业要点

（1）施工准备

钢管、扣件、密目网等材料进场后，配合项目物资及技术管理人员进行进场验收，验收合格方可使用。整理材料存放场地，确保平整坚实、排水畅通、无积水。材料验收合格后按品种、规格分类码放，并挂设规格、数量铭牌。

选用外径 48mm、壁厚 3.0mm、钢材强度等级 Q235-A 的钢管，钢管表面应平直光滑，不应有裂纹、分层、压痕、划道和硬弯，新用的钢管要有出厂合格证。脚手架施工前必须将入场钢管取样，送有相关国家资质的试验单位，进行钢管抗弯、抗拉等力学试验，试验结果满足设计要求后，方可在施工中使用。搭设架子前应进行保养，除锈并统一涂色，颜色力求环境美观。

安全网：采用密目式安全网，网目应满足 2000 目/100cm²，颜色应满足环境效果要求，选用绿色。要求阻燃，使用的安全网必须有产品生产许可证和质量合格证，以及有安全监督管理部门发放的准用证。

（2）架体基础处理

落地脚手架基础部位设置在塔楼地下室顶板上，地下室顶板厚度为250mm，混凝土强度等级为C35，地下室回支顶规格同排栅。

（3）架体搭设

搭设前，按照架体平面布置图对立杆搭设位置进行定位。支架搭设严格按照先立杆、后纵横向扫地杆、再搭设剪刀撑的顺序搭设。

①立杆搭设要求

脚手架立杆纵距1.50m，横距0.90m，水平杆步距1.80m；连墙杆设置方式为"2步3跨"；内立杆距建筑物0.20m。立杆接长除顶层顶步外，其余各层各步接头必须采用对接扣件连接，立杆与大横杆采用直角扣件连接。接头位置交错布置，两个相邻立杆接头避免出现在同步同跨内，并在高度方向错开的距离不小于500mm；各接头中心距主节点的距离不大于步距的1/3，顶层顶步采用搭接连接时，搭接部位扎结不少于2道，立杆顶端亦高出屋面层作业面1.5m。立杆应设置垫木底座，并设置纵横方向扫地杆，连接于立脚点杆上，离底座20cm左右。立杆的垂直偏差应控制在不大于架高的1/400。

②大横杆、小横杆搭设要求

纵向水平杆在脚手架高度方向的间距为1.8m，其中脚手架外侧纵向水平杆竖向间距为0.6m，以便立网挂设；纵向水平杆宜设置在立杆内侧，其长度不宜小于3跨。纵向水平杆接长宜采用对接扣件连接，也可采用搭接。其要求如下：当采用对接时，对接扣件应该交错布置，两根相邻纵向水平杆接头不宜设置在同步或同跨；各接头中心至最近主节点的距离不宜大于纵距的1/3。当采用搭接时，搭接长度不应小于1m，应等间距设置3个旋转扣件固定，端部扣件盖板边缘至搭接纵向水平杆杆端的距离不应小于100mm。纵向水平杆应作为横向水平杆的支座，用直角扣件固定在立杆上。

外架子按立杆与大横杆主节点处设置小横杆，两端固定在立杆，以形成空间结构整体受力。主接点处两个直角扣件的中心距不应大于150mm。主节点处必须设置一根横向水平杆，用直角扣件扣接且严禁拆除；并且作业层上非主节点处的横向水平杆，宜根据支承脚手板的需要等间距设置，最大间距不应大于纵距的1/2。

当使用竹串片脚手板时，双排脚手架的横向水平杆两端均应采用直角扣件固定在纵向水平杆上；单排脚手架的横向水平杆的一端，应用直角扣件固定在纵向水平杆上，另一端应插入墙内，插入长度不应小于180mm。

脚手架必须设置纵、横向扫地杆。纵向扫地杆应采用直角扣件固定在距底座上表面不大于200mm处的立杆上。横向扫地杆也应采用直角扣件固定在紧靠纵向扫地杆下方的立杆上。当立杆基础不在同一高度时，必须将高处的纵向扫地杆向低处延长两跨与立杆固定，高低差不应大于1m。

③连墙件、剪刀撑搭设要求

脚手架外侧立面要设置整个长度和高度上连续剪刀撑，并应由底至顶连续设置；剪刀撑斜杆的接长宜采用搭接，搭接长度不小于1m，应采用不少于3个旋转扣件固定。剪刀撑斜杆应用旋转扣件固定在与之相交的横向水平杆的伸出端或立杆上，旋转扣件中心线离主节点的距离不宜大于150mm。

脚手架与建筑物按2步3跨设一刚性连接点，连接点采用φ48mm钢管与预埋在混凝土梁上的φ48mm钢管连接。拉结点在转角范围内和顶部处加密，即在转角1m以内范围增设一拉结点。拉结点应保证牢固，防止其移动变形，且尽量设置在外架大小横杆接点处。外墙装饰阶段拉结点不能拆除，以确保外脚手架安全可靠。

④脚手板、脚手片的铺设要求

作业层脚手板应铺满、铺稳，离开墙面120～150mm。

竹串片脚手板应设置在三根横向水平杆上。当脚手板长度小于2m时，可采用两根横向水平杆支承，但应将脚手板两端与其可靠固定，严防倾翻。脚手板的铺设可采用对接平铺，亦可采用搭接铺设。脚手板对接平铺时，接头处必须设两根横向水平杆，脚手板外伸长应取130～150mm，两块脚手板外伸长度的和不应大于300mm；脚手板搭接铺设时，接头必须支在横向水平杆上，搭接长度应大于200mm，其伸出横向水平杆的长度不应小于100mm。

作业层端部脚手板探头长度应取150mm，其板长两端均应与支承杆可靠地固定。脚手板探头应用直径3.2mm镀锌钢丝固定在支承杆件上。

⑤防护栏杆

脚手架外侧使用绿色密目式安全网封闭，且将安全网固定在脚手架外立杆里侧。选用18号铅丝张挂安全网，要求严密、平整。脚手架外侧必须设1.5m高的防护栏杆和20cm高踢脚杆，顶排防护栏杆不少于2道，高度分别为0.6m和1.2m。脚手架内侧形成临边的（如遇大开间门窗洞等），在脚手架内侧设1.5m的防护栏杆和20cm高踢脚杆。

⑥架体内封闭

脚手架的架体里立杆距墙体净距为200mm，如因结构设计的限制大于200mm的必须铺设工作平桥，平桥设置平整牢固。施工层以下每隔3步以及底部用密目网水平兜底网进行封闭。

⑦防护棚

在建工程出入口的上方应搭设防护棚，出入口顶部用50mm厚木板，防护棚宽度大于洞口宽度，长度不应小于坠落半径。安全通道的宽度不得小于1.5m，坡度（高：长）为1：3，通道两侧和平台处应设护栏和踢脚板，安全通道脚手板上还应钉防滑条，防滑条厚度为2cm，间隔不大于30cm。脚手板横铺时，应在小横杆上增设中间斜杆，间距应不小于50cm。脚手板顺铺时，下面板压住上面板，接头处应用三角木填牢。

（4）架体拆除

收到项目技术人员指令后，方可进行架体拆除。拆架程序应遵守由上而下、先搭后拆的原则，即先拆拉杆、脚手板、剪刀撑、斜撑，后拆小横杆、大横杆、立杆等，并按一步一清原则依次进行，严禁上下同时进行拆架作业。严禁高空抛掷拆卸的杆件及构配件。拆除至地面的杆件及构配件及时检查、维修及保养，并应按品种、规格分类存放。拆立杆时，要先抱住立杆再拆开最后两个扣，拆除大横杆、斜撑、剪刀撑时，应先拆中间扣件，然后托住中间，再解端头扣。连墙杆（拉结点）应随拆除进度逐层拆除，不得提前拆除抛撑。指定专人指挥架体拆除作业，拆架时应划分作业区，周围设绳绑围栏或竖立警戒标志，地面应设专人指挥，禁止非作业人员进入。拆架的高处作业人员应戴安全帽、系安全带、扎裹腿、穿软底防滑鞋。

（5）环境风险管控

架体搭设及拆除时指定专人指挥架体作业，划分作业区，周围设绳绑围栏或竖立警戒标志，地面应设专人指挥，禁止非作业人员进入。

4）安全风险及危害

双排落实式钢管脚手架安拆及使用过程中存在的安全风险见表1。

双排落实式钢管脚手架施工安全风险识别表					表 1
序号	安全风险	施工过程	致险因子	风险等级	产生危害
1	失稳坍塌	主体结构施工作业	（1）架体随意堆放材料； （2）塔式起重机吊装过程中撞击架体	I	架体上方作业人员群死群伤
		架体安装、拆除	（1）地基处理不到位、架体安装不规范； （2）未进行地基及架体验收； （3）立杆、大小横杆扣件未宁固到位； （4）连墙件设置超过"2步3跨"要求，或连墙件未加固到位； （5）剪刀撑未按照要求设置，架体整体失稳； （6）架体总体拆除顺序不当； （7）先行拆除扫地杆、剪刀撑、连墙件； （8）塔式起重机起重机吊装钢管过程中与架体连接，形成拖拽情况	II	
2	高处坠落	架体安装、拆除	（1）作业人员未穿防滑鞋、未系挂安全带； （2）未挂设安全平网； （3）架体层间硬质防护未时搭设	III	架体上方作业人员死亡或重伤
		主体结构施工作业	（1）架体搭设不及时，楼层已进行施工作业； （2）未规范设置防护栏、密目网； （3）跳板搭设未固定、未满铺，存在探头板； （4）架体搭设未按照要求，超过楼层作业面； （5）架体堆放材料且未及时清理，架体内人员行走作业且未系挂安全带	III	
		人员上下行	未规范设置爬梯	III	
3	物体打击	主体结构施工作业	（1）未设置踢脚板； （2）架体内堆置杂物或小型材料； （3）架体外侧底部未满挂密目网，施工人员未按照要求从施工通道进入单体内，在架体内随意穿梭； （4）跳板搭设未固定、未满铺； （5）架体与单体外墙层间安全网未按照要求设置，或损坏未及时恢复； （6）架体上建筑垃圾、混凝土块未及时清理； （7）架体内垂直方向交叉作业； （8）楼层内作业人员随意抛掷作业材料	IV	架体下方人员死亡或重伤
		架体安装、拆除	（1）架体安装、拆除过程中，施工作业区域底部未有效设置警戒区； （2）安装、拆除过程中，架子工随意抛掷杆件、构配件； （3）架体拆除前，未对架体逐层清理到位	IV	
4	起重伤害	吊运物料	（1）塔式起重机起重机司机、司索工、指挥技能差，未持证； （2）钢丝绳或吊带、卡扣、吊钩等破损、性能不佳； （3）未严格执行"十不吊"； （4）吊装指令传递不佳，存在未配置对讲机、多人指挥等情况	III	起重作业人员及受其影响人员死亡或重伤

5）安全风险防控措施

（1）防控措施

为防范以上安全风险，需严格落实各项风险防控措施，详见表2。

序号	安全风险	措施类型	防控措施	备注
1	失稳坍塌	质量控制	（1）严格按设计、规程及验标要求，进行地基处理及架体搭设； （2）严格按规程要求进行架体安装、拆除作业，保证剪刀撑、大小横杆、连墙件等在拆除至该层杆件时拆除	
		管理措施	（1）严格按照要求，施工作业前对作业人员必须进行安全技术交底，架子工必须持证上岗作业； （2）进场材料必须进行现场验收，同时入场钢管取样，送有相关国家资质的试验单位，试验结果满足设计要求后，方可在施工中使用； （3）严格执行地基处理及支架搭设验收程序； （4）地基受雨水浸泡、冲刷，架体受大风或冻融影响后，及时进行二次验收； （5）现场搭设及拆除过程中必须设置警戒带，同时安排专人进行旁站	
2	高处坠落	安全防护	（1）架体搭设过程中，及时挂设安全平网； （2）工人作业时穿防滑鞋，正确使用安全带； （3）跳板满铺且固定牢固，杜绝探头板； （4）封闭围护，规范设置防护栏及密目网； （5）架体搭设按照要求超过楼层作业面	
		管理措施	（1）为工人配发合格的安全带、安全帽等防护防护用品，并培训正确使用； （2）做好安全防护设施的日常检查维护，发现损坏及时修复	
3	物体打击	安全防护	（1）作业平台规范设置踢脚板； （2）架体底部满挂密目网	
		管理措施	（1）作业平台顶部严禁堆置杂物及小型材料； （2）安装、拆除作业时，专人指挥，严禁随意抛掷杆件及构配件； （3）架体上垃圾及时清理到位； （4）架体与单体外墙水平兜网及时系挂，损坏及时恢复	
4	起重伤害	管理措施	（1）做好起重设备及特种作业人员的进场验收管理，保证设备性能、人员技能满足要求，设备及人员证件齐全有效； （2）做好钢丝绳或吊带、卡扣、吊钩、对讲机等日常检查维护，确保使用性能满足要求； （3）吊装作业专人指挥，严格执行"十不吊"	

（2）工作纪律

除落实以上安全风险防控措施外，还应严格遵守以下工作纪律。

①防护用品：作业人员正确佩戴使用安全帽、安全带，正确穿戴防滑鞋及紧口工作服。

②班前讲话：每日上工前，由班组长开展班前讲话，将当日作业内容、存在的安全风险及危害、防范措施、作业要点等告知全部作业人员。

③工前检查：每日班前讲话后，对工人身体状态、防护用品使用、现场作业环境等进行例行检查，发现问题及时处理。

④维护保养：做好安全防护设施、安全防护用品、起重设备机具等的日常维护保养，发现损害或缺失，及时修复或更换。

6）质量标准

双排落实式钢管脚手架搭设应达到的技术要求、允许偏差与检验方法见表3。

		双排落实式钢管脚手架搭设技术要求、允许偏差与检验方法表				表3

项次	项目		技术要求	允许偏差（mm）	示意图	检查方法与工具
1	地基基础	表面	坚实平整	—	—	观察
		排水	不积水			
		垫板	不晃动			
		底座	不滑动			
			不沉降	−10		

| 2 | 单、双排与满堂脚手架立杆垂直角度 | 最后验收立杆垂直度20～50m | — | ±100 | | 用经纬仪或吊线和卷尺 |

		脚手架允许水平偏差（mm）			
	搭设中检查偏差的高度H（m）	总高度			
		50m	40m	20m	
	H = 2	±7	±7	±7	
	H = 10	±20	±25	±50	
	H = 20	±40	±50	±100	
	H = 30	±60	±75		
	H = 40	±80	±100		
	H = 50	±100			
	中间挡次用插入法				

| 3 | 满堂支撑架立杆垂直度 | 最后验收垂直度30m | — | ±90 | | 用经纬仪或吊线和卷尺 |

	下列满堂支撑架允许水平偏差（mm）	
搭设中检查偏差的高度H（m）	总高度	
	30m	
H = 2	±7	
H = 10	±30	
H = 20	±60	
H = 30	±90	
中间挡次用插入法		

4	单双排、满堂脚手架间距	步距	—	±20	—	钢板尺
		纵距		±50		
		横距		±20		
5	满堂支撑架间距	步距	—	±20	—	钢板尺
		立杆间距		±30		

项次	项目		技术要求	允许偏差（mm）	示意图	检查方法与工具
6	纵向水平杆高差	一根杆的两端	—	±20	注：l_a为竖杆间距。	水平仪或水平尺
		同跨内两根纵向水平杆高差	—	±10		水平仪或水平尺
7	剪刀撑斜杆与地面的倾角		45°～60°	—	—	角尺
8	脚手板外伸长度	对接	$a = 130～150mm$ $l < 300mm$（a为单块脚手板悬出长度，l为两侧脚手板悬出长度之和）	—		卷尺
		搭接	$a \geqslant 100mm$ $l \geqslant 200mm$	—		卷尺
9	扣件安装	主节点处各扣件中心点相互距离	$a \leqslant 150mm$	—		钢板尺
		同步立杆上两个相隔对接扣件的高差	$a \geqslant 500mm$	—		钢卷尺
		立杆上的对接扣件至主节点的距离	$a \leqslant h/3$	—		钢卷尺
		纵向水平杆上的对接扣件至主节点的距离	$a \leqslant l_a/3$	—		钢卷尺
		扣件螺栓拧紧扭力矩	40～60N·m	—	—	扭力扳手

注：1-立杆；2-纵向水平杆；3-横向水平杆；4-剪刀撑。

7）验收要求

双排落实式钢管脚手架搭设各阶段的验收要求见表4。

表4

双排落实式钢管脚手架各阶段验收要求表

序号	验收项目	验收时点	验收内容	验收人员
1	材料及构配件	钢管材料进场后、使用前	材质、规格尺寸、焊缝质量、外观质量	项目物资、技术管理人员，班组长及材料员

序号	验收项目		验收时点	验收内容	验收人员
2	支架基础	基底	垫层施工前	地基承载力	项目试验人员、技术员，班组技术员
		垫层	基底处理验收完成后	详见《双排落实式钢管脚手架搭设技术要求、允许偏差与检验方法表》	项目测量试验人员、技术员，班组长及技术员
3	支架架体	搭设过程	（1）首层水平杆搭设后； （2）每2~4步距或不大于6m； （3）每层架体搭设完成后； （4）搭设达到设计高度后	详见《双排落实式钢管脚手架搭设技术要求、允许偏差与检验方法表》	项目技术员、测量人员，班组长及技术员
		使用过程	（1）停用1个月以上，恢复使用前； （2）遇6级及以上强风、大雨后； （3）冻结的地基土解冻后	除《双排落实式钢管脚手架搭设技术要求、允许偏差与检验方法表》要求的内容外，应重点检查基础有无沉降、开裂，立杆与基础间有无悬空，插销是否销紧等	项目技术员、测量人员，班组长及技术员

8）应急处置

（1）处置原则

施工过程中一旦发生险情或事故，应停止作业，切勿慌乱，切忌盲目施救，在保证自身安全的情况下按照处置措施要求科学开展施救，并及时向项目管理人员×××报告相关情况。

（2）处置措施

当发生高处坠落、起重伤害、机械伤害等事故后，应立即采取措施切断或隔断危险源，疏散现场无关人员，后对伤者进行包扎等急救，向项目部报告后原地等待救援。

95 型钢悬挑脚手架施工安全技术交底

交底等级	三级交底	交底编号	III-095
单位工程	16 号住宅楼	分部工程	钢筋混凝土主体
交底名称	**型钢悬挑脚手架施工**	交底日期	年　月　日
交底人	分部分项工程主管工程师（签字）	确认人	工程部长（签字）
批准人	总工程师（签字）	被交底人	专职安全管理人员（签字） 班组长及全部作业人员（签字，可附签字表）

1）施工任务

16 号住宅楼为地上 18 层建筑，层高 2.9m、檐高 52.2m、长 29.8m、宽 12.6m，1～2 层为混凝土现浇结构，3～18 层为装配式剪力墙结构。八层底至顶采用上拉式悬挑脚手架施工。型钢悬挑架共悬挑六层高度，架体搭设高度 18m，详见附件《16 号住宅楼型钢悬挑脚手架设计图》。

2）工艺流程

（1）搭设安装

测量定位、施工准备→工字钢基础施工→挑梁施工→立杆、横杆安装→横杆与拉节点连接→设置剪刀撑→脚手板铺设→防护网安装→架体验收。

（2）拆除

由上而下、后搭者先拆、先搭者后拆，同一部分拆除顺序是：拆安全网→拆小横杆→拆大横杆→拆立杆→拆连墙杆→最后拆悬挑工字钢。

3）作业要点

（1）施工准备

脚手架构配件、型钢等材料进场后（材料规格型号见表 1），配合项目物资及技术管理人员进行进场验收，验收合格方可使用。整理材料存放场地，确保平整坚实、排水畅通、无积水。材料验收合格后按品种、规格分类码放在钢管及工字钢堆场。钢管根据不同长度分别码放在包装架内，高度不得高于 2m；工字钢根据长度码放在堆场内，码放整齐、统一喷漆，并设挂规格、数量铭牌。

悬挑脚手架工程材料规格一览表　　　　　　　　　　　　表 1

序号	材料型号	规格
1	Ⅰ18 工字钢	4500mm、6000mm
2	钢管（ϕ48.3mm×3.0mm）	1.5m、2.5m、4m、6m

序号	材料型号	规格
3	扣件	直角、旋转、对接
4	脚手板	50mm × 4m
5	密目安全网	1.5mm
6	钢丝绳	ϕ12.5
7	U 形螺栓	ϕ18 圆钢

（2）支架基础处理

基础采用Ⅰ18 号工字钢的长度为 4.5m 和 6m 两种。在 *A-B* 轴与 2-14 轴，图纸设计为凸出建筑物为 1.2m，外加悬挑阳台 1.3m，所以以上部位使用 6m 长工字钢悬挑，悬挑长度 2.5m，其他部位使用 4.5m 长工字钢悬挑；楼梯部位采用 6m 长悬挑工字钢穿过楼梯间剪力墙，端头锚固在过道内的楼板之上。

①预埋 U 形锚环

悬挑梁末端采用预埋两道 U 形锚环固定，间距 100～300mm，锚拉环采用 ϕ18mm 钢筋，做成 U 字形，螺纹丝扣（图 1）。螺纹长度满足不得少于两个螺母以上的长度，现场必须安装双螺母）采用机床加工并冷弯成型，不得采用板牙套丝或挤压滚丝，长度不小于 150mm；U 形锚环宜采用冷弯成型。

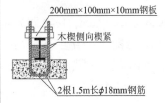

200mm×100mm×10mm钢板
木楔侧向楔紧
2根1.5m长ϕ18mm钢筋

图 1　U 形锚环大样图

②预埋吊环

拉环埋在楼板下铁下侧，在弯钩处各加一根 ϕ20mm 钢筋，锚固钢筋长 1500mm。在本层楼板钢筋绑扎时，按照悬挑钢梁布置图弹线准确布置拉环（图 2）。浇筑混凝土过程中，派专人看护，吊环受力时混凝土的强度必须达到设计混凝土强度的 90%。

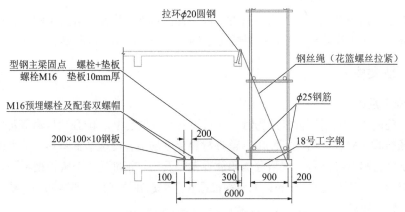

拉环ϕ20圆钢
钢丝绳（花篮螺丝拉紧）
型钢主梁固点　螺栓+垫板
螺栓M16　垫板10mm厚
ϕ25钢筋
M16预埋螺栓及配套双螺帽
200×100×10钢板
18号工字钢
200
100　300　900　200
6000

图 2　吊环预埋件示意图（尺寸单位：mm）

③工字钢锚固

4.5m、6m 工字钢上的锚固点的尺寸相同，工字钢上分别设置两组锚固装置，一组一根在前，另一组为两根在后，锚固装置设置在锚固端点 100mm 及 300mm（第二道）处和距梁外边 500mm 处（第一道）（图 3）。待工字钢安装就位后，将工字钢与锚固钢筋之间缝隙处用硬木楔楔紧，安装好的工字钢必须牢固可靠。

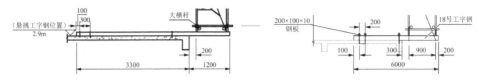

图3 工字钢锚固点示意图（尺寸单位：mm）

（3）挑梁搭设

①工字钢支点

挑梁采用Ⅰ18工字钢制作，制作时，根据脚手架结构尺寸，确定挑梁内端在结构上的支点位置（图4），在工字钢上距挑出端100mm与1100mm处，在挑梁前端立杆位置焊30mm高ϕ25mm钢筋，用以立杆定位，防止立杆移位。

图4 工字钢支点示意图

②工字钢悬挑

安装工字钢时，楼板混凝土强度必须达到混凝土设计强度的90%以上；一般部位工字钢随楼凹凸部位搭设；具体步骤为先固定两端的工字钢，再挂通线绳使其相同部位所探出的工字钢长度一致（图5），工字钢的安装采用塔式起重机进行安装，进行安装穿入工字钢的锚固装置；挑梁穿越剪力墙内时，预留150（宽）mm×250mm（高）预留洞，用于挑梁前端固定。遇阳台、飘窗板、雨棚等部位的挑梁前端必须垫高3cm，不能将荷载直接传递至悬挑构件，待上层剪力墙浇完后采用钢丝绳将挑梁前端拉起卸荷。

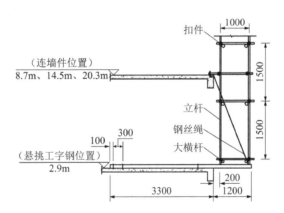

图5 工字钢悬挑施工图（尺寸单位：mm）

③大角处理

悬挑架体阳角处采取增设压梁的形式进行悬挑，即在悬挑钢梁上增设一段型钢，增设的压梁型号与悬挑钢梁相同（图6）。该部位增设的压梁尺寸根据实际确定，并且不得小于两跨的尺寸。施工中首先根据新建工程的尺寸避开此处的角柱，工字钢成扇面打开型布置，悬挑钢梁之间的角度控制在30°之间，且悬挑部位的长度应满足外排脚手架的尺寸；悬挑钢梁施工后，根据架体的设计尺寸，将压梁铺设在悬挑钢梁上，铺设方式成"凹"字形，铺设好的压梁与悬挑钢梁的每个节点均进行焊接以保证该部位的整体强度。

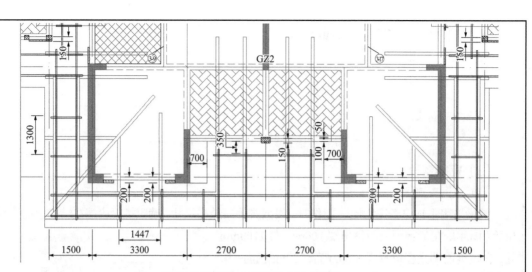

图6 阳角处压梁施工示意图（尺寸单位：mm）

④卸荷装置

采用直径为 12.5mm 的钢丝绳，一端固定在工字钢上方 6m 处墙上预留的过墙眼中，在墙内用钢管卡环固定牢固；另一端设置在工字钢上，外排立杆内侧且距立杆 50mm 焊接 U 形环，其材质为直径 18mm 的一级圆钢，然后将钢丝绳连接在工字钢的 U 形环上，钢丝绳与工字钢的夹角在 60°～80°之间，每根卸荷钢丝绳两端各设置 3 个卡环，开口方向全部为受力绳。支架底部外侧设置警戒线。支架搭设过程中及完成后，配合项目技术、测量人员进行支架验收。

（4）支架搭设

①杆件的间距

a. 立杆的设置

立杆的间距为 1.5m，外排立杆的距墙距离为 1.2m，内排立杆距墙 0.2m，立杆的垂直偏差不大于 100mm。立杆接长各层各步必须使用对接扣件连接，立杆采用长度 4m、6m 一次设置对接扣件交错布置，两根相邻立杆的接头相互错开，不设置在同步内，同步内隔一根立杆的两个相隔接头在高度方向错开的距离不小于 500mm，各接头中心至主节点的距离不大于步距的 1/3，见图 7。

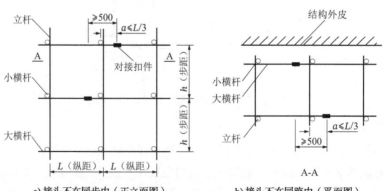

a) 接头不在同步内（正立面图）   b) 接头不在同跨内（平面图）

图 7 杆件布置示意图（尺寸单位：mm）

b. 大横杆的设置

大横杆的步距为 1.5m，上下横杆的接头位置相互错开，接头布置在不同的立杆间距内，两根相邻纵向水平接头设置相互错开不小于 500mm，各接头中心至最近主节点的距离不大于纵距的 1/3，以保证架体的稳定性及刚度。

c. 小横杆的设置

脚手架小横杆主体期间作为外围防护架子使用不起承重作用，因此小横杆每隔 3m 设置一道，施工期间作用层大横杆每个结点均设小横杆，以确保架体的稳定性，小横杆露出架体不大于 0.3m，以保证安全网的挂设。

②架体与建筑物拉结点的设置

横向、纵向拉结点均按照 3m 进行布置，拉结点布置成矩形，由建筑物四角起每隔 3m 设一组，见图 8。拉结点从底层第一步纵向水平杆处开始设置，拉结点设置在大横杆与立杆交点处，当拉结点不处在大横杆与立杆交点时，拉结点设在立杆上，拉结点偏离主节点的距离不大于 300mm。

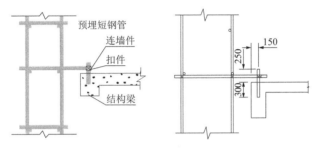

图 8　架体与建筑物拉节点示意图（尺寸单位：mm）

拉结点采用剪力墙空调眼处穿钢管，背面锁管与外脚手架链接牢固。采用 ϕ20mm 钢筋预埋混凝土中、钢筋做 15cm 枵子埋入混凝土中 20cm 锚固，钢筋与钢管采用扣件连接空隙处用木楔填实。施工期间质量要求不能留置脚手眼时，架体拉结点改为里外两棵钢管夹窗口的方法进行拉结；当拉结点不能满足要求时要预留埋件，拉结点与埋件采用焊接的方法进行拉。

③剪刀撑的设置

剪刀撑应采取沿架体全高连续布置的方式，剪刀撑与地面的倾斜角度为 45°～60°之间；剪刀撑斜杆的接长必须采用搭接，搭接长度不应小于 1.0m，并且设置三个转环扣件进行加固；剪刀斜杆应用旋转扣件固定在与相交的横向水平杆的伸出端或立杆上，旋转扣件中心线至主节点的距离不宜大于 150mm。

④脚手板安装

采用木脚手板为随层板（脚手板尺寸为 50mm×4m），跟随作业层升高而升高，脚手板在施工中要满铺铺平不得留有空隙及探头板，脚手板要选用坚实可靠的钢脚手板顺行铺设，不得使扭曲、变形、严重锈蚀的。脚手板采用 8 号铁丝与小横杆做可靠连接。外脚手架必须高于施工作业层一步，步高 1.5m，作业层四周的外脚手架上必须张挂严密的小眼网，防止物料坠落，造成物体打击事故；作业层四周的脚手架上必须铺设严密的随层作业钢脚手板（脚手板尺寸为 50mm×4m），在四周的外脚手架上必须张挂严密的随层作业平网。

⑤架体防护

架体采用 1.5m×6m 的密目式安全网自上而下进行全封闭，密目式安全网设置在外排立杆内侧，随着架体的搭设而绑扎，密目式安全网的绑扎使用塑料锁扣，不得留有缝隙或孔洞，架体的防护网必须高于施工作业 1.5m。架体之间挂设安全平网 3 道，分别于 3m、9m、15m处挂设，安全平网在挂设时应做到外高内低与架体绑扎牢固，安全平网采用安全绳绑扎，绑扎点间距与立杆间距相同，首层和顶层必须使用新网，网内杂物及时清理，内排脚手架与墙体间距小于 20cm 的搭木板，大于 20cm 的挂设安全平网。挡角板按照悬挑架体的基础位置布置，挡角线采用黑黄双色高 250mm 的竹胶板制作。

（5）架体使用

架体使用期间指定专人进行脚手架日常检查、维护、看管，严禁擅自拆改架体结构杆件或在架体上增设其他设施，严禁在脚手架基础影响范围内进行挖掘作业，严禁车辆等大型机械设备碰撞架体。在浇筑混凝土、预压等过程中，架体下方严禁有人。当支架停用 1 个月以上在恢复使用前以及遇 6 级以上强风、大雨及冻结的地基土解冻后，应配合项目技术、测量人员对支架进行二次验收，发现问题及时处理，处理合格后方可继续使用。

（6）架体拆除

收到项目技术人员指令后，方可进行架体拆除。拆除作业总体按照先装后拆、后装先拆的原则进行。拆除顺序应遵守由上而下，先搭后拆、后搭先拆的原则，即先拆安全网→踢脚杆→防护栏杆→剪刀撑→脚手片→连墙杆→大横杆→小横杆→立杆，自上而下拆除、一步一清的原则进行，严禁上下同时拆除作业。不得采用踏步式拆除。指定专人指挥架体拆除作业，严禁上下层同时作业，严禁高空抛掷拆卸的杆件及构配件。拆除至地面的杆件及构配件及时检查、维修及保养，并应按品种、规格分类存放。

4）安全风险及危害

型钢悬挑脚手架安拆及使用过程中存在的安全风险见表 2。

型钢悬挑脚手架施工安全风险识别表　　　表 2

序号	安全风险	施工过程	致险因子	风险等级	产生危害
1	失稳坍塌	架体安装	（1）地基处理不到位、架体安装不规范； （2）未进行地基及架体验收； （3）地基受雨水浸泡、冲刷，架体受大风或冻融影响； （4）地基及架体维护不及时、不到位； （5）未有效实施监测预警	I	架体上方作业人员群死群伤
		架体拆除	（1）架体总体拆除顺序不当； （2）先行拆除踢脚杆、防护栏杆、剪刀撑	II	
2	高处坠落	架体安装、拆除	（1）作业人员未穿防滑鞋、未系挂安全带； （2）未挂设安全平网	III	架体上方作业人员死亡或重伤
		主体施工	（1）作业平台未规范设置防护栏、密目网； （2）作业平台跳板搭设未固定、未满铺，存在探头板	III	
		人员上下行	未规范设置爬梯	III	
3	物体打击	主体施工	（1）作业平台未设置踢脚板； （2）作业平台堆置杂物或小型材料； （3）架体底部及四周未有效设置警戒区	IV	架体下方人员死亡或重伤
		架体拆除	（1）随意抛掷杆件、构配件； （2）拆卸区域底部未有效设置警戒区	IV	
4	起重伤害	吊运物料	（1）起重机司机、司索工、指挥技能差，未持证； （2）钢丝绳或吊带、卡扣、吊钩等破损、性能不佳； （3）未严格执行"十不吊"； （4）吊装指令传递不佳，存在未配置对讲机、多人指挥等情况； （5）起重机回转范围外侧未设置警戒区	III	起重作业人员及受其影响人员死亡或重伤

5）安全风险防控措施

（1）防控措施

为防范以上安全风险，需严格落实各项风险防控措施，详见表3。

型钢悬挑脚手架安全风险防控措施表 表3

序号	安全风险	措施类型	防控措施
1	倾覆坍塌	质量控制	（1）严格按照设计、规程及验标要求，进行地基处理及架体搭设； （2）严格执行规程要求进行架体拆除作业，保证剪刀撑、斜杆、扫地杆等在拆除至该层杆件时拆除
		管理措施	（1）严格执行地基处理及支架搭设验收程序； （2）严格执行支架预压及沉降变形观测； （3）地基受雨水浸泡、冲刷，架体受大风或冻融影响后，及时进行二次验收
2	高处坠落	安全防护	（1）架体搭设过程中，及时挂设安全平网； （2）工人作业时穿防滑鞋，正确使用安全带； （3）作业平台跳板满铺且固定牢固，杜绝探头板； （4）作业平台封闭围护，规范设置防护栏及密目网
		管理措施	（1）为工人配发合格的安全带、安全帽等防护防护用品，并培训正确使用； （2）做好安全防护设施的日常检查维护，发现损坏及时修复
3	物体打击	安全防护	（1）作业平台规范设置踢脚板； （2）架体底部设置警戒区
		管理措施	（1）作业平台顶部严禁堆置杂物及小型材料； （2）拆除作业时，专人指挥，严禁随意抛掷杆件及构配件
4	起重伤害	安全防护	起重机回转范围外侧设置警戒区
		管理措施	（1）做好起重设备及特种作业人员的进场验收管理，保证设备性能、人员技能满足要求，设备及人员证件齐全有效； （2）做好钢丝绳或吊带、卡扣、吊钩、对讲机等日常检查维护，确保使用性能满足要求； （3）吊装作业专人指挥，严格执行"十不吊"

（2）工作纪律

除落实以上安全风险防控措施外，还应严格遵守以下工作纪律。

①防护用品：作业人员正确佩戴使用安全帽、安全带，正确穿戴防滑鞋及紧口工作服。

②班前讲话：每日上工前，由班组长开展班前讲话，将当日作业内容、存在的安全风险及危害、防范措施、作业要点等告知全部作业人员。

③工前检查：每日班前讲话后，对工人身体状态、防护用品使用、现场作业环境等进行例行检查，发现问题及时处理。

④维护保养：做好安全防护设施、安全防护用品、起重设备机具等的日常维护保养，发现损害或缺失，及时修复或更换。

6）质量标准

①支架基础应达到的质量标准及检验方法见表4。

支架基础质量检查验收表 表4

序号	检查项目	质量要求	检查方法	检验数量
1	工字钢尺寸	符合设计要求	尺量	全部
2	木楔与锚固钢筋间隙	符合设计要求	尺量	全部
3	主体混凝土强度	不小于设计值	试验	每100m²不少于3个点
4	锚固点顶面平整度	20mm	2m直尺测量	每100m²不少于3个点
5	排水设施	完善	查看	全部

②型钢悬挑脚手架应达到的质量标准及检验方法见表5。

型钢悬挑脚手架搭设质量检查验收表 表5

序号	检查项目		质量要求	检查方法	检验数量
1	工字钢基础锚固部位		无松动或脱空	查看	全部
2	立杆	间距	符合设计	查看	全部
3	大横杆	步距	符合设计	查看	全部
4	小横杆	步距	符合设计	查看	全部
5	水平向剪刀撑		底部第一层水平杆上方安装第一层，其后每间隔4～6个标准步距设置一层	符合设计	查看	全部
6	水平防护网		每安装3层水平杆挂设一层	满挂	查看	全部
			作业层与主体结构间的空隙	满挂		
7	支架全高垂直度		≤架体总高的1/500，且≤50mm	测量	四周每面不少于4根杆
8	外侧防护栏	栏杆高度	高出作业层≥1500mm	查看	全部
		水平杆	立杆0.5m及1.0m处布设两道	查看	
		密目网	栏杆外侧满挂	查看	
9	工作平台	钢脚手板	挂扣稳固、处锁住状态	查看	全部
		木质或竹制脚手板	满铺、绑扎牢固、无探头板	查看	
		踢脚板	高度≥200mm	尺量	
10	爬梯		稳定、牢固	查看	全部
11	警戒区		架体底部外侧警戒线	除爬梯进出口外，封闭围护	查看	全部

7）验收要求

型钢悬挑脚手架搭设各阶段的验收要求见表6。

型钢悬挑脚手架各阶段验收要求表 表6

序号	验收项目	验收时点	验收内容	验收人员
1	材料及构配件	脚手架材料进场后、使用前	材质、规格尺寸、焊缝质量、外观质量	项目物资、技术管理人员，班组长及材料员

序号	验收项目		验收时点	验收内容	验收人员
2	支架基础	基底	安装工字钢前	主体混凝土强度	项目试验人员、技术员，班组技术员
		锚点	外脚手架搭设前	详见《支架基础质量检查验收表》	项目测量试验人员、技术员，班组长及技术员
3	支架架体	搭设过程	（1）首层水平杆搭设后； （2）每2～4步距或不大于6m； （3）搭设达到设计高度后； （4）主体钢筋绑扎前	详见《型钢悬挑脚手架检查验收表》	项目技术员、测量人员，班组长及技术员
		使用过程	（1）停用1个月以上，恢复使用前； （2）遇6级及以上强风、大雨后	除《型钢悬挑脚手架检查验收表》要求的内容外，应重点检查基础有无沉降、开裂，立杆与基础间有无悬空，插销是否销紧等	项目技术员、测量人员，班组长及技术员

8）应急处置

（1）处置原则

施工过程中一旦发生险情或事故，应停止作业，切勿慌乱，切忌盲目施救，在保证自身安全的情况下按照处置措施要求科学开展施救，并及时向项目管理人员×××报告相关情况。

（2）处置措施

当发生高处坠落、起重伤害、机械伤害等事故后，应立即采取措施切断或隔断危险源，疏散现场无关人员，后对伤者进行包扎等急救，向项目部报告后原地等待救援。

附件：《16号住宅楼型钢悬挑脚手架设计图》（略）。

96 吊篮安拆施工安全技术交底

交底等级	三级交底	交底编号	III-096
单位工程	18号住宅楼	分部工程	外墙
交底名称	吊篮安拆施工	交底日期	年 月 日
交底人	分部分项工程主管工程师 （签字）	确认人	工程部长（签字）
批准人	总工程师（签字）	被交底人	专职安全管理人员（签字）
			班组长及全部作业人员 （签字，可附签字表）

1）施工任务

18号住宅楼为剪力墙结构，总建筑面积9856m²，共26层，需设置8个吊篮。吊篮结构形式见附件《18号住宅楼高处作业吊篮设计图》。

2）工艺流程

（1）安装工艺流程

①悬挂机构安装

前后支架安装→调整调节座高度→前后梁安装→中梁安装，调整前媛颈后支座间距→上支柱及加强钢丝绳安装→螺旋扣组件安装→张紧加强钢丝绳及钢丝绳安装→悬挂机构定位并垂放钢丝绳→配重块安装→试运行→日常使用及维护→吊篮拆卸及移位→定期安全检查。

②吊篮平台及设备安装

底架固定→低处栏杆安装→高处栏杆安装→两端提升机安装架安装→提升机构安装→防坠落装置及上限位装置安装→钢丝绳穿连→电气系统安装→试运行→日常使用及维护→吊篮拆卸及移位→定期安全检查。

（2）拆除工艺流程

卸下重锤→下降平台→收回钢丝绳→拆卸电缆→收回悬挂机构→取下配重块→拆卸其他零件→装车退场

3）作业要点

（1）施工准备

选择一块较平整的地面，将悬挂机构部件与工作平台部件分开摆放，并搬运到具体的安装地点。带配重悬挂机构标配部件包括前支座2个、后支座2个、调节座4个、上支柱2个、前梁2根、中梁2根、后梁2根、吊头2个、加强钢丝绳2副、连接套2个、螺旋扣2个、水泥配重40块、钢丝绳4根、限位块2个、安全绳1根、自锁扣1只、螺钉绳卡一袋。工作平台部件包括栏底、高栏片、低栏片、安装架2个、安全锁2把、提升机2台、电气箱1个、重锤2个。

（2）配重悬挂机构

①悬挂机构安装

先安装调节座，将调节座插入前、后支座中；并根据女儿墙的高度做初步调整，装入2颗M16×120的固定螺栓。安装前梁及上支座，将前梁放入前支座的U形槽中，同时放入上支柱，装入2颗M16×130的螺栓。安装中梁及后梁，将中梁插入前梁约700mm，重合3个孔位，装入2颗M16×120的螺栓；将后梁穿入中梁约700mm，重合3个孔位，装入2颗M16×120的螺栓。将后梁的另一端放入后支座的U形槽中，装入2颗M16×120的螺栓。安装钢丝绳连接套，将后连接套装在后梁端头与后支座的重合处，装入1颗M16×120的螺栓。安装吊头及加强钢丝绳，将吊头装在前梁的端头处，装入1颗M16×120的螺栓，同时在吊头的上端两个耳板中间装入一个尼龙轮，用M16×25的螺栓固定，用绳夹把加强钢丝绳固定在尼龙轮上；将加强绳经过上支座顶端的滚轮，绕过后连接套的滚轮；将加强绳的绳端头反转成1个扁环加入鸡心环同时装入3个绳夹扣并拧紧。安装螺旋扣组件，将螺旋扣拧松到最大程度，使其钩住加强绳的扁环，有连接套的一端安装在横梁杆上，拉紧加强绳并装入1颗M16×120的螺栓，拧紧螺栓。将螺旋扣拧紧，使前梁上翘30～50mm，再分别拧紧其他螺栓。按照以上顺序安装另一端的悬挂支架。最后进行悬挂机构定位，将支架伸出工作墙面300～650mm，两个支架悬挂端头的间距约为6200mm，比工作平台的长度长约200mm，如图1所示。

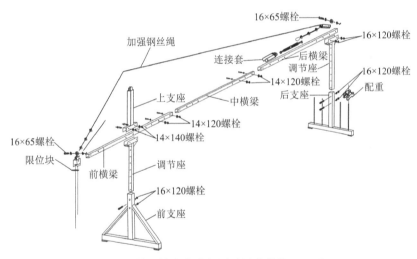

图1　悬挂机构安装分解图（尺寸单位：mm）

②放置配重

用项目部提供的木板铺垫悬挑机构与屋面接触部位，然后将40块质量25kg的水泥配重块分别放置在后支座的支杆上，在后支座支杆上将φ8mm的钢丝绳穿入孔内，防止配重被随意移出。

③装夹钢丝绳

将钢丝绳的尖端从吊头穿出并垂放到地面，绳端到达地面再多放出2000mm；钢丝绳固定绳夹的数量最少为4个，这里的前3个绳夹间距离为50～60mm，第3个与第4个绳夹的间距离为60～80mm，安全弯高度保持在40mm左右，最后第4个绳夹后面留出约140mm的余量。安装限位块，将限位块螺栓松开，使用中间凹槽夹住安全钢丝绳，把限位块拉到吊头下约200mm处，拧紧固定螺栓。

④垂放安全绳

将准备好的安全绳沿着建筑物立面放下，垂放位置最好在工作平台的中间，绳头离地面约 300mm 即可；然后把安全绳的一头固定在建筑物的横梁上，如果确实没有固定安全绳的横梁可以打预埋件固定。在安全绳与建筑物棱角接触的地方做软保护。

⑤捆绑机构安装

女儿墙与前梁的距离约 1m，使用 2.3m 长、80mm×80mm×3.75mm 的方钢管大杠，大杠前端压在女儿墙上，再用木方垫在方钢管大杠下面；然后安装上支座，上支座用螺栓固定，上支座固定完成后装入加强绳。大杠后端插入浇筑梁下面，在浇筑梁上钻φ15mm 的孔，孔内穿入φ8mm 的钢丝绳缠绕捆绑大杠固定，然后用 3 个及以上 U 形卡口将钢丝绳卡住锁牢。大杠与女儿墙接触位置钻打约φ15mm 的孔，穿入φ8mm 的钢丝绳用来固定大杠，固定方式为用钢丝绳将大杠与女儿墙十字交叉捆绑，防治其左右移动，钢丝绳与墙体结合处用软塑管保护钢丝绳，以防止因摩擦造成钢丝绳损伤，如图 2 所示。

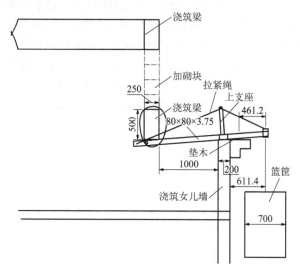

图 2　捆绑机构安装示意图（尺寸单位：mm）

安装吊篮过程中由于主体结构个别使用部位女儿墙超高，悬挂机构后支座使用 80mm×80mm×3.75mm 和 70mm×70mm×3.75mm 方钢管连接，两方钢管连接处用 M16×120 螺栓固定，达到使用高度后放置配重块压制。

（3）工作平台组装

①摆放栏底，将栏底摆放在一块平整的地面上。安装栏片，取一块高栏片镶入栏体上方，在其中间位置装入 M8mm×65mm 的固定螺栓，后以相同方法镶入其他栏片。连接栏底，在相邻两个栏底与栏片的共同连接处装入 M12mm×140mm 的螺栓，若难以装入，可轻轻摇晃栏片使其孔位对准。连接栏片，在相邻栏片上装入 M12mm×130mm 的螺栓。安装封头架，把安装架放置在工作平台的两端，使 L 形夹板上带滚轮的那一面朝向工作平台内，由两人将工作平台的一端稍稍抬起，装入 M12mm×130mm 的螺栓。然后以同样的方式安装另一个安装架。

②安装电气箱。在高栏片的中间挂装电气箱，带有按钮的一面朝向工作平台内，将 L 形挂钩卸下，调转方向重新装上使其钩住栏杆。安装安全锁，将安全锁装入封头架顶端的两块 L 形夹板中，滚轮端朝向工作平台内。安装提升机，将提升机抬入工作平台内，并竖放于工作平台的两端。拧下两颗 M10mm×100mm 的连接用螺栓，取下连接销，再将提升机抬起装入封头安装架。安装连接线，将限位线固定在安全锁上，将电机连线接入电气箱中，将手柄连线接入电气箱，将总电源线接入电气箱。注意在对接接插件时，首先对准凹凸定位口，再慢

慢拧紧，工作平台组装如图 3 所示。

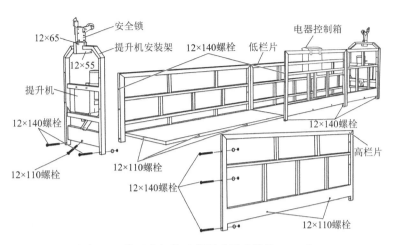

图 3　工作平台组装示意图（尺寸单位：mm）

（4）接通电源

将已安装好的工作平台抬放到悬挂机构正对着的地面位置，检查可靠后接通主电源。

（5）穿入钢丝绳

穿入工作钢丝绳，将工作钢丝绳穿过安全锁滚轮（小滚轮朝向工作平台内）、安装架滚轮、进入提升机内，并用力插紧。调拨转换开关，将转换开关拨到即将穿绳的一边。穿出钢丝绳，点动手柄开关，使工作钢丝绳从提升机内部穿出，并理顺已穿出的钢丝绳。穿入安全钢丝绳，在工作钢丝绳完全收紧受力时，从安全锁的中心孔插入安全钢丝绳。按照以上步骤穿入另一边的 2 根钢丝绳。

（6）调整试吊

根据穿钢丝绳时提升机的初步运转情况，关闭电源后调换热继电器上 3 根火线的位置，使两边电动机转向与手柄上下开关保持一致。调试人员站在地面，握住手柄开关，将工作平台提升约 1000mm 再放回地面，如此反复试吊 3 次，观察有无异常。将 2 个重锤分别挂装在 2 根安全钢丝绳上，重锤底面与地面相距约 20cm。

（7）拆除准备工作

项目部负责清除吊篮拆除部位的障碍物，并在吊篮拆除作业范围内设置防护和警示。符合要求后组织人员进场，拆除完毕后由项目部提供、协调现场的起重设备（塔式起重机、施工电梯或其他吊装设备）将吊篮悬挂机构、钢丝绳、配重和电缆线等需用材料运抵楼下存放场地。安拆人员拆除前检查所需用工具：12-14、17-19、22-24、24-27 开口、梅花扳手等各一把；一字、十字螺丝刀各一把；活动扳手一把；榔头一把。

（8）拆除流程

首先将吊篮停放在安全平稳的地面上，退出钢丝绳切断电源，然后收卷吊篮主电缆线。拆下电机连线并缠绕在电机头上；卸下电控箱、提升机及安全锁，去除表面残留的杂物，整齐堆放在平整安全的地面。拆散整个工作平台并做简单的清理，然后分类堆放在平整安全的地面。上楼顶拆除悬挂机构部分。拆除限位块，用人工或者卷绳器收卷钢丝绳；堆放在容易进行垂直运输的地方待搬运。拆除整套悬挂机构，将拆散的部分简单整理，待运送。收卷安全绳并将所有悬挂机构部分运输到地上安全的地方整齐堆放起来。工地现场点清货物，装车运离现场。

4）安全风险及危害

吊篮安拆及使用过程中存在的安全风险见表1。

吊篮施工安全风险识别表

表 1

序号	安全风险	施工过程	致险因子	风险等级	产生危害
1	失稳倾覆	安装、拆卸、外墙施工	（1）高处作业吊篮结构形式、配重未经专项设计及检算； （2）安装不规范，使用前未进行验收； （3）未进行定期检修及日常保养维护； （4）5级及以上大风天施工外墙； （5）吊篮内作业人员大于两人以上； （6）配重块未按要求配置或未固定好发生位移； （7）使用老旧起刺钢丝绳	II	吊篮内及吊篮作业下方人员死亡或重伤
2	高处坠落	吊篮安装、拆除	（1）作业人员未穿戴防滑鞋、未系挂安全带； （2）未挂设安全平网	III	吊篮作业人员死亡或重伤
		外墙施工	（1）作业平台未规范设置防护栏、密目网； （2）作业平台跳板搭设未固定、未满铺，存在探头板	III	
		人员上下行	未规范要求在地面上下吊篮	III	
		荷载	（1）施工荷载超过设计规定； （2）荷载堆放不均匀	III	
		安全带	（1）高空作业未系安全带； （2）安全带系挂不符合要求； （3）安全带不符合标准； （4）坐在脚手架防护栏杆上休息和在脚手架上睡觉； （5）不按规定设置安全绳	III	
		交底与验收	（1）未履行验收程序，验收表未经责任人签字确认，验收内容未进行量化； （2）每天班前班后未进行检查； （3）吊篮安装使用前未进行交底或交底未留有文字记录	III	
		钢丝绳	（1）钢丝绳有断丝、松股、硬弯、锈蚀或有油污附着物； （2）安全钢丝绳规格、型号与工作钢丝绳不相同或未独立悬挂； （3）安全钢丝绳不悬垂； （4）电焊作业时未对钢丝绳采取保护措施	III	
3	物体打击	外墙施工	（1）吊篮作业下方坠落半径内未设置警戒区； （2）吊篮作业时随意摆放东西于吊篮内； （3）吊篮施工作业时，上方有其他工种施工作业	IV	吊篮内人员死亡或重伤
		吊篮安拆	（1）随意抛掷构配件； （2）拆卸区域底部未有效设置警戒区	IV	
		吊篮稳定	（1）吊篮作业未采取防摆动措施； （2）吊篮钢丝绳不垂直或吊篮距建筑物空隙过大	IV	
		安全防护	（1）吊篮平台周边的防护栏杆或踢脚板的设置不符合规范要求； （2）多层或立体交叉作业未设置防护顶板	IV	
4	触电	架空输电线	（1）在架空输电线路下面工作未停电； （2）不能停电时，也未采用隔离防护措施； （3）与架空输电线路的最近距离不符合规定	IV	吊篮内人员死亡或重伤

5）安全风险防控措施

（1）防控措施

为防范以上安全风险，需严格落实各项风险防控措施，详见表2。

吊篮施工安全风险防控措施表　　　　　　　　　　　　　　　　表2

序号	安全风险	措施类型	防控措施	备注
1	失稳倾覆	管理措施	（1）高处作业吊篮结构形式、配重必须经专项设计及检算，符合要求方可安装使用； （2）严格执行定期检修及日常维护保养； （3）5级及以上大风天气严禁使用吊篮，大风等恶劣天气后，重新使用前检查维护，确保使用状态达标； （4）吊篮内作业人员严禁多于两人	
		质量控制	（1）加强安装过程控制，确保吊篮安装质量； （2）吊篮材料、配件进场后严格进场验收，符合要求方可使用	
2	高处坠落	安全防护	（1）吊篮安拆过程中，下方坠落半径内设置警戒区； （2）工人作业时穿防滑鞋，正确使用安全带	
		管理措施	（1）为工人配发合格的安全带、安全帽等防护防护用品，培训正确穿着使用； （2）做好安全防护设施的日常检查维护，发现损坏及时修复； （3）严禁5级以上大风天进行作业； （4）严禁单人或者2人以上进入吊篮内施工	
3	物体打击	安全防护	（1）吊篮作业下方坠落半径内设置警戒区； （2）吊篮作业时严禁随意摆放东西于吊篮内	
		管理措施	（1）吊篮内严禁堆放杂物及小型材料； （2）安拆作业时，专人指挥，严禁随意抛掷构配件	
4	触电	管理措施	（1）现场人员应当机立断地脱离电源，尽可能的立即切断电源（关闭电路），亦可用现场得到的绝缘材料等器材使触电人员脱离带电体； （2）将伤员立即脱离危险地方，组织人员进行抢救； （3）若发现触电者呼吸或呼吸心跳均停止，则将伤员仰卧在平地上或平板上立即进行人员呼吸或同时进行体外心脏按压； （4）立即拨打120向当地急救中心取得联系（医院在附近的直接送往医院），应详细说明事故地点、严重程度、本部门的联系电话，并派人到路口接应； （5）立即向所属公司领导汇报事故发生情况并寻求支持； （6）维护现场秩序，严密保护事故现场	
5	火灾	管理措施	（1）发现人员应大声呼叫，并立即拨打现场负责人电话及119火警电话； （2）断绝可燃物，将燃烧点附近可能成为火势蔓延的可燃物移走； （3）切断流向燃烧点的可燃气体和液体的源头； （4）使用灭火器、水桶等工具进行扑救； （5）如火势威胁到电气线路、电气设备，或电气影响灭火人员安全时，首先要切断电源	

（2）工作纪律

除落实以上安全风险防控措施外，还应严格遵守以下工作纪律。

①防护用品：作业人员正确佩戴使用安全帽、安全带，正确穿戴防滑鞋及紧口工作服。

②班前讲话：每日上工前，由班组长开展班前讲话，将当日作业内容、存在的安全风险及危害、防范措施、作业要点等告知全部作业人员。

③工前检查：每日班前讲话后，对工人身体状态、防护用品使用、现场作业环境等进行例

行检查，发现问题及时处理。

④维护保养：做好安全防护设施、安全防护用品、起重设备机具等的日常维护保养，发现损害或缺失，及时修复或更换。

6）质量标准

吊篮应达到的质量标准及检验方法见表3。

吊篮安拆质量检查验收表 表3

序号	检查项目		质量要求	检查方法	检验数量
1	悬吊平台	内部宽度	≥500mm	尺量	全部
		单人工作面积	≥0.25m²	尺量	全部
		护栏高度	≥1000mm	尺量	全部
		踢板高度	≥150mm	尺量	全部
2	悬挂机构	横梁安装的水平度差	≤横梁长度的4%	尺量	全部
		安装距离	不小于悬吊平台两吊点间距	尺量	全部
		抗倾覆系数	≥2	查看	全部
		配重	符合设计要求	查看	全部
		承载力	满足设计要求	查看	全部
3	钢丝绳	纵向倾斜角度	≤8°	尺量	全部
		直径	符合设计要求	查看	全部
		绳夹数量及布置	符合设计要求	查看	全部
		钢丝绳悬挂点与上行程限位安全距离	≥0.5m	尺量	全部
4	电器系统	接地电阻	≥4Ω	查看	全部
		熔断保护开关	有	查看	全部
		携带工具额定电压	≤220V	查看	全部
		防水措施	有可靠的防水措施	查看	全部
5	安全锁	制动	吊篮下滑速度大于25m/min时动作，在不超过100mm距离内停住	试验	全部
6	提升机	上下运行最大额定速度	≤10m/min	试验	全部

7）验收要求

吊篮施工各项目的验收要求见表4。

吊篮施工各项目验收要求表 表4

序号	验收项目	验收时点	验收内容	验收人员
1	材料及构配件	吊篮材料进后、使用前	材质、规格尺寸、焊缝质量、外观质量	项目物资、技术管理人员，班组长及材料员
2	悬挂机构	吊篮安装完成后、使用工程中	（1）各结构件应无开焊，连接件、紧固件应齐全、可靠，如有松动应及时加固； （2）配重正确固定，无缺失、破损、移动，前后支架未被移动；	项目试验人员、技术员、安全员，班组技术员、安全员

序号	验收项目	验收时点	验收内容	验收人员
2	悬挂机构	吊篮安装完成后、使用工程中	（3）加强绳（紧绳器）无损伤或松懈现象处于合理收紧状态； （4）悬挂装置位于平台工作位置正上方，吊点间距没有移动	项目试验人员、技术员、安全员、班组技术员、安全员
3	钢丝绳	吊篮安装完成后、使用工程中	（1）与悬挂机构牢固连接，绳夹无松动，放松观察口钢丝绳高度无变化； （2）限位挡块安装无变化、无松动； （3）钢丝绳无松股、扭结、毛刺、断丝、压痕、锈蚀，应清除附着砂浆、涂料等杂物； （4）钢丝绳重锤完好无缺	项目技术员、安全员，班组长及技术员
4	悬吊平台	吊篮安装完成后、使用工程中	（1）焊缝无开裂，销轴、螺栓齐全、紧固，结构件无变形、破损； （2）建筑物立面上无运行时可能会接触的物体、平台上无冰雪、杂物	项目试验人员、技术员、安全员、班组技术员、安全员
5	提升机	吊篮安装完成后、使用工程中	（1）电动机、提升机使用时应无异常升温、异味、异响现象； （2）润滑良好，无渗、漏油现象； （3）与悬吊平台连接牢固； （4）手动滑降可靠、有效； （5）钢丝绳进、出绳口和外表面应无污物； （6）制动器无打滑现象	项目试验人员、技术员、安全员、班组技术员、安全员
6	安全锁	吊篮安装完成后、使用工程中	（1）穿绳性能良好； （2）锁绳有效，动作灵活，锁绳可靠； （3）安全锁开启手柄不应人为固定； （4）安全锁应与悬吊平台连接牢固	项目安全员、班组长及技术员
7	电器系统	吊篮安装完成后、使用工程中	（1）漏电保护装置有效，保护接地和接零完好； （2）升、降及急停等各开关动作正常，行程开关功能正常； （3）电缆线无破损，超高施工时的电缆应由防断保护措施； （4）各电气接头应无松动，悬垂电缆固定在悬吊平台上，插头不得直接受拉； （5）电气箱门能可靠关闭，雨后施工应检查电箱是否有短路和漏电； （6）屋顶设置的二级箱外观完好、线路连接完好	项目电气工程师、安全员，班组技术员、安全员
8	安全绳	吊篮安装完成后、使用工程中	（1）与建筑物独立固定可靠，防磨损措施完整，无磨损、腐蚀、断裂，金属配件完好； （2）安全绳自锁器配备完好，安装方向正确	项目安全员、班组长及技术员
9	空载试验	吊篮安装完成后、使用工程中	（1）操作按钮动作灵敏、正常；急停开关有效、可靠，行程限位有效； （2）提升机起动、制动正常，运行平稳； （3）调整平台角度，防坠落装置在 ≤14° 角度内锁住	项目技术负责人、劳务技术负责人、监理工程师

8）应急处置

（1）处置原则

施工过程中一旦发生险情或事故，应停止作业，切勿慌乱，切忌盲目施救，在保证自身安全的情况下按照处置措施要求科学开展施救，并及时向项目管理人员×××报告相关情况。

（2）处置措施

失稳坍塌：当出现坍塌征兆时，发现者应立即通知坍塌影响作业区域人员撤离现场，并及时报告项目部进行后期处置。

触电事故：当发现有人员触电时立即切断电源，若无法及时断开电源，可用干木棒、皮带、橡胶制品等绝缘物品挑开触电者接触的带电物，之后解开妨碍触电者呼吸的紧身衣服，检查口腔，清理口腔黏液并立即就地抢救。如触电者呼吸停止，应采用人工呼吸法抢救；如心脏停止跳动，应采用胸外心脏按压法抢救。

其他事故：当发生高处坠落、起重伤害、机械伤害等事故后，应立即采取措施切断或隔断危险源，疏散现场无关人员，后对伤者进行包扎等急救，向项目部报告后原地等待救援。

附件：《18号住宅楼高处作业吊篮设计图》（略）。

97 附着式提升脚手架安拆技术交底

交底等级	三级交底	交底编号	III-097
单位工程	××大厦项目	分部工程	塔楼主体
交底名称	附着式提升脚手架安拆	交底日期	年　月　日
交底人	分部分项工程主管工程师（签字）	确认人	工程部长（签字）
批准人	总工程师（签字）	被交底人	专职安全管理人员（签字）
			班组长及全部作业人员（签字，可附签字表）

1）施工任务

××大厦项目，高度150m，共50层。为满足本项目主体结构人员施工需求及施工安全防护要求，采用附着式提升脚手架提供人员施工作业平台及安全防护措施。附着式提升脚手架结构形式见附件《××大厦附着式提升脚手架设计图》。

2）工艺流程

地面拼装（脚手板与导轨连接，安装z形撑和加强件，连接立杆和脚手板，竖向主框架、水平桁架与导轨、导轨连接，吊点桁架与导轨、水平桁架连接，安装网片，安装吊具）→成品架体堆放→搭设找平层→吊装（安装吊挂件，吊至找平架并固定好，架体与预埋件固定，吊装架体与已固定架体对接）→安装附墙支座→安装附着安全装置系统（防坠器、防坠弹簧等）→安装电控设备→安装提升系统→完善防护→检测调试→检查验收。

3）作业要点

（1）施工准备

脚手架构配件、型钢等材料进场后，配合项目物资及技术管理人员进行进场验收，验收合格方可使用。整理材料存放场地，确保场地平整坚实、排水畅通、无积水。材料验收合格后按品种、规格分类码放在钢管及型钢堆场。钢管及各类材料根据不同长度分别码放在堆场内，码放整齐、统一喷漆，并设挂规格、数量铭牌。

（2）地面拼装

本工程架体组装采取地面拼装方法，使用塔式起重机吊装至找平架上，架体拼装及吊装分两次进行，架体在地面第一次拼装下节6M架体，下节6M架体拼装完成后使用塔式起重机吊装至事先确定的堆放场地，随后吊装至楼层安装，架体上部由塔式起重机把所需材料吊至楼层板面再进行组装。

首先在拼装场地上根据架体剖面图，将架体内侧导轨和内侧立杆使用M16×130螺栓固定连接，三角撑与内侧立杆连接使用 2 颗 M16×130 螺杆连接，三角撑与外侧立杆连接使用 1 颗 M16×90 螺栓连接，水平桁架与内侧立杆使用 2 颗 M16×130 螺栓连接。根据机位平面布置图排布好外立杆和导轨后，两组之间安装脚手板和与内侧立杆。脚手板与立杆用 M16×90 螺栓进行连接，脚手板与每根立杆使用 1 颗 M16×90 螺栓连接，脚手板与脚手板使用 2 颗 M16×90 螺栓连接，每步脚手板的间距均为 2m。每片架体拼装好后使用塔式起重机吊装至一旁堆放，尽量堆放在半坡位置，如现场没有合适的位置，则可吊装至找平架旁堆放，但必须和找平架进行有效的拉结固定。

（3）搭设找平层

将组装好的架体吊装至事先搭设好的找平架上，架体吊装时，将架体吊装至楼层内，由现场安装人员扶着移至操作平台，由安装人员对架体进行初步定位，架体落到找平架后由操作人员对架体进行细微调整，如调整架体与结构的距离。定位完成后，并与其他架体连接。先用钢管扣件将架体与事先预埋的短钢管进行拉结，根据架体吊装的大小，每个机位至少拉结 1 道，第一片架体的拉结至少在第 2 道以上，拉结牢固后方可松钩。吊装时吊点位置放置于脚手板和立杆连接处，需在吊装该片架体的居中处，保证架体吊装中尽量保持水平不会出现偏向一边的情况。工人在进行吊装时的安全防护措施与拆除时吊装安全防护措施要求相同。

预埋件要求距离结构边缘 3m 左右且预埋距离不得大于 6m，转角位置的预埋距离不得大于 2.5m（图 1）。

拉结固定要求拉结高度根据层高尽量往上拉结，不得影响支模，拉结点与架体最顶部不得大于该段架体高度的 2/5，拉结点应设置在竖向主框架或立杆上，拉结角度应在 45°～60°之间，在抛撑的中间位置拉一根水平钢管，水平钢管与架体立杆拉结，并且用 ϕ48mm 的钢管将所有相邻的抛撑连成整体，这样的拉结水平距离不得大于 4.5m，第一吊架体不得少于 2 个单元，且拉结不得少于 3 道。在每栋楼东西山墙位置支模之后需拆除第一道抛撑，然后在架体主导轨位置拉结到找平架与结构的固定钢管上，如图 2 所示。

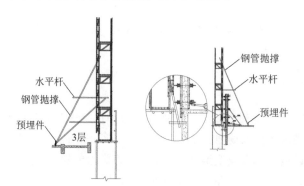

图 1 预埋件安装示意图　　图 2 拉结点示意图

（4）架体吊装

一组组装完成后（最大不得超过 8m），安装吊装辅助件，方可开始吊装，吊装应采用 2 根等长钢丝绳，固定在架体顶端吊装辅助件上。现场安全管理人员疏散周围人员，由专业起重机指挥人员指挥塔式起重机司机将架体吊装至指定位置。架体临时拉结待提升前逐步拆除。第一道拉结在 1 层楼板施工时拆除上部拉结，同时加固下部拉结。吊装流程如图 3 所示。

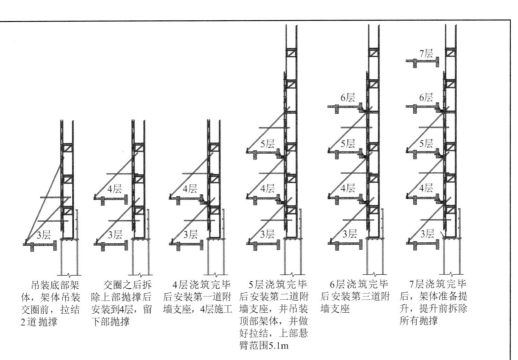

吊装底部架体，架体吊装交圈前，拉结2道抛撑

交圈之后拆除上部抛撑后安装到4层，留下部抛撑

4层浇筑完毕后安装第一道附墙支座，4层施工

5层浇筑完毕后安装第二道附墙支座，并吊装顶部架体，并做好拉结，上部悬臂范围5.1m

6层浇筑完毕后安装第三道附墙支座

7层浇筑完毕后，架体准备提升，提升前拆除所有抛撑

图 3　架体吊装流程图

（5）安装内部防护

24m 架体吊装至楼层且安装完成后进行架体副板及翻板，本工程共安装两道翻板，副板安装在架体的底部与第七步板。首先将翻板吊装至楼面备用，然后工人依次安装至架体，副板和翻板材质均为 2mm 厚镀锌钢板。密封板与架体连接使用 M16 × 150 螺栓，密封板与翻板连接使用钻尾丝固定，如图 4 所示。

图 4　密封板与翻板连接图

（6）安装提升系统

用 M16 × 200 螺栓将吊点桁架与导轨和立杆连接，再用 M22 × 130 螺栓将吊点固定在下吊点桁架上。用 ϕ30mm × 130mm 销轴将传感器固定在下吊点上，销轴安装后必须要安装不锈钢开口销防止销轴脱落，然后挂上电动葫芦钩头。安装电箱电线，电箱安装在第二步与第三步脚手板之间，用六角自攻螺钉将 5 号线槽沿着爬架外侧一圈固定在网片上，在相对应导轨

位置用六角自攻螺钉将电箱与网片固定。电箱与电箱之间需要安装电源线、信号线，电箱与传感器之间安装传感器线，电箱与电动葫芦之间安装电动葫芦电源线。配电线路的安装必须由专业电工按设计安装。

主控箱、分控箱必须设置保护接零装置，PE 零线应单独敷设并可靠连接至架体镀锌构件。在架体底部镀锌构件引出不少于两处可靠连接至主体结构内的重复接地点，可共同用作防雷接地点，电阻值必须符合临电规范要求。严禁与工作接零相连，工作零线 N 为淡蓝色，保护接零 PE 为绿/黄双色，严禁混用。主控箱、分控箱布局必须符合设计要求，安装端正牢固，不得用扎丝固定。箱体中心点与脚手板的垂直距离为 1.5m；主控箱、分控箱位置，架体内不得堆放任何妨碍操作、维修的物品；主控箱的箱门必须带有锁闭功能，非提升工作时，箱门必须处在锁闭状态；箱体无破损无污染，防雨功能良好；三级箱至架体主控箱的线缆，进入架体部分必须设置防护套管，不得与架体构件直接接触；电缆线路必须敷设在钢板脚手板下方，采用阻燃线槽或套管等保护措施。接闪器（避雷针）必须采用镀锌材质可靠固定在架体立杆顶部，直径不小于 16mm，高度不低于 1m，架体顶部对角设置不少于 2 根。

（7）预留安装孔

本工程从第 5 层开始组装工具式附着提升脚手架，飘窗位置从第 5 层与第 6 层开始预埋，除飘窗外的机位从第 5 层剪力墙和梁下开始预留预埋工作，该处机位处只预留预埋附墙固定导向座安装孔，从第 6 层开始每机位每层均预留支座和吊点孔。施工现场负责人应该根据以上所述，按现场实际情况确定穿墙螺杆孔洞预留位置尺寸，及时提供给操作班组，做好技术要求及交底，按要求预埋好塑料管。

当外墙楼板面准备浇筑底板梁混凝土时，按照附着式提升脚手架公司提供的本项目的附着式提升脚手架机位布置图预留相应安装孔，结构边梁处预留孔使用内孔直径 50mm、壁厚大于 2mm 的 PVC 管，管两端用宽胶布封住，以防止混凝土浇筑时进入管内而堵塞预埋孔；柱子处预留孔使用内孔直径 50mm、壁厚大于 2mm 的钢管，管两端用宽胶布封住，以防止混凝土浇灌时进入管内而堵塞预埋孔。当主体施工至组装层以上第 2 层时开始预埋上吊挂件穿墙螺杆孔洞塑料管，预埋在梁上。在埋设时预留孔必须垂直于结构外表面，吊挂件附墙螺栓孔与固定导向座附墙螺栓孔相距 325mm。预留孔左右位移误差应小于 20mm。

（8）检测调试验收

附着式提升脚手架安装完毕后，对架体进行整机检测调试，经验收通过后，方可投入使用。

（9）脚手架拆除

①拆除准备工作

大厦主体结构施工完毕，接到项目指令后，可进行附着式提降脚手架的拆除。在结构区域下方地面划出结构往外 10m 的安全区域，且必须有专人警戒守护，严禁与拆架无关的人员进入该区域。拆架前，必须先卸除所有使用荷载，清除架体上的所有建筑垃圾等。

②拆除流程

架体清理垃圾，准备拆除→将架体内所有提升装置拆除，并吊至地面分类码放→安装起吊点→略收紧塔式起重机绳→拆除单元间连接螺栓→拆除上下节连接螺栓→收紧塔式起重机绳使上下节略脱开→松开防坠器连接→吊拆上节单元→吊拆下节单元→地面上拆除架体单元→材料退场

③拆除注意事项

拆除前应根据塔式起重机回转半径和吊重荷载能力确定分片拆除顺序和拆除单元大小，

为保证安全，按塔式起重机极限吊重的一半确定拆除单元的大小。单元重量按 5kN/m 计，爬架吊装位置全部在塔式起重机施工范围。应选择无风或微风时进行拆除，在拆除立杆上预先绑 2 根缆风绳，用于起吊过程中稳定单元，防止摆动。架上作业人员，必须戴好安全帽，穿着防滑鞋，系好安全带。整个拆除过程中，操作人员应严格遵守附着式提升脚手架的有关安全规定，严禁抛扔。架子拆除后应及时将设备、构配件及架子材料运走或分类堆放整齐。利用塔式起重机向上提升拔出时，整个架子上严禁站有任何人员。拆除时必须注意成品保护，严禁破坏、污染墙面、楼地面及门窗等。

架体单元、导轨等较大构件拆除吊离时，不能碰撞、破坏墙面。螺栓、螺母，垫片、圆弧处垫块等标准件和小构配件应装入容器，然后用塔式起重机或人货电梯运送至地面，严禁将其直接抛掷至地面。拆除后的所有构件利用塔式起重机及时吊到地面指定处，并分门别类地码放整齐。

4）安全风险及危害

附着式提升脚手架安拆及使用过程中存在的安全风险见表 1。

附着式提升脚手架安拆及使用过程中蹲在的安全风险识别表　　　表 1

序号	安全风险	施工过程	致险因子	风险等级	产生危害
1	倾覆坍塌	架体安装、使用	（1）附着处理不到位、架体安装不规范； （2）未进行调试及架体验收即投入使用； （3）架体预留孔及拉结施工不到位； （4）爬升系统及架体维护不及时、不到位	I	架体内作业人员群死群伤
		架体拆除	（1）架体总体拆除顺序不当； （2）大风等恶劣天气下进行架体拆除	II	—
2	高处坠落	架体安装、拆除	（1）作业人员未穿防滑鞋、未系挂安全带； （2）未挂设安全网	III	架体上方作业人员死亡或重伤
		主体施工	（1）作业平台未规范设置防护栏、密目网； （2）作业平台跳板搭设未固定、未满铺	III	
		人员上下行	未规范设置爬梯。	III	
3	物体打击	主体施工	（1）作业平台未设置踢脚板； （2）作业平台堆置杂物或小型材料； （3）架体底部及四周未有效设置警戒区	IV	架体下方人员死亡或重伤
		架体拆除	（1）随意抛掷杆件、构配件； （2）拆卸区域底部未有效设置警戒区	IV	
4	起重伤害	吊运物料	（1）起重机司机、司索工、指挥技能差，未持证； （2）钢丝绳或吊带、卡扣、吊钩等破损、性能不佳； （3）未严格执行"十不吊"； （4）吊装指令传递不畅，存在未配置对讲机、多人指挥等情况； （5）起重机回转范围外侧未设置警戒区	III	起重作业人员及受其影响人员死亡或重伤

5）安全风险防控措施

（1）防控措施

为防范以上安全风险，需严格落实各项风险防控措施，详见表 2。

701

序号	安全风险	措施类型	防控措施	备注
1	倾覆坍塌	质量控制	（1）严格设计及流程要求，进行架体搭设及拆除； （2）保证架体预埋件、拉结施工质量，确保满足使用要求	—
		管理措施	（1）附着式提升脚手架方案必须经专项设计及检算； （2）安装完成后，严格执行附着式提升脚手检测验收程序； （3）大风等恶劣天气，严禁进行架体安装、拆除作业； （4）加强日常检查维护保养，确保架体良好使用状态； （5）架体受大风或碰撞等不良影响后，及时进行二次验收	—
2	高处坠落	安全防护	（1）架体搭设过程中，及时挂设安全网； （2）工人作业时穿防滑鞋，正确使用安全带； （3）作业平台跳板满铺且固定牢固，杜绝探头板； （4）作业平台封闭围护，规范设置防护栏及密目网	—
		管理措施	（1）为工人配发合格的安全带、安全帽等防护用品，并培训正确穿着使用； （2）做好安全防护设施的日常检查维护，发现损坏及时修复	—
3	物体打击	安全防护	（1）作业平台规范设置踢脚板； （2）架体底部设置警戒区	—
		管理措施	（1）作业平台顶部严禁堆置杂物及小型材料； （2）拆除作业时，专人指挥，严禁随意抛掷杆件及构配件	—
4	起重伤害	安全防护	起重机回转范围外侧设置警戒区	—
		管理措施	（1）做好起重设备及特种作业人员的进场验收管理，保证设备性能、人员技能满足要求，设备及人员证件齐全有效； （2）做好钢丝绳或吊带、卡扣、吊钩、对讲机等日常检查维护，确保使用性能满足要求； （3）吊装作业专人指挥，严格执行"十不吊"	—

（2）工作纪律

除落实以上安全风险防控措施外，还应严格遵守以下工作纪律：

①防护用品：作业人员正确佩戴使用安全帽、安全带，正确穿戴防滑鞋及紧口工作服。

②班前讲话：每日上工前，由班组长开展班前讲话，将当日作业内容、存在的安全风险及危害、防范措施、作业要点等告知全部作业人员。

③工前检查：每日班前讲话后，对工人身体状态、防护用品使用、现场作业环境等进行例行检查，发现问题及时处理。

④维护保养：做好安全防护设施、安全防护用品、起重设备机具等的日常维护保养，发现损害或缺失，及时修复或更换。

6）质量标准

附着式提升脚手架材料进场验收标准见表3。

序号	验收项目	验收内容	验收标准（mm）
1	水平桁架	斜撑杆	杆件无弯曲变形，孔距无误差
		连接板1	孔距无误差

序号	验收项目	验收内容	验收标准（mm）
1	水平桁架	连接板2	孔距无误差
2	竖向框架	立杆	50×50×3 起孔 50，孔距 200
		导轨上节	导轨无弯曲变形，符合国标规范规定，长度 1800
		导轨下节	导轨无弯曲变形，符合国标规范规定，长度 3600
		斜弦框	无开焊，孔距无误
		立杆接头	外观无变形，孔距无误
3	架体构件件	走道板	无开焊，孔距无误，各个型号符合材料清单要求
		顶部横杆	外观无变形，孔距无误
4	附着系统	附墙支座	无开焊，各个型号符合材料清单要求
		防坠器	外观损伤，无锈蚀，有合格证
		防坠弹簧	回位弹簧应完好、灵敏、无锈蚀
		穿墙螺栓	无锈蚀，无弯曲变形，无滑丝情况
		普通垫片	100×100×10，符合规范要求
		方钢垫块	50×43×220，无裂痕，孔距无误
		卸荷支顶器	外部无损伤，调节丝杆无滑丝现象
5	电控系统	电动葫芦	有合格证和厂家检测报告
		传感器	线路接头无损坏，外观整体完整
		分控箱	线路接头无损坏，外观整体完整
		主控箱	线路接头无损坏，外观整体完整
6	防护系统	外防护网片	孔径φ6，外观整洁，外框无损坏
		防护翻板	外形符合设计要求，无损坏
		内挑防护	孔距无误，无损坏，无开焊

附着式提升脚手架安装完成后质量检查标准见表4。

附着式提升脚手架质量检查验收表 表4

序号	检查项目	质量标准	检查方法	检查数量
1	竖向主框架	各杆件的轴线应汇交于节点处，并应采用螺栓或焊接连接，如不交汇于一点，应进行附加弯矩验算	查看	全部
2		各节点应焊接或螺栓连接	尺量	全部
3		相邻竖向主框架的高差不得小于 30mm	尺量	全部
4	水平支承桁架	桁架上、下弦应采用整根通长杆件，或设置刚性接头；腹杆上、下弦连接应采用焊接或螺栓连接	查看	全部
5		桁架各杆件的轴线应相交于节点上，并宜用节点板构造连接，节点板的厚度不得小于 6mm	尺量	全部
6	架体构造	空间几何不可变体系的稳定结构	查看	全部
7	立杆支撑位置	架体构架的立杆底端应放置在上弦节点各轴线的交汇处	查看	全部

序号	检查项目	质量标准	检查方法	检查数量
8	立杆间距	应符合现行行业标准《建筑施工扣件式钢管脚手架安全技术规范》（JGJ 130—2011）中小于等于 1.5m 的要求	尺量	全部
9	纵向水平杆的步距	应符合现行行业标准《建筑施工扣件式钢管脚手架安全技术规范》（JGJ 130—2011）中的小于等于 1.8m 的要求	尺量	全部
10	剪刀撑设置	水平夹角应满足 45°～60°	尺量	全部
11	脚手板设置	架体底部铺设严密，与墙体无间隙，操作层脚手板应铺满、铺牢，孔洞直径小于 25mm	尺量	全部
12	扣件拧紧力矩	40～65N·m	检测	全部
13	附墙支座	每个竖向主框架所覆盖的每一楼层处应设置一道附墙支座	查看	全部
14		使用工况，应将竖向主框架固定于附墙支座上	查看	全部
15		升降工况，附墙支座上应防倾、导向的结构装置	查看	全部
16		附墙支座应采用锚固螺栓与建筑物连接，受拉螺栓的螺母不得少于两个或采用单螺母加弹簧垫圈	查看	全部
17		附墙支座支撑在建筑物上连接处混凝土的强度应按设计要求确定，但不得小于 C10	查看	全部
18	架体构造尺寸	架高不得大于 5 倍层高	尺量	全部
19		架宽不得大于 1.2m	尺量	全部
20		架体全高 × 支承跨度不得大于 110m²	尺量	全部
21		支承跨度直线型不得大于 7m	尺量	全部
22		支承跨度折线或曲线型架体，相邻两主框架支撑点处的架体外侧距离不得大于 5.4m	尺量	全部
23		水平悬挑长度不得大于 2m，且不得大于跨度的 1/2	尺量	全部
24		升降工况上端悬臂高度不得大于 2/5 架体高度且不得大于 6m	尺量	全部
25		水平悬挑端以竖向主框架为中心对称斜拉杆水平夹角不得小于 45°	尺量	全部
26	防坠落装置	防坠落装置应设置在竖向主框架处并附着在建筑结构上	查看	全部
27		每一升降点不得少于一个，在使用和升降工况下都能起作用	查看	全部
28		防坠落装置与升降设备应分别独立固定在建筑结构上	查看	全部
29		应具有防尘防污染的措施，并应灵敏可靠和运转自如	查看	全部
30		防倾覆装置中应包括导轨和两个以上与导轨连接的可滑动的导向件	查看	全部
31	防倾覆设置情况	在防倾导向件的范围内应设置防倾覆导轨，且应与竖向主框架可靠连接	查看	全部
32		在升降和使用两种工况下，最上和最下两个导向件之间的最小间距不得小于 2.8m 或架体高度的 1/4	查看	全部
33		应具有防止竖向主框架倾斜的功能	查看	全部
34		应用螺栓与附墙支座连接，其装置与导轨之间的间隙应小于 5mm	查看	全部
35	同步装置设置情况	连续式水平支承桁架，应采用限制荷载自控系统	查看	全部
36		简支静定水平支承桁架，应采用水平高差同步自控系统，若设备受限时可选择限制荷载自控系统	查看	全部

序号	检查项目	质量标准	检查方法	检查数量
37	防护设施	密目式安全立网规格型号不得小于2000目/100cm²，不得少于3kg/张	查看	全部
38		防护栏杆高度为1.2m	尺量	全部
39		踢脚板高度为180mm	尺量	全部
40		架体底层脚手板铺设严密，与墙体无间隙	查看	全部

7）验收要求

附着式提升脚手架安装完毕及使用前检查验收要求见表5。

附着式提升脚手架安装完毕及使用前检查验收表 表5

序号	验收项目	验收时点	验收内容	验收人员
1	有关资料	材料进场后及组装前	材料合格证、试验报告、特种作业人员证等相关资料	项目物资、技术、安全管理人员，资料员
2	材料及结构部件	材料进场后及组装前	结构部件是否良好，有无变形、开焊、锈蚀现象	项目物资、技术、安全管理人员
3	附着系统	材料进场及使用	附墙支座、防坠器、防坠弹簧、穿墙螺栓、普通垫片、方钢垫块、卸荷支顶器外观损伤，无锈蚀，有合格证	项目物资、技术、安全管理人员
4	电控系统	材料进场后及使用前	电控系统有合格证和厂家检测报告，线路接头无损坏，外观整体完整	项目物资、技术、安全管理人员
5	防护系统	材料进场后及使用前	外防护网片、防护翻板、内挑防护外形符合设计要求，无损坏，孔距无误，无损坏，无开焊	项目物资、技术、安全管理人员

8）应急处置

（1）处置原则

施工过程中一旦发生险情或事故，应停止作业，切勿慌乱，切忌盲目施救，在保证自身安全的情况下按照处置措施要求科学开展施救，并及时向项目管理人员×××报告相关情况。

（2）处置措施

倾覆坍塌：当出现倾覆坍塌征兆时，发现者应立即通知倾覆坍塌影响作业区域人员撤离现场，并及时报告项目部进行后期处置。

触电事故：当发现有人员触电时立即切断电源，若无法及时断开电源，可用干木棒、皮带、橡胶制品等绝缘物品挑开触电者接触的带电物，之后解开妨碍触电者呼吸的紧身衣服，检查口腔，清理口腔黏液并立即就地抢救。如触电者呼吸停止，应采用人工呼吸法抢救；如心脏停止跳动，应采用胸外心脏按压法抢救。

其他事故：当发生高处坠落、起重伤害、机械伤害等事故后，应立即采取措施切断或隔断危险源，疏散现场无关人员后对伤者进行包扎等急救，向项目部报告后原地等待救援。

附件：《××大厦附着式提升脚手架设计图》（略）。

通用工程篇

98 脚手架作业安全技术交底

交底等级	**三级交底**	交底编号	III-098
单位工程	×××住宅楼	分部工程	主体结构
交底名称	**脚手架作业**	交底日期	年　月　日
交底人	分部分项工程主管工程师（签字）	确认人	工程部长（签字）
批准人	总工程师（签字）	被交底人	专职安全管理人员（签字）
			班组长及全部作业人员（签字，可附签字表）

1）作业任务

本工程施工中采用的脚手架形式较多，有落地式作业架、支撑架、附着式提升脚手架、悬挑脚手架等，在各类型脚手架搭设、使用、拆除中需严格遵循本交底要求，以确保施工安全。

2）工艺流程

（1）落地式脚手架搭设安装流程

基础原土夯实→基础硬化→放样弹线→摆放扫地杆→逐根竖立立杆，随即与扫地杆扣紧→安装第一步大横杆（与各立杆扣紧）→安装第一步小横杆→安装第二步大横杆→安装第二步小横杆→加设临时斜撑杆→安装第三、四步大小横杆→安装连墙件→接立杆→加设剪刀撑、张挂安全网及水平网。

（2）悬挑式脚手架搭设安装流程

固定工字钢锚环埋设→工字钢安装→立杆定位钢筋焊接→摆放扫地杆→逐根竖立立杆，随即与扫地杆扣紧→装扫地小横杆并与立杆或扫地杆扣紧→安装第一步大横杆（各立杆扣紧）→安装第一步小横杆→安装第二步大横杆→安装第二步小横杆→安装第三、四步大横杆和小横杆→安装连墙杆→接立杆→加设剪刀撑→铺脚手板→搭设超过10m或使用前进行检查验收。

3）作业要点

（1）施工准备

脚手架配件、型钢等材料进场后，配合项目物资及技术管理人员进行进场验收，验收合格方可使用。整理材料存放场地，确保场地平整坚实、排水畅通、无积水。材料验收合格后按品种、规格分类码放，并设挂规格、数量铭牌。

（2）脚手架搭设

①搭设顺序

落地式脚手架、悬挑式脚手架的搭设应与主体结构工程同步进行，一次搭设高度不应超过最上层连墙件2步，且自由高度不应大于4m；构件组装类脚手架搭设应自一端向另一端延伸，应自下而上按步逐层搭设，并应逐层改变搭设方向。剪刀撑、斜撑杆等加固杆件应随架体同步搭设。每搭设完一步距架体后，应及时校正立杆间距、步距、垂直度及水平杆的水平度。

②连墙件

连墙件的安装应随作业脚手架搭设同步进行，当作业脚手架操作层高出相邻连墙件 2 个步距以上时，在上层连墙件安装完毕前，应采取临时拉结措施。悬挑式脚手架、附着式提升脚手架在搭设时，悬挑支撑结构、附着制作的锚固应稳固可靠。脚手架安全防护网和防护栏杆等防护设施应随架体搭设同步安装到位。

（3）脚手架使用

①一般要求

严禁将支撑脚手架、缆风绳、混凝土泵输送管、卸料平台及大型设备的支承件等固定在作业脚手架上，严禁在作业脚手架上悬挂起重设备，脚手架作业层严禁超负荷集中堆载。脚手架使用期间，严禁在脚手架立杆基础下方及附近实施挖掘作业。附着式提升脚手架在使用过程中不得拆除防倾、防坠、停层、荷载、同步升降控制装置。支撑脚手架在浇筑混凝土、工程结构件安装过程中，架体下方严禁有人；附着式提升脚手架在升降作业时或外挂防护架在提升时，架体上严禁站人，架体下方不得进行交叉作业。雷雨、6 级以上大风天气应停止架上作业，雨、雪、雾天气应停止脚手架搭设及拆除作业，雨、雪、霜后上架作业应采取防滑措施，雪天应清除积雪。

②过程检查

脚手架在使用过程中，应保证脚手架良好工作状态，应定期检查以下内容：

a. 主要受力杆件、剪刀撑等加固杆件和连墙件应无缺失、无松动，架体无明显变形；

b. 场地无积水、立杆底端无松动、悬空；安全防护设施齐全、有效，无损坏缺失；

c. 附着式提升脚手架支架应稳固，防倾、防坠、停层、荷载、同步升降装置状态良好，架体升降平稳；

d. 悬挑脚手架的悬挑支承稳固牢靠。

③突发状态检查

在脚手架使用过程中出现如下情况之一时，应对脚手架进行检查确认安全后方可继续使用：

a. 承受偶然荷载后；

b. 遇有 6 级以上大风后；

c. 大雨及以上降雨后；

d. 冻结的地基土解冻后；

e. 停用超过 1 月后；

f. 架体部分拆除后等。

④排查及撤离

脚手架在使用过程中出现安全隐患应及时排除，当出现以下情况之一时，应立即撤离作业人员并组织检查处置：

a. 杆件及连墙件破坏、滑移或过度变形；

b. 杆件部分结构失去平衡；

c. 结构杆件失稳、整体倾斜；

d. 部分基础失去承载能力等。

（4）脚手架拆除

脚手架拆除前，应清除作业层上的堆放物。架体拆除应按自上而下的顺序按步逐层进行，严禁上下同时作业。同层杆件和构配件应按先外后内的顺序拆除，剪刀撑、斜撑杆等加固杆件应在拆卸至该部位杆件时拆除。作业脚手架连墙件应随架体逐层同步拆除，严禁先将连墙件整层或数层拆除后再拆架体。作业脚手架拆除时，当架体悬臂高度超高 2 步时，应架设临时拉结。作业脚手架分段拆除时，应先对未拆除部分采取加固措施后再进行架体拆除。架体拆除作业应统一组织，专人指挥，严禁交叉作业，严禁高空抛掷拆除的材料及构配件。

4）安全风险及危害

脚手架安拆及使用过程中存在的安全风险见表1。

脚手架安拆及使用过程中存在的安全风险识别表   表 1

序号	安全风险	施工过程	致险因子	风险等级	产生危害
1	倾覆坍塌	混凝土浇筑	（1）地基处理不到位、架体安装不规范； （2）未进行地基及架体验收； （3）未实施预压； （4）地基受雨水浸泡、冲刷，架体受大风或冻融影响； （5）地基及架体维护不及时、不到位； （6）未有效实施监测预警； （7）预埋件不合格； （8）材料不合格； （9）材料堆放超载	I	架体上方作业人员群死群伤
		架体预压	（1）地基处理不到位、架体安装不规范； （2）未有效实施预压监测预警； （3）预压荷重未按照设计要求执行	II	
		架体拆除	（1）架体总体拆除顺序不当； （2）先行拆除扫地杆、斜撑杆、水平向剪刀撑； （3）拆除时风力过大	II	
2	高处坠落	架体安装、拆除	（1）作业人员未穿防滑鞋、未系挂安全带； （2）未挂设安全网	III	架体上方作业人员死亡或重伤
		架体施工	（1）作业平台未规范设置防护栏、密目网； （2）作业平台跳板搭设未固定、未满铺，存在探头板	III	
		人员上下行	未规范设置爬梯	III	
3	物体打击	架体施工	（1）作业平台未设置踢脚板； （2）作业平台堆置杂物或小型材料； （3）架体底部及四周未有效设置警戒区	IV	架体下方人员死亡或重伤
		架体拆除	（1）随意抛掷杆件、构配件； （2）拆卸区域底部未有效设置警戒区	IV	
4	起重伤害	吊运物料	（1）起重机司机、司索工、指挥技能差，未持证； （2）钢丝绳或吊带、卡扣、吊钩等破损、性能不佳； （3）未严格执行"十不吊"； （4）吊装指令传递不畅，存在未配置对讲机、多人指挥等情况； （5）起重机回转范围外侧未设置警戒区	III	起重作业人员及受其影响人员死亡或重伤
5	临电触电	现场临电使用	（1）临时用电线路混乱，线路老化，未定期进行检查； （2）用电设备未设置接地保护，绝缘保护；	II	操作人员触电死亡或重伤

序号	安全风险	施工过程	致险因子	风险等级	产生危害
5	临电触电	现场临电使用	（3）私自乱接电线，未遵守"一机一闸一漏一箱"的用电制度； （4）配电未实行箱体化、无防雨措施、缺盖少帽、无漏电保护器； （5）电工未持证上岗； （6）在不安全的天气条件（六级以上大风、雷雨和雪天）下继续带电施工； （7）用电设备在长期搁置以后未作检查的情况下重新投入使用	II	操作人员触电死亡或重伤

5）安全风险防控措施

为防范以上安全风险，须严格落实各项风险防控措施，详见表2。

脚手架工程安全风险防控措施表 表2

序号	安全风险	措施类型	防控措施	备注
1	倾覆坍塌	质量控制	（1）严格执行设计、规程及验标要求，进行地基处理及架体搭设； （2）严格执行规程要求进行架体拆除作业，保证剪刀撑、斜杆、扫地杆等在拆除至该层杆件时拆除	—
		管理措施	（1）严格执行地基处理及支架搭设验收程序； （2）严格执行支架预压及沉降变形观测； （3）地基受雨水浸泡、冲刷，架体受大风或冻融影响后，及时进行二次验收	—
2	高处坠落	安全防护	（1）架体搭设过程中，及时挂设安全网； （2）工人作业时穿防滑鞋，正确使用安全带； （3）作业平台跳板铺设且固定牢固，杜绝探头板； （4）作业平台封闭围护，规范设置防护栏及密目网	—
		管理措施	（1）为工人配发合格的安全带、安全帽等防护用品，培训正确穿着使用； （2）做好安全防护设施的日常检查维护，发现损坏及时修复	—
3	物体打击	安全防护	（1）作业平台规范设置踢脚板； （2）架体底部设置警戒区； （3）人员必须佩戴好安全帽，上下垂直面禁止同时作业	—
		管理措施	（1）作业平台顶部严禁堆置杂物及小型材料； （2）拆除作业时，专人指挥，严禁随意抛掷杆件及构配件	—
4	起重伤害	安全防护	起重机回转范围外侧设置警戒区	—
		管理措施	（1）做好起重设备及特种作业人员的进场验收管理，保证设备性能、人员技能满足要求，设备及人员证件齐全有效； （2）做好钢丝绳或吊带、卡扣、吊钩、对讲机等日常检查维护，确保使用性能满足要求； （3）吊装作业专人指挥，严格执行"十不吊"	—
5	临时用电	安全防护	（1）现场的配电箱要坚固，有门、有锁、有防雨装置，设备实行一机一闸一漏一箱。不得用一个开关直接控制二台及以上的用电设备； （2）使用自备电源或与外电线路共用同一供电系统时，电气设备根据当地要求作保护接零或作保护接地，不得一部分设备作保护接零，另一部分设备作保护接地； （3）变压器设接地保护装置，其接地电阻不大于4Ω，变压器设护栏，设门加锁，专人负责，近旁悬挂"高压危险、请勿靠近"的警示牌	—

序号	安全风险	措施类型	防控措施	备注
5	临时用电	管理措施	（1）施工必须配备专职电工，电工必须经过培训持证上岗，施工现场所有的电气设备的安装、维修和拆卸作业必须由电工完成； （2）电缆线路采用 TN-S 系统，电气设备和电气线路必须绝缘良好，不得采用老化脱皮旧电缆； （3）各种型号的电动设备按使用说明书的规定接地或接零；传动部位按设计要求安装防护装置。维修、组装和拆卸电动设备时，断电挂牌，防止其他人私接电动开关发生伤亡事故； （4）施工现场临时用电定期进行检查，接地保护、变压器及绝缘强度，固定用电场所每月检查一次，移动式电动设备、潮湿环境和水下电气设备每天检查一次；对检查不合格的线路、设备及时维修或更换，严禁带故障运行； （5）焊工坐靠在工件上施焊时，身体与工件间应采取可靠的绝缘措施，以防触电； （6）雷雨天气，停止露天高处作业	—

6）质量标准

脚手架搭设质量标准及检验方法见表3。

脚手架搭设质量标准及检验方法表　　　表3

序号	检查项目		质量要求	检查方法	检验数量
1	悬挑梁、悬挑架与结构连接		刚性框架和刚性节点	查看	全部
2	可调底座	插入立杆长度	≥150mm	尺量	全部
		丝杆外露长度	≤300mm		
3	扫地杆	杆中心与底板距离	≤550mm	尺量	全部
4	立杆	间距	符合设计	查看	全部
5	水平杆	步距	符合设计	查看	全部
6	脚手板	满铺、作业层下踢脚板齐全	符合设计	查看	全部
7	水平防护网	每安装3层水平杆挂设一层	满挂	查看	全部
		作业层与主体结构间的空隙	满挂		
8	层间防护	作业层以下设置隔离措施	符合设计	尺量	全部
9	脚手架材质	钢管	外径48mm、壁厚不小于3.5mm	查看	全部
		扣件	有安全许可证、扣件监测资料	查看	

7）验收要求

脚手架施工各阶段验收要求见表4。

脚手架施工各阶段验收要求表　　　表4

序号	验收项目	验收时间	验收内容	验收人员
1	材料及构配件	盘扣架材料进场后、使用前	材质、规格尺寸、焊缝质量、外观质量	项目物资、技术管理人员，班组长及材料员
2	架体、基础	基础施工完成后	架体基础应平整、夯实，立杆设底座，立杆设置扫地杆	项目技术管理人员，班组长及技术员

序号	验收项目	验收时间	验收内容	验收人员
3	架体稳定	架体连接点施工完成后	架体连接点牢固。与建筑结构按照规范间距拉结	项目技术管理人员，班组长及技术员
4	杆件间距与剪刀撑	每层架体杆件设置完成后	立杆、大横杆、小横杆间距应符合规范要求，同时按规范设置剪刀撑	项目技术管理人员，班组长及技术员
5	脚手板	脚手板设置完成后	脚手板材质应符合要求，铺设严密、牢固，不得有探头板	项目技术、安全管理人员，班组长及技术员
6	架体防护	每层架体施工完成后	外侧挂密目式安全网，网间封闭严密，作业层脚手板与建筑物之间大于 15cm 必须采取防护措施	项目技术、安全管理人员，班组长及技术员
7	脚手架材质	脚手架进场时	钢管不得有弯曲、锈蚀严重现象，木杆直径、材质必须满足规范要求	项目物资、技术管理人员，班组长及技术员
8	卸料平台	方案完成后进行复核，施工完成后进行现场验证	卸料平台必须经过验算，搭设符合要求，卸料平台系统严禁与脚手架连接	项目技术管理人员，班组长及技术员

8）应急处置

（1）处置原则

施工过程中一旦发生险情或事故，应停止作业，切勿慌乱，切忌盲目施救，在保证自身安全的情况下按照处置措施要求科学开展施救，并及时向项目管理人员×××报告相关情况。

（2）处置措施

倾覆坍塌：当出现坍塌征兆时，发现者应立即通知坍塌影响作业区域人员撤离现场，并及时报告项目部进行后期处置。

触电事故：当发现有人员触电时立即切断电源，若无法及时断开电源，可用干木棒、皮带、橡胶制品等绝缘物品挑开触电者接触的带电物，之后解开妨碍触电者呼吸的紧身衣服，检查口腔，清理口腔黏液并立即就地抢救。如触电者呼吸停止，应采用人工呼吸法抢救；如心脏停止跳动，应采用胸外心脏按压法抢救。

其他事故：当发生高处坠落、起重伤害、机械伤害等事故后，应立即采取措施切断或隔断危险源，疏散现场无关人员后对伤者进行包扎等急救，向项目部报告后原地等待救援。

99 梯笼安拆使用安全技术交底

交底等级	三级交底	交底编号	III-099
单位工程	×××	分部工程	×××
交底名称	梯笼安拆使用	交底日期	年　月　日
交底人	分部分项工程主管工程师 （签字）	确认人	工程部长（签字）
批准人	总工程师（签字）	被交底人	专职安全管理人员（签字）
			班组长及全部作业人员 （签字，可附签字表）

1）施工任务

××项目需采购、使用梯笼，梯笼总高578m，在梯笼安装、拆除、使用、存放、周转的全过程需做好相应安全管理。

2）工艺流程

梯笼选型→进场验收→基础处理→梯笼安装→梯笼使用→梯笼拆除→梯笼吊装→梯笼运输→梯笼存放。

3）作业要点

（1）梯笼选型

梯笼结构强度、刚度、稳定性应满足使用要求，宜采用栓接，并确保各部位连接牢固。梯笼应分节配置，每节以2m为宜，易于安装拆除、便于周转使用，保养维护。扶手、网片等防护设施配置齐全，梯面应有防滑措施。

（2）进场验收

梯笼进场后，配合项目人员进行验收并形成验收记录，验收内容应包括梯笼结构形式、型号、尺寸、材质、配件等，验收合格方可安装施工。

（3）基础处理

梯笼安装前应对安装人员进行安全技术的培训。对质量及安全防护要求详细交底。安装班组人员要有明确的分工，确定指挥人员，要设置安全警戒区、挂设安全标志，并派监护人员排除作业障碍。根据设计建筑基坑深度核对安装高度。安装作业前检查的内容包括箱式笼体的成套性和完好性，基础位置和做法是否符合要求，必备的各种安全装置是否齐全和性能是否可靠。

（4）基础处理

在施工现场选择合理的安装位置，对梯笼的安装基础进行处理，开挖基础并夯实找平，梯笼使用高度较高时，基底应进行硬化处理。基础四周不得有积水现象，必要时在基础四周开挖排水沟。基础处理完成后，配合项目人员进行验收，验收内容包括四角高差、平整度、排水情况等。

（5）梯笼安装

①安装人行出口标准节

将出口标准节吊装在基底上，出口向外，校准水平，保证出口标准节安装好后的垂直度在 0.1% 之内；用膨胀螺栓将底节与硬化地面固定。

②安装标准节

对标准节固定螺纹孔进行清理，确保螺纹孔与螺栓直径相匹配。采用 25t 以上起重机进行吊装，吊装时注意标准节内踏步走向要与出口节踏步走向一致，标准节吊装就位后安装螺栓并使螺栓呈现放松状态，以利于校正及安装，校正后紧固所有螺栓。依次循环，直至完成。标准节超过三节时需增加一道水平拉结杆，采用 M12×160 化学锚栓固定在地下连续墙上。梯笼网片、扶手安装严禁采用铁丝绑扎，采用焊接时要确保连接牢固。

③安装入口节

入口节吊装时要注意安全门开启方向。入口节吊装就位后安装螺栓并使螺栓呈现放松状态，以利于校正及安装，校正后要紧固所有螺栓。安装水平拉结杆，采用 M12×160 化学锚栓固定在地下连续墙上。

④安装入口通道

入口通道与入口节门槛尽量保持水平。入口通道采用 50mm 厚木方铺设，上面每 500mm 长加设一道防滑条。入口通道安装完成后两边采用 φ48mm 钢管搭设 1.2m 高防护栏杆。梯笼使用过程中需随挖土深度进行加节，加节过程同安装过程。

（6）梯笼使用

梯笼使用期间指定专人进行梯笼日常检查、维护、看管，严禁擅自拆改梯笼结构杆件或在梯笼上增设其他设施，严禁在梯笼基础影响范围内进行挖掘作业，严禁车辆等大型机械设备碰撞梯笼。同时上下行梯笼人员应少于 9 人。梯笼上严禁直接绑缚电缆、电线或与带电体触碰。

当梯笼停用 1 个月以上，在恢复使用前，以及遇 6 级以上强风、大雨及冻结的地基土解冻后，应配合项目技术人员、测量人员对支架进行二次验收，发现问题及时处理，处理合格后方可继续使用。

（7）梯笼拆除

收到项目技术人员指令后，方可进行梯笼拆除。拆除前，全面检查拟拆梯笼，根据检查结果，拟订出作业计划，报请批准，进行技术交底后才准工作。作业计划一般包括拆除的步骤和方法、安全措施、材料堆放地点、劳动组织安排等。拆除时划分作业区，周围设绳绑围栏或竖立警戒标志，地面应设专人指挥，禁止非作业人员进入。拆除的高处作业人员应戴安全帽、系安全带、扎裹腿、穿软底防滑鞋。拆架程序应遵守由上而下，用起重机逐节吊除。

（8）梯笼吊装

梯笼吊装前，必须对梯笼状态进行检查，确保网片、扶手等安装牢固，发现螺栓松动时必须紧固，然后方可吊装；发现个别节点用铁丝绑扎，即使网片处于稳定状态，也需将铁丝拆除，要采用螺栓连接或焊接，连接牢固后才可吊装。吊装影响区域设置警戒线，吊装过程中严禁人员在吊物下方或坠落影响范围内站立移动。一次整体吊装梯笼高度不得大于 6m，节数少于 3 节，并确保节与节之间连接牢固。在狭小空间内吊装梯笼，应在梯笼上拴绳并由专人牵引，避免侧移或下落时碰撞侧壁、支撑等。暴雨、6 级以上大风等恶劣天气严禁吊装梯笼。

（9）梯笼运输

应根据梯笼型号尺寸选择适宜运输车辆，对装车形式、数量做好规划，严禁超高、超宽、超长、超重、超速运输。装车时，应捆扎牢固，采取可靠支垫、隔离措施，防止梯笼与运输车及梯笼间发生碰撞、挤压变形。运输过程中，遇颠簸、泥泞、陡坡路段应减速慢行。

（10）梯笼存放

存放场地应平整坚实，无积水且排水通畅。应使梯笼侧面长边向下存放，底部应采取木方等支垫措施，存放层数不得大于2层，堆码应整齐稳定。

4）安全风险及危害

梯笼安拆及使用过程中存在的安全风险见表1。

梯笼安拆及使用过程中蹲在的安全风险识别表　　　表1

序号	安全风险	施工过程	致险因子	风险等级	产生危害
1	倾覆坍塌	梯笼使用	（1）梯笼基础处理不到位、平整度不足、底节安装不牢或受水浸泡局部承载力降低； （2）梯笼安装未及时设置附墙或拉设缆风绳及地锚； （3）大风等恶劣天气影响	II	梯笼内及倾覆影响范围内人员群死群伤
2	起重伤害	梯笼吊装	（1）梯笼吊装前未进行检查，网片、扶手存在铁丝绑扎或安装不牢情况； （2）起重机司机、司索工、指挥技能差，未持证； （3）钢丝绳或吊带、卡扣、吊钩等破损、性能不佳； （4）未严格执行"十不吊"； （5）吊装指令传递不畅，存在未配置对讲机、多人指挥等情况； （6）吊行影响区域未设置警戒区	III	起重作业人员及受其影响人员死亡或重伤
3	高处坠落	梯笼使用	（1）梯笼网片缺失，封闭不全； （2）梯笼与工作面间走行步道连接不牢、临边防护缺失； （3）梯面无防滑措施，雨雪天滑倒	III	—
4	物体打击	梯笼使用	（1）梯笼网片、扶手铁丝绑扎、安装不牢； （2）梯笼上挂设小型材料，受晃动影响坠落	IV	—

5）安全风险防控措施

（1）防控措施

为防范以上安全风险，须严格落实各项风险防控措施，详见表2。

梯笼安拆及使用过程中安全风险防控措施表　　　表2

序号	安全风险	措施类型	防控措施	备注
1	倾覆坍塌	质量控制	（1）加强梯笼基础处理及梯笼安装质量控制，做好梯笼底部区域排水； （2）梯笼安装过程中及时设置附墙或拉设缆风绳及地锚	—
		管理措施	大风等恶劣天气前加固梯笼，大风后进行检查排险	—
2	起重伤害	安全防护	吊行区域设置警戒区，严禁人员进入	—
		管理措施	（1）梯笼吊装前严格执行安全检查，网片、扶手严禁铁丝，发现安装不牢及时处理； （2）做好起重设备及特种作业人员的进场验收管理，保证设备性能、人员技能满足要求，设备及人员证件齐全有效； （3）做好钢丝绳或吊带、卡扣、吊钩、对讲机等日常检查维护，确保使用性能满足要求；	

序号	安全风险	措施类型	防控措施	备注
2	起重伤害	管理措施	（4）吊装作业专人指挥，严格执行"十不吊"	—
3	高处坠落	安全防护	（1）梯笼网片及与工作面间走行步道设置牢固临边防护； （2）采用防滑梯面	—
		管理措施	加强梯笼安全检查维护，确保防护设施齐全有效	—
4	物体打击	安全防护	（1）网片确保安装牢固，作业平台规范设置踢脚板； （2）架体底部设置警戒区	—
		管理措施	（1）梯笼上顶部严禁挂设小型材料； （2）拆除作业时，专人指挥，严禁随意抛掷杆件及构配件	—

（2）工作纪律

除落实以上安全风险防控措施外，还应严格遵守以下工作纪律：

①防护用品：作业人员正确佩戴使用安全帽、安全带，正确穿戴防滑鞋及紧口工作服。

②班前讲话：每日上工前，由班组长开展班前讲话，将当日作业内容、存在的安全风险及危害、防范措施、作业要点等告知全部作业人员。

③工前检查：每日班前讲话后，对工人身体状态、防护用品使用、现场作业环境等进行例行检查，发现问题及时处理。

④维护保养：做好安全防护设施、安全防护用品、起重设备机具等的日常维护保养，发现损害或缺失，及时修复或更换。

6）质量标准

梯笼安装质量标准及检验方法见表3。

梯笼安装质量标准及检验方法表　　　　　　　　　　　表3

序号	检查项目	质量要求	检查方法	检验数量
1	结构部分	各连接件螺栓紧固牢靠	锤击法、扭力扳手	全部
2		梯笼笼体的垂直度偏差不得超过3‰	水平仪、全站仪	全部
3		基础平整，无积水且有排水措施	查看	全部
4	外观部分	外观是否刷漆	查看	全部
5		螺栓是否有缺失、有裂纹、直径是否符合要求	查看	全部
6		螺栓孔是否合要求	查看	全部
7		安全防护网是否破损严重	查看	全部
8	安全安装防护与安全防护	是否有防护栏杆	查看	全部
9		安装否稳固	查看	全部
10		安全网是否破损	查看	全部
11		梯笼底部是否落地	查看	全部

7）验收要求

梯笼施工各阶段验收要求见表4。

序号	验收项目	验收时点	验收内容	验收人员
1	材料及构配件	梯笼进场后	结构形式、型号、尺寸、材质、配件、数量等	项目物资、技术、安全管理人员
2	梯笼基础处理	基础处理完毕后，梯笼安装前	平面尺寸、四角高差、平整度、排水等	项目技术管理人员，班组长及技术员
3	梯笼安装	梯笼安装后，使用前	梯笼底节与基础、节与节之间连接，梯笼与工作面间走行步道连接与临边防护，梯笼网片、扶手安装质量等	项目技术、安全管理人员，班组长及技术员
4	梯笼吊装	吊装前	网片扶手等是否安装牢固、吊装影响区域是否设置警戒线	班组长及吊装作业人员

梯笼施工各阶段验收要求表　　　　表4

8）应急处置

（1）处置原则

施工过程中一旦发生险情或事故，应停止作业，切勿慌乱，切忌盲目施救，在保证自身安全的情况下按照处置措施要求科学开展施救，并及时向项目管理人员×××报告相关情况。

（2）处置措施

倾覆坍塌：当出现倾覆征兆时，发现者应立即通知倾覆影响作业区域人员撤离现场，并及时报告项目部进行后期处置。

其他事故：当发生高处坠落、起重伤害、机械伤害等事故后，应立即采取措施切断或隔断危险源，疏散现场无关人员后对伤者进行包扎等急救，向项目部报告后原地等待救援。

100 施工电梯安拆使用安全技术交底

交底等级	三级交底	交底编号	III-100
单位工程	×××大桥	分部工程	墩柱
交底名称	施工电梯安拆使用	交底日期	年　月　日
交底人	分部分项工程主管工程师（签字）	确认人	工程部长（签字）
批准人	总工程师（签字）	被交底人	专职安全管理人员（签字）
			班组长及全部作业人员（签字，可附签字表）

1）施工任务

×××大桥左幅 6 号墩高 71.209m，为施工过程提供便利，需在 6 号墩侧安装施工电梯，详见附件《××大桥施工电梯安装图、安装说明书、使用维护说明书》。

2）施工流程

（1）安装流程

前期准备→基础预埋件安装→钢架安装→导轨安装→门套及门扇安装→电气布线→检验调试→竣工验收。

（2）拆除流程

拆除前准备→维护电梯部位→卸下电梯外壳→卸下底部部件→拆卸电梯内部部件→清洁拆卸现场。

3）作业要点

（1）电梯安装

①前期准备

施工前，具备电梯安装资质的专业施工队需要对现场进行勘测，制定安装方案与施工总承包单位进行确认。确定安装方案后，施工队需要提前采购和检验电梯各个零配件，确定数量及型号，并安排专业技术人员和安全员对现场工序进行监督。

②基础预埋件安装

基础预埋件包括电梯轿厢承台、轿顶托架、底坑尺寸及相应位置的预埋件等。施工队按照设计图纸要求进行排版及预埋件尺寸的检查，确定吊装方案后，利用塔式起重机将各个预埋件精确定位安装，并进行校平、校直处理。

③钢架安装

按照设计图纸要求进行钢架结构的翻制、切割和切割校直等，确定安装位置、计算并设置架子，对钢架进行加固、拼装、调整和焊接等处理，保证电梯钢架结构能够承受各项荷载。

④导轨安装

根据设计图纸要求，对导轨尺寸进行精确定位，并确定各个导轨的安装位置，钢架安装完成后，施工队按照预定的位置进行导轨的加固和固定并进行调整、校直等处理。随导轨架的升高，必须按规定进行附墙连接，第一道附墙架距地面应为 10m 左右，以后每隔 6m 做一道附墙连接，连接件必须紧固，随紧固随调整导轨架的垂直度。在导轨架加节安装时，吊笼内可以载两个安装工人和安装工具进行使用，由于此时尚未安装上限位开关，所以必须控制吊笼的上滚轮升至离齿条顶端 50cm 处。导轨架接至全高后，装上天轮组，将吊笼升高到距离天轮 1.5m 左右；钢丝绳绕过天轮，其下端与对重用卡子（绳夹）固定。当配重碰到下面缓冲弹簧时，吊笼顶离天轮架的距离不得小于 300mm。

⑤门套及门扇安装

电梯门套及门扇的安装需要考虑到门套的大小、结构、重量、导向方式等多个因素，施工队根据设计图纸要求进行门套的安装，并采用吊装的方式安装门扇，同时要对门套及门扇的安全性进行检验和确认。

⑥电气布线

电梯的电气布线需要按照设计图纸和相关规范进行布置和检查，包括电缆槽的铺设、电缆的穿线、接线盒的安装等步骤。施工队需要对电梯电气系统进行测试，确保各电气设备正常运行并符合要求。

⑦检验调试

电梯安装完成后，施工队需要对其进行详细的检测和调试，确保电梯的各项功能正常，并符合相关安全标准和国家要求。

⑧竣工验收

完成调试后，施工队需要提交竣工验收资料，并指派专业人员进行验收。验收合格后，施工队需向项目交付电梯产品自检合格证明、使用手册、维修手册及维保卡等文件，确保电梯在以后的使用过程中保持良好的运行状态。

（2）电梯使用

操作者必须领取操作证，持证上岗。严禁操作者酒后或带病上岗操作，工作时间必须穿着工作鞋、工作服。操作前应检查使用记录、制动系统、电气系统及稳固情况。每班次首次载重运行须由低层上升，吊笼升至离地面约 1m 高度时，检查制动器的制动可靠性，如有滑落应予修复。吊笼内承载货物应使其分布均匀，防止偏重，严禁超载运行。操作时应与指挥人员密切配合，作业前应鸣号示意；在电梯未切断总电源时，司机不得离开操作岗位。

每班作业完毕或中间未有作业任务时，吊笼必须降至底层。下班前必须把各控制开关回至零位，切断电源，锁好电箱门，闭锁吊笼门和围栏门，填写运转情况记录表，做好交接班工作。凡遇大风、大雨、大雾天气，应停止运行并将吊笼降至底层，切断总电源。暴风雨后应按规定进行检查方可开机。

（3）电梯拆除

①拆除前准备

电梯的拆除需要有相应资质的专业队伍进行，拆除前还需要进行拆除现场的安全检查，包括电梯本身的状况、周边的环境，并配备专业技术人员及安全员在现场监督。在拆卸过程中，要有专人统一指挥，并熟悉图纸、拆卸程序及检查要点。地面设警戒区并竖立警戒标志，安排专人指挥和监督，禁止非作业人员入内。

②维护电梯部位

拆除电梯之前，部分部位需要先进行维护和清理，包括电梯井道和顶层进行清理和消毒、电梯钢丝绳的处理等，为后续的拆卸工作做好安全保障。

③卸下电梯外壳

分别拆除电梯的外部和内部部分，先拆解外部部分，首先需要卸下电梯的门和门框，把门框拆下来后根据不同粗细及材料的差异等特点拆卸侧板。之后从电梯顶部开始拆卸，逐一拆下线路等部件。

④卸下底部部件

随后拆卸电梯的底部部件，这一步骤需要小心翼翼地拆卸支撑架、缆绳套件等，并停止顶部施工，严禁竖向同时进行拆除作业。

⑤拆卸电梯内部部件

拆卸电梯的所有内部部件，包括电梯轿厢、各种仪表、控制器、变压器等，在此过程中，拆卸队伍需要注意电梯和周围环境的安全和卫生。

⑥清洁拆卸现场

运至地面的材料应按指定地点随拆随运，分类堆放。废弃物、有害物，不得遗弃现场。拆卸完成之后，拆卸队伍需要清理拆卸现场，包括清理残留垃圾、撤回安全警戒线、整理工具等。

4）安全风险及危害

施工电梯安拆过程中存在的安全风险见表1。

施工电梯安拆过程中存在的安全风险识别表　　　　表1

序号	安全风险	施工过程	致险因子	风险等级	产生危害
1	吊笼坠落	电梯使用	（1）电梯安装完成后，未按要求进行空载、额定荷载、超载、坠落试验； （2）未定期检查和日常检查维护； （3）超载运行	I	吊笼内人员群死群伤
2	起重伤害	材料搬运、电梯安装、拆除	（1）起重机司机、信号工未持证上岗； （2）起重机械的安全装置等破损、性能不佳； （3）未严格执行"十不吊"； （4）吊装指令传递不畅，存在未配置对讲机、多人指挥等情况； （5）起重人员未按照安全操作规程进行作业	II	起重作业人员及受其影响人员死亡或重伤
3	高处坠落	电梯安装、拆除	（1）作业人员未穿防滑鞋、未系挂安全带； （2）电梯与作业平台连接部位步道不稳、有空隙、未设置临边防护	III	作业人员死亡或重伤
4	物体打击	电梯安装、拆除	（1）随意抛掷杆件、构配件； （2）搬运钢架及材料未注意周围情况； （3）四周未有效设置警戒区	IV	作业人员死亡或重伤

5）安全风险防控措施

（1）防控措施

为防范以上安全风险，需严格落实各项风险防控措施，详见表2。

序号	安全风险	措施类型	防控措施	备注
1	吊笼坠落	管理措施	（1）电梯安装完成后，严格执行空载、额定荷载、超载、坠落试验，确认符合要求后，方可投入使用； （2）使用过程中严格进行定期检查和日常检查维护，发现问题及时更换配件或修复； （3）操作人员持证上岗，严禁超载运行	—
2	起重伤害	安全防护	（1）吊装材料前检查钢丝绳或吊带、卡扣，发现破损及时更换； （2）作业区内设置警戒区	—
		管理措施	保证人员技能满足要求，特殊工种持证上岗，严格执行"十不吊"	—
3	高处坠落	安全防护	（1）作业人员正确穿戴防滑鞋、系挂安全带，安全带高挂低用； （2）电梯与作业平台连接部位设置稳固步道及临边防护	—
4	物体打击	安全防护	作业区四周设置警戒区	—
		管理措施	（1）严禁随意抛掷杆件、构配件； （2）搬运材料等作业要时刻注意周围状况	—

（2）工作纪律

除落实以上安全风险防控措施外，还应严格遵守以下工作纪律：

①防护用品：作业人员正确佩戴使用安全帽，穿戴绝缘手套、防滑鞋及紧口工作服等。

②班前讲话：每日上工前，由班组长开展班前讲话，将当日作业内容、存在的安全风险及危害、防范措施、作业要点等告知全部作业人员。

③工前检查：每日班前讲话后，对工人身体状态、防护用品使用、现场作业环境等进行例行检查，发现问题及时处理。

④维护保养：做好安全防护设施、安全防护用品、起重设备机具等的日常维护保养，发现损害或缺失，及时修复或更换。

6）质量标准

施工电梯专业施工队安装完成后对其进行自检并出具自检合格证明，检查其自检表各项是否符合要求，具体内容见表3。

施工电梯安装自检表 表3

序号	检查项目	检查内容与要求	自检结果
1	资料部分	（1）起重机械基础隐蔽工程验收记录； （2）施工电梯垂直测量记录； （3）经审批后的安装方案； （4）有健全的安全管理制度和岗位责任制； （5）荷载标志牌，操作规程牌，机长、司机、定人定机牌、验收安全警示； （6）司机已接受技术交底、进厂教育及经过培训，持证上岗资料	是否合格
2	结构部分	（1）各结构防腐好，受力杆件无严重腐蚀； （2）各部连接螺栓紧固牢靠； （3）附墙件安装间距不大于9m，预埋件、附墙杆连接紧固牢靠； （4）本机要求自由高度应符合要求； （5）架体的垂直度偏差不得超过1‰； （6）基础平整，无积水且有排水措施	是否合格

序号	检查项目	检查内容与要求	自检结果
3	机械部分	（1）钢丝绳符合安全使用规定且绳卡数量不少于3个，有鸡心环，滑鞍放置正确且紧固可靠； （2）驱动齿轮副齿隙规定为0.5mm，且无过渡磨损； （3）减速机构无异响，无漏油； （4）导轮、滚轮调整间隙及磨损符合规定； （5）刹车装置灵敏度可靠	是否合格
4	电气部分	（1）电缆是否有破损老化，起升下降是否有死卡现象； （2）操作盘仪表信号装置是否齐全完好； （3）防雷接地连接应符合规定，接地电阻不大于10Ω； （4）电气设备与金属结构作保护接零，重复接地电阻小于4Ω	是否合格
5	安全保护与安全防护装置	（1）上下行程限位装置符合要求，灵敏度可靠； （2）限速器安装正常，断电灵敏； （3）电磁擦片间隙磨损符合规定要求； （4）箱笼门、底笼门各电气机械连锁开关应齐全，灵敏可靠，门栏开启正常； （5）底层进出口处有安全防护网，并符合防护要求； （6）各楼层通道口，须装设防护门及防护围栏且须牢固，灵活可靠； （7）上下联络信号齐全有效，载重量指示器，灵活可靠	是否合格
6	空载试验	（1）电气系统、联锁装置、操作系统功能及动作准确； （2）安全保护装置动作准确、可靠； （3）传动机构平稳，无明显冲击、振动及油箱漏油等异常现象	是否合格
	额定荷载试验	（1）额定荷载试验重量2t； （2）电气系统、联锁装置及操作系统正常，动作准确； （3）安全保护装置动作准确、可靠； （4）传动机构平衡、无明显冲击、振动及油箱漏油等异常现象	是否合格
	超载试验	（1）超载试验，新机初安装时125%重量，正常超载试验110%重量； （2）电气系统、联锁装置及操作系统正常，动作准确； （3）安全保护装置动作准确、可靠； （4）金属结构不得出现永久变形、可见裂纹、连接损坏、松动等现象； （5）传动机构不得有异常现象	是否合格
	坠落试验	（1）电梯的结构及连接应无任何损坏及永久变形； （2）电梯箱笼底板在各方向的水平度偏差不大于30mm； （3）坠落试验后，须调整速度限制器正常状态	是否合格

7）验收要求

施工电梯各阶段的验收要求见表4。

施工电梯各阶段验收要求表　　　　　　　　　　表4

序号	验收项目		验收时点	验收内容	验收人员
1	材料及构配件		施工电梯材料进场后、使用前	材质、规格尺寸、焊缝质量、外观质量	项目物资、技术管理人员，班组长及材料员
2	电梯基础	基础	安装前	基础预埋件、地脚螺栓是否牢靠；底架、底笼围挡是否牢固、可靠	项目技术管理人员，班组技术员
3	架体结构	搭设过程	（1）各节段安装后； （2）搭设达到设计高度后	详见《施工电梯安装验收表》	项目技术、测量管理人员，班组长及技术员
4	传动系统	运行	（1）传动系统安装过程中； （2）传动系统运行中	传动系统的连接是否牢固可靠，运行有无异常	项目物资、技术管理人员，班组技术员

通用工程篇

序号	验收项目	验收时点	验收内容	验收人员
5	电气系统	外观运行参数	安装完成后，电梯使用前	详见《施工电梯安装验收表》	项目物资、技术管理人员，班组技术员

8）应急处置

（1）处置原则

施工过程中一旦发生险情或事故，应停止作业，切勿慌乱，切忌盲目施救，在保证自身安全的情况下按照处置措施要求科学开展施救，并及时向项目管理人员×××报告相关情况。

（2）处置措施

吊笼坠落：当电梯运行发现异响、振动等不良状态时征兆时，司机应暂停电梯使用，并及时报告项目部进行后期处置。

触电事故：当发现有人员触电时立即切断电源，若无法及时断开电源，可用干木棒、皮带、橡胶制品等绝缘物品挑开触电者接触的带电物，之后解开妨碍触电者呼吸的紧身衣服，检查口腔，清理口腔黏液并立即就地抢救。如触电者呼吸停止，应采用人工呼吸法抢救；如心脏停止跳动，应采用胸外心脏按压法抢救。

其他事故：当发生高处坠落、起重伤害、机械伤害等事故后，应立即采取措施切断或隔断危险源，疏散现场无关人员后对伤者进行包扎等急救，向项目部报告后原地等待救援。

附件：《××大桥施工电梯安装图、安装说明书、使用维护说明书》（略）。

101 塔式起重机安拆使用安全技术交底

交底等级	**三级交底**	交底编号	Ⅲ-101
单位工程	建筑工程	分部工程	主体结构
交底名称	**塔式起重机安拆使用**	交底日期	年　月　日
交底人	分部分项工程主管工程师 （签字）	确认人	工程部长（签字）
批准人	总工程师（签字）	被交底人	专职安全管理人员（签字） 班组长及全部作业人员 （签字，可附签字表）

1）施工任务

本工班负责××号楼塔式起重机的安装、顶升、使用及拆除工作，共×台，塔式起重机型号为××，高度为××m，在×m、×m、×m处共设置×道附墙装置，详见附件《××塔式起重机安装使用说明书》。

2）工艺流程

安装流程：安装场地、道路畅通→安全技术交底及作业准备→安装塔式起重机的汽车起重机进场就位→安装基础节→安装 2 个标准节→安装套架→安装回转部分及司机室→接通回转机构及起升机构电源线路→安装塔头→安装平衡臂→安装平衡臂拉板→安装 1 块平衡重块→拼装起重臂及起重臂拉板→安装其余平衡重块→接通变幅机构及顶升装置电源线路→穿绕起升和变幅钢丝绳→接通安全装置电源线路并调试好安全装置→顶升标准节，加高塔身到自由高度→检查起重机的垂直度→对各部限位、限载调试→全面检查起重机各部位并使其达到要求→清理工具及吊具等→安装工作完成→自检验收。

拆除流程：拆除场地、道路畅通→安全技术交底及作业准备→基础、钢结构、电路、机构、液压系统安全检查→起重降节→拆除平衡重块→拆除起重钢丝绳→拆除变幅电源及限位线缆→拆除起重臂→拆除起升机构及回转机构电源及控制回路，接通回转临时电源→拆除剩余平衡重块→拆除平衡臂→拆除塔帽总成→拆除回转总成→拆除爬升架→拆除标准节→拆除基础节→各部件总成地面解体，运离现场。

3）作业要点

（1）塔式起重机安装

①混凝土基础检查

塔式起重机安装前，要对其混凝土基础进行检查，使用经纬仪复查混凝土基础上四个固定支腿的上表面水平度，应满足两支腿间距 1/1000 的要求。

②安装两节塔身标准节

先将两节标准节Ⅱ用 8 根高强度螺栓副（螺栓 10.9 级，螺母 10 级和高强度垫圈）连接为一体，高强度螺母的预紧力矩为 2.5kN·m；然后吊装在混凝土基础支腿上面，并用 8 根高强度螺栓副（螺栓 10.9 级，螺母 10 级）连接、紧固。注意高强度螺栓副摩擦接触面应涂上一层二硫化钼复合钙基脂。安装时，应注意有踏步的两根主弦所在的平面要垂直于建筑物。

③安装爬升架总成

在地面上，将爬升架拼装成整体，并装上液压顶升系统，然后，使用汽车起重机吊起爬升架总成，套在已安装好的两节标准节Ⅱ外面（应注意的是，爬升架的外伸框架要与建筑物方向平行，以便施工完成后拆塔），套架上有液压缸的一侧面应对准塔身上有踏步的一侧面，并套入标准节，并将爬升架下部的爬爪放入标准节最下部的踏步内。

④安装上下支座总成

在地面上，先将上、下支座以及回转机构、回转支承、司机室平台等装为一体，再将上下支座总成吊起，安装在塔身标准节上，用 8 根高强度螺栓副（螺栓 10.9 级，螺母 10 级和高强度垫圈）将下支座和塔身节连接。将液压顶升机构接入临时电源，再将顶升横梁的端部销轴放入标准节踏步内，安装好销轴防脱装置后，顶起爬升架，用 4 根销轴将爬升架和下支座相连。注意安装回转支承时，其滚道淬火软带（外部标记"S"或堵塞孔处）应放置在紧靠回转机构一侧；回转支承与上、下支座的连接螺栓要进行预紧，预紧力矩为 640N·m。

⑤安装塔帽总成

在地面上，将作业平台、护圈、滑轮、起重臂拉杆连接板等安装在塔帽上，再将平衡臂拉杆的第一节用销轴与塔帽连接，然后吊起塔帽总成，用 4 根 ϕ35mm 销轴与上支座连接，销轴端部用开口销固定。注意区分塔帽哪边是与起重臂相连。将塔帽安装在上转台上，用销轴连接，销轴端部用开口销固定；注意吊装塔帽前应分别将平衡臂拉杆各一节安装在塔帽上。

⑥安装平衡臂

在平地上，拼装好平衡臂，并将走台、护栏、起升机构、配电箱等安装在平衡臂上，再将平衡臂吊起，与上支座用两根 ϕ50mm 销轴连接，并安装开口销；抬起平衡臂尾端与水平线成一定角度，至平衡臂拉杆的安装位置，将平衡臂拉杆与已安装在塔帽上的平衡臂拉杆连接，并安装开口销；汽车起重机慢慢落下吊钩，至平衡臂成水平位置。吊起质量为 2.2t 的平衡重块，放置在平衡臂最根部的一块配重安放处。

⑦安装司机室

起吊司机室，放置在司机室平台上，用销轴将司机室与司机室平台连接，并安装开口销。将塔式起重机控制系统接入专用电箱，并调试起升机构的控制部分。

⑧安装起重臂与起重臂拉杆

起重臂节的配置安装次序不得混乱。用汽车起重机将塔式起重机起重臂总成平稳提升，同时开动起升机构，注意与汽车起重机的协调性和同步性，必须保持起重臂处于水平状态，使得起重臂能够顺利地安装到上支座的起重臂铰接点上。在起重臂根部销轴和开口销连接安装完毕后，汽车起重机继续慢慢提升起重臂头部，使起重臂头部稍微抬起一定的角度，汽车起重机停止提升；开动塔机起升机构，慢慢拉起起重臂拉杆，先使短拉杆的连接板能够用销轴连接到塔顶相应的拉板上；然后再开动起升机构调整长拉杆的高度位置，使得长拉杆的连接板也能够用销轴连接到塔顶相应的拉板上。

注意当汽车起重机使塔机起重臂头部稍微抬起，开动塔式起重机起升机构，起升钢丝绳拉起起重臂拉杆时，塔机起重臂拉杆并不受力，否则起升机构负不起这么大的荷载。起重臂长、短拉杆的连接销轴和开口销连接安装完毕后，汽车起重机慢慢放下塔式起重机起重臂头部，使起重臂拉杆处于拉紧状态、起重臂呈水平状；汽车起重机继续落下吊钩，拆除起吊索具。

⑨安装配重

根据起重臂长度，安装其余的配重块，并安装配重连接板或杆，固定配重块。

⑩穿绕起升钢丝绳

将起升钢丝绳引经塔帽导向滑轮后，绕过在起重臂根部上的起重量限制器滑轮，再引向载重小车滑轮与吊钩滑轮穿绕，最后将钢丝绳端固定在起重臂头部，并按照要求安装 3 个绳卡，不得正反交错安装。

⑪调整牵引钢丝绳

把载重小车开至起重臂最根部，使载重小车与起重臂止挡块接触，转动小车上带有棘轮的小储绳卷筒，把牵引钢丝绳尽力拉紧。当整机按前面的步骤安装完毕后，在无风状态下，检查塔身轴线的垂直度，允许偏差为 4/1000。

⑫接电源及试运转

安装电气系统前，必须切断总电源，然后按照电气原理图、电气布置图及电气接线图接线。接线后，检测各部件对地的绝缘电阻。检查无误后接通地面总电源。开动各机构进行试运转，检查各机构运转是否正确，同时检查各处钢丝绳是否处于正常工作状态，是否与结构件有摩擦，及时排除所有不正常情况。

⑬顶升加节

a. 顶升前准备

按液压泵站要求给其油箱加油。确认电动机接线正确，风扇旋向右旋，手动阀操纵杆操纵自如，无卡滞。清理好各个标准节，在标准节连接套的孔内涂上黄油，将待顶升加高用的标准节排成一排，放在顶升位置时的起重臂的正下方，这样能使塔式起重机在整个顶升加节过程中不用回转机构，能使顶升加节过程所用时间最短。放松电缆长度略大于总的顶升高度，并紧固好电缆。将起重臂旋转至爬升架前方，平衡臂处于爬升架的后方，使顶升液压缸正好位于平衡臂正下方。在引进平台上准备好引进滚轮，爬升架平台上准备好塔身高强度螺栓。

b. 顶升前塔式起重机配平

塔式起重机配平前，必须先吊一节标准节放在引进梁上，再将载重小车运行到配平参考位置，并吊起一节或其他重物，然后拆除下支座 4 个支脚与标准节的连接螺栓；将液压顶升系统操纵杆推至"顶升方向"，使爬升架顶升至下支座支脚刚好脱离塔身的主弦杆的位置；检验下支座与标准节相连的支脚与塔身主弦杆是否在一条垂直线上，并观察爬升架上 8 个导轮与塔身主弦杆间隙是否基本相同，以检查塔式起重机是否平衡。若不平衡，则调整载重小车的配平位置，直至平衡，使得塔式起重机上部重心落在顶升液压缸梁的位置上。记录载重小车的配平位置，也可用布条系在该处的斜腹杆上作为标志，但要注意，这个标志的位置随起重臂长度不同而改变，事后应将该标志物取掉。操纵液压系统使套架下降，连接好下支座和标准节间的连接螺栓。

c. 顶升作业

将一节标准节吊至爬升架引进横梁的正上方，在标准节下端安装上 4 个引进滚轮，缓慢落下吊钩，使装在标准节上的引进滚轮比较合适地落在引进横梁上，然后摘下吊钩。将载重小车开至顶升平衡位置。使用回转机构上的回转制动器，将塔式起重机上部机构处于制动状态，不允许有回转运动。卸下塔身顶部与下支座连接的 8 个高强度螺栓。将顶升横梁放在距离最近的标准节踏步的圆弧槽内，要特别注意观察顶升横梁两端销轴是否在爬爪圆弧槽内。开动液压系统，使活塞杆伸出，将爬升架及其以上部分顶起 10～50mm 时停止，检查顶升横梁、爬升架等传力部件是否有异响、变形等异常现象，确认正常后，继续顶升；顶起略超过半个标准节高度并使爬升架上的活动爬爪滑过一对踏步并自动复位后，停止顶升，并回缩液压缸，使爬升架的活动爬爪搁在顶升横梁所顶踏步的上一对踏步上。确认两个活动爬爪准确地挂在踏步顶端后，将液压缸活塞全部缩回，提起顶升横梁，重新使顶升横梁顶在爬爪所搁的踏步的圆弧槽内，再次伸出液压缸，将塔式起重机上部结构再顶起略超过半个标准节高度，此时塔身上方恰好有能装入一个标准节的空间，将爬升架引进横梁上的标准节引至塔身正上方，稍微缩回液压缸，将新引进的标准节落在塔身顶部，对正，卸下引进滚轮，用 8 颗 M36 的高强度螺栓（每颗螺栓必须有两套螺母、垫圈）将上、下标准节连接牢靠（螺栓预紧力矩为 2400kN·m）。再次缩回液压缸，将下支坐落在新的塔身顶部上，并对正，用 8 颗 M36 高强度螺栓将下支座与塔身连接牢靠，至此完成一节标准节的加节工作。若连续加几节标准节，则可按以上步骤重复几次即可。为使下支座顺利地落在塔身顶部，并对准连接螺栓孔，在缩回液压缸之前，可在下支座四角的螺栓孔内从上往下插入 4 根（每角 1 根）导向杆，然后再缩回液压缸，将下支座落下。

d. 顶升过程注意事项

塔式起重机最高处风速大于 8m/s 时，不得进行顶升作业。顶升过程中必须保证起重臂与引入标准节方向一致，并利用回转机构制动器将起重臂制动住，载重小车必须停在顶升配平位置。若要连续加高几节标准节，则在每加完一节后、塔式起重机起吊下一节标准节前，塔身各主弦杆和下支座必须用 8 颗 M36 高强度螺栓连接，唯有在这种情况下，允许这 8 颗高强度螺栓每颗只用一套螺母、垫圈。所加标准节上的踏步，必须与已有标准节对正。在下支座与塔身没有用 M36 高强度螺栓连接好之前，严禁回转、变幅和吊装作业。在顶升过程中，若液压顶升系统出现异常，应立即停止顶升，收回液压缸，将下支坐落在塔身顶部，并用 8 颗 M36 高强度螺栓将下支座与塔身连接牢靠后，再排除液压系统的故障。塔式起重机加节达到所需工作高度（但不超过独立高度）后，应旋转起重臂至不同的角度，检查塔身各接头处、基础支腿处螺栓的拧紧情况，哪一根主弦杆位于平衡臂正下方，就把这根弦杆从下到上的所有螺母拧紧，上述连接处均为双螺母防松。

⑭安全装置调整

按照本机《塔式起重机安装使用说明书》的技术性能参数调整起重力矩限制器、起重量限制器、高度限位器、工作幅度限位器、回转限位器和回转制动器、变幅机构制动器、起升机构制动器的制动间隙。

⑮试运转

以上各项安全装置调整完毕后，进行试运转，合格后如实记录各项试验数据和自检情况。

⑯附着架的安装与调整

a. 附着架的安装

将环梁提升到附着点的位置包在塔身外，然后用高强度螺栓连接起来。吊装 3 根撑杆，连接环梁和支座。装入销轴和开口销，并充分张开。无论几次附着，只有最上一个附着架处必须用内撑杆将塔身四根主弦顶死，其他附着架处不用内撑杆。注意最上面附着架以上的塔身悬长不得超过《塔式起重机安装使用说明书》要求。

b. 附着架的调整

应用经纬仪检查塔式起重机轴心的垂直度，其垂直度允许偏差为 2/1000～4/1000。垂直度的调整可通过微调 3 根附着支撑杆长度实现。3 根支撑杆长度均可微调。

（2）塔式起重机使用

①检查维保

每次塔式起重机顶升过后必须用标准重量的试块重新调校各个限位点，并对行程限位开关进行功能试验，确保其灵敏可靠。对塔式起重机必须进行日常保养工作，必须对各个限位装置进行维护保养、清除尘土、做好润滑。对各限位碰块、滑轮要经常检查，确保无变形、缺损，并固定可靠。限位调整螺钉不得锈蚀、锈死。各限位装置必须有良好的防雨、水设施，并保持各触点接触良好。不得随意拆除、封接安全限位保护装置。塔式起重机司机应对路基轨道做日常检查，并应有记录，遇有问题，要及时上报、及时进行维修。

②信号指挥

塔式起重机司机、信号工必须持证上岗。信号工在工作中，要佩戴鲜明的标志、特殊颜色的工作服和安全帽等；信号工在工作中，不能兼做其他工作，如挂钩、卸钩、捆扎、运料等，绝对不允许指挥人员在工作时擅自离开工作岗位。塔式起重机在作业过程中只允许信号工对司机发出指令，而且只能由一个信号工指挥。当距离太远或有障碍物及楼层高度过高时应根据工作需要增设信号工，保证起吊点、落地点均有信号工指挥，并采取措施以免发生误解造成事故。司机在操作时，不允许在无指挥或非专门指挥人员指挥的情况下操作或不按指挥信号操作。当发现指挥有误或意外紧急情况时，司机要立即采取相应措施或紧急停车，之后立即与信号工或有关人员联系。

③起重操作

起重吊装中要坚持"十不吊"原则。操纵各控制器时应将停止点转动到第一挡，然后依次逐级增加速度，严禁越挡操作。在变换运转方向时，应先将手盘指针转到零位，待电动机停止后，再转向另一方向，操作时力求平稳，严禁急开急停。严禁重物自由下落，只允许在重物距离就位地点 1～2m 处使用手拉制动或使用缓慢下降脚踏开关。绝对不允许长期使用脚踏开关，脚踏开关只能在重物就位时使用，同时使用脚踏开关只允许小心、间断、短时按压。遇有 6 级及以上大风或大雨、大雪、大雾等恶劣天气时，塔式起重机必须停止工作。塔式起重机在停止、休息或中途停电时，应将重物放下，不得悬挂在空中。

（3）塔式起重机拆除

①拆除前准备

检查基础的安全状态，检查结构及连接的安全状态。整机试车，检查各机构、安全装置、电控系统是否正常。检查钢丝绳的安全状态。降节前接通液压站电源，并检查电机旋转方向及动作的准确性，使液压缸全部伸出并将顶升横梁挂靴销挂在踏步上，并插好安全销，将引进小车提升到引进梁上并将其固定在要拆除的标准节上，将起重臂架旋转至爬升架开口一侧。

②塔式起重机降节

a. 顶升平衡

拆除下支座与塔身连接销轴。启动液压缸控制手柄，将上部结构顶起，使下支座主肢角钢和塔身主肢角钢离开 5～10mm 间距，检查下支座主肢角钢和塔身主肢角钢是否在一条直线上，以确定上部结构是否前后平衡。如不平衡，可调整变幅小车在起重臂上的前后位置来调整。平衡后，标记变幅小车在起重臂上的位置。

b. 降节

拆下待拆除标准节与下部塔身标准节之间的连接销轴。启动油泵，伸出活塞杆，使待拆除标准节与下部标准节完全脱离，把已拆除标准节拉出爬升架外。收缩液压缸，待爬升架爬爪靠近下一步踏步时，下压爬爪操纵杆，使爬爪贴近塔身主肢。继续回收液压缸，直至爬爪完全落在踏步上并完全受力。将顶升横梁挂靴上的安全销取下，继续收缩液压缸，使挂靴从塔身踏步上脱离。外伸液压缸，直至顶升横梁挂靴略高下落到下一步塔身踏步上。检查顶升横梁挂靴是否完全与塔身左右两侧安全接触并完全受力。继续外伸液压缸，使顶升架爬爪与塔身踏步完全脱离。外拉爬爪操纵杆，使爬爪与踏步完全脱离。重复上述过程，直至下支座与塔身完全接触，用4根专用顶升销轴把下支座与塔身四角连接在一起。把引进梁上已经引出外套架的标准节吊落到地面。重复以上过程，继续降落标准节直至汽车起重机能够拆除的高度。把下支座与塔身用8根连接销轴连接好，严禁使用顶升专用销轴。

c. 拆塔

把变幅小车变幅到起重臂第1节上，并固定牢固。依次拆除平衡重块，保留一块3.2t平衡重块，拆除起重钢丝绳，拆除变幅电源及限位线缆。吊起起重臂，上翘15°左右，使拉杆松动。按起重臂拉杆安装示意图穿绕起重钢丝绳并固定到拉杆固定耳上。启动起升机构，回收钢丝绳，使钢丝绳微微张紧。依次拆除短拉杆和长拉杆与塔帽连接板之间的销轴。缓慢放松钢丝绳，使拉杆自然下落到起重臂上弦的拉杆托架内，并固定牢固。拆除起重臂总成，拆除起升机构、回转机构电源及控制回路，接通回转临时电源。拆除剩余平衡重块、平衡臂、塔帽总成、回转总成、爬升架以及剩余标准节和过渡节，最后拆除塔式起重机部件，在地面进行解体后运离现场。

4) 安全风险及危害

塔式起重机安拆及使用过程中存在的安全风险见表1。

塔式起重机安拆及使用过程中蹲在的安全风险识别表　　　　表1

序号	安全风险	施工过程	致险因子	风险等级	产生危害
1	倾覆坍塌	塔式起重机安拆、使用	（1）安拆人员未严格按照塔式起重机安装和拆除方案进行塔式起重机的安拆工作，甚至可能违规操作； （2）塔式起重机使用过程中未定期检查塔身连接螺栓的紧固度； （3）未严格按照塔式起重机安装和拆除方案安装塔式起重机附墙装置； （4）起重机司机对每日检查塔式起重机限位器装置的工作执行不严，施工过程中出现塔式起重机碰撞倾覆	I	作业人员及受其影响人员死亡或重伤
2	高处坠落	塔式起重机安拆、使用	（1）作业人员注意力不集中或酒后及带病作业； （2）塔式起重机梯未按要求设置护圈； （3）安拆人员未正确佩戴、使用安全带； （4）人员高处作业时劳动防护用品佩戴不齐	III	作业人员死亡或重伤
3	物体打击	塔式起重机安拆、使用	（1）施工人员未按规定佩戴安全劳动防护用品； （2）施工人员未在规定的安全通道内通行； （3）安装、拆除作业中使用的绳索、滑轮、钩子等不牢固或出现损坏； （4）使用过程中未严格遵守起重机械"十不吊"规定	III	作业人员死亡或重伤

序号	安全风险	施工过程	致险因子	风险等级	产生危害
4	起重伤害	吊运物料	（1）起重机司机、信号工未持证上岗； （2）起重机械的安全装置等破损、性能不佳； （3）未严格执行"十不吊"； （4）吊装指令传递不畅，存在未配置对讲机、多人指挥等情况； （5）起重人员未按照安全操作规程进行作业	Ⅲ	作业人员及受其影响人员死亡或重伤
5	触电	塔式起重机安拆、使用	（1）作业人员未持证上岗，作业时未穿戴合格的绝缘手套，绝缘鞋； （2）线路安装未执行施工现场临时用电安全技术规范； （3）电工每日未对电箱存在的安全隐患进行检查、整改	Ⅲ	作业人员及受其影响人员触电死亡或重伤

5）安全风险防控措施

（1）防控措施

为防范以上安全风险，需严格落实各项风险防控措施，详见表2。

塔式起重机安拆、使用过程中安全风险防控措施表 　　　　表2

序号	安全风险	措施类型	防控措施	备注
1	倾覆坍塌	质量控制	（1）严格执行规程及验标要求，进行塔式起重机基础施工，塔式起重机基础须按验收并审批通过的方案执行； （2）严格按照塔式起重机安装和拆除方案进行塔式起重机的安拆工作，严禁违规操作	—
		管理措施	（1）必须严格按照塔式起重机安装和拆除方案进行塔式起重机的安拆工作，严禁违规操作； （2）塔式起重机顶升时要确保每颗塔身连接螺栓紧固，并定期检查塔身连接螺栓的紧固度； （3）严格按照塔式起重机安装和拆除方案安装塔式起重机附墙装置； （4）加强对起重机司机的班前教育，要求每日检查塔式起重机限位器装置的工作情况，防止塔式起重机碰撞倾覆； （5）塔式起重机安装应严格执行验收程序，并按月定期检查	—
2	高处坠落	安全防护	（1）塔式起重机爬梯应按要求设置护圈； （2）塔式起重机应按要求设置防攀爬装置。同时塔式起重机还应安装防坠落装置	—
		管理措施	（1）施工人员在使用过程中要集中注意力，严禁醉酒作业及带病作业； （2）要求安拆人员必须戴好安全带，并且安拆过程中进行检查，安全带要求高挂低用，即将安全带绳端的钩环挂于高处，而人在低处操作； （3）冬天进行高处作业时，必须严格检查工人防滑鞋的穿戴情况；安排专人对作业处和构件上的水、霜进行清除，并且工人在开始施工前对其检查；台风暴雨后，必须对高处作业安全设施逐一检查	—
3	物体打击	安全防护	（1）安装、拆除作业中使用的绳索、滑轮、钩子等应牢固无损坏，防止物体坠落伤人； （2）安装或拆卸时下方警戒，避免高空坠物伤人	—
		管理措施	（1）员工进入生产作业现场必须按规定佩戴安全帽；生产作业人员按生产作业安全要求在规定的安全通道内上下出入通行，不准在非规定的通道位置处通行走动； （2）每天工人入场前必须按项目部要求做好班前教育。提醒、检查施工人员的劳动防护用品必须佩戴整齐、正确； （3）严格遵守起重机械"十不吊"规定	—

序号	安全风险	措施类型	防控措施	备注
4	起重伤害	安全防护	（1）塔式起重机回转范围内施工区域（钢筋加工、木工加工、配电箱等）范围内按要求设置双层防砸棚； （2）塔身四周按要求设置防护围栏	—
		管理措施	（1）起重作业人员须经有资格的培训单位培训并考试合格，才能持证上岗； （2）每台塔式起重机必须配备一名信号工，确保塔式起重机作业时，在司机视野盲区不会出现伤人事件； （3）起重作业人员在操作前应检查起重机械的安全装置如起重量限制器、行程限制器、过卷扬限制器、电气防护性接零装置、端部止挡、缓冲器、联锁装置、夹轨钳、信号装置等是否齐全可靠，否则不准进行塔式起重机作业，爬梯应按要求设置护圈操作； （4）吊运物品时，吊物不得从人头上过；吊物上不准站人；不能对吊挂着的物品进行加工； （5）风力大于四级以上时停止一切安拆及顶升工作； （6）吊装作业专人指挥，严格执行"十不吊"原则	—
5	触电	安全防护	塔式起重机顶升时，作业人员应持证上岗，作业时应戴合格的绝缘手套，穿绝缘鞋	—
		管理措施	（1）线路安装必须执行施工现场临时用电安全技术规范，采用三相五线制，工作零线与保护零线分别设置； （2）电工应每日对附着式提升脚手架配备的电箱进行检查，确保电箱无安全隐患，正常工作	—

（2）工作纪律

除落实以上安全风险防控措施外，还应严格遵守以下工作纪律：

①防护用品：作业人员正确佩戴使用安全帽、安全带，正确穿戴防滑鞋及紧口工作服。

②班前讲话：每日上工前，由班组长开展班前讲话，将当日作业内容、存在的安全风险及危害、防范措施、作业要点等告知全部作业人员。

③工前检查：每日班前讲话后，对工人身体状态、防护用品使用、现场作业环境等进行例行检查，发现问题及时处理。

④维护保养：做好安全防护设施、安全防护用品、起重设备机具等的日常维护保养，发现损害或缺失，及时修复或更换。

6）质量标准

①塔式起重机基础应达到的质量标准及检验方法见表3。

塔式起重机基础质量检查验收表　　　　　　　　　　　　　　　表3

序号	检查项目	质量要求	检查方法	检验数量
1	地基承载力	符合设计要求	触探等	每100m²不少于3个点
2	基础尺寸偏差（长×宽×高）	不小于设计值	尺量	—
3	基础表面平整度	6mm	测量	—
4	基础混凝土强度	符合设计要求	试验	—
5	预埋螺栓、预埋件位置偏差	2mm	尺量	—
6	基础周边排水措施	完善	查看	全部
7	施工记录、试验资料	完整	查看资料	全部

②塔式起重机安装完毕后，在空载运行情况下，塔身与基础平面的垂直度允许偏差为

4/1000。

③塔式起重机安装完毕后，委托当地特种设备部门进行专业检测、验收，并取得当地安监部门颁发的准用证。

7）验收要求

塔式起重机安装验收要求见表4。

塔式起重机安装验收要求表　　　　　　　　表4

序号	验收项目	验收时点	验收内容	验收人员
1	有关资料	塔式起重机安装前	塔式起重机安装的相关资料	项目物资、技术、安全管理人员，资料员、安装单位负责人
2	基础	基础施工前	地基承载力	项目试验、技术管理人员、班组技术员
3	结构部件	塔式起重机设备进场后、安装前	结构部件是否良好，有无变形、开焊、锈蚀现象	项目物资、安全、技术管理人员、安装单位技术人员
4	电气系统	安装完成后、正式使用前	电气系统各部位是否存在异常，配电箱和各开关是否良好，是否有防雨措施，电缆有无破损现象	项目安全、技术管理人员、安装单位技术人员
5	动力系统	安装完成后、正式使用前	动力系统是否能够正常使用，有无异常现象	项目安全、技术管理人员、安装单位技术人员
6	安全装置	安装完成后、正式使用前	安全装置是否齐全、灵敏可靠，有无异常现象	项目安全、技术管理人员、安装单位技术人员

8）应急处置

（1）处置原则

施工过程中一旦发生险情或事故，应停止作业，切勿慌乱，切忌盲目施救，在保证自身安全的情况下按照处置措施要求科学开展施救，并及时向项目管理人员×××报告相关情况。

（2）处置措施

倾覆倒塌：当出现倾覆倒塌征兆时，发现者应立即通知倾覆影响作业区域人员撤离现场，并及时报告项目部进行后期处置。

触电事故：当发现有人员触电时立即切断电源，若无法及时断开电源，可用干木棒、皮带、橡胶制品等绝缘物品挑开触电者接触的带电物，之后解开妨碍触电者呼吸的紧身衣服，检查口腔，清理口腔黏液并立即就地抢救。如触电者呼吸停止，应采用人工呼吸法抢救；如心脏停止跳动，应采用胸外心脏按压法抢救。

其他事故：当发生高处坠落、起重伤害、机械伤害等事故后，应立即采取措施切断或隔断危险源，疏散现场无关人员后对伤者进行包扎等急救，向项目部报告后原地等待救援。

附件：《××塔式起重机安装使用说明书》（略）。

通用工程篇

102 门式起重机安拆使用安全技术交底

交底等级	三级交底	交底编号	III-102
单位工程	××特大桥	分部工程	门式起重机安拆
交底名称	门式起重机安拆使用	交底日期	年　月　日
交底人	分部分项工程主管工程师 （签字）	确认人	工程部长（签字）
批准人	总工程师（签字）	被交底人	专职安全管理人员（签字）
			班组长及全部作业人员 （签字，可附签字表）

1）施工任务

××特大桥为全线控制性工程，采用 169m + 320m + 169m 双塔双索面斜拉桥结构，主塔基础采用混凝土灌注桩基础，1#号墩桩基 40 根，桩径 3.2m，桩长 35m，桩基纵桥向按 4 排布置，每排 10 根，排间距 7.5m，横桥向间距 6.8m，为便于桩基施工，配置两台 90t 门式起重机。门式起重机与桩基、承台的位置关系如图 1 所示。

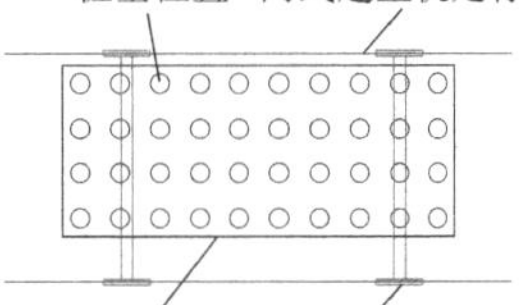

图 1　门式起重机与桩基、承台位置关系图

2）工艺流程

施工准备→行走轨道安装→支腿的整体吊装及竖立→主梁、大车整体安装→起重小车的整体吊装→安装机电系统→拆除各种临时措施→门式起重机试吊→门式起重机安装完成。

3）作业要点

（1）施工准备

根据地质资料，原土层测量地基承载力，对门式起重机轨道地基进行处理，门式起重机轨道基础尺寸经设计计算确定。布设门式起重机拼装、拆除、试车、试验安全施工警戒范围、设置各类施工警示标志。门式起重机轨道基础做好防、排水设施，轨道基础不得有雨水浸泡。门式起重机拼装、拆除起重机械用吊装钢丝绳等经检查合格，各类辅助钢丝绳使用前严格检查，起重机械操作人员持证上岗。吊装指挥人员具备多年吊装经验，且持证上岗。吊装现场设专人安全监护。选择门式起重机缆风设置位置，计算地锚配重。配备足够的安全防护用品安全带、安全绳等，防护用品验收合格。

（2）行走轨道安装

①轨道基础施工

预制场为填石基础。轨道基础开挖至设计高程后，用 20t 以上压路机压实.基础钢筋安装时，需注意埋设轨道预埋件不得遗漏，与预埋件冲突的钢筋可适当调整位置，预埋件及基础

735

顶面严格控制其高程在规范允许范围之内。因走道梁较长，施工时合理地进行分段施工。轨道基础完成后，须做好基础两侧的排水工作。

②行走轨道安装

门式起重机立柱行走轨道采用钢轨。

行走轨道安装要求：做好走道基础的竣工测量，确保其行走轨道的间距、轴线等无误；控制轨道的平顺、轨道接头处的顺接，并利用基础预埋件牢固固定轨道，同时在轨道两端尽头设置限位装置；轨道可靠固定，螺栓不松动，压板不变形，轨面不得有裂纹、疤痕和影响安全运行等缺陷。

具体安装标准以相关规范要求为准。90t 门式起重机采用 43kg/m 钢轨作为行走轨道，轨道采用 M24 地脚螺栓固定，地脚螺栓纵向间距为 70cm。现场钢轨采用鱼尾板连接。两条轨道在同一截面上，轨顶相对高程差 ≤ 10mm，同时轨道纵向倾斜度不得超过 1/1000。门式起重机轨道采用防雷接地且重复接地电阻值不大于 10Ω。

（3）构建的地面组装

①主梁组装

主梁一般采用销轴连接，现场施工只需将销轴打入主梁上下弦的阴阳接头中，在打销子时应调整好主梁的直线度，各主梁的高低不能相差太大，绝对不能将销轴用蛮力打入。最后组装好的主梁的直线度、上拱度、旁弯值、悬臂端上翘度、对角线相对差等均应符合设计及验收要求，具体数据见《起重设备安装工程施工及验收规范》（GB 50278—2010）。主梁上的平台构件也宜在地面组装好，并应留出位置进行吊装时绑扎钢丝绳用，在绑扎钢丝绳处应设好保护钢丝绳的包角措施。

②大车组装

在厂内安装好的大车现场稍经调整即可安装上大车轨道上，由于超长而分开运输的大车，则需要重新安装，组装完成后检查基准、车轮端面的水平偏斜、车轮找平（包括直线度、垂直度及同位差）等。

③小车组装

在厂内安装好的小车到现场稍经调整即可安装上小车轨道上，由于超宽而分开运输的大吨位或特殊起重机的小车，则需要重新安装，应检查小车轨道、小车车轮的平行度、垂直度及同位度，是否符合有关技术要求。小车车轮踏面与轨道面之间的最大间隙不应大于小车基距或小车轨距的 0.00167 倍；轨道在接头处高低差不大于 1mm，间隙不大于 2mm，横向错位差不大于 1mm；小车跨距小于或等于 2500mm 时，两侧跨距相对差小于或等于 2mm；小车跨距大于 2500mm 时，两侧跨距相对差小于或等于 3mm。

（4）整体吊装

吊装的天气也很重要，最好是无大风、无雨、能见度好的天气，依照安拆方案进行设备的吊装，一般顺序为先吊装支腿与大车（两者已连接好），用 2 个刚性拉杆（侧向）拉设好固定，并调整好其垂直度，后吊装主梁，并将支腿与主梁连接，整台设备连接成一个整体后将刚性拉杆解除，把夹轨器夹上，再进行其他的安装工作。选用的起重机应符合吊装要求，要留安全余量，尽可能减少高空作业，能在地面安装的尽量在地面完成安装，力争一天内完成，不要将支腿吊起过夜。在整个吊装过程中应做到指挥得当、信号明了、高空作业要有防护措施，所有安装人员应注意力高度集中，避免事故的发生。

（5）电气安装及调试

在整台设备连成一个整体后并将夹轨器夹上，方可进行电气系统的安装工作，在电气安装过程中还有钢丝绳的穿绕，钢丝绳穿绕时应对钢丝绳放劲，以免穿好以后吊钩旋转。电气系统的安装按该设备的电气设计图施工，电气施工完毕后应进行调试，保证各行走及起升机构能正常工作、保护装置能及时投入工作，具体要求见设计图纸及《电气装置安装工程起重机电气装置施工及验收规范》（GB 50256—2014），并对要求检测的数据一一记录。

（6）试运转前的检查要求

在设备空负荷试运转前，应对设备每个重要部件及系统进行检查。检查内容包括：电气系统、安全连锁装置、制动器、控制器、照明、和信号系统等安装应符合要求，其动作应灵敏和准确；钢丝绳端的固定和其在吊钩、取物装置、润滑组和卷筒上的缠绕应正确、可靠；各润滑点和减速器所加的油、脂的性能、规格和数量应符合设备技术文件的规定；盘动各运动机构制动轮，均应使转动系统中最后一根轴（车轮轴、卷筒轴、立柱方轴、加料杆等）旋转一周不应有阻滞现象

（7）空载试验

空提升小车沿轨道行走数次，车轮无明显打滑现象，启动、制动正常可靠，限位开头动作灵敏。开动起升机构，空钩升降数次，限位开关动作灵敏准确。把提升小车开到跨中，大车沿轨道全长来回行走数次，启动制动车轮不打滑、运行平稳，限位开关动作灵敏，限位头位置准确。

（8）静、动载试验

静、动载试验须在 5 级风力（8.3m/s）以下进行。把提升小车停在主梁跨中，先升起额定负荷，再起升 1.25 倍额定负荷离地面 100mm 处，悬停 10min 后卸去负荷，检查主梁是否有永久变形。反复 3 次后，主梁不再有永久变形，将提升小车停支腿（零点）处。此时检查主梁实际上拱度值应不小于 $0.7S/1000$（S 为主梁长度），最后再起升定额负荷，检查主梁，下接度值不得大于 $S/750$。以 1.1 倍定额负荷，使起升机构和运行机构反复运转、启动、制动，合格标准是各机构制动器、限位开关、电气控制应灵敏、准确、可靠，机振动正常，机构运转平稳，卸载后各机构和主梁无损伤和变形。

（9）维修保养

正确使用、定期检查、合理保养、才能保证起重机的安全工作。

①金属结构的维护保养

主梁是起重机金属结构中最主要的受力结构件，保养的好坏直接关系到起重机的性能、安全和寿命，因此，在使用中应加倍注意保养。必须避免起重机急剧启动、制动、打反车以及与另一台起重机相撞。检查主梁连接焊缝；发现裂纹，应停止使用，实施重焊。当发现主梁有残余变形或主梁失稳，应停止使用予以修复。每年进行一次表面涂装保养，以防金属结构锈蚀。当主构拆卸转场而再次拼装前，必须进行全面检测，必要时可通知厂家协助。

②主要零部件的维护保养

钢丝绳应二周定期润滑一次，润滑前应清除污垢，凡在任何拧节处发现断裂超过 6 根，应立即报废予以更新。轴承必须始终保持润滑状态，每年在进入冬、夏二季之前定期涂油，涂油前须清洗干净；若发现轴承运转温度高、噪声大，须认真检查，若有损坏及时更换。当车轮磨损超过原厚度的 15%或有崩裂，应更新，两主动车轮的工作直径在不均匀磨损后新产生的相对偏差，不得超过公称直径的 1/10。减速机箱体内不得缺少润滑油，润滑油要定期更换，发现温度及声音异常要及时检修。

起升机构的制动器每次使用前先检查一次，运行机构的制动器每天使用前检查一次，检

查时注意制动系统各部动作是否灵活，制动片应与贴合在制动轮上，表面无表达意思不清损伤，起升机构的制动能力大于额定起重量的 1.25 倍。副提升采用电动葫芦，电动葫芦必须每周检查一次并认真记录，必须保持工作正常。工作状态钩下及周围严禁站人。

③电气设备的维护保养

为保证起重机的安全工作，必须熟悉起重机各种事故发生的原因和排除方法。要保持电气设备的清洁，如电阻器、控制屏、接触器等，清除内外部灰尘、污垢，防止漏电、击穿、短路等不良现象的发生。经常观察电动机转子滑线、电刷接触是否良好。电动机、电磁铁、继电器、电磁开关等发出的声音是否正常。检查凸轮控制器、接触器是否有烧毛现象，如有应及时更换或用砂布磨平后再使用。使用条件恶劣时，应定期测量电动机、电线、绝缘电阻，注意导电滑线支架绝缘与各项外壳接地。滑线轨上的铁屑、污物必须随时清除，保持导电部位接触良好。各电气设备安装是否牢固，有否松动现象，活动部位是否转动灵活，做到经常检查，及时消除不良因素。电动葫芦的夹轨器及各部件连接螺栓在作用中会有松动，且减速机一侧不可观察到，故应每周对各连接部位认真检查一次，否则容易发生事故。

4）安全风险及危害

门式起重机安拆及使用过程中存在的安全风险见表 1。

门式起重机施工安全风险识别表　　　　　　　　　　　　　　表 1

序号	安全风险	施工过程	致险因子	风险等级	产生危害
1	失稳倾覆	门式起重机使用	（1）设备停止工作时（如紧急停车、功能动作不正常或工作结束时）设备管理人员未采取安全防范措施； （2）班后操作手未将控制手柄归零、切断电源； （3）未将大车走行轮锁固； （4）未对控制柜、驾驶室上锁	I	设备倾覆，倾覆影响区域人员群死群伤
		门式起重机安装	（1）地基处理不到位、钢轨道安装不规范； （2）未进行地基及轨道验收； （3）地基受雨水浸泡、冲刷，受大风或冻融影响； （4）地基维护不及时、不到位； （5）未有效实施监测预警	I	架体上方作业人员群死群伤
		门式起重机拆除	门式起重机总体拆除顺序不当	II	
2	高处坠落	门式起重机安装、拆除	（1）作业人员未穿防滑鞋、未系挂安全带； （2）下雨下雪作业面湿滑	III	架体上方作业人员死亡或重伤
		人员上下行	未规范设置爬梯及防坠圈	III	
3	物体打击	门式起重机施工	（1）作业平台未设置踢脚板； （2）作业平台堆置杂物或小型材料； （3）起重机底部及四周未有效设置警示牌	IV	架体下方人员死亡或重伤
		架体拆除	（1）随意抛掷杆件、构配件； （2）拆卸区域底部未设置警戒区	IV	
4	起重事故	吊运物料	（1）起重机司机指挥技能差，未持证； （2）未检查钢丝绳的断丝、折损、锈蚀，卷筒和钩头固定端的牢固可靠性； （3）未严格执行"十不吊"； （4）吊装指令传递不畅，存在未配置对讲机、多人指挥等情况； （5）吊钩未起升到规定高度，起重机未走到指定位置	III	起重作业人员及受其影响人员死亡或重伤

5）安全风险防控措施

（1）防控措施

为防范以上安全风险，需严格落实各项风险防控措施，详见表2。

盘扣式满堂支撑架安全风险防控措施表   表2

序号	安全风险	措施类型	防控措施	备注
1	失稳倾覆	安全防护	（1）设备停止工作时将控制手柄归零、切断电源； （2）将大车走行轮锁固； （3）对控制柜、驾驶室上锁	
		管理措施	（1）营区、值班室等严禁设置在门式起重机倾覆影响区域内； （2）严格执行地基处理及钢轨道验收程序； （3）地基受雨水浸泡、冲刷，受大风或冻融影响后，及时进行二次验收	
		质量控制	（1）严格执行设计、规程及验标要求，进行地基处理及钢轨道搭设； （2）严格执行规程要求进行架体拆除作业	
2	高处坠落	安全防护	（1）工人作业时穿防滑鞋，正确使用安全带； （2）作业面湿滑立即停止作业； （3）作业平台封闭围护，规范设置防护栏	
		管理措施	（1）为工人配发合格的安全带、安全帽等防护用品，培训正确穿着使用； （2）做好安全防护设施的日常检查维护，发现损坏及时修复	
3	物体打击	安全防护	（1）作业平台规范设置踢脚板； （2）门式起重机底部设置警戒区	
		管理措施	（1）作业平台顶部严禁堆置杂物及小型材料； （2）拆除作业时，专人指挥，严禁随意抛掷杆件及构配件	
4	起重伤害	安全防护	吊钩起升到规定高度，天车走到指定位置再开始作业	
		管理措施	（1）做好起重设备及特种作业人员的进场验收管理，保证设备性能、人员技能满足要求，设备及人员证件齐全有效； （2）做好钢丝绳或吊带、卡扣、吊钩、对讲机等日常检查维护，确保使用性能满足要求； （3）吊装作业专人指挥，严格执行"十不吊"	

（2）工作纪律

除落实以上安全风险防控措施外，还应严格遵守以下工作纪律。

①防护用品：作业人员正确佩戴使用安全帽、安全带，正确穿戴防滑鞋及紧口工作服。

②班前讲话：每日上工前，由班组长开展班前讲话，将当日作业内容、存在的安全风险及危害、防范措施、作业要点等告知全部作业人员。

③工前检查：每日班前讲话后，对工人身体状态、防护用品使用、现场作业环境等进行例行检查，发现问题及时处理。

④维护保养：做好安全防护设施、安全防护用品、起重设备机具等的日常维护保养，发现损害或缺失，及时修复或更换。

6）质量标准

门式起重机轨道施工质量标准及检查方法见表3。

序号	检查项目	质量要求	检查方法	检验数量
1	地基承载力	>150kPa	动力触探	两侧各3个点
2	基础强度	>C30	留样、回弹	2组标准试块
3	轨距偏差	≤15mm	水准仪	逐项
4	高程相对差	全行程内高低差≤10mm；同一截面内两平行轨道的高程相对差≤10mm	水准仪	逐项
5	轨道接头	轨道接头高低差及侧向错位不应大于1mm，间隙不应大于2mm	水准仪、尺量	逐项
6	轨道中心与梁中心偏差	≤10mm	尺量	两侧各3个点
7	桁架焊接质量	合格	无损检测	焊缝数量20%
8	施工记录、试验资料	完整	查看资料	全部

7）验收要求

门式起重机安装各阶段各部位验收要求见表4。

序号	验收项目	验收时点	验收内容	验收人员
1	限界尺寸	安装完成后，静载试验前	起重机最高点与上方固定物最低点之间距离：$Gn≤25t$ 时，≥300mm；$125t≥Gn>25t$ 时，≥400mm。$250t≥Gn>125t$ 时，≥500mm（Gn为起重量）	项目物资设备、技术及安全管理人员
			起重机两端凸出部份与柱的距离：$Gn≤50t$ 时，≥80mm；$Gn>50t$ 时，≥100mm	项目物资设备、技术及安全管理人员
2	金属结构	安装完成后，静载试验前	主要受力构件不应有整体失稳、严重腐蚀、严重塑性变形和产生裂纹	
			金属结构的焊缝连接不得开焊，不应有偏弧、夹渣、裂纹等缺陷。螺栓或铆钉连接不得松动，不应有缺件、损坏等缺陷；主、端梁采用高强度螺栓连接时，必须按设计要求处理并用专用工具拧紧。对于分段制造、现场组装的主梁，应提供符合要求的无损检测报告	项目物资设备、技术及安全管理人员
			起重机直接受高温辐射的部分，如主梁下翼缘板、吊具横梁等部位应当设置隔热板，防止受热超温［适用于吊运熔融金属（非金属）和炽热金属的起重机］	项目物资设备、技术及安全管理人员
3	司机室	司机室安装完成后	司机室的结构必须有足够的强度和刚度。司机室与起重机连接必须牢固、可靠	项目物资设备、技术及安全管理人员
4	电动葫芦	安装完成后，静载试验前	导绳器应在整个工作范围内有效排绳，不应有卡阻、缺件等缺陷	项目物资设备、技术及安全管理人员
			电动葫芦车轮轮缘内侧与工字钢轨道翼缘之间的间隙应为3～5mm	
5	吊钩	吊钩安装完成后	吊钩应有标记和防脱钩装置，不得使用铸造吊钩。吊钩的几何尺寸（危险断面磨损量、开口度增加量）应符合GB 6067系列规范的要求	项目物资设备、技术及安全管理人员
			吊钩转动灵活，表面光洁，无影响安全的缺陷，连接件可靠；吊钩和悬挂夹板上不得出现任何焊接、焊补现象	

序号	验收项目	验收时点	验收内容	验收人员
6	钢丝绳	安装完成后，静载试验前	钢丝绳的规格型号应符合设计要求，与滑轮和卷筒相匹配，并正确穿绕	项目物资设备、技术及安全管理人员
			应当采用石棉绳芯或者金属股芯等耐高温的重要用途钢丝绳，且具有足够的安全系数［适用于吊运熔融金属（非金属）和炽热金属的起重机］	
			绳端固定应牢固，卷筒上钢丝绳尾端的固定装置，应有防松或自紧的性能。压板固定时，压板不少于2块（电动葫芦不少于3个）；用绳卡固定时，绳卡安装应正确绳卡数量应符合规定；用楔块固定时，楔套不应有裂纹，楔块不应松动	
			钢丝绳断丝数不应超过《起重机 钢丝绳 保养、维护、检验和报废》（GB 5972—2023）规定，否则应报废	
			钢丝绳直径减小量应不大于公称直径的7%	
			钢丝绳不允许有扭结、压扁、弯折、笼状畸变、断股、波浪形、钢丝（绳股、绳芯）挤出、绳芯损坏等现象	
7	卷筒	安装完成后，静载试验前	滑轮的直径应满足GB 6067系列规范的规定，多层缠绕卷筒端部应有比最外层钢丝绳高出2倍绳径的凸缘	项目物资设备、技术及安全管理人员
			卷筒壁不得有裂纹或严重磨损	
8	滑轮	安装完成后，静载试验前	滑轮的直径应满足GB 6067系列规范的规定	项目物资设备、技术及安全管理人员
			滑轮无裂纹，轮缘无缺损；滑轮槽表面应光洁平滑不应有严重磨损和损坏钢丝绳的缺陷	
			转动良好，并应有防止钢丝绳跳出轮槽的装置，且可靠有效	
			不得使用铸铁滑轮，适用于吊运熔融金属（非金属）炽热金属的起重机	
9	制动器	安装完成后，静载试验前	动力驱动的起重机，其每套独立的机构都必须装设制动器；吊运炽热金属或易燃易爆等危险品的起升机构应设置两套制动器	项目物资设备、技术及安全管理人员
			制动轮与磨擦片之间应接触均匀，且不应有影响制动性能的缺陷或油污	
			制动器调整适宜，制动平稳可靠	
10	传动机构	安装完成后，运行前	减速器地脚螺栓、壳体连接螺栓不得松动，工作时无异常声响、振动、发热或漏油。联轴器运转时无撞击、振动，零件无损坏，连接无松动。开式齿轮啮合应平稳，无裂纹、断齿和过度磨损	项目物资设备、技术及安全管理人员
11	车轮	安装完成后，静载试验前	车轮及轴承运行时应无异常声响、振动	项目物资设备、技术及安全管理人员
			轮缘、轮辐不应有裂纹和变形，轮缘和踏面无影响使用性能的缺陷	
12	高度和行程限位	安装完成后，静载试验前	起升机构应设起升高度限制器，且应动作灵敏、性能可靠。电动葫芦起重机及起升高度大于20m吊运熔融金属（非金属）、炽热金属的起升机构应装设下限位	项目物资设备、技术及安全管理人员
13	起重量限制器	安装完成后，静载试验前	额定起重量大于10t的门式起重机应设起重量限制器	项目物资设备、技术及安全管理人员
14	缓冲器和止挡	安装完成后，静载试验前	大、小车运行机构或其轨道端部应分别设缓冲器或端部止挡，缓冲器与端部止挡或与另一台起重机运行机构的缓冲器应对接良好，端部止挡应固定可靠，两边应同时接触缓冲器	项目物资设备、技术及安全管理人员
15	扫轨板	安装完成后，静载试验前	大车轨道设在工作面或地面上时，起重机应装扫轨板；扫轨板距轨面应不大于10mm	项目物资设备、技术及安全管理人员

741

序号	验收项目	验收时点	验收内容	验收人员
16	防偏斜装置	安装完成后，静载试验前	对于跨度大于或者等于40m的门式起重机，应设置偏斜显示或者限制装置	项目物资设备、技术及安全管理人员
17	检修吊笼	安装完成后	裸滑线供电的起重机，靠近滑线一侧应设固定可靠的检修吊笼或提供方便检修滑线且安全的设施	项目物资设备、技术及安全管理人员
18	电气设备和电气元件	安装完成后，静载试验前	构件应齐全完整；机械固定应牢固，无松动；传动部分应灵活，无卡阻；绝缘材料应良好，无破损或变质；螺栓、触头、电刷等连接部位，电气连接应可靠，无接触不良。起重机上选用的电气设备及电气元件应与供电电源和工作环境以及工况条件相适应。对在特殊环境和工况下使用的电气设备和电气元件，设计和选用应满足相应要求	项目物资设备、技术及安全管理人员
19	总电源开关	安装完成后	地面上应设置易于操作的总电源开关，出线端不得连接与起重机无关的电气设备	项目物资设备、技术及安全管理人员
20	照明和信号	安装完成后，静载试验前	起重机的司机室、电气室、通道应有合适的照明。照明电源应由起重机总断路器进线端引接，且应设单独的开关和短路保护	项目物资设备、技术及安全管理人员
			无专用工作零线时，照明用220V交流电源电压由隔离变压器获得，严禁用金属结构做照明线路的回路，严禁使用自耦变压器直接供电	
			固定式照明电源电压不得大于220V；移动式照明电源电压不得超过36V	
21	接地与绝缘	安装完成后	额定电压不大于500V；电气线路对地绝缘电阻，一般环境中不低于0.8MΩ，潮湿环境中不低于0.4MΩ	项目物资设备、技术及安全管理人员

8）应急处置

（1）处置原则

施工过程中一旦发生险情或事故，应停止作业，切勿慌乱，切忌盲目施救，在保证自身安全的情况下按照处置措施要求科学开展施救，并及时向项目管理人员×××报告相关情况。

（2）处置措施

失稳倾覆：当出现倾覆征兆时，发现者应立即通知倾覆影响作业区域人员撤离现场，并及时报告项目部进行后期处置。

触电事故：当发现有人员触电时立即切断电源，若无法及时断开电源，可用干木棒、皮带、橡胶制品等绝缘物品挑开触电者接触的带电物，之后解开妨碍触电者呼吸的紧身衣服，检查口腔，清理口腔黏液并立即就地抢救。如触电者呼吸停止，应采用人工呼吸法抢救；如心脏停止跳动，应采用胸外心脏按压法抢救。

其他事故：当发生高处坠落、起重伤害、机械伤害等事故后，应立即采取措施切断或隔断危险源，疏散现场无关人员，后对伤者进行包扎等急救，向项目部报告后原地等待救援。

103 拌和机清理维修作业安全技术交底

交底等级	三级交底	交底编号	III-103
单位工程	×××大桥	分部工程	预制梁
交底名称	拌和机清理维修作业	交底日期	年　月　日
交底人	分部分项工程主管工程师（签字）	确认人	工程部长（签字）
批准人	总工程师（签字）	被交底人	专职安全管理人员（签字）
			班组长及全部作业人员（签字，可附签字表）

1）施工任务

×××项目××强度等级混凝土（级配碎石）拌和站采用××（厂家、型号，如铁建重工 HZS180），主机为××（厂家、型号，如仕高玛 JS3000）。每班后需对搅拌主机进行例行清理，因混凝土结块过多、叶片及衬板更换等原因需进入搅拌仓内作业（图1）。

图 1　搅拌主机

拌和机入机清理/维修作业中发生过多起工作人员在拌和机内作业时，其他人员在不知情的情况下启动拌和机，导致仓内作业人员被困、受伤，甚至死亡的案例（图2）。

图 2　拌和机入机清理/维修

为规范操作，增加安全冗余，避免事故发生，现对拌和站清理/维修作业的工艺流程、作业要点、风险管控、应急处置措施、工作纪律等进行如下交底。

2）工艺流程

检查检修门上盖安全开关→检查搅拌主机安全开关→控制台操作按钮归零，切断控制台主电源→主机楼强电箱所有分开关、总开关电源断开→锁好控制室门窗，挂牌监护→入仓清理/维修→作业后确认手续与开机准备。

入仓作业安全作业流程如图3所示。

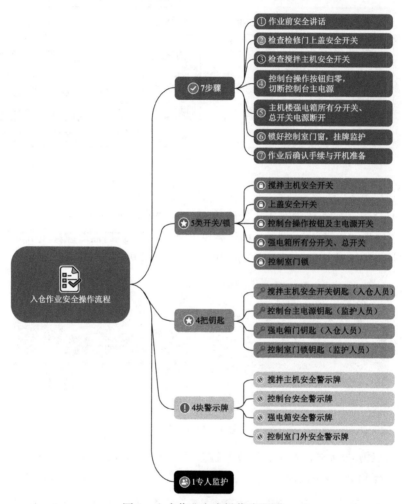

图3　入仓作业安全操作流程图

3）作业要点

（1）作业准备

拌和站站长（安全协管员）对入仓人员、监护人员、操作司机交代相关注意事项。作业人员应穿着工作服、反光背心，佩戴袖标、手套、防尘口罩等，携带对讲机。

（2）检查检修门

打开检修门，控制室操作人员确认主机无法启动，说明检修门上盖安全开关工作正常（图4）；关闭检修门，如发现检修门上盖安全开关有异常，需及时更换或维修。

入仓作业人员按下搅拌主机安全开关，由控制室操作人员确认主机无法启动，取下安全开关钥匙，交由入仓作业人员保管，安全开关上悬挂安全警示牌（图5）。

图4　打开检修门　　　　图5　检修门悬挂
　　　　　　　　　　　　　　　安全警示牌

（3）关闭控制台

控制台上所有操作按钮全部切换为停止状态并切断控制台的主电源，悬挂安全警示牌，并将控制台上的钥匙交由监护工作人员保管，如图6所示。

图6　关闭控制台操作

（4）关闭搅拌仓电源开关

将拌和机主机楼内强电箱搅拌仓所有分开关、总开关电源切断，锁好强电箱门，并将钥匙取下，交由入仓工作人员保管，悬挂安全警示牌，如图7所示。

图7　关闭搅拌仓电源开关

745

（5）警示与监护

锁好拌和站控制室门窗，并在控制室门外悬挂仓内清理、维修提醒标识和安全警示标志，监护人员在仓外进行监护，如图8所示。

图 8　警示与监护

（6）收尾工作

作业完毕后，监护人员与入仓作业人员共同确认搅拌仓内无人或异物（如工具、配件、混凝土残渣等），并通知控制室操作人员再次确认维修完毕，三方履行确认签字手续后，方可关闭检修盖，打开安全开关，撤销提醒标识和警示标志，将钥匙交付搅拌站站长或搅拌站操作司机后，方可进入搅拌工作程序，如图9所示。

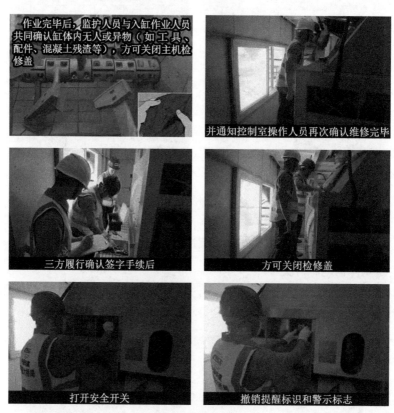

图 9　收尾工作

4）安全风险及危害

拌和机清理/维修作业过程中存在的安全风险见表1。

序号	安全风险	施工过程	致险因子	风险等级	产生危害
1	机械伤害	入仓清理/维修	（1）未按安全操作规程确定的步骤操作； （2）未安排专人监护； （3）未悬挂相关安全警示标识； （4）未履行相关作业票手续； （5）未切断相关电源或未按下相关安全开关（或失效）	I	主机内作业人员被搅死亡或重伤
		保养作业	（1）链条、轴承、齿轮等进行润滑、紧固时突然启动； （2）未安排专人监护； （3）未切断相关电源并悬挂相关安全警示标识	IV	作业人员手指/掌等被压/挤伤
2	触电	入仓清理/维修	（1）带入主机的电动工具（风炮、冲击钻等）未设置接地、绝缘性差、线缆破损等； （2）主机内照明未采用安全电压； （3）人员未穿戴绝缘鞋、绝缘手套等； （4）未安排专人监护并悬挂相关安全警示标志	III	人员触电死亡或重伤
3	中暑	入仓清理/维修	（1）仓内未设置通风、降温措施； （2）未安排专人监护	III	仓内人员昏厥或死亡
4	物体打击	入仓清理/维修	入仓人员未佩戴安全帽、防护护目镜，未穿防砸防护鞋等	IV	被混凝土块砸伤、溅伤
5	高处坠落	入仓清理/维修	（1）进出检修口时未设置安全爬梯或未设置落脚点； （2）未安排专人监护	IV	高处坠落死亡或受伤

拌和机清理/维修作业安全风险识别表　　　表1

5）安全风险防控措施

（1）防控措施

为防范以上安全风险，需严格落实各项风险防控措施，详见表2。

拌和机清理/维修作业安全风险防控措施表　　　表2

序号	安全风险	措施类型	防控措施	备注
1	机械伤害	安全防护	（1）按要求在重点部位悬挂安全警示标识； （2）按要求正确佩戴相关合格的防护用品； （3）确保各类安全开关有效，电源处于断开状态； （4）关好控制室门窗，作业区域周边设置警示带、警示牌等	
		管理措施	（1）严格执行入仓作业安全操作规程； （2）严格履行作业票手续； （3）安排专人监护； （4）对作业、监护人员等进行专项交底，告知作业风险、安全须知、应急处置措施等	
2	触电	安全防护	（1）工人正确穿绝缘鞋、佩戴绝缘手套； （2）电动工具、线缆等绝缘良好，保护装置与接地完好有效； （3）仓内照明采用安全电压	
		管理措施	（1）安排专人监护； （2）切断电源并在重点部位悬挂安全警示牌	
3	中暑	安全防护	配备相关通风、降温措施	
		管理措施	（1）安排专人监护； （2）现场配备相关防暑降温药品	

序号	安全风险	措施类型	防控措施	备注
4	物体打击	安全防护	工人正确佩戴使用安全帽、防砸防滑鞋、护目镜等防护用品	
		管理措施	安全专人监护	
5	高处坠落	安全防护	准备好安全爬梯，在攀爬位置适当设置攀爬点与落脚点	
		管理措施	安全专人监护	

（2）工作纪律

除落实以上安全风险防控措施外，还应严格遵守以下工作纪律。

①防护用品：作业人员正确佩戴使用安全帽、绝缘/帆布手套、护目镜、口罩，正确穿戴防滑绝缘鞋及紧口工作服等。

②班前讲话：每日上工前，由班组长开展班前讲话，将当日作业内容、存在的安全风险及危害、防范措施、作业要点、应急处置措施等告知全部作业人员。

③工前检查：每日班前讲话后，应进行安全条件验收。对工人身体状态（如严禁疲劳、酒后作业）、防护用品使用、安全防护设施、现场作业环境、设备装备、机具工具、用电设施、交叉作业等进行例行检查，发现问题及时处理。

④工中监护/巡视：监护人员不得擅离岗位，且不得从事与工作无关的事项，并保持与入仓作业人员及其他相关人员的持续沟通；站长/班组长/专职安全员应对拌和站周边进行巡视，避免无关人员进入可能影响作业安全的区域。

⑤工后检查：作业完成后应进行安全确认。清理作业现场，人员、设备、机具、工器具、材料、废料等进行清点，全部撤出；并通知控制室操作人员再次确认维修完毕，三方履行确认签字手续后，方可关闭检修盖，打开安全开关，解除相关警戒。

⑥维护保养：做好安全防护设施、安全防护用品、工具器具、设备机具等的日常维护保养，发现损坏或缺失，及时修复或更换。

6）质量标准与验收要求

①搅拌主机内外、地面等处无灰尘与黏附的混凝土、油污、积水、积料等。

②卸料口等处无积料（避免卡滞料门）。

③清理搅拌主机时，严禁猛烈敲击主机外壳、搅拌轴、搅拌臂及叶片、衬板等。

7）应急处置

（1）处置原则

施工过程中一旦发生险情或事故，应停止作业，切勿慌乱，切忌盲目施救，在保证自身安全的情况下按照处置措施要求科学开展施救，并及时向项目管理人员×××报告相关情况。

（2）处置措施

触电事故：当发现有人员触电时立即切断电源，若无法及时断开电源，可用干木棒、皮带、橡胶制品等绝缘物品挑开触电者接触的带电物，之后解开妨碍触电者呼吸的紧身衣服，检查口腔，清理口腔黏液并立即就地抢救。如触电者呼吸停止，应采用人工呼吸法抢救；如心脏停止跳动，应采用胸外心脏按压法抢救。

其他事故：当发生机械伤害等事故后，应立即采取措施切断或隔断危险源，疏散现场无关人员，后对伤者进行包扎等急救，向项目部报告后原地等待救援。

104 钢栈桥施工安全技术交底

交底等级	三级交底	交底编号	III-104
单位工程	×××大桥	分部工程	临时结构
交底名称	钢栈桥施工	交底日期	年　月　日
交底人	分部分项工程主管工程师（签字）	确认人	工程部长（签字）
批准人	总工程师（签字）	被交底人	专职安全管理人员（签字）
			班组长及全部作业人员（签字，可附签字表）

1) 施工任务

×××大桥主桥施工设单侧栈桥。栈桥布置在上游，施工范围：×××大桥主桥 55 号墩至 69 号墩，全长约 1758.8m，栈桥宽 8m、跨度 15m，均用贝雷梁拼成，栈桥两侧设钢筋混凝土桥台，共 20 联。栈桥设计情况详见附件《×××大桥 55～69 号墩钢栈桥设计图》。

2) 工艺流程

施工准备→桥台施工→插打钢管桩→焊接平联→安设分配梁→安装主梁→安装桥面板→安装防护栏→栈桥验收。

3) 作业要点

(1) 施工准备

钢管、贝雷片、桥面板等材料进场后，配合项目物资及技术管理人员进行进场验收，验收合格方可使用。整理材料存放场地，确保平整坚实、排水畅通、无积水。材料验收合格后按品种、规格分类码放，并设挂规格、数量铭牌。

(2) 桥台施工

施工桥台，桥台位于两侧岸滩中，采用重力式桥台，地基平整完成后绑扎钢筋安装模板浇筑桥台混凝土。桥台施工完成后，以桥台为履带式起重机工作栈桥插打钢管桩

(3) 钢管桩施工

①钢管桩沉设

栈桥施工采用 100t 履带式起重机以"钓鱼法"由主钢栈桥开始向外施工。钢管桩坐标及垂直度控制用两台全站仪，采用前方交会法进行控制。钢管桩采用 120 型液压振动锤沉放。每跨钢管桩施沉前首先确定好沉桩顺序，总体按照先上游（靠近栈桥侧）后下游的施工顺序进行，并且要防止先施打的桩妨碍后续的桩施工。

钢管桩和振动锤在栈桥上套好由履带式起重机起吊竖直后，通过事先焊在栈桥上的钢管导向架与钢管桩三边相切作限位装置，并用两台全站仪，采用前方交会法控制调整钢管桩的

平面位置和倾斜度，定位后利用钢管桩和振动锤的自重慢慢下放至泥面，再由测量复核调整钢管桩的平面位置及倾斜度，当平面位置偏差在 ±30cm 以内、倾斜度 1%以内，符合施工要求后，接通振动锤电源下沉钢管桩到位。

②钢管桩接长

第一节钢管桩施沉到位后，测量钢管桩顶高程，并与理论高程对比，确定第二节钢管桩长度。若第一节钢管桩施沉到位后，钢管桩桩顶已超出理论高程则工人通过搭设的跳板割掉钢管桩多余部分；若第一节钢管桩施沉到位后，钢管桩桩顶低于理论高程则应根据实测差值现场加工接长钢管桩。切割断面高出设计长度50cm,钢管桩连接完成后顶部切开深度为50cm、宽度为41cm 的槽口，槽口必须在一条直线上，高程必须在同一水平面上，保证分配梁安装平稳，然后现场整体对接，对接应做到等强焊接。

（4）平联施工

栈桥采用ϕ426mm × 8mm 钢管和ϕ325mm × 8mm 钢管做平联。钢管桩施沉完两根后就可以安装平联，安装时用卷尺拉量出钢管桩间实际间距。根据钢管桩间实际长度加工平联，平联钢管在后场下料加工制作，并将平联的一端按钢管桩的弧度要求下好料，同时按照钢管桩的弧度准备好接头，在前场施工中，首先将下好料的一端与钢管桩按设计位置对好位并调平平联焊接，然后用钢板将另一端与钢管桩焊接。

钢管桩沉放完成后，在枯水期进行钢管桩平联施工，钢管桩与平联之间的连接通过单端接头焊接连接，具体施工方法如下：由于钢管桩在沉放过程中与设计施工图存在偏差，平联与钢管桩之间的下料弧度不太容易控制，每根平联在其中一端设置一个接头。平联与钢管桩焊接形成全周连接角焊缝，焊角高度为 8mm。焊缝质量满足设计要求，特别应注意平联两侧及下部与钢管桩的焊接质量。

（5）分配梁施工

钢管桩施工完成后，检查桩的偏斜及入土深度与设计相符后，在钢管桩之间安设连接系使其成为整体，同时在桩顶按照设计尺寸焊接牛腿及构件，并保证底面平整；吊放 2HN600 × 300 型钢分配梁并与钢管桩焊接固定。钢管桩连接完成后顶部割开深度为 50cm、宽度为 41cm 的槽口，槽口必须在一条直线上，高程必须在同一水平面上，保证分配梁安装平稳。桩顶搁置下横梁的位置需要焊接耳筋加强；在每个钢管桩的两侧与下横梁接触部分分别焊接 2 块钢板，与下横梁连接成整体。

（6）主梁施工

贝雷梁首先在加工栈桥或已搭设好的栈桥上按每组尺寸拼装好，然后运输到位，架设在 2HN600 × 200 型钢分配梁上方，并依次安装固定销子及花架。架设步骤为：在下部结构桩顶横梁上进行测量放样，定出贝雷架的准确位置。将拼装好的一组贝雷主桁片运至履带式起重机后面或已经架好的栈桥桥面上。横向每两片或三片贝雷片分为一组，履带式起重机首先安装一组贝雷梁，准确就位后先利用限位装置固定在横梁上，再安装另一组贝雷片，同时与安装好的一组贝雷片剪用花架进行连接。依此类推完成整跨贝雷梁的安装。需要注意的是，贝雷梁与下横梁接触的两侧必须焊接倒 U 形固定钢筋，采用ϕ16mm 钢筋加工，其作用是防止梁横向移动。

贝雷梁架设好后由质检员进行检查，检查桩头结构及分配梁焊接的焊缝质量，焊缝不满足要求的要求补焊；检查贝雷梁的连接完好性，检查销钉有没有缺失，缺少的销钉要及时补上。成组贝雷梁组装完成以后，采用 100t 履带式起重机直接吊装"节段"置于分配梁上，安装ϕ16mm 钢筋制作而成的骑马螺栓，将 2HN600 × 200 型钢分配梁和贝雷梁连接在一起，再将厚度为 10mm 钢板点焊在Ⅰ12.6 工字钢上，完成栈桥主体结构施工。

贝雷梁限位件布置如图 1 所示。

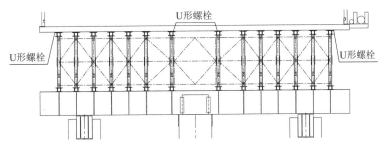

图 1　贝雷梁限位件布置图

（7）桥面施工

安装完第 1 孔栈桥主梁后，进行第 1 孔桥面系的安装。桥面采用钢桥面板，制作完成后利用履带式起重机机逐片铺设施工，并与贝雷梁采用 U 形螺栓连接。安装桥面板时，先将 10mm 橡胶片采用铁丝绑扎至贝雷片上弦上，再吊装桥面板，最后安装骑马螺栓。按照此方法逐孔完成全部栈桥的桥面系施工。QUY100 型履带式起重机在桥面上前行作业时，应在起重机行走道路范围加铺走道板，保护钢桥面不被破坏。

（8）制动墩施工注意事项

制动墩施工工艺与流程与上述相同。

①在施工墩施工过程中制动墩处的两跨贝雷片相接处是断开的，制动墩位置处的钢管纵向为两排，顶横梁两根，施工时按照设计图纸要求准确插打钢管桩位置。

②纵向分配梁安装时桩顶的连接方式与横梁分配梁相同，均要开槽并用钢板进行补强；横向分配梁安装时需要预先打出横梁变现位置，确保安装精度，保证贝雷片的竖杆对准横梁中心方向不得偏出横梁腹板外侧。

③桥面板预留 2cm 的伸缩缝，桥面板上的加劲板只需要焊接一端而另外一端不进行焊接。

（9）栏杆施工

待栈桥主体结构全部施工完成后，开始安装栈桥栏杆。栈桥栏杆在钢结构加工厂制作成片，现场整片安装。栈桥栏杆通过螺栓与桥面板大肋固定，相邻两片栏杆通过螺栓穿过栏杆立柱预留孔相连。安装时须确保栏杆在同一直线上。栏杆立柱、横杆及踢脚板均须刷红白相间的荧光漆或反光漆，红白交界线处必须成一直线。

（10）使用及维护

合理使用和必要的维护是维持栈桥使用寿命的有力保障。定期对钢栈桥进行全方位的检查和保养，以确保钢栈桥的使用安全。

①栈桥使用

栈桥使用中尽量减少重型机械对钢栈桥的碾压，重型机械在钢栈桥上行驶要居中慢行，减小对钢栈桥的冲击。尽量少在钢栈桥上堆放荷载，堆放时在不影响施工前提下，要摊开均匀堆放，不得集中堆放造成局部受力过大。施工期间，避免重物等对钢栈桥结构的撞击，尤其是钢管桩。汛期施工时在保证各墩设备、人员安全撤退后及时关闭栈桥，禁止一切人员、车辆上桥，待解除警报后再使用。

②栈桥监测

在钢管桩上都设置沉降观测点，做好钢栈桥的监控测量。经常监测钢管桩的沉降情况，尤其是相邻钢管桩基之间的相对沉降。如出现相对沉降超限时，应停止施工，采取垫小钢板抬高贝雷梁等措施，来减小相对沉降量。

③检查维护

定期观测栈桥钢管桩的冲刷情况，对于冲刷过大的位置采用抛砂袋、片石的办法进行维护。定期检查贝雷桁架纵梁连接处的销子、定位销的松动脱落情况，如有松动应及时加固。定期检查螺栓松动情况，对螺栓、螺母脱落的部位要及时安装紧固。经常检查钢栈桥各钢件之间的焊缝，如出现焊缝断裂等，及时补焊；对钢栈桥面板发生翘曲或损坏的部位及时修复或更换。经常检查钢栈桥各钢构件的工作状况，如发现有不良变形的钢构件应及时更换。

（11）栈桥拆除

主桥桥面板施工完成后，桥梁基本完成，开始拆除钢栈桥。从 68 号墩向 55 号墩方向进行拆除。先拆除支栈桥，再拆除主栈桥。

①桥面系拆除流程

先拆除桥面板与横梁之间的螺栓，为了方便螺栓的拆除，事先装螺栓处用机油浸泡。拆除完成螺栓后将桥面板逐块吊除；其次将分配梁、次横梁分离吊除；接着将贝雷梁之间连接花架拆除，用起重机将每组雷梁吊置岸上。在岸上将贝雷梁之间的销子、连接片、加强杆螺栓拆除并分解。

②钢管桩拔除流程

先将钢管桩上主横梁拆除，再拆除钢管桩之间的剪刀撑，最后用振动锤将桩拔除。振动锤拔桩时先用起重机装振动锤吊起放置钢管桩顶口，牵动引绳，使振动锤液压夹口伸入钢管桩，打开液压系统，使夹头夹住钢管桩，确认夹紧后开动振动锤，应向下沉桩 2～3cm，后慢慢起吊振动锤将钢管桩拔起，若钢管桩未有上移现象可逐渐加大振动力度，慢慢加大起重机向上牵。

4）安全风险及危害

钢栈桥搭设及拆除过程中存在的安全风险见表 1。

钢栈桥施工安全风险识别表　　　　表 1

序号	安全风险	施工过程	致险因子	风险等级	产生危害
1	坍塌	栈桥安装	（1）钢栈桥未经专项设计及检算； （2）钢栈桥材料不合格，未进行进场验收； （3）钢栈桥安装、焊接质量不达标，未进行过程验收及使用前验收	Ⅰ	钢栈桥上方人员群死群伤
		栈桥使用	（1）未严格执行栈桥沉降及位移监测； （2）未进行定期及日常检查维护； （3）钢栈桥经汛期冲刷、意外碰撞后未进行安全检查； （4）钢栈桥局部超载、集中堆载		
2	起重伤害	栈桥安装	（1）起重机司机、司索工、指挥技能差，未持证； （2）钢丝绳或吊带、卡扣、吊钩等破损、性能不佳； （3）未严格执行"十不吊"； （4）吊装指令传递不畅，存在未配置对讲机、多人指挥等情况； （5）现场吊装设备交叉作业，相互碰撞造成人员伤亡	Ⅱ	起重作业人员及受其影响人员死亡或重伤

序号	安全风险	施工过程	致险因子	风险等级	产生危害
3	高处坠落	栈桥安装	（1）作业人员未穿防滑鞋、未系挂安全带； （2）挂篮加工未按方案要求加工及封闭； （3）挂篮与顶推栈桥间连接不牢； （4）作业栈桥未规范设置防护栏、密目网	II	架体上方作业人员死亡或重伤
		栈桥使用	未规范设置爬梯		
4	物体打击	栈桥安装	（1）作业挂篮未设置踢脚板； （2）作业栈桥堆置杂物或小型材料； （3）钢构件吊装过程中对现场施工人员产生撞击； （4）架体底部及四周未有效设置警戒区	III	架体下方人员死亡或重伤
5	火灾爆炸	栈桥安装	（1）焊接施工过程中，由于环境气温过高、封闭等因素，导致施工人员灼烫、中毒、窒息等伤害； （2）由于氧气、乙炔、二氧化碳、氮气等气体泄漏、安全距离不够、存放及运输不当、暴晒、撞击、明火等原因造成压力容器爆炸、火灾等施工	III	人员死亡或重伤
6	触电	现场临时用电	（1）施工用电设备不合格、检查维修保养不到位引起等触电、爆炸、火灾等伤害； （2）施工用电线路布设未按要求执行、线路老化、破损造成的触电及火灾事故； （3）不严格执行施工用电要求造成的伤害	III	触电死亡或重伤
7	淹溺	栈桥安装及使用	（1）邻水作业未穿戴救生衣； （2）栈桥临边防护设施不全； （3）现场未配置救生圈、救生绳的应急救援设施	IV	落水人员死亡或重伤

5）安全风险防控措施

（1）防控措施

为防范以上安全风险，需严格落实各项风险防控措施，详见表2。

钢栈桥施工安全风险防控措施表 表2

序号	安全风险	措施类型	防控措施	备注
1	倾覆坍塌	管理措施	（1）钢栈桥必须经专项设计及检算，方可安装使用； （2）钢栈桥使用过程中严格执行栈桥沉降及位移监测，发现问题及时预警； （3）钢栈桥使用过程中严格执行定期及日常检查，发现问题及时修复维护； （4）架体经汛期冲刷、意外碰撞后严格进行安全检查，发现问题及时修复	
		质量控制	（1）严格栈桥材料进场验收，确保材料型号、壁厚、状态符合安装要求； （2）严格执行栈桥安装过程验收及使用前验收	
2	起重伤害	管理措施	（1）做好起重设备及特种作业人员的进场验收管理，保证设备性能、人员技能满足要求，设备及人员证件齐全有效； （2）做好钢丝绳或吊带、卡扣、吊钩、对讲机等日常检查维护，确保使用性能满足要求； （3）吊装作业专人指挥，统一协调，严格执行"十不吊"	
3	高处坠落	安全防护	（1）架体搭设过程中，及时挂设安全平网； （2）工人作业时穿防滑鞋，正确使用安全带； （3）上下爬梯设置护圈； （4）作业挂篮按图纸要求加工及连接，每天上班检查是否安全牢固； （5）作业栈桥封闭围护，规范设置防护栏及密目网	

753

序号	安全风险	措施类型	防控措施	备注
3	高处坠落	管理措施	（1）为工人配发合格的安全带、安全帽等防护用品，培训正确穿着使用； （2）做好安全防护设施的日常检查维护，发现损坏及时修复； （3）现场设置专职安全管理人员进行跟班作业，监督提醒	
4	物体打击	安全防护	（1）作业栈桥规范设置踢脚板； （2）架体底部设置警戒区	
		管理措施	（1）作业栈桥严禁堆置杂物及小型材料； （2）严禁随意抛掷杆件或构配件	
5	火灾爆炸	安全防护	（1）在施工现场入口和现场临时设施处设立固定的安全、防火警示牌、宣传牌。配备必要的消防器械和物资，确保现场配备的灭火器材在有效期内，使其处于完好状态； （2）焊、割作业点与氧气瓶、乙炔气瓶等危险物品的距离不得少于5m，与易燃易爆物品的距离不得少于30m	
		管理措施	（1）对施工人员进行消防培训，使其清楚发生火灾时所应采取的程序和步骤，掌握正确的灭火方法； （2）在高处进行电焊作业时，作业点下方及周围火星所及范围内，必须彻底清除易燃、易爆物品； （3）在焊接和切割作业过程中和结束后，应认真检查是否遗留火种； （4）要由专职电工安装线路，不可用废旧电线私拉乱接，穿管内导线不得有接头，电线连接处应包以绝缘胶布，不可破损裸露； （5）氧气瓶、乙炔瓶等易燃、易爆物资，应存放在专用库房内，随用随取，库房处设置醒目的禁火警示牌	
6	触电	安全防护	（1）电缆外层包裹绝缘塑料管； （2）现场的配电箱要坚固，有门、有锁、有防雨装置，并在周围设置警示标志	
		管理措施	（1）施工必须配备专职电工，电工必须经过培训持证上岗，施工现场所有的电气设备的安装、维修和拆卸作业必须由电工完成； （2）电缆线路采用"三相五线"接线方式，电气设备和电气线路必须绝缘良好，不得采用老化脱皮旧电缆； （3）设备实行一机一闸一漏一箱，不得用一个开关直接控制二台及以上的用电设备； （4）使用自备电源或与外电线路共用同一供电系统时，电气设备根据当地要求作保护接零或作保护接地，不得一部分设备作保护接零，另一部分设备作保护接地； （5）施工现场临时用电定期安排电工进行检查，接地保护、变压器及绝缘强度，移动式电动设备、潮湿环境和水下电气设备每天检查一次，对检查不合格的线路、设备及时予以维修或更换，严禁带故障运行	
7	淹溺	安全防护	（1）水上施工作业区域周边设置防护栏杆，并配备一定数量的固定式防水灯，保证夜间足够的照明，防止施工作业人员落水发生事故； （2）水上施工区域部位及周边环境设置安全警示牌、警示灯和警示红旗，设置在醒目部位； （3）沿河道设置围挡，将施工区域全部封闭，安排人员值班，防止人员在施工区域垂钓、游泳； （4）人员上下爬梯必须设安全网及护圈。作业栈桥周边必须有栏杆和安全网等可靠的临边维护	
		管理措施	（1）施工作业时，禁止一人施工作业，施工作业必须两人及以上方可进行作业； （2）进入水上施工作业区域的所有施工作业人员必须穿戴好安全防护用品，如：安全帽、救生衣、高空作业系好安全带等； （3）水上施工前现场施工作业人员必须经过安全交底，告知现场危险源点和安全要求及注意事项	

（2）工作纪律

除落实以上安全风险防控措施外，还应严格遵守以下工作纪律。

①防护用品：作业人员正确佩戴使用安全帽、安全带，正确穿戴防滑鞋及紧口工作服。

②班前讲话：每日上工前，由班组长开展班前讲话，将当日作业内容、存在的安全风险及危害、防范措施、作业要点等告知全部作业人员。

③工前检查：每日班前讲话后，对工人身体状态、防护用品使用、现场作业环境等进行例行检查，发现问题及时处理。

④维护保养：做好安全防护设施、安全防护用品、起重设备机具等的日常维护保养，发现损害或缺失，及时修复或更换。

6）质量标准

钢管立柱应达到的质量标准及检验方法见表3。

管节外形尺寸允许偏差表　　　　　　　　　表3

序号	偏差名称	允许偏差（mm）	备注
1	钢管外周长	±11（理论外周长226cm）	测量外周长
2	管端椭圆度	±4（理论直径72cm）	两端互相垂直的直径之差值
3	管端平整度	2	
4	管端平面倾斜	不得大于4	
5	桩长偏差	+300，−0.0	
6	桩纵轴线的弯曲矢高	不大于30	

贝雷梁、型钢梁应达到的质量标准见表4。

贝雷梁、型钢梁安装的允许偏差表　　　　　　　表4

序号	项目	允许偏差（mm）
1	安装高	±10
2	轴线偏位	±10
3	相邻两梁表面高差	2
4	平面偏位	±10

桥面板安装应达到的质量标准见表5。

桥面板安装的允许偏差表　　　　　　　　表5

序号	项目	允许偏差（mm）
1	安装高	±15
2	轴线偏位	±10
3	相邻两板表面高差	2
4	表面平整度	5

7）验收要求

栈桥搭设各阶段的验收要求见表6。

	序号	验收项目		验收时点	规定及要求	验收人员
	1	材料质量	钢管桩	材料进场后、使用前	钢管桩材质，长度、直径、壁厚是否符合图纸要求。	项目物资、技术管理人员，班组长及材料员
			型钢	材料进场后、使用前	各部位型钢尺寸及型号是否符合图纸要求。	项目物资、技术管理人员，班组长及材料员
			贝雷片	材料进场后、使用前	贝雷片无变形，无损伤	项目物资、技术管理人员，班组长及材料员
			钢板	材料进场后、使用前	钢板尺寸及厚度是否符合方案要求	项目物资、技术管理人员，班组长及材料员
			螺栓、垫片	材料进场后、使用前	螺栓、垫片型号及数量是否符合图纸要求	项目物资、技术管理人员，班组长及材料员
	2	安装质量	钢管桩	钢管桩插打完成后	钢管桩连接，垂直度、埋深是否符合图纸要求	项目技术员、测量人员，班组长及技术员
			型钢及钢板焊接	型钢及钢板焊接完成后，贝雷片安装前	各部位型钢、钢板焊接质量是否符合要求	项目技术员，班组长及技术员
			贝雷片安装	贝雷片安装后，桥面板安装前	贝雷片及支撑架销子、销子保险卡是否安装牢固	项目技术员，班组长及技术员
			螺栓、垫片	螺栓、垫片安装后，桥面板安装前	螺栓是否拧紧，螺栓垫片是否安装	项目技术员，班组长及技术员
	3	焊接	钢结构焊接	钢结构焊接完成后	焊缝符合三级焊缝要求，表面不允许有表面裂缝、未熔合、未焊透弧坑、表面气孔、夹渣	项目技术员，班组长及技术员
	4	安全质量	钢栈桥整体护栏	栈桥栏杆安装完成过后	整体长度、宽度及桥面高程是否符合图纸要求、整体线形是否顺直	项目技术员、测量人员，班组长及技术员
			标示铭牌	栈桥标识安装完成后	限速、限载等安全警示标示牌是否安装	项目技术员，班组长及技术员

钢栈桥搭设各阶段验收要求表 表6

8）应急处置

（1）处置原则

施工过程中一旦发生险情或事故，应停止作业，切勿慌乱，切忌盲目施救，在保证自身安全的情况下按照处置措施要求科学开展施救，并及时向项目管理人员×××报告相关情况。

（2）处置措施

坍塌：当出现坍塌征兆时，发现者应立即通知坍塌影响作业区域人员撤离现场，并及时报告项目部进行后期处置。

触电事故：当发现有人员触电时立即切断电源，若无法及时断开电源，可用干木棒、皮带、橡胶制品等绝缘物品挑开触电者接触的带电物，之后解开妨碍触电者呼吸的紧身衣服，检查口腔，清理口腔黏液并立即就地抢救。如触电者呼吸停止，应采用人工呼吸法抢救；如心脏停止跳动，应采用胸外心脏按压法抢救。

火灾：当发现初起火灾时，应就近找到灭火器对准火苗根部灭火；当火灾难以扑灭时，应及时通知周边人员捂住口鼻迅速撤离。

其他事故：当发生高处坠落、起重伤害、机械伤害等事故后，应立即采取措施切断或隔断危险源，疏散现场无关人员，后对伤者进行包扎等急救，向项目部报告后原地等待救援。

附件：《×××大桥55～69号墩钢栈桥设计图》（略）。

105 钢制平台施工安全技术交底

交底等级	三级交底	交底编号	III-105
单位工程	××大桥	分部工程	墩台、柱
交底名称	钢制平台施工	交底日期	年　月　日
交底人	分部分项工程主管工程师（签字）	确认人	工程部长（签字）
批准人	总工程师（签字）	被交底人	专职安全管理人员（签字）
			班组长及全部作业人员（签字，可附签字表）

1）施工任务

××大桥水上钢平台共有 8 座，分为主桥 Z1～Z6 墩和引桥 Y1、Y2 墩，其中边墩、辅助墩及引桥墩外平台上部结构均采用 20cm 厚的混凝土桥面板，边墩、辅助墩、引桥墩内平台及主墩内外平台上部结构均采用 I20a 型钢 + 10mm 厚花纹钢面板，平台下部结构均采用 ϕ820mm × 10mm 的钢管桩，桩间设钢管连接系，连接系上弦和下弦采用钢管 ϕ426mm × 8mm，竖杆和斜杆采用钢管 ϕ377mm × 6mm；桩顶设 2HN700 × 300 分配梁。钢管桩均采用沉桩。钢制平台设计详见附件《万龙大桥水中钢平台结构设计图》。

2）工艺流程

材料加工→材料验收→测量放线定位→下部结构施工（钢管桩 + 连接系 + 分配梁）→上部结构施工（贝雷梁 + 桥面板）→平台验收。

3）作业要点

（1）施工准备

钢管桩、连接系、分配梁等材料加工完成后，由施工管理部组织相关人员进场验收，验收合格之后方可使用。整理材料存放场地，确保平整坚实、排水畅通、无积水。材料验收合格后按品种、规格分类码放，并设挂规格、数量铭牌。施工管理部熟知水位处变化情况，并提前组织测量对施工部位进行放样，为后续船只进场施工做好准备。

（2）下部结构施工

①打桩船定位

根据施工前计算好的管桩中心平面坐标，打桩船进行粗定位。按照沉桩顺序进行打桩船的抛锚定位，抛锚方法是：打桩船的首尾各抛两只锚，呈"八"字形。

②钢管桩运输

钢管桩在生产加工区加工好后（钢管桩按照 24m 的标准长度加工，剩余不足 24m 的部分，按照实际进行加工），用 500t 驳船运输到施工地点。驳船两侧设置栏杆或其他障碍物保护钢管桩，同时利用缆绳紧固，防止坠落；管桩堆放一般为两层，长度以 24m 为宜。

③打桩船插打

当打桩船将钢管桩竖起后，利用全站仪配合导向定位架，使钢管桩的平面位置到达设计桩位处。平面位置及垂直度满足设计要求后，依靠管桩和桩锤的自重下桩、稳桩、压锤，复测桩位和倾斜度，直到满足设计及规范要求后（垂直度小于 1%），方可锤击。

④钢管桩接长

钢管桩对接前接口两侧 30mm 内的铁锈、氧化铁皮、油污、水分清除干净，并显露出钢材的金属光泽。焊接为熔透焊，按焊接工艺要求，焊接应控制走向顺序、焊接电流、焊缝尺寸 8mm。接头处加劲板（280mm×10mm×280mm）必须保证焊缝密贴；每一焊道熔敷金属的深度或熔敷的最大宽度不应超过焊道表面的宽度，同一焊缝应连续施焊，一次完成。焊缝焊接完成后，清理焊缝表面的熔渣和金属飞溅物，检查焊缝的外观质量；如不符合要求，应补焊或打磨，修补后的焊缝应光滑圆顺，不影响焊缝的外观质量要求。

⑤打桩下沉

桩锤中心和桩中心轴应尽量保持在同一直线上。每根桩的下沉应一气呵成，不可中途停顿或较长时间的间隙，以免桩周土恢复造成继续下沉困难。打桩下沉过程中测量用仪器随时监控垂直度。在沉桩过程中要进行测量监控，并做好沉桩记录。垂直度控制以预防为主，纠偏为辅。如发现钢管桩管桩下沉时有倾斜趋势，及时采取相应措施调整垂直度。管桩下沉后平面位置偏差不得大于 5cm，倾斜度偏差不大于 0.5%，桩顶高程偏差不大于 4cm。

⑥连接系施工

连接系通过起重船整体吊装到位，在确保桩位偏离度在允许的情况下，先焊接固定端头，然后利用预留的 8cm 自由端头与活动端头对接，从而确保焊接到位。

⑦分配梁施工

钢管桩施工完成后，检查桩的偏斜及入土深度与设计相符后，在钢管桩之间安设连接系使其成为整体，同时在桩顶按照设计尺寸开槽，并保证槽底面平整；吊放型钢分配梁并与钢管桩焊接固定。

⑧钢管桩打桩停锤控制标准：

采用 DZJ120 型电动锤施打，并在一挡开锤；沉桩以贯入度和设计高程双控。具体停锤控制标准为：当桩底高程达到设计高程，振动锤插打钢管桩至发现没有明显沉入的程度后，在管桩顶部区域画多条标记线，继续插打至持续半分钟仍标记线稳定不下降，且振动锤仪表盘电压已达 300V 以上的临界承受范围，则进行了停锤。

（3）上部结构施工

①贝雷梁铺设

在下部结构桩顶横梁上进行测量放样，定出贝雷架的准确位置，将拼装好的一组贝雷主桁片运至指定起吊位置，横向每两片或三片贝雷片分为一组，起重机（履带式起重机或起重船）首先安装一组贝雷梁，准确就位后先利用限位装置固定在横梁上，再安装另一组贝雷片，同时与安装好的一组贝雷片间用花架进行连接。依此类推完成整跨贝雷梁的安装。需要注意的是，贝雷梁与下横梁接触的两侧必须焊接倒 U 形固定钢筋，采用 ϕ16mm 钢筋加工，其作业是防止梁横移。

②钢桥面板铺装

先将 10mm 橡胶片采用铁丝绑扎至贝雷片上弦上，再吊装桥面板。平台或支栈桥中成组贝雷梁组装完成以后，采用起重机械（100t 履带式起重机/200t 起重船）直接将吊装面板的 I20a 工字钢置于贝雷梁上，采用 U 形卡或者骑马螺栓，将型钢 I20a 固定在贝雷梁上，再将厚度为 10mm 钢板点焊在 ⊥20a 工字钢上，完成钢桥面板施工。

③混凝土桥面板铺装

预制混凝土板采用 ⌐75mm × 5mm 等边角钢包边加固。支栈桥安装完主梁后，进行桥面系的安装。铺装混凝土预制块桥面板时，制作完成后利用履带式起重机机逐片铺设施工，并在混凝土预制块桥面板底部设置限位装置，使其与贝雷梁之间不发生相对位移。

4）安全风险及危害

钢制平台安拆及使用过程中存在的安全风险见表1。

钢平台施工安全风险识别表　　　　表1

序号	安全风险	施工过程	致险因子	风险等级	产生危害
1	坍塌	平台安装	（1）钢平台未经专项设计及检算； （2）钢平台材料不合格，未进行进场验收； （3）钢平台安装、焊接质量不达标，未进行过程验收及使用前验收	I	钢平台上方人员群死群伤
		平台使用	（1）未严格执行平台沉降及位移监测； （2）未进行定期及日常检查维护； （3）钢平台经汛期冲刷、意外碰撞后未进行安全检查； （4）钢平台局部超载、集中堆载		
2	起重伤害	平台安装	（1）起重机司机、司索工、指挥技能差，未持证； （2）钢丝绳或吊带、卡扣、吊钩等破损、性能不佳； （3）未严格执行"十不吊"； （4）吊装指令传递不畅，存在未配置对讲机、多人指挥等情况； （5）现场吊装设备交叉作业，相互碰撞造成人员伤亡	II	起重作业人员及受其影响人员死亡或重伤
3	高处坠落	平台安装	（1）作业人员未穿防滑鞋、未系挂安全带； （2）挂篮加工未按方案要求加工及封闭； （3）挂篮与顶推平台间连接不牢； （4）作业平台未规范设置防护栏、密目网	II	架体上方作业人员死亡或重伤
		平台使用	未规范设置爬梯		
4	物体打击	平台安装	（1）作业挂篮未设置踢脚板； （2）作业平台堆置杂物或小型材料； （3）钢构件吊装过程中对现场施工人员产生撞击； （4）架体底部及四周未有效设置警戒区	III	架体下方人员死亡或重伤
5	火灾爆炸	平台安装	（1）焊接施工过程中，由于环境气温过高、封闭等因素，导致施工人员灼烫、中毒、窒息等伤害； （2）由于氧气、乙炔、二氧化碳、氮气等气体泄漏、安全距离不够、存放及运输不当、暴晒、撞击、明火等原因造成压力容器爆炸、火灾等施工	III	人员死亡或重伤
6	触电	现场临时用电	（1）施工用电设备不合格、检查维修保养不到位引起等触电、爆炸、火灾等伤害； （2）施工用电线路布设未按要求执行、线路老化、破损造成的触电及火灾事故； （3）不严格执行施工用电要求造成的伤害	III	触电死亡或重伤
7	淹溺	平台安装及使用	（1）邻水作业未穿着救生衣； （2）平台临边防护设施不全； （3）现场未配置救生圈、救生绳的应急救援设施	IV	落水人员死亡或重伤

5）安全风险防控措施

（1）防控措施

为防范以上安全风险，需严格落实各项风险防控措施，详见表2。

钢平台安全风险防控措施表　　　　　　　　　　　　表2

序号	安全风险	措施类型	防控措施	备注
1	倾覆坍塌	管理措施	（1）钢平台必须经专项设计及检算，方可安装使用； （2）钢平台使用过程中严格执行平台沉降及位移监测，发现问题及时预警； （3）钢平台使用过程中严格执行定期及日常检查，发现问题及时修复维护； （4）架体经汛期冲刷、意外碰撞后严格进行安全检查，发现问题及时修复	
		质量控制	（1）严格平台材料进场验收，确保材料型号、壁厚、状态符合安装要求； （2）严格执行平台安装过程验收及使用前验收	
2	起重伤害	管理措施	（1）做好起重设备及特种作业人员的进场验收管理，保证设备性能、人员技能满足要求，设备及人员证件齐全有效； （2）做好钢丝绳或吊带、卡扣、吊钩、对讲机等日常检查维护，确保使用性能满足要求； （3）吊装作业专人指挥，统一协调，严格执行"十不吊"	
3	高处坠落	安全防护	（1）架体搭设过程中，及时搭设安全平网； （2）工人作业时穿防滑鞋，正确使用安全带； （3）上下爬梯设置护圈； （4）作业挂篮按图纸要求加工及连接，每天上班检查是否安全牢固； （5）作业平台封闭围护，规范设置防护栏及密目网	
		管理措施	（1）为工人配发合格的安全带、安全帽等防护用品，培训正确穿着使用； （2）做好安全防护设施的日常检查维护，发现损坏及时修复； （3）现场设置专职安全管理人员进行跟班作业，监督提醒	
4	物体打击	安全防护	（1）作业平台规范设置踢脚板； （2）架体底部设置警戒区	
		管理措施	（1）作业平台严禁堆置杂物及小型材料； （2）严禁随意抛掷杆件及构配件	
5	火灾爆炸	安全防护	（1）在施工现场入口和现场临时设施处设立固定的安全、防火警示牌、宣传牌；配备必要的消防器械和物资，确保现场配备的灭火器材在有效期内，使其处于完好状态； （2）焊、割作业点与氧气瓶、乙炔气瓶等危险物品的距离不得少于5m，与易燃易爆物品的距离不得少于30m	
		管理措施	（1）对施工人员进行消防培训，使其清楚发生火灾时所应采取的程序和步骤，掌握正确的灭火方法； （2）在高处进行电焊作业时，作业点下方及周围火星所及范围内，必须彻底清除易燃、易爆物品； （3）在焊接和切割作业过程中和结束后，应认真检查是否遗留火种； （4）要由专职电工安装线路，不可用废旧电线私拉乱接，穿管内导线不得有接头，电线连接处应包以绝缘胶布，不可破损裸露； （5）氧气瓶、乙炔瓶等易燃、易爆物资，应存放在专用库房内，随用随取，库房处设置醒目的禁火警示牌	
6	触电	安全防护	（1）电缆外层包裹绝缘塑料管； （2）现场的配电箱要坚固，有门、有锁、有防雨装置，并在周围设置警示标志	
		管理措施	（1）施工必须配备专职电工，电工必须经过培训持证上岗，施工现场所有的电气设备的安装、维修和拆卸作业必须由电工完成；	

序号	安全风险	措施类型	防控措施	备注
6	触电	管理措施	（2）电缆线路采用"三相五线"接线方式，电气设备和电气线路必须绝缘良好，不得采用老化脱皮旧电缆； （3）设备实行一机一闸一漏一箱。不得用一个开关直接控制二台及以上的用电设备； （4）使用自备电源或与外电线路共用同一供电系统时，电气设备根据当地要求作保护接零或作保护接地，不得一部分设备作保护接零，另一部分设备作保护接地； （5）施工现场临时用电定期安排电工进行检查，接地保护、变压器及绝缘强度，移动式电动设备、潮湿环境和水下电气设备每天检查一次。对检查不合格的线路、设备及时予以维修或更换，严禁带故障运行	
7	淹溺	安全防护	（1）水上施工作业区域周边设置防护栏杆，并配备一定数量的固定式防水灯，保证夜间足够的照明，防止施工作业人员落水发生事故； （2）水上施工区域部位及周边环境设置安全警示牌、警示灯和警示红旗，设置在醒目部位； （3）沿河道设置围挡，将施工区域全部封闭，安排人员值班，防止人员在施工区域垂钓、游泳； （4）人员上下爬梯必须设安全网及护圈；作业平台周边必须有栏杆和安全网等可靠的临边维护	
		管理措施	（1）施工作业时，禁止一人施工作业，施工作业必须两人及以上方可进行作业； （2）进入水上施工作业区域的所有施工作业人员必须使用好安全防护用品，如安全帽、救生衣、高空作业系好安全带等； （3）水上施工前现场施工作业人员必须经过安全交底，告知现场危险源点和安全要求及注意事项	

（2）工作纪律

除落实以上安全风险防控措施外，还应严格遵守以下工作纪律。

①防护用品：作业人员正确佩戴安全帽、使用安全带，穿防滑鞋及紧口工作服。

②班前讲话：每日上工前，由班组长开展班前讲话，将当日作业内容、存在的安全风险及危害、防范措施、作业要点等告知全部作业人员。

③工前检查：每日班前讲话后，对工人身体状态、防护用品使用、现场作业环境等进行例行检查，发现问题及时处理。

④维护保养：做好安全防护设施、安全防护用品、起重设备机具等的日常维护保养，发现损害或缺失，及时修复或更换。

6）质量标准

钢管立柱应达到的质量标准及检验方法见表3。

管节外形尺寸允许偏差表　　　　　　　　　　　　　　　表3

序号	偏差名称	允许偏差（mm）	备注
1	钢管外周长	±11（理论外周长226cm）	测量外周长
2	管端椭圆度	±4（理论直径72cm）	两端互相垂直的直径之差值
3	管端平整度	2	
4	管端平面倾斜	不得大于4	

序号	偏差名称	允许偏差（mm）	备注
5	桩长偏差	+300，−0.0	
6	桩纵轴线的弯曲矢高	不大于30	

贝雷梁、型钢梁应达到的质量标准见表4。

贝雷梁、型钢梁安装的允许偏差表 表4

序号	项目	允许偏差（mm）
1	安装高	±10
2	轴线偏位	±10
3	相邻两梁表面高差	2
4	平面偏位	±10

平台面板安装应达到的质量标准见表5。

桥面板安装的允许偏差表 表5

序号	项目	允许偏差（mm）
1	安装高	±15
2	轴线偏位	±10
3	相邻两板表面高差	2
4	表面平整度	5

7）验收要求

钢平台施工各阶段验收要求见下表6。

钢平台施工各阶段验收标准表 表6

序号	验收项目		验收时点	规定及要求	验收人员
1	材料质量	钢管桩	材料进场后、使用前	钢管桩材质，长度、直径、壁厚是否符合图纸要求	项目物资、技术管理人员，班组长及材料员
		型钢	材料进场后、使用前	各部位型钢尺寸及型号是否符合图纸要求	项目物资、技术管理人员，班组长及材料员
		贝雷片	材料进场后、使用前	贝雷片无变形，无损伤	项目物资、技术管理人员，班组长及材料员
		钢板	材料进场后、使用前	钢板尺寸及厚度是否符合方案要求	项目物资、技术管理人员，班组长及材料员
		螺栓、垫片	材料进场后、使用前	螺栓、垫片型号及数量是否符合图纸要求	项目物资、技术管理人员，班组长及材料员
2	安装质量	钢管桩	钢管桩插打完成后	钢管桩连接，垂直度、埋深是否符合图纸要求	项目技术员、测量人员，班组长及技术员
		型钢及钢板焊接	型钢及钢板焊接完成后，贝雷片安装前	各部位型钢、钢板焊接质量是否符合要求	项目技术员，班组长及技术员

通用工程篇

序号	验收项目		验收时点	规定及要求	验收人员
2	安装质量	贝雷片安装	贝雷片安装后，桥面板安装前	贝雷片及支撑架销子、销子保险卡是否安装牢	项目技术员，班组长及技术员
		螺栓、垫片	螺栓、垫片安装后，桥面板安装前	螺栓是否拧紧，螺栓垫片是否安装	项目技术员，班组长及技术员
3	焊接	钢结构焊接	钢结构焊接完成后	焊缝符合三级焊缝要求，表面不允许有表面裂缝、未熔合、未焊透弧坑、表面气孔、夹渣	项目技术员，班组长及技术员
4	安全质量	钢栈桥整体护栏	栈桥栏杆安装完成过后	整体长度、宽度及桥面高程是否符合图纸要求、整体线形是否顺直	项目技术员、测量人员，班组长及技术员
		标示铭牌	栈桥标识安装完成后	限速、限载等安全警示标示牌是否安装	项目技术员，班组长及技术员

8）应急处置措施

（1）处置原则

施工过程中一旦发生险情或事故，应停止作业、切勿慌乱、切忌盲目施救，在保证自身安全的情况下按照处置措施要求科学开展施救，并及时向项目管理人员×××报告相关情况。

（2）处置措施

坍塌：当出现坍塌征兆时，发现者应立即通知坍塌影响作业区域人员撤离现场，并及时报告项目部进行后期处置。

触电事故：当发现有人员触电时立即切断电源，若无法及时断开电源，可用干木棒、皮带、橡胶制品等绝缘物品挑开触电者接触的带电物，之后解开妨碍触电者呼吸的紧身衣服，检查口腔，清理口腔黏液并立即就地抢救。如触电者呼吸停止，应采用人工呼吸法抢救；如心脏停止跳动，应采用胸外心脏按压法抢救。

火灾：当发现初起火灾时，应就近找到灭火器对准火苗根部灭火；当火灾难以扑灭时，应及时通知周边人员捂住口鼻迅速撤离。

其他事故：当发生高处坠落、起重伤害、机械伤害等事故后，应立即采取措施切断或隔断危险源，疏散现场无关人员，后对伤者进行包扎等急救，向项目部报告后原地等待救援。

附件：《万龙大桥水中钢平台结构设计图》（略）。

106 顶推支架施工安全技术交底

交底等级	**三级交底**	交底编号	III-106
单位工程	×××长江复线桥	分部工程	钢箱梁顶推
交底名称	**顶推支架施工**	交底日期	年 月 日
交底人	分部分项工程主管工程师 （签字）	确认人	工程部长（签字）
批准人	总工程师（签字）	被交底人	专职安全管理人员（签字）
			班组长及全部作业人员 （签字，可附签字表）

1）施工任务

×××长江复线桥北岸边跨钢箱梁共计27片，平均梁长10.5m，梁高4m，梁重230t，采用顶推支架顶推。顶推支架设置7个临时支墩，从上至下依次为纵梁＋分配梁＋钢管桩及连接系＋钻孔桩/基础。北岸顶推支架由5个临时墩组成，墩高为14.45～44.78m。临时墩N1～N4采用双排立柱，立柱中心间距10m；临时墩N5采用4排立柱，立柱中心间距10m，长30m，作为钢导梁及桥面吊机拼装平台。北岸顶推支架布置如图1所示，顶推支架设计情况详见附件《×××长江复线桥北岸顶推支架设计图》。

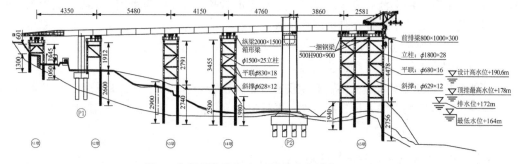

图1　北岸顶推支架布置图（尺寸单位：mm）

2）工艺流程

施工准备→桩基及承台施工→拼装首节钢管立柱→施工、检查通道及平台搭设→拼装首节钢管横联、斜撑→依次接高立柱及连接系→分配梁制作及安装→滑道梁制作及安装→检查验收。

3）作业要点

（1）施工准备

由项目部工程部组织技术人员对顶推支架的布置形式、支架参数进行复核。施工之前项目部技术、安全、质量等部门对施工人员进行岗前教育培训及技术交底，由物资及试验人员对进场顶推支架材料进行验收与检验，保证原材料质量符合设计及规范要求，材料验收合格后按品种、规格分类码放，并设置规格、数量铭牌。由测量人员根据设计文件对顶推支架桩位进行现场放样，明确具体位置后进行场地平整及桩基施工。

（2）支架桩基施工

①护筒埋设

护筒采用 10mm 厚钢板制作，钢护筒长度 10～20m，测量人员放出的桩位中心后，旋挖钻就位并用扩孔器扩至适当深度，然后将护筒垂直压入孔内，护筒周边用黏性土回填压实，引出桩位中心控制线。护筒需埋深至岩层表面。

②钻机就位

钻机就位时，要事先检查钻机的性能状态是否良好。保证钻机工作正常。通过测设的桩位精准确定钻机的位置，并保证钻机稳定，钻头中心与桩位中心误差不大于 10mm。

③钻进成孔

桩垂直度允许偏差为 0.5%。根据钻机塔身上的进尺标记，成孔到达设计高程时停止钻进，钻进过程中及时清除孔位周边地面的渣土。

④成孔、成孔检查

钻到预定钻深后，必须在预定钻深处进行空转清土，然后停止转动；提钻杆时，不得回转钻杆。钻孔灌注桩应进行二次清孔，沉渣厚度不超过 5cm。

⑤钢筋笼

钢筋的焊接和绑扎严格按照相关技术规范要求进行。钢筋笼绑扎成形后报主管工程师与监理工程师共同验收合格后运输至现场。

⑥预埋件施工

桩基浇筑前，需预先将钢管立柱伸入桩内，埋设深度不小于 3m，并固定牢靠。待检查合格后，方可进行桩基混凝土施工。

⑦混凝土浇筑

封底混凝土施工前严格按照主管工程师计算确定的首次封底混凝土体积使用相应的料斗，保证第一次封底时导管埋深不小于 1m。导管在浇筑混凝土前必须进行水密性试验，施工过程中埋深应控制在 2～6m 范围内。浇筑开始后浇筑时间间隔不得小于 30min，及时按照工程师指令对导管进行提升和拆除。

（3）钢管立柱及连接系施工

①吊装作业方式

顶推支架钢管立柱接高采用分节形式，第一次统一接高至 +185m 高程，第一次接高采用 70t 履带式起重机吊装，其他节段拼装采用塔式起重机吊装。顶推支架钢管立柱及连接系的吊点设置如图 2 所示。

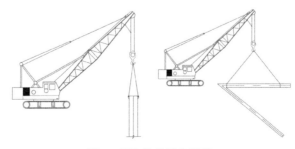

图 2　钢构件的吊点设置

②立柱安装施工

钢管桩基础混凝土达到设计强度后，进行钢管立柱接高施工。桩柱连接、立柱对接采用焊接的方式。钢管桩桩身焊缝应采用对接焊缝，并尽量采用平焊，焊缝等级为三级焊缝。钢管桩接长时，两桩接头对口保持在同一轴线上，尽量减少累积误差。如管端椭圆度较大时，要利用辅助工具加以校正，相邻管桩对口板边高差不大于2mm。钢管立柱加劲板采用尺寸为200mm×400mm×12mm钢板，单个接头设置12块劲板。钢管桩在堆放时不得大于两层，并设置木方进行限位防止发生滚动。

③连接系施工

在钢管立柱接高过程中，按设计高程安装横、纵向连接系钢管，并且及时焊接桩顶钢板，横连接系钢管采用φ630mm×16mm螺旋钢管，斜连采用φ529mm×12mm螺旋钢管。连接系在钢平台上加工成半成品，形成整体后采用吊装设备进行吊装安装。

连接系钢管与钢管立柱焊接形式为全周连续角焊缝，焊角高度分别为6mm和8mm。

④安全防护

钢管立柱及连接系安装均为高空作业，施工过程中采用吊篮平台进行施工，施工过程中作业人员需佩戴好安全防护用品。同时在顶推支架接高焊接时设置作业平台及防护栏杆，在每一节支架连接部位采用型钢焊接三角支撑牛腿，在牛腿上设置操作平台，在操作平台临边焊接φ50mm钢管护栏，护栏高度1.2m，并设20cm高踢脚板。操作平台严格按照方案中设计的平台进行加工及安装，保证结构安全可靠，操作平台的设置如图3所示。

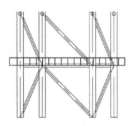

a) 示意图　　　　　　　　　　　b) 实物图

图3　顶推支架操作平台设置图

（4）横梁施工

前排分配横梁采用3根HN1000×300型钢焊接而成，一般分配横梁采用3根HN900×300型钢焊接而成，横梁长17.6m。横梁腹板内外设置20mm加劲板。分配横梁首先在加工场地上按每组尺寸拼装好，然后运输到桥位，利用塔式起重机分片起吊安装。分配梁安装前，由测量精确定位出分配梁位置，并在钢管桩顶板上焊接分配梁安装限位块，以保证顶推支架整体轴线不偏移。吊装就位后不能马上拆除钢丝绳和锁扣，必须将分配梁临时固定稳妥后才能拆除吊具进行下片梁的吊装。

（5）纵梁施工

纵梁采用Q345钢板焊接箱型组件，尺寸为2000mm×1500mm。箱形梁首先在加工场地上按每组尺寸拼装好，然后运输到位，利用塔式起重机分片起吊安装。

（6）环境风险管控

经现场调查，×××复线桥周边地势较空旷，除×××老桥外，无其他构筑物，岸滩附近无地下管线；顶推支架与老桥之间保持一定的距离，顶推支架施工对老桥影响较小；北岸N5支架及南岸 S1 支架位于江心侧，距离长江航道较近，存在较大安全隐患，施工过程需设置警示标志及防船只撞击的措施；北岸钢箱梁顶推上跨成渝铁路，顶推支架 N1 墩、N2 墩涉铁路施工，需按照邻近线施工要求进行施工，存在较大的安全隐患，其余周边环境对施工安全影响较小。

4）安全风险及危害

顶推支架安装及使用过程中存在的安全风险见表 1。

顶推支架施工安全风险识别表　　　　　　　　　　　　　　　　　　表 1

序号	安全风险	施工过程	致险因子	风险等级	产生危害
1	倾覆坍塌	支架安装	（1）顶推支架未经专项设计及检算； （2）支架材料不合格，未进行进场验收； （3）支架安装、焊接质量不达标，未进行过程验收及使用前验收； （4）支架安装完成后、使用前，未进行预压	I	支架上方及倾覆影响范围内人员群死群伤
		支架使用	（1）未严格执行支架沉降及位移监测； （2）未进行定期及日常检查维护； （3）架体经汛期冲刷、意外碰撞后未进行安全检查		
2	起重伤害	支架安装	（1）起重机司机、司索工、指挥技能差，未持证； （2）钢丝绳或吊带、卡扣、吊钩等破损、性能不佳； （3）未严格执行"十不吊"； （4）吊装指令传递不佳，存在未配置对讲机、多人指挥等情况； （5）现场吊装设备交叉作业，相互碰撞造成人员伤亡	II	起重作业人员及受其影响人员死亡或重伤
3	高处坠落	支架安装	（1）作业人员未穿防滑鞋、未系挂安全带； （2）挂篮加工未按方案要求加工及封闭； （3）挂篮与顶推支架间连接不牢； （4）作业平台未规范设置防护栏、密目网	II	架体上方作业人员死亡或重伤
		支架使用	未规范设置爬梯		
4	物体打击	支架安装	（1）作业挂篮未设置踢脚板； （2）作业平台堆置杂物或小型材料； （3）钢构件吊装过程中对现场施工人员产生撞击； （4）架体底部及四周未有效设置警戒区	III	架体下方人员死亡或重伤
5	火灾爆炸	支架安装	（1）焊接施工过程中，由于环境气温过高、封闭等因素，导致施工人员灼烫、中毒、窒息等伤害； （2）由于氧气、乙炔、二氧化碳、氮气等气体泄漏、安全距离不够、存放及运输不当、暴晒、撞击、明火等原因造成压力容器爆炸、火灾等施工	III	人员死亡或重伤
6	触电	现场临时用电	（1）施工用电设备不合格、检查维修保养不到位引起等触电、爆炸、火灾等伤害； （2）施工用电线路布设未按要求执行、线路老化、破损造成的触电及火灾事故； （3）不严格执行施工用电要求造成的伤害	III	触电死亡或重伤
7	淹溺	支架安装及使用	（1）邻水作业未穿着救生衣； （2）支架临边防护设施不全； （3）现场未配置救生圈、救生绳的应急救援设施	IV	落水人员死亡或重伤

767

5）安全风险防控措施

（1）防控措施

为防范以上安全风险，需严格落实各项风险防控措施，详见表 2。

			顶推支架安全风险防控措施表	表2
序号	安全风险	措施类型	防控措施	备注
1	倾覆坍塌	管理措施	（1）顶推支架必须经专项设计及检算，方可安装使用； （2）使用前对支架进行预压，消除支架弹性及非弹性变形，保证支架整体稳定； （3）支架使用过程中严格执行支架沉降及位移监测，发现问题及时预警； （4）支架使用过程中严格执行定期及日常检查，发现问题及时修复维护； （5）架体经汛期冲刷、意外碰撞后严格进行安全检查，发现问题及时修复	
		质量控制	（1）严格支架材料进场验收，确保材料型号、壁厚、状态符合安装要求； （2）严格执行支架安装过程验收及使用前验收	
2	起重伤害	管理措施	（1）做好起重设备及特种作业人员的进场验收管理，保证设备性能、人员技能满足要求，设备及人员证件齐全有效； （2）做好钢丝绳或吊带、卡扣、吊钩、对讲机等日常检查维护，确保使用性能满足要求； （3）吊装作业专人指挥，统一协调，严格执行"十不吊"	
3	高处坠落	安全防护	（1）架体搭设过程中，及时挂设安全平网； （2）工人作业时穿防滑鞋，正确使用安全带； （3）上下爬梯设置护圈； （4）作业挂篮按图纸要求加工及连接，每天上班检查是否安全牢固； （5）作业平台封闭围护，规范设置防护栏及密目网	
		管理措施	（1）为工人配发合格的安全带、安全帽等防护用品，培训正确穿着、使用方法； （2）做好安全防护设施的日常检查维护，发现损坏及时修复； （3）现场设置专职安全管理人员进行跟班作业，监督提醒	
4	物体打击	安全防护	（1）作业平台规范设置踢脚板； （2）架体底部设置警戒区	
		管理措施	（1）作业平台严禁堆置杂物及小型材料； （2）严禁随意抛掷杆件及构配件	
5	火灾爆炸	安全防护	（1）在施工现场人口和现场临时设施处设立固定的安全警示牌、防火警示牌、宣传牌。配备必要的消防器械和物资，确保现场配备的灭火器材在有效期内，使其处于完好状态； （2）焊、割作业点与氧气瓶、乙炔气瓶等危险物品的距离不得小于5m，与易燃易爆物品的距离不得小于30m	
		管理措施	（1）对施工人员进行消防培训，使其清楚发生火灾时应采取的程序和步骤，掌握正确的灭火方法； （2）在高处进行电焊作业时，作业点下方及周围火星所及范围内，必须彻底清除易燃、易爆物品； （3）在焊接和切割作业过程中和结束后，应认真检查是否遗留火种； （4）要由专职电工安装线路，不可用废旧电线私拉乱接，穿管内导线不得有接头，电线连接处应包以绝缘胶布，不可破损裸露； （5）氧气瓶、乙炔瓶等易燃、易爆物资，应存放在专用库房内，随用随取，库房处设置醒目的禁火警示牌	
6	触电	安全防护	（1）电缆外层包裹绝缘塑料管； （2）现场的配电箱要坚固，有门、有锁、有防雨装置，并在周围设置警示标志	
		管理措施	（1）施工必须配备专职电工，电工必须经过培训持证上岗，施工现场所有的电气设备的安装、维修和拆卸作业必须由电工完成； （2）电缆线路采用"三相五线"接线方式，电气设备和电气线路必须绝缘良好，不得采用老化脱皮旧电缆； （3）设备实行一机一闸一漏一箱。不得用一个开关直接控制二台及以上的用电设备； （4）使用自备电源或与外电线路共用同一供电系统时，电气设备根据当地要求作保护接零或作保护接地，不得一部分设备作保护接零，另一部分设备作保护接地	

序号	安全风险	措施类型	防控措施	备注
6	触电	管理措施	（5）施工现场临时用电定期安排电工进行检查，接地保护、变压器及绝缘强度，移动式电动设备、潮湿环境和水下电气设备每天检查一次；对检查不合格的线路、设备及时予以维修或更换，严禁带故障运行	
7	淹溺	安全防护	（1）水上施工作业区域周边设置防护栏杆，并配备一定数量的固定式防水灯，保证夜间足够的照明，防止施工作业人员落水发生事故； （2）水上施工区域部位及周边环境设置安全警示牌、警示灯和警示红旗，设置在醒目部位； （3）沿河道设置围挡，将施工区域全部封闭，安排人员值班，防止人员在施工区域垂钓、游泳； （4）人员上下爬梯必须设安全网及护圈。作业平台周边必须有栏杆和安全网等可靠的临边围护	
		管理措施	（1）施工作业时，禁止一人独自进行施工作业，施工作业必须两人及以上方可进行作业； （2）进入水上施工作业区域的所有施工作业人员必须佩戴好安全防护用品，如：安全帽、救生衣、高空作业安全带等； （3）水上施工前现场施工作业人员必须经过安全交底，告知现场危险源点、安全要求及注意事项	

（2）工作纪律

除落实以上安全风险防控措施外，还应严格遵守以下工作纪律。

①防护用品：作业人员正确佩戴使用安全帽、安全带，正确穿戴防滑鞋及紧口工作服。

②班前讲话：每日上工前，由班组长开展班前讲话，将当日作业内容、存在的安全风险及危害、防范措施、作业要点等告知全部作业人员。

③工前检查：每日班前讲话后，对工人身体状态、防护用品使用、现场作业环境等进行例行检查，发现问题及时处理。

④维护保养：做好安全防护设施、安全防护用品、起重设备机具等的日常维护保养，发现损害或缺失，及时修复或更换。

6）质量标准

桩基施工应达到的质量标准及检验方法见表3。

桩基础质量检查验收表　　　　表3

序号	检查项目	质量要求	检查方法	检验数量
1	桩位	＜50mm	全站仪	全部
2	桩长	不小于设计值	测绳	全部
3	桩径	±50mm	尺量	全部
4	沉渣厚度	＜50mm	测绳	全部
5	倾斜度	1%	探孔仪	全部
6	混凝土强度	不小于设计值	查看资料	全部
7	桩顶高程	满足设计要求	测绳、全站仪	全部

顶推支架构件应达到的质量标准及检验方法见表4。

顶推支架安装质量检查验收表　　　　　　　　　　　　表4

序号	检查项目	质量要求		检查方法	检验数量
1	钢管立柱竖直度（mm）	H≤30m时	H/1500，且不大于20	全站仪	全部
		H>30m时	H/300，且不大于30	全站仪	全部
2	钢管立柱轴线偏位（mm）	10		全站仪	全部
3	钢管接长	钢管接长时，相邻管节或管段的纵向焊缝应错开，错开的最小距离（沿弧长方向）不应小于5倍的钢管壁厚。主管拼接焊缝与相贯的支管焊缝间的距离不应小于80mm		观察和用钢尺检查	全部
4	纵横梁顶面高程误差（mm）	±10		全站仪	全部
5	拼接长度（mm）	焊接H型钢的翼缘板拼接缝和腹板拼接缝错开的间距不宜小于200。翼缘板拼接长度不应小于2倍翼缘板宽且不小于600；腹板拼接宽度不应小于300，长度不应小于600		观察和用钢尺检查	全部
6	预拼装单元弯曲矢高	H/1000，且不大于10.0		用拉线和钢尺检查	全部
7	对口错边（mm）	t/10，且不大于3.0		用焊缝质量检查	全部
8	施工挂篮	全封闭护栏高120cm，并设20cm踢脚板		查看	全部

注：H为钢管长度；t为钢管厚度。

纵横梁焊接H型钢的组装尺寸允许偏差见表5。

焊接H型钢组装尺寸的允许偏差表　　　　　　　　　　表5

序号	项目		允许偏差（mm）	图示	检查方法	检查数量
1	截面高度h	h<500mm	±2.0		钢尺测量	按钢构件数抽查10%，且不应少于3件
		500mm≤h≤1000mm	±3.0		钢尺测量	
		h>1000mm	±4.0			
2	截面宽度b		±3.0		钢尺测量	
3	腹板中心偏移e		2		尺量	
4	翼缘板垂直度Δ		b/100，且不大于3.0		靠尺、塞尺测量	
5	弯曲矢高		1/1000，且不大于10.0	—	测量	
6	扭曲		h/250，且不大于5.0	—	测量	
7	腹板局部平面度f	t≤6mm	4		靠尺、塞尺测量	
		6mm<t<14mm	3.0			
		t≥14mm	2.0			

7）验收要求

顶推支架施工各阶段的验收要求见表6。

顶推支架施工各阶段验收要求表　　　表6

序号	验收项目		验收时点	验收内容	验收人员
1	材料及构配件		顶推支架材料进场后、使用前	材质、规格尺寸、焊缝质量、外观质量	项目物资、技术管理人员，班组长及材料员
2	支架基础	桩基	桩基施工全过程	桩基孔径、孔深、孔型、桩位、倾斜度、沉渣厚度、混凝土强度及桩身完整行进行检查	项目试验人员、技术员，班组技术员
3	支架架体	搭设过程	每层立柱安装后	详见"顶推支架安装质量检查验收表""焊接 H 型钢组装尺寸的允许偏差表"	项目技术员、测量人员，班组长及技术员
		使用过程	（1）遇 6 级及以上强风、大雨后；（2）钢箱梁顶推施工全过程	除质量标准要求的内容外，应重点检查基础有无沉降，支架有无变形等	项目技术员、施工监测单位、测量人员，班组长及技术员

8）应急处置

（1）处置原则

施工过程中一旦发生险情或事故，应停止作业，切勿慌乱，切忌盲目施救，在保证自身安全的情况下按照处置措施要求科学开展施救，并及时向项目管理人员报告相关情况。

（2）处置措施

倾覆坍塌：当出现倾覆坍塌征兆时，发现者应立即通知坍塌影响作业区域人员撤离现场，并及时报告项目部进行后期处置。

触电事故：当发现有人员触电时立即切断电源，若无法及时断开电源，可用干木棒、皮带、橡胶制品等绝缘物品挑开触电者接触的带电物，之后解开妨碍触电者呼吸的紧身衣服，检查口腔，清理口腔黏液并立即就地抢救。如触电者呼吸停止，应采用人工呼吸法抢救；如心脏停止跳动，应采用胸外心脏按压法抢救。

火灾：当发现初起火灾时，应就近找到灭火器对准火苗根部灭火；当火灾难以扑灭时，应及时通知周边人员捂住口鼻迅速撤离。

其他事故：当发生高处坠落、起重伤害、机械伤害等事故后，应立即采取措施切断或隔断危险源，疏散现场无关人员，后对伤者进行包扎等急救，向项目部报告后原地等待救援。

附件：《×××长江复线桥北岸顶推支架设计图》（略）。

107 钢筋加工棚施工安全技术交底

交底等级	三级交底	交底编号	III-107
单位工程	钢筋加工场	分部工程	钢筋加工棚
交底名称	钢筋加工棚施工	交底日期	年　月　日
交底人	分部分项工程主管工程师（签字）	确认人	工程部长（签字）
批准人	总工程师（签字）	被交底人	专职安全管理人员（签字）
			班组长及全部作业人员（签字，可附签字表）

1) 施工任务

新建×××高铁××标×分部下设 2 个钢筋加工棚，分别为 3 号、4 号钢筋加工棚，3 号钢筋加工棚长 80m、宽 50m、高 10m，面积为 4000m²，配置 4 台 10t 桁吊；4 号钢筋加工棚长 120m、宽 60m、高 10m，面积为 7200m²，配置 6 台 10t 行吊；钢筋加工棚为钢结构形式。

2) 工艺流程

施工准备→立柱基础施工→大棚安装→桁吊安装→场地硬化→设备安装→电路安装→验收

3) 作业要点

（1）施工准备

开工前必须对基础纵横轴线及水平高程、钢构件外形尺寸、焊接质量进行复验合格后施工。复检安装定位所用的轴线控制点和测量高程适用的水准点。放出高程控制线和吊装辅助线。复验预埋件、轴线、高程、水平线、水平度、预埋件螺栓位置及露出长度等，超出允许偏差时，做好技术处理。依据施工组织平面图，做好现场建筑物的安全防护，对作业范围内的电缆设明显标志。做好现场的"三通一平"工作。安装前，要清除混凝土灰渣，设立基础定位线，用红色油漆明显标示准确的"+"字轴线，以确保与钢柱轴线吻合。

（2）条形基础施工

钢筋加工场采用轻钢结构，四周围闭，且满足通风、采光、防雨雪、防晒的作用。钢筋场基础均采用条形基础、钢筋混凝土结构。基础顶面高程与地面平齐。基础采用柱下独立基础，地基承载力特征值 $f_{ak}=180$kPa。基础进入持力层深度不小于 300mm，持力层深度大于设计高程的应采用 C15 块石混凝土回填到设计高程。

基础开挖采用机械开挖，开挖至基础底时采用人工修整至设计底高程，保持基坑内干燥，严禁积水。边坡开挖过程中要进行放坡，坡率不大于 1：1。开挖完成后要上报监理工程师进行验收，经验收合格后方可进行下一步施工。开挖后，标记中心线绑扎钢筋，支模，浇筑 C25

混凝土。在浇筑混凝土前先预埋柱地脚螺栓。混凝土施工时要用玻璃丝布对地脚螺栓进行保护，防止螺栓丝扣被混凝土污染，并不得将螺栓丝扣划伤。

基础混凝土采用商品混凝土，采用斜料槽进行布料，振捣棒进行振捣，严格控制基础顶面的收面平整度及高程。基础混凝土强度达到设计要求后开始分层回填土到设计高度，回填土要分层夯实，压实系数大于或等于 0.94。

（3）钢结构大棚安装

①安装顺序

钢结构安装采用综合安装方法，从建筑物一端开始，向另一端推进，由下而上进行。安装时注意积累误差。安装顺序为复核轴中心线、高程→安装立柱，校正→钢梁进场→地面立式拼装→安装横梁→校正固定→安装剪刀撑→安装桁吊轨道→安装屋面檩条→安装支撑拉杆→屋面彩钢板安装→扫尾。

②安装前准备工作

检查钢构件，钢构件出厂时应具有出厂合格证，安装前按图纸查点复核构件，将构件依照安装顺序运到安装范围内，在不影响安装的条件下，尽量把构件放在安装位置下边，以保证安装的便利。

③柱脚及基础螺栓安装

应在混凝土短柱上用墨线和经纬仪将各中心弹出，用水准仪测定高程；基础底板的锚栓尺寸复验符合《钢结构工程施工质量验收标准》（GB 50205—2020）规定，且基础强度等级达到设计强度的 70%后方可进行钢柱安装；钢柱脚地脚螺栓采用螺母可调平方式，钢柱脚应设置钢抗剪件，待刚架、支撑等配件安装就位结构形成空间单元且检测无误后设置。校核几何尺寸无误后，应对柱底板和基础顶面间的空隙，除采用 C30 微膨胀自密实混凝土或专用灌浆料填实外，也可采用压力灌浆，应确保密实。

④钢架安装

刚架安装顺序为先安装有间支的刚架，后安装其他刚架。头两榀刚架安装完成后，应在两榀刚架间将水平系檩条及柱间支撑、屋面水平支撑等构件的垂直度及水平度进行调整，待调整正确后方可锁定支撑，而后安装其他刚架。除头两榀刚架外，其余榀的檩条、墙梁、隔撑的螺栓均应校准后再拧紧。

钢柱吊至基础短柱顶面后，采用经纬仪进行校正。刚架屋面斜梁组装斜度较大，在地面组装时应尽量采用立拼，以防斜梁侧向变形。钢柱与屋面斜梁的接头，应在空中对接，预先将加工的铝合金挂梯放梁于上以便空中钻孔。檩条的安装应待刚架主构调整定位后进行，檩条安装后应用拉杆调整平直度。结构吊（安）装时，应采取有效措施，确保结构的稳定，以防止产生过大变形。结构安装完成后，应详细检查运输、安装过涂层的擦伤，并补刷油漆，检查所有连接部位，以防漏拧或松动。

⑤立柱的安装和矫正

对钢结构立柱进行安装前，需要通过螺栓进行高程的调节。具体安装时，首先需要安装底座，在立柱的中心画出线，然后把底座放于中心位置上，要保证中心对称。之后，再将底座用螺丝进行固定，同时还要清理螺栓孔，插入螺栓，从而能够将底座安装到位；接下来再将立柱安装在底座上，先把调节螺栓安装到立柱的底部，用起吊设备通过钢丝绳从顶部吊起，再插入紧固的螺栓，并且还要安装平垫、弹垫、螺母。螺栓紧固前要进行立柱垂直度调整。调整可以通过水平尺进行，最后进行矫正并紧固螺栓。

⑥钢梁吊装

钢梁吊装在柱子复核完成后进行，钢梁吊装时采用两点对称绑扎起吊就位安装。钢梁起吊后距柱基准面100mm时缓慢下落就位，待钢梁吊装就位后进行对接调整校正，然后固定连接。钢梁吊装时随吊随用经纬仪校正，有偏差随时纠正。

⑦墙面檩条安装

檩条截面较小，质量较轻，采用一钩多吊或成片吊装的方法吊装。檩条的校正主要是间距尺寸及自身平直度。间距检查用样杆顺着檩条杆件之间来回移动，如有误差，放松或拧紧螺栓进行校正。平直度用拉线和钢尺检查校正，最后用螺栓固定。

⑧安装校正

钢梁校正：钢梁轴线和垂直度的测量校正，校正采用千斤顶和倒链进行，校正后立即进行固定。

⑨高强度螺栓施工

高强度螺栓在施工前必须有材质证明书，且必须在使用前做复试。高强螺度栓设专人管理妥善保管，不得乱扔乱放，在安装过程中，不得碰伤螺栓及污染脏物，以防扭矩系数发生变化。高强度螺栓要防潮、防腐蚀。安装螺栓时应用光头撬棍及冲钉对正上下（或前后）连接板的螺孔，使螺栓能自由投入。连接板螺栓孔的误差较大时应检查分析酌情处理，若属调整螺栓孔无效或剩下局部螺孔位置不正，可使用电动绞刀或手工绞刀进行修孔。

⑩对特殊连接面高强度螺栓连接的处理

屋架对连接面螺栓连接松紧直接影响构件的局部受力情况和整体安装精度。由构件制造厂提供试验数据和试件，进行摩擦面加工处理，保证摩擦系数符合设计要求。安装前应用酸液清除油污、锈蚀，保持干燥。高强度螺栓采用初拧和终拧两次完成，其初拧扭矩值不得小于终拧扭矩值的30%，工具为测力扳手。紧固高强度螺栓采用初拧和终拧两次完成，工具为测力扳手。安装时统一规定初拧扭矩值。其他附件的安装如檩条、系杆、支撑、拉条、屋面板、天沟板等，在保证屋架部位尺寸调整完毕后，即可进行安装。

（4）桁吊安装

①桁吊检验

检查被安装起重机的资料，资料应包括产品合格证、安装使用维护说明书、电动葫芦合格证、装箱单和易损件图等。检查主梁、端梁是否完好，电气装置是否齐全，所有铭牌上的参数与起重机参数是否相符，如有质量问题应立即向厂部反映，待厂部处理后才能进行安装，如果在运输过程中损坏，应修复并重新检验。

②行车梁安装

对于钢筋加工场在立柱、大梁、承载梁安装好，屋面没有封顶之前，进行桥式起重机安装。行车梁采用 BH500×250（200）型钢，现场将采用汽车起重机进行承重梁的吊装，同时，采用吊耳配合卸扣采用钢丝绳吊装。吊装前在牛腿顶面进行高程测量，确保每个牛腿的高程基本一致，如果高差过大，可采用垫块进行调整。当牛腿的高度调整水平后，将垫块与钢板顶面施焊，要求相邻两牛腿水平差不大于2mm，全长不大于10mm，并在型钢立柱内侧划出承重梁的安装线。现场用汽车起重机起吊，使承重梁平衡起升，将其吊上牛腿，并对正安装线，校核跨度后将承重梁与牛腿预埋件焊平。

③轨道安装

桁吊的轨道将采用38kg/m钢轨进行铺设，轨道的吊装过程中，轨道的中心线必须准确对准承重梁的上部中心线，两者的中心线尽量重合。轨道接头间距不大于 2mm，接头处的高低差不大于 1mm，接头处的侧向错位不大于 1mm，跨度极限偏差不大于 4mm。轨道水平每 2m 测量长度内不大于 2mm，全长不得大于 10mm。在轨道准确安放至承重梁顶部后，两者之间应采用焊接进行连接。焊接时焊缝外部不得有目测可见的明显缺陷，焊渣清理干净。

④桁吊拼装

桁吊主要由主梁、端梁、电动葫芦、减速机、电机等组成。在进行起吊前，应对起重机进行拼装，只有拼装完成并验收合格后，才能进行相应的吊装作业。

⑤桁吊吊装

先用绳索将电动葫芦小车捆绑在起重机主梁的合适位置并固定好，将电动葫芦小车轮用木板锲紧在工字钢下翼缘面，使电动葫芦小车不能两头走动。用钢丝绳穿过主梁吊装孔，用 25t 汽车起重机在起重机跨中处吊装。在起重机两边端梁系上绳索用于起重机吊起时旋转角度。吊起起重机到离路轨道面一定的高度，使起重机的四个车轮坑位都对准路轨时才慢慢放下起重机，目测四轮踏面确认已到路轨轨面，才能解开吊装用钢丝绳和捆绑电动葫芦的绳索。接着安装大车车挡，先在一边路轨装上一只车挡，再将主机移动到缓冲器碰到车挡的位置，再装另一边的车挡，使两边的车挡都能够同时碰撞到缓冲器。

⑥电气设备的安装、调整

桁吊电气设备、电缆及电缆管的安装、调整应按随机附件的电气图纸及有关电气设备安装工作进行敷设。调整保护柜中各过电流继电器电流整定值为电机额定电流的 2～2.5 倍，其中总过电流继电器（GLD）的调整值，采用按起升和大车行走两套机构电机内同时启动。当绝缘损坏时，有可能与导线接触的金属体都应接地，即所有正常非带电的金属电气设备外壳均应可靠接地，任何一点的接地电阻 ≤4Ω。允许起重机轨道金属结构作为接地导体，如该结构已预接地并与设备有可靠连接，则该设备可省去专门的接地线。

⑦调试、检测

a. 静载试验

试验前，应将空载电动葫芦小车停放在主梁端部极限位置，在跨中定出测量主梁挠度的基准点。将小车开至主梁跨中，起升 1.25 倍额定负荷，距地面 100～200mm 高度处，悬空时间不少于 10min，卸载后将电动葫芦小车开至主梁端部后再检查有无永久变形，如此重复三次，不应再有永久变形；将小车开至跨端，检查实际上拱值应大于 $0.7S/1000$（S 为主梁跨度）。最后使小车仍停在桥架中间，起升额定负荷检查主梁下挠值不得大于 $S/800$（由实际上拱值算起）。

b. 动载试验

电动葫芦各机构应先分别进行动载试验，而后作联动，同时开动两个机构。试验载荷为 1.1 倍额定负荷，按起重机相应的工作级别，对每种动作应在整个运动范围内作反复起动或制动，对悬挂着的试验载荷作空中起动时，试验载荷不应出现反向动作，按其工作循环，试验时间应延续 1h。如果各部件能完成其功能试验，并在随后进行的目测检查中没有松动和损坏，则认为这项试验合格。

⑧起重机安装竣工交验

起重机安装完工后，由施工单位对起重机的安装质量和安装的起重机性能进行必要审查和复查。工程验收时，应有技术监督局安检部门在场，进行起重机劳动安全许可检查。

⑨维修保养

日常保养，切实做好检查间隔期间的起重机维护保养工作，是保证起重机正常连续运转的基础，正确地做好检修期间的维护保养工作，可延长检修间隔期，减少检修工作量，提高设备的生产率。起重机在检修期间的维护保养分为一级保养和二级保养。一级保养为经常性的保养工作，由起重机操作人员负责，主要包括钢丝绳、卷筒、滑轮、轴承、联轴器、减速机、制动器等的检查；二级保养为定期保养工作，它由维修工人负责，包括整台起重机各个机构和设备的维护和保养。

（5）地面硬化

钢结构大棚安装完成后，对钢筋加工场场内进行混凝土硬化，5m宽车行通道区域硬化标准为25cm厚C25混凝土，钢筋原料区、半成品区、加工区硬化标准为20cm厚C25混凝土。

（6）设备安装

完成场地硬化后，钢筋加工棚内使用机械开始进场安装，安装前应对进场设备进行检查，对设备进行调试，保证设备能正常使用；机械设备的电机必须绝缘良好，电源和负荷线应防护到位同时设置接地，控制机械设备的控制开关箱应为一机一闸一箱，施工人员安装设备时应正确佩戴防护用品，合理安排机械设备存放位置，保证钢筋加工时能产生最大功效，安装完成后应在设备上设置机械操作规程，操作人员必须带证上岗，并参加安全培训。

（7）电路安装

①电缆敷设

电缆线路应采用穿管埋地或沿墙、电杆架空敷设，严禁沿地面明设；电缆在室外直接埋地敷设的深度应不小于0.8m，并应在电缆上下各均匀铺设厚度不小于50mm的细砂，然后覆盖砖等硬质保护层；橡皮电缆沿墙或电杆敷设时应用绝缘子固定，严禁使用金属裸线绑扎。橡皮电缆的最大弧垂距地不得小于2.5m；电缆的接头应牢固可靠，绝缘包扎后的接头不能降低原来的绝缘强度，并不得承受张力。

②室内导线的敷设及照明装置

室内配线必须采用绝缘铜线或绝缘铝线；进户线在室外要用绝缘子固定，进户线过墙应穿套管，距地面应大于2.5m，室外要做防水弯头；室内配线所有导线截面应按图纸要求施工，但铝线截面最小不得小于2.5mm²，铜线截面不得小于1.5mm²；金属外壳的灯具外壳必须作保护接零，所用配件均应使用镀锌件；室外灯具距地面不得小于3m，室内灯具不得低于2.4m，插座接线时应符合规范要求；螺纹口灯头及接线相线接在与中心角头相连的一端，零线接在与螺纹口相连的一端，灯头的绝缘外壳不得有损伤和漏电。各种用电设备、灯具的相线必须经开关控制，不得将相线直接引入灯具

③配电房设置要求

配电房位置尽量靠近变压器。配电房墙体采用砖墙砌筑，净空不低于3m，采用现浇钢筋混凝土屋面板，墙面抹水泥砂浆，外墙面刷涂料。配电房内设电缆沟、消防砂池。配电房内悬挂操作规程牌，配电柜上贴电路系统图。在配电房处做工作接地并引出保护零线。接地装置的接地线不得少于两根，不得采用螺纹钢，接地电阻应不大于4Ω。配电柜前后操作部位铺绝缘胶板。配电柜（箱）应采用冷轧钢板及绝缘材料制作。所有箱门内侧均贴电路系统图，箱门均要上锁，箱门右下角标明电箱名称、责任人、电话、编号，右边居中位置粘贴闪电标志。固定式分配电箱必须有防护措施。

（8）环境风险管控

施工前应对现场进行调查，对地下是否有管线进行排查，施工吊装过程中应避开施工现场上方线路，设置专人监管。

4）安全风险及危害

钢筋加工棚施工过程中存在的安全风险见表1。

钢筋加工棚施工安全风险识别表　　　　　　　　　　　　　表1

序号	安全风险	施工过程	致险因子	风险等级	产生危害
1	失稳坍塌	钢结构立柱安装	（1）基础处理不到位、钢结构安装不规范； （2）未进行基础及钢结构验收； （3）安装过程中焊接不规范，未达到满焊，导致结构受力不足； （4）钢结构地脚螺栓预埋未达到设计要求	I	钢结构坍塌导致作业人员群死群伤
2	高处坠落	立柱安装、拆除	（1）作业人员未穿防滑鞋、未正确佩戴安全帽，未系挂安全带； （2）安装过程中高处作业无专用工具袋	III	高空作业人员死亡或重伤
		屋面板安装施工	（1）攀登和悬空高处作业人员及搭设高处作业安全设施的人员，未经过专业技术培训及专业考试合格，无证上岗； （2）高处作业人员未定期进行体格检查	III	
		槽钢檩条安装	（1）临时拆除或变动安全防护设施未须经施工负责人同意，未采取相应的可靠措施； （2）作业后未立即恢复安全防护设施	III	
		人员上下行	未规范设置爬梯	III	
3	物体打击	钢大棚施工	（1）高空作业未配备专用工具袋； （2）高空作业平台堆置杂物或小型材料； （3）高空作业时底部及四周未有效设置警戒	IV	钢大棚下方人员死亡或重伤
		钢大棚拆除	（1）随意抛掷杆件、构配件； （2）拆卸区域底部有效设置警戒区	IV	
4	起重伤害	吊运物料	（1）起重机司机、司索工、指挥技能差，未持证； （2）钢丝绳或吊带、卡扣、吊钩等破损、性能不佳； （3）未严格执行"十不吊"； （4）吊装指令传递不佳，存在未配置对讲机、多人指挥等情况； （5）起重机回转范围外侧未设置警戒区	III	起重作业人员及受其影响人员死亡或重伤
5	触电伤害	施工用电	（1）操作人员未经培训和无电工操作证； （2）开关箱未安装漏电保护器失灵，电箱内无隔离开关； （3）电工作业未按规定使用绝缘防护用品	III	用电作业人员死亡或重伤

5）安全风险防控措施

（1）防控措施

为防范以上安全风险，需严格落实各项风险防控措施，详见表2。

钢筋加工棚施工安全风险防控措施表　　　　　　　　　　　表2

序号	安全风险	措施类型	防控措施	备注
1	失稳坍塌	质量控制	（1）严格执行设计、规程及验收标准要求，进行基础处理与钢结构安装； （2）严格执行规程要求进行钢结构安装作业，保证斜杆、钢横梁等按照图纸施工顺序安装	

序号	安全风险	措施类型	防控措施	备注
1	失稳坍塌	管理措施	（1）严格执行基础处理与预埋件预埋验收程序； （2）保证焊接部位无点焊漏焊，焊缝要求饱满； （3）保证按图施工	
2	高处坠落	安全防护	（1）工人作业时穿防滑鞋，正确使用安全带； （2）无特种作业许可证、未参加安全培训人员严禁高空作业； （3）现场设置安全爬梯，严禁施工人员攀爬钢结构	
		管理措施	（1）为工人配发合格的安全带、安全帽等防护用品，培训正确穿着使用； （2）做好安全防护设施的日常检查维护，发现损坏及时修复	
3	物体打击	安全防护	（1）高空作业时施工人员配备专用工具袋； （2）底部设置警戒区	
		管理措施	（1）高空作业时严禁在钢结构上堆放材料等物件； （2）拆除作业时，专人指挥，严禁随意抛掷杆件及构配件	
4	起重伤害	安全防护	起重机回转范围外侧设置警戒区	
		管理措施	（1）做好起重设备及特种作业人员的进场验收管理，保证设备性能、人员技能满足要求，设备及人员证件齐全有效； （2）做好钢丝绳或吊带、卡扣、吊钩、对讲机等日常检查维护，确保使用性能满足要求； （3）吊装作业专人指挥，严格执行"十不吊"	
5	触电伤害	安全防护	（1）用电作业人员配备绝缘手套，电笔等安全防护用品； （2）电箱内按要求设置漏电保护器与空开，所用电箱使用航空插头； （3）电箱设置防护栅栏并上锁，非专业操作人员外，其他人禁止私自使用电箱	
		管理措施	（1）操作人员具备电工操作证并及时进行安全培训； （2）用电作业过程中加强现场管控	

（2）工作纪律

除落实以上安全风险防控措施外，还应严格遵守以下工作纪律。

①防护用品：作业人员正确佩戴使用安全帽、安全带，穿戴防滑鞋及紧口工作服。

②班前讲话：每日上工前，由班组长开展班前讲话，将当日作业内容、存在的安全风险及危害、防范措施、作业要点等告知全体作业人员。

③工前检查：每日班前讲话后，对工人身体状态、防护用品使用、现场作业环境等进行例行检查，发现问题及时处理。

④维护保养：做好安全防护设施、安全防护用品、起重设备机具等的日常维护保养，发现损害或缺失，及时修复或更换。

6）质量标准

钢柱安装质量标准见表3。

钢柱安装质量允许偏差表　　　　表3

序号	项目		允许偏差（mm）	检验方法
1	柱脚底座中心线对定位轴线的偏移Δ		5.0	用吊线和钢尺等实测
2	柱子定位轴线Δ		1.0	用吊线和钢尺等实测
3	柱基准点高程	有起重机梁的柱	+3.0～5.0	水准仪
		无起重机梁的柱	+5.0～8.0	水准仪

序号	项目		允许偏差（mm）	检验方法
4	弯曲矢高		$H/1200$，且不大于 15.0（H 为柱高度）	用经纬仪或拉线和钢尺等实测
5	柱轴线垂直度	单层柱	$H/1000$，且不大于 25.0	用经纬仪或拉线和钢尺等实测
		多层柱 单节柱	$H/1000$，且不大于 10.0	
		柱全高	35.0	

支承面、地脚螺栓的允许偏差见表4。

钢结构大棚安装支承面、地脚螺栓允许偏差表　　　　表4

序号	项目		允许偏差	检查方法
1	支承面	高程	±3.0mm	水准仪
		水平度	$L/1000$（L 为水平面长度）	
2	地脚螺栓（锚栓）	螺栓中心偏移	3mm	尺量
		螺栓露出长度	±20.0mm	
		螺栓长度	±20.0mm	
3	预留孔中间偏移		10mm	尺量

7）验收要求

钢筋加工场大棚施工各阶段的验收要求见表5。

钢筋加工场大棚施工时各阶段验收要求表　　　　表5

序号	验收项目		验收时点	验收内容	验收人员
1	材料及构配件		钢结构大棚材料进场后、使用前	材质、规格尺寸、外观质量、合格证书	项目物资、技术管理人员，班组长及材料员
2	钢结构安装	钢柱轴线偏差	钢立柱安装前	轴线控制点和测量高程适用的水准点	项目试验人员、技术员，班组技术员
		预埋件偏差	钢立柱安装前	复验预埋件、轴线、高程、水平线、水平度、预埋件螺栓位置及露出长度等	项目测量试验人员、技术员，班组长及技术员
3	使用前整体验收	钢结构整体稳定性	钢结构大棚整体安装完成后	（1）主体结构的整体垂直度和整体平面弯曲的偏差； （2）钢柱安装精度、起重机梁安装精度，以及墙架、檩条等次要构件安装精度； （3）节点采用栓接时连接螺栓数量、规格、连接质量是否达到要求； （4）节点采用焊接时焊接是否满焊，焊缝是否饱满，焊接质量是否达到要求； （5）整体抗风性要求	项目技术员、测量人员、班组长及技术员、第三方检测人员
		设备使用情况	设备投入使用前	（1）设备使用前是否进行调试； （2）桁吊是否进行相关备案，是否满足相关使用要求	项目技术员、测量人员、安全人员、物资人员、班组长及技术员

8）应急处置

（1）处置原则

施工过程中一旦发生险情或事故，应停止作业，切勿慌乱，切忌盲目施救，在保证自身

安全的情况下按照处置措施要求科学开展施救，并及时向项目管理人员报告相关情况。

（2）处置措施

钢梁倾覆：当出现钢梁倾覆征兆时，发现者应立即通知倾覆影响作业区域人员撤离现场，并及时报告项目部进行后期处置。

触电事故：当发现有人员触电时立即切断电源，若无法及时断开电源，可用干木棒、皮带、橡胶制品等绝缘物品挑开触电者接触的带电物，之后解开妨碍触电者呼吸的紧身衣服，检查口腔，清理口腔黏液并立即就地抢救。如触电者呼吸停止，应采用人工呼吸法抢救；如心脏停止跳动，应采用胸外心脏按压法抢救。

火灾：当发现初起火灾时，应就近找到灭火器对准火苗根部灭火；当火灾难以扑灭时，应及时通知周边人员捂住口鼻迅速撤离。

其他事故：当发生高处坠落、起重伤害、机械伤害等事故后，应立即采取措施切断或隔断危险源，疏散现场无关人员，后对伤者进行包扎等急救，向项目部报告后原地等待救援。

108 拌和站料棚施工安全技术交底

交底等级	三级交底	交底编号	III-108
单位工程	拌和站	分部工程	拌和站料棚
交底名称	**拌和站料棚施工**	交底日期	年　月　日
交底人	分部分项工程主管工程师（签字）	确认人	工程部长（签字）
批准人	总工程师（签字）	被交底人	专职安全管理人员（签字）
			班组长及全部作业人员（签字，可附签字表）

1）施工任务

新建×××高铁××标×分部下设两个混凝土拌和站，分别为 3 号、4 号混凝土拌和站，3 号拌和站料棚长 113.4m、宽 76.5m，面积为 8675.1m²；4 号拌和站料棚长 127m、宽 93.5m，面积为 11874.5m²；拌和站料棚为钢结构形式。

2）工艺流程

施工准备→隔墙施工（预埋立柱基础）→立柱安装→桁架安装→槽钢檩条安装→屋面板及侧板安装。

3）作业要点

（1）施工准备

开工前必须对基础纵横轴线及水平高程、钢构件外形尺寸、焊接质量进行复验合格后施工。复检安装定位所用的轴线控制点和测量高程适用的水准点。放出高程控制线和吊装辅助线。复验预埋件、轴线、高程、水平线、水平度、预埋件螺栓位置及露出长度等，超出允许偏差时，做好技术处理。依据施工组织平面图，做好现场建筑物的安全防护，对作业范围内的电缆设明显标志。做好现场的"三通一平"工作。安装前，要清除混凝土灰渣，设立基础定位线，用红色油漆明显标示准确的"+"字轴线，以确保与钢柱轴线吻合。

（2）基础施工

拌和站料棚采用轻钢结构，四周围闭，且满足通风、采光、防雨雪、防晒的作用。基础采用柱下独立基础。地基采用砂夹碎石换填处理，换填深度 0.8m，压实系数不小于 0.97。地基处理后采用重型动力触探仪检测地基承载力，地基承载力不应小于 120kPa。

基础开挖采用机械开挖，开挖至基础底时采用人工修整至设计底高程，保持基坑内干燥，严禁积水。边坡开挖过程中要进行放坡，坡率不大于 1：1。开挖完成后要上报监理工程师进行验收，经验收合格后方可进行下一步施工。开挖后对于局部超挖部分，根据现场情况采用砖渣填筑，垫层浇筑 C15 素混凝土，厚度为 10cm。垫层混凝土达到设计强度后，在垫层抄平并标记中心线绑扎钢筋，支模，浇筑 C30 混凝土。在浇筑混凝土前先预埋柱地脚螺栓。混凝土施工时要用玻璃丝布对地脚螺栓进行保护，防止螺栓的螺纹被混凝土污染或划伤。

（3）料棚隔墙施工

料仓隔墙采用钢筋混凝土墙体，宽度 50cm；料仓背墙及隔墙墙高 2.65m，隔墙及后墙施工工艺采用大块木模逐段浇筑，浇筑高度为 2.65m，浇筑长度为 6m，并在隔墙上预留立柱基础预埋件，料仓隔墙及后墙断面如图 1 所示。

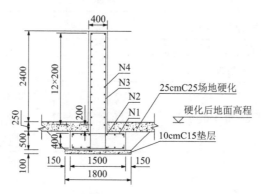

图 1　料仓隔墙及后墙断面图（尺寸单位：mm）

（4）立柱钢梁安装施工

安装时应遵循以下吊装的顺序原则：先立标准柱、后横梁、再屋架；形成流水作业；先地上连接、后整体就位；先立柱、后横梁、再屋架；先横向结构、后平面构件。

开始吊装时需进行试吊，吊起一端高度到达 100～200mm 时停吊，检查索具牢固性和起重机稳定性以及立柱的垂直度，然后指挥起重机缓慢下降，开始正式吊装。

操作人员在立柱吊至预埋件上方后，各自就位将立柱对准预埋件位置缓缓降下，在立柱即将落地时用撬棍对立柱进行微调，之后立即对立柱进行焊接，严格保证焊接质量，确定焊接完毕后方可拆除吊钩。对于单根不稳定结构的立柱，须加风缆临时保护措施。

进行钢梁吊装施工时要在地面拼装前对构件进行检查，构件变形、缺陷超出允许偏差时须进行处理。吊装采用单榀吊装，起吊时先将钢梁吊离地面 50cm 左右，使钢梁中心对准安装位置中心，然后徐徐升钩，将钢梁吊至柱顶以上，再用溜绳旋转钢梁使其对准柱顶，以使落钩就位。及时进行螺栓固定及焊接加固。

（5）槽钢檩条安装

檩条安装前对檩条支撑进行检测和整平，对檩条逐根复查其平整度，安装的檩条间高差控制在 ±5mm 范围内。檩条安装选择起重机或人工就位，然后用螺栓将檩条与主钢结构上的檩托固定，固定前再次调整位置。

（6）屋面板安装

屋面施工中，先在檩条上标定出起点，即沿跨度方向在每个檩条上标出排板起始点，各个点的连线应与建筑物的纵轴线垂直，而后在板的宽度方向每隔几块板继续标注一次，以限制和检查板的宽度安装偏差积累。吊装时，应将钢板按照安装方向放置，避免钢板在脚手架上调整方向时，造成钢板的破损和变形，并尽可能减少在高空的二次搬运。固定螺钉与钢板和檩条垂直，并对准檩条中心，每肋 1 颗螺钉，距离波峰下边缘 10mm。打螺钉前应挂线，使螺钉打在一条直线上。

（7）环境风险管控

施工前应对现场进行调查，对地下是否有管线进行排查，施工吊装过程中应避开施工现场上方线路，设置专人监管。

4）安全风险及危害

拌和站料棚施工过程中存在的安全风险见表1。

拌和站料棚施工安全风险识别表

表1

序号	安全风险	施工过程	致险因子	风险等级	产生危害
1	失稳坍塌	钢结构立柱安装	（1）基础处理不到位、钢结构安装不规范； （2）未进行基础及钢结构验收； （3）安装过程中焊接不规范，未达到满焊，导致结构受力不足； （4）钢结构地脚螺栓预埋未达到设计要求	I	钢结构坍塌导致作业人员群死群伤
2	高处坠落	立柱安装、拆除	（1）作业人员未穿防滑鞋、未正确佩戴安全帽，未系挂安全带； （2）安装过程中高处作业无专用工具袋	III	高空作业人员死亡或重伤
		屋面板安装	（1）攀登和悬空高处作业人员及搭设高处作业安全设施的人员，未经过专业技术培训及专业考试，无证上岗； （2）高处作业人员未定期进行体格检查	III	
		槽钢檩条安装	（1）临时拆除或变动安全防护设施未经施工负责人同意，未采取相应的可靠措施； （2）作业后未立即恢复安全防护设施	III	
		人员上下行	未规范设置爬梯		
3	物体打击	钢大棚施工	（1）高空作业未配备专用工具袋； （2）高空作业平台堆置杂物或小型材料； （3）高空作业时底部及四周未有效设置警戒区	IV	钢大棚下方人员死亡或重伤
		钢大棚拆除	（1）随意抛掷杆件、构配件； （2）拆卸区域底部未有效设置警戒区	IV	
4	起重伤害	吊运物料	（1）起重机司机、司索工、指挥技能差，未持证； （2）钢丝绳或吊带、卡扣、吊钩等破损、性能不佳； （3）未严格执行"十不吊"； （4）吊装指令传递不佳，存在未配置对讲机、多人指挥等情况； （5）起重机回转范围外侧未设置警戒区	III	起重作业人员及受其影响人员死亡或重伤
5	触电伤害	施工用电	（1）操作人员未经培训和无电工操作证； （2）开关箱未安装漏电保护器失灵，电箱内无隔离开关； （3）电工作业未按规定穿戴使用绝缘防护用品	III	用电作业人员死亡或重伤

5）安全风险防控措施

（1）防控措施

为防范以上安全风险，需严格落实各项风险防控措施，详见表2。

拌和站料棚施工安全风险防控措施表

表2

序号	安全风险	措施类型	防控措施	备注
1	失稳坍塌	质量控制	（1）严格执行设计、规程及验收标准要求，进行基础处理与钢结构安装； （2）严格执行规程要求进行钢结构安装作业，保证斜杆、钢横梁等按照图纸施工顺序安装	

序号	安全风险	措施类型	防控措施	备注
1	失稳坍塌	管理措施	（1）严格执行基础处理与预埋件预埋验收程序； （2）保证焊接部位无点焊漏焊，焊缝要求饱满； （3）保证按图施工	
2	高处坠落	安全防护	（1）工人作业时穿防滑鞋，正确使用安全带； （2）无特种作业许可证、未参加安全培训人员严禁高空作业； （3）现场设置安全爬梯，严禁施工人员攀爬钢结构	
		管理措施	（1）为工人配发合格的安全带、安全帽等防护用品，培训正确穿戴使用； （2）做好安全防护设施的日常检查维护，发现损坏及时修复	
3	物体打击	安全防护	（1）高空作业时施工人员配备专用工具袋； （2）底部设置警戒区	
		管理措施	（1）高空作业时严禁在钢结构上堆放材料等物件； （2）拆除作业时，专人指挥，严禁随意抛掷杆件及构配件	
4	起重伤害	安全防护	起重机回转范围外侧设置警戒区	
		管理措施	（1）做好起重设备及特种作业人员的进场验收管理，保证设备性能、人员技能满足要求，设备及人员证件齐全有效； （2）做好钢丝绳或吊带、卡扣、吊钩、对讲机等日常检查维护，确保使用性能满足要求； （3）吊装作业专人指挥，严格执行"十不吊"	
5	触电伤害	安全防护	（1）用电作业人员配备绝缘手套、电笔等安全防护用品； （2）电箱内按要求设置漏电保护器与空开，所用电箱使用航空插头； （3）电箱设置防护栅栏并上锁，除专业操作人员外其他人禁止私自使用电箱	
		管理措施	（1）操作人员具备电工操作证并及时进行安全培训； （2）用电作业过程中加强现场管控	

（2）工作纪律

除落实以上安全风险防控措施外，还应严格遵守以下工作纪律。

①防护用品：作业人员正确佩戴使用安全帽、安全带，正确穿戴防滑鞋及紧口工作服。

②班前讲话：每日上工前，由班组长开展班前讲话，将当日作业内容、存在的安全风险及危害、防范措施、作业要点等告知全部作业人员。

③工前检查：每日班前讲话后，对工人身体状态、防护用品使用、现场作业环境等进行例行检查，发现问题及时处理。

④维护保养：做好安全防护设施、安全防护用品、起重设备机具等的日常维护保养，发现损害或缺失，及时修复或更换。

6）质量标准

钢柱安装质量标准见表3。

钢柱安装质量允许偏差表　　　　　　　　　　　　　　　　表3

序号	项目		允许偏差（mm）	检验方法
1	柱脚底座中心线对定位轴线的偏移Δ		5.0	用吊线和钢尺等实测
2	柱子定位轴线Δ		1.0	用吊线和钢尺等实测
3	柱基准点高程	有起重机梁的柱	+3.0～5.0	水准仪
		无起重机梁的柱	+5.0～8.0	水准仪

序号	项目			允许偏差（mm）	检验方法
4	弯曲矢高			$H/1200$，且不大于15.0	用经纬仪或拉线和钢尺等实测
5	柱轴线垂直度	单层柱		$H/1000$，且不大于25.0	用经纬仪或拉线和钢尺等实测
		多层柱	单节柱	$H/1000$，且不大于10.0	
			柱全高	35.0	

支承面、地脚螺栓的允许偏差见表4。

钢结构大棚安装支承面、地脚螺栓允许偏差表　　　　表4

序号	项目		允许偏差	检查方法
1	支承面	高程	±3.0mm	水准仪
		水平度	$L/1000$（L为支承面长度）	
2	地脚螺栓（锚栓）	螺栓中心偏移	3mm	尺量
		螺栓露出长度	±20.0mm	
		螺栓长度	±20.0mm	
3	预留孔中间偏移		10mm	尺量

7）验收要求

拌和站料棚施工各阶段的验收要求见表5。

拌和站料棚施工时各阶段验收要求表　　　　表5

序号	验收项目		验收时点	验收内容	验收人员
1	材料及构配件		钢结构材料进场后、使用前	材质、规格尺寸、外观质量、合格证书	项目物资、技术管理人员，班组长及材料员
2	钢结构安装	钢柱轴线偏差	钢立柱安装前	轴线控制点和测量高程适用的水准点	项目试验人员、技术员，班组技术员
		预埋件偏差	钢立柱安装前	复验预埋件、轴线、高程、水平线、水平度、预埋件螺栓位置及露出长度等	项目测量试验人员、技术员，班组长及技术员
3	使用前整体验收	钢结构整体稳定性	拌和站料棚整体安装完成后	（1）主体结构的整体垂直度和整体平面弯曲的偏差；（2）钢柱安装精度、起重机梁安装精度、墙架、檩条等次要构件安装精度；（3）节点连接螺栓数量、规格、连接质量；（4）整体抗风性要求	项目技术员、测量人员，班组长及技术员
		设备使用情况	设备投入使用前	（1）设备使用前是否进行调试；（2）桁吊是否进行相关备案，是否满足相关使用要求	项目技术员、测量人员、安全人员、物资人员、班组长及技术员

8）应急处置

（1）处置原则

施工过程中一旦发生险情或事故，应停止作业，切勿慌乱，切忌盲目施救，在保证自身安全的情况下按照处置措施要求科学开展施救，并及时向项目管理人员报告相关情况。

（2）处置措施

钢梁倾覆：当出现钢梁倾覆征兆时，发现者应立即通知倾覆影响作业区域人员撤离现场，并及时报告项目部进行后期处置。

触电事故：当发现有人员触电时立即切断电源，若无法及时断开电源，可用干木棒、皮带、橡胶制品等绝缘物品挑开触电者接触的带电物，之后解开妨碍触电者呼吸的紧身衣服，检查口腔，清理口腔黏液并立即就地抢救。如触电者呼吸停止，应采用人工呼吸法抢救；如心脏停止跳动，应采用胸外心脏按压法抢救。

火灾：当发现初起火灾时，应就近找到灭火器对准火苗根部灭火；当火灾难以扑灭时，应及时通知周边人员捂住口鼻迅速撤离。

其他事故：当发生高处坠落、起重伤害、机械伤害等事故后，应立即采取措施切断或隔断危险源，疏散现场无关人员，后对伤者进行包扎等急救，向项目部报告后原地等待救援。

109 邻近既有线施工安全技术交底

交底等级	三级交底	交底编号	III-109
单位工程	×××特大桥	分部工程	××
交底名称	邻近既有线施工	交底日期	年　月　日
交底人	分部分项工程主管工程师（签字）	确认人	工程部长（签字）
批准人	总工程师（签字）	被交底人	专职安全管理人员（签字）
			班组长及全部作业人员（签字，可附签字表）

1）施工任务

××项目线路路基、桥梁有多个工点施工邻近××铁路既有线，各工点与铁路营业线的关系见表1。各工点施工需做好邻近既有线作业各项措施，确保既有线运营安全。

××项目工点邻近××铁路既有线情况一览表　　　　表1

序号	施工地点	施工内容及分类	工程数量	施工方法	计划施工日期	邻近类型	影响既有线范围
1	××~××路基	软基处理	2700延米	螺钉桩施工	20××.××.××~20××.××.××	B	K×× + ×××~K×× + ×××
2		路基填筑					
3		路堑开挖					
4	××大桥	桩基					
5		承台					
6		墩柱					
7		梁部					
...	......						

2）工艺流程

邻近既有线施工流程如图1所示。

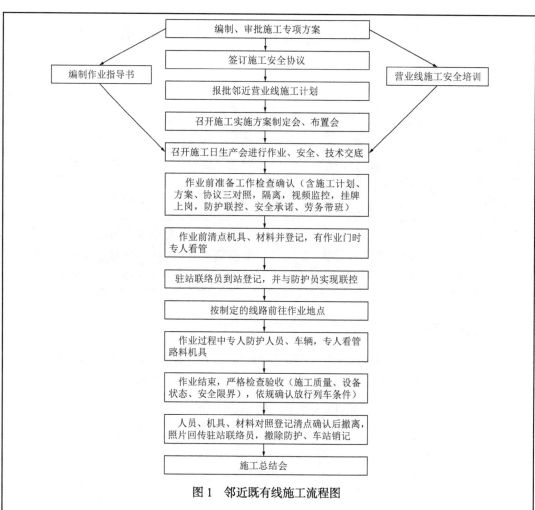

图1 邻近既有线施工流程图

3）作业要点

（1）施工准备

施工前一定要做好调查，调查营业线路电缆的走向，对影响施工的地下电缆、管线及设备报请有关部门现场确认，施工前进行排除、改移，不影响施工光电缆和相关设备，与设备管理单位协商做好既有设备防护。

（2）人员要求

驻站联络员、安全员、防护员、带班人员和工班长必须经过××路局邻近营业线施工专项培训，培训合格方可进场施工。

①驻站联络员

驻站联络人员必须佩戴"驻站联络员"胸牌进入信号楼，驻站联络员在班前必须同施工负责人、工地防护员核对钟表时分，准确通报列车运行车次、时间等。工作时，应保持与施工现场的通信畅通，随时掌握施工进度及工程机械的作业情况，不得擅自离开登记所在站的行车室，不得做与本职工作无关的事情，服从车站值班干部和车站值班员的管理，并及时在行车室"进出信号楼登记簿"上进行登记。

②现场防护员

现场防护员应定点定员，持证挂牌上岗，保持通信畅通并定时联系，确认通信良好，做好自身防护。担任防护工作时，不得临时调换，不得兼作施工员和进行其他工作，必须掌握列车运行时分，及时准确发出来车、下道信号，监督施工人员及时下道。当班时必须集中精力，认真瞭望，不得离岗和做与本职工作无关的事情。

③作业人员

用工单位对劳务工要进行施工安全培训、法制教育和日常管理；要先培训，培训合格后方可上岗。作业人员不能担任营业线施工的施工安全防护员和带班人员等工作，不准单独使用各类作业车辆，不准劳务工单独上道作业。

（3）施工防护

①路基施工

a.软基处理

软基处理施工钻机整机高度较高，就位前，平整场地、清除表面种植土，用压路机进行碾压夯实，为避免向既有线一侧倾覆，在远离既有线一侧设置配重块及缆风绳。

b.路堑开挖

路堑施工现场凡平行或高于既有线，需将施工场所与既有线采用排架进行封闭隔离，低于既有线的须进行全封闭处理。临时隔离栅栏设置的作用主要是防止施工车辆、机械、施工人员误入营业线以及施工材料、工具等物品堆放侵入营业线限界，确保施工区域与营业线完全隔离。开挖至既有路堑底部时，紧邻既有通信、信号电缆等设备时，需在设备管理单位配合下，在确保不影响设备安全的情况下，方可动土施工，对影响设备安全地段需在四电单位迁改后，再进行路基换填施工。靠既有线一侧加密安全网平铺布置，防止土块、飞石等飞入既有线内。

②桥梁施工

a.桩基施工

施工前平整场地，施工时钻机固定牢固，降低倾倒风险。钢筋笼制作时可根据现场实际情况控制钢筋笼长度，以达到减小起重机大臂高度从而降低对营业线的影响，钢筋笼采用起重机进行安装，过程中一定要缓慢、平稳，钢筋笼在吊装过程中上下均要用缆风绳拉住，确保钢筋笼不能侵入铁路限界，直到钢筋全部安装完成才能去除揽风绳，防止安装钢筋笼的过程中发生倾覆，影响行车安全，揽风绳采用直径16mm钢丝绳，起重机吊装时应站在远离既有线一侧位置，保证起重机作业半径与最大倒杆距离应远离接触网正馈线2m安全限界，施工时采用一人一机进行防护，专人进行指挥。

b.承台施工

承台施工均在行车间隙内进行，在列车临近该区间时，防护员提前3min通知作业人员停止一切作业，在原地待工，待列车通过、确认安全后继续施工，基坑采用200型挖机放坡开挖，人工破除桩头，采用25t起重机吊装模板，起重机主臂距离原地面15m，起重机配合人工进行钢筋绑扎，由混凝土搅拌运输车运送混凝土至工地，采用溜槽或泵车进行浇筑。基坑开挖、模板吊装、钢筋安装、混凝土浇筑均对既有设备及行车无影响。起重机站位置平行于线路，避免倾覆时影响××铁路线路安全，挖机站位于远离××铁路侧进行开挖。

c.墩身施工

墩身模板吊装时，用绳子牵拉模板的两侧下角，以稳定模板避免在吊装过程中侵入铁路限界，影响运营安全。模板在安装过程中，上下层模板间用螺栓连接牢固后，方可松开起重机吊装模板的绳索，以保证模板在安装过程中不倒塌。模板安装完成后在顺桥方向模板两侧设置 2 道缆风绳，确保模板安装稳定。在模板吊装时必须设专人指挥，禁止雨天和夜间进行吊装作业，吊装设备和吊装物严禁侵入铁路限界；吊装物和铁路设备安全限界之间的距离必须满足安全距离要求。

　　d. 梁部施工

　　吊装前，检查安全技术措施及安全设施等准备工作是否齐备，检查机具设备、构件的质量、长度及吊点位置等是否符合设计要求，严禁无准备盲目施工。起吊前，明确信号，专人指挥。施工所需的脚手架、作业平台、防护栏杆、上下梯道、安全网必须齐备。

　　既有线吊装作业，先进行试吊。按设计吊重分阶段进行观察，确定无误后，方可进行正式吊装作业。施工时，工地主要领导及专职安全员应在现场亲自指挥和监督。遇有大风及雷雨等恶劣天气时，停止作业。严禁施工人员在吊臂下逗留或从事其他平行作业。

　　根据吊装构件的大小、质量，选择适宜的吊装方法和机具，不准超负荷吊装。吊钩的中心线，必须通过吊体的中心，严禁倾斜吊卸构件。吊装偏心构件时，使用可调整偏心的吊具进行吊装。安装的构件必须平起稳落，就位准确。

　　起吊大型及有凸出边棱的构件时，在钢丝绳与构件接触的拐角处设垫衬。起吊时，起吊构件离开作业地面 0.1m 后暂停起吊，经检查确认安全可靠后，方可继续起吊。现场设置塔式起重机施工时，塔式起重机大臂顶端与既有线的最小水平距离应大于 5m，对塔式起重机小车设置限位装置，保证小车与既有线接触网最小水平距离大于 5m；塔式起重机顶距新建梁顶高差不得大于 5m；同时在靠近塔式起重机位置墩身上设置附墙，保证塔式起重机安全。安装构件时，根据高度、跨度，采取相应的安全措施，确保构件起吊和横移时的稳定。构件吊至墩顶时，慢速、平稳地缓落。

　　（4）物料侵限防护措施

　　物料应堆放在远离营业线 10m 以外，各种机具、材料不得堆放在营业线、新建线两线之间，不得堆放在营业线边坡上，严禁路料损坏营业线隔离栅栏，严禁堆放的材料、机具入侵营业线限界内。防护员应每天检查工地情况，路料、机具堆码不符合规定的应立即整理。轻质材料应捆绑配重堆码，防止被风吹起侵入营业线界内。在邻近营业线的施工路料、机具，必须设立临时看守点，并派专人看守防护。

　　（5）环境风险管控

　　关注天气预报，如有大风天气，作业过程中及作业完成后，及时检查清理现场轻质材料，避免被风吹至营业线内；高大设备使用及停靠位置，应远离至倾倒影响范围外。

4）安全风险及危害

　　邻近既有线施工过程中存在的安全风险见表 2。

邻近既有线施工安全风险识别表 表 2

序号	安全风险	施工过程	致险因子	风险等级	产生危害
1	设备倾覆	起重吊装	（1）未做到一人一机防护，列车到来时未暂停施工； （2）未设置驻站联络员或驻站联络员未能及时通报现场情况； （3）机械施工时站位未处于平行于既有线一侧、倾覆半径侵入安全限界内；	Ⅰ	行车安全、人员群死群伤

序号	安全风险	施工过程	致险因子	风险等级	产生危害
1	设备倾覆	起重吊装	（4）机械施工前未对机械进行检修； （5）吊装机械未稳定好便开始吊装； （6）大风天气，高大设备在倾覆影响范围内作业	I	行车安全、人员群死群伤
2	接触网断电	起重吊装、钢筋模板安装	（1）未掌握既有线电压及作业安全距离； （2）未设置警戒区，起重机或泵车支立位置不当； （3）起重机大臂或泵车泵管侵入既有线安全限界内； （4）作业区域漂浮物触碰营业线接触网	II	行车安全、人员群死群伤

5）安全风险防控措施

（1）防控措施

为防范以上安全风险，需严格落实各项风险防控措施，详见表3。

邻近既有线施工安全风险防控措施表 表3

序号	安全风险	措施类型	防控措施	备注
1	设备倾覆	安全防护	（1）驻站联络员与现场防护人员、现场施工人员等应参加营业线安全培训并获得证书后方可进场施工； （2）设置相应的机械防倾覆措施如缆风绳等； （3）采取一人一机防护，确保机械作业半径远离既有线安全限界，来车时应及时暂停施工，等车辆通过后方可继续施工	
		管理措施	（1）项目部应对现场施工人员进行安全教育并进行考试； （2）施工时现场应设置安全风险揭示牌，并将每日施工内容中存在风险进行公示； （3）大风天气前将高度设备停靠至倾覆影响范围外	
2	接触网断电	安全防护	（1）既有线底部设置警戒区，警戒区内严禁支立起重机、泵车等长臂设备； （2）大风天气，作业过程中及作业完成后，及时检查清理现场轻质材料	
		管理措施	（1）对起重、泵车司机进行专项交底，告知作业风险、安全距离及适宜的作业位置等； （2）作业过程中加强现场指挥，并服从设备管理部门工作人员指挥	

（2）工作纪律

除落实以上安全风险防控措施外，还应严格遵守以下工作纪律。

①防护用品：作业人员正确佩戴使用安全帽、安全带，正确穿戴防滑鞋及紧口工作服。

②班前讲话：每日上工前，由班组长开展班前讲话，将当日作业内容、存在的安全风险及危害、防范措施、作业要点等告知全体作业人员。

③工前检查：每日班前讲话后，对工人身体状态、防护用品使用、现场作业环境等进行例行检查，发现问题及时处理。

④维护保养：做好安全防护设施、安全防护用品、起重设备机具等的日常维护保养，发现损害或缺失，及时修复或更换。

6）应急处置

施工过程中一旦发生侵限、接触网断电险情或事故，应停止作业，切勿慌乱，切忌盲目施救，在保证自身安全的情况下撤离至安全区域，防护员及时向项目管理人员报告相关情况。

110 邻近高压线施工安全技术交底

交底等级	三级交底	交底编号	III-110
单位工程	×××大桥	分部工程	墩柱
交底名称	邻近高压线施工	交底日期	年　月　日
交底人	分部分项工程主管工程师（签字）	确认人	工程部长（签字）
批准人	总工程师（签字）	被交底人	专职安全管理人员（签字）
			班组长及全部作业人员（签字，可附签字表）

1）施工任务

×××大桥墩柱施工有两处邻近高压线，22号墩小里程侧上方高压线电压110kV，距地面高度约15m，如图1所示；51号墩小里程侧上方高压线电压110kV，距地面高度约20m，如图2所示。

图1　22号墩小里程侧上方高压线　　图2　51号墩小里程侧上方高压线

2）作业流程

向电力部门提交临电作业申请→签订安全协议→选择起重机、泵车等高大设备的作业位置→设置警示警戒→班前讲话强调临电作业要点→在电力部门人员监护下开展作业

3）作业要点

（1）施工准备

踏勘现场，熟悉高压线情况及与墩柱的位置，掌握邻近高压线作业安全距离，选定起重机、泵车等高大设备的作业位置。

（2）悬挂警示标志

邻近高压线施工现场必须有明显的安全警示标志，并在高压线外安全距离处采用限高杆标出安全施工净高。施工现场在明显处设立警示牌，写明高压线电压、安全操作距离，防护措施及注意事项。

（3）告知安全风险

作业前，向起重机、泵车司机及其他作业人员告知高压线作业安全风险、设备的站立位置及作业中的注意事项，提高现场施工人员在高压线下作业的安全意识。进入工地按规定佩戴安全帽；进入高压线下施工现场的作业人员，必须戴好安全帽、绝缘手套，并穿着防护鞋、绝缘服。

（4）邻电作业

高压线下进行吊装、泵送作业时，及时向电力部门进行报备，且必须有专人进行指挥，施工高度不得高于安全作业空间，防止施工机械碰触高压线。吊装、泵送作业时，必须采取绝缘防护措施并设专业人员负责指挥，同时应有施工负责人，安全人员盯场。起重机、泵车顶部必须安装绝缘套，起重机的吊装小钩必须加设小钩反弹装置，以防止吊物突然下落时起重小钩反弹而触碰高压线，起重机作业半径与架空线路边线的最小安全距离不小于8.5m，起重设备操作人员、电工在施工期间必须配备绝缘手套、绝缘鞋及高压绝缘垫，并按安全防护用品使用规定穿着，严禁无防护设施进行施工。

电表及电敏感性仪器在高压线下施工时尽量远离高压线，必须放置在高压线下时，必须加设防护罩，以免仪器损坏。施工期间发现异常或者检测出机械感应电集中现象，应立即停止作业，不得自行处理，必须立即上报，由项目部专业人员进行解决。

（5）环境风险防控

阴雨、大风、大雾、大雪等恶劣性天气停止高压线下及附近施工，防止感应电伤人，禁止疲劳作业。

4）安全风险及危害

邻近高压线作业中存在的安全风险见表1。

邻近高压线施工安全风险识别表　　　　　　　　　　　　　　　　　表1

安全风险	施工过程	致险因子	风险等级	产生危害
触电	起重吊装、泵送混凝土	（1）未掌握高压线电压及作业安全距离； （2）未设置警戒区，起重机或泵车支立位置不当； （3）起重机大臂或泵车泵管侵入高压线安全区	Ⅱ	司机触电死亡或重伤、线路断电

5）安全风险防控措施

（1）防控措施

为防范以上安全风险，需严格落实各项风险防控措施，详见表2。

邻近高压线施工安全风险防控措施表　　　　　　　　　　　　　　　表2

安全风险	措施类型	防控措施	备注
触电	安全防护	高压线底部设置警戒区，警戒区内严禁支立起重机、泵车等长臂设备	
	管理措施	（1）对起重机司机进行专项交底，告知作业风险、安全距离及适宜的作业位置等； （2）作业过程中加强现场指挥，并服从电力部门工作人员指挥	

（2）工作纪律

除落实以上安全风险防控措施外，还应严格遵守以下工作纪律。

①防护用品：作业人员正确佩戴使用安全帽、安全带，正确穿戴防滑鞋及紧口工作服。

②班前讲话：每日上工前，由班组长开展班前讲话，将当日作业内容、存在的安全风险及危害、防范措施、作业要点等告知全部作业人员。

③工前检查：每日班前讲话后，对工人身体状态、防护用品使用、现场作业环境等进行例行检查，发现问题及时处理。

④维护保养：做好安全防护设施、安全防护用品、起重设备机具等的日常维护保养，发现损害或缺失，及时修复或更换。

6）应急处置

（1）处置原则

施工过程中一旦发生险情或事故，应停止作业，切勿慌乱，切忌盲目施救，在保证自身安全的情况下按照处置措施要求科学开展施救，并及时向项目管理人员报告相关情况。

（2）处置措施

触电事故：当发现有人员触电时立即切断电源，若无法及时断开电源，可用干木棒、皮带、橡胶制品等绝缘物品挑开触电者接触的带电物，之后解开妨碍触电者呼吸的紧身衣服，检查口腔，清理口腔黏液并立即就地抢救。如触电者呼吸停止，应采用人工呼吸法抢救；如心脏停止跳动，应采用胸外心脏按压法抢救。